Statistische Physik

Peter van Dongen

Statistische Physik

Von der Thermodynamik zur Quantenstatistik in fünf Postulaten

Springer Spektrum

Peter van Dongen
Mainz, Deutschland

ISBN 978-3-662-55499-9   ISBN 978-3-662-55500-2   (eBook)
https://doi.org/10.1007/978-3-662-55500-2

Die Deutsche Nationalbibliothek verzeichnet diese Publikation in der Deutschen Nationalbibliografie; detaillierte bibliografische Daten sind im Internet über http://dnb.d-nb.de abrufbar.

Springer Spektrum

Planung: Margit Maly

Gedruckt auf säurefreiem und chlorfrei gebleichtem Papier

Springer Spektrum ist Teil von Springer Nature
Die eingetragene Gesellschaft ist Springer-Verlag GmbH Deutschland
Die Anschrift der Gesellschaft ist: Heidelberger Platz 3, 14197 Berlin, Germany

Vorwort

Das Ziel dieses Buches ist, das Fach „Statistische Physik" in einer Weise darzustellen, die auf klar definierten Ausgangspunkten („Postulaten") beruht, modern und anwendungsbezogen ist und möglichst effektiv und transparent von den Grundsätzen zu diesen Anwendungen führt. Hierbei soll das Buch den an deutschen Universitäten üblichen Kanon abdecken. Damit das Buch optimal als Begleitliteratur zu Vorlesungen über „Statistische Physik" geeignet ist, sind bewusst keine Themengebiete aufgenommen, die in diesem Kanon nicht enthalten sind. Jedes „kanonische" Themengebiet wird allerdings hinreichend ausführlich behandelt, damit es den Dozent(inn)en möglich ist, innerhalb der Grenzen des Kanons eine ihrem Geschmack und ihren Interessen entsprechende Auswahl zu treffen. Das Ziel des Buches ist also eine flexibel („modular") einsetzbare und dennoch klar fokussierte und kohärente Darstellung der „Statistischen Physik". Hierbei sollen Konzepte von zentraler Bedeutung für die moderne Forschung wie „Dichteoperator", „Vielteilchenentropie" und „Variationsprinzipien" im Vordergrund stehen. Generell wird versucht, die quantenmechanische Natur der Realität ernst zu nehmen; aus diesem Grund werden quantenmechanische Beispiele gegenüber klassischen bevorzugt. Bei jedem Beispiel werden, wenn möglich, jedoch auch das klassische Pendant und der klassische Limes diskutiert. Bereits im grundlegenden Kapitel über Thermodynamik werden auch Beispiele aus der Quantenphysik behandelt.

Dieses Buch ist für den Studiengang B. Sc. Physik konzipiert. Die Zielgruppen sind also primär Bachelorstudierende der Physik sowie Bachelorstudierende der Mathematik oder Chemie mit Nebenfach Physik. Das Buch kann aber auch in Teilen (z. B. „Thermodynamik", „kinetische Theorie") für physiknahe Studiengänge wie Meteorologie, Chemie, Astrophysik oder Ingenieurwissenschaften verwendet werden. Als Vorwissen werden Basiskenntnisse auf den Gebieten der Mechanik, Elektrodynamik, Quantenmechanik und Mathematik vorausgesetzt. Die größte Herausforderung des Faches „Statistische Physik" ist allerdings nicht primär die Schwierigkeit der hierfür erforderlichen Mathematik,[1] sondern eher – und dies trifft bereits für die Thermodynamik zu – die Tiefe der zugrunde liegenden Konzepte und die Anwendung auf vielfältige physikalische Phänomene.

Die Kursvorlesung über „Statistische Physik" ist an deutschen Universitäten in der Regel eine Pflichtvorlesung, die also von allen Physikstudierenden gehört werden soll. Umso wichtiger ist es, die Ziele der Vorlesung möglichst transparent zu formulieren. In Kursvorlesungen über Theoretische Physik habe ich als Dozent schon oft die Fragen gehört: „Warum soll ich das lernen?" oder „Warum ist diese Theorie für mich als Physiker(in) nützlich?" Das Buch versucht, genau diese Fragen zu beantworten und dadurch die Motivation und Lernbereitschaft der Studierenden zu erhöhen. Wesentliche Elemente in der Wissensvermittlung sind auch die ausführlichen Erklärungen von Herleitungen und Berechnungen und die vielen hilfreichen Grafiken. Damit die „Theorie" nicht allzu abstrakt wirkt, werden typische Anwendungen in Fallbeispielen behandelt. Weitere Fallbeispiele werden in den Übungsaufgaben aufgegriffen. Manche dieser Übungsaufgaben sind eher elementar, manche ausführlicher oder anspruchsvoller (als „P" gekennzeichnet), manche eher

---

[1]Nahezu alle für die Statistische Physik erforderlichen mathematischen Techniken sind z. B. bereits in Ref. [12] enthalten, die die Mathematik des ersten Jahrs eines Physikstudiums abdeckt.

als kleines „Projekt" gedacht (als „PP" gekennzeichnet), aber alle Übungsaufgaben haben das Ziel, den Stoff zu erläutern und teilweise auch zu ergänzen und vertiefen. Die Lösungsskizzen zu den Übungsaufgaben sind ein wichtiger Teil des didaktischen Konzepts. Sie sollen den Studierenden nicht nur zur Kontrolle dienen, ob die eigene Lösung korrekt ist, sondern auch einen *effizienten* Lösungsweg, eine physikalische Interpretation der Ergebnisse und gelegentlich auch Ausblicke aufzeigen.

Es sollte für interessierte Studierende sogar möglich sein, sich den Inhalt dieses Buches im Ganzen oder in Auszügen im Selbststudium zu erarbeiten, da Herleitungen und Erläuterungen zu den Berechnungen sehr ausführlich sind und zu jedem Kapitel eine Sammlung von Übungsaufgaben mit Lösungen enthalten ist. Sollte die Leserin oder der Leser Bedarf an weiteren Büchern über Statistische Physik haben, so könnten neben den im Haupttext zitierten Büchern auch Refn. [53, 48, 35, 24, 34, 16, 11] des beigefügten Literaturverzeichnisses empfohlen werden. Die an sich sehr interessanten Bücher [44] und [4] kommen eher für ein vertieftes Studium in Betracht. Speziell für besonders interessierte Studierende (oder für zeitintensivere Vorlesungen) werden auch einige weiterführende oder vertiefende Aspekte der „kanonischen" Themen behandelt, die in der Regel physikalisch besonders interessant sind. Die entsprechenden Abschnitte sind durch einen Asterisk (∗) gekennzeichnet, um anzugeben, dass man sie beim ersten Durchgang überspringen *kann* (aber natürlich nicht *muss*: Die Lektüre wird sogar dringend empfohlen).

Dieses Buch hat sich im Laufe der Jahre entwickelt aus Notizen zu Kursvorlesungen über „Statistische Physik", die ich seit Anfang des Milleniums an der Johannes Gutenberg-Universität in Mainz gehalten habe. Für die Fertigstellung der ersten Version des zugrunde liegenden Skripts möchte ich mich herzlich bei meiner Sekretärin Frau Elvira Helf und bei Herrn Florian Jung bedanken. Sehr dankbar bin ich einem meiner ehemaligen Studierenden, Herrn M. Sc. Julian Großmann, meinen Kollegen Prof. Dr. Martin Reuter, Prof. Dr. Rolf Schilling und Jun.-Prof. Dr. Matteo Rizzi sowie meiner Frau, Dr. Irmgard Nolden, die das Manuskript komplett durchgearbeitet und durch viele Kommentare und Verbesserungsvorschläge sehr bereichert haben. Ganz offensichtlich liegt die Verantwortung für noch verbliebene weniger gelungene Formulierungen bei mir, und ich wäre meinen Lesern ggf. dankbar für eine entsprechende Mitteilung. Zu großem Dank bin ich auch dem Institut für Theoretische Physik der Universität zu Utrecht verpflichtet, an dem ich die Statistische Physik erstmals schätzen gelernt habe. Hierbei möchte ich zuallererst Prof. Dr. Matthieu Ernst nennen, von dem ich damals sehr viel gelernt habe, aber auch die Professoren Nico van Kampen, Theo Ruijgrok und Henk van Beijeren. Ich danke auch ganz herzlich Frau Margit Maly und Frau Stefanie Adam vom Lektorat Springer Spektrum sowie Herrn Alexander Reischert (Redaktion ALUAN) für ihre Unterstützung bei diesem Projekt.

Ich hoffe, dass sich dieses Buch über Statistische Physik für alle Leser(innen) als nützlich erweist, aber insbesondere für die Studierenden, für die es primär geschrieben wurde, und wünsche ihnen viel Erfolg und auch Spaß bei ihren ersten Schritten in die Welt der Vielteilchenphysik.

Mainz, im September 2017

Peter van Dongen

Inhaltsverzeichnis

Kapitel 1

Einführung

Würde man die moderne *Statistische Physik* als einen vom menschlichen Geist errichteten Wolkenkratzer betrachten, so wäre die *Thermodynamik* ihr solides und tiefgründiges Fundament. Beide wissenschaftliche Theorien sind thematisch eng miteinander verwandt und trotzdem methodisch sehr unterschiedlich. Beide befassen sich nämlich mit den physikalischen Eigenschaften von *Vielteilchensystemen*, jedoch beschränkt sich die Thermodynamik auf die Untersuchung rein *makroskopischer* Eigenschaften solcher Systeme (man denke hierbei z. B. an den Druck, die Temperatur, die Energie, die Magnetisierung usw.), während die Statistische Physik darüber hinaus auch die *mikroskopischen* Eigenschaften makroskopischer Körper erforscht. In der Thermodynamik spielt die atomare Struktur der Materie keine Rolle; in der Statistischen Physik steht sie im Mittelpunkt.

Das Ziel der *Statistischen Physik* ist also erstens, die *Thermodynamik* mikroskopisch zu begründen, und zweitens, eine genaue Beschreibung makroskopischer Körper auf atomaren Längenskalen zu ermöglichen.

Dies bedeutet übrigens keineswegs, dass die Thermodynamik vollständig auf die Statistische Physik reduziert werden kann. Die Thermodynamik ist eine Theorie von großer Allgemeinheit, und ihre Aussagen sind im „thermodynamischen Limes" exakt, in dem sowohl die Teilchenzahl als auch das Volumen groß werden. Sie basiert auf lediglich vier Hauptsätzen, die in *vereinfachter* Form lauten:

> 0. Man kann ein Thermometer konstruieren.
>
> 1. Die Energie ist erhalten.
>
> 2. Wärme fließt von warm zu kalt
>   (oder äquivalent: Die Entropie kann nicht abnehmen).
>
> 3. Das Temperaturminimum ist nicht erreichbar.

Diese auf den ersten Blick überraschende Nummerierung von 0 bis 3 hat historische und traditionelle Gründe: Die Möglichkeit einer Temperaturmessung ist eine Grundlage der Thermodynamik, wurde aber als Hauptsatz erst nach den anderen dreien formuliert und diesen dann vorangestellt. Bereits aufgrund dieser vier Postulate können viele Eigenschaften makroskopischer Körper bzw. Relationen zwischen makroskopischen Größen exakt bestimmt werden. Die mikroskopische Theorie, d. h.

die Statistische Physik, erfordert zusätzlich ein fünftes Postulat, das (wiederum in vereinfachter Form) lautet:

> 4. Die mikroskopische Entropie ist gleich der thermodynamischen Entropie.

In dieser Weise gelangt man also von den Anfängen der Thermodynamik zur avanciertesten Quantenstatistik in nur fünf Postulaten.

Zur Bestimmung der mikroskopischen Entropie des letzten Postulats benötigt man allerdings *konkrete Modellannahmen*, z. B. die explizite Form des Hamilton-Operators $\hat{H}$ eines Systems. Außerdem können die physikalischen Eigenschaften realistischer Modelle in der Statistischen Physik meist nur approximativ (z. B. störungstheoretisch oder numerisch) bestimmt werden. Die Aussagen der Statistischen Physik geben daher zwar Aufschluss über *mikroskopische* Eigenschaften eines Systems, sind aber naturgemäß *spezieller* als diejenigen der Thermodynamik. Insofern haben beide Zweige, Thermodynamik und Statistische Physik, ihre Vorzüge und Einschränkungen. Auf jeden Fall stellt die Synthese beider Zugänge ein sehr wichtiges theoretisches Hilfsmittel mit unzähligen Anwendungen in diversen Teilgebieten der Physik dar.

Um nur einige dieser Anwendungsbereiche zu nennen: Historisch sehr wichtig war zum Beispiel die kinetische Gastheorie. An Gasen wurden sowohl die Thermodynamik als auch die Statistische Physik erprobt. Moderne Ausläufer der kinetischen Gastheorie, die für Wissenschaft und Technik von großer Bedeutung sind, sind die Aero- und die Hydrodynamik. Quantengase sind in der Festkörperphysik, der Astrophysik, der Plasmaphysik und der Quantenoptik von größtem Interesse. Thermodynamik spielt im Übrigen eine wichtige Rolle in der Umweltphysik, in der Chemie und in der Atmosphärischen Physik. Die Festkörperphysik, ein großer Teilbereich der modernen Physik mit vielen Verzweigungen, könnte generell als Teilgebiet der Statistischen Physik aufgefasst werden. Thermodynamische und statistische Überlegungen spielen auch in Kosmologie und Astrophysik eine wichtige Rolle (man denke z. B. an die thermische Geschichte des frühen Universums oder die Entropie von schwarzen Löchern). Gerade der Entropiebegriff hat auch außerhalb der Physik seinen Platz erobert: Erwähnt seien lediglich die von Shannon (1948) entwickelte Informationstheorie und die Bildrekonstruktionsmethoden in der Medizin, der Astronomie oder der militärischen Aufklärung.

Das Ziel dieser Einführung ist, erstens die Notwendigkeit einer *Statistischen* Physik und zweitens die großen historischen Errungenschaften dieses Faches deutlich zu machen. Dies ist das Thema der Abschnitte [1.1] und [1.2]. Das Großartige an der Statistischen Physik ist, dass man aufgrund von wenigen Postulaten, die experimentell getestet und bestätigt werden können, die physikalischen Eigenschaften hochkomplexer Vielteilchensysteme verständlich machen kann. Die enorme Leistungsfähigkeit dieser Theorie macht gleichzeitig auch ihre Faszination aus.

In der Einführung werden notwendigerweise einige Begriffe vorweggenommen, wie „Druck", „Volumen", „Gas", „Flüssigkeit", „Magnetismus" und so weiter. In den Postulaten werden außerdem bereits „Temperatur", „Energie" und „Entropie" genannt. Manche dieser Begriffe sind dem Leser wahrscheinlich aus anderen Quellen schon bekannt, aber alle diese Konzepte – und viele mehr – werden selbstverständlich später im Buch im Detail erklärt.

1.1   Zur Notwendigkeit einer *Statistischen* Physik

Warum interessiert man sich überhaupt für Thermodynamik und Statistische Physik? Warum versucht man nicht „einfach", die Bewegungsgleichungen der Klassischen Mechanik oder der Quantenmechanik zu lösen? Die Antwort auf diese Frage ist sofort klar, wenn man ein konkretes Modellsystem, also z. B. ein Gas von N Atomen oder Molekülen der Masse m, betrachtet. Vernachlässigt man innere Freiheitsgrade der Moleküle und nimmt an, dass das Gas in guter Näherung mit Hilfe der Klassischen Mechanik beschrieben werden kann, so könnte die Hamilton-Funktion des Systems lauten:

$$H = \sum_{i=1}^{N} \left[\frac{\mathbf{p}_i^2}{2m} + \mathcal{V}(\mathbf{x}_i) \right] + \tfrac{1}{2} \sum_{i \neq j} v(\mathbf{x}_i - \mathbf{x}_j) \,, \tag{1.1}$$

wobei $\mathbf{x}_i$ und $\mathbf{p}_i$ die Orts- bzw. Impulsvektoren des i-ten Teilchens darstellen und $\mathcal{V}(\mathbf{x}_i)$ und $v(\mathbf{x}_i - \mathbf{x}_j)$ das *Einteilchen*- bzw. das *Zweiteilchen*- oder Wechselwirkungspotential bezeichnen. Die entsprechende Newton'sche Bewegungsgleichung,

$$m\ddot{\mathbf{x}}_i = -(\boldsymbol{\nabla}\mathcal{V})(\mathbf{x}_i) - \sum_{j \neq i} (\boldsymbol{\nabla}v)(\mathbf{x}_i - \mathbf{x}_j) \,,$$

ist mit der Anfangsbedingung $\{\mathbf{x}_i(0), \dot{\mathbf{x}}_i(0) \mid i = 1, \cdots, N\}$ zu lösen. Falls Quanteneffekte relevant sind, ist die Hamilton-Funktion H in (1.1) durch den Hamilton-*Operator* $\hat{\mathrm{H}}$, der Impulsvektor $\mathbf{p}_i$ durch den Impuls*operator* $\hat{\mathbf{p}}_i$ und die Bewegungsgleichung durch die Schrödinger-Gleichung

$$i\hbar\partial_t \Psi = \hat{\mathrm{H}}\Psi$$

mit der Anfangsbedingung $\Psi(\{\mathbf{x}_i\}, 0) = \Psi_0(\{\mathbf{x}_i\})$ zu ersetzen. Hierbei stellt $\hbar$ das Planck'sche Wirkungsquantum und Ψ die Wellenfunktion des N-Teilchensystems dar. Die Lösung dieses Vielteilchenproblems, ob klassisch oder quantenmechanisch, ist für $N \simeq 10^{23}$ natürlich extrem schwierig (d. h. in der Praxis unmöglich – sogar das klassische *Drei*teilchenproblem ist nicht allgemein lösbar, vgl. Refn. [43, 58]) und außerdem auch vollkommen irrelevant. In der Praxis ist man nämlich nicht an mikroskopischer Information über alle einzelnen Teilchen, sondern nur an *statistischer* Information interessiert, d. h. an *Mittelwerten* wie z. B. an der Gesamtenergie eines Systems, seinem Druck, seinem Volumen, der Temperatur, der Entropie, der spezifischen Wärme, der Teilchendichte. Die zeitliche Entwicklung solcher Mittelwerte verläuft normalerweise auch sehr viel langsamer als diejenige der mikroskopischen Freiheitsgrade. Neben den Mittelwerten enthalten auch die *Korrelationen* zwischen benachbarten Teilchen oder die statistisch zu erwartenden Fluktuationen im System wertvolle Information. *Statistische* Aussagen sind also erwünscht. Einzelrealisierungen des Systems interessieren nicht.

1.2   Historische Höhepunkte

Ein kurzer Überblick über die Entstehungsgeschichte der Statistischen Physik (siehe z. B. Refn. [7, 54]) ist aus verschiedenen Gründen interessant. Es kommen nicht nur inhaltliche Zusammenhänge zwischen Einzelergebnissen deutlicher zur Geltung, man sieht auch die zeitlichen und daher kausalen Zusammenhänge oft klarer. Die Charakterisierung der Statistischen Physik als mikroskopische Begründung der Thermodynamik könnte z. B. suggerieren, dass die Statistische Physik *nach* der Thermodynamik entstanden ist. Die Daten zeigen jedoch, dass der mikroskopische und der makroskopische Gesichtspunkt im Wesentlichen *gleichzeitig* entstanden sind. Interessant ist auch, dass der Versuch, die mikroskopische Struktur der Materie zu erkunden, nach und nach verschiedene Aspekte der *diskreten Natur* der Physik aufgedeckt hat: Die Untersuchung von Gasen führte auf *Atome*. Das Nachdenken über den schwarzen Strahler ergab das *Photon*. Der Versuch, die Wechselwirkung zwischen Atomen und Photonen (und somit die experimentell bestimmten Spektren) zu erklären, führte zur *Quantenmechanik*. Die moderne Vielteilchentheorie ist unter anderem deshalb so spannend, weil einige der spektakulärsten Phänomene in ihrem Ressort auf reine Quanteneffekte zurückzuführen sind. Beispiele solcher „makroskopischen Quantenphänomene" sind Supraleitung, Suprafluidität, Bose-Einstein-Kondensation und Quanten-Hall-Effekt.

Erste Gasgesetze, das Konzept einer Temperatur

Die Entstehungsgeschichte von Thermodynamik und Statistischer Physik beginnt in der Mitte des 17. Jahrhunderts, unmittelbar nachdem die erforderlichen Messgeräte (Thermometer, Barometer) zur Verfügung standen. Zwar hatte Galilei bereits 1592 ein Thermometer konstruiert, die ersten Geräte mit einer vernünftig ablesbaren Skala werden aber erst um 1650 entwickelt. Das Quecksilber-Barometer (1643) stammt von Evangelista Torricelli, einem Schüler von Galilei. Das erste thermodynamische Gasgesetz, das dem Zahn der Zeit widerstanden hat, besagt, dass das Produkt des Drucks P und des Volumens V eines Gases bei festgehaltener Temperatur konstant ist:

$$PV = \text{const.} \qquad \text{(bei fester Temperatur)}\,.$$

Dieses Gesetz wird 1660 von H. Power und R. Townley entdeckt und ist heutzutage nach Robert Boyle benannt. Um das Gesetz zu erklären, entwickelt Boyle spekulative Ideen über die möglichen Eigenschaften der Gasatome. Auch Newton (1687) formuliert in seinen „Principia" eine Gastheorie, die von statischen Molekülen ausgeht (siehe Ref. [9]).

In der ersten Hälfte des 18. Jahrhunderts gibt es mindestens 35 verschiedene Temperaturskalen (Fahrenheit, Newton, Réaumur, Celsius, ...). Sogar der Begriff einer *absoluten Temperatur* wird bereits in dieser Periode (und zwar vom französischen Physiker Guillaume Amontons) eingeführt. Heutzutage wird für wissenschaftliche Zwecke fast ausschließlich die absolute Temperatur gemäß *Kelvin* (1848) verwendet, die wir im Folgenden mit dem Symbol T bezeichnen.

Daniel Bernoulli entwickelt 1738 die erste kinetische Gastheorie und bestätigt „Boyle". Ein zweites Gasgesetz, das nun auch die Konsequenzen einer *Variation der Temperatur* beschreibt, wird 1787 von J. A. C. Charles entdeckt:

$$\frac{V(T,P)}{V(T_0,P)} = \frac{T}{T_0} = \frac{P(T,V)}{P(T_0,V)}$$

und ist heutzutage nach Gay-Lussac benannt. Amadeo Avogadro kombiniert 1811 beide Gasgesetze und zeigt, dass für ein Gas mit einer Molzahl ν die Beziehung

$$PV = \nu RT$$

gilt mit einer Gaskonstanten $R \simeq 8{,}31446 \ \mathrm{J/mol\,K}$, die unabhängig vom verwendeten Gas ist. Erste Abschätzungen der Avogadro-Zahl (d. h. der Anzahl Moleküle in einem Mol) und des Durchmessers eines „Luftmoleküls" folgen erst später aus der Arbeit von J. Loschmidt (1866), einem Freund und Kollegen von Boltzmann.

Die Entwicklung der Thermodynamik

Zwischen 1820 und 1865 werden der erste und zweite Hauptsatz der Thermodynamik formuliert. Interessanterweise entsteht der zweite Hauptsatz vor dem ersten (und dem nullten). Eine frühe Formulierung des zweiten Hauptsatzes findet sich in den „Réflexions" von Sadi Carnot (1824), einer Arbeit, die 1834 von Émile Clapeyron formalisiert wird. Der erste Hauptsatz (Energieerhaltung) geht auf Überlegungen des Schiffsarztes Julius Robert Mayer zur Umwandlung von Wärme in mechanische Energie zurück (1842). Durch die ausgefeilten Experimente von James Prescott Joule (1843, 1847) und Hermann von Helmholtz (1847) erhält der erste Hauptsatz ein solides Fundament. Die Formulierung des zweiten Hauptsatzes wird um 1850 von William Thomson (Lord Kelvin) und Rudolf Clausius perfektioniert, die auch die Begriffe „Thermodynamik" und „Entropie" prägen. Thomson führt 1848 die bereits oben erwähnte absolute Temperatur („Kelvin") ein.

Kinetische Gastheorie

Die kinetische Gastheorie kommt durch die Arbeiten von James Clerk Maxwell und Ludwig Boltzmann zur Blüte. Maxwell postuliert (1859) aufgrund plausibler Annahmen, dass die Geschwindigkeitsverteilung für Gasmoleküle im Gleichgewicht durch

$$f_{\mathrm{M}}(\mathbf{v}) = A e^{-\frac{1}{2} m \mathbf{v}^2 / k_{\mathrm{B}} T} \tag{1.2}$$

gegeben ist. Hierbei stellt m die Masse eines Gasmoleküls dar, $\mathbf{v}$ seine Geschwindigkeit, T die (absolute) Temperatur des Gases und $k_{\mathrm{B}} \simeq 1{,}38065 \cdot 10^{-23} \ \mathrm{J/K}$ die sogenannte *Boltzmann-Konstante*. Der Vorfaktor A in der *Maxwell-Verteilung* (1.2) ist eine Normierungskonstante.[1] Boltzmann verallgemeinert dies 1868 für Gasmoleküle in einem Einteilchenpotential $\mathcal{V}(\mathbf{x})$ auf die Geschwindigkeitsverteilung

$$f_{\mathrm{MB}}(\mathbf{v}, \mathbf{x}) = A e^{-\left[\frac{1}{2} m \mathbf{v}^2 + \mathcal{V}(\mathbf{x})\right] / k_{\mathrm{B}} T} \ , \tag{1.3}$$

die heutzutage als *Maxwell-Boltzmann-Verteilung* bezeichnet wird. Viel bedeutsamer ist noch, dass Boltzmann diese Formel aus einer kinetischen Gleichung, der „Boltzmann-Gleichung", herleiten und die Annäherung an die Gleichgewichtsverteilung untersuchen kann (1872).[2] Boltzmann begründet auch die *Ensembletheorie*, die das Skelett der Statistischen Physik bildet. Von ihm stammt die Formel

---

[1]Die Maxwell'sche Geschwindigkeitsverteilung (1.2) und einige ihrer physikalischen Vorhersagen werden auch in Übungsaufgabe 1.3 behandelt.

[2]Auf Boltzmanns Ideen zur Annäherung an die Gleichgewichtsverteilung gehen wir in Kapitel [7] über Kinetische Theorie näher ein.

$S = k_{\mathrm{B}} \ln(W)$, die die Beziehung zwischen der Entropie S und der Wahrscheinlichkeit W eines Zustandes herstellt und in vereinfachter Form das zentrale Postulat der Statistischen Physik (4. Postulat aus der Einleitung) darstellt. Neben Maxwell und Boltzmann trägt auch Josiah Willard Gibbs wesentlich zur Entwicklung der Statistischen Mechanik bei. Er verhilft ihr durch seine Arbeiten (1873–1878) und die Monografie „Elementary Principles of Statistical Mechanics" (1901, siehe Ref. [17]) zu einer soliden mathematischen Formulierung.

Die Geschwindigkeitsverteilungen (1.2) und (1.3) gelten nur für sogenannte *ideale* (d. h. nicht-wechselwirkende) Gase. Die Effekte einer zusätzlichen *Wechselwirkung* zwischen den Gasmolekülen werden von Johannes Diderik van der Waals (Nobel-Preis für Physik 1910) untersucht. Van der Waals postuliert 1873 eine Zustandsgleichung für *reale* (d. h. nicht-ideale) Gase, mit deren Hilfe er auch den Phasenübergang zwischen einem Gas und der entsprechenden flüssigen Phase beschreiben kann:

$$\left(P + a\frac{N^2}{V^2} \right)(V - Nb) = Nk_{\mathrm{B}}T \; . \tag{1.4}$$

Hierbei haben die Symbole P, N, V, k_{B} und T die übliche, oben erklärte Bedeutung. Der phänomenologische Parameter a beschreibt die Wechselwirkung zwischen den Gasmolekülen und b ihre endliche räumliche Ausdehnung. Auf die Van-der-Waals-Gleichung (1.4) und die von ihr beschriebene Physik gehen wir in Kapitel [2] ausführlich ein.

Weiterentwicklung der Statistischen Physik

Von den unzähligen Erweiterungen und Weiterentwicklungen der Statistischen Physik im 20. und 21. Jahrhundert seien nur einige wenige erwähnt: Beispielsweise wurde Plancks Formel aus dem Jahre 1900 für die Energiedichte $u(\omega, T)$ des elektromagnetischen Felds in einem „schwarzen Strahler" mit Zustandsdichte $\nu(\omega)$,

$$u(\omega, T) = 2\nu(\omega)\frac{\hbar\omega}{e^{\hbar\omega/k_{\mathrm{B}}T} - 1} \quad , \quad \nu(\omega) = \frac{\omega^2}{2\pi^2 c^3} \; , \tag{1.5}$$

die 1918 mit dem Physik-Nobel-Preis gekrönt wurde, erst durch Einsteins Arbeit (1905) über den photoelektrischen Effekt und die Arbeiten von Bose und Einstein (1924) zur Bose-Einstein-Statistik besser verständlich. Die Erweiterung der Statistischen Physik für Fermionen stammt von E. Fermi und P. A. M. Dirac (1926). Insbesondere A. Einstein hat im ersten Viertel des 20. Jahrhunderts erstaunlich viele Beiträge zur Statistischen Physik geleistet. Man verdankt ihm nicht nur die Hypothese des Photons, für die er 1921 den Physik-Nobel-Preis erhielt, sondern auch Methoden zur Bestimmung der Molekülgröße, die Erklärung der Brown'schen Bewegung, eine Quantentheorie der spezifischen Wärme von Festkörpern, verschiedene Methoden zur Bestimmung der Boltzmann-Konstanten k_{B}, eine Untersuchung der Energiefluktuationen elektromagnetischer Strahlung, die Theorie der kritischen Opaleszenz, Arbeiten zur Thermodynamik photochemischer Prozesse, die Theorie spontaner und induzierter Strahlungsübergänge, eine Untersuchung der thermischen Leitfähigkeit von Gasen, die Quantentheorie des molekularen Gases und die Vorhersage der Bose-Einstein-Kondensation.

Theorie des Magnetismus

Auch die Theorie des Magnetismus hat im 20. Jahrhundert große Fortschritte gemacht. Ein relativ einfaches Modell wurde 1920 von Wilhelm Lenz vorgeschlagen, und einige zentrale Eigenschaften seiner Lösung wurden 1925 von Ernst Ising für den eindimensionalen und 1942 von Lars Onsager für den zweidimensionalen Fall exakt bestimmt:

$$H = -\tfrac{1}{2} \sum_{ij} J_{ij}\sigma_i\sigma_j \qquad (\sigma_i = \pm 1) \; . \tag{1.6}$$

In dieser Hamilton-Funktion kann σ_i als das magnetische Moment des i-ten Teilchens interpretiert werden und J_{ij} als Kopplungskonstante zwischen den Momenten. In Kapitel [5] kommen wir ausführlich auf dieses sogenannte *Ising-Modell* zurück. Insbesondere die Lösung der zweidimensionalen Variante des Ising-Modells, die eine *Symmetriebrechung* und somit einen *Phasenübergang* beschreibt, stellte eine Revolution in der Theoretischen Physik dar, da das Verhalten der exakten Lösung in der Nähe dieses Phasenübergangs drastisch von entsprechenden Vorhersagen der älteren *Molekularfeldtheorie* abweicht. Die theoretische Beschreibung solcher Phasenübergänge mit Hilfe der *Renormierungsgruppe* wurde in den Sechziger- und Siebzigerjahren von Ben Widom, Leo Kadanoff, Kenneth Wilson und Michael Fisher entwickelt und führte 1982 zum Physik-Nobel-Preis für Wilson.

Makroskopische Quantenphänomene

Suprafluidität in ^{4}He, eines der „makroskopischen Quantenphänomene", wurde in den vierziger und frühen Fünfzigerjahren des letzten Jahrhunderts theoretisch von L. D. Landau, N. N. Bogoliubov und R. P. Feynman erklärt; Landau erhielt 1962 für diese Arbeit den Physik-Nobel-Preis. Experimentell wurde dieser Phasenübergang bereits 1913 von Heike Kamerlingh Onnes mit Hilfe von Dichtemessungen an ^{4}He und 1932 von W. H. Keesom und K. Clusius durch Messung der spezifischen Wärme („λ-Punkt") beobachtet. Das singuläre Verhalten von Wärmeleitfähigkeit und Zähigkeit des ^{4}He wurde ab 1935 insbesondere von Keesom und unabhängig von ihm durch P. L. Kapiza (Physik-Nobel-Preis 1978) untersucht. Supraleitung war experimentell zwar schon 1911 von Heike Kamerlingh Onnes gefunden worden (Nobel-Preis für Physik 1913), die theoretische Erklärung gelang J. Bardeen, L. Cooper und J. R. Schrieffer aber erst 1957 (Physik-Nobel-Preis 1972). Suprafluidität in ^{3}He wurde erst 1972 beobachtet, offensichtlich weil sie bei sehr tiefen Temperaturen (im Millikelvinbereich) auftritt; für ihre experimentelle Entdeckung erhielten Doug Osheroff, David Lee und Bob Richardson 1996 den Physik-Nobel-Preis. Sieben Jahre später (2003) wurden die Theoretiker Alexei Abrikossow, Witali Ginsburg und Anthony Leggett mit einem weiteren Physik-Nobel-Preis „für ihre bahnbrechenden Arbeiten in der Theorie über Supraleiter und Supraflüssigkeiten" ausgezeichnet.

Für den Quanten-Hall-Effekt, also für die Entdeckung der Quantisierung des Hall-Widerstands zweidimensionaler Elektronengase, gab es sogar zwei Physik-Nobel-Preise: einmal 1985 für Klaus von Klitzing und dann noch einmal 1998 für Bob Laughlin, Horst Störmer und Dan Tsui. Die bereits 1924 von Einstein vorhergesagte Bose-Einstein-Kondensation wurde 1995 erstmals experimentell an ^{87}Rb entdeckt und danach auch an ^{7}Li-Atomen beobachtet; 2001 erhielten Carl

Wieman, Eric Cornell und Wolfgang Ketterle für diese Arbeit den Nobel-Preis. Ein weiterer Physik-Nobel-Preis ging 2010 an Andre Geim und Konstantin Novoselov für die Herstellung und Untersuchung von Graphenschichten: Wegen der pseudo-relativistischen Dispersionsrelation („Dirac-Punkte") der Elektronen in solchen Schichten und dem ungewöhnlichen „verschobenen" Quanten-Hall-Effekt ist diese Entdeckung auch aus Sicht der Theoretischen Physik sehr interessant.

Den Physik-Nobel-Preis des Jahres 2016 erhielten David Thouless, Duncan Haldane und Michael Kosterlitz für die theoretische Entdeckung der topologischen Phasen und Phasenübergänge. Die Preisträger konnten zeigen, dass die von ihnen untersuchten Phasen, anders als herkömmliche Phasen, nicht durch *lokale*, sondern durch *globale* Eigenschaften bestimmt werden. Bei diesen globalen „topologischen" Eigenschaften denke man an topologische Invarianten wie Windungszahlen, die nur diskrete Werte annehmen können. Anwendungen dieser Ideen gibt es z. B. bei zweidimensionalen Supraflüssigkeiten und zweidimensionalen Supraleitern, bei der Hall-Leitfähigkeit im Quanten-Hall-Effekt, bei Spinketten und bei sogenannten „durch Symmetrie geschützten" topologischen Phasen. Diese wiederum sind wichtig für die Konstruktion von *Quantensimulatoren* und *Quantencomputern*.

Neben der Würdigung dieser Untersuchungen an makroskopischen Quantenphänomenen wurden in den letzten Jahrzehnten noch etliche weitere Nobel-Preise für Themen aus dem Bereich der Statistischen Mechanik vergeben. Man denke nur an den Transistoreffekt, den Josephson-Effekt, an „Unordnung", die Entdeckung der Quasikristalle oder an die Theorie der Flüssigkristalle und Polymerlösungen.

Noch einmal Thermodynamik: der dritte Hauptsatz

Und was ist im 20. Jahrhundert aus der Thermodynamik geworden? Es ist noch ein *dritter* Hauptsatz hinzugekommen, den wir Walther Nernst (1911) verdanken (Chemie-Nobel-Preis 1920). Interessanterweise bezieht sich auch der dritte Hauptsatz auf den Tieftemperaturbereich und ist nur im Rahmen der Quantenstatistik verständlich. Insgesamt lässt sich daher sagen, dass die mikroskopische statistische Theorie die makroskopische Thermodynamik im 20. und 21. Jahrhundert weitgehend in den Hintergrund gedrängt und dass die Vielteilchentheorie in jüngster Zeit gerade im Quantenbereich große Fortschritte und Erfolge erzielt hat.

1.3 Übungsaufgaben

Das Ziel der nachfolgenden Übungsaufgaben ist es, einige bereits bekannte Methoden und Ideen zu wiederholen und aufzufrischen, die in den späteren Kapiteln dieses Buches benötigt werden. Die Übungsaufgaben illustrieren außerdem an einfachen Beispielen einige zentrale Ideen aus diesem ersten Kapitel („Einführung").

Aufgabe 1.1 Die Stirling-Formel

In der Statistischen Thermodynamik spielen kombinatorische Faktoren wie $n!$ und $\binom{N}{n} = \frac{N!}{n!(N-n)!}$ eine wichtige Rolle. Im sogenannten *thermodynamischen Limes*, der bereits in der Einleitung (auf Seite 1) erwähnt wurde, ist jedoch häufig nur ihr

Verhalten für große (n, N) von Interesse. Dieses asymptotische Verhalten für große (n, N) kann mit Hilfe der *Stirling-Formel*

$$n! \sim n^n e^{-n} \sqrt{2\pi n} \left(1 + \frac{1}{12n} + \cdots \right) \qquad (n \to \infty) \tag{1.7}$$

bestimmt werden. Wir möchten diese Formel daher hier herleiten.

(a) Zeigen Sie durch vollständige Induktion, dass die Gammafunktion $\Gamma(z)$, die allgemein für $\{\, z \in \mathbb{Z} \,|\, \mathrm{Re}(z) > 0 \,\}$ durch die Integraldarstellung

$$\Gamma(z) \equiv \int_0^\infty dx\; x^{z-1} e^{-x} \tag{1.8}$$

gegeben ist, für $z = n+1$ (mit $n \in \mathbb{N}_0$) den Funktionswert $\Gamma(n+1) = n!$ hat.

(b) Beweisen Sie (1.7), indem Sie den Integranden in (1.8) in der Form $x^n e^{-x} = e^{f_n(x)}$ schreiben und den Exponenten $f_n(x)$ um sein Maximum entwickeln.

Aufgabe 1.2 Nicht-wechselwirkende Spins

Als ein einfaches Modell für ein *magnetisches System* (s. Seite 7) betrachten wir N nicht-wechselwirkende magnetische Momente ($S = \frac{1}{2}$), die unbeweglich im Raum fixiert sind. Die Spins befinden sich in einem Magnetfeld der Stärke B und sind entweder parallel ($\uparrow$) oder antiparallel ($\downarrow$) zum Magnetfeld ausgerichtet. Die entsprechenden Eigenenergien eines einzelnen Spins sind $E_+ = +\hbar\omega$ und $E_- = -\hbar\omega$ mit $\omega = \frac{|e|B}{2m}$. Die Zahl der Spins im Zustand $\uparrow$ sei n. Im thermischen Gleichgewicht sei die Wahrscheinlichkeit, einen Spin im Zustand $\uparrow$ vorzufinden, gleich q.

(a) Zeigen Sie, dass die Wahrscheinlichkeit $W(n)$ dafür, dass sich n Spins im Zustand $\uparrow$ befinden, durch $W(n) = \binom{N}{n} q^n (1 - q)^{N-n}$ gegeben ist.

(b) Zeigen Sie, dass die „erzeugende Funktion" $G(x) \equiv \sum_{n=0}^\infty W(n) x^n$ von $W(n)$ gleich $(1 + qx - q)^N$ ist.

(c) Bestimmen Sie die mittlere Anzahl $\langle n \rangle$ der Momente im Zustand $\uparrow$ und die mittlere quadratische Fluktuation $\sigma^2 = \langle (n - \langle n \rangle)^2 \rangle$. Verwenden Sie bei Bedarf die erzeugende Funktion $G(x)$.

(d) Zeigen Sie mit Hilfe der Stirling-Formel, dass $W(n) \xrightarrow{N \to \infty} W(\langle n \rangle) e^{-(n - \langle n \rangle)^2 / 2\sigma^2}$ gilt, falls $\frac{\langle n \rangle}{N}$ festgehalten wird, sodass sich $W(n)$ auf die *Gauß-Verteilung* reduziert.

(e) Zeigen Sie, dass sich $W(n)$ für große N auf die *Poisson-Verteilung* reduziert, $W(n) \xrightarrow{N \to \infty} \langle n \rangle^n e^{-\langle n \rangle} / n!$, falls $\langle n \rangle$ in diesem Limes festgehalten wird.

(f) Warum erwartet man physikalisch, dass $q/(1 - q) = e^{-\beta(E_+ - E_-)}$ gilt, wobei $\beta \equiv 1/k_\mathrm{B}T$ und T die absolute Temperatur ist? Sei nun $N = 10^{23}$. Bestimmen Sie, für welche Temperaturen die Gauß- und für welche die Poisson-Verteilung eine adäquate Näherung für $W(n)$ darstellt. Sie dürfen hierbei annehmen, dass das Magnetfeld stark ist ($B \simeq 30$ Tesla).

Aufgabe 1.3 Die Maxwell'sche Geschwindigkeitsverteilung

In einem dreidimensionalen Volumen V betrachten wir N Moleküle der Masse m, deren Geschwindigkeiten $\mathbf{v} = (v_1, v_2, v_3)$ gemäß der in Gleichung (1.2) eingeführten Maxwell'schen Geschwindigkeitsverteilung

$$f_{\mathrm{M}}(\mathbf{v}) = \left(\frac{\beta m}{2\pi}\right)^{3/2} e^{-\frac{1}{2}\beta m \mathbf{v}^2} \quad , \quad \beta = \frac{1}{k_{\mathrm{B}}T} \, , \tag{1.9}$$

verteilt sind. Der Erwartungswert $\langle F(\mathbf{v})\rangle$ einer Funktion $F(\mathbf{v})$ der Geschwindigkeit ist allgemein definiert als

$$\langle F(\mathbf{v})\rangle \equiv \int d\mathbf{v}\, F(\mathbf{v}) f_{\mathrm{M}}(\mathbf{v}) \, .$$

(a) Zeigen Sie, dass $f_{\mathrm{M}}(\mathbf{v})$ auf eins normiert ist: $\langle 1\rangle = 1$, und berechnen Sie die mittlere Geschwindigkeit $\langle \mathbf{v}\rangle$ und die Breite $\sqrt{\langle(\mathbf{v} - \langle\mathbf{v}\rangle)^2\rangle}$ der Verteilung.

Wir betrachten nun eine glatte Funktion $\Gamma(\mathbf{v}) \in \mathbb{R}$ der Geschwindigkeit. Die Wahrscheinlichkeitsdichte $w(\gamma)$ von $\Gamma(\mathbf{v})$ ist dadurch definiert, dass die Wahrscheinlichkeit für das Auftreten von Γ-Werten im Intervall $\gamma < \Gamma(\mathbf{v}) < \gamma + \Delta\gamma$ (mit hinreichend kleinem $\Delta\gamma$) gleich $w(\gamma)\Delta\gamma$ ist. Die Stufenfunktion $\Theta(x)$ ist wie üblich durch $\Theta(x) = 1$ $(x \geq 0)$ und $\Theta(x) = 0$ $(x < 0)$ definiert.

(b) Zeigen Sie, dass für hinreichend kleines $\Delta\gamma$ gilt:

$$w(\gamma)\Delta\gamma = \int d\mathbf{v}\, f_{\mathrm{M}}(\mathbf{v})\, \Theta(\gamma + \Delta\gamma - \Gamma(\mathbf{v}))\, \Theta(\Gamma(\mathbf{v}) - \gamma) \, ,$$

und folgern Sie hieraus im Limes $\Delta\gamma \to 0$:

$$w(\gamma) = \int d\mathbf{v}\, f_{\mathrm{M}}(\mathbf{v})\, \delta(\Gamma(\mathbf{v}) - \gamma) \, .$$

(c) Wählen Sie $\Gamma_1(\mathbf{v}) = |\mathbf{v}|$ für Γ und bestimmen Sie die zugehörige Wahrscheinlichkeitsdichte $w_1(v) = \int d\mathbf{v}\, f_{\mathrm{M}}(\mathbf{v})\, \delta(|\mathbf{v}| - v)$.

(d) Wählen Sie $\Gamma_2(\mathbf{v}) = \frac{1}{2}m\mathbf{v}^2$ für Γ und zeigen Sie, dass für die zugehörige Wahrscheinlichkeitsdichte $w_2(E) = \int d\mathbf{v} f_{\mathrm{M}}(\mathbf{v})\, \delta\left(\frac{1}{2}m\mathbf{v}^2 - E\right)$ gilt: $w_2(E) = \frac{2}{\sqrt{\pi}}\beta^{3/2}\sqrt{E}e^{-\beta E}$.

(e) Bestimmen Sie die Mittelwerte $\langle|\mathbf{v}|\rangle$ und $\langle\frac{1}{2}m\mathbf{v}^2\rangle$; warum kann man diese Mittelwerte auch mit Hilfe von w_1 und w_2 berechnen? Zeigen Sie durch explizite Berechnung, dass $\langle\frac{1}{2}m\mathbf{v}^2\rangle > \frac{1}{2}m\langle|\mathbf{v}|\rangle^2$ gilt; warum muss dies aufgrund allgemeiner Überlegungen auch so sein?

(f) Bestimmen Sie die „wahrscheinlichsten" Werte v_{max} und E_{max}, d. h. die v- und E-Werte, für die w_1 bzw. w_2 ihr Maximum haben. Zeigen Sie, dass $E_{\mathrm{max}} < \frac{1}{2}m(v_{\mathrm{max}})^2$ gilt.

(g) Berechnen Sie die Wahrscheinlichkeit, dass ein Molekül eine Geschwindigkeit mit $v_1{}^2 + v_2{}^2 > \langle v_1{}^2 + v_2{}^2\rangle$ hat.

(h) Bestimmen Sie die Wahrscheinlichkeit, dass ein Molekül eine Energie $E > \langle E \rangle$ hat. *Hinweis*: $\mathrm{erf}(\sqrt{3/2}) \simeq 0{,}917$ mit $\mathrm{erf}(z) \equiv \frac{2}{\sqrt{\pi}} \int_0^z dt\, e^{-t^2}$.

In Aufgabe 1.3 **(d)** haben wir gerade gelernt, dass die kinetische Energie E eines Gasmoleküls, dessen Geschwindigkeit gemäß (1.9) verteilt ist, der Wahrscheinlichkeitsverteilung $w_2(E)$ folgt. Eine physikalisch naheliegende weiterführende Frage ist nun, wie die *mittlere* kinetische Energie $\frac{1}{n} \sum_{i=1}^{n} E_i$ von n Gasmolekülen (mit $n \gg 1$) verteilt ist. Bei der Beantwortung dieser Frage ist der *zentrale Grenzwertsatz* sehr hilfreich. Dieser soll daher im Folgenden hergeleitet werden.

Aufgabe 1.4 Der zentrale Grenzwertsatz

Betrachten Sie allgemein eine reellwertige stochastische Variable X, die die normierte Wahrscheinlichkeitsdichte $f_1(x)$ hat. Mittelwerte von Funktionen von X sind also durch $\langle F(X) \rangle = \int dx\, F(x) f_1(x)$ bestimmt. Die *charakteristische Funktion* $\phi_1(\xi)$ dieser Wahrscheinlichkeitsdichte wird wie folgt definiert:

$$\phi_1(\xi) \equiv \langle e^{iX\xi} \rangle = \int_{-\infty}^{\infty} dx\, e^{ix\xi} f_1(x).$$

Wir nehmen im Folgenden an, dass die Breite $\sigma_1 = \sqrt{\langle (X - \langle X \rangle)^2 \rangle}$ der Verteilung endlich ist ($0 \le \sigma_1 < \infty$).

(a) Zeigen Sie, dass

$$\phi_1(\xi) = \sum_{\ell=0}^{\infty} \frac{(i\xi)^\ell}{\ell!} \langle X^\ell \rangle$$

gilt. Wie kann man also die *Momente* $\langle X^\ell \rangle$ aus $\phi_1(\xi)$ bestimmen?

Die *Kumulanten* C_ℓ der Wahrscheinlichkeitsverteilung sind definiert durch die Taylor-Entwicklung $\ln[\phi_1(\xi)] = \sum_{\ell=1}^{\infty} \frac{(i\xi)^\ell}{\ell!} C_\ell$.

(b) Bestimmen Sie C_ℓ für $\ell = 1, 2, 3$, ausgedrückt in den Momenten $\langle X^m \rangle$.

Betrachten Sie nun n unabhängige reellwertige stochastische Variable $X_1, X_2, \cdots, X_n$, alle mit der Wahrscheinlichkeitsdichte $f_1(x)$.

(c) Zeigen Sie, dass die Wahrscheinlichkeitsdichte der stochastischen Variablen $Y = \frac{1}{n} \sum_{i=1}^{n} X_i$ gegeben ist durch

$$f_n(y) = \int dx_1 \cdots \int dx_n\, \delta\left(y - \frac{1}{n} \sum_{i=1}^{n} x_i\right) \prod_{j=1}^{n} f_1(x_j)\,.$$

Überprüfen Sie, ob f_n auf 1 normiert ist.

(d) Zeigen Sie, dass die charakteristische Funktion $\phi_n(\xi) \equiv \langle e^{iY\xi} \rangle$ von f_n gleich $[\phi_1(\xi/n)]^n$ ist.

(e) Zeigen Sie, dass die Kumulanten $\bar{C}_\ell$ von ϕ_n gemäß $\bar{C}_\ell = n^{1-\ell} C_\ell$ mit den Kumulanten C_ℓ von ϕ_1 verknüpft sind.

(f) Zeigen Sie, dass für große n-Werte $\ln[\phi_n(\xi)] = i\xi C_1 - \frac{1}{2}(\sigma_n)^2\xi^2 + \cdots$ mit $\sigma_n \equiv \sigma_1/\sqrt{n}$ gilt und dass der Korrekturterm $(\cdots)$ für $n \to \infty$ vernachlässigt werden kann. Folgern Sie hieraus, dass Y für große n Gauß-verteilt ist mit dem Mittelwert $\langle X \rangle$ und der Breite $\sigma_1/\sqrt{n}$. Dies ist der zentrale Grenzwertsatz.

(g) Wie sind die anfangs angesprochenen mittleren kinetischen Energien $\frac{1}{n}\sum_{i=1}^{n} E_i$ der n Gasmoleküle aus Aufgabe 1.3 also statistisch verteilt?

Betrachten Sie nun die Wahrscheinlichkeitsdichte $f_1(x) = \frac{1}{\pi}\frac{a}{x^2+a^2}$.

(h) Bestimmen Sie einen exakten Ausdruck für $f_n(y)$ durch explizite Berechnung der charakteristischen Funktion $\phi_1(\xi)$. Hat $f_n(y)$ eine Gauß'sche Form für große n? Sollte $f_n(y)$ aufgrund des zentralen Grenzwertsatzes eine Gauß'sche Form haben?

Aufgabe 1.5 Symmetriebrechung – ein einfaches Beispiel (P)

Im Zusammenhang mit dem Ising-Modell (1.6) wurden bereits die generell in der Physik sehr wichtigen Begriffe *Phasenübergang* und *Symmetriebrechung* genannt. In der nachfolgenden Aufgabe behandeln wir ein einfaches Beispiel für eine Symmetriebrechung aus dem Bereich der Mechanik. Wir betrachten – wie in Abbildung 1.1 skizziert – einen starren Körper, der im Schwerkraftfeld nahe der Erdoberfläche auf einer horizontalen Ebene ruht. Der Körper soll die Masse M und den Massenschwerpunkt $\mathbf{X}$ haben, die Schwerkraftbeschleunigung ist $\mathbf{g} = g\hat{\mathbf{g}}$ mit $g \simeq 9{,}8$ m/s^2 und $|\hat{\mathbf{g}}| = 1$, und der Berührungspunkt zwischen Körper und

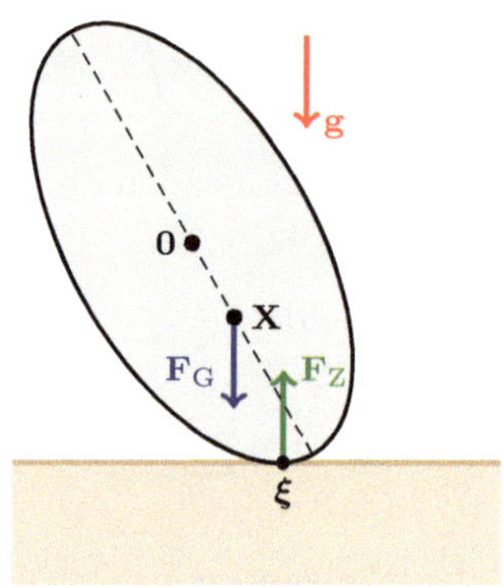

Abb. 1.1 Zur Illustration der Statik eines starren Körpers

Ebene wird als $\boldsymbol{\xi}$ bezeichnet. Für eine stabile Gleichgewichtslage müssen bekanntlich *drei Bedingungen* erfüllt sein: (*i*) Die auftretenden *Kräfte* (d. h. die Gravitationskraft $\mathbf{F}_G$ und die Zwangskraft $\mathbf{F}_Z$) müssen sich gegenseitig aufheben: $\mathbf{F}_Z = -\mathbf{F}_G = -M\mathbf{g}$, (*ii*) die entsprechenden *Drehmomente* müssen sich gegenseitig aufheben: $\mathbf{g} \times (\mathbf{X} - \boldsymbol{\xi}) = \mathbf{0}$, und (*iii*) die potentielle Energie $V_{\text{pot}} = -M\mathbf{g} \cdot (\mathbf{X} - \boldsymbol{\xi})$ des Körpers muss *niedriger* sein als diejenige eventueller anderer Gleichgewichtslagen.

Als Spezialfall eines auf einer Ebene ruhenden Körpers betrachten wir ein Ellipsoid mit einer langen Halbachse $a \geq 1$ und zwei kurzen Halbachsen der Länge eins:

$$\left\{ \mathbf{x} \,\middle|\, x_1^2 + x_2^2 + \frac{x_3^2}{a^2} = 1 \,,\, a \geq 1 \right\} \,.$$

Dieses Ellipsoid hat also die Exzentrizität $\varepsilon \equiv \sqrt{1 - a^{-2}} < 1$, den Mittelpunkt $\mathbf{0}$ und die körperfeste $\hat{\mathbf{e}}_3$-Achse als Symmetrieachse (s. Abbildung 1.2). Wir nehmen an, dass die Massendichte $\mu(x_3)$ des Ellipsoids lediglich x_3-abhängig ist.[3]

---

[3] Ein solches Ellipsoid mit einer Massendichte $\mu(x_3)$ könnte z. B. ein (hart gekochtes!) Hühnerei

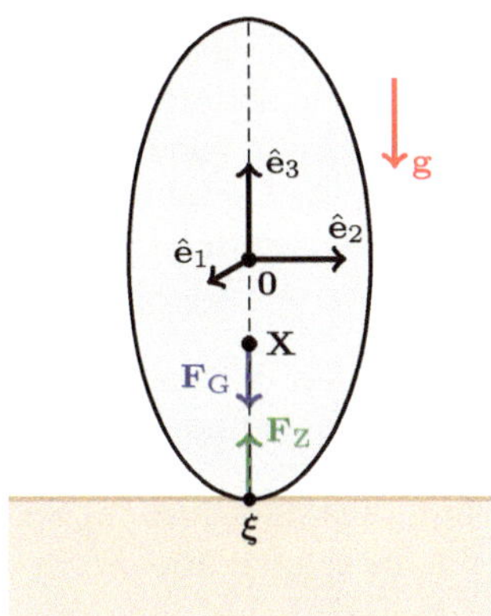
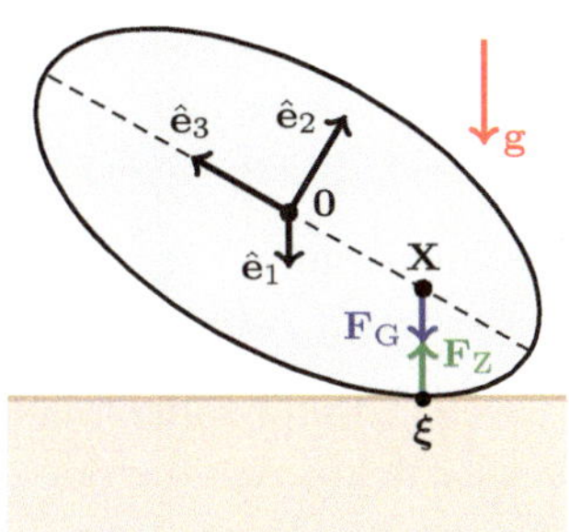

Abb. 1.2 Symmetrische
Gleichgewichtslage eines starren
Körpers im Gravitationsfeld

Abb. 1.3 Symmetriegebrochene
Gleichgewichtslage eines starren
Körpers im Gravitationsfeld

(a) Zeigen Sie für die Masse M und den Massenschwerpunkt $\mathbf{X}$ des Ellipsoids:

$$
M = \pi \int_{-a}^{a} dx_3 \, \mu(x_3) \left(1 - \frac{x_3^2}{a^2}\right) \quad , \quad \mathbf{X} = \frac{\pi}{M} \hat{\mathbf{e}}_3 \int_{-a}^{a} dx_3 \, x_3 \mu(x_3) \left(1 - \frac{x_3^2}{a^2}\right) .
$$

Wir wählen im Folgenden konkret: $\mu(x_3) = \frac{\mu_0}{a}\left(1 - \eta\frac{x_3}{a}\right)\big/\left(1 - \frac{x_3^2}{a^2}\right)$ mit $0 < \eta \leq 1$.

(b) Zeigen Sie, dass für diese Dichte $\mu(x_3)$ die Masse *konstant* [d. h. (ε, η)-unabhängig] ist: $M = 2\pi\mu_0$. Zeigen Sie für den Massenschwerpunkt: $\mathbf{X} = -\frac{1}{3}\eta a \hat{\mathbf{e}}_3$.

(c) Überprüfen Sie, dass die senkrechte Anordnung des Ellipsoids in Abb. 1.2 (mit $\hat{\mathbf{e}}_3 \parallel \mathbf{g}$) die Kriterien (i) und (ii) eines *Gleichgewichtszustands* erfüllt.

Es ist intuitiv plausibel, dass der Gleichgewichtszustand in Abb. 1.2 auch Kriterium (iii) erfüllt und somit *stabil* ist, falls der Schwerpunkt $\mathbf{X} = -\frac{1}{3}\eta a \hat{\mathbf{e}}_3$ tief genug liegt. Dies erfordert also eine hinreichend große Asymmetrie der Massendichte ($\eta \geq \eta_c$). Die Symmetrieachse des *Körpers* (die $\hat{\mathbf{e}}_3$-Achse) ist in diesem Fall also identisch mit der Symmetrieachse des physikalischen *Problems* (der $\mathbf{g}$-Achse), die durch die Gravitationsbeschleunigung und den Normalenvektor der horizontalen Ebene festgelegt wird. Im Folgenden untersuchen wir mögliche Schieflagen des Ellipsoids, die für $0 \leq \eta < \eta_c$ die Rotationssymmetrie um die $\mathbf{g}$-Achse *verletzen* bzw. *brechen* (s. Abbildung 1.3). Wir berechnen außerdem den „kritischen" Wert η_c, der den Übergang zwischen Symmetrie und Symmetriebrechung markiert.

(d) Zeigen Sie, dass die in Abb. 1.3 skizzierte Schieflage die Kriterien (i) und (ii) eines *Gleichgewichtszustands* erfüllt, falls $\xi_3 = \boldsymbol{\xi} \cdot \hat{\mathbf{e}}_3 = X_3/\varepsilon^2 = -\frac{1}{3}\eta a/\varepsilon^2$ gilt. Warum ist diese Lösung nur für $\eta \leq 3\varepsilon^2$ physikalisch akzeptabel?

(e) Überprüfen Sie anhand von Kriterium (iii), dass die Schieflage in Abb. 1.3 für $\eta \leq 3\varepsilon^2$ und die senkrechte Lösung in Abb. 1.2 für $3\varepsilon^2 \leq \eta \leq 1$ stabil sind.

---

auf einer Tischoberfläche beschreiben, dessen „Unterseite" ($x_3 < 0$) in der Regel etwas schwerer als die „Oberseite" ($x_3 > 0$) ist. Dementsprechend werden wir im Folgenden $\mu(x_3) > \mu(|x_3|)$ für $x_3 < 0$ wählen.

Schließen Sie hieraus: $\eta_c = 3\varepsilon^2$. Folgern Sie hieraus wegen der Einschränkung $\eta \leq 1$, dass die senkrechte Lösung für $\varepsilon > \frac{1}{\sqrt{3}}$ nicht existiert.

Als Maß für die Stärke der Symmetriebrechung („Betrag des Ordnungsparameters") kann man den Winkel $\psi(\varepsilon, \eta)$ zwischen den Symmetrieachsen des *Problems* (der **g**-Achse) und des *Körpers* (der $\hat{\mathbf{e}}_3$-Achse) einführen: $\cos(\psi) \equiv (\mathbf{X} - \boldsymbol{\xi}) \cdot \hat{\mathbf{e}}_3 / |\mathbf{X} - \boldsymbol{\xi}|$.

(f) Berechnen Sie $\psi(\varepsilon, \eta)$ explizit. Zeigen Sie speziell für $\eta \uparrow \eta_c$ das „kritische" Verhalten $\psi \propto (\eta_c - \eta)^\beta$ mit dem „kritischen" Exponenten $\beta = \frac{1}{2}$.

Die in diesem Modell auftretende Symmetriebrechung entsteht also im Spannungsfeld zweier Effekte, nämlich der Exzentrizität der Körperform, die die Symmetriebrechung bevorzugt, und der Inhomogenität der Massendichte, die ihr entgegenwirkt.

Kapitel 2

Thermodynamik

In diesem Kapitel beschäftigen wir uns mit den vier Hauptsätzen der Thermodynamik und den Vorhersagen, die mit ihrer Hilfe gemacht werden können. Dabei wird deutlich, dass die Thermodynamik eine elegante Theorie ist, die sich auf der Grundlage von wenigen Axiomen entfaltet, und dabei gerade wegen ihrer Abstraktion weitreichende *konkrete* Vorhersagen mit einer großen Bandbreite von Anwendungen ermöglicht.

Wir untersuchen im Folgenden zunächst die Eigenschaften von Wärmemaschinen und führen eine absolute Temperatur ein. Wir diskutieren thermodynamische Potentiale, die eine zentrale Rolle in der Thermodynamik spielen, da man aus ihnen im Prinzip alle relevanten thermodynamischen Größen herleiten kann. Insbesondere befassen wir uns mit Antwortfunktionen (Suszeptibilitäten), die – abgesehen von ihrer intrinsischen physikalischen Relevanz – auch die Stabilität eines thermodynamischen Systems gegenüber Fluktuationen bestimmen.

2.1 Thermodynamische Systeme: einige Beispiele

Wir diskutieren einige typische thermodynamische Systeme anhand ihrer *Zustandsgleichungen*. Eine Zustandsgleichung ist eine *Beziehung zwischen zwei konjugierten „mechanischen" Variablen*, wie Druck P und Volumen V, Magnetisierung $\mathbf{M}$ und Magnetfeld $\mathbf{H}$ oder elektrische Polarisation $\mathbf{P}$ und elektrisches Feld $\mathbf{E}$, die in der Regel auch explizit von der Temperatur T abhängig ist. Die im Folgenden genannten thermodynamischen Systeme dienen hier lediglich als Beispiele. Sie werden alle entweder in diesem Kapitel oder später im Buch noch im Detail behandelt.

2.1.1 Gase

Die relevanten mechanischen Variablen in einem Gas sind der Druck P, also die Kraft, die das Gas pro Flächeneinheit auf die Wand ausübt, und das Volumen V. Für den einfachen Fall eines *klassischen idealen Gases*, in dem sowohl die Wechselwirkung zwischen den Gasmolekülen als auch die Effekte ihrer endlichen Ausdehnung vernachlässigt werden, hat die Zustandsgleichung, die P und V verknüpft, bekanntermaßen die Form

$$PV = \nu RT \qquad \text{oder} \qquad PV = Nk_{\mathrm{B}}T \ ,$$

wenn ν die Mol- und N die Teilchenzahl des Gases ist. Wir haben dieses Gesetz für ideale Gase, das 1811 von Avogadro formuliert wurde, bereits bei den „historischen Höhepunkten" der Thermodynamik in Abschnitt [1.2] kennengelernt.

Für *reale Gase* ist diese Idealisierung sicherlich nicht adäquat, wie wir ebenfalls bereits aus der Einführung wissen. Eine sehr erfolgreiche Modellzustandsgleichung für reale Gase ist die *Van-der-Waals-Gleichung*:

$$\left(P + a\frac{N^2}{V^2} \right)(V - Nb) = Nk_{\mathrm{B}}T \, ,$$

die sogar den Übergang zwischen der gasförmigen und der flüssigen Phase phänomenologisch beschreiben kann. Die Interpretation der Van-der-Waals-Gleichung lässt sich sehr einfach an ihrer alternativen Schreibweise

$$P = \frac{Nk_{\mathrm{B}}T}{V - Nb} - a\frac{N^2}{V^2}$$

ablesen: Das effektiv verfügbare Volumen wird durch die *endliche Ausdehnung b* der N Gasteilchen um Nb verringert. Dementsprechend wird Nb auch als *ausgeschlossenes Volumen* bezeichnet. Außerdem wird der Druck im Vergleich zu einem idealen Gas in einem Volumen $V - Nb$ noch um einen Term $a\frac{N^2}{V^2}$ abgesenkt, der von der *attraktiven Van-der-Waals-Wechselwirkung* zwischen Teilchen herrührt und daher proportional zum Quadrat der Teilchendichte $\rho = N/V$ ist.

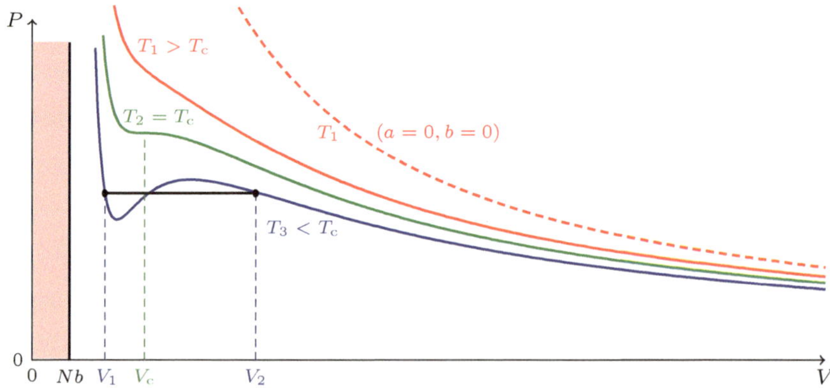

Abb. 2.1 Das P-V-Diagramm des Van-der-Waals-Gases

Einige drastische Effekte der Wechselwirkung und des ausgeschlossenen Volumens für das physikalische Verhalten des Gases sind bereits aus dem P-V-Diagramm in Abbildung 2.1 ersichtlich, in dem der Gasdruck P für drei unterschiedliche Temperaturen $T_1 > T_2 > T_3$ über dem Volumen V aufgetragen ist: Für die höhere Temperatur T_1 sagt die Van-der-Waals'sche Zustandsgleichung ein monoton abfallendes Verhalten von $P(V)$ vorher, wie es in der roten Kurve dargestellt ist. Man beachte jedoch, dass der Druck des *realen* Van-der-Waals-Gases auch für die Temperatur T_1 bereits merklich abgesenkt ist im Vergleich zum (rot gestrichelt eingezeichneten) Druck eines *idealen* Gases bei derselben Temperatur. Die (grün eingezeichnete) P-V-Kurve für die mittlere Temperatur T_2 zeigt, dass die Druckabsenkung relativ zum idealen Gas bereits so weit fortgeschritten ist, dass die Kurve für einen einzigen Volumenwert $V = V_c$ *waagerecht* verläuft. Für die noch niedrigere Temperatur $T_3 < T_2$ verläuft die (in Abb. 2.1 blau skizzierte) P-V-Kurve nicht mehr monoton fallend. Da die $P(V)$-Kurve für $T = T_2$ offensichtlich einen Übergang zwischen fundamental unterschiedlichen Kurvenverläufen markiert, bezeichnen wir T_2 als die „kritische" Temperatur ($T_2 = T_c$).

Im Laufe dieses Kapitels (speziell in Abschnitt [2.14] und in einigen Übungsaufgaben) werden wir ausführlich auf die Van-der-Waals-Gleichung und auf die Interpretation des P-V-Diagramms in Abb. 2.1 zurückkommen. Wir werden zeigen, dass bei der „kritischen" Temperatur T_c ein *Phasenübergang* zwischen einer Gasphase und einer flüssigen Phase auftritt und dass die nicht-monoton verlaufende (blaue) $P(V)$-Kurve für $T_3 < T_2$ aufgrund zwingender thermodynamischer Überlegungen zwischen den Volumenwerten V_1 und V_2 durch die schwarz eingezeichnete gerade Strecke zu ersetzen ist. Die schwarze Strecke ist dann als *Koexistenzbereich* der beiden Phasen „Gas" und „Flüssigkeit" zu interpretieren. Wegen des Auftretens eines Phasenübergangs ist die Van-der-Waals-Gleichung als phänomenologische Beschreibung realer Gase innerhalb der Thermodynamik von großer Bedeutung.

Es ist generell hilfreich, Zustandsgleichungen für reale Gase nach Potenzen der Teilchendichte $\rho = N/V$ zu entwickeln, da man aus den verschiedenen Ordnungen einer solchen Entwicklung bereits viel über die Wechselwirkungseffekte innerhalb des Gases lernt. Entwickelt man z. B. die Van-der-Waals'sche Zustandsgleichung nach Potenzen der Dichte, so erhält man:

$$P = \frac{\rho k_\mathrm{B} T}{1 - \rho b} - a\rho^2 = \rho k_\mathrm{B} T \left[1 + \rho \left(b - \frac{a}{k_\mathrm{B} T} \right) + \sum_{l=2}^{\infty} (\rho b)^l \right] .$$

Allgemein kann man eine Potenzreihenentwicklung für den Druck beliebiger realer Gase in der Form

$$P = \rho k_\mathrm{B} T \sum_{l=0}^{\infty} B_{l+1}(T) \rho^l = k_\mathrm{B} T \left[\rho + \sum_{l=2}^{\infty} B_l(T) \rho^l \right]$$

angeben, die als *Virialentwicklung* bezeichnet wird; die Koeffizienten $B_l(T)$ heißen dementsprechend *Virialkoeffizienten*. Für klassische Gase gilt allgemein $B_1(T) = 1$. Für den Spezialfall der Van-der-Waals-Gleichung erhält man außerdem $B_2(T) = b - \frac{a}{k_\mathrm{B} T}$ und $B_l(T) = b^{l-1}$ für $l > 2$. Tatsächlich findet man experimentell für viele Gase, dass $B_2(T) > 0$ für hohe und $B_2(T) < 0$ für niedrige Temperaturen gilt.

2.1.2 Elastizität

Das eindimensionale Analogon des Drucks – oder vielmehr: des *negativen* Drucks – ist die Seilspannung Σ (gemessen in N), die auf einen elastischen Draht ausgeübt wird und somit zu einer Längenänderung ΔL führt. Falls die Seilspannung nicht zu groß ist, gilt ein linearer Zusammenhang zwischen Σ und ΔL, der als „Hooke'sches Gesetz" bekannt ist:

$$\Sigma(\Delta L) = K(T) \frac{\Delta L}{L} \quad , \qquad \Delta L \equiv L - L_0 .$$

In dieser Zustandsgleichung, die nun die Dehnung ΔL mit der ausgeübten Kraft Σ verknüpft, ist L die Länge des Drahts, L_0 die Ruhelänge und $K(T)$ die entsprechende Proportionalitätskonstante. Die Wirkung der Seilspannung auf einen Draht ist in Abbildung 2.2 dargestellt. Die Dehnung des Drahts führt dazu, dass im Draht eine potentielle Energie $V(\Delta L)$ gespeichert ist:

$$V(\Delta L) = \int_0^{\Delta L} dx\, \Sigma(x) = \int_0^{\Delta L} dx\, \frac{K(T)}{L} x = \frac{K(T)}{2L}(\Delta L)^2 \,.$$

Da die Ruhelage $\Delta L = 0$ dem Gleichgewicht und somit dem *Potentialminimum* entsprechen soll, muss unbedingt $K(T) > 0$ gelten.

Abb. 2.2 Dehnung eines Drahts

Abb. 2.3 Einseitige Dehnung eines quaderförmigen Stabs

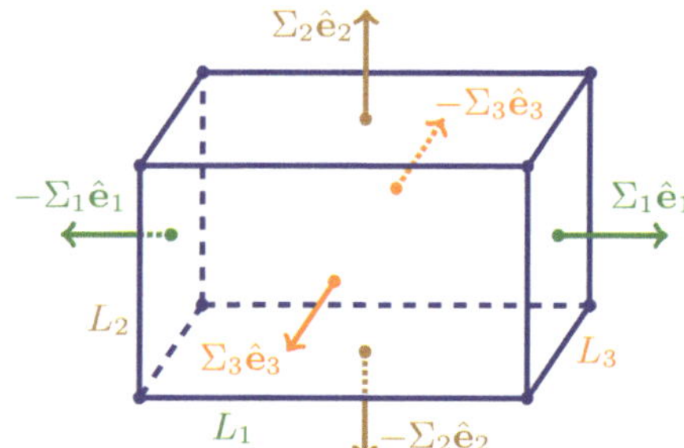

Abb. 2.4 Dreiseitige Dehnung eines dreidimensionalen Quaders

Ähnliche Zustandsgleichungen gibt es auch für elastische Körper in drei Dimensionen: Eine sehr schöne Darstellung findet sich in Ref. [36]. Zur Illustration betrachten wir zunächst – wie in Abbildung 2.3 dargestellt – statt des eindimensionalen Drahts einen (homogenen, isotropen) dreidimensionalen quaderförmigen Stab mit den Seitenlängen L_1, L_2 und L_3, auf dessen rechte und linke Seitenflächen die Kräfte $\boldsymbol{\Sigma}_1 = -pL_2L_3\hat{\mathbf{e}}_1$ bzw. $-\boldsymbol{\Sigma}_1 = pL_2L_3\hat{\mathbf{e}}_1$ wirken. Die Kräfte $\pm\boldsymbol{\Sigma}_1$ sollen wiederum nicht zu groß sein („Hooke'sches Gesetz"), gleichmäßig an den Seitenflächen angreifen und somit effektiv einem *Druck* $-p$ entsprechen. Eine *positive* $\hat{\mathbf{e}}_1$-Komponente der Kraft $\boldsymbol{\Sigma}_1$ führt also zu einer Dehnung des Stabs und entspricht somit einem *negativen* Druck (und umgekehrt). Die Wirkung der Kräfte auf die beiden Seitenflächen führt im Allgemeinen nicht nur zu einer *Dehnung* des Stabs in $\hat{\mathbf{e}}_1$-Richtung, sondern auch zu einer *Querkontraktion* in $\hat{\mathbf{e}}_2$- und $\hat{\mathbf{e}}_3$-Richtung:

$$\frac{\Delta L_1}{L_1} = -\alpha p \quad , \qquad \frac{\Delta L_2}{L_2} = \frac{\Delta L_3}{L_3} = \sigma\alpha p \,. \tag{2.1}$$

Hierbei sind die Materialparameter α und σ grundsätzlich temperaturabhängig. Der Parameter $\alpha(T)$ wird als *Elastizitätskoeffizient* und $\sigma(T)$ als *Querkontraktionskoeffizient* bezeichnet. Aus der Forderung, dass die Ruhelage dem Potentialminimum entsprechen soll, folgt nun die Eigenschaft $\alpha(T) > 0$.

Übt man im Beispiel des dreidimensionalen quaderförmigen Stabs – wie in Abbildung 2.4 dargestellt – in allen drei Raumrichtungen Kräfte $\pm\Sigma_i\hat{\mathbf{e}}_i$ mit

$$\Sigma_1 = -p_1L_2L_3 \quad , \quad \Sigma_2 = -p_2L_1L_3 \quad , \quad \Sigma_3 = -p_3L_1L_2$$

auf die Seitenflächen aus, so ergibt die Überlagerung der in Gleichung (2.1) für eine einseitige Dehnung bestimmten Ergebnisse die Zustandsgleichung:

$$\begin{pmatrix} \Delta L_1/L_1 \\ \Delta L_2/L_2 \\ \Delta L_3/L_3 \end{pmatrix} = -\chi_{\mathrm{el}}(T) \begin{pmatrix} p_1 \\ p_2 \\ p_3 \end{pmatrix} \quad , \quad \chi_{\mathrm{el}}(T) \equiv \alpha \begin{pmatrix} 1 & -\sigma & -\sigma \\ -\sigma & 1 & -\sigma \\ -\sigma & -\sigma & 1 \end{pmatrix} . \tag{2.2}$$

Die Forderung, dass die Ruhelage dem Potentialminimum entsprechen soll, impliziert nun aufgrund des Prinzips „Arbeit = Kraft × Weg":

$$0 \le \int_0^1 d\lambda \sum_{i=1}^3 (\lambda \Sigma_i) \Delta L_i = -\tfrac{1}{2} V \begin{pmatrix} p_1 \\ p_2 \\ p_3 \end{pmatrix} \cdot \begin{pmatrix} \Delta L_1/L_1 \\ \Delta L_2/L_2 \\ \Delta L_3/L_3 \end{pmatrix} = \tfrac{1}{2} V \mathbf{p}^{\mathrm{T}} \chi_{\mathrm{el}}(T) \mathbf{p} .$$

Die rechte Seite dieser Ungleichung kann aber nur dann für alle möglichen Kombinationen von Drücken $\mathbf{p} = (p_1, p_2, p_3) \ne \mathbf{0}$ positiv sein, sodass die Ruhelage *eindeutig* ist, wenn die Matrix $\chi_{\mathrm{el}}(T)$ positiv definit ist. Dies erfordert, dass die drei Eigenwerte von $\chi_{\mathrm{el}}(T)$ [also $\alpha(1 - 2\sigma)$ und zweimal $\alpha(1 + \sigma)$] positiv sein müssen. Wegen $\alpha > 0$ folgt hieraus schließlich die wichtige Ungleichung $-1 < \sigma < \tfrac{1}{2}$ für den Querkontraktionskoeffizienten σ. In der Praxis beobachtet man übrigens in der Regel, dass eine Dehnung in einer Richtung mit einer *Kontraktion* ($\sigma \ge 0$) in den beiden orthogonalen Raumrichtungen einhergeht, sodass *praktisch* die schärfere Ungleichung $0 \le \sigma < \tfrac{1}{2}$ gilt. Die (wenigen) Materialen mit negativem Querkontraktionskoeffizienten ($-1 < \sigma < 0$) werden als *auxetisch* bezeichnet [von Griechisch αὐξητικός („wachsend")].

2.1.3 Magnetische Materialien

Magnetismus ist ein hochinteressantes und kompliziertes Phänomen, das primär von der Elektron-Elektron-Wechselwirkung im Festkörper hervorgerufen wird. Es gibt viele Modelle, die diese Wechselwirkung und den aus ihr hervorgehenden „spontanen" Magnetismus bei tieferen Temperaturen beschreiben können [man denke an das berühmte *Ising-Modell* (1.6), das bereits in der Einführung zur Sprache kam]. Bei höheren Temperaturen ist die Wechselwirkung zwischen magnetischen Momenten jedoch unwichtig. Das Verhalten von magnetischen Materialien in einem äußeren Feld $\mathbf{H}$ wird dann durch das Curie'sche Gesetz beschrieben:

$$\mathbf{M} = \chi_{\mathrm{m}}(T) \mathbf{H} \quad , \quad \chi_{\mathrm{m}}(T) \sim \frac{\mathrm{const.}}{T} \quad , \quad \mathbf{H} = \frac{1}{\mu_0} \mathbf{B} - \mathbf{M} . \tag{2.3}$$

Hierbei wird $\chi_{\mathrm{m}}(T)$ als magnetische Suszeptibilität bezeichnet. Zustandsgleichungen der Form $\mathbf{M} = \chi_{\mathrm{m}}(T) \mathbf{H}$ sind natürlich nur näherungsweise gültig. Es wird angenommen, dass das Medium *linear* ist, d. h., dass Beiträge zur Magnetisierung $\mathbf{M}$, die nicht-linear von $\mathbf{H}$ abhängen, vernachlässigt werden können. In *anisotropen* linearen Medien soll $\chi_{\mathrm{m}}(T)$, analog zur Matrix $\chi_{\mathrm{el}}(T)$ in Abschnitt [2.1.2], als *Tensor* interpretiert werden.

Es ist daher klar, dass ein Gesetz wie (2.3) nur für nicht zu starke Magnetfelder gelten kann: Für hinreichend starke $\mathbf{H}$-Felder werden in der $\mathbf{M}(\mathbf{H})$-Beziehung sicherlich auch nicht-lineare Terme auftreten. Es ist sogar durchaus denkbar, dass die Magnetisierung nicht eindeutig durch das $\mathbf{H}$-Feld bestimmt wird: Falls *Hysterese* auftritt (also eine Abhängigkeit der Magnetisierung von der Art der Präparation der Probe), existiert keine einfache Zustandsgleichung der Form $\mathbf{M} = \mathbf{M}(\mathbf{H})$. Im Folgenden nehmen wir daher in der Regel an, dass die zu beschreibenden thermodynamischen Systeme eindeutige Zustandsgleichungen besitzen und daher insbesondere keine Hysterese aufweisen.

2.1.4 Dielektrika

Wird ein nichtleitendes Material (Dielektrikum) einem elektrischen Feld $\mathbf{E}$ ausgesetzt, dann entsteht eine Polarisation $\mathbf{P}$ des Mediums, die (für nicht zu starke Felder) eine lineare Funktion von $\mathbf{E}$ ist:

$$\frac{1}{\varepsilon_0}\mathbf{P} = \chi_{\mathrm{e}}(T)\mathbf{E} \quad , \quad \chi_{\mathrm{e}}(T) \sim a + \frac{b}{T} \ .$$

Hierbei soll die Temperatur T wiederum nicht zu niedrig sein. Außerdem gilt die angegebene Formel auch in diesem Fall nur für lineare Medien, wobei $\chi_{\mathrm{e}}(T)$ für anisotrope Systeme Tensorcharakter hat; wir nehmen also implizit an, dass keine Hysterese auftritt.

2.1.5 Weitere Beispiele

Zwei weitere Beispiele von Kräften, die makroskopische Eigenschaften eines thermodynamischen Systems und somit ihre Zustandsgleichungen beeinflussen, sind Beschleunigungen oder Schwerkraftfelder, die den Schwerpunkt eines Körpers ändern können, und Rotationen, die durch eine Winkelgeschwindigkeit $\boldsymbol{\Omega}$ Einfluss auf den Drehimpuls $\mathbf{L}$ haben.

2.2 Einige Definitionen

Um die Hauptsätze der Thermodynamik sinnvoll diskutieren zu können, sollten die folgenden Begriffe geklärt sein:

- *Thermodynamische Variable* sind messbare makroskopische Größen, wie die *thermischen* Variablen Temperatur und Entropie (T, S), die *mechanischen* Variablen $(-P, V)$, (Σ, L), $(\mathbf{E}, \mathbf{p})$, $(\mathbf{H}, \mathbf{m})$ und $(\boldsymbol{\omega}, \mathbf{L})$ oder die *chemischen* Variablen $\{\mu_i, N_i\} \equiv (\boldsymbol{\mu}, \mathbf{N})$, wobei der Index i die verschiedenen Teilchensorten mit entsprechendem chemischem Potential μ_i bezeichnet. Die Größen $\mathbf{p}$ und $\mathbf{m}$ stellen *elektrische* bzw. *magnetische Dipolmomente* dar, die gemäß

$$\mathbf{p} \equiv \int_V d\mathbf{x}\, \mathbf{P}(\mathbf{x}) \quad , \quad \mathbf{m} \equiv \int_V d\mathbf{x}\, \mathbf{M}(\mathbf{x})$$

  mit den lokal definierten Größen Polarisation $\mathbf{P}(\mathbf{x})$ und Magnetisierung $\mathbf{M}(\mathbf{x})$ zusammenhängen. Thermodynamische Variable sind entweder *extensiv* (proportional zur Systemgröße) oder *intensiv* (unabhängig von der Systemgröße). Beispiele für extensive Variable sind die Entropie S, das Volumen V, die Länge L, die Teilchenzahlen $\mathbf{N}$, das elektrische Dipolmoment $\mathbf{p}$, das magnetische Dipolmoment $\mathbf{m}$ oder der Drehimpuls $\mathbf{L}$. Beispiele für intensive Variable sind die Temperatur T, der (negative) Druck $-P$, die Spannung Σ, die chemischen Potentiale $\boldsymbol{\mu}$ der verschiedenen Teilchensorten, das elektrische Feld $\mathbf{E}$, das Magnetfeld $\mathbf{H}$ oder die Winkelgeschwindigkeit $\boldsymbol{\omega}$. Die Bedeutung eines „chemischen Potentials" wird spätestens bei der Behandlung des *ersten Hauptsatzes* der Thermodynamik in Abschnitt [2.4] deutlich.

- Ein *thermodynamischer Zustand* wird durch einen ausreichenden Satz thermodynamischer Variabler charakterisiert.

- *Thermodynamisches Gleichgewicht* liegt vor, wenn der thermodynamische Zustand sich nicht zeitlich ändert.

- Eine *thermodynamische Transformation* ist eine Zustandsänderung. Für ein Gleichgewichtssystem kann eine Transformation nur durch äußere Einflüsse hervorgerufen werden. Die Transformation heißt *quasi-statisch*, wenn sie so langsam vollzogen wird, dass das System sich ständig näherungsweise im Gleichgewicht befindet. Die Transformation heißt *reversibel*, wenn sie bei einer Umkehrung der äußeren Einflüsse vollständig rückgängig gemacht werden kann. Reversible Transformationen sind quasi-statisch; das Umgekehrte ist nicht notwendigerweise wahr. Eine Transformation, die nicht reversibel ist, heißt *irreversibel*. Irreversible Prozesse sind häufig schnell und gehen mit Reibung einher; die Zwischenzustände sind in diesem Fall keine Gleichgewichtszustände. Es ist jedoch durchaus möglich, dass auch langsame (quasi-statische) Prozesse irreversibel sind; man denke zum Beispiel an eine insgesamt makroskopische freie Expansion eines Gases, die jedoch sehr langsam (in vielen kleinen Schritten) durchgeführt wird (vgl. Übungsaufgabe 2.10).

- *Wärme* ist diejenige Energieform, die von einem homogenen System absorbiert wird, wenn seine Temperatur ansteigt, ohne dass Arbeit geleistet wird oder sich die Teilchenzahl ändert.

- Ein *Wärmebad* ist ein so großes System, dass die Aufnahme oder Abgabe von endlichen Wärmemengen seine Temperatur nicht merkbar ändert.

- *Trennwände* zwischen zwei thermodynamischen Systemen A und B können *thermisch leitend* oder *thermisch isolierend* sein. Keine der beiden Varianten ist durchlässig für Materie; die leitende Trennwand ist jedoch durchlässig für Wärme, die isolierende nicht. Im Fall einer (unbeweglichen) isolierenden Trennwand hat eine Zustandsänderung im System A keinen Einfluss auf B und umgekehrt.

- Ein thermodynamisches System kann *isoliert*, *geschlossen* oder *offen* sein. Ein isoliertes System kann keine Materie und keine Wärme, ein geschlossenes System Wärme, aber keine Materie, und ein offenes System sowohl Wärme als auch Materie mit der Umgebung austauschen.

- Ein *adiabatischer Prozess* ist eine Zustandsänderung in einem isolierten System. Es findet also kein Austausch von Wärme oder Materie mit der Umgebung statt.

Mit Hilfe dieser Definitionen sind wir nun imstande, die Hauptsätze der Thermodynamik zu formulieren und ihre konkreten Konsequenzen zu analysieren.

2.3 Der nullte Hauptsatz

Im vorigen Abschnitt wurde das thermodynamische Gleichgewicht eines *einzelnen* Systems dadurch definiert, dass sein thermodynamischer Zustand sich zeitlich nicht ändern soll. Analog bezeichnen wir zwei Systeme als *im thermischen Gleichgewicht miteinander*, wenn sich ihre Zustände nicht zeitlich ändern, falls sie durch eine thermisch leitende Wand miteinander in Kontakt gebracht werden. Für Systeme im thermischen Gleichgewicht gilt der nullte Hauptsatz der Thermodynamik: „*Befindet sich System A im thermischen Gleichgewicht mit System B, und B ebenso mit einem dritten System C, dann sind auch A und C im thermischen Gleichgewicht miteinander.*" Führen wir die Notation

$$A \overset{\mathrm{T}}{\sim} B$$

für die Relation zweier thermodynamischer Systeme A und B ein, die sich miteinander im thermischen Gleichgewicht befinden, dann besagt der nullte Hauptsatz also, dass diese Relation transitiv ist:

$$\boxed{\; A \overset{\mathrm{T}}{\sim} B \;\wedge\; B \overset{\mathrm{T}}{\sim} C \;\;\Rightarrow\;\; A \overset{\mathrm{T}}{\sim} C \;. \;}$$

Da die Relation $\overset{\mathrm{T}}{\sim}$ trivialerweise reflexiv:

$$A \overset{\mathrm{T}}{\sim} A$$

und symmetrisch ist:

$$A \overset{\mathrm{T}}{\sim} B \;\;\Rightarrow\;\; B \overset{\mathrm{T}}{\sim} A \;,$$

liegt also eine *Äquivalenzrelation* vor. Der nullte Hauptsatz unterteilt die Gesamtheit aller thermodynamischen Systeme also in Äquivalenzklassen: Alle Systeme einer Klasse sind miteinander im thermischen Gleichgewicht.

Diese Äquivalenzrelation ermöglicht die Konstruktion eines *Thermometers*: Ein System B_ϑ, das, abhängig von seinem thermodynamischen Zustand ϑ, mehreren Äquivalenzklassen angehören kann, ist als Thermometer zu gebrauchen. Der Parameter ϑ, der den Zustand von B charakterisiert, wird dann die *empirische Temperatur* genannt. Diese empirische Temperatur ist eine Funktion der später einzuführenden absoluten Temperatur T. In der Thermometrie ist es daher essenziell, die Beziehung $\vartheta(T)$ möglichst genau festzulegen. In der Praxis ist es natürlich so, dass ein Thermometer anfangs im Allgemeinen noch nicht im thermischen Gleichgewicht ist mit dem System, dessen empirische Temperatur zu bestimmen ist. Damit das zu untersuchende System möglichst wenig gestört wird, sollte das Thermometer also eine möglichst kleine Wärmekapazität haben. Umgekehrt stellt das System also ein effektives Wärmebad für das Thermometer dar.

Wichtig ist noch, dass man die Äquivalenzklassen thermodynamischer Systeme mit Hilfe eines speziellen Thermometers (z. B. eines Gas- oder Quecksilberthermometers) *ordnen* kann: System B heißt *wärmer* als System A, falls die vom Thermometer angegebene empirische Temperatur von System B „höher" ist (d. h., falls das

Gasvolumen bei konstantem Druck bzw. die Länge des Quecksilberfadens größer ist). Wir deuten die Relation „A ist kälter als B" an durch

$$A \overset{\mathrm{T}}{<} B \,.$$

Diese Ordnungsrelation ist rechtsgerichtet, da es zu jedem Paar von Systemen (A, B) immer ein noch wärmeres System C, aber zum Grundzustand eines thermodynamischen Systems kein noch kälteres System gibt. Diese Ordnungsrelation ist dann natürlich auch unabhängig vom verwendeten Thermometer.

2.4   Der erste Hauptsatz

Der erste Hauptsatz kann in der folgenden Gleichung zusammengefasst werden:

$$\boxed{dU = đQ - đW + \sum_i \mu_i dN_i \,.} \tag{2.4}$$

Diese Gleichung besagt, dass ein thermodynamisches System eine Energiemenge U, die *innere Energie*, enthält, die sich dadurch ändern kann, dass dem System eine Wärmemenge $đQ$ zugeführt wird, dass das System eine Energiemenge $đW$ in mechanische Arbeit umsetzt oder dass dem System Materie (also chemische Energie) zugeführt wird.[1] Die Summe im Materieterm deutet an, dass das System durchaus aus verschiedenen Teilchensorten mit unterschiedlichen Teilchenzahlen N_i und chemischen Potentialen μ_i aufgebaut sein darf. Der Bezeichnung „innere" Energie rührt daher, dass U für Systeme definiert ist, deren Massenschwerpunkt im Inertialsystem des Beobachters *ruht*. Die kinetische Energie des Massenschwerpunkts wird hierbei also nicht mitberücksichtigt.

Die vom System geleistete mechanische Arbeit $đW$ im ersten Hauptsatz (2.4) kann aus verschiedenen Quellen stammen:

$$đW = PdV - \Sigma dL - \mathbf{E} \cdot d\mathbf{p} - \mu_0 \mathbf{H} \cdot d\mathbf{m} - \boldsymbol{\omega} \cdot d\mathbf{L} + \cdots = -\mathbf{Y} \cdot d\mathbf{X} \,, \tag{2.5}$$

wobei wir die thermodynamischen Variablen

$$(-P, \Sigma, \mathbf{E}, \mu_0 \mathbf{H}, \boldsymbol{\omega}, \cdots) \equiv \mathbf{Y}$$

als die auf das System wirkenden *verallgemeinerten Kräfte* und die Variablen

$$(V, L, \mathbf{p}, \mathbf{m}, \mathbf{L}, \cdots) \equiv \mathbf{X}$$

als die *verallgemeinerten Koordinaten* auffassen können. Dieser Sprachgebrauch ist analog zur Klassischen Mechanik, in der die allgemeine Bewegungsgleichung $m\ddot{\mathbf{x}} = \mathbf{F}(\mathbf{x}, \dot{\mathbf{x}}, t)$ für die Zeitabhängigkeit des Ortsvektors $\mathbf{x}(t)$ eines Teilchens ebenfalls zu einer Beziehung der Form

$$dE_{\mathrm{kin}} = d\left(\tfrac{1}{2} m\dot{\mathbf{x}}^2\right) = \mathbf{F} \cdot d\mathbf{x}$$

---

[1]Hierbei können $đQ$, $đW$, $\mu_i dN_i$ und dU selbstverständlich auch *negativ* sein. Das Zuführen einer *negativen* Energie entspricht dem *Abführen* einer positiven. Die Notation $đ$ (im Unterschied zum Differential „d") wird später unter Gleichung (2.7) erklärt.

führt. Die ersten beiden Terme PdV und $-\Sigma dL$ in Gleichung (2.5) haben auch genau die Form $\mathbf{F} \cdot d\mathbf{x}$, sodass die Analogie zur Klassischen Mechanik klar ersichtlich ist. Auch der Term $-\boldsymbol{\omega} \cdot d\mathbf{L}$ folgt direkt durch eine statistische Mittelung aus der Klassischen Mechanik – die Herleitung dieses Terms wird in Anhang [A.1] behandelt. In Anhang [A.2] besprechen wir dann die elektro- bzw. magnetostatischen Terme $-\mathbf{E} \cdot d\mathbf{p}$ und $-\mu_0 \mathbf{H} \cdot d\mathbf{m}$. Diese beiden Terme sind interpretationsbedürftig, da sie die Trennung von Materie- und Feldfreiheitsgraden erfordern.

Aufgrund von Gleichung (2.5) und mit den Definitionen $\boldsymbol{\mu} \equiv (\mu_1, \mu_2, \cdots)$ und $\mathbf{N} \equiv (N_1, N_2, \cdots)$ lautet der erste Hauptsatz (2.4) in kompakter Notation:

$$\boxed{dU = \dbar Q + \mathbf{Y} \cdot d\mathbf{X} + \boldsymbol{\mu} \cdot d\mathbf{N} \, .} \tag{2.6}$$

Er besagt also, dass die innere Energie aus thermischer, mechanischer und chemischer Energie aufgebaut ist und dass diese Energieformen ineinander umgewandelt werden können und daher äquivalent sind.

Die thermodynamischen Größen $(U, \mathbf{X}, \mathbf{N})$ sind *Zustandsgrößen*, d. h., sie sind eindeutig durch den thermodynamischen Zustand eines Systems festgelegt. Kehrt das System nach einer Zustandsänderung wieder in die Ausgangslage zurück,[2] so hat sich z. B. die innere Energie insgesamt nicht geändert,

$$\oint dU = 0 \, , \tag{2.7}$$

und Analoges gilt für andere Zustandsgrößen: $\oint d\mathbf{X} = \mathbf{0}$ bzw. $\oint d\mathbf{N} = \mathbf{0}$. Gleichung (2.7) bedeutet mathematisch, dass dU ein *exaktes Differential* ist. In diesem Fall ist die Notation „df" üblich für infinitesimale Änderungen einer Größe f. Ganz anders ist die Situation bei den Änderungen $\dbar Q$ und $\dbar W$ der Wärme bzw. der mechanischen Energie, die zwar auch Differentialformen erster Ordnung darstellen, jedoch im Allgemeinen *nicht* als Differentiale von Funktionen Q oder W interpretiert werden können. In diesem Fall sind Integrale über geschlossene Wege keineswegs unbedingt gleich null; es liegt also kein exaktes Differential vor. Um den Unterschied zum Ausdruck zu bringen, wird traditionell meist das Symbol „$\dbar$" verwendet.[3]

2.5 Die Carnot-Maschine

Sadi Carnot hat sich um 1824 Gedanken über die Maximierung des Wirkungsgrades von Wärmemaschinen gemacht und in diesem Kontext eine periodisch arbeitende Maschine vorgeschlagen, die nur *reversible* Arbeitsprozesse ausführt. Wie in den Abbildungen 2.5 und 2.6 schematisch dargestellt, findet in jeder Periode ein Kreisprozess („Carnot-Prozess") statt, der aus vier reversiblen Schritten aufgebaut ist:

$1 \to 2:$ isotherme Absorption der Wärmemenge ΔQ_+ aus einem Wärmebad mit der (empirischen) Temperatur ϑ_+,

---

[2] Eine solche Zustandsänderung kann also als „geschlossener Weg" im Raum der thermodynamischen Zustände angesehen werden. Man denke z. B. an eine reversible zeitliche Änderung der Temperatur T, der verallgemeinerten Kräfte $\mathbf{Y}$ und der chemischen Potentiale $\boldsymbol{\mu}$, deren Anfangs- und Endwerte zur Zeit t_i bzw. t_f gleich sind: $\{T(t_i), \mathbf{Y}(t_i), \boldsymbol{\mu}(t_i)\} = \{T(t_f), \mathbf{Y}(t_f), \boldsymbol{\mu}(t_f)\}$.

[3] Statt „$\dbar$" findet man gelegentlich auch die unglückliche, da mehrdeutige Notation δ.

$2 \to 3$: adiabatische Zustandsänderung von der *höheren* Temperatur ϑ_+ zur *niedrigeren* empirischen Temperatur $\vartheta_- < \vartheta_+$,

$3 \to 4$: isotherme Abgabe der Wärmemenge ΔQ_- an ein Wärmebad mit der niedrigeren Temperatur ϑ_-,

$4 \to 1$: adiabatische Rückkehr in den Ausgangszustand mit der Temperatur ϑ_+.

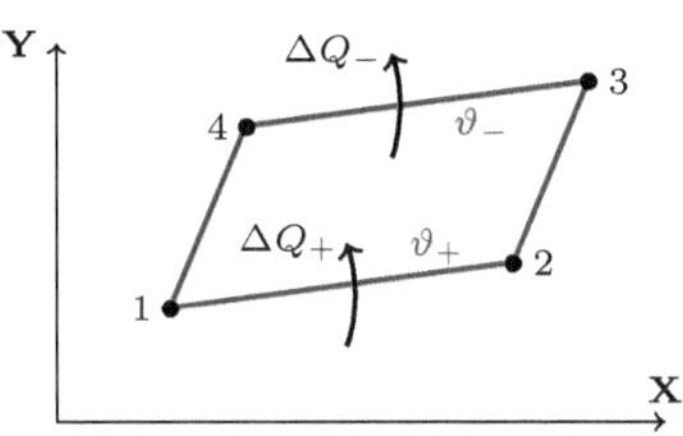

Abb. 2.5 Carnot-Prozess im
X-**Y**-Diagramm

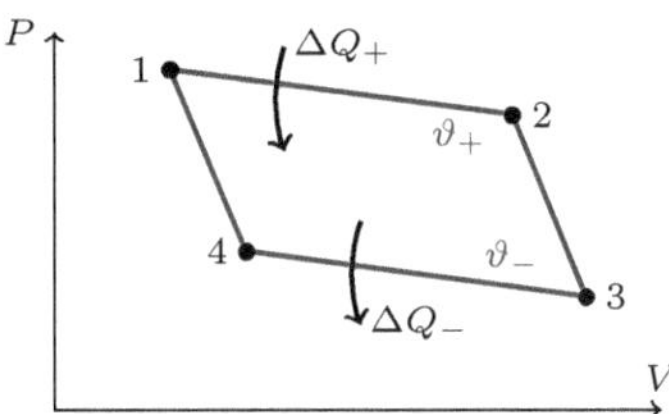

Abb. 2.6 Carnot-Prozess im
P-*V*-Diagramm

Es ist wichtig zu verstehen, dass der so definierte Carnot-Prozess völlig allgemein ist: Es werden keine Annahmen über die konkrete Natur der Arbeitssubstanz oder über die mechanischen Variablen **Y** und **X** gemacht. In Abb. 2.5 findet sich eine qualitative Skizze der Isothermen und Adiabaten[4] des *allgemeinen* Carnot-Prozesses im **Y**-**X**-Diagramm. Man beachte, dass dieser *allgemeine* Carnot-Prozess $1 \to 2 \to 3 \to 4 \to 1$ *gegen* den Uhrzeigersinn verläuft. Zum Vergleich wird in Abb. 2.6 der *spezielle* Carnot-Prozess für den Fall skizziert, dass die Arbeitssubstanz ein einfaches klassisches ideales Gas (oder ein reales Gas bei niedriger Dichte) ist. Die Umlaufrichtung im *P*-*V*-Diagramm (nun *im* Uhrzeigersinn) weicht natürlich von derjenigen im allgemeinen **Y**-**X**-Diagramm ab, da **Y** im Fall eines Gases dem *negativen* Druck entspricht. Die Arbeitsvorgänge beim idealen Gas sind: $(1 \to 2)$ isotherme Expansion unter Wärmezufuhr, $(2 \to 3)$ adiabatische Expansion, $(3 \to 4)$ isotherme Kompression mit Wärmeabgabe und $(4 \to 1)$ adiabatische Kompression.

Wir betrachten den allgemeinen Carnot-Prozess im **Y**-**X**-Diagramm (Abb. 2.5) etwas genauer. Die während einer Periode[5] von der Maschine geleistete Arbeit ist gleich

$$\Delta W = \oint dW = - \oint \mathbf{Y} \cdot d\mathbf{X} \, ,$$

wobei die während einer Periode geleistete Arbeit ΔW im Allgemeinen *positiv* ist.[6] Wir definieren den *Wirkungsgrad* η der Carnot-Maschine als das Verhältnis der geleisteten Arbeit zur im Vorgang (a) absorbierten Wärme:

$$\eta \equiv \frac{\Delta W}{\Delta Q_+} \, .$$

---

[4]Wie der Name schon andeutet, sind *Isothermen* Kurven konstanter Temperatur und *Adiabaten* (oder „Isentropen") Kurven konstanter Entropie (also ohne Wärmeaustausch).

[5]Diese Darstellung der geleisteten Arbeit als Kreisintegral im **Y**-**X**-Raum zeigt übrigens, dass die „periodisch" arbeitende Maschine keineswegs *zeitlich* periodisch funktionieren muss. Es sollen nur im Zustandsraum immer wieder die gleichen Arbeitsvorgänge wiederholt werden.

[6]Dies ist im Fall des idealen Gases ohne Weiteres klar, da $\Delta W = \oint PdV$ die Fläche des von der Kurve $1 \to 2 \to 3 \to 4 \to 1$ umschlossenen Gebiets darstellt. Im Allgemeinen folgt dies aus dem zweiten Hauptsatz (siehe Abschnitt [2.6]), da dieser impliziert, dass der Wirkungsgrad aller Carnot-Prozesse gleich ist.

Aufgrund des ersten Hauptsatzes gibt es einen einfachen Zusammenhang zwischen ΔW und den Wärmemengen ΔQ_λ $(\lambda = \pm)$. Da die innere Energie eine Zustandsgröße ist und daher vor und nach dem Zyklus $1 \to 2 \to 3 \to 4 \to 1$ gleich ist, gilt:

$$0 = \Delta U = \Delta Q - \Delta W = \Delta Q_+ - \Delta Q_- - \Delta W \quad \text{bzw.} \quad \Delta W = \Delta Q_+ - \Delta Q_- \,.$$

Man kann den Wirkungsgrad des Carnot-Prozesses daher auch in der Form

$$\boxed{\eta = 1 - \frac{\Delta Q_-}{\Delta Q_+}} \tag{2.8}$$

schreiben. Wir werden im Folgenden sehen, dass aufgrund des zweiten Hauptsatzes der Wirkungsgrad einer Carnot-Maschine immer positiv ist, den Wert Eins jedoch nicht erreichen kann. Die bei der tieferen Temperatur ϑ_- abgegebene Wärmemenge ist also *kleiner* als die bei ϑ_+ absorbierte. Im Endeffekt wird also Wärme aus der Umgebung absorbiert und in Arbeit umgesetzt.

Als konkretes Beispiel betrachten wir den schematisch in Abb. 2.6 dargestellten Carnot-Prozess mit einem klassischen einatomigen idealen Gas als Arbeitssubstanz, $(\mathbf{Y}, \mathbf{X}) = (-P, V)$. Das klassische Gas hat die innere Energie $U = \frac{3}{2}\nu RT$ und erfüllt die Zustandsgleichung $PV = \nu RT$, wobei ν die Molzahl ist.

Im ersten Arbeitsschritt, $1 \to 2$, findet eine *isotherme* Expansion statt. Da die Temperatur konstant ist, ändert sich in diesem Arbeitsschritt auch die innere Energie $U = \frac{3}{2}\nu RT$ nicht. Es folgt daher: $0 = dU = đQ - đW$, sodass die absorbierte Wärme durch

$$đQ = PdV = \nu RT_+ \frac{dV}{V}$$

gegeben ist. Durch Integration ergibt sich:

$$\Delta Q_+ = \nu RT_+ \int_{V_1}^{V_2} d(\ln V) = \nu RT_+ \ln\left(\frac{V_2}{V_1}\right) . \tag{2.9}$$

Im zweiten Arbeitsschritt wird eine *adiabatische* Expansion vorgenommen. Es findet also kein Wärmeaustausch zwischen System und Umgebung statt, $đQ = 0$. Aufgrund des ersten Hauptsatzes gilt daher $dU = -đW$ und somit auch:

$$\tfrac{3}{2}\nu RdT = -PdV = -\frac{\nu RT}{V}dV \,.$$

Es folgt

$$\frac{3}{2}\frac{dT}{T} + \frac{dV}{V} = d\big[\ln(T^{3/2}V)\big] = 0 \,, \tag{2.10}$$

sodass die Größe $T^{3/2}V$ während dieses adiabatischen Vorgangs konstant ist. Insbesondere findet man eine Beziehung zwischen den Zustandsgrößen in Zustand 2 und 3, nämlich

$$T_+^{3/2}V_2 = T_-^{3/2}V_3 \,. \tag{2.11}$$

Im dritten Arbeitsschritt (isotherme Kompression, $3 \to 4$) findet man analog zum Schritt $1 \to 2$:

$$\Delta Q_- = \nu R T_- \ln\left(\frac{V_3}{V_4}\right), \tag{2.12}$$

und der vierte Schritt (adiabatische Kompression, $4 \to 1$) ergibt:

$$T_+^{3/2} V_1 = T_-^{3/2} V_4 . \tag{2.13}$$

Aus (2.13) und (2.11) folgt eine einfache Beziehung für die Volumina der Zustände 1, 2, 3 und 4:

$$\frac{V_2}{V_1} = \frac{V_3}{V_4} . \tag{2.14}$$

Durch Einsetzen von (2.9) und (2.12) in (2.8) unter Verwendung von (2.14) ergibt sich nun sofort der lediglich von den Arbeitstemperaturen T_+ und T_- abhängige Ausdruck

$$\boxed{\eta = 1 - \frac{\Delta Q_-}{\Delta Q_+} = 1 - \frac{T_- \ln(V_3/V_4)}{T_+ \ln(V_2/V_1)} = 1 - \frac{T_-}{T_+}} \tag{2.15}$$

für den Wirkungsgrad einer Carnot-Maschine mit einem klassischen idealen Gas als Arbeitssubstanz. Tatsächlich sieht man, dass $0 < \eta < 1$ gilt, da T_- die niedrigere der beiden (absoluten) Temperaturen ist: $0 < T_- < T_+ < \infty$. Der Wirkungsgrad der Maschine ist möglichst groß, wenn die Temperaturdifferenz $\Delta T = T_+ - T_-$ zwischen beiden Bädern möglichst groß ist.

Aufgrund unserer Analyse des Carnot-Prozesses mit einem klassischen idealen Gas als Arbeitssubstanz können wir diesen Zyklus nun auch quantitativ korrekt in einem P-V-Diagramm darstellen. Das Ergebnis findet sich in Abbildung 2.7. Man sieht, dass dieser Zyklus tatsächlich die gleiche Struktur wie die schematische Darstellung in Abb. 2.6 hat, im Detail jedoch erheblich davon abweicht. Die Volumenabhängigkeit des Drucks ist für die *isothermen* Arbeitsschritte $1 \to 2$ und $3 \to 4$ durch $P \propto V^{-1}$ gegeben. Für die *adiabatischen* Arbeitsschritte $2 \to 3$ und $4 \to 1$ gilt $P \propto T/V \propto V^{-5/3}$, wobei also eingeht, dass $T^{3/2}V$ (und somit auch $TV^{2/3}$) während eines adiabatischen Vorgangs konstant ist.

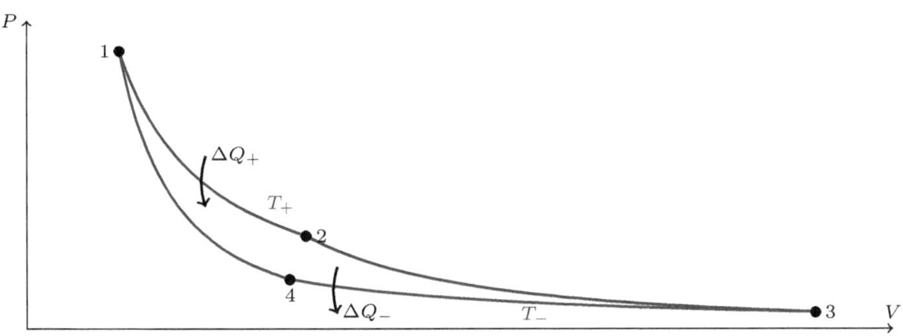

Abb. 2.7 Carnot-Prozess im P-V-Diagramm eines klassischen idealen Gases

Man kann den Carnot-Prozess natürlich auch umkehren, da er per definitionem reversibel ist. Die umgekehrte Carnot-Maschine gibt periodisch Wärme an die Umgebung ab, wenn an der Maschine Arbeit geleistet wird. Der umgekehrte Carnot-Prozess definiert also eine *Kältemaschine*; eine typische Anwendung ist der Kühlschrank.

2.6   Der zweite Hauptsatz

Der erste Hauptsatz reicht offensichtlich nicht aus, um das Verhalten thermodynamischer Systeme zu beschreiben. Es gibt Prozesse, die das Gesetz der Energieerhaltung erfüllen und dennoch nie beobachtet werden. So gleichen sich zum Beispiel zwischen Körpern, die in thermodynamischen Kontakt gebracht werden, Temperaturdifferenzen aus; man sieht nie, dass sie anwachsen. Gas verteilt sich gleichmäßig über einen Behälter; man sieht nie, dass es sich spontan in eine Ecke zurückzieht und im restlichen Behälter ein Vakuum entsteht. Um solche experimentellen Fakten in der Thermodynamik zu berücksichtigen, benötigt man den *zweiten* Hauptsatz, der in verschiedenen Formulierungen vorliegt. Erwähnt seien nur die Formulierungen von William Thomson (Lord Kelvin) und Rudolf Clausius:

Kelvin: Es gibt keine thermodynamische Transformation, deren *einziger* Effekt ist, einem Wärmebad Wärme zu entnehmen und diese vollständig in Arbeit umzusetzen.

Clausius: Es gibt keine thermodynamische Transformation, deren *einziger* Effekt ist, einem kälteren Wärmebad Wärme zu entnehmen und diese in ein wärmeres Wärmebad einzuspeisen.

Das Wort „einziger" ist entscheidend; es zeigt an, dass sich das System, das den Prozess durchläuft, vor und nach der Transformation im selben thermodynamischen Zustand befinden soll, d. h., dass ein *zyklischer* oder *Kreis*prozess vorliegt. Die Formulierung von Clausius ist auch deshalb so interessant, da sie einen *Zeitpfeil* impliziert: Wärme fließt offenbar immer von warm zu kalt und niemals andersherum, obwohl die Gesetze der Mechanik und Quantenmechanik eigentlich invariant unter Zeitumkehr sind. Wir erklären in Abschnitt [7.3.2], wie dieses auf den ersten Blick paradoxe Verhalten zu interpretieren ist.

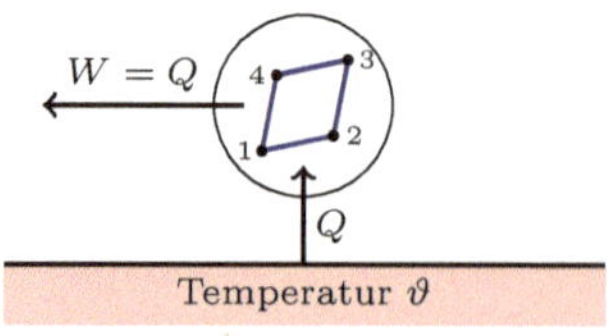

Abb. 2.8 „Kelvin": Diese thermodynamische Maschine existiert *nicht*.

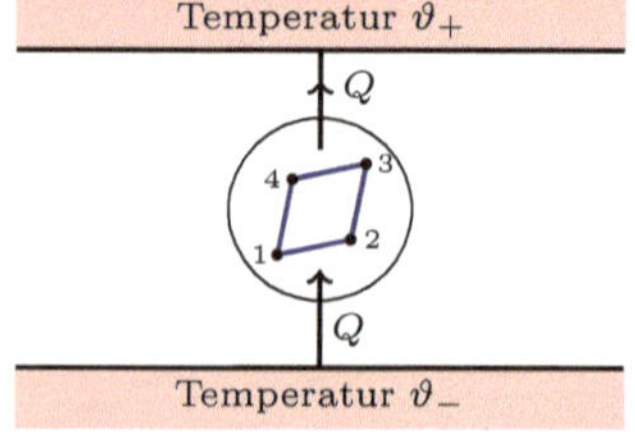

Abb. 2.9 „Clausius": Diese thermodynamische Maschine existiert *nicht*.

Die Transformation, die es laut Kelvins bzw. Clausius' Formulierung *nicht* gibt, heißt auch „Perpetuum mobile der zweiten Art",[7] sodass der zweite Hauptsatz alternativ auch so formuliert werden kann:

> Es gibt kein Perpetuum mobile der zweiten Art.

Der zweite Hauptsatz kann auch bequem in einem Bild dargestellt werden und lautet dann: Die Prozesse in Abbildung 2.8 und 2.9 existieren *nicht*.

In der Formulierung von Clausius soll das Wärmebad mit der empirischen Temperatur ϑ_+ wärmer als das Bad mit der Temperatur ϑ_- sein. Es ist leicht zu zeigen, dass die Formulierungen von Kelvin (K) und Clausius (C) äquivalent sind. Hierzu beweisen wir zuerst $\neg K \Rightarrow \neg C$ und dann $\neg C \Rightarrow \neg K$ und folgern durch Kombination beider Aussagen, dass $\neg K \Leftrightarrow \neg C$ oder äquivalent $K \Leftrightarrow C$ gilt.[8]

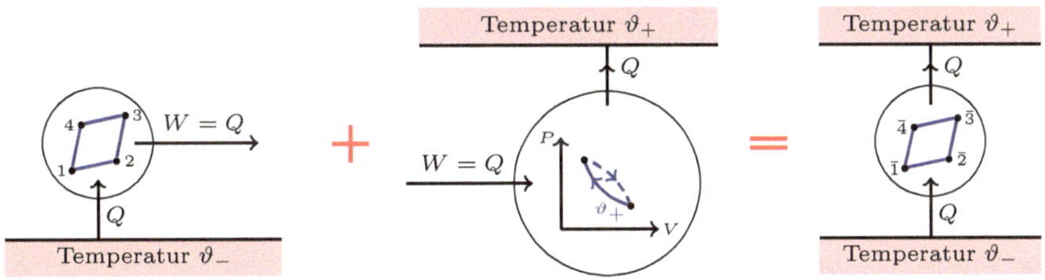

Abb. 2.10 Aus $\neg K$ folgt $\neg C$!

Wir nehmen zuerst an, dass $\neg K$ gilt. Dann existiert also eine Transformation, mit deren Hilfe man einem Wärmebad der Temperatur ϑ_- die Wärmemenge Q entnehmen und vollständig in Arbeit ($W = Q$) umsetzen kann. Diese mechanische Energie kann man vollständig in Wärme umwandeln, die dann in Kontakt zu einem Bad mit der höheren Temperatur ϑ_+ freigesetzt wird. Hierzu kann man z. B. ein klassisches ideales Gas bei der Temperatur ϑ_+ isotherm komprimieren – dabei wird Arbeit in Wärme umgewandelt – und sich anschließend frei ausdehnen lassen. Insgesamt hat man dann nur einen einzigen Effekt erreicht, nämlich Wärme aus einem kälteren in ein wärmeres Wärmebad einzuspeisen. Folglich muss $\neg C$ gelten. Man kann diese Vorgänge wie in Abbildung 2.10 grafisch darstellen.

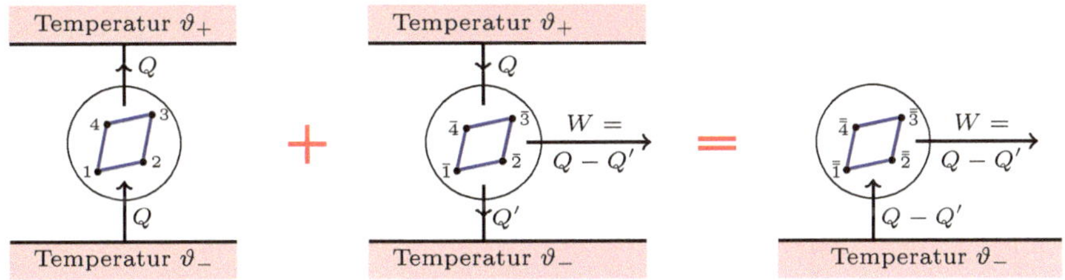

Abb. 2.11 Aus $\neg C$ folgt $\neg K$!

Nehmen wir nun umgekehrt an, dass $\neg C$ gilt, d. h., dass wir die Wärmemenge Q aus einem kälteren Bad (Temperatur ϑ_-) in ein wärmeres (Temperatur ϑ_+) einspeisen können. Wenn man diese Wärmemenge daraufhin dem wärmeren Bad wieder

---

[7]Ein „Perpetuum mobile der *ersten* Art" würde den *ersten* Hauptsatz der Thermodynamik (also die Energieerhaltung) verletzen.

[8]Wir verwenden das Standardsymbol $\neg$ für die Negation (Verneinung) aus der klassischen Logik, sodass $\neg K$ „nicht-K" bzw. „nicht-Kelvin" und $\neg C$ analog „nicht-Clausius" bedeutet.

entnimmt, um sie teils in Arbeit umzusetzen, z. B. mit Hilfe eines Carnot-Prozesses mit einem klassischen idealen Gas als Arbeitssubstanz, dann hat man effektiv dem kälteren Bad die Wärmemenge $Q - Q'$ entnommen und diese vollständig in Arbeit umgesetzt, im Widerspruch zu „Kelvin". Also gilt $\neg$K. Dieses Gedankenexperiment ist grafisch in Abbildung 2.11 dargestellt.

Durch Kombination der beiden Aussagen ergibt sich nun $K \Leftrightarrow C$, sodass die Formulierungen von Kelvin und Clausius in der Tat äquivalent sind.

2.7   Der zweite Hauptsatz und Carnot-Prozesse

Wir betrachten zwei gekoppelte thermodynamische Maschinen A und B, wie in Abbildung 2.12 skizziert: eine nicht notwendigerweise reversible Wärmemaschine A, die in einem Zyklus die Wärmemenge ΔQ_+^{A} absorbiert und die Arbeit ΔW leistet, und die (per definitionem *reversible*) Carnot-Maschine B, an der unter Abgabe der Wärmemenge ΔQ_+^{B} pro Zyklus die Arbeit ΔW verrichtet wird. Das Wärmebad mit der empirischen Temperatur ϑ_+ soll wärmer als das Bad mit der Temperatur ϑ_- sein. Die Carnot-Maschine wird in Abb. 2.12 also als *Kältemaschine* eingesetzt. Im Endeffekt wird dem kälteren Bad die Wärmemenge $\Delta Q_+^{\mathrm{B}} - \Delta Q_+^{\mathrm{A}}$ entnommen und in das wärmere Bad eingespeist (falls $\Delta Q_+^{\mathrm{B}} > \Delta Q_+^{\mathrm{A}}$ gilt), oder es wird $\Delta Q_+^{\mathrm{A}} - \Delta Q_+^{\mathrm{B}}$ in umgekehrter Richtung transportiert (im Fall $\Delta Q_+^{\mathrm{B}} \leq \Delta Q_+^{\mathrm{A}}$). Die erste Variante würde ein Perpetuum mobile der zweiten Art darstellen und ist somit aufgrund des zweiten Hauptsatzes ausgeschlossen. Es folgt daher, dass notwendigerweise

$$\Delta Q_+^{\mathrm{B}} \leq \Delta Q_+^{\mathrm{A}}$$

gilt, sodass der Wirkungsgrad der Wärmemaschine A höchstens gleich dem Wirkungsgrad des Carnot-Prozesses sein kann:

$$\eta_{\mathrm{A}} = \frac{\Delta W}{\Delta Q_+^{\mathrm{A}}} \leq \frac{\Delta W}{\Delta Q_+^{\mathrm{B}}} = \eta_{\mathrm{B}} \,. \tag{2.16}$$

Im letzten Schritt geht entscheidend ein, dass die Wirkung der Carnot-Maschine B *reversibel* ist, sodass $\Delta W / \Delta Q_+^{\mathrm{B}}$ auch den Wirkungsgrad von B darstellt, falls sie als *Wärme*maschine eingesetzt wird. Wir kommen daher zum wichtigen Schluss, dass keine Wärmemaschine effizienter als der Carnot-Prozess ist.

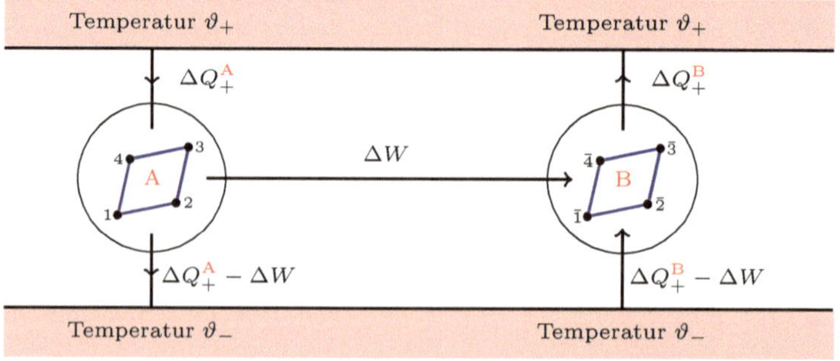

Abb. 2.12 Zwei gekoppelte thermodynamische Maschinen:
B ist immer eine Carnot-Maschine.

Falls nun auch A eine Carnot-Maschine ist, kann man in obigem Gedanken-experiment die Rollen von A und B vertauschen. Zusätzlich zu (2.16) folgt nun $\eta_B \leq \eta_A$ und somit durch Kombination beider Resultate $\eta_A = \eta_B$. Alle denk-baren Carnot-Prozesse haben also denselben Wirkungsgrad, unabhängig von der Arbeitssubstanz.[9] Dieser Wirkungsgrad kann daher lediglich von den empirischen Temperaturen ϑ_+ und ϑ_- der beiden Wärmebäder abhängen:

$$\frac{\Delta Q_-}{\Delta Q_+} = 1 - \eta = f(\vartheta_+, \vartheta_-)$$

$$f(\vartheta, \vartheta) = 1 . \qquad (2.17)$$

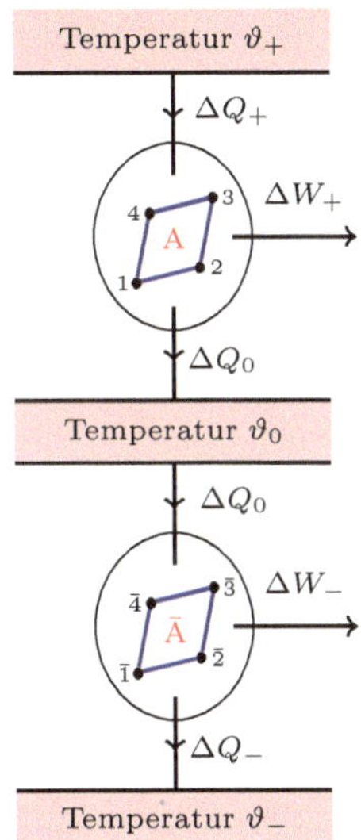

Abb. 2.13 Berechnung des Wirkungsgrades einer Carnot-Maschine

Da alle Carnot-Prozesse denselben Wirkungsgrad besitzen und wir bereits aus Gleichung (2.15) wis-sen, dass für den Carnot-Prozess mit einem klassi-schen idealen Gas als Arbeitssubstanz $0 < \eta < 1$ gilt, können wir zunächst einmal für alle Arbeits-temperaturen $\vartheta_+ \neq \vartheta_-$ folgern: $0 < f(\vartheta_+, \vartheta_-) < 1$.

Man kann die mögliche Form der Funktion $f(\vartheta_+, \vartheta_-)$ aber auch leicht konkret berechnen, in-dem man – wie in Abbildung 2.13 skizziert – zwei Carnot-Prozesse mit den Arbeitstemperaturen $(\vartheta_+, \vartheta_0)$ und $(\vartheta_0, \vartheta_-)$ aneinanderkoppelt. Der Ge-samtprozess, der zwischen den Temperaturen ϑ_+ und ϑ_- verläuft, wird durch (2.17) bestimmt. Für die Teilprozesse gilt:

$$f(\vartheta_+, \vartheta_0) = \frac{\Delta Q_0}{\Delta Q_+} \quad , \quad f(\vartheta_0, \vartheta_-) = \frac{\Delta Q_-}{\Delta Q_0} ,$$

sodass für alle $(\vartheta_+, \vartheta_0, \vartheta_-)$ folgt:

$$f(\vartheta_+, \vartheta_-) = f(\vartheta_+, \vartheta_0) f(\vartheta_0, \vartheta_-) \quad , \quad f(\vartheta, \vartheta) = 1$$

oder äquivalent:

$$\ln[f(\vartheta_+, \vartheta_-)] = \ln[f(\vartheta_+, \vartheta_0)] + \ln[f(\vartheta_0, \vartheta_-)] \quad , \quad \ln[f(\vartheta, \vartheta)] = 0 . \qquad (2.18)$$

Hierbei muss für alle Arbeitstemperaturen $\vartheta_+ \neq \vartheta_-$ gelten: $\ln[f(\vartheta_+, \vartheta_-)] < 0$. Wie man leicht beweist, hat die Lösung von Gleichung (2.18) für irgendeine Funktion $\tau(\vartheta)$ notwendigerweise die Form

$$\ln[f(\vartheta_+, \vartheta_-)] = \tau(\vartheta_-) - \tau(\vartheta_+) .$$

Wegen $\ln(f) < 0$ gilt $\Delta\tau \equiv \tau(\vartheta_+) - \tau(\vartheta_-) > 0$. Die neue empirische Temperatur $\tau(\vartheta)$ ist also interessanterweise immer rechtsgerichtet geordnet („höher ist wärmer"),

---

[9]Diese Aussage lässt sich leicht verallgemeinern: In der Herleitung von $\eta_A = \eta_B$ wird nicht explizit verwendet, dass A ein Carnot-Prozess ist, sondern nur, dass A *reversibel* ist. Es folgt daher generell, dass alle *reversiblen* thermodynamischen Maschinen, die zwischen zwei Wärmebäder mit den empirischen Temperaturen ϑ_+ und ϑ_- geschaltet sind, den gleichen Wirkungsgrad haben, der daher insbesondere gleich dem Wirkungsgrad des (reversiblen) Carnot-Prozesses sein muss.

sogar wenn dies für die ursprüngliche empirische Temperatur ϑ selbst nicht gilt. Der Wirkungsgrad des Gesamtprozesses folgt nun als:

$$\eta = 1 - f(\vartheta_+, \vartheta_-) = 1 - e^{-\Delta\tau} \ . \tag{2.19}$$

Dieses Resultat ermöglicht die Definition einer *absoluten Temperatur*, wobei „absolut" bedeutet, dass die Temperaturskala völlig unabhängig von der verwendeten Arbeitssubstanz ist. Hierzu muss man die Beziehung zwischen der absoluten Temperatur und der Funktion $\tau(\vartheta)$ per Konvention festlegen. Erwähnt seien zwei Möglichkeiten, die beide rechtsgerichtet geordnet sind:

(Th) Fordert man, dass der Wirkungsgrad einer Carnot-Maschine nur von der Temperatur*differenz* der Bäder abhängen darf, so erhält man die *Thomson-Skala*:

$$\eta = 1 - e^{-\lambda[T_+^{(\mathrm{Th})} - T_-^{(\mathrm{Th})}]} \ ,$$

wobei der Parameter λ und der Nullpunkt der Skala noch frei zu wählen sind. Die Thomson-Temperatur ist also proportional zur Funktion $\tau(\vartheta)$.

(K) Fordert man, dass der Wirkungsgrad linear vom Temperatur*verhältnis* der Bäder abhängen soll, so erhält man die *Kelvin-Skala*:

$$\eta = 1 - \frac{T_-^{(\mathrm{K})}}{T_+^{(\mathrm{K})}} \ , \tag{2.20}$$

wobei $T^{(\mathrm{K})}$ zunächst nur bis auf einen konstanten Faktor bestimmt ist. Dieser Faktor wird dadurch festgelegt, dass die Temperatur des Tripelpunkts von Wasser per definitionem gleich $273{,}16\,\mathrm{K}$ gesetzt wird.[10] Die Kelvin-Temperatur ist somit proportional zu $\exp[\tau(\vartheta)]$.

Die absolute *Kelvin-Skala* entspricht genau der aus dem idealen Gasgesetz bekannten Gastemperatur, wie man aus dem Vergleich von (2.20) und (2.15) sieht. Beide Temperaturskalen stammen natürlich von William Thomson (Lord Kelvin). Grundsätzlich wichtig ist also, dass diese *absoluten* Temperaturen *unabhängig von der verwendeten Arbeitssubstanz* definiert werden können.

2.8 Carnot-Prozesse und Entropie

Aus dem Ausdruck für den Wirkungsgrad einer allgemeinen Carnot-Maschine:

$$\eta = 1 - \frac{\Delta Q_-}{\Delta Q_+} = 1 - \frac{T_-}{T_+}$$

folgt sofort:

$$0 = \frac{\Delta Q_+}{T_+} + \frac{-\Delta Q_-}{T_-} = \oint_{\mathcal{C}} \frac{dQ}{T} \ , \tag{2.21}$$

---

[10] Die Bedeutung des Tripelpunkts von Wasser wird in Abschnitt [2.16.1] erklärt.

wobei der geschlossene Integrationsweg $\mathcal{C}$ den Carnot-Prozess $1 \to 2 \to 3 \to 4 \to 1$ im **Y-X**-Diagramm darstellt. Die Identität gilt nicht nur für einen Carnot-Prozess, sondern allgemein für *alle reversiblen Prozesse*, da man durch Kombination von – evtl. unendlich vielen – Carnot-Prozessen jeglichen reversiblen Prozess konstruieren kann. Führen wir nun die Notation

$$dS \equiv \frac{\dbar Q}{T}$$

ein, dann folgt sofort aus (2.21), dass S eine Zustandsgröße ist, da für reversible Prozesse

$$\oint dS = 0$$

gilt. Diese neue Zustandsgröße wird *Entropie*[11] genannt. Bezeichnet man die Entropie eines Referenzzustands A willkürlich als S_A, dann folgt die Entropie eines beliebigen Zustands B als

$$S_B = S_A + \int_A^B \frac{\dbar Q}{T} \,, \tag{2.22}$$

wobei der Pfad zwischen beiden Zuständen reversibel sein muss, ansonsten jedoch beliebig ist. Die Anwesenheit einer frei wählbaren Integrationskonstante S_A in (2.22) zeigt, dass die thermodynamische Entropie generell nur bis auf eine Konstante definiert ist. Diese Integrationskonstante kann also bei Bedarf geschickt gewählt werden – wir kommen in Abschnitt [2.9] hierauf zurück. Es sei noch darauf hingewiesen, dass der erste Hauptsatz aufgrund der Beziehung $\dbar Q = T dS$ als

$$\boxed{dU = T dS + \mathbf{Y} \cdot d\mathbf{X} + \boldsymbol{\mu} \cdot d\mathbf{N}} \tag{2.23}$$

geschrieben werden kann. Die Temperatur und die Entropie sind daher konjugierte thermodynamische Variable.

Irreversible Kreisprozesse zwischen zwei Wärmebädern haben einen *niedrigeren* Wirkungsgrad als Carnot-Prozesse (sonst könnte man ihre Wirkung mit Hilfe eines Carnot-Prozesses doch umkehren). Für einen irreversiblen Prozess folgt also:

$$\eta = 1 - \frac{\Delta Q_-}{\Delta Q_+} < 1 - \frac{T_-}{T_+} \,,$$

sodass

$$\oint \frac{\dbar Q}{T} = \frac{\Delta Q_+}{T_+} + \frac{-\Delta Q_-}{T_-} < 0 \tag{2.24}$$

gilt. Für irreversible Prozesse ist die Differentialform $\dbar Q/T$ daher kein exaktes Differential. Gleichung (2.24) gilt auch für *beliebige* irreversible periodische Prozesse im **Y-X**-Diagramm.

---

[11]Das zugrunde liegende griechische Wort τροπή bedeutet „Umwandlung". Clausius' Kurzversion des zweiten Hauptsatzes („Die Entropie der Welt strebt einem Maximum zu" [54]) suggeriert, dass er hierbei insbesondere auch an die irreversible Umwandlung von Arbeit in Wärme gedacht hat.

Betrachten wir nun zwei thermodynamische Zustände A und B, die wir einmal durch eine irreversible und einmal durch eine reversible Zustandsänderung verbinden. Aufgrund von (2.24) gilt:

$$\oint \frac{dQ}{T} = \int\limits_{\substack{A \to B \\ \text{irr.}}} \frac{dQ}{T} + \int\limits_{\substack{B \to A \\ \text{rev.}}} dS = \int\limits_{\substack{A \to B \\ \text{irr.}}} \frac{dQ}{T} + S_A - S_B < 0$$

und daher:

$$\Delta S \equiv S_B - S_A > \int\limits_{\substack{A \to B \\ \text{irr.}}} \frac{dQ}{T} \,. \tag{2.25}$$

Insbesondere gilt in einem isolierten System ($dQ = 0$) für jede spontane oder irreversible Änderung:

$$\Delta S > 0 \,.$$

Ein Gleichgewichtszustand ist nun gerade dadurch definiert, dass *keine* spontanen oder irreversiblen Zustandsänderungen auftreten, das heißt, dass Prozesse, die die Entropie erhöhen, nicht existieren. Wir kommen so zu dem folgenden wichtigen Schluss:

> Die Entropie eines isolierten Systems im Gleichgewicht ist *maximal*.

2.9   Die Extensivität der Entropie

Es wurde bereits darauf hingewiesen [siehe Gleichung (2.22)], dass die Entropie in der Thermodynamik generell nur bis auf eine Konstante definiert ist. Andererseits erwartet man oder wünscht sich zumindest, dass die Entropie als Zustandsgröße *extensiv* (proportional zur Systemgröße) ist:

$$\boxed{S(\lambda U, \lambda \mathbf{X}, \lambda \mathbf{N}) = \lambda S(U, \mathbf{X}, \mathbf{N}) \qquad (\lambda > 0) \,.} \tag{2.26}$$

Dieser Wunsch lässt sich realisieren, indem man *als Konvention* die Integrationskonstante S_A in Gleichung (2.22) extensiv wählt: $S_{\lambda A} = \lambda S_A$. In diesem Fall folgt sofort (2.26). Differentiation von Gleichung (2.26) nach λ ergibt für $\lambda = 1$:

$$\left(\frac{\partial S}{\partial U} \right)_{\mathbf{X}, \mathbf{N}} U + \left(\frac{\partial S}{\partial \mathbf{X}} \right)_{U, \mathbf{N}} \cdot \mathbf{X} + \left(\frac{\partial S}{\partial \mathbf{N}} \right)_{U, \mathbf{X}} \cdot \mathbf{N} = S \,, \tag{2.27}$$

wobei die Notation $\frac{\partial}{\partial \mathbf{X}}$ bzw. $\frac{\partial}{\partial \mathbf{N}}$ den üblichen Gradienten bezeichnet: $\left(\frac{\partial}{\partial \mathbf{X}} \right)_i = \frac{\partial}{\partial X_i}$ und analog $\left(\frac{\partial}{\partial \mathbf{N}} \right)_i = \frac{\partial}{\partial N_i}$. Die bei der partiellen Ableitung jeweils festgehaltenen Variablen werden als untere Indizes angegeben. Wegen des ersten Hauptsatzes in der Form (2.23), oder äquivalent:

$$dS = \tfrac{1}{T} dU - \tfrac{1}{T} \mathbf{Y} \cdot d\mathbf{X} - \tfrac{1}{T} \boldsymbol{\mu} \cdot d\mathbf{N} \,, \tag{2.28}$$

gilt:

$$\left(\frac{\partial S}{\partial U}\right)_{\mathbf{X},\mathbf{N}} = \frac{1}{T} \quad , \quad \left(\frac{\partial S}{\partial \mathbf{X}}\right)_{U,\mathbf{N}} = -\frac{\mathbf{Y}}{T} \quad , \quad \left(\frac{\partial S}{\partial \mathbf{N}}\right)_{U,\mathbf{X}} = -\frac{\boldsymbol{\mu}}{T} \; ,$$

sodass sich (2.27) reduziert auf:

$$S(U, \mathbf{X}, \mathbf{N}) = \frac{U}{T} - \frac{1}{T}\mathbf{X}\cdot\mathbf{Y} - \frac{1}{T}\boldsymbol{\mu}\cdot\mathbf{N}$$

oder auch:

$$\boxed{U = TS + \mathbf{X}\cdot\mathbf{Y} + \boldsymbol{\mu}\cdot\mathbf{N} \; .} \tag{2.29}$$

Dies ist die *Euler-Gleichung* oder *Fundamentalgleichung* der Thermodynamik, deren Gültigkeit also aus der Möglichkeit der Wahl einer extensiven Entropie folgt.

　　Kombination des Differentials von (2.29) mit dem ersten Hauptsatz (2.23) ergibt eine weitere wichtige Gleichung, die sogenannte *Gibbs-Duhem-Gleichung*:

$$\boxed{0 = S dT + \mathbf{X}\cdot d\mathbf{Y} + \mathbf{N}\cdot d\boldsymbol{\mu} \; .} \tag{2.30}$$

Sie stellt eine lineare Beziehung zwischen den Differentialen der *intensiven* thermodynamischen Variablen her. Auch die Gibbs-Duhem-Gleichung beruht also auf der Möglichkeit der Wahl einer extensiven Entropie.

2.10　Thermodynamik der Photonen- und Phononengase

Photonen- und Phononengase bilden in der Thermodynamik insofern eine Ausnahme, als der erste Hauptsatz in der Form (2.23) und insbesondere die Beziehung

$$\boldsymbol{\mu} = \left(\frac{\partial U}{\partial \mathbf{N}}\right)_{S,\mathbf{X}} \tag{2.31}$$

zwischen der inneren Energie und dem chemischen Potential für solche Gase *nicht* zutreffen. Der Grund ist, dass für Photonen- und Phononengase die Teilchenzahl, die Entropie und die extensiven mechanischen Variablen (hier also lediglich das Volumen) prinzipiell nicht unabhängig variiert werden können.

　　Beispielsweise für das Photonengas sieht man dies wie folgt ein: Man erhält seine *innere Energie* durch Integration der Energiedichte $u(\omega, T) = \hbar\omega\, \rho(\omega, T)$ des Planck'schen Strahlungsgesetzes (1.5) über alle Frequenzen:

$$U = V \int_0^\infty d\omega \; \hbar\omega\, \rho(\omega, T) = \frac{4\sigma}{c} V T^4 \quad , \quad \sigma = \frac{\pi^2 k_{\mathrm{B}}^4}{60 \hbar^3 c^2} \; . \tag{2.32}$$

Hierbei kann $\rho(\omega, T) = 2\nu(\omega)/[e^{\hbar\omega/k_{\mathrm{B}}T} - 1]$ mit $\nu(\omega) = \frac{\omega^2}{2\pi^2 c^3}$ als *Dichte* der Photonen mit Energie $\hbar\omega$ interpretiert werden. Der Ausdruck (2.32) für die innere

Energie wird als das *Stefan-Boltzmann-Gesetz* und der Vorfaktor σ als die Stefan-Boltzmann-Konstante bezeichnet. Außerdem sind der *Druck* und die *Entropie* des Photonengases durch

$$P = \frac{4\sigma}{3c} T^4 \quad , \quad S = \frac{16\sigma}{3c} VT^3 \tag{2.33}$$

gegeben.[12] Alle drei Größen (U, P und S) werden also vollständig durch das Volumen V und die Temperatur T des schwarzen Strahlers festgelegt. Der zentrale Punkt ist nun, dass die Photonenzahl N keine unabhängige thermodynamische Größe ist, sondern ebenfalls vollständig durch T und V festgelegt wird:[13]

$$N = V \int_0^\infty d\omega \, \rho(\omega, T) = \frac{2\zeta(3)}{\pi^2} V \left(\frac{k_{\mathrm{B}}T}{\hbar c} \right)^3 \quad , \quad \zeta(3) = 1{,}20205 \cdots , \tag{2.34}$$

sodass die Differentiale dS, dV und dN im ersten Hauptsatz (2.23) nicht unabhängig variiert werden können: Die Vorgabe von dS und dV legt dN fest.[14] Folglich hat der Begriff „chemisches Potential" als partielle Ableitung der inneren Energie nach der Teilchenzahl bei festem S und V, wie in (2.31), für das Photonengas weder physikalisch noch mathematisch eine Bedeutung: Photonen *haben kein* chemisches Potential. Analoges gilt für ein Phononengas, da auch die Phononenzahl vollständig durch Temperatur und Volumen festgelegt wird. Auf das mikroskopische Bild der Erzeugung von Photonen in einem Hohlraumstrahler der Temperatur T gehen wir in den Abschnitten [4.2.1] und [7.1.2] genauer ein.

Der thermodynamische Formalismus für Photonen und Phononen weicht daher von der allgemeinen Behandlung ab. Anders als in Abschnitt [2.2] kann sämtliche Energie, die vom System absorbiert wird, wenn seine Temperatur ansteigt, ohne dass Arbeit geleistet wird ($dV = 0$), nun als *Wärme* klassifiziert werden. Dementsprechend lautet der erste Hauptsatz für Photonen und Phononen statt (2.6):

$$dU = đQ - PdV \; .$$

Analog zur allgemeinen Behandlung kann man mit dem Photonen- oder Phononengas eine Carnot-Maschine konstruieren, die – wie alle Carnot-Prozesse – den Wirkungsgrad $\eta = 1 - T_-/T_+$ hat. Da beliebige reversible Prozesse durch Kombination von (evtl. unendlich vielen) Carnot-Prozessen konstruiert werden können, gilt mit $dS \equiv đQ/T$ wiederum $\oint dS = 0$, sodass die Entropie auch für Photonen und Phononen eine Zustandsgröße ist. Der erste Hauptsatz erhält somit die Form

$$\boxed{dU = TdS - PdV \; .} \tag{2.35}$$

Man kann die Entropie wiederum (als *Konvention*) extensiv wählen,

$$\boxed{S(\lambda U, \lambda V) = \lambda S(U, V) \; ,}$$

---

[12]Für eine Berechnung siehe Übungsaufgabe 2.11 und Abschnitt [4.2.1].

[13]Allgemein ist Riemanns Zetafunktion durch $\zeta(s) \equiv \sum_{k=1}^\infty k^{-s}$ mit $\mathrm{Re}(s) > 1$ definiert.

[14]Der Vergleich von Gleichung (2.33) und (2.34) zeigt sogar, dass im Fall des Photonengases die Entropie $S \propto VT^3$ und die Teilchenzahl $N \propto VT^3$ proportional zueinander sind und somit bis auf einen Vorfaktor physikalisch *die gleiche physikalische Größe* beschreiben.

und erhält nun die Beziehungen

$$S(U,V) = \tfrac{1}{T}(U + PV) \quad , \quad \boxed{U(S,V) = TS - PV\,.} \tag{2.36}$$

Kombination des Differentials von $U(S,V)$ in (2.36) mit dem ersten Hauptsatz in der Form (2.35) ergibt nun $0 = SdT - VdP$ für die Gibbs-Duhem-Beziehung. Beispielsweise für das Photonengas erhält man durch Kombination von (2.32) und (2.33) die expliziten Ausdrücke

$$S(U,V) = \frac{4}{3}\left(\frac{4\sigma V}{c}\right)^{1/4} U^{3/4} \quad , \quad U(S,V) = \frac{3}{4}\left(\frac{3c}{16\sigma V}\right)^{1/3} S^{4/3} \tag{2.37}$$

für die Entropie $S(U,V)$ und die innere Energie $U(S,V)$. Ausgehend von den allgemeinen Beziehungen $P = -\left(\frac{\partial U}{\partial V}\right)_S$ und $T = \left(\frac{\partial U}{\partial S}\right)_V$ überprüft man leicht die Formeln (2.33) für den Druck und die Entropie des schwarzen Strahlers.

2.11 Thermodynamische Potentiale

Thermodynamische Potentiale sind Energiefunktionen, die sich voneinander durch die Wahl der unabhängigen Variablen unterscheiden. Zwei Beispiele sind die innere Energie $U(S,\mathbf{X},\mathbf{N})$ und das „großkanonische Potential" $\Omega(T,\mathbf{X},\boldsymbol{\mu})$, die also durch die unterschiedlichen Variablensätze $(S,\mathbf{X},\mathbf{N})$ und $(T,\mathbf{X},\boldsymbol{\mu})$ charakterisiert werden. Alle thermodynamischen Potentiale sind mathematisch äquivalent, da sie mit Hilfe von Legendre-Transformationen auseinander bestimmt werden können. Sie erhalten daher grundsätzlich alle dieselbe physikalische Information. Von den unzähligen, im Prinzip definierbaren thermodynamischen Potentialen haben nur einige wenige praktische Bedeutung. Neben der inneren Energie sind wichtig: die Enthalpie $H(S,\mathbf{Y},\mathbf{N})$, die Helmholtz'sche freie Energie $F(T,\mathbf{X},\mathbf{N})$, die Gibbs'sche freie Energie oder auch freie Enthalpie $G(T,\mathbf{Y},\mathbf{N})$ und das bereits genannte großkanonische Potential $\Omega(T,\mathbf{X},\boldsymbol{\mu})$. Wir erörtern im Folgenden die verschiedenen Potentiale und ihre physikalische Relevanz.

2.11.1 Die innere Energie $U(S,\mathbf{X},\mathbf{N})$

Die innere Energie U hängt laut (2.29) gemäß $U = TS + \mathbf{X}\cdot\mathbf{Y} + \boldsymbol{\mu}\cdot\mathbf{N}$ mit den verschiedenen thermischen, mechanischen und chemischen thermodynamischen Variablen zusammen. Das Differential von U ist für *reversible* Prozesse durch den ersten Hauptsatz in der Form (2.23) gegeben:

$$\boxed{dU = TdS + \mathbf{Y}\cdot d\mathbf{X} + \boldsymbol{\mu}\cdot d\mathbf{N}\,,}$$

sodass $U = U(S,\mathbf{X},\mathbf{N})$ eine Funktion der *extensiven* Variablen ist. Aus den Ableitungen der inneren Energie:

$$T = \left(\frac{\partial U}{\partial S}\right)_{\mathbf{X},\mathbf{N}} \quad , \quad \mathbf{Y} = \left(\frac{\partial U}{\partial \mathbf{X}}\right)_{S,\mathbf{N}} \quad , \quad \boldsymbol{\mu} = \left(\frac{\partial U}{\partial \mathbf{N}}\right)_{S,\mathbf{X}}$$

folgen sofort die *Maxwell-Relationen*

$$\left(\frac{\partial T}{\partial \mathbf{X}}\right)_{S,\mathbf{N}} = \frac{\partial}{\partial \mathbf{X}}\left(\frac{\partial U}{\partial S}\right) = \frac{\partial}{\partial S}\left(\frac{\partial U}{\partial \mathbf{X}}\right) = \left(\frac{\partial \mathbf{Y}}{\partial S}\right)_{\mathbf{X},\mathbf{N}}$$

$$\left(\frac{\partial T}{\partial \mathbf{N}}\right)_{S,\mathbf{X}} = \frac{\partial}{\partial \mathbf{N}}\left(\frac{\partial U}{\partial S}\right) = \frac{\partial}{\partial S}\left(\frac{\partial U}{\partial \mathbf{N}}\right) = \left(\frac{\partial \boldsymbol{\mu}}{\partial S}\right)_{\mathbf{X},\mathbf{N}}$$

$$\left(\frac{\partial \mathbf{Y}}{\partial \mathbf{N}}\right)_{S,\mathbf{X}} = \frac{\partial}{\partial \mathbf{N}}\left(\frac{\partial U}{\partial \mathbf{X}}\right) = \left[\frac{\partial}{\partial \mathbf{X}}\left(\frac{\partial U}{\partial \mathbf{N}}\right)\right]^{\mathrm{T}} = \left[\left(\frac{\partial \boldsymbol{\mu}}{\partial \mathbf{X}}\right)_{S,\mathbf{N}}\right]^{\mathrm{T}},$$

wobei wir mit A^{T} die *Transponierte* einer Matrix A andeuten und im zweiten und dritten Schritt der letzten Zeile die übliche Notation

$$\left(\frac{\partial \mathbf{a}}{\partial \mathbf{b}}\right)_{ij} \equiv \frac{\partial a_i}{\partial b_j} \tag{2.38}$$

für die Matrix der Ableitungen (Jacobi-Matrix) verwenden.

Die physikalische Bedeutung der inneren Energie wird klar, wenn man kleine *irreversible* Zustandsänderungen betrachtet. Wir wissen bereits aus (2.25), dass in diesem Fall $dS > đQ/T$ gilt. Es folgt also aufgrund des ersten Hauptsatzes:

$$dU - \mathbf{Y}\cdot d\mathbf{X} - \boldsymbol{\mu}\cdot d\mathbf{N} = đQ < T\,dS$$

oder auch

$$dU < T\,dS + \mathbf{Y}\cdot d\mathbf{X} + \boldsymbol{\mu}\cdot d\mathbf{N}\ .$$

Für irreversible Zustandsänderungen *bei konstantem S, $\mathbf{X}$ und $\mathbf{N}$* (man denke z. B. an spontane Dichtefluktuationen in einem isolierten System, das keine Arbeit verrichtet) gilt also:

$$dU < 0\ .$$

Da solche spontanen Zustandsänderungen im *Gleichgewichts*zustand per definitionem *nicht* möglich sind, ist die innere Energie im Gleichgewichtszustand eines Systems mit festem $(S, \mathbf{X}, \mathbf{N})$ offenbar minimal.

2.11.2 Die Enthalpie $H(S, \mathbf{Y}, \mathbf{N})$

Die Enthalpie[15] ist nützlich bei der Beschreibung von irreversiblen Prozessen in Systemen mit konstantem $(S, \mathbf{Y}, \mathbf{N})$. Die Enthalpie folgt aus der inneren Energie durch eine Legendre-Transformation:

$$H \equiv U - \mathbf{X}\cdot\left(\frac{\partial U}{\partial \mathbf{X}}\right)_{S,\mathbf{N}} = U - \mathbf{X}\cdot\mathbf{Y} = TS + \boldsymbol{\mu}\cdot\mathbf{N}\ ,$$

wobei (2.29) verwendet wurde. Das Differential von H folgt für *reversible* Prozesse aus (2.23) als:

$$\boxed{dH = d(U - \mathbf{X}\cdot\mathbf{Y}) = T\,dS - \mathbf{X}\cdot d\mathbf{Y} + \boldsymbol{\mu}\cdot d\mathbf{N}\ .}$$

---

[15]Das griechische Wort θάλπος bedeutet „Hitze, Wärme".

Die Ableitungen von H nach den unabhängigen Variablen $(S, \mathbf{Y}, \mathbf{N})$ sind also gegeben durch:

$$T = \left(\frac{\partial H}{\partial S}\right)_{\mathbf{Y}, \mathbf{N}} \quad , \quad \mathbf{X} = -\left(\frac{\partial H}{\partial \mathbf{Y}}\right)_{S, \mathbf{N}} \quad , \quad \boldsymbol{\mu} = \left(\frac{\partial H}{\partial \mathbf{N}}\right)_{S, \mathbf{Y}} ,$$

und die Maxwell-Relationen folgen als:

$$\left(\frac{\partial T}{\partial \mathbf{Y}}\right)_{S, \mathbf{N}} = \frac{\partial}{\partial \mathbf{Y}}\left(\frac{\partial H}{\partial S}\right) = \frac{\partial}{\partial S}\left(\frac{\partial H}{\partial \mathbf{Y}}\right) = -\left(\frac{\partial \mathbf{X}}{\partial S}\right)_{\mathbf{Y}, \mathbf{N}}$$

$$\left(\frac{\partial T}{\partial \mathbf{N}}\right)_{S, \mathbf{Y}} = \frac{\partial}{\partial \mathbf{N}}\left(\frac{\partial H}{\partial S}\right) = \frac{\partial}{\partial S}\left(\frac{\partial H}{\partial \mathbf{N}}\right) = \left(\frac{\partial \boldsymbol{\mu}}{\partial S}\right)_{\mathbf{Y}, \mathbf{N}}$$

$$-\left(\frac{\partial \mathbf{X}}{\partial \mathbf{N}}\right)_{S, \mathbf{Y}} = \frac{\partial}{\partial \mathbf{N}}\left(\frac{\partial H}{\partial \mathbf{Y}}\right) = \left[\frac{\partial}{\partial \mathbf{Y}}\left(\frac{\partial H}{\partial \mathbf{N}}\right)\right]^{\mathrm{T}} = \left[\left(\frac{\partial \boldsymbol{\mu}}{\partial \mathbf{Y}}\right)_{S, \mathbf{N}}\right]^{\mathrm{T}} ,$$

wobei im zweiten und dritten Schritt der letzten Zeile wieder die Konvention (2.38) verwendet wurde. Für *irreversible* Prozesse gilt die Ungleichung

$$dH < T\,dS - \mathbf{X} \cdot d\mathbf{Y} + \boldsymbol{\mu} \cdot d\mathbf{N} ,$$

sodass für spontane Prozesse bei konstantem $(S, \mathbf{Y}, \mathbf{N})$

$$dH < 0$$

gilt. Da solche Prozesse in einem Gleichgewichtszustand *nicht* möglich sind, ist die Enthalpie in einem Gleichgewicht bei festem $(S, \mathbf{Y}, \mathbf{N})$ offenbar minimal.

2.11.3 Die (Helmholtz'sche) freie Energie $F(T, \mathbf{X}, \mathbf{N})$

Um die Helmholtz'sche freie Energie $F(T, \mathbf{X}, \mathbf{N})$ zu erhalten, führen wir wiederum eine Legendre-Transformation durch, nun bezüglich der Entropievariablen:

$$F \equiv U - S\left(\frac{\partial U}{\partial S}\right)_{\mathbf{X}, \mathbf{N}} = U - TS = \mathbf{Y} \cdot \mathbf{X} + \boldsymbol{\mu} \cdot \mathbf{N} .$$

Für *reversible* Prozesse folgt aus (2.23):

$$\boxed{dF = d(U - TS) = -S\,dT + \mathbf{Y} \cdot d\mathbf{X} + \boldsymbol{\mu} \cdot d\mathbf{N} .}$$

Die ersten Ableitungen der freien Energie sind also:

$$S = -\left(\frac{\partial F}{\partial T}\right)_{\mathbf{X}, \mathbf{N}} \quad , \quad \mathbf{Y} = \left(\frac{\partial F}{\partial \mathbf{X}}\right)_{T, \mathbf{N}} \quad , \quad \boldsymbol{\mu} = \left(\frac{\partial F}{\partial \mathbf{N}}\right)_{T, \mathbf{X}} ,$$

und die Maxwell-Relationen folgen mit (2.38) als:

$$-\left(\frac{\partial S}{\partial \mathbf{X}}\right)_{T, \mathbf{N}} = \frac{\partial}{\partial \mathbf{X}}\left(\frac{\partial F}{\partial T}\right) = \frac{\partial}{\partial T}\left(\frac{\partial F}{\partial \mathbf{X}}\right) = \left(\frac{\partial \mathbf{Y}}{\partial T}\right)_{\mathbf{X}, \mathbf{N}}$$

$$-\left(\frac{\partial S}{\partial \mathbf{N}}\right)_{T, \mathbf{X}} = \frac{\partial}{\partial \mathbf{N}}\left(\frac{\partial F}{\partial T}\right) = \frac{\partial}{\partial T}\left(\frac{\partial F}{\partial \mathbf{N}}\right) = \left(\frac{\partial \boldsymbol{\mu}}{\partial T}\right)_{\mathbf{X}, \mathbf{N}}$$

$$\left(\frac{\partial \mathbf{Y}}{\partial \mathbf{N}}\right)_{T, \mathbf{X}} = \frac{\partial}{\partial \mathbf{N}}\left(\frac{\partial F}{\partial \mathbf{X}}\right) = \left[\frac{\partial}{\partial \mathbf{X}}\left(\frac{\partial F}{\partial \mathbf{N}}\right)\right]^{\mathrm{T}} = \left[\left(\frac{\partial \boldsymbol{\mu}}{\partial \mathbf{X}}\right)_{T, \mathbf{N}}\right]^{\mathrm{T}} .$$

Für *irreversible* Prozesse gilt:

$$dF < -SdT + \mathbf{Y} \cdot d\mathbf{X} + \boldsymbol{\mu} \cdot d\mathbf{N} ,$$

sodass für spontane Prozesse bei konstantem $(T, \mathbf{X}, \mathbf{N})$

$$dF < 0$$

gilt. Wir schließen hieraus, dass die freie Energie F in einem *Gleichgewichts*zustand bei festem $(T, \mathbf{X}, \mathbf{N})$ offenbar minimal ist.

Die Bezeichnung von $F(T, \mathbf{X}, \mathbf{N})$ als „freie" Energie (oder auf Englisch als „available energy") geht auf Hermann von Helmholtz (1882) bzw. James Clerk Maxwell (1871) zurück. Die Idee hinter der Formulierung ist, dass die interne Arbeit $đW_{\text{int}} \equiv đW + \mathbf{Y} \cdot d\mathbf{X}$, die bei einer infinitesimalen Zustandsänderung bei konstantem $(T, \mathbf{X}, \mathbf{N})$ geleistet werden kann, höchstens gleich $-dF$ ist:

$$đW_{\text{int}} = đW + \mathbf{Y} \cdot d\mathbf{X} = -(dU - đQ - \boldsymbol{\mu} \cdot d\mathbf{N}) \leq -(dU - TdS) = -d(U - TS) = -dF .$$

Im zweiten Schritt verwendeten wir $d\mathbf{X} = \mathbf{0}$ und den ersten Hauptsatz, im dritten $d\mathbf{N} = \mathbf{0}$ sowie die Ungleichung $dS \geq đQ/T$ aus (2.25) und im vierten Schritt den isothermen Charakter des Prozesses: $SdT = 0$. Das Gleichheitszeichen, $đW_{\text{int}} = -dF$, gilt für *reversible* Prozesse. Hierbei ist die Energie $-dF$ also „frei", in Arbeit umgesetzt zu werden.

2.11.4 Die freie Enthalpie $G(T, \mathbf{Y}, \mathbf{N})$

Auch die Gibbs'sche freie Energie oder freie Enthalpie ist mit Hilfe einer Legendre-Transformation aus den anderen thermodynamischen Potentialen herleitbar:

$$G \equiv F - \mathbf{X} \cdot \left(\frac{\partial F}{\partial \mathbf{X}}\right)_{T,\mathbf{N}} = F - \mathbf{X} \cdot \mathbf{Y} = U - TS - \mathbf{X} \cdot \mathbf{Y} = \boldsymbol{\mu} \cdot \mathbf{N} \qquad (2.39)$$

oder alternativ:

$$G \equiv H - S\left(\frac{\partial H}{\partial S}\right)_{\mathbf{Y},\mathbf{N}} = H - TS = U - \mathbf{X} \cdot \mathbf{Y} - TS = \boldsymbol{\mu} \cdot \mathbf{N} .$$

Das Differential von G für *reversible* Prozesse ist:

$$\boxed{dG = d(F - \mathbf{X} \cdot \mathbf{Y}) = -SdT - \mathbf{X} \cdot d\mathbf{Y} + \boldsymbol{\mu} \cdot d\mathbf{N} ,}$$

sodass die ersten Ableitungen von G gegeben sind durch

$$S = -\left(\frac{\partial G}{\partial T}\right)_{\mathbf{Y},\mathbf{N}} \quad , \quad \mathbf{X} = -\left(\frac{\partial G}{\partial \mathbf{Y}}\right)_{T,\mathbf{N}} \quad , \quad \boldsymbol{\mu} = \left(\frac{\partial G}{\partial \mathbf{N}}\right)_{T,\mathbf{Y}} .$$

Die Maxwell-Relationen lauten mit (2.38):

$$-\left(\frac{\partial S}{\partial \mathbf{Y}}\right)_{T,\mathbf{N}} = \frac{\partial}{\partial \mathbf{Y}}\left(\frac{\partial G}{\partial T}\right) = \frac{\partial}{\partial T}\left(\frac{\partial G}{\partial \mathbf{Y}}\right) = -\left(\frac{\partial \mathbf{X}}{\partial T}\right)_{\mathbf{Y},\mathbf{N}}$$

$$-\left(\frac{\partial S}{\partial \mathbf{N}}\right)_{T,\mathbf{Y}} = \frac{\partial}{\partial \mathbf{N}}\left(\frac{\partial G}{\partial T}\right) = \frac{\partial}{\partial T}\left(\frac{\partial G}{\partial \mathbf{N}}\right) = \left(\frac{\partial \boldsymbol{\mu}}{\partial T}\right)_{\mathbf{Y},\mathbf{N}}$$

$$-\left(\frac{\partial \mathbf{X}}{\partial \mathbf{N}}\right)_{T,\mathbf{Y}} = \frac{\partial}{\partial \mathbf{N}}\left(\frac{\partial G}{\partial \mathbf{Y}}\right) = \left[\frac{\partial}{\partial \mathbf{Y}}\left(\frac{\partial G}{\partial \mathbf{N}}\right)\right]^{\text{T}} = \left[\left(\frac{\partial \boldsymbol{\mu}}{\partial \mathbf{Y}}\right)_{T,\mathbf{N}}\right]^{\text{T}} .$$

Für *irreversible* Prozesse gilt:

$$dG < -SdT - \mathbf{X} \cdot d\mathbf{Y} + \boldsymbol{\mu} \cdot d\mathbf{N} \, ,$$

sodass für spontane Prozesse bei festem $(T, \mathbf{Y}, \mathbf{N})$

$$dG < 0$$

gilt. Für Gleichgewichtszustände von Systemen mit fest vorgegebenem $(T, \mathbf{Y}, \mathbf{N})$ ist die freie Enthalpie G also minimal. Die Enthalpie und die freie Enthalpie sind besonders in der Chemie sehr wichtig, da chemische Reaktionen normalerweise bei konstantem $\mathbf{Y}$ (nämlich bei konstantem Druck) stattfinden.

Die Bezeichnung von $G(T, \mathbf{Y}, \mathbf{N})$ als „freie" Enthalpie wird nun [analog zur Bezeichnung für $F(T, \mathbf{X}, \mathbf{N})$ im letzten Abschnitt] dadurch erklärt, dass die Arbeit dW_{int}, die bei einer infinitesimalen Zustandsänderung bei konstantem $(T, \mathbf{Y}, \mathbf{N})$ geleistet werden kann, höchstens gleich $-dG$ ist:

$$dW_{\mathrm{int}} = dW + \mathbf{Y} \cdot d\mathbf{X} = (\cdots) \leq -dF + \mathbf{Y} \cdot d\mathbf{X} = -d(F - \mathbf{Y} \cdot \mathbf{X}) = -dG \, .$$

Im zweiten und dritten Schritt verwendeten wir $dW \leq -dF$ aus Abschnitt [2.11.3] und im vierten $d\mathbf{Y} = \mathbf{0}$. Das Gleichheitszeichen, $dW_{\mathrm{int}} = -dG$, gilt für *reversible* Prozesse. Nun ist hierbei die Energie $-dG$ „frei", in Arbeit umgesetzt zu werden.

2.11.5   Das großkanonische Potential $\Omega(T, \mathbf{X}, \boldsymbol{\mu})$

Das großkanonische Potential ist relevant für Systeme, in denen das chemische Potential statt der Teilchenzahl vorgegeben wird, für Systeme also, die an ein Teilchenbad angekoppelt sind. Man erhält Ω aus der Helmholtz'schen freien Energie mit Hilfe einer Legendre-Transformation:

$$\Omega \equiv F - \mathbf{N} \cdot \left(\frac{\partial F}{\partial \mathbf{N}}\right)_{T,\mathbf{X}} = F - \mathbf{N} \cdot \boldsymbol{\mu} = U - TS - \mathbf{N} \cdot \boldsymbol{\mu} = \mathbf{X} \cdot \mathbf{Y} \, .$$

Das Differential von Ω ist für *reversible* Prozesse gegeben durch

$$\boxed{d\Omega = d(F - \mathbf{N} \cdot \boldsymbol{\mu}) = -SdT + \mathbf{Y} \cdot d\mathbf{X} - \mathbf{N} \cdot d\boldsymbol{\mu} \, .}$$

Die ersten Ableitungen sind:

$$S = -\left(\frac{\partial \Omega}{\partial T}\right)_{\mathbf{X},\boldsymbol{\mu}} \, , \quad \mathbf{Y} = \left(\frac{\partial \Omega}{\partial \mathbf{X}}\right)_{T,\boldsymbol{\mu}} \, , \quad \mathbf{N} = -\left(\frac{\partial \Omega}{\partial \boldsymbol{\mu}}\right)_{T,\mathbf{X}} \, ,$$

und die Maxwell-Relationen lauten mit (2.38):

$$-\left(\frac{\partial S}{\partial \mathbf{X}}\right)_{T,\boldsymbol{\mu}} = \frac{\partial}{\partial \mathbf{X}}\left(\frac{\partial \Omega}{\partial T}\right) = \frac{\partial}{\partial T}\left(\frac{\partial \Omega}{\partial \mathbf{X}}\right) = \left(\frac{\partial \mathbf{Y}}{\partial T}\right)_{\mathbf{X},\boldsymbol{\mu}}$$

$$-\left(\frac{\partial S}{\partial \boldsymbol{\mu}}\right)_{T,\mathbf{X}} = \frac{\partial}{\partial \boldsymbol{\mu}}\left(\frac{\partial \Omega}{\partial T}\right) = \frac{\partial}{\partial T}\left(\frac{\partial \Omega}{\partial \boldsymbol{\mu}}\right) = -\left(\frac{\partial \mathbf{N}}{\partial T}\right)_{\mathbf{X},\boldsymbol{\mu}}$$

$$\left(\frac{\partial \mathbf{Y}}{\partial \boldsymbol{\mu}}\right)_{T,\mathbf{X}} = \frac{\partial}{\partial \boldsymbol{\mu}}\left(\frac{\partial \Omega}{\partial \mathbf{X}}\right) = \left[\frac{\partial}{\partial \mathbf{X}}\left(\frac{\partial \Omega}{\partial \boldsymbol{\mu}}\right)\right]^{\mathrm{T}} = -\left[\left(\frac{\partial \mathbf{N}}{\partial \mathbf{X}}\right)_{T,\boldsymbol{\mu}}\right]^{\mathrm{T}} \, .$$

Für *irreversible* Prozesse gilt:

$$d\Omega < -SdT + \mathbf{Y} \cdot d\mathbf{X} - \mathbf{N} \cdot d\boldsymbol{\mu} \,,$$

sodass für spontane Prozesse bei konstantem $(T, \mathbf{X}, \boldsymbol{\mu})$ folgt:

$$d\Omega < 0 \,.$$

In Systemen mit festem $(T, \mathbf{X}, \boldsymbol{\mu})$ ist das großkanonische Potential daher im Gleichgewichtszustand minimal.

2.11.6 Weitere thermodynamische Potentiale?

Die Frage, ob es neben (U, H, F, G, Ω) noch andere physikalisch relevante thermodynamische Potentiale gibt, ist durchaus berechtigt. Natürlich kann man im Prinzip noch unzählige weitere Potentiale konstruieren, indem man bezüglich einiger $\mathbf{X}$- oder $\mathbf{Y}$-, $\boldsymbol{\mu}$- oder $\mathbf{N}$-Komponenten Legendre-transformiert und bezüglich aller anderen nicht. Alle diese Potentiale könnten – abhängig von der physikalischen Situation – prinzipiell von Interesse sein. Falls wir uns der Einfachheit halber auf Potentiale beschränken, die entweder vollständig von $\mathbf{X}$ oder vollständig von $\mathbf{Y}$ und entweder von $\mathbf{N}$ oder von $\boldsymbol{\mu}$ abhängen, wären noch die folgenden Potentiale denkbar:

$$\Phi_6(S, \mathbf{X}, \boldsymbol{\mu}) \quad , \quad \Phi_7(S, \mathbf{Y}, \boldsymbol{\mu}) \quad , \quad \Phi_8(T, \mathbf{Y}, \boldsymbol{\mu}) \,.$$

Die Potentiale Φ_6 und Φ_7 wären relevant für Systeme, die Teilchen, aber keine Wärme, mit der Umgebung austauschen können. Eine solche Situation ist zwar vielleicht nicht unmöglich (man denke an den thermomechanischen Effekt in flüssigem ^{4}He, siehe z. B. Ref. [48]), aber doch so speziell, dass Φ_6 und Φ_7 in der Praxis kaum interessant sind. Der Grund, weshalb Φ_8 nicht interessant ist, wird spätestens dann klar, wenn man dieses Potential mit Hilfe einer Legendre-Transformation aus Ω oder G herleitet:

$$\Phi_8(T, \mathbf{Y}, \boldsymbol{\mu}) = \Omega - \mathbf{X} \cdot \left(\frac{\partial \Omega}{\partial \mathbf{X}} \right)_{T, \boldsymbol{\mu}} = \Omega - \mathbf{X} \cdot \mathbf{Y} = 0 \,.$$

Dies hätte man auch leicht ohne Berechnung sehen können. Ein nicht-triviales extensives thermodynamisches Potential kann natürlich nicht nur von rein intensiven Variablen abhängen.

Die durch Legendre-Transformationen definierten Verknüpfungen zwischen den verschiedenen thermodynamischen Potentialen sind unter Angabe der Variablen, bezüglich derer transformiert wird, in Abbildung 2.14 dargestellt.

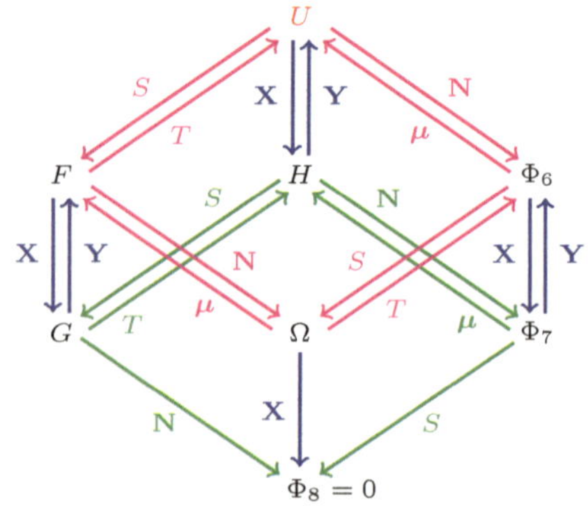

Abb. 2.14 Thermodynamische Potentiale

2.11.7 Thermodynamische Potentiale für Photonen und Phononen

Aus Abschnitt [2.10] ist bekannt, dass für Photonen- und Phononengase eine reduzierte Thermodynamik (ohne chemische Variable) gilt, da die Teilchenzahl in diesem Fall nicht unabhängig von den thermischen und mechanischen Variablen variiert werden kann. Das Differential der inneren Energie $U(S,V)$ ist für Photonen und Phononen bekanntlich durch $dU = TdS - PdV$ gegeben, sodass sich Temperatur und Druck aus der inneren Energie gemäß $T = \left(\frac{\partial U}{\partial S}\right)_V$ und $P = -\left(\frac{\partial U}{\partial V}\right)_S$ berechnen lassen. Es gilt die Euler-Gleichung $U = TS - PV$, und es gibt in dieser reduzierten Thermodynamik nur eine einzige Maxwell-Relation:

$$\left(\frac{\partial T}{\partial V}\right)_S = -\left(\frac{\partial P}{\partial S}\right)_V .$$

Durch Legendre-Transformation erhält man die Enthalpie des Photonen- oder Phononengases:

$$H(S,P) = U - V\left(\frac{\partial U}{\partial V}\right)_S = U + PV = TS .$$

Das Differential der Enthalpie ist $dH = TdS + VdP$, sodass die Ableitungen durch $\left(\frac{\partial H}{\partial S}\right)_P = T$ und $\left(\frac{\partial H}{\partial P}\right)_S = V$ gegeben sind. Die Maxwell-Relation lautet in diesem Fall $\left(\frac{\partial T}{\partial P}\right)_S = \left(\frac{\partial V}{\partial S}\right)_P$. Ebenfalls durch Legendre-Transformation, nun allerdings bezüglich der thermischen Variablen S, erhält man aus der inneren Energie die Helmholtz'sche freie Energie,

$$F(T,V) = U - S\left(\frac{\partial U}{\partial S}\right)_V = U - TS = -PV ,$$

mit dem Differential $dF = -SdT - PdV$ und den Ableitungen $S = -\left(\frac{\partial F}{\partial T}\right)_V$ und $P = -\left(\frac{\partial F}{\partial V}\right)_T$. Die Maxwell-Relation ist in diesem Fall durch $\left(\frac{\partial S}{\partial V}\right)_T = \left(\frac{\partial P}{\partial T}\right)_V$ gegeben.

Das einzige andere thermodynamische Potential, das in dieser reduzierten Thermodynamik definiert werden kann, ist die freie Enthalpie, die z. B. aus $F(T,V)$ durch Legendre-Transformation bezüglich V folgt. Für Photonen und Phononen ist die freie Enthalpie $G(T,P)$ jedoch nicht sonderlich interessant:

$$G(T,P) = F - V\left(\frac{\partial F}{\partial V}\right)_T = F + PV = 0 .$$

Wiederum kann ein extensives thermodynamisches Potential, das lediglich von intensiven Variablen abhängen soll, nur gleich null sein.

Für das Photonengas in einem schwarzen Strahler kann man die thermodynamischen Potentiale auch explizit angeben. Die innere Energie $U(S,V)$ findet sich bereits in (2.37). Die Enthalpie $H(S,P)$ und die Helmholtz'sche freie Energie $F(T,V)$ sind gegeben durch

$$H(S,P) = S\left(\frac{3cP}{4\sigma}\right)^{1/4} \quad , \quad F(T,V) = -\frac{4\sigma}{3c}VT^4 ,$$

und die freie Enthalpie $G(T,P)$ ist, wie gesagt, gleich null. Es ist klar, dass die extensiven Potentiale H und F lineare Funktionen von S bzw. V sein müssen, da S und V die einzigen extensiven Variablen dieser Potentiale sind.

2.12   Antwortfunktionen

Antwortfunktionen oder Suszeptibilitäten beschreiben die Reaktion eines Systems beim Anlegen eines Felds. Beispiele solcher Felder sind die Temperatur, der Druck, das Magnetfeld usw., also die üblichen *intensiven* thermodynamischen Variablen. Die Struktur der Antwortfunktion, die wir hier mit χ bezeichnen, ist immer dieselbe:

$$\chi = -\frac{\partial^2 \Phi}{\partial \mathbf{f}^2} \qquad (\mathbf{f} \in \{T, \mathbf{Y}, \boldsymbol{\mu}\}) \, , \tag{2.40}$$

wobei Φ ein thermodynamisches Potential ist, das von der intensiven Variablen $\mathbf{f}$ abhängt. Die restlichen unabhängigen Variablen von Φ sollen bei der Differentiation konstant gehalten werden.

Sei nun $\mathbf{F}$ die zu $\mathbf{f}$ konjugierte *extensive* Variable, die durch einmalige Differentiation aus Φ hergeleitet werden kann, dann hat die Antwortfunktion χ die Struktur einer einmaligen Ableitung von $\mathbf{F}$ nach $\mathbf{f}$:

$$\mathbf{F} \equiv -\frac{\partial \Phi}{\partial \mathbf{f}} \qquad (\mathbf{F} \in \{S, \mathbf{X}, \mathbf{N}\}) \quad , \quad \chi = \frac{\partial \mathbf{F}}{\partial \mathbf{f}} \, .$$

Diese Formel zeigt also, dass eine Antwortfunktion ein Maß dafür ist, wie empfindlich ein System auf ein Feld reagiert, d. h., wie schnell $\mathbf{F}$ beim Anlegen von $\mathbf{f}$ anwächst. Wir diskutieren im Folgenden die wichtigsten Beispiele.

2.12.1   Die Wärmekapazität

Die Wärmekapazität $C = d\!Q/dT$ bestimmt die Wärmemenge $d\!Q$, die benötigt wird, um die Temperatur des Systems um dT zu erhöhen. Es gibt verschiedene Varianten $C_{\alpha,\beta}$, abhängig davon, welche thermodynamischen Variablen (α, β) bei der Wärmezufuhr konstant gehalten werden sollen. Wir betrachten im Folgenden die zwei wichtigsten Varianten, $C_{\mathbf{X},\mathbf{N}}$ und $C_{\mathbf{Y},\mathbf{N}}$. Es wird angenommen, dass alle auftretenden Zustandsänderungen *reversibel* sind.

Die Wärmekapazität $C_{\mathbf{X},\mathbf{N}}$ folgt sofort aus $d\!Q = TdS$ und der Beziehung $S(T, \mathbf{X}, \mathbf{N}) = -(\partial F/\partial T)_{\mathbf{X},\mathbf{N}}$ als:

$$C_{\mathbf{X},\mathbf{N}} = \left(\frac{d\!Q}{dT}\right)_{\mathbf{X},\mathbf{N}} = T\left(\frac{\partial S}{\partial T}\right)_{\mathbf{X},\mathbf{N}} = -T\left(\frac{\partial^2 F}{\partial T^2}\right)_{\mathbf{X},\mathbf{N}} \, . \tag{2.41}$$

Analog folgt aus der Beziehung $S(T, \mathbf{Y}, \mathbf{N}) = -(\partial G/\partial T)_{\mathbf{Y},\mathbf{N}}$ zwischen Entropie und freier Enthalpie für die Wärmekapazität $C_{\mathbf{Y},\mathbf{N}}$:

$$C_{\mathbf{Y},\mathbf{N}} = \left(\frac{d\!Q}{dT}\right)_{\mathbf{Y},\mathbf{N}} = T\left(\frac{\partial S}{\partial T}\right)_{\mathbf{Y},\mathbf{N}} = -T\left(\frac{\partial^2 G}{\partial T^2}\right)_{\mathbf{Y},\mathbf{N}} \, . \tag{2.42}$$

Offensichtlich haben die Größen

$$\frac{1}{T}C_{\mathbf{X},\mathbf{N}} = -\left(\frac{\partial^2 F}{\partial T^2}\right)_{\mathbf{X},\mathbf{N}} \qquad \text{und} \qquad \frac{1}{T}C_{\mathbf{Y},\mathbf{N}} = -\left(\frac{\partial^2 G}{\partial T^2}\right)_{\mathbf{Y},\mathbf{N}}$$

genau die Struktur von *thermischen* Antwortfunktionen, für die das allgemeine Feld $\mathbf{f}$ lediglich eine einzelne Komponente $f = T$ besitzt.

2.12.2 Mechanische Antwortfunktionen

Wie der Name schon andeutet, übernimmt bei der mechanischen Antwortfunktion das mechanische Feld $\mathbf{Y}$ die Rolle von $\mathbf{f}$ in (2.40). Die wichtigsten Varianten sind die *isotherme Suszeptibilität*, die aufgrund der Beziehung $\mathbf{X} = -(\partial G/\partial \mathbf{Y})_{T,\mathbf{N}}$ gleich

$$\chi_{T,\mathbf{N}} \equiv \left(\frac{\partial \mathbf{X}}{\partial \mathbf{Y}}\right)_{T,\mathbf{N}} = -\left(\frac{\partial^2 G}{\partial \mathbf{Y}^2}\right)_{T,\mathbf{N}} \tag{2.43}$$

ist, und die *adiabatische Suszeptibilität*, die aufgrund von $\mathbf{X} = -(\partial H/\partial \mathbf{Y})_{S,\mathbf{N}}$ gleich

$$\chi_{S,\mathbf{N}} \equiv \left(\frac{\partial \mathbf{X}}{\partial \mathbf{Y}}\right)_{S,\mathbf{N}} = -\left(\frac{\partial^2 H}{\partial \mathbf{Y}^2}\right)_{S,\mathbf{N}}$$

ist. Beide Suszeptibilitäten haben offensichtlich die Struktur einer Antwortfunktion. Eine gemischt thermisch-mechanische Variante der Antwortfunktion ist

$$\boldsymbol{\alpha}_{\mathbf{N}} \equiv \left(\frac{\partial \mathbf{X}}{\partial T}\right)_{\mathbf{Y},\mathbf{N}} = -\left(\frac{\partial^2 G}{\partial T \partial \mathbf{Y}}\right)_{\mathbf{N}}, \tag{2.44}$$

wobei also nach zwei unterschiedlichen intensiven Variablen (Feldern) abgeleitet wird. Die Formeln (2.42), (2.43) und (2.44) kann man auch kompakt miteinander kombinieren, indem man ein verallgemeinertes angelegtes Feld $\mathbf{f} \equiv (T, \mathbf{Y})$ einführt:

$$\chi_{\mathbf{N}} \equiv \begin{pmatrix} \frac{1}{T} C_{\mathbf{Y},\mathbf{N}} & \boldsymbol{\alpha}_{\mathbf{N}}^{\mathrm{T}} \\ \boldsymbol{\alpha}_{\mathbf{N}} & \chi_{T,\mathbf{N}} \end{pmatrix} = -\left(\frac{\partial^2 G}{\partial \mathbf{f}^2}\right)_{\mathbf{N}}.$$

In dieser kompakten Darstellung tritt die gemischt thermisch-mechanische Antwortfunktion $\boldsymbol{\alpha}_{\mathbf{N}}$ als Nichtdiagonalelement der Antwortfunktion $\chi_{\mathbf{N}}$ auf.

Beispiel: Das klassische ideale Gas

Als erstes Beispiel betrachten wir ein klassisches ideales Gas, das die Zustandsgleichung $PV = Nk_{\mathrm{B}}T$ erfüllt. Die *isotherme Kompressibilität*, die die Form einer isothermen Suszeptibilität pro Volumeneinheit hat, folgt mit $\rho \equiv N/V$ sofort aus der Zustandsgleichung:

$$\kappa_{T,N} = -\frac{1}{V}\left(\frac{\partial V}{\partial P}\right)_{T,N} = -\frac{1}{V}\left(\frac{\partial}{\partial P}\frac{Nk_{\mathrm{B}}T}{P}\right)_{T,N} = \frac{Nk_{\mathrm{B}}T}{P^2 V} = \frac{1}{P} = \frac{1}{\rho k_{\mathrm{B}}T}.$$

Der *thermische Ausdehnungskoeffizient* ist eine gemischt thermisch-mechanische Antwortfunktion pro Volumeneinheit und hat die folgende Form:

$$\bar{\alpha}_N = \frac{1}{V}\left(\frac{\partial V}{\partial T}\right)_{P,N} = \frac{1}{V}\frac{Nk_{\mathrm{B}}}{P} = \frac{1}{T}.$$

Die Wärmekapazität des dreidimensionalen klassischen einatomigen Gases bei konstantem Volumen folgt aus $U = \frac{3}{2}Nk_{\mathrm{B}}T$ als $C_{V,N} = \left(\frac{dQ}{dT}\right)_{V,N} = \left(\frac{\partial U}{\partial T}\right)_{V,N} = \frac{3}{2}Nk_{\mathrm{B}}$. Wir werden in Abschnitt [2.12.4] sehen, dass die adiabatische Kompressibilität $\kappa_{S,N}$ und die Wärmekapazität bei konstantem Druck $C_{P,N}$ aus den bereits bekannten Größen $\kappa_{T,N}$, $\bar{\alpha}_N$ und $C_{V,N}$ hergeleitet werden können.

Beispiel: Das Photonen- oder Phononengas

Als zweites Beispiel betrachten wir das Photonen- oder Phononengas mit seiner reduzierten Thermodynamik. Da der Druck für ein solches Gas eine reine Funktion der Temperatur ist, können die Variablen P und T nicht unabhängig voneinander variiert werden. Folglich sind die Antwortfunktionen $\frac{1}{T}C_P = \left(\frac{\partial S}{\partial T}\right)_P$, $\alpha = \left(\frac{\partial V}{\partial T}\right)_P$ und $\chi_T = -\left(\frac{\partial V}{\partial P}\right)_T$ für ein Photonen- oder Phononengas alle *nicht* definiert. Wegen der Relationen $\kappa_T = \frac{1}{V}\chi_T$ und $\bar{\alpha} = \frac{1}{V}\alpha$ gibt es für solche Gase auch keine isotherme Kompressibilität und keinen thermischen Ausdehnungskoeffizienten. Tatsächlich gibt es für Photonen- und Phononengase nur zwei nicht-triviale Antwortfunktionen, nämlich die Wärmekapazität $\frac{1}{T}C_V = -\left(\frac{\partial^2 F}{\partial T^2}\right)_V$ und die adiabatische Suszeptibilität $\chi_S = -\left(\frac{\partial^2 H}{\partial P^2}\right)_S$. Konkret findet man zum Beispiel

$$\frac{1}{T}C_V = \frac{16\sigma}{c}VT^2 = \frac{3S}{T} \quad , \quad \chi_S = \frac{3}{16}\left(\frac{3c}{4\sigma}\right)^{1/4}\frac{S}{P^{7/4}} = \frac{3V}{4P}$$

für den Spezialfall eines Photonengases in einem schwarzen Strahler.

2.12.3 Chemische Antwortfunktionen

Analog zur thermischen und mechanischen Antwort kann man die chemische Antwort bei Änderungen des chemischen Potentials $\boldsymbol{\mu}$ untersuchen. Mit Hilfe von $\mathbf{N}(T, \mathbf{X}, \boldsymbol{\mu}) = -(\partial\Omega/\partial\boldsymbol{\mu})_{T,\mathbf{X}}$ erhält man:

$$\boxed{\chi_{T,\mathbf{X}} \equiv \left(\frac{\partial\mathbf{N}}{\partial\boldsymbol{\mu}}\right)_{T,\mathbf{X}} = -\left(\frac{\partial^2\Omega}{\partial\boldsymbol{\mu}^2}\right)_{T,\mathbf{X}}}$$

mit der üblichen Struktur einer Antwortfunktion. Wir werden in Abschnitt [2.12.4] zeigen, dass es für den Spezialfall eines einkomponentigen Systems mit eindimensionalen mechanischen Variablen eine einfache Beziehung zwischen der chemischen und der mechanischen Antwort des Systems gibt.

2.12.4 Beziehungen zwischen den Antwortfunktionen

Die letzte Bemerkung deutet bereits darauf hin, dass die bisher definierten Antwortfunktionen offenbar nicht gänzlich unabhängig voneinander sind. In der Tat gibt es zwei allgemein gültige und für praktische Berechnungen sehr nützliche Relationen zwischen den verschiedenen Antwortfunktionen, nämlich:

$$\boxed{C_{\mathbf{Y},\mathbf{N}} - C_{\mathbf{X},\mathbf{N}} = T\boldsymbol{\alpha}_{\mathbf{N}}^{\mathrm{T}}\chi_{T,\mathbf{N}}^{-1}\boldsymbol{\alpha}_{\mathbf{N}} \quad , \quad \chi_{T,\mathbf{N}} - \chi_{S,\mathbf{N}} = \frac{T}{C_{\mathbf{Y},\mathbf{N}}}\boldsymbol{\alpha}_{\mathbf{N}}\boldsymbol{\alpha}_{\mathbf{N}}^{\mathrm{T}}}$$

sowie eine dritte Beziehung, die die chemischen Variablen $(\boldsymbol{\mu}, \mathbf{N})$ mit der mechanischen Antwortfunktion $\chi_{T,\mathbf{N}}$ verknüpft:

$$\boxed{\mathbf{N}^{\mathrm{T}}\left(\frac{\partial\boldsymbol{\mu}}{\partial\mathbf{X}}\right)_{T,\mathbf{N}} = -\mathbf{X}^{\mathrm{T}}\chi_{T,\mathbf{N}}^{-1} \, .}$$

Diese Beziehungen beruhen alle entweder auf den Maxwell-Relationen oder auf der Gibbs-Duhem-Gleichung. Wir möchten diese Beziehungen nun nachweisen.

Die erste Relation, die die Wärmekapazitäten $C_{\mathbf{Y},\mathbf{N}}$ und $C_{\mathbf{X},\mathbf{N}}$ miteinander verknüpft, erhält man aus der Maxwell-Beziehung $(\partial S/\partial \mathbf{X})_{T,\mathbf{N}} = -(\partial \mathbf{Y}/\partial T)_{\mathbf{X},\mathbf{N}}$:

$$
\begin{aligned}
C_{\mathbf{Y},\mathbf{N}} - C_{\mathbf{X},\mathbf{N}} &= T\left[\left(\frac{\partial S}{\partial T}\right)_{\mathbf{Y},\mathbf{N}} - \left(\frac{\partial S}{\partial T}\right)_{\mathbf{X},\mathbf{N}}\right] = T\left(\frac{\partial S}{\partial \mathbf{X}}\right)_{T,\mathbf{N}} \cdot \left(\frac{\partial \mathbf{X}}{\partial T}\right)_{\mathbf{Y},\mathbf{N}} \\
&= -T\left(\frac{\partial \mathbf{Y}}{\partial T}\right)_{\mathbf{X},\mathbf{N}} \cdot \boldsymbol{\alpha}_{\mathbf{N}} = T\boldsymbol{\alpha}_{\mathbf{N}}^{\mathrm{T}}\left(\frac{\partial \mathbf{Y}}{\partial \mathbf{X}}\right)_{T,\mathbf{N}}\left(\frac{\partial \mathbf{X}}{\partial T}\right)_{\mathbf{Y},\mathbf{N}} \\
&= T\boldsymbol{\alpha}_{\mathbf{N}}^{\mathrm{T}}\left(\frac{\partial \mathbf{Y}}{\partial \mathbf{X}}\right)_{T,\mathbf{N}}\boldsymbol{\alpha}_{\mathbf{N}} = T\boldsymbol{\alpha}_{\mathbf{N}}^{\mathrm{T}}\chi_{T,\mathbf{N}}^{-1}\boldsymbol{\alpha}_{\mathbf{N}} \,.
\end{aligned}
\tag{2.45}
$$

In der ersten Zeile wurde verwendet, dass für die Entropie, aufgefasst als Funktion von $\mathbf{Y}$ oder alternativ $\mathbf{X}$, also für $S(T,\mathbf{Y},\mathbf{N}) = S(T,\mathbf{X}(T,\mathbf{Y},\mathbf{N}),\mathbf{N})$, gilt:

$$
\left(\frac{\partial S}{\partial T}\right)_{\mathbf{Y},\mathbf{N}} = \left(\frac{\partial S}{\partial T}\right)_{\mathbf{X},\mathbf{N}} + \left(\frac{\partial S}{\partial \mathbf{X}}\right)_{T,\mathbf{N}} \cdot \left(\frac{\partial \mathbf{X}}{\partial T}\right)_{\mathbf{Y},\mathbf{N}} \,.
$$

Außerdem wurde im jeweils zweiten Schritt der zweiten und der dritten Zeile verwendet, dass für zwei Funktionen $\mathbf{X}(T,\mathbf{Y})$ und $\mathbf{Y}(T,\mathbf{X})$ gilt:

$$
\left(\frac{\partial \mathbf{Y}}{\partial \mathbf{X}}\right)_{T} = \left(\frac{\partial \mathbf{X}}{\partial \mathbf{Y}}\right)_{T}^{-1} \quad \text{und} \quad \left(\frac{\partial \mathbf{Y}}{\partial T}\right)_{\mathbf{X}} = -\left(\frac{\partial \mathbf{Y}}{\partial \mathbf{X}}\right)_{T}\left(\frac{\partial \mathbf{X}}{\partial T}\right)_{\mathbf{Y}} \,.
\tag{2.46}
$$

Diese Gleichungen ergeben sich aus der Kombination der Differentiale

$$
d\mathbf{X} = \left(\frac{\partial \mathbf{X}}{\partial \mathbf{Y}}\right)_{T} d\mathbf{Y} + \left(\frac{\partial \mathbf{X}}{\partial T}\right)_{\mathbf{Y}} dT \quad , \quad d\mathbf{Y} = \left(\frac{\partial \mathbf{Y}}{\partial \mathbf{X}}\right)_{T} d\mathbf{X} + \left(\frac{\partial \mathbf{Y}}{\partial T}\right)_{\mathbf{X}} dT
$$

zur folgenden, allgemein gültigen Identität:

$$
\mathbf{0} = \left[\left(\frac{\partial \mathbf{X}}{\partial \mathbf{Y}}\right)_{T}\left(\frac{\partial \mathbf{Y}}{\partial \mathbf{X}}\right)_{T} - \mathbb{1}\right]d\mathbf{X} + \left[\left(\frac{\partial \mathbf{X}}{\partial \mathbf{Y}}\right)_{T}\left(\frac{\partial \mathbf{Y}}{\partial T}\right)_{\mathbf{X}} + \left(\frac{\partial \mathbf{X}}{\partial T}\right)_{\mathbf{Y}}\right]dT \,.
$$

Da die Variablen $\mathbf{X}$ und T unabhängig sind, müssen die Vorfaktoren $[\cdots]$ ihrer Differentiale null sein. Daraus ergeben sich die beiden Gleichungen in (2.46).

Die zweite Beziehung, die die mechanischen Antwortfunktionen $\chi_{T,\mathbf{N}}$ und $\chi_{S,\mathbf{N}}$ miteinander verknüpft, folgt aus den Differentialen der Funktionen $\mathbf{X}(T,\mathbf{Y})$ und $\mathbf{X}(S,\mathbf{Y})$, abhängig von den konjugierten Größen Temperatur und Entropie,[16]

$$
\left(\frac{\partial \mathbf{X}}{\partial T}\right)_{\mathbf{Y}} dT + \left(\frac{\partial \mathbf{X}}{\partial \mathbf{Y}}\right)_{T} d\mathbf{Y} = d\mathbf{X} = \left(\frac{\partial \mathbf{X}}{\partial S}\right)_{\mathbf{Y}} dS + \left(\frac{\partial \mathbf{X}}{\partial \mathbf{Y}}\right)_{S} d\mathbf{Y} \,.
$$

Man erhält zunächst:

$$
\left(\frac{\partial \mathbf{X}}{\partial S}\right)_{\mathbf{Y}} = \left(\frac{\partial \mathbf{X}}{\partial T}\right)_{\mathbf{Y}}\left(\frac{\partial T}{\partial S}\right)_{\mathbf{Y}} \quad , \quad \left(\frac{\partial \mathbf{X}}{\partial \mathbf{Y}}\right)_{T} = \left(\frac{\partial \mathbf{X}}{\partial S}\right)_{\mathbf{Y}}\left(\frac{\partial S}{\partial \mathbf{Y}}\right)_{T}^{\mathrm{T}} + \left(\frac{\partial \mathbf{X}}{\partial \mathbf{Y}}\right)_{S} \,,
$$

---

[16]Da die Teilchenzahlen bei der Berechnung von $\chi_{T,\mathbf{N}}$ und $\chi_{S,\mathbf{N}}$ konstant sind ($d\mathbf{N} = \mathbf{0}$), unterdrücken wir der Einfachheit halber die $\mathbf{N}$-Abhängigkeit von $\mathbf{X}(T,\mathbf{Y},\mathbf{N})$ und $\mathbf{X}(S,\mathbf{Y},\mathbf{N})$.

wobei $\frac{\partial \mathbf{X}}{\partial S}\left(\frac{\partial S}{\partial \mathbf{Y}}\right)^{\mathrm{T}}$ als Dyade zu interpretieren ist. Wegen $C_{\mathbf{Y},\mathbf{N}} = T(\partial S/\partial T)_{\mathbf{Y},\mathbf{N}}$ und der Maxwell-Relation $(\partial S/\partial \mathbf{Y})_{T,\mathbf{N}} = (\partial \mathbf{X}/\partial T)_{\mathbf{Y},\mathbf{N}}$ folgt also:

$$
\begin{aligned}
\chi_{T,\mathbf{N}} - \chi_{S,\mathbf{N}} &= \left(\frac{\partial \mathbf{X}}{\partial \mathbf{Y}}\right)_{T,\mathbf{N}} - \left(\frac{\partial \mathbf{X}}{\partial \mathbf{Y}}\right)_{S,\mathbf{N}} = \left(\frac{\partial \mathbf{X}}{\partial S}\right)_{\mathbf{Y},\mathbf{N}} \left(\frac{\partial S}{\partial \mathbf{Y}}\right)_{T,\mathbf{N}}^{\mathrm{T}} \\
&= \left(\frac{\partial T}{\partial S}\right)_{\mathbf{N}} \left(\frac{\partial \mathbf{X}}{\partial T}\right)_{\mathbf{Y},\mathbf{N}} \left(\frac{\partial \mathbf{X}}{\partial T}\right)_{\mathbf{Y},\mathbf{N}}^{\mathrm{T}} = \frac{T}{C_{\mathbf{Y},\mathbf{N}}} \boldsymbol{\alpha}_{\mathbf{N}} \boldsymbol{\alpha}_{\mathbf{N}}^{\mathrm{T}} ,
\end{aligned}
\tag{2.47}
$$

wobei $\boldsymbol{\alpha}\boldsymbol{\alpha}^{\mathrm{T}}$ wiederum als dyadisches Produkt zu interpretieren ist. Gleichung (2.47) stellt eine zweite Beziehung zwischen den Antwortfunktionen dar.

Der dritte Ausdruck folgt sofort durch Einsetzen des Differentials der intensiven mechanischen Variablen $\mathbf{Y}(T,\mathbf{X},\mathbf{N}) = (\partial F/\partial \mathbf{X})_{T,\mathbf{N}}$,

$$
d\mathbf{Y} = \left(\frac{\partial \mathbf{Y}}{\partial T}\right)_{\mathbf{X},\mathbf{N}} dT + \left(\frac{\partial \mathbf{Y}}{\partial \mathbf{X}}\right)_{T,\mathbf{N}} d\mathbf{X} + \left(\frac{\partial \mathbf{Y}}{\partial \mathbf{N}}\right)_{T,\mathbf{X}} d\mathbf{N} ,
$$

in die Gibbs-Duhem-Gleichung (2.30) in der Form $\mathbf{N} \cdot d\boldsymbol{\mu} = -SdT - \mathbf{X} \cdot d\mathbf{Y}$:

$$
\mathbf{N}^{\mathrm{T}} \left(\frac{\partial \boldsymbol{\mu}}{\partial \mathbf{X}}\right)_{T,\mathbf{N}} = -\mathbf{X}^{\mathrm{T}} \left(\frac{\partial \mathbf{Y}}{\partial \mathbf{X}}\right)_{T,\mathbf{N}} = -\mathbf{X}^{\mathrm{T}} \chi_{T,\mathbf{N}}^{-1} .
\tag{2.48}
$$

Hierbei werden die Temperatur T und die Teilchenzahlen $\mathbf{N}$ konstant gehalten. Die dritte Gleichung verknüpft $(\boldsymbol{\mu}, \mathbf{N})$ mit der mechanischen Antwortfunktion $\chi_{T,\mathbf{N}}$.

Spezialfälle mit eindimensionalen mechanischen Variablen

Wie bereits in Abschnitt [2.12.3] erwähnt, ist der Ausdruck (2.48) besonders hilfreich im einfachen Fall eines einkomponentigen Systems $(\mathbf{N} \to N, \boldsymbol{\mu} \to \mu)$ mit eindimensionalen mechanischen Variablen $(\mathbf{X} \to X, \mathbf{Y} \to Y)$, sodass das chemische Potential die Form $\mu = \mu(T, \rho)$ hat mit $\rho \equiv N/X$. Man erhält:

$$
X\chi_{T,N}^{-1} = -N\left(\frac{\partial \mu}{\partial X}\right)_{T,N} = \rho^2 \left(\frac{\partial \mu}{\partial \rho}\right)_T .
\tag{2.49}
$$

Da auch die chemische Antwortfunktion $\chi_{T,X} = \left(\frac{\partial N}{\partial \mu}\right)_{T,X}$ vollständig durch die Größe $(\partial \mu/\partial \rho)_T$ bestimmt ist:

$$
X\chi_{T,X}^{-1} = X\left(\frac{\partial \mu}{\partial N}\right)_{T,X} = \left(\frac{\partial \mu}{\partial \rho}\right)_T ,
$$

erhält man eine einfache Beziehung zwischen der mechanischen und der chemischen Antwort des Systems:

$$
\chi_{T,N} = \frac{1}{\rho^2}\chi_{T,X} \quad \text{bzw.} \quad \frac{1}{X}\chi_{T,N} = \frac{1}{\rho^2 X}\chi_{T,X} = \frac{1}{\rho^2}\left(\frac{\partial \rho}{\partial \mu}\right)_T .
\tag{2.50}
$$

Diese Relation ist allgemeingültig, unabhängig von der Natur der mechanischen Variablen X.

Auch die Relationen (2.45) und (2.47) werden einfacher für Systeme mit eindimensionalen mechanischen Variablen ($\mathbf{X} \to X, \mathbf{Y} \to Y$), da der Tensor χ und der Vektor $\boldsymbol{\alpha}$ aus der allgemeinen Formulierung in diesem Fall reellwertige Funktionen sind:

$$\chi_{T,\mathbf{N}}(C_{Y,\mathbf{N}} - C_{X,\mathbf{N}}) = T(\alpha_{\mathbf{N}})^2 = C_{Y,\mathbf{N}}(\chi_{T,\mathbf{N}} - \chi_{S,\mathbf{N}}) \ .$$

Die beiden relevanten Wärmekapazitäten $C_{Y,\mathbf{N}}$ und $C_{X,\mathbf{N}}$ verhalten sich daher genauso zueinander wie die isotherme und die adiabatische Suszeptibilität:

$$\boxed{\frac{C_{Y,\mathbf{N}}}{C_{X,\mathbf{N}}} = \frac{\chi_{T,\mathbf{N}}}{\chi_{S,\mathbf{N}}} \ .}$$

Wiederum ist dieses Ergebnis für beliebige konjugierte mechanische Variable (X, Y) gültig.

Das einkomponentige Gas Als Beispiel betrachten wir ein einkomponentiges Gas mit $(X, Y) = (V, -P)$ und $\rho \equiv N/V$. Die isotherme und die adiabatische Kompressibilität $\kappa_{T,N} = \frac{1}{V}\chi_{T,N}$ und $\kappa_{S,N} = \frac{1}{V}\chi_{S,N}$ dieser Gase sind dann durch $\kappa_{T,N}/\kappa_{S,N} = C_{P,N}/C_{V,N}$ miteinander verknüpft. Außerdem folgt aus (2.50) der einfache Ausdruck

$$\kappa_{T,N} = \rho^{-2}\left(\frac{\partial \rho}{\partial \mu}\right)_T \tag{2.51}$$

für die isotherme Kompressibilität. Diese Beziehungen sind allgemein gültig für einkomponentige Gase, also auch für *reale* Gase, unabhängig davon, ob diese nun „klassisch" oder quantenmechanischer Natur sind.

Für den Spezialfall eines einkomponentigen *klassischen idealen Gases* folgt noch aus Gleichung (2.45):

$$C_{P,N} = C_{V,N} + \frac{TV(\bar{\alpha}_N)^2}{\kappa_{T,N}} = \tfrac{3}{2}Nk_{\mathrm{B}} + \frac{TVT^{-2}}{(\rho k_{\mathrm{B}}T)^{-1}} = \tfrac{5}{2}Nk_{\mathrm{B}} \ ,$$

sodass dann

$$\kappa_{S,N} = \tfrac{3}{5}\kappa_{T,N} = \tfrac{3}{5}(\rho k_{\mathrm{B}}T)^{-1}$$

gilt. Hiermit sind auch die letzten beiden, in Abschnitt [2.12.2] noch unbestimmten, Antwortfunktionen $\frac{1}{T}C_{P,N}$ und $\kappa_{S,N}$ des klassischen idealen Gases bekannt.

2.13 Fluktuationen um den Gleichgewichtszustand

Wir betrachten ein isoliertes System ($\mathrm{d}Q = 0$, $\mathrm{d}\mathbf{N} = \mathbf{0}$), das keine Arbeit leistet ($\mathrm{d}\mathbf{X} = \mathbf{0}$). Wir wissen bereits, dass die Entropie im Gleichgewichtszustand eines solchen Systems *maximal* ist. Interne Fluktuationen im System können die Entropie also nur absenken (oder evtl. gleich lassen). Wir untersuchen solche Fluktuationen um den homogenen Gleichgewichtszustand $(U, \mathbf{X}, \mathbf{N})$, indem wir die Entropie um ihr Maximum $S(U, \mathbf{X}, \mathbf{N}) \equiv S_0$ entwickeln.

Zur Illustration solcher *interner* Fluktuationen nehmen wir an, dass das Gesamtsystem *zweigeteilt* ist, wobei das Teilsystem „1" im Gleichgewicht einen Anteil λ des Gesamtsystems umfasst und Teilsystem „2" einen Anteil $1 - \lambda$:

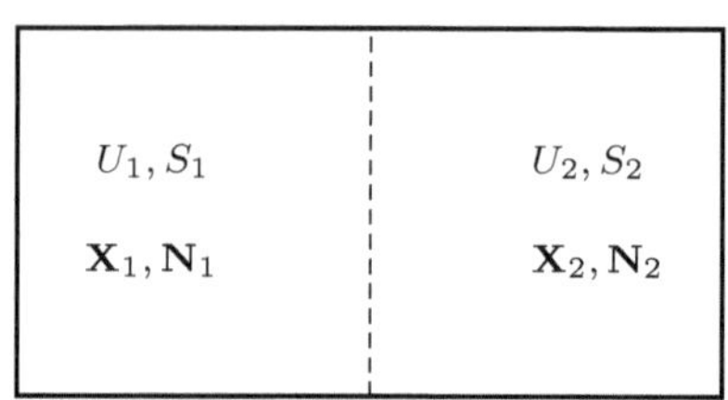

Abb. 2.15 Modell zum Gleichgewichtszustand: Die beiden Bereiche sind durch eine bewegliche, poröse und thermisch leitende Wand voneinander getrennt.

$$\begin{pmatrix} U_{10} \\ \mathbf{X}_{10} \\ \mathbf{N}_{10} \end{pmatrix} = \lambda \begin{pmatrix} U \\ \mathbf{X} \\ \mathbf{N} \end{pmatrix} \quad , \quad \begin{pmatrix} U_{20} \\ \mathbf{X}_{20} \\ \mathbf{N}_{20} \end{pmatrix} = (1 - \lambda) \begin{pmatrix} U \\ \mathbf{X} \\ \mathbf{N} \end{pmatrix} \qquad [\lambda \in (0, 1)] \; .$$

Die Gleichgewichtsentropien der beiden Teilsysteme,

$$S_{10} = S\big(\lambda U, \lambda \mathbf{X}, \lambda \mathbf{N}\big) \quad , \quad S_{20} = S\big((1 - \lambda)U, (1 - \lambda)\mathbf{X}, (1 - \lambda)\mathbf{N}\big) \; ,$$

summieren sich zur Gleichgewichtsentropie S_0 des Gesamtsystems auf:

$$S_{10} + S_{20} = [\lambda + (1 - \lambda)]\, S(U, \mathbf{X}, \mathbf{N}) = S(U, \mathbf{X}, \mathbf{N}) = S_0 \; .$$

Nehmen wir nun an, es tritt eine interne Fluktuation im System auf derart, dass die thermodynamischen Größen im Teilsystem „1" die Werte $(U_1, \mathbf{X}_1, \mathbf{N}_1)$ erlangen und die Größen im Teilsystem „2" die Werte $(U_2, \mathbf{X}_2, \mathbf{N}_2)$. Hierbei müssen sich die thermodynamischen Größen $(U_1, \mathbf{X}_1, \mathbf{N}_1)$ und $(U_2, \mathbf{X}_2, \mathbf{N}_2)$ der Teilsysteme zu $(U, \mathbf{X}, \mathbf{N})$ im Gesamtsystem addieren:

$$U = U_1 + U_2 \quad , \quad \mathbf{X} = \mathbf{X}_1 + \mathbf{X}_2 \quad , \quad \mathbf{N} = \mathbf{N}_1 + \mathbf{N}_2 \; .$$

Die *Fluktuationen* $(\delta U_i,\ \delta \mathbf{X}_i,\ \delta \mathbf{N}_i)$ um den Gleichgewichtszustand des Teilsystems „i" (mit $i = 1, 2$) sind dann definiert als:

$$\delta U_i = U_i - U_{i0} \quad , \quad \delta \mathbf{X}_i = \mathbf{X}_i - \mathbf{X}_{i0} \quad , \quad \delta \mathbf{N}_i = \mathbf{N}_i - \mathbf{N}_{i0} \qquad (i = 1, 2) \; .$$

Da die Gesamtgrößen $(U, \mathbf{X}, \mathbf{N})$ fest vorgegeben sind, muss gelten:

$$\delta U_1 = -\delta U_2 \quad , \quad \delta \mathbf{X}_1 = -\delta \mathbf{X}_2 \quad , \quad \delta \mathbf{N}_1 = -\delta \mathbf{N}_2 \; .$$

Die Entropien S_1 und S_2 der beiden Teilsysteme sind bei dieser Fluktuation durch:

$$S_1 \equiv S(U_1, \mathbf{X}_1, \mathbf{N}_1) \quad , \quad S_2 \equiv S(U_2, \mathbf{X}_2, \mathbf{N}_2)$$

gegeben, sodass die Gesamtentropie S des Systems, an der wir interessiert sind, und ihre entsprechende Fluktuation δS durch

$$S = \sum_{i=1,2} S_i \quad , \quad \delta S = S - S_0 = \sum_{i=1,2} \delta S_i \quad , \quad \delta S_i = S_i - S_{i0} \qquad (i = 1, 2)$$

gegeben sind. Wir möchten im Folgenden die Frage beantworten, inwiefern die Gesamtentropie S durch die interne Fluktuation *abgesenkt* wird. Hierbei ist physikalisch klar, dass nicht alle Fluktuationen (δU_i, $\delta \mathbf{X}_i$, $\delta \mathbf{N}_i$) zu einer Entropieabsenkung führen werden, da z. B. die Fluktuation

$$\begin{pmatrix} \delta U_1 \\ \delta \mathbf{X}_1 \\ \delta \mathbf{N}_1 \end{pmatrix} = \delta\lambda \begin{pmatrix} U \\ \mathbf{X} \\ \mathbf{N} \end{pmatrix} \quad , \quad \begin{pmatrix} \delta U_2 \\ \delta \mathbf{X}_2 \\ \delta \mathbf{N}_2 \end{pmatrix} = -\delta\lambda \begin{pmatrix} U \\ \mathbf{X} \\ \mathbf{N} \end{pmatrix}$$

den homogenen Gleichgewichtszustand des Gesamtsystems unverletzt lässt und Änderungen des Parameters $\delta\lambda$ daher keinen Einfluss auf die Gesamtentropie haben:

$$S_1 + S_2 = (\lambda + \delta\lambda)S(U, \mathbf{X}, \mathbf{N}) + (1 - \lambda - \delta\lambda)S(U, \mathbf{X}, \mathbf{N}) = S(U, \mathbf{X}, \mathbf{N}) = S_0 \ .$$

Nur von Fluktuationen (δU_i, $\delta \mathbf{X}_i$, $\delta \mathbf{N}_i$), die linear unabhängig von $(U, \mathbf{X}, \mathbf{N})$ sind, kann man eine Entropie*absenkung* erwarten.

2.13.1 Konsequenzen der Stationarität der Entropie

Entwickeln wir die Entropie nun mit Hilfe von (2.28) bis zur *linearen* Ordnung in den Abweichungen vom Gleichgewichtszustand:

$$\delta S = \sum_{i=1,2} \left[\left(\frac{\partial S_i}{\partial U_i}\right)_{\mathbf{X}_i, \mathbf{N}_i} \delta U_i + \left(\frac{\partial S_i}{\partial \mathbf{X}_i}\right)_{U_i, \mathbf{N}_i} \cdot \delta \mathbf{X}_i + \left(\frac{\partial S_i}{\partial \mathbf{N}_i}\right)_{U_i, \mathbf{X}_i} \cdot \delta \mathbf{N}_i \right] + \cdots$$

$$= \left(\frac{1}{T_1} - \frac{1}{T_2}\right)\delta U_1 + \left(-\frac{\mathbf{Y}_1}{T_1} + \frac{\mathbf{Y}_2}{T_2}\right) \cdot \delta \mathbf{X}_1 + \left(-\frac{\boldsymbol{\mu}_1}{T_1} + \frac{\boldsymbol{\mu}_2}{T_2}\right) \cdot \delta \mathbf{N}_1 + \cdots ,$$

dann folgt aus der Stationarität von S bei beliebigen Fluktuationen δU_1, $\delta \mathbf{X}_1$ oder $\delta \mathbf{N}_1$, dass im Gleichgewicht

$$\boxed{T_1 = T_2 \quad , \quad \mathbf{Y}_1 = \mathbf{Y}_2 \quad , \quad \boldsymbol{\mu}_1 = \boldsymbol{\mu}_2}$$

gelten muss. Im Gleichgewicht müssen die *intensiven* Variablen der Teilsysteme also unbedingt gleich sein. Dies ist eine Erweiterung des nullten Hauptsatzes, der lediglich die Gleichheit der Temperaturen postulierte.

2.13.2 Die Stabilität des Gleichgewichts $*$

Die Entropie kann im Gleichgewichtszustand nur dann maximal sein, wenn die zweiten Ableitungen von S nach den Abweichungen (δU_i, $\delta \mathbf{X}_i$, $\delta \mathbf{N}_i$) nicht-positiv sind. Nun kann man eine Funktion $f(\mathbf{x})$, die in $\mathbf{x} = \mathbf{x}_0$ stationär ist, sodass $\frac{\partial f}{\partial \mathbf{x}}(\mathbf{x}_0) = \mathbf{0}$ gilt, allgemein wie folgt entwickeln:

$$\delta f(\mathbf{x}) \equiv f(\mathbf{x}) - f(\mathbf{x}_0) = \frac{\partial f}{\partial \mathbf{x}}(\mathbf{x}_0) \cdot \delta \mathbf{x} + \tfrac{1}{2}\delta \mathbf{x}^{\mathrm{T}} \frac{\partial^2 f}{\partial \mathbf{x}^2}(\mathbf{x}_0)\delta \mathbf{x} + \cdots$$

$$= \tfrac{1}{2}\delta \mathbf{x}^{\mathrm{T}} \delta\left(\frac{\partial f}{\partial \mathbf{x}}(\mathbf{x})\right) + \cdots \quad , \quad \delta \mathbf{x} \equiv \mathbf{x} - \mathbf{x}_0 \ .$$

Daher gilt speziell für die Entropie, die im Gleichgewicht *maximal* ist:

$$\delta S = \sum_{i=1,2} \delta S_i = \frac{1}{2} \sum_{i=1,2} \left\{ \delta U_i\, \delta\left[\left(\frac{\partial S_i}{\partial U_i}\right)_{\mathbf{X}_i,\mathbf{N}_i}\right] + \delta\mathbf{X}_i \cdot \delta\left[\left(\frac{\partial S_i}{\partial \mathbf{X}_i}\right)_{U_i,\mathbf{N}_i}\right] \right.$$

$$\left. + \delta\mathbf{N}_i \cdot \delta\left[\left(\frac{\partial S_i}{\partial \mathbf{N}_i}\right)_{U_i,\mathbf{X}_i}\right] \right\}$$

$$= \frac{1}{2} \sum_{i=1,2} \left\{ \delta U_i\, \delta\left(\frac{1}{T_i}\right) - \delta\mathbf{X}_i \cdot \delta\left(\frac{\mathbf{Y}_i}{T_i}\right) - \delta\mathbf{N}_i \cdot \delta\left(\frac{\boldsymbol{\mu}_i}{T_i}\right) \right\}.$$

Mit Hilfe des ersten Hauptsatzes in der Form (2.23) folgt:

$$\delta S = \frac{1}{2} \sum_{i=1,2} \left\{ (\delta U_i - \mathbf{Y}_i \cdot \delta\mathbf{X}_i - \boldsymbol{\mu}_i \cdot \delta\mathbf{N}_i)\delta\left(\frac{1}{T_i}\right) - \frac{1}{T_i}(\delta\mathbf{X}_i \cdot \delta\mathbf{Y}_i + \delta\mathbf{N}_i \cdot \delta\boldsymbol{\mu}_i) \right\}$$

$$= -\frac{1}{2T} \sum_{i=1,2} \left(\delta T_i\, \delta S_i + \delta\mathbf{X}_i \cdot \delta\mathbf{Y}_i + \delta\mathbf{N}_i \cdot \delta\boldsymbol{\mu}_i \right), \tag{2.52}$$

wobei wir $\delta\big(T_i^{-1}\big) = -T^{-2}\delta T_i$ verwenden und in (2.52) nur Fluktuationen bis zur zweiten Ordnung mitberücksichtigen. Gleichung (2.52) zeigt, dass die Entropiefluktuation δS in relativ einfacher Weise durch die Fluktuationen in den Teilsystemen bestimmt ist, wobei jeweils die Fluktuationen der intensiven an die Fluktuationen der konjugierten extensiven Variablen gekoppelt werden. Trotz dieser relativ einfachen Struktur ist Gleichung (2.52) nicht besonders transparent, da die Fluktuationen nicht voneinander unabhängig sind: Es gibt Beziehungen zwischen den intensiven und den extensiven Variablen und auch zwischen den Variablen der beiden Teilsysteme (wie z. B. $\delta\mathbf{X}_1 = -\delta\mathbf{X}_2$ usw.). Aus diesem Grund wählen wir zuerst einen Satz von *unabhängigen* Variablen.

Wahl der unabhängigen Variablen

Als unabhängige Variable wählen wir die Variablen $(T, \mathbf{Y}, \mathbf{N}_i)$, die das thermodynamische Potential G charakterisieren, und die entsprechenden Fluktuationen δT_i, $\delta\mathbf{Y}_i$ und $\delta\mathbf{N}_i$. Um eine quadratische Form für δS in den Variablen $(\delta T_i, \delta\mathbf{Y}_i, \delta\mathbf{N}_i)$ herzuleiten, verwenden wir z. B. für die Fluktuation $\delta\boldsymbol{\mu}_i$ des chemischen Potentials in (2.52) die Relation

$$\delta\boldsymbol{\mu}_i = \left(\frac{\partial\boldsymbol{\mu}}{\partial T}\right)_i \delta T_i + \left(\frac{\partial\boldsymbol{\mu}}{\partial \mathbf{Y}}\right)_i \delta\mathbf{Y}_i + \left(\frac{\partial\boldsymbol{\mu}}{\partial \mathbf{N}}\right)_i \delta\mathbf{N}_i.$$

Hierbei definieren wir

$$\left(\frac{\partial\boldsymbol{\mu}}{\partial T}\right)_i \equiv \left(\frac{\partial\boldsymbol{\mu}}{\partial T}\right)_{\mathbf{Y},\mathbf{N}} (T, \mathbf{Y}, \mathbf{N}_i) = \left(\frac{\partial^2 G}{\partial T \partial \mathbf{N}}\right)_{\mathbf{Y}} (T, \mathbf{Y}, \mathbf{N}_i)$$

und analog für $\left(\frac{\partial\boldsymbol{\mu}}{\partial \mathbf{Y}}\right)_i$ und $\left(\frac{\partial\boldsymbol{\mu}}{\partial \mathbf{N}}\right)_i$. Man sieht an dieser Stelle explizit, dass der Zustand des Teilsystems $i \in \{1, 2\}$ durch die Variablen $(T, \mathbf{Y}, \mathbf{N}_i)$ charakterisiert wird. Für die Fluktuationen δS_i der Entropie und $\delta\mathbf{X}_i$ der extensiven mechanischen Variablen in (2.52) verwenden wir analoge Relationen. Einsetzen dieser Beziehungen in Gleichung (2.52) ergibt:

$$\delta S = -\frac{1}{2T} \sum_{i=1,2} \left\{ (\delta T_i)^2 \left(\frac{\partial S}{\partial T}\right)_i + \delta T_i \left[\left(\frac{\partial S}{\partial \mathbf{Y}}\right)_i + \left(\frac{\partial \mathbf{X}}{\partial T}\right)_i \right] \cdot \delta \mathbf{Y}_i \right.$$

$$+ \delta T_i \left[\left(\frac{\partial S}{\partial \mathbf{N}}\right)_i + \left(\frac{\partial \boldsymbol{\mu}}{\partial T}\right)_i \right] \cdot \delta \mathbf{N}_i + \delta \mathbf{Y}_i^{\mathrm{T}} \left(\frac{\partial \mathbf{X}}{\partial \mathbf{Y}}\right)_i \delta \mathbf{Y}_i$$

$$\left. + \delta \mathbf{Y}_i^{\mathrm{T}} \left[\left(\frac{\partial \mathbf{X}}{\partial \mathbf{N}}\right)_i + \left(\frac{\partial \boldsymbol{\mu}}{\partial \mathbf{Y}}\right)_i^{\mathrm{T}} \right] \delta \mathbf{N}_i + \delta \mathbf{N}_i^{\mathrm{T}} \left(\frac{\partial \boldsymbol{\mu}}{\partial \mathbf{N}}\right)_i \delta \mathbf{N}_i \right\} \ .$$

Hierbei sind die Matrizen

$$\left(\frac{\partial \mathbf{X}}{\partial \mathbf{Y}}\right)_{T,\mathbf{N}} = -\left(\frac{\partial^2 G}{\partial \mathbf{Y}^2}\right)_{T,\mathbf{N}} \qquad \text{und} \qquad \left(\frac{\partial \boldsymbol{\mu}}{\partial \mathbf{N}}\right)_{T,\mathbf{Y}} = \left(\frac{\partial^2 G}{\partial \mathbf{N}^2}\right)_{T,\mathbf{Y}}$$

offensichtlich symmetrisch. Wegen der Maxwell-Relationen für die freie Enthalpie (siehe Abschnitt [2.11.4]):

$$\left(\frac{\partial S}{\partial \mathbf{Y}}\right)_{T,\mathbf{N}} = \left(\frac{\partial \mathbf{X}}{\partial T}\right)_{\mathbf{Y},\mathbf{N}} \ , \quad \left(\frac{\partial S}{\partial \mathbf{N}}\right)_{T,\mathbf{Y}} = -\left(\frac{\partial \boldsymbol{\mu}}{\partial T}\right)_{\mathbf{Y},\mathbf{N}} \ , \quad \left(\frac{\partial \mathbf{X}}{\partial \mathbf{N}}\right)_{T,\mathbf{Y}} = -\left(\frac{\partial \boldsymbol{\mu}}{\partial \mathbf{Y}}\right)_{T,\mathbf{N}}^{\mathrm{T}}$$

und der Beziehung $(\partial S/\partial T)_{\mathbf{Y},\mathbf{N}} = \frac{1}{T} C_{\mathbf{Y},\mathbf{N}}$ reduziert sich die Entropiefluktuation δS auf:

$$\delta S = -\frac{1}{2T} \sum_{i=1,2} \left\{ \frac{1}{T} C_{\mathbf{Y},\mathbf{N}}^{(i)} (\delta T_i)^2 + 2\,\delta T_i \left(\frac{\partial \mathbf{X}}{\partial T}\right)_i \cdot \delta \mathbf{Y}_i \right.$$

$$\left. + \delta \mathbf{Y}_i^{\mathrm{T}} \left(\frac{\partial \mathbf{X}}{\partial \mathbf{Y}}\right)_i \delta \mathbf{Y}_i + \delta \mathbf{N}_i^{\mathrm{T}} \left(\frac{\partial \boldsymbol{\mu}}{\partial \mathbf{N}}\right)_i \delta \mathbf{N}_i \right\} \ . \tag{2.53}$$

Wir haben nun also erreicht, dass die Entropiefluktuation δS lediglich von den Fluktuationen δT_i, $\delta \mathbf{Y}_i$ und $\delta \mathbf{N}_i$ abhängt. Trotz dieses großen Fortschritts ist die rechte Seite von (2.53) noch nicht optimal transparent, da erstens die unterschiedlichen Fluktuationen (wie δT_i und $\delta \mathbf{Y}_i$) und zweitens die beiden Teilsysteme „1" und „2" noch miteinander gekoppelt sind. Wir werden daher im Folgenden zuerst die quadratische Form δS diagonalisieren und dann schließlich die verbleibenden Abhängigkeiten zwischen den Teilsystemen eliminieren.

Diagonalisierung der quadratischen Form

Der erste und der letzte Term auf der rechten Seite in Gleichung (2.53) sind bereits diagonal (nur von δT_i bzw. $\delta \mathbf{N}_i$ abhängig). Um auch den zweiten und dritten Term diagonalisieren zu können, verwenden wir die Notationen:

$$\left(\frac{\partial \mathbf{X}}{\partial T}\right)_i = \boldsymbol{\alpha}_{\mathbf{N}}^{(i)} \quad , \quad \left(\frac{\partial \mathbf{X}}{\partial \mathbf{Y}}\right)_i = \chi_{T,\mathbf{N}}^{(i)} \quad , \quad (\delta \mathbf{X}_i)_{\mathbf{N}_i} = \chi_{T,\mathbf{N}}^{(i)} \delta \mathbf{Y}_i + \boldsymbol{\alpha}_{\mathbf{N}}^{(i)} \delta T_i \ .$$

Wir erhalten nun für die Summe des zweiten und dritten Terms in Gleichung (2.53):

$$2\,\delta T_i\, \boldsymbol{\alpha}_{\mathbf{N}}^{(i)} \cdot \delta \mathbf{Y}_i + \delta \mathbf{Y}_i^{\mathrm{T}} \chi_{T,\mathbf{N}}^{(i)} \delta \mathbf{Y}_i = 2\,\delta T_i\, \boldsymbol{\alpha}_{\mathbf{N}}^{(i)\,\mathrm{T}} \left[\chi_{T,\mathbf{N}}^{(i)}\right]^{-1} \left(\chi_{T,\mathbf{N}}^{(i)} \delta \mathbf{Y}_i\right)$$

$$+ \left(\chi_{T,\mathbf{N}}^{(i)} \delta \mathbf{Y}_i\right)^{\mathrm{T}} \left[\chi_{T,\mathbf{N}}^{(i)}\right]^{-1} \left(\chi_{T,\mathbf{N}}^{(i)} \delta \mathbf{Y}_i\right)$$

$$\begin{aligned}
&= \left(\chi_{T,\mathbf{N}}^{(i)}\delta\mathbf{Y}_i + \boldsymbol{\alpha}_{\mathbf{N}}^{(i)}\delta T_i\right)^{\mathrm{T}}\left[\chi_{T,\mathbf{N}}^{(i)}\right]^{-1}\left(\chi_{T,\mathbf{N}}^{(i)}\delta\mathbf{Y}_i + \boldsymbol{\alpha}_{\mathbf{N}}^{(i)}\delta T_i\right)\\
&\qquad\qquad\qquad - (\delta T_i)^2\boldsymbol{\alpha}_{\mathbf{N}}^{(i)\,\mathrm{T}}\left[\chi_{T,\mathbf{N}}^{(i)}\right]^{-1}\boldsymbol{\alpha}_{\mathbf{N}}^{(i)}\\
&= (\delta\mathbf{X}_i)_{\mathbf{N}_i}^{\mathrm{T}}\left[\chi_{T,\mathbf{N}}^{(i)}\right]^{-1}(\delta\mathbf{X}_i)_{\mathbf{N}_i} - (\delta T_i)^2\boldsymbol{\alpha}_{\mathbf{N}}^{(i)\,\mathrm{T}}\left[\chi_{T,\mathbf{N}}^{(i)}\right]^{-1}\boldsymbol{\alpha}_{\mathbf{N}}^{(i)}\,,
\end{aligned}$$

sodass auch diese Terme nun diagonal sind [in $(\delta\mathbf{X}_i)_{\mathbf{N}_i}$ bzw. δT_i]. Mit Hilfe der Relation

$$C_{\mathbf{Y},\mathbf{N}}^{(i)} - T\,\boldsymbol{\alpha}_{\mathbf{N}}^{(i)\,\mathrm{T}}\left[\chi_{T,\mathbf{N}}^{(i)}\right]^{-1}\boldsymbol{\alpha}_{\mathbf{N}}^{(i)} = C_{\mathbf{X},\mathbf{N}}^{(i)}$$

erhält man insgesamt den folgenden Ausdruck für δS:

$$\delta S = -\frac{1}{2T}\sum_{i=1,2}\left\{\frac{1}{T}C_{\mathbf{X},\mathbf{N}}^{(i)}(\delta T_i)^2 + (\delta\mathbf{X}_i)_{\mathbf{N}_i}^{\mathrm{T}}\left[\chi_{T,\mathbf{N}}^{(i)}\right]^{-1}(\delta\mathbf{X}_i)_{\mathbf{N}_i} + \delta\mathbf{N}_i^{\mathrm{T}}\left(\frac{\partial\boldsymbol{\mu}}{\partial\mathbf{N}}\right)_i\delta\mathbf{N}_i\right\},$$

der nun diagonal in den Fluktuationen δT_i, $(\delta\mathbf{X}_i)_{\mathbf{N}_i}$ und $\delta\mathbf{N}_i$ ist. Die beiden Teilsysteme „1" und „2" sind jedoch noch miteinander gekoppelt. Wir sollten daher noch die verbleibenden Abhängigkeiten zwischen diesen Teilsystemen eliminieren.

Reduktion auf einen minimalen Variablensatz

Da die Wärmekapazität $C^{(i)}$, die Suszeptibilität $\chi^{(i)}$ und auch $(\partial\mathbf{N}/\partial\boldsymbol{\mu})_i$ alle *extensiv* sind, gilt:

$$C_{\mathbf{X},\mathbf{N}}^{(1)} = \lambda C_{\mathbf{X},\mathbf{N}}\quad,\quad \chi_{T,\mathbf{N}}^{(1)} = \lambda\chi_{T,\mathbf{N}}\quad,\quad \left(\frac{\partial\mathbf{N}}{\partial\boldsymbol{\mu}}\right)_1 = \lambda\left(\frac{\partial\mathbf{N}}{\partial\boldsymbol{\mu}}\right)_{T,\mathbf{Y}},$$

wobei $C_{\mathbf{X},\mathbf{N}}$, $\chi_{T,\mathbf{N}}$ und $(\partial\mathbf{N}/\partial\boldsymbol{\mu})_{T,\mathbf{Y}}$ die entsprechenden Größen des Gesamtsystems darstellen. Analoges gilt für $i = 2$ (mit Vorfaktoren $1 - \lambda$ statt λ). Es folgt:

$$\begin{aligned}
\delta S = -\frac{1}{2T}&\left\{\frac{C_{\mathbf{X},\mathbf{N}}}{T}\left[\lambda(\delta T_1)^2 + (1-\lambda)(\delta T_2)^2\right] + \frac{1}{\lambda(1-\lambda)}(\delta\mathbf{X}_1)_{\mathbf{N}_1}^{\mathrm{T}}\chi_{T,\mathbf{N}}^{-1}(\delta\mathbf{X}_1)_{\mathbf{N}_1}\right.\\
&\left.+ \frac{1}{\lambda(1-\lambda)}\delta\mathbf{N}_1^{\mathrm{T}}\left(\frac{\partial\boldsymbol{\mu}}{\partial\mathbf{N}}\right)_{T,\mathbf{Y}}\delta\mathbf{N}_1\right\},
\end{aligned}\tag{2.54}$$

wobei die Beziehungen $\delta\mathbf{X}_1 = -\delta\mathbf{X}_2$ und $\delta\mathbf{N}_1 = -\delta\mathbf{N}_2$ verwendet wurden, um die Abhängigkeiten zwischen den mechanischen und chemischen Variablen in den Teilsystemen „1" und „2" zu beseitigen. Auch die Temperaturfluktuationen δT_2 in Gleichung (2.54) sind vollständig durch die Temperaturfluktuationen δT_1 im Teilsystem 1 festgelegt. Dies sieht man durch eine Betrachtung der Stationaritätsbedingung für die Entropie S im Gleichgewichtszustand. Es folgt nämlich mit Hilfe der Maxwell-Relationen für die Helmholtz'sche freie Energie:

$$\begin{aligned}
0 &= \sum_{i=1,2}\left[\left(\frac{\partial S}{\partial T}\right)_{\mathbf{X},\mathbf{N}}^{(i)}\delta T_i + \left(\frac{\partial S}{\partial\mathbf{X}}\right)_{T,\mathbf{N}}^{(i)}\cdot\delta\mathbf{X}_i + \left(\frac{\partial S}{\partial\mathbf{N}}\right)_{T,\mathbf{X}}^{(i)}\cdot\delta\mathbf{N}_i\right]\\
&= \sum_{i=1,2}\left[\frac{1}{T}C_{\mathbf{X},\mathbf{N}}^{(i)}\,\delta T_i - \left(\frac{\partial\mathbf{Y}}{\partial T}\right)_{\mathbf{X},\mathbf{N}}\cdot\delta\mathbf{X}_i - \left(\frac{\partial\boldsymbol{\mu}}{\partial T}\right)_{\mathbf{X},\mathbf{N}}\cdot\delta\mathbf{N}_i\right]\\
&= \frac{1}{T}C_{\mathbf{X},\mathbf{N}}\left[\lambda\delta T_1 + (1-\lambda)\delta T_2\right]\qquad\text{und daher:}\qquad \delta T_2 = -\frac{\lambda}{1-\lambda}\delta T_1\,.
\end{aligned}$$

In der letzten Zeile wurde wieder $\delta \mathbf{X}_1 = -\delta \mathbf{X}_2$ und $\delta \mathbf{N}_1 = -\delta \mathbf{N}_2$ verwendet. Wir lernen also, dass δT_1 und δT_2 linear voneinander abhängig sind: $\delta T_2 = -\frac{\lambda}{1-\lambda}\delta T_1$. Das Endergebnis der Berechnung ist, dass sich Gleichung (2.54) vereinfacht auf

$$\delta S = -\frac{1}{2\lambda(1-\lambda)T}\left[\frac{\lambda^2}{T}C_{\mathbf{X},\mathbf{N}}(\delta T_1)^2 + (\delta \mathbf{X}_1)_{\mathbf{N}_1}^{\mathrm{T}}\chi_{T,\mathbf{N}}^{-1}(\delta \mathbf{X}_1)_{\mathbf{N}_1} \right.$$
$$\left. +\delta \mathbf{N}_1^{\mathrm{T}}\left(\frac{\partial \boldsymbol{\mu}}{\partial \mathbf{N}}\right)_{T,\mathbf{Y}}\delta \mathbf{N}_1\right]. \tag{2.55}$$

Die quadratische Form δS ist nun diagonal, und die Fluktuationen δT_1, $(\delta \mathbf{X}_1)_{\mathbf{N}_1}$ und $\delta \mathbf{N}_1$, die alle im Teilsystem „1" definiert sind, sind unabhängig voneinander.

2.13.3 Konsequenzen aus der Berechnung der Entropiefluktuation

Wir analysieren die Konsequenzen des Ergebnisses für die Entropiefluktuation, Gleichung (2.55), für die in dieser Formel auftretenden Antwortfunktionen. Die Entropie des Gleichgewichtszustands des Gesamtsystems kann nur dann für alle $\lambda \in (0,1)$ maximal sein, wenn die beiden folgenden Bedingungen erfüllt sind:

$$C_{\mathbf{X},\mathbf{N}} \geq 0 \tag{2.56}$$

$$\chi_{T,\mathbf{N}}^{-1} \geq 0 \quad \text{und} \quad \left(\frac{\partial \boldsymbol{\mu}}{\partial \mathbf{N}}\right)_{T,\mathbf{Y}} \geq 0\,, \tag{2.57}$$

wobei die symbolische Notation ≥ 0 für die Matrizen in Gleichung (2.57) bedeutet, dass sie *positiv semidefinit* sein sollen. Nur dann ist das System thermisch, mechanisch und chemisch stabil. Durch Kombination von (2.56) und (2.57) mit der Beziehung für Antwortfunktionen (2.45) findet man sofort:

$$C_{\mathbf{Y},\mathbf{N}} \geq C_{\mathbf{X},\mathbf{N}} \geq 0\,. \tag{2.58}$$

Falls $\chi_{T,\mathbf{N}}^{-1}$ positiv definit ist, gilt dasselbe natürlich für die Antwortfunktion $\chi_{T,\mathbf{N}}$. Die Matrix $(\partial \boldsymbol{\mu}/\partial \mathbf{N})_{T,\mathbf{Y}}$ ist jedoch mit Sicherheit nicht positiv definit, sondern nur positiv semidefinit, denn aus der Gibbs-Duhem-Gleichung (2.30) folgt die Identität $\mathbf{0} = \mathbf{N}^{\mathrm{T}}(\partial \boldsymbol{\mu}/\partial \mathbf{N})_{T,\mathbf{Y}}$. Falls $\delta \mathbf{N}_1 = \delta\lambda\,\mathbf{N}$ gilt, trägt der letzte Term auf der rechten Seite in (2.55) nicht zum Ergebnis bei. Für die spezielle Fluktuation $(\delta U_1, \delta \mathbf{X}_1, \delta \mathbf{N}_1) = \delta\lambda\,(U, \mathbf{X}, \mathbf{N})$ erhält man $\delta T_1 = 0$ und $\delta \mathbf{Y}_1 = \mathbf{0}$, sodass auch $(\delta \mathbf{X}_1)_{\mathbf{N}_1} = \mathbf{0}$ und daher insgesamt $\delta S = 0$ gilt. Wie erwartet tritt in diesem Spezialfall keine Entropieabsenkung auf.

Die Einstein'sche Fluktuationstheorie

Erwähnt sei noch, dass in der Einstein'schen Fluktuationstheorie angenommen wird, dass die Größe

$$W = e^{S/k_{\mathrm{B}}} = e^{(S_0+\delta S)/k_{\mathrm{B}}} \tag{2.59}$$

proportional zur *Wahrscheinlichkeitsdichte* der Fluktuationen ist. Mit seiner Fluktuationstheorie baute Einstein auf Boltzmanns berühmter Formel $S = k_{\mathrm{B}}\ln(W)$

auf, die die Entropie S mit der Zahl W der dem System zur Verfügung stehenden Zustände verknüpft. Jeder verfügbare Zustand wird in Gleichung (2.59) also *a priori* als gleich wahrscheinlich angesehen.[17] Aufgrund von Gleichung (2.59) liefern Fluktuationen mit $\delta S = \mathcal{O}(1)$ die wichtigsten Beiträge zu Erwartungswerten in dieser Theorie. Solche Fluktuationen werden durch

$$\delta T_1 = \mathcal{O}\left(\frac{1}{\sqrt{N_1}}\right) \quad , \quad \delta \mathbf{X}_1 = \mathcal{O}(\sqrt{N_1}) \quad , \quad \delta \mathbf{N}_1 = \mathcal{O}(\sqrt{N_1}) \tag{2.60}$$

charakterisiert, wobei N_1 die Gesamtteilchenzahl im Teilsystem „1" darstellt. Einsetzen der Entropiefluktuation δS in (2.55) in Gleichung (2.59) zeigt, dass die Wahrscheinlichkeitsdichte der Fluktuationen δT_1, $(\delta \mathbf{X}_1)_{\mathbf{N}_1}$ und $\delta \mathbf{N}_1$ in der Einstein'schen Fluktuationstheorie eine Gauß'sche Form hat.

Wir erläutern Gleichung (2.60) und die Gauß'sche Form der Wahrscheinlichkeitsdichte der Fluktuationen für den relativ einfachen Fall einer reinen Temperaturfluktuation: Da die Beiträge von δT_1, $(\delta \mathbf{X}_1)_{\mathbf{N}_1}$ und $\delta \mathbf{N}_1$ zu δS in (2.55) *additiv* und diejenigen zu W in (2.59) daher *multiplikativ* sind, kann man die Effekte der unterschiedlichen Fluktuationen sauber trennen; die Argumente für $(\delta \mathbf{X}_1)_{\mathbf{N}_1}$ und $\delta \mathbf{N}_1$ verlaufen analog. Eine Temperaturfluktuation δT_1 erzeugt einen Faktor

$$\exp\left[-\frac{\lambda C_{\mathbf{X},\mathbf{N}}}{2(1-\lambda)T^2}(\delta T_1)^2\right] \tag{2.61}$$

in der Wahrscheinlichkeitsdichte der Fluktuationen, die also proportional zu W in Gleichung (2.59) ist. Dieser Faktor hat offensichtlich eine Gauß'sche Form. Nun ist die Wärmekapazität $C^{(1)}_{\mathbf{X},\mathbf{N}} = \lambda C_{\mathbf{X},\mathbf{N}}$ im Exponenten in (2.61) *extensiv* und daher proportional zur Gesamtteilchenzahl N_1 im Teilsystem „1":

$$\lambda C_{\mathbf{X},\mathbf{N}} = N_1 k_{\mathrm{B}} \, c_{\mathbf{X},\mathbf{N}} \; .$$

Die so definierte dimensionslose Größe $c_{\mathbf{X},\mathbf{N}}$ ist *intensiv*.[18] Die Temperaturfluktuation δT_1 erzeugt daher einen Faktor

$$\exp\left[-\frac{N_1 k_{\mathrm{B}}(\delta T_1)^2}{2(1-\lambda)T^2}c_{\mathbf{X},\mathbf{N}}\right] = \exp\left[-\mathrm{Konst} \cdot \frac{N_1(\delta T_1)^2}{T^2}\right]$$

in W, und dieser Faktor ist nur dann beträchtlich [von $\mathcal{O}(1)$], wenn $N_1(\delta T_1)^2/T^2$ selbst von $\mathcal{O}(1)$ und δT_1 daher von $\mathcal{O}\big(T/\sqrt{N_1}\big)$ ist.

Weitere Konsequenzen der Stabilitätsbetrachtungen

Wir erläutern noch einige Konsequenzen für die zweiten Ableitungen einiger thermodynamischer Potentiale. Aus der Nichtnegativität von $C_{\mathbf{X},\mathbf{N}}$ und $C_{\mathbf{Y},\mathbf{N}}$ folgt:

$$\left(\frac{\partial^2 F}{\partial T^2}\right)_{\mathbf{X},\mathbf{N}} = -\left(\frac{\partial S}{\partial T}\right)_{\mathbf{X},\mathbf{N}} = -\frac{1}{T}C_{\mathbf{X},\mathbf{N}} \leq 0 \; ,$$

---

[17] Auf diesen Zusammenhang zwischen S und W gehen wir in Kapitel [7] bei der Behandlung von Boltzmanns (ebenfalls berühmtem) H-Theorem ausführlicher ein.

[18] Die Größe $c_{\mathbf{X},\mathbf{N}}$ ist im Wesentlichen (bis auf einen konstanten Faktor, der u.a. von der Massendichte abhängt) gleich der *spezifischen Wärme* von Teilsystem „1".

$$\left(\frac{\partial^2 G}{\partial T^2}\right)_{\mathbf{Y},\mathbf{N}} = -\left(\frac{\partial S}{\partial T}\right)_{\mathbf{Y},\mathbf{N}} = -\frac{1}{T}C_{\mathbf{Y},\mathbf{N}} \leq 0 \,,$$

$$\left(\frac{\partial^2 U}{\partial S^2}\right)_{\mathbf{X},\mathbf{N}} = \left(\frac{\partial T}{\partial S}\right)_{\mathbf{X},\mathbf{N}} = \frac{T}{C_{\mathbf{X},\mathbf{N}}} \geq 0 \,,$$

$$\left(\frac{\partial^2 H}{\partial S^2}\right)_{\mathbf{Y},\mathbf{N}} = \left(\frac{\partial T}{\partial S}\right)_{\mathbf{Y},\mathbf{N}} = \frac{T}{C_{\mathbf{Y},\mathbf{N}}} \geq 0 \,,$$

sodass F und G konkave Funktionen der Temperatur und U und H konvexe Funktionen der Entropie sind. Außerdem folgt aus:

$$\left(\frac{\partial^2 F}{\partial \mathbf{X}^2}\right)_{T,\mathbf{N}} = \left(\frac{\partial \mathbf{Y}}{\partial \mathbf{X}}\right)_{T,\mathbf{N}} = \left(\frac{\partial \mathbf{X}}{\partial \mathbf{Y}}\right)^{-1}_{T,\mathbf{N}} = \chi^{-1}_{T,\mathbf{N}} \,,$$

$$\left(\frac{\partial^2 G}{\partial \mathbf{Y}^2}\right)_{T,\mathbf{N}} = -\left(\frac{\partial \mathbf{X}}{\partial \mathbf{Y}}\right)_{T,\mathbf{N}} = -\chi_{T,\mathbf{N}} \,,$$

$$\left(\frac{\partial^2 G}{\partial \mathbf{N}^2}\right)_{T,\mathbf{Y}} = \left(\frac{\partial \mu}{\partial \mathbf{N}}\right)_{T,\mathbf{Y}} \,,$$

dass F eine konvexe Funktion von $\mathbf{X}$ und G eine konkave Funktion von $\mathbf{Y}$ und eine konvexe Funktion von $\mathbf{N}$ ist, wobei „konvex" nun bedeutet, dass die Matrix der zweiten Ableitungen positiv semidefinit ist.

Da die thermodynamischen Potentiale (U, H, F, G, Ω) durch Legendre-Transformationen miteinander verknüpft sind und die hier definierten Legendre-Transformationen konvexe in konkave und konkave in konvexe Funktionen überführen, können wir generell schließen, dass alle thermodynamischen Potentiale konkave Funktionen ihrer *intensiven* und konvexe Funktionen ihrer *extensiven* Variablen sind. Dass die Potentiale als Funktionen ihrer jeweiligen Variablen entweder konvex oder konkav sind, wurde natürlich bereits implizit bei ihrer Definition in Abschnitt [2.11] angenommen, da sonst die Legendre-Transformationen zwischen den verschiedenen Potentialen überhaupt nicht definiert wären.

2.14 Anwendung: Die Maxwell-Konstruktion

Als Anwendung unserer Stabilitätsüberlegungen betrachten wir ein Van-der-Waals-Gas. Wie in Übungsaufgabe 2.1 gezeigt wird, lautet die Zustandsgleichung mit den dimensionslosen Variablen $p = P/P_{\mathrm{c}}$, $t = T/T_{\mathrm{c}}$ und $v = V/V_{\mathrm{c}}$:

$$\boxed{\left(p + \frac{3}{v^2}\right)(3v - 1) = 8t}$$

mit $P_{\mathrm{c}}V_{\mathrm{c}} = \frac{3}{8}Nk_{\mathrm{B}}T_{\mathrm{c}}$. Der kritische Punkt liegt in diesen dimensionslosen Einheiten bei $(p_{\mathrm{c}}, t_{\mathrm{c}}, v_{\mathrm{c}}) = (1, 1, 1)$. Einige Isothermen für Temperaturen $t > t_{\mathrm{c}}$, $t = t_{\mathrm{c}}$ und $t < t_{\mathrm{c}}$ sind in Abbildung 2.16 in einem p-v-Diagramm dargestellt. Bemerkenswert ist, dass die Isotherme für $t < t_{\mathrm{c}}$ zwei stationäre Punkte hat: ein lokales Minimum für $v = v_-$ und ein lokales Maximum für $v = v_+$. Für $t = t_{\mathrm{c}}$ gibt es nur einen einzelnen stationären Punkt, und zwar einen Sattelpunkt für $v = v_{\mathrm{c}} = 1$. Für $t > t_{\mathrm{c}}$

gibt es keine stationären Punkte. Wir möchten im Folgenden überprüfen, ob bzw. inwiefern die Vorhersagen der Van-der-Waals-Gleichung für die Gleichgewichtseigenschaften eines realen Gases mit dem in Abschnitt [2.13] gewonnenen Verständnis über die Stabilität des Gleichgewichts im Einklang sind.

Wir betrachten hierzu die freie Enthalpie G des Van-der-Waals-Gases. Da die Teilchenzahl konstant ist ($dN = 0$), vereinfacht sich das Differential dG auf:

$$dG = -SdT + VdP$$

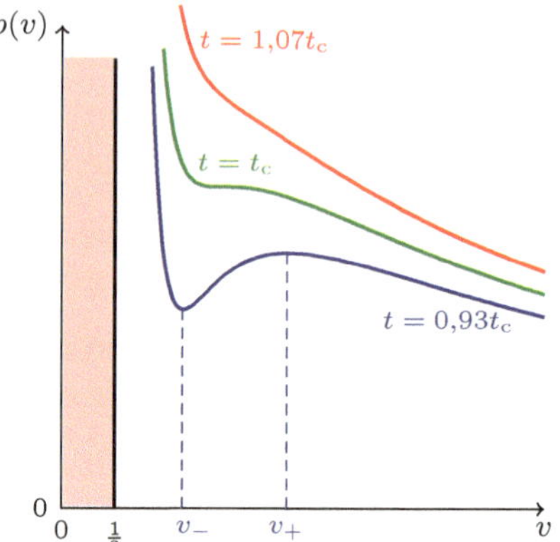

Abb. 2.16 *P-V*-Kurven des Van-der-Waals-Gases

oder, ausgedrückt mit Hilfe der dimensionslosen freien Enthalpie $g \equiv G/(P_\mathrm{c}V_\mathrm{c})$ und der dimensionslosen Entropie $s \equiv 8S/(3Nk_\mathrm{B})$:

$$dg = -sdt + vdp = \left[-s + v\left(\frac{\partial p}{\partial t}\right)_v\right]dt + v\left(\frac{\partial p}{\partial v}\right)_t dv \; .$$

Integration entlang einer Isotherme ergibt:

$$g(p(v)) - g(p(v_0)) = \int_{v_0}^v dv'\, v'\frac{dp}{dv}(v') = \left[vp(v) - v_0p(v_0)\right] - \int_{v_0}^v dv'\, p(v') \; .$$

Aufgrund unserer allgemeinen Überlegungen zur Stabilität von Gleichgewichtszuständen wissen wir, dass die freie Enthalpie unbedingt eine konkave Funktion des Drucks sein muss. Tragen wir jedoch $g(p)$ über p wie in Abbildung 2.17 auf, so finden wir, dass

$$\left(\frac{\partial^2 g}{\partial p^2}\right)_t = \left(\frac{\partial v}{\partial p}\right)_t$$

für Temperaturen unterhalb der kritischen Temperatur ($t < t_\mathrm{c}$) nur für $v > v_+$ und $v < v_-$ negativ ist; für $v_- < v < v_+$ ist die freie Enthalpie konvex. Außerdem gibt es für $v_1 < v < v_2$, wobei v_1 und v_2 durch die Bedingungen

$$g(v_1) = g(v_2) \quad , \quad p(v_1) = p(v_2)$$

festgelegt sind, zu jedem Zustand auf der Van-der-Waals-Kurve einen thermodynamisch stabilen Zustand mit *niedrigerer* freier Enthalpie. Der Teil der Kurve mit $v_1 < v < v_2$ ist daher offenbar *thermodynamisch instabil*.

Es ist jedoch leicht einzusehen, wie man für Volumina mit $v_1 < v < v_2$ einen thermodynamisch stabilen Zustand konstruieren kann: Die Konkavität der freien Enthalpie erfordert, dass die freie Enthalpie und der Druck in diesem Bereich für eine fest vorgegebene (dimensionslose) Temperatur t konstant und gleich

$$\boxed{g_\mathrm{M}(t) = g(v_1) = g(v_2) \quad , \quad p_\mathrm{M}(t) = p(v_1) = p(v_2)} \qquad (2.62)$$

sind. Die Interpretation dieser Gleichungen ist, dass im Intervall $v_1 < v < v_2$ eine Koexistenz zweier Phasen, Gas und Flüssigkeit, vorliegt. Falls $v = \lambda v_1 + (1 - \lambda)v_2$ mit $\lambda \in [0,1]$ gilt, kann λ interpretiert werden als Bruchteil derjenigen Teilchen, die sich in der *Flüssigkeit* aufhalten, und $(1 - \lambda)$ als Bruchteil der Teilchen, die sich in der *Gasphase* befinden.

Die Gleichung $g(v_1) = g(v_2)$ lässt sich einfach geometrisch interpretieren, denn

$$(v_2 - v_1)p(v_2) = \int_{v_1}^{v_2} dv\, p(v) \quad \text{bzw.} \quad \boxed{\int_{v_1}^{v_2} dv\, [p(v) - p(v_2)] = 0} \quad (2.63)$$

bedeutet lediglich, dass die beiden getönten Flächen im p-v-Diagramm der Abbildung 2.18 gleich sind. Diese geometrische Konstruktion des Koexistenzbereichs ist (nach James Clerk Maxwell) als die *Maxwell-Konstruktion* bekannt.

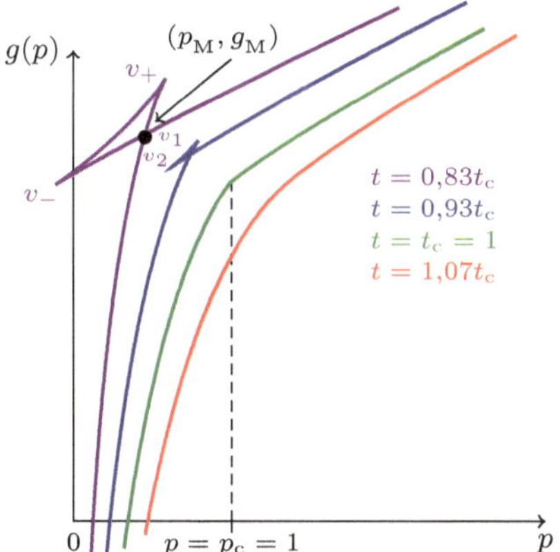

Abb. 2.17 Thermodynamische Instabilität der Van-der-Waals-Isothermen ($t < t_c$)

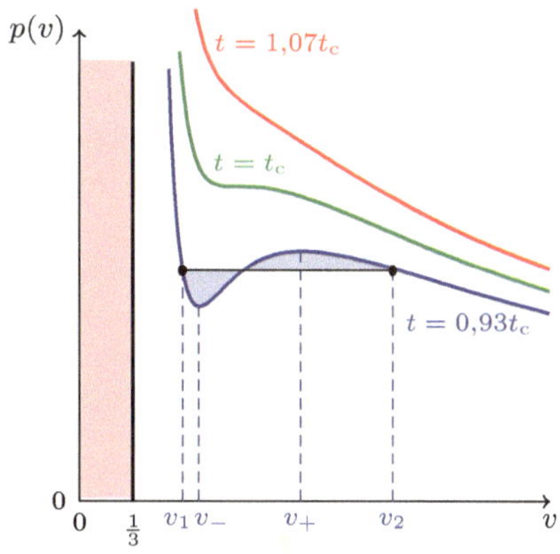

Abb. 2.18 Die Maxwell-Konstruktion für das Van-der-Waals-Gas

Ausgehend von (2.62) und (2.63) kann man den Dampfdruck $p_M(t)$ im Koexistenzbereich und auch die sogenannte „Koexistenzkurve", die aus den beiden Zweigen $v_1(t)$ und $v_2(t)$ im p-v-Diagramm aufgebaut ist, analytisch oder numerisch berechnen. Dies wird in Übungsaufgabe 2.19 gezeigt. Nahe dem kritischen Punkt, d. h. für $t \uparrow 1$, erwartet man $p_M(t) \uparrow 1$, $v_1(t) \uparrow 1$ und $v_2(t) \downarrow 1$. Für sehr tiefe Temperaturen ($t \downarrow 0$) erwartet man $p_M(t) \downarrow 0$, $v_1(t) \downarrow \frac{1}{3}$ und $v_2(t) \to \infty$. Hier fassen wir die Ergebnisse der Untersuchung der Gleichungen (2.62) und (2.63) aus Aufgabe 2.19 zusammen. Gerade unterhalb der kritischen Temperatur (für $t \uparrow 1$) klingt der Dampfdruck bei einer Temperaturabsenkung zunächst *linear* ab:

$$p_M(t) \sim 1 - 4(1 - t) \qquad (t \uparrow 1)\,.$$

Die Koexistenzkurve ist nahe dem kritischen Punkt gegeben durch

$$v_1(t) \sim 1 - 2\sqrt{1 - t} \quad , \quad v_2(t) \sim 1 + 2\sqrt{1 - t} \qquad (t \uparrow 1)$$

und hat somit in diesem Temperaturbereich eine annähernd symmetrische Form. Im entgegengesetzten Grenzfall, d. h. für sehr tiefe Temperaturen ($t \downarrow 0$), ist der

Dampfdruck *exponentiell niedrig*, $p_\mathrm{M}(t) \sim 27e^{-27/8t}$ für $t \downarrow 0$, und wird die Koexistenzkurve gegeben durch

$$\left. \begin{array}{l} v_1(t) \sim \frac{9}{16t}\left[1 - \sqrt{1 - \frac{32t}{27}}\right] - \frac{8t}{81}e^{-27/8t} \\[2mm] v_2(t) \sim \frac{8t}{81}e^{27/8t} \end{array} \right\} \quad (t \downarrow 0)\ .$$

Der Koexistenzbereich im p-v-Diagramm ist bei tiefen Temperaturen daher sehr breit: $[v_2(t) - v_1(t)] \sim v_2(t) \sim \frac{8t}{81}e^{27/8t}$ für $t \downarrow 0$.

Abbildung 2.18 zeigt außerdem, dass sich das Van-der-Waals-Gas für einen Druck $p = p_\mathrm{M}(t) - 0^+$, der also geringfügig *niedriger* als der Dampfdruck im Koexistenzbereich ist, bei einem dimensionslosen Volumen v_2 in der *Gasphase* befindet. Analog befindet sich das Gas für einen Druck $p = p_\mathrm{M}(t) + 0^+$, geringfügig *höher* als der Dampfdruck im Koexistenzbereich, bei v_1 in der *Flüssigkeitsphase*. Wir stellen daher fest, dass v als Funktion des Drucks bei $p_\mathrm{M}(t)$ eine *Unstetigkeit* aufweist. Wichtig ist außerdem, dass das dimensionslose Volumen v einer *ersten (partiellen) Ableitung* der freien Enthalpie g entspricht: $v = (\partial g/\partial p)_t$. Ein Phasenübergang, bei dem eine *erste* Ableitung des relevanten thermodynamischen Potentials einen *Sprung* macht, wird generell als Phasenübergang *erster Ordnung* bezeichnet. In einem solchen Fall kann mit Hilfe einer (verallgemeinerten) Maxwell-Konstruktion die Koexistenz mehrerer Phasen nachgewiesen werden. Im Gegensatz zu einem Phasenübergang erster Ordnung wird ein Phasenübergang, bei dem die *ersten* Ableitungen des thermodynamischen Potentials *stetig* sind, aber eine Unstetigkeit in einer *zweiten* Ableitung vorliegt, als Phasenübergang *zweiter Ordnung* bezeichnet.

2.15   Die Clapeyron-Gleichung

Wir möchten in diesem Abschnitt die *Koexistenz* zweier Phasen besser verstehen und betrachten deshalb (analog zum Van-der-Waals-Gas) ein *ein*komponentiges System ($\mathbf{N} \to N$), in dem ein Phasenübergang *erster Ordnung* auftritt. Hierbei bedeutet „Phasenübergang erster Ordnung" also, dass eine *erste* Ableitung des thermodynamischen Potentials unstetig ist und im System mehrere Phasen miteinander koexistieren. Beim Van-der-Waals-Gas in Abschnitt [2.14] sind dies die zwei Phasen „1" und „2" bzw. „Flüssigkeit" und „Gas". Für einkomponentige Systeme wissen wir, dass die freie Enthalpie pro Teilchen aufgrund der Euler-Gleichung (2.39) gleich dem chemischen Potential ist: $g \equiv G/N = \mu(T, \mathbf{Y})$, und dass das *Differential* des chemischen Potentials aufgrund der Gibbs-Duhem-Gleichung (2.30) gegeben ist durch

$$d\mu = -sdT - \mathbf{x} \cdot d\mathbf{Y} \quad , \quad s \equiv S/N \quad , \quad \mathbf{x} \equiv \mathbf{X}/N\ .$$

Wir wissen außerdem, dass die koexistierenden Phasen „1" und „2", die miteinander im Gleichgewicht sind, die gleichen *intensiven* Variablen haben, also die gleiche Temperatur $T = T_\mathrm{Koex}$, den gleichen verallgemeinerten Druck $\mathbf{Y} = \mathbf{Y}_\mathrm{Koex}$ und das gleiche chemische Potential $\mu(T, \mathbf{Y})$. Die Abhängigkeit der freien Enthalpie $g(T, \mathbf{Y}) = \mu(T, \mathbf{Y})$ von der Temperatur T und dem verallgemeinerten Druck $\mathbf{Y}$ kann also – analog zu Abb. 2.17 für das Van-der-Waals-Gas – dargestellt werden wie in Abbildung 2.19 skizziert. Bezeichnen wir das chemische Potential in Phase „1" als $\mu_1(T, \mathbf{Y})$ und in Phase „2" als $\mu_2(T, \mathbf{Y})$, so gilt daher in jedem Punkt $(T, \mathbf{Y})$ der Koexistenz*fläche*: $\mu_1(T, \mathbf{Y}) = \mu_2(T, \mathbf{Y})$, da $\mathbf{Y}$ nun im Allgemeinen mehrdimensional ist. Analog gilt in einem infinitesimal benachbarten Punkt $(T+dT, \mathbf{Y}+d\mathbf{Y})$ dieser Fläche: $\mu_1(T + dT, \mathbf{Y} + d\mathbf{Y}) = \mu_2(T + dT, \mathbf{Y} + d\mathbf{Y})$. Folglich sind auch die mit der Zustandsänderung $(dT, d\mathbf{Y})$ einhergehenden *Differentiale* der chemischen Potentiale in den beiden koexistierenden Phasen exakt gleich:

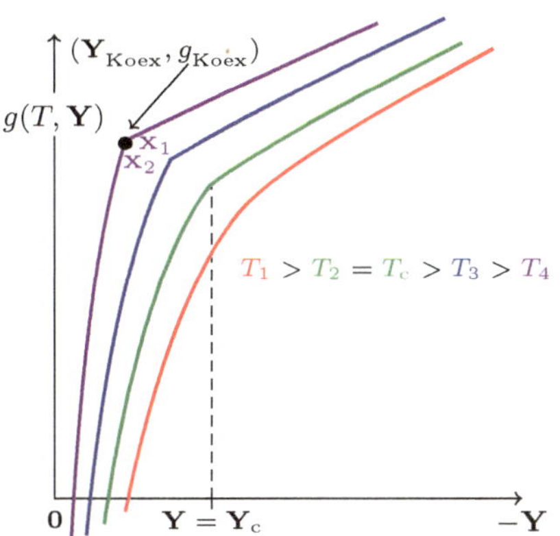

Abb. 2.19 Freie Enthalpie pro Teilchen $g(T, \mathbf{Y})$ für ein *ein*komponentiges System

$$d\mu_1 = \mu_1(T+dT, \mathbf{Y}+d\mathbf{Y}) - \mu_1(T, \mathbf{Y}) = \mu_2(T+dT, \mathbf{Y}+d\mathbf{Y}) - \mu_2(T, \mathbf{Y}) = d\mu_2 \ .$$

Hieraus folgt wiederum aufgrund der Gibbs-Duhem-Gleichung:

$$-s_1 dT - \mathbf{x}_1 \cdot d\mathbf{Y} = d\mu_1 = d\mu_2 = -s_2 dT - \mathbf{x}_2 \cdot d\mathbf{Y} \ .$$

Kombination der beiden thermischen und der beiden mechanischen Terme in dieser Gleichung ergibt:

$$\Delta\mathbf{x} \cdot d\mathbf{Y} = -\Delta s \, dT \quad \text{mit} \quad \Delta s \equiv s_2 - s_1 \quad , \quad \Delta\mathbf{x} \equiv \mathbf{x}_2 - \mathbf{x}_1 \ .$$

Aus der Entropiedifferenz der beiden Phasen pro Teilchen $\Delta s \equiv s_2 - s_1$ folgt noch die *Enthalpie*differenz pro Teilchen Δh:

$$\Delta h \equiv h_2 - h_1 = \Delta(Ts + \mu) = T\Delta s \ ,$$

sodass die Gleichung $\Delta\mathbf{x} \cdot d\mathbf{Y} = -\Delta s \, dT$ auch als

$$\boxed{\left(\frac{\partial T}{\partial \mathbf{Y}}\right)_{\mathrm{Koex}} = -\frac{\Delta\mathbf{x}}{\Delta s} = -\frac{T\Delta\mathbf{x}}{\Delta h}} \tag{2.64}$$

geschrieben werden kann. Dieser Ausdruck (2.64) für die Temperaturvariation bei Druckänderungen entlang der Koexistenzfläche wird (nach Émile Clapeyron) als die *Clapeyron-Gleichung* bezeichnet.

Es ist möglich, dass nicht alle $\mathbf{Y}$-Komponenten relevant für den Phasenübergang sind. Falls die mechanischen Variablen z. B. die Struktur $\mathbf{Y} = (\mathbf{Y}_<, \mathbf{Y}_>)$ und $\mathbf{x} = (\mathbf{x}_<, \mathbf{x}_>)$ mit $\Delta\mathbf{x}_> = \mathbf{0}$ haben, folgt aus (2.64), dass die Koexistenztemperatur nicht von $\mathbf{Y}_>$ abhängt: $\left(\frac{\partial T}{\partial \mathbf{Y}_>}\right)_{\mathrm{Koex}} = \mathbf{0}$. Man kann sich bei der Untersuchung von (2.64) daher auf die $\mathbf{Y}_<$-Variablen beschränken: $\left(\frac{\partial T}{\partial \mathbf{Y}_<}\right)_{\mathrm{Koex}} = -\frac{T\Delta\mathbf{x}_<}{\Delta h}$.

2.15.1 Die Clapeyron-Clausius-Gleichung

Für den Spezialfall *ein*dimensionaler mechanischer Variabler, $(\mathbf{x}, \mathbf{Y}) \to (x, Y)$, erhält die Clapeyron-Gleichung (2.64) die einfachere Gestalt

$$\left(\frac{dT}{dY}\right)_{\mathrm{Koex}} = -\frac{T\Delta x}{\Delta h} \, ,$$

und für den weiteren Spezialfall eines Gases mit $(x, Y) \to (v, -P)$, wobei v also das Volumen pro Teilchen darstellt, ergibt sich daraus:

$$\left(\frac{dP}{dT}\right)_{\mathrm{Koex}} = \frac{\Delta h}{T\Delta v} \, . \tag{2.65}$$

Dieser für Anwendungen wichtige Spezialfall wird in der Form (2.65) als Clapeyron-Clausius- oder Clausius-Clapeyron-Gleichung bezeichnet.

Die Clapeyron-Clausius-Gleichung (2.65) hat den Vorteil, dass sie keine Näherungen enthält, aber den Nachteil, dass sie nicht ohne Weiteres lösbar ist. Da die Abhängigkeiten des Enthalpiesprungs Δh und des Volumensprungs Δv von den Variablen (P, T) unbekannt sind, stellt (2.65) keine geschlossene Differentialgleichung dar. Man kann Gleichung (2.65) jedoch mit Hilfe von weiteren *Annahmen*, also im Rahmen einer *Näherung*, durch eine (lösbare) Differentialgleichung approximieren. Hierzu nimmt man üblicherweise zweierlei an, nämlich erstens, dass der Enthalpiesprung Δh konstant (unabhängig von P und T) ist, und zweitens, dass das Volumen pro Teilchen in der flüssigen Phase im Vergleich zum Gasvolumen pro Teilchen v_{G} vernachlässigbar ist, sodass der Volumensprung Δv effektiv gleich v_{G} ist:

$$\Delta h \simeq \text{konstant} \quad \text{und} \quad \Delta v \simeq v_{\mathrm{G}} \simeq \frac{k_{\mathrm{B}}T}{P_{\mathrm{Koex}}} \, .$$

Eine Annahme wie $\Delta v \simeq v_{\mathrm{G}}$ kann bestenfalls weit unterhalb der kritischen Temperatur ($T \ll T_{\mathrm{c}}$) gültig sein, und tatsächlich stellt man fest, dass die beiden Annahmen z. B. für das Van-der-Waals-Gas bei sehr tiefen Temperaturen korrekt sind. Mit Hilfe dieser beiden Annahmen erhält man die Differentialgleichung:

$$\frac{dP}{dT} = \frac{P\Delta h}{k_{\mathrm{B}}T^2} \, ,$$

die entlang der Koexistenzkurve gelöst werden kann. Die Lösung hat die Form

$$P(T) = P_0 e^{-\Delta h/k_{\mathrm{B}}T}$$

und zeigt, dass der Dampfdruck im Tieftemperaturlimes exponentiell niedrig ist. Die Exponentialfunktion $e^{-\Delta h/k_{\mathrm{B}}T}$ hat die Gestalt eines Boltzmann-Faktors und zeigt, dass *angeregtes Verhalten* vorliegt, wobei ein Gasmolekül effektiv eine um Δh höhere Energie als ein Molekül in der flüssigen Phase hat. In Übungsaufgabe 2.19 wird (analytisch und numerisch) gezeigt, dass die Lösung der Van-der-Waals-Gleichung bei tiefen Temperaturen genau dieses angeregte Verhalten aufweist.

2.16   Die Gibbs'sche Phasenregel

Wir möchten die Koexistenz mehrerer Phasen in diesem Abschnitt weiter untersuchen und konzentrieren uns auf die folgende Frage:

> Falls ein thermodynamisches System t verschiedene Teilchensorten enthält und durch m unabhängige (intensive oder extensive) mechanische Variable charakterisiert wird, wie groß kann dann die Zahl p der in diesem System miteinander koexistierenden Phasen maximal sein?

Diese Frage lässt sich mit elementaren Überlegungen beantworten und führt zur *Gibbs'schen Phasenregel*. Falls das System – wie angenommen – durch t verschiedene Teilchensorten und m-dimensionale mechanische Variable charakterisiert wird, haben das chemische Potential, die Teilchenzahlen und die verallgemeinerten Kräfte und Koordinaten in jeder Phase die Struktur t- bzw. m-dimensionaler Vektoren:

$$\boldsymbol{\mu} = \begin{pmatrix} \mu_1 \\ \vdots \\ \mu_t \end{pmatrix} \quad, \quad \mathbf{N} = \begin{pmatrix} N_1 \\ \vdots \\ N_t \end{pmatrix} \quad, \quad \mathbf{Y} = \begin{pmatrix} Y_1 \\ \vdots \\ Y_m \end{pmatrix} \quad, \quad \mathbf{X} = \begin{pmatrix} X_1 \\ \vdots \\ X_m \end{pmatrix}.$$

Neben den *Teilchenzahlen* $\mathbf{N}$ in jeder Phase führen wir auch noch *Teilchendichten* $\boldsymbol{\rho}$ ein, die den *Anteil* der verschiedenen Teilchensorten am Gemisch in der jeweiligen Phase beschreiben und daher auf eins normiert sind:

$$N \equiv \sum_{i=1}^{t} N_i \quad , \quad \frac{1}{N}\mathbf{N} \equiv \boldsymbol{\rho} = \begin{pmatrix} \rho_1 \\ \vdots \\ \rho_t \end{pmatrix} \quad , \quad \sum_{i=1}^{t} \rho_i = 1 \,.$$

Von zentraler Bedeutung in unserem Argument ist nun, dass im Gleichgewicht die *intensiven* Variablen aller miteinander koexistierender Teilsysteme gleich sind. Dies bedeutet, dass die Werte $(T_i, \mathbf{Y}_i, \boldsymbol{\mu}_i)$ in allen Phasen ($i = 1, \cdots, p$) gleich sind. Wir können den gemeinsamen Wert dieser Variablen daher als $(T, \mathbf{Y}, \boldsymbol{\mu})$ bezeichnen:

$$\begin{pmatrix} T_1 \\ \mathbf{Y}_1 \\ \boldsymbol{\mu}_1 \end{pmatrix} = \begin{pmatrix} T_2 \\ \mathbf{Y}_2 \\ \boldsymbol{\mu}_2 \end{pmatrix} = \cdots = \begin{pmatrix} T_p \\ \mathbf{Y}_p \\ \boldsymbol{\mu}_p \end{pmatrix} \equiv \begin{pmatrix} T \\ \mathbf{Y} \\ \boldsymbol{\mu} \end{pmatrix}.$$

Hierbei ist insbesondere die Gleichheit der chemischen Potentiale der verschiedenen Phasen interessant: $\boldsymbol{\mu}_1 = \boldsymbol{\mu}_2 = \cdots = \boldsymbol{\mu}_p$. Das chemische Potential $\boldsymbol{\mu}_i$ der i-ten Phase hängt nicht nur von den thermischen und mechanischen Variablen $(T_i, \mathbf{Y}_i) = (T, \mathbf{Y})$ dieser Phase ab, sondern auch von entsprechenden *intensiven* chemischen Variablen. Diese chemischen Variablen können also *nicht* die Teilchenzahlen $\mathbf{N}_i$ der i-ten Phase selbst sein, da diese *extensiv* sind. Stattdessen kann man aber die intensiven *Teilchendichten* $\boldsymbol{\rho}_i$ verwenden, da diese alle möglichen Zusammensetzungen des Gemisches der i-ten Phase beschreiben können. Die Gleichgewichtsbedingung, dass die chemischen Potentiale aller p Phasen gleich sein sollen, lautet nun:

$$\boldsymbol{\mu}_1(T, \mathbf{Y}, \boldsymbol{\rho}_1) = \boldsymbol{\mu}_2(T, \mathbf{Y}, \boldsymbol{\rho}_2) = \cdots = \boldsymbol{\mu}_p(T, \mathbf{Y}, \boldsymbol{\rho}_p) \,.$$

Dies ist ein Satz von $t(p-1)$ Gleichungen für die $1+m+p(t-1)$ Unbekannten T, $\mathbf{Y}$ und $\boldsymbol{\rho}_1, \cdots, \boldsymbol{\rho}_p$. Dieser Satz ist nur dann lösbar, wenn die Zahl der Gleichungen höchstens gleich der Zahl der Unbekannten ist:

$$t(p-1) \leq 1+m+p(t-1) \quad \text{bzw.} \quad \boxed{p \leq 1+m+t\,.}$$

Diese Ungleichung ist die *Gibbs'sche Phasenregel* in verallgemeinerter Form: Die Höchstzahl der möglichen koexistierenden Phasen ist daher $1+m+t$. Auf Gibbs selbst geht der Spezialfall für *ein*dimensionale mechanische Variable ($m=1$) zurück: Üblicherweise wird die entsprechende Ungleichung $p \leq 2+t$ dann auch als Gibbs'sche Phasenregel bezeichnet. Komplementär zur Zahl p der Phasen definiert man für $m=1$ noch die *Zahl der Freiheitsgrade*: $f \equiv 2+t-p$, die natürlich nicht-negativ sein muss. Ein Beispiel für das Konzept eines *Freiheitsgrads* folgt im nächsten Abschnitt.

2.16.1   Der Tripelpunkt als Beispiel für die Phasenregel

Die Gibbs'sche Phasenregel $p \leq 2+t$ für Systeme mit *ein*dimensionalen mechanischen Variablen ($m=1$) besagt also, dass die Höchstzahl der möglichen koexistierenden Phasen gleich $2+t$ ist. Als Spezialfall dieser Gibbs'schen Phasenregel betrachten wir nun *ein*komponentige Systeme ($m=t=1$). Die Phasenregel lautet in diesem Fall $p \leq 3$, sodass in einem solchen System höchstens *drei* Phasen miteinander koexistieren können. Die Zahl der Freiheitsgrade ist durch $f \equiv 3-p$ gegeben. Aus der Phasenregel $1 \leq p \leq 3$ folgt $2 \geq f \geq 0$, sodass bis zu zwei Freiheitsgrade aktiv sein können.

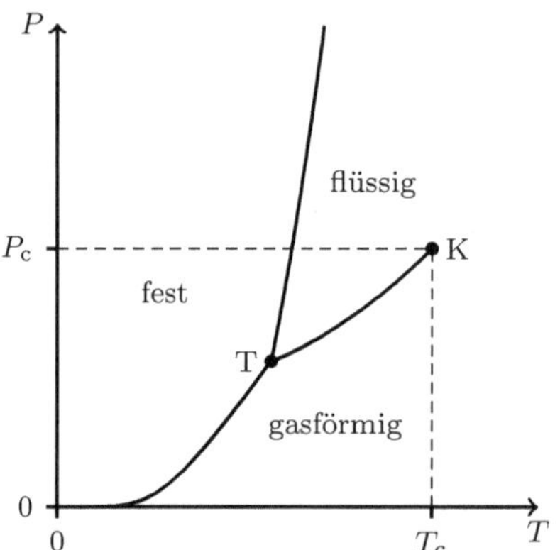

Abb. 2.20 *P*-*T*-Diagramm eines Stoffes *ohne* „Anomalie" (z. B. CO_2)

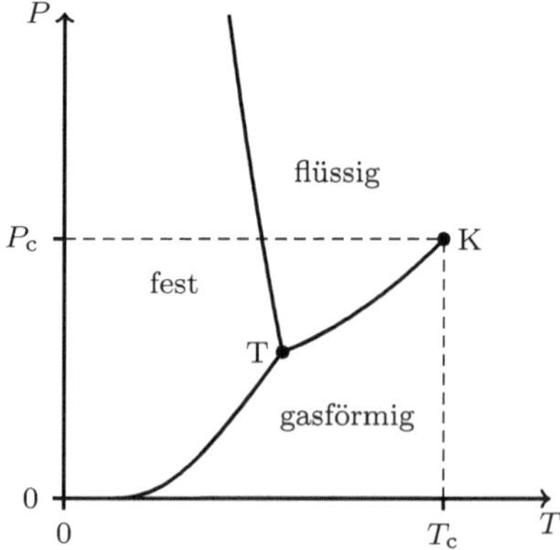

Abb. 2.21 *P*-*T*-Diagramm eines Stoffes *mit* „Anomalie" (z. B. H_2O)

    Als Beispiel betrachten wir ein einkomponentiges Gas, das in flüssiger oder fester Form kondensieren kann und durch die eindimensionalen mechanischen Variablen Volumen und Druck beschrieben wird: $(X, Y) = (V, -P)$. Das typische Phasendiagramm eines solchen Stoffes ist in zwei Varianten in den Abbildungen 2.20 und 2.21 dargestellt. Der wesentliche Unterschied zwischen den beiden Abbildungen ist, dass die Koexistenzkurve zwischen der festen Phase und der Flüssigkeit in Abb. 2.20 eine positive Steigung $\left(\frac{dP}{dT}\right)_{\mathrm{Koex}} > 0$ hat und in Abb. 2.21 eine negative $\left(\frac{dP}{dT}\right)_{\mathrm{Koex}} < 0$.

Die negative Steigung in Abb. 2.21 ist ungewöhnlich und wird daher als „Anomalie" bezeichnet. Das P-T-Diagramm von Abb. 2.20 ist z. B. qualitativ bei Kohlendioxid (CO_2) realisiert, dasjenige von Abb. 2.21 bei Wasser (H_2O). In jedem der beiden Diagramme gibt es drei Koexistenzkurven (gasförmig-flüssig, gasförmig-fest und fest-flüssig), wobei die Gasförmig-flüssig-Koexistenzkurve (Dampfdruckkurve) für $(P,T) = (P_c, T_c)$ in einem kritischen Punkt (K) endet. Die drei Koexistenzkurven schneiden sich in einem *Tripelpunkt* (T). Wir sehen nun, dass die Zahl der Freiheitsgrade die Dimensionalität des Koexistenzbereichs beschreibt: Für den *nulldimensionalen* Tripel*punkt*, in dem drei Phasen koexistieren, ist $f = 0$. Für die drei *eindimensionalen* Koexistenz*kurven*, entlang derer zwei Phasen koexistieren, gilt $f = 1$. Und in den *zweidimensionalen* Bereichen außerhalb des Tripelpunkts und der Koexistenzkurven, wo nur eine Phase mit sich selbst „koexistiert", ist $f = 2$.

2.17 Der dritte Hauptsatz

Der dritte Hauptsatz der Thermodynamik, wie er 1906 von Walther Nernst formuliert wurde, lautet:

> Die Entropiedifferenz stabiler thermodynamischer Zustände, die durch reversible Zustandsänderungen verbunden sind, strebt gegen null für $T \to 0$.

Später (1911) hat Nernst nachgewiesen, dass die spezifische Wärme aller Materialien für $T \to 0$ gegen null strebt. Wir werden im Folgenden sehen, dass dieses spätere Ergebnis bereits im dritten Hauptsatz enthalten ist.

Die thermodynamischen Zustände, über die der dritte Hauptsatz eine Aussage macht, können entweder durch $(T, \mathbf{Y}, \mathbf{N})$ oder durch $(T, \mathbf{X}, \mathbf{N})$ charakterisiert sein. Der dritte Hauptsatz lautet also für beliebige Zustände $(\mathbf{Y}_1, \mathbf{N}_1)$ und $(\mathbf{Y}_2, \mathbf{N}_2)$:

$$\lim_{T \to 0} \left[S(T, \mathbf{Y}_1, \mathbf{N}_1) - S(T, \mathbf{Y}_2, \mathbf{N}_2) \right] = 0 \tag{2.66}$$

oder alternativ für beliebige Zustände $(\mathbf{X}_1, \mathbf{N}_1)$ und $(\mathbf{X}_2, \mathbf{N}_2)$:

$$\lim_{T \to 0} \left[S(T, \mathbf{X}_1, \mathbf{N}_1) - S(T, \mathbf{X}_2, \mathbf{N}_2) \right] = 0 \,. \tag{2.67}$$

Alle solchen Zustände haben für $T = 0$ daher dieselbe Entropie, die wir mit S_0 bezeichnen können. Traditionell wählt man $S_0 = 0$, da nur dieser Wert mit der Extensivität der Entropie verträglich ist, denn wenn für alle $\lambda > 0$

$$S(0, \mathbf{Y}, \mathbf{N}) = S_0 = S(0, \mathbf{Y}, \lambda \mathbf{N}) = \lambda S_0$$

oder

$$S(0, \mathbf{X}, \mathbf{N}) = S_0 = S(0, \lambda \mathbf{X}, \lambda \mathbf{N}) = \lambda S_0$$

gelten soll, muss $S_0 = 0$ sein. In der Herleitung wurde verwendet, dass die Variablen $\mathbf{N}$ und $\mathbf{X}$ extensiv und die Variablen $\mathbf{Y}$ intensiv sind.

Aus dem dritten Hauptsatz folgt sofort, dass die Wärmekapazitäten $C_{\mathbf{X},\mathbf{N}}$ und $C_{\mathbf{Y},\mathbf{N}}$ für $T \to 0$ gegen null streben:

$$C_{\mathbf{X},\mathbf{N}} = T\left(\frac{\partial S}{\partial T}\right)_{\mathbf{X},\mathbf{N}} = \left[\frac{\partial S}{\partial(\ln T)}\right]_{\mathbf{X},\mathbf{N}} \longrightarrow 0\,,$$

$$C_{\mathbf{Y},\mathbf{N}} = T\left(\frac{\partial S}{\partial T}\right)_{\mathbf{Y},\mathbf{N}} = \left[\frac{\partial S}{\partial(\ln T)}\right]_{\mathbf{Y},\mathbf{N}} \longrightarrow 0\,,$$

da in diesem Limes $S \to 0$ und $\ln T \to -\infty$ gilt.[19] Des Weiteren gehen auch der verallgemeinerte thermische Ausdehnungskoeffizient:

$$\boldsymbol{\alpha}_{\mathbf{N}} = \left(\frac{\partial \mathbf{X}}{\partial T}\right)_{\mathbf{Y},\mathbf{N}} = \left(\frac{\partial S}{\partial \mathbf{Y}}\right)_{T,\mathbf{N}} \longrightarrow \mathbf{0}$$

und der verallgemeinerte thermische Spannungskoeffizient:

$$\left(\frac{\partial \mathbf{Y}}{\partial T}\right)_{\mathbf{X},\mathbf{N}} = -\left(\frac{\partial S}{\partial \mathbf{X}}\right)_{T,\mathbf{N}} \longrightarrow \mathbf{0}$$

in diesem Limes gegen null.

Der dritte Hauptsatz impliziert außerdem, dass es nicht möglich ist, den absoluten Temperaturnullpunkt ($T = 0$) mit Hilfe eines reversiblen Prozesses in endlich vielen adiabatischen und isothermen Schritten zu erreichen. Dies ist übrigens eine alternative Formulierung des dritten Hauptsatzes. Man

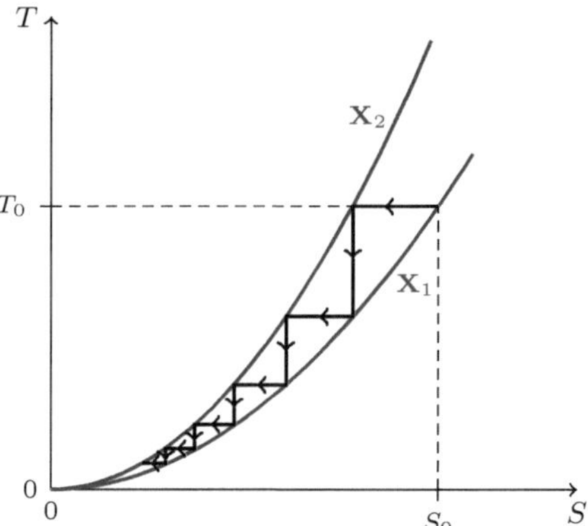

Abb. 2.22 Alternierende isotherme und adiabatische Schritte zwischen zwei Isochoren

betrachte zur Illustration (siehe Abbildung 2.22) einen abwechselnd isothermen und adiabatischen Prozess zwischen zwei Isochoren[20] mit $\mathbf{X}_1$ bzw. $\mathbf{X}_2$ im S-T-Diagramm. Wir nehmen der Einfachheit halber an, dass die Teilchenzahlen $\mathbf{N}$ konstant sind, und außerdem, dass die Isochore, die durch $\mathbf{X}_1$ charakterisiert ist, bei der Starttemperatur T_0 die höhere Entropie hat: $S(T_0, \mathbf{X}_2, \mathbf{N}) < S(T_0, \mathbf{X}_1, \mathbf{N}) \equiv S_0$. Da in einem ersten (isothermen) Arbeitsschritt von $\mathbf{X}_1$ nach $\mathbf{X}_2$ die Entropie also abnimmt:

$$\Delta S \simeq \left(\frac{\partial S}{\partial \mathbf{X}}\right)_T \cdot \Delta \mathbf{X} < 0 \quad , \quad \Delta \mathbf{X} \equiv \mathbf{X}_2 - \mathbf{X}_1\,, \tag{2.68}$$

wird im nächsten (isentropischen) Arbeitsschritt von $\mathbf{X}_2$ nach $\mathbf{X}_1$ die Temperatur ebenfalls abgesenkt:[21]

$$\Delta T \simeq \left(\frac{\partial T}{\partial \mathbf{X}}\right)_S \cdot (-\Delta \mathbf{X}) = \left(\frac{\partial T}{\partial S}\right)_{\mathbf{X}} \left(\frac{\partial S}{\partial \mathbf{X}}\right)_T \cdot \Delta \mathbf{X} \simeq \left(\frac{\partial T}{\partial S}\right)_{\mathbf{X}} \Delta S < 0\,.$$

---

[19] Dass die stetig differenzierbare Funktion $\bar{S}(x)$, die durch $\bar{S}(\ln T) \equiv S(T)$ mit $\bar{S}(-\infty) = 0$ definiert ist, auch $\lim_{x \to -\infty} \bar{S}'(x) = 0$ erfüllt, folgt aus dem Mittelwertsatz der Reellen Analysis.

[20] *Isochoren* sind Kurven konstanten Volumens und *Isobaren* Kurven konstanten Drucks (womit hier das „verallgemeinerte Volumen" $\mathbf{X}$ bzw. der „verallgemeinerte Druck" $\mathbf{Y}$ gemeint sind).

[21] Wir verwenden die Beziehung $\left(\frac{\partial T}{\partial \mathbf{X}}\right)_S = -\left(\frac{\partial T}{\partial S}\right)_{\mathbf{X}}\left(\frac{\partial S}{\partial \mathbf{X}}\right)_T$, die für zwei Funktionen $T(S, \mathbf{X})$ und $S(T, \mathbf{X})$, analog zur Herleitung von Gleichung (2.46), aus der Kombination der Differentiale $dT = \left(\frac{\partial T}{\partial S}\right)_{\mathbf{X}} dS + \left(\frac{\partial T}{\partial \mathbf{X}}\right)_S \cdot d\mathbf{X}$ und $dS = \left(\frac{\partial S}{\partial T}\right)_{\mathbf{X}} dT + \left(\frac{\partial S}{\partial \mathbf{X}}\right)_T \cdot d\mathbf{X}$ folgt.

Im letzten Schritt wurde neben $\Delta S < 0$ aus Gleichung (2.68) verwendet, dass $\left(\frac{\partial T}{\partial S}\right)_{\mathbf{X}} = \left(\frac{\partial S}{\partial T}\right)_{\mathbf{X}}^{-1} = \left(\frac{1}{T}C_{\mathbf{X},\mathbf{N}}\right)^{-1}$ positiv ist. Fundamental wichtig ist, dass man den absoluten Nullpunkt *nicht* in endlich vielen aufeinanderfolgenden isothermen und isentropischen Arbeitsschritten erreichen kann, da die $\mathbf{X}_1$- und $\mathbf{X}_2$-Kurven aufgrund von (2.67) für $T \to 0$ immer näher zusammenrücken und die entsprechenden Entropie- bzw. Temperaturabsenkungen in den einzelnen Arbeitsschritten stets kleiner werden. Auch dieser Sachverhalt ist in Abb. 2.22 grafisch dargestellt.

Eine alternative Betrachtung von abwechselnd isothermen und adiabatischen Prozessen zwischen zwei Isobaren $\mathbf{Y}_1$ und $\mathbf{Y}_2$ im S-T-Diagramm bringt keine neuen Erkenntnisse: Man müsste im letzten Absatz lediglich überall $\mathbf{X}$ durch $\mathbf{Y}$ ersetzen und verwenden, dass $\left(\frac{\partial T}{\partial S}\right)_{\mathbf{Y}} = \left(\frac{\partial S}{\partial T}\right)_{\mathbf{Y}}^{-1} = \left(\frac{1}{T}C_{\mathbf{Y},\mathbf{N}}\right)^{-1}$ ebenfalls positiv ist. Auch in diesem Fall folgt also, nun allerdings aufgrund von Gleichung (2.66), dass man den absoluten Nullpunkt nicht in endlich vielen aufeinanderfolgenden isothermen und isentropischen Arbeitsschritten erreichen kann.

In Abschnitt [3.4] werden wir bei der Beschreibung der Grundlagen der Statistischen Physik auf den dritten Hauptsatz der Thermodynamik zurückkommen. Interessant ist dabei, dass der dritte Hauptsatz vor Kurzem (s. Ref. [40]) mit Methoden der Vielteilchentheorie und der Quanteninformationstheorie nachgewiesen werden konnte und dass die in Ref. [40] verwendeten Methoden auch den Zusammenhang der alternativen Formulierungen des dritten Hauptsatzes klarer machen.

2.17.1 Beispiel: Das Photonengas

Als konkretes Beispiel betrachten wir das Photonengas, das durch nur eine einzige extensive mechanische Variable $\mathbf{X} = V$ beschrieben wird, sodass sich der abwechselnd isotherme und adiabatische Prozess aus der allgemeinen Formulierung in diesem Spezialfall zwischen den zwei Isochoren $S = \frac{16\sigma}{3c}V_1T^3$ und $S = \frac{16\sigma}{3c}V_2T^3$ im S-T-Diagramm abspielt. Dies ist in Abbildung 2.23 grafisch dargestellt. Wir nehmen an, dass $V_1 > V_2$ gilt und dass der Abkühlungsprozess im Zustand (S_0, T_0) auf der V_1-Kurve im S-T-Diagramm anfängt. Im ersten Arbeitsschritt wird das Photonengas isotherm komprimiert, im zweiten adiabatisch expandiert:

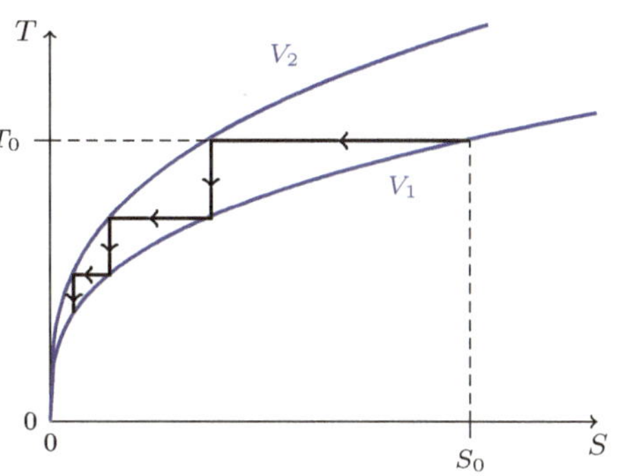

Abb. 2.23 Alternierende isotherme und adiabatische Schritte für ein Photonengas

$$(V_1, S_0, T_0) \xrightarrow{1} (V_2, S_1, T_0) \xrightarrow{2} (V_1, S_1, T_1) \,.$$

Allgemeiner gilt für den $(2n+1)$-ten bzw. $(2n+2)$-ten Arbeitsschritt:

$$(V_1, S_n, T_n) \xrightarrow{2n+1} (V_2, S_{n+1}, T_n) \xrightarrow{2n+2} (V_1, S_{n+1}, T_{n+1}) \,,$$

wobei stets $S_{n+1} < S_n$ und $T_{n+1} < T_n$ gelten soll. Da bei der isothermen Kompression im $(2n+1)$-ten Arbeitsschritt per definitionem die Temperatur T_n und bei der adiabatischen Expansion im $(2n + 2)$-ten Arbeitsschritt per definitionem die Entropie konstant gehalten wird, folgt:

$$\frac{3cS_{n+1}}{16\sigma V_2} = T_n^3 = \frac{3cS_n}{16\sigma V_1} \quad , \quad \frac{16\sigma}{3c}V_1 T_{n+1}^3 = S_{n+1} = \frac{16\sigma}{3c}V_2 T_n^3$$

und daher

$$\frac{S_{n+1}}{S_n} = \frac{V_2}{V_1} \quad , \quad \frac{T_{n+1}}{T_n} = \left(\frac{V_2}{V_1}\right)^{1/3}$$

und somit

$$S_n = e^{-\lambda n} S_0 \quad , \quad T_n = e^{-\frac{1}{3}\lambda n} T_0 \quad , \quad \lambda \equiv \ln\left(\frac{V_1}{V_2}\right) > 0 \, .$$

Wir stellen also fest, dass die Entropie und die Temperatur des Photonengases *exponentiell* als Funktion der Anzahl der Arbeitszyklen abklingen, sodass dieses System *unendlich* viele Arbeitszyklen durchlaufen müsste, um zum Temperaturnullpunkt zu gelangen.

2.18 Thermodynamik von Phasenübergängen

Phasenübergänge sind eines der zentralen Themen in der Thermodynamik und der Statistischen Physik. Bereits im einführenden Kapitel [1] wurden einige wichtige Beispiele genannt, etwa die Bose-Einstein-Kondensation, der Magnetismus, die Suprafluidität und die Supraleitung. Einige der grundlegenden Konzepte, wie *Symmetriebrechung*, *Ordnungparameter* und *kritisches Verhalten*, wurden in Übungsaufgabe 1.5 anhand eines elementaren Problems der Statik (des „hart gekochten Eis") illustriert. In Kapitel [2] sind weitere Beispiele hinzugekommen: Wir haben den Phasenübergang zwischen einer gasförmigen und einer flüssigen Phase in den Abschnitten [2.1.1] und [2.14] sowie in Übungsaufgabe 2.19 anhand des (relativ) einfachen Modells der Van-der-Waals-Gleichung untersucht. Wir haben festgestellt, dass es Phasenübergänge unterschiedlicher *Ordnung* gibt. Der Gasförmig-flüssig-Übergang ist ein Beispiel für einen Phasenübergang *erster Ordnung*. Für solche Übergänge *erster Ordnung* haben wir in den Abschnitten [2.15] bzw. [2.15.1] die Clapeyron- und Clapeyron-Clausius-Gleichungen und in Abschnitt [2.16] die Gibbs'sche Phasenregel kennengelernt. In späteren Kapiteln werden noch etliche weitere Beispiele für Phasenübergänge folgen.

Das Ziel dieses Abschnitts ist, einen kohärenten Überblick über die *thermodynamischen Aspekte* von Phasenübergängen zu präsentieren, damit die Leser(innen) die bisherigen und die in späteren Kapiteln noch zu behandelnden Ergebnisse besser einordnen können. Hierzu führen wir zuerst in Abschnitt [2.18.1] die wichtigsten Definitionen, Begriffe und Notationen ein und erklären das Konzept des *kritischen Exponenten*. Zur Illustration dieser Begriffe und Notationen betrachten wir in Abschnitt [2.18.2] einige konkrete Beispiele für Phasenübergänge. Der Phasenübergang *zweiter Ordnung* wird dann in Abschnitt [2.18.3] konkret anhand der *Landau-Theorie* behandelt und der Phasenübergang *erster Ordnung* anhand einer Variante dieser Landau-Theorie in Abschnitt [2.18.4].

2.18.1 Was ist ein Phasenübergang?

Ein Phasenübergang ist ein Übergang eines thermodynamischen Systems zwischen zwei oder mehr *Phasen* im $(\boldsymbol{B}, T)$-Diagramm, der durch Änderungen der Temperatur T oder der intensiven mechanischen Variablen $\boldsymbol{B}$ hervorgerufen wird. In typischen Anwendungen entspricht $\boldsymbol{B}$ einem äußeren Feld und ist Teil der im verallgemeinerten Druck $\mathbf{Y}$ zusammengefassten intensiven mechanischen Variablen. Etwas allgemeiner kann man auch Phasenübergänge als Funktion der chemischen Zusammensetzung untersuchen. Wir werden uns jedoch der Einfachheit halber im Folgenden auf Übergänge im $(\boldsymbol{B}, T)$-Diagramm beschränken.

Basiskonzepte

Mathematisch entspricht ein Phasenübergang einer *Nichtanalytizität* des thermodynamischen Potentials des Systems. Der physikalische Grund für diese Nichtanalytizität ist in der Regel eine Änderung im Verhalten einer intensiven mechanischen Variablen am Phasenübergang. Wir werden für diese intensive mechanische Variable, die den Übergang zwischen den *Phasen* des Systems beschreibt, im Folgenden die Notation $\bar{\sigma}$ verwenden und sie als *Ordnungsparameter* bezeichnen.[22] Typischerweise ist bei einem Übergang zwischen zwei Phasen *ohne* äußeres $\boldsymbol{B}$-Feld der Ordnungsparameter $\bar{\sigma}$ in einer der beiden Phasen gleich null und in der anderen ungleich null und temperaturabhängig. Der Ordnungsparameter $\bar{\sigma}$ entspricht in der Regel dem räumlichen und thermischen Mittelwert einer entsprechenden *Dichte* $\boldsymbol{\sigma}(\mathbf{x})$. Durch Integration über das Gesamtvolumen des Systems ergibt sich aus dieser Dichte eine *extensive* mechanische Variable $\boldsymbol{\Sigma} = \int_V d\mathbf{x}\, \boldsymbol{\sigma}(\mathbf{x})$, die nach einer thermischen Mittelung gemäß $V^{-1}\langle\boldsymbol{\Sigma}\rangle = \bar{\sigma}$ mit dem Ordnungsparameter verknüpft ist.[23] Die extensive mechanische Variable $\langle\boldsymbol{\Sigma}\rangle$ und das äußere Feld $\boldsymbol{B}$ sind thermodynamisch zueinander konjugierte Variable, sodass $\langle\boldsymbol{\Sigma}\rangle$ und daher auch $\bar{\sigma}$ durch die Temperatur T und durch $\boldsymbol{B}$ gesteuert werden können.

Die freie Enthalpie und ihre Ableitungen

Bereits aus dieser allgemeinen Formulierung eines Phasenübergangs ist klar, dass das thermodynamische Potential Π des Systems, das am Übergang *nichtanalytisches* Verhalten zeigt, in der Regel die Form $\Pi(T, V, \boldsymbol{B}, \mathbf{N})$ oder $\Pi(T, P, \boldsymbol{B}, \mathbf{N})$ hat. Hierbei wird also angenommen, dass sich das Volumen V und der Druck P selbst am Phasenübergang glatt verhalten, d. h., dass P nicht selbst eine der $\boldsymbol{B}$-Komponenten und V nicht selbst eine der $\boldsymbol{\Sigma}$-Komponenten ist. Andernfalls, oder auch wenn V und P thermodynamisch irrelevant sind, vereinfacht sich das Potential auf die kompaktere Form $\Pi(T, \boldsymbol{B}, \mathbf{N})$. Wir stellen also fest, dass das thermodynamische Potential Π normalerweise die Form einer *freien Enthalpie* hat und dass

---

[22]Man denke beim Ordnungsparameter z. B. an eine räumlich gemittelte *Magnetisierung*. Der Ordnungsparameter *kann*, wie im magnetischen Fall, Vektorcharakter haben, *muss* dies jedoch nicht. Die Notation $\bar{\sigma}$ kann in speziellen Anwendungen also auch eine *skalare* Größe bezeichnen.

[23]Im magnetischen Fall entspricht $\boldsymbol{\sigma}(\mathbf{x})$ der lokalen Magnetisierung, $\boldsymbol{\Sigma}$ dem magnetischen Moment, $\bar{\sigma}$ der räumlich und thermisch gemittelten Magnetisierung und $\boldsymbol{B}$ dem Magnetfeld. Bei der Definition der Spindichte $\boldsymbol{\sigma}(\mathbf{x})$ ist noch wichtig, dass die Thermodynamik als makroskopische Beschreibung das Atom und den einzelnen Spin nicht „sieht". Die Spindichte $\boldsymbol{\sigma}(\mathbf{x})$ ist hier daher als räumlicher Mittelwert der mikroskopischen magnetischen Momente über Raumbereiche zu interpretieren, die mindestens eine Ausdehnung von mehreren Nanometern haben.

das System im *Druckensemble* beschrieben werden muss, außer wenn experimentell statt des Drucks das Volumen vorgegeben wird und man ein *Mischpotential* der Form $\Pi(T, V, \mathcal{B}, \mathbf{N})$ benötigt. Beispielsweise können die extensive mechanische Variable $\langle \mathbf{\Sigma} \rangle$ und die entsprechende isotherme Suszeptibilität χ wie folgt aus dem thermodynamischen Mischpotential $\Pi(T, V, \mathcal{B}, \mathbf{N})$ berechnet werden:

$$\langle \mathbf{\Sigma} \rangle = -\left(\frac{\partial \Pi}{\partial \mathcal{B}}\right)_{T,V,\mathbf{N}} \quad , \quad \chi_{T,V,\mathbf{N}} = -\left(\frac{\partial^2 \Pi}{\partial \mathcal{B}^2}\right)_{T,V,\mathbf{N}} ,$$

oder analog aus der freien Enthalpie $\Pi(T, \mathcal{B}, \mathbf{N})$ bzw. $\Pi(T, P, \mathcal{B}, \mathbf{N})$. Gelegentlich wird statt der (extensiven) Suszeptibilität χ auch die Größe $V^{-1}\chi$ betrachtet, die – ähnlich wie eine Kompressibilität – *intensiv* ist.

Der Phasenübergang für $\mathcal{B} = 0$

Sogar wenn man lediglich am *thermischen* Verhalten des Systems in *Abwesenheit* eines äußeren $\mathcal{B}$-Felds interessiert ist, ist $\mathcal{B}$ dennoch für die Definition eines Phasenübergangs fundamental wichtig. Dies hängt damit zusammen, dass die räumliche Ausrichtung des Ordnungsparameters $\bar{\boldsymbol{\sigma}}$ für $\mathcal{B} = 0$ völlig unbestimmt ist. In einem realen System liegen nämlich in der Regel *Symmetrien* vor: In einem *isotropen* System sind alle Zustände mit gleichem $|\bar{\boldsymbol{\sigma}}|$-Wert energetisch entartet. In einem axial symmetrischen System sind analog alle Zustände energetisch entartet, die einen Ordnungsparameter senkrecht zur Symmetrieachse (d. h. mit $\bar{\boldsymbol{\sigma}}_{\parallel} = \mathbf{0}$ und gleichem $|\bar{\boldsymbol{\sigma}}_{\perp}|$-Wert) oder alternativ parallel zur Symmetrieachse (d. h. mit $\bar{\boldsymbol{\sigma}}_{\perp} = \mathbf{0}$ und gleichem $|\bar{\boldsymbol{\sigma}}_{\parallel}|$-Wert) haben. Falls eine Symmetrie unter Raumspiegelungen vorliegt, sind z. B. die Zustände $\bar{\boldsymbol{\sigma}}$ und $-\bar{\boldsymbol{\sigma}}$ energetisch entartet. Die fundamental wichtige Rolle des $\mathcal{B}$-Felds ist daher, dass es diese Symmetrie bricht und eine bevorzugte $\bar{\boldsymbol{\sigma}}$-Richtung vorgibt. Nur durch diese Vorgabe einer bevorzugten Richtung kann die Phase mit $\bar{\boldsymbol{\sigma}} \neq \mathbf{0}$ überhaupt definiert werden. Für $\mathcal{B} \to 0$ kann man die oben genannte, allgemeine Definition $\bar{\boldsymbol{\sigma}} = V^{-1}\langle \mathbf{\Sigma} \rangle$ nun wie folgt präzisieren:

$$\bar{\boldsymbol{\sigma}} = \lim_{\mathcal{B} \to 0} \lim_{V \to \infty} \frac{\langle \mathbf{\Sigma} \rangle}{V} = - \lim_{\mathcal{B} \to 0} \lim_{V \to \infty} \frac{1}{V} \frac{\partial \Pi}{\partial \mathcal{B}}(T, V, \mathcal{B}\hat{\mathcal{B}}, \mathbf{N}) , \tag{2.69}$$

wobei die räumliche Ausrichtung $\hat{\mathcal{B}}$ im Limes $\mathcal{B} \to 0$ festgehalten werden soll. Falls in diesem doppelten Limes $\bar{\boldsymbol{\sigma}} = \mathbf{0}$ gilt, liegt eine *symmetrische* bzw. *ungeordnete* Phase vor. Falls das Ergebnis des doppelten Limes $\bar{\boldsymbol{\sigma}} \neq \mathbf{0}$ ist, spricht man von *spontaner Symmetriebrechung* („spontan", da sie wegen $\mathcal{B} \to 0$ nicht vom $\mathcal{B}$-Feld hervorgerufen wird) und nennt die Phase *symmetriegebrochen* bzw. *geordnet*. Die Temperatur T_{c}, die die beiden Phasen mit $\bar{\boldsymbol{\sigma}} = \mathbf{0}$ und $\bar{\boldsymbol{\sigma}} \neq \mathbf{0}$ trennt, wird als die *kritische Temperatur* bezeichnet. Es ist bei der Definition von $\bar{\boldsymbol{\sigma}}$ für $\mathcal{B} \to 0$ übrigens unbedingt notwendig, zuerst den Limes $V \to \infty$ und dann erst den Limes $\mathcal{B} \to 0$ durchzuführen, da die umgekehrte Reihenfolge immer null ergibt. Bei einem endlichen Volumen V gilt nämlich immer $\lim_{\mathcal{B} \to 0}\langle \mathbf{\Sigma} \rangle / V = \mathbf{0}$, da in Abwesenheit einer Vorzugsrichtung bei der thermischen Mittelung über *alle* möglichen Orientierungen von $\mathbf{\Sigma}$ gemittelt wird. Analog zu (2.69) erhält man

$$\chi_{T,V,\mathbf{N}} = - \lim_{\mathcal{B} \to 0} \lim_{V \to \infty} \frac{\partial^2 \Pi}{\partial \mathcal{B}^2}(T, V, \mathcal{B}\hat{\mathcal{B}}, \mathbf{N}) \tag{2.70}$$

für die *isotherme Suszeptibilität* in Abwesenheit eines $\mathcal{B}$-Felds.

Die Ordnung des Phasenübergangs

Bereits am Ende von Abschnitt [2.14] wurde darauf hingewiesen, dass ein Phasenübergang, bei dem eine *erste* Ableitung des relevanten thermodynamischen Potentials *unstetig* ist, als Phasenübergang *erster Ordnung* bezeichnet wird und ein Phasenübergang, bei dem die *ersten* Ableitungen des thermodynamischen Potentials *stetig* sind, aber eine Unstetigkeit in einer *zweiten* Ableitung vorliegt, als Phasenübergang *zweiter Ordnung*. Bei Phasenübergängen höherer als zweiter Ordnung gibt es zwei „Schulen": Traditionell (in der *Klassifikation nach Ehrenfest*) führt man Übergänge n-ter Ordnung ein, bei denen alle Ableitungen des thermodynamischen Potentials bis zu den $(n-1)$-ten *stetig* sind und eine Unstetigkeit in einer n-ten Ableitung vorliegt. Bei einem Phasenübergang *unendlicher* Ordnung liegt dann zwar eine Nichtanalytizität des thermodynamischen Potentials vor, aber alle Ableitungen *endlicher* Ordnung sind dennoch stetig. In der moderneren Klassifikation unterscheidet man nur noch Phasenübergänge *erster* und *höherer* Ordnung, wobei die letzteren als *kontinuierliche Phasenübergänge* bezeichnet werden. Ein Beispiel eines Phasenübergangs *unendlicher* Ordnung ist der bereits in Kapitel [1] erwähnten Kosterlitz-Thouless-Übergang, der z. B. in supraflüssigen und supraleitenden Schichten auftritt.

Phasenübergänge erster Ordnung

Der Phasenübergang *erster Ordnung* wird anhand einer Variante der *Landau-Theorie* in Abschnitt [2.18.4] illustriert. Einige Aspekte solcher Übergänge erster Ordnung sind bereits aus den Abschnitten [2.14] und [2.15] bekannt. Entscheidend für das Auftreten eines Übergangs erster Ordnung ist die *Energie* des Systems, oder genauer: die *freie Enthalpie*. Typischerweise gibt es dabei zwei konkurrierende Zustände, die genau *am* Übergang die gleiche Energie haben, aber durch unterschiedliche Ordnungsparameter charakterisiert werden. In Abschnitt [2.18.4] sind diese konkurrierenden Zustände die *symmetrische Phase* mit $\bar{\sigma}_0 = 0$ und eine *symmetriegebrochene Phase* mit dem endlichen Wert $\bar{\sigma}_1 \neq 0$. Bei der kritischen Temperatur T_c haben beide Zustände die gleiche Energie, wobei der Zustand mit $\bar{\sigma}_0 = 0$ für $T > T_c$ und der Zustand mit $\bar{\sigma}_1 \neq 0$ für $T < T_c$ die niedrigere Energie hat. Bei einer Temperaturabsenkung von $T = T_c + 0^+$ zu $T = T_c - 0^+$ springt der Ordnungsparameter daher von $\bar{\sigma}_0$ auf den *endlichen* Wert $\bar{\sigma}_1$. Die isotherme Suszeptibilität $\chi_{T,V,\mathbf{N}}$ in (2.70) weist nahe T_c ebenfalls eine Unstetigkeit auf, verhält sich ansonsten aber unauffällig. Insbesondere divergiert sie an einem Übergang erster Ordnung *nicht* und liefert daher für $T \downarrow T_c$ oder $T \uparrow T_c$ *keine* Hinweise auf den bevorstehenden Phasenübergang.

Vollständigkeitshalber fügen wir hinzu, dass die Realität oft komplexer ist und auch *innerhalb der symmetriegebrochenen Phase* Übergänge erster Ordnung auftreten können. In diesem Fall konkurrieren zwei symmetriegebrochene Zustände mit Ordnungsparametern $\bar{\sigma}_1 \neq 0$ und $\bar{\sigma}_2 \neq 0$ miteinander. Der Ordnungsparameter springt dann am Übergang energiebedingt von einem endlichen Wert zum anderen.

Phasenübergänge zweiter Ordnung

Phasenübergänge *zweiter Ordnung* werden durch stetige *erste* Ableitungen des thermodynamischen Potentials und durch eine Unstetigkeit in einer *zweiten* Ableitung charakterisiert. Solche Übergänge werden anhand der *Ginzburg-Landau-* sowie der einfacheren *Landau-Theorie* in Abschnitt [2.18.3] besprochen. Eine für das Auftreten einer *spontanen* Symmetriebrechung sehr wichtige *erste* Ableitung ist der Ordnungsparameter $\bar{\sigma}$ für $\mathcal{B} \to \mathbf{0}$, der allgemein durch Gleichung (2.69) gegeben ist. Bei Übergängen *zweiter Ordnung* erwartet man $\bar{\sigma}(T) = \mathbf{0}$ für $T > T_c$ und $\bar{\sigma}(T) \neq \mathbf{0}$ für $T < T_c$, nun allerdings mit $\bar{\sigma}(T) \to \mathbf{0}$ für $T \uparrow T_c$. Das temperaturabhängige Verhalten des Ordnungsparameters für $\mathcal{B} \to \mathbf{0}$ und $T \uparrow T_c$ ist in der Regel *algebraisch* und kann daher mit Hilfe eines *kritischen Exponenten* $\beta > 0$ beschrieben werden:

$$\left| \bar{\sigma}(T) \right| \sim B_< \left(T_c - T \right)^\beta \quad (\text{zuerst } \mathcal{B} \to \mathbf{0} \text{, danach } T \uparrow T_c) \, . \tag{2.71}$$

Die Proportionalitätskonstante $B_< > 0$ wird dann als *kritische Amplitude* bezeichnet. Auch das Verhalten des Ordnungsparameters exakt *am* kritischen Punkt $(T = T_c)$ für kleine *endliche* Werte des äußeren Felds ($\mathcal{B} \neq \mathbf{0}$) ist interessant. Der Ordnungsparameter verhält sich auch in diesem Fall *algebraisch* und kann daher mit Hilfe eines weiteren kritischen Exponenten $\delta > 0$ beschrieben werden:

$$\left| \bar{\sigma}(T) \right| \sim D_0 \, \mathcal{B}^{1/\delta} \quad (T = T_c \, , \mathcal{B} \downarrow 0) \, . \tag{2.72}$$

Hierbei stellt $D_0 > 0$ die entsprechende kritische Amplitude dar.

Eine typische *zweite* Ableitung des thermodynamischen Potentials, die am Übergang *divergiert*, ist die *isotherme Suszeptibilität* $\chi_{T,V,\mathbf{N}}$ für $\mathcal{B} \to \mathbf{0}$ in (2.70). Im Gegensatz zu ihrem Pendant beim Übergang erster Ordnung liefert die isotherme Suszeptibilität also sowohl für $T \downarrow T_c$ als auch für $T \uparrow T_c$ gerade sehr wertvolle Hinweise auf einen bevorstehenden Übergang zweiter Ordnung. Auch in diesem Fall ist das Verhalten nahe T_c in der Regel algebraisch mit kritischen Exponenten $\gamma > 0$ und $\gamma' > 0$:

$$\chi_{T,V,\mathbf{N}} \sim \begin{cases} \dfrac{\mathcal{C}_>}{(T-T_c)^\gamma} & (T \downarrow T_c) \\ \dfrac{\mathcal{C}_<}{(T_c-T)^{\gamma'}} & (T \uparrow T_c) \end{cases} \, . \tag{2.73}$$

Die kritischen Amplituden $\mathcal{C}_>$ und $\mathcal{C}_<$ sind nun in der Regel Tensoren, haben aber in vielen Anwendungen die einfache isotrope Form $\mathcal{C}_> = C_> \mathbb{1}$ bzw. $\mathcal{C}_< = C_< \mathbb{1}$.

Eine weitere *zweite* Ableitung, die am Übergang *divergieren kann*, aber nicht *muss*, ist die *spezifische Wärme* für $T \simeq T_c$, die allgemein durch

$$c_{V,N} = \frac{C_{V,N}}{V} = \frac{T}{V} \left(\frac{\partial S}{\partial T} \right)_{V,N} = -\frac{T}{V} \left(\frac{\partial^2 \Pi}{\partial T^2} \right)_{V,N} \quad (\mathcal{B} \to \mathbf{0})$$

gegeben ist. Auch in diesem Fall ist das Verhalten nahe T_c in der Regel algebraisch, und die entsprechenden kritischen Exponenten werden als α und α' bezeichnet:

$$c_{V,N} \sim \begin{cases} c_{V,N}^0 + \dfrac{A_>}{(T-T_c)^\alpha} & (T \downarrow T_c) \\ c_{V,N}^0 + \dfrac{A_<}{(T_c-T)^{\alpha'}} & (T \uparrow T_c) \end{cases} \, . \tag{2.74}$$

Die kritischen Amplituden $A_>$ und $A_<$ sind nun skalare Größen. Für Übergänge mit $\alpha, \alpha' < 0$, sodass $c_{V,N}$ für $T = T_c$ endlich ist, stellt die Konstante $c^0_{V,N}$ die spezifische Wärme $c_{V,N}(T_c)$ am kritischen Punkt dar, für Übergänge mit $\alpha, \alpha' \geq 0$ definieren wir $c^0_{V,N} \equiv 0$. Bemerkenswert an der Landau-Theorie in Abschnitt [2.18.3] ist, dass sie für die spezifische Wärme inkorrekterweise einen *Sprung* mit kritischen Exponenten $\alpha = \alpha' = 0$ vorhersagt. Der Grund für diese inkorrekte Vorhersage ist, dass die einfache Landau-Theorie nur den Beitrag eines *räumlich homogenen* Zustands zur freien Enthalpie berücksichtigt und Fluktuationen gänzlich vernachlässigt. Bereits die genauere Ginzburg-Landau-Theorie in Gauß'scher Näherung korrigiert dieses Ergebnis und führt zu kritischen Exponenten $\alpha, \alpha' > 0$.

Phasenübergänge unendlicher Ordnung

Phasenübergänge *unendlicher Ordnung* sind in vielerlei Hinsicht untypisch. Auch in diesem Fall weist das thermodynamische Potential des Systems eine Nichtanalytizität bei einer kritischen Temperatur $T_c > 0$ auf, aber für $T < T_c$ liegt streng genommen keine Symmetriebrechung mit einem endlichen Wert $\bar{\sigma}$ des Ordnungsparameters vor. Stattdessen stellt man fest, dass sich die *Korrelationen* der Dichte $\boldsymbol{\sigma}(\mathbf{x})$ für $T > T_c$ und $T < T_c$ qualitativ sehr unterschiedlich verhalten. Die Korrelationsfunktion $\langle \boldsymbol{\sigma}(\mathbf{x}) \cdot \boldsymbol{\sigma}(\mathbf{y}) \rangle$ gibt Aufschluss darüber, inwiefern die Dichte am Ort $\mathbf{y}$ durch die Wechselwirkungen im System etwas von der Dichte am Ort $\mathbf{x}$ spürt und sich nach ihr richtet. Ein typisches Ergebnis bei einem Übergang unendlicher Ordnung ist dann, dass für $|\mathbf{x} - \mathbf{y}| \to \infty$ die Korrelationsfunktion für $T > T_c$ *exponentiell* abfällt und für $T < T_c$ wesentlich langsamer, nämlich *algebraisch*. Auch beim Übergang unendlicher Ordnung sind die Dichten für $T < T_c$ also über große Abstände miteinander korreliert, nur gelingt es dem System für alle $T > 0$ nicht, einen endlichen Ordnungsparameter $\bar{\sigma} \neq \mathbf{0}$ aufzubauen. Die Nichtanalytizität bei der kritischen Temperatur T_c ist für solche Phasenübergänge typischerweise exponentiell schwach und hat die Form $\Pi_{\text{sing}} = \pi^0 \exp[-K/\sqrt{T_c - T}]\,\Theta(T_c - T)$ mit $K > 0$, sodass alle Ableitungen dieses singulären Beitrags zur freien Enthalpie für $T \uparrow T_c$ in der Tat null sind.

2.18.2 Beispiele von Phasenübergängen

Aus der langen Liste mittlerweile bekannter Phasenübergänge möchten wir im Folgenden nur drei Klassen von Beispielen herausgreifen, nämlich erstens den Magnetismus und insbesondere den *Ferro*magnetismus, zweitens den Gasförmig-flüssig-Übergang, der nahe dem *kritischen Punkt* im P-T-Diagramm einen völlig anderen Charakter zeigt als nahe der *Dampfdruckkurve*, und drittens die makroskopischen Quantenphänomene Suprafluidität und Supraleitung. Der Grund für diese Auswahl ist, dass diese drei Klassen von Phasenübergängen innerhalb der Theorie kritischer Phänomene paradigmatisch sind.

Magnetische Phasenübergänge

Als erstes Beispiel eines möglichen Phasenübergangs möchten wir den Ferromagnetismus in *isotropen* Systemen wie Eisen (Fe) oder Nickel (Ni) nennen. In diesem Fall entspricht die Dichte $\boldsymbol{\sigma}(\mathbf{x})$ der Magnetisierung und hat somit in der Tat die Form eines (dreidimensionalen) Vektors. Die integrierte Dichte $\int_V d\mathbf{x}\,\boldsymbol{\sigma}(\mathbf{x})$ entspricht dann dem magnetischen Moment, der Ordnungsparameter $\bar{\boldsymbol{\sigma}}$ der räumlich gemittelten Magnetisierung und $\boldsymbol{B}$ dem Magnetfeld. Beispielsweise für Ni gilt $T_{\mathrm{c}} \simeq 631{,}58\,\mathrm{K}$, und es liegt ein Phasenübergang *zweiter* Ordnung vor mit kritischen Exponenten $\alpha = \alpha' \simeq -0{,}10$, $\beta \simeq 0{,}33$, $\gamma = \gamma' \simeq 1{,}32$ und $\delta \simeq 4{,}2$ (s. Ref. [38]).

Analog hierzu gibt es den *planaren* Ferromagnetismus in Systemen, die axialsymmetrisch sind und einen Ordnungsparameter haben, der *senkrecht* auf der Symmetrieachse steht. Wir wählen die $\hat{\mathbf{e}}_3$-Achse entlang dieser Symmetrieachse. Beim planaren Ferromagneten haben $\boldsymbol{\sigma}(\mathbf{x})$, $\boldsymbol{\Sigma}$, $\bar{\boldsymbol{\sigma}}$ und $\boldsymbol{B}$ zwar alle die gleiche Bedeutung wie im isotropen Fall, nur ist die Energie des Systems für $\boldsymbol{B} \to \mathbf{0}$ lediglich invariant unter Drehungen um die $\hat{\mathbf{e}}_3$-Achse. Für $T < T_{\mathrm{c}}$ wird diese $SO(2)$-Symmetrie spontan gebrochen: Beschränkt man sich auf $\boldsymbol{B}$-Felder parallel zur $\hat{\mathbf{e}}_1$-$\hat{\mathbf{e}}_2$-Ebene, so zeigt der Ordnungsparameter $\bar{\boldsymbol{\sigma}}$ für $T < T_{\mathrm{c}}$ mit $\boldsymbol{B} \downarrow 0$ in die Richtung $\hat{\boldsymbol{B}} \perp \hat{\mathbf{e}}_3$. Planarer Ferromagnetismus kann z. B. aufgrund einer Anisotropie auftreten, die durch den Aufbau der Probe in Form einer dünnen Schicht bedingt wird.

Als dritte Form des Ferromagnetismus nennen wir noch den *uniaxialen Ferromagnetismus* in Systemen, die ebenfalls axialsymmetrisch sind, wobei der Ordnungsparameter nun allerdings *parallel* zur $\hat{\mathbf{e}}_3$-Symmetrieachse ausgerichtet ist. Für $\boldsymbol{B} \to \mathbf{0}$ ist die Energie des Systems invariant unter Spiegelungen an der $\hat{\mathbf{e}}_1$-$\hat{\mathbf{e}}_2$-Ebene. Für $T < T_{\mathrm{c}}$ wird diese Z_2-Symmetrie spontan gebrochen. Beschränkt man sich auf $\boldsymbol{B}$-Felder in $\pm\hat{\mathbf{e}}_3$-Richtung, so zeigt der Ordnungsparameter $\bar{\boldsymbol{\sigma}}$ für $T < T_{\mathrm{c}}$ im Limes $\boldsymbol{B} \downarrow 0$ ebenfalls in $\pm\hat{\mathbf{e}}_3$-Richtung. Diese Form des Magnetismus tritt z. B. in $\mathrm{YFeO_3}$ auf. Die entsprechende kritische Temperatur ist $T_{\mathrm{c}} \simeq 643\,\mathrm{K}$, und es liegt ein Phasenübergang *zweiter* Ordnung vor, wobei u. a. die kritischen Exponenten $\beta \simeq 0{,}354$, $\gamma \simeq 1{,}33$ und $\gamma' \simeq 0{,}7$ bekannt sind (s. Ref. [38]).

Von den vielen weiteren Erscheinungsformen des Magnetismus möchten wir nur den *Antiferromagnetismus* nennen. Dieser kann z. B. in Systemen auftreten, deren Kristallgitter zwei Untergitter hat, wobei die nächsten Nachbarn von Gitterplätzen auf dem einen Untergitter alle zum jeweils anderen Untergitter gehören. Wir bezeichnen die Spindichten auf den beiden Untergittern als $\boldsymbol{\sigma}_1(\mathbf{x})$ und $\boldsymbol{\sigma}_2(\mathbf{x})$. Charakteristisch für den Antiferromagneten ist dann, dass der *ferromagnetische* Ordnungsparameter $\bar{\boldsymbol{\sigma}}_{\mathrm{FM}}$, der durch räumliche und thermische Mittelung aus der *ferromagnetischen* Spindichte $\boldsymbol{\sigma}_{\mathrm{FM}}(\mathbf{x}) \equiv \boldsymbol{\sigma}_1(\mathbf{x}) + \boldsymbol{\sigma}_2(\mathbf{x})$ folgt, exakt gleich null ist. Stattdessen wird der Phasenübergang durch einen *antiferromagnetischen* Ordnungsparameter $\bar{\boldsymbol{\sigma}}_{\mathrm{AF}}$ beschrieben, der durch Mittelung aus der *antiferromagnetischen* Spindichte $\boldsymbol{\sigma}_{\mathrm{AF}}(\mathbf{x}) \equiv \boldsymbol{\sigma}_1(\mathbf{x}) - \boldsymbol{\sigma}_2(\mathbf{x})$ bestimmt wird. Alles Weitere ist dann analog zum Ferromagneten. Ein Beispiel eines Phasenübergangs *zweiter* Ordnung in einem *isotropen* Antiferromagneten tritt in $\mathrm{RbMnF_3}$ auf. Die kritische Temperatur ist $T_{\mathrm{c}} \simeq 83{,}05\,\mathrm{K}$, und es sind u. a. die kritischen Exponenten $\alpha = \alpha' \simeq -0{,}139$, $\beta \simeq 0{,}316$ und $\gamma \simeq 1{,}397$ bekannt (s. Ref. [38]).

Der Gasförmig-flüssig-Übergang

Als nicht-magnetisches Beispiel eines Phasenübergangs *zweiter* Ordnung besprechen wir zunächst den Gasförmig-flüssig-Übergang nahe dem *kritischen Punkt*. Dieser Übergang ist in den Abbn. 2.20 (für Stoffe *ohne* Anomalie) und 2.21 (für Stoffe *mit* Anomalie) grafisch dargestellt. Der kritische Punkt ist dort jeweils als

„K" gekennzeichnet und entspricht den kritischen Werten $(T_\mathrm{K}, P_\mathrm{K})$ der Temperatur und des Drucks. Der Ordnungsparameter hat nun die Form $\bar{\sigma} = \rho(T, P) - \rho_\mathrm{K}$, wobei ρ_K die Dichte am kritischen Punkt $(T_\mathrm{K}, P_\mathrm{K})$ darstellt. Das äußere Feld definieren wir durch $\mathcal{B} \equiv P - P_*(T)$, wobei $P_*(T)$ für $T \leq T_\mathrm{K}$ die Dampfdruckkurve bezeichnet, die in Abbn. 2.20 und 2.21 den Tripelpunkt „T" mit dem kritischen Punkt „K" verbindet. Oberhalb des Phasenübergangs, d. h. für $T > T_\mathrm{K}$, legen wir $P_*(T)$ implizit durch $\rho(T, P_*) \equiv \rho_\mathrm{K}$ fest, sodass dort für $\mathcal{B} \to 0$ per definitionem $\bar{\sigma} = 0$ gilt. Unterhalb des Phasenübergangs, d. h. für $T \lesssim T_\mathrm{K}$ mit $\mathcal{B} \to 0$, misst man:

$$\bar{\sigma} \sim \pm B_<(T_\mathrm{K} - T)^\beta \quad \text{mit } B_< > 0 \text{ und } \begin{cases} + & \text{für die Flüssigkeit:} \quad \mathcal{B} = 0^+ \\ - & \text{für das Gas:} \qquad\quad \mathcal{B} = -0^+ \end{cases}.$$

Die Dichte in der Flüssigkeit ist also geringfügig *höher* und diejenige im Gas geringfügig *niedriger* als die kritische Dichte ρ_K. Bestimmt man die $\mathcal{B}$-Abhängigkeit des Ordnungsparameters für $T = T_\mathrm{K}$, so misst man:

$$\bar{\sigma} \propto |\mathcal{B}|^{1/\delta} \quad (T = T_\mathrm{K}, \, \mathcal{B} \to 0).$$

Man kann außerdem die kritischen Exponenten α, α' und γ, γ' experimentell bestimmen. Beispielsweise erhält man für Xenon die kritische Temperatur $T_\mathrm{c} \simeq 289{,}74\,\mathrm{K}$ und die kritischen Exponenten $\alpha = \alpha' \simeq 0{,}08$, $\beta \simeq 0{,}344$, $\gamma = \gamma' \simeq 1{,}203$ und $\delta \simeq 4{,}4$ (s. Ref. [38]).

Zusammenfassend stellen wir also fest, dass die Beschreibung des Gasförmig-flüssig-Übergangs entlang der $P_*(T)$-Kurve nahe dem kritischen Punkt „K" und diejenige des *uniaxialen Ferromagneten* im schwachen Magnetfeld in der Nähe von dessen kritischem Punkt („Curie-Punkt") vollkommen analog erfolgen.

Fundamental andere Ergebnisse erhält man für den Gasförmig-flüssig-Übergang entlang der Dampfdruckkurve $P_*(T)$ mit $T_\mathrm{T} < T < T_\mathrm{K}$ und $P_\mathrm{T} < P < P_\mathrm{K}$. Wie in Abbildung 2.24 dargestellt, bezeichnet hierbei „T" den Tripelpunkt und „K" den kritischen Punkt. Wir wählen einen Punkt (T_0, P_0) mit $P_0 = P_*(T_0)$ und definieren $\mathcal{B} \equiv P - P_0$. Jeder Punkt nahe der Dampfdruckkurve im P-T-Diagramm kann daher mit Hilfe der „Koordinaten" $(T_0, \mathcal{B})$ parametrisiert werden:

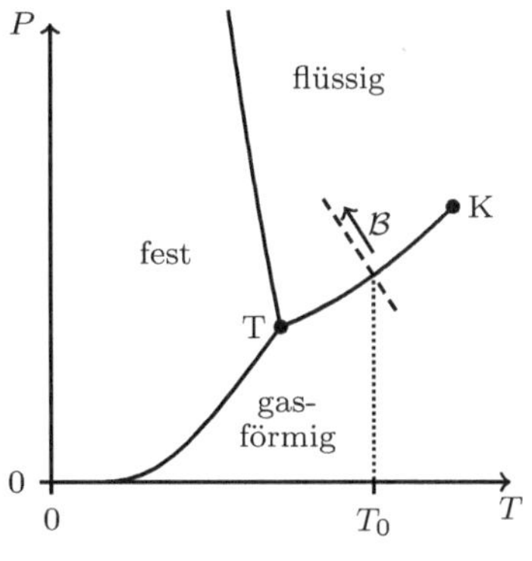

$$\begin{pmatrix} T \\ P \end{pmatrix} = \begin{pmatrix} T_0 \\ P_*(T_0) \end{pmatrix} + \mathcal{B} \begin{pmatrix} -P_*'(T_0) \\ 1 \end{pmatrix}.$$

Abb. 2.24 Definition der „Koordinaten" $(T_0, \mathcal{B})$ im P-T-Diagramm

Bei Variation von $\mathcal{B}$ bewegt sich der Punkt (T, P) also entlang einer Geraden, die senkrecht zur Dampfdruckkurve ausgerichtet ist und diese in (T_0, P_0) schneidet. Der Ordnungsparameter wird nun definiert durch $\bar{\sigma}(T_0, \mathcal{B}) = \rho(T_0, \mathcal{B}) - \rho(T_0, -0^+)$, sodass $\bar{\sigma}(T_0, \mathcal{B})$ in der Gasphase gerade unterhalb der Koexistenzkurve exakt gleich null ist. In diesem Fall springt der Ordnungsparameter $\bar{\sigma}$ für $T = T_0$ bei einer Druckerhöhung von $P_0 - 0^+$ auf $P_0 + 0^+$, d.h. bei einer $\mathcal{B}$-Erhöhung von -0^+ auf $+0^+$, *unstetig* vom Wert *Null* auf den endlichen Wert

$$\rho(T_0, +0^+) - \rho(T_0, -0^+) = \rho_\text{Flüssigkeit}(T_0, 0) - \rho_\text{Gas}(T_0, 0) > 0.$$

Es liegt also ein Phasenübergang *erster Ordnung* vor. Auch in dieser Hinsicht ist der Gasförmig-flüssig-Übergang analog zum uniaxialen Ferromagneten im Magnetfeld, nun aber für $T < T_\mathrm{c}$ und mit einem *Magnetfeld*, das zwischen $\mathcal{B} = -0^+$ und $\mathcal{B} = 0^+$ variiert wird.

Suprafluidität und die Supraleitung

Von den vielen anderen möglichen Phasenübergängen möchten wir nur noch die *Suprafluidität* und die *Supraleitung* kurz anführen, gerade weil diese sich stark von den bisher genannten Übergängen unterscheiden. Für diese beiden makroskopischen Quantenphänomene ist der Ordnungsparameter grundsätzlich *komplexwertig* und kann als (räumlich und thermisch gemittelte) *Feldamplitude* interpretiert werden. Diese *komplexe* Amplitude $\bar{\sigma}$ ist selbst natürlich nicht experimentell zugänglich. Hiermit entfällt bereits die Möglichkeit, die kritischen Exponenten β und δ zu messen. Da an die komplexe Amplitude $\bar{\sigma}$ außerdem kein reales Feld ankoppelt, existiert auch keine Antwortfunktion und somit kein kritischer Exponent γ oder γ'. Die spezifische Wärme ist jedoch messbar. Für suprafluides ^{4}He beobachtet man eine *logarithmische Divergenz* von $c_{V,N}$ für $T \to T_\mathrm{c}$, sodass $\alpha = \alpha' \simeq 0$ gilt. Aufgrund der Form dieser logarithmischen Divergenz der $c_{V,N}$-Kurve wird die entsprechende kritische Temperatur als „Lambdapunkt" von ^{4}He bezeichnet. In herkömmlichen BCS-Supraleitern beobachtet man dagegen experimentell einen *Sprung* bei T_c.

Das Konzept der Suprafluidität ist eng verwandt mit demjenigen der *Bose-Einstein-Kondensation*, die im Rahmen der Statistischen Physik ausführlich in den Abschnitten [4.4.2] und [6.4] behandelt wird. Auch die Supraleitung ist mit diesen beiden Phänomenen verwandt, allerdings sind die „Teilchen", die in diesem Fall kondensieren, nun *zusammengesetzt* und werden als *Cooper-Paare* bezeichnet.

2.18.3 Landau-Theorie von Phasenübergängen 2. Ordnung

Bei Phasenübergängen *zweiter* Ordnung ändert sich der Ordnungsparameter $\bar{\sigma}$ stetig als Funktion der Temperatur oder des äußeren Felds. Wir nehmen im Folgenden der Einfachheit halber an, dass $\bar{\sigma}$ als räumlicher Mittelwert einer *Spin*dichte $\sigma(\mathbf{x})$ interpretiert werden kann, aber ähnliche Überlegungen können auch für nicht-magnetische Phasenübergänge angestellt werden. Da der Ordnungsparameter $\bar{\sigma}$ am Phasenübergang (d. h. für $T \simeq T_\mathrm{c}$ und $\mathcal{B} \to \mathbf{0}$) stetig variiert und daher *klein* sein muss, erwartet man, dass auch die Spindichte $\sigma(\mathbf{x})$ im Raumbereich um den Ort $\mathbf{x}$ in der Nähe des kritischen Punkts als *klein* angesehen werden kann.

Die Ginzburg-Landau-Theorie

Diese Einsicht motiviert eine Beschreibung von Phasenübergängen zweiter Ordnung, in der die Energie des Systems nach Potenzen der Spindichte und ihren Ableitungen entwickelt wird. Eine solche Beschreibung wird als *Ginzburg-Landau-Theorie* bezeichnet. In dieser Theorie hat die Energie $H[\sigma]$ des Systems die Form

$$\beta H[\sigma] = \int d\mathbf{x} \left\{ a_0(T) + a_2(T)\sigma^2(\mathbf{x}) + a_4(T)[\sigma^2(\mathbf{x})]^2 + c(T)(\boldsymbol{\nabla}\sigma)^2(\mathbf{x}) - \mathbf{B}\cdot\sigma(\mathbf{x}) \right\},$$

wobei $\beta = \frac{1}{k_{\mathrm{B}}T}$ gilt und $(\boldsymbol{\nabla}\sigma)^2$ in der Einstein-Konvention als $(\partial_i\sigma_j)(\partial_i\sigma_j)$ zu interpretieren ist. Der $\boldsymbol{\sigma}$-unabhängige Term $a_0(T)$ stellt den Beitrag des Systems zur Energiedichte *ohne* Symmetriebrechung dar und ist daher *analytisch* als Funktion der Temperatur. Es ist zu beachten, dass die so definierte Energie $H[\boldsymbol{\sigma}]$ ein *Funktional* der Spindichte $\boldsymbol{\sigma}$ ist. Das Magnetfeld $\mathbf{B}$ bestimmt die räumliche Ausrichtung des Ordnungsparameters $\bar{\boldsymbol{\sigma}}$. Bei der Entwicklung nach Potenzen von $\boldsymbol{\sigma}$ treten nur Terme auf, die *gerade* (d. h. quadratisch, quartisch, ...) und *rotationsinvariant* sind, da man erwartet, dass die Energie ohne $\mathbf{B}$-Feld invariant unter Drehungen und Raumspiegelungen von $\boldsymbol{\sigma}$ ist. Die a_2-a_4-c-Terme beschreiben einen *an*harmonischen Oszillator. Im Rahmen der Ginzburg-Landau-Theorie folgt die *freie Energie* (oder die freie Enthalpie, falls auch ein $\mathbf{B}$-Feld vorliegt) dann durch eine geeignete Mittelung des Energiefunktionals $H[\boldsymbol{\sigma}]$ über alle Spinkonfigurationen. Damit die Energie nach unten beschränkt ist, muss der Vorfaktor des *an*harmonischen Terms positiv sein: $a_4(T) > 0$.

Die zentrale Idee der Ginzburg-Landau-Theorie ist nun, dass sie den Phasenübergang zweiter Ordnung als eine Instabilität des *harmonischen* Anteils der Energie beschreibt. Hierzu nimmt man an, dass der Koeffizient $a_2(T)$ des harmonischen Anteils bei der kritischen Temperatur T_{c} exakt *null* wird und nahe T_{c} linear approximiert werden kann:

$$\boxed{\quad a_2(T) = a_{2\mathrm{c}}'(T - T_{\mathrm{c}}) \quad \text{mit} \quad a_{2\mathrm{c}}' > 0 \, . \quad}$$

Dies ist intuitiv plausibel, da der Ordnungsparameter $\bar{\boldsymbol{\sigma}}$ dadurch für $T \lesssim T_{\mathrm{c}}$ aus der instabilen Gleichgewichtslage $\bar{\boldsymbol{\sigma}} = \mathbf{0}$ herausrutscht und einen *endlichen* Wert erhält. Der Einfachheit halber nehmen wir im Folgenden an, dass die Koeffizienten a_4 und c hinreichend nahe an der kritischen Temperatur T_{c} als *konstant* angesehen werden können.

Die Landau-Theorie

Man kann die Ginzburg-Landau-Beschreibung von Phasenübergängen zweiter Ordnung stark vereinfachen, indem man annimmt, dass der wichtigste Beitrag zur freien Energie oder freien Enthalpie von *räumlich homogenen* Spinkonfigurationen kommt: $\boldsymbol{\sigma}(\mathbf{x}) = \boldsymbol{\sigma}$. Da hierbei $\boldsymbol{\sigma}(\mathbf{x})$ durch ein *gemitteltes Feld* ersetzt wird, bezeichnet man eine solche Annahme auch als *Theorie des gemittelten Felds* oder *Molekularfeldtheorie*. Mit dieser Annahme erhält man die einfachere *Landau-Theorie*:

$$\boxed{\quad \beta h(\boldsymbol{\sigma}) = a_0(T) + a_2(T)\sigma^2 + a_4(\sigma^2)^2 - \mathbf{B}\cdot\boldsymbol{\sigma} \quad , \quad h(\boldsymbol{\sigma}) \equiv H[\boldsymbol{\sigma}]/V \, . \quad} \tag{2.75}$$

Wir verwendeten, dass der $(\boldsymbol{\nabla}\sigma)^2$-Beitrag aus der Ginzburg-Landau-Theorie für eine räumlich homogene Spinkonfiguration exakt null ist. Die Energie pro Volumeneinheit wird durch $h(\boldsymbol{\sigma})$ bezeichnet und ist eine *Funktion* der nunmehr orts*un*abhängigen Spinvariablen $\boldsymbol{\sigma} \in \mathbb{R}^3$. Der thermodynamisch stabile Wert von $\boldsymbol{\sigma}$ wird durch Minimierung der Energiefunktion $h(\boldsymbol{\sigma})$ bestimmt:

$$\mathbf{0} = \frac{\partial\beta h}{\partial\boldsymbol{\sigma}}(\boldsymbol{\sigma}_{\mathrm{eq}}) = 2\boldsymbol{\sigma}_{\mathrm{eq}}\left[a_2(T) + 2a_4(\boldsymbol{\sigma}_{\mathrm{eq}})^2\right] - \mathbf{B} \, . \tag{2.76}$$

Hieraus folgt direkt, dass $\boldsymbol{\sigma}_{\mathrm{eq}} \equiv \sigma_{\mathrm{eq}}\hat{\mathbf{B}}$ parallel zu $\mathbf{B}$ ausgerichtet ist, wobei wir den *Betrag* σ_{eq} der Spindichte sowie den Einheitsvektor $\hat{\mathbf{B}}$ in $\mathbf{B}$-Richtung eingeführt haben: $\hat{\mathbf{B}} \equiv \mathbf{B}/|\mathbf{B}|$. Wie in der Ginzburg-Landau-Theorie nehmen wir an, dass $a_2(T) = a'_{2c}(T - T_c)$ mit $a'_{2c} > 0$ sowie $a_4 > 0$ gilt.

Gleichgewichtslösungen: Man erhält nun qualitativ unterschiedliche Gleichgewichtslösungen für $a_2 > 0$ bzw. $T > T_c$ und $a_2 < 0$ bzw. $T < T_c$: Für $a_2 > 0$ bzw. $T > T_c$ folgt für kleine, endliche Magnetfelder aus (2.76):

$$\sigma_{eq} \sim \frac{B}{2a_2(T)} \quad , \quad \beta h(\boldsymbol{\sigma}_{eq}) \sim a_0(T) - \frac{B^2}{4a_2(T)} \qquad (B \equiv |\mathbf{B}| \to 0) \ .$$

Die Magnetisierung ist in diesem Fall also eine lineare Funktion des Magnetfelds, und die Energie wird durch Anlegen eines Magnetfelds proportional zu $\mathbf{B}^2$ abgesenkt. Diese Absenkung proportional zu $\mathbf{B}^2$ ist intuitiv plausibel, da sie rotationsinvariant ist. Für $a_2 < 0$ bzw. $T < T_c$ erhält man aus (2.76) zunächst einmal *ohne* Magnetfeld ($B = 0$) die Gleichgewichtslösung

$$\sigma_{eq} = \left(\frac{|a_2(T)|}{2a_4} \right)^{1/2} \equiv \sigma_0 \quad , \quad \beta h(\boldsymbol{\sigma}_{eq}) = a_0(T) - \frac{|a_2(T)|^2}{4a_4} \ .$$

Unter Berücksichtigung eines kleinen endlichen Magnetfelds folgt dann:

$$\sigma_{eq} = \sigma_0 + \frac{B}{8a_4(\sigma_0)^2} \quad , \quad \beta h(\boldsymbol{\sigma}_{eq}) = a_0(T) - \frac{|a_2(T)|^2}{4a_4} - \sigma_0 B \qquad (B \to 0) \ .$$

Für den Spezialfall $T = T_c$ bzw. $a_2 = 0$ erhält man aus (2.76) die Bedingung $4a_4\sigma_{eq}^3 \sim B$, d. h. $\sigma_{eq} \sim (B/4a_4)^{1/3}$ für $B \to 0$.

Kritische Exponenten: Aus den bisherigen Ergebnissen folgen direkt die kritischen Exponenten im Rahmen der Landau-Theorie. Wir betrachten zunächst $T = T_c$ und dann die ungeordnete Phase mit $T > T_c$ sowie die Phase mit der gebrochenen Symmetrie ($T < T_c$). Für $T = T_c$ wissen wir bereits:

$$\sigma_{eq} \sim (B/4a_4)^{1/3} \propto B^{1/\delta} \quad \text{mit} \quad \delta = 3 \quad \text{für} \quad B \downarrow 0 \ ,$$

sodass der kritische Exponent δ im Rahmen der Landau-Theorie nun bekannt ist. Für $T > T_c$ sind der Ordnungsparameter und die isotherme Suszeptibilität χ durch

$$\boldsymbol{\sigma}_{eq} \sim \frac{\mathbf{B}/2a'_{2c}}{T - T_c} \quad , \quad V^{-1}\chi = \frac{\partial \boldsymbol{\sigma}_{eq}}{\partial \mathbf{B}} = \frac{(2a'_{2c})^{-1}}{T - T_c} \mathbb{1} = \frac{C_>}{(T - T_c)^\gamma} \mathbb{1}$$

gegeben, sodass für $B = 0$ der Ordnungsparameter gleich null ist, $\boldsymbol{\sigma}_{eq} = \mathbf{0}$. Außerdem ist auch der kritische Exponent γ für $T > T_c$ nun bekannt: $\gamma = 1$. Für $T < T_c$ sind der Ordnungsparameter und die isotherme Suszeptibilität χ durch

$$\boldsymbol{\sigma}_{eq} = \sigma_0\hat{\mathbf{B}} + \frac{\mathbf{B}}{8a_4(\sigma_0)^2} \quad , \quad V^{-1}\chi = \frac{1}{8a_4(\sigma_0)^2} \mathbb{1} = \frac{(4a'_{2c})^{-1}}{T_c - T} \mathbb{1} = \frac{C_<}{(T_c - T)^{\gamma'}} \mathbb{1}$$

gegeben. Wir lernen, dass der kritische Exponent γ' für $T < T_c$ gleich γ ist: $\gamma' = 1$, und außerdem, dass die kritische Amplitude $C_>$ im Rahmen der Landau-Theorie doppelt so groß wie $C_<$ ist. Insbesondere gilt für $B = 0$:

$$\sigma_{eq} = \left(\frac{|a_2(T)|}{2a_4} \right)^{1/2} = \left(\frac{a'_{2c}(T_c - T)}{2a_4} \right)^{1/2} = B_<(T_c - T)^\beta \ ,$$

sodass auch der kritische Exponent $\beta = \frac{1}{2}$ des Ordnungsparameters innerhalb der Molekularfeldtheorie und die entsprechende kritische Amplitude $B_< = (a'_{2c}/2a_4)^{1/2}$ nun bekannt sind. Der kritische Exponent der spezifischen Wärme folgt schließlich für $B = 0$ und $T \simeq T_c$ aus

$$
\begin{aligned}
c_{V,N} &= \frac{C_{V,N}}{V} = \frac{T}{V}\left(\frac{\partial S}{\partial T}\right)_{V,N} = -\frac{T}{V}\left(\frac{\partial^2 G}{\partial T^2}\right)_{V,N} = -T\frac{d^2 h(\boldsymbol{\sigma}_{\mathrm{eq}})}{dT^2} \\
&= -k_{\mathrm{B}}T_c^2\frac{d^2}{dT^2}\left[a_0(T) - \frac{(a'_{2c})^2(T_c - T)^2}{4a_4}\Theta(T_c - T)\right] \\
&= -k_{\mathrm{B}}T_c^2 a_0''(T_c) + k_{\mathrm{B}}T_c^2\frac{(a'_{2c})^2}{2a_4}\Theta(T_c - T) \; .
\end{aligned}
$$

Wir lernen also, dass die spezifische Wärme $c_{V,N}(T)$, abgesehen von einem konstanten Beitrag $-k_{\mathrm{B}}T_c^2 a_0''(T_c)$, der aus Stabilitätsgründen positiv sein *muss*, für $T \simeq T_c$ einen *Sprung* der Größe $-k_{\mathrm{B}}T_c^2(a'_{2c})^2/2a_4$ aufweist. Diese Diskontinuität bedeutet, dass der kritische Exponent der spezifischen Wärme im Rahmen der Molekularfeldtheorie durch $\alpha = \alpha' = 0$ gegeben ist, allerdings mit unterschiedlichen Amplituden $A_>$ und $A_<$.

Einfluss der Fluktuationen: Es wurde bereits bei der Einführung der kritischen Exponenten in Abschnitt [2.18.1] darauf hingewiesen, dass das Ergebnis $\alpha = \alpha' = 0$ der Landau-Theorie inkorrekt ist und durch die Vernachlässigung von Fluktuationen hervorgerufen wird. Genauere Untersuchungen im Rahmen der Ginzburg-Landau-Theorie führen zu kritischen Exponenten $\alpha, \alpha' > 0$. Für die übrigen kritischen Exponenten erhält man in der Ginzburg-Landau-Theorie (zumindest in „Gauß'scher Näherung") die gleichen Ergebnisse wie in der Landau-Theorie.

Die Hystereseschleife Bei der Untersuchung der Landau-Theorie für Phasenübergänge zweiter Ordnung haben wir uns bisher auf *schwache* Magnetfelder und die direkte Umgebung des *kritischen Punkts* konzentriert. Dies war auch sinnvoll, da die Landau-Theorie auf einer Entwicklung der freien Energie nach Potenzen des Ordnungsparameters $\boldsymbol{\sigma}$ beruht. Hierbei wird also angenommen, dass dieser Ordnungsparameter *klein* ist, und diese Bedingung ist nur für schwache Felder nahe T_c erfüllt. Dennoch möchten wir im Folgenden kurz die Vorhersagen der Landau-Theorie für *endliche* Magnetfeldstärken deutlich *unterhalb* des kritischen Punkts erwähnen, da diese qualitativ im Einklang mit Experimenten an ferromagnetischen und ferroelektrischen Systemen sind und das Auftreten von Hysterese bei Variation des **B**-Felds erklären. Als Beschreibung für das Auftreten von Hysterese ist die Landau-Theorie also ausdrücklich nur ein *approximatives* Modell.

Wir nehmen dementsprechend an, dass die Energie pro Volumenenheit $h(\boldsymbol{\sigma})$ auch für endliche Magnetfeldstärken unterhalb des kritischen Punkts durch die Landau-Theorie (2.75) beschrieben wird. Hierbei gilt $T < T_c$ und folglich $a_2(T) = a'_{2c}(T - T_c) < 0$. Mit der Definition $\sigma \equiv \boldsymbol{\sigma} \cdot \hat{\mathbf{B}}$ vereinfacht sich Gleichung (2.75) auf die Form

$$
\beta h(\sigma) - a_0(T) = a_2(T)\sigma^2 + a_4(\sigma^2)^2 - B\sigma \; .
$$

Ein Vergleich der verschiedenen Terme zeigt, dass die physikalischen Dimensionen von σ^2, B und βh durch $[\sigma^2] = [|a_2|/a_4]$, $[B] = [|a_2|\sigma] = [|a_2|^{3/2}/\sqrt{a_4}]$ und

$[\beta h] = [|a_2|\sigma^2] = [|a_2|^2/a_4] = \mathrm{m}^{-3}$ gegeben sind. Wir können daher die folgenden *dimensionslosen* Größen t, s, b und E für die Temperatur, den Ordnungsparameter, das Magnetfeld und die Energie einführen:

$$t \equiv \frac{T}{T_\mathrm{c}} < 1 \quad , \quad s \equiv \sqrt{\frac{6a_4}{|a_2|}}\,\sigma \quad , \quad b \equiv \sqrt{\frac{6a_4}{|a_2|^3}}\,B \quad , \quad E \equiv \frac{\beta h(\sigma) - a_0}{|a_2|^2/(6a_4)} \; .$$

Die Beziehung zwischen der Energie und dem Ordnungsparameter lautet in diesen dimensionslosen Einheiten:

$$E(s,b) = -s^2 + \tfrac{1}{6}s^4 - bs \; .$$

Es ist bemerkenswert, dass die Energie in diesen dimensionslosen Einheiten überhaupt nicht von der (dimensionslosen) Temperatur t abhängt, die in der ursprünglichen Formulierung in β, $a_0(T)$ und $a_2(T)$ enthalten ist. Die Energie $E(s,b)$ hängt außerdem nicht vom Verhältnis a_2/a_4 und somit nicht von den materialspezifischen Details des Modells ab. Ähnlich wie bei der Van-der-Waals-Gleichung, gilt also auch in dieser Landau-Beschreibung der Hystereseschleife ein „Gesetz der korrespondierenden Zustände".

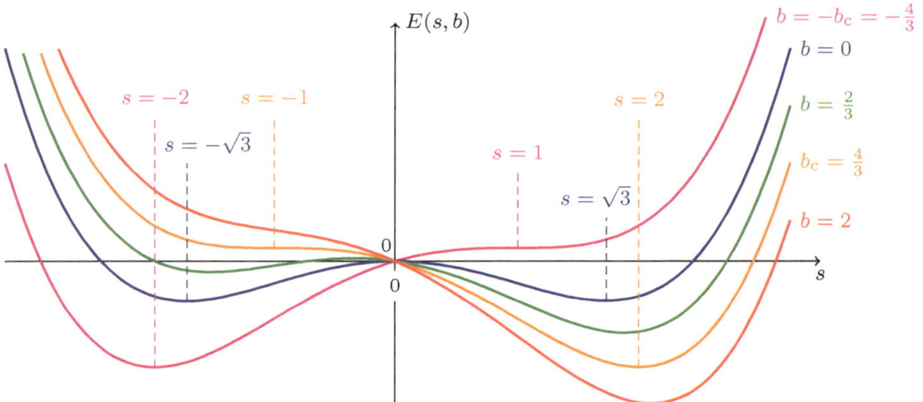

Abb. 2.25 Energie als Funktion von s für verschiedene b-Werte

Die Gleichgewichtslösung s_eq für den Ordnungsparameter folgt durch Minimierung der Energie $E(s,b)$ nach der Variablen s. Die extremalen Punkte der Funktion $E(s,b)$ sind durch die Bedingung

$$0 = \big(\partial_s E\big)(s_\mathrm{eq},b) = 2\big(-s_\mathrm{eq} + \tfrac{1}{3}s_\mathrm{eq}^3\big) - b$$

festgelegt. Beispielsweise hat die Funktion $E(s,b)$ für $b = 0$ ein lokales Maximum für $s = 0$ und zwei konkurrierende Minima für $s = \pm\sqrt{3}$. Für $b = 0^+$ hat $s = +\sqrt{3}$ die niedrigere Energie, sodass $s_\mathrm{eq}(b)$ bei ansteigendem b-Feld streng monoton ansteigt mit $s_\mathrm{eq}(0^+) = +\sqrt{3}$ und $s_\mathrm{eq}(b) \sim (3b/2)^{1/3}$ für $b \to \infty$. Generell gilt die Symmetrieeigenschaft $s(-|b|) = -s(|b|)$: Bei Umkehrung des Magnetfelds zeigt auch die Gleichgewichtsmagnetisierung in die entgegengesetzte Richtung.

Die Energie $E(s,b)$ als Funktion des Ordnungsparameters s ist für einige Werte des Magnetfelds b in Abbildung 2.25 skizziert. Die (blaue) Kurve für $b = 0$ ist symmetrisch als Funktion von s und weist das oben diskutierte lokale Maximum für $s = 0$ und die zwei konkurrierenden Minima für $s = \pm\sqrt{3}$ auf. Die Kurven für $b > 0$ weisen ein eindeutiges globales Minimum für $s_{\mathrm{eq}}(b) > 0$ auf, beispielsweise für $s_{\mathrm{eq}} = 2$, falls $b = \frac{4}{3}$ gilt. Die (grüne) Kurve für $b = \frac{2}{3}$ zeigt neben dem *globalen* Minimum für $s = s_{\mathrm{eq}}$ und dem lokalen Maximum auch ein *lokales* Minimum mit negativem s-Wert. Ein solches *lokales Minimum* entspricht zwar nicht dem Gleichgewichtszustand, aber die entsprechende Lösung ist zumindest *metastabil* in dem Sinne, dass das System längere Zeit in diesem Zustand verharren würde, bevor es durch thermische Fluktuationen letztlich den Ausweg aus dem lokalen Minimum findet. Die (orangefarbene) Kurve für $b_{\mathrm{c}} = \frac{4}{3}$ zeigt, dass das lokale Maximum und das lokale Minimum für diesen b-Wert zu einem Sattelpunkt bei $s = -1$ verschmelzen, sodass $b_{\mathrm{c}} = \frac{4}{3}$ einen Übergang markiert und in diesem Sinne *kritisch* ist (daher auch der Index „c"). Die (rote) Kurve für $b = 2$ weist nur noch ein globales Minimum auf. Man erhält die (magentafarbene) Kurve für $b = -b_{\mathrm{c}} = -\frac{4}{3}$ durch Spiegelung der Kurve für $b_{\mathrm{c}} = \frac{4}{3}$ an der vertikalen Achse; folglich weist die Kurve einen Sattelpunkt für $s = +1$ und ein globales Minimum für $s_{\mathrm{eq}} = -2$ auf.

Für ein Experiment, in dem das Magnetfeld hinreichend langsam zwischen den Werten $b_{\min} < -b_{\mathrm{c}} = -\frac{4}{3}$ und $b_{\max} > b_{\mathrm{c}} = \frac{4}{3}$ variiert wird, sodass sich das System stets näherungsweise im Gleichgewicht befindet, sagt die Landau-Theorie also Folgendes vorher (siehe Abbildung 2.26): Für $b = b_{\max}$ liegt eine Gleichgewichtsmagnetisierung $s_{\mathrm{eq}}(b_{\max}) > s_{\mathrm{eq}}(b_{\mathrm{c}}) = 2$ vor. Bei abklingender Magnetfeldstärke durchläuft das System den Magnetisierungswert $s_{\mathrm{eq}} = 2$ für $b = b_{\mathrm{c}}$ und erreicht den Wert $s_{\mathrm{eq}} = +\sqrt{3}$ für $b \downarrow 0$. Für noch kleinere (d.h. für *negative*) Werte der Magnetfeldstärke verharrt das System zunächst bei positiven s-Werten im *metastabilen* lokalen Minimum der Funktion $E(s, b)$, bis dieses bei $b = -b_{\mathrm{c}} = -\frac{4}{3}$ verschwindet

und das System spontan in das globale Minimum bei $s_{\mathrm{eq}} = -2$ hineinrutscht. Bei weiterer Absenkung des b-Felds klingt auch die Magnetisierung weiter ab bis zum Minimalwert $s_{\mathrm{eq}}(b_{\min}) < s_{\mathrm{eq}}(-b_{\mathrm{c}}) = -2$. Erhöht man ab diesem Punkt die Magnetfeldstärke wieder, so findet der umgekehrte Prozess statt: Die Magnetisierung steigt an, verharrt für $0 < b < b_{\mathrm{c}}$ im lokalen Minimum, springt bei $b = b_{\mathrm{c}}$ unstetig auf den Wert $s_{\mathrm{eq}} = +2$ und steigt dann weiter an, bis für $b = b_{\max}$ der Ausgangswert $s_{\mathrm{eq}}(b_{\max}) > 2$ erreicht wird. In diesem Kreisprozess tritt also *Hysterese* auf, d.h., es gilt $\oint db\, s(b) < 0$.

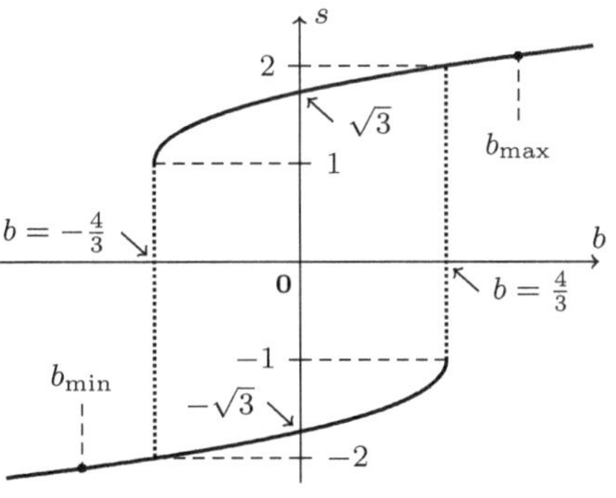

Abb. 2.26 Magnetfeldabhängigkeit des Ordnungsparameters

Wir fügen noch ein paar Bemerkungen über die kritische Magnetfeldstärke $b_{\mathrm{c}} = \frac{4}{3}$ hinzu: Der hierbei angegebene *Wert* des kritischen Magnetfelds folgt aus den Bedingungen $0 = (\partial_s E)(s, b_{\mathrm{c}}) = 2(-s + \frac{1}{3}s^3) - b_{\mathrm{c}}$ und $0 = (\partial_s^2 E)(s, b_{\mathrm{c}}) = 2(-1 + s^2)$ für die Existenz eines Sattelpunkts. Es gilt daher $s = \pm 1$ und $b_{\mathrm{c}} = 2(-s + \frac{1}{3}s^3) = \mp\frac{4}{3}$. Wählt man nun b_{c} per definitionem *positiv*, so erhält man zwei Sattelpunkte für $b = b_{\mathrm{c}} = \frac{4}{3}$ und $b = -b_{\mathrm{c}} = -\frac{4}{3}$. Für $b = b_{\mathrm{c}} = \frac{4}{3}$ lautet die Bedingungsgleichung für die extremalen Punkte der Funktion $E(s, b)$:

$$0 = (\partial_s E)\left(s_{\mathrm{eq}}, \tfrac{4}{3}\right) = 2\left(-s_{\mathrm{eq}} + \tfrac{1}{3}s_{\mathrm{eq}}^3\right) - \tfrac{4}{3} = \tfrac{2}{3}(s+1)^2(s-2),$$

sodass das globale Minimum in der Tat für $s_{\mathrm{eq}} = 2$ und der Sattelpunkt bei $s = -1$ auftritt. Für $b = -\frac{4}{3}$ liegt das globale Minimum analog bei $s_{\mathrm{eq}} = -2$ und der Sattelpunkt bei $s = +1$. Für ferromagnetische und ferroelektrische Systeme wird die kritische Magnetfeldstärke b_{c} als *Koerzitivfeldstärke* bezeichnet. Diese Feldstärke ist genau genommen definiert als die Feldstärke, die benötigt wird, um ein Material mit remanenter Magnetisierung oder Polarisation vollständig zu entmagnetisieren bzw. depolarisieren, sodass $b = b_{\mathrm{c}}$ dem Wert $s = 0$ des Ordnungsparameters entspricht.[24] Das Landau-Modell ist diesbezüglich ungewöhnlich, da für $b = b_{\mathrm{c}}$ ein *Sprung* von $s = -1$ auf $s = +2$ auftritt, sodass die Funktion $b(s) = b_{\mathrm{c}} = \frac{4}{3}$ im Intervall $-1 < s < 2$ *konstant* ist. Insbesondere gilt dann natürlich auch $b(0) = b_{\mathrm{c}} = \frac{4}{3}$, sodass b_{c} in der Tat als Koerzitivfeldstärke identifiziert werden kann.

2.18.4 Einfaches Modell für Phasenübergänge 1. Ordnung

Auch einige wichtige Aspekte von Phasenübergängen *erster Ordnung*, bei denen der Ordnungsparameter $\boldsymbol{\sigma}(T)$ bei der kritischen Temperatur T_{c} einen *Sprung* aufweist, können im Rahmen einer erweiterten Landau-Theorie beschrieben werden. Dies ist zunächst etwas verwunderlich, da die Landau-Theorie für die Beschreibung von Phasenübergängen *zweiter* Ordnung in der Nähe des kritischen Punkts verwendet wird und der Ordnungsparameter $\boldsymbol{\sigma}$ hierbei als *klein* angesehen werden kann. Folglich braucht man im Landau-Funktional nur die niedrigsten Potenzen des Ordnungsparameters $\boldsymbol{\sigma}$ zu berücksichtigen. Bei Übergängen *erster Ordnung* ist $\boldsymbol{\sigma}(T)$ für $T = T_{\mathrm{c}} - 0^{+}$ jedoch *nicht* notwendigerweise klein. Wenn wir solche Übergänge dennoch mit einer verallgemeinerten Landau-Theorie der Form

$$\boxed{\; \beta h(\boldsymbol{\sigma}) = a_0(T) + a_2(T)\boldsymbol{\sigma}^2 + a_4(\boldsymbol{\sigma}^2)^2 + a_6(\boldsymbol{\sigma}^2)^3 - \mathbf{B} \cdot \boldsymbol{\sigma} \;} \tag{2.77}$$

beschreiben, kann es sich dabei nur um ein *approximatives* Modell handeln, das zwar die wesentliche Physik, aber nicht die quantitativen Details erfassen kann.[25] Wir nehmen in (2.77) wieder an, dass die Temperaturabhängigkeit von $a_2(T)$ im relevanten Temperaturintervall nahe T_{c} effektiv *linear* ist. Außerdem nehmen wir nun – im Gegensatz zu vorher – an, dass a_4 *negativ* ist:

$$\boxed{\; a_2(T) = a_{2\mathrm{c}}'(T - T_-) \quad \text{mit} \quad a_{2c}' > 0 \quad , \quad a_4 < 0 \;.}$$

Die Annahme $a_4 < 0$ wird sich im Folgenden als wichtig herausstellen. Wegen der Eigenschaft $a_4 < 0$ muss unbedingt $a_6 > 0$ gelten, damit die Hamilton-Funktion $h(\boldsymbol{\sigma})$ für $|\boldsymbol{\sigma}| \to \infty$ nach unten beschränkt ist. Schließlich nehmen wir noch an, dass a_4 und a_6 im relevanten Temperaturbereich nahe T_{c} effektiv temperatur*un*abhängig sind. Diese letzte Annahme ist unwesentlich, erleichtert aber die Berechnungen.

Bestimmungsgleichung für den Ordnungsparameter

Der Wert $\boldsymbol{\sigma}_{\mathrm{eq}}(T)$ des Ordnungsparameters im Gleichgewicht wird durch Minimierung der Hamilton-Funktion $h(\boldsymbol{\sigma})$ in (2.77) bezüglich $\boldsymbol{\sigma}$ ermittelt:

$$\mathbf{0} = \frac{\partial \beta h}{\partial \boldsymbol{\sigma}}(\boldsymbol{\sigma}_{\mathrm{eq}}) = 2\boldsymbol{\sigma}_{\mathrm{eq}}\left[a_2(T) + 2a_4 \boldsymbol{\sigma}_{\mathrm{eq}}^2 + 3a_6\left(\boldsymbol{\sigma}_{\mathrm{eq}}^2\right)^2\right] - \mathbf{B} \;. \tag{2.78}$$

---

[24] Die lateinischen Wörter *coërcēre* und *coërcitio* bedeuten etwa *zusammenhalten, bändigen* bzw. *Zwangsmittel*: Der Ordnungsparameter wird mit „Gewalt" auf Null gedrückt.

[25] Ähnliches gilt für die Beschreibung der Hystereseschleife in Abschnitt [2.18.3].

Sollten mehrere Lösungen dieser Gleichung existieren, entspricht diejenige mit niedrigster Energie der Gleichgewichtslösung. Die Bestimmungsgleichung für $\boldsymbol{\sigma}_{\mathrm{eq}}$ zeigt, dass der Ordnungsparameter im Gleichgewicht parallel zu $\mathbf{B}$ ausgerichtet ist und daher den Betrag $\sigma_{\mathrm{eq}} \equiv \boldsymbol{\sigma}_{\mathrm{eq}} \cdot \hat{\mathbf{B}} > 0$ hat. Im Folgenden werden wir $B \equiv |\mathbf{B}|$ als infinitesimal betrachten: $B = 0^+$. Die Rolle des $\mathbf{B}$-Felds in (2.77) ist somit lediglich, die räumliche Ausrichtung des Ordnungsparameters für $T < T_{\mathrm{c}}$ zu bestimmen.

Lösungen der Bestimmungsgleichung: Die Bestimmungsgleichung (2.78) hat höchstens drei reelle Lösungen für σ_{eq}, nämlich die Hochtemperaturlösung $\sigma_{\mathrm{eq}}^{(0)} = 0$, die für $T > T_{\mathrm{c}}$ physikalisch relevant ist, und die zwei positiven Lösungen der quartischen Gleichung

$$\left(\sigma_{\mathrm{eq}}^2\right)^2 + \frac{2a_4}{3a_6}\sigma_{\mathrm{eq}}^2 + \frac{a_2(T)}{3a_6} = 0 \ . \tag{2.79}$$

Von diesen beiden positiven Lösungen ist allerdings nur

$$\sigma_{\mathrm{eq}}^{(+)} = \sqrt{\frac{|a_4|}{3a_6} + \sqrt{D}} \quad , \quad D = \left(\frac{|a_4|}{3a_6}\right)^2 - \frac{a_2(T)}{3a_6} \ , \tag{2.80}$$

physikalisch akzeptabel, da die zweite Lösung $\sigma_{\mathrm{eq}}^{(-)} = \sqrt{|a_4|/3a_6 - \sqrt{D}}$ *instabil* ist, d. h. einer Energie entspricht, die immer *höher* als diejenige von $\sigma_{\mathrm{eq}}^{(0)}$ oder $\sigma_{\mathrm{eq}}^{(+)}$ ist. Hierbei ist übrigens anzumerken, dass die Lösungen $\sigma_{\mathrm{eq}}^{(+)}$ und $\sigma_{\mathrm{eq}}^{(-)}$ nur dann *reell* sind, falls die Diskriminante D nicht-negativ ist. Hieraus erhält man die Bedingung

$$\left(\frac{|a_4|}{3a_6}\right)^2 > \frac{a_{2\mathrm{c}}'(T - T_-)}{3a_6} \quad \text{bzw.} \quad T < \left(T_- + \frac{a_4^2}{3a_6 a_{2\mathrm{c}}'}\right) \equiv T_+ \tag{2.81}$$

für die Existenz eines lokalen Minimums von $h(\boldsymbol{\sigma})$ für $|\boldsymbol{\sigma}| = \sigma_{\mathrm{eq}}^{(+)}$. Damit die Lösung $\sigma_{\mathrm{eq}}^{(-)}$ *reell* ist, muss übrigens auch $a_2(T) \geq 0$ gelten, d. h., eine reelle Lösung $\sigma_{\mathrm{eq}}^{(-)}$ existiert für $T < T_-$ nicht.

Stabilität der Lösungen: Die Energie $h(\boldsymbol{\sigma})$ bestimmt darüber, ob die Lösung $\sigma_{\mathrm{eq}}^{(0)}$ oder alternativ die Lösung $\sigma_{\mathrm{eq}}^{(+)}$ thermodynamisch stabil ist. Die kritische Temperatur T_{c} ist dadurch definiert, dass $\sigma_{\mathrm{eq}}^{(0)}$ für $T > T_{\mathrm{c}}$ und $\sigma_{\mathrm{eq}}^{(+)}$ für $T < T_{\mathrm{c}}$ die eindeutige thermodynamisch stabile Lösung sein soll. Folglich wird T_{c} dadurch bestimmt, dass die $\boldsymbol{\sigma}$-abhängigen Terme in (2.77) für $T = T_{\mathrm{c}}$ gerade null sind. Mit der Definition

$$f(\sigma) \equiv a_2(T)\sigma^2 + a_4(\sigma^2)^2 + a_6(\sigma^2)^3$$

soll also $f(\sigma_{\mathrm{eq}}^{(+)}) > 0$ für $T > T_{\mathrm{c}}$ gelten, $f(\sigma_{\mathrm{eq}}^{(+)}) = 0$ für $T = T_{\mathrm{c}}$ und $f(\sigma_{\mathrm{eq}}^{(+)}) < 0$ für $T < T_{\mathrm{c}}$. Als T_{c}-Kriterium ergibt sich daher:

$$\left\{\left[\sigma_{\mathrm{eq}}^{(+)}(T_{\mathrm{c}})\right]^2\right\}^2 + \frac{a_4}{a_6}\left[\sigma_{\mathrm{eq}}^{(+)}(T_{\mathrm{c}})\right]^2 + \frac{a_2(T_{\mathrm{c}})}{a_6} = 0 \ . \tag{2.82}$$

Durch Elimination der $(\sigma^2)^2$-Terme aus (2.82) und (2.79) erhält man zunächst $[\sigma_{\mathrm{eq}}^{(+)}(T_{\mathrm{c}})]^2 = 2a_2(T_{\mathrm{c}})/|a_4|$. Einsetzen dieses Ergebnisses in (2.82) ergibt dann noch die Identität $a_2(T_{\mathrm{c}}) = (a_4)^2/4a_6$, die zum Alternativausdruck $[\sigma_{\mathrm{eq}}^{(+)}(T_{\mathrm{c}})]^2 = |a_4|/2a_6$ bzw. $\sigma_{\mathrm{eq}}^{(+)}(T_{\mathrm{c}}) = \sqrt{|a_4|/2a_6}$ führt. Aus der Identität $a_2(T_{\mathrm{c}}) = (a_4)^2/4a_6$ folgt auch der explizite Wert der kritischen Temperatur:

$$a'_{2\mathrm{c}}(T_{\mathrm{c}} - T_-) = \frac{(a_4)^2}{4a_6} \quad \text{bzw.} \quad T_{\mathrm{c}} = T_- + \frac{(a_4)^2}{4a_6 a'_{2\mathrm{c}}} \, . \tag{2.83}$$

Wir lernen hieraus, dass der Gleichgewichtswert des Ordnungsparameters bei der kritischen Temperatur T_{c} vom Hochtemperaturwert $\sigma_{\mathrm{eq}}^{(0)} = 0$ auf den *endlichen* Wert $\sigma_{\mathrm{eq}}^{(+)}(T_{\mathrm{c}}) = \sqrt{|a_4|/2a_6} > 0$ springt.

Tab. 2.1 Stabilität der möglichen Werte $\sigma_{\mathrm{eq}}^{(0)}$ und $\sigma_{\mathrm{eq}}^{(+)}$ des Ordnungsparameters

Ordnungsparameter	$\sigma_{\mathrm{eq}}^{(0)} = 0$	$\sigma_{\mathrm{eq}}^{(+)} = \left(|a_4|/3a_6 + \sqrt{D}\right)^{1/2}$
$T > T_+$	stabil	existiert nicht $(D < 0)$
$T_{\mathrm{c}} < T < T_+$	stabil	metastabil
$T_- < T < T_{\mathrm{c}}$	metastabil	stabil
$T < T_-$	instabil	stabil

Vier Temperaturbereiche: Zusammenfassend gibt es also *vier* qualitativ unterschiedliche Temperaturbereiche, die durch die *drei* Temperaturen T_+, T_{c} und T_- getrennt sind: Für $T > T_+$ hat die Energie $h(\boldsymbol{\sigma})$ ein eindeutiges Minimum für $\sigma_{\mathrm{eq}}^{(0)} = 0$, sodass nur eine *ungeordnete* Phase möglich ist und keine Symmetriebrechung auftritt. Für $T_{\mathrm{c}} < T < T_+$ hat die Energie $h(\boldsymbol{\sigma})$ *zwei* Minima, ein globales Minimum für $\sigma_{\mathrm{eq}}^{(0)} = 0$, das das stabile Gleichgewicht beschreibt, und ein lokales Minimum bei $\sigma_{\mathrm{eq}}^{(+)}(T)$. Falls das System also in einem Zustand mit dem Ordnungsparameter $\sigma_{\mathrm{eq}}^{(+)}(T)$ präpariert wird, ist es zwar nicht thermodynamisch stabil, wird aber längere Zeit in diesem Anfangszustand verharren, bevor es durch große thermische Fluktuationen den Ausweg aus dem lokalen Minimum findet und in die Gleichgewichtslösung hineinrutscht. Der Zustand $\sigma_{\mathrm{eq}}^{(+)}(T)$ wird als *metastabil* bezeichnet und die Temperatur T_+, unterhalb derer diese Metastabilität möglich ist, als *Überhitzungstemperatur*.[26] Für $T_- < T < T_{\mathrm{c}}$ hat die Energie $h(\boldsymbol{\sigma})$ ebenfalls *zwei* Minima, aber nun entspricht $\sigma_{\mathrm{eq}}^{(+)}(T)$ dem globalen Minimum und somit der stabilen Gleichgewichtslösung, während bei $\sigma_{\mathrm{eq}}^{(0)}$ lediglich ein lokales Minimum vorliegt. Falls das System also in einem Zustand mit $\sigma_{\mathrm{eq}}^{(0)} = 0$ präpariert wird, ist es *meta*stabil und wird längere Zeit in diesem Anfangszustand verharren, bevor es durch thermische Fluktuationen in die Gleichgewichtslösung mit dem Ordnungsparameter $\sigma_{\mathrm{eq}}^{(+)}(T)$ hineinrutscht. Man bezeichnet die Temperatur T_-, oberhalb derer diese Metastabilität möglich ist, als die *Unterkühlungstemperatur*. Für $T < T_-$ hat die Energie $h(\boldsymbol{\sigma})$ nur ein einziges Minimum bei $\sigma_{\mathrm{eq}}^{(+)}(T)$ und ein lokales *Maximum*

---

[26] Bei einem Gasförmig-flüssig-Übergang bezeichnet man die Überhitzung auch als *Siedeverzug* und die Unterkühlung als *Kondensationsverzögerung*. Metastabile Zustände haben wir auch bei der Beschreibung der Hystereseschleife in Abschnitt [2.18.3] kennengelernt.

bei $\sigma_{\mathrm{eq}}^{(0)}$. Der Zustand mit $\sigma_{\mathrm{eq}}^{(0)} = 0$ ist daher *instabil*, sodass Unterkühlung nicht mehr möglich ist. Ein kompakter Überblick über diese vier relevanten Temperaturbereiche und ihre wichtigsten Eigenschaften findet sich in Tabelle 2.1.

Korrespondierende Zustände: Um das Verhalten der Lösung besser verstehen zu können, ist es sehr hilfreich, *dimensionslose* Variable einzuführen. Hierzu führen wir zunächst dimensionslose Temperaturvariable t, $t_\pm$ und t_{c} ein. Außerdem bezeichnen wir den kritischen Wert der Lösung $\sigma_{\mathrm{eq}}^{(+)}$ als $\sigma_{\mathrm{c}} \equiv \sigma_{\mathrm{eq}}^{(+)}(T_{\mathrm{c}}) = \sqrt{|a_4|/2a_6}$ und definieren damit einen dimensionslosen Ordnungsparameter $\bar{\sigma}(t)$:

$$t \equiv \frac{T}{T_+ - T_-} \quad , \quad t_\pm \equiv \frac{T_\pm}{T_+ - T_-} \quad , \quad t_{\mathrm{c}} \equiv \frac{T_{\mathrm{c}}}{T_+ - T_-} \quad , \quad \bar{\sigma}(t) \equiv \frac{\sigma_{\mathrm{eq}}^{(+)}(T)}{\sigma_{\mathrm{c}}} .$$

Aus diesen Definitionen folgt bereits $t_+ = t_- + 1$. Außerdem ergibt (2.83) in Kombination mit (2.81) die Beziehung $T_{\mathrm{c}} - T_- = \frac{3}{4}(T_+ - T_-)$ bzw. $t_{\mathrm{c}} = t_- + \frac{3}{4}$. Der dimensionslose Ordnungsparameter $\bar{\sigma}(t) \equiv \sigma_{\mathrm{eq}}^{(+)}(T)/\sigma_{\mathrm{c}}$ kann nun aus Gleichung (2.80) berechnet werden:

$$\bar{\sigma}(t) = \sqrt{\tfrac{2}{3}\left(1 + \sqrt{1 - (t - t_-)}\right)} \quad , \quad \bar{\sigma}(t_{\mathrm{c}}) = 1 \quad , \quad \bar{\sigma}(0) = \sqrt{\tfrac{2}{3}\left(1 + \sqrt{1 + t_-}\right)} .$$

Aus Gleichung (2.77) (mit $B \to 0$) erhalten wir noch einen Ausdruck für die dimensionslose Energieänderung $E(\sigma/\sigma_{\mathrm{c}})$ durch Symmetriebrechung:

$$E(\sigma/\sigma_{\mathrm{c}}) \equiv \frac{\beta h(\boldsymbol{\sigma}) - a_0}{a_6(\sigma_{\mathrm{c}})^6} = \left(\frac{\sigma}{\sigma_{\mathrm{c}}}\right)^6 - 2\left(\frac{\sigma}{\sigma_{\mathrm{c}}}\right)^4 + \tfrac{4}{3}(t - t_-)\left(\frac{\sigma}{\sigma_{\mathrm{c}}}\right)^2 .$$

Diese Formeln für $\bar{\sigma}(t)$ und $E(\sigma/\sigma_{\mathrm{c}})$ zeigen, dass die entsprechenden Kurven lediglich durch einen einzigen dimensionslosen Parameter t_- bestimmt werden. Insofern gilt auch in diesem einfachen Modell für Phasenübergänge erster Ordnung – wie bei der Van-der-Waals-Gleichung – ein „Gesetz der korrespondierenden Zustände".

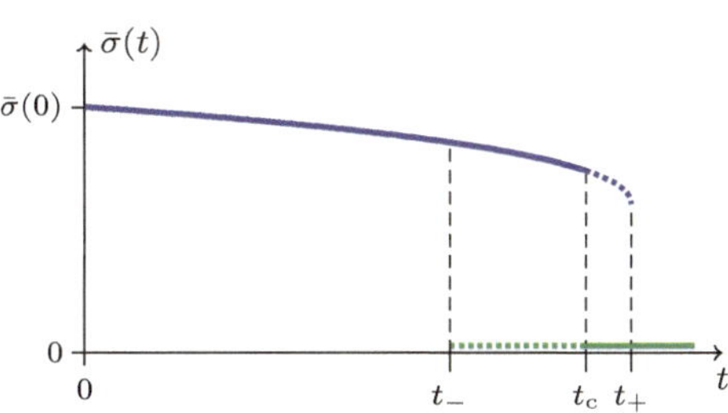

Abb. 2.27 Temperaturabhängigkeit des Ordnungsparameters

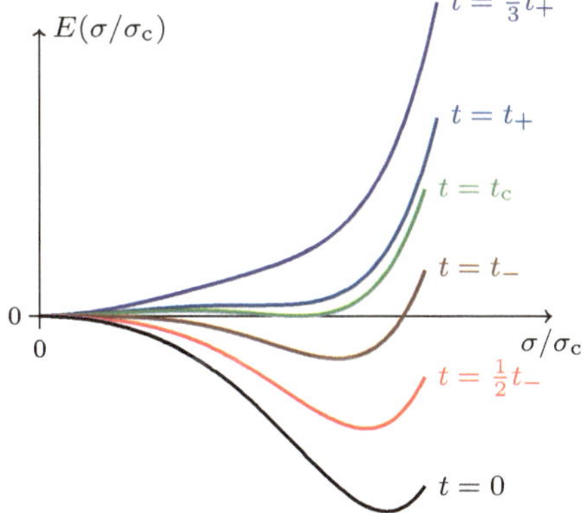

Abb. 2.28 Energie als Funktion des Ordnungsparameters

Grafische Darstellung der Ergebnisse

Die Temperaturabhängigkeit von $\bar{\sigma}(t)$ ist für den Parameterwert $t_- = 2$ in Abbildung 2.27 dargestellt. Bemerkenswert sind vor allem der erhebliche Sprung des

Ordnungsparameters bei $t_\mathrm{c} = t_- + \frac{3}{4} = 2\frac{3}{4}$ und die Einsicht, dass der Höchstwert $\bar\sigma(0)$ des Ordnungsparameters nicht viel größer als der kritische Wert $\bar\sigma(t_\mathrm{c}) = 1$ sein *muss*: In diesem Beispiel gilt $\bar\sigma(0) \simeq 1{,}35$. Zum Vergleich mit dem (*blau* eingezeichneten) Tieftemperaturwert $\bar\sigma(t)$ des Ordnungsparameters ist in Abb. 2.27 auch die Hochtemperaturlösung $\sigma_\mathrm{eq}^{(0)}/\sigma_\mathrm{c} = 0$ für $t > t_\mathrm{c}$ *grün* eingezeichnet. Neben diesen thermodynamisch stabilen Lösungen sind auch die *überhitzten* und *unterkühlten* metastabilen Lösungen blau bzw. grün gepunktet eingetragen.

Temperaturabhängigkeit der Energiekurve: Die Energiekurve $E(\sigma/\sigma_\mathrm{c})$ ist (ebenfalls für den Parameterwert $t_- = 2$) für sechs verschiedene Temperaturen in Abbildung 2.28 dargestellt. Wegen der Symmetrie $E(\sigma/\sigma_\mathrm{c}) = E(-\sigma/\sigma_\mathrm{c})$ sind nur Ergebnisse für nicht-negative σ-Werte eingezeichnet. Die Kurve für $t = \frac{4}{3}t_+$ hat ein eindeutiges Minimum bei $\sigma = 0$. Die Kurve für $t = t_+$ entspricht der Überhitzungstemperatur und weist ein Plateau bei $\sigma/\sigma_\mathrm{c} = \sqrt{2/3}$ auf, das sich bei noch tieferen Temperaturen zu einem Minimum entwickelt. An den Kurven für $t = t_\mathrm{c}$ und $t = t_-$ ist dies schon deutlich sichtbar. Für Temperaturen unterhalb der Unterkühlungstemperatur t_- hat die Energiekurve $E(\sigma/\sigma_\mathrm{c})$ ein Maximum bei $\sigma = 0$ und ein eindeutiges Minimum bei $\sigma/\sigma_\mathrm{c} = \bar\sigma(t)$. Die Kurven zeigen, dass sich dieses Minimum mit abklingender Temperatur zu größeren σ-Werten bewegt.

2.19   Übungsaufgaben

Aufgabe 2.1 Die Van-der-Waals-Gleichung

Die kritische Temperatur T_c eines aus einer Molekülsorte bestehenden Gases, wie z. B. des Van-der-Waals-Gases, ist die Temperatur, oberhalb derer bei Verkleinerung des Volumens ein kontinuierlicher Übergang von der Gasphase in die flüssige Phase möglich ist, während für $T < T_c$ ein Phasenübergang auftritt. In der Van-der-Waals-Gleichung

$$(P + a\frac{N^2}{V^2})(V - Nb) = Nk_\mathrm{B}T$$

äußert sich dieser Unterschied dadurch, dass für $T > T_c$ bei festem T zu jedem P nur eine Lösung für V existiert, während für $T < T_c$ für manche P-Werte *drei* Lösungen für V existieren. Für $T = T_c$ fallen diese drei Wurzeln zusammen.

(a) Skizzieren Sie einige Isothermen für $T > T_c$ und $T < T_c$ und die kritische Isotherme für $T = T_c$ in einem P-V-Diagramm.

(b) Zeigen Sie, dass gilt: $k_\mathrm{B}T_c = \frac{8a}{27b}, P_c = \frac{a}{27b^2}$ und $V_c/N = 3b$. Berechnen Sie $P_cV_c/Nk_\mathrm{B}T_c$. Was fällt Ihnen auf?

Wir führen nun die dimensionslosen Variablen $p \equiv P/P_c, t \equiv T/T_c$ und $v \equiv V/V_c$ ein.

(c) Zeigen Sie, dass die Zustandsgleichung des Van-der-Waals-Gases in der Form $f(p,t,v) = 0$ geschrieben werden kann, wobei f nicht von a und b abhängt. Erklären Sie den Namen „Gesetz der korrespondierenden Zustände".

Aufgabe 2.2 Reales Gas bei niedriger Dichte

Betrachten Sie ein dreidimensionales einkomponentiges reales Gas, bestehend aus N identischen Teilchen, eingesperrt in einem Volumen V bei der Temperatur T. Es ist im Folgenden vorteilhaft, den Druck P, die innere Energie U, die Wärmekapazitäten $C_{V,N}$ und $C_{P,N}$ sowie die Entropie S als Funktionen der Variablen (T, V, N) aufzufassen.

(a) Zeigen Sie allgemein: $\left(\frac{\partial U}{\partial V}\right)_{T,N} = T\left(\frac{\partial P}{\partial T}\right)_{V,N} - P = T^2\left(\frac{\partial P/T}{\partial T}\right)_{V,N}$.

Nehmen Sie nun an, dass die Dichte $\rho \equiv N/V$ des realen Gases so niedrig ist, dass die Virialreihe für den Druck nach dem ρ^2-Term abgebrochen werden kann, $P = \rho k_{\mathrm{B}} T \left[1 + \rho B_2(T)\right]$, und dass analog $C_{V,N} = N k_{\mathrm{B}} \left[\frac{3}{2} - \rho f(T)\right]$ für die Wärmekapazität gilt.

(b) Bestimmen Sie die Form von $f(T)$, sodass die angegebenen Ausdrücke für $P(T, V, N)$ und $C_{V,N}(T, V, N)$ thermodynamisch konsistent sind.

(c) Berechnen Sie $C_{P,N}$. **Hinweis:** Allgemein gilt $C_{\mathbf{Y},\mathbf{N}} - C_{\mathbf{X},\mathbf{N}} = T\boldsymbol{\alpha}_{\mathbf{N}}^{\mathrm{T}} \chi_{T,\mathbf{N}}^{-1} \boldsymbol{\alpha}_{\mathbf{N}}$.

(d) Nehmen wir an, die Entropie $S(T_0, V, N)$ und die innere Energie $U(T_0, V, N)$ sind vorgegeben. Bestimmen Sie $S(T, V, N)$ und $U(T, V, N)$ für $T \neq T_0$.

(e) Quantifizieren Sie die Bedingungen, unter denen die Dichte eines realen Gases als „niedrig" angesehen werden kann.

Aufgabe 2.3 Innere Energie eines realen Gases

Wir untersuchen die Konsequenzen der in Aufgabe 2.2 hergeleiteten, allgemein gültigen Beziehung $\left(\frac{\partial U}{\partial V}\right)_{T,N} = T\left(\frac{\partial P}{\partial T}\right)_{V,N} - P = T^2\left(\frac{\partial P/T}{\partial T}\right)_{V,N}$ für das Van-der-Waals-Gas. Die Van-der-Waals'sche Zustandsgleichung lautet $P = \frac{N k_{\mathrm{B}} T}{V - Nb} - a\frac{N^2}{V^2}$.

(a) Zeigen Sie, dass aus der genannten Beziehung für die *innere Energie* des Van-der-Waals-*Gases* (also mit $T \geq T_{\mathrm{c}}$) folgt: $U = \frac{3}{2} N k_{\mathrm{B}} T - a\frac{N^2}{V}$. Berechnen Sie hieraus die Wärmekapazität $C_{V,N}(T)$.

(b) Wie kann man grundsätzlich die der Van-der-Waals-Gleichung entsprechende innere Energie auch für $0 < T < T_{\mathrm{c}}$ bestimmen? (Eine explizite Berechnung ist nicht erforderlich.)

Aufgabe 2.4 Der Otto-Motor

Ein Otto-Verbrennungsmotor kann näherungsweise als periodisch arbeitende Wärmemaschine dargestellt werden, wobei in jedem Zyklus die folgenden vier reversiblen Arbeitsvorgänge durchlaufen werden: (a) adiabatische Expansion von Volumen V_1 auf V_2, (b) Druckabnahme bei konstantem Volumen V_2, (c) adiabatische Kompression von Volumen V_2 auf V_1, (d) Druckzunahme bei konstantem Volumen V_1. Berechnen Sie den Wirkungsgrad η dieses Otto-Motors mit einem klassischen idealen Gas als Arbeitssubstanz, ausgedrückt mit Hilfe des Kompressionsverhältnisses $V_2/V_1 > 1$. Welcher numerische Wert für η folgt hieraus für $V_2/V_1 \simeq 9$? Skizzieren Sie den Otto-Zyklus in einem P-V-Diagramm.

Aufgabe 2.5 Thermodynamik der Gasfeder

Als einfaches Modell für eine Gasfeder betrachten wir ein Van-der-Waals-Gas in einem Zylinder, der von einer beweglichen Trennwand geteilt wird. Jedes Teilvolumen soll genau N Teilchen enthalten. Der Zylinder habe das Gesamtvolumen $2V$, die Gesamtlänge $2L$ und somit die Querschnittsfläche $A = V/L$. Der Zylinder ist parallel zur x-Achse ausgerichtet; die x-Koordinate der Trennwand sei x_w. Das System sei angekoppelt an ein Wärmebad der Temperatur T. Eine Kondensation sei ausgeschlossen.

(a) Zeigen Sie, dass die Rückstellkraft auf die Trennwand bei einer kleinen Auslenkung x_w aus der Gleichgewichtslage gleich $-2\lambda A^2 x_\mathrm{w}$ mit $\lambda \equiv \frac{Nk_BT}{(V-Nb)^2} - 2a\frac{N^2}{V^3}$ ist. Hierbei sind a und b die üblichen aus der Van-der-Waals'schen Zustandsgleichung bekannten Parameter.

(b) Bestimmen Sie die vom System verrichtete Arbeit ΔW bei einer isothermen Auslenkung der Trennwand von $x = 0$ bis $x = x_\mathrm{w}$. Wie ändern sich die freie Energie, die Entropie und die innere Energie des Systems infolge dieser Auslenkung?

Aufgabe 2.6 Das Photonengas als Carnot-Maschine

Betrachten Sie eine Carnot-Maschine, die ein *Photonengas* als Arbeitssubstanz hat. Die innere Energie und der Druck des in einem schwarzen Strahler eingeschlossenen Photonengases sind als Funktionen der Temperatur und des Volumens gegeben durch

$$U = \frac{4V\sigma}{c}T^4 \quad , \quad P = \frac{4\sigma}{3c}T^4 \quad , \quad \sigma \equiv \frac{\pi^2 k_\mathrm{B}^4}{60\hbar^3 c^2} \,,$$

wobei c die Lichtgeschwindigkeit darstellt. Die Carnot-Maschine durchläuft während einer Periode die üblichen vier Arbeitsschritte, wobei die Temperaturen des wärmeren und des kälteren Wärmebads durch T_+ bzw. T_- gegeben sind. Berechnen Sie die im ersten Arbeitsschritt absorbierte Wärme ΔQ_+ und die im dritten Arbeitsschritt abgegebene Wärme ΔQ_- sowie den Wirkungsgrad $\eta = 1 - \Delta Q_-/\Delta Q_+$ dieser Carnot-Maschine. Skizzieren Sie diesen Carnot-Prozess in einem P-V-Diagramm.

Aufgabe 2.7 Exakte Differentiale

Ein auf einem einfach-zusammenhängenden Gebiet $G \subset \mathbb{R}^d$ (also ohne „Löcher") definiertes Differential $dF = \sum_{\ell=1}^{d} c_\ell(\mathbf{x})dx_\ell$ mit $\mathbf{x} = (x_1, x_2, \cdots, x_d) \in G$ und stetig differenzierbaren Funktionen $c_\ell(\mathbf{x})$ ist *exakt*, falls für alle (ℓ, m) gilt:

$$\left(\frac{\partial c_\ell}{\partial x_m}\right)_{\{x_k \mid k \neq m\}} = \left(\frac{\partial c_m}{\partial x_\ell}\right)_{\{x_k \mid k \neq \ell\}} . \qquad (2.84)$$

Hierbei deutet die Bezeichnung $\{x_k \mid k \neq m\}$ an, dass die entsprechenden Variablen x_k bei der Differentiation nach x_m konstant gehalten werden. Falls dF nicht exakt ist, jedoch $\gamma(\mathbf{x})dF$ exakt ist, heißt $\gamma(\mathbf{x})$ ein integrierender Faktor. Eine zu (2.84) äquivalente Definition lautet, dass dF dann und nur dann exakt ist, wenn für jeden geschlossenen Integrationsweg $\oint dF = 0$ gilt.

(a) Überprüfen Sie, ob die folgenden Differentiale exakt sind:

  1. $dF = \frac{-x_2}{x_1^2+x_2^2}\,dx_1 + \frac{x_1}{x_1^2+x_2^2}\,dx_2$

  2. $dF = (x_2 - x_1^2)dx_1 + (x_1 + x_2^2)dx_2$

  3. $dF = (2x_2^2 - 3x_1)dx_1 - 4x_1x_2\,dx_2$.

Bestimmen Sie eine Stammfunktion $F(x_1, x_2)$, falls das Differential exakt ist.

(b) Ist $dF = x_1 dx_1 + \frac{x_1^2}{x_2}dx_2$ exakt? Wenn nicht, bestimmen Sie einen integrierenden Faktor und eine zugehörige Stammfunktion.

Anmerkung zur Jacobi-Determinante

Die Determinante $\det\left(\frac{\partial \mathbf{u}}{\partial \mathbf{v}}\right) = \det(\partial u_i/\partial v_j)$ der Jacobi-Matrix $\frac{\partial \mathbf{u}}{\partial \mathbf{v}}$ [mit n-dimensionalen Vektorfunktionen $\mathbf{u}(\mathbf{v})$ und $\mathbf{v}(\mathbf{u})$] ist bekanntlich sehr hilfreich bei Variablentransformationen, insbesondere bei der Berechnung von mehrdimensionalen Integralen (siehe z. B. Ref. [12], Kapitel 9). Diese sogenannte *Jacobi-Determinante* ist antisymmetrisch unter der Vertauschung zweier Zeilen oder Spalten und erfüllt die „Kettenregel" $\det\left(\frac{\partial \mathbf{u}}{\partial \mathbf{w}}\right) = \det\left(\frac{\partial \mathbf{u}}{\partial \mathbf{v}}\right)\det\left(\frac{\partial \mathbf{v}}{\partial \mathbf{w}}\right)$. Auch in der Thermodynamik ist das Konzept der Jacobi-Determinante sehr nützlich, allerdings können dort $\mathbf{u}$ und $\mathbf{v}$ in der Regel physikalisch nicht sinnvoll als „Vektorfunktionen" interpretiert werden. Deshalb wird oft auch eine andere (explizitere) Notation gewählt. Wir illustrieren typische thermodynamische Anwendungen daher in der nachfolgenden Aufgabe.

Aufgabe 2.8 Die Jacobi-Determinante und ihre Anwendungen

Die Jacobi-Determinante der Ableitungen zweier Funktionen $f(x, y)$ und $g(x, y)$ nach x und y wird zunächst einmal definiert durch

$$\frac{\partial(f,g)}{\partial(x,y)} \equiv \det\begin{pmatrix} \left(\frac{\partial f}{\partial x}\right)_y & \left(\frac{\partial f}{\partial y}\right)_x \\ \left(\frac{\partial g}{\partial x}\right)_y & \left(\frac{\partial g}{\partial y}\right)_x \end{pmatrix} = \left(\frac{\partial f}{\partial x}\right)_y \left(\frac{\partial g}{\partial y}\right)_x - \left(\frac{\partial f}{\partial y}\right)_x \left(\frac{\partial g}{\partial x}\right)_y . \tag{2.85}$$

Hierbei entspricht das 2-Tupel (f, g) also einer zweidimensionalen Vektorfunktion $\mathbf{u} = (u_1, u_2)$ im allgemeinen mathematischen Formalismus und analog das 2-Tupel (x, y) der zweidimensionalen Vektorfunktion $\mathbf{v} = (v_1, v_2)$.

(a) Zeigen Sie die folgenden Eigenschaften der in (2.85) definierten Jacobi-Determinante:

$$\frac{\partial(f,y)}{\partial(x,y)} = \left(\frac{\partial f}{\partial x}\right)_y \quad , \quad \frac{\partial(f,g)}{\partial(x,y)} = -\frac{\partial(g,f)}{\partial(x,y)}$$

sowie die Kettenregel für Funktionen $f(u, v)$, $g(u, v)$, $u(x, y)$ und $v(x, y)$:

$$\frac{\partial(f,g)}{\partial(x,y)} = \frac{\partial(f,g)}{\partial(u,v)}\frac{\partial(u,v)}{\partial(x,y)} .$$

Wir betrachten nun als Anwendung ein thermodynamisches System, in dem der Druck $P(T, V)$ und die Entropie $S(T, V)$ lediglich von der Temperatur T und dem Volumen V abhängen. Hierbei wird die Teilchenzahl N als konstant angesehen.

(b) Beweisen Sie die folgenden Relationen mit Hilfe der Eigenschaften der Jacobi-Determinante:

1. $\left(\dfrac{\partial P}{\partial T}\right)_V = \dfrac{\bar{\alpha}}{\kappa_T}$ mit $\bar{\alpha} = \dfrac{1}{V}\left(\dfrac{\partial V}{\partial T}\right)_P$ und $\kappa_T = -\dfrac{1}{V}\left(\dfrac{\partial V}{\partial P}\right)_T$

2. $\left(\dfrac{\partial P}{\partial V}\right)_S = \left(\dfrac{\partial S}{\partial T}\right)_P \left(\dfrac{\partial P}{\partial V}\right)_T \Big/ \left(\dfrac{\partial S}{\partial T}\right)_V$ und daher: $\dfrac{C_P}{C_V} = \dfrac{\kappa_T}{\kappa_S}$

3. $C_V = T\,\dfrac{\partial(S,V)}{\partial(T,P)}\,\dfrac{\partial(T,P)}{\partial(T,V)} = C_P - \dfrac{TV(\bar{\alpha})^2}{\kappa_T}$.

Als spezielle Anwendung betrachten wir ein *Quantengas*. Quantengase haben generell die Eigenschaft $PV = qU$, wobei U die innere Energie ist und die reelle Zahl $q > 0$ durch die Raumdimension und die Form der Energie-Impuls-Relation der Teilchen bestimmt wird.

(c) Zeigen Sie, dass das „Grüneisen-Verhältnis" $\Gamma \equiv \dfrac{\bar{\alpha}V}{\kappa_T C_V}$ eines Quantengases einfach gleich q ist.

Aufgabe 2.9 Thermodynamik verdünnter Gase

Für ein verdünntes Gas sei gegeben: $PV = Nk_\mathrm{B}T$ und $C_{V,N} = \frac{3}{2}Nk_\mathrm{B}$.

(a) Berechnen Sie die isotherme Kompressibilität $\kappa_{T,N} = -\frac{1}{V}\left(\frac{\partial V}{\partial P}\right)_{T,N}$, den thermischen Ausdehnungskoeffizienten $\bar{\alpha}_{P,N} = \frac{1}{V}\left(\frac{\partial V}{\partial T}\right)_{P,N}$ und die Wärmekapazität bei konstantem Druck und konstanter Teilchenzahl $C_{P,N}$.

(b) Zeigen Sie (evtl. mit Hilfe der Gibbs-Duhem-Gleichung):

$$\left(\frac{\partial P}{\partial \mu}\right)_T = \rho \quad \text{mit } \rho \equiv \frac{N}{V}.$$

Für das Gas sei des Weiteren gegeben: $e^{\beta\mu} = \rho\lambda_T^3$ mit $\lambda_T \equiv \dfrac{h}{\sqrt{2\pi m\,k_\mathrm{B}T}}$.

(c) Berechnen Sie $\kappa_{T,N}$ noch einmal, nun aber aus der Beziehung für $\mu(T,\rho)$. Stimmt das Ergebnis mit dem in (a) erzielten Resultat überein?

Aufgabe 2.10 (Ir-)Reversible Expansion realer Gase

Als einfaches Modell für ein reales Gas betrachten wir ein Van-der-Waals-Gas mit der inneren Energie $U = \frac{3}{2}Nk_\mathrm{B}T - a\frac{N^2}{V}$, das die Zustandsgleichung $P = \frac{Nk_\mathrm{B}T}{V-Nb} - a\frac{N^2}{V^2}$ erfüllt. Hierbei bezeichnen N, T, V und P die Teilchenzahl, die Temperatur, das Volumen und den Druck, und a und b sind zwei positive Konstanten. Wir nehmen an, dass das Van-der-Waals-Gas sich stets auch tatsächlich in der Gasphase befindet, und betrachten zwei unterschiedliche Expansionsvorgänge, wobei das Gas anfangs das Volumen V_i und nach Abschluss des Vorgangs das Volumen $V_\mathrm{f} > V_\mathrm{i}$ einnimmt.

Zunächst untersuchen wir die *irreversible adiabatische Expansion* des Van-der-Waals-Gases. Das Gesamtsystem (Volumen V_f) ist isoliert. Das Gas (Temperatur T_i) befindet sich anfangs in einem Teil des Systems (Volumen V_i) und ist durch eine isolierende Wand vom komplementären Teil (Volumen $V_\mathrm{f} - V_\mathrm{i}$) getrennt, der zunächst leer ist. Dann wird die Trennwand plötzlich weggezogen, das Gas dehnt sich aus und erreicht nach einiger Zeit einen neuen Gleichgewichtszustand.

(a) Berechnen Sie ΔW, ΔQ, ΔU, ΔT und ΔS, wobei $\Delta A \equiv A_\mathrm{f} - A_\mathrm{i}$ die Differenz der Werte einer Größe A im End- bzw. Anfangszustand des Gases ist.

Nun betrachten wir die *reversible isotherme Expansion* des Gases. Das Gesamtsystem (Volumen V_f) befindet sich in thermischem Kontakt mit einem Wärmebad der Temperatur T. Das Gas befindet sich in einem Teil des Systems, dessen Volumen im Laufe des Expansionsvorgangs reversibel von V_i auf V_f anwächst.

(b) Berechnen Sie ΔW, ΔQ, ΔU, ΔT und ΔS für das Gas sowie die Entropieänderung ΔS_B des Wärmebads.

Aufgabe 2.11 Thermodynamik des schwarzen Strahlers

Wir betrachten elektromagnetische Strahlung in einem abgeschlossenen Hohlraum (einem sogenannten „schwarzen Strahler") und nehmen an, dass die Strahlung mit den Wänden des Hohlraums im Gleichgewicht ist; die Temperatur der Wände sei T. Man findet experimentell, dass die innere Energiedichte ausschließlich von der Temperatur abhängt, $U/V = e(T)$, und dass die Funktion $e(T)$ auch den Strahlungsdruck auf die Wände vollständig bestimmt: $P = \frac{1}{3}e(T)$. Bestimmen Sie die Temperaturabhängigkeit von U, P und der Entropie S, ausgehend von diesen experimentellen Befunden und rein aufgrund thermodynamischer Überlegungen.

Aufgabe 2.12 Innere Energie einer Spiralfeder

Eine Spiralfeder erfüllt das Hooke'sche Gesetz, d. h., die Ausdehnung x ist proportional zur Kraft $K = -\kappa x$. Der Koeffizient κ soll gemäß

$$\kappa(T) = \frac{a}{T_0 + T} \,, \quad a > 0 \,, \ T_0 \geq 0$$

von der Temperatur abhängen. Wie ändert sich die innere Energie U des Systems, wenn die Spiralfeder reversibel bis zur Ausdehnung x bei konstanter Temperatur gedehnt wird?

Aufgabe 2.13 Carnot-Prozess mit einem realen Gas

Wir nehmen wiederum an, dass das reale Gas die Van-der-Waals'sche Zustandsgleichung $\left(P + a\frac{N^2}{V^2}\right)(V - Nb) = N k_\mathrm{B} T$ erfüllt und dementsprechend die innere Energie $U = \frac{3}{2} N k_\mathrm{B} T - a\frac{N^2}{V}$ besitzt. Wir nehmen außerdem an, dass das Gas sich stets auch tatsächlich in der Gasphase ($T \geq T_\mathrm{c}$) befindet. Die Teilchenzahl N wird im Folgenden festgehalten, sodass die innere Energie U und der Druck P bei festem N als Funktionen der zwei Veränderlichen T und V aufgefasst werden können. Das Van-der-Waals-Gas wird nun als Arbeitssubstanz in einem Carnot-Prozess verwendet. Der Carnot-Prozess enthält die üblichen Arbeitsschritte:

1. isotherme Expansion von (T_+, V_1) auf (T_+, V_2),

2. adiabatische Expansion von (T_+, V_2) auf (T_-, V_3),

3. isotherme Kompression von (T_-, V_3) auf (T_-, V_4) und

4. adiabatische Kompression von (T_-, V_4) auf (T_+, V_1) .

Bestimmen Sie den Wirkungsgrad dieser Carnot-Maschine durch eine konkrete Berechnung der absorbierten Wärme und der geleisteten Arbeit, und vergleichen Sie das Ergebnis mit dem bekannten Ergebnis für den Carnot-Prozess mit einem klassischen idealen Gas als Arbeitssubstanz.

Aufgabe 2.14 Allgemeine thermodynamische Relationen

Betrachten Sie ein allgemeines thermodynamisches System, das in der üblichen Notation durch thermische Variable (T, S), mechanische Variable $(\mathbf{Y}, \mathbf{X})$ und chemische Variable $(\boldsymbol{\mu}, \mathbf{N})$ charakterisiert ist.

(a) Zeigen Sie, dass die innere Energie U die Identität

$$\left(\frac{\partial U}{\partial \mathbf{Y}}\right)_{T,\mathbf{N}} = T\boldsymbol{\alpha}_{\mathbf{N}} + \chi_{T,\mathbf{N}}\mathbf{Y}$$

erfüllt mit $\boldsymbol{\alpha}_{\mathbf{N}} \equiv \left(\frac{\partial \mathbf{X}}{\partial T}\right)_{\mathbf{Y},\mathbf{N}}$ und $\chi_{T,\mathbf{N}} \equiv \left(\frac{\partial \mathbf{X}}{\partial \mathbf{Y}}\right)_{T,\mathbf{N}}$.

(b) Zeigen Sie mit $C_{\mathbf{X},\mathbf{N}} \equiv \left(\frac{\partial U}{\partial T}\right)_{\mathbf{X},\mathbf{N}}$:

$$-\left(\frac{\partial^2 \mathbf{Y}}{\partial T^2}\right)_{\mathbf{X},\mathbf{N}} = \frac{1}{T}\left(\frac{\partial C_{\mathbf{X},\mathbf{N}}}{\partial \mathbf{X}}\right)_{T,\mathbf{N}}.$$

Aufgabe 2.15 Der Joule-Thomson-Prozess

Beim Joule-Thomson-Prozess wird ein Gas über ein Drosselventil vom Anfangsdruck P_1 auf den Enddruck $P_2 < P_1$ entspannt. Während des Prozesses können die Drücke P_1 und P_2 im linken bzw. rechten Behälter als konstant angesehen werden. Im Anfangszustand (zur Zeit $t = 0$) ist $V_1(0) = V_1$ und $V_2(0) = 0$; im Endzustand ($t = t_\mathrm{E}$) ist $V_1(t_\mathrm{E}) = 0$ und $V_2(t_\mathrm{E}) = V_2 > V_1$. Die Behälter sind thermisch von der Umgebung isoliert.

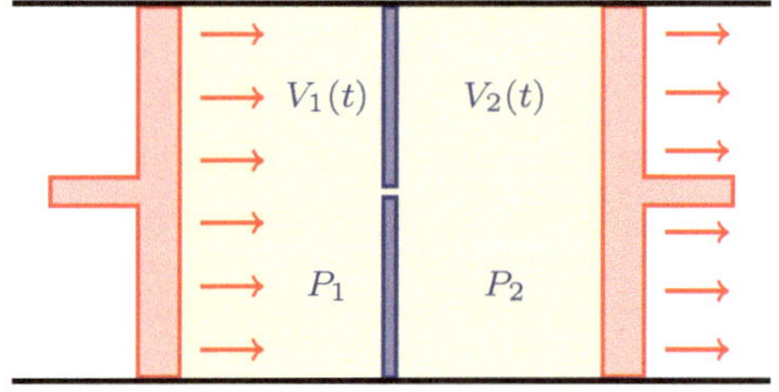

Abb. 2.29 Der Joule-Thomson-Prozess

(a) Ist dieser Vorgang reversibel oder irreversibel? Warum?

(b) Zeigen Sie, dass die Enthalpien des Anfangszustands ($t = 0$) und Endzustands ($t = t_\mathrm{E}$) gleich sind.

Wir betrachten nun einen *reversiblen* Pfad mit $dH = 0$ vom Anfangs- zum Endzustand. (Sie brauchen diesen Pfad nicht explizit zu konstruieren.)

(c) Zeigen Sie, dass der differentielle Joule-Thomson-Koeffizient $\mu_\mathrm{J} = \left(\frac{\partial T}{\partial P}\right)_{H,N}$ für diesen reversiblen Prozess durch $\mu_\mathrm{J} = \frac{V}{C_{P,N}}(\bar{\alpha}_{P,N}T - 1)$ mit $\bar{\alpha}_{P,N} = \frac{1}{V}\left(\frac{\partial V}{\partial T}\right)_{P,N}$ gegeben ist.

(d) Berechnen Sie μ_J für ein ideales Gas.

(e) Bestimmen Sie das Verhalten von μ_J für ein Van-der-Waals-Gas mit $P = \frac{Nk_\mathrm{B}T}{V-Nb} - a\frac{N^2}{V^2}$ und $U = \frac{3}{2}Nk_\mathrm{B}T - a\frac{N^2}{V}$: (i) für $V = V_c$ bei variabler Temperatur $[T = T_c(1 + \bar{t})$ mit $\bar{t} > 0]$ und (ii) für $T = T_c$ bei variablem Volumen $[V = V_c/(1 - y)$ mit $-2 < y < 1]$.

Aufgabe 2.16 Adiabaten und Isothermen

Beweisen Sie, dass sich eine Adiabate und eine Isotherme im P-V-Diagramm für $T > 0$ nur höchstens einmal schneiden können. Was passiert bei $T = 0$?

Hinweis: Nehmen Sie an, dass es mehr als einen Schnittpunkt gibt, und zeigen Sie dann, dass der entsprechende Kreisprozess zu einem Widerspruch führt.

Aufgabe 2.17 Ein magnetisches Material

Wir betrachten ein magnetisches Material, das das Curie'sche Gesetz erfüllt, sodass das magnetische Moment $\mathbf{m}$ gemäß $\mathbf{m} = \frac{aN}{T}\mathbf{H}$ (mit der Konstanten $a > 0$) mit dem Magnetfeld $\mathbf{H}$ verknüpft ist. Die Teilchenzahl N wird konstant gehalten.

(a) Zeigen Sie, dass die Wärmekapazität $C_\mathbf{m} = \left(\frac{\partial U}{\partial T}\right)_\mathbf{m}$ und die innere Energie lediglich von der Temperatur (und nicht von $\mathbf{m}$) abhängen, und bestimmen Sie die Entropie S, die Enthalpie sowie die Helmholtz'sche und die Gibbs'sche freie Energie als Funktion von T und $\mathbf{m}$. Inwiefern vereinfachen sich die Ergebnisse, falls $C_\mathbf{m}(T)$ temperatur*un*abhängig ist?

Wir nehmen nun an, dass die Wärmekapazität $C_\mathbf{m}$ tatsächlich temperaturunabhängig ist.

(b) Bestimmen Sie $\boldsymbol{\alpha}_\mathbf{H} = \left(\frac{\partial \mathbf{m}}{\partial T}\right)_\mathbf{H}$, die Antwortfunktionen $\chi_T = \left(\frac{\partial \mathbf{m}}{\partial \mathbf{H}}\right)_T$ und $\chi_S = \left(\frac{\partial \mathbf{m}}{\partial \mathbf{H}}\right)_S$ sowie die Wärmekapazität $C_\mathbf{H} = T\left(\frac{\partial S}{\partial T}\right)_\mathbf{H}$ als Funktion von T und $\mathbf{m}$. Inwiefern ändern sich die Ergebnisse, wenn der Parameter a aus dem Curie'schen Gesetz ein symmetrischer, positiv definiter, konstanter Tensor ist?

Aufgabe 2.18 Die Dieterici-Gleichung

Ein einfaches phänomenologisches Modell für dreidimensionale reale Gase, das eng mit der Van-der-Waals-Gleichung $P = \frac{Nk_\mathrm{B}T}{V-Nb} - a\frac{N^2}{V^2}$ verwandt ist, wird durch die Dieterici-Zustandsgleichung $P = \frac{Nk_\mathrm{B}T}{V-Nb}\exp\left(-\frac{aN}{Vk_\mathrm{B}T}\right)$ definiert. Hierbei gilt $a > 0$ und $b > 0$.

(a) Zeigen Sie, dass bei einer Entwicklung der Dieterici- und Van-der-Waals-Gleichungen nach Potenzen der Dichte $\rho = \frac{N}{V}$ die ersten beiden Virialkoeffizienten identisch sind. Wie interpretieren Sie die Parameter a und b physikalisch?

(b) Zeigen Sie, dass der kritische Punkt $(P_\mathrm{c}, V_\mathrm{c}, T_\mathrm{c})$ des Dieterici-Modells gegeben ist durch

$$P_\mathrm{c} = \frac{ae^{-2}}{4b^2} \quad , \quad V_\mathrm{c} = 2Nb \quad , \quad k_\mathrm{B}T_\mathrm{c} = \frac{a}{4b} .$$

Bestimmen Sie (mit Begründung), ob in diesem Modell ein „Gesetz der korrespondierenden Zustände" gilt, und geben Sie dieses ggf. an.

(c) Skizzieren Sie drei Isothermen der Dieterici-Gleichung, jeweils für $T > T_c$, $T = T_c$ und $0 < T < T_c$ in einem P-V-Diagramm. Ist die Maxwell-Konstruktion auch auf diese Gleichung anwendbar? Falls nein: Warum nicht? Falls ja: Geben Sie die entsprechenden Bestimmungsgleichungen an und zeichnen Sie diese Konstruktion im P-V-Diagramm mit ein.

(d) Zeigen Sie zuerst allgemein: $\left(\frac{\partial U}{\partial V}\right)_{T,N} = T\left(\frac{\partial P}{\partial T}\right)_{V,N} - P$ und leiten Sie hieraus für das Dieterici-*Gas* (also mit $T \geq T_c$) ab:

$$U = \tfrac{3}{2}Nk_\mathrm{B}T - aN \int_v^\infty dv'\, \frac{e^{-\beta a/v'}}{v'(v'-b)} \quad , \quad v \equiv V/N \quad , \quad \beta \equiv \frac{1}{k_\mathrm{B}T} \; .$$

Berechnen Sie hieraus die Wärmekapazität $C_{V,N}(T)$ und diskutieren Sie das Ergebnis bei fester Temperatur für die Grenzfälle $V \to \infty$ und $V \downarrow Nb$.

Aufgabe 2.19 Die Dampfdruckkurve des Van-der-Waals-Gases (PP)

Ausgedrückt mit Hilfe der dimensionslosen Variablen $p \equiv P/P_c$, $t \equiv T/T_c$ und $v \equiv V/V_c$ lautet die Zustandsgleichung des Van-der-Waals-Gases bekanntlich (siehe Aufgabe 2.1):

$$\left(p + \frac{3}{v^2}\right)(3v - 1) = 8t \; . \tag{2.86}$$

Für Temperaturen unterhalb der kritischen Temperatur ($t < 1$) beschreibt die Van-der-Waals-Gleichung das Auftreten eines Phasenübergangs von einer gasförmigen zu einer flüssigen Phase. Der Koexistenzbereich beider Phasen wird durch die Maxwell-Konstruktion beschrieben, die zeigt, dass der Druck $p_\mathrm{M}(t)$ bei fester Temperatur $t < 1$ für Volumina im Bereich $v_1 \leq v \leq v_2$ volumen*un*abhängig ist. Hierbei sind v_1 und v_2 durch die Gleichungen

$$p_\mathrm{M}(t) \overset{!}{=} p(v_1) = p(v_2) \quad , \quad (v_2 - v_1)p(v_2) = \int_{v_1}^{v_2} dv\, p(v) \tag{2.87}$$

festgelegt. Die Funktion $p(v)$ ist durch (2.86) gegeben.

(a1) Berechnen Sie den Dampfdruck $p_\mathrm{M}(t)$ im Koexistenzbereich *analytisch*, ausgehend von den Gleichungen (2.86) und (2.87), erstens für kleine, aber endliche t-Werte und zweitens nahe der kritischen Temperatur. Skizzieren Sie $p_\mathrm{M}(t)$ für $0 < t < 1$ qualitativ in einem p-t-Diagramm.

Alternativ können Sie auch (a2) lösen:

(a2) Berechnen Sie den Druck $p_\mathrm{M}(t)$ im Koexistenzbereich für $0 < t < 1$ *numerisch*, ausgehend von den Gleichungen (2.86) und (2.87), und plotten Sie das Resultat in einem p-t-Diagramm.

(b) Vergleichen Sie Ihre Kurve $p_\mathrm{M}(t)$ mit den experimentell bestimmten Dampfdruckkurven von H_2O, CO_2, ${}^4He$ und ${}^3He$ (verwenden Sie hierzu z. B. Ref. [53], Abbn. 3.28 und 3.29, oder suchen Sie entsprechende Informationen im Internet) und erörtern Sie die Gemeinsamkeiten und/oder Diskrepanzen. Geben Sie eine physikalische Interpretation für das Verhalten bei $T \to 0$ an.

Aufgabe 2.20 Der dritte Hauptsatz

Von einem idealen einatomigen *klassischen* Gas ist bekannt, dass es in der üblichen Notation die Gleichungen $PV = Nk_\mathrm{B}T$ und $C_{V,N} = \frac{3}{2}Nk_\mathrm{B}$ erfüllt.

(a) Bestimmen Sie die Entropie $S(T, V, N)$ des klassischen Gases. Legen Sie die hierbei auftretende additive Konstante durch die Forderung der Extensivität von S fest. Bestimmen Sie nun die Entropie des Gases für $T = 0$. Erfüllt das klassische Gas den dritten Hauptsatz?

Ein ideales dreidimensionales *Bose-Gas* hat bei genügend tiefen Temperaturen die Entropie

$$S = \frac{5}{2}k_\mathrm{B}V\frac{\zeta(\frac{5}{2})}{(\lambda_T)^3} \quad , \quad \lambda_T = \left(\frac{2\pi\hbar^2}{mk_\mathrm{B}T}\right)^{1/2} \quad ,$$

wobei $\zeta(\frac{5}{2}) \simeq 1,342$ eine Konstante[27] und $m > 0$ die Masse der Bose-Teilchen ist. Von einem idealen dreidimensionalen *Fermi-Gas* ist gegeben, dass es die Entropie

$$S = \frac{\pi^2}{2}N\frac{k_\mathrm{B}^2}{\varepsilon_\mathrm{F}}T \quad , \quad \varepsilon_\mathrm{F} = \frac{\hbar^2}{2m}\left(\frac{3\pi^2 N}{V}\right)^{2/3}$$

hat, wobei $m > 0$ nun die Masse der Fermionen bezeichnet.

(b) Skizzieren Sie jeweils zwei Isochoren (für die Volumina V_1 und V_2 mit $V_1 > V_2 > 0$) im S-T-Diagramm für (i) das klassische Gas, (ii) das Bose-Gas und (iii) das Fermi-Gas. Erfüllen das Bose- und das Fermi-Gas den dritten Hauptsatz?

(c) Zeigen Sie, dass aus Dimensionsgründen $k_\mathrm{B}T = \frac{\hbar^2}{2m}\left(\frac{N}{V}\right)^{2/3}f\left(\frac{S}{Nk_\mathrm{B}}\right)$ gelten muss, und geben Sie die Funktionen $f(x)$ für das klassische, das Bose- und das Fermi-Gas an.

---

[27]Zur Erklärung der Notation: Allgemein stellt $\zeta(z) \equiv \sum_{n=1}^{\infty} n^{-z}$ mit $z \in \mathbb{C}$ und $\mathrm{Re}(z) > 1$ die Riemann'sche Zetafunktion dar.

Kapitel 3

Grundlagen der Statistischen Physik

Nachdem die Vielteilchensysteme im vorigen Kapitel hinsichtlich ihrer *makroskopischen* Eigenschaften untersucht wurden, widmen wir uns nun der *mikroskopischen* Begründung der Thermodynamik. Da die makroskopischen Eigenschaften der Materie letztlich durch ihre atomare Struktur und durch die Wechselwirkungen zwischen den Teilchen auf atomarer Skala bestimmt werden, kommt man nicht umhin, die Physik der Mikrowelt ernst zu nehmen und Vielteilchensysteme im Rahmen der Quantenmechanik zu untersuchen.

Im Folgenden werden wir daher zunächst die Schrödinger-Theorie für einzelne Teilchen auf Vielteilchensysteme verallgemeinern. Zur Beschreibung der statistischen Eigenschaften von Vielteilchensystemen bietet sich die *Dichtematrix* bzw. der *Dichteoperator* an. Die allgemeine Definition und die verschiedenen allgemeinen Eigenschaften werden ausführlich diskutiert. Anschließend behandeln wir das *zentrale Postulat der Statistischen Physik* und die daraus resultierende Dichtematrix für Systeme im thermodynamischen Gleichgewicht. Die Dichtematrix kann in der Statistischen Physik, abhängig von den äußeren thermodynamischen Bedingungen, verschiedene mögliche Formen haben.

3.1 Quantentheorie für Vielteilchensysteme

Die aus der Quantenmechanik bekannte Schrödinger-Theorie lässt sich problemlos auf Systeme mehrerer Teilchen übertragen. Wir rekapitulieren zuerst die wichtigsten Begriffe aus der Einteilchentheorie. Die Einteilchen-Schrödinger-Gleichung wird durch einen Hamilton-Operator $\hat{\mathrm{H}}$ definiert und lautet

$$i\hbar\partial_t\psi = \hat{\mathrm{H}}\psi \quad , \quad \psi(\mathbf{x}, t_0) = \psi_0(\mathbf{x}) \ .$$

Hierbei ist ψ, die Wellenfunktion des zu beschreibenden Teilchens in Abhängigkeit von Ort $\mathbf{x}$ und Zeit t, Element eines Einteilchen-Hilbert-Raums. Für den wichtigen Fall eines Teilchens unter der Einwirkung elektromagnetischer Kräfte hat der

Hamilton-Operator die Form

$$\hat{H} = \frac{1}{2m}\left[\hat{\mathbf{p}} - q\mathbf{A}(\mathbf{x}, t)\right]^2 + q\Phi(\mathbf{x}, t) \,, \tag{3.1}$$

wobei $\hat{\mathbf{p}} = \frac{\hbar}{i}\frac{\partial}{\partial \mathbf{x}}$ der Impulsoperator, q die Ladung des Teilchens, $\mathbf{A}$ das Vektorpotential und Φ das skalare Potential ist. Im Spezialfall $\mathbf{A} = \mathbf{0}$, $\partial_t \Phi = 0$, d. h. für elektrostatische Kräfte, schreibt man häufig $q\Phi(\mathbf{x}) = \mathcal{V}(\mathbf{x})$, sodass der Hamilton-Operator die einfachere Form

$$\hat{H} = \frac{1}{2m}\hat{\mathbf{p}}^2 + \mathcal{V}(\mathbf{x})$$

erhält. Eine zentrale Rolle in der Schrödinger-Theorie spielen die Eigenwerte und Eigenfunktionen des Hamilton-Operators:

$$\hat{H}\phi_n = E_n\phi_n \,.$$

Hierbei wird angenommen, dass $\hat{H}$ zeitunabhängig ist: $\partial_t\hat{H} = 0$, sodass konkret in (3.1) sowohl $\partial_t\mathbf{A} = \mathbf{0}$ als auch $\partial_t\Phi = 0$ gelten muss. Die Eigenfunktionen ϕ_n und ϕ_m zu unterschiedlichen Eigenwerten E_n und E_m sind automatisch orthogonal, die Eigenfunktionen für entartete Eigenwerte können orthogonal *gewählt* werden. Diese Eigenfunktionen können mit Hilfe des komplexen Skalarprodukts (ψ_1, ψ_2) des Hilbert-Raums auf eins normiert werden. Für einen orthonormalen Satz von Eigenfunktionen $\{\phi_n\}$ ist die Lösung der Schrödinger-Gleichung dann durch

$$\psi(t) = \hat{U}(t|t_0)\psi_0 = \sum_n e^{-iE_nt/\hbar}\phi_n(\phi_n, \psi_0)$$

gegeben. Der lineare Operator $\hat{U}(t|t_0)$, der die Anfangswellenfunktion ψ_0 in $\psi(t)$ überführt, wird als Zeitentwicklungsoperator bezeichnet.

In der Quantentheorie für nicht-relativistische Vielteilchensysteme ist fast alles völlig analog. Die Vielteilchen-Schrödinger-Gleichung lautet:

$$\boxed{i\hbar\partial_t\Psi(\mathbf{x}_1,\cdots,\mathbf{x}_N; t) = \left[\hat{H}\Psi\right](\mathbf{x}_1,\cdots,\mathbf{x}_N; t) \quad, \quad \Psi(t_0) = \Psi_0 \,,}$$

und der Hamilton-Operator für Teilchen unter dem Einfluss elektromagnetischer Kräfte hat in der Coulomb-Eichung $\boldsymbol{\nabla}\cdot\mathbf{A} = 0$ die relativ einfache Form

$$\boxed{\hat{H} = \sum_{i=1}^{N}\frac{1}{2m_i}\left[\hat{\mathbf{p}}_i - q_i\mathbf{A}(\mathbf{x}_i, t)\right]^2 + \frac{1}{8\pi\varepsilon_0}\sum_{i\neq j}\frac{q_iq_j}{|\mathbf{x}_i - \mathbf{x}_j|} + H_{\mathrm{S}} \,,}$$

wobei $\hat{\mathbf{p}}_i \equiv \frac{\hbar}{i}\frac{\partial}{\partial \mathbf{x}_i}$ gilt und nun auch die im elektromagnetischen Feld („Strahlungsfeld") gespeicherte Energie

$$H_{\mathrm{S}} = \tfrac{1}{2}\varepsilon_0\int d\mathbf{x}\left[\left(\frac{\partial\mathbf{A}}{\partial t}\right)^2 + c^2\left(\boldsymbol{\nabla}\times\mathbf{A}\right)^2\right]$$

mitberücksichtigt wurde. Oft reicht eine klassische Beschreibung des Strahlungsfelds völlig aus; in diesem Fall sind nur die Materiefreiheitsgrade quantisiert. Falls die Wechselwirkung zwischen den Teilchen und den Quanten des Strahlungsfelds („Photonen") wichtig wird, muss auch das Vektorpotential quantisiert werden:

$$\mathbf{A} \to \hat{\mathbf{A}}(\mathbf{x},t) = \sqrt{\frac{\mu_0}{V}} \sum_{\mathbf{k}\neq 0,\alpha} c\sqrt{\frac{\hbar}{2\omega_{\mathbf{k}}}} \left(\hat{a}_{\mathbf{k}\alpha} e^{-ik_\mu x^\mu} + \hat{a}^\dagger_{\mathbf{k}\alpha} e^{ik_\mu x^\mu} \right) \boldsymbol{\varepsilon}^{(\mathbf{k}\alpha)} \,,$$

wobei $\alpha \in \{1,2\}$ die Polarisationsrichtungen zum Wellenvektor $\mathbf{k}$, $\omega_{\mathbf{k}} = c|\mathbf{k}|$ die entsprechende Frequenz, V das Volumen und $\boldsymbol{\varepsilon}^{(\mathbf{k}\alpha)}$ mit $\alpha \in \{1,2\}$ die beiden Polarisationsvektoren zum Wellenvektor $\mathbf{k}$ bezeichnen. Es wurde die Viererschreibweise $k_\mu x^\mu = \omega_{\mathbf{k}} t - \mathbf{k}\cdot\mathbf{x}$ verwendet. Da die einzelnen Moden des Strahlungsfelds sich bei einer Fourier-Zerlegung als harmonische Oszillatoren verhalten, kann das Ergebnis

$$H_{\mathrm{S}} \to \hat{H}_{\mathrm{S}} = \sum_{\mathbf{k},\alpha} \hbar\omega_{\mathbf{k}}\left(\hat{n}_{\mathbf{k}\alpha} + \tfrac{1}{2}\right)$$

mit

$$\hat{n}_{\mathbf{k}\alpha} = \hat{a}^\dagger_{\mathbf{k}\alpha}\hat{a}_{\mathbf{k}\alpha} \quad , \quad [\hat{a}_{\mathbf{k}\alpha}, \hat{a}^\dagger_{\mathbf{k}'\alpha'}] = \delta_{\mathbf{k}\mathbf{k}'}\delta_{\alpha\alpha'}$$

nicht allzu sehr erstaunen. Üblicherweise lässt man den Beitrag der Nullpunktschwingungen, $E_0 = \sum_{\mathbf{k},\alpha} \tfrac{1}{2}\hbar\omega_{\mathbf{k}}$, außer Betracht und konzentriert sich auf die *Anregungen* des Strahlungsfelds:

$$\boxed{\Delta\hat{H}_{\mathrm{S}} \equiv \hat{H}_{\mathrm{S}} - E_0 = \sum_{\mathbf{k},\alpha} \hbar\omega_{\mathbf{k}}\hat{n}_{\mathbf{k}\alpha} \,.}$$

Setzt man $\hat{\mathbf{A}}$ und $\Delta\hat{H}_{\mathrm{S}}$ in $\hat{H}$ ein, so erhält man eine konsistente quantenmechanische Beschreibung eines nicht-relativistischen Vielteilchensystems in Anwesenheit eines elektromagnetischen Felds. Zwei Bemerkungen sind nun angebracht.

Erstens ist die Schrödinger-Theorie für Vielteilchensysteme wirklich nur *fast* vollständig analog zur Einteilchentheorie, denn es kommt ein wesentlich neues Element hinzu: Die Wellenfunktion von N gleichartigen Teilchen in einem (mindestens) dreidimensionalen System kann nur eine von zwei möglichen sehr speziellen Symmetrien haben. Sie ist entweder vollständig *symmetrisch* oder vollständig *antisymmetrisch* unter Vertauschung der Koordinaten zweier Teilchen. Identische Teilchen in einem Vielteilchensystem sind daher auch *ununterscheidbar*. Hierbei gibt es einen wesentlichen Unterschied zwischen Teilchen mit ganzzahligem Spin (Bosonen) und solchen mit halbzahligem Spin (Fermionen): Die Wellenfunktion N bosonischer Teilchen (man denke an ^{4}He-Atome oder π-Mesonen) ist *symmetrisch* unter Vertauschung der Koordinaten zweier Teilchen, diejenige für N Fermionen (z. B. ^{3}He-Atome oder Elektronen) dagegen *antisymmetrisch*. Hierbei schließt „Koordinaten" die eventuellen Spinquantenzahlen mit ein. Die Korrespondenz zwischen dem *Spin* und der Symmetrie der Wellenfunktion (und somit der *Statistik* der Teilchen) basiert auf dem „Spin-Statistik-Theorem" (Pauli, 1940). Beschränken wir uns also auf $S = 0$-Bosonen und $S = \tfrac{1}{2}$-Fermionen, dann gilt für bosonische Vielteilchenwellenfunktionen mit den Ortskoordinaten $\{\mathbf{x}_i \,|\, 1 \leq i \leq N\}$:

$$\boxed{\Psi(\cdots,\mathbf{x}_i,\cdots,\mathbf{x}_j,\cdots) = +\Psi(\cdots,\mathbf{x}_j,\cdots,\mathbf{x}_i,\cdots)} \tag{3.2}$$

und für Vielfermionsysteme mit den zusätzlichen Spinkoordinaten $\{\sigma_i \mid 1 \leq i \leq N\}$:

$$\Psi(\cdots, \mathbf{x}_i \sigma_i, \cdots, \mathbf{x}_j \sigma_j, \cdots) = -\Psi(\cdots, \mathbf{x}_j \sigma_j, \cdots, \mathbf{x}_i \sigma_i, \cdots) . \qquad (3.3)$$

Die Antisymmetrie fermionischer Wellenfunktionen zeigt klar, dass keine zwei Fermionen dieselben Koordinaten haben dürfen: $\Psi(\cdots, \mathbf{x}\sigma, \cdots, \mathbf{x}\sigma, \cdots) = 0$, d. h., dass Fermionen sich bereits aufgrund ihrer Statistik abstoßen („Pauli-Ausschließungsprinzip" oder „Pauli-Verbot").

Zweitens sei hinzugefügt, dass die Einschränkung auf *nicht*-relativistische Vielteilchensysteme völlig unwesentlich ist. Man könnte durchaus auch *relativistische* Vielboson- oder Vielfermionwellengleichungen formulieren. Hier beschränken wir uns in der Regel (Ausnahmen sind die Abschnitte [6.8] und [6.9]) auf den einfacheren nicht-relativistischen Fall.

Wir erläutern die Symmetrie bzw. Antisymmetrie der Wellenfunktionen in (3.2) und (3.3) anhand eines einfachen Beispiels. Hierzu betrachten wir N nicht-wechselwirkende Teilchen (Bosonen oder Fermionen) in einem dreidimensionalen Kubus der Seitenlänge L mit periodischen Randbedingungen

$$\Psi(\cdots, \mathbf{x}_i + L\mathbf{e}_l, \cdots) = \Psi(\cdots, \mathbf{x}_i, \cdots) \qquad (l = 1, 2, 3) .$$

Der Hamilton-Operator ist:

$$\hat{\mathsf{H}}_N = \sum_{i=1}^{N} \left(-\frac{\hbar^2}{2m} \frac{\partial^2}{\partial \mathbf{x}_i^2} \right) .$$

Die Einteilchenwellenfunktionen (d. h. die orthonormierten Eigenfunktionen von $\hat{\mathsf{H}}_1$) haben für dieses Modell die Form

$$\phi_{\mathbf{k}}(\mathbf{x}) = \frac{1}{L^{3/2}} e^{i\mathbf{k}\cdot\mathbf{x}} \qquad (\mathbf{k} = \tfrac{2\pi}{L}\mathbf{n},\ \mathbf{n} \in \mathbb{Z}^3) ,$$

vorausgesetzt, die Teilchen haben keinen inneren Freiheitsgrad. Dies trifft z. B. für Bosonen mit der Spinquantenzahl $S = 0$ zu. Für Fermionen mit $S = \frac{1}{2}$ erhält man

$$\phi_{\mathbf{k}\lambda}(\mathbf{x}\sigma) = \phi_{\mathbf{k}}(\mathbf{x})\chi_\lambda(\sigma) \qquad (\lambda = \pm) ,$$

wobei χ_λ der Eigenspinor der 3-Komponente $\hat{\mathsf{S}}_3$ des Spinoperators zum Eigenwert $\lambda\frac{1}{2}\hbar$ ist. In Bra-Ket-Schreibweise bezeichnen wir $\phi_{\mathbf{k}}$ und $\phi_{\mathbf{k}\lambda}$ als $|\mathbf{k}\rangle$ bzw. $|\mathbf{k}\lambda\rangle$. Im bosonischen Fall hat die (vollständig symmetrische) N-Teilchen-Wellenfunktion die Form

$$|\mathbf{k}_1, \mathbf{k}_2, \cdots, \mathbf{k}_N\rangle_{\mathrm{B}} = C_{\mathrm{B}} \sum_P |\mathbf{k}_{P1}\rangle \otimes |\mathbf{k}_{P2}\rangle \otimes \cdots \otimes |\mathbf{k}_{PN}\rangle ,$$

wobei C_{B} eine passend gewählte Normierungskonstante ist und über alle Permutationen P der Indizes $\{1, 2, \cdots, N\}$ summiert wird. Im fermionischen (vollständig antisymmetrischen) Fall erhält man

$$|\mathbf{k}_1\lambda_1, \mathbf{k}_2\lambda_2, \cdots, \mathbf{k}_N\lambda_N\rangle_{\mathrm{F}} = C_{\mathrm{F}} \sum_P \mathrm{sign}(P)|\mathbf{k}_{P1}\lambda_{P1}\rangle \otimes \cdots \otimes |\mathbf{k}_{PN}\lambda_{PN}\rangle ,$$

wobei $\text{sign}(P)$ das Signum der Permutation P und C_F wiederum eine passend gewählte Normierungskonstante ist. In der bosonischen Vielteilchenwellenfunktion kann jede Quantenzahl $\mathbf{k}_l$ beliebig oft vorkommen, jede Quantenzahl $(\mathbf{k}_l\lambda_l)$ in der fermionischen Wellenfunktion wegen des Pauli-Prinzips jedoch nur höchstens einmal. Wegen der Symmetrie bzw. Antisymmetrie ist die N-Teilchen-Wellenfunktion vollständig durch die *Besetzungszahlen* $\{n_{\mathbf{k}_i}\}$ bzw. $\{n_{\mathbf{k}_i\lambda_i}\}$ der verschiedenen Einteilchenzustände charakterisiert. Aus diesem Grund stellt man die bosonischen bzw. fermionischen Vielteilchenzustände häufig mit Hilfe der Besetzungszahlen dar:

$$|\mathbf{k}_1,\cdots,\mathbf{k}_N\rangle_\text{B} = \bar{C}_\text{B}\,|\{n_{\mathbf{k}_i}\}\rangle$$
$$|\mathbf{k}_1\lambda_1,\cdots,\mathbf{k}_N\lambda_N\rangle_\text{F} = \bar{C}_\text{F}\,|\{n_{\mathbf{k}_i\lambda_i}\}\rangle \tag{3.4}$$

und bezeichnet dieses neue Klassifikationsschema als die „Besetzungszahldarstellung". Für Bosonen gilt hierbei also $n_{\mathbf{k}_i} \in \mathbb{N}_0 = \{0,1,2,\cdots\}$, für Fermionen kann jeder Quantenzustand höchstens einmal besetzt sein: $n_{\mathbf{k}_i\lambda_i} \in \{0,1\}$.

Die Anwendbarkeit der Besetzungszahldarstellung ist natürlich nicht auf dieses einfache Beispiel gänzlich ohne äußere Kräfte oder Wechselwirkung zwischen den Teilchen beschränkt: Falls der Hamilton-Operator die allgemeinere Form (allerdings noch ohne Wechselwirkung)

$$\hat{\text{H}}_N = \sum_{i=1}^{N} \hat{\text{H}}_1(\hat{\mathbf{p}}_i, \mathbf{x}_i)$$

hat und die Eigenzustände von $\hat{\text{H}}_1$ vollständig mit Hilfe der Quantenzahl α charakterisiert werden können, muss man lediglich in (3.4) $\mathbf{k}$ oder $(\mathbf{k}\lambda)$ durch α ersetzen. In den Kapiteln [4] und [6] werden wir noch etliche Beispiele hierfür behandeln. Auch Wechselwirkungseffekte (man denke hierbei wiederum primär an elektromagnetische Wechselwirkungen) lassen sich im Rahmen der Besetzungszahldarstellung sehr effizient und erfolgreich beschreiben.

3.2 Die Dichtematrix

Betrachten wir ein Vielteilchensystem zu einem fest vorgegebenen Zeitpunkt – um die Zeitentwicklung des Systems kümmern wir uns also zunächst einmal nicht. Das System ist natürlich – wie in Abbildung 3.1 dargestellt – eingebettet im Rest des Universums; es koexistiert und wechselwirkt ja mit seiner Umgebung. Wir nehmen an, dass das System und die Umgebung mit Hilfe der vollständigen orthonormalen Sätze $\{|\psi_i^\text{S}\rangle\}$ und $\{|\psi_j^\text{U}\rangle\}$ beschrieben werden können:

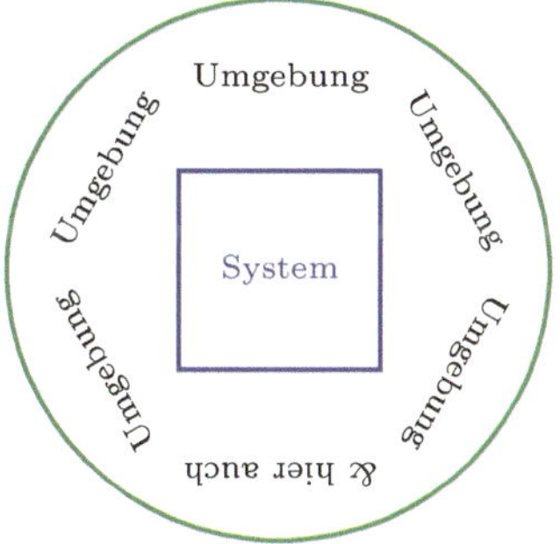

Abb. 3.1 Universum = System + Umgebung

$$\sum_i |\psi_i^\text{S}\rangle\langle\psi_i^\text{S}| = \mathbb{1}_\text{S} \quad , \quad \sum_j |\psi_j^\text{U}\rangle\langle\psi_j^\text{U}| = \mathbb{1}_\text{U} \, .$$

Eine beliebige Wellenfunktion in der Gesamtwelt kann dann als

$$\boxed{|\psi\rangle = \sum_{ij} K_{ij} |\psi_i^{\mathrm{S}}\rangle \otimes |\psi_j^{\mathrm{U}}\rangle} \tag{3.5}$$

geschrieben werden.

Sei $\hat{\mathcal{O}}$ nun ein Operator, der effektiv nur auf das System (d. h. auf die $\{|\psi_i^{\mathrm{S}}\rangle\}$) und nicht auf die Umgebung (d. h. nicht auf die $\{|\psi_j^{\mathrm{U}}\rangle\}$) einwirkt:

$$\hat{\mathcal{O}} = \hat{\mathcal{O}}_{\mathrm{S}} \otimes \mathbb{1}_{\mathrm{U}} \ .$$

Dann gilt für den Erwartungswert von $\hat{\mathcal{O}}$ im Zustand $|\psi\rangle$:

$$\begin{aligned}
\langle\hat{\mathcal{O}}\rangle = \langle\psi|\hat{\mathcal{O}}|\psi\rangle &= \sum_{iji'j'} K_{ij}^* K_{i'j'} \langle\psi_i^{\mathrm{S}}| \otimes \langle\psi_j^{\mathrm{U}}| \, \hat{\mathcal{O}}_{\mathrm{S}} \otimes \mathbb{1}_{\mathrm{U}} \, |\psi_{i'}^{\mathrm{S}}\rangle \otimes |\psi_{j'}^{\mathrm{U}}\rangle \\
&= \sum_{iji'j'} K_{ij}^* K_{i'j'} \langle\psi_i^{\mathrm{S}}| \, \hat{\mathcal{O}}_{\mathrm{S}} \, |\psi_{i'}^{\mathrm{S}}\rangle \delta_{jj'} = \sum_{ii'j} K_{ij}^* K_{i'j} \langle\psi_i^{\mathrm{S}}|\hat{\mathcal{O}}_{\mathrm{S}}|\psi_{i'}^{\mathrm{S}}\rangle \\
&= \sum_{ii'} \varrho_{i'i} \langle\psi_i^{\mathrm{S}}|\hat{\mathcal{O}}_{\mathrm{S}}|\psi_{i'}^{\mathrm{S}}\rangle
\end{aligned}$$

mit

$$\boxed{\varrho_{i'i} \equiv \sum_{j} K_{i'j} K_{ij}^* = (KK^\dagger)_{i'i} \ .} \tag{3.6}$$

Definieren wir nun den Operator $\hat{\varrho}$ durch

$$\hat{\varrho} \equiv \sum_{ii'} |\psi_{i'}^{\mathrm{S}}\rangle \varrho_{i'i} \langle\psi_i^{\mathrm{S}}| \ , \tag{3.7}$$

sodass umgekehrt die Matrixelemente $\varrho_{i'i}$ gemäß

$$\varrho_{i'i} = \langle\psi_{i'}^{\mathrm{S}}|\hat{\varrho}|\psi_i^{\mathrm{S}}\rangle$$

mit dem Operator $\hat{\varrho}$ verknüpft sind, dann findet man den folgenden einfachen Ausdruck für den Erwartungswert von $\hat{\mathcal{O}}$:

$$\langle\hat{\mathcal{O}}\rangle = \sum_{ii'} \langle\psi_{i'}^{\mathrm{S}}|\hat{\varrho}|\psi_i^{\mathrm{S}}\rangle\langle\psi_i^{\mathrm{S}}|\hat{\mathcal{O}}_{\mathrm{S}}|\psi_{i'}^{\mathrm{S}}\rangle = \sum_{i'} \langle\psi_{i'}^{\mathrm{S}}|\hat{\varrho}\,\hat{\mathcal{O}}_{\mathrm{S}}|\psi_{i'}^{\mathrm{S}}\rangle = \mathrm{Sp}\big(\hat{\varrho}\,\hat{\mathcal{O}}_{\mathrm{S}}\big) \ . \tag{3.8}$$

Hierbei wurde im ersten Schritt die Vollständigkeit der $\{|\psi_i^{\mathrm{S}}\rangle\}$ verwendet und im zweiten die Definition der *Spur* eines allgemeinen Operators $\hat{\mathrm{A}}$ angewandt: $\mathrm{Sp}(\hat{\mathrm{A}}) \equiv \sum_{i'} \langle\psi_{i'}^{\mathrm{S}}|\hat{\mathrm{A}}|\psi_{i'}^{\mathrm{S}}\rangle$. Die Matrix $\varrho_{i'i}$ wird als *Dichtematrix* und der Operator $\hat{\varrho}$ entsprechend als *Dichteoperator* bezeichnet.[1]

---

[1] In der Quantenmechanik würde man $\varrho_{i'i}$ und $\hat{\varrho}$ eher als die *reduzierte Dichtematrix* bzw. den *reduzierten Dichteoperator* des „Systems" bezeichnen, dies im Gegensatz zum Dichteoperator $|\psi\rangle\langle\psi|$ des Gesamtsystems (also unseres „Universums"). In der Statistischen Physik werden wir das Epitheton „reduziert" unterdrücken, da wir in der Regel *nur* an der Dichtematrix bzw. am Dichteoperator *des Systems* interessiert sind (eine Ausnahme ist Übungsaufgabe 3.3).

Aufgrund von (3.6) und (3.7) ist klar, dass der Dichteoperator $\hat{\varrho}$ hermitesch ist und daher mit Hilfe einer unitären Transformation diagonalisiert werden kann:

$$\hat{\varrho} = \sum_m \varrho_m \, |m\rangle\langle m| \, , \tag{3.9}$$

wobei die Wellenfunktionen $\{|m\rangle\}$ orthonormal und vollständig in S sind. Die reellen Zahlen $\{\varrho_m\}$ sind die Eigenwerte des Dichteoperators. Man zeigt leicht, dass alle ϱ_m nicht-negativ und die Summe aller ϱ_m gleich eins ist:

$$\sum_m \varrho_m = 1 \quad , \quad \varrho_m \geq 0 \, .$$

Um dies nachzuweisen, wählen wir zunächst $\hat{\mathcal{O}}_{\mathrm{S}} = \mathbb{1}_{\mathrm{S}}$ in (3.8):

$$\sum_m \varrho_m = \mathrm{Sp}(\hat{\varrho}) = \mathrm{Sp}(\hat{\varrho}\,\mathbb{1}_{\mathrm{S}}) = \langle \mathbb{1}_{\mathrm{S}} \otimes \mathbb{1}_{\mathrm{U}} \rangle = \langle \psi | \psi \rangle = 1 \, .$$

Wählen wir stattdessen $\hat{\mathcal{O}}_{\mathrm{S}} = |m'\rangle\langle m'|$, dann folgt mit $|m\rangle \otimes |\psi_j^{\mathrm{U}}\rangle \equiv |\psi_{mj}\rangle$:

$$\varrho_{m'} = \mathrm{Sp}(\hat{\varrho}\,\hat{\mathcal{O}}_{\mathrm{S}}) = \langle \hat{\mathcal{O}}_{\mathrm{S}} \otimes \mathbb{1}_{\mathrm{U}} \rangle = \langle \psi | \hat{\mathcal{O}}_{\mathrm{S}} \otimes \mathbb{1}_{\mathrm{U}} \left(\sum_{mj} |\psi_{mj}\rangle\langle \psi_{mj}| \right) |\psi\rangle$$

$$= \sum_j \langle \psi | \psi_{m'j}\rangle\langle \psi_{m'j} | \psi \rangle = \sum_j |\langle \psi_{m'j} | \psi \rangle|^2 \geq 0 \, ,$$

sodass die Eigenwerte ϱ_m des Dichteoperators in der Tat alle nicht-negativ sind. Falls nur einer der Eigenwerte ϱ_m ungleich null ist, $\varrho_m = \delta_{mm'}$ bzw. $\hat{\varrho} = |m'\rangle\langle m'|$, bezeichnet man den Zustand des Systems als einen *reinen Zustand*. Falls mehrere ϱ_m ungleich null sind, spricht man von einem *gemischten Zustand*.

Man kann sich nun fragen, unter welchen Bedingungen an die Wellenfunktion des „Universums" sich das System in einem reinen bzw. gemischten Zustand befindet. Natürlich führt eine Produktwellenfunktion im Universum,

$$|\psi\rangle = |\psi^{\mathrm{S}}\rangle \otimes |\psi^{\mathrm{U}}\rangle \, , \tag{3.10}$$

auf den Dichteoperator

$$\hat{\varrho} = |\psi^{\mathrm{S}}\rangle\langle \psi^{\mathrm{S}}|$$

des Systems, der einen *reinen* Zustand beschreibt: Assoziiert man $|\psi^{\mathrm{S}}\rangle$ mit dem ersten Eigenzustand $|1\rangle$ des Dichteoperators, so gilt $\varrho_m = \delta_{m1}$ in (3.9). Der Dichteoperator eines reinen Zustands ist ein Projektor, d. h. $\hat{\varrho}^2 = \hat{\varrho}$, sodass auch $\mathrm{Sp}(\hat{\varrho}^2) = \mathrm{Sp}(\hat{\varrho}) = 1$ gilt. Umgekehrt folgt daher sofort, dass ein Gemisch mit mehreren Eigenwerten des Dichteoperators $\varrho_m \in (0,1)$ niemals in der Produktform (3.10) geschrieben werden kann, denn in diesem Fall gilt:

$$\mathrm{Sp}(\hat{\varrho}^2) = \sum_m (\varrho_m)^2 < \sum_m \varrho_m = 1 \, .$$

Im Fall eines Gemisches hat die Wellenfunktion des Universums die Form einer nicht-trivialen Überlagerung von Produktwellenfunktionen:

$$|\psi\rangle = \sum_{m \in \mathcal{M}} \sqrt{\varrho_m}\, |m\rangle \otimes |\bar{\psi}_m^{\mathrm{U}}\rangle \quad , \quad \mathcal{M} \equiv \{m \,|\, \varrho_m \neq 0\} \tag{3.11}$$

mit

$$|\bar{\psi}_m^{\mathrm{U}}\rangle \equiv \frac{1}{\sqrt{\varrho_m}} \sum_j K_{mj} |\psi_j^{\mathrm{U}}\rangle \quad , \quad \langle \bar{\psi}_m^{\mathrm{U}} | \bar{\psi}_{m'}^{\mathrm{U}}\rangle = \delta_{mm'} \quad (m, m' \in \mathcal{M}) \,.$$

Diese Darstellung von $|\psi\rangle$ im Fall eines Gemisches folgt direkt aus der allgemeinen Form (3.5), indem man $|\psi_i^{\mathrm{S}}\rangle = |m\rangle$ wählt und die Diagonalität der entsprechenden Dichtematrix verwendet: $(KK^\dagger)_{m'm} = \varrho_m \delta_{mm'}$. Die Darstellung (3.11) ist ein Beispiel einer [nach dem deutschen Mathematiker Erhard Schmidt (1876 - 1959) benannten] *Schmidt-Zerlegung*. Man bezeichnet nicht-triviale Überlagerungen von Produktwellenfunktionen wie in (3.11) als *verschränkte Zustände*. Es ist klar, dass eine Messung am System, die zeigt, dass es sich im Zustand $|m\rangle$ befindet, unbedingt auch impliziert, dass die Wellenfunktion der Umgebung durch $|\bar{\psi}_m^{\mathrm{U}}\rangle$ gegeben ist.

Grundsätzlich hat der Dichteoperator auch eine *Dynamik*, die – ähnlich wie diejenige der Wellenfunktion $|m(t)\rangle$ – vollständig durch den Hamilton-Operator des *Systems* bestimmt ist. Nehmen wir also an, dass der Dichteoperator zur Zeit $t = t_0$ durch

$$\hat{\varrho}(t_0) = \sum_m \varrho_m(t_0)\, |m(t_0)\rangle \langle m(t_0)|$$

gegeben ist, sodass der Zustand $|m(t_0)\rangle$ mit dem statistischen Gewicht $\varrho_m(t_0)$ im Dichteoperator vertreten ist. Nehmen wir des Weiteren an, dass die Zeitentwicklung des Universums für $t > t_0$ durch den Hamilton-Operator $\hat{\mathrm{H}}$ bestimmt wird, der als Summe der Hamilton-Operatoren des Systems und seiner Umgebung geschrieben werden kann:

$$\hat{\mathrm{H}}(t) = \hat{\mathrm{H}}_{\mathrm{S}}(t) \otimes \mathbb{1}_{\mathrm{U}} + \mathbb{1}_{\mathrm{S}} \otimes \hat{\mathrm{H}}_{\mathrm{U}}(t) \,.$$

Dieser Ansatz ist sehr allgemein, da die Zeitabhängigkeit der Hamilton-Operatoren $\hat{\mathrm{H}}_{\mathrm{S}}$ und $\hat{\mathrm{H}}_{\mathrm{U}}$ beliebig ist; allerdings wird an dieser Stelle angenommen, dass System und Umgebung nicht explizit miteinander wechselwirken (z. B. Wärme oder Teilchen austauschen), d. h., wir beschränken uns an dieser Stelle auf *isolierte Systeme*. Der Zeitentwicklungsoperator des Universums hat dementsprechend die Form

$$\hat{\mathrm{U}}(t|t_0) = \hat{\mathrm{U}}_{\mathrm{S}}(t|t_0) \otimes \hat{\mathrm{U}}_{\mathrm{U}}(t|t_0)$$

mit

$$i\hbar \partial_t \hat{\mathrm{U}}_{\mathrm{S}} = \hat{\mathrm{H}}_{\mathrm{S}} \hat{\mathrm{U}}_{\mathrm{S}} \quad , \quad i\hbar \partial_t \hat{\mathrm{U}}_{\mathrm{U}} = \hat{\mathrm{H}}_{\mathrm{U}} \hat{\mathrm{U}}_{\mathrm{U}}$$

und den Anfangsbedingungen $\hat{\mathrm{U}}_{\mathrm{S}}(t_0|t_0) = \mathbb{1}_{\mathrm{S}}$ bzw. $\hat{\mathrm{U}}_{\mathrm{U}}(t_0|t_0) = \mathbb{1}_{\mathrm{U}}$. Die Zeitentwicklung im Universum ist daher gegeben durch

$$|\psi(t)\rangle = \hat{\mathrm{U}}(t|t_0)|\psi(t_0)\rangle \quad , \quad |\psi_{mj}(t)\rangle = \hat{\mathrm{U}}(t|t_0)|\psi_{mj}(t_0)\rangle$$

mit der Definition $|\psi_{mj}(t)\rangle \equiv |m(t)\rangle \otimes |\psi_j^{\mathrm{U}}(t)\rangle$. Für die Zeitentwicklung im System ergibt sich:

$$|m(t)\rangle = \langle\psi_j^{\mathrm{U}}(t)|\psi_{mj}(t)\rangle = \hat{\mathsf{U}}_{\mathrm{S}}(t|t_0)|m(t_0)\rangle \ .$$

Der Erwartungswert von $\hat{\mathcal{O}} = \hat{\mathcal{O}}_{\mathrm{S}} \otimes \mathbb{1}_{\mathrm{U}}$ zur Zeit $t \geq t_0$ ist daher

$$\langle\hat{\mathcal{O}}\rangle_t = \langle\psi(t)|\hat{\mathcal{O}}|\psi(t)\rangle = \sum_{mm'j} K_{mj}^* K_{m'j}\langle m(t)|\hat{\mathcal{O}}_{\mathrm{S}}|m'(t)\rangle = \sum_m \varrho_m\langle m(t)|\hat{\mathcal{O}}_{\mathrm{S}}|m(t)\rangle \ ,$$

wobei $|\psi(t)\rangle$ nach den Basisfunktionen $|\psi_{mj}(t)\rangle$ entwickelt wurde:

$$|\psi(t)\rangle = \sum_{mj} K_{mj}|\psi_{mj}(t)\rangle \quad , \quad \sum_j K_{mj}^* K_{m'j} = (KK^\dagger)_{m'm} = \varrho_m\delta_{m'm} \ .$$

Der Dichteoperator $\hat{\varrho}(t)$ ist somit für $t \geq t_0$ durch

$$\hat{\varrho}(t) = \sum_m \varrho_m |m(t)\rangle\langle m(t)| = \hat{\mathsf{U}}_{\mathrm{S}}(t|t_0)\hat{\varrho}(t_0)\hat{\mathsf{U}}_{\mathrm{S}}(t|t_0)^\dagger \tag{3.12}$$

gegeben, wobei die Eigenwerte ϱ_m von $\hat{\varrho}(t)$ also zeit*un*abhängig sind. Differentiation nach der Zeitvariablen zeigt, dass $\hat{\varrho}(t)$ die Differentialgleichung

$$\boxed{\partial_t\hat{\varrho} = -\frac{i}{\hbar}(\hat{\mathsf{H}}_{\mathrm{S}}\hat{\varrho} - \hat{\varrho}\hat{\mathsf{H}}_{\mathrm{S}}) = \frac{1}{i\hbar}[\hat{\mathsf{H}}_{\mathrm{S}}, \hat{\varrho}]} \tag{3.13}$$

erfüllt. Gleichung (3.13) ist als die *Von-Neumann-Gleichung* bekannt. Der Mittelwert einer Observablen $\hat{\mathcal{O}} = \hat{\mathcal{O}}_{\mathrm{S}} \otimes \mathbb{1}_{\mathrm{U}}$ als Funktion der Zeit ist nun durch

$$\boxed{\langle\hat{\mathcal{O}}\rangle_t = \mathrm{Sp}[\hat{\varrho}(t)\hat{\mathcal{O}}_{\mathrm{S}}]}$$

gegeben. Falls der Operator $\hat{\mathcal{O}}_{\mathrm{S}}$ eine Funktion des Dichteoperators ist und diese Funktion durch eine Potenzreihe dargestellt werden kann:

$$\hat{\mathcal{O}}_{\mathrm{S}} = f(\hat{\varrho}) = \sum_{l=0}^\infty f_l(\hat{\varrho})^l \ ,$$

ist der Mittelwert von $\hat{\mathcal{O}}_{\mathrm{S}} = f(\hat{\varrho})$ strikt zeit*un*abhängig:

$$\langle f[\hat{\varrho}(t)]\rangle_t = \sum_{l=0}^\infty f_l \mathrm{Sp}[\hat{\varrho}(t)^{l+1}] = \sum_{l=0}^\infty f_l \mathrm{Sp}[\hat{\mathsf{U}}_{\mathrm{S}}(t|t_0)\hat{\varrho}(t_0)^{l+1}\hat{\mathsf{U}}_{\mathrm{S}}(t|t_0)^\dagger]$$

$$= \sum_{l=0}^\infty f_l \mathrm{Sp}[\hat{\varrho}(t_0)^{l+1}] = \langle f[\hat{\varrho}(t_0)]\rangle_{t_0} \ .$$

Dieses Ergebnis folgt alternativ auch daraus, dass die Spur von

$$\hat{\varrho}f(\hat{\varrho}) = \sum_m \varrho_m f(\varrho_m) |m(t)\rangle\langle m(t)|$$

gleich $\sum_m \varrho_m f(\varrho_m)$ und daher zeit*un*abhängig ist. Dies sieht man am einfachsten, wenn man die Spur von $\hat{\varrho} f(\hat{\varrho})$ mit dem orthonormalen und vollständigen Satz $\{|m(t)\rangle\}$ bildet. Ein Beispiel für den Mittelwert einer Funktion des Dichteoperators ist die *Entropie*, auf die wir in Abschnitt [3.3] näher eingehen werden.

Zwei Bemerkungen sind an dieser Stelle angebracht: Erstens ist klar, dass der Zeitentwicklungsoperator für den Spezialfall eines zeit*un*abhängigen Hamilton-Operators $\hat{H}_S$ für das „System" durch $\hat{U}_S(t|t_0) = e^{-i\hat{H}_S(t-t_0)/\hbar}$ gegeben ist. Für den Dichteoperator gilt in diesem Fall

$$\hat{\varrho}(t) = e^{-i\hat{H}_S(t-t_0)/\hbar} \hat{\varrho}(t_0) e^{i\hat{H}_S(t-t_0)/\hbar} \ .$$

Zweitens sei darauf hingewiesen, dass eine zusätzliche *Wechselwirkung* zwischen System und Umgebung die Berechnung des Dichteoperators für das System komplizieren würde. Insbesondere könnte man den Dichteoperator dann nicht in der einfachen Form (3.12) darstellen, und Mittelwerte von Funktionen des Dichteoperators wären nicht notwendigerweise zeitunabhängig. Dies ist natürlich auch genau, was man in einem System erwartet, das Wärme und Teilchen mit seiner Umgebung austauscht. Auf derartige Komplikationen durch Wechselwirkung des Systems mit der Umgebung gehen wir in Abschnitt [3.5.4] kurz ein.

3.3 Die Entropie

Die allgemeine Definition der *Entropie* eines quantenmechanischen Vielteilchensystems, das durch den Dichteoperator $\hat{\varrho}$ beschrieben wird, lautet:

$$\boxed{S[\hat{\varrho}] = -k_B \operatorname{Sp}(\hat{\varrho} \ln \hat{\varrho}) = -k_B \langle \ln \hat{\varrho} \rangle \ .}$$

(3.14)

Die Notation $S[\hat{\varrho}]$ deutet hierbei an, dass die Entropie S ein *Funktional* des Dichteoperators ist.[2] Wir werden im Folgenden zeigen, dass die Definition (3.14) physikalisch plausibel und kompatibel mit der thermodynamischen Definition der Entropie ist. Da S in (3.14) die Form $\langle \hat{O} \rangle$ mit $\hat{O} = \hat{O}_S \otimes \mathbb{1}_U$ und $\hat{O}_S = -k_B \ln \hat{\varrho}$ hat, gilt offenbar aufgrund des letzten Abschnitts, dass S zeitunabhängig ist. Besonders interessant im Hinblick auf Vielteilchensysteme *im Gleichgewicht* ist der Fall, dass der Dichteoperator $\hat{\varrho}$ selbst zeitunabhängig ist: $\partial_t \hat{\varrho} = 0$. Aus der Von-Neumann-Gleichung schließen wir, dass diese Gleichgewichtsbedingung erfordert, dass

$$[\hat{H}, \hat{\varrho}] = 0$$

gilt, d. h., dass der Dichteoperator mit dem Hamilton-Operator kommutiert.

Allgemein lässt sich sagen, dass die Entropie

$$S = -k_B \sum_m \varrho_m \ln(\varrho_m)$$

(3.15)

---

[2]Im Gegensatz zu einer *Funktion*, die Zahlen auf Zahlen abbildet, bildet ein *Funktional* Funktionen auf Zahlen oder – wie hier – Operatoren auf Zahlen ab. Der Unterschied zu einer Funktion wird durch die rechteckigen Klammern $[\cdots]$ angegeben. Funktionale sind z. B. auch vom Hamilton'schen Prinzip der Lagrange-Mechanik bekannt.

umso größer ist, je mehr Zustände zum Dichteoperator beitragen. Zwei Extremfälle sind der reine Zustand und die gleichmäßige Verteilung über ein Gemisch: Für den reinen Zustand, $\varrho_m = \delta_{mm'}$, gilt $S = 0$. Für eine gleichmäßige Verteilung über N mögliche Zustände, $\varrho_m = N^{-1}$ mit $1 \leq m \leq N$, gilt $S = k_B \ln(N)$. Da alle Eigenwerte ϱ_m von $\hat{\varrho}$ im Intervall $[0, 1]$ liegen, ist unter Verwendung von (3.15) klar, dass die Entropie eines beliebigen quantenmechanischen Vielteilchensystems nichtnegativ ist. Man findet also, dass S durch reine Zustände *minimiert* wird. Analog findet man durch Optimierung von (3.15) unter der Nebenbedingung $\mathrm{Sp}(\hat{\varrho}) = 1$, dass die Entropie eines Systems mit N Zuständen durch die gleichmäßige Verteilung $\varrho_m = N^{-1}$ *maximiert* wird.

Aufgrund unseres allgemeinen Ergebnisses für den Mittelwert eines Operators der Form $\hat{\mathcal{O}} = \hat{\mathcal{O}}_S \times \mathbb{1}_U$ im „Universum":

$$\langle \hat{\mathcal{O}} \rangle = \mathrm{Sp}(\hat{\varrho}\,\hat{\mathcal{O}}_S) = \sum_m \varrho_m \langle m|\hat{\mathcal{O}}_S|m \rangle$$

ist klar, dass der Dichteoperator $\hat{\varrho}$ für das „System" das quantenmechanische Pendant einer Wahrscheinlichkeitsverteilung ist. Ähnlich wie die Wahrscheinlichkeit zweier unabhängiger Ereignisse gleich dem Produkt der Wahrscheinlichkeiten der Einzelereignisse ist, ist der Dichteoperator einer Kombination zweier nicht wechselwirkender Vielteilchensysteme durch

$$\hat{\varrho} = \hat{\varrho}_1 \otimes \hat{\varrho}_2$$

gegeben. Die Eigenwerte von $\hat{\varrho}$ sind dementsprechend:

$$\varrho_{mn} = \varrho_{1m}\varrho_{2n}\,,$$

und die Entropie des Gesamtsystems folgt als:

$$S = -k_B \langle \ln(\hat{\varrho}) \rangle = -k_B \sum_{mn} \langle mn|\hat{\varrho}\ln(\hat{\varrho})|mn \rangle = -k_B \sum_{mn} \varrho_{mn} \ln(\varrho_{mn})$$

$$= -k_B \sum_{mn} \varrho_{1m}\varrho_{2n}\big(\ln \varrho_{1m} + \ln \varrho_{2n}\big) = S_1 + S_2 \quad, \quad \boxed{S = S_1 + S_2}$$

und ist daher additiv und extensiv.

Die Entropie $S[\hat{\varrho}] = -k_B \mathrm{Sp}(\hat{\varrho}\ln\hat{\varrho})$ erfüllt für alle Dichteoperatoren $\hat{\varrho}'$, die auf dem Hilbert-Raum des *Systems* wirken, die wichtige Ungleichung

$$\boxed{S[\hat{\varrho}] \leq -k_B \mathrm{Sp}(\hat{\varrho}\ln\hat{\varrho}') = -k_B \langle \ln \hat{\varrho}' \rangle\,.} \tag{3.16}$$

Dies lässt sich wie folgt beweisen: Wir nehmen an, dass die Eigenzustände von $\hat{\varrho}$ durch $|m\rangle$ und diejenigen von $\hat{\varrho}'$ durch $|m'\rangle$ gegeben sind. Es folgt:

$$S[\hat{\varrho}] + k_B \mathrm{Sp}(\hat{\varrho}\ln\hat{\varrho}') = k_B \mathrm{Sp}\big[\hat{\varrho}(\ln\hat{\varrho}' - \ln\hat{\varrho})\big]$$

$$= k_B \sum_m \langle m|\hat{\varrho}(\ln\hat{\varrho}' - \ln\hat{\varrho})|m \rangle = k_B \sum_m \varrho_m \langle m|\ln(\hat{\varrho}'/\varrho_m)|m \rangle$$

$$= k_B \sum_{mm'} \varrho_m \langle m|m'\rangle\langle m'|\ln(\hat{\varrho}'/\varrho_m)|m \rangle$$

$$= k_B \sum_{mm'} \varrho_m \langle m|m'\rangle \ln(\varrho'_{m'}/\varrho_m)\langle m'|m \rangle\,.$$

Wir verwenden nun die Ungleichung $\ln(1 + x) \leq x$:

$$S[\hat{\varrho}] + k_{\mathrm{B}} \operatorname{Sp}(\hat{\varrho} \ln \hat{\varrho}') = k_{\mathrm{B}} \sum_{mm'} \varrho_m \langle m | m' \rangle \ln(\varrho'_{m'}/\varrho_m) \langle m' | m \rangle$$

$$\leq k_{\mathrm{B}} \sum_{mm'} \varrho_m \langle m | m' \rangle \left(\frac{\varrho'_{m'}}{\varrho_m} - 1 \right) \langle m' | m \rangle \qquad (\text{wegen } |\langle m | m' \rangle|^2 \geq 0)$$

$$= k_{\mathrm{B}} \sum_{mm'} \left[\langle m' | m \rangle \varrho'_{m'} \langle m | m' \rangle - \langle m | m' \rangle \varrho_m \langle m' | m \rangle \right]$$

$$= k_{\mathrm{B}} \left[\operatorname{Sp}(\hat{\varrho}') - \operatorname{Sp}(\hat{\varrho}) \right] = 0 \, .$$

Hieraus folgt sofort die Ungleichung (3.16). Wir werden dieses Ergebnis im Folgenden dazu verwenden, die Extremaleigenschaften der verschiedenen thermodynamischen Potentiale im Rahmen der mikroskopischen Theorie herzuleiten.

Das Gleichheitszeichen in (3.16) gilt übrigens dann und nur dann, wenn die zwei Dichteoperatoren gleich sind:

$$\boxed{S[\hat{\varrho}] = -k_{\mathrm{B}} \operatorname{Sp}(\hat{\varrho} \ln \hat{\varrho}') \quad \Leftrightarrow \quad \hat{\varrho} = \hat{\varrho}' \, ,}$$

denn die Gleichung

$$S[\hat{\varrho}] = -k_{\mathrm{B}} \operatorname{Sp}(\hat{\varrho} \ln \hat{\varrho}') \tag{3.17}$$

impliziert für alle m mit $\varrho_m > 0$ und alle m':

$$0 = \langle m | m' \rangle \left[\ln(\varrho'_{m'}) - \ln(\varrho_m) \right] = \langle m | \ln(\hat{\varrho}') - \ln(\hat{\varrho}) | m' \rangle \, . \tag{3.18}$$

Würde nämlich für irgendein m' und irgendein m mit $\varrho_m > 0$ (beispielsweise für $m = \bar{m}$ und $m' = \bar{m}'$) Gleichung (3.18) *nicht* gelten, so erhielte man einen Widerspruch mit (3.17):

$$S[\hat{\varrho}] + k_{\mathrm{B}} \operatorname{Sp}(\hat{\varrho} \ln \hat{\varrho}') = k_{\mathrm{B}} \varrho_{\bar{m}} |\langle \bar{m}' | \bar{m} \rangle|^2 \ln(\varrho'_{\bar{m}'}/\varrho_{\bar{m}})$$

$$+ k_{\mathrm{B}} \sum_{(mm') \neq (\bar{m}\bar{m}')} \varrho_m |\langle m' | m \rangle|^2 \ln(\varrho'_{m'}/\varrho_m)$$

$$\leq k_{\mathrm{B}} \varrho_{\bar{m}} |\langle \bar{m}' | \bar{m} \rangle|^2 \left[\ln(\varrho'_{\bar{m}'}/\varrho_{\bar{m}}) - \left(\frac{\varrho'_{\bar{m}'}}{\varrho_{\bar{m}}} - 1 \right) \right]$$

$$+ k_{\mathrm{B}} \sum_{mm'} \varrho_m |\langle m' | m \rangle|^2 \left(\frac{\varrho'_{m'}}{\varrho_m} - 1 \right)$$

$$= k_{\mathrm{B}} \varrho_{\bar{m}} |\langle \bar{m}' | \bar{m} \rangle|^2 \left[\ln(\varrho'_{\bar{m}'}/\varrho_{\bar{m}}) - \left(\frac{\varrho'_{\bar{m}'}}{\varrho_{\bar{m}}} - 1 \right) \right] < 0 \, .$$

Aus diesem Grund muss (3.18) für alle m' und für alle m mit $\varrho_m > 0$ gelten. Da die $\{|m'\rangle\}$ in Gleichung (3.18) eine vollständige Basis bilden, muss zumindest im Unterraum der Wellenfunktionen $|\psi^{\mathrm{S}}\rangle = \sum_{m \in \mathcal{M}} \lambda_m |m\rangle$ mit $\mathcal{M} \equiv \{m \,|\, \varrho_m > 0\}$ die Operatoridentität $\hat{\varrho} = \hat{\varrho}'$ gelten. Außerhalb dieses Unterraums hat $\hat{\varrho}$ aber kein spektrales Gewicht. Wegen $\operatorname{Sp}(\hat{\varrho}) = \operatorname{Sp}(\hat{\varrho}') = 1$ kann dann auch $\hat{\varrho}'$ kein spektrales Gewicht außerhalb dieses Unterraums haben. Somit gilt die Identität $\hat{\varrho} = \hat{\varrho}'$ im ganzen Hilbert-Raum.

3.4 Zentrales Postulat der Statistischen Physik

Betrachten wir ein quantenmechanisches Vielteilchensystem, das durch den Dichteoperator $\hat{\varrho}$ beschrieben wird. Im letzten Abschnitt haben wir die zunächst abstrakte Größe S kennengelernt und bereits als „Entropie" bezeichnet:

$$S[\hat{\varrho}] = -k_\mathrm{B}\,\mathrm{Sp}(\hat{\varrho}\ln\hat{\varrho})\,. \tag{3.19}$$

Diese Größe S hat sich nun als additive Erhaltungsgröße herausgestellt, die ihr Minimum $S = 0$ in reinen Zuständen annimmt und die wichtige Ungleichung (3.16) erfüllt. Wir zeigen im Folgenden (siehe Abschnitt [4.1]), dass diese Ungleichung gewährleistet, dass S im Gleichgewicht in isolierten Systemen *maximal* ist. Das zentrale Postulat der Statistischen Physik ist nun, dass $S[\hat{\varrho}]$ tatsächlich die bereits aus der Thermodynamik bekannte Zustandsgröße *Entropie* darstellt, oder genauer, dass (3.19) die Beziehung zwischen dem makroskopischen Konzept der Entropie und dem mikroskopischen Konzept des Dichteoperators definiert:

> **Zentrales Postulat der Statistischen Physik:**
> $S[\hat{\varrho}]$ in (3.19) entspricht der thermodynamischen Entropie!

Insofern verkörpert (3.19) die mikroskopische Begründung der Thermodynamik. In der frühen Formulierung $S = k_\mathrm{B}\ln W$, wobei W die Anzahl der verfügbaren Mikrozustände bei vorgegebener Gesamtenergie des Systems darstellt, geht dieses Postulat bereits auf Ludwig Boltzmann (1872) zurück.

In der Statistischen Physik benötigt man natürlich nicht nur ein mikroskopisches Konzept der Entropie, sondern auch der inneren Energie, der Teilchenzahl und der extensiven mechanischen Variablen. Das mikroskopische Pendant dieser makroskopischen Größen lässt sich jedoch sehr einfach formulieren: Die innere Energie ist durch

$$U[\hat{\varrho}] = \sum_m E_m \varrho_m = \mathrm{Sp}(\hat{\varrho}\hat{\mathrm{H}}) \tag{3.20}$$

gegeben, wobei E_m die Energieeigenwerte des Gesamt-Hamilton-Operators des „Systems" bezeichnet. Die Teilchenzahl ist durch

$$\mathbf{N}[\hat{\varrho}] = \sum_m \mathbf{N}_m \varrho_m = \mathrm{Sp}(\hat{\varrho}\hat{\mathbf{N}}) \tag{3.21}$$

gegeben; hierbei ist $\hat{\mathbf{N}}$ der Teilchenzahloperator. Analog gilt für die extensiven mechanischen Variablen:

$$\mathbf{X}[\hat{\varrho}] = \sum_m \mathbf{X}_m \varrho_m = \mathrm{Sp}(\hat{\varrho}\hat{\mathbf{X}})\,, \tag{3.22}$$

denn Größen wie die Magnetisierung (oder genauer: das magnetische Moment des Körpers) sind mit Hilfe quantenmechanischer Operatoren (in diesem Beispiel mit

Hilfe des Drehimpulsoperators und des Spinoperators) beschreibbar, und ein „Volumenoperator" $\hat{X}_1 = \hat{V}$ lässt sich leicht durch eine Diskretisierung des Volumens[3] definieren: $\hat{V}|m\rangle = V_m|m\rangle$.

Aufgrund dieser Diskussion ist klar, dass man den Mikrozustand $|m\rangle$ durch Quantenzahlen $(U, \mathbf{X}, \mathbf{N}, M)$ festlegen kann, $|m\rangle = |U, \mathbf{X}, \mathbf{N}, M\rangle$, wobei $(U, \mathbf{X}, \mathbf{N})$ makroskopische Information enthält und somit den *Makrozustand* des Systems angibt, während die Zusatzquantenzahl M die verschiedenen *Mikrozustände* zu fest vorgegebenen $(U, \mathbf{X}, \mathbf{N})$-Werten indiziert. Der Satz aller Mikrozustände, die mit einem Makrozustand verträglich sind, wird als statistische *Gesamtheit* oder als statistisches *Ensemble* bezeichnet. Es gibt daher mehrere Gesamtheiten, abhängig davon, ob man den Makrozustand durch $(U, \mathbf{X}, \mathbf{N})$ oder alternativ durch $(H, \mathbf{Y}, \mathbf{N})$, $(T, \mathbf{X}, \mathbf{N})$, $(T, \mathbf{Y}, \mathbf{N})$ oder $(T, \mathbf{X}, \boldsymbol{\mu})$ charakterisiert.

Die Gleichungen (3.19)–(3.22) für $S[\hat{\varrho}]$, $U[\hat{\varrho}]$, $\mathbf{N}[\hat{\varrho}]$ und $\mathbf{X}[\hat{\varrho}]$ illustrieren übrigens die sehr wichtige implizite Annahme der Statistischen Physik, dass es zur „Messung" einer makroskopischen Observablen lediglich einer *statistischen* Mittelung über eine Schar von Mikrozuständen bedarf. Es ist insbesondere *nicht* nötig, die relevante mikroskopische Gleichung für die Dynamik des Vielteilchensystems (d. h. die Schrödinger- oder – im klassischen Fall – die Lagrange-Gleichung) explizit zu lösen. Die Annahme, dass die Zeitmittelung bei der Berechnung von Gleichgewichtseigenschaften durch eine Scharmittelung ersetzt werden kann, setzt voraus, dass das Vielteilchensystem während der „Messzeit" einen genügend großen und repräsentativen Teil der Schar von Mikrozuständen durchläuft. Diese Annahme ist als die *Ergodenhypothese*[4] bekannt; sie wurde bisher nur für Spezialfälle bewiesen.

Extensive thermodynamische Variable und Erhaltungsgrößen

Interessant ist noch, dass der Makrozustand durch die *extensiven Erhaltungsgrößen* $(U, \mathbf{X}, \mathbf{N})$ oder eventuell durch die zu ihnen konjugierten thermodynamischen Variablen festgelegt werden kann. Die Größen $(U, \mathbf{X}, \mathbf{N})$ sind erhalten, da die entsprechenden Operatoren $(\hat{H}, \hat{\mathbf{X}}, \hat{\mathbf{N}})$ exakt (oder manchmal nur approximativ) mit dem Hamilton-Operator kommutieren. Umgekehrt ist jede extensive Erhaltungsgröße, an der ein physikalisches Feld angreift, grundsätzlich thermodynamisch relevant. Es gibt genau eine extensive Erhaltungsgröße, nämlich den Gesamtimpuls $\mathbf{P}_S$ des Systems, die in der Liste der relevanten thermodynamischen Variablen *nicht*

---

[3]Nehmen wir an, das Volumen sei variabel: $V \in \{V_\alpha\}$, wobei wir der Einfachheit halber für α nur diskrete Werte zulassen. Der Hilbert-Raum der im Volumen V_α quadratisch integrierbaren Funktionen sei $\mathcal{H}_\alpha$. Wir bilden die direkte Summe $\mathcal{H} \equiv \bigoplus_\alpha \mathcal{H}_\alpha$ und definieren das Skalarprodukt in $\mathcal{H}$ durch

$$\langle U, \mathbf{X}, \mathbf{N}, M \,|\, U', \mathbf{X}', \mathbf{N}', M'\rangle = \delta_{UU'}\delta_{\mathbf{X},\mathbf{X}'}\delta_{\mathbf{N},\mathbf{N}'}\delta_{MM'} \,.$$

Dann ist der „Volumenoperator" also durch

$$\hat{V} = \sum_{U, \mathbf{X}, \mathbf{N}, M} V|U, \mathbf{X}, \mathbf{N}, M\rangle\langle U, \mathbf{X}, \mathbf{N}, M|$$

gegeben, denn für alle $|m\rangle \in \mathcal{H}$ gilt $\hat{V}|U, \mathbf{X}, \mathbf{N}, M\rangle = V|U, \mathbf{X}, \mathbf{N}, M\rangle$. Man kann den Satz $\{V_\alpha\}$ bei Bedarf natürlich beliebig dicht wählen.

[4]Die Ergodenhypothese wurde z. B. für ein klassisches „Gas" von harten Kugeln („Sinai-Billard") bewiesen (Sinai, 1963). Speziell beim Auftreten von Phasenübergängen ist der Begriff „Ergodizität" mit Vorsicht zu interpretieren; man spricht in diesem Fall von *Ergodizitätsbrechung*.

berücksichtigt werden soll.[5] Der Grund ist, dass die innere Energie U für Systeme definiert ist, deren Massenschwerpunkt im Inertialsystem des Beobachters *ruht* (siehe Abschnitt [2.4]). Falls ein thermodynamisches System der Gesamtmasse M_S sich also mit dem Gesamtimpuls $\mathbf{P}_S$ relativ zum Inertialsystem bewegt, sodass seine Gesamtenergie gleich

$$E_S = U + \mathbf{P}_S^2/2M_S$$

ist, dann ist die Entropie dieses Systems durch

$$S(U, \mathbf{X}, \mathbf{N}) = S(E_S - \mathbf{P}_S^2/2M_S, \mathbf{X}, \mathbf{N})$$

gegeben, wobei die Funktion S im Schwerpunktsystem bestimmt wurde.

Zentrales Postulat und dritter Hauptsatz

Eine sehr neue Entwicklung auf dem Gebiet der Statistischen Physik ist der Nachweis der Gültigkeit des *dritten Hauptsatzes der Thermodynamik* mit Methoden der Vielteilchentheorie und Quanteninformationstheorie in Ref. [40]. Die Autoren Masanes und Oppenheim betrachten dort als Gedankenexperiment eine Anordnung, die aus drei Elementen besteht: (1) einem thermodynamischen System, das abgekühlt werden soll, indem man es Arbeit verrichten lässt; (2) einem Wärmebad, an das das System gekoppelt werden kann; und (3) einer Maschine, an der das System Arbeit verrichten kann. Ausgehend von einer konsistenten quantenmechanischen Beschreibung dieses Gedankenexperiments zeigen sie dann, dass es nicht möglich ist, den absoluten Temperaturnullpunkt in endlicher Zeit durch Kühlung zu erreichen. Konkret leiten sie hierzu eine untere Schranke $T_S \geq \text{Konstante} \cdot t^{-7}$ ab für die niedrigste Temperatur T_S, die das abzukühlende System innerhalb einer Kühlzeit t erreichen kann. Dieses Ergebnis macht den dritten Hauptsatz in seinen unterschiedlichen Formulierungen aus mikroskopischer Sicht sehr viel verständlicher und bestätigt andererseits natürlich auch, dass das „zentrale Postulat" kompatibel mit der phänomenologischen Thermodynamik ist.

3.5 Die Pauli-Gleichung

Nachdem wir im vorigen Abschnitt [3.4] die Entropie im *Gleichgewicht* betrachtet und die Beziehung der Vielteilchenentropie zur thermodynamischen Entropie geklärt haben, möchten wir in diesem Abschnitt noch einmal die *Dynamik* des Dichteoperators betrachten. Die Dynamik von $\hat{\varrho}$ gibt Information über das Verhalten eines Systems im *Nichtgleichgewicht* und insbesondere auch über die *Annäherung an das Gleichgewicht*, falls sich das System anfangs im Nichtgleichgewicht befindet.

Die Dynamik des Dichteoperators $\hat{\varrho}$ wurde bereits in Abschnitt [3.2] behandelt für den Spezialfall eines Hamilton-Operators $\hat{H}$, der als Summe der Beiträge des Systems und seiner Umgebung geschrieben werden kann:

$$\hat{H}(t) = \hat{H}_S(t) \otimes \mathbb{1}_U + \mathbb{1}_S \otimes \hat{H}_U(t) \, .$$

---

[5]An $\mathbf{P}_S$ greift auch kein konjugiertes Feld an.

Hierbei dürfen die Hamilton-Operatoren des Systems und der Umgebung also explizit zeitabhängig sein, aber es wird angenommen, dass System und Umgebung nicht miteinander wechselwirken. In Abschnitt [3.2] wurde gezeigt, dass der Dichteoperator $\hat{\varrho}(t)$ die Von-Neumann-Gleichung

$$\partial_t \hat{\varrho} = \frac{1}{i\hbar}[\hat{\mathsf{H}}_{\mathsf{S}}, \hat{\varrho}] \quad , \quad \hat{\varrho}(t_0) = \sum_m \varrho_m(t_0)\,|m\rangle\langle m|$$

erfüllt. Wir wissen aus Gleichung (3.12), dass die Lösung dieser Gleichung die Form $\hat{\varrho}(t) = \hat{\mathsf{U}}_{\mathsf{S}}(t|t_0)\hat{\varrho}(t_0)\hat{\mathsf{U}}_{\mathsf{S}}(t|t_0)^\dagger$ hat, wobei der Zeitentwicklungsoperator $\hat{\mathsf{U}}_{\mathsf{S}}(t|t_0)$ des Systems die Gleichung $i\hbar\partial_t\hat{\mathsf{U}}_{\mathsf{S}} = \hat{\mathsf{H}}_{\mathsf{S}}\hat{\mathsf{U}}_{\mathsf{S}}$ erfüllt. Observablen $\hat{\mathcal{O}} = \hat{\mathcal{O}}_{\mathsf{S}} \otimes \mathbb{1}_{\mathsf{U}}$ sind dann als Funktion der Zeit durch $\langle\hat{\mathcal{O}}\rangle_t = \mathrm{Sp}\big[\hat{\varrho}(t)\hat{\mathcal{O}}_{\mathsf{S}}\big]$ gegeben. Betrachten wir nun als Spezialfall die Operatoren $\hat{\mathcal{O}}_{\mathsf{S}\alpha} = |\alpha\rangle\langle\alpha|$, wobei die Zustände $\{|\alpha\rangle\}$ orthogonal und vollständig sind. In diesem Fall stellt der Erwartungswert $\langle\hat{\mathcal{O}}\rangle_t$ die *Wahrscheinlichkeit* dafür dar, dass das System im Zustand $|\alpha\rangle$ vorgefunden wird:

$$p_\alpha(t) \equiv \langle|\alpha\rangle\langle\alpha|\rangle_t = \langle\alpha|\hat{\varrho}(t)|\alpha\rangle \quad , \quad \sum_\alpha p_\alpha(t) = 1 \ .$$

Die Wahrscheinlichkeiten $p_\alpha(t)$ sind aufgrund der Vollständigkeit der Zustände $\{|\alpha\rangle\}$ auf eins normiert: $\sum_\alpha p_\alpha(t) = \langle\mathbb{1}\rangle_t = 1$. Ausgehend von der Von-Neumann-Gleichung für den Dichteoperator möchten wir im Folgenden die Zeitabhängigkeit der Wahrscheinlichkeiten $p_\alpha(t)$ berechnen.

Wir werden in diesem Abschnitt der Einfachheit halber annehmen, dass zwischen dem System und der Umgebung keine Wechselwirkung stattfindet, sodass die Von-Neumann-Gleichung gilt. Wir werden zeigen, dass die Annäherung an das Gleichgewicht in diesem Fall für beliebige Anfangszustände $\hat{\varrho}(t_0)$ durch die sogenannte *Pauli-Gleichung* beschrieben wird.[6] In Abschnitt [3.2] wurde bereits darauf hingewiesen, dass eine zusätzliche *Wechselwirkung* zwischen System und Umgebung die Berechnung von $\hat{\varrho}(t)$ durchaus komplizieren würde. Auch die Dynamik solcher *offenen Quantensysteme* wurde (und wird) aber ausführlich in der Literatur untersucht. Auf entsprechende Verallgemeinerungen gehen wir am Ende dieses Abschnitts kurz ein. *Anwendungen* der Pauli-Gleichung sowie ihre allgemeinen Eigenschaften werden ausführlich in Kapitel [7] behandelt (siehe Abschnitt [7.1]).

3.5.1 Hamilton-Operator und Wechselwirkungsbild

Wir betrachten im Folgenden den relativ einfachen Fall, dass der Hamilton-Operator $\hat{\mathsf{H}}_{\mathsf{S}}(t)$ des Systems in der Von-Neumann-Gleichung $\partial_t\hat{\varrho} = \frac{1}{i\hbar}[\hat{\mathsf{H}}_{\mathsf{S}}, \hat{\varrho}]$ zeit*un*abhängig ist. Allerdings soll $\hat{\mathsf{H}}_{\mathsf{S}}$ zwei Anteile haben, einen quantitativ dominanten Anteil $\hat{\mathsf{H}}_0$, der relativ einfach (d. h. exakt diagonalisierbar) ist, und einen quantitativ kleineren Anteil $\lambda\hat{\mathsf{H}}_1$ mit $\lambda \ll 1$, der in Störungstheorie behandelt werden kann:

$$\hat{\mathsf{H}}_{\mathsf{S}}(t) = \hat{\mathsf{H}}_0 + \lambda\hat{\mathsf{H}}_1 \quad , \quad \hat{\mathsf{H}}_0|\alpha\rangle = E_\alpha^{(0)}|\alpha\rangle \ . \tag{3.23}$$

---

[6] Diese „Pauli-Gleichung" (s. Ref. [46]) hat allerdings nichts zu tun mit der Schrödinger-Gleichung für Spin-$\frac{1}{2}$-Teilchen im Magnetfeld, die ebenfalls als Pauli-Gleichung bezeichnet wird, abgesehen natürlich davon, dass beide Gleichungen auf Arbeiten des österreichischen Physikers und Nobelpreisträgers Wolfgang Pauli (1900–1958) zurückgehen.

Hierbei kann man die Störung $\lambda\hat{H}_1$ immer so definieren, dass ihre Diagonalelemente exakt null sind: $\langle\alpha|\hat{H}_1|\alpha\rangle = 0$. Die oben eingeführten, orthogonalen und vollständigen Zustände $\{|\alpha\rangle\}$ mit den Wahrscheinlichkeiten $p_\alpha(t)$ werden hierbei also mit den Eigenzuständen des ungestörten Hamilton-Operators $\hat{H}_0$ identifiziert. Diese Zweiteilung in $\hat{H}_0$ und $\lambda\hat{H}_1$ ist physikalisch wichtig, da das System ohne Störterm u.U. in speziellen Eigenzuständen von $\hat{H}_0$ verharren würde und sich nur durch die Wirkung des Störterms an das thermische Gleichgewicht annähern kann. Beispiele (s. z. B. die Referenzen [51, 23, 47]) sind harmonische Schwingungen $\hat{H}_0$, die durch anharmonische Terme $\lambda\hat{H}_1$ gekoppelt werden, oder ein harmonischer Kristall, dessen Elektronen durch den Störterm $\lambda\hat{H}_1$ an die Gitterschwingungen gekoppelt werden. Da im Folgenden nur noch das *System* (und nicht die Umgebung) relevant ist, werden wir den redundanten Index „S" in $\hat{H}_S$ künftig unterdrücken.

Um die Von-Neumann-Gleichung $\partial_t\hat{\varrho} = \frac{1}{i\hbar}[\hat{H}, \hat{\varrho}]$ zu lösen, transformieren wir zuerst auf das „Wechselwirkungsbild":

$$\hat{\varrho} = e^{-i\hat{H}_0(t-t_0)/\hbar}\hat{\varrho}_{\mathrm{W}}e^{i\hat{H}_0(t-t_0)/\hbar}\ . \tag{3.24}$$

Die Motivation für die Einführung des Wechselwirkungsbildes ist, dass der neue Dichteoperator $\hat{\varrho}_{\mathrm{W}}(t)$ in (3.24) für $\lambda = 0$ strikt zeitunabhängig wäre. Daher erwartet man, dass $\hat{\varrho}_{\mathrm{W}}$ für kleine λ nur schwach mit der Zeit variiert. Einsetzen von (3.24) in die Von-Neumann-Gleichung ergibt:

$$\partial_t\hat{\varrho}_{\mathrm{W}} = \frac{1}{i\hbar}\left[\hat{H}_{\mathrm{W}}(t)\hat{\varrho}_{\mathrm{W}} - \hat{\varrho}_{\mathrm{W}}\hat{H}_{\mathrm{W}}(t)\right] = \frac{1}{i\hbar}[\hat{H}_{\mathrm{W}}(t), \hat{\varrho}_{\mathrm{W}}]\ ,$$

wobei der Hamilton-Operator im Wechselwirkungsbild durch

$$\hat{H}_{\mathrm{W}}(t) \equiv e^{i\hat{H}_0(t-t_0)/\hbar}\lambda\hat{H}_1 e^{-i\hat{H}_0(t-t_0)/\hbar}$$

gegeben ist. Die Lösung der Von-Neumann-Gleichung für den Dichteoperator $\hat{\varrho}_{\mathrm{W}}$ lautet $\hat{\varrho}_{\mathrm{W}}(t) = \hat{U}_{\mathrm{W}}(t|t_0)\hat{\varrho}_{\mathrm{W}}(t_0)\hat{U}_{\mathrm{W}}(t|t_0)^\dagger$, wobei der Zeitentwicklungsoperator $\hat{U}_{\mathrm{W}}$ im Wechselwirkungsbild die Gleichung $i\hbar\partial_t\hat{U}_{\mathrm{W}} = \hat{H}_{\mathrm{W}}\hat{U}_{\mathrm{W}}$ mit $\hat{U}_{\mathrm{W}}(t_0|t_0) = \mathbb{1}$ erfüllt. Nach einer Integration erhält man:

$$\hat{U}_{\mathrm{W}}(t|t_0) = \mathbb{1} + \frac{1}{i\hbar}\int_{t_0}^{t}dt_1\,\hat{H}_{\mathrm{W}}(t_1)\hat{U}_{\mathrm{W}}(t_1|t_0)\ . \tag{3.25}$$

Diese Integralgleichung für $\hat{U}_{\mathrm{W}}$ kann iterativ gelöst werden:

$$\hat{U}_{\mathrm{W}}(t|t_0) = \mathbb{1} + \frac{1}{i\hbar}\int_{t_0}^{t}dt_1\,\hat{H}_{\mathrm{W}}(t_1) + \frac{1}{(i\hbar)^2}\int_{t_0}^{t}dt_1\int_{t_0}^{t_1}dt_2\,\hat{H}_{\mathrm{W}}(t_1)\hat{H}_{\mathrm{W}}(t_2)\hat{U}_{\mathrm{W}}(t_2|t_0)$$

$$= \mathbb{1} + \sum_{k=1}^{\infty}\frac{1}{(i\hbar)^k}\int_{t_0}^{t}dt_1\int_{t_0}^{t_1}dt_2\cdots\int_{t_0}^{t_{k-1}}dt_k\,\hat{H}_{\mathrm{W}}(t_1)\hat{H}_{\mathrm{W}}(t_2)\cdots\hat{H}_{\mathrm{W}}(t_k)$$

$$\equiv \sum_{k=0}^{\infty}\hat{U}_k(t|t_0)\ . \tag{3.26}$$

Man kann $\hat{U}_W(t|t_0)$ auch eleganter darstellen, indem man mit Hilfe der Stufenfunktion $\Theta(t)$ einen Zeit*ordnungs*operator $\mathcal{T}$ definiert:

$$\mathcal{T}[f(t_1)g(t_2)] \equiv f(t_1)g(t_2)\Theta(t_1 - t_2) + g(t_2)f(t_1)\Theta(t_2 - t_1) \ .$$

Es gilt dann nämlich für alle $k \geq 2$:

$$\hat{U}_k(t|t_0) = \frac{1}{k!(i\hbar)^k} \int_{t_0}^{t} dt_1 \cdots \int_{t_0}^{t} dt_k \ \mathcal{T}[\hat{H}_W(t_1)\hat{H}_W(t_2)\cdots\hat{H}_W(t_k)] \ ,$$

sodass man symbolisch schreiben kann:

$$\hat{U}_W(t|t_0) = \mathcal{T}\left[\sum_{k=0}^{\infty} \frac{1}{k!}\left(\frac{1}{i\hbar}\int_{t_0}^{t} dt' \ \hat{H}_W(t')\right)^k\right] = \mathcal{T}\left[e^{-i\int_{t_0}^{t} dt' \ \hat{H}_W(t')/\hbar}\right] \ .$$

Der Zeitentwicklungsoperator hat im Wechselwirkungsbild also die Form einer zeitgeordneten Exponentialfunktion. Da der Hamilton-Operator $\hat{H}_W(t)$ im Wechselwirkungsbild proportional zur Störungsamplitude λ ist, stellt diese Formel für $\hat{U}_W(t|t_0)$ eine Potenzreihenentwicklung in λ dar.

3.5.2   Zeitabhängigkeit der Wahrscheinlichkeiten

Wir betrachten nun die Zeitabhängigkeit der Wahrscheinlichkeiten $p_\alpha(t)$, die durch die Diagonalelemente des Dichteoperators $\hat{\varrho}(t)$ oder äquivalent $\hat{\varrho}_W(t)$ gegeben sind:

$$p_\alpha(t) = \langle\alpha|\hat{\varrho}(t)|\alpha\rangle = \langle\alpha|e^{-i\hat{H}_0(t-t_0)/\hbar}\hat{\varrho}_W(t)e^{i\hat{H}_0(t-t_0)/\hbar}|\alpha\rangle$$

$$= \langle\alpha|\hat{\varrho}_W(t)|\alpha\rangle = \langle\alpha|\hat{U}_W(t|t_0)\hat{\varrho}_W(t_0)\hat{U}_W(t|t_0)^\dagger|\alpha\rangle \ .$$

Mit der Definition $\hat{\mathcal{U}}_W(t) \equiv \hat{U}_W(t + \Delta t|t)$ folgt hieraus für die Wahrscheinlichkeit $p_\alpha(t + \Delta t)$ zu einem geringfügig späteren Zeitpunkt:

$$p_\alpha(t + \Delta t) = \langle\alpha|\hat{\mathcal{U}}_W(t)\hat{\varrho}_W(t)\hat{\mathcal{U}}_W^\dagger(t)|\alpha\rangle$$

$$= \sum_{\beta\gamma} \langle\alpha|\hat{\mathcal{U}}_W(t)|\beta\rangle\langle\beta|\hat{\varrho}_W(t)|\gamma\rangle\langle\gamma|\hat{\mathcal{U}}_W^\dagger(t)|\alpha\rangle \ .$$

An dieser Stelle kann die *random phase approximation* (RPA) verwendet werden, die besagt, dass zur $(\beta\gamma)$-Summe nur die Diagonalelemente

$$\boxed{\langle\beta|\hat{\varrho}_W(t)|\gamma\rangle = \delta_{\beta\gamma}\langle\beta|\hat{\varrho}_W(t)|\beta\rangle \overset{!}{=} \delta_{\beta\gamma}\, p_\beta(t)}$$

beitragen, da die übrigen Beiträge stark fluktuierende („zufallsverteilte") Phasen haben und sich somit gegenseitig auslöschen.[7] Die Korrektheit dieses Ansatzes kann im Rahmen der Störungstheorie ($\lambda \ll 1$) gezeigt werden (s. die Refn. [51, 23, 47]). Insbesondere wurde von Van Hove (s. Ref. [23]) gezeigt, dass es unnötig ist, den

---

[7]Pauli selbst (siehe Ref. [46]) bezeichnete den RPA-Ansatz als „Hypothese der elementaren Unordnung". Diese Bezeichnung hat sich zumindest in diesem Kontext offenbar nicht durchgesetzt.

RPA-Ansatz zu jedem Zeitpunkt aufzuerlegen: Es reicht aus, seine Gültigkeit z. B. zum Anfangszeitpunkt t_0 zu verlangen. Aus dem RPA-Ansatz folgt nun:

$$p_\alpha(t + \Delta t) = \sum_\beta p_\beta(t) \langle\alpha|\hat{\mathcal{U}}_W(t)|\beta\rangle \langle\beta|\hat{\mathcal{U}}_W^\dagger(t)|\alpha\rangle \ . \tag{3.27}$$

Die Berechnung der Zeitabhängigkeit der Wahrscheinlichkeiten $p_\alpha(t)$ erfordert somit die Bestimmung von Übergangsamplituden der Form $\langle\alpha|\hat{\mathcal{U}}_W(t)|\beta\rangle$. Zu beachten ist außerdem, dass der RPA-Ansatz wegen $\hat{\mathcal{U}}_W^\dagger \hat{\mathcal{U}}_W = \mathbb{1}$ die Normierung der Wahrscheinlichkeiten erhält: $\sum_\alpha p_\alpha(t + \Delta t) = \sum_\beta p_\beta(t) = 1$.

Um die Zeitabhängigkeit der Wahrscheinlichkeiten $p_\alpha(t)$ berechnen zu können, schreiben wir die Operatoren $\hat{\mathcal{U}}_W(t)$ und $\hat{\mathcal{U}}_W^\dagger(t)$ in (3.27) als

$$\hat{\mathcal{U}}_W = \mathbb{1} + (\hat{\mathcal{U}}_W - \mathbb{1}) \quad , \qquad \hat{\mathcal{U}}_W^\dagger = \mathbb{1} + (\hat{\mathcal{U}}_W^\dagger - \mathbb{1}) \ ,$$

sodass die rechte Seite von (3.27) durch Ausmultiplizieren insgesamt vier Terme ergibt. In drei dieser vier Terme kann man aufgrund der Orthonormalität der Eigenfunktionen $\{|\alpha\rangle\}$ die Vereinfachung $\langle\alpha|\mathbb{1}|\beta\rangle = \delta_{\alpha\beta}$ vornehmen. Es folgt:

$$\frac{p_\alpha(t + \Delta t) - p_\alpha(t)}{\Delta t} = \frac{p_\alpha(t)}{\Delta t}\Big[\langle\alpha|(\hat{\mathcal{U}}_W^\dagger - \mathbb{1})|\alpha\rangle + \langle\alpha|(\hat{\mathcal{U}}_W - \mathbb{1})|\alpha\rangle\Big]$$
$$+ \sum_\beta \frac{p_\beta(t)}{\Delta t}\langle\alpha|(\hat{\mathcal{U}}_W - \mathbb{1})|\beta\rangle\langle\beta|(\hat{\mathcal{U}}_W^\dagger - \mathbb{1})|\alpha\rangle \ ,$$

sodass man für die Zeitableitung der Wahrscheinlichkeit p_α auch

$$\dot{p}_\alpha(t) = \lim_{\Delta t\downarrow 0}\left\{\frac{2p_\alpha(t)}{\Delta t}\mathrm{Re}\Big[\langle\alpha|(\hat{\mathcal{U}}_W - \mathbb{1})|\alpha\rangle\Big] + \sum_\beta \frac{p_\beta(t)}{\Delta t}\Big|\langle\alpha|(\hat{\mathcal{U}}_W - \mathbb{1})|\beta\rangle\Big|^2\right\} \tag{3.28}$$

schreiben kann. Bei der Berechnung der Übergangsamplituden

$$c_{\alpha\beta}(t) \equiv \langle\alpha|\big[\hat{\mathcal{U}}_W(t) - \mathbb{1}\big]|\beta\rangle$$

reicht es aus, sich auf die ersten zwei Ordnungen der Reihenentwicklung von $\hat{\mathcal{U}}_W$ zu beschränken [s. Gleichung (3.26)]:

$$\hat{\mathcal{U}}_W(t) = \hat{U}_W(t + \Delta t|t) = \mathbb{1} + \hat{U}_1(t + \Delta t|t) + \hat{U}_2(t + \Delta t|t) + \mathcal{O}(\lambda^3) \ . \tag{3.29}$$

Durch Einsetzen von (3.29) in die Definition der Übergangsamplituden $c_{\alpha\beta}$ erhält man aufgrund der Vollständigkeit der $\{\phi_m\}$:

$$c_{\alpha\beta}(t) = \frac{1}{i\hbar}\int_t^{t+\Delta t} dt_1\, \langle\alpha|\hat{H}_W(t_1)|\beta\rangle$$
$$+ \frac{1}{(i\hbar)^2}\int_t^{t+\Delta t} dt_1 \int_t^{t_1} dt_2 \sum_\gamma \langle\alpha|\hat{H}_W(t_1)|\gamma\rangle\langle\gamma|\hat{H}_W(t_2)|\beta\rangle + \cdots$$
$$\equiv c_{\alpha\beta}^{(1)}(t) + c_{\alpha\beta}^{(2)}(t) + \cdots \ .$$

Einsetzen der Definition von $\hat{H}_W(t)$ ergibt:

$$c_{\alpha\beta}^{(1)}(t) = \frac{\lambda}{i\hbar}\langle\alpha|\hat{H}_1|\beta\rangle \int_t^{t+\Delta t} dt_1\, e^{i(E_\alpha - E_\beta)t_1/\hbar}$$

und

$$c_{\alpha\beta}^{(2)}(t) = \frac{\lambda^2}{(i\hbar)^2}\sum_\gamma \langle\alpha|\hat{H}_1|\gamma\rangle\langle\gamma|\hat{H}_1|\beta\rangle \int_t^{t+\Delta t} dt_1 \int_t^{t_1} dt_2\, e^{\frac{i}{\hbar}[(E_\alpha - E_\gamma)t_1 + (E_\gamma - E_\beta)t_2]}\,.$$

Das Ziel ist nun, die rechte Seite von Gleichung (3.28) (und somit die Zeitableitung der Wahrscheinlichkeit p_α) bis zur führenden Ordnung der Störungstheorie zu berechnen. Der erste Term auf der rechten Seite von (3.28) enthält den Störungsparameter λ in der Form $\mathrm{Re}[c_{\alpha\alpha}(t)]$, der zweite Term in der Form $|c_{\alpha\beta}(t)|^2$. Der *zweite* Term auf der rechten Seite von (3.28) ist also manifest von $\mathcal{O}(\lambda^2)$ für $\lambda \to 0$. Das Gleiche gilt aber wegen $c_{\alpha\alpha}^{(1)} \in i\mathbb{R}$ auch für den *ersten* Term, da hieraus $\mathrm{Re}[c_{\alpha\alpha}] = \mathrm{Re}[c_{\alpha\alpha}^{(2)} + \cdots] = \mathcal{O}(\lambda^2)$ folgt. Wir berechnen zuerst den zweiten und dann den ersten Term auf der rechten Seite von (3.28) bis $\mathcal{O}(\lambda^2)$.

Um den *zweiten* Term auf der rechten Seite von (3.28) bis $\mathcal{O}(\lambda^2)$ genau berechnen zu können, benötigt man lediglich die erste Ordnung der Störungstheorie:

$$|c_{\alpha\beta}(t)|^2 \sim |c_{\alpha\beta}^{(1)}(t)|^2 = \frac{\lambda^2}{\hbar^2}\big|\langle\alpha|\hat{H}_1|\beta\rangle\big|^2 \left|\int_t^{t+\Delta t} dt_1\, e^{2i\omega_{\alpha\beta}t_1}\right|^2 \quad \text{für} \quad \lambda \to 0$$

mit $2\omega_{\alpha\beta} \equiv \frac{1}{\hbar}(E_\alpha - E_\beta)$. Hierbei gilt:

$$\left|\int_t^{t+\Delta t} dt_1\, e^{2i\omega t_1}\right|^2 = \left|\frac{e^{2i\omega\Delta t} - 1}{2i\omega}\right|^2 = \frac{\sin^2(\omega\Delta t)}{\omega^2} = \frac{\sin^2(\omega\Delta t)}{\pi\omega^2\Delta t}\pi\Delta t\,.$$

Wegen der Identität für beliebige stetige Funktionen f:

$$\lim_{\tau\to\infty}\int_{-\infty}^{\infty} d\omega\,\frac{\sin^2(\omega\tau)}{\pi\omega^2\tau}f(\omega) = \lim_{\tau\to\infty}\int_{-\infty}^{\infty} dx\,\frac{\sin^2(x)}{\pi x^2}f\left(\frac{x}{\tau}\right) = \frac{f(0)}{\pi}\int_{-\infty}^{\infty} dx\,\frac{\sin^2(x)}{x^2} = f(0)$$

gilt im Langzeitlimes (d. h. für $\omega_{\alpha\beta}\Delta t \gg 1$):

$$\lim_{\Delta t\to\infty}\frac{\sin^2(\omega_{\alpha\beta}\Delta t)}{\pi\omega_{\alpha\beta}^2\Delta t} = \delta(\omega_{\alpha\beta}) = \delta\left(\frac{E_\alpha - E_\beta}{2\hbar}\right) = 2\hbar\,\delta(E_\alpha - E_\beta)\,.$$

Die Übergangswahrscheinlichkeit *pro Zeiteinheit* vom Anfangszustand $|\beta\rangle$ zum Endzustand $|\alpha\rangle$ ist daher gegeben durch:

$$\boxed{\;\frac{|c_{\alpha\beta}(t)|^2}{\Delta t} \sim \frac{|c_{\alpha\beta}^{(1)}(t)|^2}{\Delta t} = \frac{2\pi\lambda^2}{\hbar}\big|\langle\alpha|\hat{H}_1|\beta\rangle\big|^2\,\delta(E_\alpha - E_\beta) \equiv W_{\alpha\beta}\,.\;}$$

Dieses Ergebnis, das in der zeitabhängigen Störungsrechnung der Quantenmechanik als Fermis „Goldene Regel" bekannt ist, wurde zuerst von W. Pauli hergeleitet (s.

Ref. [46]). Der *erste* Term auf der rechten Seite von (3.28) enthält den Faktor

$$\frac{2\mathrm{Re}\left[c_{\alpha\alpha}^{(2)}(t)\right]}{\Delta t} = -\frac{2\lambda^2}{\hbar^2 \Delta t} \sum_\gamma |\langle\alpha|\hat{H}_1|\gamma\rangle|^2 \,\mathrm{Re}\left[\int_t^{t+\Delta t} dt_1 \int_t^{t_1} dt_2 \; e^{2i\omega_{\alpha\gamma}(t_1-t_2)}\right]$$

$$= -\frac{\lambda^2}{\hbar^2 \Delta t} \sum_\gamma |\langle\alpha|\hat{H}_1|\gamma\rangle|^2 \left|\int_t^{t+\Delta t} dt_1 \, e^{2i\omega_{\alpha\gamma}t_1}\right|^2 = -\sum_\gamma W_{\gamma\alpha} \,,$$

sodass Gleichung (3.28) schließlich die Form

$$\dot{p}_\alpha(t) = \sum_\beta \left[W_{\alpha\beta}p_\beta(t) - W_{\beta\alpha}p_\alpha(t)\right] \tag{3.30}$$

erhält. Die Gleichung (3.30) ist als die *Pauli-Gleichung* bekannt.[8] Die beiden Terme auf der rechten Seite in (3.30) stellen physikalisch die Gewinn- bzw. Verlustterme für die Population des Zustands $|\alpha\rangle$ dar. Die Proportionalität der Übergangsraten $W_{\alpha\beta}$ und $W_{\beta\alpha}$ zur Deltafunktion $\delta(E_\alpha - E_\beta)$ zeigt, dass die Energie des Systems bei den von $\lambda\hat{H}_1$ hervorgerufenen Übergängen *erhalten* ist. Man beachte, dass der Beitrag für $\beta = \alpha$ auf der rechten Seite von Gleichung (3.30) exakt gleich null ist:

$$W_{\alpha\alpha}p_\alpha(t) - W_{\alpha\alpha}p_\alpha(t) = 0 \quad , \quad W_{\alpha\alpha} = \frac{|c_{\alpha\alpha}(t)|^2}{\Delta t} = \frac{\lambda^2}{\hbar^2}|\langle\alpha|\hat{H}_1|\alpha\rangle|^2\Delta t \,,$$

sodass dieser Term in der Summe auch weggelassen werden kann. Bei der Definition der Störung $\lambda\hat{H}_1$ in Gleichung (3.23) wurde bereits darauf hingewiesen, dass man die Trennung von $\hat{H}_0$ und $\hat{H}_1$ immer so vornehmen kann, dass die Diagonalelemente von $\hat{H}_1$ exakt null sind: $\langle\alpha|\hat{H}_1|\alpha\rangle = 0$. In diesem Fall folgt sogar exakt $W_{\alpha\alpha} = 0$.

Die Pauli-Gleichung (3.30) beschreibt Übergänge zwischen verschiedenen Zuständen eines Systems, wobei die Übergangsraten nur vom *momentanen* und vom *neuen* Zustand des Systems (zur Zeit t bzw. $t + \Delta t$) abhängig sind und z. B. *nicht* von seiner Vorgeschichte. Abgesehen von dieser Einschränkung, die in vielen Systemen näherungsweise erfüllt ist, haben wir es also mit einer sehr allgemeinen und deshalb auch fundamentalen Gleichung der Theorie stochastischer Prozesse zu tun, auf die wir in Kapitel [7] näher eingehen. Die Zeitentwicklung eines Systems, in dem die Übergangsraten nicht von der Vorgeschichte abhängen, wird in der Literatur als „Markow-Prozess" bezeichnet.

3.5.3 Bemerkungen zur Pauli-Gleichung

Die Herleitung der Pauli-Gleichung (3.30) zeigt, dass sie in führender Ordnung der Störungstheorie, d. h. in $\mathcal{O}(\lambda^2)$ gilt. Für die Berechnung des *ersten* Terms auf der rechten Seite von (3.28) benötigten wir die zweite Ordnung der Störungstheorie, für den *zweiten* Term in (3.28) lediglich die erste Ordnung. Dennoch findet man in der Literatur häufig die Aussage, dass die Pauli-Gleichung aus der „Goldenen Regel" und somit aus der ersten Ordnung der Störungstheorie folgt. Diese Aussage ist jedoch nicht ganz inkorrekt, da man den Vorfaktor von $-p_\alpha(t)$ in (3.30) auch

---

[8]Die Nomenklatur ist allerdings nicht ganz einheitlich: In der „klassischen" Statistischen Physik wird die Pauli-Gleichung oft auch als „Mastergleichung" bezeichnet, während dieser letzte Begriff in der Quantenphysik in der Regel nur für *offene* Quantensysteme verwendet wird.

aus der Normierung der Wahrscheinlichkeiten errechnen könnte: $\sum_\alpha \dot{p}_\alpha(t) = 0$. Insofern kann die explizite Berechnung dieses Vorfaktors (s. oben) auch als Konsistenzcheck interpretiert werden, dessen Ergebnis bestätigt, dass die Pauli-Gleichung die Normierung $\sum_\alpha p_\alpha(t) = 1$ der Wahrscheinlichkeiten erhält.

Bei der Herleitung der Pauli-Gleichung wurde in (3.28) der Grenzwert $\Delta t \downarrow 0$ gebildet, aber auch angenommen, dass $\omega_{\alpha\beta}\Delta t \gg 1$ gilt. Man fordert also einerseits, dass Δt klein ist im Vergleich zu $\left(\sum_\beta W_{\beta\alpha}\right)^{-1}$, sodass die Zeitableitung $\dot{p}_\alpha$ sinnvoll gebildet werden kann, aber andererseits groß ist im Vergleich zu typischen inversen Energiedifferenzen $\omega_{\alpha\beta}^{-1}$ im System. Im harmonischen Kristall beispielsweise müsste Δt groß sein im Vergleich zur inversen Debye-Frequenz, einer charakteristischen Frequenz für akustische Phononen (s. Ref. [23]). Außerdem wird implizit angenommen, dass die ungestörten Energieniveaus E_α sehr nahe zusammenliegen, sodass die Summe $\sum_\beta$ in (3.28) effektiv durch ein β-Integral ersetzt werden kann. Diese Annahme ist erforderlich, damit die Deltafunktionen $\delta(E_\alpha - E_\beta)$ in den Übergangswahrscheinlichkeiten $W_{\alpha\beta}$ wohldefiniert sind. Die Gültigkeit dieser Annahmen für physikalisch relevante Anwendungen wird u.a. in Ref. [23] und den darin enthaltenen Referenzen ausführlich diskutiert.

3.5.4 Die Mastergleichung ∗

Bei der Herleitung der Pauli-Gleichung wurde angenommen, dass zwischen dem System und der Umgebung keine Wechselwirkung stattfindet, sodass der Dichteoperator des *Systems* die Von-Neumann-Gleichung erfüllt. Realistischer, aber auch viel schwieriger, ist die Beschreibung der Dynamik *offener Quantensysteme*, d. h. von Systemen, die in Wechselwirkung mit ihrer Umgebung stehen. Solche Systeme werden durch eine Verallgemeinerung der Pauli-Gleichung beschrieben, die (zumindest in der Quantenphysik) als *Mastergleichung* bezeichnet wird. Der Name „Mastergleichung" stammt aber aus der Theorie stochastischer Prozesse (siehe Abschnitt [7.1.1]) und bezeichnet dort die Pauli-Gleichung.

Bei der Beschreibung offener Quantensysteme geht man aus von einem Hamilton-Operator der Form $\hat{H} = \hat{H}_S + \hat{H}_U + \lambda\hat{H}_1$, wobei $\hat{H}_S$ nur die Dynamik des *Systems*, $\hat{H}_U$ nur die Dynamik der *Umgebung* und $\lambda\hat{H}_1$ die in der Regel als *schwach* angenommene *Wechselwirkung* zwischen beiden beschreiben soll. Diese schwache Wechselwirkung ($\lambda \ll 1$) führt dazu, dass die Zeitvariable, ähnlich wie bei der Herleitung der Pauli-Gleichung, immer in der Kombination $\lambda^2 t$ vorkommt. Die Dynamik offener Quantensysteme wird somit effektiv im sogenannten *Van-Hove-Limes* untersucht, in dem sowohl $\lambda \to 0$ als auch $t \to \infty$ gilt und die neue (langsam variierende) Zeitvariable $\lambda^2 t \equiv \tau$ festgehalten wird.

Wir skizzieren die Struktur der typischen Ergebnisse, die man in dieser Weise erhält: Die Pauli-Gleichung für die Zeitabhängigkeit der Wahrscheinlichkeiten $\{p_\alpha(t)\}$ dafür, dass sich das *System* zur Zeit t im Quantenzustand α befindet, wird wie folgt verallgemeinert (s. z. B. Ref. [51]):

$$\dot{p}_\alpha(t) = \sum_\beta \left[W_{\alpha\beta}p_\beta(t) - W_{\beta\alpha}p_\alpha(t)\right] + \sum_{\beta ab} W_{\alpha\beta}^{ab}\left[P_b(t_0)p_\beta(t) - P_a(t_0)p_\alpha(t)\right].$$

Hierbei beschreibt $P_{a,b}(t_0)$ die Wahrscheinlichkeit, dass sich die Umgebung zur *Anfangszeit* $t = t_0$ im Quantenzustand a bzw. b befindet. Die Übergangsraten $W_{\alpha\beta}$ erhalten nach wie vor die Energie des *Systems* und die Übergangsraten $W_{\alpha\beta}^{ab} =$

$W_{\beta\alpha}^{ba}$ die Gesamtenergie von *System und Umgebung*. Die Gesamtwahrscheinlichkeit $\sum_\alpha p_\alpha(t)$ ist wiederum erhalten. Die Übergangsraten $W_{\alpha\beta}^{ab}$ hängen auch von der Wechselwirkung $\lambda\hat{H}_1$ zwischen System und Umgebung ab. Die Annahme, dass sich die Umgebung, die auch als *Bad* oder *Reservoir* bezeichnet wird, im thermischen Gleichgewicht befindet, führt zu einer expliziten *Temperaturabhängigkeit* der Beschreibung des Systems. Das thermische Gleichgewicht des Reservoirs erklärt auch das Auftreten der Faktoren $P_{a,b}(t_0)$ in der Ratengleichung für $p_\alpha(t)$.

Analog erhält man eine Verallgemeinerung der Von-Neumann-Gleichung $\partial_t\hat{\varrho} = \frac{1}{i\hbar}[\hat{H}, \hat{\varrho}]$, die die Wechselwirkung $\lambda\hat{H}_1$ zwischen System und Umgebung explizit mitberücksichtigt. Die charakteristische Form dieser verallgemeinerten Von-Neumann-Gleichung ist (s. z. B. Ref. [49]):

$$\partial_t\hat{\varrho} = \frac{1}{i\hbar}[\hat{H}(t),\, \hat{\varrho}] + \sum_k \gamma_k(t)\left[V_k(t)\hat{\varrho}V_k^\dagger(t) - \tfrac{1}{2}\{V_k^\dagger(t)V_k(t),\, \hat{\varrho}\}\right], \qquad (3.31)$$

wobei $\hat{H}(t)$ und $V_k(t)$ zeitabhängige Operatoren sind, $\gamma_k(t) \geq 0$ für alle Quantenzahlen k und Zeiten t gilt und $\{\cdot, \cdot\}$ den Antikommutator darstellt.[9] Der effektive Hamilton-Operator $\hat{H}(t) = \hat{H}(t)^\dagger$ kann auch von der Wechselwirkung $\lambda\hat{H}_1$ abhängig sein. Die Kopplungen $\gamma_k(t)$ werden entscheidend durch $\lambda\hat{H}_1$ geprägt. Abhängig vom Kontext wird Gleichung (3.31) als Quantum-Mastergleichung oder als Lindblad- bzw. Lindblad-Kossakowski-Gleichung bezeichnet. Gleichung (3.31) ist spurerhaltend: $\frac{d}{dt}\mathrm{Sp}(\hat{\varrho}) = 0$ und daher $\mathrm{Sp}[\hat{\varrho}(t)] = 1$, falls anfangs $\mathrm{Sp}[\hat{\varrho}(t_0)] = 1$.

3.6 Adiabatensatz und Virialtheorem ∗

Bevor wir im nächsten Kapitel [4] im Detail auf die *Berechnung* des Dichteoperators in den verschiedenen Gesamtheiten eingehen, möchten wir in diesem Abschnitt illustrieren, wie man – auch ohne den Dichteoperator konkret zu kennen – mit Hilfe elementarer Methoden der Quantenmechanik allgemeine *Zustandsgleichungen* konstruieren kann. Diese allgemeinen Zustandsgleichungen können dann mit den Standardtechniken der Statistischen Physik für spezielle Systeme konkret ausgewertet werden. Dieser Abschnitt ist daher einerseits als Anwendung des Konzepts eines Dichteoperators und andererseits auch als Ausblick gedacht.

Das Wort „adiabatisch" im Titel dieses Abschnitts hat zwei auf den ersten Blick recht unterschiedliche Bedeutungen. Aus der Thermodynamik wissen wir, dass ein *adiabatischer Prozess* eine Zustandsänderung in einem isolierten System (d. h. ohne Austausch von Wärme oder Materie) ist. In der Klassischen Mechanik und der Quantenmechanik deutet „adiabatisch" eine langsam vollzogene Änderung an: *Adiabatische Invarianten* in der Klassischen Mechanik sind Größen, die bei Änderung eines Parameters $a(t)$ in der Hamilton-Funktion invariant bleiben, vorausgesetzt, der Parameter ändert sich genügend langsam $\left(|a/\frac{da}{dt}| \gg \text{Bewegungsperiode}\right)$. Analog kennt man aus der Quantenmechanik den *Adiabatensatz*, der besagt, dass Eigenzustände des Hamilton-Operators bei genügend langsamer Änderung eines Parameters $a(t)$ im Hamilton-Operator Eigenzustände bleiben. Für langsame Änderungen, genauer: für Änderungen, die so langsam sind, dass sich das System

---

[9]Die Quantenzahlen k indizieren eine vollständige, normierte Basis im Banach-Raum der auf dem Hilbert-Raum definierten linearen Operatoren. Siehe Ref. [49] für Details.

ständig näherungsweise im Gleichgewicht befindet, verwendet man in der Thermo-dynamik den Begriff *quasi-statisch*.

Ziel dieses Abschnitts ist erstens zu zeigen, dass eine adiabatische Änderung in einem *quantenmechanischen* System, das nicht mit seiner Umgebung wechsel-wirkt, eine adiabatische Zustandsänderung im *thermodynamischen* Sinne impli-ziert. Zweitens werden wir als Anwendung eine Beziehung herleiten zwischen dem (makroskopischen) Druck und den (mikroskopischen) Kräften, die die Wand eines Gasbehälters auf die einzelnen Teilchen ausübt. Und drittens leiten wir durch Kom-bination mit dem aus der Quantenmechanik bekannten Virialtheorem eine exakte Beziehung zwischen dem Druck und den auf die Teilchen *im* Behälter ausgeübten Kräften her. Auch diese exakte Zustandsgleichung wird als *Virialsatz* bezeichnet. Dieses Ergebnis stellt eine mikroskopische Begründung der Zustandsgleichungen aus Abschnitt [2.1.1] dar.

3.6.1   Adiabatensatz ∗

Befassen wir uns zuerst mit dem Adiabatensatz in der Quantenmechanik, bei dem vorausgesetzt wird, dass der Hamilton-Operator

$$\hat{H} = \hat{H}(\tau) \quad , \quad \tau \equiv \varepsilon(t - t_0) \quad (\varepsilon \ll 1)$$

zeitlich sehr langsam variiert. Falls T_{AS} eine Zeitspanne ist, die mit typischen Be-wegungsperioden des Systems vergleichbar ist, soll die Dauer der „Adiabatischen Störung" (AS) durch $t_{\mathrm{AS}} = \frac{1}{\varepsilon}T_{\mathrm{AS}}$ gegeben sein. Vor dem Anfang ($t \leq t_0$) und nach dem Ende ($t \geq t_0 + \frac{1}{\varepsilon}T_{AS}$) der Störung sollen der Hamilton-Operator $\hat{H}(\tau)$, seine Energieeigenwerte $E_m(\tau)$ und die Energieeigenfunktionen $|m(\tau)\rangle$ zeitlich konstant sein:

$$\hat{H}(\tau) = \begin{cases} \hat{H}_0 \\ \hat{H}_1 \end{cases} , \quad E_m(\tau) = \begin{cases} E_{m0} \\ E_{m1} \end{cases} , \quad |m(\tau)\rangle = \begin{cases} |m\rangle_0 & (\tau \leq 0) \\ |m\rangle_1 & (\tau \geq T_{\mathrm{AS}}) \end{cases} .$$

Für $0 \leq \tau \leq T_{\mathrm{AS}}$ gilt:

$$\hat{H}(\tau)|m(\tau)\rangle = E_m(\tau)|m(\tau)\rangle .$$

Der Adiabatensatz kann nun wie folgt formuliert werden: Falls die Wellenfunk-tion und der entsprechende Dichteoperator für ein System, das nicht mit seiner Umgebung wechselwirkt, zur Zeit $t = t_0$ bzw. $\tau = 0$ gegeben sind durch

$$|\psi(t_0)\rangle = \sum_m \varrho_m |m\rangle_0 \otimes |\bar{\psi}_m^{\mathrm{U}}\rangle \quad , \quad \hat{\varrho}(0) = \sum_m \varrho_m |m\rangle_0 \; {}_0\langle m|$$

und das System eine adiabatische Zustandsänderung erfährt, dann ist die Wellen-funktion zur Zeit $t = t_0 + \frac{1}{\varepsilon}\tau$ mit $0 \leq \tau \leq T_{\mathrm{AS}}$ durch

$$\boxed{|\psi(t)\rangle = \sum_m \varrho_m e^{\frac{i}{\varepsilon}\phi_m(\tau)}|m(\tau)\rangle \otimes \hat{U}_{\mathrm{U}}(t|t_0)|\bar{\psi}_m^{\mathrm{U}}\rangle \qquad [\phi_m(\tau) \in \mathbb{R}]}$$

mit der zeitabhängigen Phase $\phi_m(\tau)$ charakterisiert,[10] und der entsprechende Dichteoperator ist gegeben durch:

$$\hat{\varrho}(\tau) = \sum_m \varrho_m |m(\tau)\rangle\langle m(\tau)| \,.$$

Grundlegend wichtig an diesem Ergebnis ist, dass sich die statistischen Gewichte ϱ_m im Dichteoperator sogar auf der langen Zeitskala $t_{\mathrm{AS}} = \frac{1}{\varepsilon} T_{\mathrm{AS}}$ überhaupt nicht ändern. Dies impliziert insbesondere, dass die Entropie auf dieser Zeitskala konstant ist:

$$S = -k_{\mathrm{B}}\, \mathrm{Sp}(\hat{\varrho}\ln\hat{\varrho}) = -k_{\mathrm{B}} \sum_m \varrho_m \ln(\varrho_m) = \text{Konstante}\,,$$

d. h., dass die Entropie *adiabatisch invariant* ist ($dS = 0$). Aufgrund des zentralen Postulats der Statistischen Mechanik ist somit auch die thermodynamische Entropie konstant ($đQ = 0$), sodass die Zustandsänderung in der Tat auch im thermodynamischen Sinne „adiabatisch" ist. Dass der Vorgang auch quasi-statisch ist, sodass sich das System im Limes $\varepsilon \to 0$ ständig im Gleichgewicht befindet, folgt aus $\partial_t \hat{\varrho} = \varepsilon \partial_\tau \hat{\varrho} = \mathcal{O}(\varepsilon) \to 0$.

3.6.2 Konsequenzen des Adiabatensatzes ∗

Eine wichtige Konsequenz des Adiabatensatzes ist generell, dass Ableitungen der inneren Energie U nach einem Parameter a bei festgehaltener Entropie ($dS = 0$) als thermodynamische Erwartungswerte der Ableitung des Hamilton-Operators nach diesem Parameter geschrieben werden können. Aus

$$U\big(a(\tau)\big) = \big\langle \hat{\mathrm{H}}(a(\tau)) \big\rangle = \sum_m \varrho_m E_m\big(a(\tau)\big)$$

folgt nämlich

$$\left(\frac{\partial U}{\partial a}\right)_S \frac{da}{d\tau} = \left[\sum_m \varrho_m \frac{\partial E_m}{\partial a}\big(a(\tau)\big)\right] \frac{da}{d\tau} = \left\langle \frac{\partial \hat{\mathrm{H}}}{\partial a} \right\rangle \frac{da}{d\tau}$$

und somit

$$\left(\frac{\partial U}{\partial a}\right)_S = \mathrm{Sp}\left(\hat{\varrho}\frac{\partial \hat{\mathrm{H}}}{\partial a}\right) = \left\langle \frac{\partial \hat{\mathrm{H}}}{\partial a} \right\rangle\,.$$

Die Art des Parameters a ist hierbei zunächst beliebig.

Als Spezialfall betrachten wir Änderungen der inneren Energie eines Gases, wenn sich das Volumen des Behälters ändert, in dem das Gas eingesperrt ist. Konkret nehmen wir an, dass der Behälter einen Raumbereich $\mathcal{D}_a \subset \mathbb{R}^d$ mit dem Volumen $V_a = \int d\boldsymbol{\xi}\, I_{\mathcal{D}_a}(\boldsymbol{\xi})$ umfasst, wobei allgemein $I_{\mathcal{D}}(\boldsymbol{\xi})$ die Indikatorfunktion

---

[10]Streng genommen wird hierbei vorausgesetzt, dass die Eigenenergien von $\hat{\mathrm{H}}(\tau)$ nicht entartet sind. Falls diese Bedingung für irgendwelche Quantenzahlen m_1 und m_2 *nicht* erfüllt ist, können Resonanzeffekte, wie z. B. Übergänge zwischen den Eigenzuständen $|m_1\rangle$ und $|m_2\rangle$, auftreten.

eines Gebiets $\mathcal{D} \subset \mathbb{R}^d$ darstellt. Der Parameter $a > 0$ wirkt hierbei als Skalenfaktor: Der Raumbereich $\mathcal{D}_a \equiv \left\{ \boldsymbol{\xi} \mid \frac{\boldsymbol{\xi}}{a} \in \mathcal{D}_1 \right\}$ ist in allen Raumrichtungen um einen Faktor a größer als der „Standardbereich" $\mathcal{D}_1$, sodass $V_a = a^d V_1$ gilt und somit auch

$$\frac{dV_a}{da} = \frac{V_a d}{a} \; .$$

Der Hamilton-Operator des Gases sei mit $\mathbf{x} = (\mathbf{x}_1, \cdots, \mathbf{x}_N)$ und $\hat{\mathbf{p}} = (\hat{\mathbf{p}}_1, \cdots, \hat{\mathbf{p}}_N)$ durch

$$\hat{\mathrm{H}} = \frac{\hat{\mathbf{p}}^2}{2m} + \mathcal{V}(\mathbf{x}) + v_a(\mathbf{x})$$

gegeben, wobei $\mathcal{V}(\mathbf{x})$ sowohl Ein- als auch Zwei- und möglicherweise Mehrteilchenpotentiale enthält:

$$\mathcal{V}(\mathbf{x}) = \sum_{i=1}^{N} \mathcal{V}_1(\mathbf{x}_i) + \tfrac{1}{2} \sum_{i \neq j} \mathcal{V}_2(\mathbf{x}_i - \mathbf{x}_j) + \tfrac{1}{6} \sum_{i \neq j \neq k \neq i} \mathcal{V}_3(\mathbf{x}_i - \mathbf{x}_k \, , \, \mathbf{x}_j - \mathbf{x}_k) + \cdots$$

und v_a das Wandpotential des Gasbehälters beschreibt:

$$v_a(\mathbf{x}) = \sum_{i=1}^{N} v_\infty \left[1 - I_{\mathcal{D}_1} \left(\frac{\mathbf{x}_i}{a} \right) \right] \qquad (v_\infty > 0) \; .$$

Hierbei ist die Konstante $v_\infty > 0$ so groß, dass effektiv keine Gasteilchen aus dem Behälter austreten können. Einerseits gilt also

$$\left(\frac{\partial U}{\partial a} \right)_S = \frac{V_a d}{a} \left(\frac{\partial U}{\partial V_a} \right)_S = -\frac{P V_a d}{a}$$

und andererseits

$$\left(\frac{\partial U}{\partial a} \right)_S = \left\langle \frac{\partial \hat{\mathrm{H}}}{\partial a} \right\rangle = \left\langle \frac{\partial v_a}{\partial a} \right\rangle = \sum_{i=1}^{N} \left\langle \frac{v_\infty}{a^2} \mathbf{x}_i \cdot (\boldsymbol{\nabla} I_{\mathcal{D}_1}) \left(\frac{\mathbf{x}_i}{a} \right) \right\rangle = -\frac{1}{a} \left\langle \mathbf{x} \cdot \frac{\partial v_a}{\partial \mathbf{x}} (\mathbf{x}) \right\rangle \, ,$$

sodass die Kombination der beiden Ausdrücke $PV_a = \frac{1}{d} \left\langle \mathbf{x} \cdot \frac{\partial v_a}{\partial \mathbf{x}} (\mathbf{x}) \right\rangle$ ergibt. Im Folgenden wird der Skalenparameter a nicht mehr benötigt, sodass er auch z. B. gleich eins gesetzt werden kann. Mit $\mathcal{D}_a \to \mathcal{D}_1 \equiv \mathcal{D}$, $v_a(\mathbf{x}) \to v_1(\mathbf{x}) \equiv v(\mathbf{x})$ und $V_a \to V_1 \equiv V$ erhält man somit die erwünschte Beziehung

$$\boxed{ PV = \frac{1}{d} \left\langle \mathbf{x} \cdot \frac{\partial v}{\partial \mathbf{x}} (\mathbf{x}) \right\rangle } \quad , \quad v(\mathbf{x}) = \sum_{i=1}^{N} v_\infty \left[1 - I_{\mathcal{D}}(\mathbf{x}) \right] \qquad (v_\infty > 0)$$

zwischen dem Druck P und dem Wandpotential $v(\mathbf{x})$ des Gasbehälters.

3.6.3 Kombination mit dem Virialtheorem ∗

Der thermodynamische Erwartungswert $\left\langle \mathbf{x} \cdot \frac{\partial v}{\partial \mathbf{x}} (\mathbf{x}) \right\rangle$ kann auch anders berechnet werden, nämlich wie folgt: Aus der Quantenmechanik ist bekannt, dass die Ehrenfest'sche Bewegungsgleichung[11] für den Operator $\mathbf{x} \cdot \hat{\mathbf{p}}$:

$$\frac{d}{dt} \langle \mathbf{x} \cdot \hat{\mathbf{p}} \rangle_t = \frac{1}{i\hbar} \Big\langle \big[\mathbf{x} \cdot \hat{\mathbf{p}}, \hat{\mathrm{H}} \big] \Big\rangle_t = \frac{1}{m} \langle \hat{\mathbf{p}}^2 \rangle_t - \Big\langle \mathbf{x} \cdot \frac{\partial \mathcal{V}}{\partial \mathbf{x}}(\mathbf{x}) \Big\rangle_t - \Big\langle \mathbf{x} \cdot \frac{\partial v}{\partial \mathbf{x}}(\mathbf{x}) \Big\rangle_t$$

nach einer Zeitmittelung das *Virialtheorem*

$$0 = \frac{1}{m} \overline{\langle \hat{\mathbf{p}}^2 \rangle_t} - \overline{\Big\langle \mathbf{x} \cdot \frac{\partial \mathcal{V}}{\partial \mathbf{x}}(\mathbf{x}) \Big\rangle_t} - \overline{\Big\langle \mathbf{x} \cdot \frac{\partial v}{\partial \mathbf{x}}(\mathbf{x}) \Big\rangle_t}$$

impliziert, vorausgesetzt, dass die Dynamik des „Systems" in einem begrenzten Raumbereich (hier: im endlichen Gasbehälter $\mathcal{D}$) stattfindet. Ersetzt man die Zeitmittelwerte im Sinne des zentralen Postulats der Statistischen Physik durch Ensemblemittelwerte mit einem geeigneten Dichteoperator $\hat{\varrho}$, so folgt

$$PV = \frac{1}{d} \Big\langle \mathbf{x} \cdot \frac{\partial v}{\partial \mathbf{x}}(\mathbf{x}) \Big\rangle = \frac{1}{d} \Big[\frac{1}{m} \langle \hat{\mathbf{p}}^2 \rangle - \Big\langle \mathbf{x} \cdot \frac{\partial \mathcal{V}}{\partial \mathbf{x}}(\mathbf{x}) \Big\rangle \Big]$$

bzw.

$$\boxed{\; P = \frac{1}{Vd} \Big[2E_{\mathrm{kin}} - \Big\langle \mathbf{x} \cdot \frac{\partial \mathcal{V}}{\partial \mathbf{x}}(\mathbf{x}) \Big\rangle \Big] \;.}$$

Durch Kombination des Adiabatensatzes und des Virialtheorems hat man somit eine *exakte* Zustandsgleichung für den Druck eines Gases mit beliebiger Wechselwirkung zwischen den Gasteilchen hergeleitet. Um diese Beziehung konkret anwenden zu können, benötigt man Methoden zur Berechnung der kinetischen Energie E_{kin} und des Erwartungswertes $\langle \mathbf{x} \cdot \frac{\partial \mathcal{V}}{\partial \mathbf{x}}(\mathbf{x}) \rangle$. Die Berechnung von E_{kin} ist insbesondere für klassische Gase sehr einfach, diejenige von $\langle \mathbf{x} \cdot \frac{\partial \mathcal{V}}{\partial \mathbf{x}}(\mathbf{x}) \rangle$ erfordert mehr Arbeit. Möglichkeiten zur Berechnung dieses Erwartungswertes für den Spezialfall eines klassischen Gases werden im Folgenden kurz angesprochen.

3.6.4 Zustandsgleichung für ein klassisches Gas $*$

Es ist zweckmäßig, den Erwartungswert $\langle \mathbf{x} \cdot \frac{\partial V}{\partial \mathbf{x}}(\mathbf{x}) \rangle$ konkret für den Spezialfall $\mathcal{V}_n = 0$ $(n > 2)$ zu analysieren, d. h. für den Fall, dass nur Ein- und Zweiteilchenpotentiale vorliegen; Drei- und Mehrteilchenpotentiale sind (insbesondere für verdünnte Gase) meist schwach. Man erhält:

$$\Big\langle \mathbf{x} \cdot \frac{\partial \mathcal{V}}{\partial \mathbf{x}}(\mathbf{x}) \Big\rangle = \sum_{k=1}^{N} \Big\langle \mathbf{x}_k \cdot \frac{\partial \mathcal{V}}{\partial \mathbf{x}_k}(\mathbf{x}) \Big\rangle$$

$$= \sum_{k=1}^{N} \langle \mathbf{x}_k \cdot (\nabla \mathcal{V}_1)(\mathbf{x}_k) \rangle + \tfrac{1}{2} \sum_{i \neq j} \langle \mathbf{x}_{ij} \cdot (\nabla \mathcal{V}_2)(\mathbf{x}_{ij}) \rangle \;.$$

---

[11]Hierbei wird der im Allgemeinen zeitabhängige quantenmechanische Erwartungswert $\mathrm{Sp}\big[\hat{\varrho}(t)\hat{\mathcal{O}}_\mathrm{S}\big]$ eines Operators $\hat{\mathcal{O}}_\mathrm{S}$ im System als $\langle \hat{\mathcal{O}}_\mathrm{S} \rangle_t$ bezeichnet, und $\overline{\langle \hat{\mathcal{O}}_\mathrm{S} \rangle_t}$ bezeichnet die *Zeitmittelung* dieses Erwartungswertes. Die zeitunabhängige Größe $\langle \hat{\mathcal{O}}_\mathrm{S} \rangle$ stellt dagegen den *Ensemblemittelwert* des Operators $\hat{\mathcal{O}}_\mathrm{S}$ dar. Die Äquivalenz von Zeit- und Ensemblemittelung ist eine der wichtigen Grundideen der Statistischen Physik.

Mit der Notation $-\nabla \mathcal{V}_1 \equiv \mathbf{F}_1$ lautet die Zustandsgleichung für den Druck:

$$P = \frac{1}{Vd}\left[2E_{\text{kin}} + \sum_{k=1}^{N}\langle\mathbf{x}_k \cdot \mathbf{F}_1(\mathbf{x}_k)\rangle - \tfrac{1}{2}\sum_{i\neq j}\langle\mathbf{x}_{ij} \cdot (\nabla\mathcal{V}_2)(\mathbf{x}_{ij})\rangle\right].$$

Bei der Untersuchung von Gasen sind die Einteilchenkräfte $\mathbf{F}_1$ meist schwach oder gar null, sodass das „System" als *homogen* angesehen werden kann und sich die Zustandsgleichung auf

$$P = \frac{1}{Vd}\left[2E_{\text{kin}} - \tfrac{1}{2}\sum_{i\neq j}\langle\mathbf{x}_{ij} \cdot (\nabla\mathcal{V}_2)(\mathbf{x}_{ij})\rangle\right] \tag{3.32}$$

vereinfacht. Wir definieren nun die *Paarkorrelationsfunktion* $n_2(\mathbf{y}_1, \mathbf{y}_2)$ der Gasteilchen sowie die eng mit ihr verwandte *radiale Verteilungsfunktion* $g(y)$ durch

$$n_2(\mathbf{y}_1, \mathbf{y}_2) \equiv \sum_{i\neq j}\langle\delta(\mathbf{y}_1 - \mathbf{x}_i)\delta(\mathbf{y}_2 - \mathbf{x}_j)\rangle \equiv g(|\mathbf{y}_{12}|)\frac{N^2}{V^2} = \rho^2\,g(y_{12})\,. \tag{3.33}$$

Die Paarkorrelationsfunktion (und daher auch die radiale Verteilungsfunktion) ist ein Maß für die Teilchendichte am Ort $\mathbf{y}_2$, falls bereits bekannt ist, dass sich am Ort $\mathbf{y}_1$ ein Teilchen befindet. Mit diesen Definitionen kann der $\mathcal{V}_2$-Term in der Zustandsgleichung auch geschrieben werden als

$$\tfrac{1}{2}\sum_{i\neq j}\langle\mathbf{x}_{ij} \cdot (\nabla\mathcal{V}_2)(\mathbf{x}_{ij})\rangle = \int_{\mathcal{D}}d\mathbf{y}_1\int_{\mathcal{D}}d\mathbf{y}_2\,\mathbf{y}_{12} \cdot (\nabla\mathcal{V}_2)(\mathbf{y}_{12})\times$$

$$\times \tfrac{1}{2}\sum_{i\neq j}\langle\delta(\mathbf{y}_1 - \mathbf{x}_i)\delta(\mathbf{y}_2 - \mathbf{x}_j)\rangle$$

$$= \frac{N^2}{2V^2}\int_{\mathcal{D}}d\mathbf{y}_1\int_{\mathcal{D}}d\mathbf{y}_2\,\mathbf{y}_{12} \cdot (\nabla\mathcal{V}_2)(\mathbf{y}_{12})g(|\mathbf{y}_{12}|)$$

$$= \frac{N^2}{2V}\int d\mathbf{y}\,\mathbf{y} \cdot (\nabla\mathcal{V}_2)(\mathbf{y})g(|\mathbf{y}|) \tag{3.34}$$

bzw. mit $\mathcal{V}_2(\mathbf{y}) = v(y)$ und $N/V = \rho$ als

$$\tfrac{1}{2}\sum_{i\neq j}\langle\mathbf{x}_{ij} \cdot (\nabla\mathcal{V}_2)(\mathbf{x}_{ij})\rangle = \tfrac{1}{2}\rho^2 V S_d(1)\int_0^{\infty}dy\,y^d v'(y)g(y)\,. \tag{3.35}$$

Hierbei stellt $S_d(1) = 2\pi^{d/2}/\Gamma\left(\tfrac{d}{2}\right)$ die Fläche einer *Einheits*kugel in d Dimensionen dar, die speziell in Kapitel [4] sehr wichtig und konkret in Gleichung (4.43) berechnet wird. Bei der Funktion $\Gamma(z)$ mit $z \in \mathbb{C}$ handelt es sich um die übliche Gammafunktion. Die Integrationen in (3.34) und (3.35) können wegen $g(y) \to 1$ und $v'(y) \to 0$ für $y \to \infty$ auf den ganzen Raum $\mathbb{R}^d$ ausgedehnt werden. Die Zustandsgleichung (3.32) vereinfacht sich somit auf:

$$P = \frac{1}{Vd}\left[2E_{\text{kin}} - \tfrac{1}{2}\rho^2 V S_d(1)\int_0^{\infty}dy\,y^d v'(y)g(y)\right].$$

Die Bestimmung der Zustandsgleichung ist nun auf diejenige der Paarkorrelations-funktion $g(y)$ zurückgeführt. Zur Berechnung von $g(y)$ existieren Methoden, auf die wir später (in Abschnitt [4.4.4]) zurückkommen. Insbesondere für verdünnte Ga-se, d. h. im klassischen Grenzfall, ist die Bestimmung der Paarkorrelationsfunktion relativ einfach.

3.7 Übungsaufgaben

Aufgabe 3.1 N-Teilchen-Hilbert-Räume für Bosonen und Fermionen

Die Wellenfunktion N identischer Bosonen ist bekanntlich vollständig *symmetrisch*, diejenige N identischer Fermionen vollständig *antisymmetrisch*, sodass die Ba-sisfunktionen der bosonischen bzw. fermionischen N-Teilchen-Hilbert-Räume voll-ständig durch die Besetzungszahlen $\{n_\alpha\}$ der Einteilchenquantenzustände α cha-rakterisiert werden können. Hierbei ist die Summe $S_\mathbf{n} \equiv \sum_\alpha n_\alpha$ aller Besetzungs-zahlen selbstverständlich gleich N.

Als einfaches Beispiel betrachten wir einen g-dimensionalen Einteilchen-Hilbert-Raum $\mathcal{H}_1$, wobei $g \geq 1$ endlich ist. Der N-Teilchen-Hilbert-Raum $\mathcal{H}_N$ sei definiert durch das Produkt von N Einteilchen-Hilbert-Räumen: $\mathcal{H}_N \equiv \mathcal{H}_1 \otimes \mathcal{H}_1 \otimes \cdots \otimes \mathcal{H}_1$.

(a) Was ist die Dimension von $\mathcal{H}_N$?

(b) Was ist die Dimension des fermionischen Unterraums $\mathcal{F}_N$ von $\mathcal{H}_N$, der nur vollständig antisymmetrische Wellenfunktionen enthält?

(c) Was ist die Dimension des bosonischen Unterraums $\mathcal{B}_N$ von $\mathcal{H}_N$, der nur voll-ständig symmetrische Wellenfunktionen enthält? Was ist das asymptotische Verhalten der Dimension von $\mathcal{B}_N$ für große N? Vergleichen Sie dieses asym-ptotische Verhalten mit der Dimension von $\mathcal{H}_N$.

(d) Geben Sie die Dimensionen von $\mathcal{F}_2$, $\mathcal{B}_2$, $\mathcal{F}_3$ und $\mathcal{B}_3$ explizit an und setzen Sie sie in Beziehung mit der Dimension von $\mathcal{H}_2$ bzw. $\mathcal{H}_3$.

Aufgabe 3.2 Der Dichteoperator

Der Dichteoperator wird durch drei Eigenschaften definiert:

(i) Er ist hermitesch: $\hat{\varrho} = \hat{\varrho}^\dagger$.

(ii) Er ist positiv semidefinit (d. h., die Eigenwerte ϱ_m sind nicht-negativ: $\varrho_m \geq 0$).

(iii) Es gilt $\mathrm{Sp}(\hat{\varrho}) = 1$.

Wir betrachten nun eine allgemeine Eigenschaft von Dichteoperatoren und eine Anwendung.

(a) Zeigen Sie, dass die Menge aller möglichen Dichteoperatoren eines Systems *konvex* ist, d. h., dass $\hat{\varrho} = \sum_l \alpha_l \hat{\varrho}_l$ mit $\alpha_l \in \mathbb{R}$ ein Dichteoperator ist, falls alle $\hat{\varrho}_l$ Dichteoperatoren sind und $\alpha_l \geq 0$ sowie $\sum_l \alpha_l = 1$ gilt.

(b) Zeigen Sie, dass der Dichteoperator eines lokalisierten Spin-$\frac{1}{2}$-Teilchens allgemein in der Form $\hat{\varrho} = \frac{1}{2}(\mathbb{1} + \mathbf{u}\cdot\boldsymbol{\sigma})$ darstellbar ist, wobei der Vektor $\boldsymbol{\sigma} = (\sigma_1, \sigma_2, \sigma_3)$ die Pauli-Matrizen bezeichnet und $\mathbf{u} \in \mathbb{R}^3$ mit $|\mathbf{u}| \le 1$ gilt. Zeigen Sie, dass $\mathbf{u} = \langle\boldsymbol{\sigma}\rangle = \mathrm{Sp}(\hat{\varrho}\boldsymbol{\sigma})$ gilt. Unter welcher Bedingung definiert $\mathbf{u}$ einen reinen Zustand?

Die Zeitentwicklung des Dichteoperators $\hat{\varrho} = \frac{1}{2}(\mathbb{1} + \langle\boldsymbol{\sigma}\rangle\cdot\boldsymbol{\sigma})$ aus Teil (b), nun also mit $\langle\boldsymbol{\sigma}\rangle = \langle\boldsymbol{\sigma}\rangle_t$, wird durch die Von-Neumann-Gleichung $i\hbar\partial_t\hat{\varrho} = [\hat{H}, \hat{\varrho}]$ beschrieben. Wir nehmen an, dass der Hamilton-Operator die Form $\hat{H} = -\mu_\mathrm{B}\mathbf{B}\cdot\boldsymbol{\sigma}$ mit $\mu_\mathrm{B} = \frac{|e|\hbar}{2m}$ hat, wobei das Magnetfeld $\mathbf{B}$ orts- und zeitunabhängig ist.

(c) Zeigen Sie, dass $\frac{d}{dt}\langle\boldsymbol{\sigma}\rangle_t = 2\omega_\mathrm{L}\langle\boldsymbol{\sigma}\rangle_t \times \hat{\mathbf{B}}$ mit $\omega_\mathrm{L} = \frac{|e|B}{2m}$, $B \equiv |\mathbf{B}|$ und $\hat{\mathbf{B}} \equiv \mathbf{B}/B$ gilt.

Aufgabe 3.3 Schmidt-Zerlegung und Entropie

Aus Gleichung (3.11) ist bekannt, dass die Wellenfunktion $|\psi\rangle$ des „Universums" im Fall eines Gemisches die Form einer nicht-trivialen Überlagerung von Produktwellenfunktionen hat, die als die *Schmidt-Zerlegung* von $|\psi\rangle$ bekannt ist:

$$|\psi\rangle = \sum_{m\in\mathcal{M}} \sqrt{\varrho_m}\,|m\rangle \otimes |\bar{\psi}_m^\mathrm{U}\rangle \quad , \quad \mathcal{M} \equiv \{m \,|\, \varrho_m > 0\} \; .$$

Hierbei entspricht $\{|m\rangle\}$ dem vollständigen, orthonormalen Satz der Eigenfunktionen des Dichteoperators $\hat{\varrho}$ des *Systems*. Die Wellenfunktionen $\{|\bar{\psi}_m^\mathrm{U}\rangle\}$ der *Umgebung* sind nur für $m \in \mathcal{M}$ (also für $\varrho_m > 0$) definiert. Für $m, m' \in \mathcal{M}$ sind sie orthonormal: $\langle\bar{\psi}_m^\mathrm{U}|\bar{\psi}_{m'}^\mathrm{U}\rangle = \delta_{mm'}$. Wir möchten die Schmidt-Zerlegung (3.11) für die Wellenfunktion $|\psi\rangle$ des „Universums" in dieser Aufgabe kombinieren mit der Entropieformel (3.19), die besagt, dass die Entropie des *Systems* gemäß $S[\hat{\varrho}] = -k_\mathrm{B}\,\mathrm{Sp}(\hat{\varrho}\ln\hat{\varrho})$ mit dem reduzierten Dichteoperator $\hat{\varrho}$ des *Systems* zusammenhängt.

(a) Bestimmen Sie aus der Schmidt-Zerlegung von $|\psi\rangle$ den reduzierten Dichteoperator $\hat{\varrho}^\mathrm{U}$ der *Umgebung*.

(b) Bestimmen Sie aus $\hat{\varrho}^\mathrm{U}$ die Entropie S^U der *Umgebung*, die als $-k_\mathrm{B}\,\mathrm{Sp}\big(\hat{\varrho}^\mathrm{U}\ln\hat{\varrho}^\mathrm{U}\big)$ definiert ist. Was fällt Ihnen auf? Erklären Sie insbesondere, warum Sie für diese Berechnung lediglich die Wellenfunktionen $\{|\bar{\psi}_m^\mathrm{U}\rangle\}$ der Umgebung mit $m \in \mathcal{M}$ benötigen.

Kapitel 4

Die statistischen Gesamtheiten

Bisher verfügen wir nur über eine allgemeine Beziehung zwischen dem Dichteoperator $\hat{\varrho}$ und der Entropie – die genaue Form von $\hat{\varrho}$, d. h. die genaue Verteilung der statistischen Gewichte im Gleichgewicht über die verschiedenen Mikrozustände, ist bislang unbekannt. Wir zeigen nun, dass der Dichteoperator sofort aus dem zentralen Postulat (3.19) der Statistischen Physik und den Prinzipien der Thermodynamik folgt. Das Ergebnis hängt selbstverständlich entscheidend von den äußeren Bedingungen ab, denen das System ausgesetzt ist. Wir werden diese unterschiedlichen Formen der Dichtematrix mit unterschiedlichen statistischen *Gesamtheiten* assoziieren. Die Eigenschaften der verschiedenen Gesamtheiten, ihre Gemeinsamkeiten und Unterschiede werden ausführlich anhand charakteristischer Beispiele dargestellt.

4.1   Die mikrokanonische Gesamtheit

Wir betrachten zuerst ein isoliertes System ($dQ = 0$, $d\mathbf{N} = \mathbf{0}$) bei fest vorgegebenen mechanischen Variablen $\mathbf{X}$, sodass auch $d\mathbf{X} = \mathbf{0}$ gilt. Es folgt, dass die Größen $(U, \mathbf{X}, \mathbf{N})$ alle streng bekannt und unveränderlich sind. Man könnte daher vermuten, dass der Dichteoperator für dieses System die folgenden Form hat:

$$\boxed{\hat{\varrho}_{\mathrm{mk}} = \frac{1}{\omega}\delta(\hat{\mathrm{H}} - U)\delta(\hat{\mathbf{X}} - \mathbf{X})\delta(\hat{\mathbf{N}} - \mathbf{N})} \tag{4.1}$$

mit der Normierungskonstanten

$$\omega(U, \mathbf{X}, \mathbf{N}) = \mathrm{Sp}\left[\delta(\hat{\mathrm{H}} - U)\delta(\hat{\mathbf{X}} - \mathbf{X})\delta(\hat{\mathbf{N}} - \mathbf{N})\right]. \tag{4.2}$$

Das Ergebnis (4.1), (4.2) ist grundsätzlich auch richtig, bedarf aber einer sorgfältigen Interpretation. Dies sieht man sofort aus dem Postulat (3.19), da der Logarithmus einer Deltafunktion nicht definiert ist.

Wir betrachten daher nicht einen einzelnen Punkt, sondern ein kleines, endliches Volumenelement $\boldsymbol{\Delta} = \Delta_U \times \boldsymbol{\Delta}_\mathbf{X} \times \boldsymbol{\Delta}_\mathbf{N}$ im $(U, \mathbf{X}, \mathbf{N})$-Raum. Das Volumenelement $\boldsymbol{\Delta}$ gibt die in den möglichen Mikrozuständen $|m\rangle = |E_m, \mathbf{X}_m, \mathbf{N}_m, M_m\rangle$ enthaltene *makroskopische* Information vor, wobei die ansonsten in $|m\rangle$ enthaltene *mikrosko-*

pische Information durch den Satz von Eigenwerten M_m dargestellt werden soll:

$$E_m \in [U - \tfrac{1}{2}\Delta U, U + \tfrac{1}{2}\Delta U] \qquad \equiv \Delta_U$$

$$\mathbf{X}_m \in \bigotimes_i [X_i - \tfrac{1}{2}\Delta X_i, X_i + \tfrac{1}{2}\Delta X_i] \equiv \mathbf{\Delta_X}$$

$$\mathbf{N}_m \in \bigotimes_j [N_j - \tfrac{1}{2}\Delta N_j, N_j + \tfrac{1}{2}\Delta N_j] \equiv \mathbf{\Delta_N} \ .$$

Hierbei bezeichnet $\otimes_i$ bzw. $\otimes_j$ das kartesische Produkt der X_i- bzw. N_j-Intervalle. Das Volumen vol($\mathbf{\Delta}$) des quaderförmigen Volumenelements $\mathbf{\Delta}$ ist daher durch

$$\mathrm{vol}(\mathbf{\Delta}) = \Delta U \prod_i \Delta X_i \prod_j \Delta N_j$$

gegeben. Die Basisfunktionen $\{|m\rangle\}$, die einen orthonormalen Satz gemeinsamer Eigenfunktionen von $\hat{\mathsf{H}}$, $\hat{\mathbf{X}}$ und $\hat{\mathbf{N}}$ bilden, spannen einen Unterraum $\mathcal{H}_{\mathbf{\Delta}}$ des Gesamtvielteilchen-Hilbert-Raums $\mathcal{H}$ auf.[1] Das Ensemble aller Mikrozustände, die mit der vorgegebenen makroskopischen Information $\mathbf{\Delta}$ verträglich sind, wird als die mit $\mathbf{\Delta}$ assoziierte *mikrokanonische Gesamtheit* bezeichnet.

Berechnung des mikrokanonischen Dichteoperators

Um den Dichteoperator $\hat{\varrho}$ zu berechnen, der nur für normierte Mikrozustände in der mikrokanonischen Gesamtheit $\mathcal{H}_{\mathbf{\Delta}}$ ungleich null ist, verwenden wir das zentrale Postulat (3.19) der Statistischen Physik,

$$S[\hat{\varrho}] = -k_{\mathrm{B}}\,\mathrm{Sp}(\hat{\varrho}\ln\hat{\varrho}) \quad , \quad \mathrm{Sp}(\hat{\varrho}) = 1 \ ,$$

in Kombination mit der thermodynamischen Information, dass die Entropie isolierter Systeme im Gleichgewicht *maximal* ist. Für Mikrozustände, die nicht in $\mathcal{H}_{\mathbf{\Delta}}$ enthalten sind, sind die Eigenwerte des Dichteoperators $\hat{\varrho}$ also gleich null: $\varrho_m = 0$, während für Mikrozustände in $\mathcal{H}_{\mathbf{\Delta}}$:

$$0 = \frac{\delta}{\delta\hat{\varrho}}\left[\frac{1}{k_{\mathrm{B}}}S[\hat{\varrho}] + \alpha\left(1 - \mathrm{Sp}(\hat{\varrho})\right)\right] = -\ln(\hat{\varrho}) - 1 - \alpha$$

gilt, sodass ϱ_m in $\mathcal{H}_{\mathbf{\Delta}}$ konstant (d. h. unabhängig von m) ist: $\varrho_m = e^{-(1+\alpha)}$. Bei dieser Berechnung benötigen wir also die Ableitung eines *Funktionals* (nämlich einer *Spur*) von Funktionen des Dichteoperators $\hat{\varrho}$. Wie man solche Ableitungen konkret ausrechnet, wird in Übungsaufgabe 4.3 erklärt. In dieser Berechnung ist der Lagrange-Multiplikator α so zu bestimmen, dass die Nebenbedingung $\mathrm{Sp}(\hat{\varrho}) = \sum_m \varrho_m = 1$ erfüllt ist. Mit der Definition $e^{-(1+\alpha)} \equiv [\omega\,\mathrm{vol}(\mathbf{\Delta})]^{-1}$ folgt:

$$\boxed{\quad \varrho_m = \frac{1}{\omega}\frac{1}{\mathrm{vol}(\mathbf{\Delta})}I_{\mathbf{\Delta}}(m) \quad , \quad \sum_m \varrho_m |m\rangle\langle m| \equiv \hat{\varrho}_{\mathrm{mk}} \ . \quad} \tag{4.3}$$

---

[1] Der „Gesamtvielteilchen-Hilbert-Raum", der Zustände zu beliebigen Teilchenzahlen $\mathbf{N}$ enthält, wird in der Literatur auch als *Fock-Raum* bezeichnet. Den Begriff „Hilbert-Raum" reserviert man üblicherweise für Unterräume $\mathcal{H}_{\mathbf{N}}$ des Fock-Raums zu fester Teilchenzahl $\mathbf{N}$.

Die Funktion $\omega(U, \mathbf{X}, \mathbf{N})$ „zählt" die Zustände in der mikrokanonischen Gesamtheit [pro Volumeneinheit im $(U, \mathbf{X}, \mathbf{N})$-Raum] und wird daher als *Zustandsdichte* oder auch als *mikrokanonische Zustandssumme* bezeichnet:

$$\omega(U, \mathbf{X}, \mathbf{N}) = \frac{1}{\mathrm{vol}(\boldsymbol{\Delta})} \sum_m I_{\boldsymbol{\Delta}}(m) \,, \tag{4.4}$$

wobei $I_{\boldsymbol{\Delta}}$ die Indikatorfunktion von $\mathcal{H}_{\boldsymbol{\Delta}}$ ist (d. h., es gilt $I_{\boldsymbol{\Delta}}(m) = 1$ für $|m\rangle \in \mathcal{H}_{\boldsymbol{\Delta}}$ und $I_{\boldsymbol{\Delta}}(m) = 0$ sonst). Im Limes $\boldsymbol{\Delta} \to \mathbf{0}$ reduziert sich (4.4) auf (4.2) und (4.3) auf (4.1).

Berechnung der mikrokanonischen Entropie

Es ist nun leicht, die Entropie in der mikrokanonischen Gesamtheit explizit zu berechnen. Hierzu setze man den mikrokanonischen Dichteoperator $\hat{\varrho}_{\mathrm{mk}}$ in das Postulat (3.19) für $S[\hat{\varrho}]$ ein. Man findet:

$$\begin{aligned} S_{\mathrm{mk}} &= -k_{\mathrm{B}} \, \mathrm{Sp}\big[\hat{\varrho}_{\mathrm{mk}} \ln(\hat{\varrho}_{\mathrm{mk}})\big] = -k_{\mathrm{B}} \, \mathrm{Sp}\left[\hat{\varrho}_{\mathrm{mk}} \ln \frac{1}{\omega \, \mathrm{vol}(\boldsymbol{\Delta})}\right] \\ &= k_{\mathrm{B}} \ln\big[\omega(U, \mathbf{X}, \mathbf{N}) \, \mathrm{vol}(\boldsymbol{\Delta})\big] \,, \end{aligned} \tag{4.5}$$

sodass umgekehrt auch

$$\omega(U, \mathbf{X}, \mathbf{N}) = \frac{1}{\mathrm{vol}(\boldsymbol{\Delta})} e^{S_{\mathrm{mk}}/k_{\mathrm{B}}} \tag{4.6}$$

gilt. Da die Entropie extensiv ist, also proportional zur Systemgröße, steigt die mikrokanonische Zustandssumme $\omega(U, \mathbf{X}, \mathbf{N})$ sehr schnell, nämlich exponentiell, als Funktion der Systemgröße an. Aus praktischer Sicht ist noch zu beachten, dass der Beitrag $k_{\mathrm{B}} \ln[\mathrm{vol}(\boldsymbol{\Delta})]$ zu S_{mk} in (4.5) nicht-extensiv und daher im thermodynamischen Limes vernachlässigbar ist. Die Gleichungen (4.5) und (4.6) illustrieren übrigens auch die Notwendigkeit der Mittelung über das Volumenelement $\boldsymbol{\Delta}$, die zu einer *Glättung* der $(U, \mathbf{X}, \mathbf{N})$-Abhängigkeit von S_{mk} führt. Diese Glättung bringt die *mikrokanonische* Entropie $S_{\mathrm{mk}}(U, \mathbf{X}, \mathbf{N})$ mit der (mehrmals stetig differenzierbaren) *thermodynamischen* Entropie $S(U, \mathbf{X}, \mathbf{N})$ in Einklang. Auch aus physikalischer Sicht ist die Mittelung über $\boldsymbol{\Delta}$ sinnvoll, da diese die endliche Auflösung eines thermodynamischen Experiments zur Bestimmung von $S(U, \mathbf{X}, \mathbf{N})$ repräsentiert.

Die mikrokanonische Entropie ist maximal!

Streng genommen zeigt unsere Berechnung des mikrokanonischen Dichteoperators lediglich, dass die Entropie bei einer gleichmäßigen Verteilung des statistischen Gewichts über die verfügbaren Mikrozustände *stationär* ist, nicht aber, dass sie *maximal* ist. Einsetzen von $\hat{\varrho}_{\mathrm{mk}}$ in die Ungleichung (3.16) auf Seite 107 zeigt jedoch sofort, dass die Entropie einer beliebigen anderen statistischen Verteilung $\hat{\varrho}$ mit $\varrho_m = 0$ für $|m\rangle \notin \mathcal{H}_{\boldsymbol{\Delta}}$ kleiner als die mikrokanonische Entropie S_{mk} ist:

$$\begin{aligned} S[\hat{\varrho}] &\leq -k_{\mathrm{B}} \, \mathrm{Sp}\big[\hat{\varrho} \ln \hat{\varrho}_{\mathrm{mk}}\big] = -k_{\mathrm{B}} \, \mathrm{Sp}\left[\hat{\varrho} \ln \frac{1}{\omega \, \mathrm{vol}(\boldsymbol{\Delta})}\right] \\ &= k_{\mathrm{B}} \ln\big[\omega(U, \mathbf{X}, \mathbf{N}) \, \mathrm{vol}(\boldsymbol{\Delta})\big] = S_{\mathrm{mk}} \,. \end{aligned}$$

Folglich ist $S[\hat{\varrho}]$ tatsächlich maximal für $\hat{\varrho} = \hat{\varrho}_{\mathrm{mk}}$.

Weitere thermodynamische Information

Da nun die Entropie $S_{\mathrm{mk}}(U, \mathbf{X}, \mathbf{N})$ im Prinzip bekannt ist, kann man auch die zu $(U, \mathbf{X}, \mathbf{N})$ konjugierten Variablen, d. h. die Temperatur T, die verallgemeinerten Kräfte $\mathbf{Y}$ und das chemische Potential $\boldsymbol{\mu}$ berechnen. Aufgrund des ersten und zweiten Hauptsatzes gilt nämlich für reversible Prozesse:

$$dS = \frac{1}{T}\left(dU - \mathbf{Y} \cdot d\mathbf{X} - \boldsymbol{\mu} \cdot d\mathbf{N}\right),$$

sodass $(T, \mathbf{Y}, \boldsymbol{\mu})$ sofort aus den Gleichungen

$$\left(\frac{\partial S}{\partial U}\right)_{\mathbf{X},\mathbf{N}} = \frac{1}{T} \quad , \quad \left(\frac{\partial S}{\partial \mathbf{X}}\right)_{U,\mathbf{N}} = -\frac{\mathbf{Y}}{T} \quad , \quad \left(\frac{\partial S}{\partial \mathbf{N}}\right)_{U,\mathbf{X}} = -\frac{\boldsymbol{\mu}}{T}$$

folgen. Da man natürlich auch Antwortfunktionen ausrechnen kann, ist hiermit im Prinzip alle relevante thermodynamische Information bekannt.

Vereinfachte Darstellung bei festen X- und N-Werten

Häufig werden die $\mathbf{X}$- und $\mathbf{N}$-abhängigen Deltafunktionen im Dichteoperator (4.1) unterdrückt. Man beschränkt sich dann auf den reduzierten Hilbert-Raum $\mathcal{H}_{\mathbf{X},\mathbf{N}}$ mit festen Werten der mechanischen Variablen $\mathbf{X}$ und Teilchenzahlen $\mathbf{N}$ und erhält die einfacheren Formeln:

$$\varrho_m^{\mathrm{red}} = \frac{1}{\omega \Delta U} I_{\Delta_U}(m) \quad , \quad \omega(U) = \frac{1}{\Delta U} \sum_m I_{\Delta_U}(m) , \tag{4.7}$$

wobei $I_{\Delta_U}(m)$ die Indikatorfunktion des Unterraums $\mathcal{H}_{\Delta_U}$ von $\mathcal{H}_{\mathbf{X},\mathbf{N}}$ ist, der von Basisfunktionen mit Energieeigenwerten im Energieintervall $[U - \frac{1}{2}\Delta U, U + \frac{1}{2}\Delta U]$ aufgespannt wird.[2] Die Entropie ist in diesem Fall durch $S_{\mathrm{mk}} = k_{\mathrm{B}} \ln[\omega(U)\Delta U]$ gegeben. Im Limes $\Delta U \to 0$ folgt aus (4.7) das Pendant der Formeln (4.1) und (4.2) im reduzierten Hilbert-Raum:

$$\varrho_{\mathrm{mk}}^{\mathrm{red}} = \frac{1}{\omega} \delta(\hat{\mathrm{H}} - U) \quad , \quad \omega(U) = \mathrm{Sp}[\delta(\hat{\mathrm{H}} - U)] . \tag{4.8}$$

Hier zeigt sich noch einmal klar, dass nur Zustände mit der Energie U in der mikrokanonischen Gesamtheit zu statistischen Mittelwerten beitragen.

Der Vorteil der „vereinfachten Darstellung" sind die einfacheren Formeln für physikalische Größen, hier z. B. für den Dichteoperator und die mikrokanonische Zustandssumme. Der Nachteil ist, dass man durch die Beschränkung auf den reduzierten Hilbert-Raum $\mathcal{H}_{\mathbf{X},\mathbf{N}}$ den Kontakt zu anderen Zuständen im Gesamt-Hilbert-Raum $\mathcal{H}$ und somit die Beziehung zu anderen Gesamtheiten verliert.

---

[2]In der Liste $\{\mathcal{H}, \mathcal{H}_{\mathbf{N}}, \mathcal{H}_{\mathbf{X},\mathbf{N}}, \mathcal{H}_{\Delta_U}\}$ sind die drei letztgenannten Funktionenräume also Unterräume aller vorher genannten Funktionenräume.

4.1.1 Beispiel: Der paramagnetische Kristall

Wir betrachten ein System N nicht-wechselwirkender Spins in einem Magnetfeld, das entlang der x_3-Achse ausgerichtet ist: $\mathbf{B} = B\mathbf{e}_3$. Hierbei wird vorausgesetzt, dass das Magnetfeld räumlich und zeitlich konstant und somit lediglich ein unveränderlicher Parameter ($dB = 0$) in der Theorie ist. Der i-te Spin hat ein magnetisches Moment $\boldsymbol{\mu}_i = -\frac{g\mu_B}{\hbar}\mathbf{S}_i$ mit $g \simeq 2$, $\mu_B = \frac{|e|\hbar}{2m_e}$ und dem Spinvektor $\mathbf{S}_i = \frac{1}{2}\hbar\boldsymbol{\sigma}_i$. Der Vektor $\boldsymbol{\sigma}_i = (\sigma_{i1}, \sigma_{i2}, \sigma_{i3})$ stellt die Pauli-Matrizen dar, die auf den i-ten Spin einwirken. Der Hamilton-Operator dieses Systems ist somit durch

$$\hat{\mathrm{H}}_{\mathrm{mk}} = -\mathbf{B} \cdot \sum_{i=1}^{N} \boldsymbol{\mu}_i = \hbar\omega_{\mathrm{L}} \sum_{i=1}^{N} \sigma_{i,3} \quad , \quad \omega_{\mathrm{L}} = \frac{|e|B}{2m_e} \tag{4.9}$$

gegeben. Jeder Spin kann also die Eigenenergien $E_\pm = \pm\hbar\omega_{\mathrm{L}}$ haben, abhängig davon, ob er parallel ($\uparrow$) oder antiparallel ($\downarrow$) zum Magnetfeld ausgerichtet ist.[3]

Nehmen wir nun an, dass sich n_+ Spins im Zustand $\uparrow$ und die restlichen $N - n_+$ Spins im Zustand $\downarrow$ befinden, dann ist die Gesamtenergie des Systems durch

$$E(n_+) = n_+ E_+ + (N - n_+)E_- = (2n_+ - N)\hbar\omega_{\mathrm{L}}$$

gegeben. Insgesamt gibt es $\binom{N}{n_+}$ Zustände, die zu dieser Gesamtenergie führen. Wählen wir $\Delta U = 2\hbar\omega_{\mathrm{L}}$ für die Energieauflösung, dann ergibt sich aus (4.7) mit der Definition $U/(N\hbar\omega_{\mathrm{L}}) \equiv u$ für $U = E(n_+)$:

$$\omega(U) = \frac{1}{\Delta U}\binom{N}{n_+} = \frac{1}{2\hbar\omega_{\mathrm{L}}}\binom{N}{n_+} \quad , \quad n_+ = \frac{1}{2}\left(\frac{U}{\hbar\omega_{\mathrm{L}}} + N\right) = \tfrac{1}{2}N(u+1)\,.$$

Die Entropie folgt daher mit Hilfe der Stirling-Formel als:

$$\begin{aligned}
S_{\mathrm{mk}}(U) &= k_B \ln\left[\omega(U)\Delta U\right] = k_B \ln\left[\binom{N}{n_+}\right] \\
&\sim Nk_B\left[-\frac{n_+}{N}\ln\left(\frac{n_+}{N}\right) - \frac{N - n_+}{N}\ln\left(\frac{N - n_+}{N}\right)\right] \\
&= Nk_B\left[-\left(\frac{u+1}{2}\right)\ln\left(\frac{u+1}{2}\right) - \left(\frac{1-u}{2}\right)\ln\left(\frac{1-u}{2}\right)\right] \equiv Nk_B s(u)
\end{aligned}$$

und ist also maximal für $u = 0$, wie in Abbildung 4.1 grafisch dargestellt wurde; der Entropiewert im Maximum ist $Nk_B \ln(2)$. Die Temperatur des Systems folgt aus $\frac{1}{T} = \left(\frac{\partial S}{\partial U}\right)_N = \frac{k_B}{\hbar\omega_{\mathrm{L}}}s'(u)$ als[4]

$$\begin{aligned}
t \equiv \frac{k_B T}{\hbar\omega_{\mathrm{L}}} &= \left[-\tfrac{1}{2}\ln\left(\frac{u+1}{1-u}\right)\right]^{-1} \\
&= \left[\ln\sqrt{\frac{1-u}{u+1}}\right]^{-1} \sim \begin{cases} -2/\ln(1+u) \ \downarrow 0 & (u \downarrow -1) \\ -1/u & (u \to 0) \\ +2/\ln(1-u) \ \uparrow 0 & (u \uparrow +1) \end{cases}
\end{aligned} \tag{4.10}$$

---

[3]In diesem Beispiel ist zu beachten, dass es nur *zwei* unabhängige thermodynamische Variable gibt, nämlich U und N. Die Magnetisierungskomponente $\hat{m}_3 = \sum_{i=1}^{N}\hat{\mu}_{i3}$ ist wegen $m_3 = -U/B$ keine unabhängige Variable, und die Komponenten $m_{1,2}$ sind thermodynamisch irrelevant, da sie nicht im Hamilton-Operator auftreten. Auch das Volumen V des „Kristalls" tritt nicht im Hamilton-Operator auf und spielt daher thermodynamisch keine Rolle.

[4]Für $T \downarrow 0$ bzw. $u \downarrow -1$ findet man also $s(u) \downarrow 0$, im Einklang mit dem dritten Hauptsatz.

und hängt somit nur von u ab. Äußerst interessant an diesem Ergebnis ist, dass die
Temperatur also offenbar *negativ* werden kann. Dies ist sowohl aus dem Verlauf der
Entropie (Abb. 4.1) als auch explizit aus dem Verlauf der Temperatur (Abb. 4.2) als
Funktionen der inneren Energie ersichtlich. Dieses Ergebnis ist charakteristisch für
Systeme, deren Einteilchen-Hamilton-Operatoren ein beschränktes Spektrum (hier:
$E_\pm = \pm\hbar\omega_\mathrm{L}$) aufweisen. In realistischen Vielteilchensystemen muss man auch kinetische Freiheitsgrade berücksichtigen, und solche Freiheitsgrade gehen immer mit
einem nach oben unbeschränkten Spektrum des Einteilchen-Hamilton-Operators
einher. In der Praxis lassen sich negative Temperaturen bestenfalls auf mittleren
Zeitskalen für Spinsysteme außerhalb des Gleichgewichts realisieren. Paradoxerwei-
se sind negative Temperaturen „heißer" als positive, da die entsprechende Energie
größer ist: Für $t > 0$ gilt $u < 0$, für $t < 0$ jedoch $u > 0$. Man überprüft außerdem
leicht, dass zwei gleich große Systeme, das eine mit einer Temperatur von $+100\,\mathrm{K}$
und das andere mit $-100\,\mathrm{K}$, falls sie miteinander kombiniert werden, ein neues
System mit $T = +\infty$ ergeben (oder natürlich $T = -\infty$, das wäre dasselbe).

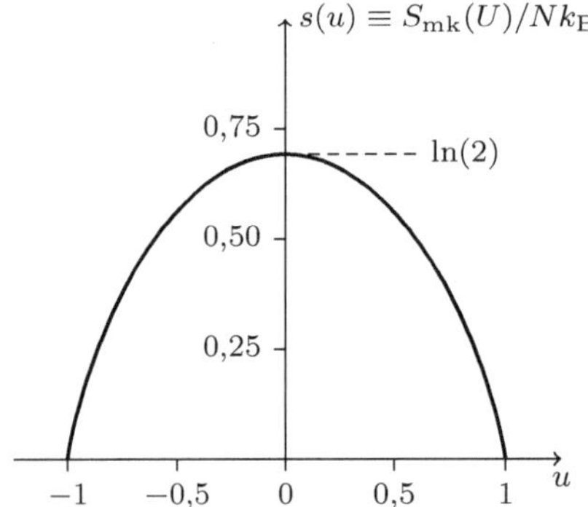

Abb. 4.1 Entropie als Funktion
der inneren Energie im
paramagnetischen Kristall

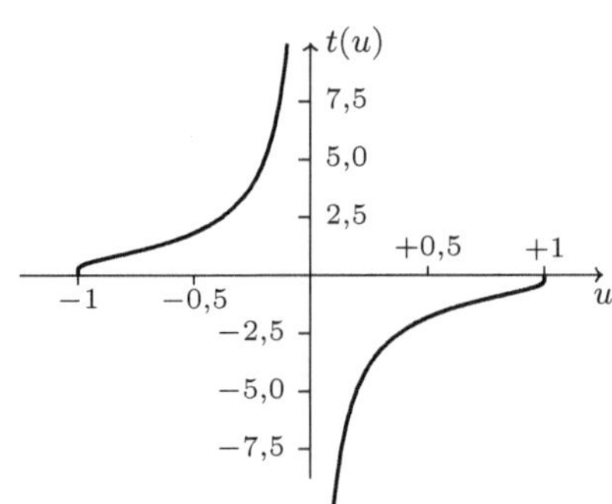

Abb. 4.2 Temperatur als Funktion
der inneren Energie im
paramagnetischen Kristall

Man kann die Temperatur-Energie-Relation (4.10) leicht invertieren:

$$u = -\tanh(t^{-1}) \tag{4.11}$$

und aus der Beziehung $n_+ = \frac{1}{2}N(u+1)$ die mittlere Anzahl $\uparrow$- oder $\downarrow$-Spins ausrechnen:

$$n_+ = N\frac{e^{-t^{-1}}}{e^{t^{-1}} + e^{-t^{-1}}} \quad , \quad n_- = N - n_+ = N\frac{e^{t^{-1}}}{e^{t^{-1}} + e^{-t^{-1}}} \, .$$

Offensichtlich ist n_λ mit $\lambda = \pm$ proportional zum Boltzmann-Faktor $e^{-\beta E_\lambda}$ mit
$\beta = 1/(k_\mathrm{B}T)$. Aus n_λ ergibt sich die Magnetisierung als

$$M = \mu_\mathrm{B}\frac{n_- - n_+}{N} = \mu_\mathrm{B}\tanh(t^{-1}) \quad , \quad M = -\mu_\mathrm{B}u \, , \tag{4.12}$$

und das chemische Potential folgt z. B. aus der Euler-Gleichung als

$$\mu = \hbar\omega_\mathrm{L}(u - ts) \, . \tag{4.13}$$

Sowohl die Magnetisierung als auch das chemische Potential hängen lediglich von der Temperatur, aber nicht von N ab. Durch Kombination der Entropie-Energie-Beziehung $s(u)$ mit der Energie-Temperatur-Relation (4.11) erhält man noch für positive Werte der Temperatur ($t > 0$):

$$s(u(t)) = \ln(e^{t^{-1}} + e^{-t^{-1}}) - t^{-1}\tanh(t^{-1}) \sim \begin{cases} \ln(2) - \frac{1}{2}t^{-2} & (t \to \infty) \\ (2t^{-1} + 1)e^{-2t^{-1}} & (t \downarrow 0) \end{cases} \, ,$$

während für negative Temperaturen ($t < 0$) einfach $s(u(t)) = s(u(|t|))$ gilt.

Mit Hilfe der Ergebnisse (4.11)–(4.13) kann man auch einige Antwortfunktionen berechnen. Aus (4.11) folgt z. B. die Wärmekapazität bei konstanter Teilchenzahl:

$$C_N(T) = \left(\frac{\partial U}{\partial T}\right)_N = Nk_{\mathrm{B}}\frac{du}{dt} = \frac{Nk_{\mathrm{B}}}{[t\cosh(t^{-1})]^2} \, .$$

Die (dimensionslose) spezifische Wärme $c(t) \equiv C_N/(Nk_{\mathrm{B}})$ ist in Abbildung 4.3 als Funktion der Temperatur dargestellt. Das exponentielle Verhalten bei *tiefer* Temperatur,

$$c(t) \propto e^{-2t^{-1}} = e^{-\frac{2\hbar\omega_{\mathrm{L}}}{k_{\mathrm{B}}T}} \qquad (T \downarrow 0) \, ,$$

wird durch die Anwesenheit einer Lücke $2\hbar\omega_L$ im Spektrum des Einteilchen-Hamilton-Operators erklärt. Auch die Entropie s, die Magnetisierung M, die innere Energie u und das chemische Potential μ zeigen diese Lücke in ihrem Tieftemperaturverhalten. Für höhere Temperaturen findet man:

$$M = -\mu_{\mathrm{B}}u \sim \frac{\mu_{\mathrm{B}}}{t} = \frac{(\mu_{\mathrm{B}})^2}{k_{\mathrm{B}}T}B \quad , \quad c(t) \sim \frac{1}{t^2} \qquad (t \to \infty) \, ,$$

wobei das Hochtemperaturverhalten der spezifischen Wärme also eine Konsequenz des Curie-Gesetzes der Magnetisierung ist. Zu beachten ist noch, dass die spezifische Wärme auch für negative Temperaturen positiv ist. Der Vorzeichenwechsel der Magnetisierung bei $|t| = \infty$ zeigt lediglich, dass für $t > 0$ überwiegend $\downarrow$-Spins und für $t < 0$ überwiegend $\uparrow$-Spins auftreten. Führen wir schließlich noch das

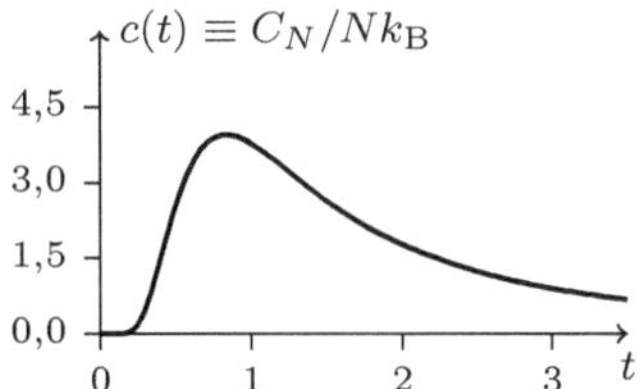

Abb. 4.3 Spezifische Wärme des paramagnetischen Kristalls

Volumen V ein, in dem sich unser Spinsystem befindet, so zeigt (2.51) in Kombination mit (4.13), dass die *inverse* Kompressibilität des Systems null ist:

$$\kappa_{T,N}^{-1} = n^2\left(\frac{\partial \mu}{\partial n}\right)_T = 0 \, .$$

Da die Spins nicht miteinander wechselwirken und insbesondere selbst kein Eigenvolumen besitzen, ist das System unendlich kompressibel.

Adiabatische Entmagnetisierung

Man kann die thermodynamischen Eigenschaften des idealen Paramagneten hervorragend zur Kühlung geeigneter Materialien (z. B. paramagnetischer Salze) einsetzen. Um dies zu erläutern, betrachten wir zunächst die zwei elementaren Arbeitsschritte dieses Kühlprozesses, das *isotherme Einschalten* und das *adiabatische Abschalten* des B-Felds, beides bei fester Teilchenzahl ($dN = 0$).

Um das isotherme Einschalten des Magnetfelds zu beschreiben, benötigen wir zwei Beziehungen, nämlich erstens diejenige zwischen dem angelegten Magnetfeld und der Magnetisierung,

$$B = \frac{k_\mathrm{B}T}{\mu_\mathrm{B}}t^{-1} = -\frac{k_\mathrm{B}T}{\mu_\mathrm{B}}\operatorname{artanh}(u) = \frac{k_\mathrm{B}T}{\mu_\mathrm{B}}\operatorname{artanh}\left(\frac{M}{\mu_\mathrm{B}}\right),$$

und zweitens diejenige für die Entropieänderung beim Einschalten des Felds:

$$\Delta S(t) = Nk_\mathrm{B}\left[s(u(t)) - s(u(\infty))\right] = Nk_\mathrm{B}\left[s\left(u\left(\frac{k_\mathrm{B}T}{\mu_\mathrm{B}B}\right)\right) - \ln(2)\right] < 0\,.$$

Das adiabatische Abschalten des Magnetfelds erfordert $ds(u) = s'(u)du = 0$ und daher $du = 0$, $dM = 0$ und $dt = 0$, sodass $\frac{T}{B} = \frac{\mu_\mathrm{B}t}{k_\mathrm{B}}$ konstant ist: Beim Herunterfahren des Magnetfelds wird auch die Temperatur abgesenkt.

Betrachten wir das isotherme Einschalten und das adiabatische Abschalten des Magnetfelds nun in einem B-M- bzw. S-T-Diagramm. Dieser Vorgang ist in den Abbildungen 4.4 und 4.5 dargestellt. Vor dem Einschalten des Felds habe die Probe die Temperatur T_1; die Entropie der Probe hat den Wert $Nk_\mathrm{B}\ln(2)$. Beim Hochfahren des Magnetfelds auf den Wert B_1 wird die Entropie um den Wert $\Delta S(t_1)$ mit $t_1 \equiv \frac{k_\mathrm{B}T_1}{\mu_\mathrm{B}B_1}$ abgesenkt. Dem System wird also die Wärmemenge $T_1\Delta S(t_1)$ entzogen, die an das für diesen Arbeitsschritt benötigte Wärmebad der Temperatur T_1 abgegeben wird. Hat man den Wert B_1 des Felds (und somit auch den Wert M_1 der Magnetisierung) erreicht, wird das Wärmebad abgekoppelt und das Magnetfeld adiabatisch ($dS = 0$) auf null heruntergefahren. Da die Magnetisierung bei diesem adiabatischen Vorgang konstant ist ($dM = 0$), wird automatisch auch die Temperatur auf null abgesenkt. Zumindest im Rahmen dieses einfachen Modells eines Paramagneten würde man somit über einen idealen Kühlprozess verfügen. Dass die Realität etwas komplizierter als das Modell sein muss, sieht man schon daran, dass die Entropie nach dem zweiten Arbeitsschritt, also bei $T = 0$, im Widerspruch zum dritten Hauptsatz der Thermodynamik den endlichen Wert $Nk_\mathrm{B}s(u(t_1)) > 0$ hat.

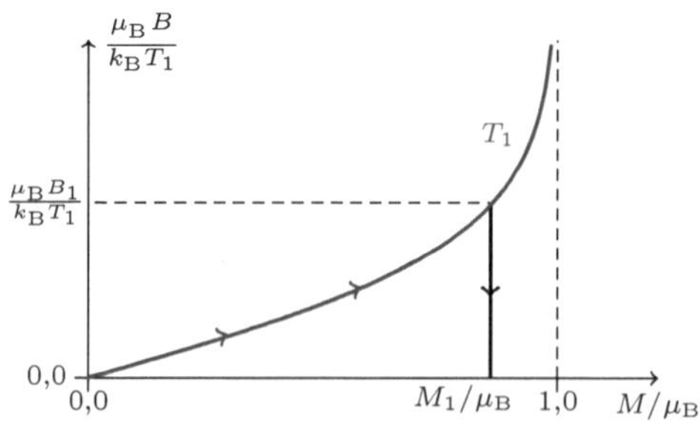

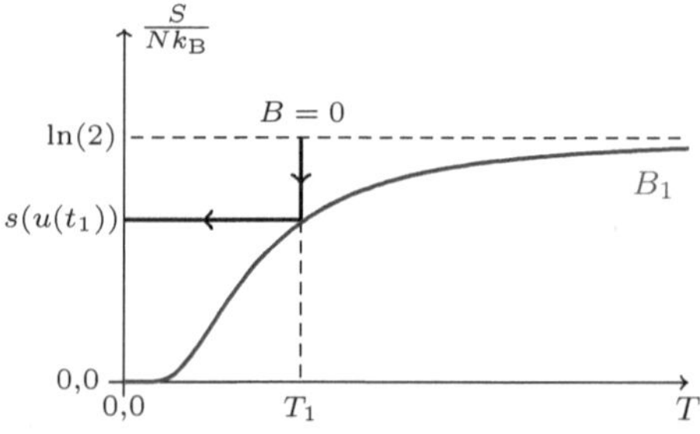

Abb. 4.4 Arbeitsschritte im B-M-Diagramm

Abb. 4.5 Arbeitsschritte im S-T-Diagramm

In der Praxis wird die Kühlmethode der adiabatischen Entmagnetisierung im Temperaturbereich zwischen 1 K und $10^{-2}-10^{-3}$ K zur Kühlung paramagnetischer Salze verwendet, wobei die Starttemperatur von 1 K dadurch bestimmt wird, dass ^{4}He als Kühlmittel im Kryostaten (Wärmebad) benutzt wird. Das Modell eines „paramagnetischen Kristalls" ist nur dann anwendbar, wenn der führende Beitrag zur spezifischen Wärme von näherungsweise ungekoppelten Spins kommt. Bei *höheren* Temperaturen bricht dieses Modell zusammen, da der wichtigste Beitrag in diesem Fall von den Gitterschwingungen kommt, bei *tieferen* Temperaturen, da Spinwechselwirkungen und Kristallfeldeffekte dann wichtig werden. Die Mitberücksichtigung von Spinwechselwirkungen bei tiefen Temperaturen wird die Verletzung des dritten Hauptsatzes im allzu einfachen Modell des idealen Paramagneten wieder beheben.

Noch tiefere Temperaturen (bis 10^{-6} K) erreicht man mit der adiabatischen Entmagnetisierung, angewandt auf paramagnetische *Kernspins*. Die mit der oben beschriebenen Methode bis zu 10^{-2} K abgekühlten paramagnetischen Salze werden hierbei als Kühlmittel (Wärmebad) eingesetzt.

4.2   Die kanonische Gesamtheit

Die mikrokanonische Gesamtheit ist nicht geeignet für Systeme im thermischen Kontakt mit einem Wärmebad, da die innere Energie in diesem Fall zwar im Mittel festliegt,

$$\boxed{\; U[\hat{\varrho}] = \langle \hat{\mathsf{H}} \rangle = \mathrm{Sp}[\hat{\varrho}\hat{\mathsf{H}}] = \sum_m E_m \varrho_m = U \;,\;} \qquad (4.14)$$

jedoch in den einzelnen Mikrozuständen, die bei Ankopplung an ein Wärmebad auftreten können, in der Regel vom Mittelwert abweicht. Das Ensemble aller Mikrozustände mit fester Teilchenzahl $\mathbf{N}$, festem $\mathbf{X}$ und einer mittleren inneren Energie U, die der Temperatur T des Wärmebads entspricht, heißt die *kanonische* Gesamtheit. Bezeichnen wir den Satz aller möglichen Werte der Energien E_m als R_E und definieren wir $\mathbf{\Delta_X} \times \mathbf{\Delta_N} \equiv \mathbf{\Delta_k}$, ähnlich wie in der mikrokanonischen Gesamtheit, dann ist die relevante Schar von Mikrozuständen $|m\rangle = |E_m, \mathbf{X}_m, \mathbf{N}_m, M_m\rangle$ in der kanonischen Gesamtheit dadurch gegeben, dass die makroskopischen Größen $(E_m, \mathbf{X}_m, \mathbf{N}_m)$ Werte im $R_E \times \mathbf{\Delta_k}$ annehmen. Die ansonsten in $|m\rangle$ enthaltene *mikroskopische* Information wird durch M_m symbolisiert. Die Mikrozustände sind hierbei so zu gewichten, dass $U[\hat{\varrho}] = U$ gilt. Die Basisfunktionen $\{|m\rangle\}$ der kanonischen Gesamtheit spannen einen Unterraum $\mathcal{H}_{\mathbf{\Delta_k}}$ des Gesamtvielteilchen-Hilbert-Raums (Fock-Raums) $\mathcal{H}$ auf, der durch $(\mathbf{X}_m, \mathbf{N}_m) \in \mathbf{\Delta_k}$ definiert wird.

Berechnung des kanonischen Dichteoperators

Aus der Thermodynamik ist bekannt (s. Abschnitt [2.11.3]), dass die Helmholtz'sche freie Energie $F = U - TS$ im Gleichgewicht in Systemen mit konstantem $(T, \mathbf{X}, \mathbf{N})$ bezüglich spontaner Fluktuationen *minimal* ist (und daher $-\beta F = \frac{1}{k_\mathrm{B}} S - \beta U$ *maximal*). Wir fordern daher in der Statistischen Physik, dass $-\beta F[\hat{\varrho}]$ maximal ist bezüglich Variationen des Dichteoperators, wobei natürlich die Zwangsbedingung

$\mathrm{Sp}(\hat{\varrho}) = 1$ auferlegt werden muss:

$$0 = \frac{\delta}{\delta\hat{\varrho}}\left[\frac{1}{k_{\mathrm{B}}}S[\hat{\varrho}] - \beta U[\hat{\varrho}] + \alpha\left(1 - \mathrm{Sp}(\hat{\varrho})\right)\right] .$$

Es folgt:

$$0 = -\ln\hat{\varrho} - 1 - \alpha - \beta\hat{\mathrm{H}} ,$$

denn nur wenn der Operator $-\ln\hat{\varrho} - 1 - \alpha - \beta\hat{\mathrm{H}}$ identisch null ist, gilt für beliebige Variationen $\delta\hat{\varrho}$:

$$0 = \delta\left\{\frac{1}{k_{\mathrm{B}}}S[\hat{\varrho}] - \beta U[\hat{\varrho}] - \alpha\,\mathrm{Sp}(\hat{\varrho})\right\} = \delta\,\mathrm{Sp}\left[-\hat{\varrho}\ln\hat{\varrho} - \beta\hat{\varrho}\hat{\mathrm{H}} - \alpha\hat{\varrho}\right]$$

$$= \mathrm{Sp}\left[\delta\hat{\varrho}\left(-\ln\hat{\varrho} - 1 - \alpha - \beta\hat{\mathrm{H}}\right)\right] .$$

Folglich gilt für alle m in der Schar von Mikrozuständen $\varrho_m = e^{-(1+\alpha)-\beta E_m}$ und daher mit der Definition $e^{-(1+\alpha)} \equiv \left[Z_{\mathrm{k}}\,\mathrm{vol}(\boldsymbol{\Delta}_{\mathrm{k}})\right]^{-1}$ generell für alle m:

$$\boxed{\varrho_m = \frac{1}{Z_{\mathrm{k}}}\frac{1}{\mathrm{vol}(\boldsymbol{\Delta}_{\mathrm{k}})}I_{\boldsymbol{\Delta}_{\mathrm{k}}}(m)e^{-\beta E_m} \quad , \quad \sum_m \varrho_m |m\rangle\langle m| \equiv \hat{\varrho}_{\mathrm{k}} .} \qquad (4.15)$$

Hierbei wird die Normierungskonstante Z_{k} als die *kanonische Zustandssumme* bezeichnet:

$$\boxed{Z_{\mathrm{k}} = \frac{1}{\mathrm{vol}(\boldsymbol{\Delta}_{\mathrm{k}})}\sum_m I_{\boldsymbol{\Delta}_{\mathrm{k}}}(m)e^{-\beta E_m} \quad , \quad \mathrm{vol}(\boldsymbol{\Delta}_{\mathrm{k}}) = \prod_i \Delta X_i \prod_j \Delta N_j} \qquad (4.16)$$

mit der Indikatorfunktion $I_{\boldsymbol{\Delta}_{\mathrm{k}}}(m)$ von $\mathcal{H}_{\boldsymbol{\Delta}_{\mathrm{k}}}$.

Berechnung der Helmholtz'schen freien Energie

Es gibt eine einfache Beziehung zwischen der kanonischen Zustandssumme und der freien Energie, wie man durch Einsetzen von $\hat{\varrho}_{\mathrm{k}}$ in die Definition der Entropie sieht:

$$F[\hat{\varrho}_{\mathrm{k}}] = U[\hat{\varrho}_{\mathrm{k}}] - TS[\hat{\varrho}_{\mathrm{k}}] = U + \frac{1}{\beta}\,\mathrm{Sp}\left[\hat{\varrho}_{\mathrm{k}}\ln\frac{e^{-\beta\hat{\mathrm{H}}}}{Z_{\mathrm{k}}\,\mathrm{vol}(\boldsymbol{\Delta}_{\mathrm{k}})}\right]$$

$$= U - \mathrm{Sp}[\hat{\varrho}_{\mathrm{k}}\hat{\mathrm{H}}] - \frac{1}{\beta}\ln\left[Z_{\mathrm{k}}\,\mathrm{vol}(\boldsymbol{\Delta}_{\mathrm{k}})\right] = -\frac{1}{\beta}\ln\left[Z_{\mathrm{k}}\,\mathrm{vol}(\boldsymbol{\Delta}_{\mathrm{k}})\right]$$

oder umgekehrt:

$$\boxed{Z_{\mathrm{k}}(T, \mathbf{X}, \mathbf{N}) = \frac{1}{\mathrm{vol}(\boldsymbol{\Delta}_{\mathrm{k}})}e^{-\beta F(T, \mathbf{X}, \mathbf{N})} .} \qquad (4.17)$$

Wir haben bisher nur gezeigt, dass $F[\hat{\varrho}]$ stationär ist für $\hat{\varrho} = \hat{\varrho}_{\mathrm{k}}$. Man sieht jedoch leicht ein, dass F tatsächlich minimal ist. Aus der Ungleichung:

$$S[\hat{\varrho}] \leq -k_{\mathrm{B}}\,\mathrm{Sp}\left[\hat{\varrho}\ln(\hat{\varrho}_{\mathrm{k}})\right] = -k_{\mathrm{B}}\,\mathrm{Sp}\left[\hat{\varrho}\ln\left(e^{\beta(F-\hat{\mathrm{H}})}\right)\right]$$

$$= -k_{\mathrm{B}}\beta\left(F - \mathrm{Sp}[\hat{\varrho}\hat{\mathrm{H}}]\right) = \frac{1}{T}\left(U[\hat{\varrho}] - F\right)$$

folgt nämlich sofort $F \leq U[\hat{\varrho}] - TS[\hat{\varrho}]$ für alle $\hat{\varrho}$, die ihr spektrales Gewicht in $\mathcal{H}_{\boldsymbol{\Delta}_{\mathrm{k}}}$ haben.

Weitere thermodynamische Größen

Da die freie Energie $F(T, \mathbf{X}, \mathbf{N})$ nun im Prinzip bekannt ist, können wir die konjugierten Größen $(S, \mathbf{Y}, \boldsymbol{\mu})$ aus

$$dF = -S\,dT + \mathbf{Y} \cdot d\mathbf{X} + \boldsymbol{\mu} \cdot d\mathbf{N}$$

berechnen. Besonders wichtig ist auch, dass die innere Energie U sofort aus

$$\boxed{U = \left(\frac{\partial \beta F}{\partial \beta}\right)_{\mathbf{X},\mathbf{N}}}$$

folgt, denn es gilt:

$$\left(\frac{\partial \beta F}{\partial \beta}\right)_{\mathbf{X},\mathbf{N}} = F + \beta \left(\frac{\partial F}{\partial T}\right)_{\mathbf{X},\mathbf{N}} \frac{d(1/k_\mathrm{B}\beta)}{d\beta} = F - \frac{1}{k_\mathrm{B}\beta}(-S) = F + TS = U \ .$$

Diese Beziehung zwischen der inneren Energie und der freien Energie folgt alternativ auch aus unserem Ergebnis (4.17):

$$\left(\frac{\partial \beta F}{\partial \beta}\right)_{\mathbf{X},\mathbf{N}} = -\frac{\partial}{\partial \beta} \ln\left[Z_\mathrm{k}\,\mathrm{vol}(\boldsymbol{\Delta}_\mathrm{k})\right] = -\frac{1}{Z_\mathrm{k}}\left(\frac{\partial Z_\mathrm{k}}{\partial \beta}\right)_{\mathbf{X},\mathbf{N}}$$

$$= \frac{1}{Z_\mathrm{k}\,\mathrm{vol}(\boldsymbol{\Delta}_\mathrm{k})} \sum_m E_m I_{\boldsymbol{\Delta}_\mathrm{k}}(m) e^{-\beta E_m} = \mathrm{Sp}(\hat{\varrho}_\mathrm{k}\hat{\mathrm{H}}) = U \ .$$

Analog folgt aus der zweiten Ableitung von βF nach der inversen Temperatur $\beta = 1/(k_\mathrm{B}T)$:

$$k_\mathrm{B}T^2 C_{\mathbf{X},\mathbf{N}} = -\left(\frac{\partial U}{\partial \beta}\right)_{\mathbf{X},\mathbf{N}} = -\left(\frac{\partial^2 \beta F}{\partial \beta^2}\right)_{\mathbf{X},\mathbf{N}} = \frac{1}{Z_\mathrm{k}}\left(\frac{\partial^2 Z_\mathrm{k}}{\partial \beta^2}\right)_{\mathbf{X},\mathbf{N}} - \left[\frac{1}{Z_\mathrm{k}}\left(\frac{\partial Z_\mathrm{k}}{\partial \beta}\right)_{\mathbf{X},\mathbf{N}}\right]^2$$

$$= \mathrm{Sp}(\hat{\varrho}_\mathrm{k}\hat{\mathrm{H}}^2) - U^2 = \mathrm{Sp}\left[\hat{\varrho}_\mathrm{k}(\hat{\mathrm{H}} - U)^2\right] = \langle(\hat{\mathrm{H}} - U)^2\rangle \equiv (\Delta E)^2 \ .$$

Dieses Ergebnis ist hochinteressant, da es zeigt, dass die Breite ΔE der Energieverteilung in der kanonischen Gesamtheit proportional zur *Wurzel* der Systemgröße ist:

$$\boxed{\beta \Delta E = \sqrt{\frac{1}{k_\mathrm{B}} C_{\mathbf{X},\mathbf{N}}} \ .}$$

Diese Proportionalität zur Wurzel der Systemgröße ist typisch für Fluktuationen von extensiven Größen in der Statistischen Physik.

Beziehung zur mikrokanonischen Zustandssumme

Im Limes $\boldsymbol{\Delta}_\mathrm{k} \to \mathbf{0}$ reduzieren sich die Gleichungen (4.15) und (4.16) auf

$$\hat{\varrho} = \frac{1}{Z_\mathrm{k}}\delta(\hat{\mathbf{X}} - \mathbf{X})\delta(\hat{\mathbf{N}} - \mathbf{N})e^{-\beta\hat{\mathrm{H}}} \quad , \quad Z_\mathrm{k} = \mathrm{Sp}\left[\delta(\hat{\mathbf{X}} - \mathbf{X})\delta(\hat{\mathbf{N}} - \mathbf{N})e^{-\beta\hat{\mathrm{H}}}\right] ,$$

wobei die Spur sich wie üblich über alle m erstreckt. Die kanonische Zustandssumme Z_k ist mit Hilfe einer Laplace-Transformation[5] mit der mikrokanonischen Zustandssumme ω verknüpft:

$$Z_\mathrm{k}(T,\mathbf{X},\mathbf{N}) = \int dE \ \mathrm{Sp}\big[\delta(\hat{\mathbf{X}} - \mathbf{X})\delta(\hat{\mathbf{N}} - \mathbf{N})\delta(\hat{\mathrm{H}} - E)\big] e^{-\beta E}$$

$$= \int dE \ \omega(E,\mathbf{X},\mathbf{N}) e^{-\beta E} = \frac{1}{\mathrm{vol}(\boldsymbol{\Delta}_\mathrm{mk})} \int dE \ e^{k_\mathrm{B}^{-1} S_\mathrm{mk}(E,\mathbf{X},\mathbf{N}) - \beta E} \ .$$

Im letzten Schritt wurde Gleichung (4.5) verwendet. Weil für $E = U$ gilt:

$$\left(\frac{\partial S}{\partial E}\right)_{\mathbf{X},\mathbf{N}} = \frac{1}{T} \quad , \quad \left(\frac{\partial^2 S}{\partial E^2}\right)_{\mathbf{X},\mathbf{N}} = -\frac{1}{T^2 C_{\mathbf{X},\mathbf{N}}} \ ,$$

kann man den Integranden auf der rechten Seite um sein Maximum in $E = U$ entwickeln:

$$k_\mathrm{B}^{-1} S_\mathrm{mk}(E,\mathbf{X},\mathbf{N}) - \beta E = k_\mathrm{B}^{-1} S_\mathrm{mk}(U,\mathbf{X},\mathbf{N}) - \beta U - \frac{\beta}{2T C_{\mathbf{X},\mathbf{N}}}(E - U)^2 + \cdots .$$

Ein Vergleich der Exponenten auf der rechten und linken Seite unter Vernachlässigung von nicht-extensiven Termen zeigt:

$$-\beta F(T,\mathbf{X},\mathbf{N}) = \frac{1}{k_\mathrm{B}}\left[S(U,\mathbf{X},\mathbf{N}) - \frac{1}{T}U\right] \quad , \quad \frac{1}{T} = \left(\frac{\partial S}{\partial U}\right)_{\mathbf{X},\mathbf{N}} .$$

Sind die Zustandssummen also durch eine *Laplace*-Transformation verbunden, dann sind ihre Exponenten durch eine *Legendre*-Transformation miteinander verknüpft.

Vereinfachte Darstellung bei festen X- und N-Werten

Ähnlich wie bei der mikrokanonischen Gesamtheit beschränkt man sich üblicherweise auf den reduzierten Hilbert-Raum $\mathcal{H}_{\mathbf{X},\mathbf{N}}$ mit festen Werten von $\mathbf{X}$ und $\mathbf{N}$ und erhält dann die einfacheren Formeln:

$$\boxed{\ \hat{\varrho}^{\mathrm{red}} = \frac{1}{Z_\mathrm{k}} e^{-\beta \hat{\mathrm{H}}} \quad , \quad Z_\mathrm{k}(T) = \mathrm{Sp}\big[e^{-\beta \hat{\mathrm{H}}}\big] \equiv e^{-\beta F(T)} \ . \ }$$
$$\tag{4.18}$$

Die so definierte freie Energie $F(T)$ ist nun im reduzierten Hilbert-Raum minimal, und die hergeleiteten thermodynamischen Gleichungen, das Resultat für die Energiefluktuationen und die Relation zwischen Z_k und der mikrokanonischen Zustandssumme gelten alle nach wie vor. Noch einfacher ist die Form des Dichteoperators in der Eigenbasis von $\hat{\mathrm{H}}$:

$$\varrho_\nu^{\mathrm{red}} = \frac{1}{Z_\mathrm{k}} e^{-\beta E_\nu} \quad , \quad Z_\mathrm{k}(T) = \sum_\nu e^{-\beta E_\nu} = e^{-\beta F(T)} \ ,$$
$$\tag{4.19}$$

---

[5]Eine Laplace-Transformation ist eine Integraltransformation, bei der eine Funktion f gemäß $F(s) = \int_0^\infty dx \ f(x) e^{-sx}$ auf eine Funktion F abgebildet wird. Diese Transformation kann auch invertiert werden, sodass aus F die ursprüngliche Funktion f errechnet werden kann.

wobei ν die Eigenzustände von $\hat{\mathrm{H}}$ bei festem $\mathbf{X}$ und $\mathbf{N}$ durchläuft. Umgekehrt gilt:

$$\boxed{\; F(T) = -k_{\mathrm{B}}T \ln\left(\sum_{\nu} e^{-\beta E_{\nu}}\right). \;}$$

(4.20)

Diese Beziehung zwischen dem thermodynamischen Potential F und dem Spektrum $\{E_{\nu}\}$ des Hamilton-Operators ist eine der wichtigsten Formeln der Statistischen Physik. Aus (4.18) und (4.8) folgt noch die Beziehung

$$\begin{aligned}
Z_{\mathrm{k}}(T) &= \int dE \; \mathrm{Sp}\left[\delta(\hat{\mathrm{H}} - E)\right] e^{-\beta E} = \int dE \; \omega(E) e^{-\beta E} \\
&= \frac{1}{\Delta U} \int dE \; e^{k_B^{-1} S_{\mathrm{mk}}(E) - \beta E}
\end{aligned}$$

(4.21)

zwischen den Zustandssummen $Z_{\mathrm{k}}(T)$ und $\omega(E)$ in der kanonischen bzw. mikrokanonischen Gesamtheit, beide in ihren jeweiligen „vereinfachten Darstellungen" im reduzierten Hilbert-Raum $\mathcal{H}_{\mathbf{X},\mathbf{N}}$.

4.2.1 Beispiel: Das Photonengas

Photonen, die Anregungen des Strahlungsfelds, sind Bosonen mit Spin 1, wobei zu jedem möglichen Wellenvektor $\mathbf{k}$ allerdings nur zwei ($\alpha = 1, 2$) Polarisationsrichtungen existieren. Betrachten wir einen kubusförmigen Hohlkörper (einen „schwarzen Strahler", s. Abbildung 4.6) mit festen Randbedingungen, dann hat der Hamilton-Operator die Form

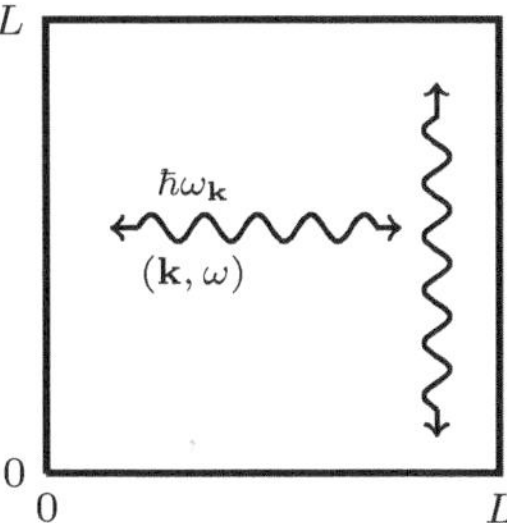

Abb. 4.6 Modell eines Photonengases

$$\hat{\mathrm{H}} = \sum_{\mathbf{k}\alpha} \varepsilon_{\mathbf{k}\alpha} \hat{\mathrm{n}}_{\mathbf{k}\alpha}$$

mit den Einteilchenenergien

$$\varepsilon_{\mathbf{k}\alpha} = \hbar\omega_{\mathbf{k}} = \hbar c|\mathbf{k}| \qquad \left[\mathbf{k} = \tfrac{\pi}{L}\mathbf{m} \,, \; \mathbf{m} \in (\mathbb{N}^{+})^{3}\right].$$

Hierbei können die Eigenwerte von $\hat{\mathrm{n}}_{\mathbf{k}\alpha}$, d.h. die bosonischen Besetzungszahlen $n_{\mathbf{k}\alpha}$, die Werte $0, 1, 2, \cdots$ durchlaufen ($n_{\mathbf{k}\alpha} \in \mathbb{N}$). Die Temperatur T auf der Wand sei vorgegeben. Da die Wand ständig Photonen absorbiert und emittiert, ist die Gesamtphotonenzahl *keine* Erhaltungsgröße; sie wird vollständig durch das Volumen $V = L^{3}$ und die Temperatur T bestimmt und ist daher – wie auch aus der Thermodynamik bekannt – keine unabhängige thermodynamische Größe. Die unabhängigen thermodynamischen Variablen in diesem Problem sind T und V. Wir benötigen daher eine *kanonische* Gesamtheit mit $\mathbf{X} = V$ und ohne chemische Freiheitsgrade (d. h. ohne Einschränkung für die Photonenzahl).

Wir berechnen zuerst die Dichte der möglichen $\mathbf{k}$-Zustände im schwarzen Strahler bei der Frequenz ω, eine Größe, die auch zutreffend als die *Zustandsdichte* bezeichnet wird:

$$\nu(\omega) = \frac{1}{V} \sum_{\mathbf{k}} \delta(\omega - \omega_{\mathbf{k}}) = \frac{1}{V} \frac{4\pi}{8} \left(\frac{L}{\pi}\right)^{3} \int_{0}^{\infty} dk \, k^{2} \delta(\omega - ck) = \frac{\omega^{2}}{2\pi^{2}c^{3}}.$$

Mit Hilfe der Zustandsdichte kann man $\mathbf{k}$-Summationen auf ω-Integrationen reduzieren:

$$\frac{1}{V} \sum_{\mathbf{k}} f(\omega_{\mathbf{k}}) = \frac{1}{V} \sum_{\mathbf{k}} \int_0^\infty d\omega\, \delta(\omega - \omega_{\mathbf{k}}) f(\omega) = \int_0^\infty d\omega\, \nu(\omega) f(\omega)\,,$$

vorausgesetzt, der Summand hängt nur über $\omega_{\mathbf{k}}$ von $\mathbf{k}$ ab. Solche $\mathbf{k}$-Summationen treten bei der Berechnung fast jeder thermodynamischen Eigenschaft des Photonengases auf.

Die Zustandssumme einer einzelnen Mode $(\mathbf{k}\alpha)$ des Photonengases hat die Form einer geometrischen Reihe und lässt sich daher sehr leicht berechnen:

$$\boxed{Z_{\mathbf{k}\alpha} \equiv \sum_{n_{\mathbf{k}\alpha}=0}^\infty e^{-\beta \varepsilon_{\mathbf{k}\alpha} n_{\mathbf{k}\alpha}} = \left(1 - e^{-\beta \varepsilon_{\mathbf{k}\alpha}}\right)^{-1}\,,}$$

und die Gesamtzustandssumme $Z_{\mathbf{k}} = \prod_{\mathbf{k}\alpha} Z_{\mathbf{k}\alpha}$ aller Moden ist dann gegeben durch

$$Z_{\mathbf{k}} = \sum_{\{n_{\mathbf{k}\alpha}\}} e^{-\beta \sum_{\mathbf{k}\alpha} \varepsilon_{\mathbf{k}\alpha} n_{\mathbf{k}\alpha}} = \prod_{\mathbf{k}\alpha} \left(\sum_{n_{\mathbf{k}\alpha}=0}^\infty e^{-\beta \varepsilon_{\mathbf{k}\alpha} n_{\mathbf{k}\alpha}} \right) = \prod_{\mathbf{k}} \left(1 - e^{-\beta \hbar \omega_{\mathbf{k}}}\right)^{-2}\,. \qquad (4.22)$$

Die freie Energie folgt somit als:

$$\beta F(T, V) = -\ln(Z_{\mathbf{k}}) = 2 \sum_{\mathbf{k}} \ln\left(1 - e^{-\beta \hbar \omega_{\mathbf{k}}}\right) = 2V \int_0^\infty d\omega\, \nu(\omega) \ln\left(1 - e^{-\beta \hbar \omega}\right)\,,$$

sodass die innere Energie des Photonengases gegeben ist durch

$$U = \left(\frac{\partial \beta F}{\partial \beta}\right)_V = 2V \int_0^\infty d\omega\, \nu(\omega) \frac{\hbar \omega}{e^{\beta \hbar \omega} - 1} = V \int_0^\infty d\omega\, u(\omega, T)$$

mit der Energiedichte

$$\boxed{u(\omega, T) = 2\nu(\omega) \frac{\hbar \omega}{e^{\beta \hbar \omega} - 1}\,.} \qquad (4.23)$$

Gleichung (4.23) ist das berühmte Planck'sche Strahlungsgesetz.

Wir analysieren diese Ergebnisse nun etwas genauer. Die mittlere Besetzungszahl des Zustands $(\mathbf{k}\alpha)$, d. h. die zu erwartende Photonenzahl in diesem Quantenzustand, folgt unmittelbar aus Gleichung (4.22) als:

$$\langle n_{\mathbf{k}\alpha} \rangle = \frac{1}{Z_{\mathbf{k}\alpha}} \sum_{n=0}^\infty n e^{-\beta \varepsilon_{\mathbf{k}\alpha} n} = -\frac{1}{Z_{\mathbf{k}\alpha}} \frac{d}{d(\beta \varepsilon_{\mathbf{k}\alpha})} Z_{\mathbf{k}\alpha}$$

$$= -\frac{d}{d(\beta \varepsilon_{\mathbf{k}\alpha})} \ln Z_{\mathbf{k}\alpha} = \frac{1}{e^{\beta \hbar \omega_{\mathbf{k}}} - 1}\,. \qquad (4.24)$$

Dies ist die erstmals 1924 von S. N. Bose hergeleitete (und später von Einstein verallgemeinerte) *Bose-Verteilung* für die mittleren Besetzungszahlen masseloser Bosonen. Die Planck'sche Strahlungsformel war bei ihrer Herleitung 1900 streng genommen unverständlich. Sie wurde erst verständlich durch zwei weitere revolutionäre Konzepte: Einsteins Hypothese (1905) über die Existenz masseloser Photonen der Energie $\hbar\omega$, die er im Rahmen seiner Arbeit über den photoelektrischen Effekt formulierte, und eben die Bose-Statistik mit Gleichung (4.24) als Konsequenz. Mit dieser Zusatzinformation wird die Interpretation des Strahlungsgesetzes (4.23) viel klarer: Man erhält die Energiedichte des Photonengases, indem man die Zustandsdichte mit der Anzahl der Polarisationsrichtungen, der mittleren Anzahl der Photonen pro Niveau und der Energie eines Photons multipliziert.

Aus (4.22) folgt durch zweifache Ableitung:

$$\langle(n_{\mathbf{k}\alpha})^2\rangle = \frac{1}{Z_{\mathbf{k}\alpha}}\sum_{n=0}^{\infty}n^2 e^{-\beta\varepsilon_{\mathbf{k}\alpha}n} = \frac{1}{Z_{\mathbf{k}\alpha}}\frac{d^2}{d(\beta\varepsilon_{\mathbf{k}\alpha})^2}Z_{\mathbf{k}\alpha}$$

$$= \frac{d^2\ln Z_{\mathbf{k}\alpha}}{d(\beta\varepsilon_{\mathbf{k}\alpha})^2} + \left[\frac{d\ln Z_{\mathbf{k}\alpha}}{d(\beta\varepsilon_{\mathbf{k}\alpha})}\right]^2 = \frac{e^{\beta\hbar\omega_{\mathbf{k}}}}{\left(e^{\beta\hbar\omega_{\mathbf{k}}}-1\right)^2} + \langle n_{\mathbf{k}\alpha}\rangle^2 = \langle n_{\mathbf{k}\alpha}\rangle + 2\langle n_{\mathbf{k}\alpha}\rangle^2 \,,$$

sodass die Varianz der Besetzungszahl gemäß

$$\boxed{(\Delta n_{\mathbf{k}\alpha})^2 \equiv \langle\left(n_{\mathbf{k}\alpha}-\langle n_{\mathbf{k}\alpha}\rangle\right)^2\rangle = \langle n_{\mathbf{k}\alpha}\rangle\left(1+\langle n_{\mathbf{k}\alpha}\rangle\right)}$$

mit dem Mittelwert verknüpft ist. Die Breite der Bose-Verteilung ist also deutlich größer als diejenige einer Poisson-Verteilung[6], für die $\langle(\Delta n)^2\rangle = \langle n\rangle$ gilt.

Die mittlere Photonenzahl folgt aus der Bose-Verteilung als

$$\langle N\rangle = \sum_{\mathbf{k}\alpha}\langle n_{\mathbf{k}\alpha}\rangle = 2V\int_0^{\infty}d\omega\,\nu(\omega)\frac{1}{e^{\beta\hbar\omega}-1}$$

$$= \frac{V}{\pi^2 c^3}\int_0^{\infty}d\omega\,\omega^2\frac{1}{e^{\beta\hbar\omega}-1} = \frac{V}{\pi^2}(\beta\hbar c)^{-3}\int_0^{\infty}dx\,x^2\frac{1}{e^x-1}\,.$$

Das Integral auf der rechten Seite ist aufgrund der Definition der Riemann'schen Zetafunktion $\zeta(s) \equiv \sum_{k=1}^{\infty}k^{-s}$ [mit $\mathrm{Re}(s) > 1$] gleich

$$\int_0^{\infty}dx\,x^2\frac{e^{-x}}{1-e^{-x}} = \sum_{n=1}^{\infty}\int_0^{\infty}dx\,x^2 e^{-nx} = \sum_{n=1}^{\infty}\frac{1}{n^3}\Gamma(3) = 2\zeta(3)\,.$$

Die Konstante $\zeta(3) = 1{,}20205\cdots$ kann leicht numerisch berechnet oder in Handbüchern (s. z. B. Ref. [1], Tabelle 23.3) nachgeschlagen werden. Einsetzen des Integrationsergebnisses zeigt, dass die mittlere Photonenzahl $\langle N\rangle$ durch

$$\langle N\rangle = \frac{2\zeta(3)}{\pi^2}V\left(\frac{k_{\mathrm{B}}T}{\hbar c}\right)^3 \tag{4.25}$$

gegeben ist. Auch die freie Energie F lässt sich leicht als Funktion von T und V berechnen:

$$\beta F = 2V\int_0^{\infty}d\omega\,\nu(\omega)\ln\left(1-e^{-\beta\hbar\omega}\right) = \frac{V}{\pi^2 c^3}\int_0^{\infty}d\omega\,\omega^2\ln\left(1-e^{-\beta\hbar\omega}\right)$$

$$= \frac{V}{\pi^2}(\beta\hbar c)^{-3}\int_0^{\infty}dx\,x^2\ln\left(1-e^{-x}\right)\,.$$

---

[6]Die Poisson-Verteilung $p_n = \frac{\langle n\rangle^n}{n!}e^{-\langle n\rangle}$ ist relevant für ein klassisches ideales Gas, siehe z.B. Gleichung (4.65). Für ein ideales Fermi-Gas findet man $\langle(\Delta n_{\mathbf{k}\lambda})^2\rangle = \langle n_{\mathbf{k}\lambda}\rangle(1-\langle n_{\mathbf{k}\lambda}\rangle)$.

Da das Integral auf der rechten Seite gleich

$$-\frac{1}{3}\int_0^\infty dx\, x^3 \frac{e^{-x}}{1-e^{-x}} = -\frac{1}{3}\sum_{n=1}^\infty \int_0^\infty dx\, x^3 e^{-nx} = -\frac{\Gamma(4)}{3}\sum_{n=1}^\infty \frac{1}{n^4} = -2\zeta(4) = -\frac{\pi^4}{45}$$

ist (vgl. Ref. [1], Formel 23.2.25), folgt mit Hilfe der Stefan-Boltzmann-Konstanten $\sigma \equiv \pi^2 k_{\rm B}^4/(60\hbar^3 c^2)$:

$$F = -\frac{\pi^2}{45}V\frac{(k_{\rm B}T)^4}{(\hbar c)^3} = -\frac{4\sigma}{3c}VT^4 \,.$$

Demnach ist die Entropie des Photonengases strikt positiv:

$$S = -\left(\frac{\partial F}{\partial T}\right)_V = \frac{16\sigma}{3c}VT^3 \,,$$

und für $T \to 0$ geht sie – im Einklang mit dem dritten Hauptsatz – gegen null. Für die innere Energie ergibt sich aus der Euler-Gleichung:

$$\boxed{U = F + TS = \frac{4\sigma}{c}VT^4 \,,} \qquad (4.26)$$

ein Resultat, das als das *Stefan-Boltzmann-Gesetz* bekannt ist.[7] Der Druck, also die zum Volumen konjugierte Variable, folgt als

$$P = -\left(\frac{\partial F}{\partial V}\right)_T = \frac{4\sigma}{3c}T^4 \,. \qquad (4.27)$$

Da der Druck volumenunabhängig ist, gilt für die inverse isotherme Kompressibilität:

$$\kappa_T^{-1} = -V\left(\frac{\partial P}{\partial V}\right)_T = 0 \,,$$

sodass auch das Photonengas unendlich kompressibel ist. Die thermische Antwortfunktion, also C_V, folgt aus dem Stefan-Boltzmann-Gesetz als

$$C_V = \left(\frac{\partial U}{\partial T}\right)_V = \frac{16\sigma}{c}VT^3 \,.$$

Schließlich bestimmen wir die Zustandsgleichung des Photonengases. Der Vergleich von (4.27) mit (4.26) bzw. (4.25) ergibt zwei interessante Varianten der Zustandsgleichung:

$$\boxed{PV = \tfrac{1}{3}U \quad , \quad \frac{PV}{\langle N\rangle k_{\rm B}T} = \frac{\zeta(4)}{\zeta(3)} \simeq 0{,}90039 \,.} \qquad (4.28)$$

---

[7]Das gleiche Ergebnis $U = \frac{4\sigma}{c}VT^4$ folgt alternativ auch aus der Identität $U = \left(\frac{\partial \beta F}{\partial \beta}\right)_V$. Aus dem Vergleich der Ergebnisse für die Entropie $S(T,V)$ und die innere Energie $U(T,V)$ folgt erwartungsgemäß $(\partial S/\partial U)_V = (\partial S/\partial T)_V/(\partial U/\partial T)_V = 1/T$.

Die erste Variante zeigt ein quantitativ anderes Verhalten, als es bei nicht-relativistischen Gasen gefunden wird, die alle die Zustandsgleichung $PV = \frac{2}{3}U$ erfüllen. Die Erklärung für dieses unterschiedliche Verhalten liegt in der Form der Dispersionsrelation, die für das Photonengas *linear* ist, $\varepsilon_\mathbf{k} = \hbar c|\mathbf{k}|$, und für die nicht-relativistischen Gase *quadratisch*, $\varepsilon_\mathbf{k} = \hbar^2\mathbf{k}^2/(2m)$. Auch die zweite Variante der Zustandsgleichung weicht z. B. klar vom für das klassische ideale Gas bekannten Verhalten ab. Kombination der beiden Gleichungen (4.28) zeigt noch, dass $U/\langle N\rangle = 3[\zeta(4)/\zeta(3)]k_\mathrm{B}T \simeq 2{,}7\,k_\mathrm{B}T$, sodass die mittlere Energie eines Photons fast die dreifache thermische Energie ist. Im Allgemeinen muss der Mittelwert einer Größe natürlich nicht mit dem Wert, für den die Verteilung maximal ist, zusammenfallen: Das Maximum der Planck'schen Energiedichte liegt bei der Energie $\hbar\omega_\mathrm{max} \simeq 2{,}82\,k_\mathrm{B}T$. Der lineare Zusammenhang zwischen ω_max und der Temperatur ist als das *Wien'sche Verschiebungsgesetz* bekannt.

4.2.2 Beispiel: Der klassische Grenzfall für Gase

Wir betrachten Gleichung (4.18), $Z_\mathrm{k} = \mathrm{Sp}\big[e^{-\beta\hat{\mathrm{H}}}\big] = e^{-\beta F}$, nun für ein Gas, das in einem Volumen $V = L^d$ eingeschlossen ist und durch den Hamilton-Operator

$$\boxed{\hat{\mathrm{H}} = \sum_{i=1}^{N} \frac{\hat{\mathbf{p}}_i^2}{2m} + \mathcal{V}(\mathbf{x}_1, \mathbf{x}_2, \cdots, \mathbf{x}_N)} \tag{4.29}$$

beschrieben wird. Der Einfachheit halber nehmen wir an, dass die N Teilchen (Atome, Moleküle, Elektronen, ...), die zusammen das Gas formen, *identisch* sind (entweder Bosonen oder Fermionen) und dass die Vielteilchenwellenfunktion des Gases die periodische Randbedingung erfüllt. Das Potential $\mathcal{V}(\mathbf{x}_1, \mathbf{x}_2, \cdots, \mathbf{x}_N)$ kann beliebig kompliziert sein, also insbesondere neben einem Einteilchenpotential auch Zwei-, Drei- oder Mehrteilchenwechselwirkung enthalten:

$$\mathcal{V}(\mathbf{x}) = \sum_{i=1}^{N} \mathcal{V}_1(\mathbf{x}_i) + \frac{1}{2}\sum_{i\neq j} \mathcal{V}_2(\mathbf{x}_{ij}) + \frac{1}{6}\sum_{i\neq j\neq k\neq i} \mathcal{V}_3(\mathbf{x}_{ik}, \mathbf{x}_{jk}) + \cdots \quad , \quad \mathbf{x}_{ij} \equiv \mathbf{x}_i - \mathbf{x}_j \ .$$

Hierbei soll für große Entfernungen (d.h. für $|\mathbf{x}_{ij}| \to \infty$ usw.) $\mathcal{V}_{2,3,\ldots} \to 0$ gelten. Wir nehmen zunächst an, dass das Potential spinunabhängig ist, d. h. nicht von den magnetischen Quantenzahlen $\{\lambda_i\}$ der Teilchen abhängt (wobei $1 \leq i \leq N$ sowie $-S \leq \lambda_i \leq S$ gilt); mögliche Verallgemeinerungen werden später diskutiert. Auch das Potential soll die periodische Randbedingung erfüllen, sodass sich das Gas, mathematisch gesehen, auf einem d-dimensionalen Torus bewegt. Wir untersuchen dieses Gas im „klassischen Grenzfall", d. h. im Hochtemperatur- bzw. Niedrigdichtelimes, in dem die thermische Wellenlänge $\lambda_T = h/\sqrt{2\pi m k_\mathrm{B}T}$ sehr viel kleiner[8] als der mittlere Teilchenabstand $l \equiv (V/N)^{1/d}$ ist, d. h., es gilt $\lambda_T/l \ll 1$.

---

[8]Gelegentlich hört man noch immer die inkorrekte Aussage, dass der klassische Grenzfall dem Limes $h \to 0$ entsprechen soll. In einem wohldefinierten Limes strebt aber ein *dimensionsloser* Parameter gegen null, und $h \simeq 6{,}626 \cdot 10^{-34}$ Js ist weder dimensionslos noch null. Stattdessen geht z. B. im klassischen Grenzfall für Gase das *Verhältnis* von h zu $l\sqrt{2\pi m k_\mathrm{B}T}$ gegen null.

(Anti-)Symmetrisierte Wellenfunktionen

Es ist zunächst einmal bequem, die kompakten Notationen $\mathbf{x} \equiv (\mathbf{x}_1, \mathbf{x}_2, \cdots, \mathbf{x}_N)$, $\mathbf{p} \equiv (\mathbf{p}_1, \mathbf{p}_2, \cdots, \mathbf{p}_N)$ und $\lambda \equiv (\lambda_1, \lambda_2, \cdots, \lambda_N)$ sowie die Kets

$$|\mathbf{x}\rangle \equiv |\mathbf{x}_1\rangle \otimes \cdots \otimes |\mathbf{x}_N\rangle \quad , \quad |\lambda\rangle \equiv |\lambda_1\rangle \otimes \cdots \otimes |\lambda_N\rangle$$

und

$$|\mathbf{k}\lambda\rangle \equiv |\mathbf{k}_1\lambda_1\rangle \otimes \cdots \otimes |\mathbf{k}_N\lambda_N\rangle \quad , \quad \mathbf{k}_i = \frac{2\pi}{L}\mathbf{n}_i \quad (\mathbf{n}_i \in \mathbb{Z}^d)$$

sowie die entsprechenden Bras einzuführen. Es gelten die üblichen Vollständigkeitsbeziehungen im N-Teilchen-Hilbert-Raum,

$$\int d\mathbf{x} \, |\mathbf{x}\rangle\langle\mathbf{x}| = \mathbb{1}^{(N)} \quad , \quad \left(\frac{2\pi}{L}\right)^{Nd} \sum_{\mathbf{k}\lambda} |\mathbf{k}\lambda\rangle\langle\mathbf{k}\lambda| = \mathbb{1}^{(N)} \, ,$$

und die relevanten Skalarprodukte sind gegeben durch $\langle\mathbf{x}|\mathbf{x}'\rangle = \delta(\mathbf{x} - \mathbf{x}')$ sowie

$$\langle\mathbf{k}\lambda|\mathbf{k}'\lambda'\rangle = \left(\frac{L}{2\pi}\right)^{Nd} \delta_{\mathbf{k}\mathbf{k}'}\delta_{\lambda\lambda'} \quad , \quad \langle\mathbf{x}|\mathbf{k}\lambda\rangle = \langle\mathbf{x}|\mathbf{k}\rangle\,|\lambda\rangle = \frac{e^{i\mathbf{k}\cdot\mathbf{x}}}{(2\pi)^{Nd/2}}|\lambda\rangle \, .$$

Außerdem benötigen wir die *(anti-)symmetrisierten* Wellenfunktionen, die mit der Definition $\zeta \equiv +1$ für Bosonen und $\zeta = -1$ für Fermionen lauten:

$$|\mathbf{k}\lambda\rangle_\zeta \equiv \frac{1}{N!} \sum_P \zeta^P |P\mathbf{k}\lambda\rangle \quad , \quad |P\mathbf{k}\lambda\rangle \equiv |\mathbf{k}_{P1}\lambda_{P1}\rangle \otimes \cdots \otimes |\mathbf{k}_{PN}\lambda_{PN}\rangle \, .$$

Hierbei bezeichnet P eine Permutation der Zahlen $(1, 2, \ldots, N)$. Die (anti-)symmetrisierten Wellenfunktionen erfüllen die Vollständigkeitsrelation

$$\left(\frac{2\pi}{L}\right)^{Nd} \sum_{\mathbf{k}\lambda} |\mathbf{k}\lambda\rangle_\zeta \; {}_\zeta\langle\mathbf{k}\lambda| = \mathbb{1}^{(N)}_\zeta \, ,$$

wobei $\mathbb{1}^{(N)}_\zeta$ die Identität im bosonischen ($\zeta = +1$) bzw. fermionischen ($\zeta = -1$) N-Teilchen-Hilbert-Raum bezeichnet. Der Parameter ζ ermöglicht es uns also, beide Statistiken parallel zu behandeln.

Formulierung der Zustandssumme im Hochtemperaturlimes

Der erste Schritt bei der Durchführung des klassischen Limes ist die Umformung der Zustandssumme als Spur über $e^{-\beta\hat{H}}$ mit Hilfe der Orts- und Impulseigenfunktionen. Falls $\{|\alpha\rangle\}$ eine beliebige vollständige, orthonormale Basis des fermionischen oder bosonischen N-Teilchen-Hilbert-Raums darstellt, gilt

$$Z_N = \mathrm{Sp}(e^{-\beta\hat{H}}) = \sum_\alpha \langle\alpha|e^{-\beta\hat{H}}|\alpha\rangle$$

$$= \left(\frac{2\pi}{L}\right)^{Nd} \sum_{\alpha\mathbf{k}\lambda} \langle\alpha|e^{-\beta\hat{H}}|\mathbf{k}\lambda\rangle_\zeta \; {}_\zeta\langle\mathbf{k}\lambda|\alpha\rangle = \left(\frac{2\pi}{L}\right)^{Nd} \sum_{\mathbf{k}\lambda} {}_\zeta\langle\mathbf{k}\lambda|e^{-\beta\hat{H}}|\mathbf{k}\lambda\rangle_\zeta \, .$$

Wir verwenden nun die Vollständigkeit der Ortseigenvektoren $|\mathbf{x}\rangle$ und erhalten:

$$
\begin{aligned}
Z_N &= \left(\frac{2\pi}{L}\right)^{Nd} \int d\mathbf{x} \sum_{\mathbf{k}\lambda} {}_\zeta\langle \mathbf{k}\lambda|e^{-\beta\hat{\mathrm{H}}}|\mathbf{x}\rangle\langle\mathbf{x}|\mathbf{k}\lambda\rangle_\zeta \\
&= \hbar^{-Nd} \int d\mathbf{x} \int d\mathbf{p} \sum_{\lambda} {}_\zeta\langle \mathbf{k}\lambda|e^{-\beta\hat{\mathrm{H}}}|\mathbf{x}\rangle\langle\mathbf{x}|\mathbf{k}\lambda\rangle_\zeta \; ,
\end{aligned}
\tag{4.30}
$$

wobei im letzten Schritt vorausgesetzt wurde, dass sowohl der Abstand zwischen den Teilchen als auch die thermische Wellenlänge viel kleiner als die Systemlänge L sind. Die $\mathbf{k}$-Summe kann daher in ein $\mathbf{p}$-Integral (mit $\mathbf{p} = \hbar\mathbf{k}$) umgewandelt werden. Nun wenden wir die Campbell-Baker-Hausdorff-Formel

$$
e^A e^B = e^{A+B+C} \quad , \quad C = \tfrac{1}{2}[A,B] + \tfrac{1}{12}[A,[A,B]] + \tfrac{1}{12}[B,[B,A]] + \cdots \; ,
$$

auf die Exponentialfunktion $e^{-\beta\hat{\mathrm{H}}}$ mit $\hat{\mathrm{H}} = \frac{\hat{\mathbf{p}}^2}{2m} + \mathcal{V}(\mathbf{x})$ an:

$$
e^{-\beta\hat{\mathbf{p}}^2/2m}e^{-\beta\mathcal{V}(\mathbf{x})} = e^{-\beta\hat{\mathrm{H}}+C} \; ,
\tag{4.31}
$$

wobei C in führender Ordnung (unter Vernachlässigung der Mehrfachkommutatoren, von denen man erwartet, dass sie im Vergleich zur führenden Ordnung *klein* sind) gegeben ist durch

$$
C = \frac{\beta^2}{4m}[\hat{\mathbf{p}}^2, \mathcal{V}(\mathbf{x})] = -\frac{\beta^2}{4m}[\hbar^2\Delta\mathcal{V} + 2i\hbar(\boldsymbol{\nabla}\mathcal{V})\cdot\hat{\mathbf{p}}] \; .
$$

Vorausgesetzt, dass C klein im Vergleich zu $-\beta\hat{\mathbf{p}}^2/2m$ bzw. $-\beta\mathcal{V}(\mathbf{x})$ ist, können wir also ersetzen:

$$
\boxed{e^{-\beta\hat{\mathrm{H}}} \rightarrow e^{-\beta\hat{\mathbf{p}}^2/2m}e^{-\beta\mathcal{V}(\mathbf{x})} \; .}
\tag{4.32}
$$

Damit keine Kondensation im Gas auftritt, nehmen wir an, dass die kinetische Energie der Teilchen größer als ihre Wechselwirkungsenergie ist: $\mathbf{p}^2/2m \gtrsim |\mathcal{V}(\mathbf{x})|$. Die einzige noch zu beantwortende Frage lautet dann: Wann ist C vernachlässigbar klein im Vergleich zu $-\beta\mathcal{V}(\mathbf{x})$? Das Einteilchenpotential in $\mathcal{V}(\mathbf{x})$ wird normalerweise langsam als Funktion von $\mathbf{x} = \{\mathbf{x}_i\}$ variieren (und in einem homogenen System sogar null sein), sodass die wichtigsten Beiträge von der Zwei- und Mehrteilchenwechselwirkung stammen. Nehmen wir an: $|\Delta\mathcal{V}|/|\mathcal{V}| \simeq l_{\mathrm{WW}}^{-2}$, $|\boldsymbol{\nabla}\mathcal{V}|/|\mathcal{V}| \simeq l_{\mathrm{WW}}^{-1}$ und $\hat{\mathbf{p}} \rightarrow \mathbf{p}$ mit $|\mathbf{p}_i| \simeq \sqrt{mk_{\mathrm{B}}T}$. Mit diesen Abschätzungen folgt sofort, dass die in C enthaltenen Quantenkorrekturen klein sind, falls $\lambda_T \ll l_{\mathrm{WW}}$ gilt, d. h., falls die thermische Wellenlänge viel kleiner als der typische Abstand ist, über den das Wechselwirkungspotential variiert.

Beispielpotentiale und physikalische Anwendungen

Falls das Potential der Zweiteilchenwechselwirkung wie $\mathcal{V}_2(r) \propto r^{-n}$ für $r \rightarrow \infty$ vom Abstand der Teilchen abhängig ist, so folgt für ein verdünntes Gas $l_{\mathrm{WW}} \simeq \frac{1}{n}l$, wobei $l = (V/N)^{1/d}$ der mittlere Teilchenabstand ist und beispielsweise für eine Van-der-Waals-Wechselwirkung $n = 6$ gilt. Für ein typisches klassisches Gas wäre

$l \simeq 3 \times 10^{-9}$ m und somit $l_{\mathrm{WW}} \simeq 5 \times 10^{-10}$ m. Falls die Gasteilchen die Massenzahl A (d. h. die Masse Am_{p}) haben, ist C vernachlässigbar für Temperaturen $T \gg \frac{20}{A}$ K, also z. B. im Fall von Sauerstoff- oder Stickstoffmolekülen für $T \gg 1$ K oder für ^{3}He oder ^{4}He für $T \gg 5$ K. Für ein Elektronengas mit $l_{\mathrm{WW}} \simeq 10^{-10}$ m sind die Quantenkorrekturen erst klein für $T \simeq 10^5 - 10^6$ K, nur sind solche Temperaturen im Festkörper normalerweise nicht realisierbar.

Berechnung der Zustandssumme im klassischen Limes

Einsetzen von (4.32) in (4.30) ergibt nun:

$$Z_N = \hbar^{-Nd} \int d\mathbf{x} \int d\mathbf{p} \sum_{\lambda} {}_{\zeta}\langle \mathbf{k}\lambda | e^{-\beta \hat{\mathbf{p}}^2/2m} e^{-\beta \mathcal{V}(\mathbf{x})} |\mathbf{x}\rangle \langle \mathbf{x} | \mathbf{k}\lambda \rangle_{\zeta}$$

$$= \hbar^{-Nd} \int d\mathbf{x} \int d\mathbf{p} \sum_{\lambda} e^{-\beta H(\mathbf{x},\mathbf{p})} {}_{\zeta}\langle \mathbf{k}\lambda | \mathbf{x}\rangle \langle \mathbf{x} | \mathbf{k}\lambda \rangle_{\zeta} , \qquad (4.33)$$

wobei $H(\mathbf{x}, \mathbf{p}) = \mathbf{p}^2/2m + \mathcal{V}(\mathbf{x})$ die klassische Hamilton-Funktion des Gases darstellt. Der letzte Faktor auf der rechten Seite kann wie folgt berechnet werden:

$$\sum_{\lambda} {}_{\zeta}\langle \mathbf{k}\lambda | \mathbf{x}\rangle \langle \mathbf{x} | \mathbf{k}\lambda \rangle_{\zeta} = \frac{1}{(N!)^2} \sum_{PP'\lambda} \zeta^{PP'} \langle P'\lambda | P\lambda \rangle \langle P'\mathbf{k} | \mathbf{x}\rangle \langle \mathbf{x} | P\mathbf{k}\rangle \qquad (4.34)$$

$$= \frac{1}{(N!)^2} \sum_{PP'\lambda} \zeta^{PP'} \langle P'\lambda | P\lambda \rangle \langle \mathbf{k} | (P')^{-1}\mathbf{x}\rangle \langle P^{-1}\mathbf{x} | \mathbf{k}\rangle . \qquad (4.35)$$

Hierbei bezeichnet $(P')^{-1}$ die Inverse zur Permutation P'. Wegen der Symmetrie des Potentials, $\mathcal{V}(P\mathbf{x}) = \mathcal{V}(\mathbf{x})$, folgt für die Ortsintegration in (4.33):

$$\int d\mathbf{x}\, e^{-\beta \mathcal{V}(\mathbf{x})} \sum_{\lambda} {}_{\zeta}\langle \mathbf{k}\lambda | \mathbf{x}\rangle \langle \mathbf{x} | \mathbf{k}\lambda \rangle_{\zeta}$$

$$= \frac{1}{(N!)^2} \sum_{PP'\lambda} \zeta^{PP'} \int d\mathbf{x}\, e^{-\beta \mathcal{V}(\mathbf{x})} \langle \lambda | (P')^{-1} P\lambda \rangle \langle \mathbf{k} | (P')^{-1} P\mathbf{x}\rangle \langle \mathbf{x} | \mathbf{k}\rangle$$

$$= \frac{1}{(N!)^2} \sum_{PP''\lambda} \zeta^{P''} \int d\mathbf{x}\, e^{-\beta \mathcal{V}(\mathbf{x})} \langle \lambda | P''\lambda \rangle \langle \mathbf{k} | P''\mathbf{x}\rangle \langle \mathbf{x} | \mathbf{k}\rangle$$

$$= \frac{1}{(2\pi)^{Nd} N!} \sum_{P\lambda} \zeta^{P} \int d\mathbf{x}\, e^{-\beta \mathcal{V}(\mathbf{x}) + i\mathbf{k}\cdot(\mathbf{x} - P\mathbf{x})} \langle \lambda | P\lambda \rangle . \qquad (4.36)$$

Im vorletzten Schritt wurde verwendet, dass der Summand unabhängig von P ist und daher $\sum_P = N!$ gilt. Anschließend wurde $P'' \to P$ ersetzt. Wir setzen (4.36) nun unter Verwendung von

$$\int d\mathbf{p}\, e^{-\beta \mathbf{p}^2/2m + i\mathbf{p}\cdot(\mathbf{x} - P\mathbf{x})/\hbar} = F\left(\frac{\mathbf{x} - P\mathbf{x}}{\lambda_T}\right) \int d\mathbf{p}\, e^{-\beta \mathbf{p}^2/2m}$$

mit $F(\boldsymbol{\xi}) \equiv e^{-\pi \boldsymbol{\xi}^2}$ in (4.33) ein und erhalten

$$Z_N = \frac{1}{h^{Nd} N!} \int d\mathbf{x} \int d\mathbf{p}\, e^{-\beta H(\mathbf{x},\mathbf{p})} \sum_{P\lambda} \zeta^{P} F\left(\frac{\mathbf{x} - P\mathbf{x}}{\lambda_T}\right) \langle \lambda | P\lambda \rangle . \qquad (4.37)$$

Es ist klar, dass für genügend hohe Temperaturen $\lambda_T \ll |\mathbf{x}_i - \mathbf{x}_j|$ gilt für fast alle $i \neq j$, sodass in der Summe über alle Permutationen in (4.37) nur der Term $P = \mathbb{1}$ beiträgt:

$$Z_N^{(\mathrm{kl})} = \frac{(2S+1)^N}{h^{Nd} N!} \int d\mathbf{x} \int d\mathbf{p}\, e^{-\beta H(\mathbf{x},\mathbf{p})} \ . \tag{4.38}$$

Hiermit hat man die klassische Zustandssumme in der kanonischen Gesamtheit für ein Gas mit einem beliebigen Wechselwirkungspotential $\mathcal{V}(\mathbf{x})$ erhalten. In der Statistischen Mechanik klassischer Gase wird der Hamilton-*Operator* in der Zustandssumme $Z_\mathrm{k} = \mathrm{Sp}(e^{-\beta \hat{H}})$ also durch die Hamilton-*Funktion* und die Spur durch eine Orts- und Impulsintegration ersetzt. Der Phasenraum aller möglichen Koordinaten $\boldsymbol{\Gamma} = (\mathbf{x}, \mathbf{p})$ mit $\mathbf{x} = (\mathbf{x}_1, \cdots, \mathbf{x}_N)$ und $\mathbf{p} = (\mathbf{p}_1, \cdots, \mathbf{p}_N)$ des N-Teilchensystems wird in der Statistischen Mechanik übrigens als Γ-Raum bezeichnet.

Quantenkorrekturen

Die führende Korrektur zum klassischen Limes, die von der *Statistik* der Teilchen herrührt, kommt von Permutationen zweier Teilchen in (4.37):

$$\sum_P \zeta^P F\left(\frac{\mathbf{x} - P\mathbf{x}}{\lambda_T}\right) \langle \lambda | P\lambda \rangle = 1 + \zeta \sum_{i<j} e^{-2\pi(\mathbf{x}_i - \mathbf{x}_j)^2/\lambda_T^2} \delta_{\lambda_i, \lambda_j} + \cdots$$

$$\sim \prod_{i<j}\left[1 + \zeta e^{-2\pi(\mathbf{x}_i - \mathbf{x}_j)^2/\lambda_T^2} \delta_{\lambda_i, \lambda_j}\right] \equiv \exp\left[-\beta \sum_{i<j} v_\zeta(\mathbf{x}_i - \mathbf{x}_j)\delta_{\lambda_i, \lambda_j}\right]\ ,$$

die also mit Hilfe eines effektiven Zweiteilchenpotentials

$$v_\zeta(\mathbf{x}_{ij}) \equiv -k_\mathrm{B} T \ln\left[1 + \zeta e^{-2\pi \mathbf{x}_{ij}^2/\lambda_T^2}\right]\quad ,\quad \mathbf{x}_{ij} \equiv \mathbf{x}_i - \mathbf{x}_j$$

beschrieben werden können, das nur zwischen Teilchen mit gleicher magnetischer Quantenzahl wirkt. Es ist zu beachten, dass v_ζ abhängig von der Statistik der Teilchen ein unterschiedliches Vorzeichen hat:

$$v_\zeta(\mathbf{x}_{ij}) \begin{cases} < 0 & \text{für} \quad \zeta = +1 \quad \text{(Bosonen)} \\ > 0 & \text{für} \quad \zeta = -1 \quad \text{(Fermionen)} \end{cases}, \tag{4.39}$$

sodass sich Bosonen rein aufgrund ihrer Statistik anziehen und Fermionen abstoßen. Neben diesen Quantenkorrekturen aufgrund der *Statistik* gibt es weitere Korrekturen aufgrund der im Operator C in (4.31) enthaltenen höheren Kommutatoren. Diese enthalten aber im Vergleich zu $H(\mathbf{x}, \mathbf{p})$ in (4.38) zusätzliche Faktoren λ_T/l_WW und sind daher im klassischen Grenzfall klein.

Mikrokanonische Zustandssumme im klassischen Limes

Da nun die kanonische Zustandssumme eines Gases im klassischen Grenzfall bekannt ist und die Zustandssummen der kanonischen und mikrokanonischen Gesamtheiten in der „vereinfachten Darstellung" gemäß (4.21), d. h.

$$Z_\mathrm{k}(T) = \int dE\, \omega(E) e^{-\beta E}\ ,$$

miteinander verknüpft sind, können wir auch $\omega(U)$ im klassischen Grenzfall bestimmen. Aus

$$Z_{\mathrm{k}}(T) = \frac{(2S+1)^N}{h^{Nd}N!} \int d\mathbf{x} \int d\mathbf{p} \; e^{-\beta H(\mathbf{x},\mathbf{p})}$$

$$= \int dE \left[\frac{(2S+1)^N}{h^{Nd}N!} \int d\mathbf{x} \int d\mathbf{p} \; \delta\left(H(\mathbf{x},\mathbf{p}) - E\right) \right] e^{-\beta E}$$

folgt nämlich

$$\omega(U) = \frac{(2S+1)^N}{h^{Nd}N!} \int d\mathbf{x} \int d\mathbf{p} \; \delta\left(H(\mathbf{x},\mathbf{p}) - U\right) \; . \tag{4.40}$$

Die Formel (4.40) kann auch etwas anders (und transparenter) gestaltet werden; zu diesem Zweck führen wir dimensionslose Variable ein:

$$\boldsymbol{\xi}_1 \equiv \lambda_T^{-1}\mathbf{x} \quad , \quad \boldsymbol{\xi}_2 \equiv h^{-1}\lambda_T\mathbf{p} \quad , \quad \boldsymbol{\xi} \equiv (\boldsymbol{\xi}_1,\boldsymbol{\xi}_2) \quad , \quad \bar{H}(\boldsymbol{\xi}) \equiv E_T^{-1}H(\lambda_T\boldsymbol{\xi}_1, \frac{h}{\lambda_T}\boldsymbol{\xi}_2)$$

bzw. $\bar{U} \equiv U/E_T$ mit $E_T \equiv \frac{h^2}{2m\lambda_T^2}$. Es folgt:

$$\omega(U) = \frac{(2S+1)^N}{N!} \int d\boldsymbol{\xi} \; \delta\left(U - E_T\bar{H}(\boldsymbol{\xi})\right) = \frac{(2S+1)^N}{N!E_T} \int\limits_{\{\bar{H}=\bar{U}\}} dF \; \frac{1}{|(\boldsymbol{\nabla}_{\boldsymbol{\xi}}\bar{H})(\boldsymbol{\xi})|} \; ,$$

wobei im letzten Schritt das Integral $\int dF$ über die Fläche $\{\boldsymbol{\xi}\,|\,\bar{H}(\boldsymbol{\xi}) = \bar{U}\}$ im Phasenraum eingeführt wurde. Wegen

$$|\boldsymbol{\nabla}_{\boldsymbol{\xi}}\bar{H}| = \sqrt{\left(\frac{\partial\bar{H}}{\partial\boldsymbol{\xi}_1}\right)^2 + \left(\frac{\partial\bar{H}}{\partial\boldsymbol{\xi}_2}\right)^2} = \sqrt{\left(\frac{\lambda_T}{E_T}\frac{\partial H}{\partial\mathbf{x}}\right)^2 + \left(\frac{h}{\lambda_T E_T}\frac{\partial H}{\partial\mathbf{p}}\right)^2}$$

$$= \sqrt{\left(\frac{\lambda_T}{E_T}\dot{\mathbf{p}}\right)^2 + \left(\frac{h}{\lambda_T E_T}\dot{\mathbf{x}}\right)^2} = \frac{h}{E_T}\sqrt{(\dot{\boldsymbol{\xi}}_2)^2 + (\dot{\boldsymbol{\xi}}_1)^2}$$

$$= \frac{h}{E_T}|\dot{\boldsymbol{\xi}}| = \left|\frac{d\boldsymbol{\xi}}{d\tau}\right| \quad , \quad \tau \equiv \frac{E_T t}{h}$$

kann die mikrokanonische Zustandssumme $\omega(U)$ auch in der Form

$$\boxed{\omega(U) = \frac{(2S+1)^N}{N!E_T} \int\limits_{\{\bar{H}=\bar{U}\}} dF \; \left|\frac{d\boldsymbol{\xi}}{d\tau}\right|^{-1}} \tag{4.41}$$

geschrieben werden. Umso höher die Geschwindigkeit $|d\boldsymbol{\xi}/d\tau|$ im Punkt $\boldsymbol{\xi}$ auf der Fläche $\bar{H} = \bar{U}$ im Phasenraum ist, desto kürzer ist die Zeit, die ein System in der Nähe von $\boldsymbol{\xi}$ verbringt, und desto kleiner ist der Beitrag des Bereichs um $\boldsymbol{\xi}$ zu statistischen Mittelwerten. Die Formel (4.41) stellt somit die Ergodenhypothese in Reinform dar. In konkreten Berechnungen ist es oft bequemer, statt der mikrokanonischen Zustandssumme $\omega(U)$ die sogenannte „integrierte Strukturfunktion"

$$\bar{\omega}(U) \equiv \int\limits_{-\infty}^{U} dE\,\omega(E) = \frac{(2S+1)^N}{h^{Nd}N!} \int d\mathbf{x} \int d\mathbf{p}\;\Theta\big(E - H(\mathbf{x},\mathbf{p})\big)$$

einzuführen, aus der umgekehrt die mikrokanonische Zustandssumme durch Differentiation erhalten werden kann: $\omega(U) = \frac{\partial \bar{\omega}}{\partial U}(U)$.

Zusammenfassend stellen wir fest, dass die kanonische Zustandssumme eines Gases identischer Spin-S-Teilchen im klassischen Grenzfall durch (4.38) und die mikrokanonische Zustandssumme durch (4.40) bzw. (4.41) gegeben ist.

Abhängigkeit des Hamilton-Operators von einem Magnetfeld

Die Ergebnisse (4.38) und (4.40) bzw. (4.41) können leicht verallgemeinert werden für den Fall, dass der Hamilton-Operator explizit von den magnetischen Quantenzahlen λ abhängig ist; eine solche Abhängigkeit tritt z. B. dann auf, wenn ein Magnetfeld angelegt wird. In diesem Fall hat die klassische Hamilton-Funktion die Form $H = H(\mathbf{x}, \mathbf{p}, \lambda)$ und wird der Faktor $(2S + 1)^N$ in (4.38) bzw. (4.40) durch eine Summe über die magnetischen Quantenzahlen λ ersetzt.

Berechnung von Mittelwerten

Eine weitere Verallgemeinerung betrifft die Berechnung von *Mittelwerten*: Der quantenmechanische Mittelwert $\langle f(\mathbf{x}, \hat{\mathbf{p}}, \lambda) \rangle$ erhält im klassischen Grenzfall in der kanonischen Gesamtheit die Form

$$\langle f(\mathbf{x}, \mathbf{p}, \lambda) \rangle_{\mathrm{k}} = \frac{1}{Z_N^{(\mathrm{kl})}} \sum_\lambda \int d\mathbf{x} \int d\mathbf{p} \, f(\mathbf{x}, \mathbf{p}, \lambda) \, \varrho_{\mathrm{k}}(\mathbf{x}, \mathbf{p}, \lambda)$$

mit der Dichtefunktion

$$\varrho_{\mathrm{k}}(\mathbf{x}, \mathbf{p}, \lambda) = \frac{1}{h^{Nd} N!} \, e^{-\beta H(\mathbf{x}, \mathbf{p}, \lambda)} \, .$$

Analog findet man in der mikrokanonischen Gesamtheit:

$$\langle f(\mathbf{x}, \mathbf{p}, \lambda) \rangle_{\mathrm{mk}} = \frac{1}{\omega(U)} \sum_\lambda \int d\mathbf{x} \int d\mathbf{p} \, f(\mathbf{x}, \mathbf{p}, \lambda) \, \varrho_{\mathrm{mk}}(\mathbf{x}, \mathbf{p}, \lambda)$$

mit der Dichtefunktion

$$\varrho_{\mathrm{mk}}(\mathbf{x}, \mathbf{p}, \lambda) = \frac{1}{h^{Nd} N!} \, \delta\left(H(\mathbf{x}, \mathbf{p}, \lambda) - U\right) \, .$$

Der Nachweis, dass diese Mittelwerte im klassischen Grenzfall die angegebene Form haben, verläuft vollkommen analog zur Berechnung der Zustandssummen im Hochtemperatur- bzw. Niedrigdichtelimes.

Beispiel: Das klassische ideale Gas in der kanonischen Gesamtheit

Die kanonische Zustandssumme des klassischen idealen Gases von N Teilchen, eingesperrt in einem d-dimensionalen Kasten mit dem Volumen V, ist im entsprechenden reduzierten Hilbert-Raum gegeben durch:

$$\begin{aligned}
e^{-\beta F} = Z_{\mathrm{k}} &= \frac{(2S + 1)^N}{h^{Nd} N!} \int d\mathbf{x} \int d\mathbf{p} \, e^{-\beta \mathbf{p}^2 / 2m} \\
&= \frac{V^N (2S + 1)^N}{h^{Nd} N!} \left(\frac{2\pi m}{\beta}\right)^{Nd/2} = \frac{(2S + 1)^N}{N!} \left(\frac{V}{\lambda_T^d}\right)^N \, .
\end{aligned}$$

Mit Hilfe der Stirling-Formel $N! \sim N^N e^{-N} \sqrt{2\pi N}$ und der Definition $\rho \equiv \frac{N}{V}$ folgt für die freie Energie pro Teilchen:

$$\frac{F}{N} \sim -\frac{1}{\beta N} \ln\left[\left(\frac{(2S+1)e}{\rho \lambda_T^d}\right)^N \frac{1}{\sqrt{2\pi N}}\right] = k_{\mathrm{B}}T \left[\ln\left(\frac{\rho \lambda_T^d}{2S+1}\right) - 1 + \frac{\ln(2\pi N)}{2N}\right]$$

$$\sim k_{\mathrm{B}}T \left[\ln\left(\frac{\rho \lambda_T^d}{2S+1}\right) - 1\right] \qquad (N \to \infty) \, .$$

Dementsprechend erhält man für die Entropie pro Teilchen:

$$\frac{S_{\mathrm{k}}}{N} = -\frac{1}{N}\left(\frac{\partial F}{\partial T}\right)_{V,N} = k_{\mathrm{B}}\left[\frac{d}{2} + 1 - \ln\left(\frac{\rho \lambda_T^d}{2S+1}\right)\right] \, , \qquad (4.42)$$

für den Druck:

$$P = -\left(\frac{\partial F}{\partial V}\right)_{T,N} = \frac{N k_{\mathrm{B}}T}{V} = \rho k_{\mathrm{B}}T \, ,$$

für das chemische Potential:

$$\mu = \left(\frac{\partial F}{\partial N}\right)_{T,V} = k_{\mathrm{B}}T \ln\left(\frac{\rho \lambda_T^d}{2S+1}\right)$$

und für die innere Energie pro Teilchen:[9]

$$\frac{U}{N} = \frac{1}{N}\left(\frac{\partial \beta F}{\partial \beta}\right)_{V,N} = -\frac{1}{N}\left(\frac{\partial \ln Z_{\mathrm{k}}}{\partial \beta}\right)_{V,N} = -\frac{d}{2}\frac{d}{d\beta}\ln(\beta^{-1}) = \frac{d}{2}k_{\mathrm{B}}T \, .$$

Bei diesen Berechnungen konnten Korrekturen zu $\frac{F}{N}$, $\frac{S_{\mathrm{k}}}{N}$ und μ von Ordnung $\frac{1}{N}\ln(N)$ vernachlässigt werden, da solche Korrekturen in Vielteilchensystemen extrem klein sind und im thermodynamischen Limes gegen null streben. Keine solchen Korrekturen treten (für das ideale Gas) bei der Berechnung von P und $\frac{U}{N}$ auf. Einerseits ist klar, dass die Entropie des klassischen idealen Gases den dritten Hauptsatz der Thermodynamik im Limes $T \downarrow 0$ bzw. $\lambda_T \to \infty$ nicht erfüllt, da in diesem Limes $S_{\mathrm{k}}/N k_{\mathrm{B}} \to -\infty$ gilt. Andererseits ist ebenso klar, dass die Entropie S_{k} in (4.42) den dritten Hauptsatz gar nicht erfüllen *muss*, da bei ihrer Herleitung $\lambda_T \ll l$ bzw. $\rho \lambda_T^d \ll 1$ angenommen wurde und die Anwendung von (4.42) im Tieftemperaturbereich ($\rho \lambda_T^d \gtrsim 1$) schlichtweg nicht erlaubt ist.

Beispiel: Das klassische ideale Gas in der mikrokanonischen Gesamtheit

Im klassischen Grenzfall ist die mikrokanonische Zustandssumme für ein ideales Gas im reduzierten Hilbert-Raum mit festem (V,N) durch das Integral

$$\omega(U) = \frac{(2S+1)^N}{h^{Nd}N!}\int d\mathbf{x} \int d\mathbf{p}\, \delta(H(\mathbf{x},\mathbf{p}) - U)$$

$$= \frac{V^N(2S+1)^N}{h^{Nd}N!}\int d\mathbf{p}\, \delta\left(\frac{\mathbf{p}^2}{2m} - U\right)$$

---

[9]Das gleiche Resultat erhält man alternativ aus der Euler-Gleichung $\frac{U}{N} = T\frac{S}{N} - P\frac{V}{N} + \mu$.

über die Energiefläche $H = U$ im Γ-Raum gegeben. Wir verwenden nun die Identität $\delta\big(f(|\mathbf{p}|) - U\big) = |f'(p_0)|^{-1}\delta(|\mathbf{p}| - p_0)$ mit $f(p) = p^2/2m$ und $p_0 = \sqrt{2mU}$ (s. Ref. [12], Seite 456). Wegen der hieraus folgenden Beziehungen

$$\delta\left(\frac{\mathbf{p}^2}{2m} - U\right) = \sqrt{\frac{m}{2U}}\,\delta(|\mathbf{p}| - \sqrt{2mU}) = \frac{1}{2U}\delta\left(\frac{|\mathbf{p}|}{\sqrt{2mU}} - 1\right)$$

ist es offensichtlich vorteilhaft, neue Variable $\bar{\mathbf{p}} \equiv \mathbf{p}/\sqrt{2mU}$ und $\bar{p} \equiv |\bar{\mathbf{p}}|$ einzuführen:

$$\omega(U) = \frac{[V(2mU)^{d/2}(2S+1)]^N}{2Uh^{Nd}N!}\int d\bar{\mathbf{p}}\,\delta(\bar{p}-1) = \frac{[V(2mU)^{d/2}(2S+1)]^N}{2Uh^{Nd}N!}S_{Nd}(1)\ .$$

Hierbei stellt

$$S_d(x) \equiv \int d\mathbf{y}\,\delta(|\mathbf{y}| - x) = x^{d-1}\int d\bar{\mathbf{y}}\,\delta(\bar{y} - 1) = x^{d-1}S_d(1)$$

generell die Fläche einer Kugel mit dem Radius x im d-dimensionalen Raum dar; entsprechend ist $S_d(1)$ die Fläche einer *Einheitskugel* in d Dimensionen. Die Fläche $S_d(1)$ kann z. B. mit Hilfe von Gauß-Integralen wie folgt berechnet werden:

$$\pi^{d/2} = \int d\mathbf{y}\,e^{-\mathbf{y}^2} = \int_0^\infty dx\,e^{-x^2}\int d\mathbf{y}\,\delta(|\mathbf{y}| - x) = \int_0^\infty dx\,e^{-x^2}S_d(x)$$

$$= S_d(1)\int_0^\infty dx\,x^{d-1}e^{-x^2} = \tfrac{1}{2}S_d(1)\int_0^\infty dz\,z^{\frac{d}{2}-1}e^{-z} = \tfrac{1}{2}S_d(1)\Gamma\left(\tfrac{d}{2}\right)\ ,$$

und daher gilt:

$$\boxed{S_d(1) = \frac{2\pi^{d/2}}{\Gamma\left(\frac{d}{2}\right)}\ ,} \tag{4.43}$$

wobei $\Gamma(x)$ wie üblich die Gammafunktion bezeichnet. Für die Spezialfälle $d = 1, 2, 3$ erhält man erwartungsgemäß $S_1(1) = 2$, $S_2(1) = 2\pi$ und $S_3(1) = 4\pi$. Für hohe Dimensionen ($d \to \infty$) folgt mit Hilfe der Stirling-Formel:

$$\ln[S_d(1)] \sim \frac{d}{2}\ln\left(\frac{2\pi e}{d}\right) \qquad (d \to \infty)\ .$$

Mit Hilfe der Beziehung $S_{\mathrm{mk}} = k_{\mathrm{B}}\ln[\omega(U)\Delta U]$ und der Definition $\rho = N/V$ erhält man nun für die Entropie pro Teilchen in der mikrokanonischen Gesamtheit:

$$\frac{S_{\mathrm{mk}}}{N} \sim k_{\mathrm{B}}\left[\ln\left(\frac{2S+1}{\rho}\right) + 1 + \frac{d}{2}\ln\left(\frac{4\pi emU}{h^2Nd}\right)\right] \qquad (N \to \infty)\ , \tag{4.44}$$

wobei wiederum Korrekturterme von Ordnung $\frac{1}{N}\ln(N)$ vernachlässigt wurden. Aus dem ersten Hauptsatz in der Form $dS = \frac{1}{T}dU + \frac{P}{T}dV - \frac{\mu}{T}dN$ folgt also für die Beziehung zwischen Temperatur und innerer Energie des klassischen Gases:

$$\frac{1}{T} = \left(\frac{\partial S_{\mathrm{mk}}}{\partial U}\right)_{V,N} = \frac{k_{\mathrm{B}}Nd}{2U} \quad,\quad U = \frac{d}{2}Nk_{\mathrm{B}}T\ ,$$

für den Druck:

$$\frac{P}{T} = \left(\frac{\partial S_{\mathrm{mk}}}{\partial V}\right)_{U,N} = \frac{Nk_{\mathrm{B}}}{V} \quad , \quad P = \frac{Nk_{\mathrm{B}}T}{V} = \rho k_{\mathrm{B}}T$$

und für das chemische Potential:

$$\mu = -T\left(\frac{\partial S_{\mathrm{mk}}}{\partial N}\right)_{U,V} = k_{\mathrm{B}}T\ln\left(\frac{\rho\lambda_T^d}{2S+1}\right) .$$

Einsetzen von $U = \frac{d}{2}Nk_{\mathrm{B}}T$ in Gleichung (4.44) für die mikrokanonische Entropie zeigt, dass S_{mk} und die kanonische Entropie S_{k} in (4.42) genau gleich sind.

4.3 Das „Druck"-Ensemble

Wenn im Titel dieses Abschnitts von „Druck" die Rede ist, dann ist hiermit allgemeiner die zur *extensiven* mechanischen Variablen $\mathbf{X}$ konjugierte *intensive* Variable $\mathbf{Y}$ gemeint. Wir gehen also davon aus, dass das System – wie in der kanonischen Gesamtheit – an ein Wärmebad der Temperatur T gekoppelt ist und dass außerdem mindestens ein externes Feld anliegt (wie z. B. der Druck, ein Magnetfeld, ein elektrisches Feld …). Da die Berechnungen stark analog zu denjenigen sind, die wir im Rahmen unserer Untersuchung der kanonischen Gesamtheit durchgeführt haben, fassen wir hier nur die wichtigsten Resultate zusammen.

Dichteoperator, Zustandssumme und freie Enthalpie im Druckensemble

Nicht nur die Energie, sondern auch die extensive mechanische Variable $\mathbf{X}$ liegt nun lediglich im Mittel fest:

$$\boxed{U[\hat{\varrho}] = \sum_m E_m \varrho_m = U \quad , \quad \mathbf{X}[\hat{\varrho}] = \sum_m \mathbf{X}_m \varrho_m = \mathbf{X} .}$$

Bezeichnen wir den Satz aller möglichen $\mathbf{X}_m$-Werte als $R_{\mathbf{X}}$, dann ist die relevante Schar von Mikrozuständen im „Druck"-Ensemble dadurch gegeben, dass die makroskopischen Größen $(E_m, \mathbf{X}_m, \mathbf{N}_m)$ Werte in $R_E \times R_{\mathbf{X}} \times \boldsymbol{\Delta}_{\mathbf{N}}$ annehmen. Die Basisfunktionen $\{|m\rangle\}$ des Druckensembles spannen also einen Unterraum $\mathcal{H}_{\boldsymbol{\Delta}_{\mathbf{N}}}$ des Gesamtvielteilchen-Hilbert-Raums auf, der durch $\mathbf{N}_m \in \boldsymbol{\Delta}_{\mathbf{N}}$ definiert wird. Für Gleichgewichtszustände mit festem $(T, \mathbf{Y}, \mathbf{N})$ ist die freie Enthalpie $G = U - TS - \mathbf{X} \cdot \mathbf{Y}$ minimal oder äquivalent die Größe $-\beta G = \frac{1}{k_{\mathrm{B}}}S - \beta U + \beta \mathbf{Y} \cdot \mathbf{X}$ maximal bezüglich spontaner Fluktuationen. Wir optimieren daher $-\beta G[\hat{\varrho}]$ bezüglich $\hat{\varrho}$ und finden für den Dichteoperator des Gleichgewichtszustands:

$$\varrho_m = \frac{1}{Z_{\mathrm{D}}}\frac{1}{\mathrm{vol}(\boldsymbol{\Delta}_{\mathbf{N}})} I_{\boldsymbol{\Delta}_{\mathbf{N}}}(m)e^{-\beta(E_m - \mathbf{Y}\cdot\mathbf{X}_m)} \quad , \quad \sum_m \varrho_m |m\rangle\langle m| \equiv \hat{\varrho}_{\mathrm{D}}$$

mit der Zustandssumme

$$Z_{\mathrm{D}} = \frac{1}{\mathrm{vol}(\boldsymbol{\Delta}_{\mathbf{N}})} \sum_m I_{\boldsymbol{\Delta}_{\mathbf{N}}}(m)e^{-\beta(E_m - \mathbf{Y}\cdot\mathbf{X}_m)} \quad , \quad \mathrm{vol}(\boldsymbol{\Delta}_{\mathbf{N}}) = \prod_j \Delta N_j ,$$

wobei $I_{\Delta_{\mathbf{N}}}(m)$ nun die Indikatorfunktion von $\mathcal{H}_{\Delta_{\mathbf{N}}}$ ist. Einsetzen des Dichteoperators $\hat{\varrho}_{\mathrm{D}}$ in die Definition der Entropie führt auf eine einfache Beziehung zwischen der Zustandssumme Z_{D} und der freien Enthalpie:

$$Z_{\mathrm{D}}(T, \mathbf{Y}, \mathbf{N}) = \frac{1}{\mathrm{vol}(\Delta_{\mathbf{N}})} e^{-\beta G(T, \mathbf{Y}, \mathbf{N})} \,.$$

Man kann wiederum zeigen, dass $G[\hat{\varrho}]$ nicht nur stationär, sondern wirklich minimal ist für $\hat{\varrho} = \hat{\varrho}_{\mathrm{D}}$.

Innere Energie, mittleres Volumen und Volumenfluktuationen

Ähnlich wie in der kanonischen Gesamtheit gibt es auch im Druckensemble eine wichtige Beziehung zwischen der freien Enthalpie $G(T, \mathbf{Y}, \mathbf{N})$ und der inneren Energie U:

$$\left(\frac{\partial \beta G}{\partial \beta}\right)_{\mathbf{Y}, \mathbf{N}} = U - \mathbf{Y} \cdot \langle \hat{\mathbf{X}} \rangle \quad \text{bzw.} \quad U = \left(\frac{\partial \beta G}{\partial \beta}\right)_{\mathbf{Y}, \mathbf{N}} + \mathbf{Y} \cdot \langle \hat{\mathbf{X}} \rangle \,, \tag{4.45}$$

denn aufgrund thermodynamischer Identitäten gilt:

$$\left(\frac{\partial \beta G}{\partial \beta}\right)_{\mathbf{Y}, \mathbf{N}} = G + \beta \left(\frac{\partial G}{\partial T}\right)_{\mathbf{Y}, \mathbf{N}} \frac{d(1/k_{\mathrm{B}}\beta)}{d\beta} = G - \frac{1}{k_{\mathrm{B}}\beta}(-S) = G + TS = U - \mathbf{Y} \cdot \langle \hat{\mathbf{X}} \rangle \,.$$

Diese Beziehung zwischen der inneren Energie und der freien Enthalpie folgt alternativ auch innerhalb der Statistischen Physik durch Ableiten der Zustandssumme:

$$\left(\frac{\partial \beta G}{\partial \beta}\right)_{\mathbf{Y}, \mathbf{N}} = -\frac{\partial}{\partial \beta} \ln\left[Z_{\mathrm{D}} \, \mathrm{vol}(\Delta_{\mathbf{N}})\right] = -\frac{1}{Z_{\mathrm{D}}} \left(\frac{\partial Z_{\mathrm{D}}}{\partial \beta}\right)_{\mathbf{Y}, \mathbf{N}}$$

$$= \sum_m \rho_m \left(E_m - \mathbf{Y} \cdot \mathbf{X}_m\right) = \mathrm{Sp}\left[\hat{\varrho}_{\mathrm{D}}(\hat{\mathsf{H}} - \mathbf{Y} \cdot \hat{\mathbf{X}})\right] = U - \mathbf{Y} \cdot \langle \hat{\mathbf{X}} \rangle \,.$$

Diese Beziehungen enthalten noch das mittlere (verallgemeinerte) Volumen $\langle \hat{\mathbf{X}} \rangle$, das ebenfalls – unabhängig von der inneren Energie – aus der freien Enthalpie als erste Ableitung nach dem (verallgemeinerten) Druck berechnet werden kann:

$$-\left(\frac{\partial G}{\partial \mathbf{Y}}\right)_{T, \mathbf{N}} = \frac{1}{\beta} \frac{\partial}{\partial \mathbf{Y}} \ln\left[Z_{\mathrm{D}} \, \mathrm{vol}(\Delta_{\mathbf{N}})\right] = \frac{1}{\beta Z_{\mathrm{D}}} \left(\frac{\partial Z_{\mathrm{D}}}{\partial \mathbf{Y}}\right)_{T, \mathbf{N}}$$

$$= \frac{1}{Z_{\mathrm{D}}} \sum_m \mathbf{X}_m I_{\Delta_{\mathbf{N}}}(m) e^{\beta(\mathbf{Y} \cdot \mathbf{X}_m - E_m)} = \langle \hat{\mathbf{X}} \rangle \,.$$

Die zweite $\mathbf{Y}$-Ableitung der freien Enthalpie kann analog berechnet werden und führt zu einer Beziehung zwischen der mechanischen Antwortfunktion $\chi_{T, \mathbf{N}}$ und den Fluktuationen des (verallgemeinerten) Volumens:

$$k_{\mathrm{B}} T \chi_{T, \mathbf{N}} = -\frac{1}{\beta} \left(\frac{\partial^2 G}{\partial \mathbf{Y}^2}\right)_{T, \mathbf{X}} = \frac{1}{\beta^2} \frac{\partial^2}{\partial \mathbf{Y}^2} \ln\left[Z_{\mathrm{D}} \, \mathrm{vol}(\Delta_{\mathbf{N}})\right]$$

$$= \frac{1}{\beta^2} \left[\frac{1}{Z_{\mathrm{D}}} \frac{\partial^2 Z_{\mathrm{D}}}{\partial \mathbf{Y}^2} - \left(\frac{1}{Z_{\mathrm{D}}} \frac{\partial Z_{\mathrm{D}}}{\partial \mathbf{Y}}\right)\left(\frac{1}{Z_{\mathrm{D}}} \frac{\partial Z_{\mathrm{D}}}{\partial \mathbf{Y}}\right)^{\mathrm{T}}\right]$$

$$= \langle \hat{\mathbf{X}} \hat{\mathbf{X}}^{\mathrm{T}} \rangle - \langle \hat{\mathbf{X}} \rangle \langle \hat{\mathbf{X}} \rangle^{\mathrm{T}} = \langle \Delta \hat{\mathbf{X}} (\Delta \hat{\mathbf{X}})^{\mathrm{T}} \rangle \,. \tag{4.46}$$

Aufgrund dieser Darstellung der mechanischen Antwortfunktion $\chi_{T,\mathbf{N}}$ in der Statistischen Physik ist erstens klar, dass die mechanische Antwortfunktion *positiv semidefinit* ist. Aus der Thermodynamik, s. Gleichung (2.57), ist bekannt, dass diese Eigenschaft der mechanischen Antwortfunktion von wesentlicher Bedeutung ist, da sie die Stabilität des Gleichgewichts gewährleistet. Außerdem ist aufgrund der Extensivität von $\chi_{T,\mathbf{N}}$ klar, dass die typischen Volumenfluktuationen in einem Vielteilchensystem bei vorgegebenem (verallgemeinertem) Druck $\mathbf{Y}$ proportional zur *Wurzel* der Systemgröße sind.

Vereinfachte Darstellungen

Im Limes $\boldsymbol{\Delta}_{\mathbf{N}} \to 0$ erhält man eine einfache Form für den Dichteoperator und die Zustandssumme:

$$\hat{\varrho}_{\mathrm{D}} = \frac{1}{Z_{\mathrm{D}}}\delta(\hat{\mathbf{N}} - \mathbf{N})e^{-\beta(\hat{\mathrm{H}}-\mathbf{Y}\cdot\hat{\mathbf{X}})} \quad , \quad Z_{\mathrm{D}} = \mathrm{Sp}\left[\delta(\hat{\mathbf{N}} - \mathbf{N})e^{-\beta(\hat{\mathrm{H}}-\mathbf{Y}\cdot\hat{\mathbf{X}})}\right] \; ,$$

die sich im reduzierten Hilbert-Raum mit fester Teilchenzahl noch auf

$$\boxed{\hat{\varrho}_{\mathrm{D}}^{\mathrm{red}} = \frac{1}{Z_{\mathrm{D}}}e^{-\beta(\hat{\mathrm{H}}-\mathbf{Y}\cdot\hat{\mathbf{X}})} \quad , \quad Z_{\mathrm{D}}(T,\mathbf{Y}) = \mathrm{Sp}\left[e^{-\beta(\hat{\mathrm{H}}-\mathbf{Y}\cdot\hat{\mathbf{X}})}\right] \equiv e^{-\beta G(T,\mathbf{Y})}} \quad (4.47)$$

vereinfacht. Insbesondere Gleichung (4.47) ist ein bequemer Startpunkt für konkrete Berechnungen.

Beziehung zur kanonischen Zustandssumme

Allgemein erhält man die folgende Beziehung zwischen der Zustandssumme im Druckensemble und der kanonischen Zustandssumme:

$$\begin{aligned}
Z_{\mathrm{D}}\left(T,\mathbf{Y},\mathbf{N}\right) &= \mathrm{Sp}\left[\delta\left(\hat{\mathbf{N}} - \mathbf{N}\right)e^{-\beta(\hat{\mathrm{H}}-\mathbf{Y}\cdot\hat{\mathbf{X}})}\right] \\
&= \int d\mathbf{x}\,\mathrm{Sp}\left[\delta\left(\hat{\mathbf{X}} - \mathbf{x}\right)\delta\left(\hat{\mathbf{N}} - \mathbf{N}\right)e^{-\beta\hat{\mathrm{H}}}\right]e^{\beta\mathbf{Y}\cdot\mathbf{x}} \\
&= \int d\mathbf{x}\,Z_{\mathrm{k}}\left(T,\mathbf{x},\mathbf{N}\right)e^{\beta\mathbf{Y}\cdot\mathbf{x}} \\
&= \frac{1}{\mathrm{vol}(\boldsymbol{\Delta}_{\mathrm{k}})}\int d\mathbf{x}\,e^{\beta[\mathbf{Y}\cdot\mathbf{x}-F(T,\mathbf{x},\mathbf{N})]} \; .
\end{aligned}$$

$$(4.48)$$
$$(4.49)$$

Im letzten Schritt wurde der Ausdruck (4.17) für die kanonische Zustandssumme verwendet. Eine Entwicklung von $F(T,\mathbf{x},\mathbf{N})$ um $\mathbf{x} = \mathbf{X}$ bei festem $(T,\mathbf{N})$:

$$F(T,\mathbf{x},\mathbf{N}) = F(T,\mathbf{X},\mathbf{N}) + (\mathbf{x} - \mathbf{X})\cdot\mathbf{Y} + \tfrac{1}{2}(\mathbf{x} - \mathbf{X})\cdot\chi_T^{-1}\cdot(\mathbf{x} - \mathbf{X}) + \cdots$$

zeigt, dass der Integrand auf der rechten Seite von (4.49) maximal ist für $\mathbf{x} = \mathbf{X}$. Folglich kann man den Exponenten um das Maximum in $\mathbf{x} = \mathbf{X}$ entwickeln. Das Ergebnis lautet in führender Ordnung $G = F - \mathbf{X}\cdot\mathbf{Y}$ und ist in genau dieser Form natürlich auch schon aus der Thermodynamik bekannt.

Vergleich zwischen Druckensemble und kanonischer Gesamtheit

Der Vergleich von (4.47) und (4.18) zeigt, dass die kanonische Gesamtheit und das in diesem Abschnitt diskutierte „Druck"-Ensemble eng miteinander verwandt sind. Wird das thermodynamische System in Abwesenheit äußerer Felder durch den Hamilton-Operator $\hat{H}$ beschrieben, so erhält man den korrekten Dichteoperator in Anwesenheit dieser Felder, wenn man im kanonischen Dichteoperator $\hat{H}$ durch $\hat{H}_{\mathrm{D}} \equiv \hat{H} - \mathbf{Y} \cdot \hat{\mathbf{X}}$ ersetzt und die Zwangsbedingung für die erlaubten $\mathbf{X}$-Werte fallen lässt. Dies setzt allerdings voraus, dass die Felder $\mathbf{Y}$ in allen Berechnungen lediglich als *unveränderliche Parameter* in der Theorie auftreten ($d\mathbf{Y} = \mathbf{0}$). Falls die Felder dagegen variiert werden sollen ($d\mathbf{Y} \neq \mathbf{0}$), benötigt man entsprechend ein $\mathbf{Y}$-abhängiges thermodynamisches Potential, d. h. die freie Enthalpie G, und somit auch eine statistisch-mechanische Beschreibung im Rahmen des *Druck*ensembles. Diese Situation ist vollkommen analog zum „paramagnetischen Kristall", der nur deshalb in der mikrokanonischen Gesamtheit behandelt werden konnte, weil das Magnetfeld in allen Überlegungen lediglich ein konstanter Parameter war.

Druckensemble für thermisch isolierte Systeme

In diesem Abschnitt wurde ein Druckensemble für ein System eingeführt, das an ein Wärmebad angekoppelt ist. Es ist auch durchaus möglich, ein Druckensemble für *isolierte* Systeme zu formulieren. Die Zustandssumme eines solchen Systems und die zugehörige Entropie hängen dann von den Variablen $(H, \mathbf{Y}, \mathbf{N})$ ab, wobei H die Enthalpie darstellt. Die Konstruktion des $(H, \mathbf{Y}, \mathbf{N})$-Ensembles wird in Anhang [B] behandelt.

4.3.1 Beispiel: Der klassische Grenzfall für Gase

Aufgrund der Beziehung (4.48) zwischen Z_{D} und Z_{k} und des bekannten Ergebnisses im Fock-Raum[10] für die kanonische Zustandssumme eines Gases massiver Teilchen mit Ortskoordinaten $\mathbf{x} = (\mathbf{x}_1, \cdots, \mathbf{x}_N)$ und Impulsen $\mathbf{p} = (\mathbf{p}_1, \cdots, \mathbf{p}_N)$,

$$Z_{\mathrm{k}}(T, V, N) = \frac{(S+1)^N}{h^{Nd} N! \Delta V \Delta N} \int d\mathbf{x} \int d\mathbf{p} \; e^{-\beta H(\mathbf{x}, \mathbf{p})} \; ,$$

ist klar, dass Z_{D} im klassischen Grenzfall im Fock-Raum allgemein durch

$$\frac{1}{\Delta N} e^{-\beta G} = Z_{\mathrm{D}}(T, P, N) = \frac{(S+1)^N}{h^{Nd} N! \Delta V \Delta N} \int dV \int d\mathbf{x} \int d\mathbf{p} \; e^{-\beta [H(\mathbf{x}, \mathbf{p}) + PV]}$$

gegeben ist. Im reduzierten Hilbert-Raum $\mathcal{H}_N$ bei fester Teilchenzahl N gilt daher

$$\boxed{\; e^{-\beta G(T, P)} = Z_{\mathrm{D}}(T, P) = \frac{1}{h^{Nd} N! \Delta V} \int dV \int d\mathbf{x} \int d\mathbf{p} \; e^{-\beta [H(\mathbf{x}, \mathbf{p}) + PV]} \;}$$

für Gase im klassischen Grenzfall.

---

[10]Es ist wichtig, zu beachten, dass (4.48) im Fock-Raum gilt. Wählen wir nun der Einfachheit halber die Intervallbreiten ΔV und ΔN in der kanonischen Gesamtheit so, dass das Volumenelement $\boldsymbol{\Delta}_k = \Delta_V \times \Delta_N$ Systeme mit nur einem möglichen N-Wert und nur einem V-Wert enthält, so gilt $Z_{\mathrm{k}}(T, V, N) = \frac{1}{\Delta V \Delta N} Z_{\mathrm{k}}(T)$. Hierbei ist $Z_{\mathrm{k}}(T)$ die kanonische Zustandssumme im reduzierten Hilbert-Raum $\mathcal{H}_{V,N}$ mit festem (V, N). Analog gilt $Z_{\mathrm{D}}(T, P, N) = \frac{1}{\Delta N} Z_{\mathrm{D}}(T, P)$, wobei $Z_{\mathrm{D}}(T, P)$ die Zustandssumme im Druckensemble im reduzierten Hilbert-Raum $\mathcal{H}_N$ ist.

Das klassische ideale Gas

Als Spezialfall betrachten wir im Folgenden das klassische ideale Gas, das durch die Hamilton-Funktion $H = \frac{\mathbf{p}^2}{2m}$ charakterisiert wird. Wegen des Ergebnisses

$$Z_{\mathrm{k}}(T) = \frac{(2S+1)^N}{N!} \left(\frac{V}{\lambda_T^d} \right)^N$$

für die Zustandssumme $Z_{\mathrm{k}}(T)$ im reduzierten Hilbert-Raum mit festem (V, N) gilt in diesem Fall:

$$e^{-\beta G} = Z_{\mathrm{D}} = \frac{(S+1)^N}{N!\Delta V} \int_0^\infty dV \left(\frac{V}{\lambda_T^d} \right)^N e^{-\beta P V}$$

$$= \frac{(S+1)^N/(\beta P)^{N+1}}{\lambda_T^{Nd} N! \Delta V} \Gamma(N+1) = \frac{(S+1)^N}{\beta P \Delta V} (\lambda_T^d \beta P)^{-N}$$

beziehungsweise

$$G = -\frac{1}{\beta} \ln(Z_{\mathrm{D}}) = \frac{N}{\beta} \ln \left(\frac{\lambda_T^d \beta P}{S+1} \right) \ .$$

Aus dem Differential $dG = -SdT + VdP + \mu dN$ folgt mit $\rho \equiv N/V$ für das Volumen des klassischen idealen Gases:

$$V = \left(\frac{\partial G}{\partial P} \right)_{T,N} = \frac{N}{\beta P} \quad , \quad P = \frac{N k_{\mathrm{B}} T}{V} = \rho k_{\mathrm{B}} T \ ,$$

für das chemische Potential:

$$\mu = \left(\frac{\partial G}{\partial N} \right)_{T,V} = \frac{1}{\beta} \ln \left(\frac{\lambda_T^d \beta P}{S+1} \right) = k_{\mathrm{B}} T \ln \left(\frac{\rho \lambda_T^d}{S+1} \right)$$

und für die Entropie:

$$S = -\left(\frac{\partial G}{\partial T} \right)_{V,N} = N k_{\mathrm{B}} \left[\frac{d}{2} + 1 - \ln \left(\frac{\rho \lambda_T^d}{S+1} \right) \right] \ ,$$

im Einklang mit den Ergebnissen der anderen Gesamtheiten. Aus Gleichung (4.45) folgt noch eine Beziehung zwischen der freien Enthalpie $G(T, P, N)$ und der inneren Energie U:

$$U = \left(\frac{\partial \beta G}{\partial \beta} \right)_{P,N} - PV = \frac{\partial}{\partial \beta} N \ln \left(\beta^{\frac{d}{2}+1} \right) - \frac{N}{\beta} = \tfrac{d}{2} N k_{\mathrm{B}} T \ ,$$

und Gleichung (4.46) ergibt eine Beziehung zwischen der mechanischen Antwortfunktion $\chi_{T,N}$ bzw. der Kompressibilität $\kappa_{T,N} = V^{-1} \chi_{T,N}$ und den typischen Volumenfluktuationen:

$$\boxed{\ k_{\mathrm{B}} T \chi_{T,N} = \langle (\Delta V)^2 \rangle \quad , \quad \kappa_{T,N} = V^{-1} \beta \langle (\Delta V)^2 \rangle \ . \ }$$

Hiermit ist auch für den Spezialfall des klassischen idealen Gases klar, dass die mechanische Antwortfunktion bzw. die Kompressibilität im Gleichgewicht *nicht-negativ* ist und dass die typischen Volumenfluktuationen bei vorgegebenem Druck P proportional zur *Wurzel* der Systemgröße sind.

4.3.2 Beispiel: Einfaches Modell für eine Flüssigkeit *

Wir betrachten im Folgenden ein *sehr* einfaches (dafür aber exakt lösbares) *klassisches* mikroskopisches Modell für eine *Flüssigkeit*. Hierbei ist mit „Flüssigkeit" ein gebundener Zustand von makroskopisch vielen Atomen oder Molekülen gemeint, deren Positionen nicht periodisch geordnet sind (anders als im Kristall) und die sich auch nicht in einem genügend großen Volumen wie freie Teilchen verhalten (anders als im Gas). Ein Modell für eine Flüssigkeit sollte auf jeden Fall eine *Wechselwirkung* zwischen den Teilchen enthalten, damit ein gebundener Zustand auftreten kann. Diese Wechselwirkung sollte attraktiv für große Abstände zwischen den Teilchen und repulsiv für kleine Abstände sein. Es ist klar, dass jede realistische Berechnung dieser Art sehr kompliziert wäre. Aus diesem Grund betrachten wir hier ein einfaches *eindimensionales* Modell, in dem die Flüssigkeitsteilchen als harte Kugeln mit dem Durchmesser σ beschrieben werden, die ihre Nachbarn mit einer konstanten (d. h. abstands*un*abhängigen) Kraft λ anziehen. Das hier untersuchte Modell wurde zuerst von Nagamiya (1940) gelöst. Allgemeinere eindimensionale Modelle wurden anschließend u.a. von Takahashi (1942) und van Hove (1950) betrachtet.

Berechnung der Zustandssumme und der freien Enthalpie

Wir nehmen an, dass die Hamilton-Funktion die Form $H(\mathbf{x}, \mathbf{p}) = \mathbf{p}^2/2m + \mathcal{V}(\mathbf{x})$ mit $\mathbf{x} = (x_1, x_2, \cdots, x_N)$ und $\mathbf{p} = (p_1, p_2, \cdots, p_N)$ hat, sodass die Zustandssumme im Druckensemble durch

$$e^{-\beta G(T,P)} = Z_{\mathrm{D}}(T, P) = \frac{1}{\Delta V} \int dV \; Z_{\mathrm{k}}(T, V) e^{-\beta P V} \tag{4.50}$$

gegeben ist, wobei für eindimensionale harte Kugeln gilt:

$$Z_{\mathrm{k}}(T, V) = \lambda_T^{-N} Q_N(T, V)$$

mit

$$Q_N = \frac{1}{N!} \int_0^V dx_1 \cdots \int_0^V dx_N \; e^{-\beta \mathcal{V}(\mathbf{x})} = \int_{\frac{1}{2}\sigma}^{V_{\mathrm{f}}+\frac{1}{2}\sigma} dx_1 \int_{x_1+\sigma}^{V_{\mathrm{f}}+\frac{3}{2}\sigma} dx_2 \ldots \int_{x_{N-1}+\sigma}^{V_{\mathrm{f}}+(N-\frac{1}{2})\sigma} dx_N \; e^{-\beta \mathcal{V}(\mathbf{x})}$$

und dem effektiven Volumen $V_{\mathrm{f}} \equiv V - N\sigma$. Für eindimensionale harte Kugeln zerfällt der N-Teilchen-Ortsraum also in $N!$ Sektoren, die nicht miteinander verbunden sind. O. B. d. A. konnten wir wählen: $x_i \geq x_{i-1} + \sigma \quad (i \geq 2)$ und $x_1 \geq \frac{1}{2}\sigma$; außerdem gilt $V \geq x_N + \frac{1}{2}\sigma$. Mit dieser Wahl der Koordinaten entspricht die konstante attraktive Kraft λ zwischen benachbarten Teilchen dem Potential

$$\mathcal{V}(\mathbf{x}) = \lambda \sum_{i=2}^{N} (x_i - x_{i-1} - \sigma) \, .$$

Durch Einsetzen dieses Potentials in Q_N erhält man nach der Koordinatentransformation $y_i \equiv x_i - (i - \frac{1}{2})\sigma$:

$$Q_N = \int_0^{V_{\mathrm{f}}} dy_1 \int_{y_1}^{V_{\mathrm{f}}} dy_2 \cdots \int_{y_{N-1}}^{V_{\mathrm{f}}} dy_N \; e^{-\beta\lambda(y_N - y_1)} \, .$$

Hier sieht man, warum diese Koordinatentransformation $x_i \to y_i$ so nützlich ist: In dieser Weise hat man die harten Kugeln effektiv durch *Punktteilchen* ersetzt. Eine Vertauschung der Integrationsreihenfolge ergibt nun:

$$
\begin{aligned}
Q_N &= \int_0^{V_\mathrm{f}} dy_1 \int_{y_1}^{V_\mathrm{f}} dy_N \, e^{-\beta\lambda(y_N - y_1)} \int_{y_1}^{y_N} dy_{N-1} \int_{y_1}^{y_{N-1}} dy_{N-2} \cdots \int_{y_1}^{y_3} dy_2 \\[2mm]
&= \int_0^{V_\mathrm{f}} dy_1 \int_{y_1}^{V_\mathrm{f}} dy_N \, e^{-\beta\lambda(y_N - y_1)} \frac{(y_N - y_1)^{N-2}}{(N-2)!} = \int_0^{V_\mathrm{f}} dy_1 \int_0^{V_f - y_1} dz \, e^{-\beta\lambda z} \frac{z^{N-2}}{(N-2)!} \\[2mm]
&= \int_0^{V_\mathrm{f}} dz \int_0^{V_\mathrm{f}-z} dy_1 \, e^{-\beta\lambda z} \frac{z^{N-2}}{(N-2)!} = \int_0^{V_\mathrm{f}} dz \,(V_\mathrm{f} - z)\, e^{-\beta\lambda z} \frac{z^{N-2}}{(N-2)!} \; .
\end{aligned}
$$

Im zweiten Schritt wurde verwendet, dass das Integral über $(y_{N-1}, y_{N-2}, \cdots, y_2)$ geometrisch als $\frac{1}{(N-2)!}$-ter Teil des Volumeninhalts eines $(N-2)$-dimensionalen Kubus der Seitenlänge $y_N - y_1$ interpretiert werden kann. Eine weitere Koordinatentransformation $y_N - y_1 \equiv z$ und die Vertauschung der y_1- und z-Integrationen führt dann zum Endergebnis.

Wir haben somit die Berechnung der *kanonischen* Zustandssumme für diese klassische „Flüssigkeit" auf diejenige eines eindimensionalen Integrals zurückgeführt. Durch Einsetzen von Q_N und Z_k in (4.50) ergibt sich für die Zustandssumme im *Druck*ensemble: $Z_\mathrm{D} = (\Delta V)^{-1} \lambda_T^{-N} \bar{Q}_N(T, P)$ mit

$$
\begin{aligned}
\bar{Q}_N(T, P) &= \int_{N\sigma}^{\infty} dV \, Q_N(T, V)\, e^{-\beta PV} = \int_0^{\infty} dV_\mathrm{f} \, Q_N(T, V)\, e^{-\beta P(V_\mathrm{f} + N\sigma)} \\[2mm]
&= \int_0^{\infty} dz \int_z^{\infty} dV_\mathrm{f} \,(V_\mathrm{f} - z)\, \frac{z^{N-2}}{(N-2)!}\, e^{-\beta[\lambda z + P(V_\mathrm{f} + N\sigma)]} \\[2mm]
&= \int_0^{\infty} dz \int_0^{\infty} du \, u \, \frac{z^{N-2}}{(N-2)!}\, e^{-\beta[(P+\lambda)z + P(u + N\sigma)]} \; .
\end{aligned}
$$

Die beiden verbleibenden Integrale sind elementar: Führt man zuerst das u-Integral aus, $\int du \, u \, e^{-\beta P u} = (\beta P)^{-2} \Gamma(2) = (\beta P)^{-2}$, so erhält man

$$
\bar{Q}_N(T, P) = \frac{e^{-\beta P N\sigma}}{(\beta P)^2 (N-2)!} \int_0^{\infty} dz \, z^{N-2} e^{-\beta(P+\lambda)z} = \frac{e^{-\beta P N\sigma}}{(\beta P)^2 \left[\beta(P + \lambda)\right]^{N-1}} \; ,
$$

sodass

$$
e^{-\beta G} = Z_\mathrm{D} = (\Delta V)^{-1} \lambda_T^{-N} \bar{Q}_N = \frac{P + \lambda}{\beta P^2 \Delta V} \left[\lambda_T e^{\beta P \sigma} \beta(P + \lambda)\right]^{-N}
$$

gilt und daher auch

$$
G(T, P, N) = N\left\{P\sigma + \tfrac{1}{\beta} \ln\left[\lambda_T \beta(P + \lambda)\right]\right\} - \frac{1}{\beta} \ln\left(\frac{P + \lambda}{\beta P^2 \Delta V}\right) \; . \tag{4.51}
$$

Der erste Term auf der rechten Seite wird sicherlich den größten Beitrag zur freien Enthalpie G liefern, da er *extensiv* ist.

Thermodynamik der Hochtemperaturphase

Nehmen wir also an, dass die Physik dieser „Flüssigkeit" durch den *ersten* Term auf der rechten Seite von (4.51) beschrieben wird. In diesem Fall erhält man für die Zustandsgleichung:

$$V = \left(\frac{\partial G}{\partial P}\right)_{T,N} = N\sigma + \frac{Nk_\mathrm{B}T}{P+\lambda} \quad , \quad P + \lambda = \frac{Nk_\mathrm{B}T}{V_\mathrm{f}} \equiv \rho_\mathrm{f} k_\mathrm{B}T \ , \qquad (4.52)$$

für das chemische Potential:

$$\mu = \left(\frac{\partial G}{\partial N}\right)_{T,P} = P\sigma + \tfrac{1}{\beta}\ln[\lambda_T\beta(P+\lambda)] = k_\mathrm{B}T\left[(\rho_\mathrm{f} - \beta\lambda)\,\sigma + \ln\left(\rho_\mathrm{f}\lambda_T\right)\right]$$

und für die Entropie:

$$S = -\left(\frac{\partial G}{\partial T}\right)_{P,N} = Nk_\mathrm{B}\left[\tfrac{3}{2} - \ln(\rho_\mathrm{f}\lambda_T)\right] \ .$$

Die Zustandsgleichung (4.52) ist sehr interessant, da sie der Van-der-Waals-Gleichung sehr ähnlich ist: Nur hängt in der Van-der-Waals-Gleichung der Parameter λ selbst auch noch einmal von der Teilchendichte ab: $\lambda = a\rho^2$. Im Gegensatz zum hier betrachteten Modell beschreibt die Van-der-Waals-Gleichung die Wechselwirkung von Teilchen mit vielen anderen Teilchen in der Nachbarschaft, nicht nur mit dem nächsten Nachbarn.

Thermodynamik der Tieftemperaturphase

Dieser Unterschied zwischen der Zustandsgleichung (4.52) und der Van-der-Waals-Gleichung ist wichtig, da er zeigt, dass die Zustandsgleichung (4.52) nicht allgemein gültig sein kann: Für genügend große Volumina ($V_\mathrm{f} > V_\mathrm{fc} \equiv \frac{N}{\beta\lambda}$) bzw. genügend niedrige Dichten ($\rho_\mathrm{f} < \rho_\mathrm{fc} \equiv \beta\lambda$), oder anders formuliert: Für hinreichend *tiefe Temperaturen* wäre der Druck nämlich *negativ*. Wir schließen hieraus, dass wir den zweiten, nicht-extensiven Term auf der rechten Seite von (4.51) für $\rho_\mathrm{f} < \rho_\mathrm{fc}$ zu Unrecht vernachlässigt haben. Berücksichtigen wir nun auch diesen Term, so folgt:

$$V = \left(\frac{\partial G}{\partial P}\right)_{T,N} = N\sigma + \frac{(N-1)}{\beta(P+\lambda)} + \frac{2}{\beta P} \quad \text{bzw.} \quad V_\mathrm{f} = \frac{(N-1)}{\beta(P+\lambda)} + \frac{2}{\beta P} \ .$$

Für $\rho_\mathrm{f} > \rho_\mathrm{fc} = \beta\lambda$ ist der Beitrag $2/\beta P$ nach wie vor vernachlässigbar, und man erhält die Zustandsgleichung $\beta(P+\lambda) = \rho_\mathrm{f}$ bzw. $\beta P = \rho_\mathrm{f} - \rho_\mathrm{fc}$. Für $\rho_\mathrm{f} < \rho_\mathrm{fc}$ muss auch der Term $2/\beta P$ zum effektiven Volumen beitragen und daher *extensiv* sein: $P \propto V_\mathrm{f}^{-1}$, sodass der Druck sehr gering ist. Folglich kann im ersten Term $\beta(P+\lambda) \to \beta\lambda$ ersetzt werden. Wegen $\frac{N}{\beta\lambda} = V_\mathrm{fc}$ folgt daher die Zustandsgleichung:

$$V_\mathrm{f} = \frac{(N-1)}{\beta\lambda} + \frac{2}{\beta P} = V_\mathrm{fc} + \frac{2}{\beta P} \quad \text{bzw.} \quad \beta P = \frac{2}{V_\mathrm{f} - V_\mathrm{fc}} \ .$$

Zusammenfassend gilt für alle $\rho_\mathrm{f} > 0$:

$$\beta P = \max\left\{\rho_\mathrm{f} - \rho_\mathrm{fc} \, , \frac{2}{V_\mathrm{f} - V_\mathrm{fc}}\right\} > 0 \, .$$

Wir stellen also fest, dass der zweite Term auf der rechten Seite von (4.51), der auch mit $P = 2k_\mathrm{B}T/(V_\mathrm{f} - V_\mathrm{fc})$ nicht-extensiv ist, dennoch von entscheidender Bedeutung in der Herleitung der Zustandsgleichung (d. h. bei der Berechnung von *Ableitungen* der freien Enthalpie) ist. Zum chemischen Potential oder zur Entropie liefert dieser zweite Term jedoch keine signifikanten (d. h. extensiven) Beiträge.

Kritisches Verhalten der isothermen Kompressibilität

Interessant ist noch das Verhalten der isothermen Kompressibilität:

$$\kappa_T = \frac{1}{V_\mathrm{f}}\chi_T = -\frac{1}{V_\mathrm{f}}\left(\frac{\partial^2 G}{\partial P^2}\right)_{T,N} = \frac{1}{V_\mathrm{f}}\left[\frac{N-1}{\beta(P+\lambda)^2} + \frac{2}{\beta P^2}\right] \, ,$$

die wir hier ausnahmsweise auf das *effektiv verfügbare* Volumen V_f normieren statt auf das (teils ausgeschlossene) ursprüngliche Volumen V. Für $\rho_\mathrm{f} \downarrow \rho_\mathrm{fc} = \beta\lambda$ nähert sich κ_T^{-1} im thermodynamischen Limes einem endlichen Wert:

$$\kappa_T^{-1} = \frac{\beta(P+\lambda)^2}{\rho_\mathrm{f}} \to \frac{(\beta\lambda)^2}{\beta\rho_\mathrm{fc}} = \frac{\rho_\mathrm{fc}}{\beta} = \lambda \qquad (\rho_\mathrm{f} \downarrow \rho_\mathrm{fc}) \, ,$$

während κ_T^{-1} für $\rho_\mathrm{f} < \rho_\mathrm{fc}$ null ist: $\kappa_T^{-1} = 2k_\mathrm{B}TV_\mathrm{f}/(V_\mathrm{f}-V_\mathrm{fc})^2 \to 0$ im thermodynamischen Limes. Nichtanalytizitäten in Ableitungen von thermodynamischen Potentialen sind typisch für das Auftreten von Phasenübergängen (siehe Abschnitt [2.18]).

Interpretation des Phasenübergangs

Im obigen Beispiel tritt ein Phasenübergang auf zwischen einer Phase für $\rho_\mathrm{f} < \rho_\mathrm{fc}$, in der unser „Tropfen" mit dem Volumen $V_c \equiv V_\mathrm{fc} + N\sigma$ frei durch den Raum schwebt, und einer Phase für $\rho_\mathrm{f} > \rho_\mathrm{fc}$, in der auf den Tropfen Druck ausgeübt wird. Alternativ kann man den Phasenübergang bei fester effektiver Dichte ρ_f auch als Funktion der Temperatur untersuchen: Für hohe Temperaturen,

$$T = \frac{1}{k_\mathrm{B}\beta} = \frac{\lambda}{k_\mathrm{B}\beta\lambda} = \frac{\lambda}{k_\mathrm{B}\rho_\mathrm{fc}} > \frac{\lambda}{k_\mathrm{B}\rho_\mathrm{f}} \equiv T_c \, ,$$

ist die Flüssigkeit stark ausgedehnt, füllt das ganze Volumen aus und steht somit unter Druck; für tiefe Temperaturen ($T < T_c$) nimmt der Tropfen ein geringes Volumen ein und schwebt frei durch den (eindimensionalen) Raum.

4.4 Die großkanonische Gesamtheit

In Systemen, die nicht nur in Kontakt mit einem Wärmebad, sondern auch mit einem Teilchenbad stehen, ist außer der inneren Energie auch die Teilchenzahl nur im Mittel erhalten:

$$U[\hat{\varrho}] = \langle\hat{\mathrm{H}}\rangle = \sum_m E_m \varrho_m = U \quad , \quad \mathbf{N}[\hat{\varrho}] = \langle\hat{\mathbf{N}}\rangle = \sum_m \mathbf{N}_m \varrho_m = \mathbf{N} \, .$$

Aus der Thermodynamik wissen wir, dass in solchen Systemen, die durch die thermodynamischen Variablen $(T, \mathbf{X}, \boldsymbol{\mu})$ charakterisiert werden, das großkanonische Potential $\Omega = U - TS - \mathbf{N} \cdot \boldsymbol{\mu}$ minimal ist bezüglich spontaner Fluktuationen (und daher $-\beta\Omega = \frac{1}{k_{\mathrm{B}}}S - \beta U + \beta\boldsymbol{\mu} \cdot \mathbf{N}$ maximal). Wir fordern daher, dass $-\beta\Omega[\hat{\varrho}]$ unter der Zwangsbedingung $\mathrm{Sp}(\hat{\varrho}) = 1$ maximal ist bezüglich Variationen des Dichteoperators:

$$0 = \frac{\delta}{\delta\hat{\varrho}}\left[\frac{1}{k_{\mathrm{B}}}S[\hat{\varrho}] - \beta U[\hat{\varrho}] + \beta\boldsymbol{\mu} \cdot \mathbf{N}[\hat{\varrho}] + \alpha\left(1 - \mathrm{Sp}(\hat{\varrho})\right)\right]$$

$$= -\ln(\hat{\varrho}) - 1 - \alpha - \beta\hat{\mathsf{H}} + \beta\boldsymbol{\mu} \cdot \hat{\mathbf{N}} .$$

Die relevante Schar von Mikrozuständen in der großkanonischen Gesamtheit ist $R_E \times \boldsymbol{\Delta}_{\mathbf{X}} \times R_{\mathbf{N}}$, wobei $R_{\mathbf{N}}$ den Satz aller möglichen $\mathbf{N}_m$-Werte bezeichnet. Für alle m in dieser großkanonischen Gesamtheit gilt $\varrho_m = e^{-(1+\alpha)-\beta E_m + \beta\boldsymbol{\mu}\cdot\mathbf{N}_m}$. Daher gilt generell für alle m:

$$\varrho_m = \frac{1}{Z_{\mathrm{gk}}}\frac{1}{\mathrm{vol}(\boldsymbol{\Delta}_{\mathbf{X}})}I_{\boldsymbol{\Delta}_{\mathbf{X}}}(m)e^{\beta(\boldsymbol{\mu}\cdot\mathbf{N}_m - E_m)} \quad , \quad \sum_m \varrho_m |m\rangle\langle m| \equiv \hat{\varrho}_{\mathrm{gk}} \qquad (4.53)$$

mit der großkanonischen Zustandssumme

$$Z_{\mathrm{gk}} = \frac{1}{\mathrm{vol}(\boldsymbol{\Delta}_{\mathbf{X}})}\sum_m I_{\boldsymbol{\Delta}_{\mathbf{X}}}(m)e^{\beta(\boldsymbol{\mu}\cdot\mathbf{N}_m - E_m)} \quad , \quad \mathrm{vol}(\boldsymbol{\Delta}_{\mathbf{X}}) = \prod_i \Delta X_i . \qquad (4.54)$$

Einsetzen des großkanonischen Dichteoperators in die Definition der Entropie ergibt die folgende Beziehung zwischen der Zustandssumme und dem großkanonischen Potential:

$$Z_{\mathrm{gk}}(T, \mathbf{X}, \boldsymbol{\mu}) = \frac{1}{\mathrm{vol}(\boldsymbol{\Delta}_{\mathbf{X}})}e^{-\beta\Omega(T,\mathbf{X},\boldsymbol{\mu})} .$$

Ähnlich wie wir dies für $F[\hat{\varrho}]$ in der kanonischen Gesamtheit nachgewiesen haben, können wir wiederum leicht zeigen, dass das großkanonische Potential für $\hat{\varrho} = \hat{\varrho}_{\mathrm{gk}}$ tatsächlich nicht nur stationär, sondern auch *minimal* ist: $\Omega[\hat{\varrho}_{\mathrm{gk}}] \leq \Omega[\hat{\varrho}]$ für alle Dichteoperatoren $\hat{\varrho}$ mit $\mathrm{Sp}(\hat{\varrho}) = 1$, die außerhalb der großkanonischen Gesamtheit gleich null sind.

Innere Energie, Teilchenzahl und chemische Antwortfunktion

Ähnlich wie in der kanonischen Gesamtheit und im Druckensemble, gibt es auch in der großkanonischen Gesamtheit eine wichtige Beziehung zwischen dem großkanonischen Potential $\Omega(T, \mathbf{X}, \boldsymbol{\mu})$ und der inneren Energie U:

$$\left(\frac{\partial\beta\Omega}{\partial\beta}\right)_{\mathbf{X},\boldsymbol{\mu}} = U - \boldsymbol{\mu} \cdot \langle\hat{\mathbf{N}}\rangle \quad \text{bzw.} \quad U = \left(\frac{\partial\beta\Omega}{\partial\beta}\right)_{\mathbf{X},\boldsymbol{\mu}} + \boldsymbol{\mu} \cdot \langle\hat{\mathbf{N}}\rangle , \qquad (4.55)$$

denn aufgrund thermodynamischer Identitäten gilt:

$$\left(\frac{\partial\beta\Omega}{\partial\beta}\right)_{\mathbf{X},\boldsymbol{\mu}} = \Omega + \beta\left(\frac{\partial\Omega}{\partial T}\right)_{\mathbf{X},\boldsymbol{\mu}}\frac{d(1/k_{\mathrm{B}}\beta)}{d\beta} = \Omega - \frac{1}{k_{\mathrm{B}}\beta}(-S) = \Omega + TS = U - \boldsymbol{\mu} \cdot \langle\hat{\mathbf{N}}\rangle .$$

Diese Beziehung zwischen der inneren Energie und dem großkanonischen Potential folgt alternativ auch durch Ableiten der großkanonischen Zustandssumme:

$$\left(\frac{\partial \beta \Omega}{\partial \beta}\right)_{\mathbf{X},\boldsymbol{\mu}} = -\frac{\partial}{\partial \beta} \ln\left[Z_{\mathrm{gk}} \, \mathrm{vol}(\boldsymbol{\Delta}_{\mathbf{X}})\right] = -\frac{1}{Z_{\mathrm{gk}}}\left(\frac{\partial Z_{\mathrm{gk}}}{\partial \beta}\right)_{\mathbf{X},\boldsymbol{\mu}}$$

$$= \sum_m \rho_m \left(E_m - \boldsymbol{\mu} \cdot \mathbf{N}_m\right) = \mathrm{Sp}\left[\hat{\varrho}_{\mathrm{gk}}(\hat{\mathsf{H}} - \boldsymbol{\mu} \cdot \hat{\mathbf{N}})\right] = U - \boldsymbol{\mu} \cdot \langle \hat{\mathbf{N}} \rangle \; .$$

Diese Beziehungen enthalten noch die mittlere Teilchenzahl $\langle \hat{\mathbf{N}} \rangle$, die ebenfalls – unabhängig von der inneren Energie – aus dem großkanonischen Potential als erste Ableitung nach dem chemischen Potential $\boldsymbol{\mu}$ berechnet werden kann:

$$-\left(\frac{\partial \Omega}{\partial \boldsymbol{\mu}}\right)_{T,\mathbf{X}} = \frac{1}{\beta}\frac{\partial}{\partial \boldsymbol{\mu}} \ln\left[Z_{\mathrm{gk}} \, \mathrm{vol}(\boldsymbol{\Delta}_{\mathbf{X}})\right] = \frac{1}{\beta Z_{\mathrm{gk}}}\left(\frac{\partial Z_{\mathrm{gk}}}{\partial \boldsymbol{\mu}}\right)_{T,\mathbf{X}}$$

$$= \frac{1}{Z_{\mathrm{gk}}}\sum_m \mathbf{N}_m I_{\boldsymbol{\Delta}_{\mathbf{X}}}(m) e^{\beta(\boldsymbol{\mu} \cdot \mathbf{N}_m - E_m)} = \langle \hat{\mathbf{N}} \rangle \; . \tag{4.56}$$

Die zweite Ableitung führt zu einer Beziehung zwischen der chemischen Antwortfunktion und den Fluktuationen der Teilchenzahl:

$$k_{\mathrm{B}}T\chi_{T,\mathbf{X}} = -\frac{1}{\beta}\left(\frac{\partial^2 \Omega}{\partial \boldsymbol{\mu}^2}\right)_{T,\mathbf{X}} = \frac{1}{\beta^2}\frac{\partial^2}{\partial \boldsymbol{\mu}^2} \ln\left[Z_{\mathrm{gk}} \, \mathrm{vol}(\boldsymbol{\Delta}_{\mathbf{X}})\right]$$

$$= \frac{1}{\beta^2}\left[\frac{1}{Z_{\mathrm{gk}}}\frac{\partial^2 Z_{\mathrm{gk}}}{\partial \boldsymbol{\mu}^2} - \left(\frac{1}{Z_{\mathrm{gk}}}\frac{\partial Z_{\mathrm{gk}}}{\partial \boldsymbol{\mu}}\right)\left(\frac{1}{Z_{\mathrm{gk}}}\frac{\partial Z_{\mathrm{gk}}}{\partial \boldsymbol{\mu}}\right)^{\mathrm{T}}\right]$$

$$= \langle \hat{\mathbf{N}}\hat{\mathbf{N}}^{\mathrm{T}} \rangle - \langle \hat{\mathbf{N}} \rangle \langle \hat{\mathbf{N}} \rangle^{\mathrm{T}} = \langle \Delta\hat{\mathbf{N}}(\Delta\hat{\mathbf{N}})^{\mathrm{T}} \rangle \; . \tag{4.57}$$

Aufgrund dieser Darstellung von $\chi_{T,\mathbf{X}}$ in der Statistischen Physik ist es vollkommen klar, dass die chemische Antwortfunktion positiv semidefinit ist. Außerdem ist aufgrund der Extensivität von $\chi_{T,\mathbf{X}}$ klar, dass die typischen Fluktuationen der Teilchenzahl in einem Vielteilchensystem proportional zur *Wurzel* der Systemgröße sind, falls dieses System an ein Teilchenbad gekoppelt ist.

Vereinfachte Darstellungen

Im Limes $\boldsymbol{\Delta}_{\mathbf{X}} \to \mathbf{0}$ vereinfachen sich die Gleichungen (4.53) und (4.54) auf

$$\hat{\varrho}_{\mathrm{gk}} = \frac{1}{Z_{\mathrm{gk}}}\delta(\hat{\mathbf{X}} - \mathbf{X})e^{\beta(\boldsymbol{\mu} \cdot \hat{\mathbf{N}} - \hat{\mathsf{H}})} \quad , \quad Z_{\mathrm{gk}} = \mathrm{Sp}\left[\delta(\hat{\mathbf{X}} - \mathbf{X})e^{\beta(\boldsymbol{\mu} \cdot \hat{\mathbf{N}} - \hat{\mathsf{H}})}\right] ,$$

wobei die Spur sich über alle Mikrozustände m erstreckt. Dieses Ergebnis für den großkanonischen Dichteoperator vereinfacht sich im reduzierten Hilbert-Raum mit festem $\mathbf{X}$ noch weiter auf

$$\boxed{\hat{\varrho}_{\mathrm{gk}} = \frac{1}{Z_{\mathrm{gk}}}e^{\beta(\boldsymbol{\mu} \cdot \hat{\mathbf{N}} - \hat{\mathsf{H}})} \quad , \quad Z_{\mathrm{gk}}(T,\boldsymbol{\mu}) = \mathrm{Sp}\left[e^{\beta(\boldsymbol{\mu} \cdot \hat{\mathbf{N}} - \hat{\mathsf{H}})}\right] \equiv e^{-\beta\Omega} \; .} \tag{4.58}$$

Wegen ihrer einfachen Gestalt ist gerade Gleichung (4.58) ein bequemer Startpunkt für konkrete Berechnungen. Die Linearkombination $\hat{\mathsf{H}} - \boldsymbol{\mu} \cdot \hat{\mathbf{N}}$ wird häufig als der *großkanonische Hamilton-Operator* bezeichnet.

4.4.1 Beispiel: Der klassische Grenzfall für Gase

Bei der Untersuchung des klassischen Grenzfalls identischer massiver Teilchen im Rahmen der großkanonischen Gesamtheit ist die Beziehung zwischen Z_{gk} und der kanonischen Zustandssumme, jeweils in der „vereinfachten Darstellung", ein bequemer Startpunkt:

$$e^{-\beta\Omega} = Z_{\mathrm{gk}}(T,V,\mu) = \mathrm{Sp}\left[e^{\beta(\mu\hat{\mathrm{N}}-\hat{\mathrm{H}})}\right] = \sum_{N=0}^{\infty} e^{\beta\mu N}\,\mathrm{Sp}_N[e^{-\beta\hat{\mathrm{H}}}]$$

$$= \sum_{N=0}^{\infty} e^{\beta\mu N} Z_{\mathrm{k}}(T,V,N)\,, \tag{4.59}$$

da der klassische Grenzfall der kanonischen Zustandssumme bereits bekannt ist:

$$Z_{\mathrm{k}}(T,V,N) = \frac{(2S+1)^N}{h^{Nd} N!}\int d\mathbf{x}\int d\mathbf{p}\; e^{-\beta H(\mathbf{x},\mathbf{p})}\,. \tag{4.60}$$

In der ersten Zeile von Gleichung (4.59) bezeichnet Sp_N die Spur über alle möglichen Zustände mit der festen Teilchenzahl N. Durch Einsetzen von (4.60) in (4.59) erhält man sofort den klassischen Limes im Rahmen der großkanonischen Gesamtheit. Es sei daran erinnert, dass im klassischen Grenzfall die thermische Wellenlänge viel kleiner ist als der typische Abstand zwischen den Teilchen oder die Wechselwirkungslänge: $\lambda_T \ll \min\{l, l_{\mathrm{WW}}\}$.

Für *einkomponentige* Gase (Quantengase oder klassische Gase mit nur einer Teilchenart) ist es gelegentlich hilfreich, statt des chemischen Potentials die Fugazität $z = e^{\beta\mu}$ einzuführen. Beispielsweise folgt aus (4.59) alternativ zu Gleichung (4.55) eine sehr einfache Beziehung zwischen der inneren Energie und dem großkanonischen Potential:

$$U = \langle\hat{\mathrm{H}}\rangle = \left(\frac{\partial\beta\Omega}{\partial\beta}\right)_{V,z}, \tag{4.61}$$

wobei nun also bei der Berechnung der partiellen β-Ableitung die *Fugazität* festgehalten wird. Wir werden die Äquivalenz von (4.55) und (4.61) im Folgenden für ein klassisches ideales Gas explizit überprüfen.

Das ideale Gas in der großkanonischen Gesamtheit

Ein einfaches Beispiel für eine Anwendung der großkanonischen Gesamtheit ist wiederum das ideale Gas, das die kanonische Zustandssumme

$$Z_{\mathrm{k}}(T,V,N) = \frac{(2S+1)^N}{N!}\left(\frac{V}{\lambda_T^d}\right)^N \tag{4.62}$$

hat. Durch Einsetzen von (4.62) in (4.59) ergibt sich

$$Z_{\mathrm{gk}} = \sum_{N=0}^{\infty}\frac{(2S+1)^N}{N!}\left(\frac{e^{\beta\mu}V}{\lambda_T^d}\right)^N = \exp\left[(2S+1)\frac{e^{\beta\mu}V}{\lambda_T^d}\right] \tag{4.63}$$

und daher für das großkanonische Potential:

$$\Omega = -\frac{1}{\beta}\ln(Z_{\mathrm{gk}}) = -(2S+1)\frac{e^{\beta\mu}V}{\beta\lambda_T^d} \ .$$

Aus Gleichung (4.56) oder alternativ aus der thermodynamischen Beziehung $d\Omega = -SdT - PdV - \langle N\rangle d\mu$ folgt für die mittlere Teilchenzahl $\langle N\rangle$ in der großkanonischen Gesamtheit:

$$\langle N\rangle = -\left(\frac{\partial\Omega}{\partial\mu}\right)_{T,V} = (2S+1)\frac{e^{\beta\mu}V}{\lambda_T^d} \quad , \quad \mu = k_{\mathrm{B}}T\ln\left(\frac{\rho\lambda_T^d}{2S+1}\right) \quad , \quad \rho \equiv \frac{\langle N\rangle}{V} \ ,$$

und man erhält für den Druck:

$$P = -\left(\frac{\partial\Omega}{\partial V}\right)_{T,\mu} = (2S+1)\frac{e^{\beta\mu}}{\beta\lambda_T^d} = (2S+1)\frac{k_{\mathrm{B}}T}{V}\frac{e^{\beta\mu}V}{\lambda_T^d} = \frac{\langle N\rangle k_{\mathrm{B}}T}{V} = \rho k_{\mathrm{B}}T$$

bzw. für die Entropie $S_{\mathrm{gk}} = -\left(\frac{\partial\Omega}{\partial T}\right)_{V,\mu}$ pro Teilchen:

$$\frac{S_{\mathrm{gk}}}{\langle N\rangle} = k_{\mathrm{B}}\left(\frac{d}{2}+1-\beta\mu\right) = k_{\mathrm{B}}\left[\frac{d}{2}+1-\ln\left(\frac{\rho\lambda_T^d}{2S+1}\right)\right] \ , \tag{4.64}$$

im Einklang mit den Ergebnissen der anderen Gesamtheiten. Aus Gleichung (4.55) folgt die innere Energie U wegen $\lambda_T^{-d}\propto\beta^{-d/2}$ als

$$U = \left(\frac{\partial\beta\Omega}{\partial\beta}\right)_{V,\mu} + \mu\langle N\rangle = \left\{\frac{\partial}{\partial\beta}\left[-(2S+1)\frac{e^{\beta\mu}V}{\lambda_T^d}\right]\right\}_{V,\mu} + \mu\langle N\rangle$$

$$= -\left(\mu - \frac{d}{2\beta}\right)\langle N\rangle + \mu\langle N\rangle = \frac{d}{2}\langle N\rangle k_{\mathrm{B}}T \ .$$

Genau das gleiche Ergebnis erhält man für dieses einkomponentige Gas auch etwas einfacher aus Gleichung (4.61):

$$U = \left(\frac{\partial\beta\Omega}{\partial\beta}\right)_{V,z} = \left\{\frac{\partial}{\partial\beta}\left[-(2S+1)\frac{zV}{\lambda_T^d}\right]\right\}_{V,z} = -\left(-\frac{d}{2\beta}\right)\langle N\rangle = \frac{d}{2}\langle N\rangle k_{\mathrm{B}}T \ .$$

Die chemische Antwortfunktion $\chi_{T,V}$, die für einkomponentige Gase durch $\chi_{T,N} = \frac{1}{n^2}\chi_{T,V}$ mit der mechanischen Suszeptibilität verknüpft ist, hat die einfache Form

$$\chi_{T,V} = \left(\frac{\partial\langle N\rangle}{\partial\mu}\right)_{V,\mu} = \beta\langle N\rangle \ .$$

Hieraus folgt wiederum zweierlei: Erstens erhält man für die isotherme Kompressibilität das bekannte Ergebnis

$$\kappa_{T,N} = \frac{1}{V}\chi_{T,N} = \frac{1}{V\rho^2}\chi_{T,V} = \frac{\beta}{\rho} = \frac{1}{\rho k_{\mathrm{B}}T} \ ,$$

und zweitens folgt aus dem Ergebnis $\chi_{T,V} = \beta\langle N\rangle$ in Kombination mit der allgemeinen Identität (4.57), dass die typischen Teilchenzahlfluktuationen des klassischen idealen Gases erwartungsgemäß proportional zur *Wurzel* der Systemgröße sind:

$$\langle(\Delta N)^2\rangle = k_{\mathrm{B}}T\chi_{T,V} = \langle N\rangle \quad , \quad \sqrt{\langle(\Delta N)^2\rangle} = \sqrt{\langle N\rangle} \ .$$

Dieses einfache Ergebnis $\langle(\Delta N)^2\rangle = \langle N\rangle$, das besagt, dass die *Varianz der Teilchenzahlen* exakt gleich der *mittleren Teilchenzahl* ist, ist typisch für *Poisson-verteilte* Größen. Die Wahrscheinlichkeit p_N dafür, dass in der großkanonischen Gesamtheit die Teilchenzahl N auftritt, folgt für ein klassisches ideales Gas aus (4.63) als:

$$p_N = \frac{1}{Z_{\mathrm{gk}}} \frac{(2S+1)^N}{N!} \left(\frac{e^{\beta\mu} V}{\lambda_T^d}\right)^N = \frac{\langle N\rangle^N}{Z_{\mathrm{gk}} N!} = \frac{\langle N\rangle^N}{N!} e^{-\langle N\rangle} , \tag{4.65}$$

und diese Wahrscheinlichkeitsverteilung $\{p_N\}$ hat in der Tat genau die Form einer *Poisson-Verteilung* für die stochastische Variable N mit dem Mittelwert $\langle N\rangle$.

4.4.2 Beispiel: Bose-Einstein-Kondensation

Die *makroskopische Besetzung des Einteilchengrundzustands* in einem Gas identischer Bosonen („Bose-Gas"), die als Bose-Einstein-Kondensation bekannt ist, ist zwar ein altes theoretisches Konzept (Einstein, 1924), experimentell wurde sie jedoch erst 1995 an Gasen wasserstoffähnlicher Atome (^{87}Rb, ^{23}Na, ^{7}Li) beobachtet. Das Bose-Gas ist hierbei in einer magneto-optischen Falle eingeschlossen, die näherungsweise durch ein harmonisches Potential beschrieben werden kann. Der Hamilton-Operator für N Teilchen lautet dementsprechend:

$$\hat{\mathsf{H}}_N = \sum_{i=1}^{N} \left(\frac{\hat{\mathbf{p}}_i^2}{2m} + \tfrac{1}{2} m\omega^2 \mathbf{x}_i^2\right) = \sum_{i=1}^{N} \hat{\mathsf{H}}_1(\mathbf{x}_i, \hat{\mathbf{p}}_i) .$$

Wie aus der Quantenmechanik bekannt, können die Einteilchenenergieniveaus mit Hilfe der Quantenzahlen $\boldsymbol{\nu} = (\nu_1, \nu_2, \nu_3)$ mit $\nu_\alpha \in \mathbb{N}_0$ beschrieben werden:

$$E_{\boldsymbol{\nu}} = \hbar\omega\left(\nu + \tfrac{3}{2}\right) \quad , \quad \nu \equiv \nu_1 + \nu_2 + \nu_3 .$$

Mit den Definitionen

$$\varepsilon_{\boldsymbol{\nu}} \equiv \hbar\omega\nu = E_{\boldsymbol{\nu}} - \tfrac{3}{2}\hbar\omega \quad , \quad z \equiv e^{\beta(\mu - \frac{3}{2}\hbar\omega)} ,$$

wobei z als die Fugazität bezeichnet wird, findet man den folgenden Ausdruck für die großkanonische Zustandssumme:

$$e^{-\beta\Omega} = Z_{\mathrm{gk}} = \sum_{\{n_{\boldsymbol{\nu}}\}} e^{\beta \sum_{\boldsymbol{\nu}} (\mu - E_{\boldsymbol{\nu}}) n_{\boldsymbol{\nu}}} = \prod_{\boldsymbol{\nu}} \left[\sum_{n_{\boldsymbol{\nu}}=0}^{\infty} e^{\beta(\mu - E_{\boldsymbol{\nu}}) n_{\boldsymbol{\nu}}}\right]$$

$$= \prod_{\boldsymbol{\nu}} \left[\frac{1}{1 - e^{\beta(\mu - E_{\boldsymbol{\nu}})}}\right] = \prod_{\boldsymbol{\nu}} \left[\frac{1}{1 - z e^{-\beta\varepsilon_{\boldsymbol{\nu}}}}\right] .$$

Es ist zu beachten, dass das großkanonische Potential in diesem Beispiel von (T, μ) und vom Parameter ω abhängt, aber *nicht* von einem „Volumen". Die Rolle des Volumens wird hier von der Ausdehnung des Potentialtopfs übernommen, die für ein klassisches Teilchen der Energie E durch $x_{\mathrm{max}} = \frac{1}{\omega}\sqrt{2E/m}$ gegeben ist. Typischerweise wäre man im Fall eines Gases der Temperatur T z.B. an Teilchen mit *thermischen* Energien ($E \simeq k_\mathrm{B}T$) interessiert. Man erwartet daher, dass das effektive Volumen gemäß

$$V_\mathrm{eff} \propto \omega^{-3}$$

mit der Frequenz skaliert wird, sodass ein sinnvoller thermodynamischer Limes die Skalierung $\omega \propto N^{-1/3}$ erfordert.

Mittlere Besetzungszahlen und Fugazität

Wir leiten nun Ausdrücke für die mittleren Besetzungszahlen der einzelnen Quantenniveaus und für die Gesamtteilchenzahl ab. Die mittleren Besetzungszahlen folgen aus:

$$\langle n_{\nu'} \rangle = \frac{1}{Z_\mathrm{gk}} \sum_{\{n_\nu\}} n_{\nu'} e^{\beta \sum_\nu (\mu - E_\nu) n_\nu} = -\frac{1}{\beta Z_\mathrm{gk}} \left(\frac{\partial Z_\mathrm{gk}}{\partial E_{\nu'}} \right)_{T,\mu} = -\frac{1}{\beta} \frac{\partial}{\partial E_{\nu'}} \ln Z_\mathrm{gk}$$

$$= \frac{1}{\beta} \frac{\partial}{\partial \varepsilon_{\nu'}} \ln \left[1 - z e^{-\beta \varepsilon_{\nu'}} \right] = \frac{z e^{-\beta \varepsilon_{\nu'}}}{1 - z e^{-\beta \varepsilon_{\nu'}}} = \frac{z}{e^{\beta \varepsilon_{\nu'}} - z} \, .$$

Da alle Besetzungszahlen natürlich nicht-negativ sind und andererseits per definitionem für die Fugazität $z = e^{\beta(\mu - \frac{3}{2}\hbar\omega)} > 0$ gilt, erhalten wir die folgende Ungleichung:

$$0 < z < \min_{\nu}\{e^{\beta \varepsilon_{\nu'}}\} = 1$$

oder alternativ: $-\infty < \mu < E_0 = \frac{3}{2}\hbar\omega$. Die Gesamtteilchenzahl folgt nun als Summe der einzelnen Besetzungszahlen:

$$\langle N \rangle = \sum_\nu \langle n_\nu \rangle = \sum_\nu \frac{z}{e^{\beta \varepsilon_\nu} - z}$$

oder auch:

$$1 = \frac{1}{\langle N \rangle} \frac{z}{1 - z} + \frac{1}{\langle N \rangle} \sum_{\nu \neq 0} \frac{z}{e^{\beta \varepsilon_\nu} - z} \, , \tag{4.66}$$

wobei das Grundzustandsniveau im Hinblick auf die bei tiefen Temperaturen auftretende Kondensation separat behandelt werden muss.

Riemann-Summen werden zu Riemann-Integralen

Da die Energieniveaus ε_ν im Fall eines breiten Potentialtopfs sehr dicht beieinanderliegen, kann man die Riemann-Summe über ν in (4.66) in ein Integral überführen. Wir führen hierzu noch die Notationen

$$\varepsilon_\nu \equiv \hbar\omega\nu \quad , \quad \varepsilon_{\nu\perp} \equiv \varepsilon_\nu \cdot \frac{1}{\sqrt{3}} \begin{pmatrix} 1 \\ 1 \\ 1 \end{pmatrix} \equiv \varepsilon_\nu \cdot \mathbf{1} = \frac{1}{\sqrt{3}}\varepsilon_\nu$$

ein, wobei $\mathbf{1}$ einen Einheitsvektor entlang der Raumhauptdiagonale bezeichnet. Für eine beliebige Funktion $f(\varepsilon_\nu)$ folgt nun:

$$(\hbar\omega)^3 \sum_{\nu \neq 0} f(\varepsilon_\nu) = \int d\varepsilon \, f(\sqrt{3}\,\varepsilon_\perp) = \int_0^\infty d\varepsilon_\perp \, f(\sqrt{3}\,\varepsilon_\perp) S(\varepsilon_\perp) \, ,$$

wobei $S(x)$ die Fläche des gleichseitigen Dreiecks im ε-Raum mit $\varepsilon \cdot \mathbf{1} = x$ (und natürlich $\varepsilon_\alpha \geq 0$ für $\alpha = 1, 2, 3$) ist. Man zeigt leicht[11], dass $S(\varepsilon_\perp) = \frac{1}{2}\sqrt{3}\,(\sqrt{3}\,\varepsilon_\perp)^2$ gilt, sodass man das Integral

$$(\hbar\omega)^3 \sum_{\nu \neq 0} f(\varepsilon_\nu) = \int_0^\infty d\varepsilon_\perp\, f(\sqrt{3}\,\varepsilon_\perp) \tfrac{1}{2}\sqrt{3}(\sqrt{3}\,\varepsilon_\perp)^2 = \tfrac{1}{2}\int_0^\infty d\varepsilon\, \varepsilon^2 f(\varepsilon) \quad (4.67)$$

erhält.

Auftreten eines Phasenübergangs als Funktion der Temperatur

Nehmen wir nun zuerst an, dass die Fugazität z in (4.66) auch im thermodynamischen Limes (d. h. für $N \to \infty$ und $\omega \propto N^{-1/3} \to 0$) merklich von 1 verschieden ist, sodass der erste Term auf der rechten Seite von (4.66) vernachlässigt werden kann. Wir werden im Folgenden feststellen, dass diese Bedingung für hinreichend hohe Temperaturen erfüllt ist. In diesem Fall wird z durch die implizite Gleichung

$$\langle N \rangle (\hbar\omega)^3 = \tfrac{1}{2}\int_0^\infty d\varepsilon\, \varepsilon^2 \frac{z}{e^{\beta\varepsilon} - z} = \tfrac{1}{2}\int_0^\infty d\varepsilon\, \varepsilon^2 \frac{ze^{-\beta\varepsilon}}{1 - ze^{-\beta\varepsilon}}$$

$$= \tfrac{1}{2}\sum_{l=1}^\infty \int_0^\infty d\varepsilon\, \varepsilon^2 \left(ze^{-\beta\varepsilon}\right)^l = \tfrac{1}{2}\sum_{l=1}^\infty \frac{z^l}{(\beta l)^3}\Gamma(3) = \frac{1}{\beta^3}\sum_{l=1}^\infty \frac{z^l}{l^3}$$

bestimmt. Führen wir allgemein die Funktion

$$g_\alpha(z) \equiv \sum_{l=1}^\infty \frac{z^l}{l^\alpha}$$

ein, die sich für $z \uparrow 1$ auf die Riemann'sche Zetafunktion $\zeta(\alpha)$ reduziert:

$$g_\alpha(1) = \sum_{l=1}^\infty \frac{1}{l^\alpha} = \zeta(\alpha)\,,$$

dann wird z bestimmt durch

$$\boxed{\langle N \rangle (\beta\hbar\omega)^3 = g_3(z) \leq g_3(1) = \zeta(3) \simeq 1{,}20205\,.} \qquad (4.68)$$

Bei fester Teilchendichte in der Falle, d. h. bei festem $\langle N \rangle \omega^3$, hat diese Gleichung nur bei genügend hohen Temperaturen eine Lösung für z, nämlich bei

$$k_\mathrm{B} T \geq \left(\frac{\langle N \rangle}{\zeta(3)}\right)^{1/3} \hbar\omega \equiv k_\mathrm{B} T_\mathrm{c}\,.$$

Für $T < T_\mathrm{c}$ ist (4.68) nicht erfüllbar. Daher, und weil im Limes $T \downarrow T_\mathrm{c}$ für die Fugazität $z \uparrow 1$ gilt, schließen wir, dass unsere Annahme, dass z merklich von

---

[11]Für $\varepsilon \cdot \mathbf{1} = x$ folgt nämlich $\varepsilon_1 + \varepsilon_2 + \varepsilon_3 = \sqrt{3}\,x$, und ein gleichseitiges Dreieck mit der Seitenlänge $\sqrt{2}(\sqrt{3}\,x) = \sqrt{6}\,x$ hat die Fläche $S(x) = \frac{1}{2}\sqrt{6}\,x \cdot \frac{1}{2}\sqrt{3} \cdot \sqrt{6}\,x = \frac{1}{2}\sqrt{3}(\sqrt{3}\,x)^2$.

1 verschieden ist, für $T \leq T_{\mathrm{c}}$ offenbar inkorrekt ist. Aus (4.66) folgt unter der Annahme $z \simeq 1$ für den Beitrag $\langle n_0 \rangle / \langle N \rangle$ des Grundzustands:

$$\frac{\langle n_0 \rangle}{\langle N \rangle} = \frac{1}{\langle N \rangle} \frac{1}{1-z} = 1 - \frac{\zeta(3)}{\langle N \rangle (\beta \hbar \omega)^3} = 1 - \left(\frac{T}{T_{\mathrm{c}}} \right)^3 .$$

Es hat sich offenbar ein Kondensat im Grundzustand gebildet: Für $T < T_{\mathrm{c}}$ ist der Einteilchenzustand mit niedrigster Energie makroskopisch besetzt! Bei Absenkung der Temperatur nimmt der Anteil des Kondensats kontinuierlich zu und umfasst im Tieftemperaturlimes das ganze Gas. Wenn wir hier feststellen, dass sich ein makroskopischer Teil der Bosonen im Grundzustand befindet, sollte noch einmal betont werden, dass man natürlich keine „Kondensatteilchen" von „Dampfteilchen" unterscheiden kann, denn Bosonen sind ununterscheidbar.

Weitere thermodynamische Eigenschaften des Bose-Gases

Wir berechnen einige weitere wichtige Eigenschaften des Bose-Gases. Die innere Energie folgt für dieses einkomponentige Quantengas gemäß Gleichung (4.61) aus dem großkanonischen Potential als

$$U = \langle \hat{\mathrm{H}}_N \rangle = \left(\frac{\partial \beta \Omega}{\partial \beta} \right)_{\omega, z} ,$$

sodass man für das Bose-Gas

$$U - \tfrac{3}{2} \hbar \omega \langle N \rangle = \sum_{\boldsymbol{\nu}} \left(E_{\boldsymbol{\nu}} - \tfrac{3}{2} \hbar \omega \right) \langle n_{\boldsymbol{\nu}} \rangle = \sum_{\boldsymbol{\nu}} \varepsilon_{\boldsymbol{\nu}} \langle n_{\boldsymbol{\nu}} \rangle$$

$$= \frac{1}{(\hbar \omega)^3} \frac{1}{2} \int_0^\infty d\varepsilon \, \varepsilon^3 \frac{z}{e^{\beta \varepsilon} - z} = \frac{1}{2 (\hbar \omega)^3} \sum_{l=1}^\infty \frac{z^l}{(\beta l)^4} \Gamma(4) = \frac{3 \beta^{-4}}{(\hbar \omega)^3} g_4(z)$$

erhält. Für $T \leq T_{\mathrm{c}}$ folgt hieraus für die innere Energie pro Teilchen:

$$\frac{\langle U \rangle}{\langle N \rangle} - \tfrac{3}{2} \hbar \omega = 3 \frac{\zeta(4)}{\zeta(3)} \frac{\beta_{\mathrm{c}}^3}{\beta^4} = 3 \frac{\zeta(4)}{\zeta(3)} \left(\frac{T}{T_{\mathrm{c}}} \right)^3 k_{\mathrm{B}} T = 3 \frac{\zeta(4)}{\zeta(3)} k_{\mathrm{B}} T \left(1 - \frac{\langle n_0 \rangle}{\langle N \rangle} \right) .$$

Offensichtlich trägt nur der Dampf zur Anregungsenergie bei. Für die Wärmekapazität bei konstantem $\langle N \rangle$ und ω folgt $C_{\omega, N}(T) \propto T^3$.

Die chemische Antwortfunktion $\chi_{T, \omega} = (\partial \langle N \rangle / \partial \mu)_{T, \omega}$, die proportional zur Kompressibilität ist (vgl. Abschnitt [2.12.4]), folgt als

$$\frac{1}{\beta} \chi_{T, \omega} = \left(\frac{\partial \langle N \rangle}{\partial (\beta \mu)} \right)_{T, \omega} = z \left(\frac{\partial \langle N \rangle}{\partial z} \right)_{T, \omega} = z \frac{\partial}{\partial z} \left[\frac{z}{1-z} + \frac{1}{(\beta \hbar \omega)^3} \sum_{l=1}^\infty \frac{z^l}{l^3} \right]$$

$$= \frac{z}{(1-z)^2} + \frac{1}{(\beta \hbar \omega)^3} \sum_{l=1}^\infty \frac{z^l}{l^2} .$$

Der zweite Term auf der rechten Seite liefert immer einen extensiven Beitrag (proportional zu $\omega^{-3} \propto N$). Der erste Term ist endlich (und daher vernachlässigbar) für $T > T_c$ und proportional zum *Quadrat* der Systemgröße für $T < T_c$. Die Kompressibilität *divergiert* daher im thermodynamischen Limes in Anwesenheit eines Bose-Kondensats. Für $T < T_c$ ist das System also unendlich kompressibel. Dieses Verhalten ist vollkommen analog zum Verhalten der Kompressibilität im Fall des Gasförmig-flüssig-Phasenübergangs. Wir schließen hieraus, dass die Bose-Einstein-Kondensation im idealen Bose-Gas, genau wie der Gasförmig-flüssig-Übergang, ein Phasenübergang *erster Ordnung* ist.

Die Entropie des Bose-Gases kann aus der Ableitung von Ω nach der Temperatur berechnet werden:

$$
\begin{aligned}
S &= -\left(\frac{\partial \Omega}{\partial T}\right)_{\mu,\omega} = k_B \beta^2 \left(\frac{\partial \Omega}{\partial \beta}\right)_{\mu,\omega} = k_B \beta \left[\left(\frac{\partial(\beta\Omega)}{\partial \beta}\right)_{\mu,\omega} - \Omega\right] \\
&= k_B \beta \sum_\nu \left[\frac{-(\mu - E_\nu)z e^{-\beta\varepsilon_\nu}}{1 - z e^{-\beta\varepsilon_\nu}} - \frac{1}{\beta}\ln\left(1 - z e^{-\beta\varepsilon_\nu}\right)\right] \\
&= k_B \sum_\nu \left[\frac{-\ln\left(z e^{-\beta\varepsilon_\nu}\right)z e^{-\beta\varepsilon_\nu}}{1 - z e^{-\beta\varepsilon_\nu}} - \ln\left(1 - z e^{-\beta\varepsilon_\nu}\right)\right] .
\end{aligned}
$$

Der Entropiebeitrag des Grundzustands ist also:

$$
S_{\nu=0} = k_B \left[\frac{-\ln(z)z}{1 - z} - \ln(1 - z)\right] .
$$

Für $T < T_c$ folgt hieraus mit $\ln(z) \sim -(1 - z)$:

$$
S_{\nu=0} = k_B \left[z - \ln(1 - z)\right] = \mathcal{O}\left(k_B \ln \langle N \rangle\right) ,
$$

sodass der Beitrag des Kondensats zur Entropie pro Teilchen im thermodynamischen Limes null ist.

4.4.3 Zustandsgleichung eines klassischen realen Gases *

In diesem Abschnitt möchten wir zeigen, dass die Zustandsgleichung und die Paarkorrelationsfunktion eines klassischen realen Gases *systematisch* in der Form von Virialreihen (Reihenentwicklungen nach der Teilchendichte ρ) berechnet werden können, falls das Wechselwirkungspotential der Gasteilchen bekannt ist. Die hierfür benötigten Clusterentwicklungen wurden 1938 und 1941 von Joseph E. Mayer in Zusammenarbeit mit S.F. Harrison (s. Ref. [41]) bzw. E. Montroll (s. Ref. [42]) entwickelt und sind ein schönes Beispiel für die diagrammatischen Methoden, die (auch im Quantenbereich) zur Untersuchung wechselwirkender Systeme eingesetzt werden. Wir betrachten im Folgenden ein allgemeines d-dimensionales Gas, damit die Dimensions*unabhängigkeit* der Methode deutlich zur Geltung kommt.

Formulierung der großkanonischen Zustandssumme

Als Startpunkt unserer Untersuchung des klassischen realen Gases nehmen wir die Beziehung (4.59) zwischen der großkanonischen Zustandssumme Z_{gk} und der kanonischen Zustandssumme $Z_{\mathrm{k}}(T, V, N)$ in Gleichung (4.60):

$$e^{-\beta\Omega} = Z_{\mathrm{gk}}(T, V, \mu) = \sum_{N=0}^{\infty} e^{\beta\mu N} Z_{\mathrm{k}}(T, V, N) \tag{4.69}$$

$$Z_{\mathrm{k}}(T, V, N) = \frac{(2S+1)^N}{h^{Nd} N!} \int d\mathbf{x} \int d\mathbf{p} \; e^{-\beta H(\mathbf{x}, \mathbf{p})} \; .$$

Hierbei hat die Hamilton-Funktion des realen Gases die allgemeine Form (4.29) mit $\mathbf{x} \equiv (\mathbf{x}_1, \mathbf{x}_2, \cdots, \mathbf{x}_N)$ und $\mathbf{p} \equiv (\mathbf{p}_1, \mathbf{p}_2, \cdots, \mathbf{p}_N)$. Der Einfachheit halber nehmen wir hier an, dass das Potential $\mathcal{V}(\mathbf{x})$ lediglich eine *Zweiteilchen*wechselwirkung $\mathcal{V}_2(\mathbf{x}_{ij}) \equiv v(x_{ij})$ enthält, die außerdem nur vom Relativ*abstand* $x_{ij} \equiv |\mathbf{x}_{ij}|$ der Teilchen i und j (mit $\mathbf{x}_{ij} \equiv \mathbf{x}_i - \mathbf{x}_j$) abhängt:

$$H(\mathbf{x}, \mathbf{p}) = \frac{\mathbf{p}^2}{2m} + \mathcal{V}(\mathbf{x}) \quad , \quad \mathcal{V}(\mathbf{x}) = \tfrac{1}{2} \sum_{i \neq j} \mathcal{V}_2(\mathbf{x}_i - \mathbf{x}_j) = \sum_{i < j} v(x_{ij}) \; . \tag{4.70}$$

Wir möchten daran erinnern, dass die klassische Beschreibung eines Gases voraussetzt, dass die thermische Wellenlänge $\lambda_T = h/\sqrt{2\pi m k_{\mathrm{B}} T}$ sehr viel kleiner als der mittlere Teilchenabstand $l = (V/N)^{1/d} = \rho^{-1/d}$ ist. Dies bedeutet, dass der dimensionslose Parameter $\rho\lambda_T^d$ klein ist ($\rho\lambda_T^d \ll 1$), sodass man z. B. die Zustandsgleichung und die Paarkorrelationsfunktion nach ihm entwickeln kann.

Clusterentwicklung der großkanonischen Zustandssumme

Zuerst führen wir in der kanonischen Zustandssumme $Z_{\mathrm{k}}(T, V, N)$ die Impulsintegration durch: $h^{-Nd} \int d\mathbf{p} \; e^{-\beta\mathbf{p}^2/2m} = \lambda_T^{-Nd}$ und bezeichnen die verbleibende Ortsintegration als $Q_N(T, V)$:

$$Z_{\mathrm{k}}(T, V, N) = \frac{(2S+1)^N}{\lambda_T^{Nd} N!} Q_N(T, V) \quad , \quad Q_N(T, V) \equiv \int d\mathbf{x} \; e^{-\beta\mathcal{V}(\mathbf{x})} \; . \tag{4.71}$$

Die Ortsintegration $Q_N(T, V)$ wird vollständig durch die Zweiteilchenwechselwirkung $v(x_{ij})$ und somit durch Boltzmann-Faktoren der Form $\exp\left[-\beta v(x_{ij})\right]$ bestimmt:

$$Q_N(T, V) = \int d\mathbf{x} \; \exp\left[-\beta \sum_{i < j} v(x_{ij})\right] = \int d\mathbf{x} \; \prod_{i < j}^{*} \exp\left[-\beta v(x_{ij})\right] \; .$$

Der Asterisk am Produkt $\prod_{i<j}^{*}$ deutet an, dass jedes Paar (i, j) nur *einmal* vorkommt, sodass man die Faktoren auch von links nach rechts nach ansteigendem Wert des Paarindex (i, j) ordnen kann. Die Ordnung der Paare wird dabei definiert durch:

$$(i, j) < (i', j') \quad \Leftrightarrow \quad i < i' \; \vee \; (i = i' \; \wedge \; j < j') \; .$$

Diese Ordnung der Paare wirkt also wie in einem Wörterbuch und wird entsprechend als „lexikografische Ordnung" bezeichnet. Es ist nun vorteilhaft, statt des Boltzmann-Faktors $\exp\left[-\beta v(x_{ij})\right]$ die sogenannte *Mayer-Funktion*

$$f(x_{ij}) \equiv \exp\left[-\beta v(x_{ij})\right] - 1 \quad , \quad f_{ij} \equiv f(x_{ij})$$

einzuführen, deren Funktionswerte wir im Folgenden auch kurz als f_{ij} bezeichnen werden. Der Vorteil der Mayer-Funktion ist, dass sie für weit voneinander entfernte Teilchen ($x_{ij} \to \infty$) die Eigenschaft $f_{ij} \to 0$ hat, da ein realistisches Zweiteilchenpotential in diesem Limes gegen null strebt: $v(x_{ij}) \to 0$ für $x_{ij} \to \infty$. Folglich sind die f_{ij}-Werte in einem *verdünnten* Gas generell klein, sodass man $Q_N(T,V)$ nach Produkten von Faktoren f_{ij} entwickeln kann:

$$Q_N(T,V) = \int d\mathbf{x} \prod_{i<j}^{*} (1+f_{ij}) = \int d\mathbf{x} \left(1 + \sum_{i_1<j_1} f_{i_1 j_1} + \sum_{\substack{i_1 < j_1 \\ i_2 < j_2}}^{*} f_{i_1 j_1} f_{i_2 j_2} + \cdots \right).$$

Der Asterisk deutet wieder an, dass alle Produkte $f_{i_1 j_1} f_{i_2 j_2} \cdots f_{i_l j_l}$ mit von links nach rechts ansteigendem Wert des Paarindex (i,j) geordnet sind. Für nahe benachbarte Teilchen (mit $x_{ij} \downarrow 0$) erwartet man, dass ein realistisches Zweiteilchenpotential stark abstoßend ist: $v(x_{ij}) \to +\infty$, sodass für endliche Temperaturen $f_{ij} \downarrow -1$ gilt und die Mayer-Funktion auch in diesem Fall beschränkt und integrierbar bleibt. In Abbildung 4.7 ist der Verlauf der Mayer-Funktion für ein Lennard-Jones-$(12,6)$-Potential dargestellt, das eine anziehende Van-der-Waals-Wechselwirkung für $x \gg \sigma$ mit starker Abstoßung für $x \ll \sigma$ kombiniert. Das Lennard-Jones-Potential hat konkret die Form $v(x) = 4\varepsilon\left[\left(\frac{\sigma}{x}\right)^{12} - \left(\frac{\sigma}{x}\right)^6\right]$ und nimmt sein absolutes Minimum $v(x_{\min}) = -\varepsilon$ für den Relativabstand $x_{\min} = \sqrt[6]{2}\,\sigma \simeq 1{,}12246\,\sigma$ der beiden miteinander wechselwirkenden Teilchen an.

Bei der Entwicklung von $Q_N(T,V)$ nach Produkten von Faktoren f_{ij} verknüpft jeder Faktor $f_{i_k j_k}$ ein Paar (i_k, j_k) mit den Indizes $i_k < j_k$ miteinander, und in einem Produkt $f_{i_1 j_1} f_{i_2 j_2} \cdots f_{i_l j_l}$ sind alle Paare (i_k, j_k) unterschiedlich. Da es in einem N-Teilchen-System genau $\frac{1}{2}N(N-1)$ Paare gibt, ist die Entwicklung von $Q_N(T,V)$ nach Produkten von Faktoren f_{ij} darstellbar in der Form

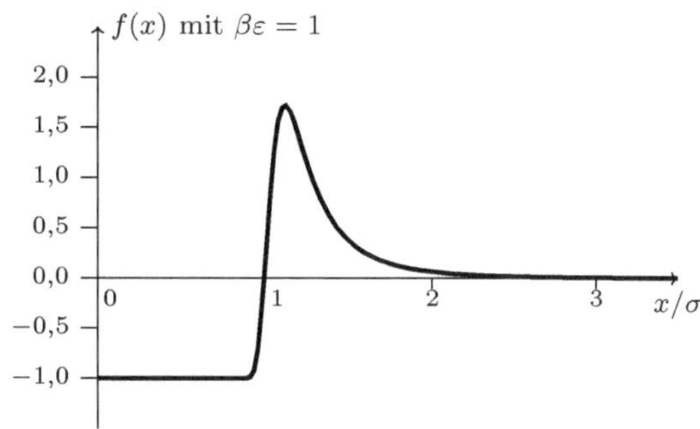

Abb. 4.7 Mayer-Funktion für ein Lennard-Jones-$(12,6)$-Potential

$$Q_N(T,V) = \int d\mathbf{x} \left(1 + \sum_{l=1}^{\frac{1}{2}N(N-1)} \sum_{\{(i_k,j_k)\,|\,i_k<j_k \,\wedge\, 1\leq k\leq l\}}^{*} f_{i_1 j_1} f_{i_2 j_2} \cdots f_{i_l j_l} \right), \quad (4.72)$$

wobei alle Paare wiederum gemäß ihrem von links nach rechts ansteigenden Wert des Paarindex geordnet sind: $(i_k, j_k) < (i_{k+1}, j_{k+1})$.

Ein System mit 24 Teilchen als Beispiel

Als Beispiel betrachten wir ein System, bestehend aus insgesamt 24 Teilchen, deren Wechselwirkung durch Paarpotentiale $v(x)$ bzw. Mayer-Funktionen $f(x)$ beschrieben wird:

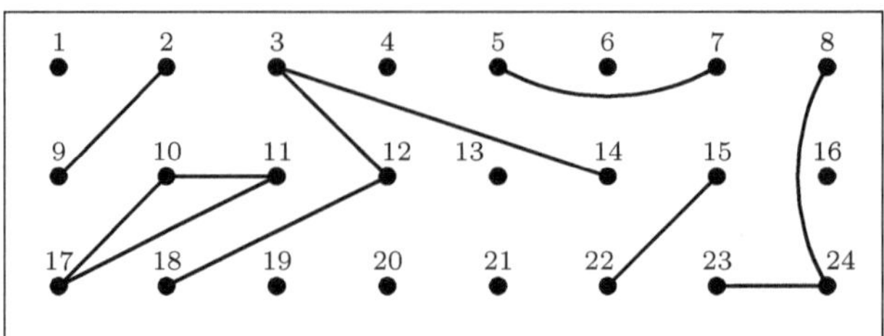

Abb. 4.8 Beispiel eines Wechselwirkungsbeitrags in einem System mit 24 Teilchen

In der Entwicklung des Ortsanteils $Q_{N=24}(T,V)$ der kanonischen Zustandssumme wird u.a. auch ein Term

$$f_{2,9}f_{3,12}f_{3,14}f_{5,7}f_{8,24}f_{10,11}f_{10,17}f_{11,17}f_{12,18}f_{15,22}f_{23,24}$$

auftreten, der gemäß einem nach rechts ansteigenden Wert des Paarindex geordnet ist. Diese Paarwechselwirkungen sind in Abbildung 4.8 grafisch dargestellt. Man sieht, dass die unverbundenen Teilchen und die durch Wechselwirkungslinien verbundenen Paare zusammenhängende *Cluster* bilden, und zwar achtmal einen 1-Cluster (d. h. ein unverbundenes Teilchen) und außerdem dreimal einen 2-Cluster, zweimal einen 3-Cluster und einmal einen 4-Cluster:

$$\left[(f_{2,9})(f_{5,7})(f_{15,22})\right] \ \left[(f_{8,24}f_{23,24})(f_{10,11}f_{10,17}f_{11,17})\right] \ \left[(f_{3,12}f_{3,14}f_{12,18})\right]$$

Bei der Berechnung von $Q_{N=24}(T,V)$ muss über alle möglichen Beiträge in dieser *Clusterentwicklung* summiert werden, wobei man den Beitrag eines Clusters durch Integration über die entsprechenden Koordinaten der Teilchen erhält. Der Beitrag des 3-Clusters $\left(f_{10,11}f_{10,17}f_{11,17}\right)$ in Abb. 4.8 folgt z. B. durch Integration über die Koordinaten $\mathbf{x}_{10}$, $\mathbf{x}_{11}$ und $\mathbf{x}_{17}$.

Die Beiträge von 1-, 2-, 3- und n-Clustern zur Zustandssumme

Da die Berechnung von $Q_N(T,V)$ in dieser Weise auf die Berechnung der Beiträge von zusammenhängenden n-Clustern zurückgeführt werden kann, bezeichnen wir den Gesamtbeitrag eines solchen n-Clusters als T_n. Wir berechnen als Beispiele die Beiträge von 1-, 2- und 3-Clustern. Der Beitrag eines 1-Clusters wird statt durch eine Mayer-Funktion durch einen Faktor 1 als Integranden charakterisiert:

$$T_1 = \int d\mathbf{x}_1 \, 1 = V \, .$$

Ein Cluster mit zwei Teilchen „1" und „2" ergibt wegen der Ordnung $i < j$ innerhalb der Paare als einzigen Beitrag:

$$T_2 = \iint d\mathbf{x}_1 d\mathbf{x}_2 \, f(x_{12}) = \iint d\mathbf{x}_1 d\mathbf{x}_{21} \, f(x_{12}) = V\int d\mathbf{y} \, f(y) \, .$$

Ein Cluster mit drei Teilchen „1", „2" und „3" ergibt wegen der Ordnung $i < j$ innerhalb der Paare und wegen der von links nach rechts ansteigenden Werte des

Paarindex (i,j) insgesamt vier Beiträge:

$$T_3 = \iiint d\mathbf{x}_1 d\mathbf{x}_2 d\mathbf{x}_3 \left[f(x_{12})f(x_{13}) + f(x_{12})f(x_{23}) + f(x_{13})f(x_{23}) \right.$$

$$\left. + f(x_{12})f(x_{13})f(x_{23}) \right] \qquad (4.73)$$

$$= \iiint d\mathbf{x}_1 d\mathbf{x}_{21} d\mathbf{x}_{31} \left[3f(x_{12})f(x_{13}) + f(x_{12})f(x_{13})f\left(|\mathbf{x}_{21} - \mathbf{x}_{31}|\right) \right]$$

$$= 3V \iint d\mathbf{y} d\mathbf{y}' \, f(y)f(y') + V \iint d\mathbf{y} d\mathbf{y}' \, f(y)f(y')f\left(|\mathbf{y} - \mathbf{y}'|\right)$$

$$= 3V^{-1}(T_2)^2 + V \iint d\mathbf{y} d\mathbf{y}' \, f(y)f(y')f\left(|\mathbf{y} - \mathbf{y}'|\right) \, .$$

Allgemein gilt, dass T_n die physikalische Dimension $\left[(\text{Länge})^{nd}\right]$ hat und proportional zum Volumen V ist. Mit Hilfe der Definition

$$T_n \equiv n! \, \lambda_T^{(n-1)d} V b_n \quad , \quad b_n = T_n / \left[n! \, \lambda_T^{(n-1)d} V \right] \qquad (4.74)$$

können wir daher dimensionslose Parameter b_n einführen, die im thermodynamischen Limes $N, V \to \infty$ bei konstantem $\rho = N/V$ endlich bleiben. Durch Einsetzen der Ergebnisse für T_1, T_2 und T_3 in Gleichung (4.74) erhalten wir z. B.:

$$b_1 = 1 \ , \ b_2 = \frac{1}{2\lambda_T^d} \int d\mathbf{y} \, f(y) \ , \ b_3 = 2b_2^2 + \frac{1}{6\lambda_T^{2d}} \iint d\mathbf{y} d\mathbf{y}' \, f(y)f(y')f\left(|\mathbf{y} - \mathbf{y}'|\right) \, .$$

Auch aus diesen expliziten Ergebnissen ist klar ersichtlich, dass die Parameter b_n dimensionslos sind.

Ortsanteil der Zustandssumme als Clusterentwicklung

Nachdem wir die Gesamtbeiträge T_n der zusammenhängenden n-Cluster untersucht haben, kehren wir zur Berechnung von $Q_N(T,V)$ zurück. Die Clusterentwicklung (4.72) kann mit Hilfe der Clusterbeiträge T_n kompakt wie folgt formuliert werden:

$$Q_N(T,V) = \sum_{\left\{ \mathbf{m} \, | \, \sum_{n=1}^{N} nm_n = N \right\}} \frac{N!}{\prod_{n=1}^{N} [(n!)^{m_n} m_n!]} \prod_{n=1}^{N} (T_n)^{m_n} \, . \qquad (4.75)$$

Summiert wird hierbei über alle möglichen Clusterzahlen $\mathbf{m} = (m_1, m_2, \cdots, m_N) \in (\mathbb{N}_0)^N$, wobei m_n die Zahl der n-Cluster im System darstellt. Da jeder Cluster genau n Teilchen enthält, unterliegen diese Clusterzahlen $\mathbf{m}$ der Zwangsbedingung $\sum_{n=1}^{N} nm_n = N$. Der kombinatorische Faktor nach dem Summenzeichen beschreibt für jeden Satz von Clusterzahlen $\mathbf{m}$ die Anzahl der unterschiedlichen Weisen, die insgesamt N Teilchen über solche Cluster zu verteilen. Für jeden n-Cluster wird dann schließlich ein Beitrag T_n berücksichtigt. Die Interpretation des kombinatorischen Faktors wird klarer, wenn man ihn als

$$\frac{N!}{\prod_{n=1}^{N} [(n!)^{m_n} m_n!]} = \frac{N!}{\prod_{n=1}^{N} (nm_n)!} \prod_{n=1}^{N} \frac{(nm_n)!}{(n!)^{m_n}} \prod_{n=1}^{N} \frac{1}{m_n!}$$

schreibt. Der erste Faktor auf der rechten Seite hat die Form eines Multinomialfaktors und beschreibt die Gesamtzahl der Möglichkeiten, für alle Werte von $n \leq N$ aus insgesamt N Teilchen nm_n Teilchen auszuwählen, um diese über n-Cluster zu verteilen. Der zweite Faktor auf der rechten Seite hat ebenfalls die Form eines Multinomialfaktors und beschreibt die Gesamtzahl der Möglichkeiten, die ausgewählten nm_n Teilchen auf m_n Cluster der Größe n zu verteilen. Jede mögliche Zuordnung von n Teilchen zu einem n-Cluster entspricht eindeutig einer Integration über ein Produkt von Mayer-Funktionen f_{ij}, da diese im Cluster von links nach rechts nach ansteigendem Wert des Paarindex (i, j) geordnet sind. Der Faktor $(m_n!)^{-1}$ besagt analog, dass von den $m_n!$ möglichen Permutationen der n-Cluster in der Clusterentwicklung (4.72) nur diejenige berücksichtigt werden soll, wobei alle Mayer-Funktionen nach ansteigendem Wert des Paarindex geordnet sind.

Die Virialentwicklung der Zustandsgleichung

Indem man die Clusterentwicklung (4.75) in die kanonische Zustandssumme (4.71) einsetzt und diese dann in die großkanonische Zustandssumme (4.69) mit $e^{\beta\mu} \equiv z$ und $(2S + 1)z \equiv \bar{z}$, erhält man ein (formal) recht einfaches Ergebnis:

$$
\begin{aligned}
e^{-\beta\Omega} &= \sum_{N=0}^{\infty} e^{\beta\mu N} \frac{(2S+1)^N}{\lambda_T^{Nd} N!} \sum_{\left\{\mathbf{m} \,|\, \sum_{n=1}^{N} nm_n = N\right\}} \frac{N!}{\prod_{n=1}^{N} [(n!)^{m_n} m_n!]} \prod_{n=1}^{N} (T_n)^{m_n} \\
&= \sum_{\mathbf{m}} \prod_{n=1}^{\infty} \left[\left(\frac{\bar{z}}{\lambda_T^d}\right)^{nm_n} \frac{(T_n/n!)^{m_n}}{m_n!} \right] = \prod_{n=1}^{\infty} \left\{ \sum_{m_n=0}^{\infty} \frac{1}{m_n!} \left[\left(\frac{\bar{z}}{\lambda_T^d}\right)^n \frac{T_n}{n!} \right]^{m_n} \right\} \\
&= \exp\left[\sum_{n=1}^{\infty} \left(\frac{\bar{z}}{\lambda_T^d}\right)^n \lambda_T^{(n-1)d} V b_n \right] = \exp\left[\frac{V}{\lambda_T^d} \sum_{n=1}^{\infty} \bar{z}^n b_n \right] \overset{!}{=} e^{\beta PV} .
\end{aligned}
$$

In der letzten Zeile wurde zuerst die Definition (4.74) der dimensionslosen Parameter b_n und dann die Euler-Gleichung $\Omega = -PV$ verwendet. Aus dem Vergleich der Exponenten in der letzten Zeile erhalten wir somit die Zustandsgleichung

$$
-\beta\Omega/V = \beta P = \lambda_T^{-d} \sum_{n=1}^{\infty} \bar{z}^n b_n . \tag{4.76}
$$

Außerdem folgt die Teilchendichte aus der μ-Ableitung des großkanonischen Potentials:

$$
\rho = \frac{\langle N \rangle}{V} = -\frac{1}{V} \left(\frac{\partial \Omega}{\partial \mu}\right)_{T,V} = -\frac{1}{V} \left(\frac{\partial \beta\Omega}{\partial \beta\mu}\right)_{T,V} = -\frac{1}{V} \left(\frac{\partial \beta\Omega}{\partial \ln(\bar{z})}\right)_{T,V} ,
$$

die wegen (4.76) ebenfalls als Potenzreihe in $\bar{z}$ geschrieben werden kann:

$$
\rho = -\frac{\bar{z}}{V} \left(\frac{\partial \beta\Omega}{\partial \bar{z}}\right)_{T,V} = \frac{\bar{z}}{\lambda_T^d} \left[\frac{\partial}{\partial \bar{z}} \sum_{n=1}^{\infty} \bar{z}^n b_n\right]_{T,V} = \lambda_T^{-d} \sum_{n=1}^{\infty} \bar{z}^n n b_n . \tag{4.77}
$$

Mit Hilfe dieser Gleichung kann man die dimensionslosen Parameter b_n in Gleichung (4.76) auch durch neue (ebenfalls dimensionslose) Parameter a_n ersetzen:

$$
\sum_{n=1}^{\infty} \bar{z}^n b_n \equiv \sum_{n=1}^{\infty} (\rho \lambda_T^d)^n a_n \quad , \quad \rho \lambda_T^d = \sum_{n=1}^{\infty} \bar{z}^n n b_n .
$$

Durch Einsetzen der rechten Gleichung in die linke erhält man:

$$\sum_{n=1}^{\infty} b_n \bar{z}^n = \sum_{n=1}^{\infty} a_n \left(\sum_{m=1}^{\infty} \bar{z}^m m b_m \right)^n \, ,$$

und die sukzessive Lösung dieser Gleichung ergibt mit dem Startwert $b_1 = 1$ für die Parameter a_n:

$$a_1 = 1 \quad , \quad a_2 = -b_2 \quad , \quad a_3 = 4 \left(b_2 \right)^2 - 2 b_3 \quad , \quad a_4 = -20 \left(b_2 \right)^3 + 18 b_2 b_3 - 3 b_4$$

und so weiter. Umgekehrt kann man auch die Parameter b_n aus den Parametern a_n (mit $a_1 = 1$) ausrechnen:

$$b_2 = -a_2 \quad , \quad b_3 = 2 \left(a_2 \right)^2 - \tfrac{1}{2} a_3 \quad , \quad b_4 = -\tfrac{16}{3} \left(a_2 \right)^3 + 3 a_2 a_3 - \tfrac{1}{3} a_4$$

und so weiter. Sind die Parameter a_n einmal bekannt, so folgt die *Virialentwicklung* der Zustandsgleichung des realen Gases aus (4.76) als

$$\beta P = \lambda_T^{-d} \sum_{n=1}^{\infty} \bar{z}^n b_n = \lambda_T^{-d} \sum_{n=1}^{\infty} \left(\rho \lambda_T^d \right)^n a_n \overset{!}{=} \sum_{n=1}^{\infty} B_n(T) \rho^n \quad , \quad B_n(T) = \lambda_T^{(n-1)d} a_n \, ,$$

wobei die Parameter $B_n(T)$ die üblichen *Virialkoeffizienten* darstellen.

Grafische Interpretation der Virialkoeffizienten

Der Gebrauch der Parameter a_n hat mehrere große Vorteile. Erstens sind sie – wie wir gerade festgestellt haben – direkt proportional zu den Virialkoeffizienten $B_n(T)$ und bestimmen somit die *Zustandsgleichung*. Zweitens bestimmen sie analog die *Paarkorrelationsfunktion*, wie wir im nächsten Abschnitt zeigen werden. Und drittens haben sie den großen praktischen Vorteil, dass sie viel effizienter berechnet werden können als die Parameter b_n. An der Beziehung $a_2 = -b_2$ ist dies noch nicht klar erkennbar, aber bereits a_3 lässt sich deutlich effizienter berechnen als b_3. Einsetzen des bekannten Ausdrucks für b_3 ergibt nämlich:

$$a_3 = 4 \left(b_2 \right)^2 - 2 b_3 = -\frac{1}{3 \lambda_T^{2d}} \iint d\mathbf{y} d\mathbf{y}' \, f(y) f(y') f \left(|\mathbf{y} - \mathbf{y}'| \right) \, ,$$

sodass von den *vier* Beiträgen zu T_3 bzw. b_3 in Gleichung (4.73) lediglich ein einziger Beitrag übrig bleibt, der zur Berechnung von a_3 benötigt wird. Die Struktur dieser Vereinfachung wird noch klarer, wenn man die in (4.73) zur Berechnung von T_3 bzw. b_3 benötigten Wechselwirkungen der Teilchen „1", „2" und „3" im 3-Cluster *grafisch* mit dem Pendant für a_3 vergleicht:

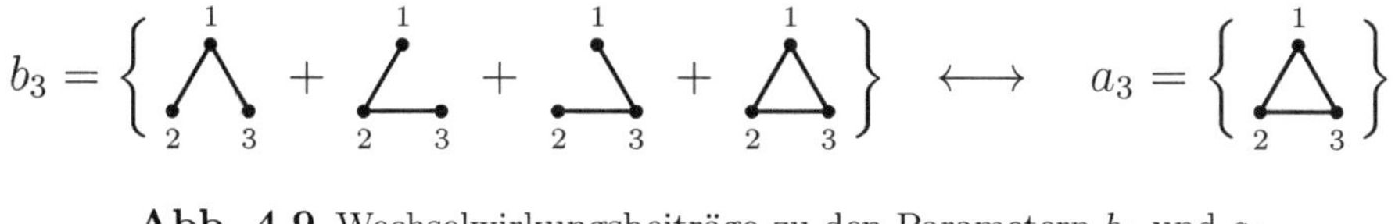

$$b_3 = \left\{ \ \wedge \ + \ \diagdown \ + \ \diagup \ + \ \triangle \ \right\} \longleftrightarrow a_3 = \left\{ \ \triangle \ \right\}$$

Abb. 4.9 Wechselwirkungsbeiträge zu den Parametern b_3 und a_3

Wie man in Abbildung 4.9 sieht, weicht der „Graph" von a_3 insofern *qualitativ* von der Klasse der Graphen ab, die zu b_3 beitragen, als alle drei Teilchen „1", „2" und „3" miteinander verbunden sind. Folglich ist der Graph von a_3 auch dann noch zusammenhängend, wenn man eine der drei Wechselwirkungslinien durchschneidet. Erst wenn man zwei Linien durchschneidet, kann man eines der drei Teilchen von den anderen beiden trennen. Ein Graph mit dieser Eigenschaft heißt *mehrfach zusammenhängend*. Das Besondere an den Parametern a_n ist nun, dass sie (im Gegensatz zu den Parametern b_n) allgemein darstellbar sind durch Graphen, die mehrfach zusammenhängend sind. Die Zahl der Graphen, die man zur Bestimmung von $\{a_n\}$ ausrechnen muss, ist daher viel kleiner als die Zahl der Graphen für $\{b_n\}$.

4.4.4 Paarkorrelationen des klassischen realen Gases ∗

Wir zeigen nun, dass aus der Mayer-Clusterentwicklung des letzten Abschnitts auch eine Virialentwicklung der *Paarkorrelationsfunktion* folgt. Die Paarkorrelationsfunktion $n_2(\mathbf{y}_1, \mathbf{y}_2)$ und die eng mit ihr verwandte *radiale Verteilungsfunktion* $g(y)$ wurden bereits in Abschnitt [3.6.4] eingeführt. In einem homogenen, isotropen N-Teilchen-System mit dem Volumen V sind diese beiden Funktionen gemäß

$$n_2(\mathbf{y}_1, \mathbf{y}_2) = \sum_{i \neq j} \langle \delta(\mathbf{y}_1 - \mathbf{x}_i)\delta(\mathbf{y}_2 - \mathbf{x}_j) \rangle \equiv g(|\mathbf{y}_{12}|)\frac{N^2}{V^2} = \rho^2\, g(y_{12})$$

miteinander verknüpft. Mit Hilfe der Paarkorrelationsfunktion können thermodynamische Größen, wie z. B. die innere Energie als Erwartungswert der Hamilton-Funktion (4.70), bequem berechnet werden:

$$U = \langle H(\mathbf{x}, \mathbf{p}) \rangle = \left\langle \frac{\mathbf{p}^2}{2m} \right\rangle + \left\langle \tfrac{1}{2}\sum_{i \neq j} \mathcal{V}_2(\mathbf{x}_i - \mathbf{x}_j) \right\rangle = \tfrac{3}{2}Nk_{\mathrm{B}}T + \left\langle \tfrac{1}{2}\sum_{i \neq j} \mathcal{V}_2(\mathbf{x}_i - \mathbf{x}_j) \right\rangle$$

$$= \tfrac{3}{2}Nk_{\mathrm{B}}T + \tfrac{1}{2}\iint d\mathbf{y}_1 d\mathbf{y}_2\, \mathcal{V}_2(\mathbf{y}_{12}) \sum_{i \neq j} \langle \delta(\mathbf{y}_1 - \mathbf{x}_i)\delta(\mathbf{y}_2 - \mathbf{x}_j) \rangle \,,$$

denn die Summe über Paare (i, j) mit $i \neq j$ entspricht genau der Definition der Paarkorrelationsfunktion $n_2(\mathbf{y}_1, \mathbf{y}_2)$:

$$U = \tfrac{3}{2}Nk_{\mathrm{B}}T + \tfrac{1}{2}\iint d\mathbf{y}_1 d\mathbf{y}_2\, \mathcal{V}_2(\mathbf{y}_{12})\, n_2(\mathbf{y}_1, \mathbf{y}_2) \,.$$

In einem homogenen, isotropen System mit $\mathcal{V}_2(\mathbf{y}) = v(y)$ folgt hieraus für die innere Energie $u = U/N$ pro Teilchen:

$$u = U/N = \tfrac{3}{2}k_{\mathrm{B}}T + \tfrac{1}{2}\rho \int d\mathbf{y}\, v(y)\, g(y) \,.$$

In Abschnitt [3.6.4] wurde außerdem gezeigt, dass die Bestimmung der Zustandsgleichung auf diejenige der Paarkorrelationsfunktion $g(y)$ zurückgeführt werden kann:

$$P = \frac{1}{Vd}\left[2E_{\mathrm{kin}} - \tfrac{1}{2}\rho^2 V S_d(1) \int_0^\infty dy\, y^d v'(y)\, g(y) \right] .$$

Bereits aufgrund der Existenz einer Clusterentwicklung für den Druck, die im vorigen Abschnitt hergeleitet wurde, ist es naheliegend zu vermuten, dass auch für die radiale Verteilungsfunktion $g(y)$ eine solche Clusterentwicklung existiert. Im Folgenden bestätigen wir diese Vermutung.

Die radiale Verteilungsfunktion als Funktionalableitung

Der Startpunkt für die Berechnung der Paarkorrelationsfunktion ist die kanonische Zustandssumme $Z_k(T, V, N)$ in Gleichung (4.71):

$$e^{-\beta F} = Z_k = \frac{(2S+1)^N}{\lambda_T^{Nd} N!} Q_N(T, V) \quad , \quad Q_N(T, V) = \int d\mathbf{x} \, \exp\left[-\beta \sum_{i<j} v(x_{ij})\right] ,$$

deren Logarithmus eine Gleichung für die Helmholtz'sche freie Energie ergibt:

$$-\beta F(T, V, N) = \ln\left[Q_N(T, V)\right] + \ln\left[\frac{(2S+1)^N}{\lambda_T^{Nd} N!}\right] .$$

Diese Gleichungen zeigen, dass eine Variation $v(x) \to v(x) + \delta v(x)$ des Paarpotentials eine Variation δQ_N des Ortsanteils der Zustandssumme und somit auch eine Variation δF der Helmholtz'schen freien Energie hervorrufen würde. Wir zeigen zuerst, dass die Variationen δQ_N und δF eng mit der Paarkorrelationsfunktion zusammenhängen.

Die Variation δQ_N des Ortsanteils der Zustandssumme erhält man für eine hinreichend kleine (infinitesimale) Variation $\delta v(x)$ des Paarpotentials aus:

$$\delta Q_N(T, V) = \int d\mathbf{x} \left\{\exp\left[-\beta \sum_{i<j} v(x_{ij}) - \beta \sum_{i<j} \delta v(x_{ij})\right] - \exp\left[-\beta \sum_{i<j} v(x_{ij})\right]\right\}$$

$$= \int d\mathbf{x} \left\{\exp\left[-\beta \sum_{i<j} \delta v(x_{ij})\right] - 1\right\} \exp\left[-\beta \sum_{i<j} v(x_{ij})\right] ,$$

indem man die Exponentialfunktion $\exp\left[-\beta \sum_{i<j} \delta v(x_{ij})\right]$ linearisiert:

$$\delta Q_N(T, V) = -\beta \int d\mathbf{x} \, \tfrac{1}{2} \sum_{i \neq j} \delta v(|\mathbf{x}_{ij}|) \exp\left[-\beta \sum_{i<j} v(x_{ij})\right]$$

$$= -\tfrac{1}{2}\beta \iint d\mathbf{y}_1 d\mathbf{y}_2 \, \delta v(|\mathbf{y}_{12}|) \int d\mathbf{x} \sum_{i \neq j} \delta(\mathbf{y}_1 - \mathbf{x}_i)\delta(\mathbf{y}_2 - \mathbf{x}_j) \exp\left[-\beta \sum_{i<j} v(x_{ij})\right]$$

$$= -\tfrac{1}{2}\beta Q_N \iint d\mathbf{y}_1 d\mathbf{y}_2 \, \delta v(|\mathbf{y}_{12}|) \sum_{i \neq j} \langle \delta(\mathbf{y}_1 - \mathbf{x}_i)\delta(\mathbf{y}_2 - \mathbf{x}_j)\rangle$$

$$= -\tfrac{1}{2}\beta Q_N \iint d\mathbf{y}_1 d\mathbf{y}_2 \, \delta v(|\mathbf{y}_{12}|) n_2(\mathbf{y}_1, \mathbf{y}_2) .$$

Im letzten Schritt wurde wiederum die Definition (3.33) der Paarkorrelationsfunktion verwendet. In einem *homogenen, isotropen* System folgt aus diesem Ergebnis für $\delta Q_N(T,V)$ für die Variation δF der Helmholtz'schen freien Energie:

$$-\beta\delta F(T,V,N) = \frac{\delta Q_N}{Q_N} = -\tfrac{1}{2}\beta\iint d\mathbf{y}_1 d\mathbf{y}_2\, \delta v(|\mathbf{y}_{12}|)n_2(\mathbf{y}_1,\mathbf{y}_2)$$
$$= -\tfrac{1}{2}\beta\rho^2 V\int d\mathbf{y}\, \delta v(y)\, g(y)$$

und daher für die Variation $\delta f \equiv \delta F/N$ pro Teilchen:

$$\delta f(T,\rho) = \tfrac{1}{2}\rho\int d\mathbf{y}\, \delta v(y)\, g(y) \quad \text{bzw.} \quad \frac{\delta f}{\delta v} = \tfrac{1}{2}\rho g(y)\ .$$

Wir stellen somit fest, dass die gesuchte Paarkorrelationsfunktion $g(y)$ proportional zur Funktionalableitung der freien Energie pro Teilchen $f(T,V,N)$ nach dem Paarpotential $v(y)$ ist.

Clusterentwicklung der radialen Verteilungsfunktion

Wie wir im vorigen Abschnitt über die Zustandsgleichung gezeigt haben, kann die freie Energie $f(T,\rho)$ pro Teilchen mit Hilfe einer Clusterentwicklung in der großkanonischen Gesamtheit berechnet werden, denn $f(T,\rho)$ kann im thermodynamischen Limes geschrieben werden als

$$f(T,\rho) = \frac{F(T,V,N)}{N} = \frac{\Omega(T,V,\mu) - \mu\langle N\rangle}{\langle N\rangle} = \omega(T,\rho) - \mu \quad , \quad \omega \equiv \frac{\Omega}{\langle N\rangle}\ ,$$

und sowohl ω als auch $\mu = \tfrac{1}{\beta}\ln\big(\tfrac{z}{(2S+1)}\big)$ wurden im Wesentlichen bereits im Rahmen der Clusterentwicklung berechnet. Für ω erhält man:

$$\omega = -\frac{PV}{\langle N\rangle} = -\frac{1}{\beta\rho\lambda_T^d}\sum_{n=1}^{\infty}(\rho\lambda_T^d)^n a_n = -\frac{1}{\beta}\sum_{n=1}^{\infty}(\rho\lambda_T^d)^{n-1} a_n\ .$$

Um auch das chemische Potential μ als Potenzreihe in $\rho\lambda_T^d$ schreiben zu können, muss lediglich die Beziehung (4.77), d. h.

$$\rho\lambda_T^d = \sum_{n=1}^{\infty}\bar{z}^n n b_n = \bar{z} - 2a_2\bar{z}^2 + 3\big(2a_2^2 - \tfrac{1}{2}a_3\big)\bar{z}^3 + \cdots\ ,$$

invertiert werden. Das Resultat ist:

$$\bar{z} = \rho\lambda_T^d + 2a_2\big(\rho\lambda_T^d\big)^2 + \big(\tfrac{3}{2}a_3 + 2a_2^2\big)\big(\rho\lambda_T^d\big)^3 + \cdots$$

und daher

$$\ln\big(\bar{z}\big) = \ln\big(\rho\lambda_T^d\big) + 2a_2\rho\lambda_T^d + \tfrac{3}{2}a_3\big(\rho\lambda_T^d\big)^2 + \cdots\ .$$

Die Kombination der Ergebnisse für ω und $\mu = \tfrac{1}{\beta}\ln\big(\tfrac{z}{(2S+1)}\big)$ ergibt nun für die freie Energie pro Teilchen:

$$\beta f = \beta(\omega - \mu) = \ln\left(\frac{\rho\lambda_T^d}{2S+1}\right) - 1 + a_2\rho\lambda_T^d + \tfrac{1}{2}a_3\big(\rho\lambda_T^d\big)^2 + \cdots$$

und daher für die *Variation* der freien Energie pro Teilchen:

$$\tfrac{1}{2}\rho \int d\mathbf{y}\ \delta v(y)\, g(y) = \delta f = \beta^{-1}\big[(\delta a_2)\rho\lambda_T^d + \tfrac{1}{2}(\delta a_3)\big(\rho\lambda_T^d\big)^2 + \cdots\big]\,. \qquad (4.78)$$

Mit der Mayer-Funktion $f(x) = e^{-\beta v(x)} - 1$ erhalten wir in führender Ordnung in der Entwicklung nach Potenzen von $\rho\lambda_T^d$:

$$\beta^{-1}\delta a_2 \rho\lambda_T^d = -\beta^{-1}\delta b_2 \rho\lambda_T^d = -\frac{\rho}{2\beta}\int d\mathbf{y}\ (\delta f)(y)$$

$$= -\frac{\rho}{2\beta}\int d\mathbf{y}\ \big[-\beta\delta v(y)\big]\, e^{-\beta v(y)} = \tfrac{1}{2}\rho\int d\mathbf{y}\ \delta v(y)\, e^{-\beta v(y)}$$

und daher für die radiale Verteilungsfunktion: $g(y) = e^{-\beta v(y)} + \cdots$. Die nächste Ordnung in der Entwicklung von δf nach Potenzen von $\rho\lambda_T^d$ ist:

$$\frac{1}{2\beta}(\delta a_3)\big(\rho\lambda_T^d\big)^2 = -\frac{\rho^2}{6\beta V}\iiint d\mathbf{x}_1 d\mathbf{x}_2 d\mathbf{x}_3\ \delta\big[f(x_{12})f(x_{23})f(x_{31})\big]\,,$$

wobei der Parameter a_3 wie in Gleichung (4.73) symmetrisch in den Variablen $(\mathbf{x}_1, \mathbf{x}_2, \mathbf{x}_3)$ geschrieben wurde. Wegen der Symmetrie in den $\{\mathbf{x}_i\}$-Variablen folgt:

$$\frac{1}{2\beta}(\delta a_3)\big(\rho\lambda_T^d\big)^2 = -\frac{3\rho^2}{6\beta V}\iiint d\mathbf{x}_1 d\mathbf{x}_2 d\mathbf{x}_3\ \big[-\beta\delta v(x_{12})\big]e^{-\beta v(x_{12})} f(x_{23})f(x_{31})$$

$$= \frac{\rho^2}{2V}\iiint d\mathbf{x}_1 d\mathbf{x}_{21} d\mathbf{x}_{31}\ \delta v(x_{12}) e^{-\beta v(x_{12})} f(|\mathbf{x}_{21} - \mathbf{x}_{31}|) f(x_{31})\,,$$

und wegen der Unabhängigkeit des Integranden von $\mathbf{x}_1$:

$$\frac{1}{2\beta}(\delta a_3)\big(\rho\lambda_T^d\big)^2 = \tfrac{1}{2}\rho^2 \iint d\mathbf{y} d\mathbf{y}'\ \delta v(y) e^{-\beta v(y)} f(|\mathbf{y} - \mathbf{y}'|) f(y')$$

$$= \tfrac{1}{2}\rho\int d\mathbf{y}\ \delta v(y)\Big[\rho e^{-\beta v(y)}\int d\mathbf{y}'\ f(|\mathbf{y} - \mathbf{y}'|) f(y')\Big]\,.$$

Die Funktion in $\big[\cdots\big]$ stellt also wegen (4.78) die Korrektur zu $g(y)$ in der *linearen* Ordnung der Teilchendichte dar. Insgesamt erhält man daher einschließlich dieser linearen Ordnung für die radiale Verteilungsfunktion:

$$g(y) = e^{-\beta v(y)}\Big[1 + \rho\int d\mathbf{y}'\ f(|\mathbf{y} - \mathbf{y}'|) f(y') + \cdots\Big]\,.$$

Wegen des asymptotischen Verhaltens der radialen Verteilungsfunktion, $g(y) \to 1$ für $y \to \infty$, ist diese gemäß $\int d\mathbf{y}\, g(y) = V$ normiert. Entsprechend erhält man für die Normierung der Paarkorrelationsfunktion, die gemäß $n_2(\mathbf{y}_1, \mathbf{y}_2) = \rho^2 g(y_{12})$ mit der radialen Verteilungsfunktion verknüpft ist:

$$\iint d\mathbf{y}_1 d\mathbf{y}_2\ n_2(\mathbf{y}_1, \mathbf{y}_2) = \rho^2 \iint d\mathbf{y}_1 d\mathbf{y}_2\ g(y_{12}) = N^2\,.$$

Wir stellen zusammenfassend fest, dass die radiale Verteilungsfunktion für ein verdünntes Gas, $g(y) \sim e^{-\beta v(y)}$, die Form eines Boltzmann-Faktors hat und dass die Korrekturen hierzu, die bei höherer Teilchendichte auftreten, für ein konkret vorgegebenes Paarpotential systematisch berechnet werden können. Allgemein haben sie die Form von Integralen über Mayer-Funktionen. Die radiale Verteilungsfunktion im Niedrigdichtelimes, $g(y) \sim e^{-\beta v(y)}$, ist für das Beispiel eines Lennard-Jones-$(12, 6)$-Potentials in Abbildung 4.10 skizziert.

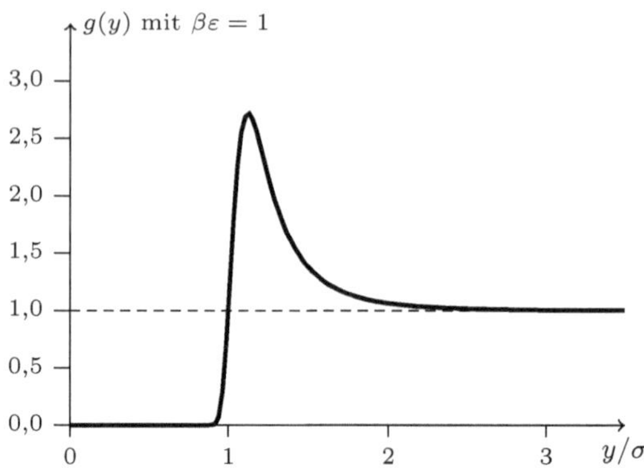

Abb. 4.10 Radiale Verteilungsfunktion für ein Lennard-Jones-$(12, 6)$-Potential im Niedrigdichtelimes

4.5   Übungsaufgaben

Aufgabe 4.1 Einsteins Modell für optische Phononen

Betrachten Sie ein System N ungekoppelter quantenmechanischer harmonischer Oszillatoren der Frequenz ω_0 und der Masse m. Die Gesamtenergie E des Systems liegt im Intervall $[U - \frac{1}{2}\Delta U, U + \frac{1}{2}\Delta U]$. Die Energieeigenwerte des Gesamt-Hamilton-Operators sind vollständig durch die Besetzungszahlen der Oszillatoren $\mathbf{m} = (m_1, m_2, \cdots, m_N)$ bestimmt:

$$E_{\mathbf{m}} = \sum_{i=1}^{N} \left(m_i + \tfrac{1}{2}\right) \hbar\omega_0 = \left(M + \tfrac{1}{2}N\right) \hbar\omega_0 \quad , \quad M \equiv \sum_{i=1}^{N} m_i \,.$$

Die Quanten sind spinlose Bosonen. Wir führen nun die folgende Hilfsgröße ein:

$$\bar{\omega}(U) \equiv \sum_{\mathbf{m}} \Theta(U - E_{\mathbf{m}}) \quad , \quad \Theta(x) = \begin{cases} 1 & (x \geq 0) \\ 0 & (x < 0) \end{cases} .$$

(a) Zeigen Sie, dass die mikrokanonische Zustandssumme gemäß der Beziehung $\omega(U)\Delta U = \bar{\omega}(U + \frac{1}{2}\Delta U) - \bar{\omega}(U - \frac{1}{2}\Delta U)$ mit $\bar{\omega}$ verknüpft ist.

(b) Zeigen Sie, dass gilt:

$$\bar{\omega}(U) = \binom{N + M(U)}{N} \quad , \quad M(U) = \max\{\mathrm{M} \in \mathbb{N},\, \mathrm{M} \leq \tfrac{\mathrm{U}}{\hbar\omega_0} - \tfrac{1}{2}\mathrm{N}\} \,.$$

Hinweis: Verwenden Sie bei Bedarf die Ergebnisse von Aufgabe 3.1.

(c) Zeigen Sie, dass die Entropie des Systems im thermodynamischen Limes (d. h. für $N \to \infty$ und $U \to \infty$ mit $u \equiv U/N\hbar\omega_0$ fest) durch $S(U) = Nk_{\mathrm{B}}s(u)$ mit

$$s(u) \equiv \left[\left(u + \tfrac{1}{2}\right) \ln \left(u + \tfrac{1}{2}\right) - \left(u - \tfrac{1}{2}\right) \ln \left(u - \tfrac{1}{2}\right)\right]$$

gegeben ist, und skizzieren Sie $s(u)$. Ist der dritte Hauptsatz erfüllt?

(d) Bestimmen Sie die spezifische Wärme $C_N(T) = \left(\frac{\partial U}{\partial T}\right)_N$ als Funktion der Temperatur und skizzieren Sie $C_N(T)/Nk_\mathrm{B}$. Wie verhält sich $C_N(T)$ im Limes $T \to 0$ bzw. $T \to \infty$?

Aufgabe 4.2 Hochtemperaturlimes eines Quantengases

In dieser Aufgabe wird im Rahmen des mikrokanonischen Formalismus gezeigt, dass Quantengase bei genügend hohen Temperaturen die Eigenschaften eines „klassischen" Gases aufweisen, sodass insbesondere für ein dreidimensionales Gas $PV = Nk_\mathrm{B}T$ und $U = \frac{3}{2}Nk_\mathrm{B}T$ gilt.

Hierzu betrachten wir ein ideales Gas spinloser Bosonen in einem d-dimensionalen Kasten mit Seitenlängen L und periodischen Randbedingungen. Die Einteilchenenergien sind bekanntlich $\varepsilon_\mathbf{k} = \frac{\hbar^2\mathbf{k}^2}{2m}$ mit $\mathbf{k} = \frac{2\pi}{L}\mathbf{n}$ und $\mathbf{n} \in \mathbb{Z}^d$, und die Gesamtenergie des Systems ist $E_\mathbf{n} = \sum_\mathbf{k} \varepsilon_\mathbf{k} n_\mathbf{k}$, wobei $\mathbf{n} \equiv \{n_\mathbf{k}\}$ die Besetzungszahlen der Quantenniveaus $\mathbf{k}$ bezeichnet. Charakteristisch für den Hochtemperaturlimes ist nun, dass dem System sehr viele Zustände zur Verfügung stehen und Doppelbesetzungen von Einteilchenniveaus sehr unwahrscheinlich werden. Die relevanten Mikrozustände haben daher die Struktur $|\mathbf{k}_1, \mathbf{k}_2, \cdots, \mathbf{k}_N\rangle$, wobei alle $\mathbf{k}_i$ unterschiedlich sind.

(a) Zeigen Sie, dass die mikrokanonische Zustandssumme des Bose-Gases sich im Hochtemperaturlimes reduziert auf:

$$\omega(U) = \frac{V^N}{N!h^{Nd}} \int d^dp_1 \cdots \int d^dp_N \; \Theta(U + \tfrac{1}{2}\Delta U - E_\mathbf{p})\Theta(E_\mathbf{p} - U + \tfrac{1}{2}\Delta U)\frac{1}{\Delta U} \,,$$

wobei definiert wurde: $E_\mathbf{p} \equiv \sum_{i=1}^N \mathbf{p}_i^2/2m$, $\mathbf{p} = (\mathbf{p}_1, \cdots, \mathbf{p}_N)$ und $\mathbf{p}_i \equiv \hbar\mathbf{k}_i$. Warum kann der Integrand in dieser Integraldarstellung für $\omega(U)$ durch eine Deltafunktion $\delta(U - E_\mathbf{p})$ ersetzt werden?

(b) Zeigen Sie:

$$\omega(U)\Delta U = \frac{V^N}{N!h^{Nd}} \sqrt{\frac{m}{2U}} S_{Nd}\left(\sqrt{2mU}\right) \Delta U \,,$$

wobei $S_D(R)$ die Oberfläche einer Kugel im D-dimensionalen Raum mit Radius R ist.

(c) Zeigen Sie: $S_D(R) = 2\pi^{D/2}R^{D-1}/\Gamma\left(\frac{D}{2}\right)$ und leiten Sie hieraus im thermodynamischen Limes ($N, V, U \to \infty$ mit $\frac{V}{N}$ und $\frac{U}{N}$ fest) für die Entropie ab:

$$S = \tfrac{d}{2}Nk_\mathrm{B} \ln\left[\left(\tfrac{V}{N}\right)^{2/d} \frac{e^{1+2/d}4\pi m}{h^2 d} \frac{U}{N}\right] \,.$$

(d) Zeigen Sie nun, dass für das Gas $PV = Nk_\mathrm{B}T$ und $U = \frac{d}{2}Nk_\mathrm{B}T$ gilt. Berechnen Sie außerdem das chemische Potential $\mu(T, V, N)$ der Bose-Teilchen im Hochtemperaturlimes.

(e) Inwiefern ändern sich die Berechnung oder die Ergebnisse im Fall eines Fermi-Gases?

Aufgabe 4.3 Variation eines Funktionals des Dichteoperators

Betrachten Sie ein Funktional $A[\hat{\rho}] = \mathrm{Sp}[f(\hat{\rho})]$ des Dichteoperators $\hat{\rho}$, das die Form einer *Spur* über einen vollständigen Satz orthonomaler Wellenfunktionen hat und durch eine analytische Funktion $f(x) = \sum_{n=0}^{\infty} f_n x^n$ mit hinreichend großem Konvergenzradius charakterisiert wird. Betrachten Sie außerdem eine kleine Variation $\delta\hat{\rho}$ des Dichteoperators $\hat{\rho}$.

(a) Welche Eigenschaften soll $\delta\hat{\rho}$ erfüllen, damit auch $\hat{\rho} + \delta\hat{\rho}$ ein Dichteoperator ist?

(b) Zeigen Sie, dass für die Variation $(\delta A)[\hat{\rho}] \equiv A[\hat{\rho} + \delta\hat{\rho}] - A[\hat{\rho}]$ gilt:

$$(\delta A)[\hat{\rho}] = \mathrm{Sp}\left\{ f'(\hat{\rho})\delta\hat{\rho} + \mathcal{O}[(\delta\hat{\rho})^2] \right\} \,. \tag{4.79}$$

Argumentieren Sie aufgrund der Analogie mit der Variation einer normalen Funktion $A(\boldsymbol{\rho})$ mit $\boldsymbol{\rho} \in \mathbb{R}^m$, dass man $\frac{\delta A}{\delta \hat{\rho}}[\hat{\rho}] = f'(\hat{\rho})$ in (4.79) als *Funktionalableitung* interpretieren kann.

(c) Für das Funktional $A[\hat{\rho}] = \mathrm{Sp}[f(\hat{\rho})]$ mit $f(x) = x\ln(x)$ tritt die Komplikation auf, dass $f(x)$ in $x = 0$ nicht analytisch ist. Zeigen Sie, dass dennoch (4.79) gilt.

Aufgabe 4.4 Der paramagnetische Kristall

Wir betrachten ein System N nicht-wechselwirkender Spin-J-Teilchen in einem Magnetfeld, das entlang der x_3-Achse ausgerichtet ist: $\mathbf{B} = B\hat{\mathbf{e}}_3$. Die Stärke B des Magnetfelds soll hierbei zunächst ein *unveränderlicher* Parameter sein. Die Teilchen befinden sich jeweils in einem der $2J + 1$ Eigenzustände von $\hat{J}_3$, und die entsprechenden Energieeigenwerte des Gesamt-Hamilton-Operators sind

$$E = 2\hbar\omega_{\mathrm{L}} \sum_{i=1}^{N} m_i \,.$$

Hierbei ist $m_i\hbar$ (mit $m_i = -J, -J+1, \cdots, J$) der $\hat{J}_3$-Eigenwert des i-ten Teilchens. Wir führen dimensionslose Größen $u \equiv U/N\hbar\omega_{\mathrm{L}}$, $s \equiv S/Nk_{\mathrm{B}}$, $t \equiv k_{\mathrm{B}}T/\hbar\omega_{\mathrm{L}}$ ein und nehmen an, dass das System an ein Wärmebad der Temperatur T gekoppelt ist.

(a) Was sind die thermodynamisch relevanten Variablen? Warum kann man dieses System im Rahmen der *kanonischen* Gesamtheit beschreiben?

(b) Zeigen Sie, dass die Zustandssumme durch

$$Z_{\mathrm{k}} = \left\{ \frac{\sinh[(2J + 1)t^{-1}]}{\sinh(t^{-1})} \right\}^N$$

gegeben ist.

(c) Zeigen Sie: $u(t) = \coth(t^{-1}) - (2J + 1)\coth[(2J + 1)t^{-1}]$ und berechnen Sie die dimensionslose Entropie $s(t)$ und die dimensionslose spezifische Wärme $c(t) \equiv \frac{du}{dt}(t)$.

(d) Bestimmen Sie das asymptotische Verhalten von $u(t)$, $s(t)$ und $c(t)$ für $T \to 0$ und $T \to \infty$ und fertigen Sie Skizzen an. Erklären Sie das Verhalten von $c(t)$ für $t \downarrow 0$ und $t \to \infty$.

Falls man nun schließlich doch die Magnetfeldstärke B variieren möchte, benötigt man eine Beschreibung des paramagnetischen Kristalls im *Druckensemble*.[12]

(e) Wiederholen Sie die Untersuchung des paramagnetischen Kristalls daher im Rahmen eines Druckensembles. Bestimmen Sie insbesondere den Hamilton-Operator, die Zustandssumme, die freie Enthalpie, die Entropie, die Wärme-kapazität, die innere Energie, die Magnetisierung und die isotherme Suszep-tibilität.

Aufgabe 4.5 Fluktuationen im Photonengas

Die Besetzungszahlen $n_{\mathbf{k}\alpha}$ der Photonenzustände eines schwarzen Strahlers mit dem Wellenvektor $\mathbf{k}$ und der Polarisationsrichtung α und daher auch die Gesamt-photonenzahl $N = \sum_{\mathbf{k}\alpha} n_{\mathbf{k}\alpha}$ und die Gesamtenergie $E = \sum_{\mathbf{k}\alpha} \hbar\omega_{\mathbf{k}} n_{\mathbf{k}\alpha}$ sind be-kanntlich statistisch verteilte Größen und weisen daher eine Verteilungsbreite auf. Bestimmen Sie $\Delta N \equiv \sqrt{\langle (N - \langle N \rangle)^2 \rangle}$ und $\Delta E \equiv \sqrt{\langle (E - \langle E \rangle)^2 \rangle}$ als Funktionen des Volumens und der Temperatur.

Aufgabe 4.6 Hochtemperaturlimes in der kanonischen Gesamtheit

Aus Abschnitt [4.2.2] ist bekannt, dass die Zustandssumme eines d-dimensionalen Gases *mit* Wechselwirkung zwischen den Teilchen im Hochtemperaturlimes lautet:

$$\varrho_{\mathrm{k}} = \frac{1}{Z_{\mathrm{k}}} e^{-\beta H(\mathbf{x},\mathbf{p})} \,, \quad Z_{\mathrm{k}} = \frac{1}{N! h^{Nd}} \int d^{Nd}x \int d^{Nd}p \, e^{-\beta H(\mathbf{x},\mathbf{p})} \,,$$

wobei $\mathbf{x} \equiv (\mathbf{x}_1, \mathbf{x}_2, \cdots, \mathbf{x}_N)$ und $\mathbf{p} \equiv (\mathbf{p}_1, \mathbf{p}_2, \cdots, \mathbf{p}_N)$ definiert wurden. Wir neh-men an, dass die Hamilton-Funktion hierbei die Form $H(\mathbf{x}, \mathbf{p}) = \mathbf{p}^2/2m + \mathcal{V}(\mathbf{x})$ hat, wobei das Potential $\mathcal{V}(\mathbf{x})$ eventuell auch ein Wandpotential enthalten könnte, falls das Gas in einem Kasten mit dem Volumen V eingesperrt ist. Wir nehmen auf jeden Fall an: $\mathcal{V}(\mathbf{x}) \to \infty$, falls $|\mathbf{x}_i| \to \infty$ gilt für irgendein $i = 1, 2, \cdots, N$.

(b) Zeigen Sie für die kanonische Zustandssumme: $Z_{\mathrm{k}} = (2S + 1)^N \lambda_T^{-Nd} Q_N(T)$ mit dem Beitrag $\lambda_T \equiv h/\sqrt{2\pi m k_{\mathrm{B}} T}$ der Impulsintegration und dem Beitrag $Q_N(T) \equiv \frac{1}{N!} \int d\mathbf{x} \, e^{-\beta \mathcal{V}(\mathbf{x})}$ der Ortsintegration. Leiten Sie hieraus den *Gleich-verteilungssatz* $E_{\mathrm{kin}} \equiv \langle \mathbf{p}^2/2m \rangle = \frac{1}{2} k_{\mathrm{B}} T N d$ ab, der also besagt, dass jeder Freiheitsgrad, der quadratisch in der Hamilton-Funktion vorkommt, einen Beitrag $\frac{1}{2} k_{\mathrm{B}} T$ zur kinetischen Energie eines klassischen Gases liefert.

(c) Zeigen Sie durch partielle Integration: $\langle \mathbf{x} \cdot \frac{\partial \mathcal{V}}{\partial \mathbf{x}} \rangle = k_{\mathrm{B}} T N d$. Bestimmen Sie die mittlere potentielle Energie $\langle \mathcal{V}(\mathbf{x}) \rangle$ für den Spezialfall eines homogenen Potentials, $\mathcal{V}(\lambda \mathbf{x}) = \lambda^\alpha \mathcal{V}(\mathbf{x})$ mit $\alpha > 0$. Was folgt hieraus für die mittlere po-tentielle Energie $\langle \mathcal{V}(\mathbf{x}) \rangle$ und die innere Energie $\langle H \rangle$ eines idealen klassischen Gases in einer harmonischen Falle ($\alpha = 2$)?

---

[12]Da das System an ein Wärmebad der Temperatur T gekoppelt ist, wäre das in Anhang [B] behandelte *isolierte* Druckensemble ungeeignet.

Aufgabe 4.7 Akustische Phononen

Die statistische Behandlung von Gitterschwingungen (Phononen) und Photonen erfolgt weitgehend analog. Auch Phononen sind Bosonen und haben einen Hamilton-Operator der Form $\hat{H} = \sum_{\mathbf{k}\alpha} \varepsilon_{\mathbf{k}\alpha} \hat{n}_{\mathbf{k}\alpha}$ mit $\varepsilon_{\mathbf{k}\alpha} = \hbar\omega_{\mathbf{k}\alpha}$ und daher eine Zustandssumme $Z_{\mathbf{k}} = \Pi_{\mathbf{k}\alpha}(1 - e^{-\beta\hbar\omega_{\mathbf{k}\alpha}})^{-1}$. Es gibt jedoch drei wesentliche Unterschiede zwischen beiden Problemen, wobei wir der Einfachheit halber annehmen, dass das Gitter kubisch ist und nur ein Atom pro Einheitszelle hat:

(i) Wegen der Gitterperiodizität ist der Wellenvektor für Phononen auf die „erste Brillouin-Zone" B_1 beschränkt: $B_1 \equiv \left\{ \mathbf{k} = \frac{2\pi}{L}\mathbf{m}, \mathbf{m} \in \mathbb{Z}^3, -\frac{L}{2a} < m_i \leq \frac{L}{2a} \right\}$, wobei a den Gitterabstand darstellt und $L/a \in \mathbb{N}$, $L/a \gg 1$.

(ii) Es gibt *drei* mögliche „Polarisationsrichtungen" ($\alpha = 1, 2, 3$).

(iii) Die $\mathbf{k}$-Abhängigkeit von $\omega_{\mathbf{k}\alpha}$ ist im Allgemeinen anisotrop.

Für alle $\mathbf{k} \in B_1$ gilt $\omega_{\mathbf{k}\alpha} < \infty$; wir nehmen an, dass $\omega_{\mathbf{k}\alpha} \sim c_\alpha |\mathbf{k}|$ gilt für $|\mathbf{k}| \to 0$.

(a) Zeigen Sie das Dulong-Petit'sche Gesetz für die Wärmekapazität bei hohen Temperaturen: $C_{V,N}(T) \sim 3Nk_{\mathrm{B}}$ ($T \to \infty$). Hierbei ist $N = V/a^3 = (L/a)^3$.

(b) Bestimmen Sie $C_{V,N}(T)$ für tiefe Temperaturen ($T \downarrow 0$).

Aufgabe 4.8 Eindimensionales Gas harter Kugeln

Wir betrachten ein exakt lösbares eindimensionales klassisches Modell für ein Gas mit *Wechselwirkung* zwischen den Teilchen: Die Teilchen in diesem Modell sind N eindimensionale harte spinlose „Kugeln" mit Durchmesser σ, Masse m und Ortskoordinaten x_i ($i = 1, \cdots, N$), die in einem Volumen $[0, V]$ eingeschlossen sind, sodass wegen der endlichen Ausdehnung der Teilchen

$$x_1 > \tfrac{1}{2}\sigma, \ x_N < V - \tfrac{1}{2}\sigma \quad \text{und für} \quad i = 2, \cdots, N : x_i > x_{i-1} + \sigma \qquad (4.80)$$

gilt. Die Teilchen können einander nicht passieren. Die Hamilton-Funktion des Gases ist:

$$H = \sum_{i=1}^{N} \frac{p_i^2}{2m} + \sum_{i=1}^{N-1} \phi(x_{i+1} - x_i) \quad , \quad \phi(x) = \left\{ \begin{array}{ll} 0 & (x > \sigma) \\ \infty & (x < \sigma) \end{array} \right. .$$

Das Gas befindet sich im thermischen Kontakt mit einem Wärmebad der Temperatur T.

(a) Zeigen Sie, dass der übliche Ausdruck $Z_{\mathbf{k}} = \frac{1}{N!h^N} \int d\mathbf{x} \int d\mathbf{p} \, e^{-\beta H}$ für die kanonische Zustandssumme eines eindimensionalen klassischen Gases [mit den Definitionen $\mathbf{x} \equiv (x_1, \cdots, x_N)$ und $\mathbf{p} \equiv (p_1, \cdots, p_N)$] in diesem Modell als $Z_{\mathbf{k}} = h^{-N} \int^* d\mathbf{x} \int d\mathbf{p} \, e^{-\beta H}$ geschrieben werden kann, wobei die Notation $\int^* d\mathbf{x}$ die Integrationsgrenzen (4.80) impliziert. Zeigen Sie außerdem:

$$Z_{\mathbf{k}} = \frac{(V - N\sigma)^N}{(\lambda_T)^N N!} \quad , \quad \lambda_T \equiv h\sqrt{\frac{\beta}{2\pi m}} .$$

(b) Berechnen Sie die Wärmekapazität $C_{V,N}(T)$ und die Zustandsgleichung des Gases. Vergleichen Sie die Ergebnisse mit den entsprechenden Ausdrücken eines nicht-wechselwirkenden klassischen Gases.

Aufgabe 4.9 Berührungstransformationen

Die kanonische Zustandssumme für ein klassisches Gas, bestehend aus N identischen Teilchen der Masse m mit der Hamilton-Funktion $H(\mathbf{x},\mathbf{p}) = \frac{\mathbf{p}^2}{2m} + \mathcal{V}(\mathbf{x})$ und $\mathbf{p} \equiv (\mathbf{p}_1,\cdots,\mathbf{p}_N)$ bzw. $\mathbf{x} \equiv (\mathbf{x}_1,\cdots,\mathbf{x}_N)$, ist bekanntlich durch $Z_N^{(\mathrm{kl})} = \frac{(2S+1)^N}{h^{Nd}N!} \int d^{Nd}x \int d^{Nd}p \; e^{-\beta H(\mathbf{x},\mathbf{p})}$ gegeben. Betrachten wir nun eine (zeitunabhängige) Berührungstransformation von den „alten" Koordinaten $(\mathbf{x},\mathbf{p})$ zu „neuen" Koordinaten $(\boldsymbol{\xi},\boldsymbol{\pi})$, die durch die erzeugende Funktion $F_1(\mathbf{x},\boldsymbol{\xi})$ bestimmt wird:

$$\dot{\mathbf{x}} \cdot \mathbf{p} - H(\mathbf{x},\mathbf{p}) = \dot{\boldsymbol{\xi}} \cdot \boldsymbol{\pi} - \bar{H}(\boldsymbol{\xi},\boldsymbol{\pi}) + \tfrac{d}{dt}F_1(\mathbf{x},\boldsymbol{\xi}) \;.$$

(a) Zeigen Sie für eine solche Transformation:

$$Z_N^{(\mathrm{kl})} = \frac{(2S+1)^N}{h^{Nd}N!} \int d^{Nd}\xi \int d^{Nd}\pi \; e^{-\beta \bar{H}(\boldsymbol{\xi},\boldsymbol{\pi})} \;.$$

Verwenden Sie bei Bedarf die symplektische Natur der Berührungstransformationen und das Liouville'sche Theorem, die aus der Klassischen Mechanik bekannt sind.

(b) Überprüfen Sie die Invarianz der klassischen Zustandssumme unter Berührungstransformationen explizit, indem Sie diese Zustandssumme konkret für ein dreidimensionales ideales klassisches Gas in einer isotropen harmonischen Falle ausrechnen, einmal in kartesischen Koordinaten $\{\mathbf{x}_i,\mathbf{p}_i\}$ und einmal in sphärischen Koordinaten $\{\boldsymbol{\xi}_i,\boldsymbol{\pi}_i\}$ mit $\boldsymbol{\xi}_i = (r_i,\vartheta_i,\varphi_i)$ und $\boldsymbol{\pi}_i = (p_{ri},p_{\vartheta i},p_{\varphi i})$.

Aufgabe 4.10 Die Zentrifuge

Betrachten Sie eine zylinderförmige Zentrifuge mit der Höhe L und dem Durchmesser 2ℓ, die sich mit der Winkelgeschwindigkeit ω um ihre Achse dreht. In der Zentrifuge befindet sich eine Mischung zweier idealer klassischer Gase. Aufgrund der Reibung ruht das Gas im Mittel relativ zum rotierenden Koordinatensystem des Gasbehälters. Das System befindet sich im Gleichgewicht bei der Temperatur T. Die eine Komponente des Gemisches enthält N_1 Teilchen der Masse m_1, die andere N_2 Teilchen der Masse m_2. Die Massendifferenz $\Delta m \equiv m_1 - m_2$ sei positiv.

Aus der klassischen Mechanik ist bekannt, dass die Hamilton-Funktion im rotierenden Koordinatensystem, in dem die Zentrifuge ruht, gegeben ist durch

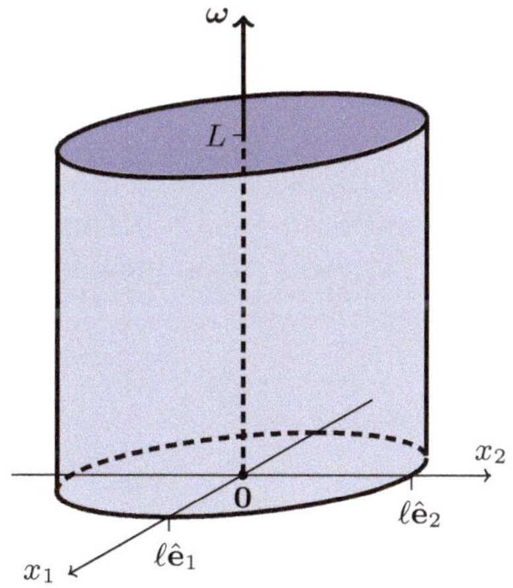

Abb. 4.11 Zylinderförmige Zentrifuge mit Höhe L, Radius ℓ und Winkelgeschwindigkeit ω

$$H = \sum_{i=1}^{N_1} H_1(\mathbf{p}_i, \mathbf{x}_i) + \sum_{i=N_1+1}^{N_1+N_2} H_2(\mathbf{p}_i, \mathbf{x}_i) \,,$$

wobei $(\mathbf{p}_i, \mathbf{x}_i)$ die Impulse und Koordinaten des i-ten Teilchens in diesem Koordinatensystem bezeichnen und H_α $(\alpha = 1, 2)$ die Form

$$H_\alpha(\mathbf{p}, \mathbf{x}) = \frac{\mathbf{p}^2}{2m_\alpha} - \boldsymbol{\omega} \cdot (\mathbf{x} \times \mathbf{p}) = \frac{1}{2m_\alpha} \left| \mathbf{p} - m_\alpha \boldsymbol{\omega} \times \mathbf{x} \right|^2 - \frac{m_\alpha}{2} \left| \boldsymbol{\omega} \times \mathbf{x} \right|^2$$

hat. Die $\boldsymbol{\omega}$-abhängigen Terme stellen die Zentrifugalenergie dar. Das Verhältnis der mittleren Teilchendichten der Sorte 1 bzw. Sorte 2 im Abstand r von der Drehachse (mit $0 \leq r \leq \ell$) sei $f(r)$.

Bestimmen Sie die mittleren Teilchendichten $\bar{\rho}_i(r)$ der beiden Konstituenten und das Verhältnis $f(r)/f(0)$. Was ist leichter: mit Hilfe einer Zentrifuge $^{235}\mathrm{UF}_6$ von $^{238}\mathrm{UF}_6$ oder H_2 von HD zu trennen?

Aufgabe 4.11 Das Einstein-Modell in der kanonischen Gesamtheit

Betrachten Sie das Einstein-Modell für optische Phononen aus Aufgabe 4.1 nun in der *kanonischen* Gesamtheit. Wir bezeichnen die kanonische Zustandssumme für N unabhängige eindimensionale harmonische Oszillatoren mit der Frequenz ω_0 und der Temperatur T als $Z_N(T)$.

(a) Zeigen Sie: $Z_N = (Z_1)^N$. Berechnen Sie nun Z_N.

(b) Bestimmen Sie die innere Energie U und die Wärmekapazität C_N der Oszillatoren aus der in (a) berechneten kanonischen Zustandssumme.

(c) Welche Ergebnisse erhält man für U und C_N im Hochtemperaturlimes („klassische Näherung")? In welchem Temperaturbereich sind diese Ergebnisse näherungsweise gültig?

Aufgabe 4.12 Die barometrische Höhenformel

Als Modell für die Erdatmosphäre betrachten wir eine unendlich hohe, zylinderförmige Luftsäule mit der Bodenfläche A, die senkrecht zur Erdoberfläche orientiert ist ($0 \leq x_3 < \infty$). Hierbei entspricht die Ebene $x_3 = 0$ der Erdoberfläche. Wir nehmen der Einfachheit halber an, dass die Luftsäule einatomige Gasmoleküle der Masse m mit Spin S enthält und dass sie an ein Wärmebad der Temperatur T angekoppelt ist, wobei T so hoch ist, dass das Gas klassisch behandelt werden kann. Die Luftsäule enthalte genau N Teilchen. Die Hamilton-Funktion ist:

$$H(\{\mathbf{x}_i, \mathbf{p}_i\}) = \sum_{i=1}^{N} \left(\frac{\mathbf{p}_i^2}{2m} + mg\, x_{3i} \right) \quad , \quad g \simeq 9{,}8 \,\mathrm{m/s}^2 \,.$$

(a) Zeigen Sie, dass die kanonische Zustandssumme des Gases durch

$$Z_\mathrm{k} = \frac{(2S+1)^N (A/\beta mg)^N}{N!(\lambda_T)^{3N}} \quad , \quad \lambda_T = \frac{h}{\sqrt{2\pi m\, k_\mathrm{B}T}}$$

gegeben ist. Erklären Sie die physikalische Bedeutung von λ_T, insbesondere im Hinblick auf die Vernachlässigung von Quanteneffekten.

(b) Berechnen Sie $C_{A,N}(T)$, die Wärmekapazität bei konstanter Bodenfläche A und konstanter Teilchenzahl sowie die mittlere Höhe $\langle x_3 \rangle$ eines Gasmoleküls.

(c) Berechnen Sie die Wahrscheinlichkeitsdichte $\langle \frac{1}{N} \sum_i \delta(x_3 - x_{3i}) \rangle$ dafür, dass sich ein Gasmolekül in der Höhe x_3 aufhält, und bestimmen Sie hieraus den Druck $P(x_3)$ als Funktion der Höhe („barometrische Höhenformel").

(d) Erläutern Sie kurz (ohne Herleitung), inwiefern man die unter (b) und (c) erhaltenen Resultate modifizieren müsste, falls sich in der Säule ein Gemisch einatomiger Gasmoleküle mit *unterschiedlichen* Massen (und eventuell Spins) befindet.

Aufgabe 4.13 Die Elastizität von Wolle

Als einfaches Modell zur Beschreibung der Elastizität von Keratinketten in Wolle betrachten wir nun eine *eindimensionale Kette*, die aus N aneinandergekoppelten Molekülen aufgebaut ist. Jedes dieser Moleküle hat zwei Einstellmöglichkeiten: Entweder befindet es sich in Position 1 mit Energie E_1 und hat eine Länge entlang der Kette von ℓ_1, oder es befindet sich in Position 2 mit Energie $E_2 \neq E_1$ und Länge $\ell_2 \neq \ell_1$. Eine Konfiguration der Kette wird also eindeutig durch die „Besetzungszahlen" $\{n_{l1}\}$ festgelegt, mit $n_{l1} = 1$, falls das l-te Molekül sich in Position 1 befindet, und $n_{l1} = 0$, falls es sich in Position 2 befindet. Wir definieren $\sum_{l=1}^{N} n_{l1} \equiv N_1$. An der Kette wird mit der Spannung Σ gezogen.

(a) Zeigen Sie, dass die Gesamtlänge einer Konfiguration der Kette und die Gesamtenergie durch $L(\{n_{l1}\}) = N\ell_2 + N_1(\ell_1 - \ell_2)$ bzw. $E(\{n_{l1}\}) = NE_2 + N_1(E_1 - E_2)$ gegeben sind.

(b) Warum muss man die statistischen Eigenschaften der Kette mit Hilfe eines Druckensembles beschreiben? Zeigen Sie für die entsprechende Zustandssumme:

$$Z_{\mathrm{D}} \equiv \sum_{\{n_{l1}\}} e^{\beta[\Sigma L(\{n_{l1}\}) - E(\{n_{l1}\})]} = (e^{-\beta \eta_1} + e^{-\beta \eta_2})^N$$

mit $\eta_i \equiv E_i - \Sigma \ell_i \quad (i = 1, 2)$. Berechnen Sie die freie Enthalpie, die Entropie und die innere Energie der Kette sowie die mittlere Länge eines Moleküls entlang der Kette.

(c) Zeigen Sie für die isotherme Suszeptibilität der Kette im Grenzfall $\Sigma \to 0$:

$$\chi_{T,N} = \tfrac{1}{4} N\beta \left\{ \frac{\ell_1 - \ell_2}{\cosh\left[\tfrac{1}{2}\beta(E_1 - E_2)\right]} \right\}^2 .$$

Welche physikalische Bedeutung hat die Größe $\chi_{T,N}$? Wie verhält sie sich für $T \to 0$ und $T \to \infty$? Inwiefern ist das Verhalten von $\chi_{T,N}$ für $T \to \infty$ analog zum Curie-Gesetz?

Wir werden in Übungsaufgabe 5.5 noch einmal auf dieses Modell zurückkommen und es verfeinern, indem wir zusätzlich zu den Energien der Einzelmoleküle auch eine *Wechselwirkung* zwischen den Molekülen berücksichtigen.

Aufgabe 4.14 Die „vereinfachte Darstellung"

Wir verwenden die Notationen der Abschnitte [4.1], [4.2], [4.3] und [4.4], wobei stets $S[\hat{\varrho}] = -k_\mathrm{B}\mathrm{Sp}\big[\hat{\varrho}\ln(\hat{\varrho})\big]$ und $\mathrm{Sp}[\hat{\varrho}] = 1$ gelten soll. In der „vereinfachten Darstellung" sind die Teilchenzahlen $\bar{\mathbf{N}}$ des Systems (und in der mikrokanonischen und kanonischen Gesamtheit auch die $\bar{\mathbf{X}}$-Werte) strikt vorgegeben. Folglich werden die Funktionale $S[\hat{\varrho}]$, $-\beta F[\hat{\varrho}]$ und $-\beta G[\hat{\varrho}]$ auf einem *Unterraum* mit festem $\mathbf{N} = \bar{\mathbf{N}}$ bzw. $(\mathbf{N}, \mathbf{X}) = (\bar{\mathbf{N}}, \bar{\mathbf{X}})$ des Gesamt-Hilbert-Raums maximiert.

(a) In der „vereinfachten" mikrokanonischen Gesamtheit gilt $(U, \mathbf{X}, \mathbf{N}) \in \Delta_U \times \{\bar{\mathbf{X}}\} \times \{\bar{\mathbf{N}}\}$. Leiten Sie Formel (4.7) sowie die Beziehung $S_\mathrm{mk} = k_\mathrm{B}\ln[\omega(U)\Delta U]$ durch Maximierung von $S[\hat{\varrho}]$ bzgl. $\hat{\varrho}$ her.

(b) In der „vereinfachten" kanonischen Gesamtheit gilt $(U, \mathbf{X}, \mathbf{N}) \in R_E \times \{\bar{\mathbf{X}}\} \times \{\bar{\mathbf{N}}\}$. Leiten Sie Formel (4.18) durch Maximierung von $-\beta F[\hat{\varrho}]$ bzgl. $\hat{\varrho}$ her.

(c) Im „vereinfachten" Druckensemble gilt $(U, \mathbf{X}, \mathbf{N}) \in R_E \times R_\mathbf{X} \times \{\bar{\mathbf{N}}\}$. Leiten Sie Formel (4.47) durch Maximierung von $-\beta G[\hat{\varrho}]$ bzgl. $\hat{\varrho}$ her.

(d) In der „vereinfachten" großkanonischen Gesamtheit gilt $(U, \mathbf{X}, \mathbf{N}) \in R_E \times \{\bar{\mathbf{X}}\} \times R_\mathbf{N}$. Leiten Sie Formel (4.58) durch Maximierung von $-\beta\Omega[\hat{\varrho}]$ bzgl. $\hat{\varrho}$ her.

Aufgabe 4.15 Ein Gas zweiatomiger „Hantelmoleküle"

Wir betrachten in dieser Aufgabe ein dreidimensionales *klassisches* ideales Gas von N Hantelmolekülen (zweiatomigen Molekülen, die starr durch eine Achse miteinander verbunden sind) in einem Behälter des Volumens V. Das Gas steht in thermischem Kontakt mit einem Wärmebad der Temperatur T. Jedes Hantelmolekül hat die Gesamtmasse M, das Trägheitsmoment I (für Drehungen der räumlichen Ausrichtung der Halterachse um den Molekülschwerpunkt), ein permanentes elektrisches Dipolmoment $\boldsymbol{\mu}$, das entlang der Hantelachse ausgerichtet ist, und den Spin $S = 0$. Das Gas befindet sich in einem (räumlich und zeitlich) konstanten elektrischen Feld $\mathbf{E} = E\hat{\mathbf{e}}_3$. Die Hamilton-Funktion eines einzelnen Moleküls lautet dementsprechend:

$$H(\mathbf{x}, \vartheta, \varphi, \mathbf{p}, p_\vartheta, p_\varphi) = \frac{\mathbf{p}^2}{2M} + \frac{p_\vartheta^2 + p_\varphi^2/\sin^2(\vartheta)}{2I} - \mu E\cos(\vartheta) \quad , \quad \mu \equiv |\boldsymbol{\mu}| \, ,$$

wobei $(\mathbf{x}, \mathbf{p})$ die Schwerpunktskoordinaten und -impulse darstellen, (ϑ, φ) die relativ zur $\hat{\mathbf{e}}_3$-Achse definierten sphärischen Winkelkoordinaten, die die räumliche Ausrichtung der Halterachse festlegen, und (p_ϑ, p_φ) die dazu kanonisch konjugierten Impulse.

(a) Bestimmen Sie das Zustandsintegral $Z_\mathrm{kD}(T, V, E, N)$ in der gemischt kanonischen (bzgl. V) und Druck-Gesamtheit (bzgl. E). Beachten Sie hierbei, dass das Zustandsintegral gemäß Aufgabe 4.9 einer Integration von $e^{-\beta H}$ über die kanonisch zueinander konjugierten Variablen $(\mathbf{x}, \vartheta, \varphi, \mathbf{p}, p_\vartheta, p_\varphi)$ entspricht.

(b) Bestimmen Sie die freie Energie des Gases in dieser Mischgesamtheit, den Druck auf die Wand und die „Polarisation" $\langle\mu_3\rangle$. Skizzieren Sie $\langle\mu_3\rangle$ als Funktion der Temperatur. (Die Ausbildung einer Polarisation für $T \lesssim T_\mathrm{rot} \equiv \mu E/k_\mathrm{B}$ ist ein Beispiel für *Paraelektrizität*, das elektrische Pendant des Paramagnetismus.)

(c) Zeigen Sie $\frac{d}{dT}\langle\mu_3\rangle < 0$ sowie für hohe Temperaturen bzw. schwache elektrische Felder $(T \gg T_{\mathrm{rot}})$ die Formel von Langevin-Debye:

$$\varepsilon = 1 + \tfrac{4}{3}\pi\beta\rho\mu^2\ ,$$

wobei (ρ, ε) durch $\rho \equiv \frac{N}{V}$ und $\langle\mu_3\rangle/E \equiv \frac{\varepsilon-1}{4\pi\rho}$ definiert werden. (Dies ist das elektrische Pendant zum Curie-Gesetz in der Theorie des Magnetismus.)

(d) Bestimmen Sie die innere Energie U und die Wärmekapazität $C_{V,E,N}$. Skizzieren Sie $C_{V,E,N}$ als Funktion der Temperatur. (Beachten Sie die Sättigung der Rotationsfreiheitsgrade für $T \gtrsim T_{\mathrm{rot}}$, die zu einer Abnahme der Wärmekapazität führt.)

Der Behälter mit dem Gas wird nun thermisch isoliert bei konstantem Volumen und konstanter Teilchenzahl.

(e) Zeigen Sie mit Hilfe eines rein thermodynamischen Arguments: $\frac{dT}{dE} > 0$, sodass sich das Gas *abkühlt*, wenn das elektrische Feld heruntergefahren wird. (Dies ist das elektrische Pendant der adiabatischen Entmagnetisierung.)

Kapitel 5

Spinsysteme

5.1 Wechselwirkende magnetische Momente

Wie bereits in der Einführung (im Abschnitt „Historische Höhepunkte") erwähnt
wurde, hat auch die Theorie des Magnetismus im letzten Jahrhundert große Erfolge erzielt. Magnetische Phänomene werden nicht primär – wie man vielleicht meinen würde – durch die Dipol-Dipol-Wechselwirkung der magnetischen Momente
oder durch Spin-Bahn-Kopplung hervorgerufen, sondern durch die Heisenberg'sche
Austauschwechselwirkung, die letztlich auf der elektrostatischen *Coulomb-Wechselwirkung* der spinbehafteten Elektronen beruht (s. Ref. [3], Kapitel 32). Diese
Austauschwechselwirkung hat zur Folge, dass sogar *lokalisierte* Elektronen nicht
als unabhängig angesehen werden können, sondern mit benachbarten Spins wechselwirken. Der entsprechende Hamilton-Operator hat also typischerweise die Form:

$$\boxed{\hat{\mathrm{H}} = -\tfrac{1}{2} \sum_{ij} \hat{\mathbf{S}}_i^{\mathrm{T}} I_{ij} \hat{\mathbf{S}}_j \quad , \quad I_{ij} = I_{ji}^{\mathrm{T}} \quad , \quad I_{ij}^{\mu\nu} \in \mathbb{R} \, ,} \tag{5.1}$$

wobei $I_{ij}^{\mu\nu}$ (mit $I_{ii}^{\mu\nu} \equiv 0$) für fest gewählte Gitterplätze i und j eine (3×3)-Matrix
ist ($\mu, \nu \in \{1, 2, 3\}$). Unter Drehungen wird diese (3×3)-Matrix $I_{ij}^{\mu\nu}$ wie ein *Tensor* zweiter Stufe transformiert. Der Tensor I_{ij} koppelt die Spinoperatoren auf den
Plätzen i und j eines dreidimensionalen Kristallgitters aneinander und charakterisiert so die *Wechselwirkung* dieser Spins. Die Komponenten der Spinoperatoren
erfüllen die aus der Quantenmechanik vertrauten Vertauschungsbeziehungen:

$$\hat{\mathbf{S}}_i \times \hat{\mathbf{S}}_j = i\hbar\, \delta_{ij} \hat{\mathbf{S}}_i \quad \text{bzw.} \quad \left[\hat{S}_{i\mu}, \hat{S}_{j\nu} \right] = i\hbar\, \delta_{ij} \varepsilon_{\mu\nu\rho} \hat{S}_{i\rho} \, .$$

Für Spin-S-Teilchen gilt im Allgemeinen: $\hat{\mathbf{S}}^2 = S(S+1)\hbar^2 \mathbb{1}$ und daher speziell
für Elektronen: $\hat{\mathbf{S}}^2 = \tfrac{3}{4}\hbar^2 \mathbb{1}$. Für den Tensor I_{ij} folgt aus der Hermitezität von
$\hat{\mathrm{H}}$ die Beziehung $I_{ij} = I_{ji}^{\dagger}$, und durch Vertauschung der Indizes i und j erhält
man zusätzlich $I_{ij} = I_{ji}^{\mathrm{T}}$. Kombination dieser beiden Beziehungen ergibt für die
Tensorelemente: $I_{ij}^{\mu\nu} \in \mathbb{R}$. In Anwesenheit eines Magnetfelds ist der Hamilton-
Operator $\hat{\mathrm{H}}$ noch um einen Term zu ergänzen, der die Kopplung des magnetischen

Moments $\hat{\mathbf{m}}$ an das Magnetfeld $\mathbf{B}$ beschreibt:

$$\hat{\mathsf{H}}_{\mathbf{B}} \equiv \hat{\mathsf{H}} - \mathbf{B} \cdot \hat{\mathbf{m}} = -\tfrac{1}{2} \sum_{ij} \hat{\mathbf{S}}_i^{\mathrm{T}} I_{ij} \hat{\mathbf{S}}_j - \mathbf{B} \cdot \sum_i \hat{\boldsymbol{\mu}}_i \,, \tag{5.2}$$

wobei $\hat{\boldsymbol{\mu}}_i = -g\mu_{\mathrm{B}}\mathbf{S}_i/\hbar$ mit $g \simeq 2$ das magnetische Moment am Gitterplatz i beschreibt (siehe Abschnitt [4.1.1]). Der Operator $e^{-\beta\hat{\mathsf{H}}_{\mathbf{B}}}$ bestimmt das statistische Gewicht (den „Boltzmann-Faktor") bei der Berechnung von Erwartungswerten in Systemen wechselwirkender magnetischer Momente.

5.1.1 Spezialfälle: Heisenberg- und Ising-Modell

Das allgemeine Modell (5.1) für (möglicherweise auch *an*isotrope) Spin-Spin-Wechselwirkungen enthält einige wichtige Spezialfälle. Im Fall einer *isotropen* Spin-Spin-Wechselwirkung ist der Tensor I_{ij} proportional zur Identität, $I_{ij} = J_{ij}\mathbb{1}$ mit $J_{ij} = J_{ji} \in \mathbb{R}$, und man erhält das isotrope *Heisenberg-Modell*:

$$\boxed{\hat{\mathsf{H}}_{\mathrm{Heis}} = -\tfrac{1}{2} \sum_{ij} J_{ij}\hat{\mathbf{S}}_i \cdot \hat{\mathbf{S}}_j \,.} \tag{5.3}$$

Im extrem anisotropen Grenzfall, $I_{ij}^{\mu\nu} = J_{ij}\delta_{\mu 3}\delta_{\nu 3}$, wiederum mit $J_{ij} \in \mathbb{R}$, erhält man das *Ising-Modell*:

$$\boxed{\hat{\mathsf{H}}_{\mathrm{Ising}} = -\tfrac{1}{2} \sum_{ij} J_{ij}\hat{\mathsf{S}}_{i3}\hat{\mathsf{S}}_{j3} \,.} \tag{5.4}$$

Das Ising-Modell ist diagonal in der Eigenbasis $\{\bigotimes_i \chi_i | \chi_i \in \{\chi_+, \chi_-\}\}$ der 3-Komponente des Gesamtspinoperators $\hat{\mathbf{S}}_{\mathrm{G}}$:

$$\hat{\mathbf{S}}_{\mathrm{G}} \equiv \sum_{i=1}^{N} \hat{\mathbf{S}}_i \quad,\quad \hat{\mathsf{S}}_{\mathrm{G},3} = \sum_{i=1}^{N} \hat{\mathsf{S}}_{3i} \quad,\quad \hat{\mathsf{S}}_{3i} \equiv \left[\bigotimes_{j<i} \mathbb{1}\right] \otimes \underbrace{\hat{\mathsf{S}}_3}_{i} \otimes \left[\bigotimes_{j>i} \mathbb{1}\right] \,.$$

Der Spinor χ_i ist also am Gitterplatz i durch einen der beiden Eigenspinoren χ_+ oder χ_- (mit dem Eigenwert $+1$ bzw. -1) von $\hat{\mathsf{S}}_3$ gegeben. Die Energieeigenwerte des Ising-Hamilton-Operators sind

$$E(\{\sigma_i\}) = -\tfrac{1}{2}\left(\tfrac{1}{2}\hbar\right)^2 \sum_{ij} J_{ij}\sigma_i\sigma_j \qquad (\sigma_i = \pm 1) \,.$$

Sowohl im Fall des Ising- als auch des Heisenberg-Modells beschränkt man sich meistens auf Spinwechselwirkung zwischen *nächsten Nachbarn*. Auch wir werden im Folgenden, falls nicht explizit anders vermerkt, nur Wechselwirkungen zwischen nächsten Nachbarn berücksichtigen. Im Fall des Ising-Modells definiert man verständlicherweise $J_{ij} \equiv \left(\tfrac{1}{2}\hbar\right)^{-2} J$ und erhält:

$$E_{\mathrm{Ising}}(\{\sigma_i\}) = -\tfrac{1}{2}J \sum_{(ij)} \sigma_i\sigma_j \qquad (\sigma_i = \pm 1) \,, \tag{5.5}$$

wobei die Summe über (ij) die Beschränkung auf nächstbenachbarte Gitterplätze andeutet. Diese Notation bedeutet also, dass die Spin-Spin-Wechselwirkung auf der Bindung zwischen den Gitterplätzen k und l in der Summe *zweimal* gezählt wird, einmal für $(i,j) = (k,l)$ und einmal für $(i,j) = (l,k)$.

5.2 Das „Druck"-Ensemble für Spinsysteme

Bei der Untersuchung von Systemen wechselwirkender magnetischer Momente im Magnetfeld wird in der Regel die *intensive* mechanische Variable $\mathbf{B}$ vorgegeben. Das Magnetfeld $\mathbf{B}$ und die Art der Wechselwirkung zwischen den Spins legen dann die *extensive* mechanische Variable $\hat{\mathbf{m}}$, das magnetische Moment, fest. Außerdem sind Spinsysteme in der Regel an ein Wärmebad gekoppelt, das durch eine Temperatur T charakterisiert werden kann, und es wird normalerweise die Teilchenzahl (d. h. die Anzahl der Spins) fest vorgegeben. Wir lernen hieraus erstens, dass Spinsysteme im Rahmen eines verallgemeinerten „Druck"-Ensembles behandelt werden können, und zweitens, dass man sich hierbei auf den reduzierten Hilbert-Raum mit fester Teilchenzahl (d. h. auf die vereinfachte Darstellung) beschränken kann. Bei fest vorgegebener Teilchenzahl liegt also nicht nur die Energie, sondern auch die extensive mechanische Variable $\hat{\mathbf{m}}$ lediglich im Mittel fest:

$$U[\hat{\varrho}] = \sum_m E_m \varrho_m = U \quad , \quad \mathbf{m}[\hat{\varrho}] = \sum_m \mathbf{m}_m \varrho_m = \mathbf{m} \; .$$

Als Spezialfall der allgemeinen Herleitung in (4.47) erhält man nun für den Dichteoperator und die Zustandssumme des verallgemeinerten „Druck"-Ensembles in der vereinfachten Darstellung:

$$\boxed{\; \hat{\varrho}_{\mathrm{D}}^{\mathrm{red}} = \frac{1}{Z_{\mathrm{D}}} e^{-\beta(\hat{\mathsf{H}} - \mathbf{B}\cdot\hat{\mathbf{m}})} \quad , \quad Z_{\mathrm{D}}(T, \mathbf{B}) = \mathrm{Sp}\left[e^{-\beta(\hat{\mathsf{H}} - \mathbf{B}\cdot\hat{\mathbf{m}})} \right] \equiv e^{-\beta G(T, \mathbf{B})} \; . \;} \quad (5.6)$$

Diese Gleichung legt auch die freie Enthalpie $G = U - TS - \mathbf{B} \cdot \mathbf{m}$ fest, die – wie wir wissen – für Gleichgewichtszustände mit festem $(T, \mathbf{B}, \mathbf{N})$ minimal ist bezüglich spontaner Fluktuationen.

5.3 Ising-Modell: Lösung in einer Dimension

Als einfaches Beispiel betrachten wir das eindimensionale Ising-Modell mit periodischen Randbedingungen, sodass die N Spins im Modell, die wir mit den Zahlen $1, 2, \cdots, N$ indizieren, in einem Ring angeordnet sind und der Index $N + 1$ mit 1 identifiziert wird. Im Rahmen des Druckensembles wird nicht die Magnetisierung, sondern das Magnetfeld $\mathbf{B}$ vorgegeben, sodass der Gesamt-Hamilton-Operator $\hat{\mathsf{H}}_{\mathbf{B}} = \hat{\mathsf{H}} - \mathbf{B} \cdot \hat{\mathbf{m}}$ in Gleichung (5.2) bzw. (5.6) die folgende Form hat:

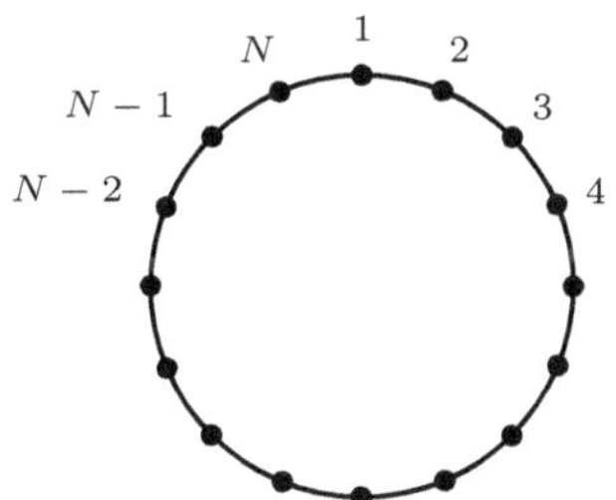

Abb. 5.1 Skizze des eindimensionalen Ising-Modells mit periodischen Randbedingungen

$$\hat{\mathsf{H}}_{\mathbf{B}} = \hat{\mathsf{H}} - \mathbf{B} \cdot \hat{\mathbf{m}} = \hat{\mathsf{H}}_{\mathrm{Ising}} - \mu_{\mathrm{B}} \mathbf{B} \cdot \left(\sum_i \boldsymbol{\sigma}_i \right) \quad , \quad \mu_{\mathrm{B}} = \frac{|e|\hbar}{2m_{\mathrm{e}}} \; .$$

Der Einfachheit halber wählen wir $\mathbf{B} = B\mathbf{e}_3$, damit auch $\hat{H}_B$ in der Eigenbasis von $\hat{S}_3$ diagonal ist. Die Eigenwerte von $\hat{H}_B$ sind in diesem Fall gegeben durch

$$E(\{\sigma_i\}) = -\tfrac{1}{2}J\sum_{(ij)}\sigma_i\sigma_j - \mu_B B\sum_i\sigma_i \qquad (\sigma_i = \pm 1) \tag{5.7}$$

$$= \sum_{i=1}^{N}\left[-J\sigma_i\sigma_{i+1} - \tfrac{1}{2}\mu_B B(\sigma_i + \sigma_{i+1})\right] = \sum_{i=1}^{N} E_B(\sigma_i, \sigma_{i+1})\,,$$

wobei die Energie $E_B(\sigma_i, \sigma_{i+1})$ mit der Bindung $(i, i+1)$ assoziiert werden kann. Einsetzen von $E(\{\sigma_i\})$ in den Ausdruck (5.6) für die Zustandssumme ergibt:

$$Z_D = \sum_{\{\sigma_i\}} e^{-\beta E(\{\sigma_i\})} = \sum_{\{\sigma_i\}} P(\sigma_1, \sigma_2)P(\sigma_2, \sigma_3)\cdots P(\sigma_{N-1}, \sigma_N)P(\sigma_N, \sigma_1) \tag{5.8}$$

mit

$$\boxed{P(\sigma, \sigma') \equiv e^{-\beta E_B(\sigma, \sigma')} = e^{\beta J\sigma\sigma' + \frac{1}{2}\beta\mu_B B(\sigma + \sigma')}\,.}$$

Die vier Zahlen $P(\sigma, \sigma')$ für $\sigma, \sigma' = \pm 1$ können nun als die Matrixelemente einer (2×2)-Matrix P angesehen werden:

$$P = \begin{pmatrix} e^{\beta(J+\mu_B B)} & e^{-\beta J} \\ e^{-\beta J} & e^{\beta(J-\mu_B B)} \end{pmatrix}\,.$$

Diese Matrix wird als die *Transfermatrix* des eindimensionalen Ising-Modells bezeichnet. Die Eigenwerte dieser Transfermatrix folgen aus der entsprechenden charakteristischen Gleichung

$$0 = \det\begin{pmatrix} e^{\beta(J+\mu_B B)} - p & e^{-\beta J} \\ e^{-\beta J} & e^{\beta(J-\mu_B B)} - p \end{pmatrix}$$

$$= \left[e^{\beta(J+\mu_B B)} - p\right]\left[e^{\beta(J-\mu_B B)} - p\right] - e^{-2\beta J}$$

$$= p^2 - pe^{\beta J}\left(e^{\beta\mu_B B} + e^{-\beta\mu_B B}\right) + e^{2\beta J} - e^{-2\beta J}$$

$$= p^2 - 2e^{\beta J}\cosh(\beta\mu_B B)p + e^{2\beta J} - e^{-2\beta J}\,,$$

und die Lösung dieser Gleichung lautet:

$$p_\pm = e^{\beta J}\cosh(\beta\mu_B B) \pm \sqrt{e^{2\beta J}\sinh^2(\beta\mu_B B) + e^{-2\beta J}}\,. \tag{5.9}$$

Hiermit sind die Eigenwerte $p_\pm$ der Transfermatrix P bekannt.

5.3.1 Berechnung der Magnetisierung

Mit Hilfe der Transfermatrix kann die Zustandssumme sofort ausgewertet werden:

$$Z_D = \sum_{\sigma_1} P^N(\sigma_1, \sigma_1) = \text{Sp}(P^N) = p_+^N + p_-^N\,.$$

Da für die beiden Eigenwerte $p_\pm$ in Gleichung (5.9) offensichtlich $p_+ > p_-$ gilt, trägt im thermodynamischen Limes ($N \to \infty$) nur der Beitrag des *größten* Eigenwerts (also p_+^N) zur Zustandssumme bei. Die freie Enthalpie folgt daher als

$$G = -\frac{1}{\beta} \ln Z_\mathrm{D} \sim -k_\mathrm{B}T \ln(p_+^N) = -Nk_\mathrm{B}T \ln(p_+) \qquad (N \to \infty) \,.$$

Auch das mittlere magnetische Dipolmoment m kann leicht aus der Zustandssumme berechnet werden:

$$m = \left\langle \mu_\mathrm{B} \sum_{i=1}^{N} \sigma_i \right\rangle = \frac{1}{Z_\mathrm{D}} \sum_{\{\sigma_i\}} \left(\mu_\mathrm{B} \sum_{i=1}^{N} \sigma_i \right) e^{-\beta E(\{\sigma_i\})} = \frac{1}{\beta Z_\mathrm{D}} \left(\frac{\partial Z_\mathrm{D}}{\partial B} \right)_{T,N}$$

$$= \frac{1}{\beta} \left(\frac{\partial \ln Z_\mathrm{D}}{\partial B} \right)_{T,N} = -\left(\frac{\partial G}{\partial B} \right)_{T,N} \,,$$

und das Ergebnis zeigt, dass die Beziehung zwischen m und G die bereits aus der Thermodynamik (siehe Abschnitt [2.11.4]) vertraute Form hat. Konkret erhält man:

$$m = N\mu_\mathrm{B} \frac{\sinh(\beta\mu_\mathrm{B}B)}{\sqrt{\sinh^2(\beta\mu_\mathrm{B}B) + e^{-4\beta J}}} \,. \tag{5.10}$$

Für alle *endlichen* Temperaturen ($T > 0$) gilt also, dass das magnetische Dipolmoment (und somit auch die Magnetisierung $M = m/N$) null ist im Limes $B \to 0$. Nur für $T = 0$ gilt $m = N\mu_\mathrm{B}$ für alle $B > 0$, also insbesondere auch für $B \to 0$. In diesem eindimensionalen System tritt daher *keine* spontane Magnetisierung und somit auch *kein* Phasenübergang für $T > 0$ auf. Als (relativ trivialen) Phasenübergang könnte man in diesem Modell lediglich den Sprung in der Magnetisierung bei $T = 0$ bezeichnen.

5.3.2 Berechnung der isothermen Suszeptibilität

Durch Ableiten des magnetischen Dipolmoments nach dem Magnetfeld erhält man die isotherme Suszeptibilität:

$$\chi_{T,N} = -\left(\frac{\partial^2 G}{\partial B^2} \right)_{T,N} = \left(\frac{\partial m}{\partial B} \right)_{T,N} = \frac{\beta\mu_\mathrm{B}^2 N e^{-4\beta J} \cosh(\beta\mu_\mathrm{B}B)}{\left[\sinh^2(\beta\mu_\mathrm{B}B) + e^{-4\beta J} \right]^{3/2}} \,,$$

die sich im Limes $B \to 0$ auf

$$\chi_{T,N}(B = 0) = \beta\mu_\mathrm{B}^2 N e^{2\beta J} \tag{5.11}$$

reduziert. Die isotherme Suszeptibilität des eindimensionalen Ising-Modells ist als Funktion der Temperatur in Abbildung 5.2 skizziert. Für hohe Temperaturen ($\beta \to 0$) erhält man erwartungsgemäß das Curie'sche Gesetz:

$$\chi_{T,N} \sim \frac{\mu_\mathrm{B}^2}{k_\mathrm{B}T} N \qquad (T \to \infty) \,, \tag{5.12}$$

während die Suszeptibilität im Limes $T \downarrow 0$ außerordentlich schnell (exponentiell) anwächst. Bei hohen Temperaturen wird die Spin-Spin-Wechselwirkung also unwichtig. Das exponentielle Ansteigen der Suszeptibilität kündigt den Phasenübergang bei $T = 0$ an und wird durch die Lücke von $2J$ im Anregungsspektrum charakterisiert.

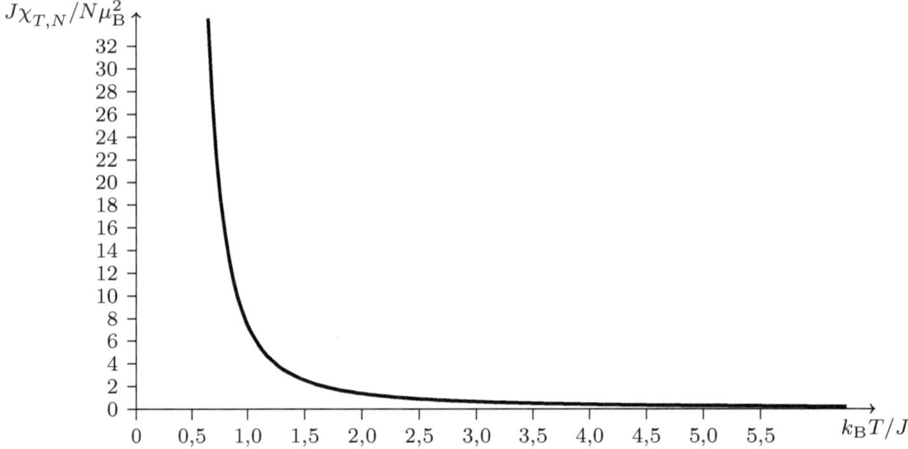

Abb. 5.2 Isotherme Suszeptibilität $\chi_{T,N}$ des eindimensionalen Ising-Modells

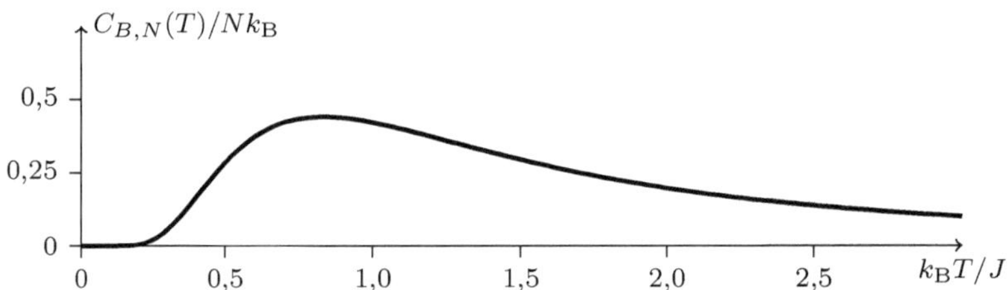

Abb. 5.3 Wärmekapazität $C_{B,N}(T)$ des eindimensionalen Ising-Modells

5.3.3   Berechnung der Wärmekapazität

Wir möchten noch die Wärmekapazität $C_{B,N}(T)$ für $B = 0$ bestimmen und benötigen dafür die innere Energie U, die wiederum aus der freien Enthalpie $G(T, B, N)$ folgt. Da für $B = 0$ gilt: $p_+ = e^{\beta J} + e^{-\beta J} = 2\cosh(\beta J)$, ist die freien Enthalpie durch $G = -\frac{N}{\beta}\ln\left[2\cosh(\beta J)\right]$ gegeben. Hieraus ergibt sich die innere Energie als:

$$U = \left(\frac{\partial \beta G}{\partial \beta}\right)_{\beta B, N} = -NJ\tanh(\beta J)\,.$$

Die Wärmekapazität $C_{B,N}(T)$ für $B = 0$ folgt nun als Temperaturableitung der inneren Energie:

$$C_{B,N}(T) = \left(\frac{\partial U}{\partial T}\right)_{B,N} = -NJ\frac{(-J/k_\mathrm{B}T^2)}{\cosh^2(\beta J)} = Nk_\mathrm{B}\left[\frac{\beta J}{\cosh(\beta J)}\right]^2\,.$$

Das Verhalten von $C_{B,N}(T)$ für *hohe* Temperaturen im eindimensionalen Ising-Modell, $C_{B,N}(T) \sim N k_{\mathrm{B}}(\beta J)^2$, ist recht allgemein charakteristisch für Modelle wechselwirkender magnetischer Momente [siehe z. B. Gleichung (5.36)]. Das Verhalten von $C_{B,N}(T)$ für *tiefe* Temperaturen,

$$C_{B,N}(T) \sim N k_{\mathrm{B}}(2\beta J)^2 e^{-2\beta J} \, ,$$

findet seine Erklärung in der Lücke $2J$ im Spektrum: Die niedrigstliegende Anregung in einer eindimensionalen Kette $(d = 1)$ ist nämlich eine *Domänenwand* mit der Energie $2J$ (siehe Abbildung 5.4). Die Wärmekapazität $C_{B,N}(T)$ als Funktion der Temperatur ist in Abbildung 5.3 skizziert.

5.4 Hochtemperaturlimes in beliebiger Dimension

An dieser Stelle ist die Frage berechtigt, inwiefern diese Ergebnisse auch für höherdimensionale Systeme relevant sind. Wir betrachten zunächst den *Hoch*temperaturlimes. Das magnetische Dipolmoment ist im Allgemeinen durch

$$M = \mu_{\mathrm{B}} \sum_{i=1}^{N} \langle \sigma_i \rangle \quad , \quad \langle \sigma_i \rangle = \frac{1}{Z_{\mathrm{D}}} \sum_{\{\sigma_l\}} \sigma_i e^{-\beta E(\{\sigma_l\})}$$

gegeben, wobei $E(\{\sigma_l\})$ nun aus (5.7) folgt. Um $\langle \sigma_i \rangle$ zu berechnen, isolieren wir alle Beiträge zu $E(\{\sigma_l\})$, die den Spin σ_i enthalten:

$$E_i \equiv -J \sum_{j\mathrm{NN}i} \sigma_i \sigma_j - \mu_{\mathrm{B}} B \sigma_i = -\sigma_i \left(J \sum_{j\mathrm{NN}i} \sigma_j + \mu_{\mathrm{B}} B \right) ,$$

wobei $j\mathrm{NN}i$ die Summation über die zu i nächstbenachbarten j andeuten soll. Zudem definieren wir für die Umgebung U von Gitterplatz i:

$$E_U(\{\sigma_l\}) \equiv E(\{\sigma_l\}) - E_i \quad , \quad Z_U \equiv \sum_{\{\sigma_l\}} e^{-\beta E_U(\{\sigma_l\})} \, .$$

Es folgt:

$$Z_{\mathrm{D}} = \sum_{\{\sigma_l\}} e^{-\beta(E_U + E_i)} \sim \sum_{\{\sigma_l\}} e^{-\beta E_U}(1 - \beta E_i) \sim Z_U \left[1 + \mathcal{O}(\beta) \right] \tag{5.13}$$

und

$$\sum_{\{\sigma_l\}} \sigma_i e^{-\beta(E_U + E_i)} \sim \sum_{\{\sigma_l\}} \sigma_i (1 - \beta E_i) e^{-\beta E_U} = \beta \sum_{\{\sigma_l\}} \sigma_i^2 \left(J \sum_{j\mathrm{NN}i} \sigma_j + \mu_{\mathrm{B}} B \right) e^{-\beta E_U}$$

$$= \beta Z_U \left(\mu_{\mathrm{B}} B + J \sum_{j\mathrm{NN}i} \langle \sigma_j \rangle_U \right) , \tag{5.14}$$

wobei im ersten Schritt $\sum_{\sigma_i} \sigma_i = (+1) + (-1) = 0$ und im letzten Schritt $\sigma_i^2 = 1$ verwendet wurde. Dividiert man (5.14) durch (5.13), so erhält man

$$m = N\mu_{\mathrm{B}} \langle \sigma_i \rangle = \beta \mu_{\mathrm{B}}^2 N B + \mathcal{O}(\beta^2) \quad , \quad \chi_{T,N} = \beta \mu_{\mathrm{B}}^2 N + \mathcal{O}(\beta^2) \, ,$$

da auch $\langle \sigma_j \rangle_U$ wieder von $\mathcal{O}(\beta)$ ist. Für das Ising-Modell gilt das Curie'sche Gesetz daher in jeder Dimension, auf jedem Gittertyp, vorausgesetzt, die Temperatur ist genügend hoch. Wir stellen außerdem fest, dass nur die Kopplung des magnetischen Moments an das Magnetfeld zum Curie'schen Gesetz beiträgt und die Spin-Spin-Wechselwirkung bei hinreichend hohen Temperaturen für die magnetische Suszeptibilität offenbar völlig unerheblich ist.

5.5 Tieftemperaturlimes in beliebiger Dimension

Betrachten wir nun den *Tief*temperaturlimes des Ising-Modells mit Beschränkung der Wechselwirkung auf nächste Nachbarn und in *Ab*wesenheit eines Magnetfelds. Wie in Abschnitt [5.5.1] erklärt wird, gibt es einen ganz einfachen Grund, weshalb *in einer Dimension* sogar bei beliebig tiefen (aber endlichen) Temperaturen keine spontane Magnetisierung auftritt. Man erwartet, dass bei tiefen Temperaturen fast alle Spins parallel zu ihren Nachbarn ausgerichtet sind, wie dies in extremo bei $T = 0$ der Fall ist, und dass das physikalische Verhalten für $T \gtrsim 0$ durch diejenigen Anregungen bestimmt ist, die am wenigsten Energie kosten. Ein analoges Argument zeigt, dass in *höheren* Dimensionen $(d > 1)$ durchaus Symmetriebrechung auftritt.

5.5.1 Niederenergetische Anregungen in einer Dimension

Wir betrachten zunächst ein *ein*dimensionales Ising-Modell mit $N + 1$ Spins (und daher N Bindungen zwischen den Spins) auf einer Kette mit *freien* Randbedingungen. In einer Dimension sind die niedrigstliegenden Anregungen – wie für $T \gtrsim 0$ in Abbildung 5.4 skizziert, die *Domänenwände*, die Bereiche entgegengesetzter Spinausrichtung trennen: Pro Domänenwand ist eine Energie von $\varepsilon_1 = 2J$ erforderlich. Folglich kosten n Wände eine Energie von $\Delta U = n\varepsilon_1$, und da sie in $\binom{N}{n}$ verschiedenen Weisen über die Bindungen der Kette verteilt werden können, erhöhen sie die Entropie um $\Delta S = k_B \ln \binom{N}{n}$. Insgesamt ändert sich die freie Energie (oder auch freie Enthalpie, denn für $B = 0$ sind beide gleich) um

$$\Delta F = \Delta U - T\Delta S = n\varepsilon_1 - k_B T \ln \binom{N}{n} \sim n\left[\varepsilon_1 - k_B T\left(\ln \frac{N}{n} + 1 - \frac{n}{N}\right)\right]. \quad (5.15)$$

Der exakte Ausdruck $\Delta F = n\varepsilon_1 - k_B T \ln \binom{N}{n}$ zeigt, dass ohne Domänenwände (d.h. für $n = 0$) $\Delta F = 0$ gilt. Dies ist jedoch für $T > 0$ thermodynamisch nicht optimal, wie man aus dem Ausdruck für ΔF auf der rechten Seite von (5.15) sieht, der mit Hilfe der Stirling-Formel für $n \gg 1$ hergeleitet wurde. Minimierung von ΔF bzgl. n ergibt, dass im Minimum

$$\ln\left(\frac{N}{n}\right) = \frac{\varepsilon_1}{k_B T} + 2\frac{n}{N} \quad (5.16)$$

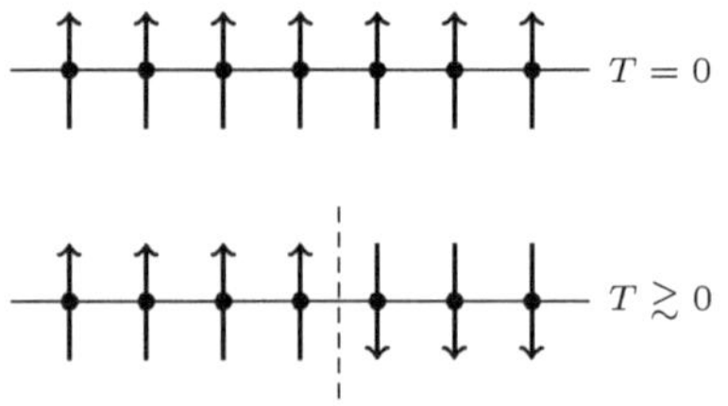

Abb. 5.4 Domänenwand für $T \gtrsim 0$ im eindimensionalen Ising-Modell

gilt, sodass die freie Energie durch die Anwesenheit der Domänenwände tatsächlich abgesenkt wird: $\Delta F \sim -nk_B T$, wobei n aus (5.16) folgt als $n \sim Ne^{-\varepsilon_1/(k_B T)}$. Die Dichte der Domänenwände ist bei tiefen Temperaturen also erwartungsgemäß sehr niedrig; sie verhindern dennoch für alle $T > 0$ eine spontane Magnetisierung.

5.5.2 Niederenergetische Anregungen in höherer Dimension

Wir betrachten nun ein Ising-Modell mit N Spins auf einem d-dimensionalen Gitter mit *freien* Randbedingungen. In Dimensionen $d > 1$ ist die niedrigstliegende Anregung aus dem vollständig magnetisierten Grundzustand der einzelne umgeklappte Spin, der die Energie $\varepsilon_1 = 2qJ$ kostet, falls jeder Spin auf dem Gitter q Nachbarn hat. Da diese n Anregungen im Tieftemperaturlimes alle unabhängig sind, kann man sie wiederum in $\binom{N}{n}$ verschiedenen Weisen anordnen. Dasselbe Argument wie im eindimensionalen Fall zeigt, dass die freie Energie für $n \sim Ne^{-\beta\varepsilon_1}$ um $\Delta F \sim -nk_\mathrm{B}T$ abgesenkt wird. Abgesehen von diesem kleinen Bruchteil umgeklappter Spins liegt für $d > 1$ offenbar für genügend tiefe Temperaturen ein spontanes magnetisches Moment vor, das sich verhält wie

$$m = \big[(N-n) - n\big]\mu_\mathrm{B} = N\mu_\mathrm{B}\big(1 - 2e^{-\beta\varepsilon_1}\big) \quad , \quad \varepsilon_1 = 2qJ \ . \tag{5.17}$$

In Kombination mit dem Hochtemperaturergebnis $m \sim \beta\mu_\mathrm{B}^2 NB$ (d. h. in führender Ordnung: $m = 0$ für $B = 0$) suggeriert Gleichung (5.17), dass für alle $d > 1$ bei einer endlichen Temperatur T_c ein Phasenübergang von einer Phase mit endlicher Magnetisierung (für $T < T_\mathrm{c}$) zu einer unmagnetischen Phase (für $T \geq T_\mathrm{c}$) auftritt. Wir werden im Folgenden feststellen, dass diese Vermutung für das Ising-Modell korrekt ist. Wir untersuchen diesen Phasenübergang zunächst in einer *Molekularfeldnäherung* (oder auch: *Näherung des gemittelten Felds*), die nach ihren Entdeckern als die Bragg-Williams- oder Curie-Weiss-Näherung bezeichnet wird.

5.6 Molekularfeldnäherung zum Ising-Modell

Wir betrachten nun das Ising-Modell (5.7) mit Parametern $J > 0$ und $B > 0$:

$$E(\{\sigma_i\}) = -\tfrac{1}{2}J\sum_{(ij)}\sigma_i\sigma_j - \mu_\mathrm{B}B\sum_i \sigma_i \qquad (\sigma_i = \pm 1)$$

auf einem Gitter in d Dimensionen mit der Eigenschaft, dass jeder Gitterplatz q Nachbarn hat. Für ein Quadratgitter wäre also $(d, q) = (2, 4)$, für ein kubisch primitives Gitter $(d, q) = (3, 6)$, für ein kubisch raumzentriertes Gitter $(d, q) = (3, 8)$ und für ein kubisch flächenzentriertes Gitter $(d, q) = (3, 12)$. Die „Molekularfeldnäherung" für ein allgemeines d-dimensionales Gitter mit der Koordinationszahl q besteht nun darin, dass das *reale* Feld, welches der Spin i spürt:

$$B_i = -\frac{1}{\mu_\mathrm{B}}\frac{\partial E(\{\sigma_l\})}{\partial\sigma_i} = -\frac{1}{\mu_\mathrm{B}}\frac{\partial E_i}{\partial\sigma_i} = B + \frac{J}{\mu_\mathrm{B}}\sum_{j\mathrm{NN}i}\sigma_j \ ,$$

das natürlich von den genauen Werten der Nachbarspins σ_j abhängt, ersetzt wird durch das *gemittelte* Feld

$$\bar{B}_i = B + \frac{J}{\mu_\mathrm{B}}\sum_{j\mathrm{NN}i}\bar{\sigma}_j \rightarrow B + \frac{Jq}{\mu_\mathrm{B}}\bar{\sigma} \equiv \bar{B} \ . \tag{5.18}$$

Das thermodynamische Verhalten des Spins i wird in der Molekularfeldnäherung (oder auch: „Näherung des gemittelten Felds") also durch den Einplatz-Hamilton-Operator $\hat{\mathrm{H}}_i$ mit den Eigenwerten $E(\sigma_i)$ beschrieben:

$$\hat{\mathrm{H}}_i = -\frac{g\mu_{\mathrm{B}}}{\hbar}\bar{B}\hat{S}_{i3} \quad , \quad E(\sigma_i) = -\mu_{\mathrm{B}}\bar{B}\sigma_i \ .$$

Die entsprechende Zustandssumme ist

$$Z_{\mathrm{D}i} = \sum_{\sigma_i=\pm 1} e^{-\beta E(\sigma_i)} = 2\cosh(\beta\mu_{\mathrm{B}}\bar{B}) \ .$$

Ein wesentlicher Aspekt der Molekularfeldnäherung ist ihre *Selbstkonsistenz*: Das mittlere lokale magnetische Moment $\bar{\sigma}$, das aus der Zustandssumme $Z_{\mathrm{D}i}$ folgt, soll gleich dem $\bar{\sigma}$-Wert sein, der bei ihrer Herleitung angenommen wurde:

$$\boxed{\ \bar{\sigma} \stackrel{!}{=} \frac{1}{Z_{\mathrm{D}i}} \sum_{\sigma_i=\pm 1} \sigma_i e^{-\beta E(\sigma_i)} = \frac{\partial(\ln Z_{\mathrm{D}i})}{\partial(\beta\mu_{\mathrm{B}}\bar{B})} = \tanh\big[\beta(\mu_{\mathrm{B}}B + Jq\bar{\sigma})\big] \ .\ } \qquad (5.19)$$

Diese implizite Gleichung bestimmt $\bar{\sigma}(T, B)$ und somit die Zustandsgleichung des Ising-Modells in der Molekularfeldnäherung. Sollte die Gleichung mehrere Lösungen haben, dann entspricht diejenige Lösung, die die niedrigste freie Enthalpie pro Gitterplatz

$$G_{\mathrm{D}i} = -\frac{1}{\beta}\ln[Z_{\mathrm{D}i}] = -\frac{1}{\beta}\ln\big[2\cosh(\beta\mu_{\mathrm{B}}\bar{B})\big]$$

hat, der thermodynamisch stabilen Lösung.

Die Molekularfeldnäherung in Gleichung (5.18) kann auch anders interpretiert werden, und auch diese alternative Herleitung ist instruktiv: Wir haben festgestellt, dass die Spinvariable σ_j an jedem Gitterplatz im Mittel gleich $\bar{\sigma}$ ist, sodass die *Fluktuationen* der Spinvariablen um diesen Mittelwert, $\sigma_j - \bar{\sigma}$, im Mittel gleich null sind. Die Größe $(\sigma_i - \bar{\sigma})(\sigma_j - \bar{\sigma})$ stellt ein Maß für die *Korrelationen* der Fluktuationen benachbarter Spins dar. Vernachlässigt man diese Korrelationen:

$$(\sigma_i - \bar{\sigma})(\sigma_j - \bar{\sigma}) \to 0 \quad \text{bzw.} \quad \sigma_i\sigma_j \to \sigma_i\bar{\sigma} + \sigma_j\bar{\sigma} - \bar{\sigma}^2 \ ,$$

und ersetzt man entsprechend $\sigma_i\sigma_j$ in $E(\{\sigma_i\})$ durch $\sigma_i\bar{\sigma} + \sigma_j\bar{\sigma} - \bar{\sigma}^2$, so erhält man genau das Ising-Modell in der Molekularfeldnäherung:

$$E^{\mathrm{MF}}(\{\sigma_i\}) = \sum_i E(\sigma_i) + \text{Konstante} = -\mu_{\mathrm{B}}\bar{B}\sum_i \sigma_i + \text{Konstante} \ .$$

Wir lernen also, dass in der Molekularfeldnäherung die Information über Korrelationen benachbarter Spins verloren geht.

5.6.1 Selbstkonsistenzgleichung für die Magnetisierung

Gleichung (5.19) kann leicht grafisch gelöst werden. Hierzu definieren wir

$$x \equiv \beta(\mu_{\mathrm{B}}B + Jq\bar{\sigma})$$

und lösen die Gleichung

$$\tanh(x) = \frac{1}{\beta Jq}(x - \beta \mu_{\mathrm{B}} B) \, ,$$

indem wir beide Seiten dieser Gleichung grafisch als Funktion von x darstellen und einen Kreuzpunkt suchen. Der Funktionswert im Kreuzpunkt entspricht dann genau dem gesuchten mittleren Spin $\bar{\sigma}(T, B)$. Wie aus den Abbildungen 5.5 und 5.6 hervorgeht, gibt es für kleine B zwei physikalisch gänzlich unterschiedliche Situationen: $1/(\beta Jq) > 1$ und $1/(\beta Jq) < 1$ oder, anders formuliert, $T > T_{\mathrm{c}}$ und $T < T_{\mathrm{c}}$ mit $T_{\mathrm{c}} \equiv Jq/k_{\mathrm{B}}$. Für $T > T_{\mathrm{c}}$ gilt $\bar{\sigma} \to 0$ für $B \to 0$; in diesem Fall liegt für $B = 0$ also keine spontane Magnetisierung vor. Für $T < T_{\mathrm{c}}$ gibt es für genügend kleine B-Werte drei Kreuzungspunkte, von denen K_1 dem größten $|x|$-Wert und daher der niedrigsten freien Enthalpie entspricht; in diesem Fall erhält man im Limes $B \to 0$ ein nicht-verschwindendes magnetisches Moment und somit eine spontane Magnetisierung.

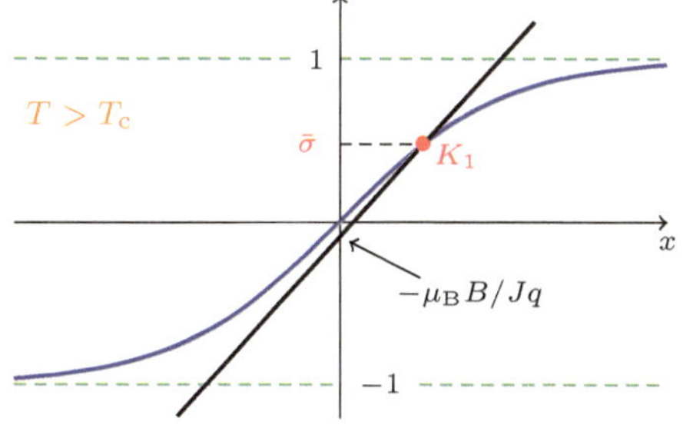

Abb. 5.5 Grafische Lösung des Ising-Modells in der Molekularfeldnäherung ($T > T_{\mathrm{c}}$)

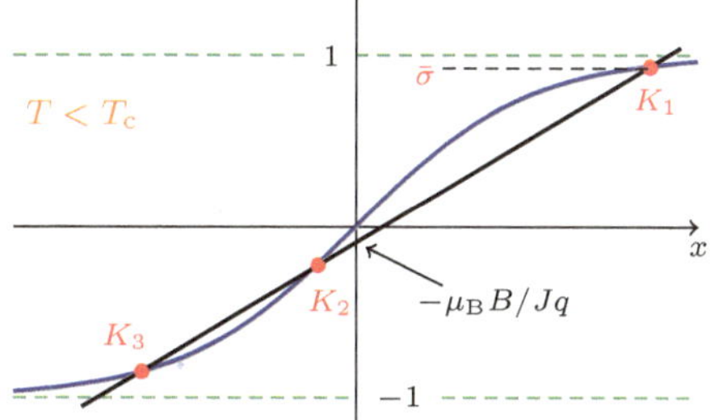

Abb. 5.6 Grafische Lösung des Ising-Modells in der Molekularfeldnäherung ($T < T_{\mathrm{c}}$)

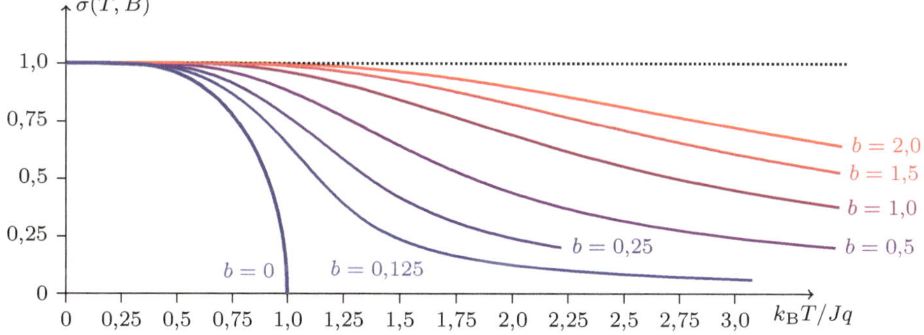

Abb. 5.7 Magnetisierung $\bar{\sigma}(T, B)$ des Ising-Modells in Molekularfeldnäherung für verschiedene Werte des Magnetfeldparameters $b \equiv \mu_{\mathrm{B}} B/Jq$

Gleichung (5.19) kann auch leicht numerisch gelöst werden. Hierzu definiert man am besten die dimensionslose Temperatur $t \equiv k_{\mathrm{B}} T/Jq$ und das dimensionslose Magnetfeld $b \equiv \mu_{\mathrm{B}} B/Jq$ und schreibt dann Gleichung (5.19) entweder in der Form $t = (\bar{\sigma} + b)/\mathrm{artanh}(\bar{\sigma})$ oder in der Form $b = \mathrm{artanh}(\bar{\sigma})\, t - \bar{\sigma}$. Mit Hilfe dieser expliziten Formeln kann die Magnetisierung als Funktion der Temperatur bei festem B

[also die Kurve $(t(\bar{\sigma}, b), \bar{\sigma})$] oder alternativ als Funktion des Magnetfelds bei festem T [also die Kurve $(b(\bar{\sigma}, t), \bar{\sigma})$] durch die Variable $\bar{\sigma} \in [0, 1]$ parametrisiert werden. Die numerischen Ergebnisse sind in den Abbildungen 5.7 und 5.8 dargestellt und werden im Folgenden diskutiert.

Limes tiefer Temperaturen bzw. hoher Magnetfelder

Weit unterhalb von T_{c}, d. h. für $T \downarrow 0$, oder auch bei beliebigen Temperaturen für $B \to \infty$, gilt bei der Lösung der Selbstkonsistenzgleichung $x \to \infty$. In diesen beiden Grenzwerten folgt also aus $\tanh(x) \sim 1 - 2e^{-2x}$, dass sich der mittlere Spin dem Maximalwert Eins *exponentiell* nähert:

$$\bar{\sigma} = \tanh(x) \sim 1 - 2e^{-2\beta(\mu_{\mathrm{B}}B + Jq)} \qquad (T \downarrow 0) . \tag{5.20}$$

Betrachten wir zuerst die Magnetisierung bei tiefen Temperaturen und festem B: Das Ergebnis (5.20) der Molekularfeldnäherung stimmt für $B = 0$ genau mit dem exakten Ergebnis (5.17) überein und ist daher gültig für tiefe Temperaturen in allen Dimensionen $d > 1$. Wir lernen hieraus, dass die Molekularfeldnäherung für das Ising-Modell im Tieftemperaturlimes exakt wird. Das exponentielle Verhalten der Magnetisierung als Funktion der Temperatur für $T \downarrow 0$ (bei konstantem Magnetfeld) ist auch in allen Kurven in Abb. 5.7 klar zu erkennen.

Analoges gilt für die Magnetisierung bei fester Temperatur in starken B-Feldern: Auch im Grenzfall $B \to \infty$ ergibt die Molekularfeldnäherung asymptotisch exakte Ergebnisse. Die exponentielle Annäherung der Magnetisierung $\bar{\sigma}$ für $B \to \infty$ an den asymptotischen Wert Eins wird in Abb. 5.8 am Beispiel der Kurve für $T = T_c$ gezeigt.

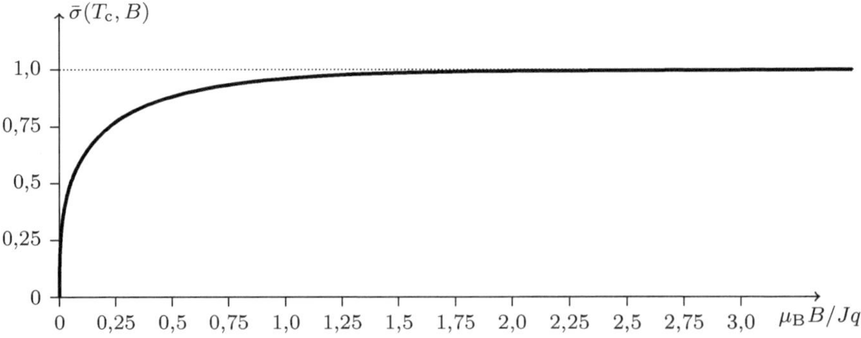

Abb. 5.8 Magnetisierung $\bar{\sigma}(T_{\mathrm{c}}, B)$ des Ising-Modells in Molekularfeldnäherung

Am kritischen Punkt, im Magnetfeld

In der Nähe des kritischen Punkts, d. h. für $T \simeq T_{\mathrm{c}}$, kann die Selbstkonsistenzgleichung (5.19) nach dem kleinen Parameter $x = \beta(\mu_{\mathrm{B}}B + Jq\bar{\sigma})$ entwickelt werden. Mit Hilfe von $\tanh(x) \simeq x - \frac{1}{3}x^3 + \cdots$ erhält man:

$$\bar{\sigma} = \beta(\mu_{\mathrm{B}}B + Jq\bar{\sigma}) - \frac{1}{3}\left[\beta(\mu_{\mathrm{B}}B + Jq\bar{\sigma})\right]^3 + \cdots . \tag{5.21}$$

Genau am kritischen Punkt, d. h. für $T = T_c$, gilt

$$\beta_c \mu_B B \sim \tfrac{1}{3}\left[\beta_c(\mu_B B + Jq\bar{\sigma})\right]^3 \sim \tfrac{1}{3}(\bar{\sigma})^3 \qquad (B \to 0)\,,$$

sodass für kleine Magnetfelder

$$\boxed{\;\bar{\sigma}(T_c, B) \sim (3\beta_c \mu_B B)^{1/3} \qquad (B \to 0)\;}$$

folgt. Definiert man den kritischen Exponenten δ nun wie in Gleichung (2.72) durch $M \propto |\mathbf{B}|^{1/\delta}$ für $T = T_c$ und $|\mathbf{B}| \to 0$, dann erhält man in der Molekularfeldnäherung zum Ising-Modell mit einem Magnetfeld $\mathbf{B} = B\mathbf{e}_3$ den kritischen Exponenten $\delta = 3$. Das in Abb. 5.8 grafisch dargestellte Ergebnis für die Magnetisierung $\bar{\sigma}(T_c, B)$ zeigt die kubische Wurzel $\bar{\sigma} \propto B^{1/3}$ deutlich im Limes $B \to 0$.

Nahe dem kritischen Punkt, ohne Magnetfeld

Für $T \simeq T_c$ und $B = 0$ erhält man aus (5.21):

$$0 = \bar{\sigma}(1 - \beta Jq) + \tfrac{1}{3}(\beta Jq\bar{\sigma})^3 + \cdots = \bar{\sigma}\left[\left(1 - \frac{T_c}{T}\right) + \tfrac{1}{3}(\bar{\sigma})^2 + \cdots\right].$$

Für $T \gtrsim T_c$ folgt daher erwartungsgemäß die triviale Lösung $\bar{\sigma} = 0$. Diese Lösung existiert auch für $T \lesssim T_c$; dort hat sie jedoch (siehe oben) die höhere freie Enthalpie und ist daher instabil. Die stabile Lösung für $T \lesssim T_c$ ist

$$\boxed{\;\bar{\sigma}(T, 0) \sim \sqrt{3}\left(1 - \frac{T}{T_c}\right)^{1/2} \qquad (T \uparrow T_c)\,.\;} \tag{5.22}$$

Definiert man den kritischen Exponenten β nun wie in (2.71) durch $M \propto (T_c - T)^\beta$ für $B = 0$ und $T \uparrow T_c$, dann gilt in der Molekularfeldnäherung $\beta = \tfrac{1}{2}$. Die Quadratwurzel in der Temperaturabhängigkeit von $\bar{\sigma}(T, 0)$ nahe der kritischen Temperatur ist an der Kurve für $b = 0$ in Abb. 5.7 klar zu sehen.

5.6.2 Die thermische Antwortfunktion

Wir berechnen nun einige Antwortfunktionen in der Molekularfeldnäherung. Für die *thermische* Antwortfunktion $\frac{1}{T}C_{B,N}$ oder äquivalent für die Wärmekapazität $C_{B,N}(T, B) = T\left(\frac{\partial S}{\partial T}\right)_{B,N} = \left(\frac{\partial U}{\partial T}\right)_{B,N}$ benötigt man zunächst einen Ausdruck für die innere Energie U in der Molekularfeldnäherung. Dieser folgt durch Mittelung von (5.7), d. h., indem man in (5.7) die Spins σ_i und σ_j als unabhängige Variable auffasst und beide durch $\bar{\sigma}$ ersetzt:

$$U = -N\left(\tfrac{1}{2}Jq\bar{\sigma}^2 + \mu_B B\bar{\sigma}\right)\,.$$

Die innere Energie hängt also gemäß $\bar{B} = -\frac{1}{\mu_B N}\frac{\partial U}{\partial \bar{\sigma}}$ mit dem gemittelten Feld $\bar{B}$ zusammen. Für $B = 0$ gilt $U = -\tfrac{1}{2}JqN\bar{\sigma}^2$ und somit

$$C_{B,N}(T, 0) = -JqN\bar{\sigma}\left(\frac{\partial\bar{\sigma}}{\partial T}\right)_B\,.$$

Die Ableitung $\left(\frac{\partial\bar{\sigma}}{\partial T}\right)_B$ folgt für $B = 0$ aus der Selbstkonsistenzbeziehung $\bar{\sigma} = \tanh(\beta J q \bar{\sigma})$. Für die Wärmekapazität $C_{B,N}$ erhält man also

$$C_{B,N}(T,0) = \frac{N k_{\mathrm{B}} \bar{\sigma}^2}{\frac{(\beta_c/\beta)^2}{1-\bar{\sigma}^2} - \frac{\beta_c}{\beta}} \, .$$

Im Limes $T \downarrow T_c$ gilt $\bar{\sigma} = 0$ und daher $C_{B,N}(T_c + 0^+, 0) = 0$. Für $T \uparrow T_c$ verwenden wir (5.22) oder äquivalent $\frac{\beta_c}{\beta} \sim 1 - \frac{1}{3}\bar{\sigma}^2$ und erhalten $C_{B,N}(T_c - 0^+, 0) = \frac{3}{2} N k_{\mathrm{B}}$. Wir stellen also fest, dass $C_{B,N}(T,0)$ bei der kritischen Temperatur T_c einen *Sprung* macht. Definiert man die kritischen Exponenten α, α' und die kritischen Amplituden A nun wie in (2.74) durch $C_{B,N}(T,0) \sim A\,|T - T_c|^{-\alpha,\alpha'}$ für $T \uparrow T_c$ bzw. $T \downarrow T_c$, so stellt man fest, dass der Exponent α' für das Ising-Modell in der Molekularfeldnäherung gleich null ist für $T \uparrow T_c$ mit einer Amplitude $A_< = \frac{3}{2} N k_{\mathrm{B}}$, während für $T \downarrow T_c$ die Amplitude $A_>$ gleich null und der Exponent α undefiniert ist.

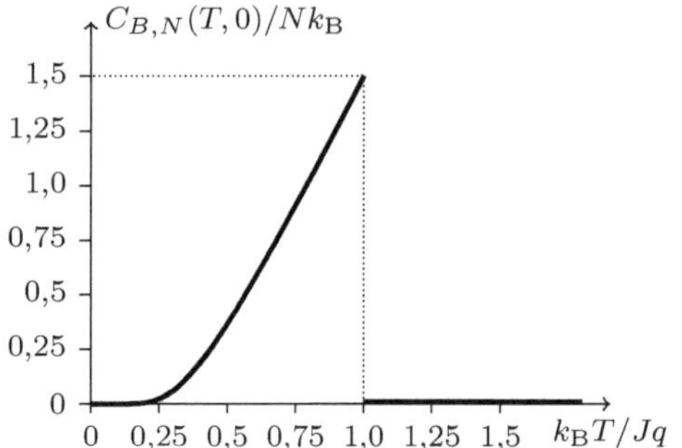

Abb. 5.9 Wärmekapazität $C_{B,N}/Nk_{\mathrm{B}}$ des Ising-Modells in der Molekularfeldnäherung ($B = 0$)

Die Wärmekapazität $C_{B,N}/Nk_{\mathrm{B}}$ des Ising-Modells in der Molekularfeldnäherung ist als Funktion der Temperatur für $B = 0$ in Abbildung 5.9 skizziert. Bemerkenswert ist einmal der Sprung in der Wärmekapazität bei der kritischen Temperatur T_c von einem Maximalwert $\frac{3}{2} N k_{\mathrm{B}}$ auf null und zum anderen das exponentielle Verhalten der Wärmekapazität bei tiefen Temperaturen, das durch die Energie $\varepsilon_1 = 2qJ$ der niedrigliegenden Anregungen [siehe Gleichung (5.17)] verursacht wird.

Alternative Berechnung aus der Entropie

Nebenbei sei erwähnt, dass man die Wärmekapazität $C_{B,N}$ natürlich auch aus der Entropie berechnen kann: Da alle Spins in der Molekularfeldnäherung als unabhängig angesehen werden und sich von den insgesamt N Spins genau $N_\downarrow = \frac{1}{2} N(1 - \bar{\sigma})$ Spins im Zustand $\downarrow$ befinden, ist die Entropie gegeben durch

$$S = k_{\mathrm{B}} \ln\left[\binom{N}{N_\downarrow}\right] = k_{\mathrm{B}} \ln\left[\binom{N}{\frac{1}{2}N(1 - \bar{\sigma})}\right] \, .$$

Mit Hilfe der Stirling-Formel folgt nun für große N-Werte:

$$S = -N k_{\mathrm{B}} \left[\tfrac{1}{2}(1 - \bar{\sigma})\ln(1 - \bar{\sigma}) + \tfrac{1}{2}(1 + \bar{\sigma})\ln(1 + \bar{\sigma}) - \ln(2)\right] \, .$$

Differentiation bezüglich der Temperatur führt zunächst auf den Ausdruck

$$C_{B,N}(T,0) = T \left(\frac{\partial S}{\partial T}\right)_{B,N}(T,0) = -\tfrac{1}{2} N k_{\mathrm{B}} T \frac{d\bar{\sigma}}{dT} \ln\left(\frac{1 + \bar{\sigma}}{1 - \bar{\sigma}}\right)$$

für die Wärmekapazität, der allerdings mit Hilfe der Selbstkonsistenzbeziehung $\bar{\sigma} = \tanh(\beta Jq\bar{\sigma})$ vereinfacht werden kann: Es folgt nämlich

$$\ln\left(\frac{1+\bar{\sigma}}{1-\bar{\sigma}}\right) = 2\beta Jq\bar{\sigma}$$

und somit das bereits bekannte Resultat $C_{B,N}(T,0) = -NJq\bar{\sigma}\frac{d\bar{\sigma}}{dT}$. Aus den Ergebnissen für die innere Energie U und die Entropie S des Ising-Modells mit $B = 0$ in der Molekularfeldnäherung kann die freie Energie, die für $B = 0$ gleich der freien Enthalpie ist, noch durch $F = U - TS$ bestimmt werden.

5.6.3 Die mechanische Antwortfunktion

Die magnetische isotherme Suszeptibilität $\chi_{T,N} = N\mu_{\mathrm{B}}(\partial\bar{\sigma}/\partial B)_T$, also eine *mechanische* Antwortfunktion, kann für *tiefe* Temperaturen durch Ableiten von (5.20) nach dem Magnetfeld berechnet werden:

$$\chi_{T,N} = N\mu_{\mathrm{B}}\left(\frac{\partial\bar{\sigma}}{\partial B}\right)_T \sim 4\beta N\mu_{\mathrm{B}}^2 e^{-2\beta Jq} \qquad (B = 0,\ T\downarrow 0)\,. \tag{5.23}$$

Der Vergleich mit dem asymptotisch exakten Ergebnis (5.17) (mit $\varepsilon_1 = 2qJ + 2\mu_{\mathrm{B}}B$ in Anwesenheit eines Magnetfelds) zeigt, dass das mit Hilfe der Molekularfeldnäherung bestimmte Tieftemperaturverhalten (5.23) der isothermen Suszeptibilität exakt wird für $T\downarrow 0$ in allen Dimensionen $d > 1$.

In der Nähe des kritischen Punkts folgt die magnetische isotherme Suszeptibilität durch Ableiten von (5.21) nach dem Magnetfeld:

$$\left(\frac{\partial\bar{\sigma}}{\partial B}\right)_T = \left\{1 - [\beta(\mu_{\mathrm{B}}B + Jq\bar{\sigma})]^2 + \cdots\right\}\beta\left[\mu_{\mathrm{B}} + Jq\left(\frac{\partial\bar{\sigma}}{\partial B}\right)_T\right]$$

$$\sim \left[1 - (\bar{\sigma})^2 + \cdots\right]\frac{T_{\mathrm{c}}}{T}\left[\frac{\mu_{\mathrm{B}}}{Jq} + \left(\frac{\partial\bar{\sigma}}{\partial B}\right)_T\right] \qquad (B = 0,\ T\to T_{\mathrm{c}})$$

als

$$\chi_{T,N} \sim N\mu_{\mathrm{B}}\frac{\mu_{\mathrm{B}}/(Jq)}{(\bar{\sigma})^2 - \left(1 - \frac{T}{T_{\mathrm{c}}}\right)} \qquad (B = 0,\ T\to T_{\mathrm{c}})\,.$$

Interessanterweise sind die Ergebnisse für $T\uparrow T_{\mathrm{c}}$ und $T\downarrow T_{\mathrm{c}}$ leicht unterschiedlich. Mit Hilfe von (5.22) und dem trivialen Ergebnis $\bar{\sigma} = 0$ für $T > T_{\mathrm{c}}$ erhält man die bereits aus (2.73) bekannte Form

$$\chi_{T,N}(T,0) \sim \frac{C_>}{(T - T_{\mathrm{c}})^\gamma} \quad (T\downarrow T_{\mathrm{c}}) \quad,\quad \chi_{T,N}(T,0) \sim \frac{C_<}{(T_{\mathrm{c}} - T)^{\gamma'}} \quad (T\uparrow T_{\mathrm{c}})\,.$$

mit kritischen Exponenten $\gamma = \gamma' = 1$ und kritischen Amplituden $C_< = N\mu_{\mathrm{B}}^2/(2Jq)$ für $T\uparrow T_{\mathrm{c}}$ und $C_> = N\mu_{\mathrm{B}}^2/(Jq) = 2C_<$ für $T\downarrow T_{\mathrm{c}}$.

Oberhalb des kritischen Punkts folgt im Rahmen der Molekularfeldnäherung aus der Selbstkonsistenzgleichung $\bar{\sigma} = \tanh(x)$ sogar *exakt*, dass die isotherme

Suszeptibilität durch das Curie-Weiss-Gesetz $\chi_{T,N}(T,0) = A_>(T/T_c-1)^{-1}$ gegeben ist. Für $T \gg T_c$ folgt hieraus das Curie-Gesetz $\chi_{T,N} \sim N\beta\mu_B^2$, das also auch korrekt von der Molekularfeldnäherung reproduziert wird.

Die isotherme Suszeptibilität $\chi_{T,N}$ des Ising-Modells in der Molekularfeldnäherung ist als Funktion der Temperatur für $B = 0$ in Abbildung 5.10 dargestellt. Diese Abbildung zeigt einerseits die $|T - T_c|^{-1}$-Divergenz bei der kritischen Temperatur T_c mit den unterschiedlichen Amplituden $A_<$ für $T \uparrow T_c$ und $A_> = 2A_<$ für $T \downarrow T_c$ und andererseits, wie bei der Wärmekapazität, das exponentielle Verhalten bei tiefen Temperaturen, das durch die Energie $\varepsilon_1 = 2qJ$ der niedrigliegenden Anregungen [siehe Gleichung (5.17)] verursacht wird.

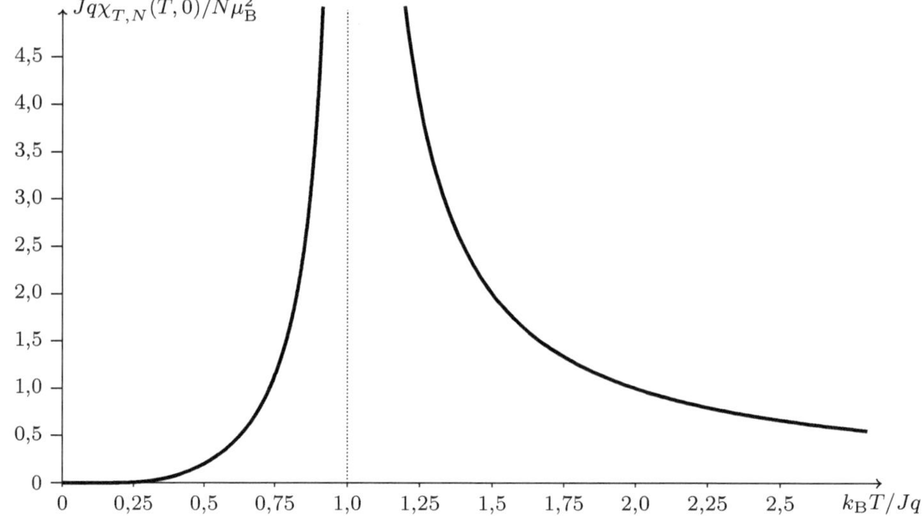

Abb. 5.10 Suszeptibilität $\chi_{T,N}$ des Ising-Modells in Molekularfeldnäherung ($B = 0$)

Gültigkeitsbereiche der Molekularfeldnäherung

Abgesehen vom Limes tiefer Temperaturen (bzw. hoher Magnetfelder) und dem Hochtemperaturverhalten der Suszeptibilität gibt es noch einen dritten Grenzwert, der von der Molekularfeldnäherung korrekt reproduziert wird, nämlich den Limes hoher *Raumdimensionen* ($d \to \infty$) bzw. – was auf das Gleiche hinausläuft – hoher *Koordinationszahlen* ($q \to \infty$). Dies erkennt man sofort an dem Ausdruck für das reale Feld B_i, das auf Spin i wirkt:

$$B_i = B + \frac{J}{\mu_B} \sum_{jNNi} \sigma_j = B + \frac{Jq}{\mu_B}\langle\sigma\rangle_i \quad , \quad \langle\sigma\rangle_i \equiv \frac{1}{q} \sum_{jNNi} \sigma_j .$$

Im Limes $q \to \infty$ strebt der mittlere Spin $\langle\sigma\rangle_i$ der q Nachbarn des Spins i gegen den thermodynamischen Erwartungswert $\bar\sigma$, und dadurch reduziert sich B_i auf $\bar{B}$. An dieser Stelle möchten wir daran erinnern, dass die Koordinationszahl q für z. B. ein kubisch primitives Gitter gleich 6, für ein kubisch raumzentriertes Gitter gleich 8 und für ein kubisch flächenzentriertes Gitter gleich 12 ist. Zumindest für die letzten beiden Gittertypen könnte man daher argumentieren, dass die für eine sinnvolle Anwendung der Molekularfeldnäherung relevante Bedingung einer hohen Koordinationszahl weitgehend erfüllt ist.

5.7   Phasenübergang im zweidimensionalen Ising-Modell ∗

Im vorigen Abschnitt konnten wir feststellen, dass die Molekularfeldnäherung zum Ising-Modell den Hochtemperatur- und den Tieftemperaturlimes (für $d \geq 2$) sowie den Limes hoher Dimensionen ($d \to \infty$) korrekt beschreibt. Für alle Dimensionen $d \geq 2$ sagt die Molekularfeldnäherung aus Abschnitt [5.6] einen Phasenübergang bei einer kritischen Temperatur $T_c^{MF} = Jq/k_B$ mit den kritischen Exponenten $\alpha' = 0$, $\beta = \frac{1}{2}$, $\gamma = \gamma' = 1$ und $\delta = 3$ voraus.[1] Obwohl diese Vorhersagen qualitativ plausibel erscheinen, ist es im Allgemeinen mangels einer exakten Lösung nicht einfach, die möglichen Diskrepanzen zwischen der Molekularfeldtheorie und der exakten Lösung zu quantifizieren. Eine Ausnahme ist das *zwei*dimensionale Ising-Modell (ohne Magnetfeld), für das etliche thermodynamische Größen exakt berechnet werden können (Onsager, 1944). Keine exakten Lösungen existieren bisher für das zweidimensionale Ising-Modell *im* Magnetfeld ($B \neq 0$) und für das endlichdimensionale Ising-Modell mit Dimensionen $2 < d < \infty$. In diesem Abschnitt berechnen wir die kritische Temperatur des zweidimensionalen Ising-Modells ($B = 0$) auf dem *Quadratgitter* exakt mit Hilfe einer durch Kramers und Wannier (1941) entwickelten *Dualitätstransformation*, und wir vergleichen die exakte kritische Temperatur T_c mit der Vorhersage T_c^{MF} der Molekularfeldtheorie. Auch auf die exakten Werte für die *kritischen Exponenten* des zweidimensionalen Modells gehen wir kurz ein.

5.7.1   Allgemeine Form der Zustandssumme ∗

Da das Magnetfeld also den festen Wert $B = 0$ hat und das Ising-Modell daher nur thermische bzw. chemische Freiheitsgrade aufweist, kann die Zustandssumme in der *kanonischen* Gesamtheit berechnet werden:

$$Z_k(T, N) = \sum_{\{\sigma_l\}} e^{-\beta E(\{\sigma_l\})} \quad , \quad E(\{\sigma_l\}) = -\tfrac{1}{2} J \sum_{(ij)} \sigma_i \sigma_j \ .$$

Ersetzt man nun die Summe über nächstbenachbarte Gitterplätze (ij) durch eine Summe über die möglichen *Bindungen* $\langle ij \rangle$ zwischen nächsten Nachbarn, wobei jede Bindung genau *einmal* gezählt wird, so lässt sich die Zustandssumme wegen $E(\{\sigma_l\}) = -J \sum_{\langle ij \rangle} \sigma_i \sigma_j$ mit der Definition $j \equiv \beta J$ auch als

$$Z_k(T, N) = \sum_{\{\sigma_l\}} \prod_{\langle ij \rangle} e^{j \sigma_i \sigma_j} \quad , \quad j \equiv \beta J \tag{5.24}$$

schreiben. Wir untersuchen die Eigenschaften dieser Zustandssumme im Folgenden zunächst in einer Hoch- und dann in einer Tieftemperaturentwicklung. Anschließend bilden wir beide Entwicklungen durch eine *Dualitätstransformation* aufeinander ab und bestimmen die exakte kritische Temperatur T_c des zweidimensionalen Ising-Modells mit Hilfe dieser Abbildung. Wir konzentrieren uns hierbei auf das zweidimensionale *Quadratgitter*, werden jedoch gelegentlich analoge Resultate für andere Gittertypen erwähnen (z. B. für das Dreiecks- und das Honigwabengitter).

---

[1]Diese kritischen Exponenten wurden allgemein in den Gleichungen (2.71) bis (2.74) in Abschnitt [2.18] definiert.

5.7.2 Hochtemperaturentwicklung für die Zustandssumme *

Wir betrachten die Zustandssumme (5.24) zunächst in einer *Hochtemperatur*entwicklung ($j \ll 1$). Man erhält bei der Taylor-Entwicklung der Exponentialfunktion für $j \ll 1$ wegen $(\sigma_i \sigma_j)^2 = 1$ einen Unterschied zwischen den *geraden* und *ungeraden* Termen, wobei die letzteren proportional zu $\sigma_i \sigma_j$ sind:

$$e^{j\sigma_i\sigma_j} = \cosh(j) + \sigma_i\sigma_j \sinh(j) = \cosh(j)\left[1 + \sigma_i\sigma_j \tanh(j)\right] .$$

Für die Zustandssumme ergibt sich daher:

$$\begin{aligned}
Z_{\text{k}}(T, N) &= [\cosh(j)]^{\frac{1}{2}qN} \sum_{\{\sigma_l\}} \prod_{\langle ij \rangle} [1 + \sigma_i\sigma_j \tanh(j)] \\
&\equiv [\cosh(j)]^{\frac{1}{2}qN} \sum_{\nu=0}^{\infty} K_\nu [\tanh(j)]^\nu ,
\end{aligned} \tag{5.25}$$

wobei q die Anzahl der nächsten Nachbarn eines jeden Gitterpunkts ist (sodass z. B. $q = 3, 4, 6$ für ein Honigwaben-, Quadrat- bzw. Dreiecksgitter gilt) und K_ν den Koeffizienten von $[\tanh(j)]^\nu$ in der Summe über alle Spinkonfigurationen darstellt. Da der Entwicklungsparameter $\tanh(j)$ für *hohe* Temperaturen ($j \ll 1$) klein ist, stellt die Reihe (5.25) eine Hochtemperaturentwicklung dar. Beispielsweise sind die ersten drei Koeffizienten in dieser Entwicklung für das Quadratgitter durch

$$K_0 = \sum_{\{\sigma_l\}} 1 \quad , \quad K_1 = \sum_{\{\sigma_l\}} \sum_{\langle ij \rangle} \sigma_i\sigma_j \quad , \quad K_2 = \sum_{\{\sigma_l\}} \sum_{\substack{\langle ij \rangle \\ \langle ij \rangle \neq \langle kl \rangle}} \sum_{\langle kl \rangle} \sigma_i\sigma_j\sigma_k\sigma_l$$

gegeben. Folglich ist K_0 gleich der Gesamtzahl der Spinkonfigurationen: $K_0 = 2^N$. Außerdem gilt $K_1 = 0$, da diese Summe antisymmetrisch in σ_i und σ_j ist. Analog folgt $K_2 = 0$, da diese Summe antisymmetrisch in *allen* Variablen ($\sigma_i, \sigma_j, \sigma_k, \sigma_l$) ist, falls die Bindungen $\langle ij \rangle$ und $\langle kl \rangle$ keinen Gitterplatz gemeinsam haben, und antisymmetrisch in *zwei* der vier Variablen ist, falls $\langle ij \rangle$ und $\langle kl \rangle$ sich genau einen Gitterplatz teilen. In ähnlicher Weise erhält man $K_3 = 0$. Der Koeffizient K_4 ist für das Quadratgitter wiederum ungleich null, da man die vier in dieser Summe auftretenden Bindungen so anordnen kann, dass sich jede Bindung mit genau zwei der drei übrigen jeweils einen Gitterplatz teilt: Die vier Bindungen bilden somit eine Plakette ($\square$), und man erhält für K_4:

$$K_4 = \sum_{\{\sigma_l\}} \sum_{\square} (\sigma_i\sigma_j)(\sigma_j\sigma_k)(\sigma_k\sigma_l)(\sigma_l\sigma_i) = 2^N n(4) ,$$

wobei $n(4)$ die Gesamtzahl der unterschiedlichen Plaketten des Quadratgitters darstellt. Analog erhält man $K_6 = 2^N n(6)$, wobei $n(6)$ die Gesamtzahl der unterschiedlichen Rechtecke der Länge 2 und Breite 1 ist. Wegen Antisymmetrie gilt $K_5 = K_7 = 0$. Für $\nu = 8$ entsprechen die nicht-verschwindenden Beiträge Anordnungen von Bindungen, die entweder Rechtecke der Länge 3 und Breite 1 oder L-förmige Graphen oder Paare von Plaketten bilden. Hierbei haben die beiden Plaketten eines Paares entweder keinen oder genau einen Gitterplatz gemeinsam. Im letzteren Fall liegt eine *Selbstüberschneidung* vor, wobei in einem Gitterplatz *vier* Bindungen zusammenkommen.

Die Struktur der Hochtemperaturentwicklung ist nun klar: Die ν-te Ordnung dieser Entwicklung kann mit Hilfe *geschlossener* Graphen der (Gesamt-)Länge ν dargestellt werden, d. h. durch Graphen mit ν Bindungen, wobei die Anzahl der Bindungen in jedem Gitterpunkt des Graphen *gerade* ist. Bezeichnen wir die Anzahl solcher Graphen auf dem Quadratgitter als $n(\nu)$, dann folgt:

$$Z_{\mathrm{k}}(T, N) = 2^N [\cosh(j)]^{\frac{1}{2} qN} \sum_{\nu=0}^{\infty} n(\nu)[\tanh(j)]^{\nu} \quad , \quad n(0) = 1 \ . \tag{5.26}$$

Als einfaches Beispiel für eine Anwendung dieser Hochtemperaturentwicklung betrachten wir das *ein*dimensionale Ising-Modell ($d = 1$) mit periodischen Randbedingungen ($\sigma_{N+1} = \sigma_1$). Die Herleitung der Hochtemperaturentwicklung für diesen Fall verläuft vollkommen analog, und man erhält nur *zwei* geschlossene Graphen (nämlich solche der Länge $\nu = 0$ bzw. $\nu = N$). Es folgt wegen $q = 2$ für das eindimensionale Modell:

$$\begin{aligned} Z_{\mathrm{k}}(T, N) &= 2^N [\cosh(j)]^{\frac{1}{2} qN} \left\{ 1 + [\tanh(j)]^N \right\} \\ &= 2^N \left\{ [\cosh(j)]^N + [\sinh(j)]^N \right\} = p_+^N + p_-^N \ , \end{aligned}$$

im Einklang mit der exakten Lösung für dieses Modell.

5.7.3   Tieftemperaturentwicklung für die Zustandssumme ∗

Um die *Tieftemperatur*entwicklung für das zweidimensionale Ising-Modell formulieren zu können, führen wir für eine vorgegebene Spinkonfiguration $\{\sigma_l\}$ zuerst die Zahlen $N_{\uparrow\uparrow}, N_{\downarrow\downarrow}$ und $N_{\uparrow\downarrow}$ der Bindungen mit zwei $\uparrow$-Spins, zwei $\downarrow$-Spins bzw. einem $\uparrow$- und einem $\downarrow$-Spin ein. Da $N_{\uparrow\uparrow} + N_{\downarrow\downarrow} + N_{\uparrow\downarrow} = \frac{1}{2} qN$ für die Gesamtzahl aller Bindungen gilt, folgt:

$$-\beta E(\{\sigma_l\}) = j(N_{\uparrow\uparrow} + N_{\downarrow\downarrow} - N_{\uparrow\downarrow}) = j \left(\tfrac{1}{2} qN - 2N_{\uparrow\downarrow} \right) \ .$$

Jede Spinkonfiguration kann nun als Cluster von $\downarrow$-Spins, eingebettet in einem See von $\uparrow$-Spins, aufgefasst werden, wobei die Domänenwand, die die $\uparrow$- und $\downarrow$-Spins trennt, durch einen geschlossenen Graphen auf dem *dualen Gitter* des Quadratgitters dargestellt werden kann.[2] Es folgt also

$$Z_{\mathrm{k}}(T, N) = e^{\frac{1}{2} qNj} \sum_{\nu=0}^{\infty} m(\nu)\, e^{-2j\nu} \quad , \quad m(0) = 1 \ , \tag{5.27}$$

wobei $m(\nu)$ die Anzahl unterschiedlicher geschlossener Graphen der (Gesamt-)Länge ν auf dem dualen Gitter des Quadratgitters darstellt. Da das duale Gitter des Quadratgitters wiederum ein Quadratgitter mit N Gitterplätzen ist, d. h., da das Quadratgitter *selbstdual* ist, folgt jedoch $m(\nu) = n(\nu)$. Da e^{-2j} gerade für $j \to \infty$ (d. h. für *tiefe* Temperaturen) klein ist, stellt (5.27) in der Tat eine *Tief*temperaturentwicklung dar.

Nebenbei sei bemerkt, dass die Selbstdualität des Quadratgitters eher eine Ausnahme darstellt: Das duale Gitter eines Dreiecksgitters ist z. B. ein Honigwabengitter, das duale Gitter eines Honigwabengitters ein Dreiecksgitter.

---

[2] Das *duale* Gitter erhält man, indem man die Mittelsenkrechten der Bindungen des ursprünglichen Gitters miteinander verbindet.

5.7.4 Dualität der Hoch- und Tieftemperaturbereiche $*$

Um nun den Hochtemperaturbereich des Ising-Modells auf den Tieftemperaturbereich abbilden zu können, definieren wir

$$e^{-2j} \equiv \tanh(j^*) \quad , \quad T^* \equiv J/k_{\mathrm{B}}j^* \; . \tag{5.28}$$

Es ist zu beachten, dass der Hochtemperaturbereich $j \ll 1$ (bzw. $T \gg J/k_{\mathrm{B}}$) somit auf den Tieftemperaturbereich $j^* \gg 1$ (bzw. $T^* \ll J/k_{\mathrm{B}}$) und umgekehrt abgebildet wird. Die Definition (5.28) kann auch symmetrischer als

$$\sinh(2j) = \frac{1}{\sinh(2j^*)} \tag{5.29}$$

geschrieben werden. Aus (5.27) und (5.28) folgt für das Quadratgitter mit $q = 4$:

$$Z_{\mathrm{k}}(T, N) = \sum_{\nu=0}^{\infty} n(\nu)[\tanh(j^*)]^{\nu - N} \; ,$$

während aus (5.26) für die Zustandssumme $Z_{\mathrm{k}}(T^*, N)$ folgt:

$$Z_{\mathrm{k}}(T^*, N) = 2^N [\cosh(j^*)]^{2N} \sum_{\nu=0}^{\infty} n(\nu)[\tanh(j^*)]^{\nu} \; .$$

Durch Division dieser beiden Zustandssummen ergibt sich

$$\frac{Z_{\mathrm{k}}(T, N)}{Z_{\mathrm{k}}(T^*, N)} = \frac{[\tanh(j^*)]^{-N}}{2^N [\cosh(j^*)]^{2N}} = \frac{1}{[\sinh(2j^*)]^N} \; . \tag{5.30}$$

Ersetzt man auf der rechten Seite von (5.30):

$$\sinh(2j^*) \; \rightarrow \; \left[\frac{\sinh(2j^*)}{\sinh(2j)} \right]^{\frac{1}{2}} \; ,$$

so erhält man die Abbildung

$$[\sinh(2j)]^{-N/2} Z_{\mathrm{k}}(T, N) = [\sinh(2j^*)]^{-N/2} Z_{\mathrm{k}}(T^*, N)$$

des Hochtemperaturbereichs auf den Tieftemperaturbereich der Zustandssumme (und umgekehrt). Insofern liegt im Ising-Modell auf dem Quadratgitter auch als Funktion der Temperatur eine *Dualität* vor.

Analoge Dualitätstransformationen führen von der Hochtemperaturentwicklung des Dreiecksgitters (bzw. Honigwabengitters) auf die Tieftemperaturentwicklung des Honigwabengitters (bzw. Dreiecksgitters).

Bestimmung der kritischen Temperatur

Setzt man in (5.30) $T = T_{\mathrm{c}}$ und mit $j_{\mathrm{c}}^* \equiv \mathrm{artanh}(e^{-2j_{\mathrm{c}}})$ auch $j^* = j_{\mathrm{c}}^*$ und $T^* = T_{\mathrm{c}}^* \equiv J/k_{\mathrm{B}}j_{\mathrm{c}}^*$, so erhält man

$$\frac{Z_{\mathrm{k}}(T_{\mathrm{c}}, N)}{Z_{\mathrm{k}}(T_{\mathrm{c}}^*, N)} = \frac{1}{[\sinh(2j_{\mathrm{c}}^*)]^N} = [\sinh(2j_{\mathrm{c}})]^N \; . \tag{5.31}$$

Nun lässt sich beweisen (Yang und Lee, 1952), dass die Zustandssumme des Ising-Modells als Funktion der Temperatur nur eine einzelne Singularität hat, sodass am Phasenübergang $T_c = T_c^*$ gelten muss. Gleichung (5.31) reduziert sich somit auf

$$\sinh(2j_c) = 1 \qquad (j_c = \beta_c J = J/k_B T_c) , \tag{5.32}$$

d. h.

$$\frac{J}{k_B T_c} = j_c = \tfrac{1}{2}\operatorname{arsinh}(1) = \tfrac{1}{2}\ln(\sqrt{2}+1) \simeq 0{,}4407 .$$

Es folgt $k_B T_c \simeq 2{,}2692\,J$, dies im Gegensatz zu $j_c^{MF} = \tfrac{1}{4}$ bzw. $k_B T_c^{MF} = 4J$ in der Molekularfeldtheorie. Der Vergleich zeigt, dass die kritische Temperatur des zweidimensionalen Ising-Modells durch die niedrige Dimensionalität im Vergleich zur Molekularfeldtheorie stark abgesenkt wird (um etwa einen Faktor 2). Räumliche Fluktuationen, die in der Molekulartheorie vernachlässigt werden, führen generell dazu, dass eine Tendenz zur Symmetriebrechung unterdrückt oder zumindest abgeschwächt wird. Auch die exakten kritischen Exponenten des zweidimensionalen Ising-Modells auf dem Quadratgitter weichen von den Vorhersagen der Molekularfeldtheorie ab: Statt der Molekularfeldexponenten $(\alpha')^{MF} = 0$, $\beta^{MF} = \tfrac{1}{2}$, $\gamma^{MF} = (\gamma')^{MF} = 1$ und $\delta^{MF} = 3$ erhält man exakt

$$\alpha = \alpha' = 0 \quad , \quad \beta = \tfrac{1}{8} \quad , \quad \gamma = \gamma' = \tfrac{7}{4} \quad , \quad \delta = 15 \qquad (d = 2,\ \text{exakt}) .$$

Nur der Exponent α' der Wärmekapazität hat also den Molekularfeldwert, und bei genauerer Betrachtung ist auch das Verhalten der Wärmekapazität in der exakten Lösung und der Molekularfeldtheorie nicht genau gleich: Während die Wärmekapazität in der Molekularfeldtheorie bei T_c^{MF} einen Sprung hat, weist sie in der exakten Lösung bei T_c eine logarithmische Singularität auf.

Analog erhält man auch für das Ising-Modell auf dem *drei*dimensionalen *kubischen* Gitter kritische Exponenten, die von den Molekularfeldwerten abweichen: Die (numerisch bestimmten) kritischen Exponenten des dreidimensionalen Modells sind (mit $\alpha = \alpha'$ und $\gamma = \gamma'$)

$$\alpha \simeq 0{,}12 \quad , \quad \beta \simeq 0{,}32 \quad , \quad \gamma \simeq 1{,}23 \quad , \quad \delta \simeq 4{,}85 \qquad (d = 3,\ \text{numerisch}) .$$

Diese Diskrepanzen zwischen exaktem (oder numerisch-exaktem) kritischem Verhalten und Molekularfeldexponenten haben letztlich, aufbauend auf Arbeiten von Widom, Kadanoff, Michael Fisher und vielen anderen mehr, zur Renormierungsgruppentheorie geführt, für die Kenneth Wilson 1982 den Physik-Nobel-Preis erhielt.

Die Dualitätstransformation, die für das Quadratgitter zu Gleichung (5.32) geführt hat, kann auch dazu verwendet werden, die kritische Temperatur T_c für das Dreiecks- und das Honigwabengitter zu bestimmen. Allerdings gibt es hierbei den wichtigen Unterschied, dass das Quadratgitter *selbstdual* ist und ein Dreiecks- bzw. Honigwabengitter durch die Dualitätstransformation auf das jeweils andere Gitter abgebildet wird. Folglich erhält man Beziehungen zwischen der *Hoch*temperaturentwicklung des Dreiecksgitters bzw. Honigwabengitters und der *Tief*temperaturentwicklung des *jeweils anderen* Gitters. Für die Bestimmung der kritischen Temperatur benötigt man jedoch eine Abbildung von der Hoch- auf die Tieftemperaturentwicklung des *gleichen* Gitters. Glücklicherweise gibt es eine weitere Beziehung, die sogenannte *Star-Triangle*-Transformation,[3] die die *Hoch*temperaturentwicklung für das Dreiecksgitter auf die *Hoch*temperaturentwicklung für das Honigwabengitter abbildet. Durch Kombination der Dualitäts- und *Star-Triangle*-Transformationen erhält man dann (siehe Ref. [6]) für die kritische Temperatur T_c des Ising-Modells auf dem Dreiecksgitter mit der Kopplungskonstanten J:

$$\sinh(2j_c) = \frac{1}{\sqrt{3}} \qquad (j_c = \beta_c J = J/k_B T_c) \tag{5.33}$$

und analog die kritische Temperatur für das Honigwabengitter (s. Ref. [6]):

$$\sinh(2j_c) = \sqrt{3} \qquad (j_c = \beta_c J = J/k_B T_c) \,. \tag{5.34}$$

Wir lernen also, dass $j_c = J/k_B T_c$ umso *niedriger* und daher T_c selbst umso *höher* ist, desto *größer* die Zahl der Nachbarn eines Gitterpunkts ist. Amüsant ist noch, dass man die drei Gleichungen (5.32), (5.33) und (5.34) in der Form $\sinh(2j_c) = \tan(\frac{1}{2}\phi)$ zusammenfassen kann, wobei ϕ der Winkel zwischen zwei Bindungen auf dem jeweiligen Gitter ist, also $\phi = \frac{\pi}{3}$ für das Dreiecksgitter, $\phi = \frac{\pi}{2}$ für das Quadratgitter und $\phi = \frac{2\pi}{3}$ für das Honigwabengitter. Generell ist Ref. [6] als Quelle für Informationen über exakt gelöste Modelle in der Statistischen Physik sehr empfehlenswert.

5.8　Der klassische Limes für Spinsysteme …

Unter dem „klassischen Limes" für Spinsysteme versteht man allgemein den Limes, in dem das durch die Quantenmechanik bedingte *diskrete* Spektrum des Spin-Operators durch ein *kontinuierliches* Spektrum genähert werden kann und Summen über Spinquantenzahlen durch Integrale ersetzt werden können. Falls das Einteilchenspektrum nach oben *un*beschränkt ist, ist mit dem klassischen Limes im Allgemeinen der *Hochtemperaturlimes* gemeint, da der Abstand zweier benachbarter Energieniveaus für genügend hohe Temperaturen klein wird im Vergleich zur thermischen Energie und Zustandssummen durch Zustandsintegrale ersetzt werden können. Außerdem werden Mehrfachbesetzungen von Quantenniveaus in diesem Fall sehr unwahrscheinlich, sodass die statistischen (d. h. fermionischen oder bosonischen) Eigenschaften der Teilchen unwichtig werden. Ein typisches Beispiel dieser Situation sind die kinetischen Freiheitsgrade eines Gases. Falls das Einteilchenspektrum jedoch nur einige wenige Energieniveaus enthält (wie z. B. bei den Spinfreiheitsgraden der Teilchen), wird sich die Diskretisierung des Spektrums auch bei beliebig hohen Temperaturen noch bemerkbar machen. Unter dem klassischen Limes lokalisierter Spins versteht man dann auch etwas ganz anderes, nämlich den Limes $S \to \infty$, da die $2S + 1$ Eigenwerte von $\hat{S}_3$ in diesem Grenzfall tatsächlich ein Energiekontinuum bilden. Wir illustrieren die völlig unterschiedliche Bedeutung der Grenzwerte $T \to \infty$ und $S \to \infty$ im Folgenden anhand eines typischen Modells für die Wechselwirkung magnetischer Momente.

---

[3]Die naheliegende deutsche Übersetzung „Stern-Dreieck-Transformation" wäre irreführend, da dies bereits ein stehender Begriff aus der Elektrotechnik ist.

5.8.1   ... entspricht nicht dem Hochtemperaturlimes ...

Im Fall lokalisierter Spins ist auch der Hochtemperaturlimes äußerst „unklassisch"
in dem Sinne, dass er manifest durch den Operatorcharakter der Spins dominiert
wird. Als Beispiel betrachten wir den Hamilton-Operator

$$\hat{H} = -\tfrac{1}{2} \sum_{ij} \hat{\mathbf{S}}_i^{\mathrm{T}} I_{ij} \hat{\mathbf{S}}_j \qquad (I_{ii} = 0) \quad , \quad \hat{\mathbf{S}}_i \times \hat{\mathbf{S}}_j = i\hbar\, \delta_{ij} \hat{\mathbf{S}}_i \tag{5.35}$$

für Spin-S-Teilchen, wobei $I_{ij} = I_{ji}^{\mathrm{T}}$ und $I_{ij}^{\mu\nu} \in \mathbb{R}$ gelten soll. Wir berechnen die
Wärmekapazität dieses Modells im Hochtemperaturlimes:

$$\begin{aligned}
C_N &= \left(\frac{\partial U}{\partial T}\right)_N = -k_{\mathrm{B}}\beta^2 \left(\frac{\partial U}{\partial \beta}\right)_N = -k_{\mathrm{B}}\beta^2 \left(\frac{\partial^2 \beta F}{\partial \beta^2}\right)_N = k_{\mathrm{B}}\beta^2 \left(\frac{\partial^2 \ln Z_{\mathrm{k}}}{\partial \beta^2}\right)_N \\
&= k_{\mathrm{B}}\beta^2 \left(\langle \hat{H}^2 \rangle - \langle \hat{H} \rangle^2\right) \sim k_{\mathrm{B}}\beta^2 \left(\langle \hat{H}^2 \rangle_0 - \langle \hat{H} \rangle_0^2\right) \qquad (\beta \to 0)\,,
\end{aligned}$$

wobei die Schreibweise im letzten Schritt so zu verstehen ist, dass der Mittelwert
$\langle \hat{O} \rangle_0 \equiv (2S+1)^{-N} \operatorname{Sp}(\hat{O})$ für $\beta = 0$ ausgewertet werden soll. Da im Hochtemperaturlimes $\langle \hat{\mathbf{S}} \rangle_0 = \mathbf{0}$ gilt, folgt $\langle \hat{H} \rangle_0 = 0$ und außerdem:

$$\begin{aligned}
\langle \hat{H}^2 \rangle_0 &= \tfrac{1}{4} \sum_{iji'j'} I_{ij}^{\alpha\alpha'} I_{i'j'}^{\beta\beta'} \langle \hat{S}_i^\alpha \hat{S}_j^{\alpha'} \hat{S}_{i'}^\beta \hat{S}_{j'}^{\beta'} \rangle_0 \\
&= \tfrac{1}{4} \sum_{iji'j'} I_{ij}^{\alpha\alpha'} I_{i'j'}^{\beta\beta'} \left(\delta_{ii'}\delta_{jj'} \langle \hat{S}_i^\alpha \hat{S}_i^\beta \hat{S}_j^{\alpha'} \hat{S}_j^{\beta'} \rangle_0 + \delta_{ij'}\delta_{ji'} \langle \hat{S}_i^\alpha \hat{S}_i^{\beta'} \hat{S}_j^{\alpha'} \hat{S}_j^{\beta} \rangle_0 \right)\,,
\end{aligned}$$

wobei im zweiten Schritt verwendet wurde, dass die Gitterplätze (i, j) entweder
gleich (i', j') oder gleich (j', i') sein müssen, damit die entsprechenden Beiträge zu
$\langle \hat{H}^2 \rangle_0$ nicht gleich null sind. Die Summe über (i', j') ergibt daher:

$$\begin{aligned}
\langle \hat{H}^2 \rangle_0 &= \tfrac{1}{4} \sum_{ij} I_{ij}^{\alpha\alpha'} \left(I_{ij}^{\beta\beta'} \langle \hat{S}_i^\alpha \hat{S}_i^\beta \hat{S}_j^{\alpha'} \hat{S}_j^{\beta'} \rangle_0 + I_{ji}^{\beta\beta'} \langle \hat{S}_i^\alpha \hat{S}_i^{\beta'} \hat{S}_j^{\alpha'} \hat{S}_j^{\beta} \rangle_0 \right) \\
&= \tfrac{1}{4} [\tfrac{1}{3} S(S+1)\hbar^2]^2 \sum_{ij} I_{ij}^{\alpha\alpha'} \left(I_{ij}^{\beta\beta'} \delta_{\alpha\beta}\delta_{\alpha'\beta'} + I_{ji}^{\beta\beta'} \delta_{\alpha\beta'}\delta_{\alpha'\beta} \right) \\
&= \tfrac{1}{36} [S(S+1)]^2 \hbar^4 \sum_{ij\alpha\alpha'} \left(I_{ij}^{\alpha\alpha'} \right)^2 \quad , \quad \langle \hat{S}_i^\alpha \hat{S}_i^\alpha \rangle_0 = \tfrac{1}{3} \langle \hat{\mathbf{S}}_i^2 \rangle_0 = \tfrac{1}{3} S(S+1)\hbar^2\,.
\end{aligned}$$

Im letzten Schritt wurde die Symmetrieeigenschaft $I_{ij} = I_{ji}^{\mathrm{T}}$ der (reellwertigen)
Kopplungskonstanten I_{ij} verwendet. Bei der Herleitung dieses Ergebnisses gehen
die genauen Vertauschungsrelationen der Komponenten des Spinoperators und die
Details der Kopplungskonstanten $I_{ij}^{\alpha\alpha'}$ also entscheidend ein. Es folgt übrigens

$$\boxed{\; C_N(T) \sim \tfrac{1}{36} [S(S+1)]^2 \hbar^4 k_{\mathrm{B}} \beta^2 \sum_{ij\alpha\alpha'} \left(I_{ij}^{\alpha\alpha'} \right)^2 \qquad (T \to \infty)\,, \;} \tag{5.36}$$

sodass für Spinmodelle im Hochtemperaturlimes generell $C_N(T) \propto T^{-2}$ und daher
$U(T) \propto -T^{-1}$ gilt. Wegen der Proportionalität zu $\hbar^4$ ist dieses Hochtemperaturverhalten von $C_N(T)$ und $U(T)$ ein reiner Quanteneffekt.

In der Literatur wird das Ising-Modell gelegentlich als „klassisches" oder als „Quantenmodell" bezeichnet. Das obige Argument zeigt aber, dass auch der Ising-Hamilton-Operator (5.4) eindeutig ein Quantenmodell ist, zumindest wenn er – wie in diesem Kapitel – zur Beschreibung von *Spinwechselwirkungen* verwendet wird. Er beschreibt ja die Wechselwirkung der 3-Komponenten $\hat{S}_{i3}$ rein quantenmechanischer Spinoperatoren mit diskretem Spektrum. Der Operatorcharakter des Ising-Modells wird besonders dann klar, wenn man – wie in Gleichung (5.2) – auch die Wechselwirkung der magnetischen Momente mit einem allgemeinen Magnetfeld mitberücksichtigt. Der Operatorcharakter wird auch deutlich durch die Herleitung des Ising-Hamilton-Operators aus dem quantenmechanischen Heisenberg-Modell (5.3) im extrem anisotropen Grenzfall $I_{ij}^{\mu\nu} \to J_{ij}\delta_{\mu3}\delta_{\nu3}$, siehe Abschnitt [5.1]. Die Bezeichnung des Ising-Modells als „klassisch" rührt in der Regel daher, dass hiermit dann nicht der Hamilton-Operator (5.4), sondern das *Eigenwertspektrum* (5.5) gemeint ist, welches auch rein klassische Realisierungen hat. Diese klassischen Anwendungen haben dann typischerweise die Form *binärer Mischungen*. Beispiele solcher Anwendungen finden sich in den Übungsaufgaben 4.13 und 5.5.

5.8.2   ... sondern dem Limes hoher Spinquantenzahlen

Als klassischer Limes für Spinmodelle wird – wie in der Einführung erklärt – der Limes $S \to \infty$ im Hamilton-Operator (5.35) bezeichnet. Die Spinoperatoren $\hat{\mathbf{S}}$ erfüllen die Vertauschungsrelationen

$$[\hat{S}_{\mathrm{k}}^{\alpha}, \hat{S}_{l}^{\beta}]_{-} = i\hbar\delta_{kl}\varepsilon_{\alpha\beta\gamma}\hat{S}_{\mathrm{k}}^{\gamma} \,,$$

und es gilt wie üblich $\hat{\mathbf{S}}^2 = S(S+1)\hbar^2\mathbb{1}$. Führen wir nun die Operatoren

$$\hat{\mathbf{s}}_k \equiv \frac{1}{\sqrt{S(S+1)}\,\hbar}\hat{\mathbf{S}}_{\mathrm{k}}$$

ein, dann gilt $\hat{\mathbf{s}}^2 = \mathbb{1}$ und

$$\lim_{S\to\infty}[\hat{s}_{k}^{\alpha}, \hat{s}_{l}^{\beta}]_{-} = 0 \,.$$

Im Limes $S \to \infty$ reduziert sich der hermitesche Operator $\hat{\mathbf{s}}_l$ also auf einen reellwertigen klassischen Vektor $\mathbf{s}_l$ der Länge 1. Definiert man nun die Hamilton-*Funktion*

$$H(\{\mathbf{s}_l\}) = -\tfrac{1}{2}\sum_{ij}\mathbf{s}_i^{\mathrm{T}}\tilde{I}_{ij}\mathbf{s}_j \qquad (\mathbf{s}_l^2 = 1) \,, \tag{5.37}$$

wobei $\tilde{I}_{ij} \equiv S(S+1)\hbar^2 I_{ij}$ im Limes $S \to \infty$ festgehalten wird, so erhält man

$$\varrho_{\mathrm{k}}(\{\mathbf{s}_l\}) = \frac{1}{Z_{\mathrm{k}}}e^{-\beta H(\{\mathbf{s}_l\})} \quad , \quad Z_{\mathrm{k}} = \int\left(\prod_{l=1}^{N}\frac{d\Omega_l}{4\pi}\right)e^{-\beta H(\{\mathbf{s}_l\})} \,. \tag{5.38}$$

Hierbei stellt $d\Omega_l$ einen infinitesimalen Raumwinkel des Einheitsvektors $\mathbf{s}_l$ dar. Die genaue Herleitung von (5.37) und (5.38) aus dem Hamilton-Operator (5.35) erfordert das Konzept eines Spin-Pfadintegrals (siehe z. B. Ref. [4], Kapitel 7). Die hiermit verknüpften Ideen sind so interessant, dass die Lektüre dieser weiterführenden Literatur empfohlen wird.

5.9   Beispiel: Die klassische Heisenberg-Kette

Als erstes Beispiel eines klassischen Spinmodells betrachten wir das klassische ein-dimensionale Heisenberg-Modell mit den Kopplungskonstanten

$$\tilde{I}_{ij} = J\mathbb{1}\delta_{|i-j|,1} \quad , \quad J \in \mathbb{R} \, .$$

Hier wird also angenommen, dass eine Spin-Spin-Wechselwirkung lediglich zwischen nächstbenachbarten Gitterplätzen vorkommt. Die Hamilton-Funktion für die Heisenberg-Kette mit N Bindungen lautet:

$$H_N(\{\mathbf{s}_l\}) = -\tfrac{1}{2}J \sum_{(ij)} \mathbf{s}_i \cdot \mathbf{s}_j = -J \sum_{i=1}^{N} \mathbf{s}_i \cdot \mathbf{s}_{i+1} \, . \tag{5.39}$$

Wir nehmen an, dass *offene* Randbedingungen vorliegen, sodass die beiden äußeren Spins $\mathbf{s}_1$ und $\mathbf{s}_{N+1}$ nur mit ihren Nachbarn $\mathbf{s}_2$ bzw. $\mathbf{s}_N$ wechselwirken. Allgemeiner lautet die Hamilton-Funktion der Heisenberg-Kette in Anwesenheit eines konstanten (orts- und zeitunabhängigen) Magnetfelds:

$$\boxed{H_N(\{\mathbf{s}_l\}) = -J \sum_{i=1}^{N} \mathbf{s}_i \cdot \mathbf{s}_{i+1} - \mu_{\mathrm{B}}\mathbf{B} \cdot \sum_{i=1}^{N+1} \mathbf{s}_i \, .} \tag{5.40}$$

Das Magnetfeld bricht die Rotationsinvarianz der Hamilton-Funktion (5.39). Es ist bequem, die positive x_3-Achse entlang der $\hat{\mathbf{B}}$-Richtung zu wählen, sodass dann $\mathbf{B} = B\hat{\mathbf{e}}_3$ mit $B \geq 0$ gilt. Dies wird im Folgenden bei der Berechnung der Spin-Spin-Korrelationsfunktion nützlich sein. Allerdings werden wir uns dabei, wie bei der Berechnung thermodynamischer Größen, auf den Limes $B \downarrow 0$ beschränken.

Die Heisenberg-Kette für $B = 0$ kann im Rahmen der kanonischen Gesamtheit behandelt werden, für diejenige mit $B > 0$ benötigt man ein Druckensemble. Es gilt die folgende Beziehung zwischen der isothermen Suszeptibilität χ_T und der Spin-Spin-Korrelationsfunktion $\langle s_{i3}s_{j3}\rangle$:

$$\chi_T(T, B, N) = -\frac{\partial^2 G}{\partial B^2}(T, B, N) = \frac{1}{\beta}\frac{\partial^2 \ln Z_{\mathrm{D}}}{\partial B^2} = \beta\mu_{\mathrm{B}}^2 \sum_{i,j=1}^{N+1} \left[\langle s_{i3}s_{j3}\rangle - \langle s_{i3}\rangle\langle s_{j3}\rangle\right] \, ,$$

die sich für $B \downarrow 0$ wegen $\langle s_{i3}\rangle_0 \equiv \langle s_{i3}\rangle\big|_{B=0} = 0$ auf

$$\boxed{\chi_T(T, 0, N) = \beta\mu_{\mathrm{B}}^2 \sum_{i,j=1}^{N+1} \langle s_{i3}s_{j3}\rangle_0 \quad , \quad \langle s_{i3}s_{j3}\rangle_0 \equiv \langle s_{i3}s_{j3}\rangle\big|_{B\downarrow 0}}$$

vereinfacht. Wir diskutieren im Folgenden für $B \downarrow 0$ die Berechnung der freien Enthalpie, die dann gleich der freien Energie ist, $F_N(T) = G(T, 0, N)$, sowie diejenige der Spin-Spin-Korrelationsfunktion $\langle s_{i3}s_{j3}\rangle_0$ und der isothermen Suszeptibilität $\chi_T(T, 0, N)$. Die exakte Lösung der Heisenberg-Kette für $B \downarrow 0$ wurde zuerst von T. Nakamura (1952) und dann auch unabhängig von M. E. Fisher (1964) erzielt.

5.9.1 Berechnung thermodynamischer Größen

Die *Zustandssumme* der Heisenberg-Kette mit $B = 0$ kann man berechnen, indem man eine Rekursionsbeziehung bezüglich der Anzahl der Bindungen N der Kette herleitet. Hierzu definieren wir $j \equiv \beta J$ und integrieren zunächst über den Raumwinkel Ω_{N+1}, wobei die Ausrichtung des (festgehaltenen) Spins $\mathbf{s}_N$ die x_3-Achse [und somit auch den Winkel $\vartheta_{N+1} \equiv \arccos(\mathbf{s}_N \cdot \mathbf{s}_{N+1})$] festlegt:

$$Z_N(T) = Z_{\mathrm{D}}(T, 0, N) = \int \left(\prod_{m=1}^{N+1} \frac{d\Omega_m}{4\pi} \right) \exp\left(j \sum_{i=1}^{N} \mathbf{s}_i \cdot \mathbf{s}_{i+1} \right)$$

$$= \int \left(\prod_{m=1}^{N} \frac{d\Omega_m}{4\pi} \right) \exp\left(j \sum_{i=1}^{N-1} \mathbf{s}_i \cdot \mathbf{s}_{i+1} \right) \int \frac{d\Omega_{N+1}}{4\pi} \, e^{j \cos(\vartheta_{N+1})} \, .$$

Mit

$$\int \frac{d\Omega}{4\pi} e^{j \cos(\vartheta)} = \frac{1}{2} \int_0^\pi d\vartheta \, \sin(\vartheta) e^{j \cos(\vartheta)} = \frac{1}{j} \sinh(j)$$

folgt sofort

$$Z_N(T) = \frac{1}{j} \sinh(j) Z_{N-1}(T) = \cdots = \left[\frac{1}{j} \sinh(j) \right]^N = [Z_1(T)]^N \, ,$$

wobei $Z_0(T) = \int \frac{d\Omega_1}{4\pi} = 1$ verwendet wurde. Die freie Energie ist somit durch

$$\boxed{\; F_N(T) = -\frac{1}{\beta} \ln[Z_N(T)] = -\frac{N}{\beta} \ln\left[\frac{1}{j} \sinh(j) \right] \;}$$

gegeben, und die innere Energie folgt als

$$U_N = \frac{\partial \beta F_N}{\partial \beta} = -\frac{\partial \ln(Z_N)}{\partial \beta} = -JN \left[\coth(j) - \frac{1}{j} \right] \equiv -JN S(j) \, .$$

Aus

$$S(j) = -\frac{1}{JN} U_N = -\frac{1}{JN} \langle H_N \rangle_0 = \frac{1}{N} \sum_{i=1}^{N} \langle \mathbf{s}_i \cdot \mathbf{s}_{i+1} \rangle_0$$

ist ersichtlich, dass die Funktion $S(j)$ physikalisch die Korrelationen zwischen nächstbenachbarten Spins, gemittelt über alle Bindungen, darstellt. Die Thermodynamik der Heisenberg-Kette wird detaillierter in Übungsaufgabe 5.3 betrachtet.

5.9.2 Berechnung der Spin-Spin-Korrelationsfunktion

Die Spin-Spin-Korrelationsfunktion $S_{il}(j) \equiv \langle \mathbf{s}_i \cdot \mathbf{s}_{i+l} \rangle$ beschreibt physikalisch, wie der Spin am Gitterplatz $i + l$ relativ zu einem vorgegebenen Spin am Gitterplatz i orientiert ist, d.h. inwiefern diese beiden Spinausrichtungen miteinander *korreliert* sind. Bei der Berechnung der Spin-Spin-Korrelationsfunktion für $B \downarrow 0$,

$$S_{il}(j) \equiv \langle \mathbf{s}_i \cdot \mathbf{s}_{i+l} \rangle_0 = 3\langle s_{i3} s_{i+l,3} \rangle_0 = \frac{3}{Z_N} \int \left(\prod_{m=1}^{N+1} \frac{d\Omega_m}{4\pi} \right) s_{i3} s_{i+l,3} \, e^{-\beta H} \, ,$$

kann man o. B. d. A. annehmen, dass $l > 0$ gilt, da man die Korrelationsfunktion für $l < 0$ als $\langle \mathbf{s}_{i'} \cdot \mathbf{s}_{i'+|l|} \rangle_0$ mit $i' \equiv i - |l|$ schreiben kann und der Gitterplatz i (und somit auch i') beliebig ist. Wir integrieren nun zuerst über die Raumwinkel Ω_m mit $m > i + l$ und $m < i$:

$$S_{il}(j) = \frac{3}{Z_N} \int \left(\prod_{m=i}^{i+l} \frac{d\Omega_m}{4\pi} \right) s_{i3} s_{i+l,3} \exp \left(j \sum_{k=i}^{i+l-1} \mathbf{s}_k \cdot \mathbf{s}_{k+1} \right) I_-(\mathbf{s}_i) I_+(\mathbf{s}_{i+l}) \ .$$

Das Integral $I_+(\mathbf{s}_{i+l})$ kann man berechnen, indem man bei der Ω_m-Integration die x_3-Achse entlang $\mathbf{s}_{m-1}$ wählt:

$$I_+(\mathbf{s}_{i+l}) \equiv \int \left(\prod_{m=i+l+1}^{N+1} \frac{d\Omega_m}{4\pi} \right) \exp \left(j \sum_{k=i+l}^{N} \mathbf{s}_k \cdot \mathbf{s}_{k+1} \right) = [Z_1(T)]^{N+1-i-l} \ ,$$

während man im Integral $I_-(\mathbf{s}_i)$ die x_3-Achse bei der Ω_m-Integration gerade entlang $\mathbf{s}_{m+1}$ wählt:

$$I_-(\mathbf{s}_i) \equiv \int \left(\prod_{m=1}^{i-1} \frac{d\Omega_m}{4\pi} \right) \exp \left(j \sum_{k=1}^{i-1} \mathbf{s}_k \cdot \mathbf{s}_{k+1} \right) = \cdots = [Z_1(T)]^{i-1} \ .$$

Wir stellen somit fest, dass $I_+(\mathbf{s}_{i+l})$ und $I_-(\mathbf{s}_i)$ tatsächlich *un*abhängig von der Ausrichtung der Spins $\mathbf{s}_{i+l}$ bzw. $\mathbf{s}_i$ sind:

$$S_{il}(j) = \frac{3}{Z_l(T)} \int \left(\prod_{m=i}^{i+l} \frac{d\Omega_m}{4\pi} \right) s_{i3} s_{i+l,3} \exp \left(j \sum_{k=i}^{i+l-1} \mathbf{s}_k \cdot \mathbf{s}_{k+1} \right) \ . \tag{5.41}$$

Bei der Ω_m-Integration im verbleibenden Integral (mit $i \leq m \leq i+l$) definieren wir *zwei* Referenzachsen, einmal die globale $\hat{\mathbf{e}}_3$-Achse, wobei man im Limes $B \downarrow 0$ eventuell $\hat{\mathbf{e}}_3 \equiv \hat{\mathbf{B}}$ wählen kann, und außerdem $\mathbf{s}_{m-1}$. Diese beiden Achsen definieren die Winkelvariablen $\bar{\vartheta}_m$ und ϑ_m:

$$\hat{\mathbf{e}}_3 \cdot \mathbf{s}_m \equiv \cos(\bar{\vartheta}_m) \quad , \quad \mathbf{s}_{m-1} \cdot \mathbf{s}_m \equiv \cos(\vartheta_m) \ . \tag{5.42}$$

Wir definieren noch zwei weitere Einheitsvektoren:

$$\hat{\mathbf{t}}_{m-1} \equiv \frac{\hat{\mathbf{e}}_3 \times \mathbf{s}_{m-1}}{|\hat{\mathbf{e}}_3 \times \mathbf{s}_{m-1}|} \quad , \quad \hat{\mathbf{u}}_{m-1} \equiv \mathbf{s}_{m-1} \times \hat{\mathbf{t}}_{m-1} \ ,$$

sodass der Satz $(\mathbf{s}_{m-1}, \hat{\mathbf{t}}_{m-1}, \hat{\mathbf{u}}_{m-1})$ ein rechtshändiges Orthonormalsystem darstellt, mit dessen Hilfe auch eine Winkelvariable φ_m festgelegt werden kann:

$$\mathbf{s}_m = \cos(\vartheta_m) \mathbf{s}_{m-1} + \sin(\vartheta_m) \left[\cos(\varphi_m) \hat{\mathbf{t}}_{m-1} + \sin(\varphi_m) \hat{\mathbf{u}}_{m-1} \right] \ .$$

Durch Einsetzen der rechten Seite in die erste Gleichung in (5.42) ergibt sich:

$$\cos(\bar{\vartheta}_m) = \hat{\mathbf{e}}_3 \cdot \mathbf{s}_m = \cos(\vartheta_m) \cos(\bar{\vartheta}_{m-1}) + \sin(\vartheta_m) \sin(\varphi_m) \hat{\mathbf{e}}_3 \cdot \hat{\mathbf{u}}_{m-1} \ .$$

Mit Hilfe von

$$\hat{\mathbf{e}}_3 \cdot \hat{\mathbf{u}}_{m-1} = \hat{\mathbf{t}}_{m-1} \cdot (\hat{\mathbf{e}}_3 \times \mathbf{s}_{m-1}) = |\hat{\mathbf{e}}_3 \times \mathbf{s}_{m-1}| \hat{\mathbf{t}}_{m-1}^2 = \sin(\bar{\vartheta}_{m-1})$$

folgt nun die Rekursionsbeziehung

$$\cos(\bar{\vartheta}_m) = \cos(\vartheta_m)\cos(\bar{\vartheta}_{m-1}) + \sin(\vartheta_m)\sin(\varphi_m)\sin(\bar{\vartheta}_{m-1}) \, . \tag{5.43}$$

Die Spin-Spin-Korrelationsfunktion (5.41) erhält mit diesen Definitionen die Form:

$$S_{il}(j) = \frac{3}{Z_l(T)} \int \left(\prod_{m=i}^{i+l} \frac{d\Omega_m}{4\pi} \right) \cos(\bar{\vartheta}_i)\cos(\bar{\vartheta}_{i+l}) \exp\left[j \sum_{k=i}^{i+l} \cos(\vartheta_k) \right] \, .$$

Der zweite Term auf der rechten Seite von (5.43) mit $m = i + l$ trägt nicht zur Integration über $\cos(\bar{\vartheta}_{i+l})$ bei, da er bei der φ_{i+l}-Integration null ergibt. Mit Hilfe von

$$\frac{1}{Z_1} \int \frac{d\Omega_{i+l}}{4\pi} \cos(\vartheta_{i+l})\, e^{j\cos(\vartheta_{i+l})} = \frac{1}{Z_1}\frac{d}{dj} Z_1 = \frac{d}{dj}\ln(Z_1) = \coth(j) - \frac{1}{j} = S(j)$$

erhält man schließlich die Rekursionsbeziehung

$$S_{il}(j) = \frac{3S(j)}{Z_{l-1}} \int \left(\prod_{m=i}^{i+l-1} \frac{d\Omega_m}{4\pi} \right) \cos(\bar{\vartheta}_i)\cos(\bar{\vartheta}_{i+l-1}) \exp\left[j \sum_{k=i}^{i+l-1} \cos(\vartheta_k) \right]$$
$$= S(j)S_{i,l-1}(j) \, .$$

Diese Rekursionsbeziehung hat die Lösung

$$\boxed{ S_{il}(j) = S(j)S_{i,l-1}(j) = \cdots = [S(j)]^l\, S_{i0}(j) = [S(j)]^l \, , }$$

wobei

$$S_{i0}(j) = 3 \int \frac{d\Omega_i}{4\pi} \cos^2(\bar{\vartheta}_i) = \frac{3}{2} \int_0^\pi d\bar{\vartheta}_i \sin(\bar{\vartheta}_i)\cos^2(\bar{\vartheta}_i) = 1$$

verwendet wurde. Wir stellen somit fest, dass die Korrelationsfunktion $S_{il}(j)$ nur vom Abstand l zwischen den beiden Spins $\mathbf{s}_i$ und $\mathbf{s}_{i+l}$ abhängt, jedoch *nicht* explizit vom Gitterplatz i, d. h. vom Abstand des linken Spins zum linken Rand der Kette. Insbesondere ist $S_{i1}(j) = \langle \mathbf{s}_i \cdot \mathbf{s}_{i+1} \rangle_0 = S(j)$ unabhängig von i, sodass in der Tat $U_N = \langle H_N \rangle_0 = -JNS(j)$ gilt.

Die Korrelationslänge

Allgemein gilt also für die Korrelationsfunktion $S_{il}(j)$ mit $-i + 1 \le l \le N + 1 - i$, dass sie *exponentiell* als Funktion der Entfernung der beiden Spins $\mathbf{s}_i$ und $\mathbf{s}_{i+l}$ abfällt und eine symmetrische Funktion von l ist:

$$\boxed{ S_{il}(j) = [S(j)]^{|l|} = e^{-|l|/\xi(j)} \quad , \quad \xi(j) \equiv -\left\{ \ln[S(j)] \right\}^{-1} \, . }$$

Hierbei wird $\xi(j)$ als die *Korrelationslänge* der (ferromagnetischen) Heisenberg-Kette (mit $j = \beta J > 0$) bezeichnet; der antiferromagnetische Fall ($j < 0$) wird unten separat betrachtet. Wegen der Ungleichungen

$$\frac{j}{j+1} \le \tanh(j) \le j \quad \text{bzw.} \quad 1 + \tfrac{1}{j} \ge \coth(j) \ge \tfrac{1}{j}$$

gilt

$$0 \leq S(j) = \coth(j) - \tfrac{1}{j} \leq 1$$

und daher $0 \leq \xi(j) < \infty$ mit $S(j) \downarrow 0$ bzw. $\xi(j) \downarrow 0$ für $j \downarrow 0$ (d. h. $T \to \infty$) und $S(j) \uparrow 1$ bzw. $\xi(j) \to \infty$ für $j \to \infty$ (d. h. $T \downarrow 0$). Für alle $T > 0$ gilt daher

$$S_{i\infty}(j) = S_{i,-\infty}(j) = \lim_{|l|\to\infty} \langle \mathbf{s}_i \cdot \mathbf{s}_{i+l} \rangle_0 = 0 \,,$$

sodass die Spinkorrelationen für $T > 0$ exponentiell mit dem Abstand $|l|$ abklingen und die Spinkette daher *keine* langreichweitige Ordnung hat. Andererseits gilt für den Grundzustand ($T = 0$):

$$S_{i\infty}(\infty) = S_{i,-\infty}(\infty) = \lim_{|l|\to\infty} [S(\infty)]^{|l|} = \lim_{|l|\to\infty} 1^{|l|} = 1 \,,$$

sodass die Spins am absoluten Temperaturnullpunkt langreichweitig geordnet sind.

Die Korrelationslänge $\xi(T)$ der ferromagnetischen Heisenberg-Kette ist als Funktion der Temperatur in Abbildung 5.11 dargestellt. Die Skizze zeigt, dass die Korrelationslänge bei tiefen Temperaturen sehr groß wird: $\xi(T) \sim J/k_{\mathrm{B}}T \to \infty$ für $T \downarrow 0$, und bei hohen Temperaturen ($T \to \infty$) sehr langsam gegen null strebt: $\xi(T) \sim -\big[\ln(J/3k_{\mathrm{B}}T)\big]^{-1}$. Die Korrelationen selbst reichen also sehr weit bei tiefen Temperaturen und fallen bei sehr hohen Temperaturen schnell ab.

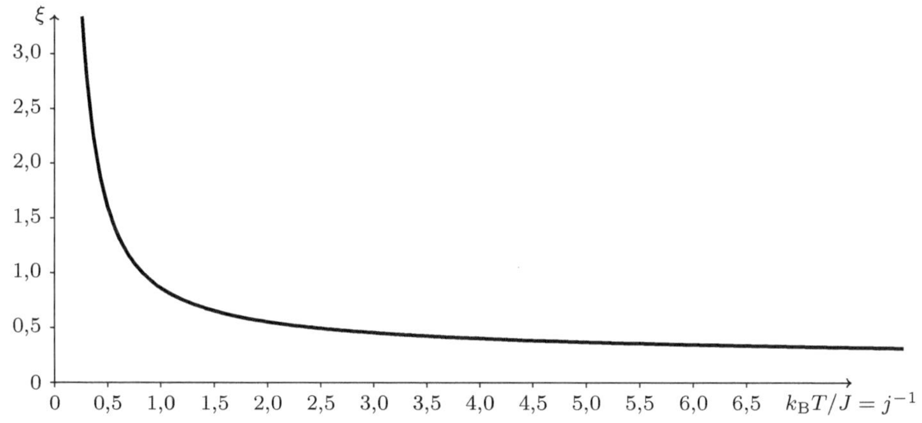

Abb. 5.11 Korrelationslänge $\xi(T)$ des klassischen Heisenberg-Modells

Die isotherme homogene Suszeptibilität

Durch Aufsummieren einer geometrischen Reihe kann nun die isotherme *homogene* Suszeptibilität χ_T der Spinkette bestimmt werden. Das Wort *homogen* deutet an, dass hierbei die Vorfaktoren aller Beiträge $\langle s_{i3}s_{k3} \rangle_0$ zur Suszeptibilität unabhängig vom Relativabstand $k - i$ der beiden Spins gewählt werden:

$$\chi_T(T,0,N) = \beta\mu_{\mathrm{B}}^2 \sum_{i,k=1}^{N+1} \langle s_{i3}s_{k3} \rangle_0 = \tfrac{1}{3}\beta\mu_{\mathrm{B}}^2 \sum_{i,k=1}^{N+1} S_{i,|k-i|}(j) = \tfrac{1}{3}\beta\mu_{\mathrm{B}}^2 \sum_{i,k=1}^{N+1} [S(j)]^{|k-i|}$$

$$= \tfrac{1}{3}\beta\mu_{\mathrm{B}}^2 \left[(N+1)\frac{1+S}{1-S} - \frac{2S}{(1-S)^2}(1-S^{N+1}) \right] \,.$$

Im thermodynamischen Limes ($N \to \infty$) vereinfacht sich dieser Ausdruck auf

$$\chi_T(T, 0, N) = \tfrac{1}{3}\beta\mu_{\mathrm{B}}^2 N \frac{1 + S(j)}{1 - S(j)} \,,$$

sodass für $T \to \infty$ gemäß dem Curie-Gesetz $\chi_T(T, 0, N) \sim \tfrac{1}{3}\beta\mu_{\mathrm{B}}^2 N \to 0$ gilt und für $T \downarrow 0$ dagegen $\chi_T(T, 0, N) \to \infty$. Das letzte Ergebnis kündigt das Einsetzen der langreichweitigen ferromagnetischen Ordnung für $T \downarrow 0$ an.

Die isotherme Suszeptibilität $\chi_{T,N}$ der ferromagnetischen Heisenberg-Kette ist als Funktion der Temperatur in der *rechten* Hälfte (für $J > 0$) von Abbildung 5.12 dargestellt. Die Suszeptibilität wird bei tiefen Temperaturen sehr groß, $\chi_{T,N} \sim \tfrac{1}{3}\beta^2\mu_{\mathrm{B}}^2 JN$ für $T \downarrow 0$, und strebt bei hohen Temperaturen ($T \to \infty$) gemäß dem Curie'schen Gesetz gegen null: $\chi_T \sim \tfrac{1}{3}\beta\mu_{\mathrm{B}}^2 N$. Zum Vergleich enthält Abb. 5.12 in der *linken* Hälfte (für $J < 0$) auch Daten für die isotherme Suszeptibilität der *anti*ferromagnetischen Heisenberg-Kette, die unten detaillierter besprochen wird. Bemerkenswert ist zunächst einmal, dass die Suszeptibilität der ferromagnetischen Kette numerisch viel größer als diejenige der antiferromagnetischen Kette ist.

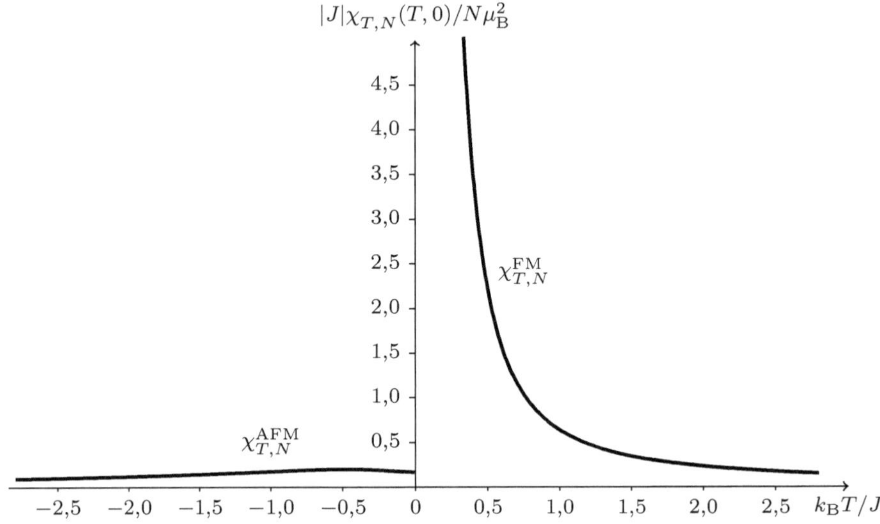

Abb. 5.12 Suszeptibilität $\chi_{T,N}$ des klassischen Heisenberg-Modells ($B = 0$)

Bisher wurde angenommen, dass die Spinwechselwirkung in der Heisenberg-Kette ferromagnetischer Natur ist ($J > 0$). Falls die Wechselwirkung jedoch *anti*ferromagnetisch ist ($J < 0$), gilt $S(j) = -S(|j|) < 0$, sodass die Spinkorrelationen mit alternierendem Vorzeichen exponentiell abfallen als Funktion des Abstands l:

$$S_{il}(j) = [-S(|j|)]^{|l|} = (-1)^{|l|}\, e^{-|l|/\xi(j)} \,.$$

Hier ist die Korrelationslänge nun durch $\xi(j) = -\{\ln[S(|j|)]\}^{-1}$ gegeben. Es gilt wiederum $\xi(j) \to \infty$ und $\xi(j) \downarrow 0$ für $T \downarrow 0$ bzw. $T \to \infty$. Langreichweitige antiferromagnetische Ordnung liegt nur für $T = 0$ vor. Wegen

$$S(j) = \coth(j) - \tfrac{1}{j} \sim \left(1 - \tfrac{1}{j} + 2e^{-2j}\right) \quad (j \to \infty)$$

gilt für die isotherme *homogene* Suszeptibilität mit $J < 0$:

$$\chi_T(T, 0, N) = \frac{\mu_B^2}{3|J|} N \frac{|j|[1 - S(|j|)]}{1 + S(|j|)} \sim \frac{\mu_B^2}{6|J|} N \left(1 + \frac{1}{2|j|}\right) \quad (T \downarrow 0) \, .$$

Wie man ganz klar in Abb. 5.12 sehen kann, weicht dieses Verhalten der Suszeptibilität beim Antiferromagneten stark von demjenigen beim Ferromagneten $(J > 0)$ ab: Die Suszeptibilität für $T \downarrow 0$ nähert sich im antiferromagnetischen Fall einem *endlichen* Wert, und die Korrektur

$$\chi_T(T, 0, N)/\chi_T(0, 0, N) \sim \left(1 + \frac{1}{2|j|}\right) \quad (T \downarrow 0, |j| \to \infty)$$

zeigt, dass die homogene Suszeptibilität bei einer endlichen Temperatur ein *Maximum* durchläuft, bevor sie gemäß dem (J-unabhängigen!) Curie-Gesetz für $T \to \infty$ auf null abfällt.

Variante: Die isotherme alternierende Suszeptibilität

Für den Vergleich zwischen den unterschiedlichen Verhaltensweisen beim Ferro- und beim Antiferromagneten ist allerdings wesentlich, dass in beiden Fällen die isotherme *homogene* Suszeptibilität untersucht wurde, die empfindlich auf *fer*romagnetisches, jedoch weniger empfindlich auf *antiferro*magnetisches Verhalten reagiert. Hätte man statt der *homogenen* Suszeptibilität die *alternierende* Suszeptibilität

$$\boxed{\chi_{T,\mathrm{alt}}(T, 0, N) = \beta\mu_B^2 \sum_{i,k=1}^{N+1} (-1)^{k-i} \langle s_{i3} s_{k3} \rangle_0}$$

berechnet, so wären die Rollen des Ferromagneten und des Antiferromagneten vertauscht gewesen:

$$\chi_{T,\mathrm{alt}}^{\mathrm{FM}}(T, 0, N) = \tfrac{1}{3}\beta\mu_B^2 N \frac{1 - S(j)}{1 + S(j)} \quad , \quad \chi_{T,\mathrm{alt}}^{\mathrm{AFM}}(T, 0, N) = \tfrac{1}{3}\beta\mu_B^2 N \frac{1 + S(|j|)}{1 - S(|j|)} \, .$$

Man hätte im Tieftemperaturlimes eine Divergenz der antiferromagnetischen Suszeptibilität und eine Annäherung an eine endliche Konstante für die ferromagnetische Suszeptibilität erhalten. Generell zeigt dieses Beispiel, dass man zur Untersuchung unterschiedlicher Phasen auch unterschiedliche, speziell auf die Phasen zugeschnittene Suszeptibilitäten benötigt.

5.10 Beispiel: Die planare Heisenberg-Kette ∗

Wir betrachten nun das klassische Heisenberg-Modell (5.40) mit einem zusätzlichen Term der Form $K \sum_{i=1}^{N+1} (s_{i3})^2$ im Limes $|K| \to \infty$, der eine starke *Anisotropie* im Spinraum darstellt:

$$H(\{\mathbf{s}_l\}) = -J \sum_{i=1}^{N} \mathbf{s}_i \cdot \mathbf{s}_{i+1} - \mu_B \mathbf{B} \cdot \sum_{i=1}^{N+1} \mathbf{s}_i + K \sum_{i=1}^{N+1} (s_{i3})^2 \, .$$

Für $K \to -\infty$ sind die zwei diskreten Spinzustände $\mathbf{s}_i = \pm\hat{\mathbf{e}}_3$ bevorzugt, sodass sich das Heisenberg-Modell zum Ising-Modell vereinfacht. Für $K \to +\infty$ sind Spinzustände mit $|\mathbf{s}_i| = 1$ in der $\hat{\mathbf{e}}_1$-$\hat{\mathbf{e}}_2$-Ebene bevorzugt,

$$\mathbf{s}_i = \cos(\bar{\varphi}_i)\hat{\mathbf{e}}_1 + \sin(\bar{\varphi}_i)\hat{\mathbf{e}}_2 \, ,$$

und man erhält das planare Modell

$$H(\{\mathbf{s}_l\}) = -J \sum_{i=1}^{N} \mathbf{s}_i \cdot \mathbf{s}_{i+1} - \mu_{\mathrm{B}}\mathbf{B} \cdot \sum_{i=1}^{N+1} \mathbf{s}_i \quad , \quad |\mathbf{s}_i| = 1 \quad , \quad s_{i3} = 0$$

mit der Dichtefunktion

$$\varrho_{\mathrm{D}}(\{\mathbf{s}_l\}) = \frac{1}{Z_{\mathrm{D}}} e^{-\beta H(\{\mathbf{s}_l\})} \quad , \quad Z_{\mathrm{D}} = \int \left(\prod_m \frac{d\bar{\varphi}_m}{2\pi} \right) e^{-\beta H(\{\mathbf{s}_l\})} \, .$$

Da eine $\hat{\mathbf{e}}_3$-Komponente des $\mathbf{B}$-Felds physikalisch wirkungslos ist und das planare Modell eine globale SO(2)-Invarianz unter Drehungen in der $\hat{\mathbf{e}}_1$-$\hat{\mathbf{e}}_2$-Ebene aufweist, kann das Magnetfeld o. B. d. A. entlang der $\hat{\mathbf{e}}_1$-Achse gewählt werden: $\mathbf{B} = B\hat{\mathbf{e}}_1$ mit $B \geq 0$. Für die isotherme *homogene* Suszeptibilität χ_T im Limes $B \downarrow 0$ bedeutet dies:

$$\chi_T(T, 0, N) = \beta\mu_{\mathrm{B}}^2 \sum_{ij} \langle s_{i1}s_{j1}\rangle_0 = \tfrac{1}{2}\beta\mu_{\mathrm{B}}^2 \sum_{ij} \langle \mathbf{s}_i \cdot \mathbf{s}_j\rangle_0 \, .$$

Im Folgenden untersuchen wir das *ein*dimensionale planare Modell mit *offenen* Randbedingungen im Limes $B \downarrow 0$.

5.10.1   Berechnung thermodynamischer Größen ∗

Zur Berechnung der Zustandssumme für $B = 0$ definieren wir wieder $j \equiv \beta J$ und wählen die $\hat{\mathbf{e}}_1$-Achse bei der $\bar{\varphi}_{N+1}$-Integration entlang der Spinrichtung $\mathbf{s}_N$:

$$\begin{aligned}
Z_N(T) \equiv Z_{\mathrm{D}}(T, 0, N) &= \int \left(\prod_{m=1}^{N} \frac{d\bar{\varphi}_m}{2\pi} \right) \exp\left(j \sum_{i=1}^{N} \mathbf{s}_i \cdot \mathbf{s}_{i+1} \right) \\
&= \int \left(\prod_{m=1}^{N} \frac{d\bar{\varphi}_m}{2\pi} \right) \exp\left(j \sum_{i=1}^{N-1} \mathbf{s}_i \cdot \mathbf{s}_{i+1} \right) \int_0^{2\pi} \frac{d\varphi}{2\pi} e^{j\cos(\varphi)} \\
&= Z_{N-1}(T) \int_0^{\pi} \frac{d\varphi}{\pi} e^{j\cos(\varphi)} = I_0(j) Z_{N-1}(T) \, .
\end{aligned}$$

Hier wurde der Winkel $\varphi \equiv \arccos(\mathbf{s}_N \cdot \mathbf{s}_{N+1})$ definiert, und $I_0(j)$ ist eine modifizierte Bessel-Funktion. Wegen $Z_0(T) = \int \frac{d\bar{\varphi}_1}{2\pi} = 1$ lautet die Lösung der Rekursionsbeziehung $Z_N = I_0(j)Z_{N-1}$ dann:

$$\boxed{Z_N(T) = [Z_1(T)]^N \quad , \quad Z_1(T) = I_0(j) \, .}$$

Es folgt für die innere Energie des planaren Modells:

$$U_N = -N\frac{\partial \ln(Z_1)}{\partial \beta} = -JNS(j) \quad , \quad S(j) \equiv \frac{I_0'(j)}{I_0(j)} = \frac{I_1(j)}{I_0(j)} \, ,$$

wobei wiederum eine Beziehung der Form

$$S(j) = \frac{1}{N} \sum_{i=1}^{N} \langle \mathbf{s}_i \cdot \mathbf{s}_{i+1} \rangle_0$$

zur Spinkorrelationsfunktion für nächstbenachbarte Spins hergestellt werden kann.

5.10.2 Berechnung der Spin-Spin-Korrelationsfunktion $*$

Analog zur isotropen [d. h. SO(3)-symmetrischen] klassischen Heisenberg-Kette kann man für die planare Kette allgemeine Spinkorrelationen der Form $\langle \mathbf{s}_i \cdot \mathbf{s}_{i+l} \rangle_0$ mit $l > 0$ berechnen, indem man zuerst die Spins $\mathbf{s}_m$ mit $m < i$ und $m > i+l$ ausintegriert:

$$
\begin{aligned}
S_{il}(j) &\equiv \langle \mathbf{s}_i \cdot \mathbf{s}_{i+l} \rangle_0 = 2 \langle s_{i1} s_{i+l,1} \rangle_0 \\
&= \frac{2}{Z_N} \int \left(\prod_{m=1}^{N+1} \frac{d\bar{\varphi}_m}{2\pi} \right) s_{i1} s_{i+l,1} \exp\left(j \sum_{k=1}^{N} \mathbf{s}_k \cdot \mathbf{s}_{k+1} \right) \\
&= \frac{2 Z_{i-1} Z_{N+1-i-l}}{Z_N} \int \left(\prod_{m=1}^{i+l} \frac{d\bar{\varphi}_m}{2\pi} \right) s_{i1} s_{i+l,1} \exp\left(j \sum_{k=i}^{i+l-1} \mathbf{s}_k \cdot \mathbf{s}_{k+1} \right) \\
&= \frac{2}{Z_l} \int \left(\prod_{m=i}^{i+l} \frac{d\bar{\varphi}_m}{2\pi} \right) \cos(\bar{\varphi}_i) \cos(\bar{\varphi}_{i+l}) \exp\left[j \sum_{k=i+1}^{i+l} \cos(\varphi_k) \right] .
\end{aligned}
$$

Hierbei wurde $\varphi_k \equiv \arccos(\mathbf{s}_{k-1} \cdot \mathbf{s}_k) = \bar{\varphi}_{k-1} - \bar{\varphi}_k$ definiert, sodass umgekehrt auch $\bar{\varphi}_k = \bar{\varphi}_{k-1} - \varphi_k$ ist. Daher gilt:

$$\cos(\bar{\varphi}_k) = \cos(\bar{\varphi}_{k-1} - \varphi_k) = \cos(\bar{\varphi}_{k-1}) \cos(\varphi_k) + \sin(\bar{\varphi}_{k-1}) \sin(\varphi_k) .$$

Wegen $\int \frac{d\varphi}{2\pi} \sin(\varphi) \, e^{j \cos(\varphi)} = 0$ und

$$\int \frac{d\varphi}{2\pi} \cos(\varphi) \, e^{j \cos(\varphi)} = \frac{d}{dj} \int \frac{d\varphi}{2\pi} e^{j \cos(\varphi)} = I_0'(j) = I_1(j)$$

folgt

$$\int \frac{d\varphi_{i+l}}{2\pi} \cos(\bar{\varphi}_{i+l}) \, e^{j \cos(\varphi_{i+l})} = \cos(\bar{\varphi}_{i+l-1}) I_1(j)$$

und daher, wie für die klassische Heisenberg-Kette:

$$\boxed{\; S_{il}(j) = S(j) S_{i,l-1}(j) = [S(j)]^l \, S_{i0}(j) = [S(j)]^l \;,}$$

wobei verwendet wurde:

$$S_{i0}(j) = 2 \int_0^{2\pi} \frac{d\bar{\varphi}_i}{2\pi} \cos^2(\bar{\varphi}_i) = 1 .$$

Wegen $S(j) = I_1(j)/I_0(j)$ und $|I_1(j)| \leq I_0(j)$ gilt $|S(j)| \leq 1$, sodass man wiederum eine Korrelationslänge $\xi(j) \equiv -\{\ln[S(|j|)]\}^{-1}$ definieren kann:

$$S_{il}(j) = [S(j)]^l = [\mathrm{sgn}(J)]^l \; e^{-l/\xi(j)} \qquad (l > 0) \,.$$

Im antiferromagnetischen Fall ($J < 0$) tritt wiederum alternierendes Verhalten der Spinkorrelationsfunktion auf. Für $T \to \infty$ bzw. $\beta \to 0$ und $j \to 0$ folgt $S(j) \to 0$ und daher $\xi(j) \downarrow 0$. Für $T \downarrow 0$ bzw. $\beta \to \infty$ und $|j| \to \infty$ gilt

$$S(j) \sim \mathrm{sgn}(J) \left(1 - \frac{1}{2|j|} - \frac{1}{8j^2} + \cdots \right) \quad (|j| \to \infty) \,,$$

sodass die Korrelationslänge im Tieftemperaturlimes divergiert: $\xi(j) \sim 2|j| \to \infty$. Zusammenfassend verhält sich die Korrelationslänge für die *planare* Heisenberg-Kette also qualitativ ähnlich wie diejenige der regulären $SO(3)$-symmetrischen Heisenberg-Kette.

Für die isotherme *homogene* Suszeptibilität erhält man analog zum klassischen Heisenberg-Modell:

$$\chi_T(T, 0, N) = \tfrac{1}{2}\beta\mu_{\mathrm{B}}^2 \left[(N + 1) \frac{1 + S}{1 - S} - \frac{2S}{(1 - S)^2} \left(1 - S^{N+1} \right) \right] \,,$$

d. h. im thermodynamischen Limes:

$$\chi_T(T, 0, N) \sim \tfrac{1}{2}\beta\mu_{\mathrm{B}}^2 N \frac{1 + S(j)}{1 - S(j)} \quad (N \to \infty) \,.$$

Bei ferromagnetischer Spin-Spin-Wechselwirkung ($J > 0$) folgt für die isotherme Suszeptibilität im Tieftemperaturlimes:

$$\chi_T(T, 0, N) \sim 2\beta j\mu_{\mathrm{B}}^2 N \sim 2\beta^2 J\mu_{\mathrm{B}}^2 N \to \infty \quad (T \downarrow 0) \,,$$

sodass die homogene Suszeptibilität *divergiert*. Im antiferromagnetischen Fall (mit einer *negativen* Kopplungskonstante, $J < 0$) erhält man:

$$\chi_T(T, 0, N) \sim \frac{\mu_{\mathrm{B}}^2 N}{8|J|} \left(1 + \frac{k_{\mathrm{B}}T}{2|J|} \right) \qquad (T \downarrow 0) \,,$$

sodass die homogene Suszeptibilität des Antiferromagneten, wie im klassischen Heisenberg-Modell, im Tieftemperaturlimes *endlich* ist und bei einer endlichen Temperatur ein *Maximum* durchläuft. Für hohe Temperaturen gilt im ferro- wie im antiferromagnetischen Modell das Curie-Gesetz, $\chi_T(T, 0, N) \sim \tfrac{1}{2}\beta\mu_{\mathrm{B}}^2 N$ für $T \to \infty$. Hätte man statt der homogenen Suszeptibilität eine *alternierende* Suszeptibilität verwendet, wären, wie im klassischen Heisenberg-Modell, die Rollen des Ferro- und des Antiferromagneten vertauscht. Auch bezüglich der isothermen Suszeptibilität kann man also zusammenfassen, dass die Ergebnisse für die *planare* Heisenberg-Kette qualitativ ähnlich wie diejenigen der $SO(3)$-symmetrischen Kette sind.

5.11   Übungsaufgaben

Aufgabe 5.1 Die Transfermatrix

Die Wahrscheinlichkeit einer bestimmten Spinverteilung im eindimensionalen Ising-Modell ist bekanntlich durch $Z_\mathrm{D}^{-1} P(\sigma_1, \sigma_2) P(\sigma_2, \sigma_3) \cdots P(\sigma_{N-1}, \sigma_N) P(\sigma_N, \sigma_1)$ gegeben. Wir nehmen hierbei an, dass periodische Randbedingungen vorliegen: $\sigma_{N+1} = \sigma_1$. Die explizite Form der Transformation P ist:

$$P = \begin{pmatrix} e^{j+b} & e^{-j} \\ e^{-j} & e^{j-b} \end{pmatrix} \quad , \quad j = \beta J \quad , \quad b = \beta \mu_\mathrm{B} B \ .$$

Außerdem führen wir die 2×2-Matrix S mit $S_{11} = -S_{22} = 1$ und $S_{12} = S_{21} = 0$ ein.

(a) Zeigen Sie, dass die Transfermatrix mit Hilfe einer zweidimensionalen Rotation um den Winkel ϕ diagonalisiert werden kann, wobei ϕ durch die Gleichung $\cot (2\phi) = e^{2j} \sinh(b)$ mit $0 < \phi < \frac{\pi}{2}$ definiert ist.

(b) Zeigen Sie, dass der Erwartungswert $\langle \sigma_k \rangle$ durch $Z_\mathrm{D}^{-1} \, \mathrm{Sp} \, (S P^N)$ gegeben ist, und bestimmen Sie diesen Erwartungswert explizit als Funktion von ϕ. Berechnen Sie die Magnetisierung als Funktion von j und b im thermodynamischen Limes.

(c) Zeigen Sie, dass die Spin-Spin-Korrelationsfunktion $\langle \sigma_k \sigma_\ell \rangle$ mit $\ell \geq k$ durch den Ausdruck $Z_\mathrm{D}^{-1} \, \mathrm{Sp} \, (S P^{\ell-k} S P^{N-\ell+k})$ gegeben ist, und bestimmen Sie diese Korrelationsfunktion explizit als Funktion von ϕ und den beiden Eigenwerten der Transfermatrix. Wie vereinfacht sich das Ergebnis im thermodynamischen Limes?

Aufgabe 5.2 Skalentransformationen

Die Theorie kritischer Phänomene, die sogenannte „Renormierungsgruppentheorie“, basiert auf Skalentransformationen im Impuls- oder im Ortsraum. Wir illustrieren die Renormierung im Ortsraum („real space renormalization“) anhand eines einfachen Beispiels. Wir betrachten das eindimensionale Ising-Modell im Magnetfeld,

$$E(\{\sigma_i\}) = \sum_{i=1}^{2N} [-J\sigma_i \sigma_{i+1} - \mu_\mathrm{B} B \sigma_i] \equiv -\tfrac{1}{\beta} \sum_{i=1}^{2N} h(\sigma_i, \sigma_{i+1}) \qquad (\sigma_i = \pm 1) \ ,$$

und führen die Notation $\beta J \equiv j$ und $\beta \mu_\mathrm{B} B \equiv b$ mit $\beta = 1/k_\mathrm{B} T$ ein. Wir definieren $\sigma_{2N+1} \equiv \sigma_1$ und verwenden im Folgenden explizit, dass $2N$ gerade ist. Wir versuchen nämlich, eine exakte Skalentransformation durchzuführen, indem wir über alle *geraden* Spins summieren. Hierbei wird der „Block“ $(\sigma_{2i-1}, \sigma_{2i})$ durch einen einzelnen neuen Spin σ_{2i-1} mit renormierten Kopplungskonstanten ersetzt, und die Anzahl der Spins in der Kette wird um einen Faktor 2 reduziert.

(a) Finden Sie Parameter j' und b', sodass die Zustandssumme einer Kette der Länge $2N$ gemäß

$$Z_\mathrm{D}(j, b, 2N) = [A(j, b)]^N Z_\mathrm{D}(j', b', N) \tag{5.44}$$

mit der Zustandssumme einer Kette der Länge N verknüpft ist. Geben Sie die Funktion $A(j, b)$ explizit an.

(b) Bestimmen Sie aus (1) eine Gleichung für die freie Enthalpie pro Teilchen im thermodynamischen Limes. Wie kann man diese Gleichung im Prinzip lösen? Betrachten Sie das qualitative Verhalten des Renormierungsflusses $(j, b) \to (j', b') \to (j'', b'') \cdots$.

Aufgabe 5.3 Thermodynamik des klassischen Heisenberg-Modells

Im Limes $S \to \infty$ reduziert sich der quantenmechanische Heisenberg-Hamilton-Operator für Spin-S-Teilchen auf eine klassische Hamilton-*Funktion*, die die Wechselwirkung klassischer Vektoren der Länge 1 beschreibt. Im eindimensionalen Fall, d. h. für $N + 1$ Spins $\mathbf{s}_l$, die entlang einer *linearen* Kette angeordnet sind, erhält man für die Hamilton-Funktion bzw. für das Zustandsintegral:

$$H = -J \sum_{i=1}^{N} \mathbf{s}_i \cdot \mathbf{s}_{i+1} \quad , \quad Z_{\mathrm{k}} = \int \prod_{l=1}^{N+1} \left(\frac{d\Omega_l}{4\pi} \right) e^{-\beta H} \, ,$$

wobei $\mathbf{s}_l^2 = 1$ gilt für alle $l = 1, \cdots, N + 1$ und $d\Omega_l$ einen infinitesimalen Raumwinkel des Einheitsvektors $\mathbf{s}_l$ darstellt. Wir nehmen zunächst an, dass J positiv ist.

(a) Bestimmen Sie den Grundzustand des eindimensionalen klassischen Heisenberg-Modells und die entsprechende Grundzustandsenergie. Ist der Grundzustand entartet?

In Abschnitt [5.9.1] wurde bereits gezeigt, dass Z_{k} gegeben ist durch:

$$Z_{\mathrm{k}} = \left[\frac{\sinh(j)}{j} \right]^N \quad , \quad j \equiv \beta J = J/k_{\mathrm{B}}T \, .$$

(b) Bestimmen Sie aus diesem Ergebnis die Helmholtz'sche freie Energie, die innere Energie, die Wärmekapazität $C_N(T)$ und die Entropie S. Diskutieren Sie das Tieftemperaturverhalten von C_N und S sowie das Hochtemperaturverhalten von C_N und skizzieren Sie den Verlauf von $C_N(T)/Nk_{\mathrm{B}}$.

(c) Was ändert sich in Ihren Berechnungen und Ergebnissen in (a) und (b), wenn J negativ ist?

Aufgabe 5.4 Das Ising-Modell für Legierungen

Als einfaches Modell für eine Legierung betrachten wir ein dreidimensionales *kubisches* Gitter mit insgesamt $N = L^3$ Gitterpunkten. Wir bezeichnen die Gitterpunkte mit den Koordinaten $\mathbf{i} = (i_1, i_2, i_3)$, wobei $\mathbf{i} \in \mathbb{Z}^3$ und $1 \leq i_l \leq L$ gelten soll ($l = 1, 2, 3$). Wir nehmen an, dass periodische Randbedingungen gelten, sodass die Gitterpunkte $\mathbf{i}$ und $\mathbf{i} \pm L\hat{\mathbf{e}}_l$ ($l = 1, 2, 3$) identisch sind. An jedem Gitterpunkt soll sich entweder ein A- oder ein B-Atom befinden. Die Anzahl der A- und B-Atome am Gitterplatz $\mathbf{i}$ ist $n_{\mathbf{i}}^A$ bzw. $n_{\mathbf{i}}^B$ mit $n_{\mathbf{i}}^{A,B} \in \{0, 1\}$ und $n_{\mathbf{i}}^A + n_{\mathbf{i}}^B = 1$. Wegen der periodischen Randbedingungen hat jedes Atom genau $q = 6$ Nachbarn. Wir nehmen an, dass jedes A-Atom einen Beitrag E_A zur Gesamtenergie der Legierung liefert, jedes B-Atom einen Beitrag E_B und jede AA-, AB- oder BB-Bindung einen Beitrag E_{AA}, E_{AB} bzw. E_{BB}. Die Temperatur sei $T \equiv 1/k_{\mathrm{B}}\beta$.

(a) Zeigen Sie, dass der „Hamilton-Operator" $H(\{n_i^{A,B}\})$ der Legierung die folgende Form hat, wobei über alle unterschiedlichen Gitterpunkte $\mathbf{i}$ und Bindungen $\langle \mathbf{ij} \rangle$ summiert wird:

$$H = \sum_i (E_A n_i^A + E_B n_i^B) + \sum_{\langle \mathbf{ij} \rangle} \left[E_{AA} n_i^A n_j^A + E_{AB} \left(n_i^A n_j^B + n_i^B n_j^A \right) + E_{BB} n_i^B n_j^B \right] \ .$$

(b) Zeigen Sie, dass der Hamilton-Operator in (a) mit der Definition $\sigma_i \equiv 2n_i^A - 1$ auf ein äquivalentes Ising-Modell der Form $H = -J \sum_{\langle \mathbf{ij} \rangle} \sigma_i \sigma_j - \mu_B B \sum_i \sigma_i$ abgebildet wird, und bestimmen Sie die Beziehung zwischen den Parametern $(E_A, E_B, E_{AA}, E_{AB}, E_{BB})$ und $(J, \mu_B B)$.

(c) Nehmen Sie an, dass der Parameter J im Ising-Modell in (b) positiv ist $(J > 0)$. Wenden Sie nun auf das Ising-Modell die Molekularfeldnäherung an und leiten Sie die Selbstkonsistenzbeziehung $\tanh(x) = \frac{1}{\beta J q}(x - \beta \mu_B B)$ für die Größe $x \equiv \beta(\mu_B B + J q \bar{\sigma})$ her, wobei $\bar{\sigma}$ den mittleren Spin im System bezeichnet.

(d) Unter welcher Bedingung an die Energieparameter der Legierung entspricht das Ising-Modell aus Teil (b) dem Fall $B = 0$? Bestimmen Sie unter der Annahme $B = 0$ die kritische Temperatur T_c aus der Selbstkonsistenzbeziehung in (c). Wie interpretieren Sie die für $T < T_c$ auftretende Symmetriebrechung im Hinblick auf die AB-Legierung in (a)?

Aufgabe 5.5 Die Elastizität von Wolle

Betrachten Sie noch einmal das Modell zur Beschreibung der Elastizität von Keratinketten in Wolle aus Aufgabe 4.13. Wir verfeinern das Modell nun, indem wir zusätzlich zu den Energien der Einzelmoleküle auch eine *Wechselwirkung* zwischen den Molekülen berücksichtigen: Für jede Bindung zwischen zwei Molekülen in *unterschiedlichen* Positionen werde die Gesamtenergie der Kette um E_{12} erhöht. Zeigen Sie explizit, dass das so verfeinerte Modell der Keratinkette mathematisch äquivalent zu einem eindimensionalen Ising-Modell im Magnetfeld ist. Welche Eigenschaften der Keratinkette entsprechen hierbei dem Magnetfeld B bzw. der Kopplungskonstanten J des Ising-Modells?

Aufgabe 5.6 Das Potts-Modell

Als einfache Verallgemeinerung des Ising-Modells betrachten wir das *Potts-Modell*, wobei wir uns in dieser Aufgabe auf den *ein*dimensionalen Fall beschränken und annehmen, dass periodische Randbedingungen gelten. Die Energieeigenwerte des Potts-Modells sind

$$E(\{\sigma_\ell\}) = \sum_{i=1}^{N} E_B(\sigma_i, \sigma_{i+1}) \quad , \quad E_B(\sigma, \sigma') = -J \delta_{\sigma\sigma'} - \tfrac{1}{2}\mu_B B (\sigma + \sigma') \ ,$$

wobei $\delta_{\sigma\sigma'}$ das Kronecker-Delta darstellt und σ nun die Werte $-1, 0$ und $+1$ annehmen kann. Wie üblich bei periodischen Randbedingungen, identifizieren wir $\sigma_{N+1} = \sigma_1$.

(a) Zeigen Sie, dass die Zustandssumme dieses Potts-Modells durch $Z_{\mathrm{D}} = \mathrm{Sp}(P^N)$ gegeben ist, wobei P die (3×3)-Matrix mit Elementen $P(\sigma, \sigma') = e^{-\beta E_{\mathrm{B}}(\sigma, \sigma')}$ darstellt. Folgern Sie hieraus für die freie Enthalpie im thermodynamischen Limes: $G_{\mathrm{D}} = -\frac{1}{\beta} N \ln(\lambda_+)$, wobei λ_+ der größte Eigenwert von P ist.

Wir definieren $j \equiv \beta J$ und $b \equiv \frac{1}{2}\beta \mu_{\mathrm{B}} B$ und nehmen $J > 0$ und $B \geq 0$ an.

(b) Zeigen Sie, dass die Eigenwerte λ der Matrix P allgemein gegeben sind durch

$$0 = -\lambda^3 + \lambda \left(\lambda e^j + 1 - e^{2j}\right)\left(e^{2b} + 1 + e^{-2b}\right) + \left(e^j - 1\right)^2 \left(e^j + 2\right)$$

und speziell für $b = 0$ durch $\lambda = e^j + 2$ und (zweifach) durch $\lambda = e^j - 1$.

(c) Zeigen Sie $\lambda_+ = (e^j + 2)\left[1 + \frac{8}{9}(e^j + \frac{1}{2})b^2 + \mathcal{O}(b^4)\right]$ für $b \ll 1$ und leiten Sie hieraus für die isotherme Suszeptibilität im Limes $B \to 0$ ab:

$$\chi_{T,N}(B = 0) = \frac{4}{9}\beta \mu_{\mathrm{B}}^2 N(e^j + \frac{1}{2}) \,.$$

Gilt für hohe Temperaturen das Curie-Gesetz? Erklären Sie, warum ein solches Gesetz gelten sollte (bzw. nicht gelten muss).

Aufgabe 5.7 Das Potts-Modell mit q Zuständen   (P)

Das Potts-Modell mit drei Spineinstellungen aus Aufgabe 5.6 ist ein Spezialfall des allgemeinen Potts-Modells, das q Spineinstellungen zulässt:

$$\sigma = -\tfrac{1}{2}(q - 1), -\tfrac{1}{2}(q - 3), \cdots, \tfrac{1}{2}(q - 3), \tfrac{1}{2}(q - 1) \,.$$

Das Modell aus Aufgabe 5.6 entspricht also dem Fall $q = 3$, und das Potts-Modell mit $q = 2$ ist äquivalent zum Ising-Modell. In dieser Aufgabe betrachten wir das allgemeine Potts-Modell mit $q \in \mathbb{N}$, wobei wir uns allerdings wieder auf den *ein*dimensionalen Fall beschränken und annehmen, dass periodische Randbedingungen gelten. Die Energieeigenwerte des Potts-Modells sind wiederum

$$E(\{\sigma_\ell\}) = \sum_{i=1}^{N} E_{\mathrm{B}}(\sigma_i, \sigma_{i+1}) \quad , \quad E_{\mathrm{B}}(\sigma, \sigma') = -J\delta_{\sigma\sigma'} - \tfrac{1}{2}\mu_{\mathrm{B}} B(\sigma + \sigma') \,,$$

wobei wir identifizieren: $\sigma_{N+1} = \sigma_1$. Wir definieren $j \equiv \beta J$ und $b \equiv \frac{1}{2}\beta\mu_{\mathrm{B}} B$ und nehmen $J > 0$ und $B \geq 0$ an.

(a) Zeigen Sie, dass auch die Zustandssumme des allgemeinen Potts-Modells durch $Z_{\mathrm{D}} = \mathrm{Sp}(P^N)$ gegeben ist, wobei die Transfermatrix $P(\sigma, \sigma')$ nun eine $(q \times q)$-Matrix ist, deren Matrixelemente mit Hilfe von Substitutionen $\sigma \equiv \frac{1}{2}(q + 1) - m$ bzw. $\sigma' \equiv \frac{1}{2}(q + 1) - n$ auch als $P_{mn} = e^{(q+1-m-n)b}\left[(e^j - 1)\delta_{mn} + 1\right]$ geschrieben werden können. Folgern Sie hieraus für die freie Enthalpie im thermodynamischen Limes: $G_{\mathrm{D}} = -\frac{1}{\beta} N \ln(\lambda_+)$, wobei λ_+ der größte Eigenwert von P ist. Bestimmen Sie die Eigenwerte und Eigenvektoren der Matrix P für den Spezialfall $B = 0$ bzw. $b = 0$.

(b) Zeigen Sie, dass der größte Eigenwert $\lambda_+(j,b)$ der Transfermatrix P für schwache, aber endliche Magnetfelder $(b \ll 1)$ gegeben ist durch

$$\lambda_+(j,b) = \left(e^j + q - 1\right)\left[1 + \frac{b^2}{3q}\left(q^2 - 1\right)\left(e^j + \tfrac{1}{2}q - 1\right) + \mathcal{O}(b^4)\right].$$

Hinweis: Verwenden Sie bei Bedarf die aus der Quantenmechanik bekannten Standardmethoden der Störungstheorie.

(c) Zeigen Sie für die isotherme Suszeptibilität im Limes $B \to 0$:

$$\chi_{T,N}(B=0) = \frac{q^2 - 1}{6q}\beta\mu_{\mathrm{B}}^2 N\left(e^j + \tfrac{1}{2}q - 1\right).$$

Gilt für hohe Temperaturen ein (verallgemeinertes) Curie-Gesetz? Stimmen Ihre Ergebnisse mit den für $q = 3$ in Aufgabe 5.6 hergeleiteten überein? Betrachten Sie speziell auch den Fall $q = 2$: Stimmen Ihre Ergebnisse mit den bekannten Resultaten (5.11) und (5.12) des eindimensionalen Ising-Modells überein? Falls ja: Sollten sie das? Falls nein: Wie erklären Sie das?

Kapitel 6

Quantengase

Wir haben bereits einige bosonische Quantengase kennengelernt, nämlich das Photonengas, die Phononen im Festkörper und das Gas massiver Bosonen in einer magneto-optischen Falle. In diesem Kapitel werden wir uns mit Bose- *und* Fermi-Gasen befassen, die insbesondere im Hinblick auf ihre Temperatur- und Dimensionsabhängigkeit untersucht werden. Wir beschränken uns dabei auf die Untersuchung massebehafteter Teilchen und nehmen an, dass das Gas in einem quaderförmigen Kasten mit Seitenlängen $L = V^{1/d}$ eingeschlossen ist. Wir gehen außerdem von periodischen Randbedingungen aus. Quantenmechanische Teilchen besitzen bekanntlich auch einen Spin, der ganzzahlig ist für Bosonen ($S = 0, 1, 2, \cdots$) und halbzahlig im Fall von Fermionen ($S = \frac{1}{2}, \frac{3}{2}, \cdots$). Die Einteilchenzustände zum festen Wellenvektor $\mathbf{k}$ können daher mit Hilfe der magnetischen Quantenzahl λ klassifiziert werden, die die Werte $\lambda = -S, -S+1, \cdots, S$ annehmen kann. Für den einfachsten Fall, dass keine äußeren Felder vorliegen, sind die Energieeigenwerte der einzelnen Teilchen unabhängig von λ:

$$\varepsilon_{\mathbf{k}\lambda} = \frac{\hbar^2 \mathbf{k}^2}{2m} \equiv \varepsilon_{\mathbf{k}} \quad , \quad \mathbf{k} = \frac{2\pi}{L} \mathbf{n} \quad (\mathbf{n} \in \mathbb{Z}^d) \, .$$

In diesem einfachsten Fall bewirkt der Spinfreiheitsgrad der Teilchen lediglich eine $(2S + 1)$-fache Entartung der $\mathbf{k}$-Niveaus. In Anwesenheit eines Magnetfelds wird diese Entartung aufgehoben.

6.1 Allgemeine Eigenschaften

Wir bestimmen die wichtigsten thermodynamischen Größen eines (bosonischen oder fermionischen) Quantengases und untersuchen insbesondere die Quantenkorrekturen zum klassischen Limes. Es ist rechentechnisch vorteilhaft, hierzu die großkanonische Gesamtheit zu verwenden, da man dann bei der Berechnung von Zustandssummen keine Zwangsbedingungen (z. B. für fest vorgegebene Energie oder Teilchenzahl) berücksichtigen muss.

Falls der Mikrozustand des Gases durch die Besetzungszahlen $\{n_{\mathbf{k}\lambda}\}$ charakterisiert ist, sind die Gesamtteilchenzahl und die Gesamtenergie gegeben durch

$$N = \sum_{\mathbf{k}\lambda} n_{\mathbf{k}\lambda} \quad , \quad E = \sum_{\mathbf{k}\lambda} \varepsilon_{\mathbf{k}\lambda} n_{\mathbf{k}\lambda} \, ,$$

sodass die großkanonische Zustandssumme gleich

$$Z_{\mathrm{gk}} = \sum_{\{n_{\mathbf{k}\lambda}\}} e^{\beta \sum_{\mathbf{k}\lambda}(\mu - \varepsilon_{\mathbf{k}\lambda})n_{\mathbf{k}\lambda}} = \prod_{\mathbf{k}\lambda}\left[\sum_{n_{\mathbf{k}\lambda}} e^{\beta(\mu - \varepsilon_{\mathbf{k}\lambda})n_{\mathbf{k}\lambda}}\right]$$

ist. Hierbei wird auf der rechten Seite für Bosonen über alle $n_{\mathbf{k}\lambda} \in \mathbb{N}$ und für Fermionen über $n_{\mathbf{k}\lambda} \in \{0, 1\}$ summiert. Man findet also für Bosonen:

$$Z_{\mathrm{gk}} = \prod_{\mathbf{k}\lambda}\left[\sum_{n_{\mathbf{k}\lambda}=0}^{\infty} e^{\beta(\mu - \varepsilon_{\mathbf{k}\lambda})n_{\mathbf{k}\lambda}}\right] = \prod_{\mathbf{k}\lambda}\left[1 - e^{\beta(\mu - \varepsilon_{\mathbf{k}\lambda})}\right]^{-1}$$

und für Fermionen:

$$Z_{\mathrm{gk}} = \prod_{\mathbf{k}\lambda}\left[\sum_{n_{\mathbf{k}\lambda}=0}^{1} e^{\beta(\mu - \varepsilon_{\mathbf{k}\lambda})n_{\mathbf{k}\lambda}}\right] = \prod_{\mathbf{k}\lambda}\left[1 + e^{\beta(\mu - \varepsilon_{\mathbf{k}\lambda})}\right]$$

und somit allgemein:

$$Z_{\mathrm{gk}} = \prod_{\mathbf{k}\lambda}\left[1 - \zeta z e^{-\beta \varepsilon_{\mathbf{k}\lambda}}\right]^{-\zeta} \quad , \quad \zeta = \begin{cases} +1 & \text{(Bosonen)} \\ -1 & \text{(Fermionen)} \end{cases} \, ,$$

wobei die Fugazität $z \equiv e^{\beta\mu}$ eingeführt wurde. Das großkanonische Potential ist also durch

$$\boxed{\Omega = -\frac{1}{\beta}\ln Z_{\mathrm{gk}} = \frac{\zeta}{\beta}\sum_{\mathbf{k}\lambda}\ln\left[1 - \zeta z e^{-\beta \varepsilon_{\mathbf{k}\lambda}}\right] \equiv \sum_{\mathbf{k}\lambda}\Omega_{\mathbf{k}\lambda}} \tag{6.1}$$

gegeben. Es wird sich im Folgenden als sehr wichtig herausstellen, dass das chemische Potential für Bosonen die Ungleichung

$$\boxed{\mu < \min_{\mathbf{k}\lambda}\{\varepsilon_{\mathbf{k}\lambda}\} \qquad \text{(Bosonen)}} \tag{6.2}$$

erfüllt, da die bosonische Zustandssumme sonst divergieren würde. Das chemische Potential für Fermionen kann prinzipiell jeden Wert $\mu \in (-\infty, \infty)$ annehmen.

Die mittleren Besetzungszahlen der einzelnen $(\mathbf{k}\lambda)$-Niveaus folgen aus:

$$\langle n_{\mathbf{k}'\lambda'}\rangle = \frac{1}{Z_{\mathrm{gk}}}\sum_{\{n_{\mathbf{k}\lambda}\}} n_{\mathbf{k}'\lambda'} e^{\beta\sum_{\mathbf{k}\lambda}(\mu - \varepsilon_{\mathbf{k}\lambda})n_{\mathbf{k}\lambda}} = -\frac{1}{\beta}\left(\frac{\partial \ln Z_{\mathrm{gk}}}{\partial \varepsilon_{\mathbf{k}'\lambda'}}\right)_{T,\mu} = \left(\frac{\partial \Omega_{\mathbf{k}'\lambda'}}{\partial \varepsilon_{\mathbf{k}'\lambda'}}\right)_{T,\mu}$$

als

$$\boxed{\langle n_{\mathbf{k}\lambda}\rangle = \frac{z e^{-\beta \varepsilon_{\mathbf{k}\lambda}}}{1 - \zeta z e^{-\beta \varepsilon_{\mathbf{k}\lambda}}} = \frac{1}{e^{\beta(\varepsilon_{\mathbf{k}\lambda} - \mu)} - \zeta} \, .} \tag{6.3}$$

Es ist wiederum offensichtlich, dass für Bosonen (6.2) gelten muss, da sonst $\langle n_{\mathbf{k}\lambda} \rangle$ für das niedrigstliegende Einteilchenenergieniveau divergiert bzw. negativ ist. Die Funktion $\left[e^{\beta(\varepsilon_{\mathbf{k}\lambda} - \mu)} - \zeta \right]^{-1}$ auf der rechten Seite von Gleichung (6.3) wird für $\zeta = +1$ als *Bose-Einstein-Verteilung* und analog für $\zeta = -1$ als *Fermi-Dirac-Verteilung* bezeichnet. Für hohe Temperaturen und hohe Energien (mit $\beta \downarrow 0$ und $\varepsilon_{\mathbf{k}\lambda} \to \infty$, sodass $\beta\varepsilon_{\mathbf{k}\lambda}$ endlich bleibt) gehen die Bose-Einstein- und Fermi-Dirac-Verteilungen (wegen $e^{\beta\mu} \to 0$ in diesem Limes) in die einfachere *Boltzmann-Verteilung* $e^{\beta(\mu - \varepsilon_{\mathbf{k}\lambda})}$ über. Die *Fluktuationen* in den Besetzungszahlen folgen analog als

$$(\Delta n_{\mathbf{k}\lambda})^2 = \langle (n_{\mathbf{k}\lambda} - \langle n_{\mathbf{k}\lambda} \rangle)^2 \rangle = \langle n_{\mathbf{k}\lambda} \rangle + \zeta \langle n_{\mathbf{k}\lambda} \rangle^2 = \langle n_{\mathbf{k}\lambda} \rangle (1 + \zeta \langle n_{\mathbf{k}\lambda} \rangle) \,,$$

sodass die Breite $\Delta n_{\mathbf{k}\lambda}$ der Verteilung für Bosonen ($\zeta = +1$) generell *größer* und für Fermionen ($\zeta = -1$) generell *kleiner* ist als diejenige einer Poisson-Verteilung (mit $\zeta = 0$), die für das *klassische* ideale Gas zutrifft [s. Gleichung (4.65)].

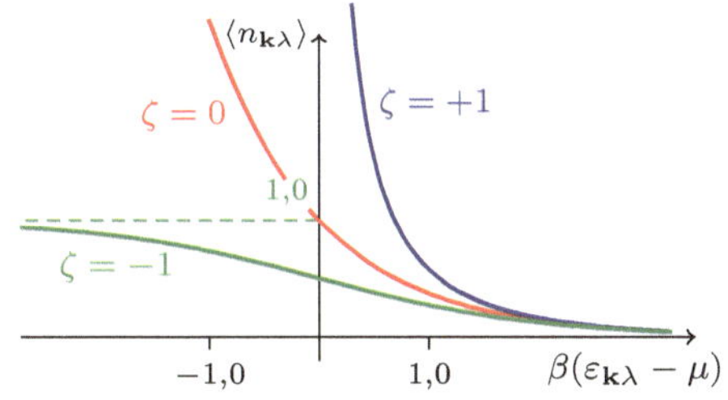

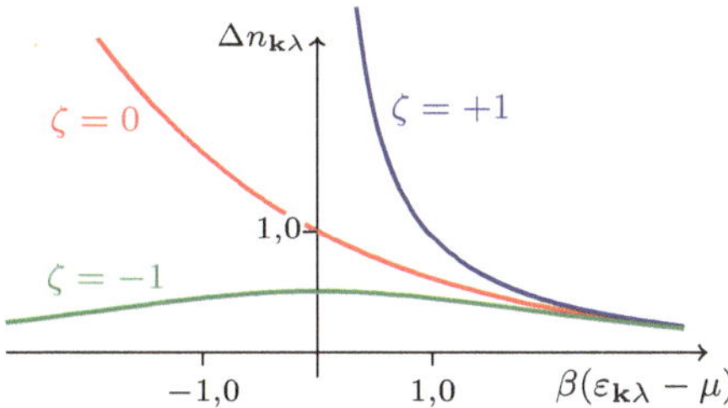

Abb. 6.1 Mittlere Besetzungszahlen $\langle n_{\mathbf{k}\lambda} \rangle$ für Bosonen und Fermionen ($\zeta = \pm 1$) und ein „klassisches" Gas ($\zeta = 0$)

Abb. 6.2 Breite $\Delta n_{\mathbf{k}\lambda}$ der Verteilung für Bosonen und Fermionen ($\zeta = \pm 1$) und ein „klassisches" Gas ($\zeta = 0$)

Thermodynamischen Größen: Teilchenzahl, innere Energie und Druck

Die Gesamtteilchenzahl und die Gesamtenergie können natürlich aus den üblichen Beziehungen $\langle N \rangle = -(\partial\Omega/\partial\mu)_{T,V}$ und $U = (\partial\beta\Omega/\partial\beta)_{V,z}$ [s. Gleichung (4.61)] bestimmt werden; diese Größen folgen jedoch auch sofort aus (6.3) als

$$\langle N \rangle = \sum_{\mathbf{k}\lambda} \frac{1}{\frac{1}{z} e^{\beta\varepsilon_{\mathbf{k}\lambda}} - \zeta} \quad , \quad U = \sum_{\mathbf{k}\lambda} \frac{\varepsilon_{\mathbf{k}\lambda}}{\frac{1}{z} e^{\beta\varepsilon_{\mathbf{k}\lambda}} - \zeta} \,. \tag{6.4}$$

Der Druck folgt aus $\Omega = -PV$ als

$$P = -\frac{\zeta}{\beta V} \sum_{\mathbf{k}\lambda} \ln\left[1 - \zeta z e^{-\beta\varepsilon_{\mathbf{k}\lambda}} \right] \,. \tag{6.5}$$

Außerdem gilt eine sehr einfache Relation zwischen dem Druck und der inneren Energie aufgrund der Volumenabhängigkeit der Einteilchenenergien:

$$\varepsilon_{\mathbf{k}\lambda} = \frac{\hbar^2 \mathbf{k}^2}{2m} = \frac{h^2 \mathbf{n}^2}{2mL^2} = \frac{h^2 \mathbf{n}^2}{2m} V^{-2/d} \quad , \quad \frac{\partial \varepsilon_{\mathbf{k}\lambda}}{\partial V} = -\frac{2}{Vd} \varepsilon_{\mathbf{k}\lambda} \,,$$

und zwar

$$
P = -\left(\frac{\partial \Omega}{\partial V}\right)_{T,\mu} = -\sum_{\mathbf{k}\lambda}\left(\frac{\partial \Omega_{\mathbf{k}\lambda}}{\partial V}\right)_{T,\mu} = -\sum_{\mathbf{k}\lambda}\frac{\partial \varepsilon_{\mathbf{k}\lambda}}{\partial V}\frac{\partial \Omega_{\mathbf{k}\lambda}}{\partial \varepsilon_{\mathbf{k}\lambda}}
$$

$$
= \frac{2}{Vd}\sum_{\mathbf{k}\lambda}\varepsilon_{\mathbf{k}\lambda}\langle n_{\mathbf{k}\lambda}\rangle = \frac{2U}{Vd}\ . \tag{6.6}
$$

Es gilt für Quantengase also exakt dieselbe Beziehung $PV = \frac{2}{d}U$, die bereits vorher für „klassische" Gase (d. h. im Hochtemperaturlimes) gefunden wurde.

Die Zustandsdichte: Summen werden zu Integralen

Die thermodynamischen Größen (6.1), (6.4) und (6.6) haben alle die Form einer $\mathbf{k}$-Summe, deren Summand nur über $\varepsilon_{\mathbf{k}\lambda}$ vom Wellenvektor $\mathbf{k}$ abhängt. Es ist daher bequem, die $\mathbf{k}$-Summen in ε-Integrale umzuwandeln:

$$
\boxed{\ \sum_{\mathbf{k}} f(\varepsilon_{\mathbf{k}}) = V\int_0^{\infty} d\varepsilon\, \nu(\varepsilon) f(\varepsilon)\ ,\ }
$$

wobei zusätzlich die Zustandsdichte $\nu(\varepsilon)$ zu berücksichtigen ist:

$$
\nu(\varepsilon) \equiv \frac{1}{V}\sum_{\mathbf{k}}\delta(\varepsilon - \varepsilon_{\mathbf{k}}) = \frac{1}{(2\pi)^d}\int d\mathbf{k}\,\delta\left(\varepsilon - \frac{\hbar^2\mathbf{k}^2}{2m}\right)
$$

$$
= \frac{2mS_d(1)}{(2\pi)^d\hbar^2}\int_0^{\infty} dk\, k^{d-1}\delta\left(k^2 - \frac{2m\varepsilon}{\hbar^2}\right) = \frac{mS_d(1)}{\hbar^2(2\pi)^d}\int_0^{\infty} dx\, x^{\frac{d}{2}-1}\delta\left(x - \frac{2m\varepsilon}{\hbar^2}\right)
$$

$$
= \tfrac{1}{2}S_d(1)\left(\frac{2m}{h^2}\right)^{\frac{d}{2}}\varepsilon^{\frac{d}{2}-1} = \frac{\beta^{\frac{d}{2}}\varepsilon^{\frac{d}{2}-1}}{\Gamma(\frac{d}{2})(\lambda_T)^d}\ .
$$

Für diese Berechnung wurden die thermische Wellenlänge $\lambda_T \equiv h/\sqrt{2\pi m k_{\mathrm{B}}T}$ und die Fläche $S_d(1) = 2\pi^{d/2}/\Gamma(\frac{d}{2})$ einer Einheitskugel in d Dimensionen [s. Gleichung (4.43)] benutzt. Außerdem definieren wir die Funktionen:[1]

$$
\boxed{\ \frac{1}{\Gamma(\alpha)}\int_0^{\infty} dx\, \frac{x^{\alpha-1}}{\frac{1}{z}e^x - \zeta} \equiv g_\alpha(z,\zeta)\ .\ }
$$

Unter der Annahme, dass der bosonische Grundzustand nicht makroskopisch besetzt ist, folgt sofort für die Gesamtteilchenzahl:

$$
\langle N\rangle = \frac{V(2S+1)\beta^{\frac{d}{2}}}{\Gamma(\frac{d}{2})(\lambda_T)^d}\int_0^{\infty} d\varepsilon\, \frac{\varepsilon^{\frac{d}{2}-1}}{\frac{1}{z}e^{\beta\varepsilon} - \zeta} = \frac{V(2S+1)}{\Gamma(\frac{d}{2})(\lambda_T)^d}\int_0^{\infty} dx\, \frac{x^{\frac{d}{2}-1}}{\frac{1}{z}e^x - \zeta}
$$

$$
= \frac{V(2S+1)}{(\lambda_T)^d}g_{\frac{d}{2}}(z,\zeta) \tag{6.7}
$$

---

[1]In der Literatur werden die Funktionen nicht einheitlich als $g_\alpha(z,\zeta)$, sondern meistens als $g_\alpha(z)$ für $\zeta = +1$ und $f_\alpha(z)$ für $\zeta = -1$ bezeichnet. Offensichtlich gilt dann $g_\alpha(z,\zeta) = \zeta g_\alpha(\zeta z)$.

und analog für die Gesamtenergie:

$$U = \frac{V(2S+1)\beta^{\frac{d}{2}}}{\Gamma(\frac{d}{2})(\lambda_T)^d} \int_0^\infty d\varepsilon\, \frac{\varepsilon^{\frac{d}{2}}}{\frac{1}{z}e^{\beta\varepsilon} - \zeta} = \frac{V(2S+1)}{\beta\Gamma(\frac{d}{2})(\lambda_T)^d} \int_0^\infty dx\, \frac{x^{\frac{d}{2}}}{\frac{1}{z}e^x - \zeta}$$

$$= \frac{V(2S+1)d}{2\beta(\lambda_T)^d} g_{\frac{d}{2}+1}(z,\zeta)\,. \tag{6.8}$$

Daher ist der Druck gleich

$$P = \frac{2}{Vd}U = \frac{2S+1}{\beta(\lambda_T)^d} g_{\frac{d}{2}+1}(z,\zeta)\,, \tag{6.9}$$

und das großkanonische Potential ist gegeben durch

$$\Omega = -PV = -\frac{(2S+1)V}{\beta(\lambda_T)^d} g_{\frac{d}{2}+1}(z,\zeta)\,. \tag{6.10}$$

Dasselbe Ergebnis folgt auch aus (6.1) mit Hilfe einer partiellen Integration.

6.2 Die Funktionen $g_\alpha(z,\zeta)$

Aus dem bisher Diskutierten ist klar, dass die Thermodynamik der Quantengase durch die Funktionen

$$g_\alpha(z,\zeta) = \frac{1}{\Gamma(\alpha)} \int_0^\infty dx\, \frac{x^{\alpha-1}}{\frac{1}{z}e^x - \zeta} = \frac{1}{\Gamma(\alpha)} \int_0^\infty dx\, \frac{x^{\alpha-1}z}{e^x - \zeta z}$$

bestimmt wird. Für allgemeines α ist das Integral auf der rechten Seite nicht explizit lösbar. Eine Ausnahme ist die Funktion $g_\alpha(z,\zeta)$ mit $\alpha = 1$:

$$g_1(z,\zeta) = \frac{1}{\Gamma(1)} \int_0^\infty dx\, \frac{z}{e^x - \zeta z} = \int_0^\infty dx\, \frac{z\,e^{-x}}{1 - \zeta z\,e^{-x}} = \zeta \int_0^\infty dx\, \frac{d}{dx}\ln\big(1 - \zeta z\,e^{-x}\big)$$

$$= \zeta\ln\big(1 - \zeta z\,e^{-x}\big)\Big|_0^\infty = \ln\Big[\big(1 - \zeta z\big)^{-\zeta}\Big]\,.$$

Da die Funktionen $g_\alpha(z,\zeta)$ mit $\alpha \neq 1$ nicht analytisch berechenbar sind (aber natürlich durchaus numerisch), erscheinen ein paar allgemeine Bemerkungen über das Verhalten dieser Funktionen in Abhängigkeit von z angebracht.

Zuerst möchten wir noch einmal auf die Symmetriebeziehung

$$g_\alpha(z,\zeta) = \zeta g_\alpha(\zeta z, +1) \quad \text{bzw.} \quad g_\alpha(z,-1) = -g_\alpha(-z,+1) \tag{6.11}$$

zwischen den bosonischen ($\zeta = +1$) und fermionischen ($\zeta = -1$) Funktionen hinweisen (siehe auch Fußnote 1 auf Seite 234). Jede Funktion $g_\alpha(z,\zeta)$ enthält also gleichzeitig Informationen über die thermodynamischen Eigenschaften von Fermionen *und* Bosonen. Des Weiteren sind die Funktionen $g_\alpha(z,\zeta)$ *streng monoton steigend* für alle $\alpha > 0$ und alle $z \in \mathbb{R}$, für die sie definiert sind:

$$\frac{\partial g_\alpha}{\partial z}(z,\zeta) = \frac{1}{\Gamma(\alpha)} \int_0^\infty dx\, \frac{x^{\alpha-1}e^x}{\big(e^x - \zeta z\big)^2} > 0\,,$$

sowie *streng konvex* für Bosonen und *streng konkav* für Fermionen:

$$\frac{\partial^2 g_\alpha}{\partial z^2}(z,\zeta) = \frac{2\zeta}{\Gamma(\alpha)} \int_0^\infty dx\, \frac{x^{\alpha-1}e^x}{(e^x - \zeta z)^3} \quad \begin{cases} > 0 \text{ für Bosonen} \quad (\zeta = +1) \\ < 0 \text{ für Fermionen} \ (\zeta = -1) \end{cases}.$$

Außerdem sind die Funktionen $g_\alpha(z,\zeta)$ *analytisch* in $z = 0$:

$$g_\alpha(z,\zeta) = \frac{1}{\Gamma(\alpha)} \int_0^\infty dx\, \frac{x^{\alpha-1}ze^{-x}}{1 - \zeta z e^{-x}} = \frac{\zeta}{\Gamma(\alpha)} \sum_{n=1}^\infty (\zeta z)^n \int_0^\infty dx\, x^{\alpha-1} e^{-nx}$$

$$= \frac{\zeta}{\Gamma(\alpha)} \sum_{n=1}^\infty \frac{(\zeta z)^n}{n^\alpha} \int_0^\infty dy\, y^{\alpha-1} e^{-y} = \zeta \sum_{n=1}^\infty \frac{(\zeta z)^n}{n^\alpha}$$

$$= z + \zeta\, 2^{-\alpha} z^2 + \cdots . \tag{6.12}$$

Diese Taylor-Reihe hat den Konvergenzradius 1. Am Konvergenzradius (d. h. für $z \uparrow 1$) gilt[2] für Fermionen ($\zeta = -1$):

$$g_\alpha(1, -1) = \sum_{n=1}^\infty \frac{(-1)^{n-1}}{n^\alpha} = (1 - 2^{1-\alpha})\zeta(\alpha) < \infty \qquad (\alpha > 0)$$

und für Bosonen ($\zeta = 1$):

$$g_\alpha(1, 1) = \sum_{n=1}^\infty \frac{1}{n^\alpha} = \zeta(\alpha) < \infty \qquad (\alpha > 1)$$

$$g_1(z, 1) = \ln\left(\frac{1}{1 - z}\right) \to \infty \qquad (z \uparrow 1,\ \alpha = 1)$$

$$g_\alpha(z, 1) \sim \Gamma(1 - \alpha)(1 - z)^{\alpha-1} \to \infty \qquad (z \uparrow 1,\ 0 < \alpha < 1) .$$

Jenseits des Konvergenzradius ist $g_\alpha(z, 1)$ mathematisch nicht eindeutig definiert und physikalisch – wie wir sehen werden – sowieso irrelevant. Das fermionische Pendant, $g_\alpha(z, -1)$, ist jedoch für alle $\alpha > 0$ und alle $z > -1$ wohldefiniert und verhält sich für große z-Werte wie

$$g_\alpha(z, -1) \sim \frac{(\ln z)^\alpha}{\Gamma(\alpha + 1)} \qquad (z \to \infty) . \tag{6.13}$$

Diese Ergebnisse werden in den nächsten Abschnitten bei der Entwicklung um den klassischen Limes und der Untersuchung der Bose-Einstein-Kondensation angewandt.

Eine Skizze von $g_\alpha(z, \zeta)$ als Funktion von z und für verschiedene Parameterwerte (α, ζ) findet sich in Abbildung 6.3. Die fünf farbigen *konvexen* Kurven stellen $g_\alpha(z, +1)$ für Bosonen mit $\alpha = \frac{1}{2}$, 1, $\frac{3}{2}$, 2 und $\frac{5}{2}$ dar. Diese Kurven zeigen, dass $g_\alpha(z, +1)$ im Limes $z \uparrow 1$ für $\alpha \leq 1$ divergiert und für $\alpha > 1$ endlich bleibt. Als Beispiel einer *fermionischen* g_α-Funktion wird die grüne *konkave* Kurve gezeigt, die

---

[2]Man beachte, dass im Folgenden $\zeta(z) \equiv \sum_{n=1}^\infty n^{-z}$ mit $z \in \mathbb{C}$ und $\mathrm{Re}(z) > 1$ die Riemann'sche Zetafunktion darstellt, während der Parameter ζ zur Unterscheidung von Bosonen und Fermionen die Werte ± 1 annehmen kann. Bei der Riemann'schen Zetafunktion wird immer explizit ein Argument (hier: α) angegeben.

$g_\alpha(z,-1)$ mit $\alpha = 1$ darstellt. Diese fermionische Kurve kann [im Einklang mit der Symmetrie (6.11) der g_α-Funktionen] durch Punktspiegelung am Ursprung aus der entsprechenden *bosonischen* Kurve für $\alpha = 1$ erhalten werden. Alle fermionischen Funktionen $g_\alpha(z,-1)$ mit $\alpha > 0$ sind *endlich* für alle $z \geq 0$. Zum Vergleich zeigt Abb. 6.3 noch die entsprechende Kurve für *klassische* Teilchen ($\zeta = 0$), die für alle $\alpha > 0$ die Form einer *Geraden* mit α-unabhängiger Steigung hat: $g_\alpha(z,0) = z$.

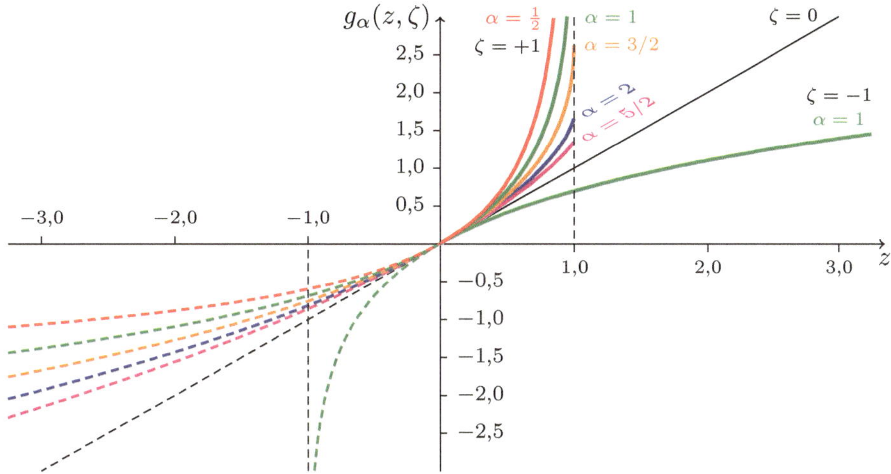

Abb. 6.3 Die Funktionen $g_\alpha(z,\zeta)$ für Bosonen und Fermionen ($\zeta = +1$ bzw. -1)

Beziehung zu anderen Standardfunktionen

Die Funktionen $g_\alpha(z,\zeta)$ sind auch als Spezialfall der sogenannten Lerch'schen transzendenten Funktion $\Phi(z,\alpha,v)$ darstellbar. Diese ist nämlich für $v \notin -\mathbb{N}_0$ wie folgt definiert [s. z. B. Ref. [10], Formel (9.550)]:

$$\Phi(z,\alpha,v) \equiv \sum_{n=0}^{\infty} \frac{z^n}{(v+n)^\alpha} = \frac{1}{z} \sum_{n=1}^{\infty} \frac{z^n}{(v+n-1)^\alpha} \, .$$

Es folgt daher:

$$g_\alpha(z,\zeta) = \zeta \sum_{n=1}^{\infty} \frac{(\zeta z)^n}{n^\alpha} = z\Phi(\zeta z, \alpha, 1) \, .$$

Diese Identität ergibt sich auch sofort aus der Integraldarstellung der Lerch'schen Φ-Funktion:

$$\Phi(z,\alpha,v) = \frac{1}{\sqrt{(\alpha)}} \int_0^\infty dy \, \frac{x^{\alpha-1} e^{-(v-1)x}}{e^x - z} \, .$$

Alternativ können die Funktionen $g_\alpha(z,\zeta)$ mit Hilfe der Polylogarithmen $\mathrm{Li}_\alpha(z)$ dargestellt werden, die in einfacher Weise mit der Φ-Funktion für $v = 1$ zusammenhängen:

$$\Phi(z,\alpha,1) = \mathrm{Li}_\alpha(z)/z \quad , \quad g_\alpha(z,\zeta) = \zeta \, \mathrm{Li}_\alpha(\zeta z) \, .$$

Der wichtigste Vorteil dieser Beziehungen ist, dass über die speziellen Funktionen $\Phi(z, \alpha, v)$ und $\mathrm{Li}_\alpha(x)$ viel bekannt ist und dass sie außerdem in Standardcomputerprogramme eingebaut und daher numerisch leicht auszuwerten sind.

6.3 Entwicklung um den klassischen Limes

Aus Gleichung (6.7) folgt aufgrund des Hochtemperaturverhaltens der thermischen Wellenlänge $\lambda_T \propto T^{-1/2} \to 0$ für $T \to \infty$, dass im klassischen Grenzfall bei festgehaltener Teilchendichte $\rho \equiv \langle N \rangle / V$ offenbar $g_{d/2}(z, \zeta) \to 0$ und daher wegen $g_{d/2}(z, \zeta) \sim z$ für kleine z-Werte auch $z \to 0$ gilt:[3]

$$z \sim \frac{\rho (\lambda_T)^d}{2S + 1} \quad , \quad \beta\mu \sim -\frac{d}{2} \ln\left(\frac{T}{T_l}\right) \qquad \left(\frac{T}{T_l} \to \infty\right) ,$$

wobei l der typische Abstand zwischen benachbarten Teilchen und T_l die durch diese Längenskala definierte Temperatur ist:

$$\boxed{\; k_B T_l \equiv \frac{\hbar^2}{2ml^2} \quad , \quad l \equiv \rho^{-1/d} \; .\;}$$

Für das chemische Potential gilt also $\mu \sim -\frac{d}{2} k_B T \ln(T/T_l) \to -\infty$ für $T/T_l \to \infty$. Eine Entwicklung um den klassischen Limes ist also gleichbedeutend mit einer Entwicklung für $z \to 0$, die über den linearen Term hinausgeht.

Für kleine z folgt aus (6.7) für die Teilchendichte in Kombination mit der Taylor-Entwicklung (6.12) für $g_{d/2}(z, \zeta)$:

$$\rho = \frac{\langle N \rangle}{V} = \frac{2S + 1}{(\lambda_T)^d} z \left(1 + \zeta\, 2^{-\frac{d}{2}} z + \cdots \right) \tag{6.14}$$

und aus (6.9) für den Druck:

$$\frac{P}{k_B T} = \frac{2S + 1}{(\lambda_T)^d} z \left(1 + \zeta\, 2^{-(\frac{d}{2}+1)} z + \cdots \right) . \tag{6.15}$$

Durch Division von (6.15) durch (6.14) erhält man:

$$\begin{aligned}
\frac{PV}{\langle N \rangle k_B T} &= \frac{1 + \zeta\, 2^{-(\frac{d}{2}+1)} z + \cdots}{1 + \zeta\, 2^{-\frac{d}{2}} z + \cdots} = 1 - \zeta\, 2^{-(\frac{d}{2}+1)} z + \cdots \\
&= 1 - \zeta \frac{(\lambda_T)^d \rho}{(2S+1) 2^{\frac{d}{2}+1}} + \mathcal{O}\left[(\lambda_T^d \rho)^2\right] \qquad (T \to \infty) .
\end{aligned} \tag{6.16}$$

Es folgt also, dass der Druck in einem Bose-Gas ($\zeta = 1$) *niedriger* und der Druck in einem Fermi-Gas ($\zeta = -1$) *höher* als der entsprechende Druck eines „klassischen Gases" ($\zeta = 0$) ist. Hierbei bezeichnen die Worte „klassisches Gas" ein mathematisches Konstrukt, das es so in der Natur nicht gibt, das jedoch im Hochtemperaturlimes approximativ gültig ist. Der niedrigere Druck im Bose-Gas und der höhere

---

[3]Der „klassische Grenzfall" ($z \to 0$) tritt übrigens nicht nur im Hochtemperaturlimes ($T \to \infty$), sondern auch im Limes $S \to \infty$ (bei festen Werten von T und $\rho = \langle N \rangle / V$) ein.

Druck im Fermi-Gas sind auch direkt verständlich aufgrund der Quantenkorrekturen zum „klassischen Gas", die in Gleichung (4.39) berechnet wurden. Das dort berechnete effektive Potential $v_\zeta(\mathbf{x}_{ij})$ zeigt, dass sich Bosonen rein aufgrund ihrer Statistik anziehen, während sich Fermionen abstoßen. Die effektive Abstoßung zwischen den Fermionen ist eine direkte Konsequenz des Pauli-Prinzips.

Relevanz des Hochtemperaturlimes für verschiedene Gase

Aus Gleichung (6.16) geht noch einmal explizit hervor, dass der klassische Grenzfall relevant ist für $(\lambda_T)^d \rho \ll 1$, d. h. für $\lambda_T \ll \rho^{-1/d} = l$ bzw. $T \gg T_l$. Für Elektronen in einem Metall ($\hbar \simeq 10^{-34}$ Js, $m \simeq 10^{-30}$ kg, $l \simeq 10^{-10}$ m, $k_B \simeq 1{,}4 \cdot 10^{-23}$ J/K) muss die Temperatur also die Bedingung $T \gg 3{\cdot}10^4$ K erfüllen, damit die klassische Näherung gilt. Bei solchen Temperaturen wäre das ganze Metall natürlich längst verdampft, sodass man schließen kann, dass die klassische Näherung für Elektronen im Festkörper niemals anwendbar ist. Für bosonische Gase (z. B. ^{4}He) ist die charakteristische Temperatur $\hbar^2/(2ml^2)$ allein schon wegen der viel höheren Masse ($m \simeq 7 \cdot 10^{-27}$ kg für ^{4}He) deutlich niedriger: In diesem Fall gilt $T \gg 5$ K, falls $l \simeq 10^{-10}$ m ist. Dass ^{4}He im Temperaturbereich um 5 K tatsächlich interessante Quantenphysik zeigt, ist wohlbekannt: Unterhalb des Siedepunkts bei 4,15 K wird ^{4}He zuerst flüssig und dann unterhalb des „λ-Punkts" ($T_\lambda \simeq 2{,}1768$ K bei Normaldruck) sogar *suprafluid*. Analog hierzu wird das fermionische Gas ^{3}He (mit $T_l \simeq 7$ K) zuerst bei 3,197 K flüssig und erst, wenn es die Möglichkeit hat, bosonische „Cooper-Paare" zu bilden, bei der sehr niedrigen Temperatur 2,491 mK auch suprafluid.

Ein Paradoxon

Das Ergebnis (6.16) für den Druck eines Quantengases in Abhängigkeit von der Dichte ρ und der Temperatur T hat interessante Konsequenzen für *Mischungen* solcher Quantengase: Enthält ein Gefäß eine Mischung zweier (bosonischer oder fermionischer) Gase von Spin-S-Teilchen, das erste bestehend aus Teilchen der Masse m_1 mit der Teilchendichte ρ_1 und das zweite mit Masse m_2 und Teilchendichte ρ_2, so hat diese Mischung laut (6.16) bei der Temperatur T den Druck

$$\frac{P_{1+2}}{k_B T} = \rho_1 + \rho_2 - \frac{\zeta\left[(\lambda_{1T})^d \rho_1^2 + (\lambda_{2T})^d \rho_2^2\right]}{(2S+1)2^{\frac{d}{2}+1}} + \mathcal{O}(\rho_1^3) + \mathcal{O}(\rho_2^3)$$

mit $\lambda_{iT} \equiv h/\sqrt{2\pi m_i k_B T}$ für $i = 1,2$. Andererseits ist der Druck durch

$$\frac{P_{1+1}}{k_B T} = 2\rho_1 - \frac{\zeta(\lambda_{1T})^d(2\rho_1)^2}{(2S+1)2^{\frac{d}{2}+1}} + \mathcal{O}(\rho_1^3)$$

gegeben, falls das Gefäß einfach die doppelte Menge des Quantengases mit Teilchen der Masse m_1 enthält. Das „Paradoxe" ist nun, dass sich der Druck P_{1+2} *nicht* auf P_{1+1} reduziert, falls sich die Gase 1 und 2 immer ähnlicher werden:

$$\beta(P_{1+2} - P_{1+1}) \to \frac{\zeta(\lambda_{1T})^d \rho_1^2}{(2S+1)2^{d/2}} + \mathcal{O}(\rho_1^3) \qquad (m_2 \to m_1 \,,\ \rho_2 \to \rho_1)\,.$$

Die Vielteilchenquantenmechanik unterscheidet rigoros zwischen Teilchen, die identisch sind, und solchen, die sich nur ähnlich sind. Erwartungsgemäß ist der Druck in einem Gas identischer Bosonen *niedriger* als in der Mischung, auch wenn sich die Komponenten sehr ähnlich sind; in einem Gas identischer Fermionen wäre der Druck dagegen gerade *höher* als in der Mischung.

6.4 Kondensation im Bose-Gas?

Wir untersuchen nun, ob im idealen Bose-Gas abhängig von der Raumdimension Bose-Einstein-Kondensation auftritt. Hierbei sind insbesondere $d = 3$ (Bose-Flüssigkeiten) und $d = 2$ (Bose-Filme) interessant. Da die Bose-Einstein-Kondensation für ein Bose-Gas in einer magneto-optischen Falle bereits ausführlich in Abschnitt [4.4.2] behandelt wurde, können wir uns bei der Behandlung des Bose-Gases im „Kasten" an einigen Stellen etwas kürzerfassen.

Falls bei tiefen Temperaturen Bose-Einstein-Kondensation auftritt, muss der $(\mathbf{k} = \mathbf{0})$-Term im Ausdruck für $\langle N \rangle$ in (6.4) separat behandelt werden, wie wir bereits aus Gleichung (4.66) wissen; statt (6.7) erhält man nun:

$$\langle N \rangle = (2S + 1) \left[\frac{z}{1-z} + \frac{V}{(\lambda_T)^d} g_{d/2}(z, 1) \right] . \tag{6.17}$$

Da $g_\alpha(z, 1)$ als Funktion von z monoton ansteigt, ist die Teilchendichte *ohne* Bose-Kondensation in Raumdimensionen $d > 2$ von oben beschränkt durch:

$$\rho = \frac{\langle N \rangle}{V} = \frac{2S+1}{(\lambda_T)^d} g_{d/2}(z, 1) \leq \frac{2S+1}{(\lambda_T)^d} g_{d/2}(1, 1) = \frac{2S+1}{(\lambda_T)^d} \zeta\left(\tfrac{d}{2}\right) \equiv \rho_{\mathrm{c}} < \infty .$$

Für $\rho > \rho_{\mathrm{c}}$ muss Kondensation auftreten. Es folgt aus (6.17) für $z \uparrow 1$, dass

$$1 - z = \frac{2S+1}{\langle N \rangle} \left[1 - \frac{2S+1}{\rho(\lambda_T)^d} \zeta\left(\tfrac{d}{2}\right) \right]^{-1} = \frac{2S+1}{\langle N \rangle} \left(1 - \frac{\rho_{\mathrm{c}}}{\rho} \right)^{-1} . \tag{6.18}$$

Da das chemische Potential $\mu = \beta^{-1} \ln(z) = \beta^{-1} \ln[1 - (1 - z)] \sim -\beta^{-1}(1 - z)$ für $\rho > \rho_{\mathrm{c}}$ im thermodynamischen Limes konstant (und gleich null) ist, folgt für die *inverse* Kompressibilität: $\kappa_{T,N}^{-1} = \rho^2 \left(\frac{\partial \mu}{\partial \rho} \right)_T = 0$, sodass die Kompressibilität $\kappa_{T,N}$ selbst *divergiert* wie bei einem Gasförmig-flüssig-Phasenübergang. Ohne Wechselwirkung tritt im Bose-Gas somit bei Variation der Teilchendichte ρ ein Phasenübergang *erster* Ordnung auf. Alternativ kann man bei festem ρ Kondensation hervorrufen, indem man die Temperatur absenkt. Statt (6.18) findet man dann

$$1 - z = \frac{2S+1}{\langle N \rangle} \left[1 - \left(\frac{T}{T_{\mathrm{c}}} \right)^{d/2} \right]^{-1} , \quad \lambda_{T_{\mathrm{c}}} \equiv \left[\frac{2S+1}{\rho} \zeta\left(\tfrac{d}{2}\right) \right]^{1/d}$$

bzw.

$$\frac{\langle n_{\mathbf{0}} \rangle}{\langle N \rangle} = 1 - \left(\frac{T}{T_c} \right)^{d/2} . \tag{6.19}$$

Für $T \downarrow 0$ befindet sich das ideale Bose-Gas in allen Dimensionen $d > 2$ vollständig in der kondensierten Phase.

Für $d \leq 2$ divergiert $g_{d/2}(z,1)$ im Limes $z \uparrow 1$; folglich tritt bei endlichen Temperaturen *keine* Bose-Einstein-Kondensation auf. In $d = 2$ erhält man:

$$\rho \sim \frac{2S+1}{(\lambda_T)^2} \ln \frac{1}{1-z} \quad , \quad z \sim 1 - e^{-\rho(\lambda_T)^2/(2S+1)} \qquad (T \to 0) \, ,$$

und in $d = 1$ folgt:

$$\rho \sim \frac{2S+1}{\lambda_T} \sqrt{\frac{\pi}{1-z}} \quad , \quad z \sim 1 - \pi\left(\frac{2S+1}{\rho\lambda_T}\right)^2 \qquad (T \to 0) \, .$$

In beiden Fällen erreicht die Fugazität z den Grenzwert 1 erst für $T = 0$. Wir schließen hieraus, dass der Phasenübergang in $d = 1$ und $d = 2$ abrupt bei $T_\mathrm{c} = 0$ einsetzt. Bose-Einstein-Kondensation ist ein schönes Beispiel dafür, dass Phasen-übergänge in niedrigen Raumdimensionen durch thermische Fluktuationen unter-drückt werden.

6.5 Fermi-Gas bei tiefen Temperaturen

Wenn im Titel dieses Abschnitts von „tiefen" Temperaturen die Rede ist, sind Temperaturen weit unterhalb der sogenannten „Fermi-Temperatur" T_F gemeint, die bis auf einen numerischen Vorfaktor gleich der bereits in Abschnitt [6.3] definierten Temperatur $T_l = \hbar^2/(2ml^2 k_\mathrm{B})$ ist. Für ein Elektronengas im Festkörper sind daher alle realistischen Temperaturen „tief": Zimmertemperatur entspricht typischerweise einem Prozent der Fermi-Temperatur.

Das Verhalten der wichtigsten thermodynamischen Größen im *Grundzustand*, d. h. für $T = 0$, folgt sofort aus den allgemeinen Ergebnissen (6.7)–(6.10) in Kom-bination mit (6.13). Zum Beispiel folgt für die Teilchenzahl mit $\mu(T = 0) \equiv \varepsilon_\mathrm{F}$:

$$\langle N \rangle = \frac{V(2S+1)}{(\lambda_T)^d} g_{d/2}(z,-1) \sim V(2S+1)\left(\frac{2\pi m}{\beta h^2}\right)^{d/2} \frac{(\beta\varepsilon_\mathrm{F})^{d/2}}{\Gamma(\frac{d}{2}+1)} \, ,$$

sodass umgekehrt für die Fermi-Energie gilt:

$$\boxed{\varepsilon_\mathrm{F} = \frac{2\pi\hbar^2}{m}\left[\frac{\rho\Gamma(\frac{d}{2}+1)}{2S+1}\right]^{2/d} \, .}$$

Insbesondere ergibt sich im dreidimensionalen Raum: $\varepsilon_\mathrm{F} = \frac{\hbar^2}{2m}[6\pi^2\rho/(2S+1)]^{2/3}$. Die Fermi-*Temperatur* ist dann durch $T_\mathrm{F} \equiv \varepsilon_\mathrm{F}/k_\mathrm{B}$ definiert. Die innere Energie bei $T = 0$ folgt aus (6.8) und (6.13) als

$$U = \frac{V(2S+1)d}{2\beta^{1+\frac{d}{2}}}\left(\frac{m}{2\pi\hbar^2}\right)^{\frac{d}{2}} \frac{(\beta\varepsilon_\mathrm{F})^{\frac{d}{2}+1}}{\Gamma(\frac{d}{2}+2)} = \frac{d}{2}\left[\frac{V(2S+1)}{\Gamma(\frac{d}{2}+1)}\left(\frac{m\varepsilon_\mathrm{F}}{2\pi\hbar^2}\right)^{\frac{d}{2}}\right]\frac{\varepsilon_\mathrm{F}}{\frac{d}{2}+1}$$

$$= \frac{d}{d+2}\langle N \rangle\varepsilon_\mathrm{F} \, ,$$

und der Druck ist:

$$P = \frac{2}{V d} U = \frac{2\rho}{d+2} \varepsilon_{\mathrm{F}} \ .$$

Das großkanonische Potential erhält man schließlich als

$$\Omega = -PV = -\frac{2}{d} U = -\frac{2\rho V}{d+2} \varepsilon_{\mathrm{F}} \ .$$

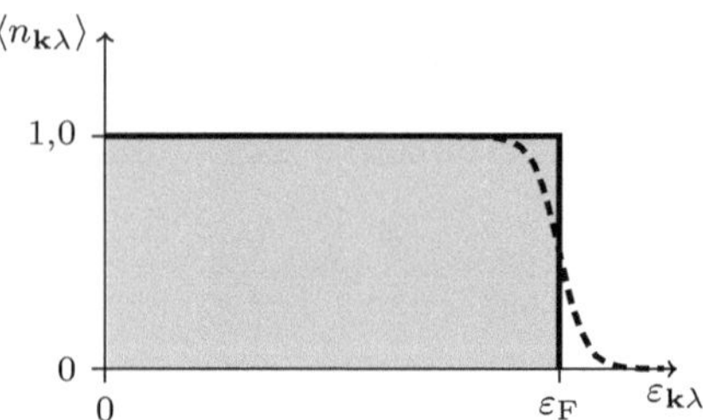

Abb. 6.4 Fermi-Dirac-Verteilung für $T = 0$ und tiefe Temperaturen

Wesentlich für das Verständnis des Grundzustands ist das Verhalten der mittleren Besetzungszahlen $\langle n_{\mathbf{k}\lambda} \rangle$.
Aus der Fermi-Dirac-Verteilung (6.3) mit $\zeta = -1$, $\mu = \varepsilon_{\mathrm{F}}$ und $\beta \to \infty$ folgt:

$$\langle n_{\mathbf{k}\lambda} \rangle = \Theta(\varepsilon_{\mathrm{F}} - \varepsilon_{\mathbf{k}\lambda}) \qquad (T = 0) \ . \tag{6.20}$$

Alle Quantenniveaus innerhalb der Fermi-Fläche (d. h. mit $\varepsilon_{\mathbf{k}\lambda} < \varepsilon_{\mathrm{F}}$) sind also für $T = 0$ besetzt, alle Niveaus mit $\varepsilon_{\mathbf{k}\lambda} > \varepsilon_{\mathrm{F}}$ unbesetzt. Die für $T = 0$ besetzten Niveaus innerhalb der Fermi-Fläche werden gelegentlich auch als der „Fermi-See" bezeichnet. Die Fermi-Dirac-Verteilung (6.20) im Grundzustand ist als Stufenfunktion (mit Sprung bei ε_{F}) in Abbildung 6.4 aufgetragen. Der „Fermi-See" entspricht dem hellgrau eingefärbten Bereich. Die Fermi-Energie ε_{F} eines Elektronengases ist eine sehr hohe Energie, typischerweise von der Größenordnung einiger Elektronenvolt. Hieraus folgt direkt, dass auch der Grundzustands*druck* im Fermi-Gas, $P = 2\rho\varepsilon_{\mathrm{F}}/(d + 2)$, sehr hoch ist. Dies ist wiederum eine Konsequenz des Pauli-Prinzips, das zu einer starken effektiven Abstoßung zwischen Fermionen führt.

Die Sommerfeld-Entwicklung für tiefe Temperaturen

Um die thermodynamisch relevanten Größen bei tiefen, jedoch endlichen, Temperaturen beschreiben zu können, verwenden wir die Zustandsdichte

$$\nu(\varepsilon) = \frac{\varepsilon^{\frac{d}{2}-1}}{\Gamma(\frac{d}{2})} \left(\frac{m}{2\pi\hbar^2} \right)^{\frac{d}{2}} \Theta(\varepsilon) \quad , \quad \sum_{\mathbf{k}} f(\varepsilon_{\mathbf{k}}) = V \int_{-\infty}^{\infty} d\varepsilon \, \nu(\varepsilon) f(\varepsilon) \ ,$$

und führen die Fermi-Funktion $f_{\mathrm{F}}(\varepsilon)$ ein:

$$f_{\mathrm{F}}(\varepsilon) \equiv \left[e^{\beta(\varepsilon-\mu)} + 1 \right]^{-1} \ .$$

Der typische Verlauf der Fermi-Funktion $f_{\mathrm{F}}(\varepsilon)$ für tiefe Temperaturen ist zur Illustration gestrichelt in Abb. 6.4 eingezeichnet. Es folgt für die Teilchendichte:

$$\rho = \frac{\langle N \rangle}{V} = \frac{1}{V} \sum_{\mathbf{k}\alpha} \langle n_{\mathbf{k}\alpha} \rangle = (2S + 1) \int_{-\infty}^{\infty} d\varepsilon \, \nu(\varepsilon) f_{\mathrm{F}}(\varepsilon)$$

und für die Energiedichte:

$$u = \frac{U}{V} = \frac{1}{V} \sum_{\mathbf{k}\alpha} \varepsilon_{\mathbf{k}} \langle n_{\mathbf{k}\alpha} \rangle = (2S + 1) \int_{-\infty}^{\infty} d\varepsilon \, \nu(\varepsilon) \varepsilon f_{\mathrm{F}}(\varepsilon) \ .$$

Das Tieftemperaturverhalten einer allgemeinen Dichte $g(\varepsilon)$ kann mit Hilfe der *Sommerfeld-Entwicklung* untersucht werden. Konkret werden wir im Folgenden für die allgemeine Dichte $g(\varepsilon)$ entweder $g_\rho(\varepsilon) = \nu(\varepsilon)$ oder $g_u(\varepsilon) = \varepsilon\nu(\varepsilon)$ einsetzen. Wir definieren zunächst noch die Stammfunktion von $g(\varepsilon)$:

$$G(\varepsilon) \equiv \int_{-\infty}^{\varepsilon} d\varepsilon'\, g(\varepsilon') \ .$$

Mit Hilfe einer partiellen Integration und einer Taylor-Entwicklung von $G(\varepsilon)$ um $\varepsilon = \mu$ folgt mit der Definition $x \equiv \beta(\varepsilon - \mu)$:

$$\int_{-\infty}^{\infty} d\varepsilon\, g(\varepsilon) f_{\mathrm{F}}(\varepsilon) \overset{\text{P.I.}}{=} \int_{-\infty}^{\infty} d\varepsilon\, G(\varepsilon)\left[-\frac{\partial f_{\mathrm{F}}}{\partial\varepsilon}(\varepsilon)\right] = \int_{-\infty}^{\infty} d\varepsilon\left[\sum_{n=0}^{\infty} \frac{(\varepsilon-\mu)^n}{n!} G^{(n)}(\mu)\right]\left(-\frac{\partial f_{\mathrm{F}}}{\partial\varepsilon}\right)$$

$$= G(\mu) + \sum_{n=1}^{\infty} \frac{\beta^{-n}}{n!} G^{(n)}(\mu) \int_{-\infty}^{\infty} d\varepsilon\, x^n \frac{\beta}{(e^x+1)(e^{-x}+1)}$$

$$= G(\mu) + \sum_{n=1}^{\infty} a_n G^{(2n)}(\mu)(k_{\mathrm{B}}T)^{2n} \ ,$$

wobei $G^{(2n)}(\mu) = g^{(2n-1)}(\mu)$ gilt und die Koeffizienten a_n eingeführt wurden:

$$a_n = \int_{-\infty}^{\infty} dx\, \frac{x^{2n}}{(2n)!}\frac{1}{(e^x+1)(e^{-x}+1)} = 2\int_0^{\infty} dx\, \frac{x^{2n}}{(2n)!}\left[-\frac{d}{dx}\frac{1}{e^x+1}\right]$$

$$= 2\int_0^{\infty} dx\, \frac{x^{2n-1}}{(2n-1)!}\frac{e^{-x}}{1+e^{-x}} = 2\sum_{m=1}^{\infty}(-1)^{m-1}\int_0^{\infty} dx\, \frac{x^{2n-1}}{(2n-1)!}e^{-mx}$$

$$= 2\sum_{m=1}^{\infty}\frac{(-1)^{m-1}}{m^{2n}}\frac{\Gamma(2n)}{(2n-1)!} = 2\left[\sum_{m=1}^{\infty}\frac{1}{m^{2n}} - 2\sum_{m=1}^{\infty}\frac{1}{(2m)^{2n}}\right]$$

$$= \left[2 - 2^{-2(n-1)}\right]\zeta(2n) \qquad \text{mit} \quad \zeta(2) = \frac{\pi^2}{6},\ \zeta(4) = \frac{\pi^4}{90},\ \cdots\ .$$

Wir weisen noch darauf hin, dass die ε- und x-Integrationen bei der Berechnung von $\int d\varepsilon\, g(\varepsilon) f_{\mathrm{F}}(\varepsilon)$ und a_n bis $\varepsilon = -\infty$ bzw. $x = -\infty$ ausgedehnt werden konnten. Bei den ε-Integrationen folgt dies direkt daraus, dass für $\varepsilon < 0$ die Zustandsdichte $\nu(\varepsilon)$ gleich null ist. Bei den x-Integrationen wird verwendet, dass exponentiell kleine Terme der Form $e^{-\beta\varepsilon_{\mathrm{F}}}$ im Vergleich zu sämtlichen algebraischen Beiträgen $(k_{\mathrm{B}}T)^{2n}$ in der Sommerfeld-Entwicklung vernachlässigbar sind.

Zusammenfassend ist die Sommerfeld-Entwicklung thermodynamischer Erwartungswerte für tiefe Temperaturen daher gegeben durch:

$$\boxed{\int_{-\infty}^{\infty} d\varepsilon\, G'(\varepsilon) f_{\mathrm{F}}(\varepsilon) = G(\mu) + \sum_{n=1}^{\infty}\left[2 - 2^{-2(n-1)}\right]\zeta(2n) G^{(2n)}(\mu)(k_{\mathrm{B}}T)^{2n} \ ,}$$

wobei $G(-\infty) = 0$ gelten soll.

Konsequenzen der Sommerfeld-Entwicklung für tiefe Temperaturen

In Anwendungen der Sommerfeld-Entwicklung benötigt man in der Regel lediglich die ersten paar Terme der Reihe. Beispielsweise erhält man für die Teilchendichte bis einschließlich der quadratischen Ordnung der Temperatur:

$$\rho = (2S+1)\left\{ \int_{-\infty}^{\mu} d\varepsilon\, \nu(\varepsilon) + \frac{\pi^2}{6}\nu'(\mu)(k_{\mathrm B}T)^2 + \mathcal{O}(T^4) \right\},$$

wobei also $G'_\rho(\varepsilon) = g_\rho(\varepsilon) = \nu(\varepsilon)$ verwendet wurde, und die Energiedichte ergibt sich analog mit $G'_u(\varepsilon) = g_u(\varepsilon) = \varepsilon\nu(\varepsilon)$ als:

$$u = (2S+1)\left\{ \int_{-\infty}^{\mu} d\varepsilon\, \varepsilon\nu(\varepsilon) + \frac{\pi^2}{6}\left[\nu(\mu) + \mu\,\nu'(\mu)\right](k_{\mathrm B}T)^2 + \mathcal{O}(T^4) \right\}.$$

Die Temperaturabhängigkeit des chemischen Potentials folgt nun aus der Bedingung, dass die Teilchendichte temperaturunabhängig ist:

$$
\begin{aligned}
0 &= \rho(T) - \rho(0)\\
&= (2S+1)\left\{ \left[\int_{-\infty}^{\mu} d\varepsilon\, \nu(\varepsilon) + \frac{\pi^2}{6}\nu'(\mu)(k_{\mathrm B}T)^2 + \cdots \right] - \int_{-\infty}^{\varepsilon_{\mathrm F}} d\varepsilon\, \nu(\varepsilon) \right\}\\
&= (2S+1)\left\{ (\mu - \varepsilon_{\mathrm F})\nu(\varepsilon_{\mathrm F}) + \frac{\pi^2}{6}\nu'(\varepsilon_{\mathrm F})(k_{\mathrm B}T)^2 + \cdots \right\},
\end{aligned}
$$

als

$$\mu = \varepsilon_{\mathrm F} - \frac{\pi^2}{6}\frac{\nu'(\varepsilon_{\mathrm F})}{\nu(\varepsilon_{\mathrm F})}(k_{\mathrm B}T)^2 + \cdots = \varepsilon_{\mathrm F}\left[1 - \frac{\pi^2}{6}\left(\frac{d}{2}-1\right)\left(\frac{k_{\mathrm B}T}{\varepsilon_{\mathrm F}}\right)^2 + \cdots\right] \qquad (T\to 0)\,.$$

Wir verwendeten, dass die ε-Abhängigkeit der Zustandsdichte durch $\nu(\varepsilon) \propto \varepsilon^{\frac{d}{2}-1}$ gegeben ist. Die Temperaturabhängigkeit des chemischen Potentials ist für Dimensionen $d = 1,2,3$ in Abbildung 6.5 skizziert. Bemerkenswert ist, dass das chemische Potential bis $\mathcal{O}(T^2)$ bei einem Temperaturanstieg in $d = 3$ *abklingt*, in $d = 2$ *konstant ist* und in $d = 1$ *ansteigt*. Da das Verhältnis $k_{\mathrm B}T/\varepsilon_{\mathrm F}$ für Elektronengase in der Regel sehr klein ist (in Abb. 6.5 ist ein typisches Verhältnis $k_{\mathrm B}T/\varepsilon_{\mathrm F} = 0{,}01$ eingetragen), weicht auch $\mu/\varepsilon_{\mathrm F}$ nur minimal vom $(T = 0)$-Wert eins ab.

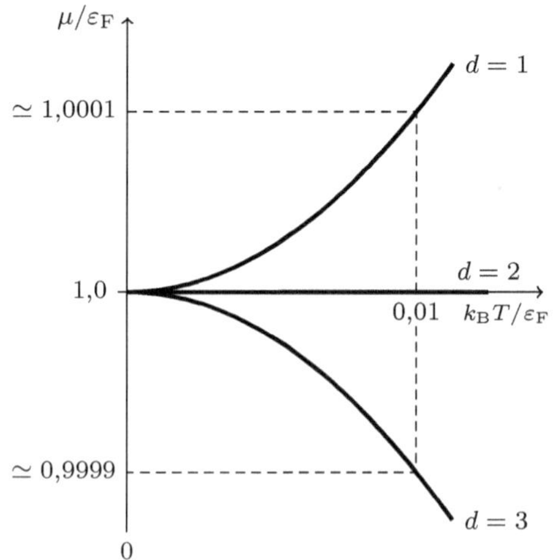

Abb. 6.5 Chemisches Potential für tiefe Temperaturen und $d = 1,2,3$

Mit Hilfe dieses Ergebnisses für $\mu(T)$ ergibt sich die Temperaturabhängigkeit der *Energiedichte* nun als

$$u(T) - u(0) = (2S + 1)\left\{\left[\int_{-\infty}^{\mu} d\varepsilon\, \varepsilon\nu(\varepsilon)\right.\right.$$
$$\left.\left. + \frac{\pi^2}{6}\left(\nu(\mu) + \mu\,\nu'(\mu)\right)(k_\mathrm{B}T)^2 + \cdots\right] - \int_{-\infty}^{\varepsilon_\mathrm{F}} d\varepsilon\, \varepsilon\nu(\varepsilon)\right\}$$
$$= (2S + 1)\left\{(\mu - \varepsilon_\mathrm{F})\varepsilon_\mathrm{F}\nu(\varepsilon_\mathrm{F}) + \frac{\pi^2}{6}\left[\nu(\varepsilon_\mathrm{F}) + \varepsilon_\mathrm{F}\nu'(\varepsilon_\mathrm{F})\right](k_\mathrm{B}T)^2 + \cdots\right\}$$
$$= (2S + 1)\left\{-\frac{\pi^2}{6}\varepsilon_\mathrm{F}\nu'(\varepsilon_\mathrm{F})(k_\mathrm{B}T)^2 + \frac{\pi^2}{6}\left[\nu(\varepsilon_\mathrm{F}) + \varepsilon_\mathrm{F}\nu'(\varepsilon_\mathrm{F})\right](k_\mathrm{B}T)^2 + \cdots\right\}$$
$$= (2S + 1)\frac{\pi^2}{6}\nu(\varepsilon_\mathrm{F})(k_\mathrm{B}T)^2 + \cdots . \tag{6.21}$$

Die spezifische Wärme folgt dann aus der Ableitung von $u(T)$ nach der Temperatur:

$$\boxed{c_{V,N} \equiv \frac{C_{V,N}}{V} = \left(\frac{\partial u}{\partial T}\right)_{V,N} = \gamma T + \mathcal{O}(T^3)\,,} \tag{6.22}$$

wobei der Sommerfeld-Koeffizient $\gamma \equiv (2S + 1)\frac{\pi^2}{3}\nu(\varepsilon_\mathrm{F})k_\mathrm{B}^2$ eingeführt wurde. Der T^3-Term in der elektronischen spezifischen Wärme ist meist klein im Vergleich zum T^3-Beitrag der akustischen Phononen. Auch der Druck $P = \frac{2}{Vd}U$ und das großkanonische Potential $\Omega = -PV$ haben für tiefe Temperaturen selbstverständlich T^2-Korrekturen zum Grundzustandsbeitrag.

Interpretation der Resultate für innere Energie und spezifische Wärme

Die Gleichungen (6.21) und (6.22) für die innere Energie und die spezifische Wärme haben eine sehr einfache physikalische Interpretation: Bei der Temperatur T können nur diejenigen Elektronen thermisch angeregt werden, die sich im Abstand von ungefähr $k_\mathrm{B}T$ zur Fermi-Energie ε_F befinden. Pro Volumeneinheit entspricht dies $(2S + 1)\nu(\varepsilon_\mathrm{F})k_\mathrm{B}T$ Elektronen. Jedes dieser Elektronen gewinnt (größenordnungsmäßig) die thermische Energie $k_\mathrm{B}T$. Bis auf numerische Vorfaktoren muss die Zunahme der inneren Energie also $(2S + 1)\nu(\varepsilon_\mathrm{F})(k_\mathrm{B}T)^2$ sein. Aus der Ableitung nach T ergibt sich dann eine entsprechende Abschätzung für die spezifische Wärme $c_{V,N}$.

6.6 Das Fermi-Gas im Magnetfeld

Ein Magnetfeld ruft in einem Elektronengas drei ganz unterschiedliche Effekte hervor: Die Kopplung des Magnetfelds an den Spin führt zu einem positiven (*paramagnetischen*) Beitrag zur magnetischen Suszeptibilität. Die Kopplung des Magnetfelds an die Bahnbewegung der Elektronen führt zu einem negativen (*diamagnetischen*) und außerdem noch zu einem *oszillierenden* Beitrag zur Suszeptibilität. Der theoretische Nachweis der letzten beiden Effekte, also des Landau-Diamagnetismus und des De-Haas-van-Alphen-Effekts, ist technisch relativ kompliziert. Wir diskutieren hier daher nur den erstgenannten Effekt, den Pauli-Paramagnetismus.

Berücksichtigt man nur die Kopplung des Magnetfelds an die Spinfreiheitsgrade, dann erhält man für die Einteilchenenergieniveaus:

$$\varepsilon_{\mathbf{k}\lambda} = \frac{\hbar^2 \mathbf{k}^2}{2m} + \lambda\tfrac{1}{2}g\mu_{\mathrm{B}}B \simeq \frac{\hbar^2\mathbf{k}^2}{2m} + \lambda\mu_{\mathrm{B}}B \qquad (\lambda = \pm 1)\,.$$

Die Zustandssumme ist wie üblich gegeben durch

$$Z_{\mathrm{gk}} = \prod_{\mathbf{k}\lambda}\left(1 + z e^{-\beta\varepsilon_{\mathbf{k}\lambda}}\right)$$

und das großkanonische Potential durch

$$\Omega = -\frac{1}{\beta}\sum_{\mathbf{k}\lambda}\ln\left(1 + z e^{-\beta\varepsilon_{\mathbf{k}\lambda}}\right)\,.$$

Es sei darauf hingewiesen, dass Ω von (T, V, B, μ) abhängt, sodass hier ein Mischensemble vorliegt (zum Teil ein großkanonisches, zum Teil ein „Druck"-Ensemble). Das magnetische Moment folgt durch Ableiten von Ω nach dem Magnetfeld:

$$m = -\left(\frac{\partial\Omega}{\partial B}\right)_{T,V,\mu} = -\mu_{\mathrm{B}}\sum_{\mathbf{k}}\left[f_{\mathrm{F}}(\varepsilon_{\mathbf{k}+}) - f_{\mathrm{F}}(\varepsilon_{\mathbf{k}-})\right] = -2\mu_{\mathrm{B}}^2 B\sum_{\mathbf{k}}f_{\mathrm{F}}'(\varepsilon_{\mathbf{k}}) + \mathcal{O}(B^3)$$

$$= -2\mu_{\mathrm{B}}^2 BV\int_{-\infty}^{\infty}d\varepsilon\,\nu(\varepsilon)f_{\mathrm{F}}'(\varepsilon) + \mathcal{O}(B^3) = 2\mu_{\mathrm{B}}^2 BV\int_{-\infty}^{\infty}d\varepsilon\,\nu'(\varepsilon)f_{\mathrm{F}}(\varepsilon) + \mathcal{O}(B^3)\,,$$

wobei im letzten Schritt partiell integriert wurde. Wir berechnen das Integral auf der rechten Seite mit Hilfe der Sommerfeld-Entwicklung:

$$m = 2\mu_{\mathrm{B}}^2 BV\left[\int_{-\infty}^{\mu}d\varepsilon\,\nu'(\varepsilon) + \frac{\pi^2}{6}\nu''(\mu)(k_{\mathrm{B}}T)^2 + \mathcal{O}(B^2) + \mathcal{O}(T^4)\right]\,.$$

Der erste Term in der Klammer $[\cdots]$ ist gleich

$$\nu(\mu) = \nu(\varepsilon_{\mathrm{F}}) + \nu'(\varepsilon_{\mathrm{F}})(\mu - \varepsilon_{\mathrm{F}}) = \nu(\varepsilon_{\mathrm{F}}) - \frac{\pi^2}{6}\frac{[\nu'(\varepsilon_{\mathrm{F}})]^2}{\nu(\varepsilon_{\mathrm{F}})}(k_{\mathrm{B}}T)^2 + \mathcal{O}(T^4)\,,$$

sodass sich für das magnetische Moment ergibt:

$$m = 2\mu_{\mathrm{B}}^2 BV\nu(\varepsilon_{\mathrm{F}})\left\{1 + \frac{\pi^2}{6}\left[\frac{\nu''(\varepsilon_{\mathrm{F}})}{\nu(\varepsilon_{\mathrm{F}})} - \frac{\nu'(\varepsilon_{\mathrm{F}})^2}{\nu(\varepsilon_{\mathrm{F}})^2}\right](k_{\mathrm{B}}T)^2 + \mathcal{O}(B^2) + \mathcal{O}(T^4)\right\}$$

$$= 2\mu_{\mathrm{B}}^2 BV\nu(\varepsilon_{\mathrm{F}})\left[1 + \frac{\pi^2}{6}\frac{d^2\ln\nu}{d\varepsilon^2}(\varepsilon_{\mathrm{F}})(k_{\mathrm{B}}T)^2 + \cdots\right]$$

$$= 2\mu_{\mathrm{B}}^2 BV\nu(\varepsilon_{\mathrm{F}})\left[1 - \frac{(d-2)\pi^2}{12\varepsilon_{\mathrm{F}}^2}(k_{\mathrm{B}}T)^2 + \cdots\right]\,.$$

Im letzten Schritt wurde $\nu(\varepsilon) \propto \varepsilon^{\frac{d}{2}-1}$ verwendet. Die isotherme magnetische Suszeptibilität, oder zumindest der paramagnetische Beitrag zu dieser Suszeptibilität, folgt durch Ableiten des magnetischen Moments nach dem Magnetfeld bei konstanter Teilchenzahl:

$$\chi_{T,V,N} = \left(\frac{\partial m}{\partial B}\right)_{T,V,N} = 2\mu_{\mathrm{B}}^2 V\nu(\varepsilon_{\mathrm{F}})\left[1 - \frac{(d-2)\pi^2}{12\varepsilon_{\mathrm{F}}^2}(k_{\mathrm{B}}T)^2 + \cdots\right]\,,$$

wobei $B = 0$ gesetzt wird. Die Interpretation dieses Ergebnisses ist, dass das Curie'sche Gesetz – welches besagt, dass jeder Spin einen Beitrag $\mu_B^2/(k_B T)$ zur Suszeptibilität liefert – im Fermi-Gas nur für Elektronen im Abstand $k_B T$ von der Fermi-Energie gilt. Die Dichte solcher Elektronen ist größenordnungsmäßig durch $2\nu(\varepsilon_F)k_B T$ gegeben. Insgesamt erwartet man daher (bis auf numerische Faktoren) eine Suszeptibilität von $2\mu_B^2\nu(\varepsilon_F)$ pro Volumeneinheit. Amüsanterweise ist sogar der numerische Vorfaktor, der von diesem einfachen Argument vorhergesagt wird, genau richtig – dies muss aber auf Zufall beruhen.

6.7 Das zweidimensionale Elektronengas

Wir betrachten ein ideales Gas identischer, nicht-relativistischer Fermionen mit der Masse $m > 0$ und dem Spin $S = \frac{1}{2}$ in einem quadratischen (also *zwei*dimensionalen) Kasten mit Seitenlängen $L = \sqrt{V}$ und periodischen Randbedingungen. Das Gas befinde sich in einem Magnetfeld $\mathbf{B} = B\hat{\mathbf{e}}_3$. Hierbei nehmen wir der Einfachheit halber wieder an, dass das Magnetfeld nur an die Spinfreiheitsgrade ankoppelt und somit nur paramagnetische Effekte hervorruft. Die Einteilchenenergien sind dann durch $\varepsilon_{\mathbf{k}\lambda} = \varepsilon_k + \lambda\mu_B B$ mit $\varepsilon_k \equiv \frac{\hbar^2 \mathbf{k}^2}{2m}$ und $\lambda = \pm$ gegeben.

Motivation

Die gesonderte Behandlung des *zwei*dimensionalen Elektronengases wird schon durch die Ergebnisse der Abschnitte [6.5] und [6.6] nahegelegt: Das ideale Fermi-Gas in zwei Dimensionen stellt insofern eine Ausnahme dar, als die Zustandsdichte

$$\nu(\varepsilon) = \frac{\varepsilon^{\frac{d}{2}-1}}{\Gamma(\frac{d}{2})}\left(\frac{m}{2\pi\hbar^2}\right)^{\frac{d}{2}}\Theta(\varepsilon) \quad , \quad \sum_{\mathbf{k}} f(\varepsilon_{\mathbf{k}}) = V\int_{-\infty}^{\infty} d\varepsilon\, \nu(\varepsilon)f(\varepsilon) \, ,$$

für $d = 2$ unabhängig von der Einteilchenenergie ε ist:

$$\nu(\varepsilon) = \nu_0\Theta(\varepsilon) \quad , \quad \nu_0 \equiv \frac{m}{2\pi\hbar^2} \quad , \quad \sum_{\mathbf{k}} f(\varepsilon_k) = V\nu_0 \int_0^{\infty} d\varepsilon\, f(\varepsilon) \, .$$

Die Konsequenz davon ist, dass die führenden T^2-Korrekturen zu den Grundzustandswerten des chemischen Potentials, dargestellt in Abb. 6.5:

$$\mu = \varepsilon_F - \frac{\pi^2}{6}\frac{\nu'(\varepsilon_F)}{\nu(\varepsilon_F)}(k_B T)^2 + \cdots \qquad (T \to 0) \, ,$$

der Magnetisierung:

$$m = 2\mu_B^2 B V \nu(\varepsilon_F)\left[1 - \frac{(d-2)\pi^2}{12\varepsilon_F^2}(k_B T)^2 + \cdots\right] \tag{6.23}$$

und der magnetischen Suszeptibilität:

$$\chi_{T,V,N} = \left(\frac{\partial m}{\partial B}\right)_{T,V,N} = 2\mu_B^2 V \nu(\varepsilon_F)\left[1 - \frac{(d-2)\pi^2}{12\varepsilon_F^2}(k_B T)^2 + \cdots\right]$$

alle *null* sind. Wir möchten hier jetzt klären, wie die Größen μ, m und $\chi_{T,V,N}$ sich im zweidimensionalen System stattdessen verhalten.

Teilchendichte und chemisches Potential

Zuerst betrachten wir die Teilchendichte $\rho(T, B)$, die sich mit den Notationen $\varepsilon_\lambda \equiv \varepsilon + \lambda\mu_{\mathrm{B}}B$, $z \equiv e^{\beta\mu}$ und $b \equiv \beta\mu_{\mathrm{B}}B$ wie folgt berechnen lässt:

$$\rho(T, B) = \int_{-\infty}^{\infty} d\varepsilon\, \nu(\varepsilon)\left[f_{\mathrm{F}}(\varepsilon_+) + f_{\mathrm{F}}(\varepsilon_-)\right] = \nu_0 \int_0^{\infty} d\varepsilon\, \left[f_{\mathrm{F}}(\varepsilon_+) + f_{\mathrm{F}}(\varepsilon_-)\right]$$

$$= \frac{\nu_0}{\beta} \ln\left[\left(1 + ze^{-b}\right)\left(1 + ze^{b}\right)\right] = \frac{\nu_0}{\beta} \ln\left[1 + 2z\cosh(b) + z^2\right]$$

$$= \frac{\nu_0}{\beta} \ln\left\{[z + \cosh(b)]^2 - \sinh^2(b)\right\}\ .$$

Wir verwendeten:

$$\int_0^{\infty} d\varepsilon\, f_{\mathrm{F}}(\varepsilon_\lambda) = \frac{1}{\beta} \int_0^{\infty} dx\, \frac{1}{\frac{1}{z}e^{x+\lambda b} + 1} = \frac{1}{\beta} \int_{\lambda b - \ln(z)}^{\infty} dy\, \frac{e^{-y}}{1 + e^{-y}}$$

$$= \frac{1}{\beta} \int_{\lambda b - \ln(z)}^{\infty} dy\, \left[-\frac{d}{dy}\ln(1 + e^{-y})\right] = -\frac{1}{\beta} \ln(1 + e^{-y})\Big|_{\lambda b - \ln(z)}^{\infty}$$

$$= \frac{1}{\beta} \ln(1 + z\, e^{-\lambda b})\ .$$

Insbesondere gilt für die Beziehung zwischen der Teilchendichte $\rho(T, B)$ und dem chemischen Potential $\mu(T, B)$ im Spezialfall $T = 0$ und $B = 0$:

$$\rho(0,0) = 2\int_0^{\varepsilon_{\mathrm{F}}} d\varepsilon\, \nu(\varepsilon) = 2\nu_0\,\varepsilon_{\mathrm{F}} \quad, \quad \varepsilon_{\mathrm{F}} \equiv \mu(0,0)\ .$$

Fordern wir nun wie üblich, dass die Teilchendichte unabhängig von der Temperatur und auch vom Magnetfeld ist, so folgt die Gleichung

$$\rho(T, B) = \frac{\nu_0}{\beta} \ln\left\{[z + \cosh(b)]^2 + \sinh^2(b)\right\} \overset{!}{=} 2\nu_0\,\varepsilon_{\mathrm{F}} = \rho(0,0) \equiv \rho$$

bzw. mit $z_0 \equiv e^{\beta\varepsilon_{\mathrm{F}}}$, $S(\beta, b) \equiv \frac{1}{z_0}\sinh(b)$ und $C(\beta, b) \equiv \frac{1}{z_0}\cosh(b)$:

$$\boxed{\ \frac{z}{z_0} = \sqrt{1 + S^2} - C\ .\ }$$

Wir betrachten als Spezialfälle $B \to 0$ (bzw. $b \to 0$) und $B \to \infty$ (bzw. $b \to \infty$). Für $B \to 0$ folgt:

$$\boxed{\ z = z_0 - 1 \quad,\quad e^{\beta\mu} = e^{\beta\varepsilon_{\mathrm{F}}} - 1 \quad,\quad \mu = \varepsilon_{\mathrm{F}} + \beta^{-1}\ln\left(1 - e^{-\beta\varepsilon_{\mathrm{F}}}\right)\ .\ }$$

Dies bedeutet, dass das chemische Potential keineswegs exakt temperaturunabhängig ist, wie man aufgrund des fehlenden quadratischen Terms in der Sommerfeld-Entwicklung meinen könnte, sondern für tiefe Temperaturen eine *exponentiell* kleine *negative* Korrektur zum Grundzustandswert ε_{F} erhält: $\mu - \varepsilon_{\mathrm{F}} \sim -\beta^{-1}e^{-\beta\varepsilon_{\mathrm{F}}}$ für

$T \downarrow 0$. Im entgegengesetzten Limes $B \to \infty$ erhält man:

$$\frac{z}{z_0} = e^{\beta(\mu - \varepsilon_{\mathrm{F}})} = S\sqrt{1 + S^{-2}} - C = S(1 + \tfrac{1}{2}S^{-2} + \cdots) - C$$

$$= (S - C) + \frac{1}{2S} + \cdots = -\frac{1}{z_0}e^{-b} + z_0\,e^{-b} + \cdots = z_0\,e^{-b}\left[\left(1 - \frac{1}{z_0^2}\right) + \cdots\right]$$

bzw.

$$\boxed{\mu = 2\varepsilon_{\mathrm{F}} - \mu_{\mathrm{B}}B + \beta^{-1}\ln(1 - e^{-2\beta\varepsilon_{\mathrm{F}}})\,.}$$

Speziell für den Grundzustand erhält man das Ergebnis $\mu(0, B) = 2\varepsilon_{\mathrm{F}} - \mu_{\mathrm{B}}B$. Das bedeutet, dass das Elektronengas für starke Magnetfelder ($B \to \infty$) vollständig polarisiert ist, wobei jedes Elektron die magnetische Quantenzahl $\lambda = -1$ hat. Wiederum ist die thermische Korrektur im Tieftemperaturbereich *exponentiell* klein und *negativ*: $\mu(T, B) - \mu(0, B) \sim -\beta^{-1}e^{-2\beta\varepsilon_{\mathrm{F}}}$ für $T \downarrow 0$.

Magnetisches Moment

Analog kann auch das magnetische Moment m ausgerechnet werden: Aus dem großkanonischen Potential $\Omega = -\frac{1}{\beta}\sum_{\mathbf{k}\lambda}\ln(1 + z\,e^{-\beta\varepsilon_{\mathbf{k}\lambda}})$ folgt

$$m = -\left(\frac{\partial\Omega}{\partial B}\right)_{T,V,\mu} = -\mu_{\mathrm{B}}\sum_{\mathbf{k}}\left[f_{\mathrm{F}}(\varepsilon_{\mathbf{k}_+}) - f_{\mathrm{F}}(\varepsilon_{\mathbf{k}_-})\right]$$

$$= -\mu_{\mathrm{B}}V\int_{-\infty}^{\infty}d\varepsilon\,\nu(\varepsilon)\left[f_{\mathrm{F}}(\varepsilon_+) - f_{\mathrm{F}}(\varepsilon_-)\right] = -\mu_{\mathrm{B}}V\nu_0\int_{0}^{\infty}d\varepsilon\,\left[f_{\mathrm{F}}(\varepsilon_+) - f_{\mathrm{F}}(\varepsilon_-)\right]$$

$$= -\frac{\mu_{\mathrm{B}}V\nu_0}{\beta}\ln\left(\frac{1 + z\,e^{-b}}{1 + z\,e^{b}}\right)\,.$$

Als Spezialfälle betrachten wir den Limes $B \to 0$ mit $z = z_0 - 1 + \mathcal{O}(B^2)$:

$$m \sim -\frac{\mu_{\mathrm{B}}V\nu_0}{\beta}\ln\left[\frac{1 + (z_0 - 1)(1 - b)}{1 + (z_0 - 1)(1 + b)}\right] = -\frac{\mu_{\mathrm{B}}V\nu_0}{\beta}\ln\left[\frac{1 - b(1 - z_0^{-1})}{1 + b(1 - z_0^{-1})}\right]$$

$$\sim \frac{2\mu_{\mathrm{B}}V\nu_0}{\beta}b(1 - z_0^{-1}) = 2\mu_{\mathrm{B}}^2BV\nu_0(1 - e^{-\beta\varepsilon_{\mathrm{F}}}) \quad (B \to 0)$$

und den Limes $B \to \infty$ mit $z \sim e^{-b}(z_0^2 - 1)$:

$$m \sim -\frac{\mu_{\mathrm{B}}V\nu_0}{\beta}\ln\left[\frac{1 + e^{-2b}(z_0^2 - 1)}{1 + (z_0^2 - 1)}\right] \sim \frac{2\mu_{\mathrm{B}}V\nu_0}{\beta}\ln(z_0) = 2\mu_{\mathrm{B}}V\nu_0\varepsilon_{\mathrm{F}}$$

$$= \mu_{\mathrm{B}}V\rho = \mu_{\mathrm{B}}N \quad (B \to \infty)\,.$$

Das Ergebnis für $B \to 0$ zeigt, dass die Korrekturen zum Grundzustandswert von m/B in Gleichung (6.23) in zwei Dimensionen *exponentiell klein* ($\propto e^{-\beta\varepsilon_{\mathrm{F}}}$) sind und *negativ*, wie für $d = 3$. Das Ergebnis für $B \to \infty$ zeigt noch einmal, dass das Elektronengas in einem hinreichend starken Magnetfeld vollständig polarisiert ist.

Magnetische Suszeptibilität

Aus dem magnetischen Moment folgt sofort die magnetische Suszeptibilität $\chi_{T,V,N}$, wobei man allerdings darauf achten sollte, dass auch die Fugazität z vom Magnetfeld abhängig ist:

$$\chi_{T,V,N} = \left(\frac{\partial m}{\partial B}\right)_{T,V,N} = \left(\frac{\partial m}{\partial B}\right)_{T,V,\rho} = \beta\mu_{\mathrm{B}}\left[\left(\frac{\partial m}{\partial B}\right)_{\beta,z} + \left(\frac{\partial m}{\partial z}\right)_{\beta,b}\left(\frac{\partial z}{\partial b}\right)_{z_0}\right].$$

Eine elementare Berechnung ergibt für die beiden Terme auf der rechten Seite:

$$\left(\frac{\partial m}{\partial b}\right)_{\beta,z} = \frac{2\mu_{\mathrm{B}}V\nu_0}{\beta}\left(\sqrt{1+S^2} - C\right)\sqrt{1+S^2}$$

$$\left(\frac{\partial m}{\partial z}\right)_{\beta,b}\left(\frac{\partial z}{\partial b}\right)_{z_0} = -\frac{2\mu_{\mathrm{B}}V\nu_0}{\beta}\frac{S^2(\sqrt{1+S^2}-C)}{\sqrt{1+S^2}},$$

sodass man insgesamt für die Suszeptibilität erhält:

$$\chi_{T,V,N} = 2\mu_{\mathrm{B}}^2 V\nu_0\left[1 - C(1+S^2)^{-\frac{1}{2}}\right].$$

Für $b = \beta\mu_{\mathrm{B}}B = 0$ folgt erwartungsgemäß

$$\boxed{\chi_{T,V,N} = 2\mu_{\mathrm{B}}^2 V\nu_0(1 - e^{-\beta\varepsilon_{\mathrm{F}}}).}$$

Das Ergebnis für starke Magnetfelder,

$$\boxed{\chi_{T,V,N} \sim 2e^{-2b}(z_0^2 - 1) = 2e^{-2(b-\beta\varepsilon_{\mathrm{F}})}\left(1 - e^{-2\beta\varepsilon_{\mathrm{F}}}\right) \to 0 \quad (B \to \infty),}$$

zeigt, dass die magnetische Suszeptibilität in diesem Grenzfall exponentiell klein als Funktion des Magnetfelds ist. Das Auftreten einer Energielücke, $\chi \propto e^{-2(b-\beta\varepsilon_{\mathrm{F}})}$, ist physikalisch gut verständlich, da das Elektronensystem in diesem Grenzfall vollständig polarisiert ist und man eine Energie $2\mu_{\mathrm{B}}B$ dazu aufwenden müsste, einen Elektronenspin an der Fermi-Kante umzuklappen. Da dieses Elektron einen Einteilchenzustand $\mathbf{k} \simeq \mathbf{0}$ besetzen kann, wird hierbei allerdings eine (niedrigere) Energie von etwa $2\varepsilon_{\mathrm{F}}$ freigesetzt.

6.8   Das relativistische Elektronengas

Elektronen in Metallen können unter Umständen wegen der hohen Fermi-Temperatur sehr hohe Geschwindigkeiten erreichen. Noch viel höhere Geschwindigkeiten erreichen sie in den Plasmen im Inneren von Sternen, insbesondere in sogenannten „Weißen Zwergen" – auf dieses Phänomen werden wir in Abschnitt [6.9] noch ausführlich zurückkommen. Aus diesen Gründen ist es physikalisch von erheblichem Interesse, Elektronen mit einer *relativistischen* Energie-Impuls-Relation,

$$\boxed{\varepsilon_{\mathbf{k}\lambda} = \sqrt{\mathbf{p}^2 c^2 + m^2 c^4} = \hbar c\sqrt{\mathbf{k}^2 + \lambda_{\mathrm{C}}^{-2}} \equiv \varepsilon_k \quad , \quad \lambda_{\mathrm{C}}^{-1} \equiv \frac{mc}{\hbar},} \qquad (6.24)$$

zu untersuchen, wobei $\varepsilon_{\mathbf{k}\lambda}$ also nicht explizit von der Spinquantenzahl λ abhängt. Hierbei ist $\lambda_{\mathrm{C}} = \hbar/(mc)$ die Compton-Wellenlänge, dividiert durch 2π. Wir gehen davon aus, dass die Elektronen in einem dreidimensionalen, würfelförmigen Volumen $V = L^3$ mit periodischen Randbedingungen eingeschlossen sind, sodass $\mathbf{k} = \frac{2\pi}{L}\mathbf{m}$ mit $\mathbf{m} \in \mathbb{Z}^3$ gilt. Mit dem Ansatz (6.24) wird die relativistische Natur des Elektronengases natürlich nur zum Teil berücksichtigt: Weitere Aspekte (Darwin-Term, Spin-Bahnkopplung oder Paarerzeugung und -vernichtung) werden vernachlässigt.

Thermodynamische Größen

Die großkanonische Zustandssumme und das großkanonische Potential sind gegeben durch die vertrauten Ausdrücke

$$Z_{\mathrm{gk}} = \prod_{\mathbf{k}\lambda}\left(1 + ze^{-\beta\varepsilon_{\mathbf{k}\lambda}}\right) = \prod_{\mathbf{k}}\left(1 + ze^{-\beta\varepsilon_k}\right)^2$$

und

$$\Omega = -\frac{2}{\beta}\sum_{\mathbf{k}}\ln\left(1 + ze^{-\beta\varepsilon_k}\right) = -\frac{2}{\beta}\frac{V}{(2\pi)^3}\int d\mathbf{k}\,\ln\left(1 + ze^{-\beta\varepsilon_k}\right)$$

$$= -\frac{V}{\pi^2\beta}\int_0^\infty dk\,k^2\ln\left(1 + ze^{-\beta\varepsilon_k}\right)\,.$$

Der Druck folgt direkt aus $\Omega = -PV$ als

$$P = \frac{1}{\pi^2\beta}\int_0^\infty dk\,k^2\ln\left(1 + ze^{-\beta\varepsilon_k}\right)\,,$$

und die innere Energie folgt aus Gleichung (4.61) als

$$U = \left(\frac{\partial\beta\Omega}{\partial\beta}\right)_{V,z} = \frac{V}{\pi^2}\int_0^\infty dk\,k^2\varepsilon_k\frac{1}{\frac{1}{z}e^{\beta\varepsilon_k}+1}\,.$$

Für die mittlere Teilchenzahl ergibt sich

$$\langle N\rangle = -\left(\frac{\partial\Omega}{\partial\mu}\right)_{\beta,V} = \frac{V}{\pi^2}\int_0^\infty dk\,k^2\frac{1}{\frac{1}{z}e^{\beta\varepsilon_k}+1}\,.$$

Die mittlere Besetzungszahl $\langle n_{\mathbf{k}\lambda}\rangle$ erhält man durch Ableiten von $\ln Z_{\mathrm{gk}}$ nach $\varepsilon_{\mathbf{k}\lambda}$:

$$\langle n_{\mathbf{k}\lambda}\rangle = -\frac{1}{\beta}\left(\frac{\partial(\ln Z_{\mathrm{gk}})}{\partial\varepsilon_{\mathbf{k}\lambda}}\right)_{\beta,z,V} = \frac{1}{\frac{1}{z}e^{\beta\varepsilon_k}+1}\,,$$

wie im allgemeinen Fall.

Fokussierung auf den Grundzustand

Wir beschränken uns im Folgenden auf den Grundzustand des relativistischen Elektronengases ($T = 0$), da die Elektronen in allen relevanten Anwendungen hochentartet sind $(T \ll T_{\mathrm{F}})$.[4] Die mittlere Besetzungszahl reduziert sich für $T \downarrow 0$ auf:

$$\langle n_{\mathbf{k}\lambda}\rangle \longrightarrow \begin{cases} 0 & \text{für } \varepsilon_k > \mu(T=0) \equiv \varepsilon_{\mathrm{F}} \text{ bzw. } k > k_{\mathrm{F}} \\ 1 & \text{für } \varepsilon_k < \varepsilon_{\mathrm{F}} \qquad\qquad \text{bzw. } k < k_{\mathrm{F}} \end{cases},$$

sodass die innere Energie und die mittlere Teilchenzahl durch

$$U = \frac{V}{\pi^2} \int_0^{k_{\mathrm{F}}} dk\, k^2 \varepsilon_k \quad \text{und} \quad \langle N \rangle = \frac{V}{\pi^2} \int_0^{k_{\mathrm{F}}} dk\, k^2$$

gegeben sind. Hierbei wurde die Fermi-Wellenzahl $k_{\mathrm{F}} \equiv \sqrt{\varepsilon_{\mathrm{F}}^2 - m^2 c^4}/(\hbar c)$ eingeführt. Es folgt durch explizite Berechnung:

$$\langle N \rangle = \frac{V k_{\mathrm{F}}^3}{3\pi^2}$$

und daher

$$k_{\mathrm{F}} = \left(3\pi^2 \rho\right)^{1/3},$$

wie für das nicht-relativistische dreidimensionale Elektronengas. Analog gilt für die innere Energie mit $x \equiv \lambdabar_{\mathrm{C}} k$ und $x_{\mathrm{F}} \equiv \lambdabar_{\mathrm{C}} k_{\mathrm{F}}$:

$$U = \frac{V}{\pi^2} \int_0^{k_{\mathrm{F}}} dk\, k^2 \varepsilon_k = \frac{V}{\pi^2} \frac{mc^2}{\lambdabar_{\mathrm{C}}^3} \int_0^{x_{\mathrm{F}}} dx\, x^2 \sqrt{x^2 + 1} \equiv \frac{V m^4 c^5}{\pi^2 \hbar^3} f(x_{\mathrm{F}}).$$

Man zeigt leicht, dass

$$f(x) = \tfrac{1}{4}\left[x\left(x^2 + \tfrac{1}{2}\right)\sqrt{1+x^2} - \tfrac{1}{2}\operatorname{arsinh}(x) \right]$$

gilt; die explizite Form dieser Funktion wird im Folgenden jedoch nicht benötigt, da wir uns auf die Grenzfälle $x_{\mathrm{F}} \ll 1$ und $x_{\mathrm{F}} \gg 1$ konzentrieren werden. Der Grenzwert $x_{\mathrm{F}} \downarrow 0$ hat die physikalische Bedeutung des nicht-relativistischen Limes, während $x_{\mathrm{F}} \to \infty$ gerade dem ultrarelativistischen Fall entspricht. Äquivalent kann man von einem Niedrigdichtelimes $(\rho \ll \lambdabar_{\mathrm{C}}^{-3})$ bzw. einem Limes hoher Dichte $(\rho \gg \lambdabar_{\mathrm{C}}^{-3})$ sprechen. Es gilt:

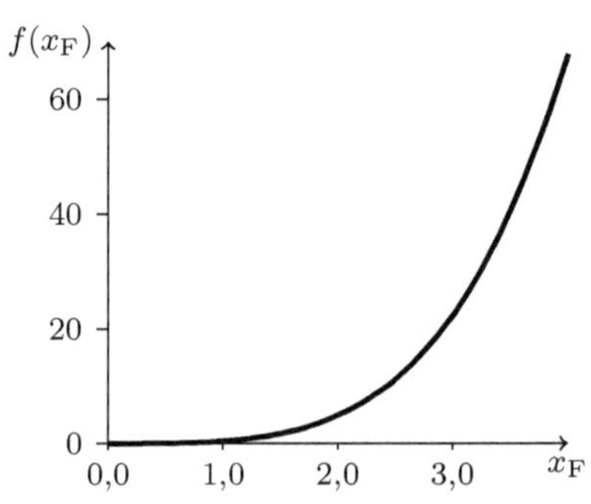

Abb. 6.6 Skizze der Funktion $f(x_{\mathrm{F}})$

$$f(x_{\mathrm{F}}) \sim \begin{cases} \displaystyle\int_0^{x_{\mathrm{F}}} dx\, x^2\left(1 + \tfrac{1}{2}x^2\right) = \tfrac{1}{3}x_{\mathrm{F}}^3 + \tfrac{1}{10}x_{\mathrm{F}}^5 & (x_{\mathrm{F}} \downarrow 0) \\[2ex] \displaystyle\int_0^{x_{\mathrm{F}}} dx\, x^3\left(1 + \tfrac{1}{2x^2}\right) = \tfrac{1}{4}x_{\mathrm{F}}^4 + \tfrac{1}{4}x_{\mathrm{F}}^2 & (x_{\mathrm{F}} \to \infty) \end{cases}.$$

Eine Skizze von $f(x_{\mathrm{F}})$ findet sich in Abbildung 6.6. Die Skizze zeigt klar, dass die Funktion $f(x_{\mathrm{F}})$ sehr empfindlich vom Parameter x_{F} abhängt: Sie ist numerisch sehr *klein* im nicht-relativistischen Bereich und sehr *groß* im ultrarelativistischen Bereich. Man achte auf die hohen Funktionswerte entlang der vertikalen Achse.

---

[4] Die Bezeichnung „entartet" bzw. „hochentartet" für ein Quantengas bedeutet im Physikjargon, dass sein Verhalten merklich bzw. stark von demjenigen eines klassischen Gases abweicht.

Einige physikalische Anwendungen

Der dimensionslose Parameter x_F sowie die Fermi-Temperatur des Gases $T_\mathrm{F} \equiv (\varepsilon_\mathrm{F} - mc^2)/k_\mathrm{B}$ sind vollständig durch die Elektronendichte $\rho = \langle N \rangle / V$ bestimmt:

$$x_\mathrm{F} = \lambda_\mathrm{C} k_\mathrm{F} = \frac{\hbar}{mc}(3\pi^2\rho)^{1/3} \simeq [1{,}03 \cdot 10^{-12}\,\mathrm{m}] \cdot \rho^{1/3}$$

bzw.

$$T_\mathrm{F} = \frac{mc^2}{k_\mathrm{B}}\left(\sqrt{x_\mathrm{F}^2 + 1} - 1\right) \simeq [6{,}4 \cdot 10^9\,\mathrm{K}] \cdot \left(\sqrt{x_\mathrm{F}^2 + 1} - 1\right).$$

Als Beispiele berechnen wir die x_F- und T_F-Werte für das Metall Gold (mit einer Dichte der Leitungselektronen $\rho \simeq 5{,}9 \cdot 10^{28}\,\mathrm{m}^{-3}$):

$$\boxed{x_\mathrm{F} \simeq 4 \cdot 10^{-3} \quad , \quad T_\mathrm{F} \simeq 5{,}12 \cdot 10^4\,\mathrm{K} \qquad \text{(Gold)}}$$

und für einen Weißen Zwerg, einen Sterntyp, dessen Inneres ein Elektronengas extrem hoher Dichte ($\rho \simeq 5 \cdot 10^{36}\,\mathrm{m}^{-3}$) enthält:

$$\boxed{x_\mathrm{F} \simeq 1{,}76 \quad , \quad T_\mathrm{F} \simeq 6{,}56 \cdot 10^9\,\mathrm{K} \qquad \text{(Weißer Zwerg)}\,.}$$

Die hohen Fermi-Temperaturen implizieren, dass man sowohl die Leitungselektronen von Gold bei Zimmertemperatur als auch die freien Elektronen im Inneren des Weißen Zwergs, wo eine Temperatur von „lediglich" $10^7\,\mathrm{K}$ herrscht, als hochentartete Elektronengase behandeln muss.

Druck, Kompressibilität, kinetische Energie

Der Druck ist für $T = 0$ durch

$$P = -\left(\frac{\partial U}{\partial V}\right)_{\langle N \rangle} = -\frac{m^4 c^5}{\pi^2 \hbar^3}\left[f(x_\mathrm{F}) + f'(x_\mathrm{F})V\frac{\partial x_\mathrm{F}}{\partial V}\right]$$

gegeben. Nun gilt $x_\mathrm{F} \propto \rho^{1/3} \propto V^{-1/3}$, sodass

$$\frac{\partial x_\mathrm{F}}{\partial V} = -\frac{x_\mathrm{F}}{3V}$$

und somit

$$P = -\frac{m^4 c^5}{\pi^2 \hbar^3}\left[f(x_\mathrm{F}) - \tfrac{1}{3}x_\mathrm{F}f'(x_\mathrm{F})\right] = \frac{m^4 c^5}{\pi^2 \hbar^3}\left[\tfrac{1}{3}x_\mathrm{F}^3\sqrt{x_\mathrm{F}^2 + 1} - f(x_\mathrm{F})\right]$$

ist. Aus dem Druck folgt für die *inverse* Kompressibilität $\kappa^{-1} = -V(\partial P/\partial V)_{\langle N \rangle}$:

$$\kappa^{-1} = -V\left(\frac{\partial P}{\partial V}\right)_{\langle N \rangle} = -V\frac{dP}{dx_\mathrm{F}}\left(\frac{\partial x_\mathrm{F}}{\partial V}\right)_{\langle N \rangle} = \tfrac{1}{3}x_\mathrm{F}\frac{dP}{dx_\mathrm{F}} = \frac{m^4 c^5}{9\pi^2 \hbar^3}\frac{x_\mathrm{F}^5}{\sqrt{1 + x_\mathrm{F}^2}}$$

und somit für die Kompressibilität $\kappa = -V^{-1}(\partial V/\partial P)_{\langle N \rangle}$ selbst:

$$\kappa = \frac{9\pi^2 \hbar^3}{m^4 c^5}\frac{\sqrt{1 + x_\mathrm{F}^2}}{x_\mathrm{F}^5} \sim \frac{9\pi^2 \hbar^3}{m^4 c^5}\begin{cases} x_\mathrm{F}^{-5} & (x_\mathrm{F} \downarrow 0) \\ x_\mathrm{F}^{-4} & (x_\mathrm{F} \to \infty) \end{cases}.$$

Die Kompressibilität hängt also sehr empfindlich von der dimensionslosen Fermi-Wellenzahl x_F ab.

Wir untersuchen nun das Verhalten des Drucks in den beiden Grenzfällen $x_\mathrm{F} \downarrow 0$ und $x_\mathrm{F} \to \infty$. Im Limes $x_\mathrm{F} \downarrow 0$ gilt:

$$P \sim \frac{m^4 c^5}{\pi^2 \hbar^3} \left[\tfrac{1}{3} x_\mathrm{F}^3 \left(1 + \tfrac{1}{2} x_\mathrm{F}^2 \right) - \left(\tfrac{1}{3} x_\mathrm{F}^3 + \tfrac{1}{10} x_\mathrm{F}^5 \right) \right] \sim \frac{m^4 c^5 x_\mathrm{F}^5}{15 \pi^2 \hbar^3} \, ,$$

und der Druck ist mit der kinetischen Energie gemäß

$$E_\mathrm{kin} \equiv U - mc^2 \langle N \rangle = \frac{V}{\pi^2} \int_0^{k_\mathrm{F}} dk \, k^2 \left(\varepsilon_k - mc^2 \right)$$

$$= \frac{V m^4 c^5}{\pi^2 \hbar^3} \int_0^{x_\mathrm{F}} dx \, x^2 \left(\sqrt{x^2 + 1} - 1 \right) \sim \frac{V m^4 c^5}{\pi^2 \hbar^3} \int_0^{x_\mathrm{F}} dx \, \tfrac{1}{2} x^4 \sim \frac{V m^4 c^5 x_\mathrm{F}^5}{10 \pi^2 \hbar^3} = \tfrac{3}{2} PV$$

verknüpft, wie man es im nicht-relativistischen Limes gewohnt ist. Dagegen findet man im Limes $x_\mathrm{F} \to \infty$ für den Druck:

$$P \sim \frac{m^4 c^5}{\pi^2 \hbar^3} \left[\tfrac{1}{3} x_\mathrm{F}^4 \left(1 + \frac{1}{2 x_\mathrm{F}^2} \right) - \tfrac{1}{4} \left(x_\mathrm{F}^4 + x_\mathrm{F}^2 \right) \right] \sim \frac{m^4 c^5 x_\mathrm{F}^4}{12 \pi^2 \hbar^3} \left(1 - \frac{1}{x_\mathrm{F}^2} \right)$$

und für die kinetische Energie:

$$E_\mathrm{kin} \sim \frac{V m^4 c^5}{\pi^2 \hbar^3} \int_0^{x_\mathrm{F}} dx \, x^3 \left(1 - \frac{1}{x} + \frac{1}{2x^2} + \cdots \right) \sim \frac{V m^4 c^5 x_\mathrm{F}^4}{4 \pi^2 \hbar^3} \left(1 - \frac{4}{3 x_\mathrm{F}} + \cdots \right)$$

$$\sim 3PV \left(1 - \frac{4}{3 x_\mathrm{F}} + \cdots \right) \qquad (x_\mathrm{F} \to \infty) \, ,$$

sodass im ultrarelativistischen Limes $E_\mathrm{kin} = 3PV$ folgt.

Effektiver Exponent der Zustandsgleichung

Wir haben also festgestellt, dass der Druck – ähnlich wie die Kompressibilität κ des Fermi-Gases – sehr empfindlich vom dimensionslosen Parameter x_F abhängt:

$$\boxed{P = \frac{m^4 c^5}{\pi^2 \hbar^3} \left[\tfrac{1}{3} x_\mathrm{F}^3 \sqrt{x_\mathrm{F}^2 + 1} - f(x_\mathrm{F}) \right] \sim \frac{m^4 c^5}{\pi^2 \hbar^3} \begin{cases} \tfrac{1}{15} x_\mathrm{F}^5 & (x_\mathrm{F} \downarrow 0) \\ \tfrac{1}{12} x_\mathrm{F}^4 & (x_\mathrm{F} \to \infty) \end{cases} .}$$

Bestimmt man nun das Produkt $\kappa P = -\partial(\ln V)/\partial(\ln P)$ in den Grenzfällen $x_\mathrm{F} \downarrow 0$ und $x_\mathrm{F} \to \infty$, so fällt auf, dass dieses nur sehr schwach von x_F abhängt:

$$\boxed{\kappa P \sim \begin{cases} \tfrac{3}{5} & (x_\mathrm{F} \downarrow 0) \\ \tfrac{3}{4} & (x_\mathrm{F} \to \infty) \end{cases} .}$$

Da das Produkt $\kappa P = -[\partial(\ln V)/\partial(\ln P)]_{\langle N \rangle}$ nahezu konstant ist, kann man die Gleichung $\kappa P = -\partial(\ln V)/\partial(\ln P)$ integrieren mit dem Ergebnis $P \propto (\langle N \rangle / V)^{1/\kappa P}$ für die Zustandsgleichung der Isotherme $T = 0$.

Der Druck in einem Weißen Zwerg

Gerade weil der Druck empfindlich vom dimensionslosen Parameter x_F abhängt, ist es empfehlenswert, den *exakten* Ausdruck für $f(x_\mathrm{F})$ zu verwenden, um den Druck des Weißen Zwergs ($x_\mathrm{F} \simeq 1{,}76$) abzuschätzen. Man erhält dann:

$$P \simeq 0{,}64 \cdot \frac{m^4 c^5}{\pi^2 \hbar^3} \simeq 1{,}6 \cdot 10^{23}\,\mathrm{N/m^2}\;.$$

Der Druck im Inneren des Weißen Zwergs ist also um einen Faktor $1{,}6 \cdot 10^{18}$ größer als der atmosphärische Druck an der Erdoberfläche, der etwa $10^5\,\mathrm{N/m^2}$ beträgt.

6.9 Weiße Zwerge *

Wir betrachten nun die Anwendung der oben entwickelten allgemeinen Theorie für relativistische Elektronengase auf Weiße Zwerge. Ein Weißer Zwerg ist – wie auch im vorigen Abschnitt erwähnt – ein Stern von hoher Dichte und geringer Ausdehnung, der als Endstadium der Entwicklung eines „Roten Riesen" auftritt. Auch unsere Sonne wird in etwa 8 Milliarden Jahren zum Weißen Zwerg werden.

Zum Modell des relativistischen Elektronengases aus dem letzten Abschnitt muss man zunächst anmerken, dass es in der Realität natürlich keinen würfelförmigen Kasten mit Seitenlängen L und periodischen Randbedingungen gibt, der dem enormen Druck im Inneren des Weißen Zwergs entgegenwirkt und das Elektronengas dort in Schach hält. Man benötigt offensichtlich einen *physikalischen* Mechanismus, der den Stern bei diesen riesigen Dichten zusammenhält. Der gesuchte Mechanismus ist mit Sicherheit nicht die Coulomb-Wechselwirkung zwischen den Elektronen und den vollständig ionisierten Atomrümpfen: Diese attraktive Wechselwirkung würde zwar zu einem stabilen Gleichgewicht führen, jedoch wäre der typische Abstand zwischen den Teilchen im Gleichgewichtszustand der Bohr-Radius $a_\mathrm{B} \simeq 0{,}5 \cdot 10^{-10}\,\mathrm{m}$. Bei den hohen Dichten, die in Weißen Zwergen vorliegen, ist die Coulomb-Wechselwirkung vollkommen irrelevant. Mittlerweile versteht man genau, dass der Mechanismus, der Weiße Zwerge trotz des hohen Elektronendrucks zusammenhält, die Schwerkraft ist. Die Gravitationskräfte im Inneren des Weißen Zwergs erzeugen einen (negativen) Druck P_G, der im Gleichgewichtszustand den elektronischen Druck P_El genau aufhebt:

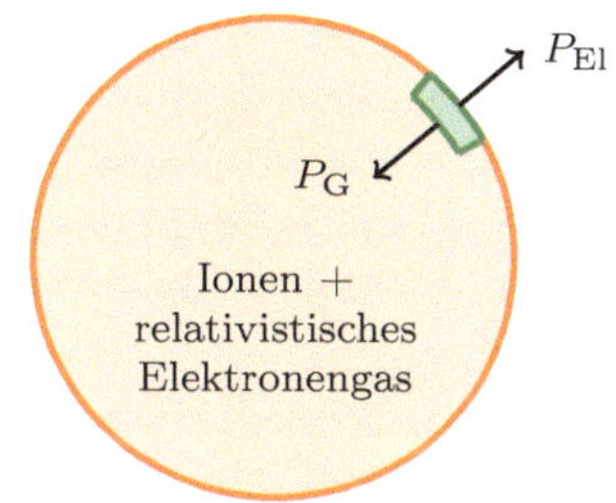

Abb. 6.7 Kräftegleichgewicht in einem „Weißen Zwerg"

$$\boxed{P_\mathrm{El} + P_\mathrm{G} = 0\;.} \tag{6.25}$$

Dieses Kräftegleichgewicht ist in Abbildung 6.7 grafisch dargestellt. Wir untersuchen im Folgenden ein einfaches Modell für dieses Gleichgewicht.

Einfaches Modell für einen Weißen Zwerg im Kräftegleichgewicht

Nehmen wir der Einfachheit halber an, ein Weißer Zwerg sei ein sphärischer Körper mit Radius R, dessen Masse M gleichmäßig über den Stern verteilt ist: Die Massendichte eines realen „Zwergs" wird eine gewisse radiale Abhängigkeit aufweisen. Die potentielle Gravitationsenergie des Zwergs ist dann durch

$$E_{\mathrm{G}} = -\frac{3}{5} G \frac{M^2}{R} \quad , \quad G \simeq 6{,}67408 \cdot 10^{-11}\,\mathrm{m}^3\,\mathrm{kg}^{-1}\,\mathrm{s}^{-2}$$

gegeben. Der negative Druck an der Oberfläche ist dementsprechend

$$P_{\mathrm{G}} = -\frac{\partial E_{\mathrm{G}}}{\partial V} = -\frac{1}{4\pi R^2} \frac{dE_{\mathrm{G}}}{dR} = -\frac{3}{20\pi} \frac{GM^2}{R^4} \, .$$

Der elektronische Druck wurde bereits berechnet:

$$P_{\mathrm{El}} = \frac{m^4 c^5}{\pi^2 \hbar^3} \begin{cases} \frac{1}{15} x_{\mathrm{F}}^5 & (x_{\mathrm{F}} \downarrow 0) \\[2mm] \frac{1}{12} x_{\mathrm{F}}^4 \left(1 - \frac{1}{x_{\mathrm{F}}^2}\right) & (x_{\mathrm{F}} \to \infty) \end{cases} \, ,$$

wobei x_{F} gemäß

$$x_{\mathrm{F}} = \lambdabar_{\mathrm{C}} \left(3\pi^2 \rho\right)^{\frac{1}{3}} = \lambdabar_{\mathrm{C}} \left(3\pi^2 \frac{N}{V}\right)^{\frac{1}{3}} = \lambdabar_{\mathrm{C}} \left(3\pi^2 \frac{MZ/Am_{\mathrm{p}}}{\frac{4}{3}\pi R^3}\right)^{\frac{1}{3}} = \frac{M^{\frac{1}{3}}}{R} X_{\mathrm{F}}$$

$$X_{\mathrm{F}} \equiv \lambdabar_{\mathrm{C}} \left(\frac{9\pi Z}{4Am_{\mathrm{p}}}\right)^{\frac{1}{3}}$$

mit der Masse M und dem Radius R des Weißen Zwergs verknüpft ist. In den obigen Formeln bezeichnet m_{p} die Protonenmasse. Um die Zahl der Kerne im Weißen Zwerg zu ermitteln, wurde die Nukleonenzahl M/m_{p} des Zwergs durch die Massenzahl A dividiert. Man erhält dann die Gesamtprotonenzahl (und daher auch die Gesamtelektronenzahl N), indem man die Zahl der Kerne mit Z multipliziert. Da Weiße Zwerge ihren Vorrat an Wasserstoff und Helium verbraucht haben und überwiegend aus Kohlenstoff und Sauerstoff bestehen, gilt für das Verhältnis der Protonenzahl Z zur Massenzahl A näherungsweise $Z/A \simeq \frac{1}{2}$.

Kräftegleichgewicht im ultra- und im nicht-relativistischen Limes

Zuerst betrachten wir die Gleichgewichtsbedingung (6.25) im ultrarelativistischen Fall:

$$0 = \frac{m^4 c^5 x_{\mathrm{F}}^4}{12\pi^2 \hbar^3}\left(1 - \frac{1}{x_{\mathrm{F}}^2}\right) - \frac{3}{20\pi}\frac{GM^2}{R^4} = \frac{m^4 c^5 X_{\mathrm{F}}^4 M^{\frac{4}{3}}}{12\pi^2 \hbar^3 R^4}\left(1 - \frac{R^2}{X_{\mathrm{F}}^2 M^{\frac{2}{3}}}\right) - \frac{3}{20\pi}\frac{GM^2}{R^4} \, ,$$

d. h.

$$R = X_{\mathrm{F}} M^{\frac{1}{3}} \left[1 - \frac{9\pi \hbar^3 GM^{\frac{2}{3}}}{5m^4 c^5 X_{\mathrm{F}}^4}\right]^{\frac{1}{2}} = R_0 \left(\frac{M}{M_0}\right)^{\frac{1}{3}} \left[1 - \left(\frac{M}{M_0}\right)^{\frac{2}{3}}\right]^{\frac{1}{2}} \, ,$$

wobei definiert wurde:

$$M_0 \equiv \left(\frac{5m^4c^5X_{\mathrm{F}}^4}{9\pi\hbar^3 G}\right)^{\frac{3}{2}} \quad , \quad R_0 \equiv X_{\mathrm{F}} M_0^{\frac{1}{3}} \,.$$

Hierbei ist $M_0 \simeq 2 \cdot 10^{30}\,\mathrm{kg}$ und $R_0 \simeq 6000\,\mathrm{km}$, also ist M_0 ungefähr gleich der Masse der Sonne und R_0 vergleichbar mit dem Erdradius. Im entgegengesetzten Fall, d. h. im nicht-relativistischen Limes, lautet die Gleichgewichtsbedingung:

$$0 = \frac{m^4c^5x_{\mathrm{F}}^5}{15\pi^2\hbar^3} - \frac{3}{20\pi}\frac{GM^2}{R^4} = \frac{m^4c^5X_{\mathrm{F}}^5}{15\pi^2\hbar^3}\frac{M^{\frac{5}{3}}}{R^5} - \frac{3}{20\pi}\frac{GM^2}{R^4} \,,$$

d. h.

$$RM^{\frac{1}{3}} = \frac{4m^4c^5X_{\mathrm{F}}^5}{9\pi\hbar^3 G} = \tfrac{4}{5}X_{\mathrm{F}}M_0^{\frac{2}{3}} = \tfrac{4}{5}R_0 M_0^{\frac{1}{3}} \,.$$

Zusammenfassend haben wir also gezeigt, dass der Radius des Weißen Zwergs gemäß

$$R/R_0 = \begin{cases} \tfrac{4}{5}\left(\frac{M}{M_0}\right)^{-1/3} & (x_{\mathrm{F}} \downarrow 0 \,,\ M/M_0 \downarrow 0) \\[2ex] \left(\frac{M}{M_0}\right)^{1/3}\left[1 - \left(\frac{M}{M_0}\right)^{2/3}\right]^{1/2} & (x_{\mathrm{F}} \to \infty \,,\ M/M_0 \uparrow 1) \end{cases}$$

von seiner Masse abhängt. Es sei noch einmal daran erinnert, dass der nicht-relativistische Limes dem Grenzfall niedriger Dichte und der ultrarelativistische Limes dem Grenzfall hoher Dichte entspricht. Folglich ist das Ergebnis für $x_{\mathrm{F}} \downarrow 0$ relevant für $M/M_0 \to 0$ und der ultrarelativistische Grenzfall für $M/M_0 \uparrow 1$. Interpolierend zwischen beiden Grenzfällen findet man den in Abbildung 6.8 skizzierten Verlauf des Radius als Funktion der Masse. Aus diesem Ergebnis folgt, dass ein Weißer Zwerg keine Masse größer als M_0 haben kann. Diese obere Schranke für die Masse M ist als die „Chandrasekhar-Grenze" bekannt und ist im Einklang mit Beobachtungen an Weißen Zwergen.

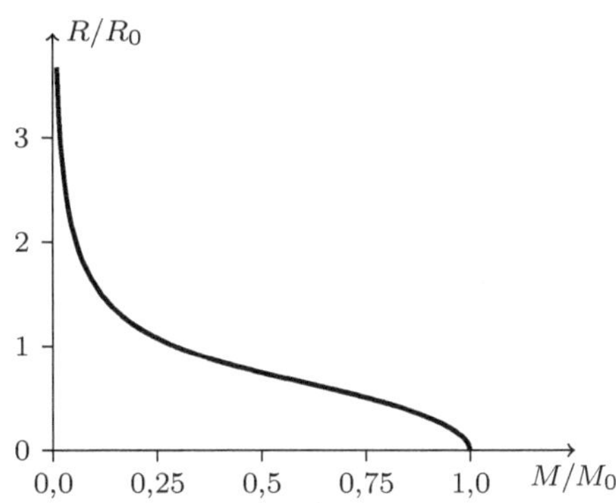

Abb. 6.8 Verlauf des Radius eines Weißen Zwergs in Abhängigkeit von der Masse

6.10 Zweiatomige Moleküle ∗

Bisher haben wir den großkanonischen Formalismus auf Systeme angewandt, die entweder aus elementaren Bausteinen (Elektronen, Photonen, Phononen) oder aus einatomigen Molekülen (^{3}He, ^{4}He, ^{7}Li, ^{23}Na, ^{87}Rb) aufgebaut sind. Nun möchten wir den Einfluss innerer Freiheitsgrade untersuchen. Der Übersichtlichkeit halber beschränken wir uns auf einfache Moleküle wie H_2, HD und D_2, die also aus zwei identischen (H_2 und D_2) oder zwei unterschiedlichen (HD) Atomen mit insgesamt zwei Elektronen aufgebaut sind.

Wir bezeichnen die Elektronenmasse mit m_e, die zwei Kernmassen mit M_1 und M_2, die elektronischen Ortskoordinaten mit $(\mathbf{x}_1, \mathbf{x}_2)$ und die Koordinaten der Ionen mit $(\mathbf{y}_1, \mathbf{y}_2)$. Der Hamilton-Operator eines zweiatomigen Moleküls mit zwei Elektronen hat somit die Form

$$\boxed{\hat{H} = \hat{H}_e + \hat{H}_i \,,}$$

wobei $\hat{H}_i$ die kinetischen Freiheitsgrade der Ionen darstellt und $\hat{H}_e$ die elektronischen Freiheitsgrade und die Wechselwirkungsterme enthält. Konkret gilt:

$$\hat{H}_i = -\frac{\hbar^2}{2M_1}\frac{\partial^2}{\partial \mathbf{y}_1^2} - \frac{\hbar^2}{2M_2}\frac{\partial^2}{\partial \mathbf{y}_2^2}$$

und

$$\hat{H}_e = -\frac{\hbar^2}{2m_e}\left(\frac{\partial^2}{\partial \mathbf{x}_1^2} + \frac{\partial^2}{\partial \mathbf{x}_2^2}\right) + \frac{e^2}{4\pi\varepsilon_0}\left(\frac{1}{|\mathbf{x}_1 - \mathbf{x}_2|} + \frac{1}{|\mathbf{y}_1 - \mathbf{y}_2|} - \sum_{i,j=1}^{2}\frac{1}{|\mathbf{x}_i - \mathbf{y}_j|}\right).$$

Dieses quantenmechanische Vierteilchenproblem ist natürlich nicht exakt lösbar. Der Hamilton-Operator enthält jedoch einen kleinen Parameter, der eine störungstheoretische Untersuchung ermöglicht. Dieser kleine Parameter ist das Verhältnis der Elektronenmasse m_e und der Protonenmasse $m_p \simeq 2000\, m_e$; die Ionenmassen M_1 und M_2 sind ja näherungsweise ganze Vielfache von m_p.

Grenzfall sehr schwerer Ionen

Wir betrachten zuerst den Grenzfall sehr schwerer Ionen, $\frac{m_e}{M_1} = \frac{m_e}{M_2} \to 0$, und definieren:

$$\mathbf{x}_i \equiv a_B \boldsymbol{\xi}_i \,, \quad \mathbf{y}_j \equiv a_B \boldsymbol{\eta}_j \,,$$

wobei $a_B = 4\pi\varepsilon_0\hbar^2/(m_e e^2)$ den Bohr-Radius darstellt. Mit Hilfe der Definition des Rydbergs,

$$\boxed{\mathrm{Ry} = \tfrac{1}{2}\alpha^2 m_e c^2 = \frac{e^2}{8\pi\varepsilon_0 a_B} = \frac{\hbar^2}{2m_e(a_B)^2} \,, \quad \alpha = \frac{e^2}{4\pi\varepsilon_0\hbar c} \,,}$$

erhält man die folgende Form des Hamilton-Operators:

$$\frac{1}{\mathrm{Ry}}\hat{H} = \frac{1}{\mathrm{Ry}}\hat{H}_e = -\sum_{i=1}^{2}\frac{\partial^2}{\partial\boldsymbol{\xi}_i^2} + 2\left(\frac{1}{|\boldsymbol{\xi}_1 - \boldsymbol{\xi}_2|} + \frac{1}{|\boldsymbol{\eta}_1 - \boldsymbol{\eta}_2|} - \sum_{i,j=1}^{2}\frac{1}{|\boldsymbol{\xi}_i - \boldsymbol{\eta}_j|}\right). \quad (6.26)$$

Die rechte Seite dieser Gleichung ist dimensionslos. Man kann nun, z. B. mit Hilfe der Heitler-London-Methode (siehe z. B. Ref. [52], Abschnitt 15.4) die Existenz eines gebundenen Singuletteigenzustands von (6.26) nachweisen. Aus der Form von (6.26) ist klar, dass die charakteristische Längenskala des Grundzustands a_B und die typische Bindungsenergie Ry ist. Da wir im Folgenden nur realistische Temperaturen ($T \ll \mathrm{Ry}/k_\mathrm{B}$) betrachten, können wir uns in (6.26) auf den Grundzustand der elektronischen Freiheitsgrade beschränken; die entsprechende Grundzustandsenergie von (6.26) hat dann die Form

$$E_0 = \varepsilon(\eta)\mathrm{Ry} \quad , \quad \eta = |\boldsymbol{\eta}_1 - \boldsymbol{\eta}_2| \; .$$

Wir nehmen an, dass die Grundzustandsenergie minimal ist für $\eta = \eta_{\mathrm{min}}$:

$$\varepsilon(\eta) = \varepsilon_{\mathrm{min}} + \tfrac{1}{2}\varepsilon_2(\eta - \eta_{\mathrm{min}})^2 + \cdots \qquad (\eta \to \eta_{\mathrm{min}}) \; .$$

Offensichtlich sind die dimensionslosen Größen $\varepsilon_2 > 0$, $\varepsilon_{\mathrm{min}}$ und η_{min} numerisch alle von Ordnung eins.

Korrekturen zum Limes schwerer Ionen

Wir betrachten nun kleine Korrekturen zum Limes schwerer Ionen: $\frac{m_\mathrm{e}}{M_1} \ll 1$ sowie $\frac{m_\mathrm{e}}{M_2} \ll 1$. Mit den Definitionen

$$M_1 + M_2 \equiv M \quad , \quad \frac{M_1 M_2}{M_1 + M_2} \equiv \mu \quad , \quad \boldsymbol{\eta}_1 - \boldsymbol{\eta}_2 \equiv \boldsymbol{\eta} \quad , \quad \frac{M_1 \boldsymbol{\eta}_1 + M_2 \boldsymbol{\eta}_2}{M_1 + M_2} \equiv \mathbf{R}$$

erhält man für die kinetische Energie der Ionen:

$$\frac{1}{\mathrm{Ry}}\hat{\mathrm{H}}_\mathrm{i} = -\frac{m_\mathrm{e}}{M_1}\frac{\partial^2}{\partial\boldsymbol{\eta}_1^2} - \frac{m_\mathrm{e}}{M_2}\frac{\partial^2}{\partial\boldsymbol{\eta}_2^2} = -\frac{m_\mathrm{e}}{\mu}\frac{\partial^2}{\partial\boldsymbol{\eta}^2} - \frac{m_\mathrm{e}}{M}\frac{\partial^2}{\partial\mathbf{R}^2} \; .$$

Nehmen wir nun an, dass der Grundzustand von $\hat{\mathrm{H}}_\mathrm{e}$ durch ψ_e gegeben ist:

$$\frac{1}{\mathrm{Ry}}\hat{\mathrm{H}}_\mathrm{e}\psi_\mathrm{e} = \varepsilon(\eta)\psi_\mathrm{e} \quad , \quad \psi_\mathrm{e} = \psi_\mathrm{e}(\boldsymbol{\xi}_1 - \mathbf{R}, \boldsymbol{\xi}_2 - \mathbf{R}, \boldsymbol{\eta}) \; ,$$

und dass $\psi_{i,n}$ die n-te Eigenfunktion von

$$\left[-\frac{m_\mathrm{e}}{\mu}\frac{\partial^2}{\partial\boldsymbol{\eta}^2} + \tfrac{1}{2}\varepsilon_2(\eta - \eta_{\mathrm{min}})^2\right]\psi_{i,n} = \varepsilon_{i,n}\psi_{i,n} \tag{6.27}$$

darstellt, sodass in sphärischen Koordinaten $(\eta, \vartheta, \varphi)$ gilt:

$$\psi_{i,n} = \psi_{i,n}\!\left(\left(\tfrac{\mu}{m_\mathrm{e}}\right)^{1/4}(\eta - \eta_{\mathrm{min}}), \vartheta, \varphi\right) \; .$$

Die Lösungen von (6.27) führen also sehr kleine Schwingungen um die Kugelfläche $\eta = \eta_{\mathrm{min}}$ mit einer typischen Amplitude $(m_\mathrm{e}/\mu)^{1/4} \ll 1$ aus. Dann haben die Eigenfunktionen des Gesamt-Hamilton-Operators die Form

$$\psi_{n\boldsymbol{\kappa}} = \psi_\mathrm{e}\psi_{i,n}\psi_{i,\boldsymbol{\kappa}} \quad , \quad \psi_{i,\boldsymbol{\kappa}}(\mathbf{R}) = \frac{1}{\sqrt{V}}e^{i(M/m_\mathrm{e})^{1/2}\boldsymbol{\kappa}\cdot\mathbf{R}} \; ,$$

wobei $\boldsymbol{\kappa}$ ein beliebiger Wellenvektor ist, denn wegen

$$\begin{aligned}
\left(\tfrac{1}{\mathrm{Ry}}\hat{\mathrm{H}}_\mathrm{i}\right)\psi_\mathrm{e}\psi_{i,n}\psi_{i,\boldsymbol{\kappa}} &\simeq \psi_\mathrm{e}\left(\tfrac{1}{\mathrm{Ry}}\hat{\mathrm{H}}_\mathrm{i}\right)\psi_{i,n}\psi_{i,\boldsymbol{\kappa}} \\
&= \left[\varepsilon_{i,n} + \boldsymbol{\kappa}^2 - \tfrac{1}{2}\varepsilon_2(\eta - \eta_{\mathrm{min}})^2\right]\psi_\mathrm{e}\psi_{i,n}\psi_{i,\boldsymbol{\kappa}} \\
&\simeq \left(\varepsilon_{i,n} + \boldsymbol{\kappa}^2 + \varepsilon_{\mathrm{min}} - \tfrac{1}{\mathrm{Ry}}\hat{\mathrm{H}}_\mathrm{e}\right)\psi_\mathrm{e}\psi_{i,n}\psi_{i,\boldsymbol{\kappa}}
\end{aligned}$$

gilt:

$$\frac{1}{\mathrm{Ry}}\hat{\mathrm{H}}\psi_{n\boldsymbol{\kappa}} = \frac{1}{\mathrm{Ry}}(\hat{\mathrm{H}}_\mathrm{i} + \hat{\mathrm{H}}_\mathrm{e})\psi_{n\boldsymbol{\kappa}} \simeq \varepsilon_{n\boldsymbol{\kappa}}\psi_{n\boldsymbol{\kappa}} \quad , \quad \varepsilon_{n\boldsymbol{\kappa}} = \varepsilon_{i,n} + \boldsymbol{\kappa}^2 + \varepsilon_{\min} \, .$$

Hierbei wurden Terme vernachlässigt, die von höherer Ordnung im kleinen Parameter $m_\mathrm{e}/m_\mathrm{p}$ sind.

Entkopplung der Freiheitsgrade

Zusammenfassend haben wir also bisher gezeigt, dass die Freiheitsgrade der Elektronen und Ionen mit Hilfe einer Störungsentwicklung nach Potenzen von $m_\mathrm{e}/m_\mathrm{p}$ getrennt werden können und dass man für die Freiheitsgrade der Ionen in führender Ordnung den effektiven Hamilton-Operator

$$\boxed{\frac{1}{\mathrm{Ry}}\hat{\mathrm{H}}_\mathrm{eff} = -\frac{m_\mathrm{e}}{M}\frac{\partial^2}{\partial\mathbf{R}^2} - \frac{m_\mathrm{e}}{\mu}\frac{\partial^2}{\partial\boldsymbol{\eta}^2} + \tfrac{1}{2}\varepsilon_2\big(\eta - \eta_{\min}\big)^2}$$

erhält. Mit Hilfe von

$$\frac{\partial^2}{\partial\boldsymbol{\eta}^2} = \frac{\partial^2}{\partial\eta^2} + \frac{2}{\eta}\frac{\partial}{\partial\eta} - \frac{1}{\eta^2}(\hbar^{-1}\hat{\mathbf{L}})^2 \simeq \frac{\partial^2}{\partial\eta^2} - \frac{(\hbar^{-1}\hat{\mathbf{L}})^2}{\eta_{\min}^2}$$

und den Definitionen

$$\bar{\eta} \equiv \left(\frac{\mu}{m_\mathrm{e}}\right)^{1/4}\big(\eta - \eta_{\min}\big) \quad , \quad \hbar\omega = \frac{\hbar^2\sqrt{2\varepsilon_2}}{2\sqrt{m_\mathrm{e}\mu}(a_\mathrm{B})^2}$$

folgt noch:

$$\boxed{\hat{\mathrm{H}}_\mathrm{eff} = \hat{\mathrm{H}}_\mathrm{trans} + \hat{\mathrm{H}}_\mathrm{rot} + \hat{\mathrm{H}}_\mathrm{vib}} \tag{6.28}$$

mit

$$\hat{\mathrm{H}}_\mathrm{trans} = -\frac{m_\mathrm{e}}{M}\mathrm{Ry}\frac{\partial^2}{\partial\mathbf{R}^2} = -\frac{\hbar^2}{2M}\frac{\partial^2}{\partial\mathbf{r}^2} \quad , \quad \mathbf{r} \equiv a_\mathrm{B}\mathbf{R} \quad , \tag{6.29a}$$

$$\hat{\mathrm{H}}_\mathrm{rot} = \frac{m_\mathrm{e}}{\mu}\mathrm{Ry}\frac{(\hbar^{-1}\hat{\mathbf{L}})^2}{\eta_{\min}^2} = \frac{\hat{\mathbf{L}}^2}{2I} \quad , \quad I \equiv \mu\big(a_\mathrm{B}\eta_{\min}\big)^2 \, , \tag{6.29b}$$

$$\hat{\mathrm{H}}_\mathrm{vib} = \left(\frac{m_\mathrm{e}}{\mu}\right)^{1/2}\mathrm{Ry}\left[-\frac{\partial^2}{\partial\bar{\eta}^2} + \tfrac{1}{2}\varepsilon_2\bar{\eta}^2\right] = \hbar\omega\big(\hat{\mathrm{n}} + \tfrac{1}{2}\big) \, . \tag{6.29c}$$

Wir haben hiermit das interessante Ergebnis erzielt, dass die inneren Freiheitsgrade des zweiatomigen Moleküls (d. h. die Translations-, die Rotations- und die Schwingungsfreiheitsgrade) im Limes $m_\mathrm{e}/m_\mathrm{p} \to 0$ entkoppelt werden. In realen Molekülen wird jedoch immer eine gewisse Kopplung dieser Freiheitsgrade vorliegen.

Drei charakteristische Temperaturen

Entsprechend diesen drei unterschiedlichen Freiheitsgraden werden zweiatomige Moleküle durch drei charakteristische Temperaturen gekennzeichnet. Für $T \gg T_{\mathrm{trans}}$, wobei

$$T_{\mathrm{trans}} \equiv \frac{\hbar^2}{2Mk_{\mathrm{B}}}\rho^{2/3}$$

definiert wurde und ρ die Teilchendichte der Moleküle darstellt, können die Translationsfreiheitsgrade klassisch behandelt werden. Für $T \lesssim T_{\mathrm{trans}}$ sind Quanteneffekte (z. B. in der Wärmekapazität) sichtbar. Analog gibt es die charakteristischen Temperaturen

$$T_{\mathrm{rot}} \equiv \frac{\hbar^2}{2Ik_{\mathrm{B}}} = \frac{\hbar^2}{2\mu(a_{\mathrm{B}}\eta_{\mathrm{min}})^2 k_{\mathrm{B}}}$$

für die Rotationsfreiheitsgrade und

$$T_{\mathrm{vib}} \equiv \frac{\hbar\omega}{k_{\mathrm{B}}} = \frac{\hbar^2\sqrt{2\varepsilon_2}}{2\sqrt{m_{\mathrm{e}}\mu}(a_{\mathrm{B}})^2 k_{\mathrm{B}}}$$

für Schwingungen. Es gilt das Verhältnis:

$$\frac{T_{\mathrm{rot}}}{T_{\mathrm{vib}}} = \left(\frac{m_{\mathrm{e}}}{\mu}\right)^{1/2} \frac{\sqrt{2\varepsilon_2}}{(\eta_{\mathrm{min}})^2} \ ,$$

sodass T_{rot} generell viel niedriger ist als T_{vib}. Interessant ist auch, dass T_{rot} und T_{vib} und somit der effektive Hamilton-Operator (6.28) für die Bewegung der Ionen durch η_{min}, m_{e} und ε_2 von den elektronischen Freiheitsgraden abhängig sind.

6.10.1 Anwendung auf das HD-Molekül *

Die Behandlung des Wasserstoff-Deuterium-Moleküls ist insofern relativ einfach, als die beiden Kerne dieses Moleküls unterscheidbar sind und die Symmetrie der Gesamtwellenfunktion dieser Kerne daher nicht eingeschränkt wird. Der Kern des H-Atoms ist ein Proton und somit ein Fermion mit Spin $S_{\mathrm{H}} = \frac{1}{2}$, der Kern des D-Atoms ein Kompositum aus zwei Fermionen, einem Proton und einem Neutron, und daher insgesamt ein Boson[5] mit Spin $S_{\mathrm{D}} = 1$. Die Eigenwerte des effektiven Hamilton-Operators (6.28) sind

$$E_{\mathbf{k}lm} = \frac{\hbar^2\mathbf{k}^2}{2M} + l(l+1)k_{\mathrm{B}}T_{\mathrm{rot}} + \left(m + \tfrac{1}{2}\right)k_{\mathrm{B}}T_{\mathrm{vib}} \ .$$

Hierbei ist $\mathbf{k} = \frac{2\pi}{L}\mathbf{n}$ mit $\mathbf{n} \in \mathbb{Z}^3$ der Wellenvektor der Schwerpunktsbewegung ($L \equiv V^{1/3}$), und $l \in \mathbb{N}$ und $m \in \mathbb{N}$ sind die Quantenzahlen der Rotations- und Schwingungsbewegungen. Für HD gilt bei einer Teilchendichte von $\rho \simeq \frac{1}{4}\cdot 10^{26}\,\mathrm{m}^{-3}$:

$$T_{\mathrm{trans}} \simeq 10^{-2}\,\mathrm{K} \quad , \quad T_{\mathrm{rot}} \simeq 64\,\mathrm{K} \quad , \quad T_{\mathrm{vib}} \simeq 3500\,\mathrm{K} ,$$

---

[5]Siehe z. B. Ref. [52], S. 179.

sodass die charakteristischen Temperaturen numerisch klar voneinander getrennt sind.[6]

Berechnung der verschiedenen Beiträge zur Zustandssumme

Für sehr tiefe Temperaturen ($T \lesssim T_{\text{trans}}$) muss die fermionische Natur des HD-Moleküls berücksichtigt werden. Da die Rotations- und Schwingungsmoden bei diesen tiefen Temperaturen eingefroren sind ($l = m = 0$), reduzieren sich die Eigenenergien auf

$$E_{\mathbf{k}00} = \frac{\hbar^2 \mathbf{k}^2}{2M} + \tfrac{1}{2} k_{\text{B}} T_{\text{vib}} \;,$$

wobei der zweite Term auf der rechten Seite von den Nullpunktschwingungen herrührt und lediglich eine Verschiebung des chemischen Potentials bewirkt. Das großkanonische Potential ist im Tieftemperaturbereich daher durch

$$\Omega = -k_{\text{B}} T g_{\text{K}} \sum_{\mathbf{k}} \ln\left[1 + e^{\beta(\mu - E_{\mathbf{k}00})}\right]$$

gegeben, wobei der Entartungsgrad

$$g_{\text{K}} = (2S_{\text{H}} + 1)(2S_{\text{D}} + 1)$$

durch die $2S + 1$ möglichen Spineinstellungen eines Kerns mit dem Spin S bedingt ist. Bei höheren Temperaturen ($T \gg T_{\text{trans}}$) kann die Schwerpunktsbewegung klassisch behandelt werden. Die Berechnung ist in diesem Fall etwas einfacher in der kanonischen Gesamtheit:

$$Z_{\text{k}} = \frac{1}{N!} (Z_1)^N \;,$$

wobei Z_1 die Zustandssumme eines einzelnen HD-Moleküls darstellt:

$$Z_1 = Z_{\text{trans}} Z_{\text{rot}} Z_{\text{vib}} \;. \tag{6.30}$$

Hierbei ist:

$$Z_{\text{trans}} = \frac{1}{h^3} \int d\mathbf{r} \int d\mathbf{p}\, e^{-\beta \mathbf{p}^2/(2M)} = \frac{V}{(\lambda_T)^3} \;, \tag{6.31a}$$

$$Z_{\text{rot}} = g_{\text{K}} \sum_{l=0}^{\infty} (2l + 1) e^{-l(l+1)T_{\text{rot}}/T} \;, \tag{6.31b}$$

$$Z_{\text{vib}} = \sum_{m=0}^{\infty} e^{-(m+\frac{1}{2})T_{\text{vib}}/T} \;. \tag{6.31c}$$

In Z_{rot} wurde auch der Entartungsgrad $2l+1$ berücksichtigt, der von den möglichen Eigenfunktionen von $\hat{L}_3$ herrührt.

---

[6] Aus $\hbar \simeq 10^{-34}$ Js, $M_{\text{HD}} \simeq 5 \cdot 10^{-27}$ kg, $l^2 = \rho^{-2/3} \sim \left(\frac{1}{40} \cdot 10^{27}\right)^{-2/3} = 10^{-18} \cdot (40)^{2/3} \simeq 10^{-17}$ und $k_{\text{B}} \simeq 1,4 \cdot 10^{-23}$ J/K folgen die typische Translationsenergie

$$k_{\text{B}} T_{\text{trans}} \simeq \frac{\hbar^2}{2Ml^2} \simeq \frac{10^{-68}}{2 \cdot 5 \cdot 10^{-27} \cdot 10^{-17}}\, \text{J} = 10^{-25}\, \text{J}$$

und die typische Translationstemperatur $T_{\text{trans}} \simeq 10^{-25}/(1,4 \cdot 10^{-23})\,\text{K} \simeq 10^{-2}\,\text{K}$. In diesen Formeln bezeichnet l den mittleren Teilchenabstand und *nicht* die Bahndrehimpulsquantenzahl!

6.10.2 Anwendung auf das H_2- und das D_2-Molekül ∗

Das H_2-Molekül enthält zwei identische *fermionische* Kerne und das D_2-Molekül zwei identische *bosonische* Kerne, sodass die Gesamtwellenfunktionen der Kerne, die sowohl Bahn- als auch Spinanteile enthalten, *antisymmetrisch* bzw. *symmetrisch* sind unter Vertauschung der Orts- und Spinkoordinaten der beiden Kerne. Wir bezeichnen den Kernspin allgemein als S_K, wobei wir konkret an $K = H, D$ interessiert sind.

Berechnung des Rotationsbeitrags zur Zustandssumme

Aus der Antisymmetrie der Gesamtwellenfunktion zweier *fermionischer* Kerne folgt, dass die Spinwellenfunktion der Kerne *antisymmetrisch* ist und daher die Form

$$\chi_{ij} = \frac{1}{\sqrt{2}}[\chi_i(1)\chi_j(2) - \chi_j(1)\chi_i(2)] \quad , \qquad i,j \in \{1, 2, \cdots, \nu\}$$

hat mit $\nu \equiv 2S_K + 1$, wenn der *Bahnanteil symmetrisch* ist ($l = 0, 2, 4, \cdots$). Dagegen ist die Spinwellenfunktion *symmetrisch* und hat daher die Form

$$\chi_{ij} = \frac{1}{\sqrt{2}}[\chi_i(1)\chi_j(2) + \chi_j(1)\chi_i(2)] \quad , \qquad i,j \in \{1, 2, \cdots, \nu\} \, ,$$

wenn der *Bahnanteil antisymmetrisch* ist ($l = 1, 3, 5, \cdots$). Da man insgesamt $\frac{1}{2}\nu(\nu + 1)$ mögliche symmetrische und $\frac{1}{2}\nu(\nu - 1)$ mögliche antisymmetrische Spinwellenfunktionen χ_{ij} aus den ν Einteilchenspinwellenfunktionen χ_i aufbauen kann, gelten die Entartungsgrade

$$g_{Ka} = S_K(2S_K + 1) \qquad \text{(falls } l \text{ gerade ist)}$$
$$g_{Ks} = (S_K + 1)(2S_K + 1) \qquad \text{(falls } l \text{ ungerade ist)} \, .$$

Demzufolge wird Z_{rot} in (6.31b) für zweiatomige Moleküle mit zwei fermionischen Kernen ersetzt durch

$$Z_{rot} = g_{Ka}R_s(T) + g_{Ks}R_a(T)$$

mit

$$R_s(T) = \sum_{l=0}^{\infty}(4l + 1)e^{-2l(2l+1)T_{rot}/T}$$

und

$$R_a(T) = \sum_{l=0}^{\infty}(4l + 3)e^{-2(l+1)(2l+1)T_{rot}/T} \, .$$

Für den Spezialfall des H_2-Moleküls (mit $S_K = S_H = \frac{1}{2}$) folgt also:

$$\boxed{Z_{rot} = R_s(T) + 3R_a(T) \, ,}$$

sodass die ungeraden Bahnanteile für H_2 ein größeres statistisches Gewicht haben als für HD.

Die Symmetrie der Gesamtwellenfunktion zweier bosonischer Kerne impliziert analog, dass Z_{rot} in (6.31b) ersetzt werden muss durch

$$Z_{\mathrm{rot}} = g_{\mathrm{Ks}} R_{\mathrm{s}}(T) + g_{\mathrm{Ka}} R_{\mathrm{a}}(T) \ .$$

Für den Spezialfall des D_2-Moleküls (mit $S_{\mathrm{K}} = S_{\mathrm{D}} = 1$) folgt:

$$\boxed{Z_{\mathrm{rot}} = 6 R_{\mathrm{s}}(T) + 3 R_{\mathrm{a}}(T) \ ,}$$

sodass nun die geraden Bahnanteile das größere statistische Gewicht haben.

Für Temperaturen $T \gg T_{\mathrm{trans}}$ haben Z_{trans} und Z_{vib} dieselbe Form wie für das HD-Molekül. Die entsprechenden Ausdrücke sind durch (6.31a) und (6.31c) gegeben.

6.10.3　Die Wärmekapazität $C_{V,N}$ ∗

Aus der Form der kanonischen Zustandssumme, die die Trennung der verschiedenen Freiheitsgrade im Hamilton-Operator widerspiegelt:

$$\boxed{Z_{\mathrm{k}} = \frac{1}{N!} \left[Z_{\mathrm{trans}} Z_{\mathrm{rot}} Z_{\mathrm{vib}} \right]^N \ ,}$$

folgt sofort

$$F = -\frac{1}{\beta} \left[\ln\left(\frac{Z_{\mathrm{trans}}^N}{N!} \right) + \ln\left(Z_{\mathrm{rot}}^N \right) + \ln\left(Z_{\mathrm{vib}}^N \right) \right] \equiv F_{\mathrm{trans}} + F_{\mathrm{rot}} + F_{\mathrm{vib}}$$

und daher

$$U = \left(\frac{\partial \beta F}{\partial \beta} \right)_{V,N} = U_{\mathrm{trans}} + U_{\mathrm{rot}} + U_{\mathrm{vib}} \ .$$

Also gilt:

$$\boxed{C_{V,N} = \left(\frac{\partial U}{\partial T} \right)_{V,N} = C_{V,N}^{\mathrm{trans}} + C_{V,N}^{\mathrm{rot}} + C_{V,N}^{\mathrm{vib}} \ .}$$

Die Trennung der Translations-, Rotations- und Schwingungsfreiheitsgrade im Hamilton-Operator impliziert daher auch eine Trennung der entsprechenden Beiträge zur Wärmekapazität. Wir werden diese Beiträge im Folgenden einzeln untersuchen.

Beitrag der translatorischen Freiheitsgrade

Die translatorischen Freiheitsgrade liefern den Beitrag $C_{V,N}^{\mathrm{trans}}$ zur Wärmekapazität, der nur für sehr *tiefe* Temperaturen ($T \simeq T_{\mathrm{trans}}$) eine merkliche Temperaturabhängigkeit aufweist. Für $T \gg T_{\mathrm{trans}}$ kann die Schwerpunktsbewegung klassisch behandelt werden:

$$F_{\mathrm{trans}} \sim -\frac{1}{\beta} \ln\left[\frac{V^N}{N! (\lambda_T)^{3N}} \right] \qquad (T \gg T_{\mathrm{trans}})$$

und daher

$$U_{\text{trans}} = \left(\frac{\partial \beta F_{\text{trans}}}{\partial \beta} \right)_{V,N} \sim \tfrac{3}{2} N k_{\text{B}} T \,,$$

d. h.

$$\boxed{\; C_{V,N}^{\text{trans}} = \left(\frac{\partial U_{\text{trans}}}{\partial T} \right)_{V,N} \sim \tfrac{3}{2} N k_{\text{B}} \qquad (T \gg T_{\text{trans}}) \;.}$$

Für Temperaturen $T \ll T_{\text{trans}}$ ist wichtig, ob das Gesamtmolekül ein Fermion oder ein Boson ist. Im ersten Fall (z. B. für das fermionische Molekül HD) erwarten wir eine lineare Temperaturabhängigkeit für $C_{V,N}^{\text{trans}}$ im Limes $T \downarrow 0$. Im zweiten Fall (z. B. für H_2 oder D_2) erwarten wir $C_{V,N}^{\text{trans}} \propto T^{3/2}$, wobei wir annehmen, dass bei genügend tiefen Temperaturen Bose-Einstein-Kondensation auftritt.[7]

In Abbildung 6.9 ist der Beitrag der Translationsfreiheitsgrade zur Wärmekapazität für ein Gas bestehend aus fermionischen HD- Molekülen dargestellt. Die Wärmekapazität bei *tiefen* Temperaturen (für $\tau \equiv T/T_{\text{trans}} \downarrow 0$) kann mit Hilfe der Sommerfeld-Entwicklung aus Abschnitt [6.5] berechnet werden. Man erhält einschließlich des $\mathcal{O}(T^3)$-Terms, der für $T \gtrsim 2T_{\text{trans}}$ zu einer merklichen Krümmung der Kurve führt:

$$\frac{C_{V,N}^{\text{trans}}}{N k_{\text{B}}} \sim \frac{1}{2} \left(\frac{\pi}{3} \right)^{2/3} \tau \left[1 - \frac{\tau^2}{10(3\pi^2)^{1/3}} + \mathcal{O}(\tau^4) \right] \qquad \left(\tau = \tfrac{T}{T_{\text{trans}}} \downarrow 0 \right).$$

Für *hohe* Temperaturen ($\tau \gg 1$) kann die Wärmekapazität mit Hilfe der Entwicklung um den klassischen Limes aus Abschnitt [6.3] berechnet werden. Man erhält einschließlich des $\mathcal{O}(T^{-3})$-Terms:

$$\frac{C_{V,N}^{\text{trans}}}{N k_{\text{B}}} \sim \frac{3}{2} \left[1 - \left(\frac{\pi}{2} \right)^{3/2} \tau^{-3/2} - \left(6 - \frac{64\sqrt{3}}{27} \right) \pi^3 \tau^{-3} + \mathcal{O}(\tau^{-9/2}) \right] \qquad (\tau \to \infty).$$

Man beachte, dass die Quantenkorrekturen zum klassischen Limes, d. h. die Vorfaktoren der $\tau^{-3/2}$- und τ^{-3}-Terme, relativ groß sind und erst für $T \gtrsim 30T_{\text{trans}}$ im Prozentbereich angesiedelt sind. Insgesamt erhält man daher die in Abbildung 6.9 dargestellte Temperaturabhängigkeit der Wärmekapazität $C_{V,N}^{\text{trans}}$.

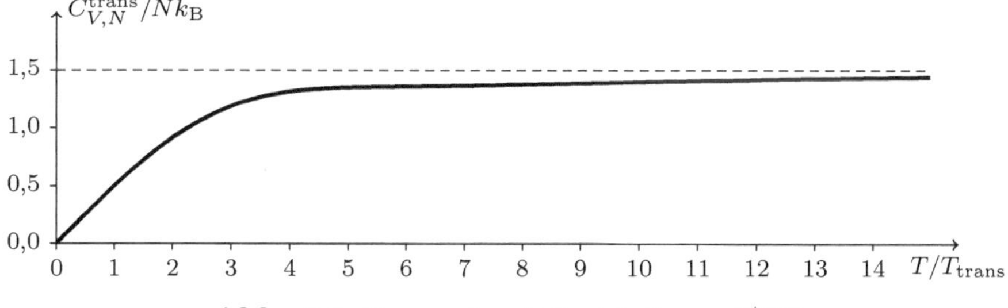

Abb. 6.9 Temperaturabhängigkeit von $C_{V,N}^{\text{trans}}$

---

[7]Denn für $T \leq T_{\text{BEK}}$ gilt $U = \frac{V(2S+1)d}{2\beta(\lambda_T)^d} g_{\frac{d}{2}+1}(1,1)$, d. h. $U \propto \beta^{-(1+\frac{d}{2})} = (k_{\text{B}}T)^{1+\frac{d}{2}}$ für die innere Energie und daher $C_{V,N}^{\text{trans}} \propto T^{d/2}$ für die Wärmekapazität ($d \geq 3$).

Beitrag der Schwingungsfreiheitsgrade

Betrachten wir nun den Beitrag $C_{V,N}^{\mathrm{vib}}$ der Schwingungsfreiheitsgrade zur Wärmekapazität, der nur bei sehr *hohen* Temperaturen ($T \simeq T_{\mathrm{vib}}$) eine merkliche Temperaturabhängigkeit aufweist. Die entsprechende freie Energie ist

$$F_{\mathrm{vib}} = -\frac{N}{\beta}\ln(Z_{\mathrm{vib}}) = \frac{N}{\beta}\left[\frac{T_{\mathrm{vib}}}{2T} + \ln\left(1 - e^{-T_{\mathrm{vib}}/T}\right)\right],$$

wobei

$$Z_{\mathrm{vib}} = \sum_{m=0}^{\infty} e^{-(m+\frac{1}{2})T_{\mathrm{vib}}/T} = e^{-\frac{1}{2}T_{\mathrm{vib}}/T}\frac{1}{1 - e^{-T_{\mathrm{vib}}/T}}$$

verwendet wurde. Der Beitrag zur inneren Energie ist dementsprechend gegeben durch

$$U_{\mathrm{vib}} = \left(\frac{\partial \beta F_{\mathrm{vib}}}{\partial \beta}\right)_{V,N} = N\left(\tfrac{1}{2}k_{\mathrm{B}}T_{\mathrm{vib}} + \frac{k_{\mathrm{B}}T_{\mathrm{vib}}e^{-T_{\mathrm{vib}}/T}}{1 - e^{-T_{\mathrm{vib}}/T}}\right)$$

$$= Nk_{\mathrm{B}}T_{\mathrm{vib}}\left(\tfrac{1}{2} + \frac{1}{e^{T_{\mathrm{vib}}/T} - 1}\right)$$

und die Wärmekapazität durch

$$C_{V,N}^{\mathrm{vib}} = \left(\frac{\partial U}{\partial T}\right)_{V,N} = Nk_{\mathrm{B}}\left[\frac{T_{\mathrm{vib}}/2T}{\sinh(T_{\mathrm{vib}}/2T)}\right]^2.$$

Die Wärmekapazität ist folglich exponentiell klein für tiefe Temperaturen ($T \ll T_{\mathrm{vib}}$) und geht asymptotisch gegen Nk_{B} für $T/T_{\mathrm{vib}} \to \infty$:

$$\frac{C_{V,N}^{\mathrm{vib}}}{Nk_{\mathrm{B}}} \sim \begin{cases} (T_{\mathrm{vib}}/T)^2 e^{-T_{\mathrm{vib}}/T} & (T \ll T_{\mathrm{vib}}) \\ 1 - \frac{1}{12}(T_{\mathrm{vib}}/T)^2 & (T \gg T_{\mathrm{vib}}) \end{cases},$$

wie in Abbildung 6.10 dargestellt. Hierbei gilt $C_{V,N}^{\mathrm{vib}}/Nk_{\mathrm{B}} < 1$ für alle endlichen Temperaturen.

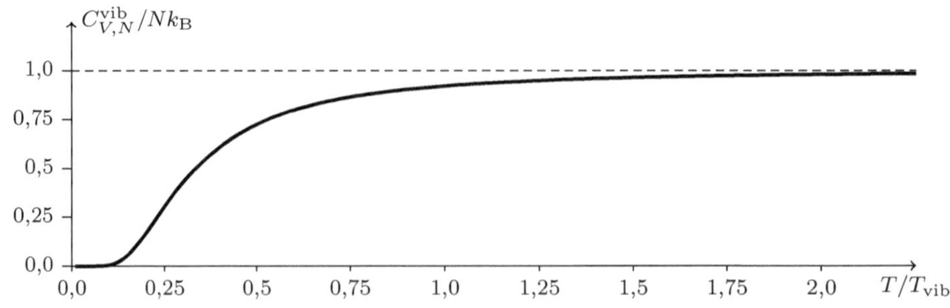

Abb. 6.10 Temperaturabhängigkeit von $C_{V,N}^{\mathrm{vib}}$

Beitrag der Rotationsfreiheitsgrade

Schließlich betrachten wir den Anteil $C^{\mathrm{rot}}_{V,N}$ der Rotationsfreiheitsgrade, die im mittleren Temperaturbereich $(T \simeq T_{\mathrm{rot}})$ zu einer merklichen Temperaturabhängigkeit der Wärmekapazität führen. Mit den Rotationsfreiheitsgraden ist die freie Energie

$$F_{\mathrm{rot}} = -\frac{N}{\beta} \ln(Z_{\mathrm{rot}})$$

verknüpft, wobei die Einteilchenzustandssumme Z_{rot} gegeben ist durch

$$Z_{\mathrm{rot}} = \begin{cases} (2S_{\mathrm{K}_1}+1)(2S_{\mathrm{K}_2}+1)\big[R_{\mathrm{s}}(T)+R_{\mathrm{a}}(T)\big] & \text{(für HD)} \\ (2S_{\mathrm{K}}+1)\big[S_{\mathrm{K}}R_{\mathrm{s}}(T)+(S_{\mathrm{K}}+1)R_{\mathrm{a}}(T)\big] & \text{(für H}_2) \\ (2S_{\mathrm{K}}+1)\big[(S_{\mathrm{K}}+1)R_{\mathrm{s}}(T)+S_{\mathrm{K}}R_{\mathrm{a}}(T)\big] & \text{(für D}_2) \end{cases} \quad .$$

Für tiefe Temperaturen $(T \ll T_{\mathrm{rot}})$ erhält man:

$$R_{\mathrm{s}}(T) \sim 1 + 5e^{-6T_{\mathrm{rot}}/T} + \cdots \qquad (T \ll T_{\mathrm{rot}})$$

und

$$R_{\mathrm{a}}(T) \sim 3e^{-2T_{\mathrm{rot}}/T} + 7e^{-12T_{\mathrm{rot}}/T} + \cdots \qquad (T \ll T_{\mathrm{rot}}) \ .$$

Für höhere Temperaturen $(T \gg T_{\mathrm{rot}})$ findet man mit Hilfe der Euler-MacLaurin-Summenformel (siehe z. B. Ref. [1]):

$$R_{\mathrm{s}}(T) \sim R_{\mathrm{a}}(T) \sim \frac{T}{2T_{\mathrm{rot}}} + \frac{1}{6} + \frac{T_{\mathrm{rot}}}{30T} \qquad (T \gg T_{\mathrm{rot}}) \ ,$$

sodass R_{s} und R_{a} asymptotisch gleich sind (bis zur Ordnung $1/T$), und Z_{rot} hat sowohl für HD als auch für H_2 und D_2 die Form

$$Z_{\mathrm{rot}} \sim \begin{cases} 2(2S_{\mathrm{K}_1}+1)(2S_{\mathrm{K}_2}+1) \\ (2S_{\mathrm{K}}+1)^2 \end{cases} \left(\frac{T}{2T_{\mathrm{rot}}} + \frac{1}{6} + \frac{T_{\mathrm{rot}}}{30T} \right) \begin{matrix} \text{(für HD)} \\ \text{(für H}_2,\,\text{D}_2) \end{matrix} \quad .$$

Für hohe Temperaturen folgt also:

$$U_{\mathrm{rot}} = -N \left(\frac{\partial \ln Z_{\mathrm{rot}}}{\partial \beta} \right)_{V,N} \sim Nk_{\mathrm{B}}T - \tfrac{1}{3}Nk_{\mathrm{B}}T_{\mathrm{rot}} - \tfrac{1}{45}Nk_{\mathrm{B}}\frac{T^2_{\mathrm{rot}}}{T} \ ,$$

sodass die Wärmekapazität durch

$$\boxed{ C^{\mathrm{rot}}_{V,N} \sim Nk_{\mathrm{B}}\left[1 + \frac{1}{45}\left(\frac{T_{\mathrm{rot}}}{T}\right)^2 + \cdots \right] \qquad (T \gg T_{\mathrm{rot}}) }$$

gegeben ist. Interessanterweise ist $C^{\mathrm{rot}}_{V,N}$ in diesem Temperaturbereich *größer* als eins; der Rotationsbeitrag zur Wärmekapazität weist daher einen „Überschwinger" auf, wie in Abbildung 6.11 im Temperaturbereich $T \gtrsim \tfrac{1}{2}T_{\mathrm{rot}}$ für das konkrete Beispiel des HD-Moleküls ersichtlich. Erst für Temperaturen $T \gtrsim \tfrac{5}{2}T_{\mathrm{rot}}$ ist $C^{\mathrm{rot}}_{V,N}/Nk_{\mathrm{B}}$ für HD grafisch nicht mehr vom Grenzwert eins zu unterscheiden.

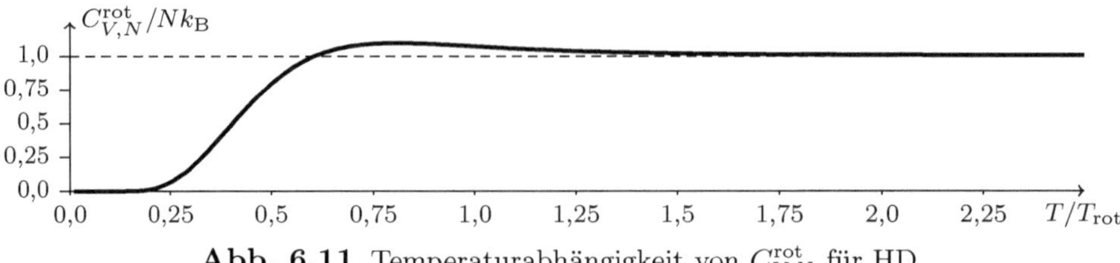

Abb. 6.11 Temperaturabhängigkeit von $C_{V,N}^{\mathrm{rot}}$ für HD

Bei tiefen Temperaturen $(T \ll T_{\mathrm{rot}})$ ist die innere Energie gegeben durch

$$U_{\mathrm{rot}} \sim 6Nk_{\mathrm{B}}T_{\mathrm{rot}}e^{-2T_{\mathrm{rot}}/T} \cdot \begin{cases} 1 & (\text{für HD}) \\ \frac{S_{\mathrm{K}}+1}{S_{\mathrm{K}}} & (\text{für } \mathrm{H}_2) \\ \frac{S_{\mathrm{K}}}{S_{\mathrm{K}}+1} & (\text{für } \mathrm{D}_2) \end{cases} \quad .$$

Die Wärmekapazität $C_{V,N}^{\mathrm{rot}} = \left(\partial U_{\mathrm{rot}}/\partial T\right)_{V,N}$ ist daher ebenfalls exponentiell klein für tiefe Temperaturen,

$$C_{V,N}^{\mathrm{rot}} \sim 12Nk_{\mathrm{B}}\left(\frac{T_{\mathrm{rot}}}{T}\right)^2 e^{-2T_{\mathrm{rot}}/T} \cdot \begin{cases} 1 & (\text{für HD}) \\ \frac{S_{\mathrm{K}}+1}{S_{\mathrm{K}}} & (\text{für } \mathrm{H}_2) \\ \frac{S_{\mathrm{K}}}{S_{\mathrm{K}}+1} & (\text{für } \mathrm{D}_2) \end{cases} \quad ,$$

wobei der Exponent durch die Lücke $2k_{\mathrm{B}}T_{\mathrm{rot}}$ im Anregungsspektrum bestimmt wird, wie in Abb. 6.11 für das HD-Molekül dargestellt.

Zusammenfassung der verschiedenen Beiträge

Da nun alle Beiträge von den Translations-, Rotations- und Vibrationsfreiheitsgraden zur Wärmekapazität bekannt sind, können sie addiert und in einer Abbildung kombiniert dargestellt werden. Hierbei ist allerdings zu beachten, dass die charakteristischen Temperaturen T_{trans}, T_{rot} und T_{vib} für diese Freiheitsgrade numerisch sehr unterschiedlich sind, sodass sich eine Darstellung mit einer *logarithmischen* Temperaturskala anbietet. Für das Beispiel des fermionischen zweiatomigen Gases HD erhält man in dieser Weise die in Abbildung 6.12 dargestellte Temperaturabhängigkeit der Wärmekapazität.

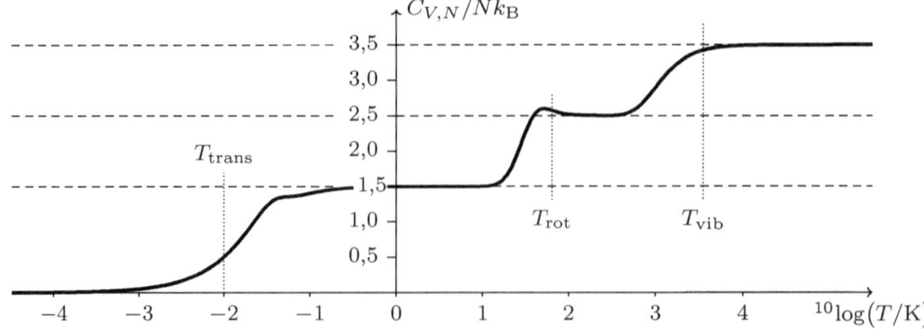

Abb. 6.12 Wärmekapazität eines zweiatomigen Gases, hier für das Beispiel HD

Diese Abbildung zeigt zunächst für $T \lesssim T_{\text{trans}} \simeq 10^{-2}\,\text{K}$ einen linearen Temperaturanstieg, der wegen der logarithmischen Auftragung als exponentieller Anstieg dargestellt wird, und für $T \gtrsim T_{\text{trans}}$ eine algebraische Annäherung an den asymptotischen Wert $C_{V,N}^{\max} = \frac{3}{2}Nk_{\text{B}}$ des Beitrags der Translationsfreiheitsgrade. Nahe $T_{\text{rot}} \simeq 64\,\text{K}$ werden dann die Rotationsfreiheitsgrade aktiviert. Die Abbildung zeigt den für die Rotationsfreiheitsgrade charakteristischen Überschwinger der Wärmekapazität und die darauf folgende algebraische Annäherung an den asymptotischen Wert $C_{V,N}^{\max} = \frac{5}{2}Nk_{\text{B}}$, die Summe der Beiträge von Translations- und Rotationsfreiheitsgraden. Schließlich findet für $T \gtrsim T_{\text{vib}} \simeq 3500\,\text{K}$ ein algebraischer Anstieg statt an den asymptotischen Wert $C_{V,N}^{\max} = \frac{7}{2}Nk_{\text{B}}$, die Summe der Beiträge aller Freiheitsgrade. Sowohl die Rotations- als auch die Vibrationsfreiheitsgrade weisen für $T \lesssim T_{\text{rot}}$ bzw. $T \lesssim T_{\text{vib}}$ eine Energielücke auf und werden dementsprechend exponentiell aktiviert. Für bosonische zweiatomige Gase wie H_2 oder D_2 ist der Verlauf der Wärmekapazität sehr ähnlich.

6.11 Übungsaufgaben

Aufgabe 6.1 Druck und innere Energie für ideale Quantengase

Wir betrachten ein ideales Quantengas von N identischen nicht-relativistischen Spin-S-Teilchen ($2S \in \mathbb{N}$) in einem quaderförmigen d-dimensionalen Kasten mit Seitenlängen L und periodischen Randbedingungen. Das Gas ist an ein Wärmebad der Temperatur T gekoppelt. Ein Magnetfeld liegt nicht vor ($\mathbf{B} = \mathbf{0}$). Die Einteilchenenergien sind durch $\varepsilon_{\mathbf{m}\lambda} = \frac{\hbar^2 \mathbf{k}_{\mathbf{m}}^2}{2m}$ mit $\mathbf{k}_{\mathbf{m}} \equiv \frac{2\pi}{L}\mathbf{m}$ und $\mathbf{m} \in \mathbb{Z}^d$ gegeben, hängen also nicht explizit von der magnetischen Quantenzahl λ ab, die die Werte $-S, -S+1, \cdots, S$ annehmen kann. Bekanntlich sind die Vielteilchenzustände vollständig durch die Besetzungszahlen $\{n_{\mathbf{m}\lambda}\} \equiv \mathbf{n}$ bestimmt, die der Einschränkung $S_{\mathbf{n}} \equiv \sum_{\mathbf{m}\lambda} n_{\mathbf{m}\lambda} = N$ unterliegen.

(a) Zeigen Sie für die kanonische Zustandssumme:

$$Z_{\text{k}} = \sum_{\{\mathbf{n}\,|\,S_{\mathbf{n}}=N\}} e^{-\beta E(\mathbf{n})} \quad , \quad E(\mathbf{n}) = \frac{2\pi^2\hbar^2}{mL^2} \sum_{\mathbf{m}\lambda} \mathbf{m}^2 n_{\mathbf{m}\lambda} \ .$$

(b) Zeigen Sie mit Hilfe von (a) die Beziehung $PV = \frac{2}{d}U$ zwischen dem Druck P und der inneren Energie U des Quantengases.

Aufgabe 6.2 Die Wärmekapazität

Wir betrachten ein einkomponentiges System ($\mathbf{N} = N, \boldsymbol{\mu} = \mu$) in der großkanonischen Gesamtheit und definieren $\alpha \equiv \beta\mu$ mit $\beta = (k_{\text{B}}T)^{-1}$. Wir fassen das großkanonische Potential Ω und die innere Energie U als Funktionen der Variablen $(\beta, \mathbf{X}, \alpha)$ auf. Aus Abschnitt [4.4] ist bereits bekannt, dass $-\left(\frac{\partial \Omega}{\partial \mu}\right)_{\beta,\mathbf{X}} = -\left(\frac{\partial \beta\Omega}{\partial \alpha}\right)_{\beta,\mathbf{X}} = \langle \hat{N} \rangle \equiv N$ und $-\left(\frac{\partial^2 \beta\Omega}{\partial \alpha^2}\right)_{\beta,\mathbf{X}} = \langle (\Delta\hat{N})^2 \rangle$ mit $\Delta\hat{N} \equiv \hat{N} - \langle \hat{N} \rangle$ gilt.

(a) Zeigen Sie allgemein: $U = \left(\frac{\partial \beta\Omega}{\partial \beta}\right)_{\mathbf{X},\alpha}$ und außerdem: $-\left(\frac{\partial^2 \beta\Omega}{\partial \beta^2}\right)_{\mathbf{X},\alpha} = \langle (\Delta\hat{H})^2 \rangle$.

(b) Zeigen Sie allgemein für die Wärmekapazität:

$$C_{\mathbf{X},N} = k_B \beta^2 \frac{\langle (\Delta\hat{N})^2 \rangle \langle (\Delta\hat{H})^2 \rangle - \langle (\Delta\hat{H})(\Delta\hat{N}) \rangle^2}{\langle (\Delta\hat{N})^2 \rangle}$$

mit $\Delta\hat{N} \equiv \hat{N} - \langle\hat{N}\rangle$ und $\Delta\hat{H} \equiv \hat{H} - \langle\hat{H}\rangle$.

(c) Zeigen Sie mit Hilfe von (b) und der Schwarz'schen Ungleichung, dass $C_{\mathbf{X},N}$ positiv ist.

(d) Berechnen Sie $\langle(\Delta\hat{H})(\Delta\hat{N})\rangle$ für ein d-dimensionales, nicht-relativistisches, ideales Gas identischer Teilchen (entweder Fermionen oder Bosonen mit Masse m, Spin S und dem Volumen $\mathbf{X} = V$).
Hinweis: Verwenden Sie bei Bedarf die Ergebnisse von Aufgabe 6.1.

Aufgabe 6.3 Zweidimensionales Bose-Gas

Wir betrachten ein ideales Gas identischer nicht-relativistischer spinloser Bosonen der Masse $m > 0$ in einem quadratischen (also *zwei*dimensionalen) Kasten mit Seitenlängen L und periodischen Randbedingungen. Die Temperatur sei T, das chemische Potential sei μ. Wir definieren die dimensionslose Dichte $\bar{\rho} \equiv \rho\lambda_T^2$ mit $\rho \equiv \langle N\rangle/V$ und $\lambda_T \equiv h/\sqrt{2\pi m k_\mathrm{B}T}$ sowie den dimensionslosen Druck $\bar{P} \equiv \beta P\lambda_T^2$.

(a) Zeigen Sie, dass das großkanonische Potential durch $\frac{V}{\lambda_T^2}\int_0^\infty d\varepsilon\,\ln(1 - ze^{-\beta\varepsilon})$ gegeben ist.

(b) Bestimmen Sie die mittlere Teilchenzahl $\langle N\rangle$ und zeigen Sie: $z(\bar{\rho}) = 1 - e^{-\bar{\rho}}$.

(c) Wie hängt der Druck P mit dem großkanonischen Potential zusammen? Bestimmen Sie $\bar{P}(\bar{\rho})$ für $\bar{\rho} \to 0$ und $\bar{\rho} \to \infty$ und skizzieren Sie den Gesamtverlauf dieser Kurve. Interpretieren Sie das Verhalten von $\bar{P}(\bar{\rho})$ für $\bar{\rho} \to 0$. **Hinweis:** $\zeta(2) = \frac{\pi^2}{6}$.

Aufgabe 6.4 Bose-Einstein-Kondensation im „Kasten"

Für ein d-dimensionales Gas bosonischer Teilchen der Masse m, das in einem (hyper)kubischen Kasten mit Seitenlängen $L = V^{1/d}$ eingesperrt ist, wurde in Abschnitt [6.4] gezeigt, dass für hinreichend tiefe Temperaturen ($T < T_\mathrm{c}$) und $d > 2$ Bose-Einstein-Kondensation auftritt. Das Bose-Kondensat entspricht dabei einer *makroskopischen Besetzung des Einteilchengrundzustands*. Die Einteilchenenergien sind bei periodischen Randbedingungen durch $\varepsilon_{\mathbf{k}\lambda} = \frac{\hbar^2\mathbf{k}^2}{2m}$ mit $\mathbf{k} = \frac{2\pi}{L}\mathbf{n}$ und $\mathbf{n} \in \mathbb{Z}^d$ gegeben, sodass der Grundzustand $\mathbf{k} = \mathbf{0}$ entspricht und die Energie $\varepsilon_{\mathbf{0}\lambda} = 0$ hat. In der Hochtemperaturphase ($T \geq T_\mathrm{c}$, $z < 1$) kann man ersetzen:

$$\langle N\rangle = \sum_{\mathbf{k}\lambda} \frac{1}{\frac{1}{z}e^{\beta\varepsilon_{\mathbf{k}\lambda}} - 1} \to (2S + 1)\int d^d n\,\frac{1}{\frac{1}{z}e^{\beta\varepsilon_{\mathbf{k}}} - 1} = \frac{(2S + 1)V}{(\lambda_T)^d}g_{d/2}(z,1)\ .$$

In der Tieftemperaturphase $[T < T_\mathrm{c}, 1 - z = \mathcal{O}(\langle N\rangle^{-1})]$ wird der Einteilchengrundzustand separat behandelt: $\langle n_\mathbf{0}\rangle = (2S + 1)\frac{z}{1-z}$, siehe Gleichung (6.17).

In dieser Aufgabe möchten wir erklären, warum der Einteilchengrundzustand $\mathbf{k} = \mathbf{0}$ diese Ausnahmerolle spielt, warum angeregte Zustände *nicht* makroskopisch besetzt sind und warum man die $\mathbf{k}$-Summe für $\langle N\rangle$ in Gleichung (6.17) für $\mathbf{k} \neq \mathbf{0}$ (aber *nicht* für $\mathbf{k} = \mathbf{0}$) durch ein $\mathbf{k}$-Integral ersetzen darf.

(a) Zeigen Sie zuerst, dass z.B. der angeregte Zustand $\mathbf{k} = \mathbf{k}_1 \equiv \frac{2\pi}{L}\hat{\mathbf{e}}_1$ in der Tieftemperaturphase $[1 - z = \mathcal{O}(\langle N\rangle^{-1})]$ *nicht* makroskopisch besetzt ist. Warum folgt hieraus, dass *sämtliche* angeregten Zustände (einzeln betrachtet) *nicht* makroskopisch besetzt sind?

Wir betrachten nun den bei der Umwandlung der $\mathbf{k}$-Summe für $\langle N \rangle$ in ein $\mathbf{k}$-Integral gemachten Fehler. Wir gehen aus von der exakten Identität:

$$\frac{\langle N \rangle}{(2S+1)} - \frac{V}{(\lambda_T)^d} g_{d/2}(z,1) = \sum_{\mathbf{k}} \frac{1}{\frac{1}{z}e^{\beta \varepsilon_{\mathbf{k}}} - 1} - \int d^d n \, \frac{1}{\frac{1}{z}e^{\beta \varepsilon_{\mathbf{k}}} - 1} = \sum_{\mathbf{n}} F_{\mathbf{n}} \,,$$

wobei $F_{\mathbf{n}}$ die Differenz zwischen den Beiträgen des Gitterpunkts $\mathbf{n}$ zur Summe und zum Integral (also den bei der Umwandlung gemachten Fehler) darstellt:

$$F_{\mathbf{n}} = \frac{1}{\frac{1}{z}e^{\beta \varepsilon_{\mathbf{k}}} - 1} - \int_K d^d x \, \frac{1}{\frac{1}{z}e^{\beta \varepsilon(\mathbf{n}+\mathbf{x})} - 1} \quad , \quad \mathbf{k} = \frac{2\pi}{L}\mathbf{n} \quad , \quad \mathbf{n} \in \mathbb{Z}^d \,.$$

Hierbei ist K der Einheitskubus $K \equiv \{\mathbf{x} \,|\, |x_l| \leq \frac{1}{2} \,, \, 1 \leq l \leq d\}$. Wir definierten außerdem $\varepsilon(\mathbf{n} + \mathbf{x}) \equiv \frac{\hbar^2}{2mL^2}(\mathbf{n} + \mathbf{x})^2$.

(b) Zeigen Sie, dass F_0 in der Tieftemperaturphase *extensiv* ist, $F_0 = \frac{z}{1-z}$, und daher einen *makroskopischen* Beitrag zur Gesamtteilchenzahl liefert.

(c) Zeigen Sie für den Spezialfall eines *drei*dimensionalen Bose-Gases ($d = 3$), dass $\langle N \rangle^{-1} \sum_{\mathbf{n} \neq \mathbf{0}} F_{\mathbf{n}}$ im thermodynamischen Limes in der Tieftemperaturphase gegen null strebt. Schließen Sie daraus, dass die Umwandlung der $\mathbf{k}$-Summe für $\langle N \rangle$ in ein $\mathbf{k}$-Integral für $\mathbf{n} \neq \mathbf{0}$ erlaubt ist.

Aufgabe 6.5 Grundzustand des Elektronengases im Magnetfeld

Als einfaches Modell für die Leitungselektronen eines Metalls betrachten wir ein ideales Gas identischer Fermionen mit Spin $S = \frac{1}{2}$ und Masse m in einem würfelförmigen dreidimensionalen Kasten mit Seitenlängen L und periodischen Randbedingungen. Die Temperatur sei T, das chemische Potential sei μ. Die Einteilchenenergien sind $\varepsilon_{\mathbf{k}\lambda} = \frac{\hbar^2 \mathbf{k}^2}{2m} \equiv \varepsilon_k$ mit $\mathbf{k} = \frac{2\pi}{L}\mathbf{n}$, $\mathbf{n} \in \mathbb{Z}^3$ und $\lambda = \pm$.

(a) Zeigen Sie, dass das großkanonische Potential mit der Definition $z \equiv e^{\beta \mu}$ durch

$$\Omega = -\beta^{-1} \sum_{\mathbf{k}\lambda} \ln(1 + z e^{-\beta \varepsilon_{\mathbf{k}\lambda}}) \qquad \left(\beta = \tfrac{1}{k_B T}\right)$$

gegeben ist. Leiten Sie hieraus für $T = 0$ ab:

$$\Omega = 2\Omega_0(V,\mu) \,, \quad \Omega_0 \equiv \sum_{\mathbf{k}}(\varepsilon_k - \mu)\Theta(\mu - \varepsilon_k),$$

wobei $\Theta(x)$ die Stufenfunktion darstellt.

(b) Zeigen Sie:

$$\Omega_0(V,\mu) = V \int_0^\mu d\varepsilon \, \nu(\varepsilon)(\varepsilon - \mu) \quad , \quad \nu(\varepsilon) = \frac{2}{\sqrt{\pi}}\left(\frac{m}{2\pi\hbar^2}\right)^{3/2} \varepsilon^{1/2} \,.$$

Wir untersuchen nun den Effekt eines zusätzlichen Magnetfelds auf das Fermi-Gas und nehmen der Einfachheit halber an, dass das Magnetfeld nur an die Spinfreiheitsgrade ankoppelt. Die Einteilchenenergien sind dann durch $\varepsilon_{\mathbf{k}\lambda} = \varepsilon_k - \lambda \mu_B B$ mit $\lambda = \pm$ gegeben.

(c) Zeigen Sie, dass das großkanonische Potential im Grundzustand (d. h. für Temperatur $T = 0$) durch

$$\Omega = \Omega_0(V,\, \varepsilon_{\mathrm{F}} - \mu_{\mathrm{B}}B) + \Omega_0(V,\, \varepsilon_{\mathrm{F}} + \mu_{\mathrm{B}}B)$$

gegeben ist, wobei $\mu(T = 0) \equiv \varepsilon_{\mathrm{F}}$ definiert wurde.

(d) Berechnen Sie die Magnetisierung für schwache Magnetfelder $B \neq 0$ und die magnetische Suszeptibilität im Limes $B \to 0$, beides nur für $T = 0$.

Aufgabe 6.6 Das „ultrarelativistische" Bose-Gas (P)

Die Behandlung der allgemeinen Eigenschaften von Quantengasen in Abschnitt [6.1] ist weitgehend auch gültig für andere Dispersionsrelationen als die typische nicht-relativistische, $\varepsilon_{\mathbf{k}} = \frac{\hbar^2 \mathbf{k}^2}{2m}$, und andere Randbedingungen als die periodischen. Insbesondere gelten die Gleichungen (6.1)–(6.5) allgemein. Als Variante der typischen nicht-relativistischen Dispersionsrelation betrachten wir in dieser Aufgabe ein d-dimensionales Gas von Spin-S-Bosonen mit der „ultrarelativistischen" Dispersionsrelation $\varepsilon_{\mathbf{k}} = c|\mathbf{p}| = c\hbar|\mathbf{k}|$ und nehmen an, dass die Randbedingungen *fest* sind, sodass $\mathbf{k} = \frac{\pi}{L}\mathbf{n}$ mit $\mathbf{n} \in \mathbb{N}^d$ (und $\mathbb{N} = \{1, 2, \cdots\}$) gilt. Das Gas ist an ein Wärme- und ein Teilchenbad gekoppelt und wird daher durch eine Temperatur T und ein chemisches Potential μ charakterisiert. Relativistische Effekte, die über die Dispersionsrelation hinausgehen, werden nicht berücksichtigt.

(a) Zeigen Sie, dass der Druck, anders als in Gleichung (6.6), nun gemäß $P = U/Vd$ mit der inneren Energie U verknüpft ist.

Wir nehmen zunächst an, dass der bosonische Einteilchengrundzustand nicht makroskopisch besetzt ist.

(b) Bestimmen Sie im thermodynamischen Limes Beziehungen zwischen dem groß-kanonischen Potential, der mittleren Teilchenzahl $\langle N \rangle$, der inneren Energie sowie dem Druck und den Funktionen $g_\alpha(z, +1)$ aus Abschnitt [6.2]. Schließen Sie aus dem Ausdruck für die Teilchenzahl $\langle N \rangle$, für welche Werte der Raumdimension d Bose-Einstein-Kondensation auftritt.

Falls bei tiefen Temperaturen Bose-Einstein-Kondensation auftritt, muss der Term mit $\mathbf{k}_0 = \frac{\pi}{L}(1, 1, \cdots, 1)$ im Ausdruck für $\langle N \rangle$ in (6.4) separat behandelt werden.

(c) Welches Ergebnis für $\langle N \rangle$ erhält man nun analog zu Gleichung (6.17)? Welche Temperaturabhängigkeit für den Kondensatanteil $\langle n_0 \rangle / \langle N \rangle$ folgt hieraus?

(d) Zeigen Sie, dass für $T \leq T_{\mathrm{c}}$ der Entropiebeitrag Σ_0 des Kondensats *nicht-extensiv* und die Gesamtentropie durch $\Sigma = (d + 1)U/Td$ gegeben ist. Bestimmen Sie die innere Energie $U/\langle N - n_0 \rangle$ und die Entropie $\Sigma/\langle N - n_0 \rangle$ für $T \leq T_{\mathrm{c}}$, jeweils pro Teilchen außerhalb des Kondensats. (Wir bezeichnen die Entropie hier als Σ, um Verwechslung mit dem Spin S zu vermeiden.)

(e) Unter welchen Bedingungen an (T, V, μ, S) erhält man für ein *drei*dimensionales „ultrarelativistisches" Bose-Gas formal die gleichen Ergebnisse wie für das Photonengas aus Abschnitt [4.2.1]?

Kapitel 7

Kinetische Theorie

In diesem Buch haben wir bisher versucht, aufbauend auf den *makroskopischen* Grundlagen der Thermodynamik und den Prinzipien der Quantenmechanik, eine *mikroskopische, statistische* Theorie für Vielteilchensysteme zu formulieren. Sowohl in der makroskopischen Thermodynamik als auch in der atomistischen Statistischen Physik stand hierbei die Beschreibung des *Gleichgewichtszustands* eines physikalischen Systems im Mittelpunkt. Das Ziel dieses letzten Kapitels ist nun, dieses *Gleichgewicht* besser zu verstehen. Hierzu ist es notwendig, das Gleichgewicht zuerst zu verlassen und eine allgemeine Ausgangslage des Systems zu betrachten. Unser Ziel wird dann sein, für ein solches System die *Annäherung an das Gleichgewicht* zu beschreiben. Hierbei stellen sich plötzlich sehr viele Fragen: Hat das System überhaupt stationäre Zustände? Wenn ja, wie viele? Falls ein eindeutiger Gleichgewichtszustand existiert, wie bestimmt man diesen dann und was ist seine Struktur? Wie zeigt man die Stabilität eines Gleichgewichts? Wie ist die Existenz eines Gleichgewichts verträglich mit der Zeitumkehrinvarianz der Quantenmechanik, oder anders formuliert: Wie erklärt man den aus dem täglichen Leben vertrauten *Zeitpfeil*? Und was ist die Rolle der *Wechselwirkung* zwischen den Teilchen des Systems bei der Herstellung des Gleichgewichts?

Um diese Fragen zu beantworten, befassen wir uns in diesem Kapitel mit der *kinetischen Theorie*, d. h. mit der Beschreibung der *zeitlichen Entwicklung* physikalischer Systeme, die anfangs in einer Nichtgleichgewichtssituation präpariert wurden. Ausgangspunkt unserer Untersuchungen ist die *Pauli-Gleichung*, die wir bereits in Abschnitt [3.5] kennengelernt haben. Wir zeigen zuerst in Abschnitt [7.1.1], dass diese „Mastergleichung", wie sie in der Statistischen Physik meist genannt wird, allgemein die Zeitentwicklung von *Markow-Prozessen* beschreibt. Um ein erstes Gespür für die Anwendungen der „Mastergleichung" zu erhalten, betrachten wir in Abschnitt [7.1] auch einige typische Beispiele, wobei insbesondere die Frage nach der Existenz stationärer Zustände angesprochen wird. Inspiriert durch diese Beispiele formulieren wir dann in Abschnitt [7.2] konkrete Bedingungen für die Existenz einer Gleichgewichtslösung der Mastergleichung, lernen hierbei das *H-Theorem* kennen und zeigen anhand eines weiteren Beispiels, wie sich ein System, das anfangs nicht im Gleichgewicht ist, seinem Gleichgewicht im Langzeitlimes annähert.

Das *H*-Theorem wurde ursprünglich von Ludwig Boltzmann für die Beschreibung der Zeitentwicklung von Gasen aufgestellt, deren Teilchen aufgrund ihrer

Wechselwirkung aneinander gestreut werden. Abschnitt [7.3] ist dieser berühmten Gleichung gewidmet. In Abschnitt [7.3.1] besprechen wir zuerst die „homogene" und dann in Abschnitt [7.3.3] die „inhomogene" Boltzmann-Gleichung. Wir werden nicht nur das H-Theorem besser verstehen lernen, sondern auch Boltzmanns Formel $S = k_\mathrm{B} \ln(W)$ und sogar den physikalischen Inhalt des zweiten Hauptsatzes der Thermodynamik in der Formulierung von Rudolf Clausius.

Die Boltzmann-Gleichung liefert eine sehr detaillierte, nach Ort, Geschwindigkeit und Zeit aufgelöste Beschreibung der Zeitentwicklung eines klassischen Gases. Für viele Zwecke reicht aber auch eine rein *orts-* und *zeitabhängige*, sogenannte *hydrodynamische* Beschreibung der Teilchen-, Impuls- und Energiedichten aus. Eine solche *Aerodynamik* oder *Hydrodynamik* kann mit Hilfe des Chapman-Enskog-Verfahrens aus der inhomogenen Boltzmann-Gleichung hergeleitet werden. Wir zeigen zuerst in Abschnitt [7.4], wie man hierbei in „führender Ordnung" die *Euler-Gleichungen* einer idealen Flüssigkeit erhält, und dann in Abschnitt [7.5], wie die Mitberücksichtigung von Streuprozessen in einem inhomogenen System zu den berühmten *Navier-Stokes-Gleichungen* der viskosen Hydrodynamik führt. Bereits die Euler-Gleichungen sind für praktische Anwendungen, z. B. in der Meteorologie, sehr wichtig. Wir diskutieren auch die Erhaltungsgrößen in den Euler-Gleichungen sowie den Spezialfall einer *inkompressiblen Flüssigkeit* und präsentieren einige Beispiele. Bei der Herleitung der Navier-Stokes-Gleichungen lernen wir den *Wärmefluss* und die Wechselwirkungskorrektur zum *Drucktensor* kennen, die proportional zum *Wärmeleitfähigkeits-* bzw. zum *Viskositätskoeffizienten* sind. Auch für die Navier-Stokes-Gleichungen diskutieren wir den Spezialfall einer *inkompressiblen Flüssigkeit* und zeigen einige Beispiele.

7.1 Die Mastergleichung

Die grundlegende Gleichung der „klassischen" kinetischen Theorie, die sogenannte *Mastergleichung*, ist uns bereits gut bekannt, allerdings unter einem anderen Namen. In Abschnitt [3.5] haben wir die *Pauli-Gleichung* kennengelernt. Diese Gleichung beschreibt die Zeitentwicklung der Wahrscheinlichkeiten $\{p_\alpha(t)\}$ dafür, dass sich ein quantenmechanisches System zur Zeit t im Zustand α befindet. Die Pauli-Gleichung gilt für Systeme, die *nicht* (oder hinreichend schwach) mit ihrer Umgebung wechselwirken. Sie hat formal die gleiche Form wie die Mastergleichung, die wir im Folgenden diskutieren möchten, und kann als Spezialfall dieser Mastergleichung für isolierte Quantensysteme angesehen werden. Wir möchten kurz die in (3.30) hergeleitete Form der Pauli-Gleichung in Erinnerung rufen:

$$\dot{p}_\alpha(t) = \sum_\beta \left[W_{\alpha\beta} p_\beta(t) - W_{\beta\alpha} p_\alpha(t) \right] .$$

Hierbei stellt $W_{\alpha\beta}$ die Übergangswahrscheinlichkeit pro Zeiteinheit vom Anfangszustand $|\beta\rangle$ zum Endzustand $|\alpha\rangle$ dar:

$$W_{\alpha\beta} = \frac{2\pi\lambda^2}{\hbar} \left| \langle\alpha|\hat{\mathrm{H}}_1|\beta\rangle \right|^2 \delta\left(E_\alpha - E_\beta\right) .$$

Bereits in Kapitel [3] wurde auf folgende Eigenschaften der Pauli-Gleichung hingewiesen: Sie erhält die Normierung der Wahrscheinlichkeiten, $\sum_\alpha p_\alpha(t) = 1$. Der

Term in der Summe für $\beta = \alpha$ ist exakt gleich null und kann weggelassen werden. Bei der Herleitung der Pauli-Gleichung wurde implizit angenommen, dass die ungestörten Energieniveaus E_α sehr nahe zusammenliegen, sodass die β-Summe durch ein β-Integral ersetzt werden kann. Eine Alternativform der Pauli-Gleichung ist daher

$$\dot{p}(\alpha, t) = \int d\beta \left[W(\alpha \,|\, \beta) p(\beta, t) - W(\beta \,|\, \alpha) p(\alpha, t) \right] .$$

Außerdem sei daran erinnert (s. Abschnitt [3.5.4]), dass der Begriff „Mastergleichung" auch in der Quantenphysik verwendet wird. Dann bezeichnet er aber eine Verallgemeinerung der Pauli-Gleichung für *offene* Quantensysteme.

Wir möchten im Folgenden zuerst die Mastergleichung allgemein für eine große Klasse von „stochastischen" Prozessen (d. h. *Zufalls*prozessen) herleiten und anschließend einige Beispiele zur Mastergleichung sowie Überlegungen zur Existenz bzw. Eindeutigkeit eines möglichen Gleichgewichtszustands behandeln.

7.1.1 Herleitung der Mastergleichung für Markow-Prozesse

Bereits bei der Herleitung der Pauli-Gleichung in Abschnitt [3.5] wurde darauf hingewiesen, dass die Übergangsraten $W_{\alpha\beta}$ nur vom *momentanen* und vom *neuen* Zustand des Systems abhängig sind und z. B. *nicht* von seiner Vorgeschichte. Man kann daher vermuten, dass eine Gleichung dieser Form auch viel allgemeiner die Zeitentwicklung von stochastischen Prozessen beschreiben könnte, deren Übergangswahrscheinlichkeiten nicht von der Vorgeschichte abhängen. Solche Prozesse werden in der Literatur nach dem russischen Mathematiker Andrei Andrejewitsch Markow (1856–1922) als „Markow-Prozesse" oder „Markow-Ketten" bezeichnet. Wir betrachten daher zuerst allgemein die Definition eines solchen Markow-Prozesses und zeigen dann, dass die Zeitentwicklung der Wahrscheinlichkeiten in einem solchen Prozess tatsächlich durch eine Mastergleichung beschrieben wird.[1]

Markow-Prozesse

Ein Markow-Prozess beschreibt also Übergänge in einem System, in dem die Übergangswahrscheinlichkeit von einem Zustand m zur Zeit t_1 zu einem Zustand n zur späteren Zeit t unabhängig von der Vorgeschichte $(t < t_1)$ dieses Systems ist. Wir bezeichnen die Wahrscheinlichkeit dafür, dass sich das System zur Zeit t im Zustand n befindet, als $p_n(t)$ und die Übergangswahrscheinlichkeit von m zu n als $T_{nm}(t \,|\, t_1)$. Die Wahrscheinlichkeiten $p_n(t)$ erfüllen dann die Gleichung:

$$p_n(t) = \sum_m T_{nm}(t \,|\, t_1) p_m(t_1) .$$

Außerdem erfüllen die Übergangswahrscheinlichkeiten $T_{nm}(t \,|\, t_1)$ die sogenannte *Chapman-Kolmogorow-Gleichung*

$$\boxed{T_{nm}(t \,|\, t_1) = \sum_k T_{nk}(t \,|\, t_2) T_{km}(t_2 \,|\, t_1) ,}$$

---

[1] Als Literatur zur Mastergleichung und zu stochastischen Prozessen sei Ref. [31] empfohlen.

die besagt, dass man die gleiche Zeitentwicklung $(m, t_1) \to (n, t)$ erhält, wenn man gedanklich einen „Zwischenstopp" zum Zeitpunkt t_2 einlegt: Das System würde sich dann zuerst mit der Übergangswahrscheinlichkeit $T_{km}(t_2 \,|\, t_1)$ von (m, t_1) zu *irgendeinem* Zustand k zum Zeitpunkt t_2 entwickeln und anschließend mit der Übergangswahrscheinlichkeit $T_{nk}(t \,|\, t_2)$ von (k, t_2) zu (n, t). Hierbei ist wesentlich, dass die letzte Übergangswahrscheinlichkeit nicht von der Vorgeschichte $(t < t_2)$ abhängt, und es muss natürlich über alle Zustände k summiert werden.

Wir werden im Folgenden ausschließlich stochastische Prozesse betrachten, die translationsinvariant in der Zeit sind. Solche Prozesse werden auch als *homogen* bezeichnet und haben die Eigenschaft, dass T_{nm} nur von der Relativzeit abhängig ist: $T_{nm}(t \,|\, t_1) = T_{nm}(t - t_1)$. Die beiden Gleichungen, die einen Markow-Prozess definieren, erhalten dann die einfachere Form

$$p_n(t_1 + \tau) = \sum_m T_{nm}(\tau) p_m(t_1) \tag{7.1a}$$

$$T_{nm}(\tau + \tau') = \sum_k T_{nk}(\tau') T_{km}(\tau) \,, \tag{7.1b}$$

wobei (7.1b) die Chapman-Kolmogorow-Gleichung ist. Gleichung (7.1a) ergibt für $\tau = 0$ die Identität $T_{nm}(0) = \delta_{nm}$. Durch Summation von (7.1a) über n ergibt sich für den Spezialfall $p_m(t_1) = \delta_{m\bar{m}}$ eine weitere Identität, gültig für alle $\bar{m}$:

$$1 = \sum_n p_n(t_1 + \tau) = \sum_m \left(\sum_n T_{nm}(\tau) \right) p_m(t_1) = \sum_n T_{n\bar{m}}(\tau) \quad (\forall \bar{m}) \,. \tag{7.2}$$

Diese Identität bedeutet physikalisch, dass sich ein System, das im Zustand $\bar{m}$ startet, innerhalb der Zeitspanne τ mit Sicherheit zu *irgendeinem* Zustand n weiterentwickeln wird, wobei natürlich auch $n = \bar{m}$ möglich ist.

Differentielle Form der Chapman-Kolmogorow-Gleichung

Wir untersuchen nun den Faktor $T_{nk}(\tau')$ auf der rechten Seite der Chapman-Kolmogorow-Gleichung (7.1b) speziell für *kurze* Zeiten $(\tau' \to 0)$. Dieser Faktor beschreibt die Übergangswahrscheinlichkeit des Systems innerhalb der Zeitspanne τ' vom Zustand k zum neuen Zustand n. Wir betrachten zunächst den Fall $n \neq k$. Da man erwartet, dass die Übergangswahrscheinlichkeit von k zum *unterschiedlichen* Zustand n für eine *kurze* Zeitspanne τ' linear in der Länge dieser Zeitspanne anwächst, muss für irgendeine Konstante W_{nk} gelten:

$$T_{nk}(\tau') \sim \tau' W_{nk} \quad (\tau' \to 0, \, n \neq k) \,.$$

Aus der Identität (7.2), angewandt auf $T_{nk}(\tau')$, folgt nun:

$$1 = \sum_n T_{nk}(\tau') \sim T_{kk}(\tau') + \tau' \sum_{n \neq k} W_{nk} \quad , \quad T_{kk}(\tau') \sim 1 - \tau' \sum_{n \neq k} W_{nk} \,,$$

sodass wir insgesamt für kurze Zeitspannen τ' erhalten:

$$T_{nk}(\tau') \sim \left(1 - \tau' \sum_{\bar{n} \neq k} W_{\bar{n}k} \right) \delta_{nk} + \tau' W_{nk} \left(1 - \delta_{nk} \right) \quad (\tau' \to 0) \,.$$

Durch Einsetzen dieses Ergebnisses in Gleichung (7.1b) erhält man nun:

$$T_{nm}(\tau + \tau') \sim \tau' \sum_{k \neq n} W_{nk} T_{km}(\tau) + \left(1 - \tau' \sum_{\bar{n} \neq n} W_{\bar{n}n}\right) T_{nm}(\tau) .$$

Bringt man den Term $1 \cdot T_{nm}(\tau)$ auf die linke Seite und dividiert durch τ', so erhält man eine Differentialgleichung für die Übergangswahrscheinlichkeiten $T_{nm}(\tau)$:

$$\frac{dT_{nm}}{d\tau}(\tau) = \lim_{\tau' \to 0} \frac{T_{nm}(\tau + \tau') - T_{nm}(\tau)}{\tau'} = \sum_{k \neq n} W_{nk} T_{km}(\tau) - \sum_{\bar{n} \neq n} W_{\bar{n}n} T_{nm}(\tau) .$$

Multiplikation dieser Gleichung mit $p_m(0)$ und Summation über m ergibt dann aufgrund von (7.1a) eine Differentialgleichung für die Wahrscheinlichkeiten $p_n(\tau)$:

$$\dot{p}_n(\tau) = \frac{dp_n}{d\tau}(\tau) = \sum_{k \neq n} W_{nk} p_k(\tau) - \sum_{\bar{n} \neq n} W_{\bar{n}n} p_n(\tau) .$$

Dies ist aber genau die Form einer Pauli- oder Mastergleichung! Wir stellen somit fest, dass die Mastergleichung allgemein *Markow-Prozesse* beschreibt und die differentielle Form der Chapman-Kolmogorow-Gleichung (7.1b) darstellt. Die Herleitung der Mastergleichung für Markow-Prozesse zeigt explizit, dass in der Summe auf der rechten Seite *kein* Term proportional zu W_{nn} auftritt. Der Name „Mastergleichung" wurde übrigens 1940 in Ref. [45] im Rahmen einer Untersuchung von auf Materie einfallender kosmischer Strahlung eingeführt, da aus dieser Gleichung alle weiteren Gleichungen hergeleitet werden konnten. In dieser „Mastergleichung" spielte allerdings die Eindringtiefe in die Materie die Rolle der Zeitvariablen τ.

Standarddarstellung der Mastergleichung

Man kann die Notation noch etwas vereinfachen, indem man $(\tau, k, \bar{n}) \to (t, m, m)$ ersetzt. Man erhält dann die folgenden zwei Standarddarstellungen der Mastergleichung:

$$\frac{dp_n}{dt}(t) = \sum_{m \neq n} [W_{nm} p_m(t) - W_{mn} p_n(t)] \tag{7.3a}$$

$$= \sum_{m} \mathbb{W}_{nm} p_m(t) \quad \text{mit} \quad \mathbb{W}_{nm} \equiv (1 - \delta_{nm}) W_{nm} - \delta_{nm} \sum_{k \neq n} W_{kn} , \tag{7.3b}$$

wobei die zweite Variante, Gleichung (7.3b), kompakter und für formale Zwecke gelegentlich etwas bequemer ist. In Abschnitt [3.5] haben wir bereits bei der Herleitung der Pauli-Gleichung gezeigt, wie man die Übergangsraten W_{nm} in einem quantenmechanischen Kontext konkret ausrechnen könnte. Die beiden Terme auf der rechten Seite in Gleichung (7.3a) stellen „Gewinn" bzw. „Verlust" dar. Wie wir bereits aus der Behandlung der Pauli-Gleichung wissen, erhalten (7.3a) und (7.3b) die Gesamtwahrscheinlichkeit: $\frac{d}{dt} \sum_n p_n = 0$, sodass $\sum_n p_n(t) = 1$ gilt, falls die Wahrscheinlichkeiten $\{p_n\}$ zum Zeitpunkt $t = 0$ auf eins normiert sind: $\sum_n p_n(0) = 1$. Die Existenz eines *stationären Zustands* der Mastergleichung (7.3a) bzw. (7.3b) erfordert, dass die Matrix $\mathbb{W}$ einen Eigenwert gleich null hat, und die Existenz eines *eindeutigen* stationären Zustands, dass der entsprechende Eigenraum eindimensional ist. Im Folgenden werden wir anhand einiger Beispiele untersuchen, unter welchen Bedingungen (eindeutige) stationäre Zustände möglich sind und wie man sie explizit bestimmt.

7.1.2 Beispiel: Ein Atom wechselwirkt mit Photonen

Als Einführung zu diesem Beispiel fassen wir kurz ein Argument von A. Einstein zur Herleitung des Planck'schen Strahlungsgesetzes zusammen. In diesem Gedankenexperiment betrachtet Einstein insgesamt N identische Atome, jeweils mit zwei nicht-entarteten Zuständen „G" (für *Grundzustand*) und „A" (für *Anregung*), die sich in einem Strahlungsfeld mit der Energiedichte $u(\omega, T)$ befinden. Die Zahl der Atome im Zustand „G" und „A" sei N_G bzw. N_A, wobei also $N_G + N_A = N$ gelten muss. Die Energie der Atome im Zustand „G" und „A" sei E_G bzw. E_A. Einstein geht nun davon aus, dass die Zahl der Atome im Zustand „G"

- *abnehmen* kann, indem solche Atome ein Photon der Energie $\hbar\omega = E_A - E_G$ absorbieren und dabei in den Zustand „A" übergehen. Die Absorptionsrate soll proportional zur Energiedichte $u(\omega, T)$ des Strahlungsfelds sein.

- *zunehmen* kann, indem Atome im Zustand „A" ein Photon der Energie $\hbar\omega = E_A - E_G$ emittieren und dabei in den Zustand „G" übergehen. Diese Emission kann in zwei Weisen erfolgen, nämlich *stimuliert* mit einer Rate proportional zur Energiedichte $u(\omega, T)$ des Strahlungsfelds, oder *spontan* mit einer Rate unabhängig von dieser Energiedichte.

Diese drei verschiedenen Prozesse sind in Abbildung 7.1 grafisch dargestellt. Hierbei geht die Identität $\hbar\omega = E_A - E_G$ auf Einsteins Arbeit über den photoelektrischen Effekt zurück, in der er das Photon postulierte. Einstein erhält so die folgenden Ratengleichungen für die Populationsgrößen N_G bzw. N_A der Atome im Zustand „G" und „A", wobei die „Einstein-Koeffizienten" A, B und C die entsprechenden Proportionalitätskonstanten der drei genannten Prozesse darstellen:

$$\frac{dN_G}{dt} = \left[A + Bu(\omega, T)\right]N_A - Cu(\omega, T)N_G = -\frac{dN_A}{dt} \,. \tag{7.4}$$

Der letzte Schritt in (7.4) folgt aus $\frac{d}{dt}\left(N_G + N_A\right) = \frac{d}{dt}N = 0$.

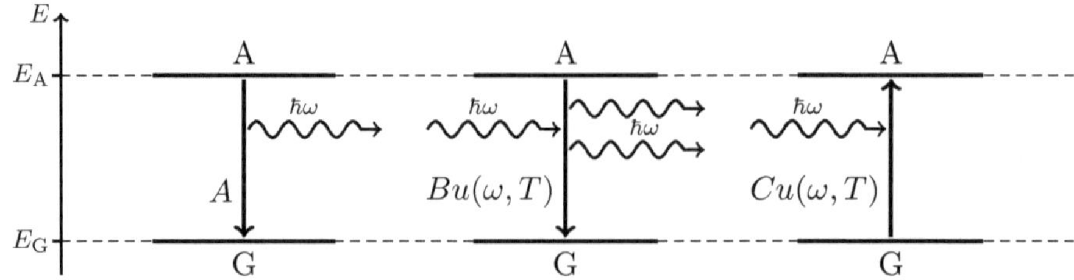

Abb. 7.1 Die drei Prozesse der spontanen und stimulierten Emission sowie der Absorption eines Photons mit den entsprechenden Raten A, $Bu(\omega, T)$ bzw. $Cu(\omega, T)$

Es ist nun besonders interessant, die *Gleichgewichts*lösung von (7.4) zu untersuchen, da das Verhältnis $N_\mathrm{A}/N_\mathrm{G} = e^{-\beta(E_\mathrm{A}-E_\mathrm{G})}$ bereits aus Boltzmanns Arbeiten bekannt ist:

$$\frac{N_\mathrm{A}}{N_\mathrm{G}} = \frac{Cu(\omega,T)}{A + Bu(\omega,T)} = e^{-\beta(E_\mathrm{A}-E_\mathrm{G})} \overset{!}{=} e^{-\beta\hbar\omega} \, . \tag{7.5}$$

Bezüglich der Energiedichte $u(\omega,T)$ des Strahlungsfelds nehmen wir lediglich an, dass sie das Wien'sche Verschiebungsgesetz $u(\omega,T) = \omega^3\, \bar{u}(\omega/T)$ [mit einer zunächst noch unbekannten Funktion $\bar{u}(x)$] und außerdem für hinreichend niedrige Frequenzen ($\hbar\omega \ll k_\mathrm{B}T$) das Rayleigh-Jeans-Gesetz $u(\omega,T) \sim 2\nu(\omega)k_\mathrm{B}T$ erfüllt. Kombination dieser beiden Gesetze ergibt $\bar{u}(x) \propto x^{-1}$ für $x \to 0$, sodass für alle Frequenzen ω bei hinreichend hohen Temperaturen $u(\omega,T) \propto T \to \infty$ gelten muss. Dies bedeutet aber, dass sich Gleichung (7.5) im Hochtemperaturlimes auf die Form $C/B = 1$ vereinfacht. Durch Einsetzen der Identität $C = B$ in (7.5) erhält man:

$$u(\omega,T) = \frac{A/B}{e^{\beta\hbar\omega} - 1} \quad , \quad A/B = 2\nu(\omega)\hbar\omega \, .$$

Der Wert der Konstanten A/B folgt aus dem Rayleigh-Jeans-Gesetz, welches erfordert, dass im Limes $\beta\hbar\omega \to 0$ die Identität $2\nu(\omega)/\beta = A/[B\beta\hbar\omega]$ gilt. Ausgehend von der Ratengleichung (7.4), die durch das Postulat eines Photons motiviert wird, folgt das Planck'sche Strahlungsgesetz also zwingend.

Beschreibung mit Hilfe einer Mastergleichung

Ersetzen wir nun in Gleichung (7.4) die Atomzahlen N_G und N_A durch die *Wahrscheinlichkeiten* $p_\mathrm{G} = N_\mathrm{G}/N$ bzw. $p_\mathrm{A} = N_\mathrm{A}/N$ dafür, dass ein Atom sich im Zustand „G" oder „A" befindet, so erhält man die Mastergleichung

$$\frac{dp_\mathrm{G}}{dt} = B\big\{ [2\nu(\omega)\hbar\omega + u(\omega,T)]p_\mathrm{A} - u(\omega,T)p_\mathrm{G} \big\} = -\frac{dp_\mathrm{A}}{dt} \quad , \quad p_\mathrm{G} + p_\mathrm{A} = 1 \, .$$

Diese Mastergleichung kann auch, analog zu (7.3b), kompakt als Matrixproblem formuliert werden:

$$\frac{d\mathbf{p}}{dt} = \frac{d}{dt}\begin{pmatrix} p_\mathrm{G} \\ p_\mathrm{A} \end{pmatrix} = Bu(\omega,T) \begin{pmatrix} -1 & e^{\beta\hbar\omega} \\ 1 & -e^{\beta\hbar\omega} \end{pmatrix} \begin{pmatrix} p_\mathrm{G} \\ p_\mathrm{A} \end{pmatrix} \equiv \mathbb{W}\mathbf{p} \, . \tag{7.6}$$

Wir wissen bereits, dass der Gleichgewichtszustand $\mathbf{p}_\infty$, der im Langzeitlimes $t \to \infty$ angenommen werden soll, durch den Boltzmann-Faktor $p_\mathrm{A}(\infty)/p_\mathrm{G}(\infty) = e^{-\beta\hbar\omega}$ charakterisiert wird und somit einen Eigenvektor der Matrix $\mathbb{W}$ zum Eigenwert $\lambda = 0$ darstellt:

$$\mathbf{p}_\infty = \begin{pmatrix} p_\mathrm{G}(\infty) \\ p_\mathrm{A}(\infty) \end{pmatrix} = \frac{1}{e^{\beta\hbar\omega} + 1} \begin{pmatrix} e^{\beta\hbar\omega} \\ 1 \end{pmatrix} \quad , \quad \mathbb{W}\mathbf{p}_\infty = \mathbf{0} \, .$$

Man sieht aber sofort, dass die Matrix $\mathbb{W}$ noch einen zweiten Eigenvektor $(1,-1)$ zum Eigenwert $-Bu(\omega,T)/p_\mathrm{A}(\infty)$ hat, sodass die Zeitentwicklung $\mathbf{p}(t)$ eines Systems von N Atomen, die von der allgemeinen Anfangsbedingung

$$\mathbf{p}(0) = \mathbf{p}_\infty + \nu \begin{pmatrix} 1 \\ -1 \end{pmatrix} \quad \text{mit} \quad -p_\mathrm{G}(\infty) \leq \nu \leq p_\mathrm{A}(\infty)$$

starten, durch

$$\mathbf{p}(t) = \mathbf{p}_\infty + \nu e^{-Bu(\omega,T)t/p_A(\infty)} \begin{pmatrix} 1 \\ -1 \end{pmatrix}$$

gegeben ist. Wir stellen also fest, dass sich das System der N Atome, ausgehend von einem beliebigen Anfangszustand $\mathbf{p}(0)$, exponentiell schnell dem Gleichgewichtszustand $\mathbf{p}_\infty$ annähert.

Einsteins Argument zeigt, dass die Energiedichte eines Strahlungsfelds, das sich im Gleichgewicht mit Materie befindet, nur die Planck'sche Form haben kann, zumindest für Frequenzen, die einer Anregungsenergie $\hbar\omega = E_A - E_G$ der Materie entsprechen. Da die Atome der Materie, aus der ein Hohlraumstrahler aufgebaut ist, viele unterschiedliche Strahlungsübergänge aufweisen und die Photonen des Strahlungsfelds außerdem elastisch oder inelastisch an Phononen und Elektronen gestreut werden, wird sich die Planck'sche Form der Energiedichte (approximativ) bei allen Frequenzen einstellen. Hierbei muss allerdings angemerkt werden, dass sich reale Materie nicht genau wie ein schwarzer Körper verhält und das Planck'sche Strahlungsgesetz in der Praxis daher nur näherungsweise und nicht für alle Spektralfrequenzen realisiert ist. Aufgrund des komplizierten mikroskopischen Bilds der Wechselwirkung zwischen Photonen und den Konstituenten der Materie, wie diese z. B. durch Einsteins Modell beschrieben wird, ist dies aber auch gut verständlich.

7.1.3 Beispiel: Die Irrfahrt

Als zweites Beispiel eines Systems, das von einer Mastergleichung beschrieben wird, betrachten wir die sogenannte *Irrfahrt* (auf Englisch: *random walk*) eines einzelnen Teilchens. Wir haben es hier mit einem Modell für die an kolloidalen Teilchen in einer Flüssigkeit beobachtete *Brown'sche Bewegung* zu tun. Der Einfachheit halber nehmen wir an (s. Abbildung 7.2), dass das Teilchen auf einer unendlich langen Kette zwischen nächstbenachbarten Gitterplätzen hin- und herhüpfen kann, stets mit Hüpfrate λ. Die Gitterplätze können daher durch einen ganzzahligen Index $n \in \mathbb{Z}$ charakterisiert werden.

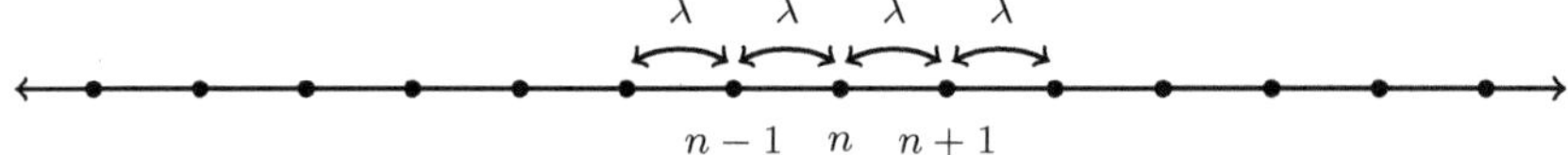

Abb. 7.2 Einfaches Modell für die Brown'sche Bewegung eines kolloidalen Teilchens: Hüpfen auf einem Gitter mit Hüpfamplitude λ

Wir bezeichnen die Wahrscheinlichkeit dafür, dass sich das Teilchen zum Zeitpunkt t am Gitterplatz n aufhält, als $p_n(t)$. In einem kurzen Zeitintervall Δt kann die Wahrscheinlichkeit p_n

- zunehmen, indem ein Teilchen, das sich zum Zeitpunkt t am Gitterplatz $n-1$ oder $n+1$ aufhält, im Zeitintervall Δt nach n hüpft. Dies sind die „Gewinn"-Terme aus der allgemeinen Formulierung (7.3a) der Mastergleichung.

- abnehmen, indem ein Teilchen, das sich zum Zeitpunkt t am Gitterplatz n aufhält, im Zeitintervall Δt zu einem der benachbarten Gitterplätzen $n-1$ oder $n+1$ hüpft. Dies sind die „Verlust"-Terme in Gleichung (7.3a).

Die Raten für alle diese Prozesse sind λ. Wir erhalten daher zunächst die Gleichung:

$$p_n(t + \Delta t) - p_n(t) = \lambda(p_{n+1} + p_{n-1} - 2p_n)\Delta t \, ,$$

und hieraus folgt dann im Limes $\Delta t \to 0$ die Mastergleichung:

$$\boxed{\frac{dp_n}{dt} = \lambda(p_{n+1} + p_{n-1} - 2p_n) \, .} \tag{7.7}$$

Um die Mastergleichung (7.7) konkret lösen zu können, benötigt man wieder eine *Anfangsbedingung*. Beispielsweise kann man annehmen, dass sich das kolloidale Teilchen zur Anfangszeit $t = 0$ im Ursprung, d. h. am Gitterplatz $n = 0$, aufhält. Die Mastergleichung (7.7) ist dann mit der Anfangsbedingung $p_n(0) = \delta_{n0}$ zu lösen. Wie man dieses Problem konkret löst, wird in Übungsaufgabe 7.1 gezeigt. Um die wichtigsten Ergebnisse bereits hier vorwegzunehmen: Man stellt fest, dass die Lösung $p_n(t)$ die Form einer Bessel-Funktion mit imaginärem Argument hat und dass sich das Teilchen nach einer kurzen Einstellphase, die durch die diskrete Struktur der Kette geprägt ist, typisch *diffusiv* verhält: $p_n(t) \sim (4\pi\lambda t)^{-1/2} \exp[-n^2/4\lambda t]$. Dieses asymptotische Verhalten wird im gekoppelten Limes $n \to \infty$ und $\lambda t \to \infty$ mit festgehaltenem Verhältnis $n^2/\lambda t$ exakt.

Die Beziehung zur *Diffusion* ist bereits aus der Mastergleichung (7.7) ersichtlich: Am besten definiert man hierzu zuerst die diskrete Ableitung $Dp_n = p_{n+1} - p_n$. Aufgrund dieser Definition erhält man für die *zweite* diskrete Ableitung von p_{n-1}:

$$D^2p_{n-1} = D(p_n - p_{n-1}) = (p_{n+1} - p_n) - (p_n - p_{n-1}) = p_{n+1} + p_{n-1} - 2p_n \, .$$

Folglich kann man die rechte Seite der Mastergleichung (7.7) auch kompakt als zweite diskrete Ableitung schreiben, d. h. als eindimensionale Variante eines diskreten „Laplace-Operators". Zusammen mit der Anfangsbedingung, dass sich das Teilchen für $t = 0$ im Ursprung befinden soll, erhält man:

$$\frac{dp_n}{dt} = \lambda D^2 p_{n-1} \quad , \quad p_n(0) = \delta_{n0} \, .$$

Diese diskrete Form der Mastergleichung zeigt, dass die Gleichung im Kontinuumslimes mit dem Notationswechsel $n \to x$ die Form einer *Diffusionsgleichung* erhält: $\partial_t p(x,t) = \lambda \partial_x^2 p(x,t)$. Die Anfangsbedingung, dass sich das Teilchen zur Zeit $t = 0$ im Ursprung befindet, lautet in der Kontinuumsformulierung $p(x,0) = \delta(x)$.

Wichtig ist an dieser Stelle zunächst nur, dass die Lösung der Mastergleichung für die Irrfahrt einen völlig anderen Charakter hat als diejenige in Abschnitt [7.1.2] für die Zweiniveau-Atome in Wechselwirkung mit dem Strahlungsfeld. Während sich in Abschnitt [7.1.2] jeder Anfangszustand exponentiell schnell einem eindeutigen *Gleichgewichtszustand* $\mathbf{p}_\infty$ näherte, gibt es für die Irrfahrt keine Gleichgewichtslösung: Aus dem diffusiven Verhalten der Lösung folgt ja $p_n(t) \to 0$ im Limes $t \to \infty$ für alle festen $n \in \mathbb{Z}$. Die Lösung $p_n(t)$ breitet sich über immer größere Raumbereiche aus, deren typische Ausdehnung nach einer Zeit t proportional $\sqrt{t}$ ansteigt. In Übereinstimmung damit klingt die *Amplitude* der Lösung $p_n(t)$ in diesem Raumbereich proportional $t^{-1/2}$ ab und strebt also gegen null.

7.1.4 Beispiel: Zerfall radioaktiver Atome

Die Existenz eines eindeutigen Gleichgewichtszustands hängt nicht unbedingt damit zusammen, dass der Zustandsraum, d. h. die Menge der möglichen n-Werte, in Abschnitt [7.1.2] lediglich zwei Elemente umfasste und in Abschnitt [7.1.3] unendlich viele. Wir illustrieren dies anhand eines dritten Beispiels, in dem der Zustandsraum einer halbunendlichen Kette entspricht. Wir betrachten konkret den Zerfall identischer radioaktiver Atome, die alle die zeitunabhängige Zerfallsrate λ haben. Die Übergangswahrscheinlichkeit von einem Zustand mit n Atomen zur Zeit t zu einem Zustand mit $n - 1$ Atomen zur geringfügig späteren Zeit $t + \Delta t$ ist daher gleich $n\lambda\Delta t$. Wenn wir die Wahrscheinlichkeit, dass nach Zeit t noch n Atome nicht zerfallen sind, als $p_n(t)$ bezeichnen, erhalten wir zunächst die Gleichung:

$$p_n(t + \Delta t) - p_n(t) = \lambda[(n + 1)p_{n+1} - np_n]\Delta t \ .$$

Hieraus folgt dann im Limes $\Delta t \to 0$ die entsprechende Mastergleichung:

$$\boxed{\frac{dp_n}{dt} = \lambda[(n + 1)p_{n+1} - np_n] \ ,} \tag{7.8}$$

die noch um eine Anfangsbedingung $\{p_n(0)\}$ mit der Normierung $\sum_{n=0}^{\infty} p_n(0) = 1$ ergänzt werden muss, damit man konkrete Ergebnisse erhält. Die durch die Mastergleichung (7.8) definierte Dynamik ist in Abbildung 7.3 grafisch dargestellt.

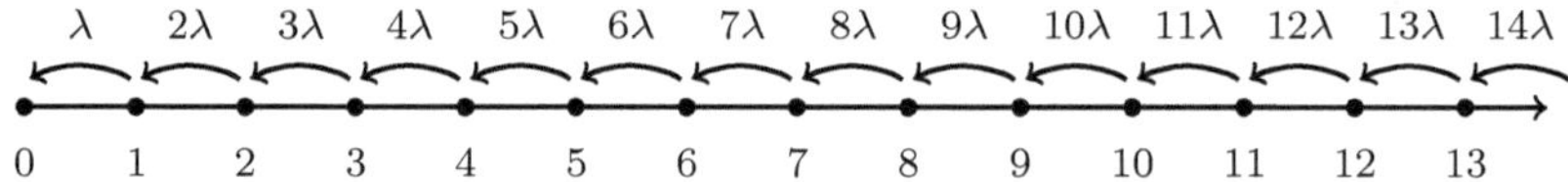

Abb. 7.3 Zerfall radioaktiver Atome mit zeitunabhängigen Zerfallsraten λ

Aus Abb. 7.3 ist einerseits sofort ersichtlich, dass man im Allgemeinen in der Tat eine halbunendliche Kette als Zustandsraum hat: Man könnte z. B. als Anfangsbedingung $p_0(0) = 0$ wählen mit $p_n(0) = (e - 1)e^{-n}$ für $n \geq 1$, sodass für alle $t > 0$ und alle $n \in \mathbb{N}_0$ sicherlich $p_n(t) > 0$ gelten wird. Andererseits ist aufgrund von Abb. 7.3 auch klar, dass es nur einen einzigen Gleichgewichtszustand geben kann, und zwar $p_{n\infty} = \delta_{n0}$. Man vermutet, dass $p_n(t) \to p_{n\infty}$ gilt für $t \to \infty$, unabhängig von den Details des Anfangszustands $\{p_n(0)\}$.

Spezialfall: Anfangs genau N radioaktive Atome

Als relativ einfachen Spezialfall betrachten wir den Zerfall von anfangs genau N radioaktiven Atomen, sodass die Anfangsbedingung $p_n(0) = \delta_{nN}$ lautet. Die Mastergleichung (7.8) mit dieser Anfangsbedingung ist für den allereinfachsten Fall $N = 1$ leicht lösbar: Aus $dp_1/dt = -\lambda p_1$ und $p_1(0) = 1$ folgt $p_1(t) = e^{-\lambda t}$ und daher $p_0(t) = 1 - p_1(t) = 1 - e^{-\lambda t}$. Ausgehend von diesem Resultat kann man nun mit Hilfe eines kombinatorischen Arguments auch direkt die Lösung für allgemeine N aufschreiben:

$$p_n(t) = \binom{N}{n} p_1(t)^n [1 - p_1(t)]^{N-n} = \binom{N}{n} e^{-n\lambda t} \left(1 - e^{-\lambda t}\right)^{N-n} \ .$$

Die drei Faktoren auf der rechten Seite bezeichnen die Anzahl der Möglichkeiten, n Atome aus insgesamt N Atomen auszuwählen, die Wahrscheinlichkeit dafür, dass diese n Atome alle noch nicht zerfallen sind, bzw. die Wahrscheinlichkeit dafür, dass die übrigen $N - n$ Atome alle zerfallen sind. Man überprüft leicht, dass die obige Lösung tatsächlich die Mastergleichung (7.8) mit der Anfangsbedingung $p_n(0) = \delta_{nN}$ erfüllt. Hieraus wiederum folgt die Lösung der Mastergleichung (7.8) mit einem *beliebigen* Anfangszustand $\{p_n(0)\}$: Da die Mastergleichung *linear* ist, stellt eine Linearkombination von Lösungen wiederum eine Lösung dar. Folglich ist die Linearkombination

$$p_n(t) = \sum_{N=0}^{\infty} p_N(0) \binom{N}{n} e^{-n\lambda t} \left(1 - e^{-\lambda t}\right)^{N-n}$$

wiederum eine Lösung der Mastergleichung, nun aber zur allgemeinen Anfangsbedingung $\{p_N(0)\}$. Dieser Anfangszustand $\{p_N(0)\}$ sollte natürlich die Normierungsbedingung $\sum_{N=0}^{\infty} p_N(0) = 1$ erfüllen.

Zu beachten ist noch, dass man die Zeitabhängigkeit einiger *Mittelwerte* auch bestimmen kann, *ohne* die exakte Lösung der Mastergleichung zu kennen. Der Mittelwert einer Funktion $f(n)$ ist hierbei definiert durch $\langle f(n) \rangle \equiv \sum_n f(n) p_n(t)$. Eine Gleichung für $\langle f(n) \rangle$ erhält man, indem man die Mastergleichung (7.8) mit $f(n)$ multipliziert und über alle n summiert:

$$\frac{d}{dt} \langle f(n) \rangle = \lambda[\langle nf(n-1) \rangle - \langle nf(n) \rangle] \,.$$

Beispielsweise für $f(n) = n$ folgt die Gleichung:

$$\boxed{\frac{d}{dt} \langle n \rangle = \lambda[\langle n(n-1) \rangle - \langle n^2 \rangle] = -\lambda\langle n \rangle \,,} \tag{7.9}$$

die zeigt, dass der Erwartungswert der Anzahl nicht-zerfallener Atome zum Zeitpunkt t durch $\langle n \rangle = \langle n \rangle_0 \, e^{-\lambda t}$ gegeben ist. Für die spezielle Anfangsbedingung $p_n(0) = \delta_{nN}$ erhält man daher den Erwartungswert $\langle n \rangle = N e^{-\lambda t}$. Die Breite $\sigma(t)$ der Wahrscheinlichkeitsverteilung $\{p_n(t)\}$ kann generell berechnet werden aus

$$\boxed{\frac{d}{dt} \sigma^2(t) = \frac{d}{dt}(\langle n^2 \rangle - \langle n \rangle^2) = -2\lambda\sigma^2(t) + \lambda\langle n \rangle \,.}$$

Es folgt beispielsweise für $p_n(0) = \delta_{nN}$, dass $\sigma^2(t) = N e^{-\lambda t}(1 - e^{-\lambda t})$ gilt. Die Breite der Verteilung ist also, wie so häufig in der Statistischen Physik, proportional zur Wurzel der Systemgröße: $\sigma(t) \propto \sqrt{N}$. Die Mittelwertgleichung (7.9), das sogenannte *makroskopische Gesetz*, verliert die Vorhersagekraft, sobald die Breite der Verteilung $\sigma(t)$ quantitativ mit dem Mittelwert $\langle n \rangle$ vergleichbar ist. Dies geschieht etwa für $t \simeq t_N \equiv \lambda^{-1} \ln(N)$, also sogar für sehr große Systeme nach nicht allzu langer Zeit. Es gilt dann $\langle n \rangle(t_N) = 1 \simeq \sigma(t_N)$. Für ein System mit z. B. $\lambda^{-1} = 1$ Tag und $N = 10^{23}$ würde $t_N \simeq 53$ Tage gelten, während dasselbe System mit der sehr viel höheren Teilchenzahl $N = 10^{46}$ bereits nach der nur geringfügig längeren Zeitspanne von $t_N \simeq 106$ Tagen vom makroskopischen Gesetz abweicht.

7.1.5 Stationäre Lösungen der Mastergleichung?

In den Abschnitten [7.1.2] und [7.1.4] konnten wir bereits feststellen, dass die Mastergleichung (7.3a) für manche Spezialfälle einen eindeutigen stationären Zustand aufweist. Andererseits hat Abschnitt [7.1.3] gezeigt, dass dies für andere Spezialfälle nicht gilt. In diesem Abschnitt möchten wir die Frage nach der *Existenz* eines stationären Zustands bzw. – falls ein solcher existiert – nach der *Eindeutigkeit* dieses stationären Zustands zuerst etwas präzisieren. Im nächsten Abschnitt werden wir uns dann unter der Annahme, *dass* ein stationärer Zustand existiert, mit der *Stabilität* dieses stationären Zustands befassen.

Nicht jedes physikalische Problem hat einen stationären Zustand

Dass nicht jedes Problem, das als Mastergleichung formuliert werden kann, einen (physikalisch akzeptablen) stationären Zustand hat, ist bereits aufgrund des Gegenbeispiels der Irrfahrt auf einer unendlichen Kette bekannt. Aus Abschnitt [7.1.3] wissen wir, dass dieses Problem zwar einen stationären Zustand $p_n(\infty) = 0$ für alle $n \in \mathbb{Z}$ hat, dieser Zustand $\{p_n(\infty) = 0\}$ jedoch physikalisch nicht akzeptabel ist, da er nicht die korrekte Normierung $\sum_n p_n(\infty) = 1$ aufweist. Diese Diskrepanz wurde in Abschnitt [7.1.3] dadurch erklärt, dass die Wahrscheinlichkeitsverteilung des diffundierenden Teilchens immer weiter zerfließt mit einer charakteristischen Ausdehnung proportional zu $\sqrt{t}$, sodass das System niemals einen Gleichgewichtszustand erreicht.

Aufgrund des Beispiels der zerfallenden radioaktiven Atome in Abschnitt [7.1.4] ist klar, dass die Unendlichkeit des Zustandsraums die Existenz stationärer Lösungen an sich nicht ausschließt. Jedoch zeigt die Irrfahrt auf der unendlichen Kette zumindest, dass sie zur Nichtexistenz stationärer Lösungen führen *kann*. Tatsächlich würde dieses Problem für eine Irrfahrt auf einer *endlichen* Kette (mit $1 \leq n \leq N$) nicht auftreten. Am einfachsten wird dieses Problem, wenn man annimmt, dass die Kette zum Ring geschlossen ist, sodass *periodische Randbedingungen* vorliegen und Gitterplatz 0 mit Gitterplatz N und analog $N+1$ mit 1 identifiziert werden kann. Die Mastergleichung für dieses Problem lautet dann:

$$\boxed{\frac{dp_n}{dt} = \lambda(p_{n+1} + p_{n-1} - 2p_n) \qquad (1 \leq n \leq N)\,,}$$

und die entsprechende Dynamik ist in Abbildung 7.4 dargestellt:

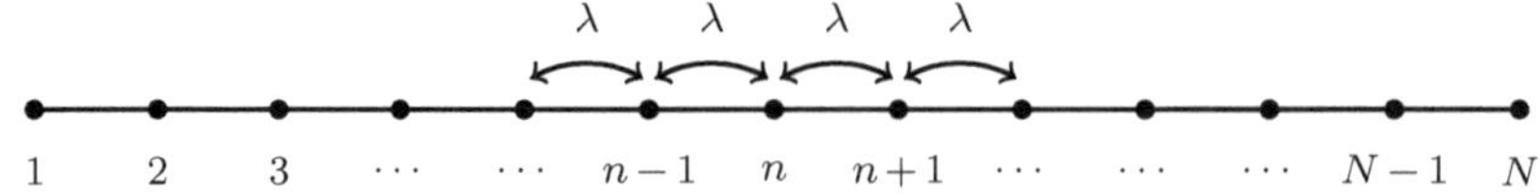

Abb. 7.4 Brown'sche Bewegung auf einem *endlichen* Gitter mit Hüpfamplitude λ

Für die Irrfahrt auf der endlichen Kette wird der Gleichgewichtszustand $\{p_n(\infty) = N^{-1}\}$ in der Tat im Limes $t \to \infty$ erreicht und ist nach langer, aber endlicher Zeit $(t \gg N^2/\lambda)$ schon näherungsweise realisiert. Aus diesem Beispiel schließen wir daher, dass es bei einer allgemeinen Untersuchung der Existenz und Eindeutigkeit stationärer Zustände zweckmäßig ist, sich auf *endliche Systeme* (d. h. auf endlichdimensionale Matrizen W_{nm}) zu beschränken.

Ist ein stationärer Zustand immer eindeutig?

Falls bereits klar ist, dass ein stationärer Zustand existiert, stellt sich die Frage nach seiner *Eindeutigkeit*. Diese Frage kann im Allgemeinen sofort verneint werden. Die Existenz mehrerer stationärer Zustände ist im Allgemeinen nämlich keineswegs ausgeschlossen. Wenn beispielsweise die von der Matrix W_{nm} definierte Dynamik die Zustände zweier Teilsysteme nicht miteinander verbindet, hat die Matrix W Blockdiagonalform und ist in diesem Sinne „zerlegbar". Dann sind verschiedene stationäre Lösungen möglich. Ein einfaches Beispiel wäre die Diffusion eines Teilchens auf zwei nichtverbundenen Ketten der Längen N bzw. M, wie sie in Abbildung 7.5 skizziert wird:

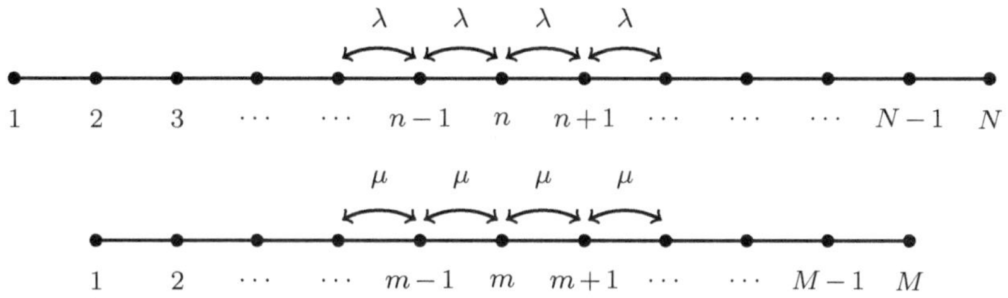

Abb. 7.5 Brown'sche Bewegung auf zwei disjunkten *endlichen* Gittern

Der Einfachheit halber nehmen wir wiederum an, dass jede Kette in sich zum Ring geschlossen ist, sodass für beide einzeln *periodische Randbedingungen* gelten. Die Mastergleichung für dieses Problem der Brown'schen Bewegung auf zwei disjunkten endlichen Gittern hat daher die Form

$$\frac{dp_n}{dt} = \lambda(p_{n+1} + p_{n-1} - 2p_n) \qquad (1 \le n \le N)$$

$$\frac{dq_m}{dt} = \lambda(q_{m+1} + q_{m-1} - 2q_m) \qquad (1 \le m \le M)$$

und kann bequem mit Hilfe der Matrixform $\frac{d\mathbf{P}}{dt} = \mathbb{W}\mathbf{P}$ der Mastergleichung in der Gestalt (7.3b) formuliert werden, wobei der Vektor $\mathbf{P}$ hier die Form $(\mathbf{p}, \mathbf{q})$ mit $\mathbf{p} \equiv (p_1, p_2, \cdots, p_N)$ und $\mathbf{q} \equiv (q_1, q_2, \cdots, q_M)$ hat. Die Matrix $\mathbb{W}$ hat in diesem Fall also eine Blockdiagonalform:

$$\frac{d}{dt}\begin{pmatrix} \mathbf{p} \\ \mathbf{q} \end{pmatrix} = \mathbb{W} \begin{pmatrix} \mathbf{p} \\ \mathbf{q} \end{pmatrix} \quad , \quad \mathbb{W} = \begin{pmatrix} \mathbb{W}_N & \mathbb{O}^{\mathrm{T}} \\ \mathbb{O} & \mathbb{W}_M \end{pmatrix} \quad , \quad W = \begin{pmatrix} W_N & \mathbb{O}^{\mathrm{T}} \\ \mathbb{O} & W_M \end{pmatrix} ,$$

wobei $\mathbb{O}$ die $(M \times N)$-Nullmatrix darstellt, und analog hat auch die Matrix W in der Mastergleichung (7.3a) in diesem Fall eine Blockdiagonalform. Zwei mögliche stationäre Zustände wären:

$$\mathbf{P}_{1s} = \begin{pmatrix} \mathbf{p}_s \\ \mathbf{0} \end{pmatrix} \quad , \quad \mathbf{P}_{2s} = \begin{pmatrix} \mathbf{0} \\ \mathbf{q}_s \end{pmatrix} \quad \text{mit} \quad \begin{cases} p_{ns} = N^{-1} & (1 \le n \le N) \\ q_{ms} = M^{-1} & (1 \le m \le M) \end{cases} .$$

Folglich sind unendlich viele stationäre Lösungen denkbar, nämlich alle Linearkombinationen von $\mathbf{P}_{1s}$ und $\mathbf{P}_{2s}$:

$$\mathbf{P}_s = \nu \mathbf{P}_{1s} + (1 - \nu)\mathbf{P}_{2s} ,$$

wobei $\nu \in [0, 1]$ durch die Anfangsbedingung $\mathbf{P}(0)$ bestimmt wird. Dieses (zugegebenermaßen recht einfache) Beispiel lässt sich leicht verallgemeinern: Die Matrix W ist zerlegbar, wenn die Dynamik des Systems bestimmten *Erhaltungsgesetzen* unterliegt: Die verschiedenen Teilsysteme entsprechen dann verschiedenen Werten der erhaltenen Größe(n). Aus dem Beispiel der Brown'schen Bewegung auf zwei disjunkten endlichen Gittern lernen wir also, dass es im Allgemeinen keinen *eindeutigen* stationären Zustand geben kann, wenn nicht-triviale Erhaltungsgesetze existieren. Wir werden im Folgenden, insbesondere also auch bei der Untersuchung der Stabilität der Mastergleichung in Abschnitt [7.2], der Einfachheit halber annehmen, dass alle Erhaltungsgesetze bereits ausgenutzt sind, d. h., dass die Matrix W *nichtzerlegbar* ist. Man kann den in Abschnitt [7.2] dargestellten Beweis allerdings leicht auf den Fall einer zerlegbaren Matrix W verallgemeinern.

Gilt für einen eindeutigen stationären Zustand immer $\{p_{n\mathrm{s}} > 0\}$?

Beispielsweise für die Brown'sche Bewegung auf einem endlichen Gitter (s. Abb. 7.4) haben wir festgestellt, dass die stationäre Lösung die Form $\mathbf{p}_\mathrm{s} = \{p_{n\mathrm{s}} = N^{-1}\}$ hat, sodass alle Wahrscheinlichkeiten $p_n(\infty)$ im Gleichgewichtszustand ungleich null (und daher *positiv*) sind. Man kann sich fragen, ob dies für Mastergleichungen mit einem endlichen Zustandsraum immer der Fall ist, und auch diese Frage kann mit Hilfe eines einfachen Gegenbeispiels leicht verneint werden. Ein solches Gegenbeispiel ist die Brown'sche Bewegung auf einer Kette endlicher Länge mit periodischen Randbedingungen, die am Ort $n = n_\mathrm{S}$ eine *Senke* enthält. Die Teilchen, die sich irgendwann in diese Senke verirren, werden nie wieder preisgegeben. Die Mastergleichung für dieses Problem lautet:

$$\frac{dp_n}{dt} = \lambda(p_{n+1} + p_{n-1} - 2p_n) \qquad (1 \leq n \leq n_\mathrm{S} - 2 \vee n_\mathrm{S} + 2 \leq n \leq N)$$

$$\frac{dp_{n_\mathrm{S}\pm1}}{dt} = \lambda(p_{n_\mathrm{S}\pm2} - 2p_{n_\mathrm{S}\pm1}) \quad , \quad \frac{dp_{n_\mathrm{S}}}{dt} = \lambda(p_{n_\mathrm{S}-1} + p_{n_\mathrm{S}+1})$$

und die entsprechende Dynamik ist in Abbildung 7.6 dargestellt:

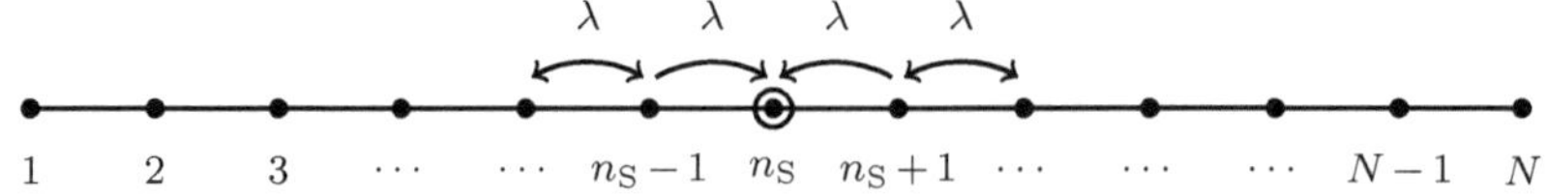

Abb. 7.6 Brown'sche Bewegung auf einem *endlichen* Gitter mit einer Senke

In diesem Fall befindet sich das diffundierende Teilchen im Langzeitlimes (d. h. für $t = \infty$) mit Sicherheit in der Senke, sodass dann $p_{n\mathrm{s}} = p_n(\infty) = \delta_{n,n_\mathrm{S}}$ gilt.[2] Der Zustand $p_{n\mathrm{s}} = \delta_{n,n_\mathrm{S}}$ wird als *absorbierender Zustand* bezeichnet. Diesem Beispiel können wir also entnehmen, dass nur dann eine stationäre Lösung mit $p_{n\mathrm{s}} > 0$ für alle möglichen n-Werte auftreten kann, wenn das betrachtete physikalische System *keine absorbierenden Zustände oder Teilsysteme* enthält. Diese Einschränkung ist

---

[2]Ein weiteres Beispiel eines Systems mit einer Senke und $p_{n\mathrm{s}} = \delta_{n,n_\mathrm{S}}$, nun allerdings mit *unendlichem* Zustandsraum, ist der Zerfall radioaktiver Atome aus Abschnitt [7.1.4].

sinnvoll, da die meisten physikalischen Prozesse gewissermaßen reversibel sind, sodass jeder Zustand n im Gleichgewicht durchlaufen werden kann ($p_{ns} > 0$). Ein typisches Beispiel mit $p_{ns} > 0$ für alle n sind reversibele Reaktionen vom Typ

$$l\text{A} + m\text{B} \underset{k_2}{\overset{k_1}{\rightleftarrows}} \text{A}_l\text{B}_m$$

mit Reaktionskonstanten $k_1 > 0$ und $k_2 > 0$, wobei also l Atome vom Typ „A" chemisch mit m Atomen vom Typ „B" zu einem Molekül der Form A_lB_m reagieren.

Wie bestimmt man, ob eine Lösung $\{p_{ns} > 0\}$ existiert?

Wir möchten hier noch eine letzte Frage ansprechen, nämlich, wie man in praktischen Anwendungen überhaupt wissen kann, ob eine stationäre Lösung $p_{ns} > 0$ für alle n existiert. Wie findet man eine solche Lösung? Eine allgemeingültige Antwort gibt es hier nicht. Grundsätzlich ist es natürlich so, dass eine stationäre Lösung aus der Bedingung der *globalen Bilanz*:

$$0 = \sum_m [W_{nm}p_{ms} - W_{mn}p_{ns}] \quad \text{bzw.} \quad 0 = \sum_m \mathbb{W}_{nm}p_{ms} \qquad \text{(für alle n)} \quad (7.10)$$

als Eigenvektor der Matrix $\mathbb{W}$ zum Eigenwert Null berechnet werden kann. Die Bestimmung von Eigenvektoren für Matrizen mit makroskopisch vielen Freiheitsgraden ist jedoch in der Praxis nicht immer einfach, z. B. wenn das entsprechende System nicht translationsinvariant ist. Häufig ist es aber so, dass die Gleichgewichtslösung eines physikalischen Problems nicht nur die Bedingung der *globalen Bilanz* erfüllt, sondern auch die viel stärkere Bedingung der *detaillierten Bilanz*:

$$\boxed{W_{nm}p_{ms} = W_{mn}p_{ns} \qquad \text{(für alle m, n)} ,} \qquad (7.11)$$

die besagt, dass jeder Term in (7.10) einzeln gleich null ist, d. h., dass beliebige Paare von Zuständen n und m miteinander im Gleichgewicht sind. *Falls* die Bedingung der detaillierten Bilanz (7.11) gilt, kann man die stationäre Verteilung $\{p_{ns}\}$ leicht rekursiv bestimmen. Ein einfaches Beispiel ist das Diffusionsproblem auf einer Kette der Länge N. In diesem Fall nimmt (7.11) die Form $\lambda p_{ns} = \lambda p_{(n+1)s}$ an, die direkt auf die normierte Gleichgewichtsverteilung $p_{ns} = N^{-1}$ führt.

7.2   Stabilität in der Mastergleichung

Im letzten Abschnitt [7.1.5] haben wir zusammenfassend gelernt,

- dass es zweckmäßig ist, sich auf die Untersuchung *endlicher Systeme* zu beschränken, damit eine stationäre Lösung $\mathbf{p}_s$ existiert,

- dass die *Eindeutigkeit* einer stationären Lösung unbedingt erfordert, dass die Matrix W der Übergangsraten in der Mastergleichung *nicht zerlegbar* ist,

- dass ein System *keine absorbierenden Zustände* enthalten darf, damit eine stationäre Lösung die Eigenschaft $p_{ns} > 0$ für alle n hat, und

- dass eine stationäre Lösung $\mathbf{p}_\mathrm{s}$ mit $p_{n\mathrm{s}} > 0$ für alle n existiert und rekursiv bestimmt werden kann, falls die Bedingung der *detaillierten Bilanz* gilt.

Hiermit ist klar, dass stationäre Lösungen $\mathbf{p}_\mathrm{s}$ mit $p_{n\mathrm{s}} > 0$ für alle n, wenn auch nicht für jedes System, dann doch zumindest für eine große Klasse physikalisch relevanter Systeme existieren und dass man für die Existenz solcher Lösungen einfache Kriterien angeben kann. Aus diesem Grund werden wir uns im Folgenden auf Systeme konzentrieren, die tatsächlich einen solchen stationären Zustand $\mathbf{p}_\mathrm{s}$ besitzen, und uns der Frage widmen, ob dieser *stationäre* Zustand auch dem physikalischen *Gleichgewichts*zustand entspricht, d. h., ob $\mathbf{p}_\mathrm{s}$ *stabil* ist und $\mathbf{p}(t) \to \mathbf{p}_\mathrm{s}$ für $t \to \infty$ gilt. Diese Untersuchung wird zu dem wichtigen Ergebnis führen, dass ein stationärer Zustand $\mathbf{p}_\mathrm{s}$ mit $p_{n\mathrm{s}} > 0$ für alle n in der Tat *asymptotisch stabil* ist im Sinne von Ljapunow (siehe unten).

Einige Definitionen

Hiermit haben wir schon zwei Begriffe von zentraler Bedeutung für die Stabilitätsanalyse kennengelernt, nämlich „stabil" und „asymptotisch stabil", beides im Sinne des russischen Mathematikers und Physikers Alexander Michailowitsch Ljapunow (1857–1918). Wir möchten diese Begriffe kurz erklären: Sie stammen aus der Theorie dynamischer Systeme, zu denen auch die Mastergleichung und die in Abschnitt [7.3] zu diskutierende Boltzmann-Gleichung gehören. Um diese Begriffe zu erläutern, verwenden wir die für die Mastergleichung typische Notation und bezeichnen eine Lösung dieser Gleichung als $\mathbf{p}(t)$. Wir benötigen auch das Konzept eines *Abstands* zwischen zwei unterschiedlichen Lösungen $\mathbf{p}(t)$ und $\mathbf{p}_\mathrm{s}(t)$ der Mastergleichung. Als Metrik könnte man z. B. $|\mathbf{p} - \mathbf{p}_\mathrm{s}| = \sum_n |p_n - p_{n\mathrm{s}}|$ wählen.

Stabil Eine Lösung $\mathbf{p}_\mathrm{s}(t)$ heißt *stabil* (im Sinne von Ljapunow), wenn es für jedes $\varepsilon > 0$ ein $\delta(\varepsilon) > 0$ gibt, sodass für *jede* andere Lösung $\mathbf{p}(t)$ gilt:

$$|\mathbf{p}(t_0) - \mathbf{p}_\mathrm{s}(t_0)| \leq \delta(\varepsilon) \quad \Rightarrow \quad |\mathbf{p}(t) - \mathbf{p}_\mathrm{s}(t)| \leq \varepsilon \text{ für alle } t \geq t_0 \,.$$

Streng genommen ist $\delta(\varepsilon)$ auch eine Funktion des Zeitpunkts t_0. Wenn $\delta(\varepsilon)$ unabhängig von t_0 gewählt werden kann, heißt $\mathbf{p}_\mathrm{s}(t)$ *gleichmäßig stabil*. Ist die Stabilitätsbedingung nicht erfüllt, so heißt die Lösung $\mathbf{p}_\mathrm{s}(t)$ *instabil*.

Asymptotisch stabil Ist die Lösung $\mathbf{p}_\mathrm{s}(t)$ wie oben beschrieben *stabil* und gilt außerdem für irgendein $\bar{\delta}(t_0) > 0$ und *jede* andere Lösung $\mathbf{p}(t)$:

$$|\mathbf{p}(t_0) - \mathbf{p}_\mathrm{s}(t_0)| \leq \bar{\delta}(t_0) \quad \Rightarrow \quad \lim_{t \to \infty} |\mathbf{p}(t) - \mathbf{p}_\mathrm{s}(t)| = 0 \,,$$

dann heißt $\mathbf{p}_\mathrm{s}(t)$ *asymptotisch stabil*.

Im Fall der Mastergleichung wird die Lösung $\mathbf{p}_\mathrm{s}(t)$ aus dieser allgemeinen Definition *zeitunabhängig* und gleich der stationären Lösung $\mathbf{p}_\mathrm{s}$ sein.

Eine in der Praxis sehr wertvolle Technik für den Nachweis der Stabilität oder Instabilität einer Lösung $\mathbf{p}_\mathrm{s}$ ist die Konstruktion einer sogenannten *Ljapunow-Funktion* $L(\mathbf{p})$ mit zwei Eigenschaften, nämlich:

1. Sie soll nicht-negativ sein: $L(\mathbf{p}) \geq 0$ und außerdem nur für den speziellen Zustand $\mathbf{p}_\mathrm{s}$ gleich null: $L(\mathbf{p}) = 0 \Leftrightarrow \mathbf{p} = \mathbf{p}_\mathrm{s}$.

2. Sie soll sich für Lösungen (hier: der Mastergleichung) monoton oder streng monoton als Funktion der Zeit entwickeln. Falls dann $\frac{d}{dt}L\big(\mathbf{p}(t)\big) \leq 0$ gilt, ist die stationäre Lösung $\mathbf{p}_\mathrm{s}$ *stabil*; falls $\frac{d}{dt}L\big(\mathbf{p}(t)\big) < 0$ für $\mathbf{p} \neq \mathbf{p}_\mathrm{s}$ gilt, ist sie *asymptotisch stabil*, und falls $\frac{d}{dt}L\big(\mathbf{p}(t)\big) > 0$ für $\mathbf{p} \neq \mathbf{p}_\mathrm{s}$ gilt, ist sie *instabil*.

Außerdem muss die Ljapunow-Funktion $L(\mathbf{p})$ mehrmals stetig differenzierbar sein. Wir werden im Folgenden zeigen, wie man das Konzept der Ljapunow-Funktion konkret anwenden kann, zunächst in diesem Abschnitt für die Mastergleichung und dann in Abschnitt [7.3] für die nicht-lineare Boltzmann-Gleichung.

Nachweis der Stabilität stationärer Lösungen der Mastergleichung

Wir nehmen im Folgenden dreierlei an: erstens, dass das System *endlich* ist, zweitens, dass die Mastergleichung eine stationäre Lösung $\mathbf{p}_\mathrm{s}$ mit $p_{n\mathrm{s}} > 0$ für alle n hat, und drittens, dass die Matrix W nichtzerlegbar ist. Wir nehmen also nicht explizit an, dass die stationäre Lösung $\mathbf{p}_\mathrm{s}$ *eindeutig* ist, sondern werden zeigen, dass $\mathbf{p}_\mathrm{s}$ „asymptotisch stabil" ist und dass die Eindeutigkeit daraus folgt. Hierzu werden wir eine Ljapunow-Funktion der Form

$$H(t) = \sum_n p_{n\mathrm{s}} F(x_n(t)) \quad \text{mit} \quad F(1) = 0 \quad , \quad x_n(t) \equiv \frac{p_n(t)}{p_{n\mathrm{s}}} \tag{7.12}$$

verwenden, wobei wir zunächst lediglich fordern, dass die Funktion $F(x)$ *strikt konvex* ist: $F''(x) > 0$ für alle $x \geq 0$. Für jede strikt konvexe Funktion gilt:[3]

$$F(x) > F(x') + (x - x')F'(x') \qquad \text{für alle } x \neq x' \; . \tag{7.13}$$

Die in Gleichung (7.12) definierte Funktion $H(t)$ hat in der Tat die allgemeine Form $H(t) = L\big(\mathbf{p}(t)\big)$ einer Ljapunow-Funktion und erfüllt die Bedingung $L(\mathbf{p}_\mathrm{s}) = 0$. Da $p_{n\mathrm{s}} > 0$ für alle n-Werte gelten soll, sind alle Argumente $\{x_n\}$ *endlich*.

Wir wissen bereits, dass die Ljapunow-Funktion $H(t)$ die Eigenschaft $H = 0$ für $p_n = p_{n\mathrm{s}}$ besitzt. Wir zeigen nun, dass außerdem – im Einklang mit der allgemeinen Definition einer Ljapunow-Funktion – auch $H > 0$ für $p_n \neq p_{n\mathrm{s}}$ gilt. Aufgrund der strikten Konvexität von F und der Eigenschaft $F(1) = 0$ folgt nämlich für alle Zustände $\mathbf{p} \neq \mathbf{p}_\mathrm{s}$:

$$H = \sum_n p_{n\mathrm{s}} F(x_n) > \sum_n p_{n\mathrm{s}} \left[F(1) + (x_n - 1)F'(1) \right]$$

$$= F'(1) \sum_n (p_n - p_{n\mathrm{s}}) = F'(1)(1 - 1) = 0 \; .$$

Wir möchten nun überprüfen, ob sich die Ljapunow-Funktion $H(t)$ für Lösungen der Mastergleichung auch tatsächlich monoton oder gar streng monoton als Funktion der Zeit entwickelt. Um die asymptotische Stabilität von $\mathbf{p}_\mathrm{s}$ nachzuweisen,

---

[3]Dies folgt aus $\int_{x'}^{x} dy_1 \int_{x'}^{y_1} dy_2 \; F''(y_2) > 0$ für alle $x \neq x'$.

müssen wir $dH/dt < 0$ für $\mathbf{p} \neq \mathbf{p}_\mathrm{s}$ zeigen. Wir müssen also erstens zeigen, dass $\mathbf{p}_\mathrm{s}$ stabil ist: $dH/dt \leq 0$, und zweitens, dass nur dann $dH/dt = 0$ möglich ist, wenn $\mathbf{p} = \mathbf{p}_\mathrm{s}$ gilt. Man findet zunächst aus der Definition (7.12):

$$
\begin{aligned}
\frac{dH}{dt} &= \sum_n F'(x_n)\dot{p}_n = \sum_{nm} F'(x_n)(W_{nm}p_m - W_{mn}p_n) \\
&= \sum_{nm} F'(x_n)(W_{nm}p_{ms}x_m - W_{mn}p_{ns}x_n) \\
&= \sum_{nm} W_{nm}p_{ms}x_m[F'(x_n) - F'(x_m)] \,.
\end{aligned}
\tag{7.14}
$$

Im letzten Schritt wurden im zweiten Term die Indizes n und m vertauscht. Wir nutzen nun aus, dass $\{p_{ns}\}$ stationär ist, sodass für eine beliebige (möglicherweise sogar zeitabhängige) Zahlenfolge $\{\psi_n(t)\}$ gilt:

$$
\begin{aligned}
0 = \sum_n \psi_n(t)\frac{d}{dt}p_{ns} &= \sum_{nm} \psi_n(t)[W_{nm}p_{ms} - W_{mn}p_{ns}] \\
&= \sum_{nm} W_{nm}p_{ms}[\psi_n(t) - \psi_m(t)] \,.
\end{aligned}
\tag{7.15}
$$

Wir wählen konkret $\psi_n(t) = F(x_n(t)) - x_n(t)F'(x_n(t))$ und addieren (7.15) zu (7.14). Das Ergebnis ist:

$$
\frac{dH}{dt} = \sum_{nm} W_{nm}p_{ms}\big[(x_m - x_n)F'(x_n) + F(x_n) - F(x_m)\big] \,.
$$

Aufgrund von (7.13) ist der Faktor $[\cdots]$ im Summanden auf der rechten Seite *negativ* für alle Zustände $\mathbf{x} \equiv \{x_k\}$ mit $x_m \neq x_n$. Außerdem gilt die Identität $[\cdots] = 0$ dann und nur dann, wenn $x_m = x_n$ gilt. Folglich kann nur dann $dH/dt = 0$ gelten, wenn $x_n = x_m$ für alle Zustände m gilt, die durch einen Übergang (oder mehrere Übergänge) der Form $n \to n' \to n'' \to \cdots \to m$ erreicht werden können. Aus der Einschränkung, dass die Matrix W nichtzerlegbar sei, folgt nun, dass n in dieser Weise mit *allen* anderen Zuständen im Zustandsraum verbunden ist, sodass für irgendeine positive Konstante $\bar{x}$ gilt:

$$
\frac{dH}{dt} = 0 \quad \Leftrightarrow \quad x_n = x_m = \cdots = \bar{x} \,.
$$

Aus der Definition $x_n(t) \equiv p_n(t)/p_{ns}$ folgt dann $p_n = \bar{x}\,p_{ns}$ für alle n-Werte. Da die Wahrscheinlichkeiten $\{p_n\}$ und $\{p_{ns}\}$ auf eins normiert sind, muss $\bar{x} = 1$ und daher auch $p_n = p_{ns}$ für alle n gelten. Wir stellen somit fest, dass

$$
\boxed{\;\frac{dH}{dt} = 0 \quad \Leftrightarrow \quad \mathbf{p} = \mathbf{p}_\mathrm{s} \quad , \quad \frac{dH}{dt} < 0 \quad \Leftrightarrow \quad \mathbf{p} \neq \mathbf{p}_\mathrm{s}\;}
$$

gelten muss. Hiermit sind die Eindeutigkeit und die asymptotische Stabilität des stationären Zustands $\mathbf{p}_\mathrm{s}$ bewiesen.

Interpretation der Ljapunow-Funktion als Entropie

Bisher haben wir angenommen, dass $F(x)$ eine beliebige strikt konvexe Funktion ist, abgesehen von der Einschränkung $F(1) = 0$. Üblicherweise betrachtet man in der Literatur den Spezialfall $F(x) = x\ln(x)$, sodass $H(t)$ die bekannte funktionelle Form einer *Entropie* $S(t)$, allerdings mit negativem Vorzeichen, erhält:

$$H(t) = \sum_n p_n \ln\left(p_n/p_{n\mathrm{s}}\right) \equiv -k_{\mathrm{B}}^{-1} S(t) \ . \tag{7.16}$$

Die Wahl $F(x) = x\ln(x)$ hat den Vorteil, dass $H(t)$ dadurch *additiv* wird: Für zwei unabhängige Systeme mit Wahrscheinlichkeitsverteilungen $\{p_n\}$ und $\{q_m\}$ folgt nämlich:

$$\sum_{nm} p_n q_m \ln\left(\frac{p_n q_m}{p_{n\mathrm{s}} q_{m\mathrm{s}}}\right) = \sum_n p_n \ln\left(\frac{p_n}{p_{n\mathrm{s}}}\right) + \sum_m q_m \ln\left(\frac{q_m}{q_{m\mathrm{s}}}\right)$$

wegen der Normierung der Zustände $\{p_n\}$ und $\{q_m\}$. Zu beachten ist noch, dass $H(t)$ [oder genauer: $-k_{\mathrm{B}} H(t)$] nicht der Entropie im eigentlichen Sinne entspricht, denn diese ist nur im *Gleichgewicht* definiert. Vielmehr stellt $H(t)$ die Erweiterung des Entropiebegriffs auf *Nichtgleichgewichtsprozesse* dar.

7.2.1 Beispiel: Der quantenmechanische harmonische Oszillator im Strahlungsfeld

Zum Abschluss der Behandlung der Mastergleichung möchten wir nun ein weiteres Beispiel diskutieren, das einerseits etwas anspruchsvoller, aber andererseits auch physikalisch interessant und typisch für ein Beispiel aus der Praxis ist. In praktischen Anwendungen – wie auch in diesem Fall – führen Mastergleichungen nämlich häufig auf partielle Differentialgleichungen für eine entsprechende „erzeugende Funktion". Wir möchten zeigen, wie der Zusammenhang ist. Zweitens ist das nachfolgende Beispiel interessant, da wir zur Lösung der hierbei auftretenden partiellen Differentialgleichung eine nützliche Lösungsmethode vorführen können. Es handelt sich um die „Methode der charakteristischen Kurven", die im Folgenden auch in anderen Beispielen, insbesondere auch in Übungsaufgaben, eingesetzt werden kann.

Die Mastergleichung für den harmonischen Oszillator

In diesem Beispiel betrachten wir einen eindimensionalen quantenmechanischen harmonischen Oszillator mit der charakteristischen Oszillatorfrequenz ω_0 und den Eigenenergien $E_n = (n + \frac{1}{2})\hbar\omega_0$. Dieser Oszillator soll mit einem Strahlungsfeld wechselwirken, dessen Photonen ebenfalls durch die Photonenfrequenz ω_0 charakterisiert sind. In diesem Strahlungsfeld sind nur Übergänge des Oszillators zwischen nächstbenachbarten Energieniveaus möglich (s. Abbildung 7.7). Die Übergangsrate für einen Übergang $(n-1) \to n$ ist gleich βn, die Rate für einen Übergang $n \to (n-1)$ gleich αn. Die Konstanten β und α sollen positiv sein ($\beta, \alpha > 0$), und wir nehmen an, dass $\beta < \alpha$ gilt, da ein Gleichgewichtszustand offensichtlich nur unter dieser Bedingung möglich ist. Die physikalischen Hintergründe dieser

Modellannahmen werden später noch erläutert. Bezeichnet man nun die Wahrscheinlichkeit dafür, dass der Oszillator sich zur Zeit t im n-ten Niveau befindet, als $p_n(t)$, so erhält man die folgende Mastergleichung für die Zeitentwicklung von $p_n(t)$:

$$\frac{dp_n(t)}{dt} = \alpha(n+1)p_{n+1}(t) + \beta n p_{n-1}(t) - \alpha n p_n(t) - \beta(n+1)p_n(t) \,. \qquad (7.17)$$

Die ersten beiden Terme beschreiben die Emission eines Photons durch ein energetisch höheres Niveau bzw. die Absorption durch ein niedrigeres Niveau und stellen aus Sicht der Population des n-ten Niveaus die „Gewinn"-Terme dar. Analog beschreiben die letzten beiden Terme Emission bzw. Absorption eines Photons durch das n-te Niveau und stellen somit die „Verlust"-Terme dar.

Die Mastergleichung (7.17) mit $n = 0, 1, 2, \ldots$ stellt einen unendlichen Satz gekoppelter gewöhnlicher Differentialgleichungen erster Ordnung für die gesuchten Funktionen $\{p_n\}$ dar, wobei t als Variable und n als diskreter Index auftritt. Mit Hilfe der diskreten Ableitung $Dp_n = p_{n+1} - p_n$, die bereits in Abschnitt [7.1.3] über die Irrfahrt eingeführt wurde, lässt sich diese Gleichung alternativ auch als

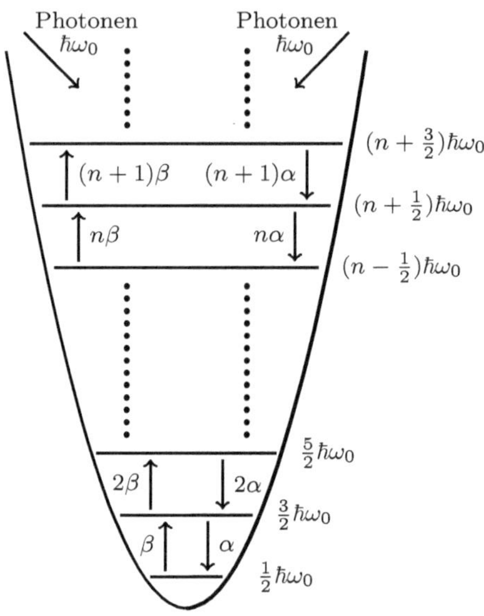

Abb. 7.7 Quantenmechanischer harmonischer Oszillator im Strahlungsfeld

$$\frac{dp_n(t)}{dt} = D\big[\alpha n p_n(t) - \beta n p_{n-1}(t)\big] \qquad (n \in \mathbb{N}_0)$$

schreiben. Da in dieser alternativen Darstellung der Differenzoperator D vorkommt, spricht man von einer Differential-Differenzgleichung. Hiermit ist Gleichung (7.17) zwar optisch vereinfacht, aber noch nicht gelöst. Zu diesem Zweck ist es günstiger, die *diskrete* Variable n mit Hilfe einer geeigneten Transformation durch eine *kontinuierliche* Variable (im Folgenden: z) zu ersetzen. Der Vorteil ist, dass man den unendlichen Satz *gewöhnlicher* Differentialgleichungen in dieser Weise durch eine einzelne *partielle* Differentialgleichung ersetzt, und über Lösungsmethoden für partielle Differentialgleichungen ist sehr viel bekannt. Wir werden diese Lösungsmethoden im Folgenden mehrmals einsetzen.

Die erzeugende Funktion

Um in der Mastergleichung (7.17) die diskrete Variable n durch eine kontinuierliche Variable z ersetzen zu können, transformieren wir von den Wahrscheinlichkeiten

$p_n(t)$ auf die entsprechende *erzeugende Funktion* $F(z,t)$, die durch

$$F(z,t) = \sum_{n=0}^{\infty} z^n p_n(t) \qquad (|z| \le 1)$$

(7.18)

definiert wird. Das Konzept einer erzeugenden Funktion ist uns mittlerweile schon einigermaßen vertraut: In der Lösung zur Übungsaufgabe 3.1 wurde bereits eine erzeugende Funktion verwendet, und im Grunde ist jede Zustandssumme, die von einer *intensiven* Variablen abhängt, die erzeugende Funktion der Zustandssumme, die von der entsprechenden *extensiven* Variablen abhängt. Beispielsweise ist die großkanonische Zustandssumme $Z_{\text{gk}}(T,V,\mu) = \sum_{N=0}^{\infty} e^{\beta\mu N} Z_{\text{k}}(T,V,N)$ die erzeugende Funktion der kanonischen Zustandssumme. Die Fugazität $e^{\beta\mu}$ ist also das Pendant zur Variablen z in Gleichung (7.18). Die Bedingung $|z| \le 1$ in (7.18) rührt daher, dass wir aufgrund der Normierbarkeit der Wahrscheinlichkeiten p_n wissen, dass $F(1,t) = \sum_{n=0}^{\infty} p_n$ konvergiert (und gleich eins ist), und dass darüber hinausgehende Einschränkungen physikalisch unnötig und unmotiviert sind.

Durch Multiplikation der Mastergleichung (7.17) mit z^n und Summation über n erhält man die folgende lineare partielle Differentialgleichung *erster* Ordnung (sowohl in t als auch in z) für die erzeugende Funktion (7.18):

$$\frac{\partial F}{\partial t} = \alpha(1-z)\frac{\partial F}{\partial z} - \beta(1-z)\frac{\partial(zF)}{\partial z} = (1-z)\left[(\alpha - \beta z)\frac{\partial F}{\partial z} - \beta F\right].$$

(7.19)

Diese Gleichung ist zu lösen mit der Anfangsbedingung

$$F(z,0) = \sum_{n=0}^{\infty} z^n p_n(0) \equiv F_0(z).$$

Für lineare partielle Differentialgleichungen *erster* Ordnung wie in (7.19) gibt es ein allgemein anwendbares, elegantes mathematisches Lösungsverfahren in Form der Methode der *charakteristischen Kurven*. Da wir diese Methode im Folgenden mehrmals benötigen werden, speziell auch in einigen Übungsaufgaben, wird sie kurz in Anhang [C] skizziert. Die zentrale Idee dieser Methode ist, dass man sowohl die Variablen der Gleichung als auch die gesuchte Funktion, hier also (t,z) und F, mit Hilfe einer eindimensionalen Variablen s parametrisiert. Der Vorteil ist, dass man die Differentialgleichung, an der man interessiert ist, hier also Gleichung (7.19), dann nur noch entlang der durch s parametrisierten Kurve lösen muss. Man muss also auf den charakteristischen Kurven nur noch *gewöhnliche* (statt *partieller*) Differentialgleichungen lösen.

Wir verwenden der Einfachheit halber auch für die verschiedenen Funktionen von s die Symbole (t,z,F). Wenn wir die allgemeinen Regeln von Anhang [C] anwenden, gilt auf den charakteristischen Kurven:

$$\frac{dt}{ds} = 1 \quad , \quad \frac{dz}{ds} = -(1-z)(\alpha - \beta z) \quad , \quad \frac{dF}{ds} = -\beta(1-z)F.$$

(7.20)

Aus den ersten beiden Gleichungen erhält man die Form der charakteristischen Kurve, die durch den Punkt $(z,t) = (z_0, 0)$ auf der $(t=0)$-Achse geht:

$$t = s \quad , \quad \frac{\alpha - \beta z}{1-z} = \frac{\alpha - \beta z_0}{1-z_0} e^{-(\alpha-\beta)s}.$$

Durch Kombination dieser Gleichungen ergibt sich eine Gleichung, die bei Bedarf leicht nach $z_0(z,t)$ aufgelöst werden kann:

$$\frac{\alpha - \beta z_0}{1 - z_0} = \frac{\alpha - \beta z}{1 - z} e^{(\alpha - \beta)t} \, . \tag{7.21}$$

Aus den letzten beiden Gleichungen in (7.20) erhält man die trennbare Differentialgleichung $dF/dz = \beta F/(\alpha - \beta z)$, deren Lösung die folgende Form hat:

$$F(z,t) = \frac{\text{Konstante}}{1 - \beta z/\alpha} = F_0(z_0)\frac{1 - \beta z_0/\alpha}{1 - \beta z/\alpha} \, .$$

Im zweiten Schritt wurde die Konstante durch die Bedingung festgelegt, dass die Lösung auch im speziellen Punkt $(z,t) = (z_0, 0)$ korrekt sein muss. Setzt man hier schließlich $z_0(z,t)$ ein, dann ist die Funktion $F(z,t)$ explizit bekannt für allgemeine Anfangsbedingungen $F_0(z)$.

Durch Inversion von (7.18) ergibt sich dann $p_n(t)$:

$$p_n(t) = \frac{1}{2\pi i} \oint \frac{dz}{z^{n+1}} F(z,t) \, ,$$

wobei z nun als *komplexe* Variable aufgefasst wird und der geschlossene Integrationsweg den Punkt $z = 0$ in positivem Sinne mit hinreichend kleinem Radius einmal umläuft. Die explizite Durchführung des letzten Schritts ist im Allgemeinen nicht so einfach, aber im Spezialfall $t \to \infty$ [oder für spezielle Anfangsbedingungen wie $p_n(0) = \delta_{n0}$, s. Übungsaufgabe 7.2] kann $p_n(t)$ explizit bestimmt werden: Aus Gleichung (7.21) erhält man im Limes $t \to \infty$ das asymptotische Verhalten $z_0(z,t) \to 1$ für alle z. Aufgrund der Normierungsbedingung $F_0(1) = \sum_n p_n(0) = 1$ bedeutet dies:

$$F(z,t) \to F_0(1)\frac{1 - \beta/\alpha}{1 - \beta z/\alpha} = \frac{1 - \beta/\alpha}{1 - \beta z/\alpha} \qquad (t \to \infty) \, ,$$

d. h.

$$\sum_n z^n p_n(\infty) = \left(1 - \frac{\beta}{\alpha}\right) \sum_{n=0}^{\infty} z^n \left(\frac{\beta}{\alpha}\right)^n \, .$$

Hieraus liest man die Wahrscheinlichkeitsverteilung im Langzeitlimes direkt ab:

$$p_n(\infty) = \left(1 - \frac{\beta}{\alpha}\right)\left(\frac{\beta}{\alpha}\right)^n \, ,$$

und wegen der Eindeutigkeit von $p_n(\infty)$, unabhängig von der Anfangsbedingung, ist hiermit auch die *Gleichgewichts*verteilung des quantenmechanischen harmonischen Oszillators im Strahlungsfeld vollständig bekannt.

Physikalischer Hintergrund

Wir möchten noch kurz die Relevanz des hier verwendeten Modells und die Herleitung der Übergangsraten αn bzw. $\beta(n + 1)$ für die Emission bzw. Absorption eines Lichtquants im Zustand n erläutern. Das behandelte Modell ist lediglich eine vereinfachte, *ein*dimensionale Variante eines *drei*dimensionalen harmonischen Oszillators, der an ein Strahlungsfeld gekoppelt ist. Wir skizzieren die Struktur des realistischeren *drei*dimensionalen Modells und der Berechnung der Übergangsraten.

Zur Beschreibung des harmonischen Oszillators im Strahlungsfeld geht man von einem Hamilton-Operator der Form $H = H_0 + H_{\mathrm{WW}}$ aus, wobei $H_0 = \frac{1}{2m}\mathbf{p}^2 + \frac{1}{2}m\omega_0^2\mathbf{x}^2$ einen dreidimensionalen quantenmechanischen harmonischen Oszillator mit der Oszillatorfrequenz ω_0 darstellt und H_{WW} die Wechselwirkung zwischen dem Oszillator und dem Strahlungfeld bezeichnet. Die Berechnung der Übergangsraten erfolgt nun unter den Annahmen, dass das Strahlungsfeld nicht übermäßig stark ist und dass die Wellenlänge des Lichts viel größer ist als die typische Auslenkung des Oszillators (dies ist die sogenannte „Dipolnäherung", siehe z. B. Ref. [50]). Man erhält dann die folgenden *Emissions*raten:

$$W_{\mathbf{n'n}} = \bar{\alpha}\,|\langle\mathbf{n'}|\mathbf{x}|\mathbf{n}\rangle|^2 \quad , \quad \bar{\alpha} \equiv (\langle n_{\mathbf{k}\epsilon}\rangle + 1)\,\frac{q^2\omega_0^3}{3\pi\hbar c^3}$$

sowie die *Absorptions*raten:

$$W_{\mathbf{n'n}} = \bar{\beta}\,|\langle\mathbf{n'}|\mathbf{x}|\mathbf{n}\rangle|^2 \quad , \quad \bar{\beta} \equiv \langle n_{\mathbf{k}\epsilon}\rangle\frac{q^2\omega_0^3}{3\pi\hbar c^3}\ .$$

Hier ist q die elektrische Ladung des Oszillators, $\langle n_{\mathbf{k}\epsilon}\rangle = [e^{\hbar\omega_0/k_{\mathrm{B}}T} - 1]^{-1}$ stellt die mittlere Anzahl Photonen mit Wellenlänge $\mathbf{k}$ sowie Polarisierung ϵ dar und $|\mathbf{n}\rangle$ sowie $|\mathbf{n'}\rangle$ bezeichnen die normierten Eigenzustände des harmonischen Oszillators. Diese haben die übliche Produktform $\Psi_{\mathbf{n}}(\mathbf{x}) = \ell^{-3/2}\psi_{n_1}(x_1/\ell)\psi_{n_2}(x_2/\ell)\psi_{n_3}(x_3/\ell)$, wobei die Wellenfunktionen $\psi_n(\xi) = [\sqrt{\pi}\,2^n n!]^{-1/2}e^{-\xi^2/2}H_n(\xi)$ die Eigenfunktionen eines *eindimensionalen* harmonischen Oszillators darstellen und $\ell = \sqrt{\hbar/m\omega}$ gilt. Man erhält für die Matrixelemente $\langle\mathbf{n'}|\mathbf{x}|\mathbf{n}\rangle$:

$$|\langle\mathbf{n'}|\mathbf{x}|\mathbf{n}\rangle|^2 = \tfrac{1}{2}\ell^2\left(\Delta_{n_1'n_1}\delta_{n_2'n_2}\delta_{n_3'n_3} + \delta_{n_1'n_1}\Delta_{n_2'n_2}\delta_{n_3'n_3} + \delta_{n_1'n_1}\delta_{n_2'n_2}\Delta_{n_3'n_3}\right)\ ,$$

wobei definiert wurde:

$$\Delta_{n'n} \equiv (n+1)\delta_{n',n+1} + n\delta_{n',n-1}\ .$$

Auch das entsprechende dreidimensionale Modell (mit den Parametern $\alpha = \tfrac{1}{2}\bar{\alpha}\ell^2$ und $\beta = \tfrac{1}{2}\bar{\beta}\ell^2$) ist mit Hilfe der Methode der charakteristischen Kurven lösbar. Zu beachten ist noch, dass die Parameter α und β die Beziehung $\beta/\alpha = e^{-\hbar\omega_0/k_{\mathrm{B}}T}$ erfüllen, sodass tatsächlich immer $\beta < \alpha$ gilt, wie oben angenommen wurde.

7.3 Stabilität in der Boltzmann-Gleichung

Das weitaus berühmteste Beispiel für eine Stabilitätsanalyse mit Hilfe einer Ljapunow-Funktion ist wohl das *H-Theorem* für die *nicht-lineare Boltzmann-Gleichung* in der kinetischen Gastheorie.[4] Der Einfachheit halber betrachten wir im Folgenden ein d-dimensionales einatomiges Gas spinloser Teilchen, das in einem (d-dimensionalen) Behälter eingeschlossen ist, der relativ zum Beobachter *ruht*. Wir

---

[4]Neben den allgemeinen Refn. [48] und [24] können als Literatur zur nicht-linearen Boltzmann-Gleichung auch die Übersichtsartikel Refn. [14] und [19] sehr empfohlen werden.

betrachten nur klassische Gase (wie im üblichen dreidimensionalen Fall z. B. Luft bei Zimmertemperatur oder ^{4}He für $T \gg T_\lambda$). Quanteneffekte werden vernachlässigt. Wir behandeln zuerst in Abschnitt [7.3.1] den einfacheren Fall eines *räumlich homogenen* Gases, dessen Verteilungsfunktion nur von der Geschwindigkeit $\mathbf{v}$ eines Teilchens und der Zeitvariablen t abhängig ist, und dann in Abschnitt [7.3.3] den wichtigen allgemeinen Falls eines *räumlich inhomogenen* Gases.

7.3.1   Die räumlich homogene Boltzmann-Gleichung

Wir betrachten also zunächst ein *räumlich homogen* über den Behälter verteiltes Gas. Auf die Gasteilchen sollen keine externen Kräfte einwirken. Der *Gleichgewichtszustand* dieses Gases lässt sich sehr leicht beschreiben. Wir wissen z. B. aus Übungsaufgabe 1.3 oder aus Abschnitt [4.2.2], dass die Wahrscheinlichkeit dafür, dass ein Gasteilchen (der Masse m) die kinetische Energie $\varepsilon = \frac{1}{2}m\mathbf{v}^2$ hat, proportional zum Boltzmann-Faktor $e^{-\beta\varepsilon} = e^{-\frac{1}{2}\beta m \mathbf{v}^2}$ mit $\beta = \frac{1}{k_\mathrm{B}T}$ ist. Folglich ist die Dichte der Teilchen mit der Geschwindigkeit $\mathbf{v}$ im Gleichgewicht gegeben durch:

$$f_\mathrm{M}(\mathbf{v}) = \rho \left(\frac{m\beta}{2\pi}\right)^{d/2} e^{-\frac{1}{2}\beta m \mathbf{v}^2} . \tag{7.22}$$

Hierbei stellt d die Raumdimension und ρ die Gesamtteilchendichte des Gases dar. In praktischen Anwendungen gilt meistens $d = 3$. Man überprüft leicht die Normierung:

$$\int d^d v \, f_\mathrm{M}(\mathbf{v}) = \rho .$$

Die Gleichgewichtsverteilung (7.22) ist bekannt als die *Maxwell-Verteilung* eines klassischen Gases. Es folgt mit den Methoden von Übungsaufgabe 1.3 aus (7.22), dass die mittlere kinetische Energie durch $\langle \frac{1}{2}m\mathbf{v}^2 \rangle = \frac{d}{2}k_\mathrm{B}T$ gegeben ist.

Betrachten wir nun eine Verteilung der Gasmoleküle über die verschiedenen Geschwindigkeiten, die anfangs (zum Zeitpunkt $t = 0$) von der Gleichgewichtsverteilung abweicht:

$$f(\mathbf{v}, 0) \neq f_\mathrm{M}(\mathbf{v}) .$$

Wird $f(\mathbf{v}, t)$ sich schließlich an $f_\mathrm{M}(\mathbf{v})$ annähern? Wenn ja, wie wird dies geschehen?

Um dieses Problem zu lösen, hat Ludwig Boltzmann 1872 eine kinetische Gleichung für $f(\mathbf{v}, t)$ aufgestellt, annehmend, dass die Moleküle durch Zweiteilchenstöße Energie austauschen und sich in dieser Weise allmählich

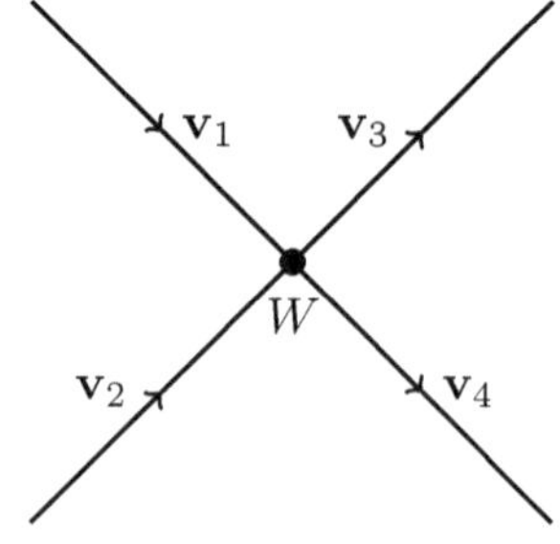

Abb. 7.8 Der Stoß $\mathbf{v}_1\mathbf{v}_2 \to \mathbf{v}_3\mathbf{v}_4$ mit Streurate $W(\mathbf{v}_1\mathbf{v}_2|\mathbf{v}_3\mathbf{v}_4)$

dem Gleichgewicht nähern. Man kann den Stoß zweier Teilchen der Geschwindigkeiten $\mathbf{v}_1$ und $\mathbf{v}_2$, die in Zustände $(\mathbf{v}_3,\mathbf{v}_4)$ gestreut werden, diagrammatisch wie in Abbildung 7.8 darstellen. Die Streurate für diesen Prozess sei $W(\mathbf{v}_1\mathbf{v}_2|\mathbf{v}_3\mathbf{v}_4)$. Im Allgemeinen ist die Gestalt von W recht kompliziert. Für unsere Zwecke reicht es, zu erwähnen, dass W wegen Energie- und Impulserhaltung Faktoren

$$\delta(\mathbf{v}_1^2 + \mathbf{v}_2^2 - \mathbf{v}_3^2 - \mathbf{v}_4^2)\delta(\mathbf{v}_1 + \mathbf{v}_2 - \mathbf{v}_3 - \mathbf{v}_4) \tag{7.23}$$

enthält und für ein einatomiges Gas spinloser Teilchen die folgenden Symmetrieeigenschaften hat:

$$W(12|34) = W(21|43) = W(34|12) = W(43|21) \,. \tag{7.24}$$

Hier ist $\mathbf{v}_1$ durch „1" ersetzt und so weiter. Die Eigenschaft $W(12|34) = W(21|43)$ basiert darauf, dass die zusammenstoßenden Teilchen identisch sind, sodass man die Bezeichnungen „1" und „2" vertauschen kann. Die Eigenschaft $W(12|34) = W(34|12)$ kann man aus der Galilei- und Rotationsinvarianz der Streurate ableiten, und schließlich ist $W(12|34) = W(43|21)$ eine Kombination der beiden vorherigen Eigenschaften. Die Boltzmann-Gleichung lautet nun:

$$\boxed{\frac{\partial f}{\partial t}(1,t) = \int d2 \int d3 \int d4 \, W(12|34) \left[f(3,t)f(4,t) - f(1,t)f(2,t)\right] \,,} \tag{7.25}$$

wobei wiederum „1" $= \mathbf{v}_1$, „2" $= \mathbf{v}_2$, „d2" $= d^d v_2$ und so weiter. Der erste Term in (7.25) stellt den Gewinn dar: Es werden Teilchen mit Geschwindigkeit „1" produziert, wenn andere Teilchen (hier „3" und „4") zusammenstoßen. Der zweite Term stellt den Verlust dar: Es verschwinden auch Teilchen „1" durch Stöße mit anderen Teilchen (hier: „2"). Über alle diese Möglichkeiten muss man integrieren. Boltzmanns grundlegende Annahme, dass die Änderung der Verteilungsfunktion durch Stöße in der Form (7.25) darstellbar ist, wird als sein *Stoßzahlansatz* bezeichnet. Der Stoßzahlansatz setzt voraus, dass z. B. die Rate von Stoßprozessen der Form $(3,4) \to (1,2)$ proportional zu $f(3,t)d3 \times f(4,t)d4$ ist und somit proportional zum *Produkt* der Teilchenzahlen mit den Geschwindigkeiten $\mathbf{v}_3$ und $\mathbf{v}_4$. Dies bedeutet aber, dass *Korrelationen* zwischen den Teilchen vernachlässigt werden und die Boltzmann-Gleichung die Dynamik eines „gemittelten" Gases beschreibt. Wir gehen später näher darauf ein, unter welchen Bedingungen die Boltzmann-Beschreibung exakt wird und – in Abschnitt [7.3.2] – wie ihre Ergebnisse physikalisch zu interpretieren sind.

Die Boltzmann-Gleichung weist einige *Erhaltungsgrößen* auf, die den physikalischen Größen *Teilchenzahl*, *Impuls* und *kinetischer Energie* entsprechen, nämlich:

$$\int d1 \, f(1,t) \quad , \quad \int d1 \, \mathbf{v}_1 f(1,t) \quad \text{und} \quad \int d1 \, \mathbf{v}_1^2 f(1,t) \,. \tag{7.26}$$

Um nachzuweisen, dass diese Größen in der Tat zeitlich erhalten sind, definieren wir die Linearkombination $A_i \equiv \alpha + \boldsymbol{\beta} \cdot \mathbf{v}_i + \gamma \mathbf{v}_i^2$ sowie die symmetrisierte Streurate

$$W_{\mathrm{s}}(12|34) \equiv \frac{1}{4}[W(12|34) + W(21|43) + W(34|12) + W(43|21)] \,, \tag{7.27}$$

die aufgrund von (7.24) exakt gleich $W(12|34)$ ist. Multiplikation von (7.25) mit

A_1 und anschließender Integration über $\mathbf{v}_1$ ergibt:

$$\partial_t \int d1\, A_1 f(1,t) = \int d1 \cdots \int d4\, W_s(12|34) A_1 \left[f(3,t)f(4,t) - f(1,t)f(2,t) \right]$$

$$= \frac{1}{4} \int d1 \cdots \int d4\, W(12|34)(A_1 + A_2 - A_3 - A_4)$$

$$\times \left[f(3,t)f(4,t) - f(1,t)f(2,t) \right] \overset{!}{=} 0 \,,$$

da exakt $A_1 + A_2 - A_3 - A_4 = 0$ gilt aufgrund der gemäß (7.23) in $W(12|34)$ enthaltenen Deltafunktionen. Wir schließen hieraus, dass $\int d1\, A_1 f(1,t)$ für alle möglichen Werte der Parameter α, β und γ erhalten ist. Hieraus folgt dann, dass auch alle drei Größen in Gleichung (7.26) einzeln erhalten sind.

Das H-Funktional für die homogene Boltzmann-Gleichung

Man überprüft leicht, dass $f_\mathrm{M}(\mathbf{v})$ ein stationärer Zustand von (7.25) ist. Unklar ist noch, ob es auch die eindeutige *Gleichgewichtslösung* ist, d. h., ob $f_\mathrm{M}(\mathbf{v})$ asymptotisch stabil ist. Um dies zu klären, betrachten wir folgende Ljapunow-Funktion:

$$H[f](t) = \int d^d v\, f(\mathbf{v},t) \ln\left[f(\mathbf{v},t)/f_\mathrm{M}(\mathbf{v}) \right] = \int d1\, f(1,t) \ln\left[f(1,t)/f_\mathrm{M}(1) \right] \,. \quad (7.28)$$

Hierbei ist zu beachten, dass $H[f]$ tatsächlich keine Ljapunow-*Funktion* ist, sondern ein *Funktional* der allgemeinen Verteilungsfunktion f. Bei der Herleitung des H-Theorems betrachtet man dieses Funktional speziell für eine zeitabhängige Lösung $f(t)$ der Boltzmann-Gleichung. Das Funktional $H[f]$ hat aber dieselbe Form wie die H-Funktion (7.16), die benutzt wurde, um Stabilität für die Mastergleichung nachzuweisen: $H[f](t) = \int d^d v\, f_\mathrm{M}(\mathbf{v})F(x)$ mit $F(x) = x\ln(x)$ und $x(\mathbf{v},t) \equiv f(\mathbf{v},t)/f_\mathrm{M}(\mathbf{v})$. Auch Boltzmanns H-Funktional kann daher als *Entropie* interpretiert werden, oder genauer: als Erweiterung des Entropiebegriffs auf Nichtgleichgewichtsprozesse. Ähnlich wie für die Mastergleichung sieht man ein, dass $H[f](t)$ zwei wesentliche Eigenschaften einer Ljapunow-Funktion besitzt: $H = 0$ für $f(\mathbf{v},t) = f_\mathrm{M}(\mathbf{v})$ und $H > 0$ für $f(\mathbf{v},t) \neq f_\mathrm{M}(\mathbf{v})$.

Um asymptotische Stabilität nachzuweisen, müssen wir also nur noch zeigen, dass $dH/dt < 0$ gilt für alle Nichtgleichgewichtslösungen $f(\mathbf{v},t) \neq f_\mathrm{M}(\mathbf{v})$ der Boltzmann-Gleichung. Um dies zu überprüfen, leiten wir $H[f](t)$ nach der Zeitvariablen ab:

$$\frac{dH[f]}{dt} = \frac{d}{dt} \int d1\, f(1,t) \ln\left[f(1,t)/f_\mathrm{M}(1) \right]$$

$$= \int d1\, \partial_t f(1,t) + \int d1\, \ln\left[f(1,t) \right] \partial_t f(1,t) - \frac{d}{dt} \int d1\, f(1,t) \ln\left[f_\mathrm{M}(1) \right] \,.$$

Der erste Term auf der rechten Seite ist null wegen der Normierung. Der dritte Term ist ebenfalls gleich null, da $\ln\left[f_\mathrm{M}(1) \right] = \alpha - \frac{1}{2}\beta m\mathbf{v}^2$ mit konstantem α gilt und $\int d1\, f(1,t) \left[\alpha - \frac{1}{2}\beta m\mathbf{v}^2 \right]$ eine Linearkombination der Erhaltungsgrößen $\int d1\, f(1,t)$

und $\int d1\ \mathbf{v}^2 f(1,t)$ in Gleichung (7.26) ist. Aufgrund von (7.25) findet man also:

$$\frac{dH[f]}{dt} = \int d1\ \ln\left[f(1,t)\right]\partial_t f(1,t)$$

$$= \int d1 \int d2 \int d3 \int d4\ W_{\mathrm{s}}(12|34)\left[f(3,t)f(4,t) - f(1,t)f(2,t)\right]\ln\left[f(1,t)\right]\ ,$$

wobei wiederum die Identität $W_{\mathrm{s}}(12|34) = W(12|34)$ für die symmetrisierte Streurate in (7.27) verwendet wurde. Einsetzen von $W_{\mathrm{s}}(12|34)$ in (7.27) und entsprechende Vertauschung der Indizes (1234) ergibt die folgende Gleichung:

$$\frac{dH[f]}{dt} = -\frac{1}{4}\int d1 \int d2 \int d3 \int d4\ W(12|34)\left[f(3)f(4) - f(1)f(2)\right] \times$$

$$\times \left\{\ln\left[f(3)f(4)\right] - \ln\left[f(1)f(2)\right]\right\}\ .$$

Die Faktoren $[\cdots]\{\cdots\}$ haben nun eine sehr einfache mathematische Struktur erhalten, wobei man die allgemeine Eigenschaft $(x - y)[\ln(x) - \ln(y)] > 0$ für alle $x \neq y$ ausnützen kann. Aufgrund dieser Eigenschaft sieht man direkt, dass entweder

$$\boxed{\frac{dH[f]}{dt} < 0}$$

gelten muss oder alternativ:

$$\boxed{\left[f(3)f(4) - f(1)f(2)\right] = 0 \ \text{ für alle } \{\mathbf{v}_i\} \text{ mit } \begin{cases} \mathbf{v}_1^2 + \mathbf{v}_2^2 = \mathbf{v}_3^2 + \mathbf{v}_4^2 \\ \mathbf{v}_1 + \mathbf{v}_2 = \mathbf{v}_3 + \mathbf{v}_4 \end{cases}}\ .$$

Man kann die letzte Bedingung auch wie folgt umschreiben:

$$\ln\left[f(3)\right] + \ln\left[f(4)\right] = \ln\left[f(1)\right] + \ln\left[f(2)\right]\ . \tag{7.29}$$

Die Gleichung (7.29) hat die Form eines Erhaltungsgesetzes, muss also eine Linearkombination der drei Erhaltungsgesetze für den Impuls, die kinetische Energie und die Teilchenzahl sein:[5]

$$\ln\left[f(\mathbf{v})\right] = \beta m\mathbf{u}\cdot\mathbf{v} - \tfrac{1}{2}\beta m\mathbf{v}^2 + \ln\left[f(\mathbf{0})\right] \quad \text{bzw.} \quad f(\mathbf{v}) = f(\mathbf{0})e^{\beta m(\mathbf{u}\cdot\mathbf{v} - \frac{1}{2}\mathbf{v}^2)}\ .$$

Folglich ist $\mathbf{u}$ die mittlere Geschwindigkeit unseres Gases. Da wir aber annehmen, dass das Gas im Mittel *ruht*, muss $\mathbf{u} = \mathbf{0}$ sein. Es folgt, dass $f(\mathbf{v}) = f_{\mathrm{M}}(\mathbf{v})$, d. h., dass $f_{\mathrm{M}}(\mathbf{v})$ die eindeutige Gleichgewichtslösung ist, an die jede andere Lösung sich im Laufe der Zeit annähert. Dies ist Boltzmanns berühmtes H-Theorem.[6]

---

[5] Hierbei geht die Annahme ein, dass das Gas einatomig ist und die Teilchen spinlos sind, da für ein solches Gas nachweislich keine weiteren Erhaltungsgesetze existieren (siehe Refn. [55, 56, 18]).

[6] Es ist nicht geklärt (s. Ref. [7]), ob mit dem „H" im Namen des Theorems nun der zum lateinischen h oder zum griechischen η gehörige Großbuchstabe gemeint war, sodass gelegentlich auch vom „Eta-Theorem" (wegen *Entropie*) gesprochen wird. Da „Entropie" jedoch ein Kunstwort ist, die zugrunde liegenden griechischen Wörter ἐν und τροπὴ beide nicht mit η anfangen und Boltzmann selbst ein E verwendete, erscheint diese Diskussion von untergeordneter Bedeutung.

Boltzmanns Formel $S = k_{\mathrm{B}} \ln(W)$

Abschließend kann man zum H-Theorem anmerken, dass die Form (7.28) des H-Funktionals für ein klassisches Gas einigermaßen naheliegend ist, auch wenn man die Form (7.16) für die H-Funktion der Mastergleichung und die Form $S = -k_{\mathrm{B}} \sum_m \varrho_m \ln(\varrho_m)$ der Entropie in Gleichung (3.15) nicht kennt. Man kann nämlich alternativ auch, wie Boltzmann es getan hat, von der Beziehung zwischen der Entropie S und der Zahl W der dem System zur Verfügung stehenden Zustände ausgehen: $S = k_{\mathrm{B}} \ln(W)$.

Diese Beziehung ist deshalb naheliegend, da sie zu einer *extensiven* Entropie führt: Die *Kombination* des ersten Systems mit einem zweiten, unabhängigen System mit Entropie S' und Zustandszahl W' hätte nämlich insgesamt WW' verfügbare Zustände und daher die Entropie $k_{\mathrm{B}} \ln(WW') = S + S'$.

Für die Boltzmann-Gleichung kann man W wie folgt berechnen: Man teilt hierzu den Geschwindigkeitsraum auf in Zellen, die durch einen Index i gekennzeichnet sind und alle das Volumen $\Delta \mathbf{v}$ haben. Enthält das Gas N Teilchen und befinden sich davon n_i Teilchen in der Zelle i, so ist W durch den entsprechenden Multinomialfaktor gegeben, der mit Hilfe der Stirling-Formel ausgewertet werden kann:

$$S = k_{\mathrm{B}} \ln \binom{N}{\{n_i\}} = k_{\mathrm{B}} \ln \frac{N!}{\prod_i n_i!} \simeq \text{Konst.} - k_{\mathrm{B}} \sum_i n_i \ln(n_i) \ .$$

Ersetzt man dann noch n_i durch $f_i \Delta \mathbf{v}$, wobei nun f_i die Teilchendichte in der Zelle i darstellt, dann folgt für die Entropie:

$$S \simeq \text{Konst.} - k_{\mathrm{B}} \sum_i \Delta \mathbf{v} \, f_i \ln(f_i) \simeq \text{Konst.} - k_{\mathrm{B}} \int d^d v \, f(\mathbf{v}) \ln\big[f(\mathbf{v})\big] \ ,$$

wobei im letzten Schritt die „Riemann-Summe" durch ein „Riemann-Integral" ersetzt wird. Obwohl mehrere Schritte in diesem Argument lediglich approximativ korrekt sind, motiviert das Endergebnis zumindest einen Ansatz der Form (7.28) für das H-Funktional, der sich dann auch – wie die Berechnung zeigt – als genau richtig für den Beweis des H-Theorems herausstellt.

Die Streuraten in der Boltzmann-Gleichung

Über die Streurate $W(\mathbf{v}_1 \mathbf{v}_2 | \mathbf{v}_3 \mathbf{v}_4)$ in der Boltzmann-Gleichung haben wir bisher lediglich erfahren, dass sie wegen Energie- und Impulserhaltung Deltafunktionen $\delta(\mathbf{v}_1^2 + \mathbf{v}_2^2 - \mathbf{v}_3^2 - \mathbf{v}_4^2)$ und $\delta(\mathbf{v}_1 + \mathbf{v}_2 - \mathbf{v}_3 - \mathbf{v}_4)$ enthält und die Symmetrieeigenschaften (7.24) erfüllt. An dieser Stelle möchten wir diese Information ergänzen, da die Streuraten wichtige physikalische Größen (wie z. B. die Viskositäts- und Wärmeleitfähigkeitskoeffizienten, auf die wir später im Rahmen der Behandlung der Hydrodynamik näher eingehen) vollständig bestimmen.

Im Allgemeinen hat die Streurate $W(\mathbf{v}_1 \mathbf{v}_2 | \mathbf{v}_3 \mathbf{v}_4)$ für ein Gas in einem d-dimensionalen Volumen die Form (s. z. B. Ref. [14]):

$$W(\mathbf{v}_1 \mathbf{v}_2 | \mathbf{v}_3 \mathbf{v}_4) = 2^d g^{3-d} I(g, \chi) \delta(\mathbf{v}_1^2 + \mathbf{v}_2^2 - \mathbf{v}_3^2 - \mathbf{v}_4^2) \delta(\mathbf{v}_1 + \mathbf{v}_2 - \mathbf{v}_3 - \mathbf{v}_4) \ ,$$

wobei $g = |\mathbf{g}|$ den Betrag der Relativgeschwindigkeit $\mathbf{g} \equiv \mathbf{v}_1 - \mathbf{v}_2$ und $I(g, \chi)$ den sogenannten *differentiellen Wirkungsquerschnitt* für den Streuprozess darstellt. Die

Funktion $I(g, \chi)$ hängt neben g auch vom Winkel χ der Relativgeschwindigkeiten vor und nach dem Streuprozess ab:

$$\chi \equiv \arccos(\hat{\mathbf{g}} \cdot \hat{\mathbf{g}}') \quad , \quad \hat{\mathbf{g}} \equiv \frac{\mathbf{g}}{|\mathbf{g}|} \quad , \quad \hat{\mathbf{g}}' \equiv \frac{\mathbf{g}'}{|\mathbf{g}'|} \quad , \quad \mathbf{g}' \equiv \mathbf{v}_3 - \mathbf{v}_4 \, .$$

Die so definierten Streuraten haben also wegen $\chi \rightleftharpoons \pi - \chi$ im allgemeinen *nicht* die Symmetrieeigenschaft $W(\mathbf{v}_1\mathbf{v}_2|\mathbf{v}_3\mathbf{v}_4) = W(\mathbf{v}_1\mathbf{v}_2|\mathbf{v}_4\mathbf{v}_3)$. Durch Symmetrisierung des Integranden der Boltzmann-Gleichung bzgl. $\mathbf{v}_3$ und $\mathbf{v}_4$ kann man es aber immer so einrichten, dass auch diese Symmetrieeigenschaft erfüllt ist (siehe Ref. [14]).

Ein einfaches Beispiel ist das Gas dreidimensionaler harter Kugeln, das einen (g, χ)-unabhängigen differentiellen Wirkungsquerschnitt $I(g, \chi) = \frac{1}{4}\sigma^2$ hat, wobei σ der *Durchmesser* der harten Kugeln ist. Der totale Wirkungsquerschnitt für einen Streuprozess ergibt sich dann aus einer Integration über den gesamten Raumwinkel als $\int d\Omega\, I(g, \chi) = \pi\sigma^2$, und die entsprechenden Streuraten

$$W(\mathbf{v}_1\mathbf{v}_2|\mathbf{v}_3\mathbf{v}_4) = 2\sigma^2\delta(\mathbf{v}_1^2 + \mathbf{v}_2^2 - \mathbf{v}_3^2 - \mathbf{v}_4^2)\delta(\mathbf{v}_1 + \mathbf{v}_2 - \mathbf{v}_3 - \mathbf{v}_4) \tag{7.30}$$

sind vollständig durch Energie- und Impulserhaltung und den Kugeldurchmesser σ festgelegt. Man sehe hierzu auch Ref. [8].

Das Beispiel eines Gases dreidimensionaler harter Kugeln ist auch gut dazu geeignet, zwei weitere Begriffe aus der kinetischen Theorie zumindest qualtitativ zu erklären. Die *mittlere freie Weglänge* ℓ ist der mittlere Abstand, den ein Teilchen zwischen zwei aufeinanderfolgenden Stößen zurücklegt. Eine harte Kugel hat den Wirkungsquerschnitt $\pi\sigma^2$. Betrachten wir eine solche Kugel direkt nach einem Streuprozess, aus dem sie mit der Geschwindigkeit $\mathbf{v}$ herauskommt: Die Definition der mittleren freien Weglänge bedeutet, dass die Kugel in $\mathbf{v}$-Richtung typischerweise ein freies Volumen $\pi\sigma^2\ell$ vor sich sieht. Dieses freie Volumen muss dann auch etwa gleich dem Volumen pro Teilchen ρ^{-1} sein. Es folgt für die mittlere freie Weglänge in einem Gas dreidimensionaler harter Kugeln: $\ell \simeq (\pi\rho\sigma^2)^{-1}$. Schätzt man die typische Geschwindigkeit der Kugel nach dem ersten Stoß noch ab als $|\mathbf{v}| \simeq v_{\mathrm{th}} \equiv (k_{\mathrm{B}}T/m)^{1/2}$, so folgt hieraus sofort eine Abschätzung für die *mittlere Stoßzeit* als $\tau \simeq \ell/v_{\mathrm{th}} = \ell(m/k_{\mathrm{B}}T)^{1/2}$.

Wann wird die Boltzmann-Gleichung exakt?

Physikalisch wichtig ist auch die Frage, unter welchen Bedingungen die Boltzmann-Gleichung *exakt* wird, d. h. eine adäquate Beschreibung der Dynamik eines Gases darstellt. Gemeint ist hiermit konkret die Frage, unter welchen Bedingungen die Boltzmann-Gleichung aus der Newton'schen Mechanik hergeleitet werden kann. Die Antwort von H. Grad hierzu lautet (s. Refn. [19, 37, 25]), dass die Boltzmann-Gleichung eine exakte Beschreibung darstellt im sogenannten „Grad-Limes", d. h. im gekoppelten Limes einer hohen Teilchendichte ($\rho \to \infty$) und kleinen Streulänge (für harte Kugeln bedeutet dies $\sigma \to 0$), wobei der Gesamtwirkungsquerschnitt der Gasteilchen pro Volumeneinheit $\rho\sigma^2$ festgehalten wird. Außerdem soll die Masse der individuellen Teilchen in diesem Grenzwertprozess bei festgehaltener Massendichte ρm ebenfalls gegen null streben ($m \to 0$). Im Grad-Limes bleibt die mittlere freie Weglänge $\ell \simeq (\pi\rho\sigma^2)^{-1}$ endlich, und der Teilchendurchmesser σ ist wegen $\sigma\rho^{1/3} =$

$(\rho\sigma^3)^{1/3} \propto \sigma^{1/3} \to 0$ viel kleiner[7] als der mittlere Teilchenabstand $\rho^{-1/3}$. Ein solches Gas wird von Grad (siehe Ref. [19]) als „Boltzmann-Gas" bezeichnet.

Bei der Definition des Grad-Limes wird allerdings eine Aussage über Wechselwirkungsprozesse in einem Gas *klassischer, nicht-relativistischer* Teilchen gemacht. Aus allgemein-physikalischer Sicht muss angemerkt werden, dass der Grad-Limes in dieser Form streng genommen nicht realisierbar ist, da für reale Atome oder Moleküle im Limes $\rho \to \infty$ mit $\sigma \to 0$ und $m \to 0$ Quanteneffekte und relativistische Effekte immer wichtiger werden.[8]

7.3.2 *H*-Theorem und Ehrenfest-Modell

Das *H*-Theorem hat gezeigt, dass die Boltzmann-Gleichung die Annäherung eines Gases an einen eindeutigen Gleichgewichtszustand beschreiben kann, und zwar unabhängig vom Anfangszustand dieses Gases. Die Boltzmann-Beschreibung stellt somit ein wohldefiniertes, realistisches Modell dar, das die Existenz eines *Zeitpfeils* belegt, der immer *vom Nichtgleichgewicht zum Gleichgewicht* zeigt und niemals andersherum. Dies ist einerseits offensichtlich ein sehr wichtiges und befriedigendes Ergebnis, da es vollkommen im Einklang mit der täglichen Erfahrung ist. Andererseits ist dieses Ergebnis aber auch sehr verstörend, da es anscheinend fundamentale Eigenschaften der Klassischen Mechanik (oder auch der Quantenmechanik) verletzt. So hat z. B. Joseph Loschmidt, der Kollege von Boltzmann, der uns bereits aus Abschnitt [1.1] wegen seiner Abschätzung der Avogadro-Zahl bekannt ist, 1876 den Einwand erhoben, dass die Annäherung an den Gleichgewichtszustand die *Zeitumkehrinvarianz* der Klassischen Mechanik verletze. Außerdem wies der damals erst 25-jährige Ernst Zermelo 1896 auf den von Henri Poincaré bewiesenen „Wiederkehrsatz" aus der Mechanik hin. Dieser Satz besagt (etwas vereinfacht formuliert), dass ein System mit zeitunabhängiger Hamilton-Funktion immer nach hinreichend langer Zeit, der sogenannten „Poincaré-Rückkehrzeit", zu früheren Positionen im Phasenraum zurückkehren muss. In beiderlei Hinsicht verletzt die Boltzmann-Gleichung anscheinend die Gesetze der Klassischen Mechanik.

Das Ehrenfest-Modell

Etwa elf Jahre nach Zermelos Einwand zeigte das Ehepaar Paul und Tatiana Ehrenfest in einer kurzen und sehr eleganten Arbeit, Ref. [13], wie Boltzmanns Gleichung und das *H*-Theorem zu interpretieren sind und dass die Ergebnisse durchaus (im Sinne von *Mittelwerten*) mit der Klassischen Mechanik im Einklang stehen. Das Ehepaar Ehrenfest argumentiert anhand eines sehr einfachen Modells für ein dynamisches System, das heute als *Ehrenfest-Modell* bekannt ist. Dieses Modell ist mittlerweile auch aus der Sicht der Mathematischen Physik sehr gut verstanden, siehe Refn. [28, 15]. Im Ehrenfest-Modell betrachtet man zwei Urnen, die insgesamt

---

[7]Dies bedeutet also, dass der *Volumenanteil* $\rho\sigma^3 \propto \sigma$ des Gases im Grad-Limes gegen *null* strebt. In Ref. [19] spricht Grad selbst dann auch zu Recht über das Boltzmann-Gas als *verdünnt*, obwohl die *Teilchendichte* im Grad-Limes gerade *groß* wird.

[8]Aus diesem Grund beschreibt Grad in Ref. [19] auch einen alternativen, mathematisch äquivalenten und physikalisch realisierbaren Grenzwertprozess, wobei die mikroskopischen Größen σ und m festgehalten werden und zum Ausgleich die *makroskopischen Längen* (wie die typischen Längenskalen des Behälters und der Verteilungsfunktion) *divergieren*.

N Kugeln enthalten, die mit den Zahlen 1 bis N nummeriert sind. Das Modell enthält auch einen Sack mit N Lotteriezetteln, die ebenfalls von 1 bis N nummeriert sind. Zu jedem der Zeitpunkte $t = m\tau$ (mit $m \in \mathbb{N}$) wird ein Zettel gezogen und zurückgelegt, und die Kugel mit der entsprechenden Nummer hüpft aus der Urne, in der sie liegt, in die andere Urne und bleibt dort liegen, bis ihre Nummer wieder gezogen wird.

Im Ehrenfest-Modell ist jede Verteilung der Kugeln über die beiden Urnen möglich, und jede Verteilung wird gelegentlich auftreten. Außerdem ist bei jeder Abfolge von Hüpfprozessen der Kugeln zwischen den Urnen auch die umgekehrte Abfolge möglich (und gleich wahrscheinlich). Wie die Klassische Mechanik auch ist das Ehrenfest-Modell daher zeitumkehrinvariant und wird durch Poincaré-Rückkehrzeiten charakterisiert (siehe auch Ref. [28]). Dennoch zeigen die *Erwartungswerte* für die Kugelzahlen der beiden Urnen eine irreversible Annäherung an einen eindeutigen Gleichgewichtszustand, wie die Verteilungsfunktionen in der Boltzmann-Gleichung auch. Dies sieht man wie folgt: Die Wahrscheinlichkeit $p_{n,m}$ dafür, dass Urne 1 zum Zeitindex m genau n Kugeln enthält, erfüllt die folgende Rekursionsgleichung:

$$p_{n,m+1} = \frac{N-(n-1)}{N}p_{n-1,m} + \frac{n+1}{N}p_{n+1,m} \qquad (m \in \mathbb{N}_0)\,. \tag{7.31}$$

Diese Gleichung beschreibt anhand der entsprechenden Wahrscheinlichkeiten, dass Urne 1 zum Zeitindex $m + 1$ genau n Kugeln enthalten kann, falls sie einen Zeitschritt vorher *entweder* $n - 1$ Kugeln enthält und eine der $N - (n - 1)$ Kugeln in Urne 2 zum Hüpfen auserkoren wird, *oder* $n + 1$ Kugeln enthält und eine dieser $n + 1$ Kugeln gezogen wird und aus Urne 1 weghüpft. Gleichung (7.31) hat die Struktur einer *Mastergleichung*, allerdings in diesem Fall mit diskretem Zeitindex $m \in \mathbb{N}_0$:

$$\left(\frac{\Delta p_n}{\Delta m}\right)_m \equiv p_{n,m+1} - p_{n,m} = \frac{N-(n-1)}{N}p_{n-1,m} + \frac{n+1}{N}p_{n+1,m} - p_{n,m}\,.$$

Gleichung (7.31) erhält die Gesamtwahrscheinlichkeit, $\sum_n p_{n,m} = 1$, und hat noch zwei weitere interessante Eigenschaften, die wir einzeln diskutieren möchten.

Erstens hat Gleichung (7.31) einen eindeutigen stationären Zustand, der durch die normierte Wahrscheinlichkeitsverteilung $p_{n,\infty} = 2^{-N}\binom{N}{n}$ mit dem Mittelwert $\langle n \rangle_\infty = \sum_n n p_{n,\infty} = \frac{1}{2}N$ gegeben ist. Diese Binomialverteilung zeigt noch einmal, dass jede Verteilung der Kugeln über die Urnen möglich und – falls man die Kugeln anhand ihrer Nummern unterscheidet – auch gleich wahrscheinlich ist. Insbesondere ist auch der Zustand mit allen Kugeln in Urne 1 möglich ($n = N$), nur ist dieser Zustand für großes N sehr unwahrscheinlich: $p_{N,\infty} = 2^{-N}$. Im Laufe der Ewigkeit wird der Zustand mit $n = N$ unendlich oft autreten, aber die Poincaré-Rückkehrzeit $2^N\tau$ zwischen aufeinanderfolgenden Auftritten ist sehr lang. Bereits für $N = 100$ und $\tau = 10^{-12}\,\mathrm{s}$ ist die Rückkehrzeit $10^{100\ln(2)/\ln(10)-12} \simeq 10^{18}\,\mathrm{s}$ und somit größer als das Alter des Universums. Wir lernen hieraus, dass große Abweichungen vom Mittelwert $\langle n \rangle_\infty = \frac{1}{2}N$ zwar möglich, aber sehr unwahrscheinlich sind.

Zweitens folgt aus Gleichung (7.31) auch eine Rekursionsbeziehung für die zeitabhängigen Mittelwerte $\langle n \rangle_m = \sum_n n p_{n,m}$. Durch Multiplikation von (7.31) mit n

und Summation über n erhält man:

$$\langle n\rangle_{m+1} = \left(1 - \tfrac{2}{N}\right)\langle n\rangle_m + 1 \quad \text{bzw.} \quad \left(\langle n\rangle_{m+1} - \tfrac{1}{2}N\right) = \left(1 - \tfrac{2}{N}\right)\left(\langle n\rangle_m - \tfrac{1}{2}N\right).$$

Definiert man nun $a_m \equiv \langle n\rangle_m - \tfrac{1}{2}N$, so erhält man direkt die Lösung

$$a_m = \left(1 - \tfrac{2}{N}\right)^m a_0 \quad \text{bzw.} \quad \boxed{\langle n\rangle_m = \tfrac{1}{2}N + \left(1 - \tfrac{2}{N}\right)^m \left(\langle n\rangle_0 - \tfrac{1}{2}N\right).}$$

Ähnlich wie auch die Verteilungsfunktion $f(\mathbf{v}, t)$ in der Boltzmann-Gleichung, zeigen die Mittelwerte $\langle n\rangle_m$ also eine monotone Annäherung an den Mittelwert $\langle n\rangle_\infty = \tfrac{1}{2}N$ des Gleichgewichtszustands $p_{n,\infty}$ und somit einen *Zeitpfeil*. Wichtig ist, dass diese Annäherung von $\langle n\rangle_m$ an $\langle n\rangle_\infty$ nun aber *exakt* aus der Dynamik des Ehrenfest-Modells folgt. Die Untersuchung des Ehrenfest-Modells führt daher zum wichtigen Fazit, dass die Boltzmann-Gleichung sehr wohl im Einklang mit der Klassischen Mechanik steht. Man muss sie nur korrekt als ein Modell für die Zeitentwicklung von *Erwartungswerten* interpretieren, das seltene Fluktuationen auf hyperastronomisch langen Zeitskalen nicht zu beschreiben versucht und nicht beschreiben kann.[9]

Das Hund-Floh-Modell und der zweite Hauptsatz

Das Ehrenfest-Modell kann auch anders interpretiert werden. Ersetzt man die Urnen und Kugeln durch zwei Hunde mit insgesamt N Flöhen, so erhält man das amüsante, aber aus biologischer Sicht möglicherweise etwas dubiose „Hund-Floh-Modell". Ungleich wichtiger erscheint die Interpretation der Urnen und Kugeln als zwei isolierte Körper mit unterschiedlichem Wärmeinhalt bzw. unterschiedlicher Temperatur durch Mark Kac (s. Ref. [28]). Das Hüpfen der Kugeln ist in dieser Interpretation als zufälliger Wärmeaustauch zwischen den Körpern zu interpretieren. Die monotone Annäherung der Mittelwerte $\langle n\rangle_m$ an den Grenzwert $\langle n\rangle_\infty = \tfrac{1}{2}N$ im Ehrenfest-Modell entspricht dann genau dem zweiten Hauptsatz in der Formulierung von Clausius, der besagt, dass Wärme von höheren zu niedrigeren Temperaturen fließt und nicht andersherum. Insofern reicht die Bedeutung des Ehrenfest-Modells über die Boltzmann-Gleichung hinaus und umfasst die ganze Thermodynamik.

7.3.3 Die räumlich inhomogene Boltzmann-Gleichung

Die Rechnungen für die *räumlich inhomogene* Boltzmann-Gleichung verlaufen analog zum homogenen Fall. Wir betrachten ein *drei*dimensionales klassisches Gas, bestehend aus N Teilchen der Masse m, das in einem endlich ausgedehnten Behälter $\mathcal{D} \subset \mathbb{R}^3$ mit dem Volumen $V \equiv \mathrm{vol}(\mathcal{D})$ und der Oberfläche $\mathcal{F} \equiv \partial\mathcal{D}$ eingesperrt ist, der relativ zum Beobachter ruht. Die Fläche $\mathcal{F}$ stellt also die „Wand" des Behälters dar, und wir nehmen im Folgenden der Einfachheit halber an, dass diese Wand *glatt* ist. Wir nehmen außerdem an, dass die Gasteilchen einem konservativen Kraftfeld $\mathbf{F}(\mathbf{x})$ (z. B. dem Schwerkraftfeld) ausgesetzt sind: $\mathbf{F}(\mathbf{x}) = -\nabla\mathcal{V}(\mathbf{x})$. Der

---

[9]Diese Idee der Ehrenfests wurde 1974 von van Kampen in Ref. [30] zu Ende gedacht, indem er, ausgehend von einer *Mastergleichung* für die Teilchenstöße im Gas, zeigte, dass die Verteilungsfunktion in der Tat *im Mittel* durch die Boltzmann-Gleichung und die Fluktuationen um dieses mittlere Verhalten durch eine Fokker-Planck-Gleichung beschrieben werden können.

kräftefreie Fall, $\mathcal{V}(\mathbf{x}) = \text{Konstante}$ bzw. $\mathbf{F}(\mathbf{x}) = \mathbf{0}$, ist offensichtlich als Spezialfall in dieser Annahme enthalten.

Bezeichnet man nun die *lokale* Teilchendichte am Ort $\mathbf{x}$ zur Zeit t als $\rho(\mathbf{x}, t)$ und die zeitunabhängige, über den Behälter gemittelte Teilchendichte als $\bar{\rho}$, so erhält man die folgende Normierungsbedingung für die räumlich inhomogene Verteilungsfunktion $f(\mathbf{x}, \mathbf{v}, t)$:

$$\int d^3v\, f(\mathbf{x}, \mathbf{v}, t) = \rho(\mathbf{x}, t) \quad , \quad \frac{1}{V} \int_{\mathcal{D}} d^3x\, \rho(\mathbf{x}, t) = \frac{N}{V} = \bar{\rho} \, . \tag{7.32}$$

Die Verteilungsfunktion $f(\mathbf{x}, \mathbf{v}, t)$ erfüllt im Allgemeinen die folgende Boltzmann-Gleichung:

$$\frac{\partial f}{\partial t}(\mathbf{x}, \mathbf{v}_1, t) + \mathbf{v}_1 \cdot \frac{\partial f}{\partial \mathbf{x}}(\mathbf{x}, \mathbf{v}_1, t) + \frac{1}{m}\mathbf{F}(\mathbf{x}) \cdot \frac{\partial f}{\partial \mathbf{v}}(\mathbf{x}, \mathbf{v}_1, t) = S[f](\mathbf{x}, \mathbf{v}_1, t) \, , \tag{7.33}$$

wobei der Stoßterm $S[f](\mathbf{x}, \mathbf{v}_1, t)$ analog zum räumlich homogenen Fall definiert wird:

$$S[f](\mathbf{x}, \mathbf{v}_1, t) \equiv \int d^3v_2 \int d^3v_3 \int d^3v_4\, W(\mathbf{v}_1\mathbf{v}_2|\mathbf{v}_3\mathbf{v}_4)\big[f(\mathbf{x}, \mathbf{v}_3, t)f(\mathbf{x}, \mathbf{v}_4, t)$$
$$- f(\mathbf{x}, \mathbf{v}_1, t)f(\mathbf{x}, \mathbf{v}_2, t)\big] \, . \tag{7.34}$$

Die linke Seite $\frac{\partial f}{\partial t} + \mathbf{v}_1 \cdot \frac{\partial f}{\partial \mathbf{x}} + \frac{1}{m}\mathbf{F} \cdot \frac{\partial f}{\partial \mathbf{v}}$ von Gleichung (7.33) wird auch als die „totale Zeitableitung" der Verteilungsfunktion f bezeichnet. Damit es keinen Teilchenstrom durch die Wand $\mathcal{F}$ des Behälters gibt, soll die folgende Randbedingung erfüllt sein:

$$f(\mathbf{x}, \mathbf{v}, t) = f(\mathbf{x}, \mathcal{R}\mathbf{v}, t) \qquad (\mathbf{x} \in \mathcal{F}) \, .$$

Hierbei stellt $\mathcal{R}\mathbf{v} \equiv \mathbf{v} - 2(\hat{\mathbf{n}} \cdot \mathbf{v})\hat{\mathbf{n}}$ die an der Wand reflektierte Geschwindigkeit dar, und $\hat{\mathbf{n}}(\mathbf{x}) \perp \mathcal{F}$ ist der nach außen gerichtete Normalenvektor am Ort $\mathbf{x}$ der Oberfläche des Gasbehälters.

Die Maxwell-Boltzmann-Verteilung

Eine mögliche stationäre Verteilung der räumlich inhomogenen Boltzmann-Gleichung (7.33) ist die *Maxwell-Boltzmann-Verteilung*,

$$f_{\mathrm{MB}}(\mathbf{x}, \mathbf{v}) = \bar{\rho}\, C \left(\frac{m\beta}{2\pi}\right)^{3/2} e^{-\beta\epsilon(\mathbf{x}, \mathbf{v})} \quad , \quad C^{-1} \equiv \left\langle e^{-\beta\mathcal{V}(\mathbf{x})} \right\rangle_{\mathcal{D}} , \tag{7.35}$$

wobei $\epsilon(\mathbf{x}, \mathbf{v}) \equiv \frac{1}{2}m\mathbf{v}^2 + \mathcal{V}(\mathbf{x})$ die Energie eines Teilchens mit der Geschwindigkeit $\mathbf{v}$ am Ort $\mathbf{x}$ darstellt. Dass die Maxwell-Boltzmann-Verteilung eine stationäre Lösung der Boltzmann-Gleichung (7.33) ist, folgt daraus, dass für f_{MB} sowohl die rechte als auch die linke Seite von (7.33) null sind. Hierbei folgt die Identität $S[f_{\mathrm{MB}}] = 0$ aus der Energieerhaltung während eines Stoßes:

$$\epsilon(\mathbf{x}, \mathbf{v}_1) + \epsilon(\mathbf{x}, \mathbf{v}_2) = \epsilon(\mathbf{x}, \mathbf{v}_3) + \epsilon(\mathbf{x}, \mathbf{v}_4) \, .$$

Außerdem gilt offensichtlich $\partial_t f_{\mathrm{MB}} = 0$ und wegen $F(\mathbf{x}) = -\nabla\mathcal{V}(\mathbf{x})$:

$$\mathbf{v}\cdot\partial_{\mathbf{x}}f_{\mathrm{MB}} + \tfrac{1}{m}F(\mathbf{x})\cdot\partial_{\mathbf{v}}f_{\mathrm{MB}} = -\beta\big[\mathbf{v}\cdot\nabla\mathcal{V}(\mathbf{x}) + F(\mathbf{x})\cdot\mathbf{v}\big]f_{\mathrm{MB}} = 0\,, \qquad (7.36)$$

sodass in der Tat auch die linke Seite von (7.33) null ist.

Wir nennen zwei Spezialfälle von Maxwell-Boltzmann-Verteilungen, die beide bereits aus den Übungsaufgaben zu Kapitel [4] bekannt sind, nämlich aus den Aufgaben 4.12 über die *barometrische Höhenformel* und 4.10 über die *Zentrifuge*. Bei der Herleitung der barometrischen Höhenformel betrachtet man als Modell für die Erdatmosphäre eine unendlich hohe, zylinderförmige Luftsäule mit der Bodenfläche A, die insgesamt N identische Gasteilchen enthält. Die Maxwell-Boltzmann-Verteilung für das Gas in dieser Luftsäule lautet:

$$f_{\mathrm{MB}}(\mathbf{x},\mathbf{v}) = \frac{N}{A}\beta mg\left(\frac{m\beta}{2\pi}\right)^{3/2} e^{-\beta(\frac{1}{2}m\mathbf{v}^2 + mgx_3)}\,. \qquad (7.37)$$

Eine Integration über die Geschwindigkeiten ergibt dann die barometrische Höhenformel für die Teilchendichte: $\rho(r) = \frac{N}{A}\beta mg\, e^{-\beta mgx_3}$.

Im Fall der „Zentrifuge" wissen wir, dass die Verteilungsfunktion bequem im rotierenden System der Zentrifuge ausgerechnet werden kann, in dem dann die Zentrifugalkraft als Scheinkraft auftritt. Die Zentrifugalkraft ist nach außen gerichtet und betragsmäßig gleich $m\omega^2 r$, wobei r der Abstand zur Symmetrieachse der Zentrifuge darstellt. Folglich kann die Zentrifugalkraft aus einem Potential $\mathcal{V}(r) = -\tfrac{1}{2}m\omega^2 r^2$ hergeleitet werden und hat die Maxwell-Boltzmann-Verteilung die Form

$$f_{\mathrm{MB}}(\mathbf{x},\mathbf{v}) = \frac{\beta m\omega^2\ell^2 N}{2V}\left(\frac{m\beta}{2\pi}\right)^{3/2} \frac{e^{-\frac{1}{2}\beta m(|\mathbf{v}-\boldsymbol{\omega}\times\mathbf{x}|^2 - \omega^2 r^2)}}{e^{\frac{1}{2}\beta m\omega^2\ell^2} - 1}\,, \qquad (7.38)$$

wobei $\mathbf{v} - \boldsymbol{\omega}\times\mathbf{x}$ die Geschwindigkeit eines Gasteilchens im rotierenden System darstellt. Eine Integration über die Geschwindigkeiten in Gleichung (7.38) ergibt für die Teilchendichte: $\rho(r) = \rho_0 e^{\frac{1}{2}\beta m\omega^2 r^2}$, wobei $\rho_0 = \frac{\beta m\omega^2\ell^2 N}{2V}[e^{\frac{1}{2}\beta m\omega^2\ell^2} - 1]^{-1}$ die Teilchendichte an der Symmetrieachse der Zentrifuge ist und $0 \le r \le \ell$ gilt.

Das H-Funktional für die inhomogene Boltzmann-Gleichung

Nachdem wir nun die allgemeine stationäre Lösung $f_{\mathrm{MB}}(\mathbf{x},\mathbf{v})$ der Boltzmann-Gleichung bestimmt haben, stellt sich die Frage: Wird sich eine Verteilung der Gasmoleküle, die anfangs von der Maxwell-Boltzmann-Verteilung abweicht, sodass $f(\mathbf{x},\mathbf{v},0) \ne f_{\mathrm{MB}}(\mathbf{x},\mathbf{v})$ gilt, schließlich an f_{MB} annähern? Die Annäherung an f_{MB} kann nun gezeigt werden mit Hilfe der Ljapunow-Funktion:

$$\boxed{\; H[f](t) \equiv \int_{\mathcal{D}} d^3x \int d^3v\; f(\mathbf{x},\mathbf{v},t)\ln\left[\frac{f(\mathbf{x},\mathbf{v},t)}{f_{\mathrm{MB}}(\mathbf{x},\mathbf{v})}\right]\,. \;}$$

Wiederum ist die „H-Funktion" tatsächlich ein *Funktional* der allgemeinen Verteilungsfunktion f und eine *Funktion* der Zeit. Für die mögliche Gleichgewichtsverteilung $f_{\mathrm{MB}}(\mathbf{x},\mathbf{v})$ gilt wie im räumlich homogenen Fall $H[f_{\mathrm{MB}}] = 0$. Um asymptotische Stabilität nachzuweisen, müssen wir noch $dH/dt < 0$ zeigen für alle Nichtgleichgewichtslösungen $f(\mathbf{x},\mathbf{v},t) \ne f_{\mathrm{MB}}(\mathbf{x},\mathbf{v})$ der Boltzmann-Gleichung. Hierzu leiten wir $H[f](t)$ nach der Zeitvariablen ab, wobei wir die kompakte Notation $1 = (\mathbf{x}, \mathbf{v})$ bzw. $d1 = d^3x\, d^3v$ verwenden. Wir erhalten analog zum räumlich homogenen Fall:

$$\frac{d}{dt} H[f](t) = \frac{d}{dt} \int d1\; f(1,t) \ln\left[f(1,t)/f_{\mathrm{M}}(1)\right]$$

$$= \int d1\; \partial_t f(1,t) + \int d1\; \ln\left[f(1,t)\right] \partial_t f(1,t) - \frac{d}{dt} \int d1\; f(1,t) \ln\left[f_{\mathrm{M}}(1)\right] .$$

Der erste Term auf der rechten Seite ist wiederum gleich null wegen der Normierung (7.32). Der dritte Term ist ebenfalls gleich null, da $\ln\left[f_{\mathrm{MB}}(1)\right] = \alpha - \beta\epsilon(1)$ gilt mit konstantem α und $\int d1\; f(1,t)\left[\alpha - \beta\epsilon(1)\right] = \alpha N - \beta E$ eine Erhaltungsgröße ist [siehe Gleichung (7.42)]. Man erhält also für die Zeitableitung von $H[f](t)$:

$$\frac{d}{dt} H[f](t) = \int d1\; \ln\left[f(1,t)\right] \frac{\partial f}{\partial t}(1,t)$$

$$= \int d1\; \ln\left[f(1,t)\right] \left\{ -\mathbf{v} \cdot \frac{\partial f}{\partial \mathbf{x}}(1,t) - \frac{1}{m}\mathbf{F}(\mathbf{x}) \cdot \frac{\partial f}{\partial \mathbf{v}}(1,t) + S[f](1,t) \right\}$$

$$= -\int d^3x\; \boldsymbol{\nabla} \cdot \left[\mathbf{J}_H(\mathbf{x},t) - \mathbf{J}_\rho(\mathbf{x},t)\right] + \int d1\; \ln\left[f(1,t)\right] S[f](1,t) .$$

Im dritten Schritt verwendeten wir, dass der Beitrag des Kraftfelds $\mathbf{F}(\mathbf{x})$ exakt gleich null ist:

$$\left(\frac{dH}{dt}\right)_{\mathbf{F}} \equiv -\frac{1}{m} \int d^3x\; \mathbf{F}(\mathbf{x}) \cdot \int d^3v\; \ln\left[f(1,t)\right] \frac{\partial f}{\partial \mathbf{v}}(1,t) \tag{7.39}$$

$$= -\frac{1}{m} \int d^3x\; \mathbf{F}(\mathbf{x}) \cdot \int d^3v\; \frac{\partial}{\partial \mathbf{v}} \{f(1,t) \ln\left[f(1,t)\right] - f(1,t)\} = 0 ,$$

da $f(\mathbf{x},\mathbf{v},t) = 0$ gilt für alle Geschwindigkeiten $\mathbf{v}$ mit $|\mathbf{v}| = \infty$. In der dritten Zeile wurden die Entropie- und Teilchenstromdichten $\mathbf{J}_H(\mathbf{x},t)$ bzw. $\mathbf{J}_\rho(\mathbf{x},t)$ eingeführt:

$$\mathbf{J}_H(\mathbf{x},t) \equiv \int d^3v\; \mathbf{v} f(\mathbf{x},\mathbf{v},t) \ln\left[f(\mathbf{x},\mathbf{v},t)\right] \quad , \quad \mathbf{J}_\rho(\mathbf{x},t) \equiv \int d^3v\; \mathbf{v} f(\mathbf{x},\mathbf{v},t) .$$

Da der Gasbehälter jedoch thermisch isoliert ist und keine Materie mit der Umgebung austauschen kann, müssen die Entropie- und Teilchenströme durch die Wände des Gasbehälters null sein:

$$\int_{\mathcal{D}} d^3x\; \boldsymbol{\nabla} \cdot \left[\mathbf{J}_H(\mathbf{x},t) - \mathbf{J}_\rho(\mathbf{x},t)\right] = \int_{\mathcal{F}} dS\; \hat{\mathbf{n}}(\mathbf{x}) \cdot \left[\mathbf{J}_H(\mathbf{x},t) - \mathbf{J}_\rho(\mathbf{x},t)\right] = 0 .$$

Folglich vereinfacht sich die Zeitableitung von $H[f](t)$ stark, und es bleibt nur der Beitrag des Stoßterms übrig. Dieselben Argumente, die im räumlich homogenen Fall verwendet wurden, zeigen jetzt, dass der Beitrag des Stoßterms nicht-positiv ist für alle Verteilungsfunktionen f:

$$\boxed{\frac{d}{dt} H[f](t) = \int d1\; \ln\left[f(1,t)\right] S[f](1,t) \leq 0 ,}$$

wobei das Gleichheitszeichen nur für $f = f_{\mathrm{MB}}$ auftreten kann:

$$\frac{d}{dt} H\left[f\right](t) = 0 \quad \Leftrightarrow \quad f(\mathbf{x}, \mathbf{v}, t) = f_{\mathrm{MB}}(\mathbf{x}, \mathbf{v}) \; .$$

Wir schließen hieraus, dass die stationäre Verteilung $f_{\mathrm{MB}}(\mathbf{x}, \mathbf{v})$ auch der einzig mögliche Gleichgewichtszustand des Gases ist.

Die Teilchen-, Impuls- und Energiedichten

Die physikalischen Größen Teilchenzahl und Energie sind natürlich nur global (d. h. im Gesamtvolumen $\mathcal{D}$) und nicht lokal (d. h. an jedem Ort $\mathbf{x}$) erhalten. Der Impuls ist im Allgemeinen sogar global nicht erhalten, weil zwei äußere Kräfte wirken: der von der Behälterwand ausgeübte Druck und das konservative Kraftfeld $\mathbf{F}(\mathbf{x})$.[10] Mit Hilfe der Teilchendichte $\rho(\mathbf{x}, t)$ und der Teilchenstromdichte $\mathbf{J}_\rho(\mathbf{x}, t)$:

$$\rho(\mathbf{x}, t) = \int d^3v \, f(\mathbf{x}, \mathbf{v}, t) \quad , \quad \mathbf{J}_\rho(\mathbf{x}, t) = \int d^3v \, \mathbf{v} f(\mathbf{x}, \mathbf{v}, t) \tag{7.40a}$$

sowie der Impulsdichte $\mathbf{I}(\mathbf{x}, t)$ und der Impulsstromdichte $J_I(\mathbf{x}, t)$:[11]

$$\mathbf{I}(\mathbf{x}, t) = \int d^3v \, m\mathbf{v} f(\mathbf{x}, \mathbf{v}, t) \quad , \quad J_I(\mathbf{x}, t) = \int d^3v \, m\mathbf{v}\mathbf{v}^{\mathrm{T}} f(\mathbf{x}, \mathbf{v}, t) \tag{7.40b}$$

sowie der Energiedichte $E(\mathbf{x}, t)$ und der Energiestromdichte $\mathbf{J}_E(\mathbf{x}, t)$:

$$E(\mathbf{x}, t) = \int d^3v \, \epsilon(\mathbf{x}, \mathbf{v}) f(\mathbf{x}, \mathbf{v}, t) \quad , \quad \mathbf{J}_E(\mathbf{x}, t) = \int d^3v \, \epsilon(\mathbf{x}, \mathbf{v}) \mathbf{v} f(\mathbf{x}, \mathbf{v}, t) \tag{7.40c}$$

erhält man aus (7.33) die folgenden Kontinuitätsgleichungen:

$$\frac{\partial \rho}{\partial t}(\mathbf{x}, t) + \boldsymbol{\nabla} \cdot \mathbf{J}_\rho(\mathbf{x}, t) = 0 \tag{7.41a}$$

$$\frac{\partial I_k}{\partial t}(\mathbf{x}, t) + \partial_j \left[J_I(\mathbf{x}, t) \right]_{kj} = F_k(\mathbf{x}) \rho(\mathbf{x}, t) \qquad (j, k = 1, 2, 3) \tag{7.41b}$$

$$\frac{\partial E}{\partial t}(\mathbf{x}, t) + \boldsymbol{\nabla} \cdot \mathbf{J}_E(\mathbf{x}, t) = 0 \; . \tag{7.41c}$$

Hierbei ist die Impulsgleichung (7.41b) besonders wichtig, da sie den Ausgangspunkt für die Herleitung der *Euler-Gleichung* bzw. der *Navier-Stokes-Gleichung* in engerem Sinne bildet. Bei der Herleitung der drei Kontinuitätsgleichungen ist zu beachten, dass alle Beiträge von $S[f]$ identisch null sind. Dies ist physikalisch klar, da Stöße die Teilchenzahl, den Impuls und die Energie erhalten. Durch Integration

---

[10]Neben den physikalischen Größen Teilchenzahl, Energie und Impuls brauchen wir keine weiteren Größen (wie z. B. den Drehimpuls) zu betrachten, da wir – wie im Fall der homogenen Boltzmann-Gleichung – annehmen, dass das Gas einatomig ist und die Teilchen spinlos sind. Dann existieren keine weiteren Erhaltungsgesetze.

[11]Wir verwenden die übliche Notation $(\mathbf{v}\mathbf{v}^{\mathrm{T}})_{ij} \equiv v_i v_j$ für eine Dyade.

über $\mathcal{D}$ und die Bedingung, dass der Teilchenstrom durch die Oberfläche $\mathcal{F}$ von $\mathcal{D}$ gleich null ist, erhält man für die globalen Größen

$$N(t) \equiv \int d^3x\, \rho(\mathbf{x},t) \quad , \quad \mathbf{I}(t) \equiv \int d^3x\, \mathbf{I}(\mathbf{x},t) \quad , \quad E(t) \equiv \int d^3x\, E(\mathbf{x},t)$$

die folgenden Ergebnisse:

$$\frac{dN}{dt} = 0 \quad , \quad \frac{dE}{dt} = 0 \quad , \quad \frac{d\mathbf{I}}{dt} = \int_{\mathcal{D}} d^3x\, \mathbf{F}(\mathbf{x})\rho(\mathbf{x},t) - \int_{\mathcal{F}} dS\, J_I(\mathbf{x},t)\hat{\mathbf{n}}(\mathbf{x}) \ . \quad (7.42)$$

Folglich sind Gesamtteilchenzahl und -energie erhalten, und der Gesamtimpuls kann sich im Allgemeinen durch den Einfluss äußerer Kräfte zeitlich ändern. Allerdings ist auch der Gesamtimpuls erhalten für den Spezialfall einer *homogenen* Verteilungsfunktion, $f(\mathbf{x},\mathbf{v},t) = f(\mathbf{v},t)$, mit $\mathbf{F}(\mathbf{x}) = \mathbf{0}$. In diesem Fall gilt nämlich $\frac{d\mathbf{I}}{dt} = -J_I(t)\int_{\mathcal{F}} d\mathbf{S} = \mathbf{0}$, da das Integral $\int_{\mathcal{F}} d\mathbf{S}$ über die orientierte geschlossene Fläche $\mathcal{F}$ exakt gleich null ist (siehe z.B. Ref. [12], Abschnitt 9.4.6).

Viel interessanter als das Verhalten dieser globalen Größen ist die Dynamik der lokalen Dichten $\rho(\mathbf{x},t)$, $\mathbf{I}(\mathbf{x},t)$ und $E(\mathbf{x},t)$. Da sich die lokalen Dichten ρ, $\mathbf{I}$ und E durch Streuprozesse nicht ändern, erwartet man, dass diese Größen *langsam* in der Zeit variieren. Um die Dynamik dieser „langsamen" Variablen zu studieren, benötigt man die konkrete Form der Verteilungsfunktion $f(\mathbf{x},\mathbf{v},t)$.

Im Allgemeinen ist $f(\mathbf{x},\mathbf{v},t)$ nicht leicht zu bestimmen. Ersetzt man jedoch die exakte Verteilungsfunktion durch diejenige, die man aus der Boltzmann-Gleichung erhält, indem man alle anderen („schnellen") Freiheitsgrade eliminiert (dies ist die sogenannte *Chapman-Enskog-Methode*, siehe Ref. [32]), dann reduzieren sich die Gleichungen (7.41) auf die *Navier-Stokes-Gleichungen* der Hydrodynamik. Die Boltzmann-Gleichung bildet so die Basis für die kinetische Theorie von Gasen und Flüssigkeiten.

Exkursion in die Meteorologie

Wir haben bisher die inhomogene Boltzmann-Gleichung untersucht unter der Annahme, dass eventuelle Kräfte, die auf die Teilchen wirken, konservativ sind: $\mathbf{F}(\mathbf{x}) = -\boldsymbol{\nabla}\mathcal{V}(\mathbf{x})$. Für Anwendungen z.B. in der Meteorologie ist dies nicht allgemein genug. Dort betrachtet man Gase in einem rotierenden Bezugssystem, nämlich auf der sich um ihre Achse drehenden Erde, und ist daher vielmehr an orts- und geschwindigkeitsabhängigen Kräften der Form

$$\mathbf{F}(\mathbf{x},\mathbf{v}) = -\boldsymbol{\nabla}\mathcal{V}(\mathbf{x}) - 2m(\boldsymbol{\omega} \times \mathbf{v})$$

interessiert, wobei der Beitrag $-2m(\boldsymbol{\omega} \times \mathbf{v})$ die *Coriolis-Kraft* beschreibt und $\boldsymbol{\omega}$ den Drehvektor der Rotation der Erde um ihre eigene Achse darstellt. Das Potential $\mathcal{V}(\mathbf{x})$ erzeugt den konservativen Anteil der Kraft und ist konkret durch

$$\mathcal{V}(\mathbf{x}) = -\frac{\mathcal{G}mM}{|\mathbf{x}|} - \tfrac{1}{2}m(\boldsymbol{\omega} \times \mathbf{x})^2 \quad (|\mathbf{x}| > R)$$

gegeben. Die Beiträge $-\frac{\mathcal{G}mM}{|\mathbf{x}|}$ und $-\tfrac{1}{2}m(\boldsymbol{\omega} \times \mathbf{x})^2$ beschreiben die *Schwerkraft* und die *Zentrifugalkraft*. Hierbei ist $\mathcal{G}$ die Newton'sche Gravitationskonstante, M die

Erdmasse, R der Erdradius und $\mathbf{0}$ der Erdmittelpunkt. Für $|\mathbf{x}| > R$ kann das Gravitationspotential nahe der Erdoberfläche auch durch $mg|\mathbf{x}|$ mit $g \simeq 9{,}81\,\mathrm{m\,s^{-2}}$ approximiert werden. Für $|\mathbf{x}| \le R$ gilt $\mathcal{V}(\mathbf{x}) = \infty$.

Das Potential $\mathcal{V}(\mathbf{x})$ kombiniert also die beiden Effekte, die wir bei der Herleitung der barometrischen Höhenformel in Gleichung (7.37) und bei der „Zentrifuge" in (7.38) kennengelernt haben. Die geschwindigkeitsabhängige Coriolis-Kraft stellt aber ein neues Element dar.

Es stellen sich nun mehrere Fragen: Gibt es für die verallgemeinerte Kraft $\mathbf{F}(\mathbf{x}, \mathbf{v})$ eine stationäre Verteilung? Falls ja, gilt dann auch eine Verallgemeinerung des H-Theorems mit eindeutigem Gleichgewichtszustand? Und wie lautet die Verallgemeinerung der Kontinuitätsgleichungen (7.41)?

Wir widmen uns zuerst der Gleichgewichtsverteilung: Interessanterweise ist die Maxwell-Boltzmann-Verteilung (7.35) mit $\epsilon(\mathbf{x}, \mathbf{v}) \equiv \frac{1}{2}m\mathbf{v}^2 + \mathcal{V}(\mathbf{x})$ (also einschließlich der Zentrifugal-, aber ohne die Coriolis-Kraft) nach wie vor eine stationäre Lösung der inhomogenen Boltzmann-Gleichung! Dies folgt aus Gleichung (7.36), da die Coriolis-Kraft $-2m(\boldsymbol{\omega} \times \mathbf{v})$ senkrecht auf der Geschwindigkeit $\mathbf{v}$ steht:

$$\mathbf{v} \cdot \partial_{\mathbf{x}} f_{\mathrm{MB}} + \tfrac{1}{m} F(\mathbf{x}, \mathbf{v}) \cdot \partial_{\mathbf{v}} f_{\mathrm{MB}} = -\beta \left[\mathbf{v} \cdot \boldsymbol{\nabla}\mathcal{V}(\mathbf{x}) - \boldsymbol{\nabla}\mathcal{V}(\mathbf{x}) \cdot \mathbf{v} \right] f_{\mathrm{MB}} = 0 \,.$$

Außerdem gilt auch das H-Theorem, sodass die Maxwell-Boltzmann-Verteilung sogar für geschwindigkeitsabhängige Kräfte der Form $\mathbf{F}(\mathbf{x}, \mathbf{v})$ die eindeutige Gleichgewichtsverteilung darstellt! Dies folgt aus Gleichung (7.39), wobei wir nun allerdings nur die Coriolis-Kraft untersuchen müssen, da der konservative Anteil der Kraft nach wie vor keinen Beitrag zu $\left(\frac{dH}{dt}\right)_{\mathbf{F}}$ liefert:

$$\left(\frac{dH}{dt}\right)_{\mathbf{F}} \equiv -\frac{1}{m} \int d^3x \int d^3v \; \mathbf{F}(\mathbf{x}, \mathbf{v}) \cdot \ln\left[f(1,t)\right] \frac{\partial f}{\partial \mathbf{v}}(1,t)$$

$$= 2 \int d^3x \int d^3v \; (\boldsymbol{\omega} \times \mathbf{v}) \cdot \frac{\partial}{\partial \mathbf{v}} \left\{ f(1,t) \ln\left[f(1,t)\right] - f(1,t) \right\} = 0 \,.$$

Der letzte Schritt folgt mit Hilfe einer partiellen Integration aus der Antisymmetrie des ε-Tensors: $\partial_{v_i} \varepsilon_{ijk}\omega_j v_k = \varepsilon_{ijk}\omega_j \delta_{ik} = 0$.

Betrachten wir nun die Kontinuitätsgleichungen (7.41): Die Gleichungen $\frac{\partial \rho}{\partial t} + \boldsymbol{\nabla} \cdot \mathbf{J}_\rho = 0$ für die Teilchendichte und $\frac{\partial E}{\partial t} + \boldsymbol{\nabla} \cdot \mathbf{J}_E = 0$ für die Energiedichte ändern sich *nicht* für die verallgemeinerte Kraft $\mathbf{F}(\mathbf{x}, \mathbf{v})$. In der Gleichung für die Impulsdichte erhält man nun allerdings auch einen Beitrag der Coriolis-Kraft:

$$\boxed{\quad \frac{\partial I_k}{\partial t} + \partial_j \left(J_I\right)_{kj} = \left(-\partial_k \mathcal{V}\right)\rho - 2\left(\boldsymbol{\omega} \times \mathbf{I}\right)_k \qquad (j, k = 1, 2, 3) \,. \quad} \qquad (7.43)$$

Wir lernen daher, dass die Kontinuitätsgleichungen (7.41) im Wesentlichen auch im rotierenden Bezugssystem der Erde gelten, vorausgesetzt, dass man die Kraft $\mathbf{F}(\mathbf{x})$ durch die orts- und geschwindigkeitsabhängige Kraft $\mathbf{F}(\mathbf{x}, \mathbf{v})$ ersetzt.

Beispiel: Boltzmann-Gleichung ohne Stöße und Kräfte

Zur Illustration möchten wir den einfachst möglichen Fall einer räumlich inhomogenen Boltzmann-Gleichung behandeln, in dem sämtliche Komplikationen wie äußere

Kräfte oder Stöße vernachlässigbar sind. In diesem Fall ist die Boltzmann-Gleichung leicht lösbar. Für den Fall, dass keine äußeren Kräfte auf die Gasteilchen einwirken, hat die räumlich inhomogene Boltzmann-Gleichung (7.33) zunächst einmal die folgende Form:

$$\frac{\partial f}{\partial t}(\mathbf{x}, \mathbf{v}, t) + \mathbf{v} \cdot \frac{\partial f}{\partial \mathbf{x}}(\mathbf{x}, \mathbf{v}, t) = S[f](\mathbf{x}, \mathbf{v}, t) \,,$$

wobei $S[f](\mathbf{x}, \mathbf{v}, t)$ den nicht-linearen Stoßterm darstellt. Wenn nun auch die Stöße vernachlässigt werden können, z. B. weil das Gas stark verdünnt ist (man spricht von einem *Knudsen-Gas*), vereinfacht sich die Boltzmann-Gleichung auf

$$\boxed{\frac{\partial f}{\partial t}(\mathbf{x}, \mathbf{v}, t) + \mathbf{v} \cdot \frac{\partial f}{\partial \mathbf{x}}(\mathbf{x}, \mathbf{v}, t) = 0 \,.} \qquad (7.44)$$

Wir nehmen an, dass die Anfangsverteilung $f(\mathbf{x}, \mathbf{v}, 0)$ bekannt ist. Man vermutet, dass die Lösung der kräfte- und stoßfreien Boltzmann-Gleichung zu dieser Anfangsbedingung die Form

$$f(\mathbf{x}, \mathbf{v}, t) = f(\mathbf{x} - \mathbf{v}t, \mathbf{v}, 0) \qquad (7.45)$$

haben könnte, und man kann die Korrektheit dieses Ansatzes auch tatsächlich durch Einsetzen überprüfen. Diese Lösung bedeutet physikalisch, dass nur Strömung bei konstanter Geschwindigkeit stattfindet.

Man kann die Gleichung (7.44) aber auch konstruktiv lösen mit Hilfe der mathematischen Methode der *charakteristischen Kurven* (siehe Anhang [C]). Die zentrale Idee dieser Methode ist, dass man sowohl die Variablen der Gleichung als auch die gesuchte Funktion, hier also $(t, \mathbf{x}, \mathbf{v})$ und f, mit Hilfe einer eindimensionalen Variablen s parametrisiert. Wir verwenden der Einfachheit halber auch für die verschiedenen Funktionen von s die Symbole $(t, \mathbf{x}, \mathbf{v}, f)$. Die Gleichungen (C.4) erhalten dann die Form:

$$\frac{dt}{ds} = 1 \quad ; \quad \frac{d\mathbf{x}}{ds} = \mathbf{v} \quad ; \quad \frac{d\mathbf{v}}{ds} = \mathbf{0} \quad ; \quad \frac{df}{ds} = 0 \,,$$

und die Lösung dieser gewöhnlichen Differentialgleichungen lautet:

$$t = s + s_0 \quad , \quad \mathbf{x} = \mathbf{x}_0 + \mathbf{v}_0 s \quad , \quad \mathbf{v} = \mathbf{v}_0 \quad , \quad f = f_0 \,,$$

wobei s_0, $\mathbf{x}_0$, $\mathbf{v}_0$ und f_0 Integrationskonstanten sind. Man kann s_0 ohne Beschränkung der Allgemeinheit gleich null wählen. Es folgt:

$$f(\mathbf{x}, \mathbf{v}, t) = f(s) = f(0) = f(\mathbf{x}_0, \mathbf{v}_0, 0) = f(\mathbf{x} - \mathbf{v}t, \mathbf{v}, 0) \,,$$

und dies ist genau die in Gleichung (7.45) angegebene Lösung.

7.4 Die Euler-Gleichungen einer idealen Flüssigkeit

In Abschnitt [7.3.3] wurde bereits darauf hingewiesen, dass man aus den Gleichungen (7.41) der Boltzmann-Theorie mit Hilfe der sogenannten *Chapman-Enskog-Methode*, die auf der Eliminierung „schneller" Freiheitsgrade beruht, die *Navier-Stokes-Gleichungen* der Hydrodynamik herleiten kann. In diesem und dem nächsten

Abschnitt möchten wir zeigen, wie der Zusammenhang zwischen der Boltzmann-Gleichung und den Gleichungen der Hydrodynamik zustande kommt.

In der Chapman-Enskog-Methode, also bei der Eliminierung „schneller" Freiheitsgrade, wird die Boltzmann-Gleichung nach einem dimensionslosen kleinen Parameter entwickelt, den wir im Folgenden als ε bezeichnen werden (siehe Ref. [32]). Physikalisch stellt ε das Verhältnis dar zwischen der mittleren Stoßzeit τ der Gasmoleküle und der typischen *Zeit*skala, auf der $f(\mathbf{x}, \mathbf{v}, t)$ variiert, oder alternativ zwischen der mittleren freien Weglänge ℓ und der typischen *Längen*skala, auf der $f(\mathbf{x}, \mathbf{v}, t)$ variiert. Das Ziel der Chapman-Enskog-Methode ist dann, die Lösung der Boltzmann-Gleichung – und daher auch die Dynamik ihrer Mittelwerte $\rho(\mathbf{x}, t)$, $\mathbf{I}(\mathbf{x}, t)$ und $E(\mathbf{x}, t)$ – nach Potenzen von ε zu entwickeln:

$$f(\mathbf{x}, \mathbf{v}, t) = f^{(0)}(\mathbf{x}, \mathbf{v}, t) + \varepsilon f^{(1)}(\mathbf{x}, \mathbf{v}, t) + \varepsilon^2 f^{(2)}(\mathbf{x}, \mathbf{v}, t) + \cdots . \qquad (7.46)$$

Bei dieser Entwicklung werden wir uns allerdings im Folgenden auf die beiden niedrigsten Ordnungen $f^{(0)}$ und $f^{(1)}$ beschränken. Berücksichtigt man nur den führenden Beitrag $f^{(0)}(\mathbf{x}, \mathbf{v}, t)$, so erhält man die *Euler-Gleichungen* einer idealen Flüssigkeit. Analog zum *idealen Gas* spielen die Effekte von Wechselwirkungen zwischen den Teilchen in einer *idealen Flüssigkeit* keine Rolle. Berücksichtigt man außerdem $f^{(1)}(\mathbf{x}, \mathbf{v}, t)$, so kann man auch Wechselwirkungseffekte im Gas bzw. in der Flüssigkeit beschreiben, wie z. B. *Dissipation*, und erhält dazu die *Navier-Stokes-Gleichungen* der viskosen Hydrodynamik. In diesem Abschnitt leiten wir die Euler-Gleichungen her. Die Herleitung der Navier-Stokes-Gleichungen wird dann anschließend in Abschnitt [7.5] behandelt.

Der Startpunkt der Chapman-Enskog-Methode ist also die räumlich inhomogene Boltzmann-Gleichung (7.33) für die Verteilungsfunktion $f(\mathbf{x}, \mathbf{v}, t)$ in der Form:

$$\frac{\partial f}{\partial t}(\mathbf{x}, \mathbf{v}, t) = \frac{1}{\varepsilon} S[f](\mathbf{x}, \mathbf{v}, t) - \mathbf{v} \cdot \frac{\partial f}{\partial \mathbf{x}}(\mathbf{x}, \mathbf{v}, t) - \frac{1}{m} \mathbf{F}(\mathbf{x}) \cdot \frac{\partial f}{\partial \mathbf{v}}(\mathbf{x}, \mathbf{v}, t) , \qquad (7.47)$$

wobei ε der oben bereits genannte dimensionslose kleine Parameter sein soll und der Stoßterm $S[f](\mathbf{x}, \mathbf{v}_1, t)$ die gleiche Form hat wie (7.34):

$$S[f](1, t) \equiv \int d^3 v_2 \int d^3 v_3 \int d^3 v_4 \, W(\mathbf{v}_1 \mathbf{v}_2 | \mathbf{v}_3 \mathbf{v}_4) \big[f(3, t) f(4, t) - f(1, t) f(2, t) \big] .$$

Man erhält Gleichung (7.47) aus der Boltzmann-Gleichung (7.33), indem man in den Formeln (7.32), (7.33) und (7.34) überall $f \to \frac{1}{\varepsilon} f$ und analog $\rho(\mathbf{x}, t) \to \frac{1}{\varepsilon} \rho(\mathbf{x}, t)$ sowie $\bar{\rho} \to \frac{1}{\varepsilon} \bar{\rho}$ und $N \to \frac{1}{\varepsilon} N$ ersetzt. Im Limes $\varepsilon \to 0$ sind die neuen Größen $f(\mathbf{x}, \mathbf{v}, t)$, $\rho(\mathbf{x}, t)$, $\bar{\rho}$ und N dann festzuhalten.

Dies suggeriert bereits, dass der Stoßterm im *Hochdichtelimes* ($\frac{1}{\varepsilon} N \to \infty$) wichtig wird und dass die Chapman-Enskog-Methode in diesem Grenzfall, dem bereits aus Abschnitt [7.3.1] bekannten „Grad-Limes", exakt wird. Wir werden im nächsten Abschnitt [7.5] hierauf zurückkommen.

Reskaliert man die Verteilungsfunktion $f \to \frac{1}{\varepsilon} f$ mit einem Faktor $\frac{1}{\varepsilon}$, dann werden natürlich auch die weiteren Größen $\rho(\mathbf{x}, t)$, $I_k(\mathbf{x}, t)$ und $E(\mathbf{x}, t)$ sowie die entsprechenden Ströme $\mathbf{J}_\rho$, J_I und $\mathbf{J}_E$ in den Gleichungen (7.41) um Faktoren $\frac{1}{\varepsilon}$ reskaliert, sodass die Gleichungen (7.41) insgesamt forminvariant ist. Analog werden die globalen Größen $N(t)$, $\mathbf{I}(t)$ und $E(t)$ um Faktoren $\frac{1}{\varepsilon}$ reskaliert und ist Gleichung (7.42) dabei forminvariant.

Langsame und schnelle Variable

Der Vorfaktor $\frac{1}{\varepsilon}$ des Stoßterms in der räumlich inhomogenen Boltzmann-Gleichung (7.47) soll zum Ausdruck bringen, dass Stöße sehr häufig sind. Gesucht wird die Lösung $f(\mathbf{x},\mathbf{v},t)$ von (7.47). Die Verteilungsfunktion $f(\mathbf{x},\mathbf{v},t)$ ist – wie jede Funktion – Element eines unendlich-dimensionalen Funktionenraums und enthält dementsprechend – im Physiker-Jargon – unendlich viele „Freiheitsgrade". Die meisten dieser Freiheitsgrade würden einen endlichen Wert des Stoßterms $S[f]$ ergeben und daher sehr große zeitliche Änderungen $\frac{\partial f}{\partial t} \sim \frac{1}{\varepsilon} S[f]$ der Verteilungsfunktion. Solche Freiheitsgrade werden daher als „schnell" bezeichnet. Essenziell wichtig ist nun, dass es in der Verteilungsfunktion auch einige Freiheitsgrade gibt, die *invariant* unter Stößen sind, sodass ihre Dynamik rigoros *keine* Beiträge von $S[f]$ enthält. Wir kennen diese Freiheitsgrade bereits: Es sind die Teilchendichte $\rho(\mathbf{x},t)$, die Impulsdichte $\mathbf{I}(\mathbf{x},t)$ und die Energiedichte $E(\mathbf{x},t)$, deren Dynamik von den Kontinuitätsgleichungen (7.41) beschrieben wird, die *keine* Beiträge von $S[f]$ enthalten. Wir werden diese fünf Freiheitsgrade, deren Zeitableitungen *keine* Faktoren $\frac{1}{\varepsilon}$ enthalten, im Folgenden als „langsam" bezeichnen. Die *langsamen* Variablen, die wir als $\mathbf{L}[f](\mathbf{x},t)$ bezeichnen werden, sind also Integrale über die Verteilungsfunktion $f(\mathbf{x},\mathbf{v},t)$ und daher lineare Funktionale von f:

$$\mathbf{L}[f](\mathbf{x},t) \equiv \int d^3v \begin{pmatrix} 1 \\ m\mathbf{v} \\ \epsilon(\mathbf{x},\mathbf{v}) \end{pmatrix} f(\mathbf{x},\mathbf{v},t) = \begin{pmatrix} \rho(\mathbf{x},t) \\ \mathbf{I}(\mathbf{x},t) \\ E(\mathbf{x},t) \end{pmatrix} . \tag{7.48}$$

Hierbei erfüllen die Komponenten $\rho(\mathbf{x},t)$, $\mathbf{I}(\mathbf{x},t)$ und $E(\mathbf{x},t)$ auf der rechten Seite die Bewegungsgleichungen (7.41). Die langsamen Variablen werden in allen Ordnungen der ε-Störungstheorie (7.46) durch Gleichung (7.48) definiert. Die Eigenschaft der langsamen Variablen, dass ihre Dynamik keine Beiträge von $S[f]$ enthält, wird ausgedrückt durch die Gleichung

$$\lim_{\varepsilon \to 0} \varepsilon \frac{\partial \mathbf{L}[f]}{\partial t}(\mathbf{x},t) = \int d^3v \, \frac{\delta \mathbf{L}[f]}{\delta f} S[f](\mathbf{x},\mathbf{v},t) \overset{!}{=} \mathbf{0} \quad , \quad \frac{\delta \mathbf{L}[f]}{\delta f} = \begin{pmatrix} 1 \\ m\mathbf{v} \\ \epsilon(\mathbf{x},\mathbf{v}) \end{pmatrix} , \tag{7.49}$$

wobei also $\delta\mathbf{L}[f]/\delta f$ eine Funktionalableitung von $\mathbf{L}[f]$ bezeichnet. Gleichung (7.49) begründet die Wahl der langsamen Variablen.

Die *schnellen* Variablen in der Verteilungsfunktion $f(\mathbf{x},\mathbf{v},t)$ werden durch die Boltzmann-Gleichung (7.47) beschrieben, und für nahezu alle Verteilungsfunktionen f ist der Stoßbeitrag $\frac{1}{\varepsilon} S[f]$ zu $\frac{\partial f}{\partial t}$ groß. Das Interessante an (7.47) ist nun, dass es eine spezielle Verteilungsfunktion $f^{(0)}$ gibt, für die der Stoßbeitrag $\frac{1}{\varepsilon} S[f]$ zu $\frac{\partial f}{\partial t}$ nicht nur nicht groß, sondern exakt gleich *null* ist:

$$\frac{1}{\varepsilon} S[f^{(0)}](\mathbf{x},\mathbf{v},t) \overset{!}{=} 0 \quad , \quad \int d^3v \begin{pmatrix} 1 \\ m\mathbf{v} \\ \epsilon(\mathbf{x},\mathbf{v}) \end{pmatrix} f^{(0)}(\mathbf{x},\mathbf{v},t) = \begin{pmatrix} \rho(\mathbf{x},t) \\ \mathbf{I}(\mathbf{x},t) \\ E(\mathbf{x},t) \end{pmatrix} . \tag{7.50}$$

Die zweite Gleichung folgt daraus, dass auch diese spezielle Verteilungsfunktion $f^{(0)}$ kompatibel mit den langsamen Variablen (7.48) sein muss.

Die spezielle Verteilungsfunktion $f^{(0)}$ ist sehr wichtig, da man weiß, dass in der Hydrodynamik aufgrund der Viskosität von Gasen und Flüssigkeiten auch *dissipative Prozesse* auftreten. Man erwartet daher aus physikalischen Gründen, dass die anderen schnellen Variablen f sich schnell auf die Lösung $f^{(0)}$ von (7.50) zubewegen werden.

Die Form der Lösung $f^{(0)}$ von (7.50) ist uns sehr gut vertraut: Wir wissen bereits aus der Diskussion um Gleichung (7.29), dass die einzige stationäre Lösung von (7.50) gemäß einer Maxwell-Verteilung $f(\mathbf{v}) = f(\mathbf{0})e^{\beta m(\mathbf{u}\cdot\mathbf{v}-\frac{1}{2}\mathbf{v}^2)}$ von der Geschwindigkeit $\mathbf{v}$ abhängt. Dies bedeutet, dass die Verteilungsfunktion $f^{(0)}$ die Form

$$f^{(0)}(\mathbf{x},\mathbf{v},t) = \left[\frac{m}{2\pi\theta(\mathbf{x},t)}\right]^{3/2} \rho(\mathbf{x},t)e^{-\frac{1}{2}m[\mathbf{v}-\mathbf{u}(\mathbf{x},t)]^2/\theta(\mathbf{x},t)} \tag{7.51}$$

haben muss. Generell stellt $\mathbf{u}(\mathbf{x},t) = \langle\mathbf{v}\rangle$ also die *mittlere Geschwindigkeit* der Teilchen am Ort $\mathbf{x}$ dar und $\theta(\mathbf{x},t) = \frac{1}{3}m\langle[\mathbf{v}-\mathbf{u}(\mathbf{x},t)]^2\rangle$ die *lokale Temperatur* (multipliziert mit k_B).

Aus der zweiten Gleichung in (7.50) folgt nun, dass die Funktionen $\mathbf{u}(\mathbf{x},t)$ und $\theta(\mathbf{x},t)$ gemäß

$$\mathbf{u}(\mathbf{x},t) = \frac{\mathbf{I}(\mathbf{x},t)}{m\rho(\mathbf{x},t)} \quad , \quad \theta(\mathbf{x},t) = \frac{2}{3}\left[\frac{E(\mathbf{x},t)}{\rho(\mathbf{x},t)} - \epsilon(\mathbf{x},\mathbf{u})\right] \tag{7.52}$$

mit den langsamen Variablen verknüpft sind, wobei $\epsilon(\mathbf{x},\mathbf{u}) = \frac{1}{2}m[\mathbf{u}(\mathbf{x},t)]^2 + \mathcal{V}(\mathbf{x})$ die Energie eines Teilchens mit der Geschwindigkeit $\mathbf{u}$ am Ort $\mathbf{x}$ ist.

Bewegungsgleichungen für die langsamen Variablen

Wir setzen die spezielle Verteilungsfunktion $f^{(0)}$ in (7.51) ein in die Bewegungsgleichungen (7.41) für die langsamen Variablen $\rho(\mathbf{x},t)$, $\mathbf{I}(\mathbf{x},t)$ und $E(\mathbf{x},t)$. Zunächst erhalten wir für die entsprechenden Stromdichten:

$$\mathbf{J}_\rho(\mathbf{x},t) = \rho\mathbf{u} \quad , \quad J_I(\mathbf{x},t) = \rho\big(m\mathbf{u}\mathbf{u}^\mathrm{T} + \theta\mathbb{1}\big) \quad , \quad \mathbf{J}_E(\mathbf{x},t) = \rho\mathbf{u}\big[\tfrac{5}{2}\theta + \epsilon(\mathbf{x},\mathbf{u})\big] \, ,$$

wobei ρ, $\mathbf{u}$, θ und $\epsilon(\mathbf{x},\mathbf{u})$ stets die oben definierten Funktionen von $\mathbf{x}$ und t sind. Durch Einsetzen dieser Stromdichten in die Bewegungsgleichungen (7.41) der langsamen Variablen ergibt sich:

$$\frac{\partial\rho}{\partial t}(\mathbf{x},t) = -\boldsymbol{\nabla}\cdot\mathbf{J}_\rho = -\boldsymbol{\nabla}\cdot(\rho\mathbf{u}) \tag{7.53a}$$

$$\frac{\partial I_k}{\partial t}(\mathbf{x},t) = -\partial_j\big[J_I\big]_{kj} + F_k\rho = -m\partial_j(\rho u_k u_j) - \partial_k(\rho\theta) + F_k\rho \tag{7.53b}$$

$$\frac{\partial E}{\partial t}(\mathbf{x},t) = -\boldsymbol{\nabla}\cdot\mathbf{J}_E = -\boldsymbol{\nabla}\cdot\big[\rho\mathbf{u}\big(\tfrac{5}{2}\theta + \epsilon\big)\big] \, , \tag{7.53c}$$

wobei wiederum alle Größen $\mathbf{J}_\rho$, J_I, $\mathbf{J}_E$, ρ, $\mathbf{u}$, θ und ϵ auf der rechten Seite Funktionen von $\mathbf{x}$ und t sind (und $F_k = -\partial_k\mathcal{V}$ eine Funktion von $\mathbf{x}$). Schließlich kann man noch die Größen $\mathbf{I}(\mathbf{x},t)$ und $E(\mathbf{x},t)$ auf den linken Seiten von (7.53b) und (7.53c) mit Hilfe von Gleichung (7.52) durch die mittlere Geschwindigkeit $\mathbf{u}(\mathbf{x},t)$

und die lokale Temperatur $\theta(\mathbf{x}, t)$ ersetzen. In dieser Weise erhält man die hydrodynamischen Gleichungen für eine ideale Flüssigkeit:

$$\frac{\partial \rho}{\partial t}(\mathbf{x}, t) + (\mathbf{u} \cdot \boldsymbol{\nabla})\rho = -\rho \boldsymbol{\nabla} \cdot \mathbf{u} \tag{7.54a}$$

$$\boxed{\frac{\partial \mathbf{u}}{\partial t}(\mathbf{x}, t) + (\mathbf{u} \cdot \boldsymbol{\nabla})\mathbf{u} = -\frac{1}{m\rho} \boldsymbol{\nabla}(\rho\theta) + \frac{1}{m}\mathbf{F}} \tag{7.54b}$$

$$\frac{\partial \theta}{\partial t}(\mathbf{x}, t) + (\mathbf{u} \cdot \boldsymbol{\nabla})\theta = -\tfrac{2}{3}\theta(\boldsymbol{\nabla} \cdot \mathbf{u}) \, , \tag{7.54c}$$

die einmal mehr nach einem der vielen Beiträge zur Physik von Leonhard Euler (1707–1783) benannt sind und dementsprechend als die *Euler-Gleichungen* der Strömungsmechanik bezeichnet werden.[12] Es ist zu beachten, dass diese partiellen Differentialgleichungen für ρ, $\mathbf{u}$ und θ in *nicht-linearer* Weise von den gesuchten Funktionen abhängen. Die Ableitungen der Funktionen ρ, $\mathbf{u}$ und θ auf der linken Seite von (7.54) haben alle die Struktur $\frac{\partial}{\partial t} + \mathbf{u} \cdot \boldsymbol{\nabla}$. Diese kombinierte Ableitung wird auch als „materielle" oder „konvektive" Ableitung bezeichnet und beschreibt, was ein Beobachter sehen würde, der sich mit der lokalen mittleren Geschwindigkeit $\mathbf{u}(\mathbf{x}, t)$ mit der Flüssigkeit bewegt.

Exkursion in die Meteorologie

Wir haben bei der Untersuchung der inhomogenen Boltzmann-Gleichung festgestellt, dass die wichtigsten Ergebnisse auch für die Erdatmosphäre gelten, in der die Gasteilchen neben der *Schwerkraft* einer zusätzlichen *Zentrifugalkraft* und einer *Coriolis-Kraft* ausgesetzt sind. Die Gesamtkraft hat dann die Form

$$\mathbf{F}(\mathbf{x}, \mathbf{v}) = -\boldsymbol{\nabla}\mathcal{V}(\mathbf{x}) - 2m(\boldsymbol{\omega} \times \mathbf{v}) \quad , \quad \mathcal{V}(\mathbf{x}) = -\frac{\mathcal{G}mM}{|\mathbf{x}|} - \tfrac{1}{2}m(\boldsymbol{\omega} \times \mathbf{x})^2 \quad (|\mathbf{x}| > R)$$

mit $\mathcal{V}(\mathbf{x}) = \infty$, falls $|\mathbf{x}|$ kleiner als der Erdradius R ist. Konkret ist die Maxwell-Boltzmann-Verteilung (7.35) mit $\epsilon(\mathbf{x}, \mathbf{v}) \equiv \tfrac{1}{2}m\mathbf{v}^2 + \mathcal{V}(\mathbf{x})$ nach wie vor eine stationäre Lösung, und es gilt auch das H-Theorem, sodass (7.35) die eindeutige Gleichgewichtsverteilung darstellt. Außerdem erhielten wir die intuitiv plausible Gleichung (7.43) für die Impulsdichte. Aus den Gleichungen (7.43) und (7.54b) folgt aber direkt, dass die mittlere Geschwindigkeit $\mathbf{u}(\mathbf{x}, t)$ für eine *ideale Flüssigkeit* im rotierenden System der Erde die Bewegungsgleichung

$$\boxed{\frac{\partial \mathbf{u}}{\partial t}(\mathbf{x}, t) + (\mathbf{u} \cdot \boldsymbol{\nabla})\mathbf{u} = -\frac{1}{m\rho} \boldsymbol{\nabla}(\rho\theta) + \frac{1}{m}(-\boldsymbol{\nabla}\mathcal{V}) - 2(\boldsymbol{\omega} \times \mathbf{u})} \tag{7.55}$$

erfüllt. Auch in diesem Fall reicht es also aus, die Kraft $\mathbf{F}(\mathbf{x})$ in (7.54b) durch die geschwindigkeitsabhängige Kraft $\mathbf{F}(\mathbf{x}, \mathbf{u})$ zu ersetzen.

---

[12]Streng genommen entspricht die phänomenologische Euler-Gleichung der Verallgemeinerung von Gleichung (7.54b), die man erhält, wenn der Druck $\rho\theta$ eines *idealen* Gases auf der rechten Seite durch einen *phänomenologischen* Ausdruck für den Druck ersetzt wird. Statt Gleichung (7.54c) für die lokale Temperatur wird dann die Energiegleichung (7.53c) verwendet.

Spezialfall der Euler-Gleichungen für inkompressible Flüssigkeiten

Eine inkompressible Flüssigkeit ist dadurch definiert, dass die Teilchendichte konstant ist: $\rho(\mathbf{x}, t) = \rho_0$. In diesem Fall folgt aus (7.54a) sofort $\boldsymbol{\nabla} \cdot \mathbf{u} = 0$, sodass die Strömung auch *divergenzfrei* ist und sich die beiden Gleichungen (7.54b) und (7.54c) mit $\mathbf{F} = -\boldsymbol{\nabla} \mathcal{V}$ auf

$$\frac{\partial \mathbf{u}}{\partial t} + (\mathbf{u} \cdot \boldsymbol{\nabla})\mathbf{u} = -\frac{1}{m}\boldsymbol{\nabla}\theta - \frac{1}{m}\boldsymbol{\nabla}\mathcal{V} \quad , \quad \frac{\partial \theta}{\partial t} + (\mathbf{u} \cdot \boldsymbol{\nabla})\theta = 0$$

vereinfachen.

An dieser Stelle ist es hilfreich, die *Rotation* des Geschwindigkeitsfelds $\boldsymbol{\zeta} \equiv \boldsymbol{\nabla} \times \mathbf{u}$ einzuführen, die im hydrodynamischen Kontext als *Wirbelstärke* oder *Vortizität* bezeichnet wird. Die Wirbelstärke $\boldsymbol{\zeta}$ erfüllt nämlich die Identität

$$\boldsymbol{\zeta} \times \mathbf{u} = (\mathbf{u} \cdot \boldsymbol{\nabla})\mathbf{u} - \boldsymbol{\nabla}\left(\tfrac{1}{2}\mathbf{u}^2\right) , \tag{7.56}$$

sodass umgekehrt $(\mathbf{u} \cdot \boldsymbol{\nabla})\mathbf{u}$ in der Euler-Gleichung für die Geschwindigkeit auch durch $\boldsymbol{\zeta} \times \mathbf{u} + \boldsymbol{\nabla}\left(\tfrac{1}{2}\mathbf{u}^2\right)$ ersetzt werden kann:

$$\frac{\partial \mathbf{u}}{\partial t} + \boldsymbol{\zeta} \times \mathbf{u} + \boldsymbol{\nabla}\left(\tfrac{1}{2}\mathbf{u}^2 + \theta/m + \mathcal{V}/m\right) = \mathbf{0} . \tag{7.57}$$

Diese Gleichung ist deshalb so hilfreich, weil man durch Berechnung der Rotation der beiden Seiten aufgrund von $\boldsymbol{\nabla} \times \boldsymbol{\nabla} = 0$ die kompakte Gleichung

$$\boxed{\;\frac{\partial \boldsymbol{\zeta}}{\partial t} + \boldsymbol{\nabla} \times (\boldsymbol{\zeta} \times \mathbf{u}) = \mathbf{0}\;} \tag{7.58a}$$

für die Wirbelstärke erhält. Dies ist zwar noch keine geschlossene Gleichung für $\boldsymbol{\zeta}$, da auch die Geschwindigkeit $\mathbf{u}$ selbst noch auftritt, aber sie kann leicht geschlossen werden mit Hilfe des Satzes von Helmholtz. Dieser Satz besagt [s. z. B. Ref. [12], Formel (9.73)], dass eine differenzierbare Vektorfunktion $\mathbf{u}(\mathbf{x}, t)$ aus ihrer Rotation und ihrer Divergenz rekonstruiert werden kann, vorausgesetzt, dass diese Funktion im „Unendlichen" (d. h. für $|\mathbf{x}| \to \infty$) gegen null strebt. In unserem Fall gilt $\boldsymbol{\nabla} \cdot \mathbf{u} = 0$ und $\boldsymbol{\nabla} \times \mathbf{u} = \boldsymbol{\zeta}$, sodass (s. Ref. [12]) für die Geschwindigkeit $\mathbf{u}$ konkret gilt:

$$\boxed{\;\mathbf{u}(\mathbf{x}, t) = \boldsymbol{\nabla} \times \int d^3x' \, \frac{\boldsymbol{\zeta}(\mathbf{x}', t)}{4\pi|\mathbf{x} - \mathbf{x}'|}\;} \cdot \tag{7.58b}$$

Setzt man (7.58b) in (7.58a) ein, so erhält man eine geschlossene Gleichung für die Wirbelstärke $\boldsymbol{\zeta}(\mathbf{x}, t)$, die bei vorgegebener Anfangsbedingung $\boldsymbol{\zeta}(\mathbf{x}, 0)$ im Prinzip (evtl. numerisch) gelöst werden kann. Kennt man $\boldsymbol{\zeta}(\mathbf{x}, t)$, kann man $\mathbf{u}(\mathbf{x}, t)$ aus Gleichung (7.58b) berechnen.

Setzt man dann die nunmehr bekannte Funktion $\mathbf{u}(\mathbf{x}, t)$ in die Euler-Gleichung für die lokale Temperatur θ ein, so folgt diese bei vorgegebener Anfangsbedingung $\theta(\mathbf{x}, 0) \equiv \theta_0(\mathbf{x})$ als

$$\theta(\mathbf{x}, t) = \theta_0(\mathbf{x}_0(\mathbf{x}, t)) \quad , \quad \mathbf{x}_0(\mathbf{x}, t) \equiv \mathbf{x} - \int_0^t dt' \, \mathbf{u}(\boldsymbol{\xi}(t'), t') ,$$

wobei $\boldsymbol{\xi}(t)$ die Lösung der gewöhnlichen Differentialgleichung $\dot{\boldsymbol{\xi}} = \mathbf{u}(\boldsymbol{\xi}, t)$ mit $\boldsymbol{\xi}(0) = \mathbf{x}_0$ ist. Die Bahn $\boldsymbol{\xi}(t')$ mit $0 \leq t' \leq t$ beschreibt also die Flusslinie eines Schwimmers, der zur Zeit 0 am Ort $\mathbf{x}_0$ losschwimmt, immer die mittlere Geschwindigkeit $\mathbf{u}(\boldsymbol{\xi}(t'), t')$ hat und zur Zeit t am Ort $\mathbf{x}$ ankommt. Diese Lösung für $\theta(\mathbf{x}, t)$ folgt z. B. aus der Methode der charakteristischen Kurven, die in Anhang [C] beschrieben wird. Man überprüft aber auch leicht durch Einsetzen, dass diese Lösung sowohl die Anfangsbedingung als auch die Euler-Gleichung erfüllt.

Für die weitere Spezialisierung einer *stationären* inkompressiblen Strömung, die durch $\frac{\partial \mathbf{u}}{\partial t} = \mathbf{0}$ und $\boldsymbol{\nabla} \cdot \mathbf{u} = 0$ definiert ist, folgt aus (7.57), dass

$$\boldsymbol{\zeta} \times \mathbf{u} + \boldsymbol{\nabla}\left(\tfrac{1}{2}\mathbf{u}^2 + \theta/m + \mathcal{V}/m\right) = \mathbf{0}$$

gelten muss. Durch skalare Multiplikation beider Seiten mit $\mathbf{u}$ ergibt sich dann:

$$\mathbf{u} \cdot \boldsymbol{\nabla}\left(\tfrac{1}{2}\mathbf{u}^2 + \theta/m + \mathcal{V}/m\right) = 0 \,,$$

woraus folgt, dass $\tfrac{1}{2}\mathbf{u}^2 + \theta/m + \mathcal{V}/m$ entlang einer Flusslinie *konstant* ist.[13]

7.4.1 Beispiel: Stationärer axialsymmetrischer Wirbel

Wir betrachten die Euler-Gleichungen (7.54) für einen *axialsymmetrischen Wirbel*, wobei wir besonders an möglichen stationären Lösungen interessiert sind. Wegen der Axialsymmetrie bieten sich für die Beschreibung dieses Problems *Zylinderkoordinaten* (r, φ, x_3) mit $\mathbf{x} = (r\cos(\varphi), r\sin(\varphi), x_3)$ an. Die entsprechenden Basisvektoren $\hat{\mathbf{e}}_r$, $\hat{\mathbf{e}}_\varphi$ und $\hat{\mathbf{e}}_3$ und ihre φ-Ableitungen sind durch

$$\hat{\mathbf{e}}_r = \begin{pmatrix} \cos(\varphi) \\ \sin(\varphi) \\ 0 \end{pmatrix} \quad , \quad \hat{\mathbf{e}}_\varphi = \begin{pmatrix} -\sin(\varphi) \\ \cos(\varphi) \\ 0 \end{pmatrix} \quad , \quad \hat{\mathbf{e}}_3 = \begin{pmatrix} 0 \\ 0 \\ 1 \end{pmatrix} \quad , \quad \begin{array}{l} \partial_\varphi \hat{\mathbf{e}}_r = \hat{\mathbf{e}}_\varphi \\ \partial_\varphi \hat{\mathbf{e}}_\varphi = -\hat{\mathbf{e}}_r \\ \partial_\varphi \hat{\mathbf{e}}_3 = \mathbf{0} \end{array}$$

gegeben. Wir nehmen an, dass $\mathbf{F} = \mathbf{0}$ gilt, sodass das Problem und seine Lösung translationsinvariant in $\hat{\mathbf{e}}_3$-Richtung sind, falls dies zumindest auch für die Anfangsbedingung gilt. Die Axialsymmetrie der gesuchten Lösung bedeutet dann konkret, dass die Teilchendichte, die lokale Temperatur und die beiden Komponenten (v, w) der mittleren Geschwindigkeit $\mathbf{u}$ nur vom Abstand r zur $\hat{\mathbf{e}}_3$-Achse und eventuell von der Zeit abhängen sollen:

$$\rho = \rho(r, t) \quad , \quad \theta = \theta(r, t) \quad , \quad \mathbf{u} = v(r, t)\hat{\mathbf{e}}_\varphi + w(r, t)\hat{\mathbf{e}}_r \,.$$

Der Gradient ist in Zylinderkoordinaten durch $\boldsymbol{\nabla} = \hat{\mathbf{e}}_r\partial_r + \frac{1}{r}\hat{\mathbf{e}}_\varphi\partial_\varphi + \hat{\mathbf{e}}_3\partial_3$ gegeben, sodass

$$\boldsymbol{\nabla}\rho = \hat{\mathbf{e}}_r\partial_r\rho \quad , \quad \boldsymbol{\nabla}\theta = \hat{\mathbf{e}}_r\partial_r\theta \quad , \quad \boldsymbol{\nabla} \cdot \mathbf{u} = \frac{w}{r} + \partial_r w \quad , \quad \mathbf{u} \cdot \boldsymbol{\nabla} = \frac{v}{r}\partial_\varphi + w\partial_r$$

gilt. Folglich gilt in (7.54b) auch:

$$(\mathbf{u} \cdot \boldsymbol{\nabla})\mathbf{u} = \left(\frac{v}{r}\partial_\varphi + w\partial_r\right)(v\hat{\mathbf{e}}_\varphi + w\hat{\mathbf{e}}_r) = w\left(\frac{v}{r} + \partial_r v\right)\hat{\mathbf{e}}_\varphi + \left(-\frac{v^2}{r} + w\partial_r w\right)\hat{\mathbf{e}}_r \,.$$

---

[13]Dies gilt im systematischen Chapman-Enskog-Verfahren. In der entsprechenden *phänomenologischen* Theorie wird θ in der Euler-Gleichung für die Geschwindigkeit gemäß $\theta \to P/\rho$ durch einen phänomenologischen Druck P ersetzt. In diesem Fall erhält man das sogenannte Bernoulli-Gesetz, das besagt, dass $\tfrac{1}{2}\mathbf{u}^2 + P/m\rho + \mathcal{V}/m$ entlang einer Flusslinie konstant ist.

Die Euler-Gleichungen erhalten somit die Form:

$$\partial_t \rho(r,t) = -\rho\left(\frac{w}{r} + \partial_r w\right) - w\partial_r \rho \tag{7.59a}$$

$$\partial_t v(r,t) = -w\left(\frac{v}{r} + \partial_r v\right) \tag{7.59b}$$

$$\partial_t w(r,t) = -\left(-\frac{v^2}{r} + w\partial_r w\right) - \frac{1}{m\rho}\partial_r(\rho\theta) \tag{7.59c}$$

$$\partial_t \theta(r,t) = -w\partial_r\theta - \tfrac{2}{3}\theta\left(\frac{w}{r} + \partial_r w\right) \tag{7.59d}$$

für ρ und θ sowie die beiden Komponenten v und w von $\mathbf{u}$.

Wir betrachten nun den (relativ) einfachen Spezialfall möglicher *stationärer* Lösungen, wobei die Teilchendichte, die lokale Temperatur und die beiden Komponenten (v, w) der mittleren Geschwindigkeit *zeitunabhängig* sind und somit nur vom Abstand r zur $\hat{\mathbf{e}}_3$-Achse abhängen: $\rho = \rho(r)$, $\theta = \theta(r)$, $v = v(r)$ und $w = w(r)$. Bei einer stationären axialsymmetrischen Lösung würde man aber keine *radialen* Strömkomponenten erwarten, da diese z. B. die Teilchendichte zeitlich ändern würden, sodass $w = 0$ gelten müsste. Für $w = 0$ sind die Gleichungen (7.59a), (7.59b) und (7.59d) für beliebige Funktionen $\rho(r)$, $\theta(r)$ und $v(r)$ automatisch erfüllt, und Gleichung (7.59c) erhält die einfachere Gestalt:

$$\frac{1}{m\rho}(\rho\theta)' = \frac{v^2}{r} \, .$$

Aus dieser Gleichung könnte man z. B. für vorgegebene Funktionen $\theta(r)$ und $v(r)$ die Funktion $\rho(r)$ berechnen. Da $\theta(r)$ und $v(r)$ hierbei aber *beliebig* sind, gibt es eine große Klasse von möglichen Lösungen.

Zur Illustration beschränken wir uns auf Lösungen mit konstanter, orts- und zeitunabhängiger Temperatur: $\theta(r) = \theta_0$. In diesem Fall erhält man die einfache Gleichung $[\ln(\rho)]' = mv(r)^2/\theta_0 r$, die zwei unterschiedliche Lösungstypen hat, abhängig davon, ob $|v(\infty)| > 0$ gilt, wobei $v(r)$ für $r \to \infty$ also endlich bleiben oder divergieren kann, oder alternativ $v(\infty) = 0$ gilt, was bedeutet, dass $v(r)$ für $r \to \infty$ gegen null streben muss:

$$\rho(r) = \rho_0 \exp\left[\int_0^r dr' \, \frac{mv(r')^2}{\theta_0 r'}\right] \quad , \quad \rho(r) = \rho_\infty \exp\left[-\int_r^\infty dr' \, \frac{mv(r')^2}{\theta_0 r'}\right] \, .$$

Wir betrachten im Folgenden zwei Spezialfälle dieser allgemeinen Ausdrücke.

Die Zentrifuge

Als ersten Spezialfall betrachten wir die tangentiale Geschwindigkeit $v(r) = \omega r$ mit der konstanten Winkelgeschwindigkeit $\omega > 0$. Eine solche Form von v kennen wir bereits aus Übungsaufgabe 4.10 (und der entsprechenden Lösung 4.10) über die *Zentrifuge*. Wie in Übungsaufgabe 4.10 ist es daher naheliegend, anzunehmen, dass der Gasbehälter eine endliche Ausdehnung hat, sich ebenfalls mit der konstanten Winkelgeschwindigkeit $\omega > 0$ um die $\hat{\mathbf{e}}_3$-Achse dreht und zylinderförmig mit dem

Radius ℓ ist. Man erhält dann die exponentiell ansteigende Teilchendichte

$$\rho(r) = \rho_0 e^{\frac{1}{2}m\omega^2 r^2/\theta_0}$$

für $0 \leq r \leq \ell$. Eine ähnliche, exponentiell ansteigende Teilchendichte in einer Zentrifuge mit endlichem Radius haben wir auch in Lösung 4.10 und in der entsprechenden Maxwell-Boltzmann-Verteilung (7.38) kennengelernt.

Der lokalisierte Wirbel

Wir betrachten nun die tangentiale Geschwindigkeit $v(r) = v_1 r r_0/(r^2 + r_0^2)$ mit $0 \leq r < \infty$, die für $r \to \infty$ gegen null strebt. Die Länge r_0 beschreibt hierbei die typische radiale Ausdehnung des Wirbels. In diesem Fall erhält man für die Teilchendichte:

$$\rho(r) = \rho_\infty \exp\left\{ -\int_r^\infty dr' \, \frac{mv_1^2 r' r_0^2}{\theta_0 \left[(r')^2 + r_0^2\right]^2} \right\} = \rho_\infty \exp\left\{ -\frac{mv_1^2}{2\theta_0 \left[1 + (r/r_0)^2\right]} \right\}.$$

Im Zentrum des Wirbels (d. h. für $r \lesssim r_0$) ist die Teilchendichte also *niedriger* als für $r \gg r_0$. Dies zeigt, dass durch die Wirbelbewegung Teilchen aus dem Zentrum herausgeschleudert werden wie bei der Zentrifuge, aber auch, dass dieser Effekt in größerem Abstand zur $\hat{\mathbf{e}}_3$-Achse nachlässt: Es gilt $\rho(r) \to \rho_\infty$ für $r \to \infty$. Bemerkenswert an diesem Beispiel ist, dass die Euler-Gleichungen überhaupt einen solchen stationären Wirbel mit r-abhängiger Winkelgeschwindigkeit $\omega(r) \equiv v(r)/r = v_1 r_0/(r^2 + r_0^2)$ als Lösung erlauben: In einer realen Flüssigkeit würde die r-abhängige Winkelgeschwindigkeit zu einer *Reibung* zwischen benachbarten Flüssigkeitsschichten führen und den Wirbel allmählich bremsen und schließlich zum Stillstand bringen. Eine derartige Reibung fehlt aber in den Euler-Gleichungen, die eine „ideale" Flüssigkeit ohne Viskosität beschreiben.

7.4.2 Erhaltungsgrößen in den Euler-Gleichungen

Wir untersuchen nun die in den hydrodynamischen Euler-Gleichungen enthaltenen Erhaltungsgesetze. Für die globalen Größen

$$N(t) = \int d^3x \, \rho(\mathbf{x}, t) \quad , \quad \mathbf{I}(t) = \int d^3x \, \mathbf{I}(\mathbf{x}, t) \quad , \quad E(t) = \int d^3x \, E(\mathbf{x}, t)$$

gelten aufgrund von (7.42) die folgenden, leicht vereinfachten Ergebnisse:

$$\frac{dN}{dt} = 0 \quad , \quad \frac{dE}{dt} = 0 \quad , \quad \frac{d\mathbf{I}}{dt} = \int_\mathcal{D} d^3x \, \mathbf{F}(\mathbf{x})\rho(\mathbf{x}, t) - \int_\mathcal{F} d\mathbf{S} \, \rho(\mathbf{x}, t)\theta(\mathbf{x}, t) \, ,$$

sodass Gesamtteilchenzahl und -energie wiederum erhalten sind und der Gesamtimpuls sich durch äußere Kräfte zeitlich ändern kann. Bei der Herleitung der Bewegungsgleichung für die Impulsdichte wurde verwendet, dass die mittlere Geschwindigkeit $\mathbf{u}$ für $\mathbf{x} \in \mathcal{F}$ immer parallel zu $\mathcal{F}$ ausgerichtet ist: $\mathbf{u}\mathbf{u}^{\mathrm{T}}\hat{\mathbf{n}}(\mathbf{x}) = \mathbf{0}$ für $\mathbf{x} \in \mathcal{F}$.

Zusätzlich gilt jedoch auch ein *lokales* Erhaltungsgesetz. Schreibt man nämlich (7.54a) und (7.54c) als

$$\frac{1}{\rho}\left(\frac{\partial}{\partial t} + \mathbf{u}\cdot\boldsymbol{\nabla}\right)\rho = -\boldsymbol{\nabla}\cdot\mathbf{u} \quad , \quad -\frac{3}{2\theta}\left(\frac{\partial}{\partial t} + \mathbf{u}\cdot\boldsymbol{\nabla}\right)\theta = \boldsymbol{\nabla}\cdot\mathbf{u}$$

und addiert man beide Gleichungen, dann ergibt sich das lokale Erhaltungsgesetz:

$$\frac{d}{dt}\ln\left[\frac{\rho(\mathbf{x},t)}{\theta(\mathbf{x},t)^{3/2}}\right] = \left(\frac{\partial}{\partial t} + \mathbf{u}\cdot\boldsymbol{\nabla}\right)\ln\left(\frac{\rho}{\theta^{3/2}}\right) = 0 \,. \tag{7.60}$$

Hierbei stellt $\frac{d}{dt} = \frac{\partial}{\partial t} + \mathbf{u}\cdot\boldsymbol{\nabla}$ die sich mit dem Fluss „mitbewegende" Ableitung dar. Wie wir z. B. aufgrund von Gleichung (4.64) für die Entropie eines klassischen Gases wissen,[14] entspricht die Bedingung, dass $\rho/\theta^{3/2}$ konstant sein soll, einer *adiabatischen* Änderung (Kompression oder Expansion). Die Interpretation von Gleichung (7.60) ist daher, dass ein Schwimmer, der sich mit dem Fluss der Euler-Gleichungen mitbewegt, lokal *keine Entropieänderung* registriert.

Tatsächlich lässt sich leicht nachweisen, dass das H-Funktional für die spezielle Verteilungsfunktion $f^{(0)}(\mathbf{x},\mathbf{v},t)$ die Form

$$H[f^{(0)}](t) = \int d^3x\, \rho(\mathbf{x},t)s(\mathbf{x},t) + \text{Konstante} \quad , \quad s(\mathbf{x},t) \equiv \ln\left[\frac{\rho(\mathbf{x},t)}{\theta(\mathbf{x},t)^{3/2}}\right]$$

erhält, sodass $-k_\mathrm{B}s(\mathbf{x},t)$ physikalisch mit der *Entropiedichte* (d. h. Entropie *pro Teilchen*) identifiziert werden kann. Aus den beiden Gleichungen (7.54a) und (7.54c) folgt nun, dass die globale Entropie $-k_\mathrm{B}H[f^{(0)}]$ erhalten ist:

$$\frac{dH[f^{(0)}]}{dt}(t) = \int d^3x\left\{[s(\mathbf{x},t)+1]\frac{\partial\rho}{\partial t} - \frac{3\rho}{2\theta}\frac{\partial\theta}{\partial t}\right\} = \cdots = 0 \,.$$

Auch bei dieser Berechnung wurde verwendet, dass $\mathbf{u}$ für $\mathbf{x}\in\mathcal{F}$ immer parallel zu $\mathcal{F}$ ausgerichtet ist. Im Fall der idealen Flüssigkeit, d. h. im Limes $\varepsilon\to 0$ in der Chapman-Enskog-Methode, kann man mit Hilfe der Ljapunow-Funktion $H[f]$ daher zwar die *Stabilität* der Gleichgewichtslösung $f_\mathrm{MB}(\mathbf{x},\mathbf{v})$ in (7.35) nachweisen, jedoch nicht ihre *asymptotische* Stabilität, da für Lösungen der Form $f^{(0)}$ nicht $dH[f]/dt < 0$ gilt. Die Lösungen der hydrodynamischen Euler-Gleichungen (7.54) werden sich daher sogar nach beliebig langer Zeit *nicht* an die Gleichgewichtslösung f_MB annähern. Der Grund hierfür ist selbstverständlich, dass im Limes $\varepsilon\to 0$ alle dissipativen Prozesse, insbesondere der Einfluss der Viskosität, vernachlässigt werden. Auf solche dissipativen Prozesse und ihre Konsequenzen für die hydrodynamischen Gleichungen kommen wir in Abschnitt [7.5] ausführlich zurück.

7.4.3 Linearisierung um die Gleichgewichtslösung

Um die Struktur der Lösungen der Euler-Gleichungen (7.54) genauer zu erläutern, betrachten wir *kleine* Auslenkungen aus dem Gleichgewichtszustand. Der Gleichgewichtszustand wird durch die Maxwell-Boltzmann-Verteilung $f_\mathrm{MB}(\mathbf{x},\mathbf{v})$ in Gleichung (7.35) beschrieben und entspricht den folgenden Teilchen-, Geschwindigkeits-

---

[14]Gleichung (4.64) lautet für spinlose Teilchen: $S_\mathrm{gk}/\langle N\rangle = k_\mathrm{B}\left[\frac{d}{2}+1-\ln(\rho\lambda_T^d)\right]$. Die Bedingung $\rho/\theta^{3/2} = $ konstant in (7.60) entspricht also in Gleichung (4.64) der Bedingung $\rho\lambda_T^d = $ konstant. Alternativ folgt die Bedingung $\rho/\theta^{3/2} = $ konstant auch aus Gleichung (2.10).

und Temperaturdichten $\rho_0(\mathbf{x})$, $\mathbf{u}_0$ bzw. θ_0:

$$\rho_0(\mathbf{x}) = \bar{\rho}\, C e^{-\beta \mathcal{V}(\mathbf{x})} \quad , \quad C^{-1} \equiv \left\langle e^{-\beta \mathcal{V}(\mathbf{x})} \right\rangle_{\mathcal{D}} \quad , \quad \mathbf{u}_0 = \mathbf{0} \quad , \quad \theta_0 = \beta^{-1} = k_{\mathrm{B}} T \, .$$

Diese zeitunabhängigen Dichten erfüllen exakt die Euler-Gleichungen (7.54). Man beachte, dass die Geschwindigkeits- und Temperaturdichten $\mathbf{u}_0$ bzw. θ_0 außerdem *orts*unabhängig sind. Wir betrachten nun kleine Auslenkungen aus dem Gleichgewichtszustand:

$$\begin{aligned}
\rho(\mathbf{x}, t) &= \rho_0(\mathbf{x}) \big[1 + \alpha \rho_1(\mathbf{x}, t) \big] \\
\mathbf{u}(\mathbf{x}, t) &= \alpha \mathbf{u}_1(\mathbf{x}, t) \\
\theta(\mathbf{x}, t) &= \theta_0 \big[1 + \alpha \theta_1(\mathbf{x}, t) \big] \, ,
\end{aligned} \qquad (7.61)$$

wobei der dimensionslose Parameter α klein sein soll ($\alpha \ll 1$) und die (ebenfalls dimensionslosen) Funktionen $\rho_1(\mathbf{x}, t)$ und $\theta_1(\mathbf{x}, t)$ von $\mathcal{O}(1)$ im Limes $\alpha \to 0$. Die Funktion $\mathbf{u}_1(\mathbf{x}, t)$ hat die physikalische Dimension einer Geschwindigkeit. Die Modulationen ρ_1, $\mathbf{u}_1$ und θ_1 der Teilchen-, Geschwindigkeits- und Temperaturdichten haben auch eine Modulation der Entropiedichte $-k_{\mathrm{B}} s(\mathbf{x}, t)$ zur Konsequenz:

$$s(\mathbf{x}, t) = \ln \left[\frac{\rho(\mathbf{x}, t)}{\theta(\mathbf{x}, t)^{3/2}} \right] = s_0(\mathbf{x}) + \alpha \big(\rho_1 - \tfrac{3}{2} \theta_1 \big) \quad , \quad s_0(\mathbf{x}) = \ln \big[\beta^{3/2} \rho_0(\mathbf{x}) \big] \, ,$$

wobei $-k_{\mathrm{B}} s_0(\mathbf{x})$ die Entropiedichte des Gleichgewichtszustands darstellt.

Für kleine Auslenkungen aus dem Gleichgewichtszustand, d. h. im Limes $\alpha \to 0$, erhält man aus (7.54) die folgenden Gleichungen für $\rho_1(\mathbf{x}, t)$, $\mathbf{u}_1(\mathbf{x}, t)$ und $\theta_1(\mathbf{x}, t)$:

$$\frac{\partial \rho_1}{\partial t}(\mathbf{x}, t) = -\boldsymbol{\nabla} \cdot \mathbf{u}_1 - \beta \mathbf{u}_1 \cdot \mathbf{F}$$

$$\boxed{ \frac{\partial \mathbf{u}_1}{\partial t}(\mathbf{x}, t) = -\frac{1}{m\beta} \big(\boldsymbol{\nabla} \theta_1 + \beta \theta_1 \mathbf{F} + \boldsymbol{\nabla} \rho_1 \big) } \qquad (7.62)$$

$$\frac{\partial \theta_1}{\partial t}(\mathbf{x}, t) = -\tfrac{2}{3} \boldsymbol{\nabla} \cdot \mathbf{u}_1 \, .$$

Die Untersuchung der Struktur dieser Gleichungen ist besonders einfach für den kräftefreien Fall ($\mathbf{F} = \mathbf{0}$). Man erhält dann:

$$\frac{\partial \rho_1}{\partial t} = -\boldsymbol{\nabla} \cdot \mathbf{u}_1 \quad , \quad \frac{\partial \mathbf{u}_1}{\partial t} = -\frac{1}{m\beta} \boldsymbol{\nabla} (\theta_1 + \rho_1) \quad , \quad \frac{\partial \theta_1}{\partial t} = -\tfrac{2}{3} \boldsymbol{\nabla} \cdot \mathbf{u}_1 \, . \quad (7.63)$$

Es folgt, dass $\rho_1 - \tfrac{3}{2} \theta_1$ eine lokal erhaltene Größe ist:

$$\frac{\partial}{\partial t} \big(\rho_1 - \tfrac{3}{2} \theta_1 \big) = 0 \, ,$$

sodass die Modulation $\theta_1(\mathbf{x}, t)$ der lokalen Temperatur mit irgendeiner zeitunabhängigen Funktion $\bar{\theta}(\mathbf{x})$ die Struktur $\theta_1(\mathbf{x}, t) = \bar{\theta}(\mathbf{x}) + \tfrac{2}{3} \rho_1(\mathbf{x}, t)$ haben muss. Folglich vereinfacht sich die Gleichung für die Modulation $\mathbf{u}_1(\mathbf{x}, t)$ der mittleren Geschwindigkeit auf die Form

$$\frac{\partial \mathbf{u}_1}{\partial t} = -\frac{1}{m\beta} \boldsymbol{\nabla} \big(\bar{\theta} + \tfrac{5}{3} \rho_1 \big) \, . \qquad (7.64)$$

Die lokal erhaltene Größe $\rho_1 - \frac{3}{2}\theta_1$ entspricht genau der oben hergeleiteten Modulation der Entropiedichte $-k_\mathrm{B}s(\mathbf{x}, t)$. Die genaue Form der zeit*un*abhängigen Funktion $\bar{\theta}(\mathbf{x})$ wird durch die Anfangsbedingung festgelegt: $\bar{\theta}(\mathbf{x}) = \theta_1(\mathbf{x}, 0) - \frac{2}{3}\rho_1(\mathbf{x}, 0)$.

Wellenartige Lösungen der Euler-Gleichungen

Aus der Kombination der Gleichungen (7.63) und (7.64) folgt nun, dass die Modulation $\rho_1(\mathbf{x}, t)$ der Teilchendichte im Allgemeinen eine *inhomogene Wellengleichung* erfüllt:

$$\frac{\partial^2 \rho_1}{\partial t^2} = -\boldsymbol{\nabla} \cdot \frac{\partial \mathbf{u}_1}{\partial t} = \frac{1}{m\beta}\Delta\big(\bar{\theta} + \tfrac{5}{3}\rho_1\big) = c^2\Delta\rho_1 + \frac{1}{m\beta}\Delta\bar{\theta} \quad , \quad c^2 \equiv \frac{5}{3m\beta} \, . \tag{7.65}$$

Hierbei ist die *Inhomogenität* $\frac{1}{m\beta}\Delta\bar{\theta}$ der Wellengleichung aufgrund der Anfangsbedingung eine bekannte Funktion von $\mathbf{x}$.

Für den wichtigen Spezialfall einer *homentropen* Anfangsbedingung, d. h., falls $s(\mathbf{x}, 0) = \ln\big(\beta^{3/2}\bar{\rho}\big)$ orts*un*abhängig ist, folgt $\bar{\theta}(\mathbf{x}) = 0$ und Gleichung (7.65) reduziert sich auf die übliche *homogene* Wellengleichung.

Aber auch für den allgemeinen (nicht homentropen) Fall ist Gleichung (7.65) vollständig lösbar für vorgegebene Anfangs- und Randbedingungen. Man kann die Lösung dann in (7.64) einsetzen und $\mathbf{u}_1(\mathbf{x}, t)$ durch eine Integration über die Zeit bestimmen. Die Modulationen ρ_1, $\mathbf{u}_1$ und θ_1 haben daher den Charakter *ungedämpfter* Wellenphänomene. Es ist klar, dass sich solche Lösungen auch im Langzeitlimes *nicht* an eine zeitunabhängige Gleichgewichtslösung annähern werden.

Wenn man sich also auf die Euler-Gleichungen, d. h. auf die führende Ordnung der Elimination schneller Variabler aus der Boltzmann-Gleichung, beschränkt, geht die durch das H-Theorem beschriebene Dissipation verloren. Aus diesem Grund betrachten wir im folgenden Abschnitt [7.5] auch die nächste Ordnung der Chapman-Enskog-Methode und leiten die *Navier-Stokes-Gleichungen* her.

7.5   Die Navier-Stokes-Gleichungen der viskosen Hydrodynamik

Die Idee bei der Herleitung der Navier-Stokes-Gleichungen der viskosen Hydrodynamik im Rahmen der Chapman-Enskog-Methode ist im Grunde ganz einfach: Man muss die Entwicklung

$$f(\mathbf{x}, \mathbf{v}, t) = f^{(0)}(\mathbf{x}, \mathbf{v}, t) + \varepsilon f^{(1)}(\mathbf{x}, \mathbf{v}, t) + \cdots$$

nach Potenzen des kleinen Parameters ε in Gleichung (7.46) nur eine Ordnung weiter treiben und auch die *lineare* Ordnung berücksichtigen. Die Untersuchung der führenden Ordnung $f^{(0)}(\mathbf{x}, \mathbf{v}, t)$ in Abschnitt [7.4] hat die *Euler-Gleichungen* (7.54) einer idealen Flüssigkeit ergeben. Die lineare Korrektur $\varepsilon f^{(1)}(\mathbf{x}, \mathbf{v}, t)$ wird dazu führen, dass die Euler-Gleichungen um Terme erweitert werden, die zusätzlich auch Effekte der Viskosität und Wärmeleitfähigkeit beschreiben.[15]

---

[15]Als Hintergrundliteratur zur Herleitung der Navier-Stokes-Gleichungen ist neben Ref. [32] über die Entwicklung der Boltzmann-Gleichung nach Potenzen des kleinen Parameters ε auch

Wir betrachten zuerst die Dynamik der langsamen und dann diejenige der schnellen Variablen in linearer Ordnung der Entwicklung nach dem kleinen Parameter ε. Die langsamen Variablen werden in allen Ordnungen der ε-Störungstheorie (7.46) durch Gleichung (7.48) definiert:

$$\int d^3v \begin{pmatrix} 1 \\ m\mathbf{v} \\ \epsilon(\mathbf{x},\mathbf{v}) \end{pmatrix} \left[f^{(0)}(\mathbf{x},\mathbf{v},t) + \varepsilon f^{(1)}(\mathbf{x},\mathbf{v},t) + \cdots \right] = \begin{pmatrix} \rho(\mathbf{x},t) \\ \mathbf{I}(\mathbf{x},t) \\ E(\mathbf{x},t) \end{pmatrix} . \qquad (7.66)$$

Hierbei erfüllen die Dichten $\rho(\mathbf{x},t)$, $\mathbf{I}(\mathbf{x},t)$ und $E(\mathbf{x},t)$ nach wie vor die Bewegungsgleichungen (7.41), wobei die exakte Verteilungsfunktion f nun allerdings durch $f^{(0)} + \varepsilon f^{(1)}$ zu ersetzen ist. Da die führende Ordnung $f^{(0)}(\mathbf{x},\mathbf{v},t)$ der Verteilungsfunktion bereits durch Gleichung (7.50) festgelegt wurde, muss der Beitrag der Korrektur $\varepsilon f^{(1)}(\mathbf{x},\mathbf{v},t)$ zur linken Seite von (7.66) exakt gleich null sein:

$$\int d^3v \begin{pmatrix} 1 \\ m\mathbf{v} \\ \epsilon(\mathbf{x},\mathbf{v}) \end{pmatrix} f^{(0)} = \begin{pmatrix} \rho(\mathbf{x},t) \\ \mathbf{I}(\mathbf{x},t) \\ E(\mathbf{x},t) \end{pmatrix} \quad , \quad \int d^3v \begin{pmatrix} 1 \\ m\mathbf{v} \\ \epsilon(\mathbf{x},\mathbf{v}) \end{pmatrix} f^{(1)} = \begin{pmatrix} 0 \\ \mathbf{0} \\ 0 \end{pmatrix} . \quad (7.67)$$

Diese Eigenschaft (7.67) von $f^{(1)}$ wird im Folgenden entscheidend in die Herleitung der Gleichung (7.70) eingehen.

Die *schnellen* Variablen in der Verteilungsfunktion $f(\mathbf{x},\mathbf{v},t)$ werden wiederum durch die Boltzmann-Gleichung (7.47) beschrieben, wobei der Stoßbeitrag $\frac{1}{\varepsilon}S[f]$ zu $\frac{\partial f}{\partial t}$ wie folgt nach Potenzen des kleinen Parameters ε entwickelt werden kann:

$$\frac{1}{\varepsilon}S[f^{(0)} + \varepsilon f^{(1)}](\mathbf{x},\mathbf{v},t) = \frac{1}{\varepsilon}S[f^{(0)}](\mathbf{x},\mathbf{v},t) + \frac{\delta S}{\delta f}[f^{(1)}](\mathbf{x},\mathbf{v},t) + \mathcal{O}(\varepsilon^2) .$$

Hierbei ist die Funktionalableitung $\delta S/\delta f$ des Stoßterms in Richtung $f^{(1)}$ durch

$$\frac{\delta S}{\delta f}[f^{(1)}] = \lim_{\varepsilon \downarrow 0} \frac{1}{\varepsilon}\left\{ S[f^{(0)} + \varepsilon f^{(1)}] - S[f^{(0)}] \right\}$$

gegeben. Aus Abschnitt [7.4] wissen wir bereits, dass sich aus der Boltzmann-Gleichung (7.47) in führender Ordnung der ε-Störungstheorie, also in $\mathcal{O}(\frac{1}{\varepsilon})$, eine Maxwell-Boltzmann-Form für $f^{(0)}$ ergibt:

$$\frac{1}{\varepsilon}S[f^{(0)}] = 0 \quad , \quad f^{(0)} = \left[\frac{m}{2\pi\theta(\mathbf{x},t)} \right]^{3/2} \rho(\mathbf{x},t)e^{-\frac{1}{2}m[\mathbf{v}-\mathbf{u}(\mathbf{x},t)]^2/\theta(\mathbf{x},t)} . \qquad (7.68)$$

Die nächste Ordnung der ε-Störungstheorie, d. h. der Beitrag von $\mathcal{O}(1)$, ergibt für die Boltzmann-Gleichung (7.47):

$$\frac{\partial f^{(0)}}{\partial t}(\mathbf{x},\mathbf{v},t) + \mathbf{v}\cdot\frac{\partial f^{(0)}}{\partial \mathbf{x}}(\mathbf{x},\mathbf{v},t) + \frac{1}{m}\mathbf{F}(\mathbf{x})\cdot\frac{\partial f^{(0)}}{\partial \mathbf{v}}(\mathbf{x},\mathbf{v},t) = \frac{\delta S}{\delta f}[f^{(1)}](\mathbf{x},\mathbf{v},t) . \quad (7.69)$$

Aufgrund der Eigenschaft (7.67) der linearen Korrektur $f^{(1)}$ zur Verteilungsfunktion gelten nach wie vor die Beziehungen (7.52) zwischen der mittleren Geschwindigkeit $\mathbf{u}(\mathbf{x},t)$ und der lokalen Temperatur $\theta(\mathbf{x},t)$ in (7.68) sowie den Dichten $\rho(\mathbf{x},t)$,

---

Kapitel 5 in Ref. [24] empfehlenswert. Die Herleitung in Ref. [24] enthält im Vergleich zu unserer Vorgehensweise einige interessante, didaktisch motivierte Abkürzungen.

$\mathbf{I}(\mathbf{x}, t)$ und $E(\mathbf{x}, t)$:

$$\mathbf{u}(\mathbf{x}, t) = \frac{\mathbf{I}(\mathbf{x}, t)}{m\rho(\mathbf{x}, t)} \quad , \quad \theta(\mathbf{x}, t) = \frac{2}{3}\left[\frac{E(\mathbf{x}, t)}{\rho(\mathbf{x}, t)} - \epsilon(\mathbf{x}, \mathbf{u})\right] . \tag{7.70}$$

Außerdem gilt nach wie vor $\mathbf{J}_\rho(\mathbf{x}, t) = \frac{1}{m}\mathbf{I}(\mathbf{x}, t) = \rho(\mathbf{x}, t)\mathbf{u}(\mathbf{x}, t)$.

Im Folgenden müssen wir daher „nur noch" die beiden Stromdichten $\mathbf{J}_I(\mathbf{x}, t)$ und $\mathbf{J}_E(\mathbf{x}, t)$ sowie mit Hilfe der Bewegungsgleichungen (7.41) die Zeitableitungen $\frac{\partial \mathbf{u}}{\partial t}(\mathbf{x}, t)$ und $\frac{\partial \theta}{\partial t}(\mathbf{x}, t)$ bestimmen.

Wir werden feststellen, dass alle diese Größen nicht nur von den in $f^{(0)}$ enthaltenen Funktionen $\mathbf{u}(\mathbf{x}, t)$ und $\theta(\mathbf{x}, t)$ abhängen, sondern auch von der linearen Korrektur $f^{(1)}$ zur Verteilungsfunktion. Hierbei ist diese lineare Korrektur $f^{(1)}$ durch die Boltzmann-Gleichung (7.69) festgelegt und kann durch Inversion der Funktionalableitung $\delta S/\delta f$ bestimmt werden. Setzt man schließlich das Ergebnis für $f^{(1)}$ in J_I und $\mathbf{J}_E$ sowie die Zeitableitungen $\frac{\partial \mathbf{u}}{\partial t}$ und $\frac{\partial \theta}{\partial t}$ ein, so erhält man die Navier-Stokes-Gleichungen der viskosen Hydrodynamik.

7.5.1 Berechnung der Korrektur zur Verteilungsfunktion $*$

Wir untersuchen zunächst die Boltzmann-Gleichung (7.69) und berechnen hieraus die lineare Korrektur $f^{(1)}$ zur Verteilungsfunktion $f = f^{(0)} + \varepsilon f^{(1)} + \cdots$. Hierbei betrachten wir zuerst die linke und danach die rechte Seite von Gleichung (7.69).

Die *linke* Seite der Boltzmann-Gleichung

Da die *linke* Seite von Gleichung (7.69) die partiellen Zeit- und Ortsableitungen nur in der Kombination $\frac{\partial}{\partial t} + \mathbf{v} \cdot \boldsymbol{\nabla}$ enthält, die auch als *materielle* oder *konvektive* Ableitung bezeichnet wird, und der führende Beitrag $f^{(0)}$ zur Verteilungsfunktion in Gleichung (7.68) nur in der Kombination $\mathbf{v} - \mathbf{u}(\mathbf{x}, t)$ von der Geschwindigkeit abhängt, ist es zweckmäßig, für diese Kombinationen die Notationen

$$D \equiv \frac{\partial}{\partial t} + \mathbf{v} \cdot \boldsymbol{\nabla} \quad , \quad \bar{\mathbf{v}}(\mathbf{x}, \mathbf{v}, t) \equiv \mathbf{v} - \mathbf{u}(\mathbf{x}, t)$$

einzuführen. Durch Einsetzen von Gleichung (7.68) für $f^{(0)}$ in die linke Seite der Boltzmann-Gleichung (7.69) erhält man:

$$\left[D + \frac{1}{m}\mathbf{F} \cdot \frac{\partial}{\partial \mathbf{v}}\right] f^{(0)} = f^{(0)}\left[D + \frac{1}{m}\mathbf{F} \cdot \frac{\partial}{\partial \mathbf{v}}\right] \ln(f^{(0)})$$

$$= f^{(0)}\left[\frac{1}{\rho}D\rho + \frac{1}{\theta}\left(\frac{m}{2\theta}\bar{\mathbf{v}}^2 - \frac{3}{2}\right)D\theta + \frac{m}{\theta}\bar{\mathbf{v}} \cdot D\mathbf{u} - \frac{1}{\theta}\mathbf{F} \cdot \bar{\mathbf{v}}\right] . \tag{7.71}$$

Die Differentiale $D\rho$, $D\mathbf{u}$ und $D\theta$ sind hierbei durch

$$D\rho = (\bar{\mathbf{v}} \cdot \boldsymbol{\nabla})\rho - \rho\boldsymbol{\nabla} \cdot \mathbf{u} \tag{7.72a}$$

$$D\mathbf{u} = (\bar{\mathbf{v}} \cdot \boldsymbol{\nabla})\mathbf{u} + \frac{1}{m}\mathbf{F} - \frac{1}{m}\boldsymbol{\nabla}\theta - \frac{\theta}{m\rho}\boldsymbol{\nabla}\rho \tag{7.72b}$$

$$D\theta = (\bar{\mathbf{v}} \cdot \boldsymbol{\nabla})\theta - \frac{2}{3}\theta\boldsymbol{\nabla} \cdot \mathbf{u} \tag{7.72c}$$

gegeben. Einsetzen der Differentiale (7.72) in Gleichung (7.71) ergibt dann:

$$\left[D+\frac{1}{m}\mathbf{F}\cdot\frac{\partial}{\partial\mathbf{v}}\right]f^{(0)}) = f^{(0)}\left[\frac{1}{\theta}\left(\frac{m}{2\theta}\bar{\mathbf{v}}^2-\frac{5}{2}\right)(\bar{\mathbf{v}}\cdot\boldsymbol{\nabla})\theta+\frac{1}{\theta}\Lambda:\left(\bar{\mathbf{v}}\bar{\mathbf{v}}^{\mathrm{T}}-\tfrac{1}{3}\bar{\mathbf{v}}^2\mathbb{1}\right)\right] . \quad (7.73)$$

Hierbei ist Λ ein symmetrischer Tensor, und die Notation $A:B$ bezeichnet eine doppelte Verjüngung zweier Tensoren:

$$\Lambda \equiv \tfrac{1}{2}m\left(\frac{\partial\mathbf{u}}{\partial\mathbf{x}}+\frac{\partial\mathbf{u}}{\partial\mathbf{x}}^{\mathrm{T}}\right) \quad \text{d.\,h.} \quad \Lambda_{ij}=\tfrac{1}{2}m\left(\frac{\partial u_i}{\partial x_j}+\frac{\partial u_j}{\partial x_i}\right) \quad , \quad A:B \equiv \sum_{i,j}A_{ij}B_{ji} .$$

Es ist bemerkenswert, dass die rechte Seite von Gleichung (7.73) nur in der Kombination $\bar{\mathbf{v}}$ von der Geschwindigkeit $\mathbf{v}$ abhängt. Dies legt nahe, dass auch die lineare Korrektur $f^{(1)}$ in Gleichung (7.69) bequem mit Hilfe der Kombination $\bar{\mathbf{v}}(\mathbf{x},\mathbf{v},t)$ formuliert werden kann. Diese Vermutung wird sich später als richtig erweisen.

Die *rechte* Seite der Boltzmann-Gleichung

Wir untersuchen nun den Stoßterm auf der *rechten* Seite der Boltzmann-Gleichung (7.69). Das Ziel ist, aus dieser Gleichung die lineare Korrektur $f^{(1)}$ zur Verteilungsfunktion zu berechnen. Wir haben oben bereits festgestellt, dass der führende Beitrag $f^{(0)}$ zur Verteilungsfunktion in Gleichung (7.68) nur in der Kombination $\bar{\mathbf{v}} = \mathbf{v} - \mathbf{u}$ von der Geschwindigkeit abhängt, und können daher schreiben:

$$f^{(0)}(\mathbf{x},\mathbf{v},t) = \left[\frac{m}{2\pi\theta(\mathbf{x},t)}\right]^{3/2}\rho(\mathbf{x},t)e^{-\frac{1}{2}m\bar{\mathbf{v}}(\mathbf{x},\mathbf{v},t)^2/\theta(\mathbf{x},t)} \equiv f_0(\mathbf{x},\bar{\mathbf{v}},t) . \quad (7.74\text{a})$$

Analog werden wir im Folgenden feststellen können, dass es zweckmäßig ist, auch für die lineare Korrektur $f^{(1)}$ die Definition

$$f^{(1)}(\mathbf{x},\mathbf{v},t) = f^{(1)}(\mathbf{x},\bar{\mathbf{v}}+\mathbf{u},t) \equiv f_1(\mathbf{x},\bar{\mathbf{v}},t) \quad , \quad \bar{\mathbf{v}}(\mathbf{x},\mathbf{v},t) = \mathbf{v}-\mathbf{u}(\mathbf{x},t) \quad (7.74\text{b})$$

einzuführen. Zunächst wissen wir nur aufgrund der Gleichungen (7.69) und (7.73), dass die lineare Korrektur $f^{(1)}$ eine Gleichung der Form

$$\frac{\delta S}{\delta f}[f^{(1)}](\mathbf{x},\mathbf{v},t) = \mathbf{A}(\mathbf{x},\bar{\mathbf{v}},t)\cdot\boldsymbol{\nabla}\theta(\mathbf{x},t)+\Lambda(\mathbf{x},t):B(\mathbf{x},\bar{\mathbf{v}},t) \quad\quad (7.75\text{a})$$

erfüllt, wobei der Vektor $\mathbf{A}$ und der Tensor B durch

$$\mathbf{A}(\mathbf{x},\bar{\mathbf{v}},t) \equiv f_0\frac{1}{\theta}\left(\frac{m}{2\theta}\bar{\mathbf{v}}^2-\frac{5}{2}\right)\bar{\mathbf{v}} \quad , \quad B(\mathbf{x},\bar{\mathbf{v}},t) \equiv f_0\frac{1}{\theta}\left(\bar{\mathbf{v}}\bar{\mathbf{v}}^{\mathrm{T}}-\tfrac{1}{3}\bar{\mathbf{v}}^2\mathbb{1}\right) \quad (7.75\text{b})$$

definiert sind. Die explizite Form der Funktionalableitung $\delta S/\delta f$ kann nun aus dem Stoßterm in Gleichung (7.34) berechnet werden. Da alle Funktionen f_0 und $f^{(1)}$ auf der rechten Seite am Ort $\mathbf{x}$ zur Zeit t ausgewertet werden, unterdrücken wir die $(\mathbf{x},t)$-Abhängigkeit und zeigen nur die Geschwindigkeitsabhängigkeit an:

$$\frac{\delta S}{\delta f}[f^{(1)}](\mathbf{x},\mathbf{v}_1,t) = \int d^3v_2 \int d^3v_3 \int d^3v_4\, W(\mathbf{v}_1\mathbf{v}_2|\mathbf{v}_3\mathbf{v}_4)\big[f^{(0)}(\mathbf{v}_3)f^{(1)}(\mathbf{v}_4)$$
$$+ f^{(1)}(\mathbf{v}_3)f^{(0)}(\mathbf{v}_4) - f^{(0)}(\mathbf{v}_1)f^{(1)}(\mathbf{v}_2) - f^{(1)}(\mathbf{v}_1)f^{(0)}(\mathbf{v}_2)\big] .$$

Wir führen nun eine Koordinatentransformation im Geschwindigkeitsraum durch: $\mathbf{v}_i = \bar{\mathbf{v}}_i + \mathbf{u}(\mathbf{x}, t)$ für $i = 1, 2, 3, 4$, verwenden $f^{(0)}(\mathbf{v}_i) = f^{(0)}(\bar{\mathbf{v}}_i + \mathbf{u}) = f_0(\bar{\mathbf{v}}_i)$, nutzen die Galilei-Invarianz der Streuamplituden aus: $W(\mathbf{v}_1\mathbf{v}_2|\mathbf{v}_3\mathbf{v}_4) = W(\bar{\mathbf{v}}_1\bar{\mathbf{v}}_2|\bar{\mathbf{v}}_3\bar{\mathbf{v}}_4)$ und erhalten die Gleichung

$$\frac{\delta S}{\delta f}[f^{(1)}](\mathbf{x}, \mathbf{v}_1, t) = \int d^3\bar{v}_2 \int d^3\bar{v}_3 \int d^3\bar{v}_4 \, W(\bar{\mathbf{v}}_1\bar{\mathbf{v}}_2|\bar{\mathbf{v}}_3\bar{\mathbf{v}}_4)\big[f_0(\bar{\mathbf{v}}_3)f^{(1)}(\bar{\mathbf{v}}_4 + \mathbf{u})$$
$$+ f^{(1)}(\bar{\mathbf{v}}_3 + \mathbf{u})f_0(\bar{\mathbf{v}}_4) - f_0(\bar{\mathbf{v}}_1)f^{(1)}(\bar{\mathbf{v}}_2 + \mathbf{u}) - f^{(1)}(\bar{\mathbf{v}}_1 + \mathbf{u})f_0(\bar{\mathbf{v}}_2)\big] \, .$$

An dieser Stelle wird klar, warum die Definition (7.74b) sehr hilfreich ist, denn mit Hilfe der in (7.74b) eingeführten Funktion $f_1(\mathbf{x}, \bar{\mathbf{v}}, t)$ lässt sich die Funktionalableitung $\delta S/\delta f$ auch als lineare Abbildung $L[f_1]$ von f_1 schreiben:

$$\frac{\delta S}{\delta f}[f^{(1)}](\mathbf{x}, \mathbf{v}_1, t) = \int d^3\bar{v}_2 \int d^3\bar{v}_3 \int d^3\bar{v}_4 \, W(\bar{\mathbf{v}}_1\bar{\mathbf{v}}_2|\bar{\mathbf{v}}_3\bar{\mathbf{v}}_4)\big[f_0(\bar{\mathbf{v}}_3)f_1(\bar{\mathbf{v}}_4)$$
$$+ f_1(\bar{\mathbf{v}}_3)f_0(\bar{\mathbf{v}}_4) - f_0(\bar{\mathbf{v}}_1)f_1(\bar{\mathbf{v}}_2) - f_1(\bar{\mathbf{v}}_1)f_0(\bar{\mathbf{v}}_2)\big] \equiv L[f_1](\mathbf{x}, \bar{\mathbf{v}}_1, t) \, . \qquad (7.76)$$

Folglich vereinfacht sich Gleichung (7.75) auf die Form

$$\boxed{L[f_1](\mathbf{x}, \bar{\mathbf{v}}, t) = \mathbf{A}(\mathbf{x}, \bar{\mathbf{v}}, t) \cdot \boldsymbol{\nabla}\theta(\mathbf{x}, t) + \Lambda(\mathbf{x}, t) : B(\mathbf{x}, \bar{\mathbf{v}}, t) \, .}$$

Diese Gleichung ist nach f_1 aufzulösen. Formal entspricht dies einer Inversion des linearen Operators L:

$$\boxed{f_1(\mathbf{x}, \bar{\mathbf{v}}, t) = \boldsymbol{\alpha}(\mathbf{x}, \bar{\mathbf{v}}, t) \cdot \boldsymbol{\nabla}\theta(\mathbf{x}, t) + \Lambda(\mathbf{x}, t) : \beta(\mathbf{x}, \bar{\mathbf{v}}, t)} \qquad (7.77\text{a})$$

$$\boldsymbol{\alpha}(\mathbf{x}, \bar{\mathbf{v}}, t) = L^{-1}[\mathbf{A}](\mathbf{x}, \bar{\mathbf{v}}, t) \quad , \quad \beta(\mathbf{x}, \bar{\mathbf{v}}, t) = L^{-1}[B](\mathbf{x}, \bar{\mathbf{v}}, t) \, . \qquad (7.77\text{b})$$

Wir verwendeten, dass die Abbildung L und daher auch die Umkehrabbildung L^{-1} lediglich auf die Geschwindigkeitsabhängigkeit einer Funktion einwirken. Hiermit ist die lineare Korrektur f_1 zur Verteilungsfunktion – zumindest formal – bekannt.

Aufgrund von (7.67) hat die lineare Korrektur f_1 die Eigenschaften:

$$\begin{pmatrix} 0 \\ \mathbf{0} \\ 0 \end{pmatrix} = \int d^3\bar{v} \begin{pmatrix} 1 \\ m(\bar{\mathbf{v}} + \mathbf{u}) \\ \epsilon(\mathbf{x}, \bar{\mathbf{v}} + \mathbf{u}) \end{pmatrix} f_1(\mathbf{x}, \bar{\mathbf{v}}, t) = \int d^3\bar{v} \begin{pmatrix} 1 \\ m\bar{\mathbf{v}} \\ \epsilon(\mathbf{x}, \bar{\mathbf{v}}) \end{pmatrix} f_1(\mathbf{x}, \bar{\mathbf{v}}, t) \, . \qquad (7.78)$$

Im zweiten Schritt wurde in der zweiten und dritten Zeile $\int d^3\bar{v} \, f_1 = 0$ verwendet und außerdem in der dritten Zeile $\int d^3\bar{v} \, \bar{\mathbf{v}} f_1 = \mathbf{0}$.

7.5.2   Die Dynamik der langsamen Variablen ∗

Da die lineare Korrektur f_1 zur Verteilungsfunktion nun aufgrund von (7.77a) bekannt ist, können wir Gleichungen für die Dynamik der langsamen Variablen $\mathbf{u}(\mathbf{x}, t)$ und $\theta(\mathbf{x}, t)$ formulieren. Die Gleichung für die dritte langsame Variable $\rho(\mathbf{x}, t)$ ist wegen $\mathbf{J}_\rho = \rho\mathbf{u}$ nach wie vor durch (7.54a) gegeben. Da die Beziehungen zwischen $\mathbf{u}$ und θ und den Dichten ρ, $\mathbf{I}$ und E bereits aus (7.70) bekannt sind, müssen wir nur noch die Stromdichten J_I und $\mathbf{J}_E$ sowie mit Hilfe der Bewegungsgleichungen (7.41) die Zeitableitungen $\frac{\partial \mathbf{u}}{\partial t}$ und $\frac{\partial \theta}{\partial t}$ bestimmen.

Definition von Wärmefluss und Drucktensor

Um J_I, $\mathbf{J}_E$, $\frac{\partial \mathbf{u}}{\partial t}$ und $\frac{\partial \theta}{\partial t}$ kompakt formulieren zu können, definieren wir zwei weitere physikalische Größen, den *Wärmefluss* $\mathbf{q}(\mathbf{x}, t)$ und den *Drucktensor* $P(\mathbf{x}, t)$:

$$\mathbf{q}(\mathbf{x}, t) \equiv \tfrac{1}{2} m^2 \int d^3 v \, (\mathbf{v} - \mathbf{u}) \, |\mathbf{v} - \mathbf{u}|^2 f(\mathbf{x}, \mathbf{v}, t) = \tfrac{1}{2} m^2 \int d^3 \bar{v} \, \bar{\mathbf{v}} \, |\bar{\mathbf{v}}|^2 \big(f_0 + \varepsilon f_1 + \cdots \big)$$

$$P(\mathbf{x}, t) \equiv m \int d^3 v \, (\mathbf{v} - \mathbf{u})(\mathbf{v} - \mathbf{u})^{\mathrm{T}} f(\mathbf{x}, \mathbf{v}, t) = m \int d^3 \bar{v} \, \bar{\mathbf{v}} \bar{\mathbf{v}}^{\mathrm{T}} \big(f_0 + \varepsilon f_1 + \cdots \big) \, .$$

Um ein erstes Gefühl für diese Definitionen zu entwickeln, ist es instruktiv, den führenden Beitrag zum Wärmefluss und zum Drucktensor zu berechnen, der von f_0 herrührt. Das Ergebnis für den Wärmefluss ist besonders einfach: Da f_0 als Funktion von $\bar{\mathbf{v}}$ eine Gauß-Form hat, s. (7.74a), ist der Integrand von $\int d^3 \bar{v} \, \bar{\mathbf{v}} \, |\bar{\mathbf{v}}|^2 f_0$ antisymmetrisch in $\bar{\mathbf{v}}$ und somit gleich null. Der Wärmefluss ist daher im Rahmen der Chapman-Enskog-Methode immer eine kleine Größe von $\mathcal{O}(\varepsilon)$. Auch der führende Beitrag zum Drucktensor kann aufgrund der Gauß-Form (7.74a) direkt berechnet werden mit dem Ergebnis $\rho \theta \mathbb{1}$. Insgesamt erhalten wir also für Wärmefluss und Drucktensor bis zur linearen Ordnung in ε:

$$\boxed{\; \mathbf{q}(\mathbf{x}, t) = \tfrac{1}{2} m^2 \varepsilon \int d^3 \bar{v} \, \bar{\mathbf{v}} \, |\bar{\mathbf{v}}|^2 f_1 \quad , \quad P(\mathbf{x}, t) = \rho \theta \mathbb{1} + m \varepsilon \int d^3 \bar{v} \, \bar{\mathbf{v}} \bar{\mathbf{v}}^{\mathrm{T}} f_1 \; } \qquad (7.79)$$

Der Drucktensor wird also in führender Ordnung durch den Druck $\rho \theta$ des idealen Gases bestimmt und erhält dann in $\mathcal{O}(\varepsilon)$ Korrekturen, die auf die Streuprozesse in einem realen Gas und die damit einhergehende Viskosität zurückgehen. Aus Gleichung (7.79) folgt direkt, dass der Drucktensor *symmetrisch* ist und dass die Wechselwirkungskorrektur $P'(\mathbf{x}, t)$ zum Drucktensor *spurlos* ist:

$$P'(\mathbf{x}, t) \equiv P(\mathbf{x}, t) - \rho \theta \mathbb{1} \quad , \quad \mathrm{Sp}\big[P'(\mathbf{x}, t)\big] = 0 \, . \qquad (7.80)$$

Die letztere Eigenschaft folgt aus der Identität

$$\mathrm{Sp}\big[P'(\mathbf{x}, t)\big] = \mathrm{Sp}\left[m \varepsilon \int d^3 \bar{v} \, \bar{\mathbf{v}} \bar{\mathbf{v}}^{\mathrm{T}} \big(f_1 + \varepsilon f_2 + \cdots \big) \right]$$

$$= m \varepsilon \int d^3 \bar{v} \, \bar{\mathbf{v}}^2 \big(f_1 + \varepsilon f_2 + \cdots \big) = 0 \, ,$$

die eine direkte Konsequenz von (7.78) bzw. (7.66) und (7.67) ist.

Beziehungen zu den Strömen und Zeitableitungen

Wir bestimmen nun *exakte* Beziehungen zwischen den gesuchten Größen J_I, $\mathbf{J}_E$, $\frac{\partial \mathbf{u}}{\partial t}$ und $\frac{\partial \theta}{\partial t}$ und dem Wärmefluss $\mathbf{q}(\mathbf{x}, t)$ sowie dem Drucktensor $P(\mathbf{x}, t)$. Diese Beziehungen sind allgemein gültig, d. h. nicht nur in den niedrigen Ordnungen der ε-Entwicklung. Da die langsamen Variablen in allen Ordnungen der ε-Störungstheorie durch Gleichung (7.48) bzw. (7.66) definiert werden, gilt immer $\int d^3 v \, \mathbf{v} f = \rho \mathbf{u}$ sowie $\int d^3 v \, f = \rho$ und daher $\int d^3 v \, (\mathbf{v} - \mathbf{u}) f = \int d^3 v \, \bar{\mathbf{v}} f = \mathbf{0}$. Hieraus folgt für die in (7.40b) definierte Impulsstromdichte:

$$J_I(\mathbf{x}, t) = \int d^3v\, m\mathbf{v}\mathbf{v}^{\mathrm{T}} f(\mathbf{x}, \mathbf{v}, t) = m \int d^3v\, (\bar{\mathbf{v}} + \mathbf{u})(\bar{\mathbf{v}} + \mathbf{u})^{\mathrm{T}} f(\mathbf{x}, \mathbf{v}, t)$$

$$= m \int d^3v\, (\bar{\mathbf{v}}\bar{\mathbf{v}}^{\mathrm{T}} + \mathbf{u}\mathbf{u}^{\mathrm{T}}) f(\mathbf{x}, \mathbf{v}, t) = P + m\rho\mathbf{u}\mathbf{u}^{\mathrm{T}} \tag{7.81}$$

und für die in (7.40c) definierte Energiestromdichte:

$$\mathbf{J}_E(\mathbf{x}, t) = \int d^3v\, \mathbf{v}\epsilon(\mathbf{x}, \mathbf{v}) f(\mathbf{x}, \mathbf{v}, t) = \int d^3v\, \mathbf{v}\left[\mathcal{V}(\mathbf{x}) + \tfrac{1}{2}m\mathbf{v}^2\right] f(\mathbf{x}, \mathbf{v}, t)$$

$$= \rho\mathbf{u}\mathcal{V}(\mathbf{x}) + \tfrac{1}{2}m \int d^3v\, (\bar{\mathbf{v}} + \mathbf{u})(\bar{\mathbf{v}} + \mathbf{u})^2] f(\mathbf{x}, \mathbf{v}, t)$$

$$= \rho\mathbf{u}\left[\mathcal{V}(\mathbf{x}) + \tfrac{1}{2}m\mathbf{u}^2\right] + \tfrac{1}{2}m\left[\mathbf{u}\int d^3v\, \bar{\mathbf{v}}^2 f + \int d^3v\, \bar{\mathbf{v}}\,\bar{\mathbf{v}}^2 f + 2\int d^3v\, \bar{\mathbf{v}}\bar{\mathbf{v}}^{\mathrm{T}}\mathbf{u} f\right]$$

$$= \rho\mathbf{u}\left[\tfrac{3}{2}\theta + \epsilon(\mathbf{x}, \mathbf{u})\right] + \tfrac{1}{m}\mathbf{q} + P\mathbf{u}\,. \tag{7.82}$$

In der Herleitung wurde Gleichung (7.80) verwendet:

$$\int d^3v\, \bar{\mathbf{v}}^2 f = \frac{1}{m}\mathrm{Sp}\left[P(\mathbf{x}, t)\right] = \frac{1}{m}\mathrm{Sp}\left[\rho\theta\mathbb{1}\right] = \frac{3}{m}\rho\theta\,.$$

Aus den Gleichungen (7.41) und (7.81) folgt nun für die Zeitableitung $\frac{\partial\mathbf{u}}{\partial t}$:

$$\frac{\partial\mathbf{u}}{\partial t} = \frac{1}{\rho}\left[\frac{\partial(\rho\mathbf{u})}{\partial t} - \mathbf{u}\frac{\partial\rho}{\partial t}\right] = \frac{1}{\rho}\left[\frac{1}{m}\frac{\partial\mathbf{I}}{\partial t} - \mathbf{u}\frac{\partial\rho}{\partial t}\right]$$

$$= \frac{1}{\rho}\left[-\frac{1}{m}\boldsymbol{\nabla}\cdot J_I + \frac{1}{m}\mathbf{F}\rho + \mathbf{u}\boldsymbol{\nabla}\cdot(\rho\mathbf{u})\right]\,, \quad (\boldsymbol{\nabla}\cdot J_I)_i \equiv \partial_j(J_I)_{ij}$$

$$= \frac{1}{m}\mathbf{F} - (\mathbf{u}\cdot\boldsymbol{\nabla})\mathbf{u} - \frac{1}{m\rho}\boldsymbol{\nabla}\cdot P\,, \quad (\boldsymbol{\nabla}\cdot P)_i \equiv \partial_j P_{ij}\,, \tag{7.83a}$$

wobei bequeme Notationen $\boldsymbol{\nabla}\cdot J_I$ und $\boldsymbol{\nabla}\cdot P$ eingeführt wurden. Wie lernen also, dass die Dynamik der mittleren Geschwindigkeit $\mathbf{u}(\mathbf{x}, t)$ durch den Drucktensor P mitbestimmt wird. Die Bewegungsgleichung (7.83a) für $\mathbf{u}(\mathbf{x}, t)$ ist die Verallgemeinerung der Euler-Gleichung (7.54b) für eine ideale Flüssigkeit. Die Zeitableitung $\frac{\partial\theta}{\partial t}$ kann analog mit Hilfe der Gleichungen (7.51) und (7.82) bestimmt werden:

$$\tfrac{3}{2}\rho\frac{\partial\theta}{\partial t} = \rho\frac{\partial}{\partial t}\left[\frac{E}{\rho} - \epsilon(\mathbf{x}, \mathbf{u})\right] = \rho\left[\frac{1}{\rho}\frac{\partial E}{\partial t} - \frac{E}{\rho^2}\frac{\partial\rho}{\partial t} - m\mathbf{u}\cdot\frac{\partial\mathbf{u}}{\partial t}\right]$$

$$= \frac{\partial E}{\partial t} - \left[\tfrac{3}{2}\theta + \epsilon(\mathbf{x}, \mathbf{u})\right]\frac{\partial\rho}{\partial t} - m\rho\mathbf{u}\cdot\frac{\partial\mathbf{u}}{\partial t}$$

$$= -\boldsymbol{\nabla}\cdot\mathbf{J}_E + \left[\tfrac{3}{2}\theta + \epsilon(\mathbf{x}, \mathbf{u})\right]\boldsymbol{\nabla}\cdot\mathbf{J}_\rho - m\rho\mathbf{u}\cdot\frac{\partial\mathbf{u}}{\partial t}\,.$$

Durch Einsetzen der Teilchenstromdichte $\mathbf{J}_\rho = \rho\mathbf{u}$ sowie der Gleichungen (7.82) für $\mathbf{J}_E$ und (7.83a) für $\frac{\partial\mathbf{u}}{\partial t}$ erhält man schließlich:

$$\frac{\partial\theta}{\partial t} = -(\mathbf{u}\cdot\boldsymbol{\nabla})\theta - \frac{2}{3\rho m}\left(\boldsymbol{\nabla}\cdot\mathbf{q} + P{:}\Lambda\right)\,. \tag{7.83b}$$

Die Notation $A : B = \sum_{i,j} A_{ij} B_{ji}$ bezeichnet allgemein die doppelte Verjüngung zweier Tensoren und wurde unter Gleichung (7.73) eingeführt. Die Dynamik der lokalen Temperatur $\theta(\mathbf{x}, t)$ wird also sowohl durch den Wärmefluss $\mathbf{q}$ als auch durch den Drucktensor P mitbestimmt. Die Bewegungsgleichung (7.83b) für $\theta(\mathbf{x}, t)$ ist die Verallgemeinerung der Euler-Gleichung (7.54c) für eine ideale Flüssigkeit. Da die Eigenschaften des Wärmeflusses $\mathbf{q}$ und des Drucktensors P in (7.83) bislang noch gänzlich unbekannt sind, untersuchen wir diese in den nächsten beiden Abschnitten [7.5.3] und [7.5.4].

7.5.3 Der Wärmefluss ∗

Wir wissen bereits aus den Gleichungen (7.79) und (7.77), dass der Wärmefluss $\mathbf{q}(\mathbf{x}, t)$ die folgende Struktur hat:

$$
\boxed{\mathbf{q}(\mathbf{x}, t) = \tfrac{1}{2} m^2 \varepsilon \int d^3 \bar{v} \; \bar{\mathbf{v}} \, |\bar{\mathbf{v}}|^2 \big[\boldsymbol{\alpha}(\mathbf{x}, \bar{\mathbf{v}}, t) \cdot \boldsymbol{\nabla}\theta(\mathbf{x}, t) + \Lambda(\mathbf{x}, t) : \beta(\mathbf{x}, \bar{\mathbf{v}}, t) \big] ,}
\tag{7.84}
$$

wobei der Vektor $\boldsymbol{\alpha}$ und der Tensor β durch $L[\boldsymbol{\alpha}] = \mathbf{A}$ und $L[\beta] = B$ festgelegt sind, sodass nach einer Inversion des linearen Operators L gilt: $\boldsymbol{\alpha} = L^{-1}[\mathbf{A}]$ bzw. $\beta = L^{-1}[B]$. Die explizite Form des Vektors $\mathbf{A}$ und des Tensors B sind in (7.75b) gegeben. Im Folgenden benötigen wir speziell das Transformationsverhalten von $\mathbf{A}$ und B unter Spiegelungen R_k im $\bar{\mathbf{v}}$-Raum an der Ebene durch $\bar{\mathbf{v}} = \mathbf{0}$ mit dem Normalenvektor $\hat{\mathbf{e}}_k$: Wegen $R_k \bar{v}_i = (1 - 2\delta_{ik})\bar{v}_i$ und der Invarianz von $f_0(\mathbf{x}, \bar{\mathbf{v}}, t)$ unter solchen Spiegelungen, $f_0(\mathbf{x}, R_k \bar{\mathbf{v}}, t) = f_0(\mathbf{x}, \bar{\mathbf{v}}, t)$, folgt für $\mathbf{A}$ und B:

$$
\mathbf{A}(\mathbf{x}, R_k \bar{\mathbf{v}}, t) = R_k \mathbf{A}(\mathbf{x}, \bar{\mathbf{v}}, t) \quad , \quad B(\mathbf{x}, R_k \bar{\mathbf{v}}, t) = R_k B(\mathbf{x}, \bar{\mathbf{v}}, t) R_k .
$$

Wir benötigen außerdem das Transformationsverhalten der linearen Abbildung L in (7.76). Aus Gleichung (7.76) folgt direkt:

$$
\begin{aligned}
L[f_1](R_k \bar{\mathbf{v}}_1) = \int d^3 \bar{v}_2 \int d^3 \bar{v}_3 \int d^3 \bar{v}_4 \; W(R_k \bar{\mathbf{v}}_1 \bar{\mathbf{v}}_2 | \bar{\mathbf{v}}_3 \bar{\mathbf{v}}_4) \big[& f_0(\bar{\mathbf{v}}_3) f_1(\bar{\mathbf{v}}_4) \\
& + f_1(\bar{\mathbf{v}}_3) f_0(\bar{\mathbf{v}}_4) - f_0(R_k \bar{\mathbf{v}}_1) f_1(\bar{\mathbf{v}}_2) - f_1(R_k \bar{\mathbf{v}}_1) f_0(\bar{\mathbf{v}}_2) \big] ,
\end{aligned}
$$

wobei die hier nicht relevanten $(\mathbf{x}, t)$-Variablen unterdrückt wurden. Aufgrund der Symmetrie der Gauß-Funktion f_0 gilt $f_0(R_k \mathbf{v}_1) = f_0(\mathbf{v}_1)$. Außerdem kann man für $i = 2, 3, 4$ im Stoßintegral die Transformation $\bar{\mathbf{v}}_i \to R_k \bar{\mathbf{v}}_i$ durchführen. Verwendet man dann die Symmetrieeigenschaft $W(R_k \bar{\mathbf{v}}_1 R_k \bar{\mathbf{v}}_2 | R_k \bar{\mathbf{v}}_3 R_k \bar{\mathbf{v}}_4) = W(\bar{\mathbf{v}}_1 \bar{\mathbf{v}}_2 | \bar{\mathbf{v}}_3 \bar{\mathbf{v}}_4)$ der Streuraten, so erhält man die folgende Eigenschaft der linearen Abbildung L:

$$
L[f_1](R_k \bar{\mathbf{v}}_1) = L[f_1 \circ R_k](\bar{\mathbf{v}}_1) ,
$$

wobei die Notation $f \circ g$ allgemein eine Verkettung darstellt. Wendet man L nicht auf f_1 an, sondern auf eine Tensorkomponente β_{ij}, so erhält man:

$$
\begin{aligned}
L[\beta_{ij} \circ R_k](\bar{\mathbf{v}}) &= B_{ij}(R_k \bar{\mathbf{v}}) = (1 - 2\delta_{ik})(1 - 2\delta_{jk}) B_{ij}(\bar{\mathbf{v}}) \\
(\beta_{ij} \circ R_k)(\bar{\mathbf{v}}) &= (1 - 2\delta_{ik})(1 - 2\delta_{jk}) L^{-1}[B_{ij}](\bar{\mathbf{v}}) = (1 - 2\delta_{ik})(1 - 2\delta_{jk}) \beta_{ij}(\bar{\mathbf{v}}) .
\end{aligned}
$$

Wendet man L auf eine Vektorkomponente α_i an, so erhält man:

$$L[\alpha_i \circ R_k](\bar{\mathbf{v}}) = A_i(R_k\bar{\mathbf{v}}) = (1 - 2\delta_{ik})A_i(\bar{\mathbf{v}})$$
$$(\alpha_i \circ R_k)(\bar{\mathbf{v}}) = (1 - 2\delta_{ik})L^{-1}[A_i](\bar{\mathbf{v}}) = (1 - 2\delta_{ik})\alpha_i(\bar{\mathbf{v}}) \; .$$

Für die *Inversion*, die durch $\mathcal{I} \equiv R_1 R_2 R_3$ mit $\mathcal{I}\bar{\mathbf{v}} = -\bar{\mathbf{v}}$ definiert ist, bedeutet dies:

$$L[f_1](\mathcal{I}\bar{\mathbf{v}}) = L[f_1 \circ \mathcal{I}](\bar{\mathbf{v}}) \quad , \quad \alpha_i \circ \mathcal{I} = -\alpha_i \quad , \quad \beta_{ij} \circ \mathcal{I} = \beta_{ij} \; . \tag{7.85}$$

Aus der Invarianz von β_{ij} unter einer Inversion im $\bar{\mathbf{v}}$-Raum folgt, dass der Integrand des Integrals $\int d^3\bar{v}\, \bar{\mathbf{v}}\,|\bar{\mathbf{v}}|^2\beta(\bar{\mathbf{v}})$ in (7.84) *antisymmetrisch* als Funktion von $\bar{\mathbf{v}}$ ist, sodass das Integral null ergibt. Hieraus folgt, dass sich der Wärmefluss $\mathbf{q}(\mathbf{x}, t)$ auf

$$\mathbf{q}(\mathbf{x}, t) = -K(\mathbf{x}, t)\boldsymbol{\nabla}\theta(\mathbf{x}, t) \quad , \quad K(\mathbf{x}, t) \equiv -\tfrac{1}{2}m^2\varepsilon \int d^3\bar{v}\, |\bar{\mathbf{v}}|^2\, \bar{\mathbf{v}}\boldsymbol{\alpha}(\mathbf{x}, \bar{\mathbf{v}}, t)^{\mathrm{T}} \tag{7.86}$$

vereinfacht, wobei $K(\mathbf{x}, t)$ ein Tensor ist. Mit Hilfe einer Spiegelung R_i im $\bar{\mathbf{v}}$-Raum, d. h. mit einer Transformation $\bar{\mathbf{v}} \to R_i\bar{\mathbf{v}}$, kann man außerdem Informationen über die Tensorkomponenten K_{ij} gewinnen:

$$\int d^3\bar{v}\, |\bar{\mathbf{v}}|^2\, \bar{v}_i\alpha_j(\bar{\mathbf{v}}) = \int d^3\bar{v}\, |\bar{\mathbf{v}}|^2\, (-\bar{v}_i)\alpha_j(R_i\bar{\mathbf{v}}) = -(1 - 2\delta_{ij})\int d^3\bar{v}\, |\bar{\mathbf{v}}|^2\, \bar{v}_i\alpha_j(\bar{\mathbf{v}}) \; .$$

Es folgt $2(1 - \delta_{ij})\int d^3\bar{v}\, |\bar{\mathbf{v}}|^2\, \bar{v}_i\alpha_j(\bar{\mathbf{v}}) = 0$, sodass der Tensor $K(\mathbf{x}, t)$ *diagonal* sein muss. Wegen der Isotropie im $\bar{\mathbf{v}}$-Raum müssen seine Diagonalelemente außerdem gleich sein:

$$K(\mathbf{x}, t) = \kappa(\mathbf{x}, t)\mathbb{1} \quad , \quad \kappa(\mathbf{x}, t) \equiv -\tfrac{1}{2}m^2\varepsilon \int d^3\bar{v}\, |\bar{\mathbf{v}}|^2\, \bar{v}_1\alpha_1(\mathbf{x}, \bar{\mathbf{v}}, t) \; .$$

Die Gleichung (7.86) für den Wärmefluss $\mathbf{q}(\mathbf{x}, t)$ vereinfacht sich also weiter auf die Form

$$\boxed{\mathbf{q}(\mathbf{x}, t) = -\kappa(\mathbf{x}, t)\boldsymbol{\nabla}\theta(\mathbf{x}, t) \; .} \tag{7.87}$$

Der Wärmefluss ist also gemäß dem *Fourier'schen Gesetz* mit dem Gradienten der lokalen Temperatur verknüpft, sodass die skalare Funktion $\kappa(\mathbf{x}, t)$ als *Wärmeleitfähigkeitskoeffizient* interpretiert werden kann.

7.5.4   Der Drucktensor $*$

Der Drucktensor $P(\mathbf{x}, t)$ hat aufgrund der beiden Gleichungen (7.79) und (7.77) die Form $P(\mathbf{x}, t) = \rho\theta\mathbb{1} + P'(\mathbf{x}, t)$ mit

$$\boxed{P'(\mathbf{x}, t) = m\varepsilon \int d^3\bar{v}\, \bar{\mathbf{v}}\bar{\mathbf{v}}^{\mathrm{T}}\left[\boldsymbol{\alpha}(\mathbf{x}, \bar{\mathbf{v}}, t) \cdot \boldsymbol{\nabla}\theta(\mathbf{x}, t) + \Lambda(\mathbf{x}, t) \!:\! \beta(\mathbf{x}, \bar{\mathbf{v}}, t)\right] \; .} \tag{7.88}$$

Hierbei stellt $\rho\theta\mathbb{1}$ den Drucktensor des idealen Gases dar, und P' beschreibt die $\mathcal{O}(\varepsilon)$-Korrekturen zum idealen Gasgesetz, die auf Streuprozesse und die damit einhergehende Viskosität zurückgehen. Aufgrund der bekannten Inversions*antisym*metrie: $\alpha_i \circ \mathcal{I} = -\alpha_i$, s. Gleichung (7.85), ist der Beitrag von $\boldsymbol{\alpha}$ zu $P'(\mathbf{x}, t)$ gleich null: $\int d^3\bar{v}\ \bar{\mathbf{v}}\bar{\mathbf{v}}^{\mathrm{T}}\alpha_i(\bar{\mathbf{v}}) = \mathbf{0}\mathbf{0}^{\mathrm{T}}$, sodass P' nur durch den Tensor β bestimmt wird:

$$P'_{ij}(\mathbf{x},t) = m\varepsilon\,\Lambda(\mathbf{x},t)\!:\!M_{ij}(\mathbf{x},t)\quad,\quad M_{ij}(\mathbf{x},t) = \int d^3\bar{v}\ \bar{v}_i\bar{v}_j\beta(\mathbf{x},\bar{\mathbf{v}},t)\ . \tag{7.89}$$

Um Information über die Tensorkomponenten μ_{ijkl} von M_{ij} zu gewinnen, verwenden wir wiederum eine Spiegelung R_i im $\bar{\mathbf{v}}$-Raum:

$$\mu_{ijkl} = \int d^3\bar{v}\ \bar{v}_i\bar{v}_j\beta_{kl}(\bar{\mathbf{v}}) = \int d^3\bar{v}\ (-\bar{v}_i)(1-2\delta_{ij})\bar{v}_j\beta_{kl}(R_i\bar{\mathbf{v}})$$

$$= -(1-2\delta_{ij})(1-2\delta_{ik})(1-2\delta_{il})\int d^3\bar{v}\ \bar{v}_i\bar{v}_j\beta_{kl}(\bar{\mathbf{v}})$$

$$= -(1-2\delta_{ij})(1-2\delta_{ik})(1-2\delta_{il})\mu_{ijkl}\ .$$

Hieraus ergibt sich die Symmetrieeigenschaft

$$\left[1+(1-2\delta_{ij})(1-2\delta_{ik})(1-2\delta_{il})\right]\mu_{ijkl} = 0\ .$$

Generell ist zu bedenken, dass $\beta(\mathbf{x},\bar{\mathbf{v}},t)$ ein symmetrischer Tensor ist, da dies für $B(\mathbf{x},\bar{\mathbf{v}},t)$ gilt, sodass die Tensorelemente $\mu_{ijkl} = \int d^3\bar{v}\ \bar{v}_i\bar{v}_j\beta_{kl}$ sowohl symmetrisch in den ersten beiden Indizes i,j als auch in den letzten beiden Indizes k,l sind. Außerdem ist μ_{ijkl} wegen der Isotropie im $\bar{\mathbf{v}}$-Raum invariant unter Permutationen von Koordinatenindizes $i,j,k,l \in \{1,2,3\}$.

Wir nehmen bei der Untersuchung der Tensorkomponenten μ_{ijkl} nun zunächst an, dass $i=j$ gilt, und erhalten für diesen Spezialfall die Symmetrieeigenschaft $\left[1-(1-2\delta_{ik})(1-2\delta_{il})\right]\mu_{iikl} = 0$. Damit $\mu_{iikl} \neq 0$ gilt, müssen die Indizes k und l offenbar beide gleich i oder beide ungleich i sein:

$$\mu_{iikl} = \delta_{ki}\delta_{li}\,\mu_{iiii} + (1-\delta_{ki})(1-\delta_{li})\,\mu_{iikl}\ .$$

Anwendung eine Spiegelung R_m im $\bar{\mathbf{v}}$-Raum mit $m \neq i$ ergibt für den Fall $k \neq i \neq l$:

$$\mu_{iikl} = \int d^3\bar{v}\ \bar{v}_i^2\beta_{kl}(\bar{\mathbf{v}}) = \int d^3\bar{v}\ \bar{v}_i^2\beta_{kl}(R_m\bar{\mathbf{v}}) = (1-2\delta_{mk})(1-2\delta_{ml})\mu_{iikl}\ .$$

Speziell für $m=k$ folgt $\mu_{iikl} = -(1-2\delta_{kl})\mu_{iikl}$ bzw. $(1-\delta_{kl})\mu_{iikl} = 0$. Dies bedeutet, dass für $k \neq i \neq l$ offenbar $\mu_{iikl} = \delta_{kl}\mu_{iikk}$ gilt:

$$\mu_{iikl} = \delta_{ki}\delta_{li}\,\mu_{iiii} + (1-\delta_{ki})\delta_{kl}\,\mu_{iikk} = \delta_{ki}\delta_{li}\,\mu_{1111} + (1-\delta_{ki})\delta_{kl}\,\mu_{1122}\ . \tag{7.90}$$

Im letzten Schritt verwendeten wir, dass μ_{ijkl} invariant unter Permutationen von Koordinatenindizes $i,j = 1,2,3$ ist. Da der Tensor β spurlos ist:

$$\sum_k \beta_{kk} = \sum_k L^{-1}[B_{kk}] = L^{-1}\left[\sum_k B_{kk}\right] = L^{-1}[0] = 0\ ,$$

gilt auch

$$\sum_k \mu_{iikk} = \int d^3\bar{v}\ \bar{v}_i^2\left[\sum_k \beta_{kk}(\bar{\mathbf{v}})\right] = 0\quad\text{bzw.}\quad \mu_{1111} + 2\mu_{1122} = 0\ , \tag{7.91}$$

wobei wir in der rechten Gleichung $i = 1$ gesetzt haben. Es folgt $\mu_{1122} = -\frac{1}{2}\mu_{1111}$ und wegen der Isotropie im $\bar{\mathbf{v}}$-Raum ($\mu_{iiii} = \mu_{1111}$) daher auch:

$$\mu_{iikl} = \mu_{1111}\left[\delta_{ki}\delta_{li} - \tfrac{1}{2}(1 - \delta_{ki})\delta_{kl}\right] = \tfrac{1}{2}\mu_{1111}\delta_{kl}(3\delta_{ki} - 1) \, .$$

Die Diagonalelemente $P'_{ii}(\mathbf{x}, t)$ sind also vollständig durch einen einzelnen Koeffizienten μ_{1111} festgelegt.

Wir untersuchen nun alternativ die Tensorkomponenten μ_{ijkl} mit $i \neq j$, die die Symmetrieeigenschaft $\left[1 + (1 - 2\delta_{ik})(1 - 2\delta_{il})\right]\mu_{ijkl} = 0$ erfüllen. Damit $\mu_{ijkl} \neq 0$ sein kann, muss entweder $k = i \neq l$ oder $k \neq i = l$ gelten:

$$\mu_{ijkl} = \delta_{ki}(1 - \delta_{li})\mu_{ijil} + \delta_{li}(1 - \delta_{ki})\mu_{ijki} \, .$$

Durch Anwendung einer Spiegelung R_l im $\bar{\mathbf{v}}$-Raum mit $l \neq i$ ergibt sich eine weitere Symmetrieeigenschaft für μ_{ijil}:

$$\mu_{ijil} = \int d^3\bar{v}\, \bar{v}_i\bar{v}_j\beta_{il}(\bar{\mathbf{v}}) = \int d^3\bar{v}\, \bar{v}_i(1 - 2\delta_{lj})\bar{v}_j\beta_{il}(R_l\bar{\mathbf{v}}) = -(1 - 2\delta_{lj})\mu_{ijil} \, ,$$

sodass in diesem Fall $(1-\delta_{lj})\mu_{ijil} = 0$ und daher $\mu_{ijil} = \delta_{lj}\mu_{ijij}$ gelten muss. Analog erhält man $\mu_{ijki} = \delta_{kj}\mu_{ijji}$. Da μ_{ijkl} generell symmetrisch in den letzten beiden Indizes k, l ist (und auch in den ersten beiden Indizes i und j), gilt $\mu_{ijji} = \mu_{ijij}$ und daher $\mu_{ijki} = \delta_{kj}\mu_{ijij}$. Insgesamt gilt also für $i \neq j$:

$$\mu_{ijkl} = \left[\delta_{ki}(1 - \delta_{li})\delta_{lj} + \delta_{li}(1 - \delta_{ki})\delta_{kj}\right]\mu_{ijij} = \left[\delta_{ki}\delta_{lj} + \delta_{li}\delta_{kj}\right]\mu_{1212} \, .$$

Im letzten Schritt verwendeten wir wiederum, dass μ_{ijkl} invariant unter Permutationen von Richtungen im $\bar{\mathbf{v}}$-Raum ist. Insbesondere gilt also $\mu_{ijkk} = 0$ für $i \neq j$, sodass in diesem Fall die Bedingung $\sum_k \mu_{ijkk} = 0$ automatisch erfüllt ist. Wir stellen fest, dass die *Nicht*diagonalelemente $P'_{ij}(\mathbf{x}, t)$ mit $i \neq j$ vollständig durch den einzelnen Koeffizienten μ_{1212} festgelegt sind. Folglich ist $P'_{ij}(\mathbf{x}, t)$ insgesamt durch höchstens *zwei* unabhängige Tensorelemente μ_{1111} und μ_{1212} festgelegt.

Aus Gleichung (7.90) folgt übrigens noch, dass μ_{ijkl} auch spurlos bezüglich der *ersten* beiden Indizes i, j ist:

$$\sum_i \mu_{iikl} = \sum_i \left[\delta_{ki}\delta_{li}\, \mu_{1111} + (1 - \delta_{ki})\delta_{kl}\, \mu_{1122}\right] = \delta_{kl}\left(\mu_{1111} + 2\mu_{1122}\right) = 0 \, .$$

Wir verwendeten die Identität (7.91). Folglich ist der Tensor $M_{ij}(\mathbf{x}, t)$ spurlos und daher auch der Wechselwirkungsanteil $P'_{ij}(\mathbf{x}, t)$ im Drucktensor: $\mathrm{Sp}(P') = 0$, im Einklang mit Gleichung (7.80).

Tensorcharakter der Wechselwirkungskorrektur P'_{ij} zum Drucktensor

Wir versuchen nun, die Tensorelemente μ_{1111} und μ_{1212} durch eine weitere Beziehung miteinander zu verknüpfen und die Zahl der unabhängigen Tensorelemente auf *eins* herunterzubringen. Hierzu verwenden wir, dass $P'_{ij} = m\varepsilon\, \Lambda : M_{ij}$ ein *Tensor* sein soll und daher eine Forminvarianz unter Drehungen aufweisen muss. Hierbei ist die Struktur des Tensors M_{ij} mit seinen zwei unabhängigen Tensorelementen μ_{1111} und μ_{1212} mittlerweile sehr gut verstanden, und auch der symmetrische Tensor

$\Lambda = \frac{1}{2}m\left(\frac{\partial \mathbf{u}}{\partial \mathbf{x}} + \frac{\partial \mathbf{u}}{\partial \mathbf{x}}^{\mathrm{T}}\right)$ ist aus der Diskussion um Gleichung (7.73) explizit bekannt. Wir erinnern noch an die Definition $A:B \equiv \sum_{i,j} A_{ij}B_{ji}$ einer doppelten Verjüngung. Die *Diagonal*elemente (für $i = j$) des Tensors P'_{ij} folgen als:

$$P'_{ii} = m\varepsilon \sum_{kl} \Lambda_{lk}\mu_{iikl} = m\varepsilon\mu_{1111} \sum_{kl} \Lambda_{lk}\delta_{kl}\left(\tfrac{3}{2}\delta_{ki} - \tfrac{1}{2}\right)$$

$$= \tfrac{3}{2}m\varepsilon\mu_{1111} \sum_{k} \Lambda_{kk}\left(\delta_{ki} - \tfrac{1}{3}\right) = \tfrac{3}{2}m\varepsilon\mu_{1111}\left[\Lambda_{ii} - \tfrac{1}{3}\mathrm{Sp}(\Lambda)\right] .$$

Hierbei ist $\mathrm{Sp}(\Lambda)$ wie folgt mit der mittleren Geschwindigkeit $\mathbf{u}(\mathbf{x},t)$ verknüpft:

$$\mathrm{Sp}(\Lambda) = \mathrm{Sp}\left[\tfrac{1}{2}m\left(\frac{\partial \mathbf{u}}{\partial \mathbf{x}} + \frac{\partial \mathbf{u}}{\partial \mathbf{x}}^{\mathrm{T}}\right)\right] = m\sum_{i}\frac{\partial u_i}{\partial x_i} = m\boldsymbol{\nabla}\cdot\mathbf{u} .$$

Andererseits sind die *Nicht*diagonalelemente (für $i \neq j$) von P'_{ij} gegeben durch

$$P'_{ij} = m\varepsilon \sum_{kl} \Lambda_{lk}\mu_{ijkl} = m\varepsilon\mu_{1212} \sum_{kl} \Lambda_{lk}\left[\delta_{ki}\delta_{lj} + \delta_{li}\delta_{kj}\right]$$

$$= m\varepsilon\mu_{1212}\left(\Lambda_{ij} + \Lambda_{ji}\right) = 2m\varepsilon\mu_{1212}\Lambda_{ij} .$$

Sowohl die Diagonalelemente als auch die Nichtdiagonalelemente des Tensors P' sind also proportional zu den Elementen des Tensors $\Lambda - \tfrac{1}{3}\mathrm{Sp}(\Lambda)\mathbb{1}$, allerdings mit unterschiedlichen Vorfaktoren $\tfrac{3}{2}m\varepsilon\mu_{1111}$ und $2m\varepsilon\mu_{1212}$. Dies ist aber nur dann mit dem Tensorcharakter von P'_{ij} verträglich, wenn diese Vorfaktoren *gleich* sind:

$$\tfrac{3}{2}m\varepsilon\mu_{1111} = 2m\varepsilon\mu_{1212} \quad \text{bzw.} \quad \mu_{1212} = \tfrac{3}{4}\mu_{1111} .$$

Hiermit haben wir die letzte Beziehung zwischen den Tensorelementen μ_{ijkl} bestimmt und die Zahl der unabhängigen Elemente in der Tat auf *eins* heruntergebracht. Folglich ist der Wechselwirkungsanteil P' des Drucktensors durch

$$P' = -\tfrac{2\mu}{m}\left[\Lambda - \tfrac{1}{3}\mathrm{Sp}(\Lambda)\mathbb{1}\right] \quad , \quad \mu \equiv -\tfrac{3}{4}\varepsilon m^2\mu_{1111}$$

gegeben. Der Tensor P' ist also *symmetrisch* und *spurlos*. Insgesamt erhält man für den Drucktensor $P = \rho\theta\mathbb{1} + P'$:

$$\boxed{P(\mathbf{x},t) = \rho(\mathbf{x},t)\theta(\mathbf{x},t)\mathbb{1} - \tfrac{2\mu(\mathbf{x},t)}{m}\left\{\Lambda(\mathbf{x},t) - \tfrac{1}{3}\mathrm{Sp}\left[\Lambda(\mathbf{x},t)\right]\mathbb{1}\right\} .} \tag{7.92}$$

Hierbei wird die skalare Funktion $\mu(\mathbf{x},t)$ als der *Viskositätskoeffizient* bezeichnet.

7.5.5 Die hydrodynamischen Gleichungen

Um die hydrodynamischen Gleichungen (Navier-Stokes-Gleichungen) aus den Bestimmungsgleichungen (7.83) für die langsamen Variablen,

$$\frac{\partial \mathbf{u}}{\partial t} = \frac{1}{m}\mathbf{F} - (\mathbf{u}\cdot\boldsymbol{\nabla})\mathbf{u} - \frac{1}{m\rho}\boldsymbol{\nabla}\cdot P \quad , \quad \frac{\partial \theta}{\partial t} = -(\mathbf{u}\cdot\boldsymbol{\nabla})\theta - \frac{2}{3\rho m}\left(\boldsymbol{\nabla}\cdot\mathbf{q} + P:\Lambda\right) ,$$

herleiten zu können, benötigen wir noch Ausdrücke für $\boldsymbol{\nabla}\cdot\mathbf{q}$, $\boldsymbol{\nabla}\cdot P$ und $P\!:\!\Lambda$. Hierbei sind der Wärmefluss $\mathbf{q}(\mathbf{x},t)$ und der Drucktensor $P(\mathbf{x},t)$ aus den Abschnitten [7.5.3] bzw. [7.5.4] bekannt:

$$\mathbf{q} = -\kappa\boldsymbol{\nabla}\theta \quad , \quad P = \rho\theta\mathbb{1} - \tfrac{2\mu}{m}\big[\Lambda - \tfrac{1}{3}\mathrm{Sp}(\Lambda)\,\mathbb{1}\big]\ .$$

Wir bestimmen zuerst die Divergenz des Wärmeflusses $\mathbf{q}(\mathbf{x},t)$:

$$\boldsymbol{\nabla}\cdot\mathbf{q} = \boldsymbol{\nabla}\cdot\big(-\kappa\boldsymbol{\nabla}\theta\big) = -\boldsymbol{\nabla}\kappa\cdot\boldsymbol{\nabla}\theta - \kappa\Delta\theta\ .$$

Wir betrachten nun die Divergenz des Drucktensors P, und zwar zuerst die i-Komponente dieser Divergenz:

$$\big(\boldsymbol{\nabla}\cdot P\big)_i = \sum_j \partial_j P_{ij} = \sum_j \partial_j\left[\rho\theta\delta_{ij} - \mu\left(\frac{\partial u_i}{\partial x_j} + \frac{\partial u_j}{\partial x_i}\right) + \frac{2}{3}\mu\boldsymbol{\nabla}\cdot\mathbf{u}\,\delta_{ij}\right]$$

$$= \partial_i(\rho\theta) - \sum_j \frac{\partial\mu}{\partial x_j}\left(\frac{\partial u_i}{\partial x_j} + \frac{\partial u_j}{\partial x_i}\right) - \mu\sum_j\left(\frac{\partial^2 u_i}{\partial x_j^2} + \frac{\partial^2 u_j}{\partial x_i\partial x_j}\right)$$

$$+ \frac{2}{3}\frac{\partial\mu}{\partial x_i}\boldsymbol{\nabla}\cdot\mathbf{u} + \frac{2}{3}\mu\partial_i\boldsymbol{\nabla}\cdot\mathbf{u}\ .$$

Für den *Vektor* $\boldsymbol{\nabla}\cdot P$ bedeutet dies:

$$\boldsymbol{\nabla}\cdot P = \boldsymbol{\nabla}\big(\rho\theta\big) - \big(\boldsymbol{\nabla}\mu\cdot\boldsymbol{\nabla}\big)\mathbf{u} - \big(\boldsymbol{\nabla}\mathbf{u}^{\mathrm{T}}\big)\boldsymbol{\nabla}\mu + \tfrac{2}{3}\big(\boldsymbol{\nabla}\cdot\mathbf{u}\big)\boldsymbol{\nabla}\mu - \mu\big[\Delta\mathbf{u} + \tfrac{1}{3}\boldsymbol{\nabla}\big(\boldsymbol{\nabla}\cdot\mathbf{u}\big)\big]\ .$$

Wir berechnen noch die doppelte Verjüngung $P\!:\!\Lambda$ im Ausdruck für $\partial_t\theta$:

$$P\!:\!\Lambda = \sum_{ij} P_{ij}\Lambda_{ji} = \sum_{ij}\left[\rho\theta\delta_{ij} - \mu\left(\frac{\partial u_i}{\partial x_j} + \frac{\partial u_j}{\partial x_i}\right) + \frac{2}{3}\mu\boldsymbol{\nabla}\cdot\mathbf{u}\,\delta_{ij}\right]\Lambda_{ji}$$

$$= \rho\theta\mathrm{Sp}(\Lambda) - \frac{2\mu}{m}\sum_{ij}\Lambda_{ij}^2 + \frac{2\mu}{3m}\big[\mathrm{Sp}(\Lambda)\big]^2$$

$$= \rho\theta m\boldsymbol{\nabla}\cdot\mathbf{u} - \mu m\big[\Delta(\mathbf{u}^2) - 2\mathbf{u}\cdot\Delta\mathbf{u} - |\boldsymbol{\nabla}\times\mathbf{u}|^2\big] + \tfrac{2}{3}\mu m\big(\boldsymbol{\nabla}\cdot\mathbf{u}\big)^2\ .$$

Im letzten Schritt wurde das Ergebnis $\mathrm{Sp}(\Lambda) = m\boldsymbol{\nabla}\cdot\mathbf{u}$ verwendet. Außerdem wurde die $\mathbf{u}$-Abhängigkeit der Summe über Λ_{ij}^2 explizit berechnet.

Die Navier-Stokes-Gleichungen

Durch Einsetzen dieser Ergebnisse für $\boldsymbol{\nabla}\cdot\mathbf{q}$, $\boldsymbol{\nabla}\cdot P$ und $P\!:\!\Lambda$ in die Bewegungsgleichungen (7.83a) und (7.83b) erhält man schließlich Gleichungen für $\frac{\partial\mathbf{u}}{\partial t}$ und $\frac{\partial\theta}{\partial t}$ und daher (zusammen mit der bereits bekannten Gleichung

$$\frac{\partial\rho}{\partial t}(\mathbf{x},t) = -\boldsymbol{\nabla}\cdot(\rho\mathbf{u}) \tag{7.93a}$$

für $\frac{\partial\rho}{\partial t}$) einen Satz von drei in sich geschlossenen Gleichungen, in denen nun auch die Effekte der Viskosität und Wärmeleitfähigkeit systematisch mitberücksichtigt werden:

$$\frac{\partial \mathbf{u}}{\partial t}(\mathbf{x}, t) = \frac{1}{m}\mathbf{F} - (\mathbf{u} \cdot \boldsymbol{\nabla})\mathbf{u} - \frac{1}{m\rho}\big\{\boldsymbol{\nabla}(\rho\theta) - (\boldsymbol{\nabla}\mu \cdot \boldsymbol{\nabla})\mathbf{u} - (\boldsymbol{\nabla}\mathbf{u}^{\mathrm{T}})\boldsymbol{\nabla}\mu$$
$$+ \tfrac{2}{3}(\boldsymbol{\nabla} \cdot \mathbf{u})\boldsymbol{\nabla}\mu - \mu[\Delta\mathbf{u} + \tfrac{1}{3}\boldsymbol{\nabla}(\boldsymbol{\nabla} \cdot \mathbf{u})]\big\} \qquad (7.93\mathrm{b})$$

$$\frac{\partial \theta}{\partial t}(\mathbf{x}, t) = -(\mathbf{u} \cdot \boldsymbol{\nabla})\theta + \frac{2}{3\rho m}\big\{[\boldsymbol{\nabla}\kappa \cdot \boldsymbol{\nabla}\theta + \kappa\Delta\theta] - \rho m\theta(\boldsymbol{\nabla} \cdot \mathbf{u})$$
$$+ \mu m[\Delta(\mathbf{u}^2) - 2\mathbf{u} \cdot \Delta\mathbf{u} - |\boldsymbol{\nabla} \times \mathbf{u}|^2 - \tfrac{2}{3}(\boldsymbol{\nabla} \cdot \mathbf{u})^2]\big\} \, . \qquad (7.93\mathrm{c})$$

Die drei hydrodynamischen Gleichungen (7.93) werden oft pauschal als die *Navier-Stokes-Gleichungen* bezeichnet. Sie sind nach dem französischen Physiker Claude Louis Marie Henri Navier (1785–1836) benannt, der diese Gleichungen 1822 formulierte, und dem irischen Physiker Sir George Gabriel Stokes (1819–1903), der sich ab etwa 1842 intensiv mit der Untersuchung dieser hydrodynamischen Gleichungen befasste.

Die Kontinuitätsgleichung (7.93a) für die Teilchendichte $\rho(\mathbf{x}, t)$ hat die gleiche Form wie die entsprechende Euler-Gleichung (7.54a) für eine ideale Flüssigkeit. Die Bewegungsgleichung (7.93b) für die mittlere Geschwindigkeit $\mathbf{u}(\mathbf{x}, t)$ wird auch als *die* Navier-Stokes-Gleichung (in engerem Sinne) bezeichnet und die Bewegungsgleichung (7.93c) für die lokale Temperatur $\theta(\mathbf{x}, t)$ dann als die *Wärmeleitungsgleichung* oder *Energiegleichung*. Im Vergleich zu den Euler-Gleichungen (7.54) weisen die Navier-Stokes-Gleichungen (7.93) etliche zusätzliche Terme auf, die linear von den zwei Transportkoeffizienten μ und κ abhängig sind und *dissipative* Prozesse (Viskosität und Wärmeleitung) beschreiben.

Exkursion in die Meteorologie

Wir haben bereits bei der Untersuchung der inhomogenen Boltzmann-Gleichung sowie der Euler-Gleichungen für eine ideale Flüssigkeit festgestellt, dass die wichtigsten Ergebnisse auch für die Erdatmosphäre gelten, in der die Gasteilchen einer geschwindigkeitsabhängigen Gesamtkraft der Form

$$\mathbf{F}(\mathbf{x}, \mathbf{v}) = -\boldsymbol{\nabla}\mathcal{V}(\mathbf{x}) - 2m(\boldsymbol{\omega} \times \mathbf{v}) \quad , \quad \mathcal{V}(\mathbf{x}) = -\frac{\mathcal{G}mM}{|\mathbf{x}|} - \tfrac{1}{2}m(\boldsymbol{\omega} \times \mathbf{x})^2 \quad (|\mathbf{x}| > R)$$

ausgesetzt sind. Insbesondere stellten wir fest, dass die mittlere Geschwindigkeit $\mathbf{u}(\mathbf{x}, t)$ für eine *ideale Flüssigkeit* im rotierenden System der Erde die Bewegungsgleichung (7.55) erfüllt. Vergleicht man nun (7.55) mit der entsprechenden Navier-Stokes-Gleichung (7.93b), ist sofort klar, dass die mittlere Geschwindigkeit $\mathbf{u}$ für eine *viskose Flüssigkeit* die verallgemeinerte Gleichung

$$\frac{\partial \mathbf{u}}{\partial t}(\mathbf{x}, t) = \frac{1}{m}(-\boldsymbol{\nabla}\mathcal{V}) - 2(\boldsymbol{\omega} \times \mathbf{u}) - (\mathbf{u} \cdot \boldsymbol{\nabla})\mathbf{u} - \frac{1}{m\rho}\big\{\boldsymbol{\nabla}(\rho\theta) - (\boldsymbol{\nabla}\mu \cdot \boldsymbol{\nabla})\mathbf{u}$$
$$- (\boldsymbol{\nabla}\mathbf{u}^{\mathrm{T}})\boldsymbol{\nabla}\mu + \tfrac{2}{3}(\boldsymbol{\nabla} \cdot \mathbf{u})\boldsymbol{\nabla}\mu - \mu[\Delta\mathbf{u} + \tfrac{1}{3}\boldsymbol{\nabla}(\boldsymbol{\nabla} \cdot \mathbf{u})]\big\} \qquad (7.94)$$

erfüllt. Die Kraft $\mathbf{F}(\mathbf{x})$ in (7.93b) ist in dieser Verallgemeinerung also einfach durch die geschwindigkeitsabhängige Kraft $\mathbf{F}(\mathbf{x}, \mathbf{u})$ zu ersetzen.

Vergleich mit den phänomenologischen hydrodynamischen Gleichungen

Ein Vergleich der Navier-Stokes-Gleichung (7.93b) mit der üblichen *phänomenologischen* Gleichung für die mittlere Geschwindigkeit:

$$\frac{\partial \mathbf{u}}{\partial t}(\mathbf{x}, t) = \frac{1}{m}\mathbf{F} - (\mathbf{u} \cdot \boldsymbol{\nabla})\mathbf{u} - \frac{1}{m\rho}\boldsymbol{\nabla}P + \frac{\mu}{3m\rho}\boldsymbol{\nabla}(\boldsymbol{\nabla} \cdot \mathbf{u}) + \frac{\mu}{m\rho}\Delta\mathbf{u} \qquad (7.95)$$

zeigt, dass Gleichung (7.95), abgesehen von der Verallgemeinerung $\rho\theta \to P$ für nicht-ideale Gase, auch die Annahme $\boldsymbol{\nabla}\mu = \mathbf{0}$ enthält, d. h., dass der Viskositätskoeffizient $\mu(\mathbf{x}, t)$ in der phänomenologischen Theorie als eine orts- und zeit*un*abhängige Konstante angesehen wird. Gleichung (7.95) wird in der phänomenologischen Hydrodynamik kombiniert mit Kontinuitätsgleichungen für die Teilchenzahl und die Energie, wie (7.93a) und (7.53c). Wir fügen noch zwei Kommentare hinzu:

Die übliche Annahme, dass der Viskositätskoeffizient $\mu(\mathbf{x}, t)$ und auch der Wärmeleitfähigkeitskoeffizient $\kappa(\mathbf{x}, t)$ orts- und zeit*un*abhängig sind, erscheint nicht ganz selbstverständlich. Die konkrete Berechnung der Transportkoeffizienten $\mu(\mathbf{x}, t)$ und $\kappa(\mathbf{x}, t)$ in Abschnitt [7.5.7] zeigt, dass diese explizit von der lokalen Temperatur $\theta(\mathbf{x}, t)$ abhängen, die im Allgemeinen in einer Nichtgleichgewichtssituation sicherlich nicht ortsunabhängig und zeitlich konstant ist. Es erscheint jedoch durchaus plausibel, dass die Annahme orts- und zeitunabhängiger Transportkoeffizienten in der Praxis häufig eine gute *Näherung* darstellt.

Zweitens ist es aus systematischer Sicht problematisch, in Gleichung (7.95) einen phänomenologischen Ausdruck für den Druck anzusetzen, da mögliche Korrekturen zum idealen Gasgesetz $P_{\mathrm{id}} = \rho\theta$ durch dieselbe *Wechselwirkung* der Gasteilchen hervorgerufen werden, die auch den Termen proportional zu μ und κ zugrunde liegt. Eine saubere Trennung bereits berücksichtigter und noch zu berücksichtigender Wechselwirkungseffekte erscheint im phänomenologischen Zugang nicht einfach.

Spezialfall: Navier-Stokes-Gleichungen für inkompressible Flüssigkeiten

Auch in Anwesenheit einer Viskosität ist eine *inkompressible* Flüssigkeit dadurch definiert, dass die Teilchendichte $\rho(\mathbf{x}, t) = \rho_0$ konstant ist. Nun folgt aus (7.93a), dass – wie bei der idealen Flüssigkeit – $\boldsymbol{\nabla} \cdot \mathbf{u} = 0$ gilt, sodass sich die beiden Gleichungen (7.93b) und (7.93c) mit $\mathbf{F} = -\boldsymbol{\nabla}V$ vereinfachen auf

$$\frac{\partial \mathbf{u}}{\partial t} = -\frac{1}{m}\boldsymbol{\nabla}V - (\mathbf{u} \cdot \boldsymbol{\nabla})\mathbf{u} - \frac{1}{m\rho_0}\left\{\boldsymbol{\nabla}(\rho_0\theta) - (\boldsymbol{\nabla}\mu \cdot \boldsymbol{\nabla})\mathbf{u} - (\boldsymbol{\nabla}\mathbf{u}^{\mathrm{T}})\boldsymbol{\nabla}\mu - \mu\Delta\mathbf{u}\right\}$$

$$\frac{\partial \theta}{\partial t} = -(\mathbf{u} \cdot \boldsymbol{\nabla})\theta + \frac{2}{3\rho_0 m}\left\{\boldsymbol{\nabla}\kappa \cdot \boldsymbol{\nabla}\theta + \kappa\Delta\theta + \mu m\left[\Delta(\mathbf{u}^2) - 2\mathbf{u} \cdot \Delta\mathbf{u} - |\boldsymbol{\nabla} \times \mathbf{u}|^2\right]\right\}.$$

Um die Änderungen im Vergleich zur *idealen* Flüssigkeit klarzumachen, konzentrieren wir uns auf die Gleichung für die mittlere Geschwindigkeit $\mathbf{u}$, und wir nehmen der Einfachheit halber an, dass der Viskositätskoeffizient μ konstant (d. h. orts- und zeitunabhängig) ist:

$$\frac{\partial \mathbf{u}}{\partial t} = -\frac{1}{m}\boldsymbol{\nabla}V - (\mathbf{u} \cdot \boldsymbol{\nabla})\mathbf{u} - \frac{1}{m}\boldsymbol{\nabla}\theta + \frac{\mu}{m\rho_0}\Delta\mathbf{u}\,.$$

Bereits bei der Behandlung der Euler-Gleichung für den inkompressiblen Fall haben wir festgestellt, dass es hilfreich ist, die *Rotation* des Geschwindigkeitsfelds $\boldsymbol{\zeta} \equiv \boldsymbol{\nabla} \times \mathbf{u}$, die sogenannte *Wirbelstärke*, einzuführen. Wir erhalten nun mit Hilfe von (7.56) eine ähnliche Gleichung, allerdings mit zusätzlichem Diffusionsterm $\frac{\mu}{m\rho}\Delta\mathbf{u}$:

$$\frac{\partial \mathbf{u}}{\partial t} + \boldsymbol{\zeta} \times \mathbf{u} + \boldsymbol{\nabla}\left(\tfrac{1}{2}\mathbf{u}^2 + \theta/m + \mathcal{V}/m\right) = \frac{\mu}{m\rho_0}\Delta\mathbf{u} \ . \tag{7.96}$$

Durch Berechnung der Rotation der beiden Seiten von (7.96) erhält man wiederum eine geschlossene Gleichung für die Wirbelstärke $\boldsymbol{\zeta}$:

$$\boxed{\frac{\partial \boldsymbol{\zeta}}{\partial t} + \boldsymbol{\nabla} \times (\boldsymbol{\zeta} \times \mathbf{u}) = \frac{\mu}{m\rho_0}\Delta\boldsymbol{\zeta} \quad , \quad \mathbf{u}(\mathbf{x},t) = \boldsymbol{\nabla} \times \int d^3x' \, \frac{\boldsymbol{\zeta}(\mathbf{x}',t)}{4\pi|\mathbf{x}-\mathbf{x}'|} \ ,}$$

die bei vorgegebener Anfangsbedingung $\boldsymbol{\zeta}(\mathbf{x},0)$ im Prinzip (evtl. nur numerisch) gelöst werden kann. Wir lernen also zweierlei: Erstens ist der wesentliche Unterschied im Vergleich zur idealen Flüssigkeit das Auftreten zusätzlicher Diffusionseffekte. Und zweitens ist auch für die viskose Flüssigkeit die Wirbelstärke offensichtilich ein sehr nützliches und hilfreiches Konzept.

7.5.6 Beispiel: Axialsymmetrischer Wirbel

Man kann sich nun fragen, ob die Wirbellösungen der Euler-Gleichungen, die wir in Abschnitt [7.4.1] konstruierten, auch Lösungen der Navier-Stokes-Gleichungen sind bzw. – falls dies nicht zutrifft – inwiefern die Reibungseffekte, die in den Navier-Stokes-Gleichungen mitberücksichtigt werden, das physikalische Verhalten der Lösung abändern. Um diese Fragen zu beantworten, betrachten wir die Navier-Stokes-Gleichungen in der Form (7.93), wobei wir zunächst *annehmen*, dass die Transportkoeffizienten μ und κ orts- und zeitunabhängig sind. Wir zeigen dann aber anschließend in Abschnitt [7.5.7], dass diese Annahmen für den Spezialfall der *Zentrifuge* (s. unten) auch gerechtfertigt sind. Wir nehmen außerdem an, dass $\mathbf{F} = \mathbf{0}$ gilt. Die hydrodynamischen Gleichungen haben dann die Form:

$$\partial_t\rho(\mathbf{x},t) = -\boldsymbol{\nabla} \cdot (\rho\mathbf{u}) \tag{7.97a}$$

$$\boxed{\partial_t\mathbf{u}(\mathbf{x},t) = -(\mathbf{u} \cdot \boldsymbol{\nabla})\mathbf{u} - \frac{1}{m\rho}\left\{\boldsymbol{\nabla}(\rho\theta) - \mu\left[\Delta\mathbf{u} + \tfrac{1}{3}\boldsymbol{\nabla}(\boldsymbol{\nabla} \cdot \mathbf{u})\right]\right\}} \tag{7.97b}$$

$$\partial_t\theta(\mathbf{x},t) = -(\mathbf{u} \cdot \boldsymbol{\nabla})\theta - \tfrac{2}{3}(\boldsymbol{\nabla} \cdot \mathbf{u})\theta + \frac{2\kappa}{3\rho m}\Delta\theta + \frac{2\mu}{3\rho}\left[\Delta(\mathbf{u}^2) - 2\mathbf{u} \cdot \Delta\mathbf{u}\right.$$
$$\left. - |\boldsymbol{\nabla} \times \mathbf{u}|^2 - \tfrac{2}{3}(\boldsymbol{\nabla} \cdot \mathbf{u})^2\right] \ . \tag{7.97c}$$

Wie bei der Untersuchung der Euler-Gleichungen in Abschnitt [7.4.1] sind wir auch nun an zylindersymmetrischen Lösungen der Form

$$\rho = \rho(r,t) \quad , \quad \theta = \theta(r,t) \quad , \quad \mathbf{u} = v(r,t)\hat{\mathbf{e}}_\varphi + w(r,t)\hat{\mathbf{e}}_r$$

interessiert. Neben den bereits in Abschnitt [7.4.1] angegebenen Identitäten folgt noch aus dem Gradienten $\boldsymbol{\nabla} = \hat{\mathbf{e}}_r\partial_r + \frac{1}{r}\hat{\mathbf{e}}_\varphi\partial_\varphi + \hat{\mathbf{e}}_3\partial_3$ in Zylinderkoordinaten:

$$\boldsymbol{\nabla} \times \mathbf{u} = \left(\frac{v}{r} + \partial_r v\right)\hat{\mathbf{e}}_3 \quad , \quad \Delta = \boldsymbol{\nabla} \cdot \boldsymbol{\nabla} = \frac{1}{r^2}\left(\partial_\varphi^2 + r\partial_r r\partial_r\right) + \partial_3^2 \ .$$

Mit Hilfe des Laplace-Operators Δ in Zylinderkoordinaten zeigt man wiederum:

$$\Delta(\mathbf{u}^2) = \frac{2}{r}\left[v\partial_r v + r(\partial_r v)^2 + rv\partial_r^2 v + w\partial_r w + r(\partial_r w)^2 + rw\partial_r^2 w\right]$$

$$\Delta\mathbf{u} = \left(-\frac{v}{r^2} + \frac{\partial_r v}{r} + \partial_r^2 v\right)\hat{\mathbf{e}}_\varphi + \left(-\frac{w}{r^2} + \frac{\partial_r w}{r} + \partial_r^2 w\right)\hat{\mathbf{e}}_r$$

$$\mathbf{u}\cdot\Delta\mathbf{u} = v\left(-\frac{v}{r^2} + \frac{\partial_r v}{r} + \partial_r^2 v\right) + w\left(-\frac{w}{r^2} + \frac{\partial_r w}{r} + \partial_r^2 w\right).$$

Die Navier-Stokes-Gleichungen erhalten somit die Form:

$$\partial_t\rho(r,t) = -\rho\left(\frac{w}{r} + \partial_r w\right) - w\partial_r\rho \tag{7.98a}$$

$$\partial_t v(r,t) = -w\left(\frac{v}{r} + \partial_r v\right) + \frac{\mu}{\rho m}\left(-\frac{v}{r^2} + \frac{\partial_r v}{r} + \partial_r^2 v\right) \tag{7.98b}$$

$$\partial_t w(r,t) = -\left(-\frac{v^2}{r} + w\partial_r w\right) - \frac{\partial_r(\rho\theta)}{m\rho} + \frac{4\mu}{3\rho m}\left(-\frac{w}{r^2} + \frac{\partial_r r \partial_r w}{r}\right) \tag{7.98c}$$

$$\partial_t\theta(r,t) = -w\partial_r\theta - \tfrac{2}{3}\theta\left(\frac{w}{r} + \partial_r w\right) + \frac{2\kappa}{3\rho mr}\partial_r r\partial_r\theta$$

$$\qquad + \frac{2\mu}{3\rho}\left[\Delta(\mathbf{u}^2) - 2\mathbf{u}\cdot\Delta\mathbf{u} - |\boldsymbol{\nabla}\times\mathbf{u}|^2 - \tfrac{2}{3}(\boldsymbol{\nabla}\cdot\mathbf{u})^2\right], \tag{7.98d}$$

wobei in der letzten Zeile die oben hergeleiteten Ergebnisse für $\Delta(\mathbf{u}^2)$, $\mathbf{u}\cdot\Delta\mathbf{u}$ und $\boldsymbol{\nabla}\times\mathbf{u}$ sowie das bereits aus Abschnitt [7.4.1] bekannte Resultat $\boldsymbol{\nabla}\cdot\mathbf{u} = \frac{w}{r} + \partial_r w$ noch einzusetzen sind.

Stationäre Lösungen

Wie in Abschnitt [7.4.1] konzentrieren wir uns nun zunächst auf *stationäre* Lösungen, wofür die Funktionen ρ, θ, v und w zeit*un*abhängig sind und wobei wir außerdem erwarten, dass die *radiale* Stromkomponente null ist ($w = 0$). In diesem Fall gilt auch $\boldsymbol{\nabla}\cdot\mathbf{u} = 0$. Für $w = 0$ ist Gleichung (7.98a) automatisch erfüllt, $\partial_t\rho(r) = 0$, und die Gleichungen (7.98b), (7.98c) und (7.98d) vereinfachen sich auf:

$$-\frac{v}{r^2} + \frac{v'}{r} + v'' = 0 \quad , \quad \frac{(\rho\theta)'}{m\rho} = \frac{v^2}{r} \tag{7.99}$$

sowie

$$0 = \frac{2\kappa}{3\rho mr}(r\theta')' + \frac{2\mu}{3\rho}\left[\Delta(\mathbf{u}^2) - 2\mathbf{u}\cdot\Delta\mathbf{u} - |\boldsymbol{\nabla}\times\mathbf{u}|^2\right]. \tag{7.100}$$

Die lineare Differentialgleichung zweiter Ordnung für v in (7.99) hat zwei unabhängige Lösungen. Für beide Lösungen ist der Term $\mathbf{u}\cdot\Delta\mathbf{u}$ in Gleichung (7.98d) gleich null. Wir diskutieren diese beiden Lösungen im Folgenden separat.

    Die erste Lösung der Differentialgleichung $-\frac{v}{r^2} + \frac{v'}{r} + v'' = 0$ hat die Form $v(r) = A/r$ mit einer beliebigen Konstanten $A \neq 0$. Diese Lösung wird auf der $\hat{\mathbf{e}}_3$-Achse singulär: Die entsprechende Winkelgeschwindigkeit ist $\omega(r) = v(r)/r = A/r^2$. Aus physikalischer Sicht ist klar, dass diese Lösung uninteressant ist.

Die Zentrifuge

Die zweite Lösung der Differentialgleichung $-\frac{v}{r^2}+\frac{v'}{r}+v''=0$ ist viel interessanter: Sie hat die bereits vom Spezialfall der Zentrifuge aus Abschnitt [7.4.1] bekannte Form $v(r)=\omega r$ mit der konstanten Winkelgeschwindigkeit $\omega>0$. Wir nehmen daher wiederum an, dass der Gasbehälter zylinderförmig mit dem Radius ℓ ist und sich – wie die Flüssigkeit – mit der konstanten Winkelgeschwindigkeit $\omega>0$ um die $\hat{\mathbf{e}}_3$-Achse dreht.

Für diese Lösung gilt $\Delta\!\left(\mathbf{u}^2\right)=4\omega^2$ und $|\boldsymbol{\nabla}\times\mathbf{u}|=2\omega$, sodass die Gleichung für $\theta(r)$ in (7.100) sich auf

$$0=\frac{2\kappa}{3\rho m r}(r\theta')'+\frac{2\mu}{3\rho}\left[4\omega^2-(2\omega)^2\right]=\frac{2\kappa}{3\rho m r}(r\theta')'$$

vereinfacht. Die Beiträge der Terme mit nichtlinearer $\mathbf{u}$-Abhängigkeit in der θ-Gleichung heben sich also exakt gegenseitig auf! Wir stellen daher fest, dass die orts- und zeitunabhängige Lösung $\theta(r,t)=\theta_0$ für den Spezialfall der Zentrifuge ebenfalls eine Lösung der vollen Navier-Stokes-Gleichungen ist!

Hieraus folgt schließlich, dass auch die Teilchendichte $\rho(r)$ genau die gleiche Form hat wie für die ideale Flüssigkeit, die durch die Euler-Gleichungen beschrieben wird:

$$\boxed{\rho(r)=\rho_0 e^{\frac{1}{2}m\omega^2 r^2/\theta_0}\quad,\quad 0\le r\le\ell\,.}$$

Wir erinnern daran, dass diese exponentiell ansteigende Teilchendichte in der Zentrifuge mit endlichem Radius auch aus Lösung 4.10 und aus der entsprechenden Maxwell-Boltzmann-Verteilung (7.38) bekannt ist. Die in den Navier-Stokes-Gleichungen enthaltenen Wechselwirkungen verändern die Struktur der Lösung der Euler-Gleichungen also nicht. Die physikalische Erklärung dafür ist, dass sich die Flüssigkeitsschichten in der Zentrifuge alle mit der gleichen Winkelgeschwindigkeit um die $\hat{\mathbf{e}}_3$-Achse drehen, sodass bei dieser Anordnung effektiv keine Reibung auftritt.

Der lokalisierte Wirbel

Wir fügen noch eine kurze Bemerkung über den zweiten Spezialfall hinzu, der in Abschnitt [7.4.1] besprochen wurde, den „lokalisierten Wirbel" mit der tangentialen Geschwindigkeit $v(r)=v_1 r r_0/\left(r^2+r_0^2\right)$ und $0\le r<\infty$. Aus Gleichung (7.99) ist klar, dass dieser Wirbel *nicht* stationär mit $w=0$ sein kann, da die entsprechende v-Funktion die Differentialgleichung $-\frac{v}{r^2}+\frac{v'}{r}+v''=0$ nicht erfüllt.

Dies ist physikalisch gut nachvollziehbar: Da dieser Wirbel eine r-abhängige Winkelgeschwindigkeit $\omega(r)=v(r)/r=v_1 r_0/\left(r^2+r_0^2\right)$ hat, erwartet man, dass die Reibung zwischen benachbarten Flüssigkeitsschichten den Wirbel schließlich zum Stillstand bringen wird. Falls die Anfangsbedingungen, mit welchen die Navier-Stokes-Gleichungen zu lösen sind, durch einen „lokalisierten Wirbel" mit $v(r,0)=v_1 r r_0/\left(r^2+r_0^2\right)$, $w(r,0)=0$, $\theta(r,0)=\theta_0$ und der ortsabhängigen Teilchendichte

$$\rho(r,0)=\rho_\infty\exp\left\{-\frac{mv_1^2}{2\theta_0\left[1+(r/r_0)^2\right]}\right\}$$

gegeben sind, wird sich die Flüssigkeit also im Laufe der Zeit einem Gleichgewichtszustand nähern mit $v(r, \infty) = 0$, $w(r, \infty) = 0$, $\theta(r, \infty) = \theta_0$ und der ortsunabhängigen Teilchendichte $\rho(r, \infty) = \rho_\infty$. Es ist daher klar, dass auch *radiale* Stromkomponenten mit $w \neq 0$ auftreten müssen, um die anfänglichen Inhomogenitäten in der Teilchendichte auszugleichen.

7.5.7 Berechnung von Transportkoeffizienten *

Aus Gleichung (7.87) ist bekannt, dass der Wärmefluss $\mathbf{q}(\mathbf{x}, t)$ gemäß dem *Fourier'schen Gesetz* mit dem Gradienten der lokalen Temperatur $\theta(\mathbf{x}, t)$ verknüpft ist: $\mathbf{q} = -\kappa \nabla \theta$, sodass die skalare Funktion $\kappa(\mathbf{x}, t)$ als *Wärmeleitfähigkeitskoeffizient* identifiziert werden kann.

Die Energiegleichung (7.93c) zeigt, dass mit dem Koeffizienten κ auch ein Diffusionskoeffizient $D_\theta = 2\kappa/3\rho m$ einhergeht, der die Zeitskala festlegt, auf der *Wärmediffusion* auftritt.

Außerdem wissen wir aus Gleichung (7.93b), dass die Wechselwirkungskorrekturen zur dynamischen Gleichung für die mittlere Geschwindigkeit $\mathbf{u}(\mathbf{x}, t)$ durch den *Viskositätskoeffizienten* $\mu(\mathbf{x}, t)$ und seine Ableitungen bestimmt werden. Diese Gleichung zeigt auch, dass durch den Koeffizienten $\mu(\mathbf{x}, t)$ ein Diffusionskoeffizient $D_\mathbf{u} = \mu/\rho m$ definiert wird, der die Zeitskala für die *Impulsdiffusion* festlegt.

Offensichtlich sind $\kappa(\mathbf{x}, t)$ und $\mu(\mathbf{x}, t)$ für den hydrodynamischen Transport von wesentlicher Bedeutung. In diesem Abschnitt zeigen wir, wie diese *Transport*koeffizienten $\kappa(\mathbf{x}, t)$ und $\mu(\mathbf{x}, t)$ im Prinzip (und in der Praxis) aus den Streuraten $W(\mathbf{v}_1 \mathbf{v}_2 | \mathbf{v}_3 \mathbf{v}_4)$ der Boltzmann-Gleichung berechnet werden können.

Berechnung des Wärmeleitfähigkeitskoeffizienten

Der Transportkoeffizient $\kappa(\mathbf{x}, t)$ ist konkret durch

$$\kappa(\mathbf{x}, t) \equiv -\tfrac{1}{2} m^2 \varepsilon \int d^3 \bar{v} \, |\bar{\mathbf{v}}|^2 \, \bar{v}_1 \alpha_1(\mathbf{x}, \bar{\mathbf{v}}, t)$$

gegeben, wobei die Funktion α_1 durch Inversion der Gleichung $L[\alpha_1] = A_1$ zu bestimmen ist: $\alpha_1 = L^{-1}[A_1]$. Die explizite Form der Funktion A_1 folgt hierbei aus Gleichung (7.75b) als $A_1(\mathbf{x}, \bar{\mathbf{v}}, t) = f_0 \frac{1}{\theta} \left(\frac{m}{2\theta} \bar{\mathbf{v}}^2 - \frac{5}{2} \right) \bar{v}_1$. Die lineare Abbildung L ist dann gegeben durch

$$L[\alpha_1](\bar{\mathbf{v}}_1) = \int d^3 \bar{v}_2 \int d^3 \bar{v}_3 \int d^3 \bar{v}_4 \, W(\bar{\mathbf{v}}_1 \bar{\mathbf{v}}_2 | \bar{\mathbf{v}}_3 \bar{\mathbf{v}}_4) \big[f_0(\bar{\mathbf{v}}_3) \alpha_1(\bar{\mathbf{v}}_4)$$
$$+ \alpha_1(\bar{\mathbf{v}}_3) f_0(\bar{\mathbf{v}}_4) - f_0(\bar{\mathbf{v}}_1) \alpha_1(\bar{\mathbf{v}}_2) - \alpha_1(\bar{\mathbf{v}}_1) f_0(\bar{\mathbf{v}}_2) \big] \, ,$$

wobei die $(\mathbf{x}, t)$-Abhängigkeit der Funktionen f_0 und α_1 der Einfachheit halber unterdrückt wird. Die Verteilungsfunktion f_0 erhält man aus Gleichung (7.74a):

$$f_0(\mathbf{x}, \bar{\mathbf{v}}, t) = \left[\frac{m}{2\pi\theta(\mathbf{x}, t)} \right]^{3/2} \rho(\mathbf{x}, t) e^{-\frac{1}{2} m \bar{\mathbf{v}}^2 / \theta(\mathbf{x}, t)} \, .$$

Sowohl der Operator L als auch die Funktion A_1 hängen linear von der Verteilungsfunktion f_0 ab, sodass sich die gemeinsamen Faktoren $\left(\frac{m}{2\pi\theta} \right)^{3/2} \rho$ auf beiden

Seiten der Gleichung $L[\alpha_1] = A_1$ gegenseitig aufheben. Dies bedeutet, dass die $(\mathbf{x}, t)$-Abhängigkeit der gesuchten Lösung $\alpha_1(\mathbf{x}, \bar{\mathbf{v}}, t)$ vollständig durch die lokale Temperatur $\theta(\mathbf{x}, t)$ bestimmt wird und diese Lösung insbesondere *unabhängig* von der Teilchendichte $\rho(\mathbf{x}, t)$ ist.

Zur Illustration betrachten wir ein dreidimensionales Gas *harter Kugeln*, das nach Gleichung (7.30) durch die Streuraten

$$W(\mathbf{v}_1\mathbf{v}_2|\mathbf{v}_3\mathbf{v}_4) = 2\sigma^2\delta(\mathbf{v}_1^2 + \mathbf{v}_2^2 - \mathbf{v}_3^2 - \mathbf{v}_4^2)\delta(\mathbf{v}_1 + \mathbf{v}_2 - \mathbf{v}_3 - \mathbf{v}_4)$$

charakterisiert wird, wobei σ den Durchmesser einer Kugel darstellt. Für diese Streuraten kann der Wärmeleitfähigkeitskoeffizient $\kappa(\mathbf{x}, t)$ bequem berechnet werden, indem man *dimensionslose* Geschwindigkeiten $\mathbf{w} \equiv \sqrt{\frac{m}{\theta}}\,\bar{\mathbf{v}}$ einführt. Die gesuchte Lösung $\alpha_1(\mathbf{x}, \bar{\mathbf{v}}, t)$ hat dann die Form

$$\alpha_1(\mathbf{x}, \bar{\mathbf{v}}, t) = \frac{1}{2\sigma^2\theta}\left(\frac{m}{\theta}\right)^{3/2}\bar{\alpha}_1(\mathbf{w}) \quad , \quad \bar{\alpha}_1(\mathbf{w}) = \bar{L}^{-1}\left[e^{-\frac{1}{2}\mathbf{w}^2}\left(\tfrac{1}{2}\mathbf{w}^2 - \tfrac{5}{2}\right)w_1\right] .$$

Die reskalierte lineare Abbildung $\bar{L}$ ist hier gegeben durch

$$\bar{L}[\bar{\alpha}_1](\mathbf{w}_1) = \int d\mathbf{w}_2 \int d\mathbf{w}_3 \int d\mathbf{w}_4 \; \delta(\mathbf{w}_1^2 + \mathbf{w}_2^2 - \mathbf{w}_3^2 - \mathbf{w}_4^2)\delta(\mathbf{w}_1 + \mathbf{w}_2 - \mathbf{w}_3 - \mathbf{w}_4)$$

$$\times \left[e^{-\frac{1}{2}\mathbf{w}_3^2}\bar{\alpha}_1(\mathbf{w}_4) + \bar{\alpha}_1(\mathbf{w}_3)e^{-\frac{1}{2}\mathbf{w}_4^2} - e^{-\frac{1}{2}\mathbf{w}_1^2}\bar{\alpha}_1(\mathbf{w}_2) - \bar{\alpha}_1(\mathbf{w}_1)e^{-\frac{1}{2}\mathbf{w}_2^2}\right] .$$

Dann folgt für den Wärmeleitfähigkeitskoeffizienten $\kappa(\mathbf{x}, t)$:

$$\kappa(\mathbf{x}, t) = -\varepsilon\frac{\sqrt{m\theta(\mathbf{x}, t)}}{4\sigma^2}\int d\mathbf{w}\; \mathbf{w}^2\, w_1\bar{\alpha}_1(\mathbf{w}) ,$$

wobei die $(\mathbf{x}, t)$-Abhängigkeit von κ vollständig durch diejenige der lokalen Temperatur $\theta(\mathbf{x}, t)$ bestimmt wird. Das $\mathbf{w}$-Integral im Ergebnis für $\kappa(\mathbf{x}, t)$ stellt lediglich eine dimensionslose Konstante dar, die im Prinzip (eventuell numerisch) berechnet werden kann. Die physikalische Dimension des Wärmeleitfähigkeitskoeffizienten ist also $[\kappa] = \mathrm{kg/m\,s}$. Der durch κ definierte Diffusionskoeffizient D_θ folgt als

$$D_\theta = \frac{2\kappa}{3\rho m} = -\varepsilon\frac{\sqrt{\theta/m}}{6\rho\sigma^2}\int d\mathbf{w}\; \mathbf{w}^2\, w_1\bar{\alpha}_1(\mathbf{w}) = -\frac{\pi}{6}\ell\, v_{\mathrm{th}}\int d\mathbf{w}\; \mathbf{w}^2\, w_1\bar{\alpha}_1(\mathbf{w}) ,$$

sodass die physikalische Dimension dieses thermischen Diffusionskoeffizienten gleich $[D_\theta] = \mathrm{m^2/s}$ ist. Im letzten Schritt wurden noch zur leichteren Interpretation des Ergebnisses die mittlere freie Weglänge $\ell = (\pi\rho\sigma^2/\varepsilon)^{-1} = \varepsilon/(\pi\rho\sigma^2)$ und die thermische Geschwindigkeit $v_{\mathrm{th}} = \sqrt{\theta/m}$ eingeführt. Die Proportionalität der mittleren freien Weglänge ℓ zum kleinen Parameter ε der Chapman-Enskog-Entwicklung zeigt noch einmal, dass diese Weglänge im Vergleich zu makroskopischen Längen *klein* sein muss.

Berechnung des Viskositätskoeffizienten

Die Berechnung von $\mu(\mathbf{x}, t)$ erfolgt weitgehend analog. Dieser zweite Transportkoeffizient $\mu(\mathbf{x}, t)$ ist durch

$$\mu(\mathbf{x}, t) \equiv -\tfrac{3}{4} m^2 \varepsilon \int d^3 \bar{v} \, (\bar{v}_1)^2 \beta_{11}(\mathbf{x}, \bar{\mathbf{v}}, t)$$

gegeben, wobei die Funktion β_{11} durch Inversion der Gleichung $L[\beta_{11}] = B_{11}$ zu bestimmen ist: $\beta_{11} = L^{-1}[B_{11}]$. Die explizite Form von B_{11} folgt hierbei aus Gleichung (7.75b) als $B_{11}(\mathbf{x}, \bar{\mathbf{v}}, t) = f_0 \tfrac{1}{\theta} (\bar{v}_1^2 - \tfrac{1}{3} \bar{\mathbf{v}}^2)$. Wiederum hängen sowohl die Abbildung L als auch die Funktion B_{11} linear von der Verteilungsfunktion f_0 ab, sodass sich die gemeinsamen Faktoren $(\frac{m}{2\pi\theta})^{3/2} \rho$ auf beiden Seiten der Gleichung $L[\beta_{11}] = B_{11}$ gegenseitig aufheben. Auch hier wird also die $(\mathbf{x}, t)$-Abhängigkeit der gesuchten Lösung $\beta_{11}(\mathbf{x}, \bar{\mathbf{v}}, t)$ vollständig durch die lokale Temperatur $\theta(\mathbf{x}, t)$ bestimmt, und diese Lösung ist *unabhängig* von der Teilchendichte $\rho(\mathbf{x}, t)$.

Zur Illustration betrachten wir wieder ein dreidimensionales Gas *harter Kugeln*. Auch für die Berechnung des Viskositätskoeffizienten $\mu(\mathbf{x}, t)$ führen wir *dimensionslose* Geschwindigkeiten $\mathbf{w} \equiv \sqrt{\frac{m}{\theta}} \bar{\mathbf{v}}$ ein. Die gesuchte Lösung $\beta_{11}(\mathbf{x}, \bar{\mathbf{v}}, t)$ hat dann die Form

$$\beta_{11}(\mathbf{x}, \bar{\mathbf{v}}, t) = \frac{m}{2\sigma^2 \theta^2} \bar{\beta}_{11}(\mathbf{w}) \quad , \quad \bar{\beta}_{11}(\mathbf{w}) = \bar{L}^{-1} \left[e^{-\frac{1}{2}\mathbf{w}^2} \left(w_1^2 - \tfrac{1}{3} \mathbf{w}^2 \right) \right] .$$

Es folgt nun für den Viskositätskoeffizienten $\mu(\mathbf{x}, t)$:

$$\mu(\mathbf{x}, t) = -\varepsilon \frac{3\sqrt{m\theta(\mathbf{x}, t)}}{8\sigma^2} \int d\mathbf{w} \, w_1^2 \bar{\beta}_{11}(\mathbf{w}) \, ,$$

wobei die $(\mathbf{x}, t)$-Abhängigkeit von μ vollständig durch $\theta(\mathbf{x}, t)$ bestimmt wird. Das $\mathbf{w}$-Integral im Ergebnis für $\mu(\mathbf{x}, t)$ ist lediglich eine dimensionslose Konstante, die im Prinzip (eventuell numerisch) berechnet werden kann. Die physikalische Dimension des Viskositätskoeffizienten ist $[\mu] = \mathrm{kg/m\,s}$, genau wie für κ. Der durch μ definierte Diffusionskoeffizient $D_{\mathbf{u}}$ folgt als

$$D_{\mathbf{u}} = \frac{\mu}{\rho m} = -\varepsilon \frac{3\sqrt{\theta/m}}{8\rho\sigma^2} \int d\mathbf{w} \, w_1^2 \bar{\beta}_{11}(\mathbf{w}) = -\frac{3\pi}{8} \ell \, v_{\mathrm{th}} \int d\mathbf{w} \, w_1^2 \bar{\beta}_{11}(\mathbf{w}) \, ,$$

sodass die physikalische Dimension dieses Diffusionskoeffizienten gleich $[D_{\mathbf{u}}] = \mathrm{m^2/s}$ ist, genau wie für D_θ.

Anmerkung zum Beispiel der Zentrifuge

Abschließend möchten wir noch zurückkommen auf die Beobachtung, dass die $(\mathbf{x}, t)$-Abhängigkeit der gesuchten Lösungen α_1 und β_{11} generell (also nicht nur für harte Kugeln) vollständig durch die lokale Temperatur $\theta(\mathbf{x}, t)$ bestimmt wird. Für das spezielle Problem der *Zentrifuge* in Abschnitt [7.5.6], das durch eine orts- und zeit*un*abhängige lokale Temperatur $\theta(\mathbf{x}, t) = \theta_0$ charakterisiert wird, bedeutet dies insbesondere, dass die Transportkoeffizienten κ und μ ebenfalls orts- und zeit*un*abhängig sind. Dies zeigt im Nachhinein, dass die dort gemachten Annahmen $\nabla \kappa = \mathbf{0}$ und $\nabla \mu = \mathbf{0}$ gerechtfertigt sind.

7.5.8 Linearisierung um die Gleichgewichtslösung

Analog zur Untersuchung der linearisierten Euler-Gleichungen in Abschnitt [7.4.3]
ist es auch im Fall der Navier-Stokes-Gleichungen (7.93) hilfreich, *kleine* Auslenkungen aus dem Gleichgewichtszustand zu betrachten. Der Gleichgewichtszustand
wird wiederum durch die Maxwell-Boltzmann-Verteilung $f_{\mathrm{MB}}(\mathbf{x}, \mathbf{v})$ in Gleichung
(7.35) beschrieben, und die kleinen Auslenkungen aus dem Gleichgewichtszustand
werden – wie in Abschnitt [7.4.3] – durch die Gleichungen (7.61) definiert. Diese
kleinen Auslenkungen induzieren eine Modulation der Entropiedichte $-k_{\mathrm{B}}s(\mathbf{x}, t)$:

$$s(\mathbf{x}, t) = s_0(\mathbf{x}) + \alpha\left(\rho_1 - \tfrac{3}{2}\theta_1\right) \quad , \quad s_0(\mathbf{x}) = \ln\left[\beta^{3/2}\rho_0(\mathbf{x})\right] ,$$

wobei $-k_{\mathrm{B}}s_0(\mathbf{x})$ die Entropiedichte des Gleichgewichtszustands darstellt. Da die
Transportkoeffizienten $\kappa(\mathbf{x}, t)$ und $\mu(\mathbf{x}, t)$ vollständig durch die lokale Temperatur
$\theta(\mathbf{x}, t)$ bestimmt werden, die in führender Ordnung durch $\theta_0 = \beta^{-1}$ gegeben ist,
können diese Koeffizienten bei der Linearisierung durch orts- und zeitunabhängige
Konstanten κ_0 und μ_0 ersetzt werden. Analog werden die Diffusionskoeffizienten
D_θ und $D_{\mathbf{u}}$ durch orts- und zeitunabhängige Konstanten $D_{\theta 0}$ und $D_{\mathbf{u}0}$ ersetzt.

Für kleine Auslenkungen aus dem Gleichgewichtszustand erhält man aus den
Navier-Stokes-Gleichungen (7.93) allgemein die folgenden Gleichungen für $\rho_1(\mathbf{x}, t)$,
$\mathbf{u}_1(\mathbf{x}, t)$ und $\theta_1(\mathbf{x}, t)$:

$$\frac{\partial \rho_1}{\partial t}(\mathbf{x}, t) = -\boldsymbol{\nabla}\cdot\mathbf{u}_1 - \beta\mathbf{u}_1\cdot\mathbf{F}$$

$$\boxed{\frac{\partial \mathbf{u}_1}{\partial t}(\mathbf{x}, t) = -\frac{1}{m\beta}\left(\boldsymbol{\nabla}\theta_1 + \beta\theta_1\mathbf{F} + \boldsymbol{\nabla}\rho_1\right) + D_{\mathbf{u}0}\left[\Delta\mathbf{u}_1 + \tfrac{1}{3}\boldsymbol{\nabla}(\boldsymbol{\nabla}\cdot\mathbf{u}_1)\right]}$$

$$\frac{\partial \theta_1}{\partial t}(\mathbf{x}, t) = -\tfrac{2}{3}\boldsymbol{\nabla}\cdot\mathbf{u}_1 + D_{\theta 0}\Delta\theta_1 .$$

Die Untersuchung der Struktur dieser Gleichungen ist wiederum einfacher für den
kräftefreien Fall ($\mathbf{F} = \mathbf{0}$). Man erhält dann:

$$\frac{\partial \rho_1}{\partial t} = -\boldsymbol{\nabla}\cdot\mathbf{u}_1 \quad , \quad \frac{\partial \theta_1}{\partial t} = -\tfrac{2}{3}\boldsymbol{\nabla}\cdot\mathbf{u}_1 + D_{\theta 0}\Delta\theta_1 \tag{7.101a}$$

$$\frac{\partial \mathbf{u}_1}{\partial t} = -\frac{1}{m\beta}\boldsymbol{\nabla}(\theta_1 + \rho_1) + D_{\mathbf{u}0}\left[\Delta\mathbf{u}_1 + \tfrac{1}{3}\boldsymbol{\nabla}(\boldsymbol{\nabla}\cdot\mathbf{u}_1)\right] . \tag{7.101b}$$

Die in den Navier-Stokes-Gleichungen berücksichtigte Wärmeleitfähigkeit führt nun
dazu, dass die Linearkombination $\rho_1 - \tfrac{3}{2}\theta_1$ der Teilchendichte und der lokalen Temperatur – anders als im Fall der Euler-Gleichungen – *keine* lokal exakt erhaltene
Größe mehr ist:

$$\frac{\partial}{\partial t}\left(\rho_1 - \tfrac{3}{2}\theta_1\right) = -\tfrac{3}{2}D_{\theta 0}\Delta\theta_1 .$$

Da die Entropiedichte lokal nicht exakt erhalten ist, gilt im Fall der Navier-Stokes-
Gleichungen auch keine exakte Wellengleichung für die Modulation $\rho_1(\mathbf{x}, t)$ der
Teilchendichte:

$$-\frac{\partial^2 \rho_1}{\partial t^2} = \frac{\partial(\boldsymbol{\nabla}\cdot\mathbf{u}_1)}{\partial t} = -\frac{1}{m\beta}\Delta(\theta_1 + \rho_1) + \tfrac{4}{3}D_{\mathbf{u}0}\Delta(\boldsymbol{\nabla}\cdot\mathbf{u}_1) . \tag{7.102}$$

Im Gegensatz zu den Euler-Gleichungen beschreiben die Navier-Stokes-Gleichungen also keine reine Wellenausbreitung.

Stattdessen erhält man das folgende Bild: Die drei Gleichungen (7.101a) für ρ_1 und θ_1 sowie (7.102) für $\nabla \cdot \mathbf{u}_1$ sind gekoppelt und müssen daher gemeinsam gelöst werden. Außerdem folgt aus (7.101b) durch Bildung der Rotation der beiden Seiten eine Diffusionsgleichung für $\nabla \times \mathbf{u}_1$, die nicht an die vorigen gekoppelt ist:

$$\frac{\partial \boldsymbol{\zeta}_1}{\partial t} = D_{\mathbf{u}0}\Delta\boldsymbol{\zeta}_1 \quad , \quad \boldsymbol{\zeta}_1 \equiv \nabla \times \mathbf{u}_1 \ . \tag{7.103}$$

Da die Diffusionskoeffizienten $D_{\theta 0}$ und $D_{\mathbf{u}0}$ proportional zum kleinen Parameter ε im Chapman-Enskog-Verfahren sind, ist der Einfluss der Diffusionsterme $D_{\theta 0}\Delta\theta_1$ und $\frac{4}{3}D_{\mathbf{u}0}\Delta(\nabla \cdot \mathbf{u}_1)$ in (7.101a) und (7.102) zunächst einmal *klein*. Die Diffusion wird sich aber nach hinreichend langer Zeit bemerkbar machen. Mit der thermischen Diffusion kann eine Längenskala $\ell_\theta(t) = \sqrt{D_{\theta 0}t}$ assoziiert werden und mit der Geschwindigkeitsdiffusion eine Längenskala $\ell_{\mathbf{u}}(t) = \sqrt{D_{\mathbf{u}0}t}$. Solange diese Diffusionslängen $\ell_\theta(t)$ und $\ell_{\mathbf{u}}(t)$ beide *klein* sind im Vergleich zu den typischen Längenskalen, auf denen das Anfangsprofil $\rho_1(\mathbf{x},0)$, $\theta_1(\mathbf{x},0)$ und $(\nabla \cdot \mathbf{u}_1)(\mathbf{x},0)$ variiert, breiten sich Wellen aus und ist die Entropiedichte lokal approximativ erhalten. Sobald jedoch eine dieser Diffusionslängen die typischen Längenskalen des Anfangsprofils überschreitet, erhalten die Lösungen der gekoppelten Gleichungen (7.101a) und (7.102) einen dominant *diffusiven* Charakter, der zu einer *exponentiellen Dämpfung* der Modulationen ρ_1, θ_1 und $\nabla \cdot \mathbf{u}_1$ führt. Diese Charakteränderung ist physikalisch von größter Bedeutung, da sich *ungedämpfte* Wellen auch im Langzeitlimes nicht an eine zeitunabhängige Gleichgewichtslösung annähern. Wir stellen also fest, dass die Annäherung an die Gleichgewichtslösung im Fall der Navier-Stokes-Gleichungen nach einer Einstellphase, die durch Wellenausbreitung charakterisiert sein kann, letztlich durch *Diffusion* erfolgt.[16]

7.6　Übungsaufgaben

Aufgabe 7.1　Die Irrfahrt

Ein sehr einfaches Modell für die *Brown'sche Bewegung* (Diffusion von kolloidalen Teilchen in einer Flüssigkeit, die selbst aus viel leichteren Teilchen besteht) ist die in Abschnitt [7.1.3] vorgestellte *Irrfahrt*. In diesem Modell wird die Flüssigkeit durch ein Gitter beschrieben, auf dem das kolloidale Teilchen in zufälliger Weise herumhüpft. Man nimmt hierbei an, dass ein Hüpfen nur zwischen benachbarten Gitterplätzen möglich ist. Hier betrachten wir zunächst eine einfache, *eindimensionale* Irrfahrt. Die Hüpfrate für Hüpfprozesse zwischen benachbarten Gitterplätzen sei λ. Die Mastergleichung für die Wahrscheinlichkeit $p_n(t)$, dass das Teilchen sich zur Zeit t am Gitterplatz n $(-\infty < n < \infty)$ aufhält, ist dann gegeben durch

$$\frac{dp_n}{dt} = \lambda(p_{n+1} + p_{n-1} - 2p_n) \quad ; \quad p_n(0) = \delta_{n0} \ .$$

---

[16]In Übungsaufgabe 7.5 wird gezeigt, wie die Gleichungen (7.101a), (7.102) und (7.103) mit Hilfe einer Fourier-Transformation explizit gelöst werden können. Die Lösung bestätigt das in diesem Abschnitt skizzierte qualitative Bild.

(a) Überprüfen Sie, dass die Gesamtwahrscheinlichkeit in diesem Modell erhalten ist: $\sum_{n=-\infty}^{\infty} p_n(t) = 1$ und dass man ohne Verlust der Allgemeinheit $\lambda = 1$ setzen kann.

(b) Berechnen Sie die mittlere Position $\langle n \rangle$ des diffundierenden Teilchens und die Breite $\sqrt{\langle n^2 \rangle - \langle n \rangle^2}$ der Verteilung $p_n(t)$. Hierbei sind die Mittelwerte definiert durch $\langle n^m \rangle \equiv \sum_n n^m p_n(t)$.

(c) Man kann die Wahrscheinlichkeit $p_n(t)$ dafür, dass das Teilchen sich zur Zeit t am Platz n aufhält, bequem mit Hilfe einer erzeugenden Funktion berechnen. Zeigen Sie, dass die erzeugende Funktion $F(z,t) = \sum_n z^n p_n(t)$ folgende Gleichung erfüllt:

$$\frac{\partial F(z,t)}{\partial t} = \left(z + z^{-1} - 2\right) F(z,t) \quad , \quad F(z,0) = 1 \,,$$

sodass die Lösung die Form $F(z,t) = \exp\left[t\left(z + z^{-1} - 2\right)\right]$ hat. Zeigen Sie hieraus, dass die Wahrscheinlichkeit $p_n(t)$ gegeben ist durch

$$p_n(t) = e^{-2t} \sum_{\ell=\ell_0}^{\infty} \frac{t^{2\ell+n}}{(\ell+n)!\,\ell!} \quad , \quad \ell_0 \equiv \max\{0, -n\} \,.$$

Zeigen Sie (evtl. mit Hilfe einer Formelsammlung), dass $p_n(t) = e^{-2t} I_{|n|}(2t)$, wobei $I_n(t)$ die n-te Bessel-Funktion mit imaginärem Argument ist. Leiten Sie aus dem bekannten asymptotischen Verhalten dieser Bessel-Funktion (s. eine Formelsammlung) ab, dass für große Zeiten und große Abstände ($t \to \infty$, $n \to \infty$, wobei n^2/t festgehalten wird) gilt: $p_n(t) = (4\pi t)^{-1/2} \exp(-n^2/4t)$. Wie verbreitert sich also ein Tintentröpfchen im Wasser?

(d) Wie ändern sich die Ergebnisse der Teile **(a)**, **(b)** und **(c)**, falls das Teilchen sich nicht entlang einer Kette, sondern auf einem d-dimensionalen hyperkubischen Gitter mit Gitterplätzen $\mathbf{n} \in \mathbb{Z}^d$ bewegt und die Anfangsbedingung $P_{\mathbf{n}}(0) = \delta_{\mathbf{n}\mathbf{0}}$ lautet?

Aufgabe 7.2 Die erzeugende Funktion

Die erzeugende Funktion einer Verteilungsfunktion $p_n(t)$ wird üblicherweise definiert durch $G(z,t) \equiv \sum_n e^{nz} p_n(t)$. Manchmal, wenn sich dies als bequemer herausstellt, verwendet man auch andere Definitionen, wie z. B. $\bar{G}(z,t) \equiv \sum_n z^n p_n(t) = G(\ln z, t)$. Diese Funktionen heißen „erzeugend", weil man aus ihnen durch Ableiten die Momente der Verteilungsfunktion, $M_k(t) = \sum_n n^k p_n(t)$, berechnen kann:

$$\frac{\partial^k G}{\partial z^k}(0,t) = \sum_n n^k p_n(t) = M_k(t) \,.$$

Aus den Momenten erhält man direkt die Mittelwerte $\langle n^k \rangle$, da $\langle n^k \rangle = M_k/M_0$ ist. Für kontinuierliche Verteilungen $F(\varepsilon, t)$ verwendet man häufig die Laplace-Transformierte als erzeugende Funktion:

$$G(z,t) \equiv \int_0^{\infty} d\varepsilon \, e^{-z\varepsilon} F(\varepsilon,t) = \sum_{n=0}^{\infty} \frac{(-z)^k}{k!} M_k(t) \,,$$

wobei nun die Momente definiert sind durch $M_k(t) \equiv \int_0^\infty d\varepsilon\, \varepsilon^k F(\varepsilon, t)$.

In Abschnitt [7.2.1] wurde die erzeugende Funktion $\bar{G}(z,t) = \sum_n z^n p_n(t)$ für den Fall eines quantenmechanischen harmonischen Oszillators im Strahlungsfeld berechnet. Das Ergebnis für eine allgemeine Anfangsbedingung $p_n(0)$ war:

$$\bar{G}(z,t) = \bar{G}(z_0,0)\frac{1 - \beta z_0/\alpha}{1 - \beta z/\alpha} \quad , \quad \frac{1 - \beta z_0/\alpha}{1 - z_0} = \frac{1 - \beta z/\alpha}{1 - z}e^{(\alpha-\beta)t} \ . \qquad (7.104)$$

Die zweite Gleichung in (7.104) legt die Hilfsfunktion $z_0(z,t)$ fest.

(a) Zeigen Sie ausgehend von (7.104), dass in diesem Modell Wahrscheinlichkeits-erhaltung gilt, $\sum_n p_n(t) = 1$, und berechnen Sie das mittlere Niveau $\langle n \rangle$, in dem sich der Oszillator aufhält, sowie die Varianz des Oszillatorniveaus, $\langle n^2 \rangle - \langle n \rangle^2$, als Funktion der Zeit für eine allgemeine Anfangsbedingung.

(b) Berechnen Sie den Mittelwert $\langle n \rangle$, die Varianz $\langle n^2 \rangle - \langle n \rangle^2$ und zusätzlich die Wahrscheinlichkeitsverteilung $p_n(t)$ als Funktion der Zeit für den Fall, dass der Oszillator sich zur Zeit $t = 0$ im Grundzustand aufhält: $p_n(0) = \delta_{n0}$.

Aufgabe 7.3 Radioaktiver Zerfall und die Fokker-Planck-Gleichung

In dieser Aufgabe wird der Zusammenhang zwischen der sogenannten *Fokker-Planck-Gleichung* und der Mastergleichung anhand eines einfachen Beispiels näher erläutert. Wir werden sehen, dass die Fokker-Planck-Gleichung die führende Korrektur zum thermodynamischen Limes darstellt, wenn die Mastergleichung nach Potenzen der inversen Systemgröße entwickelt wird. Wir wissen bereits aus Abschnitt [7.1.4], dass radioaktiver Zerfall von (anfangs) N Atomen mit Hilfe der folgenden Mastergleichung beschrieben werden kann:

$$\frac{dp_n(t)}{dt} = \lambda\left[(n + 1)p_{n+1}(t) - np_n(t)\right] = \lambda D\left(np_n\right) \quad , \quad p_n(0) = \delta_{nN} \ ,$$

wobei D die aus Abschnitt [7.1.3] bekannte diskrete Ableitung ist. Im Folgenden wird o. B. d. A. $\lambda = 1$ gesetzt. In Abschnitt [7.1.4] wurde gezeigt, dass die mittlere Anzahl der zur Zeit t noch nicht zerfallenen Atome durch $\langle n \rangle = Ne^{-t}$ und deren Konzentration deshalb durch $\nu(t) \equiv \langle n \rangle/N = e^{-t}$ gegeben ist. Für große Systeme ($N \gg 1$) erwartet man, dass die Fluktuationen in der tatsächlichen Anzahl der noch nicht zerfallenen Atome *klein* sind, nämlich von Ordnung $\mathcal{O}(\sqrt{N})$. Dies bedeutet, dass man die diskrete Zufallsvariable n im thermodynamischen Limes durch eine kontinuierliche Zufallsvariable ξ ersetzen kann, die für $N \to \infty$ von $\mathcal{O}(1)$ bleibt:

$$n \equiv N\nu(t) + \sqrt{N}\xi \quad ; \quad \nu(t) = e^{-t} \ , \ \xi = \mathcal{O}(1) \ .$$

Dementsprechend kann $p_n(t)$ durch eine Wahrscheinlichkeits*dichte* ersetzt werden:

$$p_n(t) \equiv \Pi(\xi, t)/\sqrt{N} \ .$$

Der Faktor $1/\sqrt{N}$ dient hierbei der Normierung.

(a) Zeigen Sie, dass die Wahrscheinlichkeitsdichte $\Pi(\xi, t)$ im thermodynamischen Limes (also für $N \to \infty$) die folgende Fokker-Planck-Gleichung erfüllt:

$$\frac{\partial \Pi}{\partial t} = \frac{\partial(\xi\Pi)}{\partial \xi} + \tfrac{1}{2}\nu(t)\frac{\partial^2 \Pi}{\partial \xi^2} \ .$$

(b) Lösen Sie diese Fokker-Planck-Gleichung.

Anmerkung: Es ist unter sehr allgemeinen Bedingungen möglich, eine Mastergleichung, die einen kleinen Parameter enthält, durch die (viel einfachere) Fokker-Planck-Gleichung zu ersetzen. Man bezeichnet dieses Verfahren, mit dessen Hilfe man auch Korrekturen zur Fokker-Planck-Gleichung ausrechnen kann, als die Ω-*Entwicklung der Mastergleichung*. Siehe Ref. [31] für Einzelheiten.

Aufgabe 7.4 Die Boltzmann-Gleichung für „sehr harte Teilchen" (PP)

Wir betrachten die folgende, (relativ) einfache Boltzmann-Gleichung für ein klassisches Gas von Teilchen, die in Zweiteilchenstößen Energie austauschen können:

$$\frac{\partial F(\varepsilon_1, t)}{\partial t} = \int_0^\infty d\varepsilon_2 \int_0^\infty d\varepsilon_3 \int_0^\infty d\varepsilon_4 \, \delta(\varepsilon_1 + \varepsilon_2 - \varepsilon_3 - \varepsilon_4)$$

$$\times \left[F(\varepsilon_3, t) F(\varepsilon_4, t) - F(\varepsilon_1, t) F(\varepsilon_2, t) \right] . \quad (7.105)$$

Es wird also angenommen, dass die Stoßrate für einen Stoßprozess $(\varepsilon_1, \varepsilon_2) \rightarrow (\varepsilon_3, \varepsilon_4)$, wobei zwei Teilchen mit den Energien ε_1 und ε_2 in Zustände mit Energien ε_3 und ε_4 gestreut werden, gegeben ist durch $W(\varepsilon_1\varepsilon_2|\varepsilon_3\varepsilon_4) = \delta(\varepsilon_1 + \varepsilon_2 - \varepsilon_3 - \varepsilon_4)$. Die physikalische Interpretation dieser Annahme ist, dass die Teilchen umso effizienter gestreut werden, je höher ihre Energie ist. Man spricht dann auch von einem Modell „sehr harter Teilchen".

(a) Zeigen Sie, dass die Gesamtteilchendichte $N = \int_0^\infty d\varepsilon \, F(\varepsilon, t)$ und die Gesamtenergiedichte $E = \int_0^\infty d\varepsilon \, \varepsilon F(\varepsilon, t)$ Erhaltungsgrößen sind. Warum kann man (o. B. d. A.) die Normierung so wählen, dass $N = E = 1$ gilt?

(b) Bestimmen Sie die Maxwell'sche Gleichgewichtsverteilung $F_\mathrm{M}(\varepsilon)$.

(c) Betrachten Sie die Ljapunow-Funktion $H(t) = \int_0^\infty d\varepsilon \, F(\varepsilon, t) \ln[F(\varepsilon, t)/F_\mathrm{M}(\varepsilon)]$ und beweisen Sie das entsprechende H-Theorem: $dH/dt \le 0$ und $dH/dt = 0 \Leftrightarrow F(\varepsilon, t) = F_\mathrm{M}(\varepsilon)$.

Eine Besonderheit der Boltzmann-Gleichung für sehr harte Teilchen ist, dass dieses Modell *exakt lösbar* ist für eine *allgemeine* Anfangsbedingung $F(\varepsilon, 0) = F_0(\varepsilon)$, und zwar mit Hilfe der „Methode der charakteristischen Kurven" für quasilineare partielle Differentialgleichungen.

(d) Zeigen Sie zunächst, dass die Laplace-Transformierte von $F(\varepsilon, t)$, die sog. *erzeugende Funktion* $G(z, t) \equiv \int_0^\infty d\varepsilon \, e^{-z\varepsilon} F(\varepsilon, t)$, die quasilineare partielle Differentialgleichung $(\partial_t - \partial_z + 1)G = (1 - G^2)/z$ erfüllt.

(e) Lösen Sie diese partielle Differentialgleichung und zeigen Sie, dass das Ergebnis für die erzeugende Funktion folgende explizite Form hat:

$$G(z, t) = \frac{\phi(z + t) + (z - 1)e^{-t}}{(z + 1)\phi(z + t) - e^{-t}} \quad ; \quad \phi(z) = \frac{G(z, 0) + z - 1}{(z + 1)G(z, 0) - 1} , \quad (7.106)$$

wobei $\phi(z)$ also durch die Anfangsverteilung $F(\varepsilon, 0)$ bestimmt wird. [Hinweis: Bei der Lösung tritt eine Riccati-Gleichung auf. Diese Gleichung und die Lösungsmethode finden Sie in Formelsammlungen.]

(f) Überprüfen Sie, ausgehend von (7.106), dass die mittleren Teilchen- und Energiedichten erhalten sind: $\int_0^\infty d\varepsilon\, F(\varepsilon, t) = \int_0^\infty d\varepsilon\, \varepsilon F(\varepsilon, t) = 1$. Was ist also der Wert der mittleren Energie $\langle \varepsilon \rangle$ der Gasteilchen? Berechnen Sie auch die Varianz in der Energie $\langle \varepsilon^2 \rangle - \langle \varepsilon \rangle^2$ für eine allgemeine Anfangsbedingung.

(g) Im Prinzip kann man nun (mit Hilfe einer Laplace-Rücktransformation) die Verteilungsfunktion $F(\varepsilon, t)$ für beliebige Anfangsbedingungen berechnen. In der Praxis ist dies natürlich oft schwierig. Die Lösung für $t = \infty$ kann jedoch problemlos bestimmt werden. Zeigen Sie dies.

(h) Betrachten Sie die Anfangsbedingung $F_0(\varepsilon) = (A_0 + B_0\varepsilon)e^{-\alpha\varepsilon}$ mit $1 < \alpha < 2$. Die Werte der Parameter A_0 und B_0 folgen aus der Normierung $N = E = 1$ als: $A_0 = \alpha(2-\alpha)$, $B_0 = \alpha^2(\alpha-1)$. Zeigen Sie, dass die Lösung der Boltzmann-Gleichung mit $F(\varepsilon, 0) = F_0(\varepsilon)$ für alle $t > 0$ gegeben ist durch:

$$F(\varepsilon, t) = A(t)e^{-\varepsilon z_1(t)} + B(t)e^{-\varepsilon z_2(t)} \,, \tag{7.107}$$

wobei $z_1(t)$ und $z_2(t)$ bestimmt sind durch

$$z_1 + z_2 = 2\alpha + t \quad , \qquad z_1 z_2 = (\alpha - 1)^2 e^{-t} + (2\alpha + t - 1)$$

und die Konstanten A, B wiederum durch die Normierung festliegen.

(i) Die exakte Lösung (7.107) hat einige interessante Eigenschaften. Um dies zu erläutern, führen wir die relative Abweichung $D(\varepsilon, t)$ von der Gleichgewichtsverteilung ein:

$$D(\varepsilon, t) \equiv F(\varepsilon, t)/F_{\mathrm{M}}(\varepsilon) - 1 \,.$$

Bestimmen Sie das Langzeitverhalten von $D(\varepsilon, t)$ und diskutieren Sie das Ergebnis. Zeigen Sie insbesondere, dass die Annäherung an die Gleichgewichtsverteilung *nicht-uniform* in ε stattfindet, sodass eine Linearisierung der Boltzmann-Gleichung um F_{M} bestenfalls bei nicht zu hohen Energien möglich ist. Zeigen Sie außerdem, dass „Überschwinger" auftreten in dem Sinne, dass bei bestimmten ε-Werten $D(\varepsilon, t)$ als Funktion der Zeit das Vorzeichen wechselt. Für lange Zeiten besteht also eine Überpopulation bei Energie ε, obwohl dieses Energieniveau für kurze Zeiten gerade unterbesetzt war.

Anmerkung: Die Boltzmann-Gleichung für „sehr harte Teilchen" ist eine der wenigen exakt lösbaren Gleichungen auf diesem Gebiet. Das Modell wurde erstmals von den Theoretischen Physikern Ernst und Hendriks vorgeschlagen und gelöst (siehe den Übersichtsartikel Ref. [14] sowie weitere dort zitierte Referenzen für Einzelheiten).

Aufgabe 7.5 Die linearisierten Euler- und Navier-Stokes-Gleichungen

Die linearisierten Euler- und Navier-Stokes-Gleichungen und einige ihrer Eigenschaften wurden in den Abschnitten [7.4.3] und [7.5.8] behandelt. Die linearisierten Navier-Stokes-Gleichungen für die Modulationen ρ_1 der Teilchendichte, θ_1 der lokalen Temperatur und $\mathbf{u}_1$ der mittleren Geschwindigkeit sind durch die Gleichungen (7.101a), (7.102) und (7.103) gegeben. Diese können mit den Definitionen

$v_1 \equiv \boldsymbol{\nabla} \cdot \mathbf{u}_1$ und $\boldsymbol{\zeta}_1 \equiv \boldsymbol{\nabla} \times \mathbf{u}_1$ bequem in der folgenden Form dargestellt werden:

$$\frac{\partial \rho_1}{\partial t} = -v_1 \quad , \quad \frac{\partial \theta_1}{\partial t} = -\tfrac{2}{3}v_1 + D_{\theta 0}\Delta\theta_1$$

$$\frac{\partial v_1}{\partial t} = -\frac{1}{m\beta}\Delta(\theta_1 + \rho_1) + \tfrac{4}{3}D_{\mathbf{u}0}\Delta v_1 \quad , \quad \frac{\partial\boldsymbol{\zeta}_1}{\partial t} = D_{\mathbf{u}0}\Delta\boldsymbol{\zeta}_1 \ .$$

Aus diesen Gleichungen erhält man die linearisierten Euler-Gleichungen als Spezialfall, indem man die Diffusionskonstanten $D_{\theta 0}$ und $D_{\mathbf{u}0}$ gleich null setzt. In dieser Übungsaufgabe wird gezeigt, wie man diese Gleichungen mit Hilfe einer Fourier-Transformation explizit lösen und das Verhalten der entsprechenden Lösungen dann physikalisch untersuchen und besser verstehen kann. Hierbei ist die Fourier-Transformierte $\hat{a}(\mathbf{k},t)$ einer reellwertigen Funktion $a(\mathbf{x},t)$ allgemein durch

$$\hat{a}(\mathbf{k},t) = \frac{1}{(2\pi)^{3/2}}\int d^3x\, e^{-i\mathbf{k}\cdot\mathbf{x}}a(\mathbf{x},t) \quad , \quad a(\mathbf{x},t) = \frac{1}{(2\pi)^{3/2}}\int d^3k\, e^{i\mathbf{k}\cdot\mathbf{x}}\hat{a}(\mathbf{k},t)$$

definiert. Für eine reellwertige Funktion $a(\mathbf{x},t)$ gilt generell $[\hat{a}(\mathbf{k},t)]^* = \hat{a}(-\mathbf{k},t)$.

(a) Zeigen Sie für die Fourier-Transformierten von ρ_1, θ_1, v_1 und $\boldsymbol{\zeta}_1$:

$$\frac{\partial\hat{\rho}_1}{\partial t} = -\hat{v}_1 \quad , \quad \frac{\partial\hat{\theta}_1}{\partial t} = -\tfrac{2}{3}\hat{v}_1 - D_{\theta 0}k^2\hat{\theta}_1 \quad , \quad k \equiv |\mathbf{k}|$$

$$\frac{\partial\hat{v}_1}{\partial t} = \frac{k^2}{m\beta}(\hat{\theta}_1 + \hat{\rho}_1) - \tfrac{4}{3}D_{\mathbf{u}0}k^2\hat{v}_1 \quad , \quad \frac{\partial\hat{\boldsymbol{\zeta}}_1}{\partial t} = -D_{\mathbf{u}0}k^2\hat{\boldsymbol{\zeta}}_1 \ .$$

Lösen Sie die Gleichung für $\hat{\boldsymbol{\zeta}}_1(\mathbf{k},t)$ explizit für eine allgemeine Anfangsbedingung $\hat{\boldsymbol{\zeta}}_1(\mathbf{k},0)$. Bestimmen Sie hieraus $\boldsymbol{\zeta}_1(\mathbf{x},t)$ in Integralform durch eine inverse Fourier-Transformation.

Die drei Größen ρ_1, θ_1 und v_1 können zu einem Vektor $\boldsymbol{\pi}(\mathbf{x},t) \equiv (\rho_1, \theta_1, v_1)$ mit der Fourier-Transformierten $\hat{\boldsymbol{\pi}}(\mathbf{k},t)$ kombiniert werden.

(b) Zeigen Sie, dass $\hat{\boldsymbol{\pi}}(\mathbf{k},t)$ die folgende Gleichung erfüllt:

$$\frac{\partial\hat{\boldsymbol{\pi}}}{\partial t}(\mathbf{k},t) = \Omega(k)\hat{\boldsymbol{\pi}}(\mathbf{k},t) \quad , \quad \Omega(k) \equiv \begin{pmatrix} 0 & 0 & -1 \\ 0 & -D_{\theta 0}k^2 & -\tfrac{2}{3} \\ \frac{k^2}{m\beta} & \frac{k^2}{m\beta} & -\tfrac{4}{3}D_{\mathbf{u}0}k^2 \end{pmatrix}$$

und dass die Lösung dieser Gleichung für eine allgemeine Anfangsbedingung formal als $\hat{\boldsymbol{\pi}}(\mathbf{k},t) = e^{\Omega(k)t}\hat{\boldsymbol{\pi}}(\mathbf{k},0)$ geschrieben werden kann. Bestimmen Sie hieraus $\boldsymbol{\pi}(\mathbf{x},t)$ in Integralform durch eine inverse Fourier-Transformation:

$$\boldsymbol{\pi}(\mathbf{x},t) = \mathrm{Re}\left[\frac{1}{(2\pi)^{3/2}}\int d^3k\, e^{i\mathbf{k}\cdot\mathbf{x}}e^{\Omega(k)t}\hat{\boldsymbol{\pi}}(\mathbf{k},0)\right] \ .$$

Die Matrix $\Omega(k)$ kann mit Hilfe einer nicht-singulären Matrix $S(k)$ diagonalisiert werden, $\Omega(k) = S(k)\Omega_{\mathrm{D}}(k)S(k)^{-1}$, und hat dann die Diagonalform $\Omega_{\mathrm{D}}(k) = \mathrm{diag}(\omega_1,\omega_2,\omega_3)$, wobei in der Regel (d. h. für realistische, nicht zu große Werte von $D_{\theta 0}$ und $D_{\mathbf{u}0}$) gilt: $\omega_1(k) \in \mathbb{R}$ und $\omega_2(k) = \omega_3(k)^* \in \mathbb{C}\backslash\mathbb{R}$.

(c) Folgern Sie hieraus: $e^{\Omega(k)t} = S(k)e^{\Omega_{\mathrm{D}}(k)t}S(k)^{-1}$. Leiten Sie die charakteristische Gleichung her, die die Eigenwerte $\omega_1(k)$, $\omega_2(k)$ und $\omega_3(k)$ festlegt.

(d) Zeigen Sie, dass die Eigenmode $\boldsymbol{\pi}_j(\mathbf{x}, t)$ zur Eigenfrequenz $\omega_j(k)$ durch eine Anfangsbedingung der Form $\hat{\boldsymbol{\pi}}_j(\mathbf{k}, 0) = \hat{\pi}_j(\mathbf{k})S(k)\hat{\mathbf{e}}_j$ charakterisiert wird, wobei $\hat{\pi}_j(\mathbf{k})$ zunächst beliebig ist und $\hat{\mathbf{e}}_j$ wie üblich den j-ten Basisvektor darstellt: $(\hat{e}_j)_k = \delta_{jk}$. Folgern Sie hieraus:

$$\boldsymbol{\pi}_j(\mathbf{x}, t) = \mathrm{Re}\left[\frac{1}{(2\pi)^{3/2}} \int d^3k \; \hat{\pi}_j(\mathbf{k})e^{i\mathbf{k}\cdot\mathbf{x}+\omega_j(k)t}S(k)\hat{\mathbf{e}}_j\right] \qquad (j = 1, 2, 3).$$

(e) Betrachten Sie nun konkret die Euler-Gleichungen ($D_{\theta 0} = D_{\mathbf{u}0} = 0$). Bestimmen Sie die exakte Form der Eigenfrequenzen $\omega_1(k)$, $\omega_2(k)$ und $\omega_3(k)$ sowie der Transformationsmatrizen $S(k)$ und $S(k)^{-1}$. Diskutieren Sie die Eigenschaften der drei Eigenmoden $\boldsymbol{\pi}_j(\mathbf{x}, t)$ ($j = 1, 2, 3$).

(f) Bestimmen Sie analog die Eigenfrequenzen $\omega_1(k)$, $\omega_2(k)$ und $\omega_3(k)$ für die Navier-Stokes-Gleichungen bis zur *linearen* Ordnung in den Diffusionskonstanten $D_{\theta 0}$ und $D_{\mathbf{u}0}$. Warum kann man im Rahmen der Chapman-Enskog-Entwicklung $D_{\theta 0}k/c \ll 1$ und $D_{\mathbf{u}0}k/c \ll 1$ voraussetzen? Diskutieren Sie die Eigenschaften der drei Eigenmoden $\boldsymbol{\pi}_j(\mathbf{x}, t)$ ($j = 1, 2, 3$).

(g) Bestimmen Sie die drei Eigenmoden $\boldsymbol{\pi}_j(\mathbf{x}, t)$ in **(f)** explizit für eine Anfangsbedingung der Form $\hat{\pi}_j(\mathbf{k}) = \frac{1}{2}\hat{\pi}_{j0}(2\pi)^{3/2}[\delta(\mathbf{k} - \mathbf{k}_0) + \delta(\mathbf{k} + \mathbf{k}_0)]$ mit $\mathbf{k}_0 \neq \mathbf{0}$ und $\hat{\pi}_{j0} \in \mathbb{R}$.

Kapitel 8

Lösungen zu den Übungsaufgaben

8.1 Einführung

Lösung 1.1 Die Stirling-Formel   (siehe auch § 6.5.1 von Ref. [12])

(a) Die Behauptung $\Gamma(n+1) = n!$ ist sicher korrekt für $n = 0$, da $\Gamma(1) = \int_0^\infty dx\, e^{-x} = 1 = 0!$ gilt. Hiermit ist der Induktionsanfang bereits gemacht. Nehmen wir nun an, sie sei auch korrekt für $n = m \in \mathbb{N}_0$, sodass $\Gamma(m+1) = \int_0^\infty dx\, x^m e^{-x} = m!$ gilt. Mit Hilfe einer partiellen Integration folgt hieraus dann für $n = m + 1$:

$$
\begin{aligned}
\Gamma(m+2) &= \int_0^\infty dy\, y^{m+1} e^{-y} = \int_0^\infty dy\, y^{m+1} \frac{d}{dy}(-e^{-y}) \\
&= y^{m+1}(-e^{-y})\Big|_0^\infty + (m+1)\int_0^\infty dy\, y^m e^{-y} \\
&= (m+1)\Gamma(m+1) = (m+1)m! = (m+1)!\,,
\end{aligned}
$$

sodass die Behauptung auch wahr ist für $n = m + 1$. Nach dem Induktionsprinzip ist sie daher wahr für alle $n \in \mathbb{N}_0$.

(b) Für $n \to \infty$ hat der Integrand $x^n e^{-x}$ des Integrals $\Gamma(n+1) = \int_0^\infty dx\, x^n e^{-x}$ nur ein einzelnes, sehr scharfes Maximum, sodass $\Gamma(n+1) = n!$ durch Entwicklung des Integranden um dieses Maximum berechnet werden kann. Wir schreiben zunächst $x^n e^{-x} = e^{f_n(x)}$ mit $f_n(x) = n\ln(x) - x$. Das Maximum tritt auf für $x = n$, und der Integrand hat dann den Wert $n^n e^{-n}$. Für eine Entwicklung von $f_n(x)$ um das Maximum benötigen wir die Taylor-Reihe dieser Funktion:

$$
\begin{aligned}
f_n(x) &= \sum_{m=0}^\infty \frac{f_n^{(m)}(n)(x-n)^m}{m!} \\
&= n\ln(n) - n - \frac{(x-n)^2}{2n} + \frac{(x-n)^3}{3n^2} - \frac{(x-n)^4}{4n^3} + \mathcal{O}\left(n^{-4}\right)\,,
\end{aligned}
$$

wobei die Ableitungen

$$f_n'(n) = \ 0, \quad f_n''(n) = -\frac{1}{n} \ , \quad f_n'''(n) = \frac{2}{n^2} \ , \quad f_n''''(n) = -\frac{6}{n^3}$$

verwendet wurden. Einsetzen der Taylor-Reihe für $f_n(x)$ in die Integraldarstellung von $n! = \Gamma(n+1)$ ergibt mit der Substitution $x = n + \sqrt{2n}\xi$:

$$\begin{aligned}
n! &= n^n e^{-n} \int_0^\infty dx \ \exp\left[-\frac{(x-n)^2}{2n} + \frac{(x-n)^3}{3n^2} - \frac{(x-n)^4}{4n^3} + \cdots \right] \\
&= \sqrt{2}n^{n+1/2}e^{-n} \int_{-\infty}^\infty d\xi \ \exp\left[-\xi^2 + \frac{2^{3/2}\xi^3}{3\sqrt{n}} - \frac{\xi^4}{n} + \cdots \right] \\
&= \sqrt{2}n^{n+1/2}e^{-n} \int_{-\infty}^\infty d\xi \ e^{-\xi^2}\left[1 + \frac{2^{3/2}\xi^3}{3\sqrt{n}} - \frac{\xi^4}{n} + \frac{4\xi^6}{9n} + \mathcal{O}\left(\frac{1}{n^2}\right) \right] \\
&= \sqrt{2\pi}n^{n+1/2}e^{-n} \left[1 + 0 - \frac{3}{4n} + \frac{5}{6n} + \mathcal{O}\left(\frac{1}{n^2}\right) \right] \\
&= \sqrt{2\pi}n^{n+1/2}e^{-n} \left[1 + \frac{1}{12n} + \mathcal{O}\left(\frac{1}{n^2}\right) \right] \ .
\end{aligned}$$

In der zweiten Zeile wurde die Exponentialfunktion bis zur zweiten Ordnung für kleine Argumente entwickelt: $e^y = 1 + y + \frac{1}{2}y^2 + \cdots$. Außerdem wurde die Untergrenze $-\sqrt{n/2}$ des Integrals durch $-\infty$ ersetzt; dies ist deshalb erlaubt, da man hierdurch nur einen vernachlässigbaren (exponentiell kleinen) Fehler macht. In der dritten Zeile ist das ξ^3-Integral wegen der Antisymmetrie gleich null, sodass die führenden Korrekturen zur Eins von den ξ^4- und ξ^6-Termen stammen. Wertet man diese aus mit der Identität

$$\int_{-\infty}^\infty d\xi \ e^{-a\xi^2}\xi^{2n} = \left(-\frac{d}{da} \right)^n \int_{-\infty}^\infty d\xi \ e^{-a\xi^2} = \left(-\frac{d}{da} \right)^n \sqrt{\frac{\pi}{a}} = \frac{(2n-1)!!}{2^n}\sqrt{\frac{\pi}{a}} \ ,$$

so erhält man das auf der rechten Seite angegebene Resultat. Hiermit ist die Stirling-Formel (1.7) nachgewiesen.

Lösung 1.2 Nicht-wechselwirkende Spins

(a) Die Wahrscheinlichkeit dafür, dass sich die n zufällig ausgewählten Spins S_{i_1}, S_{i_2}, $\cdots$, S_{i_n} alle im Zustand $\uparrow$ befinden und die übrigen Spins alle im Zustand $\downarrow$, ist $q^n(1-q)^{N-n}$. Es gibt nun genau $\binom{N}{n}$ Möglichkeiten, eine Untermenge der Form $\{i_1, i_2, \cdots, i_n\}$ aus der Menge $\{1, 2, 3, \cdots, N\}$ auszuwählen, sodass die Gesamtwahrscheinlichkeit $W(n)$ dafür, dass sich n beliebige Spins im Zustand $\uparrow$ befinden, durch $W(n) = \binom{N}{n}q^n(1-q)^{N-n}$ gegeben ist. Die Wahrscheinlichkeit $W(n)$ hat somit die Form einer *Binomialverteilung*.

(b) Aus dem Binomialsatz folgt direkt

$$G(x) \equiv \sum_{n=0}^\infty W(n)x^n = \sum_{n=0}^\infty \binom{N}{n}(qx)^n(1-q)^{N-n} \overset{!}{=} (1 + qx - q)^N \ .$$

(c) Die mittlere Anzahl $\langle n \rangle$ der Momente im Zustand $\uparrow$ folgt aus der *ersten Ableitung* der erzeugenden Funktion $G(x)$ an der Stelle $x = 1$:

$$\langle n \rangle = \sum_{n=0}^{\infty} n W(n) = G'(1) = Nq(1 + qx - q)^{N-1}\big|_{x=1} = Nq \,,$$

und die mittlere quadratische Fluktuation $\sigma^2 = \langle (n - \langle n \rangle)^2 \rangle$ folgt durch Kombination der *ersten* und der *zweiten Ableitung* von $G(x)$, beide wiederum ausgewertet an der Stelle $x = 1$:

$$\sigma^2 = \langle (n - \langle n \rangle)^2 \rangle = \langle n^2 - 2n\langle n \rangle + \langle n \rangle^2 \rangle = \langle n^2 \rangle - \langle n \rangle^2$$
$$= \langle n(n-1) \rangle + \langle n \rangle - \langle n \rangle^2 = G''(1) + G'(1) - [G'(1)]^2$$
$$= N(N-1)q^2 + Nq - (Nq)^2 = Nq(1 - q) \,.$$

(d) Wir halten nun $\frac{\langle n \rangle}{N} = q$ fest und betrachten die Funktion

$$\ln[W(n)] = \ln\binom{N}{n} + n\ln(q) + (N-n)\ln(1-q)$$
$$= (N + \tfrac{1}{2})\ln(N) - (n + \tfrac{1}{2})\ln(n) - (N - n + \tfrac{1}{2})\ln(N-n)$$
$$+ n\ln(q) + (N-n)\ln(1-q) - \tfrac{1}{2}\ln(2\pi) + \mathcal{O}(N^{-1}) \,.$$

In der Herleitung wurde die Stirling-Formel $n! \sim \sqrt{2\pi}\, n^{n+1/2} e^{-n} \left[1 + \frac{1}{12n} \cdots \right]$ (gültig für $n \to \infty$) verwendet. Für $N \to \infty$ und $q = \frac{\langle n \rangle}{N}$ fest ist $\ln[W(n)]$ extremal als Funktion von n für $n = Nq = \langle n \rangle$, da für diesen n-Wert gilt:

$$0 = \frac{d}{dn}\ln[W(n)] = -\frac{n + \tfrac{1}{2}}{n} - \ln\left(\frac{n}{q}\right) + \frac{N - n + \tfrac{1}{2}}{N - n} + \ln\left(\frac{N-n}{1-q}\right)$$
$$= -\frac{1}{2n} - \ln(N) + \frac{1}{2(N-n)} + \ln(N) = \mathcal{O}(N^{-1}) \to 0 \quad (N \to \infty) \,.$$

Da die *zweite* Ableitung von $\ln[W(n)]$ außerdem *negativ* ist:

$$\frac{d^2}{dn^2}\ln[W(n)]\big|_{n=\langle n \rangle} = +\frac{1}{2n^2} - \frac{1}{n} + \frac{1}{2(N-n)^2} - \frac{1}{N-n}$$
$$= -\frac{1}{qN} - \frac{1}{N(1-q)} + \mathcal{O}(N^{-2})$$
$$\to -\frac{1}{Nq(1-q)} \quad (N \to \infty) \,,$$

liegt für $n = Nq = \langle n \rangle$ offenbar ein *Maximum* vor. Zusammenfassend gilt also

$$\ln\left[\frac{W(n)}{W(\langle n \rangle)}\right] = -\frac{(n - \langle n \rangle)^2}{2Nq(1-q)} \quad , \quad W(n) = W(\langle n \rangle)\exp\left[-\frac{(n - \langle n \rangle)^2}{2Nq(1-q)}\right] \,.$$

Hiermit ist gezeigt, dass sich $W(n)$ in diesem Limes in der Tat auf eine *Gauß-Verteilung* mit Mittelwert Nq und Varianz $Nq(1-q)$ reduziert.

(e) Falls $\langle n \rangle = Nq$ im Limes $N \to \infty$ festgehalten wird, sind die typischen n-Werte also sehr viel kleiner als N. Folglich gilt:

$$W(n) \sim \frac{\sqrt{2\pi}N^{N+1/2}e^{-N}}{n!\sqrt{2\pi}(N-n)^{N-n+1/2}e^{-(N-n)}}q^n(1-q)^{N-n}$$

$$\sim \frac{1}{n!}e^{-n}\left(1 - \frac{n}{N}\right)^{-(N+1/2)}[(N-n)q]^n\left(1 - \frac{\langle n \rangle}{N}\right)^{N-n}$$

$$\sim \frac{1}{n!}e^{-n}e^n\langle n \rangle^n e^{-\langle n \rangle} = \frac{\langle n \rangle^n}{n!}e^{-\langle n \rangle} \qquad (N \to \infty)\,,$$

sodass sich $W(n)$ in der Tat für große N auf die *Poisson-Verteilung* reduziert.

(f) Man erwartet physikalisch, dass für einen zufällig ausgewählten Spin die Wahrscheinlichkeit p_σ für das Auftreten des Zustands $\sigma \in \{\uparrow, \downarrow\}$ proportional zum entsprechenden *Boltzmann*-Faktor $e^{-\beta E_\sigma}$ ist, sodass für das *Verhältnis* der beiden Wahrscheinlichkeiten $p_\uparrow$ und $p_\downarrow$ gelten muss: $p_\uparrow/p_\downarrow = q/(1-q) = e^{-\beta(E_\uparrow - E_\downarrow)}$. Hierbei ist der numerische Wert des Exponenten durch

$$\beta(E_\uparrow - E_\downarrow) = \frac{\hbar|e|B}{k_B T m} \simeq \frac{43\,\mathrm{K}}{T}$$

gegeben. Die Poisson-Verteilung setzt voraus, dass $q = \langle n \rangle/N \ll 1$ gilt, sodass man als Kriterium z. B. $q \lesssim 10^{-2}$ nehmen kann. Es folgt die Ungleichung $\ln(q) \simeq -\beta(E_\uparrow - E_\downarrow) \simeq -43\,\mathrm{K}/T \lesssim \ln(10^{-2}) \simeq -4{,}6$, sodass offenbar für $T \lesssim 9{,}3\mathrm{K}$ eine Poisson-Verteilung vorliegt. Die Gauß-Verteilung setzt voraus, dass $\frac{\langle n \rangle}{N} = q > 0$ festgehalten wird, sodass man als Kriterium z. B. $q \gtrsim 10^{-3}$ nehmen kann. Es folgt die Ungleichung $\ln(q) \simeq -\beta(E_\uparrow - E_\downarrow) \simeq -43\,\mathrm{K}/T \gtrsim \ln(10^{-3}) \simeq -6{,}91$, sodass offenbar für $T \gtrsim 6{,}22\mathrm{K}$ eine Gauß-Verteilung vorliegt. Im Intervall $6{,}22\mathrm{K} \lesssim T \lesssim 9{,}3\mathrm{K}$ sind also beide Verteilungen adäquat.

Lösung 1.3 Die Maxwell'sche Geschwindigkeitsverteilung

Die drei unabhängigen Variablen $(v_1, v_2, v_3) = \mathbf{v}$ sind alle gemäß der normierten Gauß'schen Wahrscheinlichkeitsdichte $g(v_i) = (\frac{\beta m}{2\pi})^{1/2}e^{-\frac{1}{2}\beta m v_i^2}$ (mit $i = 1, 2, 3$) verteilt. Gemeinsam sind die drei Variablen also gemäß der Wahrscheinlichkeitsdichte $f_M(\mathbf{v}) = g(v_1)g(v_2)g(v_3) = (\frac{\beta m}{2\pi})^{3/2}e^{-\frac{1}{2}\beta m \mathbf{v}^2}$ verteilt.

(a) Die Normierung von $f_M(\mathbf{v})$ folgt aus der Normierung von $g(v_i)$:

$$\langle 1 \rangle = \int d^3v\, f_M(\mathbf{v}) = \prod_{i=1}^{3}\left[\int dv_i\, g(v_i)\right] = 1^3 = 1\,.$$

Der Mittelwert ist $\langle \mathbf{v} \rangle = \int d^3v\, f_M(\mathbf{v})\mathbf{v} = \mathbf{0}$ wegen der Antisymmetrie des Integranden. Die Breite der Verteilung $f_M(\mathbf{v})$ folgt wegen der Standardnormalverteilung der v_i [mit $\langle v_i^2 \rangle = (\beta m)^{-1} = k_B T/m$] als:

$$\sqrt{\langle (\mathbf{v} - \langle \mathbf{v} \rangle)^2 \rangle} = \sqrt{\langle \mathbf{v}^2 \rangle} = \sqrt{\langle v_1^2 + v_2^2 + v_3^2 \rangle} = \sqrt{3\langle v_1^2 \rangle} = \sqrt{3k_B T/m}\,.$$

(b) Im Integral $\int d^3v\, f_M(\mathbf{v})\,\Theta(\gamma + \Delta\gamma - \Gamma(\mathbf{v}))\,\Theta(\Gamma(\mathbf{v}) - \gamma)$ ist das Produkt der beiden Stufenfunktionen gleich eins für $\gamma < \Gamma(\mathbf{v}) < \gamma + \Delta\gamma$ und gleich null sonst. Folglich stellt das Integral die *Gesamtwahrscheinlichkeit* für das Auftreten von Γ-Werten im Intervall $(\gamma, \gamma + \Delta\gamma)$ dar, die alternativ – falls $\Delta\gamma$ hinreichend klein ist – als $w(\gamma)\Delta\gamma$ geschrieben werden kann. Dividiert man nun durch $\Delta\gamma$, so entsteht im Integral der Quotient

$$\frac{\Theta(\gamma + \Delta\gamma - \Gamma(\mathbf{v}))\,\Theta(\Gamma(\mathbf{v}) - \gamma)}{\Delta\gamma}\,,$$

der als Funktion von Γ die Fläche eins hat und nur auf dem Intervall $(\gamma, \gamma + \Delta\gamma)$ ungleich null ist. Folglich hat dieser Faktor für $\Delta\gamma \to 0$ die Eigenschaften der eindimensionalen Deltafunktion $\delta(\Gamma(\mathbf{v}) - \gamma)$.

(c) Die Wahrscheinlichkeitsdichte für $\Gamma_1(\mathbf{v}) = |\mathbf{v}|$ folgt mit der Notation $|\mathbf{v}| \equiv r$ und dem Flächeninhalt $S_3(1) = 4\pi$ einer dreidimensionalen Einheitskugelschale als:

$$w_1(v) = \int d^3v\, f_{\mathrm{M}}(\mathbf{v})\, \delta(v - |\mathbf{v}|) = \left(\frac{\beta m}{2\pi}\right)^{3/2} \int_0^\infty dr\, r^2 S_3(1) e^{-\frac{1}{2}\beta m r^2} \delta(v - r)$$

$$= 4\pi \left(\frac{\beta m}{2\pi}\right)^{3/2} v^2 e^{-\frac{1}{2}\beta m v^2} = \sqrt{\frac{2(\beta m)^3}{\pi}} v^2 e^{-\frac{1}{2}\beta m v^2}\,.$$

(d) Die Wahrscheinlichkeitsdichte für $\Gamma_2(\mathbf{v}) = \frac{1}{2}m\mathbf{v}^2$ folgt analog als:

$$w_2(E) = \int d^3v\, f_{\mathrm{M}}(\mathbf{v})\, \delta\left(E - \tfrac{1}{2}m\mathbf{v}^2\right)$$

$$= \sqrt{\frac{2(\beta m)^3}{\pi}} \int_0^\infty dr\, r^2 e^{-\frac{1}{2}\beta m r^2} \delta(E - \tfrac{1}{2}m r^2)$$

$$= \sqrt{\frac{2\beta^3}{\pi}} \int_0^\infty dy\, \sqrt{2y}\, e^{-\beta y} \delta(E - y) = \frac{2\beta^{3/2}}{\sqrt{\pi}} \sqrt{E}\, e^{-\beta E}\,.$$

(e) Mit $\Gamma(2) = 1$ und $\Gamma(\frac{5}{2}) = \frac{3}{4}\sqrt{\pi}$ folgen $\langle |\mathbf{v}| \rangle$ und $\langle \frac{1}{2}m\mathbf{v}^2 \rangle$ als:

$$\int d^3v\, f_{\mathrm{M}}(\mathbf{v})|\mathbf{v}| = \sqrt{\frac{2(\beta m)^3}{\pi}} \int_0^\infty dr\, r^3 e^{-\frac{1}{2}\beta m r^2}$$

$$= \sqrt{\frac{2}{\pi \beta m}} \int_0^\infty dy\, 2y\, e^{-y} = 2\sqrt{\frac{2}{\pi \beta m}} = 2\sqrt{\frac{2k_{\mathrm{B}}T}{\pi m}}\,,$$

$$\int d^3v\, f_{\mathrm{M}}(\mathbf{v})\tfrac{1}{2}m\mathbf{v}^2 = \sqrt{\frac{2(\beta m)^3}{\pi}} \int_0^\infty dr\, \frac{m r^4}{2} e^{-\frac{1}{2}\beta m r^2}$$

$$= \frac{2\beta^{3/2}}{\sqrt{\pi}} \int_0^\infty dy\, y^{3/2}\, e^{-\beta y} = \frac{3}{2\beta} = \frac{3}{2}k_{\mathrm{B}}T\,.$$

Diese Mittelwerte können alternativ aus $\int_0^\infty dv\, v\, w_1(v)$ bzw. $\int_0^\infty dE\, E\, w_2(E)$ berechnet werden. Dies sieht man sofort durch Integration über die Deltafunktionen $\delta(v - |\mathbf{v}|)$ in $w_1(v)$ und $\delta\left(E - \frac{1}{2}\mathbf{v}^2\right)$ in $w_2(E)$. Numerisch gilt $\langle \frac{1}{2}m\mathbf{v}^2 \rangle = \frac{3}{2\beta} > \frac{1}{2}m\langle |\mathbf{v}| \rangle^2 = \frac{4}{\pi\beta}$. Dies muss aufgrund allgemeiner Überlegungen auch so sein:

$$\langle \tfrac{1}{2}m\mathbf{v}^2 \rangle - \tfrac{1}{2}m\langle |\mathbf{v}| \rangle^2 = \tfrac{1}{2}m(\langle |\mathbf{v}|^2 \rangle - \langle |\mathbf{v}| \rangle^2) = \tfrac{1}{2}m\langle (|\mathbf{v}| - \langle |\mathbf{v}| \rangle)^2 \rangle \geq 0\,.$$

(f) Es gilt $v_{\max} = \sqrt{2/\beta m} = \sqrt{2k_{\mathrm{B}}T/m}$ und $E_{\max} = \frac{1}{2\beta} = \frac{1}{2}k_{\mathrm{B}}T$ wegen:

$$0 = \sqrt{\frac{\pi}{2(\beta m)^3}}\, w_1'(v) = \left(v^2 e^{-\frac{1}{2}\beta m v^2}\right)' = v(2 - \beta m v^2)e^{-\frac{1}{2}\beta m v^2}$$

$$0 = \frac{\sqrt{\pi}}{2\beta^{3/2}}\, w_2'(E) = \left(\sqrt{E}\, e^{-\beta E}\right)' = \left(\frac{1}{2E} - \beta\right)\sqrt{E}\, e^{-\beta E}\ .$$

Folglich gilt auch $E_{\max} = \frac{1}{2}k_{\mathrm{B}}T < \frac{1}{2}m(v_{\max})^2 = k_{\mathrm{B}}T$.

(g) Die Wahrscheinlichkeit dafür, dass

$$v_1{}^2 + v_2{}^2 > \langle v_1{}^2 + v_2{}^2\rangle = \tfrac{2}{3}\langle \mathbf{v}^2\rangle = \tfrac{2}{3}\cdot 3k_{\mathrm{B}}T/m = 2k_{\mathrm{B}}T/m$$

gilt, folgt mit $\rho \equiv [\beta m(v_1^2 + v_2^2)]^{1/2}$ als $e^{-1} \simeq 0{,}368$:

$$\int\limits_{\{\rho\geq\sqrt{2}\}} dv_1 dv_2\, g(v_1)g(v_2) = 2\pi \int_{\sqrt{2}}^{\infty} d\rho\, \rho\, \frac{e^{-\frac{1}{2}\rho^2}}{2\pi} = \int_{1}^{\infty} dy\, e^{-y} = e^{-1}\ .$$

(h) Die Wahrscheinlichkeit dafür, dass $E > \langle E\rangle = \langle \frac{1}{2}m\mathbf{v}^2\rangle = \frac{3}{2}k_{\mathrm{B}}T$ gilt, folgt mit $\varepsilon \equiv E/k_{\mathrm{B}}T$ und der Integraldarstellung $\Gamma\left(\frac{3}{2}\right) = \int_0^\infty d\varepsilon\, \sqrt{\varepsilon}\, e^{-\varepsilon}$ der Gammafunktion als

$$\int\limits_{\varepsilon > 3/2} dE\, w_2(E) = \frac{2}{\sqrt{\pi}}\int_{3/2}^{\infty} d\varepsilon\, \sqrt{\varepsilon}\, e^{-\varepsilon} = \frac{2}{\sqrt{\pi}}\left[\Gamma\left(\tfrac{3}{2}\right) - \int_0^{3/2} d\varepsilon\, \sqrt{\varepsilon}\, e^{-\varepsilon}\right]\ .$$

Mit Hilfe einer Substitution $\varepsilon \to t^2$ und einer partiellen Integration folgt dann:

$$\int\limits_{\varepsilon > 3/2} dE\, w_2(E) = 1 - \frac{4}{\sqrt{\pi}}\int_0^{\sqrt{3/2}} dt\, t^2\, e^{-t^2} = 1 + \frac{2}{\sqrt{\pi}}\int_0^{\sqrt{3/2}} dt\, t\, \frac{d}{dt}e^{-t^2}$$

$$= 1 + \frac{2}{\sqrt{\pi}}\left[\left(te^{-t^2}\right)\Big|_0^{\sqrt{3/2}} - \int_0^{\sqrt{3/2}} dt\, e^{-t^2}\right]$$

$$= 1 + 2\sqrt{\tfrac{3}{2\pi}}e^{-3/2} - \mathrm{erf}\left(\sqrt{3/2}\right) \simeq 0{,}391\ .$$

In der letzten Zeile wird die Definition $\mathrm{erf}(z) \equiv \frac{2}{\sqrt{\pi}}\int_0^z dt\, e^{-t^2}$ der Fehlerfunktion mit $\mathrm{erf}(\sqrt{3/2}) \simeq 0{,}917$ verwendet. Interessant ist also, dass E mit einer Wahrscheinlichkeit von mehr als 60 % *kleiner* als $\langle E\rangle$ ist.

Lösung 1.4 Der zentrale Grenzwertsatz

(a) Aus der Definition $\phi_1(\xi) \equiv \langle e^{iX\xi}\rangle$ folgt mit Hilfe der Taylor-Reihe der Exponentialfunktion sofort $\phi_1(\xi) = \sum_{\ell=0}^{\infty} \frac{(i\xi)^\ell}{\ell!}\langle X^\ell\rangle$. Hieraus folgt, dass man die *Momente* $\langle X^\ell\rangle$ durch (mehrfache) Ableitung aus $\phi_1(\xi)$ bestimmen kann: $\langle X^\ell\rangle = i^{-\ell}\frac{d^\ell}{d\xi^\ell}\phi_1(\xi)$.

(b) Um die *Kumulanten* C_ℓ, die durch die Entwicklung $\ln[\phi_1(\xi)] = \sum_{\ell=1}^{\infty} \frac{(i\xi)^\ell}{\ell!} C_\ell$ definiert sind, für $\ell = 1, 2, 3$ zu bestimmen, kombinieren wir die beiden Gleichungen $\ln(1+x) = x - \frac{1}{2}x^2 + \frac{1}{3}x^3 + \cdots$ und

$$\phi_1(\xi) = 1 + \left[i\xi\langle X\rangle + \frac{(i\xi)^2}{2!}\langle X^2\rangle + \frac{(i\xi)^3}{3!}\langle X^3\rangle + \cdots\right]$$

mit dem Ergebnis

$$\ln[\phi_1(\xi)] = \left[i\xi\langle X\rangle + \frac{(i\xi)^2}{2!}\langle X^2\rangle + \frac{(i\xi)^3}{3!}\langle X^3\rangle\right]$$
$$- \frac{1}{2}\left[i\xi\langle X\rangle + \frac{(i\xi)^2}{2!}\langle X^2\rangle\right]^2 + \frac{1}{3}\left(i\xi\langle X\rangle\right)^3 + \cdots$$
$$= i\xi\langle X\rangle + \frac{(i\xi)^2}{2!}\left(\langle X^2\rangle - \langle X\rangle^2\right)$$
$$+ \frac{(i\xi)^3}{3!}\left(\langle X^3\rangle - 3\langle X\rangle\langle X^2\rangle + 2\langle X\rangle^3\right) + \cdots.$$

Durch Vergleich mit der Definition der Kumulanten ergibt sich $C_1 = \langle X\rangle$, $C_2 = \langle X^2\rangle - \langle X\rangle^2$ und $C_3 = \langle X^3\rangle - 3\langle X\rangle\langle X^2\rangle + 2\langle X\rangle^3$.

(c) Für n unabhängige reellwertige stochastische Variable X_1, X_2, $\cdots$, X_n, alle mit der Wahrscheinlichkeitsdichte $f_1(x)$, ist die Wahrscheinlichkeitsdichte der stochastischen Variablen $Y = \frac{1}{n}\sum_{i=1}^{n} X_i$ gegeben durch

$$f_n(y) = \int dx_1 \cdots \int dx_n \, \delta\left(y - \frac{1}{n}\sum_{i=1}^{n} x_i\right) F(\mathbf{x}) \quad, \quad F(\mathbf{x}) \equiv \prod_{j=1}^{n} f_1(x_j)\,.$$

Die Herleitung dieser Formel erfolgt vollkommen analog zu Aufgabe 1.3 **(b)**, wobei $F(\mathbf{x})$ und Y analog zu $f_M(\mathbf{v})$ und $\Gamma(\mathbf{v})$ sind. Die Normierung von f_n folgt direkt aus der Normierung von f_1:

$$\int dy\, f_n(y) = \int dx_1 \cdots \int dx_n\, F(\mathbf{x}) \int dy\, \delta\left(y - \frac{1}{n}\sum_{i=1}^{n} x_i\right)$$
$$= \int dx_1 \cdots \int dx_n\, F(\mathbf{x}) = \left[\int dx_1\, f_1(x_1)\right]^n = 1^n = 1\,.$$

(d) Die charakteristische Funktion $\phi_n(\xi) \equiv \langle e^{iY\xi}\rangle$ von f_n folgt nun als

$$\langle e^{iY\xi}\rangle = \int dy\, f_n(y)e^{iy\xi} = \int dx_1 \cdots \int dx_n\, F(\mathbf{x}) \int dy\, \delta\left(y - \frac{1}{n}\sum_{i=1}^{n} x_i\right)e^{iy\xi}$$

und somit nach Durchführen der y-Integration als

$$\langle e^{iY\xi}\rangle = \prod_{j=1}^{n} \int dx_j\, f_1(x_j)e^{ix_j\xi/n} = [\phi_1(\xi/n)]^n\,.$$

(e) Dass die Kumulanten $\bar{C}_\ell$ von ϕ_n gemäß $\bar{C}_\ell = n^{1-\ell} C_\ell$ mit den Kumulanten C_ℓ von ϕ_1 verknüpft sind, sieht man wie folgt:

$$\sum_{\ell=1}^{\infty} \frac{(i\xi)^\ell}{\ell!} \bar{C}_\ell = \ln[\phi_n(\xi)] = \ln\{[\phi_1(\xi/n)]^n\}$$

$$= n \ln[\phi_1(\xi/n)] = n \sum_{\ell=1}^{\infty} \frac{(i\xi/n)^\ell}{\ell!} C_\ell \ .$$

Durch Vergleich der Koeffizienten der verschiedenen Potenzen ξ^ℓ auf beiden Seiten dieser Gleichung erhält man nämlich das erwünschte Ergebnis.

(f) Für große n-Werte gilt mit der Definition $\sigma_n \equiv \sigma_1/\sqrt{n}$, wobei σ_1^2 die Varianz (d. h. die zweite Kumulante C_2) der Verteilung f_1 ist:

$$\ln[\phi_n(\xi)] = \sum_{\ell=1}^{\infty} \frac{(i\xi)^\ell}{\ell!} n^{1-\ell} C_\ell$$

$$= i\xi C_1 + \frac{(i\xi)^2}{2!} n^{-1} C_2 + \frac{(i\xi)^3}{3!} n^{-2} C_3 + \cdots$$

$$= i\xi C_1 + \frac{(i\xi)^2}{2!} \frac{\sigma_1^2}{n} + \frac{(i\xi)^3}{3!} \frac{C_3}{n^2} + \cdots = i\xi C_1 - \tfrac{1}{2}\sigma_n^2 \xi^2 + \cdots \ .$$

Die Funktionswerte $\phi_n(\xi) = \exp\left(i\xi C_1 - \tfrac{1}{2}\sigma_1^2 \xi^2/n + \cdots\right)$ sind also nur für Werte $|\xi| \lesssim \sqrt{n}$ signifikant von null verschieden. Für solche ξ-Werte gilt aber $(i\xi)^3 n^{-2} C_3 = \mathcal{O}(n^{-1/2}) \to 0$ für $n \to \infty$, und analog sind auch alle höheren Korrekturterme $(\cdots)$ für $n \to \infty$ vernachlässigbar klein. Folglich ist Y für große n Gauß-verteilt mit dem Mittelwert $C_1 = \langle X \rangle$ und der Breite $\sigma_n = \sigma_1/\sqrt{n}$:

$$f_n(y) = \frac{1}{2\pi} \int d\xi \, \phi_n(\xi) e^{-iy\xi} = \frac{1}{2\pi} \int d\xi \, e^{i\xi(C_1-y) - \frac{1}{2}\sigma_n^2 \xi^2}$$

$$= \frac{1}{2\pi} e^{-(y-C_1)^2/2\sigma_n^2} \int d\xi \, e^{-\frac{1}{2}[\sigma_n \xi + i(y-C_1)/\sigma_n]^2}$$

$$= \frac{1}{\sqrt{2\pi}\sigma_n} e^{-(y-\langle X \rangle)^2/2\sigma_n^2} \ .$$

Dies ist der zentrale Grenzwertsatz.

(g) Aus Aufgabe 1.3, Teil **(e)**, wissen wir, dass die mittlere Einteilchenenergie durch $C_1 = \langle E \rangle = \frac{3}{2\beta}$ gegeben ist. Vollkommen analog zeigt man $\langle E^2 \rangle = \int dE \, E^2 w_2(E) = \frac{15}{4\beta^2}$, sodass die Varianz der kinetischen Energien der einzelnen Teilchen durch $\sigma_1^2 = C_2 = \langle E^2 \rangle - \langle E \rangle^2 = \frac{3}{2\beta^2}$ gegeben ist. Folglich gilt $\sigma_1 = \sqrt{3/2}\,\beta^{-1}$ und daher $\sigma_n = \sigma_1/\sqrt{n} = \sqrt{3/2n}\,\beta^{-1}$. Die mittleren kinetischen Energien $\frac{1}{n}\sum_{i=1}^{n} E_i$ der n Gasmoleküle aus Aufgabe 1.3 sind also für große n Gauß-verteilt mit dem Mittelwert $\langle E \rangle = \frac{3}{2}k_{\mathrm{B}}T$ und der Breite $\sigma_n = \sqrt{3/2n}\,k_{\mathrm{B}}T$.

(h) Die charakteristische Funktion der Wahrscheinlichkeitsdichte $f_1(x) = \frac{1}{\pi}\frac{a}{x^2+a^2}$ ist:

$$
\phi_1(\xi) = \frac{1}{\pi}\int_{-\infty}^{\infty} dx\, e^{i\xi x}\frac{a}{x^2+a^2} = \frac{1}{\pi}\int_{-\infty}^{\infty} dx\, e^{i\xi x}\frac{a}{(x+ia)(x-ia)}
$$

$$
= \lim_{R\to\infty}\left\{ 2\pi i \mathrm{Res}_{ia}\left(e^{i\xi x}f_1\right) - \frac{1}{\pi}\int_0^{\pi} d\varphi\, \frac{iaRe^{i\varphi}e^{i\xi Re^{i\varphi}}}{(Re^{i\varphi}+ia)(Re^{i\varphi}-ia)}\right\}
$$

$$
= 2ie^{-\xi a}\frac{a}{2ia} = e^{-\xi a}\ .
$$

In der zweiten Zeile wurde der Residuensatz angewandt: Zuerst wurde das (uneigentliche) x-Integral über die reelle Achse als Grenzfall eines Integrals über das endliche Intervall $[-R,R]$ betrachtet. Dann wurde das Integral über $[-R,R]$ zu einer Integration über einen geschlossenen Weg in der oberen komplexen Halbebene ergänzt, wobei zur Kompensation der ergänzte Teil (die φ-Integration) wieder abgezogen wurde. Die Integration über den geschlossenen Weg wurde exakt mit Hilfe des Residuensatzes berechnet. Die φ-Integration ist im Limes $R\to\infty$ vernachlässigbar, da ihr Integrand für alle $\varphi \in [0,\pi]$ proportional $a/R \to 0$ klein wird. Als Ergebnis erhält man also $\phi_1(\xi) = e^{-\xi a}$ und somit $\phi_n(\xi) = [\phi_1(\xi/n)]^n = [e^{-\xi a/n}]^n = e^{-\xi a} = \phi_1(\xi)$, sodass auch $f_n(y) = f_1(y) = \frac{1}{\pi}\frac{a}{y^2+a^2}$ gilt. Wir stellen fest, dass $f_n(y)$ in diesem Fall also *keine* Gauß'sche Form für große n hat. Dies ist auch nicht verwunderlich, da der zentrale Grenzwertsatz für die Wahrscheinlichkeitsdichte $f_1(x) = \frac{1}{\pi}\frac{a}{x^2+a^2}$ wegen ihrer Eigenschaft $\sigma_1 = \infty$ auch nicht anwendbar ist und $f_n(y)$ somit keine Gauß'sche Form haben muss.

Lösung 1.5 Symmetriebrechung – ein einfaches Beispiel (P)

(a) Man berechnet die Masse M und den Massenschwerpunkt $\mathbf{X}$ am besten (im Einklang mit der Zylindersymmetrie des Problems) in Zylinderkoordinaten: $(x_1, x_2) = \rho(\cos(\varphi), \sin(\varphi))$ mit $0 \le \rho = (x_1^2 + x_2^2)^{1/2} \le \sqrt{1 - x_3^2/a^2} \equiv R(x_3)$. Es folgt dann für die Masse des Ellipsoids:

$$
M = \int d^3x\, \mu(x_3) = \int_0^{2\pi} d\varphi \int_{-a}^{a} dx_3 \int_0^{R(x_3)} d\rho\, \rho\mu(x_3)
$$

$$
= \pi\int_{-a}^{a} dx_3\, \mu(x_3)[R(x_3)]^2 = \pi\int_{-a}^{a} dx_3\, \mu(x_3)\left(1 - \frac{x_3^2}{a^2}\right)
$$

und für den Massenschwerpunkt $\mathbf{X}$:

$$
\mathbf{X} = \frac{1}{M}\int d^3x\, \mu(x_3)\begin{pmatrix} x_1 \\ x_2 \\ x_3 \end{pmatrix} = \int_0^{2\pi} d\varphi \int_{-a}^{a} dx_3 \int_0^{R(x_3)} d\rho\, \frac{\rho\mu(x_3)}{M}\begin{pmatrix} \rho\cos(\varphi) \\ \rho\sin(\varphi) \\ x_3 \end{pmatrix}
$$

$$
= \frac{\pi}{M}\hat{\mathbf{e}}_3 \int_{-a}^{a} dx_3\, x_3\mu(x_3)[R(x_3)]^2 = \frac{\pi}{M}\hat{\mathbf{e}}_3 \int_{-a}^{a} dx_3\, x_3\mu(x_3)\left(1 - \frac{x_3^2}{a^2}\right)\ .
$$

(b) Einsetzen von $\mu(x_3) = \frac{\mu_0}{a}\left(1 - \eta\frac{x_3}{a}\right)/\left(1 - \frac{x_3^2}{a^2}\right)$ mit $0 < \eta \le 1$ in **(a)** ergibt:

$$
M = \pi\int_{-a}^{a} dx_3\, \frac{\mu_0}{a}\left(1 - \eta\frac{x_3}{a}\right) = \frac{\pi\mu_0}{a}2a = 2\pi\mu_0
$$

bzw.

$$\mathbf{X} = \frac{\pi}{M}\hat{\mathbf{e}}_3 \int_{-a}^{a} dx_3 \, x_3 \frac{\mu_0}{a}\left(1 - \eta\frac{x_3}{a}\right) = -\frac{\pi\mu_0\eta}{Ma^2}\hat{\mathbf{e}}_3 \int_{-a}^{a} dx_3 \, x_3^2$$

$$= -\frac{2\pi\mu_0\eta a}{3M}\hat{\mathbf{e}}_3 = -\tfrac{1}{3}\eta a\hat{\mathbf{e}}_3 \quad , \quad X_3 = -\tfrac{1}{3}\eta a \ .$$

(c) Für die senkrechte Anordnung des Ellipsoids in Abb. 1.2 gilt neben $\mathbf{F}_\mathrm{Z} = -\mathbf{F}_\mathrm{G} = -M\mathbf{g}$ auch $\mathbf{g} \times (\mathbf{X} - \boldsymbol{\xi}) = \mathbf{0}$, da in diesem Fall die drei Vektoren $\mathbf{e}_3$, $\mathbf{g} = -g\mathbf{e}_3$ und $\mathbf{X} - \boldsymbol{\xi} = (X_3 + a)\mathbf{e}_3$ alle parallel ausgerichtet sind. Somit sind die Kriterien (i) und (ii) eines Gleichgewichtszustands erfüllt.

(d) Wir nehmen an, dass das Ellipsoid in die $(\varphi = \varphi_0)$-Richtung gekippt ist, und berechnen den x_3-Wert eines möglichen Berührungspunkts. Dementsprechend setzen wir an: $\boldsymbol{\xi} = (\xi_1, \xi_2, \xi_3) = (R(\xi_3)\cos(\varphi_0), R(\xi_3)\sin(\varphi_0), \xi_3)$ und fordern $\mathbf{g} \times (\mathbf{X} - \boldsymbol{\xi}) = \mathbf{0}$. Hieraus folgt $(\mathbf{X} - \boldsymbol{\xi}) \parallel \mathbf{g}$, sodass $(\mathbf{X} - \boldsymbol{\xi}) \perp \mathbf{v}$ gelten muss für alle Vektoren $\mathbf{v}$, die die horizontale Ebene (d. h. die Tangentialebene am Ellipsoid in $\boldsymbol{\xi}$) aufspannen. Zwei unabhängige Tangentialvektoren sind:

$$\mathbf{v}_1 = \frac{\partial\boldsymbol{\xi}}{\partial\varphi_0} = \begin{pmatrix} -R(\xi_3)\sin(\varphi_0) \\ R(\xi_3)\cos(\varphi_0) \\ 0 \end{pmatrix} \quad , \quad \mathbf{v}_2 = \frac{\partial\boldsymbol{\xi}}{\partial\xi_3} = \begin{pmatrix} R'(\xi_3)\cos(\varphi_0) \\ R'(\xi_3)\sin(\varphi_0) \\ 1 \end{pmatrix} .$$

Für $\mathbf{v} = \mathbf{v}_1$ ist die Bedingung $(\mathbf{X} - \boldsymbol{\xi}) \perp \mathbf{v}_1$ automatisch erfüllt, sodass nur $\mathbf{v} = \mathbf{v}_2$ interessante Information ergibt:

$$0 = (\mathbf{X} - \boldsymbol{\xi}) \cdot \mathbf{v}_2 = (\mathbf{X} - \boldsymbol{\xi}) \cdot \frac{\partial\boldsymbol{\xi}}{\partial\xi_3} = X_3\hat{\mathbf{e}}_3 \cdot \frac{\partial\boldsymbol{\xi}}{\partial\xi_3} - \tfrac{1}{2}\frac{\partial\boldsymbol{\xi}^2}{\partial\xi_3}$$

$$= X_3 - \tfrac{1}{2}\frac{\partial}{\partial\xi_3}\{[R(\xi_3)]^2 + \xi_3^2\} = X_3 - \tfrac{1}{2}\frac{\partial}{\partial\xi_3}[1 + (1 - a^{-2})\xi_3^2]$$

$$= X_3 - \tfrac{1}{2}\frac{\partial}{\partial\xi_3}(1 + \varepsilon^2\xi_3^2) = X_3 - \varepsilon^2\xi_3 \ .$$

Hierbei ist ε die Exzentrizität des Ellipsoids. Wir folgern, dass die Schieflage in Abb. 1.3 die Kriterien (i) und (ii) eines Gleichgewichtszustands erfüllt, falls $\xi_3 = X_3/\varepsilon^2 = -\tfrac{1}{3}\eta a/\varepsilon^2$ gilt. Aufgrund der Einschränkung $\xi_3 \geq -a$ ist diese Lösung nur für $\eta \leq 3\varepsilon^2$ physikalisch akzeptabel.

(e) Die Stabilität der Schieflage in Abb. 1.3 für $\eta \leq 3\varepsilon^2$ setzt nach Kriterium (iii) voraus, dass ihre potentielle Energie $-M\mathbf{g}\cdot(\mathbf{X}-\boldsymbol{\xi}) = Mg|\mathbf{X}-\boldsymbol{\xi}|$ niedriger als diejenige der Lösung für die senkrechte Lage, also $Mg(X_3 + a)$ ist. Es muss also gelten:

$$|\mathbf{X} - \boldsymbol{\xi}| = [\xi_1^2 + \xi_2^2 + (X_3 - \xi_3)^2]^{1/2} = \{[R(\xi_3)]^2 + (X_3 - \xi_3)^2\}^{1/2}$$

$$= \left[\left(1 - \frac{\xi_3^2}{a^2}\right) + (X_3 - \xi_3)^2\right]^{1/2} < X_3 + a = X_3 + \frac{1}{\sqrt{1 - \varepsilon^2}}$$

bzw. nach Quadrieren:

$$1 + \varepsilon^2\xi_3^2 - 2X_3\xi_3 < \frac{1}{1 - \varepsilon^2} + \frac{2X_3}{\sqrt{1 - \varepsilon^2}} \ .$$

Nach Einsetzen der Beziehung $\xi_3 = X_3/\varepsilon^2$, die allerdings [siehe **(d)**] nur für $\eta \leq 3\varepsilon^2$ bzw. $X_3 \geq -\varepsilon^2/\sqrt{1-\varepsilon^2}$ zutrifft, vereinfacht sich die Ungleichung auf $(X_3 + \varepsilon^2/\sqrt{1-\varepsilon^2})^2 > 0$. Aus der offensichtlichen Gültigkeit dieser Ungleichung folgt, dass die potentielle Energie der Schieflage für alle $\eta < 3\varepsilon^2$ tatsächlich niedriger als diejenige der senkrechten Lage ist. Folglich ist die Schieflage für $\eta < 3\varepsilon^2$ stabil. Für $\eta > 3\varepsilon^2$ ist die senkrechte Lage die einzige Lösung (und somit stabil). Für $\eta = 3\varepsilon^2$ sind beide Lösungstypen identisch (und somit stabil). Der Übergang zwischen beiden Lösungstypen erfolgt also bei $\eta_c = 3\varepsilon^2$. Da die Nichtnegativität der Massendichte die Einschränkung $\eta \leq 1$ erfordert, kann für $1/\sqrt{3} < \varepsilon < 1$ kein Übergang zur Lösung für die senkrechte Lage stattfinden, sodass diese innerhalb dieses Modells für $1/\sqrt{3} < \varepsilon < 1$ nicht existiert.

(f) Symmetriebrechung (d. h. eine Schieflage) tritt auf für $\eta < 3\varepsilon^2$, und in diesem Fall gilt $\xi_3 = X_3/\varepsilon^2$. Einsetzen dieser Beziehung ergibt für $\cos(\psi)$:

$$\cos(\psi) = \frac{(\mathbf{X} - \boldsymbol{\xi}) \cdot \hat{\mathbf{e}}_3}{|\mathbf{X} - \boldsymbol{\xi}|} = \frac{(X_3 - \xi_3)}{\sqrt{[R(\xi_3)]^2 + (X_3 - \xi_3)^2}}$$

$$= \frac{(1-\varepsilon^2)|X_3|/\varepsilon^2}{\sqrt{1 + \varepsilon^2\xi_3^2 + X_3^2 - 2\xi_3 X_3}} = \frac{(1-\varepsilon^2)|X_3|/\varepsilon^2}{\sqrt{1 + \left(1 - \frac{1}{\varepsilon^2}\right) X_3^2}} = \frac{\eta\sqrt{1-\varepsilon^2}/\varepsilon}{\sqrt{(3\varepsilon)^2 - \eta^2}} \; .$$

Für eine sehr geringe Asymmetrie der Massendichte, d. h. für $\eta \downarrow 0$, gilt $\psi \uparrow \psi_{\max} = \frac{\pi}{2}$. Am kritischen Punkt, d. h. für $\eta \uparrow \eta_c = 3\varepsilon^2$, gilt $\psi \downarrow \psi_c = 0$. Für η-Werte nahe η_c definieren wir $\eta \equiv \eta_c(1 - \delta\eta)$ und betrachten $\delta\eta \ll 1$:

$$1 - \tfrac{1}{2}\psi^2 \sim \cos(\psi) = \frac{3\varepsilon\sqrt{1-\varepsilon^2}(1-\delta\eta)}{\sqrt{(3\varepsilon)^2 - (3\varepsilon^2)^2(1-\delta\eta)^2}} \sim \frac{\sqrt{1-\varepsilon^2}(1-\delta\eta)}{\sqrt{1 - \varepsilon^2(1-2\delta\eta)}}$$

$$= \frac{\sqrt{1-\varepsilon^2}(1-\delta\eta)}{\sqrt{(1-\varepsilon^2) + 2\varepsilon^2\delta\eta}} = (1-\delta\eta)\bigg/ \sqrt{1 + \frac{2\varepsilon^2}{1-\varepsilon^2}\delta\eta}$$

$$\sim (1-\delta\eta)\left(1 - \frac{\varepsilon^2}{1-\varepsilon^2}\delta\eta\right) \sim 1 - \frac{1}{1-\varepsilon^2}\delta\eta \; .$$

Ein Vergleich der beiden Seite dieser Gleichungskette ergibt für $\delta\eta \downarrow 0$:

$$\psi(\varepsilon, \eta) \sim \sqrt{\frac{2\delta\eta}{1-\varepsilon^2}} = \sqrt{\frac{2(\eta_c - \eta)}{3\varepsilon^2(1-\varepsilon^2)}} \sim B(\varepsilon)(\eta_c - \eta)^{1/2} \; ,$$

d. h. $\psi(\varepsilon, \eta) \sim B(\varepsilon)(\eta_c - \eta)^\beta$ mit dem kritischen Exponenten $\beta = \frac{1}{2}$ und der kritischen Amplitude $B(\varepsilon) = \left[\frac{3}{2}\varepsilon^2(1-\varepsilon^2)\right]^{-1/2}$.

Interessant ist übrigens noch, dass die Symmetriebrechung nicht nur durch den Winkel ψ charakterisiert wird („Betrag des Ordnungsparameters"), sondern auch durch einen *zweiten Winkel*, nämlich durch die Richtung in der horizontalen Ebene, senkrecht auf $\mathbf{g}$, wohin sich der Körper neigt. Dieser zweite Winkel φ_0 kann als „Phase des Ordnungsparameters" bezeichnet werden. So kommt man zu dem Schluss, dass die Symmetriebrechung insgesamt durch einen *komplexen* Ordnungsparameter $\psi e^{i\varphi_0}$ beschrieben wird. Die Energie der symmetriegebrochenen Phase hängt allerdings nicht von φ_0 ab.

8.2   Thermodynamik

Lösung 2.1 Die Van-der-Waals-Gleichung

(a) Für jede feste Temperatur T ist die durch die Van-der-Waals'sche Zustandsgleichung $(P + a\frac{N^2}{V^2})(V - Nb) = Nk_\mathrm{B}T$ definierte $P(V)$-Kurve stetig mit $P(V) \to \infty$ für $V \downarrow Nb$ und $P(V) \downarrow 0$ für $V \to \infty$. Aus der Aufgabenstellung folgt daher, dass die $P(V)$-Kurve – wie in Abbildung 8.1 dargestellt – für $T > T_c$ monoton fallend ist, dass sie für $T < T_c$ ein Minimum und ein Maximum aufweist und dass dieses Minimum und das Maximum für $T = T_c$ zusammenfallen, sodass für diese *kritische Temperatur* ein *Sattelpunkt* vorliegt. Die Extrema für $T < T_c$ folgen aus der Bestimmungsgleichung $\left(\frac{\partial P}{\partial V}\right)_T = 0$ und der Sattelpunkt für $T = T_c$ durch Kombination der beiden Gleichungen $\left(\frac{\partial P}{\partial V}\right)_T = 0$ und $\left(\frac{\partial^2 P}{\partial V^2}\right)_T = 0$.

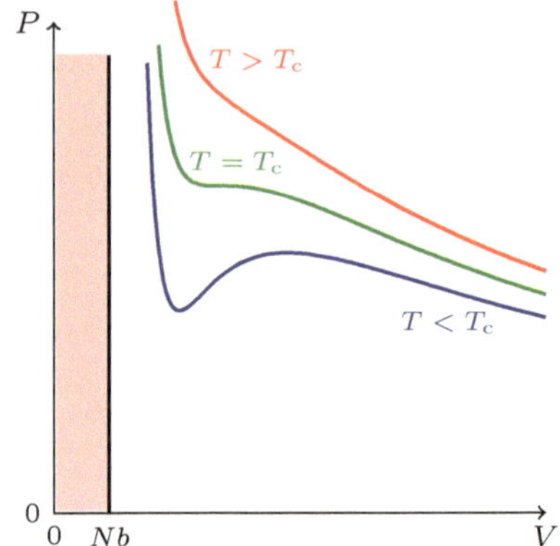

Abb. 8.1 Einige Isothermen im P-V-Diagramm des Van-der-Waals-Gases

(b) Die kritischen Größen (P_c, V_c, T_c) sind also durch die Bestimmungsgleichungen $\left(\frac{\partial P}{\partial V}\right)_T = 0$, $\left(\frac{\partial^2 P}{\partial V^2}\right)_T = 0$ und natürlich $(P + a\frac{N^2}{V^2})(V - Nb) = Nk_\mathrm{B}T$ festgelegt. Die Bedingungen $\left(\frac{\partial P}{\partial V}\right)_T = 0$, $\left(\frac{\partial^2 P}{\partial V^2}\right)_T = 0$ lauten konkret:

$$\left(\frac{\partial P}{\partial V}\right)_T = -\frac{Nk_\mathrm{B}T}{(V - Nb)^2} + 2a\frac{N^2}{V^3} = 0 \quad , \quad 2aN(V - Nb)^2 = k_\mathrm{B}TV^3 \, ,$$

$$\left(\frac{\partial^2 P}{\partial V^2}\right)_T = \frac{2Nk_\mathrm{B}T}{(V - Nb)^3} - 6a\frac{N^2}{V^4} = 0 \quad , \quad 6aN(V - Nb)^3 = 2k_\mathrm{B}TV^4 \, .$$

Division der zweiten Gleichung durch die erste ergibt $V_c - Nb = \frac{2}{3}V_c$ bzw. $V_c/N = 3b$. Wiedereinsetzen dieses Ergebnisses in die erste Gleichung ergibt: $k_\mathrm{B}T_c = 2aN(V_c - Nb)^2/V_c^3 = 2aN(\frac{2}{3}V_c)^2/V_c^3 = 8a/(9V_c/N) = 8a/27b$. Einsetzen von $k_\mathrm{B}T_c$ und V_c/N in die Van-der-Waals-Gleichung ergibt schließlich:

$$P_c = \frac{k_\mathrm{B}T_c}{V_c/N - b} - a\frac{N^2}{V_c^2} = \frac{8a/27b}{3b - b} - \frac{a}{(3b)^2} = \frac{4a}{27b^2} - \frac{a}{9b^2} = \frac{a}{27b^2} \, .$$

Die Kombination dieser Ergebnisse zeigt nun, dass das (dimensionslose) Verhältnis $P_cV_c/Nk_\mathrm{B}T_c$ vollkommen *unabhängig* von den Parametern a und b und somit *universell* (d. h. allgemein gültig für alle Van-der-Waals-Gase) ist:

$$\frac{P_cV_c}{Nk_\mathrm{B}T_c} = \frac{\frac{a}{27b^2} \cdot 3b}{8a/27b} = \frac{3}{8} \, .$$

(c) Mit Hilfe der Definition $\bar{V} \equiv V/N$ des Volumens $\bar{V}$ pro Teilchen sieht man, dass die Van-der-Waals-Gleichung $P = k_{\mathrm{B}}T/(\bar{V}-b) - a/\bar{V}^2$ im Grunde eine Beziehung zwischen den drei *intensiven* Größen $(P,\bar{V},T)$ darstellt, die allerdings noch explizit von den Parametern a und b abhängt. Diese (a,b)-Abhängigkeit kann eliminiert werden, indem man die dimensionslosen Variablen $p \equiv P/P_c$, $t \equiv T/T_c$ und $v \equiv V/V_c = \bar{V}/\bar{V}_c$ einführt, die zusammen eine dimensionslose Variante der Van-der-Waals-Gleichung erfüllen:

$$p = \frac{P}{P_c} = \frac{t k_{\mathrm{B}} T_c / P_c \bar{V}_c}{v - b/\bar{V}_c} - \frac{a/P_c}{v^2 \bar{V}_c^2} = \frac{\frac{8}{3}t}{v - \frac{1}{3}} - \frac{a \cdot 27 b^2}{v^2 \cdot 9 b^2 a} = \frac{8t}{3v - 1} - \frac{3}{v^2}\,.$$

Jede Lösung (p,v,t) dieser „dimensionslosen Van-der-Waals-Gleichung" erzeugt somit bei Variation der Parameter a und b einen 2-Parameter-Satz

$$\begin{pmatrix} P \\ \bar{V} \\ T \end{pmatrix} = \begin{pmatrix} p\,P_c(a,b) \\ v\,\bar{V}_c(b) \\ t\,T_c(a,b) \end{pmatrix}$$

von Lösungen $(P,\bar{V},T)$ der Van-der-Waals-Gleichung. Die Elemente dieses 2-Parameter-Satzes entsprechen also alle den gleichen Werten der Variablen (p,v,t) und werden daher als „korrespondierende Zustände" bezeichnet.

Lösung 2.2 Reales Gas bei niedriger Dichte

(a) Wir verwenden den ersten Hauptsatz $dU = TdS - PdV + \mu dN$ der Thermodynamik und die Maxwell-Relation $\left(\frac{\partial S}{\partial V}\right)_{T,N} = -\left(\frac{\partial^2 F}{\partial V \partial T}\right)_N = \left(\frac{\partial P}{\partial T}\right)_{V,N}$ und erhalten: $\left(\frac{\partial U}{\partial V}\right)_{T,N} = T\left(\frac{\partial S}{\partial V}\right)_{T,N} - P = T\left(\frac{\partial P}{\partial T}\right)_{V,N} - P = T^2\left(\frac{\partial P/T}{\partial T}\right)_{V,N}$.

(b) Wir bestimmen $f(T)$ so, dass die Formeln $P = \rho k_{\mathrm{B}} T\left[1 + \rho B_2(T)\right]$ und $C_{V,N} = N k_{\mathrm{B}}\left[\frac{3}{2} - \rho f(T)\right]$ thermodynamisch konsistent sind:

$$\rho^2 k_{\mathrm{B}} f(T) = \left(\frac{\partial C_{V,N}}{\partial V}\right)_{T,N} = \left(\frac{\partial^2 U}{\partial T \partial V}\right)_N = \frac{\partial}{\partial T}\Big|_{V,N}\left[T^2\left(\frac{\partial P/T}{\partial T}\right)_{V,N}\right]$$

$$= \frac{\partial}{\partial T}\Big|_{V,N}\left[T^2 \rho^2 k_{\mathrm{B}} B_2'(T)\right] = \rho^2 k_{\mathrm{B}}\left[T^2 B_2'(T)\right]',$$

sodass offenbar $f(T) = (T^2 B_2')'$ gelten muss.

(c) Aus der allgemeinen Identität $C_{\mathbf{Y},\mathbf{N}} - C_{\mathbf{X},\mathbf{N}} = T \boldsymbol{\alpha}_{\mathbf{N}}^{\mathrm{T}} \chi_{T,\mathbf{N}}^{-1} \boldsymbol{\alpha}_{\mathbf{N}}$ folgt speziell für $(\mathbf{Y},\mathbf{X},\mathbf{N}) = (-P,V,N)$:

$$C_{P,N} - C_{V,N} = T\left(\frac{\partial V}{\partial T}\right)^2_{P,N}\left[-\left(\frac{\partial V}{\partial P}\right)^{-1}_{T,N}\right] = -T\left(\frac{\partial V}{\partial T}\right)^2_{P,N}\left(\frac{\partial P}{\partial V}\right)_{T,N}\,.$$

Allgemein gilt $dP = \rho k_{\mathrm{B}}[1 + \rho(TB_2)']dT - \frac{\rho k_{\mathrm{B}} T}{V}(1 + 2\rho B_2)dV$ für Vorgänge bei konstanter Teilchenzahl $(dN = 0)$, woraus folgt:

$$\left(\frac{\partial P}{\partial V}\right)_{T,N} = -\frac{\rho k_{\mathrm{B}} T}{V}(1 + 2\rho B_2)\,.$$

Bei der Berechnung (oder Messung) von $C_{P,N}$ gilt außerdem: $dP = 0$, woraus die Beziehung $0 = \rho k_{\mathrm{B}}[1 + \rho(TB_2)']dT - \frac{\rho k_{\mathrm{B}}T}{V}(1 + 2\rho B_2)dV$ folgt und somit:

$$\left(\frac{\partial V}{\partial T}\right)_{P,N} = \frac{V}{T}\left[\frac{1 + \rho(TB_2)'}{1 + 2\rho B_2}\right] .$$

Einsetzen dieser Resultate ergibt:

$$C_{P,N} - C_{V,N} = -T\left(\frac{V}{T}\right)^2\left[\frac{1 + \rho(TB_2)'}{1 + 2\rho B_2}\right]^2\left(-\frac{\rho k_{\mathrm{B}}T}{V}\right)(1 + 2\rho B_2)$$

$$= Nk_{\mathrm{B}}\frac{[1 + \rho(TB_2)']^2}{1 + 2\rho B_2} = Nk_{\mathrm{B}}[1 + 2\rho T B_2' + \mathcal{O}(\rho^2)] .$$

Hieraus folgt schließlich für $C_{P,N}$:

$$C_{P,N} = Nk_{\mathrm{B}}\left\{\left(\tfrac{3}{2} + 1\right) + \rho[2TB_2' - (T^2B_2')'] + \mathcal{O}(\rho^2)\right\}$$

$$= Nk_{\mathrm{B}}\left[\tfrac{5}{2} - \rho T^2 B_2'' + \mathcal{O}(\rho^2)\right] .$$

(d) Aus der Definition $C_{V,N} = \left(\frac{\partial U}{\partial T}\right)_{V,N} = T\left(\frac{\partial S}{\partial T}\right)_{V,N}$ der Wärmekapazität folgt:

$$\Delta S \equiv S(T, V, N) - S(T_0, V, N) = \int_{T_0}^{T} dT'\, \frac{1}{T'}C_{V,N}(T', V, N)$$

$$= Nk_{\mathrm{B}}\left[\tfrac{3}{2}\ln(T/T_0) - \rho\int_{T_0}^{T} dT'\, f(T')/T'\right]$$

und analog:

$$\Delta U \equiv U(T, V, N) - U(T_0, V, N) = \int_{T_0}^{T} dT'\, C_{V,N}(T', V, N)$$

$$= Nk_{\mathrm{B}}\left[\tfrac{3}{2}(T - T_0) - \rho\int_{T_0}^{T} dT'\, f(T')\right] .$$

(e) Der Niedrigdichtelimes ist gültig, falls $\lambda_T \ll \ell \equiv \rho^{-1/3}$ und $\lambda_T \ll \ell_{\mathrm{WW}}$ gilt. Wegen $\ell_{\mathrm{WW}} \simeq \ell$ lautet das Kriterium effektiv: $\lambda_T \ll \ell$.

Lösung 2.3 Innere Energie eines realen Gases

(a) Einsetzen der Zustandsgleichung $P = \frac{Nk_{\mathrm{B}}T}{V - Nb} - a\frac{N^2}{V^2}$ des Van-der-Waals-Gases in die Beziehung $\left(\frac{\partial U}{\partial V}\right)_{T,N} = T^2\left(\frac{\partial P/T}{\partial T}\right)_{V,N}$ ergibt

$$\left(\frac{\partial U}{\partial V}\right)_{T,N} = T^2\left[\frac{\partial(-aN^2/V^2T)}{\partial T}\right]_{V,N} = a\frac{N^2}{V^2} .$$

Durch Integration nach dem Volumen ergibt sich nun $U/N = f(T) - aN/V$, wobei die temperaturabhängige Funktion $f(T)$ zunächst beliebig ist. Die Funktion $f(T)$ ist jedoch bekannt im Niedrigdichtelimes $\rho \equiv N/V \to 0$:

$$f(T) = \lim_{\rho\downarrow 0} U/N \stackrel{!}{=} \tfrac{3}{2}k_{\mathrm{B}}T .$$

Die innere Energie des Van-der-Waals-Gases ist also aufgrund thermodynamischer Überlegungen durch $U = \frac{3}{2}Nk_\mathrm{B}T - aN^2/V$ gegeben. Hieraus folgt sofort die Wärmekapazität: $C_{V,N}(T) = \left(\frac{\partial U}{\partial T}\right)_{V,N} = \frac{3}{2}Nk_\mathrm{B}$. Dieses Ergebnis ist streng positiv und weist somit nicht die gleiche Pathologie auf wie die analoge Lösung der *Dieterici-Gleichung* [siehe Aufgabe 2.18, Teil **(d)**].

(b) Für $0 < T < T_\mathrm{c}$ gilt nach wie vor $\left(\frac{\partial U}{\partial V}\right)_{T,N} = a\frac{N^2}{V^2}$ für $V < V_1$ und $V > V_2$, aber im Koexistenzbereich $V_1 \le V \le V_2$ gilt nun $\left(\frac{\partial U}{\partial V}\right)_{T,N} = T^2\left(\frac{\partial P_\mathrm{M}(T)/T}{\partial T}\right)_{V,N} \equiv f_\mathrm{M}(T)$, wobei $P_\mathrm{M}(T)$ der durch die „Maxwell-Konstruktion" festgelegte Dampfdruck ist. Dieser Dampfdruck ist in Abb. 2.1 als die schwarz eingezeichnete Strecke dargestellt. Der Dampfdruck $P_\mathrm{M}(T)$ hängt – wie in Abb. 2.1 ersichtlich – lediglich von der Temperatur T und nicht explizit auch vom Volumen V ab, sodass auch $f_\mathrm{M}(T)$ lediglich temperaturabhängig ist. Eine Integration bzgl. des Volumens ergibt also nach wie vor $U = \frac{3}{2}Nk_\mathrm{B}T - aN^2/V$ für $V > V_2$. Im Koexistenzbereich $V_1 \le V \le V_2$ hängt die innere Energie *linear* vom Volumen V des Gesamtsystems ab: $U(T,V) = U(T,V_2) + (V - V_2)f_\mathrm{M}(T)$. Für $V < V_1$ erhält man $U = -aN^2\left(\frac{1}{V} - \frac{1}{V_1}\right) + U(T,V_1)$. Hiermit ist $U(T,V)$ vollständig bekannt.

Lösung 2.4 Der Otto-Motor

Die Zustandsgleichung der Arbeitssubstanz, eines dreidimensionalen klassischen idealen Gases bei der Temperatur T in einem Volumen V, lautet $P = Nk_\mathrm{B}T/V$, und ihre innere Energie ist $U = \frac{3}{2}Nk_\mathrm{B}T$. Während eines Zyklus ist die Teilchenzahl N konstant, sodass $dN = 0$ gilt. Ausgangspunkt der Berechnung ist der erste Hauptsatz der Thermodynamik, der wegen $dN = 0$ lautet: $dU = TdS - PdV$. Bei der adiabatischen Expansion von Volumen V_1 auf $V_2 > V_1$ gilt $dS = 0$ und somit $dU = -PdV$, d.h. $\frac{3}{2}Nk_\mathrm{B}dT = -Nk_\mathrm{B}TdV/V$ bzw. $\frac{3}{2}dT/T = -dV/V$. Das Ergebnis hat also die Form $T^{3/2} = c\frac{N}{V}$ mit beliebiger Konstanten $c > 0$. Für

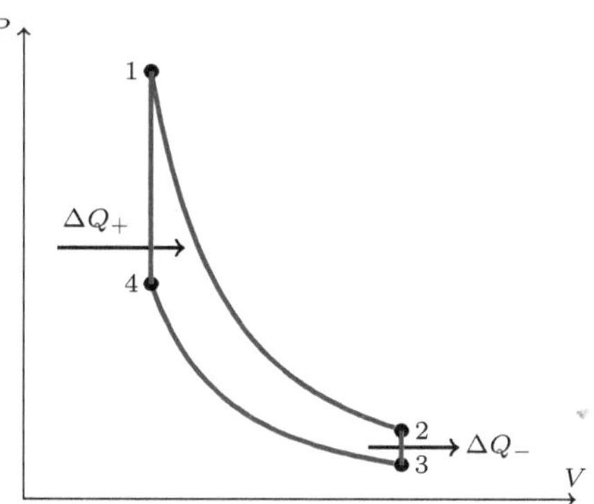

Abb. 8.2 Otto-Zyklus für ein klassisches ideales Gas im P-V-Diagramm

die Expansions- bzw. Kompressionsschritte (a) und (c) folgt daher wegen $V_2 = V_3$ und $V_1 = V_4$:

$$\frac{T_1^{3/2}}{T_2^{3/2}} = \frac{V_2}{V_1} = \frac{V_3}{V_4} = \frac{T_4^{3/2}}{T_3^{3/2}} \quad \text{bzw.} \quad \frac{T_2}{T_1} = \left(\frac{V_1}{V_2}\right)^{2/3} = \frac{T_3}{T_4}.$$

Für die Druckabnahme (b) und die Druckzunahme (d) bei konstantem Volumen gilt $đQ = TdS = dU = \frac{3}{2}Nk_\mathrm{B}dT$, sodass bei (b) eine Wärme $\frac{3}{2}Nk_\mathrm{B}(T_2 - T_3) \equiv \Delta Q_-$ abgegeben und bei (d) eine Wärme $\frac{3}{2}Nk_\mathrm{B}(T_1 - T_4) \equiv \Delta Q_+$ absorbiert wird. Der Wirkungsgrad des Zyklus ist somit:

$$\eta = 1 - \frac{\Delta Q_-}{\Delta Q_+} = 1 - \frac{T_2 - T_3}{T_1 - T_4} = 1 - \frac{T_1 - T_4}{T_1 - T_4}\left(\frac{V_1}{V_2}\right)^{2/3} = 1 - \left(\frac{V_1}{V_2}\right)^{2/3} = 1 - \frac{T_2}{T_1}.$$

Für $V_2/V_1 \simeq 9$ folgt daher $\eta \simeq 0{,}7689$. Kombination der Zustandsgleichung in der Form $T = PV/Nk_B$ mit der Gleichung $T^{3/2} = c\frac{N}{V}$ ergibt die Beziehung $P = \bar{c}(\frac{N}{V})^{5/3}$ für die Adiabaten. Diese Adiabaten und die Isochoren des Otto-Zyklus sind in Abbildung 8.2 für ein klassisches ideales Gas im P-V-Diagramm dargestellt.

Lösung 2.5 Thermodynamik der Gasfeder

(a) Die Drücke P_1 im Teilvolumen 1 bzw. P_2 im Teilvolumen 2 sind durch die Van-der-Waals-Gleichung gegeben:

$$P_1 = \frac{Nk_B T}{V - Nb - Ax_{\mathrm{w}}} - a\frac{N^2}{(V - Ax_{\mathrm{w}})^2} \quad , \quad P_2 = \frac{Nk_B T}{V - Nb + Ax_{\mathrm{w}}} - a\frac{N^2}{(V + Ax_{\mathrm{w}})^2} \,.$$

Die Kraft auf die Trennwand ist daher

$$(P_2 - P_1)A = \frac{ANk_B T}{V - Nb}\left\{\left[1 + \frac{Ax_{\mathrm{w}}}{V - Nb}\right]^{-1} - \left[1 - \frac{Ax_{\mathrm{w}}}{V - Nb}\right]^{-1}\right\}$$

$$- Aa\frac{N^2}{V^2}\left\{\left[1 + \frac{Ax_{\mathrm{w}}}{V}\right]^{-2} - \left[1 - \frac{Ax_{\mathrm{w}}}{V}\right]^{-2}\right\}$$

$$\sim \frac{ANk_B T}{V - Nb}\left(-\frac{2Ax_{\mathrm{w}}}{V - Nb}\right) - Aa\frac{N^2}{V^2}\left(-\frac{4Ax_{\mathrm{w}}}{V}\right) = -2\lambda A^2 x_{\mathrm{w}}$$

mit $\lambda \equiv \frac{Nk_B T}{(V - Nb)^2} - 2a\frac{N^2}{V^3}$.

(b) Die *an* der Feder verrichtete Arbeit ist daher $\int_0^{x_{\mathrm{w}}} dx\, 2\lambda A^2 x = \lambda A^2 x_{\mathrm{w}}^2$. Die *vom* System verrichtete Arbeit ist dann $\Delta W = -\lambda A^2 x_{\mathrm{w}}^2$. Da die Temperatur konstant ist, gilt $\Delta F = -\Delta W = \lambda A^2 x_{\mathrm{w}}^2$. Die Entropie ist also gegeben durch

$$\Delta S = -\left(\frac{\partial \Delta F}{\partial T}\right)_{x_{\mathrm{w}}} = -A^2 x_{\mathrm{w}}^2\left(\frac{\partial \lambda}{\partial T}\right)_{x_{\mathrm{w}}} = -A^2 x_{\mathrm{w}}^2\frac{Nk_B}{(V - Nb)^2} \,,$$

sodass für die innere Energie folgt:

$$\Delta U = T\Delta S - \Delta W = -A^2 x_{\mathrm{w}}^2\frac{Nk_B T}{(V - Nb)^2} + \lambda A^2 x_{\mathrm{w}}^2 = -2a\frac{N^2}{V^3}A^2 x_{\mathrm{w}}^2 \,.$$

Lösung 2.6 Das Photonengas als Carnot-Maschine

Bei der isothermen Expansion (Arbeitsschritt $1 \to 2$ in Abbildung 8.3) gilt $dU = \frac{4\sigma}{c}T_+^4 dV$, sodass das Differential der absorbierten Wärme durch $dQ = dU + PdV = \left(1 + \frac{1}{3}\right)\frac{4\sigma}{c}T_+^4 dV = \frac{16\sigma}{3c}T_+^4 dV$ gegeben ist. Die insgesamt während des Arbeitsschritts $1 \to 2$ absorbierte Wärme folgt daher als $\Delta Q_+ = \frac{16\sigma}{3c}T_+^4(V_2 - V_1)$. Analog erhält man für die bei der isothermen Kompression (Arbeitsschritt $3 \to 4$) abgegebene Wärme $\Delta Q_- = \frac{16\sigma}{3c}T_-^4(V_3 - V_4)$. Bei der adiabatischen Expansion (Arbeitsschritt $2 \to 3$ in Abb. 8.3) gilt

$$0 = dQ = dU + PdV = \left(1 + \frac{1}{3}\right)\frac{4\sigma}{c}T^4 dV + \frac{16\sigma V}{c}T^3 dT = \frac{16\sigma V}{c}T^4 d\left[\ln(TV^{1/3})\right] \,.$$

Hieraus folgt sofort, dass während des adiabatischen Arbeitsschritts $TV^{1/3}$ bzw. $T^3 V$ konstant ist und daher die Beziehung $T^3 V_2 = T^3 V_3$ gilt. Analog erhält man bei der adiabatischen Kompression (Arbeitsschritt $4 \to 1$) die Beziehung $T_+^3 V_1 = T_-^3 V_4$. Aus der Kombination der Ergebnisse der adiabatischen Vorgänge folgt daher $V_2/V_1 = V_3/V_4$. Für den Wirkungsgrad des Carnot-Prozesses ergibt sich dann:

$$\eta = 1 - \frac{\Delta Q_-}{\Delta Q_+} = 1 - \frac{T_-^4(V_3 - V_4)}{T_+^4(V_2 - V_1)} = 1 - \frac{T_-}{T_+} \cdot \frac{T_-^3 V_4}{T_+^3 V_1} \cdot \frac{V_3/V_4 - 1}{V_2/V_1 - 1} = 1 - \frac{T_-}{T_+},$$

wie wir aufgrund unserer allgemeinen Überlegungen für Carnot-Prozesse auch erwarten würden. Um diesen Carnot-Prozess im P-V-Diagramm skizzieren zu können, stellen wir zuerst fest, dass die *Isothermen* für das Photonengas auch *Isobaren* (und somit waagerechte Strecken im P-V-Diagramm) sind. Für *adiabatische* Vorgänge ist $T^3 V$ und daher (wegen $T \propto P^{1/4}$) auch $P^{3/4}V$ bzw. $PV^{4/3}$ konstant. Kombination dieser Informationen führt zum P-V-Diagramm in Abbildung 8.3.

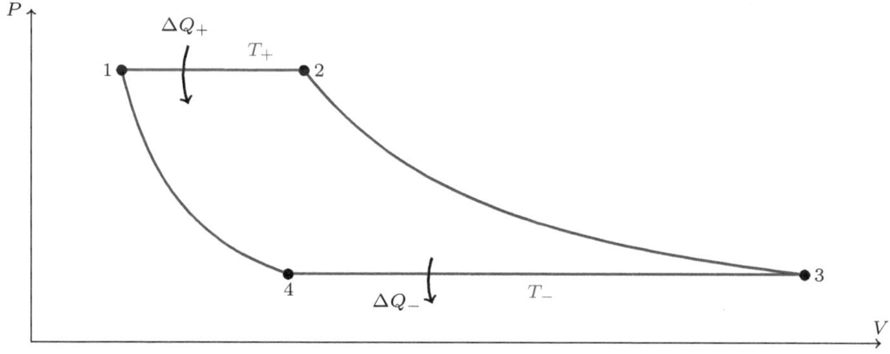

Abb. 8.3 Carnot-Prozess im P-V-Diagramm für ein Photonengas

Lösung 2.7 Exakte Differentiale   (siehe auch § 9.5 von Ref. [12])

(a) Wir überprüfen, ob die angegebenen Differentiale exakt sind:

1. Für $dF = \frac{-x_2}{x_1^2+x_2^2}dx_1 + \frac{x_1}{x_1^2+x_2^2}dx_2$ ist $c_1(\mathbf{x}) = \frac{-x_2}{x_1^2+x_2^2}$ und $c_2(\mathbf{x}) = \frac{x_1}{x_1^2+x_2^2}$, sodass für alle $\mathbf{x} \neq \mathbf{0}$ gilt:

$$\frac{\partial c_1}{\partial x_2}(\mathbf{x}) = \frac{\partial}{\partial x_2}\frac{-x_2}{x_1^2+x_2^2} = \frac{x_2^2 - x_1^2}{(x_1^2+x_2^2)^2} = \frac{\partial}{\partial x_1}\frac{x_1}{x_1^2+x_2^2} = \frac{\partial c_2}{\partial x_1}(\mathbf{x}).$$

Das Differential ist also exakt, *falls* es auf einem einfach zusammenhängenden Gebiet $G \subset \mathbb{R}^d$ definiert ist, das den Ursprung $\mathbf{0}$ nicht enthält. In diesem Fall gilt $F(\mathbf{x}) = -\arctan\left(\frac{x_1}{x_2}\right) + \text{Konstante}$. Falls das Gebiet G jedoch den Ursprung $\mathbf{0}$ enthält, ist das Differential dF nicht exakt (und in $\mathbf{x} = \mathbf{0}$ auch nicht definiert).

2. Für $dF = (x_2 - x_1^2)dx_1 + (x_1 + x_2^2)dx_2$ ist $c_1(\mathbf{x}) = x_2 - x_1^2$ und $c_2(\mathbf{x}) = x_1 + x_2^2$, sodass für alle $\mathbf{x} \in \mathbb{R}^2$ gilt: $\frac{\partial c_1}{\partial x_2}(\mathbf{x}) = 1 = \frac{\partial c_2}{\partial x_1}(\mathbf{x})$. Das Differential ist also exakt. Ein mögliches Integral ist $F(\mathbf{x}) = x_1 x_2 + \frac{1}{3}(x_2^3 - x_1^3)$.

3. Für $dF = (2x_2^2 - 3x_1)dx_1 - 4x_1 x_2 dx_2$ ist $c_1(\mathbf{x}) = 2x_2^2 - 3x_1$ und $c_2(\mathbf{x}) = -4x_1 x_2$, sodass aus $\frac{\partial c_1}{\partial x_2}(\mathbf{x}) = 4x_2$ und $\frac{\partial c_2}{\partial x_1}(\mathbf{x}) = -4x_2$ folgt, dass das Differential nicht exakt ist.

(b) Für $dF = x_1 dx_1 + \frac{x_1^2}{x_2} dx_2$ ist $c_1(\mathbf{x}) = x_1$ und $c_2(\mathbf{x}) = \frac{x_1^2}{x_2}$, sodass das Differential wegen $\frac{\partial c_1}{\partial x_2}(\mathbf{x}) = 0$ und $\frac{\partial c_2}{\partial x_1}(\mathbf{x}) = 2\frac{x_1}{x_2} \neq 0$ nicht exakt ist. Man kann dF aber auch als $x_1^2 d\tilde{F}$ schreiben, wobei $d\tilde{F} = \frac{dx_1}{x_1} + \frac{dx_2}{x_2} = d\big[\ln|x_1 x_2|\big]$ getrennte Variable hat und sofort integriert werden kann. Wegen $d\tilde{F} = x_1^{-2} dF$ ist x_1^{-2} also ein integrierender Faktor für dF. Die zugehörige Stammfunktion ist dann $\tilde{F}(\mathbf{x}) = \ln|x_1 x_2| + \text{Konstante}$. Das Differential $d\tilde{F}$ ist auf einfach zusammenhängenden Gebieten G *exakt*, die die Koordinatenachsen nicht enthalten.

Lösung 2.8 Die Jacobi-Determinante und ihre Anwendungen

(a) Die Jacobi-Determinante für $g = y$ ist:

$$\frac{\partial(f,y)}{\partial(x,y)} = \left(\frac{\partial f}{\partial x}\right)_y \left(\frac{\partial y}{\partial y}\right)_x - \left(\frac{\partial f}{\partial y}\right)_x \left(\frac{\partial y}{\partial x}\right)_y = \left(\frac{\partial f}{\partial x}\right)_y \cdot 1 - 0 = \left(\frac{\partial f}{\partial x}\right)_y.$$

Die Antisymmetrie folgt aus der Antisymmetrie einer Determinante:

$$\frac{\partial(f,g)}{\partial(x,y)} = \left(\frac{\partial f}{\partial x}\right)_y \left(\frac{\partial g}{\partial y}\right)_x - \left(\frac{\partial f}{\partial y}\right)_x \left(\frac{\partial g}{\partial x}\right)_y$$

$$= -\left[\left(\frac{\partial f}{\partial y}\right)_x \left(\frac{\partial g}{\partial x}\right)_y - \left(\frac{\partial f}{\partial x}\right)_y \left(\frac{\partial g}{\partial y}\right)_x\right] = -\frac{\partial(g,f)}{\partial(x,y)}.$$

Die Kettenregel für Funktionen $f(u,v)$, $g(u,v)$, $u(x,y)$ und $v(x,y)$ folgt aus der bekannten Kettenregel für Koordinatentransformationen und der Eigenschaft $\det(AB) = \det(A)\det(B)$ einer Determinante oder auch explizit aus:

$$\frac{\partial(f,g)}{\partial(x,y)} = \left(\frac{\partial f}{\partial x}\right)_y \left(\frac{\partial g}{\partial y}\right)_x - \left(\frac{\partial f}{\partial y}\right)_x \left(\frac{\partial g}{\partial x}\right)_y$$

$$= \left[\left(\frac{\partial f}{\partial u}\right)_v \left(\frac{\partial u}{\partial x}\right)_y + \left(\frac{\partial f}{\partial v}\right)_u \left(\frac{\partial v}{\partial x}\right)_y\right]\left[\left(\frac{\partial g}{\partial u}\right)_v \left(\frac{\partial u}{\partial y}\right)_x + \left(\frac{\partial g}{\partial v}\right)_u \left(\frac{\partial v}{\partial y}\right)_x\right]$$

$$- \left[\left(\frac{\partial f}{\partial u}\right)_v \left(\frac{\partial u}{\partial y}\right)_x + \left(\frac{\partial f}{\partial v}\right)_u \left(\frac{\partial v}{\partial y}\right)_x\right]\left[\left(\frac{\partial g}{\partial u}\right)_v \left(\frac{\partial u}{\partial x}\right)_y + \left(\frac{\partial g}{\partial v}\right)_u \left(\frac{\partial v}{\partial x}\right)_y\right]$$

$$= \left[\left(\frac{\partial f}{\partial u}\right)_v \left(\frac{\partial g}{\partial v}\right)_u - \left(\frac{\partial f}{\partial v}\right)_u \left(\frac{\partial g}{\partial u}\right)_v\right]\left[\left(\frac{\partial u}{\partial x}\right)_y \left(\frac{\partial v}{\partial y}\right)_x - \left(\frac{\partial u}{\partial y}\right)_x \left(\frac{\partial v}{\partial x}\right)_y\right]$$

$$= \frac{\partial(f,g)}{\partial(u,v)} \frac{\partial(u,v)}{\partial(x,y)}.$$

(b) Wir unterdrücken die N-Abhängigkeit, da die Teilchenzahl konstant gehalten wird, und betrachten den Druck $P(T,V)$ und die Entropie $S(T,V)$ lediglich als Funktionen von Temperatur T und Volumen V.

    1. Das Ergebnis zeigt, dass von den Variablen (T,V) auf neue Variable (P,T) transformiert wird. Deshalb schreiben wir $\left(\frac{\partial P}{\partial T}\right)_V$ um als:

$$\left(\frac{\partial P}{\partial T}\right)_V = \frac{\partial(P,V)}{\partial(T,V)} = \frac{\partial(P,V)}{\partial(P,T)} \frac{\partial(P,T)}{\partial(T,V)}$$

$$= \left(\frac{\partial V}{\partial T}\right)_P \left[-\left(\frac{\partial P}{\partial V}\right)_T\right] = (V\bar{\alpha}) \frac{1}{V\kappa_T} = \frac{\bar{\alpha}}{\kappa_T}.$$

2. Das Ergebnis zeigt, dass von den Variablen (V, S) auf neue Variable (T, V) transformiert wird. Deshalb schreiben wir $\left(\frac{\partial P}{\partial V}\right)_S$ um als:

$$\left(\frac{\partial P}{\partial V}\right)_S = \frac{\partial(P, S)}{\partial(V, S)} = \frac{\partial(P, S)}{\partial(P, T)}\frac{\partial(P, T)}{\partial(V, T)}\frac{\partial(V, T)}{\partial(V, S)} = \left(\frac{\partial S}{\partial T}\right)_P\left(\frac{\partial P}{\partial V}\right)_T\left(\frac{\partial T}{\partial S}\right)_V .$$

Es folgt:

$$\frac{C_P}{C_V} = \frac{T\left(\frac{\partial S}{\partial T}\right)_P}{T\left(\frac{\partial S}{\partial T}\right)_V} = \frac{\left(\frac{\partial V}{\partial P}\right)_T}{\left(\frac{\partial V}{\partial P}\right)_S} = \frac{(-V\kappa_T)}{(-V\kappa_S)} = \frac{\kappa_T}{\kappa_S} .$$

3. Das Ergebnis zeigt, dass von den Variablen (T, V) auf neue Variable (T, P) transformiert wird. Wir schreiben deshalb $C_V = T\left(\frac{\partial S}{\partial T}\right)_V$ um und verwenden dabei die Maxwell-Relation $\left(\frac{\partial S}{\partial P}\right)_T = -\left(\frac{\partial V}{\partial T}\right)_P$:

$$C_V = T\left(\frac{\partial S}{\partial T}\right)_V = T\frac{\partial(S, V)}{\partial(T, V)} = T\frac{\partial(S, V)}{\partial(T, P)}\frac{\partial(T, P)}{\partial(T, V)}$$

$$= T\left[\left(\frac{\partial S}{\partial T}\right)_P\left(\frac{\partial V}{\partial P}\right)_T - \left(\frac{\partial S}{\partial P}\right)_T\left(\frac{\partial V}{\partial T}\right)_P\right]\left(\frac{\partial P}{\partial V}\right)_T$$

$$= T\left(\frac{\partial S}{\partial T}\right)_P - T(-V\bar\alpha)(V\bar\alpha)\left(-\frac{1}{V\kappa_T}\right) = C_P - TV(\bar\alpha)^2/\kappa_T .$$

(c) Für ein Quantengas mit der Eigenschaft $PV = qU$ folgt das „Grüneisen-Verhältnis" aus dem Ergebnis $\frac{\bar\alpha}{\kappa_T} = \left(\frac{\partial P}{\partial T}\right)_V$ in Teil (b) 1.:

$$\Gamma \equiv \frac{\bar\alpha V}{\kappa_T C_V} = \frac{V\left(\frac{\partial P}{\partial T}\right)_V}{\left(\frac{\partial U}{\partial T}\right)_V} = \frac{V\left[\frac{\partial}{\partial T}\left(\frac{qU}{V}\right)\right]_V}{\left(\frac{\partial U}{\partial T}\right)_V} = q .$$

Lösung 2.9 Thermodynamik verdünnter Gase

(a) Aus $PV = Nk_\mathrm{B}T$ folgt für die isotherme Kompressibilität $\kappa_{T,N} = -\frac{1}{V}\left(\frac{\partial V}{\partial P}\right)_{T,N}$:

$$\kappa_{T,N} = -\frac{1}{V}\left(\frac{\partial V}{\partial P}\right)_{T,N} = -\frac{1}{V}\left(\frac{\partial}{\partial P}\frac{Nk_\mathrm{B}T}{P}\right)_{T,N} = \frac{Nk_\mathrm{B}T}{VP^2} = \frac{1}{P} = \frac{1}{\rho k_\mathrm{B}T} ,$$

für den thermischen Ausdehnungskoeffizienten $\bar\alpha_{P,N} = \frac{1}{V}\left(\frac{\partial V}{\partial T}\right)_{P,N}$:

$$\bar\alpha_{P,N} = \frac{1}{V}\left(\frac{\partial V}{\partial T}\right)_{P,N} = \frac{1}{V}\left(\frac{\partial}{\partial T}\frac{Nk_\mathrm{B}T}{P}\right)_{P,N} = \frac{Nk_\mathrm{B}}{VP} = \frac{1}{T}$$

und für die Wärmekapazität $C_{P,N}$ bei konstantem Druck und konstanter Teilchenzahl:

$$C_{P,N} - C_{V,N} = TV\frac{\bar\alpha_{P,N}^2}{\kappa_{T,N}} = TV\frac{(T^{-1})^2}{1/(\rho k_\mathrm{B}T)} = \rho k_\mathrm{B}V = Nk_\mathrm{B}$$

und daher: $C_{P,N} = C_{V,N} + Nk_\mathrm{B} = \left(\frac{3}{2} + 1\right)Nk_\mathrm{B} = \frac{5}{2}Nk_\mathrm{B}.$

(b) Für $dT = 0$ und $(X, Y) = (V, -P)$ lautet die Gibbs-Duhem-Gleichung:

$$0 = SdT + XdY + Nd\mu = -VdP + Nd\mu \quad \text{d.\,h.} \quad \left(\frac{\partial P}{\partial \mu}\right)_T = \rho \, .$$

Eine alternative Herleitung ergibt sich aus:

$$\left(\frac{\partial P}{\partial \mu}\right)_T = -\left(\frac{\partial^2 \Omega}{\partial V \partial \mu}\right)_T = \left(\frac{\partial N}{\partial V}\right)_{T,\mu} = \left(\frac{\partial \rho V}{\partial V}\right)_{T,\mu} = \rho \, ,$$

da die Teilchen*dichte* ρ nur von den intensiven Variablen T und μ abhängen kann und somit bei konstantem (T, μ) selbst auch konstant ist.

(c) Für das Gas ist also gegeben: $\mu = \beta^{-1} \ln(\rho \lambda_T^3)$ mit $\lambda_T \equiv \frac{h}{\sqrt{2\pi m\, k_B T}}$. Aus der Gibbs-Duhem-Gleichung $0 = -VdP + Nd\mu$ in Teil **(b)** folgt:

$$0 = -V \left(\frac{\partial P}{\partial V}\right)_{T,N} + N \left(\frac{\partial \mu}{\partial V}\right)_{T,N} = \kappa_{T,N}^{-1} + \left(\frac{\partial \mu}{\partial \rho^{-1}}\right)_T = \kappa_{T,N}^{-1} - \rho^2 \left(\frac{\partial \mu}{\partial \rho}\right)_T \, ,$$

sodass wegen $\mu = \beta^{-1} \ln(\rho \lambda_T^3)$ im Einklang mit dem Resultat aus **(a)** gilt:

$$\kappa_{T,N} = \rho^{-2} \left(\frac{\partial \mu}{\partial \rho}\right)_T^{-1} = \rho^{-2} \beta \rho = \frac{1}{\rho k_B T} \, .$$

Lösung 2.10 (Ir-)Reversible Expansion realer Gase

(a) Wir verwenden die Notation $\Delta A \equiv A_f - A_i$. Da bei der freien adiabatischen Expansion keine Arbeit geleistet wird, ist $\Delta W = 0$. Wegen des adiabatischen Charakters ist $\Delta Q = 0$. Folglich ist $\Delta U = \Delta Q - \Delta W = 0$ und daher

$$\tfrac{3}{2} N k_B T_f - a \frac{N^2}{V_f} = U_f = U_i = \tfrac{3}{2} N k_B T_i - a \frac{N^2}{V_i} \, .$$

Hieraus folgt $\tfrac{3}{2} N k_B (T_f - T_i) = a N^2 \left(\frac{1}{V_f} - \frac{1}{V_i}\right)$, d.\,h. $\Delta T = \frac{2aN}{3k_B} \Delta \frac{1}{V}$. Wegen $\Delta \frac{1}{V} < 0$ kühlt das Gas also ab ($\Delta T < 0$). Um die Differenz $\Delta S \equiv S_f - S_i$ der Gleichgewichtsentropien im Endzustand „f" und Anfangszustand „i" zu berechnen, verbinden wir diese beiden Zustände durch einen Pfad von *Gleich-gewichts*zuständen. Dies ist möglich, da S eine Zustandsgröße ist und das Ergebnis der Berechnung somit nicht vom Verbindungspfad i $\to$ f abhängt. Wir wählen den Verbindungspfad nun so, dass die innere Energie $U(V)$ bei der Expansion i $\to$ f stets konstant ist:

$$\tfrac{3}{2} N k_B T(V) - a \frac{N^2}{V} = U(V) = U_i = \tfrac{3}{2} N k_B T_i - a \frac{N^2}{V_i} \, .$$

Hieraus folgt $T(V) - T_i = \frac{2aN}{3k_B} \left(\frac{1}{V} - \frac{1}{V_i}\right)$. Aus $0 = dU = T\,dS - P\,dV$ folgt für die Entropie:

$$\frac{dS}{dV}(V) = \frac{P(V)}{T(V)} = \frac{N k_B}{V - Nb} - \frac{aN^2}{V^2 T(V)} = \frac{N k_B}{V - Nb} - \frac{aN^2}{\lambda_1 V^2 + \lambda_2 V}$$

mit $\lambda_1 \equiv T_i - \frac{2aN}{3k_B V_i}$ und $\lambda_2 \equiv \frac{2aN}{3k_B}$. Integration bzgl. V ergibt nun:

$$S(V) - S_i = N k_B \ln\left(\frac{V - Nb}{V_i - Nb}\right) - \frac{aN^2}{\lambda_2}\left[\ln\left(\frac{V}{V_i}\right) - \ln\left(\frac{\lambda_1 V + \lambda_2}{\lambda_1 V_i + \lambda_2}\right)\right] .$$

Insbesondere erhält man mit $\frac{aN^2}{\lambda_2} = \frac{3}{2} N k_B$ für $V = V_f$:

$$\frac{\Delta S}{N k_B} = \frac{S_f - S_i}{N k_B} = \ln\left(\frac{V_f - Nb}{V_i - Nb}\right) - \frac{3}{2}\ln\left[\frac{V_f(\lambda_1 V_i + \lambda_2)}{V_i(\lambda_1 V_f + \lambda_2)}\right]$$

$$= \ln\left(\frac{V_f - Nb}{V_i - Nb}\right) + \frac{3}{2}\ln\left(\frac{T_f}{T_i}\right) ,$$

wobei im letzten Schritt $\lambda_1 V_\alpha + \lambda_2 = V_\alpha T_\alpha$ für $\alpha = i, f$ verwendet wurde.[1]

(b) Für eine *reversible isotherme Expansion* ist die geleistete Arbeit gleich:

$$\Delta W = \int_{V_i}^{V_f} dV\, P(T, V) = \int_{V_i}^{V_f} dV\left(\frac{N k_B T}{V - Nb} - a\frac{N^2}{V^2}\right)$$

$$= N k_B T \ln\left(\frac{V_f - Nb}{V_i - Nb}\right) + aN^2\left(\frac{1}{V_f} - \frac{1}{V_i}\right) .$$

Man erhält $\Delta U = \Delta\left(\frac{3}{2} N k_B T - a\frac{N^2}{V}\right) = -aN^2\left(\frac{1}{V_f} - \frac{1}{V_i}\right)$ für die Änderung der inneren Energie und daher $\Delta Q = \Delta U + \Delta W = N k_B T \ln\left(\frac{V_f - Nb}{V_i - Nb}\right)$ für die Wärmeänderung. Bei einem *isothermen* Vorgang ist $\Delta T = 0$. Die Entropieänderung für das Gas folgt als $\Delta S = \frac{\Delta Q}{T} = N k_B \ln\left(\frac{V_f - Nb}{V_i - Nb}\right)$. Die Entropieänderung des Wärmebads ist daher gleich $\Delta S_B = \frac{\Delta Q_B}{T} = -\frac{\Delta Q}{T} = -\Delta S$.

Lösung 2.11 Thermodynamik des schwarzen Strahlers

Aus dem „experimentellen Befund" folgt zunächst einmal:

$$dU = d[Ve(T)] = Ve'(T)dT + e(T)dV .$$

Außerdem folgt mit der Definition $s(T) \equiv S/V$ der Entropie*dichte*:

$$dS = d[Vs(T)] = Vs'(T)dT + s(T)dV . \tag{8.1}$$

Andererseits erhält man für dS aufgrund des ersten Hauptsatzes:

$$dS = \tfrac{1}{T}(dU + PdV) = \tfrac{1}{T}\{Ve'(T)dT + [e(T) + P(T)]dV\} . \tag{8.2}$$

Damit das Differential dS in (8.2) – im Einklang mit (8.1) – aus einer Stammfunktion $S = Vs(T)$ abgeleitet werden kann, muss es *exakt* sein, mit der Konsequenz:

$$\frac{e'(T)}{T} = \frac{\partial}{\partial V}\left(\frac{Ve'(T)}{T}\right) = \frac{\partial^2 S}{\partial V \partial T} = \frac{\partial^2 S}{\partial T \partial V} = \frac{\partial}{\partial T}\left(\frac{e(T) + P(T)}{T}\right)$$

$$= \frac{e'(T) + P'(T)}{T} - \frac{e(T) + P(T)}{T^2} \quad \text{bzw.} \quad e = TP' - P = T^2\left(\frac{P}{T}\right)' .$$

---

[1]Alternativ kann man die Entropie $S(T, V)$ des Van-der-Waals-Gases auch allgemein berechnen, indem man die Maxwell-Relation $\left(\frac{\partial S}{\partial V}\right)_{T,N} = \left(\frac{\partial P}{\partial T}\right)_{V,N} = \frac{N k_B}{V - Nb}$ und den Ausdruck $T\left(\frac{\partial S}{\partial T}\right)_{V,N} = C_{V,N} = \left(\frac{dQ}{dT}\right)_{V,N} = \left(\frac{\partial U}{\partial T}\right)_{V,N} = \frac{3}{2} N k_B$ für die Wärmekapazität $C_{V,N}$ nach V bzw. T integriert. Es folgt dann allgemein $S(T, V) = N k_B[\ln(V - Nb) + \frac{3}{2}\ln(T)] + $ Konstante.

Ein Vergleich von (8.1) und (8.2) zeigt außerdem $s = \frac{e+P}{T} = P'$ bzw. $s' = \frac{e'}{T}$. Aufgrund des dritten Hauptsatzes, der $s(0) = 0$ impliziert, muss neben $P(0) = 0$ und $e(0) = 0$ auch $P'(0) = 0$ gelten und somit $P(T)/T \to 0$ für $T \downarrow 0$. Hieraus folgt:

$$\frac{P(T)}{T} = \int_0^T d\tau \left(\frac{P(\tau)}{\tau}\right)' = \int_0^T d\tau\, \frac{e(\tau)}{\tau^2} \quad , \quad s(T) = \int_0^T d\tau\, s'(\tau) = \int_0^T d\tau\, \frac{e'(\tau)}{\tau}\,.$$

Die bisherigen Ergebnisse gelten allgemein, ohne die genaue Beziehung von $e(T)$ und $P(T)$ zu berücksichtigen. Da nun aber zusätzlich bekannt ist: $P = \frac{1}{3}e(T)$, folgt

$$e = TP' - P = \tfrac{1}{3}Te' - \tfrac{1}{3}e \quad , \quad \tfrac{1}{3}Te' = \tfrac{4}{3}e \quad , \quad \frac{e'}{e} = [\ln(e)]' = \frac{4}{T}\,.$$

Durch Integration ergibt sich: $e(T) = \lambda T^4$ und daher $P(T) = \frac{1}{3}\lambda T^4$ mit $\lambda > 0$, damit die Energiedichte und der Druck beide positiv sind. Die Entropiedichte folgt noch als $s(T) = P'(T) = \frac{4}{3}\lambda T^3$. Abgesehen vom noch unbekannten gemeinsamen Vorfaktor λ sind Druck, Energie und Entropie durch diese Ergebnisse vollständig festgelegt.

Lösung 2.12 Innere Energie einer Spiralfeder

Laut Aufgabenstellung hängt die Kraft K linear von der Ausdehnung x der Spiralfeder ab: $K = -\kappa x$ mit $\kappa(T) = \frac{a}{T_0+T}$ und $a > 0$ sowie $T_0 \geq 0$. Bei einer isothermen Ausdehnung der Spiralfeder auf x ist die geleistete Arbeit: $\Delta W = \int_0^x dx'\, K(x') = -\frac{1}{2}\kappa x^2$. Aus dem ersten Hauptsatz in der Form $dU = TdS - dW$ folgt bei diesem *isothermen* Vorgang $\Delta U = T\Delta S - \Delta W$. Hieraus folgt für die Änderung der freien Energie $F = U - TS$, wiederum aufgrund des isothermen Charakters: $\Delta F = \Delta U - T\Delta S = -\Delta W = \frac{1}{2}\kappa(T)x^2$. Die *Entropie*änderung folgt als negative Temperaturableitung von ΔF bei konstanter Auslenkung x:

$$\Delta S = -\left(\frac{\partial \Delta F}{\partial T}\right)_x = \left(\frac{\partial \Delta W}{\partial T}\right)_x = -\tfrac{1}{2}\kappa'(T)x^2 = \tfrac{1}{2}x^2\frac{a}{(T_0+T)^2} = -\frac{\Delta W}{T_0+T}\,.$$

Folglich ist das gesuchte Ergebnis für die Änderung der inneren Energie: $\Delta U = T\Delta S - \Delta W = -\Delta W\left(1 + \frac{T}{T_0+T}\right)$. Zwei interessante Grenzfälle sind $T_0 \downarrow 0$ mit $\Delta U = -2\Delta W$ und $T_0 \to \infty$ mit $\Delta U = -\Delta W$.

Lösung 2.13 Carnot-Prozess mit einem realen Gas

Das reale Gas erfüllt die Van-der-Waals'sche Zustandsgleichung $\left(P + a\frac{N^2}{V^2}\right)(V - Nb) = Nk_{\mathrm{B}}T$ und hat die innere Energie $U = \frac{3}{2}Nk_{\mathrm{B}}T - a\frac{N^2}{V}$. Es tritt keine Kondensation auf ($T \geq T_c$). Allgemein gilt nach einem kompletten Carnot-Zyklus $\Delta S = 0$, da S eine Zustandsgröße ist, und daher auch $\frac{\Delta Q_+}{T_+} = \Delta S_{1\to2} = -\Delta S_{3\to4} = \frac{\Delta Q_-}{T_-}$. Aus der Energieerhaltung in der Form $\Delta Q_+ - \Delta Q_- = \Delta W$ folgt dann für den Wirkungsgrad $\eta = \frac{\Delta W}{\Delta Q_+} = 1 - \frac{\Delta Q_-}{\Delta Q_+} = 1 - \frac{T_-}{T_+}$. Wir zeigen dies nun explizit für das Van-der-Waals-Gas anhand einer Untersuchung der einzelnen Arbeitsschritte.

Bei der isothermen Expansion (Arbeitsschritt $1 \to 2$) von (T_+, V_1) auf (T_+, V_2) folgt:

$$\Delta Q_+ = \Delta U + \Delta W = aN^2 \left(\frac{1}{V_1} - \frac{1}{V_2} \right) + \int_{V_1}^{V_2} dV' \, P(V', T_+)$$

$$= aN^2 \left(\frac{1}{V_1} - \frac{1}{V_2} \right) + Nk_{\mathrm{B}}T_+ \ln\left(\frac{V_2 - Nb}{V_1 - Nb} \right) + aN^2 \left(\frac{1}{V_2} - \frac{1}{V_1} \right)$$

$$= Nk_{\mathrm{B}}T_+ \ln\left(\frac{V_2 - Nb}{V_1 - Nb} \right) \, .$$

Analog folgt $\Delta Q_- = Nk_{\mathrm{B}}T_- \ln\left(\frac{V_3 - Nb}{V_4 - Nb} \right)$ für die Wärmemenge, die bei der isothermen Kompression (Arbeitsschritt $3 \to 4$) von (T_-, V_3) auf (T_-, V_4) abgegeben wird.

Bei der adiabatischen Expansion (Arbeitsschritt $2 \to 3$ mit $dQ = 0$) von (T_+, V_2) zu (T_-, V_3) folgt für infinitesimale Zustandsänderungen:

$$a\frac{N^2}{V^2}dV + \tfrac{3}{2}Nk_{\mathrm{B}}dT = dU = -dW = -PdV = -\left[\frac{Nk_{\mathrm{B}}T}{V - Nb} - a\frac{N^2}{V^2} \right]dV$$

und daher

$$-\int_{V_2}^{V_3} dV \, \frac{Nk_{\mathrm{B}}}{V - Nb} = Nk_{\mathrm{B}} \ln\left(\frac{V_2 - Nb}{V_3 - Nb} \right) = \tfrac{3}{2}Nk_{\mathrm{B}} \int_{T_+}^{T_-} \frac{dT}{T} = \tfrac{3}{2}Nk_{\mathrm{B}} \ln\left(\frac{T_-}{T_+} \right) \, .$$

Analog erhält man bei der adiabatischen Kompression (Arbeitsschritt $4 \to 1$ mit $dQ = 0$) von (T_-, V_4) auf (T_+, V_1):

$$Nk_{\mathrm{B}} \ln\left(\frac{V_1 - Nb}{V_4 - Nb} \right) = \tfrac{3}{2}Nk_{\mathrm{B}} \ln\left(\frac{T_-}{T_+} \right) \, .$$

Ein Vergleich der Resultate der adiabatischen Arbeitsschritte ergibt $\frac{V_1 - Nb}{V_4 - Nb} = \frac{V_2 - Nb}{V_3 - Nb}$ und daher $\frac{V_2 - Nb}{V_1 - Nb} = \frac{V_3 - Nb}{V_4 - Nb}$. Hieraus folgt $\eta = 1 - \frac{\Delta Q_-}{\Delta Q_+} = 1 - \frac{T_-}{T_+}$.

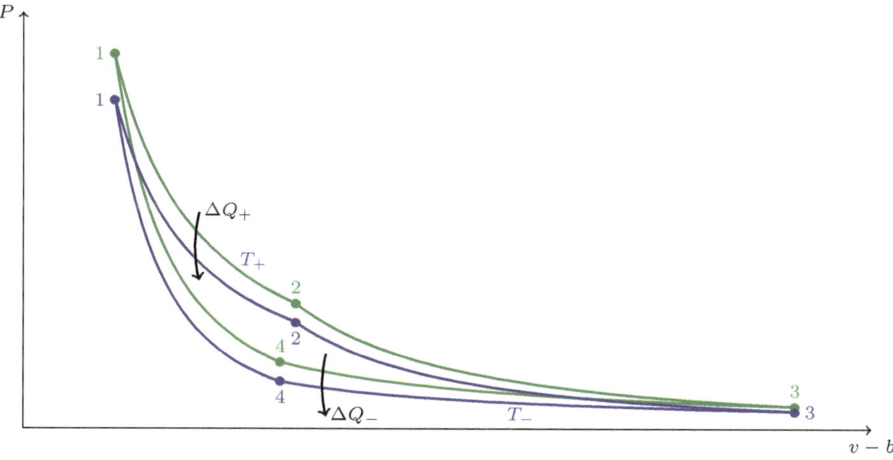

Abb. 8.4 Carnot-Prozesse im P-V-Diagramm eines Van-der-Waals-Gases (blau) und eines klassischen idealen Gases (grün)

Der Carnot-Zyklus des Van-der-Waals-Gases ist in Abbildung 8.4 skizziert (blaue Kurven). Der Carnot-Zyklus wird dort verglichen mit dem entsprechenden Zyklus eines klassischen *idealen* Gases (grüne Kurven). Die beiden Gase in Abb. 8.4 haben die gleichen Arbeitstemperaturen T_+ und T_- und die gleichen *effektiven* Arbeitsvolumina pro Teilchen $v_i - b$. Man beachte, dass in Abb. 8.4 zum Zweck der besseren Vergleichbarkeit der Druck über dem *effektiven* Volumen pro Teilchen $v - b$ aufgetragen ist. Wir lernen also, dass der Zyklus des Van-der-Waals-Gases im Vergleich zum idealen Gas durch die anziehende Wechselwirkung zu niedrigeren Drücken und durch die räumliche Ausdehnung der Moleküle zu größeren Volumina hin verschoben wird.

Lösung 2.14 Allgemeine thermodynamische Relationen

(a) Wir verwenden die Kettenregel beim Ableiten der inneren Energie $U(S, \mathbf{X}, \mathbf{N})$ mit $S = S(T, \mathbf{Y}, \mathbf{N})$ und $\mathbf{X} = \mathbf{X}(T, \mathbf{Y}, \mathbf{N})$, den ersten Hauptsatz der Thermodynamik sowie die Maxwell-Relation $\left(\frac{\partial S}{\partial \mathbf{Y}}\right)_{T,\mathbf{N}} = \left(\frac{\partial \mathbf{X}}{\partial T}\right)_{\mathbf{Y},\mathbf{N}}$:

$$\left(\frac{\partial U}{\partial \mathbf{Y}}\right)_{T,\mathbf{N}} = \left(\frac{\partial U}{\partial S}\right)_{\mathbf{X},\mathbf{N}} \left(\frac{\partial S}{\partial \mathbf{Y}}\right)_{T,\mathbf{N}} + \left(\frac{\partial \mathbf{X}}{\partial \mathbf{Y}}\right)_{T,\mathbf{N}}^{\mathrm{T}} \left(\frac{\partial U}{\partial \mathbf{X}}\right)_{S,\mathbf{N}}$$

$$= T \left(\frac{\partial \mathbf{X}}{\partial T}\right)_{\mathbf{Y},\mathbf{N}} + \left(\frac{\partial \mathbf{X}}{\partial \mathbf{Y}}\right)_{T,\mathbf{N}}^{\mathrm{T}} \mathbf{Y} = T\boldsymbol{\alpha}_{\mathbf{N}} + \chi_{T,\mathbf{N}}^{\mathrm{T}} \mathbf{Y} \ .$$

(b) Wegen der Definition $C_{\mathbf{X},\mathbf{N}} \equiv \left(\frac{\partial U}{\partial T}\right)_{\mathbf{X},\mathbf{N}} = T\left(\frac{\partial S}{\partial T}\right)_{\mathbf{X},\mathbf{N}}$ der Wärmekapazität bei konstantem $(\mathbf{X}, \mathbf{N})$ und der Maxwell-Relation $\left(\frac{\partial S}{\partial \mathbf{X}}\right)_{T,\mathbf{N}} = -\left(\frac{\partial \mathbf{Y}}{\partial T}\right)_{\mathbf{X},\mathbf{N}}$ gilt:

$$\frac{1}{T}\left(\frac{\partial C_{\mathbf{X},\mathbf{N}}}{\partial \mathbf{X}}\right)_{T,\mathbf{N}} = \left(\frac{\partial^2 S}{\partial T \partial \mathbf{X}}\right)_{\mathbf{N}} = -\left(\frac{\partial^2 \mathbf{Y}}{\partial T^2}\right)_{\mathbf{X},\mathbf{N}} \ .$$

Lösung 2.15 Der Joule-Thomson-Prozess

(a) Dieser Vorgang ist irreversibel, da das Gas frei entlang eines Druckgefälles strömt und somit eine *Nichtgleichgewichts*situation vorliegt.

(b) Da die Behälter thermisch von der Umgebung isoliert sind, gilt $\Delta Q = 0$ bzw.

$$\Delta U = U_2 - U_1 = -\Delta W = -\left(\int_0^{V_2} dV \, P_2 - \int_{-V_1}^0 dV \, P_1\right) = P_1 V_1 - P_2 V_2 \ .$$

Im letzten Schritt verwendeten wir, dass die Drücke konstant sind. Die hergeleitete Identität bedeutet aber, dass $H_2 = U_2 + P_2 V_2 = U_1 + P_1 V_1 = H_1$ gilt und somit die Enthalpien des Anfangs- und Endzustands gleich sind.

(c) Wir betrachten nun einen *reversiblen* Pfad mit $dH = 0$ vom Anfangs- zum Endzustand. Entlang des Pfades gilt wegen $T\left(\frac{\partial S}{\partial T}\right)_{P,N} = C_{P,N}$:

$$0 = dH = TdS + VdP = C_{P,N}dT + \left[V + T\left(\frac{\partial S}{\partial P}\right)_{T,N}\right]dP \ .$$

Wir verwenden die Maxwell-Relation $\left(\frac{\partial S}{\partial P}\right)_{T,N} = -\left(\frac{\partial^2 G}{\partial P \partial T}\right)_N = -\left(\frac{\partial V}{\partial T}\right)_{P,N}$ und erhalten:

$$0 = dH = C_{P,N}\,dT + \left[V - T\left(\frac{\partial V}{\partial T}\right)_{P,N}\right]dP = C_{P,N}\,dT + V(1 - T\bar{\alpha}_{P,N})\,dP\ .$$

Es folgt für den differentiellen Joule-Thomson-Koeffizienten:

$$\mu_{\mathrm{J}} = \left(\frac{\partial T}{\partial P}\right)_{H,N} = \frac{V}{C_{P,N}}\left(\bar{\alpha}_{P,N}T - 1\right)\ .$$

Dies bedeutet, dass eine Temperaturerhöhung bzw. -absenkung im System stattfindet, falls $\bar{\alpha}_{P,N} < T^{-1}$ oder $\bar{\alpha}_{P,N} > T^{-1}$ gilt.

(d) Für ein ideales Gas gilt $\bar{\alpha}_{P,N} = T^{-1}$, sodass streng $\mu_{\mathrm{J}} = 0$ gilt. Man lernt hieraus, dass der Joule-Thomson-Effekt ein Wechselwirkungseffekt ist. Es lohnt sich daher, den Joule-Thomson-Effekt für z. B. ein Van-der-Waals-Gas zu untersuchen [siehe **(e)**].

(e) Ein Van-der-Waals-Gas hat die Zustandsgleichung $P = \frac{Nk_{\mathrm{B}}T}{V-Nb} - a\frac{N^2}{V^2}$. Hieraus folgt für *isobare* Vorgänge:

$$0 = dP = \frac{Nk_{\mathrm{B}}T}{V - Nb}\left(\frac{dT}{T} - \frac{dV}{V-Nb}\right) + 2a\frac{N^2}{V^3}\,dV$$

und daher $\frac{dT}{T} = \left(\frac{1}{V-Nb} - 2a\frac{N^2}{V^3}\frac{V-Nb}{Nk_{\mathrm{B}}T}\right)dV$. Es folgt mit der Definition $V/N \equiv v$ für den thermischen Ausdehnungskoeffizienten $\bar{\alpha}_{P,N} = \frac{1}{V}\left(\frac{\partial V}{\partial T}\right)_{P,N}$:

$$\bar{\alpha}_{P,N} = \left(\frac{TV}{V-Nb} - 2a\frac{N^2}{V^2}\frac{V-Nb}{Nk_{\mathrm{B}}}\right)^{-1} = \left[\frac{Tv}{v-b} - \frac{2a}{v^2 k_{\mathrm{B}}}(v-b)\right]^{-1}\ .$$

Der Faktor $\left(\bar{\alpha}_{P,N}T - 1\right) \equiv A$ in μ_{J} ist also gegeben durch:

$$A = \bar{\alpha}_{P,N}T - 1 = \left[\frac{v}{v-b} - \frac{2a}{v^2 k_{\mathrm{B}}T}(v-b)\right]^{-1} - 1 = \frac{\frac{2a}{k_{\mathrm{B}}T}\left(\frac{v-b}{v}\right)^2 - b}{v - \frac{2a}{k_{\mathrm{B}}T}\left(\frac{v-b}{v}\right)^2}\ .$$

Der Faktor $\frac{V}{C_{P,N}}$ folgt aus der Beziehung

$$C_{P,N} - C_{V,N} = -T\left(\frac{\partial V}{\partial T}\right)_{P,N}^2\left(\frac{\partial P}{\partial V}\right)_{T,N} = -TV^2\bar{\alpha}_{P,N}^2\left(\frac{\partial P}{\partial V}\right)_{T,N}\ ,$$

in der $C_{V,N} = \left(\frac{\partial U}{\partial T}\right)_{V,N} = \frac{3}{2}Nk_{\mathrm{B}}$ und $\bar{\alpha}_{P,N}$ bereits bekannt sind und

$$\left(\frac{\partial P}{\partial V}\right)_{T,N} = -\frac{Nk_{\mathrm{B}}T}{(V-Nb)^2} + 2a\frac{N^2}{V^3} = -\frac{1}{N}\left[\frac{k_{\mathrm{B}}T}{(v-b)^2} - \frac{2a}{v^3}\right] = \frac{-k_{\mathrm{B}}}{Nv(v-b)\bar{\alpha}_{P,N}}$$

direkt aus der Van-der-Waals-Gleichung folgt. Insgesamt erhalten wir also $C_{P,N} = Nk_{\mathrm{B}}\left(\frac{3}{2} + T\bar{\alpha}_{P,N}\frac{v}{v-b}\right)$ und daher für den differentiellen Joule-Thomson-Koeffizienten:

$$\mu_{\mathrm{J}} = \frac{V}{C_{P,N}}\left(\bar{\alpha}_{P,N}T - 1\right) = \frac{vA}{k_{\mathrm{B}}\left[\frac{3}{2} + (1+A)\frac{v}{v-b}\right]}\ .$$

Wir verwenden nun die bekannten Resultate $k_\mathrm{B}T_c = \frac{8a}{27b}$ und $v_c = V_c/N = 3b$ für den kritischen Punkt der Van-der-Waals-Gleichung. Wir nehmen zuerst an, dass die Temperatur variiert wird, während das Volumen kritisch ist: $T = T_c(1+\bar t)$ (mit $\bar t > 0$) und $v = v_c = 3b$. Einsetzen führt für alle $\bar t > 0$ zum Ergebnis $A = (2-\bar t)/3\bar t$, welches für hohe Temperaturen ($\bar t > 2$) negativ, aber nahe der kritischen Temperatur (für $0 < \bar t < 2$) *positiv* ist. Bemerkenswert ist also einerseits, dass Vorzeichenwechsel in μ_J als Funktion der Temperatur auftreten können (hier bei $\bar t = 2$), und andererseits, dass für $T \downarrow T_c$ der thermische Ausdehnungskoeffizient divergiert: $\bar\alpha_{P,N} \to \infty$ und $A \to \infty$, wobei allerdings μ_J endlich bleibt: $\mu_\mathrm{J} \to (v_c - b)/k_\mathrm{B} = 2b/k_\mathrm{B}$ für $\bar t \downarrow 0$.

Wir nehmen nun alternativ an, dass das Volumen variiert wird bei der kritischen Temperatur: $T = T_c = \frac{8a}{27b}$ und $v = \frac{v_c}{1-y} = \frac{3b}{1-y}$ mit $-2 < y < 1$. Durch Einsetzen ergibt sich $A = \left[(1+\frac{1}{2}y)^2 - \frac{1}{3}\right]/\left[\frac{1}{1-y} - (1+\frac{1}{2}y)^2\right]$. Für $v \downarrow b$ bzw. $y \downarrow -2$ folgt nun $A \sim -1 + \frac{1}{3}(y+2)$ bzw. $\mu_\mathrm{J} \downarrow -\frac{2}{5}b/k_\mathrm{B}$. Für $v \to v_c$ bzw. $y \to 0$ folgt $A \sim 8/9y^2 \to \infty$ bzw. $\mu_\mathrm{J} \to 2b/k_\mathrm{B}$. Für $v \to \infty$ bzw. $y \uparrow 1$ folgt $A \sim \frac{23}{12}(1-y) \downarrow 0$ bzw. $\mu_\mathrm{J} \to 23b/10k_\mathrm{B}$. Wiederum können also Vorzeichenwechsel in μ_J auftreten, nun als Funktion des Volumens.

Lösung 2.16 Adiabaten und Isothermen

Wir betrachten eine Adiabate und eine Isotherme für $T > 0$ im P-V-Diagramm bei konstanten Teilchenzahlen $\mathbf{N}$. Diese beiden Kurven können nicht komplett zusammenfallen, da dann entlang der Kurve $\chi_{T,\mathbf{N}} = -\left(\frac{\partial V}{\partial P}\right)_S = -\left(\frac{\partial V}{\partial P}\right)_T = \chi_{S,\mathbf{N}}$ und somit $\chi_{T,\mathbf{N}} - \chi_{S,\mathbf{N}} = \frac{T}{C_{P,\mathbf{N}}}(\alpha_\mathbf{N})^2 = 0$ und daher $\alpha_\mathbf{N} = \left(\frac{\partial V}{\partial T}\right)_{P,\mathbf{N}} = 0$ gelten müsste. Dies bedeutet, dass keine thermische Ausdehnung stattfindet, was in einem endlichen V-Intervall unphysikalisch ist. Die Adiabate und die Isotherme sind daher unterschiedlich.

Nehmen wir an, diese unterschiedlichen Kurven hätten *mehrere* Schnittpunkte im P-V-Diagramm für $T > 0$, wie in Abbildung 8.5 skizziert. Wir betrachten dann *zwei* dieser Schnittpunkte, z. B. einen der Schnittpunkte, den wir als (P_1, V_1) (oder kurz: „1") bezeichnen, und den Schnittpunkt (P_2, V_2) (oder kurz: „2") mit dem nächstgrößeren V-Wert. Wir wissen also, dass es zwischen den Zuständen „1" und „2" keine weiteren Schnittpunkte gibt. Wir betrachten den

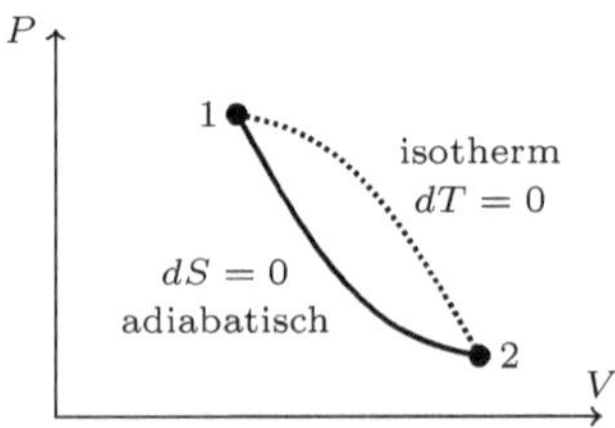

Abb. 8.5 Hypothetische Schnittpunkte im P-V-Diagramm

geschlossenen Weg $1 \xrightarrow{\text{isoth}} 2 \xrightarrow{\text{adiab}} 1$. Da die Adiabate und die Isotherme unterschiedlich sind, *muss* dieser geschlossene Weg eine endliche Fläche umfassen: $\oint P\,dV \neq 0$. Dennoch zeigt eine Integration über den geschlossenen Weg:

$$0 = \oint dU = \oint (T\,dS - P\,dV) = \int_1^2 T\,dS - \oint P\,dV = T\Delta S - \oint P\,dV = -\oint P\,dV\,.$$

Der letzte Schritt folgt daraus, dass die Zustände „1" und „2" identische Entropien haben, da sie durch eine Adiabate verbunden werden können: $\Delta S = S_2 - S_1 = 0$.

Das Ergebnis $\oint P\,dV = 0$ stellt einen Widerspruch dar. Wir schließen hieraus, dass die Adiabate und die Isotherme *nicht* mehrere Schnittpunkte haben können und sich folglich höchstens einmal schneiden.

Man beachte, dass dieses Argument für $T = 0$ nicht zutrifft, da dann gemäß dem dritten Hauptsatz $S = 0$ ist und folglich sicher $\chi_{T,\mathbf{N}} = \chi_{S,\mathbf{N}}$ gelten wird.

Lösung 2.17 Ein magnetisches Material

(a) Die Wärmekapazität $C_{\mathbf{m},N} = \left(\frac{\partial U}{\partial T}\right)_{\mathbf{m},N} = T\left(\frac{\partial S}{\partial T}\right)_{\mathbf{m},N}$ folgt aus Aufgabe 2.14, Teil (b), mit $(\mathbf{X},\mathbf{Y},\mathbf{N}) = (\mathbf{m},\mathbf{H},N)$ als

$$\frac{1}{T}\left(\frac{\partial C_{\mathbf{m},N}}{\partial \mathbf{m}}\right)_{T,N} = -\left(\frac{\partial^2 \mathbf{H}}{\partial T^2}\right)_{\mathbf{m},N} = -\left(\frac{\partial^2 (T\mathbf{m}/aN)}{\partial T^2}\right)_{\mathbf{m},N} = \mathbf{0}\,,$$

sodass $C_{\mathbf{m},N}(T,\mathbf{m}) = C_{\mathbf{m},N}(T)$ gilt. Wir unterdrücken im Folgenden den Index N. Integration bzgl. der Temperatur ergibt:

$$U = \int_{T_0}^{T} dT'\, C_{\mathbf{m}}(T') + f(\mathbf{m}) \quad,\quad S = \int_{T_0}^{T} dT'\, C_{\mathbf{m}}(T')/T' + g(\mathbf{m})\,,$$

wobei die Funktionen $f(\mathbf{m})$ und $g(\mathbf{m})$ im Folgenden näher zu bestimmen sind. Die Helmholtz'sche freie Energie ist

$$F = U - TS = \int_{T_0}^{T} dT'\, C_{\mathbf{m}}(T')\left(1 - \frac{T}{T'}\right) + f(\mathbf{m}) - Tg(\mathbf{m})\,,$$

und wir erhalten die folgende Konsistenzbedingung für $f(\mathbf{m})$ und $g(\mathbf{m})$:

$$\mathbf{H} = \left(\frac{\partial F}{\partial \mathbf{m}}\right)_T = \left(\frac{\partial f}{\partial \mathbf{m}}\right)_T (\mathbf{m}) - T\left(\frac{\partial g}{\partial \mathbf{m}}\right)_T (\mathbf{m}) \overset{!}{=} \frac{T\mathbf{m}}{aN}\,.$$

Es folgt $f(\mathbf{m}) = U_0$ und $g(\mathbf{m}) = S_0 - \frac{\mathbf{m}^2}{2aN}$ (mit U_0 und S_0 Konstanten) und daher

$$U = \int_{T_0}^{T} dT'\, C_{\mathbf{m}}(T') + U_0 \quad,\quad S = \int_{T_0}^{T} dT'\, C_{\mathbf{m}}(T')/T' + S_0 - \frac{\mathbf{m}^2}{2aN}$$

$$F = U_0 - TS_0 + \int_{T_0}^{T} dT'\, C_{\mathbf{m}}(T')\left(1 - \frac{T}{T'}\right) + \frac{T\mathbf{m}^2}{2aN}\,.$$

Die Enthalpie ist folglich gegeben durch

$$H = U - \mathbf{m}\cdot\mathbf{H} = U_0 + \int_{T_0}^{T} dT'\, C_{\mathbf{m}}(T') - \frac{T\mathbf{m}^2}{aN}$$

und die Gibbs'sche freie Energie durch

$$G = F - \mathbf{m}\cdot\mathbf{H} = U_0 - TS_0 + \int_{T_0}^{T} dT'\, C_{\mathbf{m}}(T')\left(1 - \frac{T}{T'}\right) - \frac{T\mathbf{m}^2}{2aN}\,.$$

Falls $C_{\mathbf{m}}(T) = C_{\mathbf{m}} = $ Konstante gilt, treten noch die folgenden Vereinfachungen auf: $\int_{T_0}^{T} dT'\, C_{\mathbf{m}}(T') = C_{\mathbf{m}}(T - T_0)$ und

$$\int_{T_0}^{T} dT'\, C_{\mathbf{m}}(T')\left(1 - \frac{T}{T'}\right) = C_{\mathbf{m}}\left[(T - T_0) - T\ln\left(\frac{T}{T_0}\right)\right]\,.$$

(b) Aus der Zustandsgleichung $\mathbf{m} = \frac{aN}{T}\mathbf{H}$ folgt direkt für den „thermischen Ausdehnungskoeffizienten": $\boldsymbol{\alpha}_{\mathbf{H}} = \left(\frac{\partial \mathbf{m}}{\partial T}\right)_{\mathbf{H}} = -\frac{\mathbf{m}}{T}$, und die isotherme Suszeptibilität ist analog durch $\chi_T = \left(\frac{\partial \mathbf{m}}{\partial \mathbf{H}}\right)_T = \left(\frac{\partial (aN\mathbf{H}/T)}{\partial \mathbf{H}}\right)_T = \frac{aN}{T}\mathbb{1}$ gegeben. Folglich ist die Wärmekapazität bei konstantem Magnetfeld als Spezialfall der Beziehung $C_{\mathbf{Y},\mathbf{N}} - C_{\mathbf{X},\mathbf{N}} = T\boldsymbol{\alpha}_{\mathbf{N}}^{\mathrm{T}}\chi_{T,\mathbf{N}}^{-1}\boldsymbol{\alpha}_{\mathbf{N}}$ durch $C_{\mathbf{H}} = C_{\mathbf{m}} + T\boldsymbol{\alpha}_{\mathbf{H}}^{\mathrm{T}}\chi_T^{-1}\boldsymbol{\alpha}_{\mathbf{H}} = C_{\mathbf{m}} + \frac{\mathbf{m}^2}{aN}$ gegeben und somit ebenfalls temperaturunabhängig (wie auch $C_{\mathbf{m}}$). Aus der allgemeinen Beziehung $\chi_{T,\mathbf{N}} - \chi_{S,\mathbf{N}} = \frac{T}{C_{\mathbf{Y},\mathbf{N}}}\boldsymbol{\alpha}_{\mathbf{N}}\boldsymbol{\alpha}_{\mathbf{N}}^{\mathrm{T}}$ folgt nun, dass auch χ_S umgekehrt proportional von der Temperatur abhängt:

$$\chi_S = \chi_T - \frac{T}{C_{\mathbf{H}}}\boldsymbol{\alpha}_{\mathbf{H}}\boldsymbol{\alpha}_{\mathbf{H}}^{\mathrm{T}} = \frac{aN}{T}\left[\mathbb{1} - \frac{\mathbf{m}\mathbf{m}^{\mathrm{T}}}{\mathbf{m}^2 + aNC_{\mathbf{m}}}\right].$$

Falls der Parameter a aus dem Curie'schen Gesetz ein symmetrischer, positiv definiter, konstanter Tensor ist, ändert $\boldsymbol{\alpha}_{\mathbf{H}}$ sich nicht. Die isotherme Suszeptibilität ist dann durch $\chi_T = \frac{N}{T}a$ gegeben. Die Wärmekapazität bei konstantem Magnetfeld wird $C_{\mathbf{H}} = C_{\mathbf{m}} + \frac{1}{N}\mathbf{m}^{\mathrm{T}}a^{-1}\mathbf{m}$, und die adiabatische Suszeptibilität erhält die Form $\chi_S = \frac{N}{T}\left[a - \frac{\mathbf{m}\mathbf{m}^{\mathrm{T}}}{\mathbf{m}^{\mathrm{T}}a^{-1}\mathbf{m}+NC_{\mathbf{m}}}\right]$.

Lösung 2.18 Die Dieterici-Gleichung

(a) Die Interpretation der Parameter (a, b) ist dieselbe wie bei der Van-der-Waals-Gleichung: Der Parameter a beschreibt die *Van-der-Waals-Anziehung* zwischen den Teilchen, und der Parameter b beschreibt das aufgrund der endlichen Teilchengröße *ausgeschlossene Volumen*. Die Entwicklung der Van-der-Waals- und Dieterici-Gleichungen nach Potenzen der Dichte $\rho = \frac{N}{V}$ lautet:

$$P_{\mathrm{VdW}} = \frac{\rho}{\beta(1 - \rho b)} - a\rho^2 = \frac{\rho}{\beta}(1 + \rho b + \cdots) - a\rho^2 = \frac{\rho}{\beta}[1 + \rho(b - \beta a) + \cdots]$$

$$P_{\mathrm{Diet}} = \frac{\rho e^{-\beta a\rho}}{\beta(1 - \rho b)} = \frac{\rho(1 - \beta a\rho + \cdots)}{\beta(1 - \rho b)} = \frac{\rho}{\beta}[1 + \rho(b - \beta a) + \cdots],$$

sodass die ersten beiden Virialkoeffizienten in beiden Fällen durch $B_1 = 1$ und $B_2 = b - \beta a$ gegeben sind.

(b) Der kritische Punkt der Dieterici-Gleichung wird festgelegt durch die Bedingungen $0 = \left(\frac{\partial P}{\partial V}\right)_{T,N}$ und $0 = \left(\frac{\partial^2 P}{\partial V^2}\right)_{T,N}$ oder äquivalent auch durch

$$0 = \left[\frac{\partial(\ln P)}{\partial V}\right]_{T,N} = \frac{\partial}{\partial V}\left[-\ln(V - Nb) - \frac{\beta aN}{V}\right] = -\frac{1}{V - Nb} + \frac{\beta aN}{V^2}$$

bzw. $\frac{\beta a}{v^2} = \frac{1}{v-b}$ und

$$0 = \left(\frac{\partial^2(\ln P)}{\partial V^2}\right)_{T,N} = \frac{\partial^2}{\partial V^2}\left[-\ln(V - Nb) - \frac{\beta aN}{V}\right] = \frac{1}{(V - Nb)^2} - \frac{2\beta aN}{V^3}$$

bzw. $\frac{2\beta a}{v^3} = \frac{1}{(v-b)^2}$. Hierbei wurde $v = \rho^{-1} = \frac{V}{N}$ definiert. Kombination der Ergebnisse ergibt $\frac{2\beta a}{v^3} = \left(\frac{\beta a}{v^2}\right)^2 = \frac{(\beta a)^2}{v^4}$ bzw. $2v_{\mathrm{c}} = \beta_{\mathrm{c}}a$. Hieraus folgt eine geschlossene Gleichung für v_c, nämlich: $\frac{1}{v_c-b} = \frac{\beta_c a}{(v_c)^2} = \frac{2v_c}{(v_c)^2} = \frac{2}{v_c}$. Diese Gleichung kann als $2(v_c - b) = v_c$ umgeschrieben und leicht nach v_c aufgelöst werden: $v_c = 2b$ bzw. $V_c = 2Nb$. Als weitere Konsequenz erhält man $\beta_c = \frac{2v_c}{a} = \frac{4b}{a}$ bzw. $k_B T_c = \frac{a}{4b}$. Der Druck am kritischen Punkt folgt noch als

$$P_c = \frac{e^{-\beta_c a/v_c}}{\beta_c(v_c - b)} = \frac{e^{-4b/2b}}{\frac{4b}{a}(2b - b)} = \frac{ae^{-2}}{4b^2} \quad \text{bzw.} \quad \beta_c P_c v_c = 2e^{-2} \, .$$

Definiert man nun die reduzierten, dimensionslosen Größen $\bar{p} \equiv P/P_c$, $\bar{v} \equiv v/v_c$ und $\bar{\beta} \equiv \beta/\beta_c$, so erhält man eine Zustandsgleichung in diesen reduzierten Variablen:

$$\bar{p} = \frac{P}{P_c} = \frac{\beta_c(v_c - b)}{\beta(v - b)}e^{\beta_c a/v_c - \beta a/v} = \frac{(2b - b)e^{2-\beta_c\bar{\beta}a/v_c\bar{v}}}{\bar{\beta}(2b\bar{v} - b)} = \frac{e^{2(1-\bar{\beta}/\bar{v})}}{\bar{\beta}(2\bar{v} - 1)} \, ,$$

also gilt auch in diesem Fall ein „Gesetz der korrespondierenden Zustände".

(c) Die Maxwell-Konstruktion ist auch auf diese Gleichung anwendbar, da diese Konstruktion nur auf der Konkavität der Gibbs'schen freien Energie $G(P)$ beruht. Die beiden entsprechenden Bestimmungsgleichungen sind $p(v_1) = p(v_2)$ und $g(v_1) = g(v_2)$ mit $g(v) \equiv G(P)/P_c V_c$. Zum Vergleich mit den Ergebnissen für das Van-der-Waals-Gas ist die Maxwell-Konstruktion für das Dieterici-Gas in Abbildung 8.6 skizziert. Die Ergebnisse zeigen, dass das Phasendiagramm *qualitativ* demjenigen des Van-der-Waals-Gases in Abb. 2.18 sehr ähnlich sieht, aber *quantitativ* davon doch erheblich abweicht.

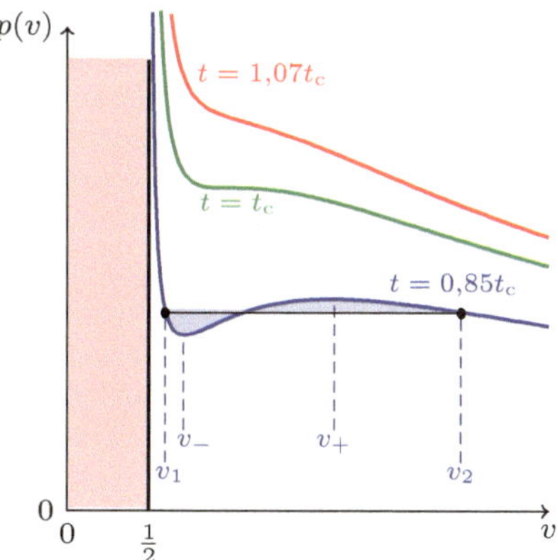

Abb. 8.6 Maxwell-Konstruktion für das Dieterici-Gas

(d) Aus dem ersten Hauptsatz der Thermodynamik und der Maxwell-Relation $\left(\frac{\partial S}{\partial V}\right)_{T,N} = -\left(\frac{\partial^2 F}{\partial T \partial V}\right)_N = \left(\frac{\partial P}{\partial T}\right)_{V,N}$ folgt: $\left(\frac{\partial U}{\partial V}\right)_{T,N} = T\left(\frac{\partial S}{\partial V}\right)_{T,N} - P = T\left(\frac{\partial P}{\partial T}\right)_{V,N} - P$. Hieraus ergibt sich:

$$\left(\frac{\partial(U/N)}{\partial v}\right)_T = \left(\frac{\partial U}{\partial V}\right)_{T,N} = T^2\left(\frac{\partial(P/T)}{\partial T}\right)_{V,N} = -\left(\frac{\partial(\beta P)}{\partial \beta}\right)_{V,N}$$

$$= -\frac{\partial}{\partial \beta}\left(\frac{e^{-\beta a/v}}{v - b}\right) = \frac{ae^{-\beta a/v}}{v(v - b)} \, .$$

Durch Integration nach der Variablen v erhält man nun:

$$U/N = f(T) - \int_v^\infty dv' \frac{ae^{-\beta a/v'}}{v'(v' - b)} = \tfrac{3}{2}k_B T - \int_v^\infty dv' \frac{ae^{-\beta a/v'}}{v'(v' - b)} \, .$$

Hierbei konnte die (zunächst beliebige) Funktion $f(T)$ mit dem linearen Verhalten $\frac{3}{2}k_\mathrm{B}T$ identifiziert werden, da dieses aus dem Spezialfall des Niedrigdichtelimes ($v \to \infty$) bekannt ist. Daher gilt für die Wärmekapazität bei konstantem Volumen:

$$C_{V,N}(T) = \left(\frac{\partial U}{\partial T}\right)_{V,N} = \tfrac{3}{2}Nk_\mathrm{B} + a^2 N \frac{d\beta}{dT} \int_v^\infty dv' \, \frac{e^{-\beta a/v'}}{(v')^2(v'-b)}$$

$$= Nk_\mathrm{B}\left[\frac{3}{2} - (\beta a)^2 \int_v^\infty dv' \, \frac{e^{-\beta a/v'}}{(v')^2(v'-b)}\right].$$

Folglich ist $C_{V,N}(T) \sim \frac{3}{2}Nk_\mathrm{B}$ im Niedrigdichtelimes (d. h. für $v \to \infty$) und $C_{V,N}(T) \sim -\left(\frac{\beta a}{b}\right)^2 Nk_\mathrm{B}e^{-\beta a/b}\ln\left(\frac{1}{v-b}\right)$ im Hochdichtelimes (für $v \downarrow b$). Die *negative* Wärmekapazität im Hochdichtelimes zeigt, dass die Dieterici-Gleichung zumindest in diesem Extremfall thermodynamisch nicht konsistent ist. Im Gegensatz hierzu ist die Van-der-Waals-Gleichung auch im Hochdichtelimes konsistent. Dieser qualitative Unterschied zwischen den Lösungen beider Gleichungen mag damit zusammenhängen, dass die Van-der-Waals-Gleichung – anders als die Dieterici-Gleichung – auch *mikroskopisch* im Rahmen der Statistischen Physik begründet werden kann (siehe Ref. [29]).

Lösung 2.19 Die Dampfdruckkurve des Van-der-Waals-Gases (PP)

Wir formulieren zuerst das zu lösende Problem: Das „Gesetz der korrespondierenden Zustände" lautet für die Van-der-Waals-Gleichung $\left(p+\frac{3}{v^2}\right)(3v-1) = 8t$ bzw. $p(v) = \frac{8t}{3v-1} - \frac{3}{v^2}$. Hierbei wird die reduzierte Temperatur t als Parameter aufgefasst, der bei der Untersuchung von $p(v)$ festgehalten wird. Zu bestimmen ist der *Dampfdruck* $p_\mathrm{M}(t)$ unterhalb der kritischen Temperatur ($0 < t < 1$) mit Hilfe der Maxwell-Konstruktion. Der Dampfdruck $p_\mathrm{M}(t)$ wird durch die beiden Gleichungen

$$p_\mathrm{M}(t) \overset{!}{=} p(v_1) = p(v_2) \quad \text{und} \quad (v_2 - v_1)p(v_2) = \int_{v_1}^{v_2} dv \, p(v) \tag{8.3}$$

für die beiden Variablen (v_1, v_2) festgelegt. Die zweite der beiden Gleichungen (8.3) kann auch explizit geschrieben werden als

$$(v_2 - v_1)p(v_2) = \int_{v_1}^{v_2} dv \left(\frac{8t}{3v-1} - \frac{3}{v^2}\right) = \frac{8t}{3}\ln\left(\frac{v_2 - \frac{1}{3}}{v_1 - \frac{1}{3}}\right) + 3\left(\frac{1}{v_2} - \frac{1}{v_1}\right). \tag{8.4}$$

Die Maxwell-Konstruktion ist speziell für die Zwecke dieser Aufgabe noch einmal mit allen relevanten Details in Abbildung 8.7 skizziert.

Wir führen ein paar Notationen ein, die ebenfalls in Abb. 8.7 dargestellt sind. Die Gleichung $p(v) = p_\mathrm{M}(t)$ hat für $t < 1$ drei Nullpunkte; wir bezeichnen den dritten Nullpunkt (neben v_1 und v_2) als v_0. Die Gleichung $p'(v) = 0$ hat für $t < 1$ zwei Nullpunkte; wir bezeichnen diese Nullpunkte als $v_\pm$ mit $v_- < v_+$ und die entsprechenden Drücke $p(v_\pm)$ als $p_\pm$. Hierbei gilt

$$0 = p'(v_\pm) = -\frac{24t}{(3v_\pm - 1)^2} + \frac{6}{(v_\pm)^3} \quad , \quad 4t(v_\pm)^3 = (3v_\pm - 1)^2 . \tag{8.5}$$

Für hinreichend tiefe Temperaturen ist p_- negativ, sodass die Gleichung $p(v) = 0$ zwei Nullpunkte hat. Wir bezeichnen den kleineren dieser beiden Nullpunkte als v_1^*

und den größeren als v_0^*. Für beide Nullpunkte $v_{1,0}^*$ gilt $0 = p(v^*)$ bzw. $8t(v^*)^2 = 3(3v^* - 1)$ und daher:

$$v_1^*(t) = \frac{9}{16t}\left(1 - \sqrt{1 - \frac{32t}{27}}\right) = \frac{1}{3}\left[1 + \frac{8t}{27} + 2\left(\frac{8t}{27}\right)^2 + \mathcal{O}(t^3)\right], \qquad (8.6)$$

$$v_0^*(t) = \frac{9}{16t}\left(1 + \sqrt{1 - \frac{32t}{27}}\right) = \frac{9}{8t}\left[1 - \frac{8t}{27} - \left(\frac{8t}{27}\right)^2 + \mathcal{O}(t^3)\right], \qquad (8.7)$$

sodass v_1^* und v_0^* für sehr niedrige Temperaturen ($t \downarrow 0$) einer hohen bzw. einer niedrigen Packungsdichte entsprechen: $v_1^* \downarrow \frac{1}{3}$ und $v_0^* \to \infty$. Wichtig ist im Folgenden die Reihenfolge:

$$\tfrac{1}{3} < v_1 < v_1^* < v_- < v_0^* < v_0 < v_+ < v_2 < \infty \,.$$

Insbesondere folgt aus (8.5) wegen $v_+ < v_2$ eine explizite untere Schranke für v_2, aus (8.6) wegen $v_1 < v_1^*$ eine obere Schranke für v_1 und aus (8.7) wegen $v_0^* < v_0$ eine untere Schranke für v_0. Wichtig ist auch, dass die Gleichungen (8.3) für alle $t \in (0,1)$ beweisbar eine Lösung p_M im Intervall

$$\max\{0, p_-\} < p_M(t) < p_+ \qquad (8.8)$$

haben. Die Erfüllbarkeit der ersten Gleichung in (8.3) [d. h. die Existenz dreier Lösungen (v_1, v_0, v_2) der Gleichung $p(v) = p_M$ für alle Konstanten p_M im Intervall $(\max\{0, p_-\}, p_+)$] ist für $t < 1$ grafisch klar aus Abb. 8.7. Die Erfüllbarkeit der zweiten Gleichung in (8.3) folgt daraus, dass $F(t, p_M) \equiv \int_{v_1}^{v_2} dv\, [p(v) - p_M(t)]$ als Funktion von p_M für alle $t \in (0,1)$ einen Nullpunkt im Intervall (8.8) hat: Für $p_M \uparrow p_+$ ist nämlich grafisch klar, dass $F(t, p_M)$ *negativ* ist, und für $p_M \downarrow \max\{0, p_-\}$ ist $F(t, p_M)$ *positiv*, sodass ein Nullpunkt im Intervall (8.8) existieren *muss*.

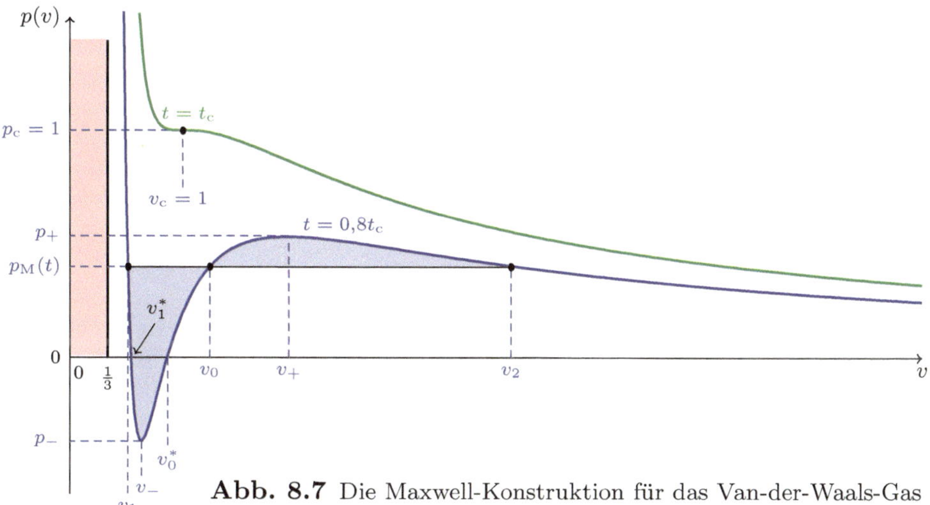

Abb. 8.7 Die Maxwell-Konstruktion für das Van-der-Waals-Gas

(a1) Wir betrachten zuerst den Limes *niedriger* Temperaturen ($t \downarrow 0$). In diesem Grenzfall hat Gleichung (8.5) die Lösungen $v_- \sim \frac{1}{3}\left(1 + \frac{2}{3\sqrt{3}}\sqrt{t}\right) \downarrow \frac{1}{3}$ und $v_+ \sim \frac{9}{4t} \to \infty$. Aus diesen $v_\pm$-Werten folgen die entsprechenden Drücke:

$$p_- = p(v_-) \sim -27 + 24\sqrt{3t} \quad \text{und} \quad p_+ = p(v_+) \sim \tfrac{16}{27}t^2 \qquad (t \downarrow 0)\,.$$

Hiermit ist schon sehr viel gewonnen: Wir besitzen nun eine *untere* Schranke für v_2 im Tieftemperaturlimes, nämlich: $v_2 > v_+ \sim \frac{9}{4t}$, und eine *obere* Schranke für den gesuchten Dampfdruck: $p_\mathrm{M}(t) = p(v_1) = p(v_2) < p_+ \sim \frac{16}{27}t^2$. Hieraus kann man wiederum lernen, dass die Differenz zwischen v_1 und v_1^* für $t \downarrow 0$ sehr gering ist:

$$\frac{16}{27}t^2 \sim p_+ > p(v_1) = p\big(v_1^* - (v_1^* - v_1)\big) \sim p(v_1^*) - (v_1^* - v_1)p'(v_1^*) \sim \frac{3^7}{8t}(v_1^* - v_1) \,,$$

sodass wir für niedrige Temperaturen die obere Schranke $v_1^* - v_1 < \frac{27}{3^{10}}t^3$ erhalten. Ein Vergleich mit Gleichung (8.6) zeigt, dass sich $v_1(t)$ und $v_1^*(t)$ für $t \downarrow 0$ sehr ähnlich verhalten: $v_1(t) = \frac{1}{3}\big[1 + \frac{8t}{27} + 2\big(\frac{8t}{27}\big)^2 + \mathcal{O}(t^3)\big]$.

Mit Hilfe der Ergebnisse $v_1(t) \sim \frac{1}{3}\big(1 + \frac{8t}{27}\big)$, $v_2 > \frac{9}{4t}$ und $p(v_2) < \frac{16}{27}t^2$ können wir uns Gleichung (8.4) widmen und $v_2(t)$ genauer bestimmen. Wir berücksichtigen auf der linken und der rechten Seite von (8.4) alle Terme, die mindestens von $\mathcal{O}(t)$ sind. Beispielsweise kann man auf der linken Seite den Term $-v_1 p(v_2) = \mathcal{O}(t^2)$ vernachlässigen. Analog kann man auf der rechten Seite $v_2 - \frac{1}{3}$ durch v_2 und $v_1 - \frac{1}{3}$ durch $\frac{8t}{81}$ ersetzen, da hierbei nur Terme von $\mathcal{O}(t^2)$ vernachlässigt werden. Es folgt:

$$v_2\left[\frac{8t}{3(v_2 - \frac{1}{3})} - \frac{3}{(v_2)^2}\right] = \frac{8t}{3}\ln\left(\frac{v_2}{8t/81}\right) + \frac{3}{v_2} - \frac{9}{1 + 8t/27} \,.$$

Auch auf der linken Seite kann $v_2 - \frac{1}{3}$ nun durch v_2 ersetzt werden, da man hierbei einen Term von $\mathcal{O}(t^2)$ vernachlässigt. Der Term $-\frac{3}{v_2}$ kann mit dem Term gleicher Struktur auf der rechten Seite kombiniert werden. Links und rechts heben sich lineare Terme $\frac{8}{3}t$ gegenseitig auf, und man erhält:

$$0 = \frac{8t}{3}\ln\left(\frac{v_2}{8t/81}\right) + \frac{6}{v_2} - 9 + \mathcal{O}(t^2) \qquad (t \downarrow 0) \,.$$

Hierbei ist der zweite Term auf der rechten Seite, $\frac{6}{v_2} < \frac{6}{v_+} = \mathcal{O}(t)$, viel kleiner als der dritte Term, der folglich nur vom ersten Term kompensiert werden kann. Die Konsequenz ist, dass die gesuchte Lösung v_2 offenbar *exponentiell groß* und der entsprechende Druck $p(v_2)$ *exponentiell klein* ist für $t \downarrow 0$:

$$v_2(t) \sim \frac{8t}{81}e^{27/8t} \quad , \quad p_\mathrm{M}(t) = p(v_2) \sim \frac{8t}{3v_2} \sim 27e^{-27/8t} \qquad (t \downarrow 0) \,.$$

Hiermit ist auch der gesuchte Dampfdruck im Tieftemperaturlimes bekannt. Aus der Beziehung $v_1^*(t) - v_1(t) \sim \frac{8t}{3^7}p(v_1) = \frac{8t}{3^7}p_\mathrm{M}(t) \sim \frac{8t}{81}e^{-27/8t}$ folgt noch, dass die Differenz zwischen v_1 und v_1^* für $t \downarrow 0$ sogar exponentiell klein ist. Analog gilt, dass die Differenz zwischen v_0 und v_0^* für $t \downarrow 0$ exponentiell klein ist, denn aus

$$27e^{-27/8t} \sim p_\mathrm{M}(t) = p(v_0) = p\big(v_0^* + (v_0 - v_0^*)\big) \sim (v_0 - v_0^*)p'(v_0^*) \sim 3\big(\tfrac{8t}{9}\big)^3(v_0 - v_0^*)$$

folgt im Tieftemperaturbereich: $v_0 - v_0^* \sim 9\big(\frac{9}{8t}\big)^3 e^{-27/8t}$.

Wir leiten nun einen asymptotischen Ausdruck für $p_\mathrm{M}(t)$ nahe der kritischen Temperatur ($t \uparrow 1$) her. Hierzu definieren wir $t \equiv 1 - \vartheta$ und betrachten kleine ϑ-Werte ($\vartheta \downarrow 0$). Um einen ersten Eindruck des relevanten v-Intervalls nahe $v_\mathrm{c} = 1$ zu erhalten, schauen wir uns zuerst Gleichung (8.5) an. Einsetzen von $t = 1 - \vartheta$

in die Gleichung $4t(v_\pm)^3 = (3v_\pm - 1)^2$ ergibt $v_\pm - 1 \sim \pm\frac{2}{\sqrt{3}}\sqrt{\vartheta}$ für $\vartheta \downarrow 0$. Hieraus lernen wir, dass das relevante v-Intervall nahe $v_\mathrm{c} = 1$ die typische Breite $\sqrt{\vartheta}$ hat. Analog erhält man direkt aus der Van-der-Waals-Gleichung das Ergebnis $1 - p(v_\mathrm{c}) = 4(1-t) = 4\vartheta$, das suggeriert, dass sich die Druckabsenkung (relativ zum kritischen Druck) bei der Temperatur $t = 1 - \vartheta$ annähernd linear als Funktion von ϑ verhält. Wir definieren deshalb:

$$t = 1 - \vartheta \quad , \quad v \equiv 1 + \sqrt{\vartheta}\,\varphi \quad , \quad p(v) \equiv 1 - 4\vartheta\,\pi(\varphi)$$

und möchten die Funktion $\pi(\varphi)$ berechnen. Einsetzen dieser Definitionen in die Van-der-Waals-Gleichung und Entwickeln bis einschließlich $\mathcal{O}(\sqrt{\vartheta})$ ergibt

$$\pi(\varphi) = \frac{1 - p(v)}{4\vartheta} = \frac{1}{4\vartheta}\left(1 - \frac{8t}{3v-1} + \frac{3}{v^2}\right) = \frac{(3v - 1 - 8t)v^2 + 3(3v - 1)}{4\vartheta(3v-1)v^2}$$

$$= \cdots = 1 - \tfrac{3}{2}\varphi(1 - \tfrac{1}{4}\varphi^2)\sqrt{\vartheta} + \mathcal{O}(\vartheta) \qquad (\vartheta \downarrow 0)\,.$$

Dieses Ergebnis zeigt, dass der Druck nahe der kritischen Temperatur in führender Ordnung v- bzw. φ-unabhängig abgesenkt wird und erst in der nächsten Ordnung eine schwache v- bzw. φ-Modulation proportional zu $-\tfrac{3}{2}\varphi(1 - \tfrac{1}{4}\varphi^2)$ aufweist. Wichtig ist, dass diese Modulation *antisymmetrisch* als Funktion von φ ist. Hieraus folgt nämlich sofort:

$$p_\mathrm{M}(t) \sim 1 - 4\vartheta + \mathcal{O}(\vartheta^2) \quad , \quad v_1 = 1 - 2\sqrt{\vartheta} + \mathcal{O}(\vartheta) \quad , \quad v_2 = 1 + 2\sqrt{\vartheta} + \mathcal{O}(\vartheta)\,.$$

Dies sieht man auch explizit wie folgt ein: Einerseits gilt für diese (v_1, v_2)-Werte $p(v_1) = p(v_2) = p_\mathrm{M}(t) \sim 1 - 4\vartheta + \mathcal{O}(\vartheta^2)$ und andererseits gilt

$$F(t, p_\mathrm{M}) = \int_{v_1}^{v_2} dv\, p(v) - (v_2 - v_1)p_\mathrm{M}(t) = \int_{v_1}^{v_2} dv\,\left[p(v) - p_\mathrm{M}(t)\right]$$

$$= 4\vartheta^{3/2}\int_{-2}^{2} d\varphi\,\left[1 - \pi(\varphi)\right] = 4\vartheta^2 \int_{-2}^{2} d\varphi\, \tfrac{3}{2}\varphi(1 - \tfrac{1}{4}\varphi^2) = 0\,,$$

sodass die beiden Bedingungen in Gleichung (8.3) erfüllt sind. Das Fazit ist also, dass nahe der kritischen Temperatur $p_\mathrm{M}(t) \sim 1 - 4(1 - t)$ gilt und der Dampfdruck dort *linear* ansteigt mit der Steigung $p_\mathrm{M}'(1) \sim 4$. Eine Skizze von $p_\mathrm{M}(t)$ für $0 < t < 1$ findet sich in Abbildung 8.8 in Teil **(a2)**.

(a2) Wir berechnen den Druck $p_M(t)$ im Koexistenzbereich für $0 < t < 1$ nun *numerisch*, ausgehend von den beiden Gleichungen in (8.3), in denen der Druck als Funktion des Volumens durch $p(v) = \frac{8t}{3v-1} - \frac{3}{v^2}$ gegeben ist. Hierbei zeigt bereits Abbildung 8.7 grafisch, dass die erste der beiden Gleichungen (8.3), also $p(v) = p_\mathrm{M}$, für alle $t \in (0,1)$ genau *drei* unterschiedliche, reelle Lösungen $v_1(t, p_\mathrm{M})$, $v_0(t, p_\mathrm{M})$ und $v_2(t, p_\mathrm{M})$ besitzen muss. In der Tat kann die Gleichung $p(v) = p_\mathrm{M}$ in der Form einer *kubischen* Gleichung umgeschrieben werden:

$$v^3 + a_2 v^2 + a_1 v + a_0 = 0 \quad , \quad a_2 = -\tfrac{1}{3}\left(1 + \tfrac{8t}{p_\mathrm{M}}\right) \quad , \quad a_1 = \tfrac{3}{p_\mathrm{M}} \quad , \quad a_0 = -\tfrac{1}{p_\mathrm{M}}\,,$$

mit genau *drei* Lösungen, die u.U. (abhängig von den Werten der Parameter a_2, a_1 und a_0) unterschiedlich und reell sein können. Unsere Lösungsstrategie wird sein, zuerst die drei Wurzeln $v_i(t, p_\mathrm{M})$ der kubischen Gleichung (mit $i = 0, 1, 2$) *exakt* zu bestimmen und dann das Resultat in die zweite der beiden Gleichungen (8.3) [oder äquivalent in Gleichung (8.4)] einzusetzen. Dies ergibt dann eine implizite Gleichung für die gesuchte Funktion $p_\mathrm{M}(t)$, die durch eine Nullpunktssuche numerisch gelöst werden kann.

Die Lösung der kubischen Gleichung $v^3 + a_2 v^2 + a_1 v + a_0 = 0$ findet sich in Handbüchern, z. B. in Ref. [1], Abschnitt (3.8.2): Man definiert für vorgegebene Parameter $\{a_2, a_1, a_0\}$ die zwei *reellen* Zahlen

$$q \equiv \tfrac{1}{3}a_1 - \tfrac{1}{9}a_2^2 \quad , \quad r \equiv \tfrac{1}{6}(a_1 a_2 - 3a_0) - \tfrac{1}{27}a_2^3$$

und die zwei weiteren Zahlen $s_\pm \equiv [r \pm (q^3 + r^2)^{\frac{1}{2}}]^{\frac{1}{3}}$. Hierbei wird die n-te Wurzel einer komplexen Zahl $z = re^{i\varphi}$ mit $n \in \mathbb{N}$, $r \geq 0$ und $-\pi < \varphi \leq \pi$ definiert als $z^{1/n} \equiv r^{1/n} e^{i\varphi/n}$. Die Existenz dreier unterschiedlicher, reeller Lösungen $v_i(t, p_\mathrm{M})$ mit $i = 0, 1, 2$ ist laut Ref. [1] gleichbedeutend mit der Bedingung $q^3 + r^2 < 0$, sodass die Zahlen $s_\pm$ im uns interessierenden Fall zueinander komplex konjugiert sind. Es gilt also $s_\pm = s_\mathrm{R} \pm i s_\mathrm{I}$ mit

$$s_\mathrm{R} \equiv \mathrm{Re}\big[\big(r + i\sqrt{-q^3 - r^2}\big)^{1/3}\big] \quad , \quad s_\mathrm{I} \equiv \mathrm{Im}\big[\big(r + i\sqrt{-q^3 - r^2}\big)^{1/3}\big] .$$

Die drei Lösungen $v_i(t, p_\mathrm{M})$ der kubischen Gleichung sind nun:

$$v_1 = -s_\mathrm{R} - \tfrac{1}{3}a_2 - \sqrt{3}s_\mathrm{I} \quad , \quad v_0 = -s_\mathrm{R} - \tfrac{1}{3}a_2 + \sqrt{3}s_\mathrm{I} \quad , \quad v_2 = 2s_\mathrm{R} - \tfrac{1}{3}a_2 .$$

Die drei gesuchten physikalischen Lösungen $v_i(t) \equiv v_i(t, p_\mathrm{M}(t))$ haben die erwünschte Eigenschaft $v_1 < v_0 < v_2$. Dies sieht man z. B. daraus, dass diese drei Lösungen für $t = 1 - \vartheta$ mit $\vartheta \ll 1$ die Eigenschaft $v_1 < v_0 < v_2$ besitzen[2] und dass physikalisch (und grafisch) aus Abb. 8.7 klar ist, dass sie sich im Intervall $t \in (0, 1)$ nicht kreuzen können.

Da nun die drei Lösungen $v_i(t, p_\mathrm{M})$ der ersten Gleichung $p(v) = p_\mathrm{M}$ in (8.3) bekannt sind, können wir das Ergebnis in die zweite Gleichung in (8.3) oder äquivalent in (8.4) einsetzen. Wir erhalten die Gleichung

$$0 \overset{!}{=} F(t, p_\mathrm{M}) \equiv \frac{8t}{3} \ln\left(\frac{v_2 - \tfrac{1}{3}}{v_1 - \tfrac{1}{3}}\right) - (v_2 - v_1)\left(\frac{3}{v_1 v_2} + p_\mathrm{M}\right) ,$$

wobei auf der rechten Seite v_i als $v_i(t, p_\mathrm{M})$ zu interpretieren ist. Die gesuchte Dampfdruckkurve $p_\mathrm{M}(t)$ wird implizit durch die Gleichung $F(t, p_\mathrm{M}) = 0$ festgelegt und kann somit durch eine Nullpunktssuche bestimmt werden: Gibt man t vor, erhält man die Funktion $p_\mathrm{M}(t)$, gibt man alternativ p_M vor, erhält man die Umkehrfunktion $t(p_\mathrm{M})$. Die Funktion $p_\mathrm{M}(t)$ ist für $0 \leq t \leq 1$ in Abbildung 8.8 grafisch dargestellt. Die numerischen Ergebnisse zeigen, dass die Funktion $p_\mathrm{M}(t)$ für $p_\mathrm{M} \lesssim 0{,}005$ bzw. $t \lesssim 0{,}4$ hervorragend durch die asymptotischen Ergebnisse für tiefe Temperaturen aus Teil (**a1**) approximiert wird. Auch die aus Teil (**a1**) bekannte *lineare* Temperaturabhängigkeit $p_\mathrm{M}(t) \sim 1 - 4(1 - t)$ des Dampfdrucks in der Nähe des kritischen Punkts $(t_\mathrm{c}, p_\mathrm{c})$ ist in Abbildung 8.8 klar ersichtlich. Setzt man diese numerischen

---

[2] Dies folgt aus dem Ergebnis $p_\mathrm{M}(t) \sim 1 - 4\vartheta + \mathcal{O}(\vartheta^2)$ für $t = 1 - \vartheta$ und $\vartheta \downarrow 0$ [siehe Teil (**a1**)]. Einsetzen ergibt nämlich $v_1 \sim 1 - 2\sqrt{\vartheta}$, $v_0 = 1 + \mathcal{O}(\vartheta)$ und $v_2 \sim 1 + 2\sqrt{\vartheta}$, sodass für $\vartheta \downarrow 0$ die Reihenfolge $v_1 < v_0 < v_2$ gilt. Man kann diese Reihenfolge natürlich auch numerisch überprüfen.

Ergebnisse für $p_M(t)$ bzw. $t(p_M)$ nun in die bekannten Beziehungen für $v_i(t, p_M(t))$ ein, so erhält man die drei Funktionen $v_i(p_M) = v_i(t(p_M), p_M)$ bzw. ihre Umkehrfunktionen $p_M(v_i)$, die in Abbildung 8.9 grafisch dargestellt sind. Diese Abbildung zeigt für die Beispieltemperatur $t \simeq 0{,}87$ auch den Koexistenzbereich im p-v-Diagramm, der durch die Verbindungslinie der Punkte (v_1, p_M) und (v_2, p_M) gegeben ist. Abb. 8.9 zeigt, dass die Breite des Koexistenzbereichs am kritischen Punkt (t_c, p_c) gleich null ist, mit abklingender Temperatur zunächst gemäß $v_2 - v_1 \sim 4\sqrt{1 - t}$ algebraisch und dann im Tieftemperaturbereich gemäß $v_2 - v_1 \sim \frac{8t}{81} e^{27/8t}$ exponentiell anwächst.

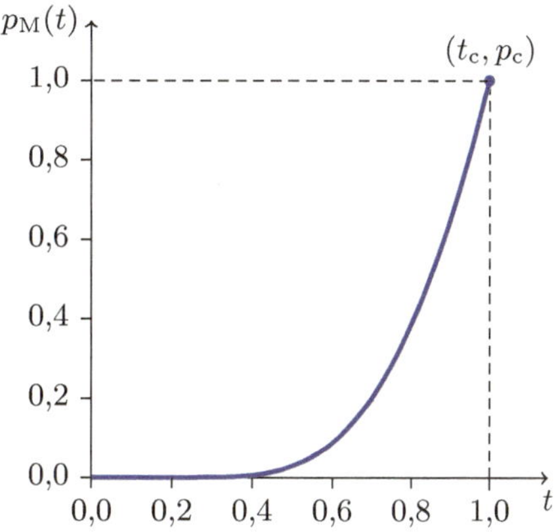

Abb. 8.8 Die Dampfdruckkurve $p_M(t)$ des Van-der-Waals-Gases

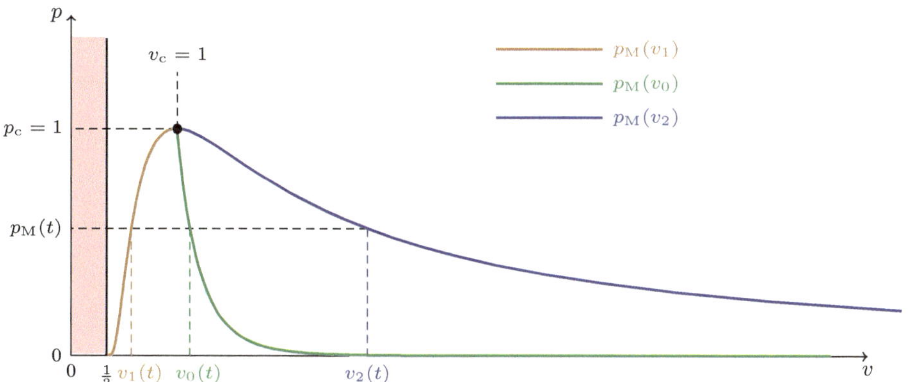

Abb. 8.9 Der Koexistenzbereich $v_1(t) \leq v \leq v_2(t)$ des Van-der-Waals-Gases, abhängig vom Dampfdruck $p_M(t)$. Im eingezeichneten Beispiel gilt $t \simeq 0{,}87$.

(b) Die Dampfdruckkurve $p_M(t)$ hat bei nicht zu niedrigen Temperaturen qualitativ und semi-quantitativ die gleiche Form wie bei H_2O und CO_2. Im Tieftemperaturbereich ist das Modell des Van-der-Waals-Gases jedoch nicht anwendbar. Für Wasser (H_2O) beispielsweise hat die berechnete Kurve $p_M(t)$ qualitativ und semi-quantitativ den richtigen Verlauf zwischen dem kritischen Punkt $(T_c, P_c) = (374\,°\text{C}, 22{,}1\,\text{MPa})$ und dem Tripelpunkt $(T_{tr}, P_{tr}) = (10^{-2}\,°\text{C}, 0{,}6\,\text{kPa})$. Unterhalb des Tripelpunkts ist $p_M(t)$ jedoch irrelevant, da der Wasserdampf in diesem Bereich bei Kompression nicht flüssig, sondern *fest* wird (Sublimationskurve). Ähnlich ist die Situation für CO_2, das einen kritischen Punkt $(T_c, P_c) = (31{,}1\,°\text{C}, 7{,}38\,\text{MPa})$ und einen Tripelpunkt $(T_{tr}, P_{tr}) = (-56{,}6\,°\text{C}, 0{,}518\,\text{MPa})$ hat. Im Gegensatz hierzu sind ^{4}He und ^{3}He direkt oberhalb ihrer Dampfdruckkurven beide flüssig bis zum absoluten Nullpunkt – sie werden erst unter Druck fest. Die kritischen Temperaturen des ^{4}He und ^{3}He sind allerdings sehr niedrig, nämlich $T_c = 5{,}19\,\text{K}$ bzw. $T_c = 3{,}35\,\text{K}$.

Da die Van-der-Waals-Beschreibung Quanteneffekte vernachlässigt und diese gerade im Kelvinbereich wichtig werden, kann man für diese Quantengase höchstens qualitative, aber keine quantitative Übereinstimmung erwarten.

Das Tieftemperaturverhalten der Dampfdruckkurve $p_M(t)$ kann übrigens in einfacher Weise physikalisch interpretiert werden, und zwar als *angeregtes* Verhalten, das durch einen Boltzmann-Faktor beschrieben wird: $P(T) = P_0 e^{-E/k_B T}$. Bei der Behandlung der Clausius-Clapeyron-Gleichung (siehe Abschnitt [2.15.1]) wird klar, dass die Energie E als Enthalpiedifferenz zwischen Dampf und Flüssigkeit pro Teilchen interpretiert werden kann.

Lösung 2.20 Der dritte Hauptsatz

(a) Aus der Definition $C_{V,N} \equiv \left(\frac{\partial U}{\partial T}\right)_{V,N} = T\left(\frac{\partial S}{\partial T}\right)_{V,N} = \frac{3}{2}Nk_B$ der Wärmekapazität folgt $\left(\frac{\partial S}{\partial T}\right)_{V,N} = \frac{3Nk_B}{2T}$. Außerdem folgt aus der Aufgabenstellung mit Hilfe einer Maxwell-Relation: $\left(\frac{\partial S}{\partial V}\right)_{T,N} = -\left(\frac{\partial^2 F}{\partial V \partial T}\right)_N = \left(\frac{\partial P}{\partial T}\right)_{V,N} = \frac{Nk_B}{V}$. Integration dieser beiden Beziehungen und Kombination der Resultate ergibt $S = Nk_B\left[\ln\left(\frac{V}{V_0}\right) + \frac{3}{2}\ln\left(\frac{T}{T_0}\right)\right] + \text{Konstante}$. Hierbei muss wegen der Extensivität der Entropie die Konstante proportional zur Teilchenzahl N sein, aber sie kann auch in die (bisher beliebigen) Konstanten $V_0 > 0$ und $T_0 > 0$ absorbiert und somit effektiv gleich null gesetzt werden. Im Limes $T \downarrow 0$ folgt für die Entropie pro Teilchen: $S/N \to -\infty$, im Widerspruch zum dritten Hauptsatz, sodass das Konzept eines „klassischen" Gases für hinreichend tiefe Temperaturen inkonsistent wird.

(b) Für die Skizzen benötigt man lediglich die qualitative T-Abhängigkeit der jeweiligen Entropien. Die Entropie des *klassischen Gases* enthält einen additiven Term proportional zu $\ln\left(\frac{T}{T_0}\right)$ und ist somit konkav (nach *unten* gekrümmt). Eine Volumenänderung erzeugt eine additive Konstante in der Entropie und verschiebt die Kurve daher nach oben oder unten. Die Entropie des *Bose-Gases* ist proportional zu $T^{3/2}$ und somit konvex (nach *oben* gekrümmt). Eine Volumenänderung ändert lediglich den Vorfaktor des $T^{3/2}$-Verhaltens. Die Entropie des *Fermi-Gases* ist eine lineare Funktion von T und somit eine Halbgerade. Eine Volumenänderung ändert ε_F und daher lediglich den Vorfaktor dieses linearen Verhaltens. Sowohl die Entropie des Bose-Gases als auch diejenige des Fermi-Gases streben gegen null für $T \downarrow 0$, im Einklang mit dem dritten Hauptsatz.

(c) Die physikalischen Dimensionen der relevanten Größen sind $[k_B T] = \text{J}$ für die thermische Energie, $\left[\frac{S}{Nk_B}\right] = 1$ für die Entropie, $\left[\frac{N}{V}\right] = \text{m}^{-3}$ für die Teilchendichte, $[\hbar] = \text{kg m}^2\text{s}^{-1}$ und $[m] = \text{kg}$. Die letzten drei Größen können nur in der Kombination $\frac{\hbar^2}{2m}\left(\frac{N}{V}\right)^{2/3}$ zu einer Energie mit der Dimension $\text{kg m}^2\text{s}^{-2} = \text{J}$ kombiniert werden. Die thermische Energie $k_B T$ muss also proportional zu $\frac{\hbar^2}{2m}\left(\frac{N}{V}\right)^{2/3}$ sein, wobei die Proportionalitätskonstante $f\left(\frac{S}{Nk_B}\right)$ noch vom dimensionslosen Verhältnis $\frac{S}{Nk_B}$ abhängen darf.

Für das klassische Gas gilt $\frac{S}{Nk_B} = \ln\left[\frac{V}{V_0}\left(\frac{T}{T_0}\right)^{3/2}\right]$ bzw. $\frac{T}{T_0} = \left(\frac{V_0}{V}\right)^{2/3} e^{2S/3Nk_B}$, sodass $f(x)$ die Form $f(x) = e^{2x/3}$ hat und man die Konstanten T_0 und V_0

gemäß $k_\mathrm{B} T_0 \left(\frac{V_0}{N}\right)^{2/3} = \frac{\hbar^2}{2m}$ wählen sollte.

Für das Bose-Gas gilt $x = \frac{S}{N k_\mathrm{B}} = \frac{5}{2} \frac{V}{N} \frac{\zeta(\frac{5}{2})}{(\lambda_T)^3}$ mit $\lambda_T = \left(\frac{2\pi\hbar^2}{m k_\mathrm{B} T}\right)^{1/2}$. Dies kann man nach $k_\mathrm{B} T$ auflösen, und man erhält die angegebene Form mit $f(x) = 4\pi \left[\frac{5}{2}\zeta(\frac{5}{2})\right]^{-2/3} x^{2/3}$.

Für das Fermi-Gas gilt $x = \frac{S}{N k_\mathrm{B}} = \frac{\pi^2}{2} \frac{k_\mathrm{B} T}{\varepsilon_\mathrm{F}}$ bzw. $k_\mathrm{B} T = \frac{2}{\pi^2} \varepsilon_\mathrm{F} x$ mit $\varepsilon_\mathrm{F} = \frac{\hbar^2}{2m}\left(\frac{3\pi^2 N}{V}\right)^{2/3}$, sodass man die angegebene Form mit $f(x) = 2\left(\frac{3}{\pi}\right)^{2/3} x$ erhält.

8.3 Grundlagen der Statistischen Physik

Lösung 3.1 N-Teilchen-Hilbert-Räume für Bosonen und Fermionen

(a) Die Dimension von $\mathcal{H}_N$ ist g^N, da in jedem der N Einteilchen-Hilbert-Räume einer von g möglichen Einteilchenquantenzuständen ausgewählt werden kann.

(b) Die Dimension des fermionischen Unterraums $\mathcal{F}_N$ von $\mathcal{H}_N$ ist gleich der Anzahl der unabhängigen, vollständig antisymmetrischen N-Teilchen-Basiszustände:

$$\mathrm{Dim}\left[\mathcal{F}_N\right] = \frac{1}{N!} g(g-1)(g-2)\cdots(g+1-N) = \frac{g!}{N!(g-N)!} = \binom{g}{N}$$

und verhält sich im Limes $N \to \infty$ ganz einfach wie: $\mathrm{Dim}\left[\mathcal{F}_N\right] = 0$ für $N > g$.

(c) Zur Berechnung von $\mathrm{Dim}\left[\mathcal{B}_N\right]$ gibt es ein einfaches kombinatorisches Argument oder alternativ eine konkrete analytische Berechnung. Da bosonische Wellenfunktionen vollständig symmetrisch sind, sind nur die Besetzungszahlen der einzelnen Einteilchenquantenzustände relevant. Man muss also N „Quanten" über g Quantenzustände verteilen, wobei die Reihenfolge der „Quanten" bei der Einteilung völlig unerheblich ist.

Dieses Problem lässt sich wie folgt kombinatorisch formulieren: Insgesamt hat man $N+g-1$ „Objekte", von denen man $g-1$ als „Trennwände" zwischen den g Einteilchenquantenzuständen und die übrigen N als „Quanten" in diesen Zuständen identifizieren soll. Jede mögliche Auswahl der „Trennwände" legt die Besetzungszahlen der Einteilchenzustände somit eindeutig fest. Da man die Auswahl der Trennwände (oder äquivalent: der Quanten) in $\binom{N+g-1}{g-1}$ unterschiedlichen Weisen treffen kann, gilt $\mathrm{Dim}\left[\mathcal{B}_N\right] = \binom{N+g-1}{g-1}$. Zur Illustration ist für den Spezialfall $(N, g) = (11, 6)$ eine mögliche Trennung der $N = 11$ Quanten durch $g - 1 = 5$ Trennwände in Abbildung 8.10 grafisch dargestellt.

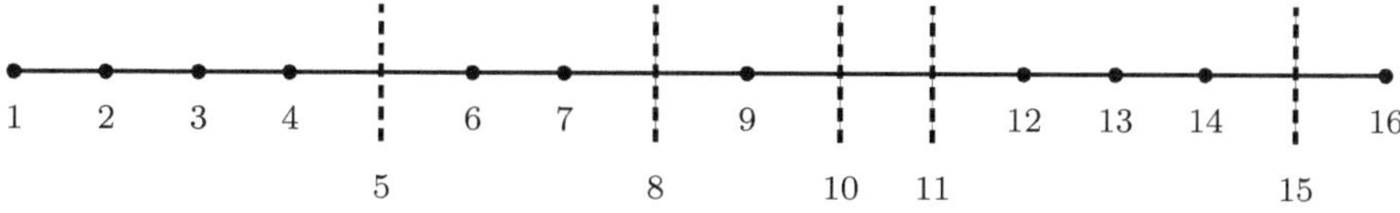

Abb. 8.10 Zur Bestimmung der Dimension des bosonischen
N-Teilchen-Hilbert-Raums

Alternativ könnte man die Dimension des bosonischen Unterraums $\mathcal{B}_N$ von $\mathcal{H}_N$ auch rein *analytisch* berechnen mit Hilfe der erzeugenden Funktion

$$D(q) = \sum_{N=0}^{\infty} D_N q^N \quad , \quad D_N \equiv \mathrm{Dim}\big[\mathcal{B}_N\big] = \sum_{\{n_l\}} \delta_{N,\sum_{l=1}^{g} n_l} \ .$$

Die Dimension $D_N \equiv \mathrm{Dim}\big[\mathcal{B}_N\big]$ zählt also – wie erwünscht – die Anzahl der unterschiedlichen Sätze von Besetzungszahlen $\{n_l\}$ bei vorgegebener Gesamtteilchenzahl N. Einsetzen der Definition von D_N in $D(q)$ ergibt:

$$D(q) = \sum_{N=0}^{\infty} \delta_{N,\sum_{l=1}^{g} n_l} q^N = \sum_{\{n_l\}} q^{\sum_{l=1}^{g} n_l} = \prod_{l=1}^{g} \left(\sum_{n_l=0}^{\infty} q^{n_l} \right) = \left(\frac{1}{1-q} \right)^{g} \ .$$

Nun gilt generell (siehe z. B. Ref. [10], Formel (1.110), oder Ref. [12], Abschnitt 4.4.5):

$$(1+x)^{\alpha} = \sum_{k=0}^{\infty} \frac{x^k \Gamma(\alpha+1)}{k!\,\Gamma(\alpha+1-k)} = \sum_{k=0}^{\infty} \binom{\alpha}{k} x^k$$

und daher speziell auch für $x = -q$ und $\alpha = -g$:

$$(1-q)^{-g} = \sum_{N=0}^{\infty} \binom{-g}{N} (-q)^N \ .$$

Der Koeffizient D_N von q^N in $D(q)$ ist daher gegeben durch

$$D_N = (-1)^N \frac{\Gamma(-g+1)}{N!\,\Gamma(-g+1-N)} = \frac{(-1)^N}{N!}(-g)[-(g+1)]\cdots[-(g+N-1)]$$

$$= \frac{(N+g-1)!}{N!(g-1)!} = \binom{N+g-1}{N} = \binom{N+g-1}{g-1} \ .$$

Das asymptotische Verhalten der Dimension von $\mathcal{B}_N$ für große N ist:

$$\mathrm{Dim}\big[\mathcal{B}_N\big] = \frac{(N+g-1)!}{N!(g-1)!} \sim \frac{(N+g-1)^{N+g-1}e^{-(N+g-1)}}{(g-1)!\,N^N e^{-N}}$$

$$\sim \frac{N^{g-1}}{(g-1)!} \left(1 + \frac{g-1}{N} \right)^{N} e^{-(g-1)} \sim \frac{N^{g-1}}{(g-1)!} \ .$$

Die Dimension $\mathrm{Dim}\big[\mathcal{B}_N\big]$ steigt also *algebraisch* an für große N-Werte und ist somit viel kleiner als die (exponentiell ansteigende) Dimension von $\mathcal{H}_N$.

(d) Für $N = 2$ gilt:

$$\mathrm{Dim}\big[\mathcal{F}_2\big] = \binom{g}{2} = \tfrac{1}{2}g(g-1) \quad , \quad \mathrm{Dim}\big[\mathcal{B}_2\big] = \binom{g+1}{g-1} = \tfrac{1}{2}g(g+1) \ ,$$

mit dem Resultat $\mathrm{Dim}\big[\mathcal{F}_2\big] + \mathrm{Dim}\big[\mathcal{B}_2\big] = g^2 = \mathrm{Dim}\big[\mathcal{H}_2\big]$; die fermionischen und bosonischen Teilräume spannen also den ganzen 2-Teilchen-Hilbert-Raum auf. Für $N = 3$ gilt:

$$\mathrm{Dim}\big[\mathcal{F}_3\big] = \binom{g}{3} = \tfrac{1}{6}g(g-1)(g-2) \quad , \quad \mathrm{Dim}\big[\mathcal{B}_3\big] = \binom{g+2}{g-1} = \tfrac{1}{6}g(g+1)(g+2) \ ,$$

nun aber mit dem Resultat $\mathrm{Dim}\big[\mathcal{F}_3\big]+\mathrm{Dim}\big[\mathcal{B}_3\big]=\frac{1}{3}g(g^2+2)<\mathrm{Dim}\big[\mathcal{H}_3\big]=g^3$ für alle $g>1$.

Lösung 3.2 Der Dichteoperator

(a) (i) Der Operator $\hat{\varrho}=\sum_l\alpha_l\hat{\varrho}_l$ mit $\alpha_l\in\mathbb{R}$ ist hermitesch: $\hat{\varrho}^\dagger=\sum_l\alpha_l\hat{\varrho}_l^\dagger=\sum_l\alpha_l\hat{\varrho}_l=\hat{\varrho}$.

Um nachzuweisen, dass $\hat{\varrho}$ auch positiv semidefinit ist, zeigen wir zuerst, dass „positiv semidefinit" (Aussage A) äquivalent auch bedeutet, dass in jedem Zustand $|\psi\rangle$ der Erwartungswert von $\hat{\varrho}$ positiv ist: $\langle\psi\,|\,\hat{\varrho}\,|\,\psi\rangle\geq 0$ (Aussage B). Hierbei ist „$B\Rightarrow A$" klar, da auch die Eigenwerte $\rho_m=\langle m\,|\,\hat{\varrho}\,|\,m\rangle\geq 0$ von $\hat{\varrho}$ Erwartungswerte sind, und „$A\Rightarrow B$" folgt aus der Spektraldarstellung von $\hat{\varrho}$ als: $\langle\psi\,|\,\hat{\varrho}\,|\,\psi\rangle=\sum_m\langle\psi\,|\,m\rangle\rho_m\langle m\,|\,\psi\rangle=\sum_m\rho_m\big|\langle m\,|\,\psi\rangle\big|^2\geq 0$.

(ii) Es folgt nun sofort aus $\langle\psi\,|\,\hat{\varrho}\,|\,\psi\rangle=\sum_l\alpha_l\langle\psi\,|\,\hat{\varrho}_l\,|\,\psi\rangle\geq 0$, dass $\hat{\varrho}$ auch positiv semidefinit ist.

(iii) Wegen $\mathrm{Sp}(\hat{\varrho})=\sum_l\alpha_l\mathrm{Sp}(\hat{\varrho}_l)=\sum_l\alpha_l=1$ ist die Spur von $\hat{\varrho}$ gleich eins.

Aus (i), (ii) und (iii) folgt, dass $\hat{\varrho}$ ein Dichteoperator ist. Die Menge aller möglichen Dichteoperatoren eines Systems ist somit *konvex*.

(b) Der Dichteoperator eines lokalisierten Spin-$\frac{1}{2}$-Teilchens wirkt auf einen zweidimensionalen Hilbert-Raum und ist somit als (2×2)-Matrix darstellbar. Wegen der Bedingung $\mathrm{Sp}(\hat{\varrho})=1$ muss die Summe der beiden Diagonalelemente gleich eins sein. Die allgemeinstmögliche Form ist daher $\hat{\varrho}=\frac{1}{2}\big(\begin{smallmatrix}1+u_3 & u_1-iu_2\\ u_1+iu_2 & 1-u_3\end{smallmatrix}\big)=\frac{1}{2}(\mathbb{1}_2+\mathbf{u}\cdot\boldsymbol{\sigma})$, zunächst mit $\mathbf{u}=(u_1,u_2,u_3)\in\mathbb{C}^3$. Aus der Bedingung, dass $\hat{\varrho}=\frac{1}{2}(\mathbb{1}_2+\mathbf{u}\cdot\boldsymbol{\sigma})$ hermitesch sein muss, und der Hermitizität der Pauli-Matrizen $\boldsymbol{\sigma}=(\sigma_1,\sigma_2,\sigma_3)$ folgt jedoch $\mathbf{u}\in\mathbb{R}^3$. Die Eigenwerte λ von $\hat{\varrho}$ folgen aus der Gleichung $\det(\hat{\varrho}-\lambda\mathbb{1}_2)=\frac{1}{4}[(1-2\lambda)^2-\mathbf{u}^2]=0$ als $\lambda_\pm=\frac{1}{2}(1\pm|\mathbf{u}|)$, sodass $|\mathbf{u}|\leq 1$ gelten muss, damit $\hat{\varrho}$ positiv semidefinit ist.

Aus den Eigenschaften $\sigma_i\sigma_j=i\varepsilon_{ijk}\sigma_k$ und $\sigma_j^2=\mathbb{1}_2$ der (spurlosen und antikommutierenden) Pauli-Matrizen folgt mit der Einstein-Konvention:

$$\langle\sigma_j\rangle=\mathrm{Sp}(\hat{\varrho}\sigma_j)=\mathrm{Sp}\big[\tfrac{1}{2}(\mathbb{1}_2+u_i\sigma_i)\sigma_j\big]=\tfrac{1}{2}u_i\big[i\varepsilon_{ijk}\mathrm{Sp}(\sigma_k)+\delta_{ij}\mathrm{Sp}(\sigma_j^2)\big]$$
$$=\tfrac{1}{2}u_i\cdot 2\delta_{ij}=u_j\quad(j=1,2,3)$$

und somit $\langle\boldsymbol{\sigma}\rangle=\mathrm{Sp}(\hat{\varrho}\boldsymbol{\sigma})=\mathbf{u}$. Damit der Dichteoperator $\hat{\varrho}$ einen *reinen* Zustand beschreibt, muss er ein Projektor (mit der Eigenschaft $\hat{\varrho}^2=\hat{\varrho}$) sein. Hierzu muss einer der beiden Eigenwerte $\lambda_\pm=\frac{1}{2}(1\pm|\mathbf{u}|)$ eins und der andere null sein. Dies erfordert $|\mathbf{u}|=1$, sodass die „Spitzen" der entsprechenden $\mathbf{u}$-Vektoren auf der Oberfläche der Einheitskugel liegen.

(c) Die linke Seite der Von-Neumann-Gleichung $i\hbar\partial_t\hat{\varrho}=[\hat{\mathrm{H}},\hat{\varrho}]$ ist für Dichteoperatoren der Form $\hat{\varrho}=\frac{1}{2}(\mathbb{1}+\langle\boldsymbol{\sigma}\rangle_t\cdot\boldsymbol{\sigma})$ gleich $\frac{1}{2}i\hbar\big(\frac{d}{dt}\langle\boldsymbol{\sigma}\rangle_t\big)\cdot\boldsymbol{\sigma}$. Die rechte Seite ist mit der Einstein-Konvention und der Eigenschaft $[\sigma_i,\sigma_j]=2i\varepsilon_{ijk}\sigma_k$ der Pauli-Matrizen gleich:

$$[\hat{\mathrm{H}},\hat{\varrho}]=-\mu_{\mathrm{B}}B_i[\sigma_i,\tfrac{1}{2}(\mathbb{1}_2+\langle\sigma_j\rangle_t\sigma_j)]=-\tfrac{1}{2}\mu_{\mathrm{B}}B_i\langle\sigma_j\rangle_t[\sigma_i,\sigma_j]$$
$$=-i\varepsilon_{ijk}\mu_{\mathrm{B}}B_i\langle\sigma_j\rangle_t\sigma_k=-i\mu_{\mathrm{B}}(\mathbf{B}\times\langle\boldsymbol{\sigma}\rangle_t)\cdot\boldsymbol{\sigma}\,.$$

Insgesamt erhalten wir also die Gleichung $\left(\frac{d}{dt}\langle\boldsymbol{\sigma}\rangle_t\right)\cdot\boldsymbol{\sigma} = -\frac{2\mu_B}{\hbar}(\mathbf{B}\times\langle\boldsymbol{\sigma}\rangle_t)\cdot\boldsymbol{\sigma}$. Da die Darstellung spurloser zweidimensionaler Matrizen mit Hilfe von Pauli-Matrizen eindeutig ist, folgt hieraus $\frac{d}{dt}\langle\boldsymbol{\sigma}\rangle_t = \frac{2\mu_B}{\hbar}\langle\boldsymbol{\sigma}\rangle_t\times\mathbf{B} = 2\omega_L\langle\boldsymbol{\sigma}\rangle_t\times\hat{\mathbf{B}}$ mit $\omega_L = \frac{|e|B}{2m}$, $B\equiv|\mathbf{B}|$ und $\hat{\mathbf{B}}\equiv\mathbf{B}/B$.

Lösung 3.3 Schmidt-Zerlegung und Entropie

(a) Wir bestimmen die Dichtematrix und den Dichteoperator nach dem allgemeinen Schema von Abschnitt [3.2]. Der Erwartungswert eines Operators $\hat{O} = \mathbb{1}_S\otimes\hat{O}_U$, der effektiv nur auf die *Umgebung* (d. h. auf die $\{|\bar{\psi}_m^U\rangle\}$) und nicht auf das *System* (d. h. nicht auf die $\{|m\rangle\}$) einwirkt, ist:

$$\langle\hat{O}\rangle = \langle\psi|\hat{O}|\psi\rangle = \sum_{mm'\in\mathcal{M}}\sqrt{\varrho_m\varrho_{m'}}\,\langle m|\otimes\langle\bar{\psi}_m^U|\,\mathbb{1}_S\otimes\hat{O}_U\,|m'\rangle\otimes|\bar{\psi}_{m'}^U\rangle$$

$$= \sum_{mm'\in\mathcal{M}}\varrho_m\delta_{mm'}\langle\bar{\psi}_m^U|\hat{O}_U|\bar{\psi}_{m'}^U\rangle = \sum_{m\in\mathcal{M}}\varrho_m\langle\bar{\psi}_m^U|\hat{O}_U|\bar{\psi}_m^U\rangle\,.$$

Die Dichtematrix der *Umgebung* ist also durch $\varrho_{mm'}^U = \varrho_m\delta_{mm'}$ gegeben, falls $m, m'\in\mathcal{M}$ gilt, und durch $\varrho_{\alpha\alpha'}^U = 0$ im orthogonalen Komplement der $\{|\bar{\psi}_m^U\rangle\}$, d. h., falls entweder $\alpha\notin\mathcal{M}$ oder $\alpha'\notin\mathcal{M}$ gilt. Der entsprechende Dichteoperator der *Umgebung* ist

$$\hat{\varrho}^U = \sum_{mm'\in\mathcal{M}}|\bar{\psi}_m^U\rangle\varrho_{mm'}^U\langle\bar{\psi}_{m'}^U| = \sum_{m\in\mathcal{M}}\varrho_m|\bar{\psi}_m^U\rangle\langle\bar{\psi}_m^U|\,.$$

Dieser Dichteoperator $\hat{\varrho}^U$ weist in der Tat die erforderlichen Eigenschaften $\hat{\varrho}^{U\dagger} = \hat{\varrho}^U$, $\varrho_m\geq 0$ und $\sum_{m\in\mathcal{M}}\varrho_m = 1$ auf.

(b) Die Entropie $S^U[\hat{\varrho}^U]$ der *Umgebung* ist nun durch

$$-k_B\,\mathrm{Sp}\big(\hat{\varrho}^U\ln\hat{\varrho}^U\big)\stackrel{!}{=} -k_B\sum_{m\in\mathcal{M}}\langle\bar{\psi}_m^U|\hat{\varrho}^U\ln\hat{\varrho}^U|\bar{\psi}_m^U\rangle = -k_B\sum_{m\in\mathcal{M}}\varrho_m\ln(\varrho_m)\stackrel{!}{=} S[\hat{\varrho}]$$

gegeben. Bemerkenswerterweise sind die Entropien des *Systems* und der *Umgebung* also exakt gleich. Es reicht im ersten Schritt bei der Berechnung der Spur aus, lediglich den durch die Wellenfunktionen $\{|\bar{\psi}_m^U\rangle\}$ mit $m\in\mathcal{M}$ aufgespannten Unterraum zu betrachten, da $\hat{\varrho}^U$ im hierzu orthogonalen Unterraum ein spektrales Gewicht gleich null hat ($\varrho_{\alpha\alpha}^U = 0$ für $\alpha\notin\mathcal{M}$).

8.4   Die statistischen Gesamtheiten

Lösung 4.1 Einsteins Modell für optische Phononen

(a) Die mikrokanonische Zustandssumme $\omega(U)$ wird in Gleichung (4.8) definiert und ist im Wesentlichen gleich der *U-Ableitung* der Hilfsgröße $\bar{\omega}(U)$, die auch als „integrierte Strukturfunktion" bezeichnet wird:

$$\bar{\omega}(U+\tfrac{1}{2}\Delta U) - \bar{\omega}(U-\tfrac{1}{2}\Delta U) = \sum_m\big[\Theta(U+\tfrac{1}{2}\Delta U - E_m) - \Theta(U-\tfrac{1}{2}\Delta U - E_m)\big]$$

$$= \sum_m\Theta(U+\tfrac{1}{2}\Delta U - E_m)\Theta(E_m - (U-\tfrac{1}{2}\Delta U)) = \omega(U)\Delta U\,.$$

(b) Aus Aufgabe 3.1 ist bekannt, dass man M Quanten auf $\binom{N+M-1}{N-1}$ verschiedene Weisen auf N Oszillatoren verteilen kann. Folglich ist die Gesamtzahl $\bar{\omega}(U)$ aller Zustände mit $M \leq M(U)$ gegeben durch:

$$\bar{\omega}(U) = \sum_{M=0}^{M(U)} \binom{N+M-1}{N-1} \overset{!}{=} \binom{N+M(U)}{N} \,,$$

wobei $M(U)$ durch $M(U) \equiv \max\{\mathrm{M} \in \mathbb{N}_0,\ \mathrm{M} \leq \frac{U}{\hbar\omega_0} - \frac{1}{2}N\}$ definiert ist. Wir beweisen den letzten Schritt mit vollständiger Induktion: Die Behauptung ist wahr für $M = 0$. Nehmen wir an, sie sei auch wahr für $M = M(U)$, dann gilt

$$\sum_{M=0}^{M(U)+1} \binom{N+M-1}{N-1} = \binom{N+M(U)}{N} + \binom{N+M(U)}{N-1}$$

$$= \frac{[N+M(U)]!}{N![M(U)+1]!}\,[M(U)+1+N] = \binom{N+M(U)+1}{N} \,,$$

sodass die Behauptung auch für $M(U)+1$ und somit für alle $M(U) \in \mathbb{N}_0$ zutrifft. Wir verwendeten in der Herleitung die Pascal'sche Regel.

(c) Die Entropie des Systems ist im thermodynamischen Limes (d. h. für $N \to \infty$ und $U \to \infty$ mit $u \equiv U/N\hbar\omega_0$ fest) durch $S(U) = Nk_{\mathrm{B}}s(u)$ gegeben mit:

$$s(u) \equiv \frac{S(U)}{Nk_{\mathrm{B}}} = \frac{1}{Nk_{\mathrm{B}}}k_{\mathrm{B}}\ln\big[\omega(U)\Delta U\big] = \frac{1}{N}\ln\left[\frac{d\bar{\omega}(U)}{dU}\Delta U\right]$$

$$= \frac{1}{N}\left\{\ln\big[\bar{\omega}(U)\big] + \ln\left[\frac{d\ln\bar{\omega}}{dU}\Delta U\right]\right\} . \tag{8.9}$$

Wir berechnen die rechte Seite dieser Gleichung unter Vernachlässigung von (kleinen) Termen der *relativen* Ordnung $\mathcal{O}\big[\frac{1}{N}\ln(N)\big]$. Wir verwenden außerdem $M(U)/N = u - \frac{1}{2}$:

$$\ln\big[\bar{\omega}(U)\big] = [N+M(U)]\ln[N+M(U)] - N\ln(N) - M(U)\ln[M(U)]$$

$$= N\left[\frac{N+M(U)}{N}\ln\frac{N+M(U)}{N} - \frac{M(U)}{N}\ln\frac{M(U)}{N}\right]$$

$$= N\left[(u+\tfrac{1}{2})\ln(u+\tfrac{1}{2}) - (u-\tfrac{1}{2})\ln(u-\tfrac{1}{2})\right] .$$

Wegen $\frac{d\ln\bar{\omega}}{dU} = \frac{1}{N\hbar\omega_0}\frac{d\ln\bar{\omega}}{du} = \mathcal{O}(1)$ und $\ln(\Delta U) = \ln(N\hbar\omega_0\Delta u) = \mathcal{O}(\ln N)$ ist der zweite Term auf der rechten Seite von (8.9) insgesamt also nur von relativer Ordnung $\mathcal{O}\big[\frac{1}{N}\ln(N)\big]$ im Vergleich zum ersten Term $\ln\big[\bar{\omega}(U)\big]$ und somit vernachlässigbar. Wir erhalten daher:

$$s(u) = \frac{1}{N}\ln\big[\bar{\omega}(U)\big] = (u+\tfrac{1}{2})\ln(u+\tfrac{1}{2}) - (u-\tfrac{1}{2})\ln(u-\tfrac{1}{2}) .$$

Die Funktion $s(u)$ hat ein Randminimum für $u = u_{\min} = \frac{1}{2}$. Wegen $s(u_{\min}) = s(\frac{1}{2}) = 0$ ist der dritte Hauptsatz erfüllt. Das Verhalten von $s(u)$ folgt für niedrige Energien [d. h. für $x \equiv (u - \frac{1}{2}) \downarrow 0$] aus $s(\frac{1}{2} + x) \sim x \ln(\frac{1}{x}) \downarrow 0$ und für hohe Energien (d. h. für $u \to \infty$) aus

$$s(u) = u \ln \left(\frac{u + \frac{1}{2}}{u - \frac{1}{2}} \right) + \frac{1}{2} \ln \left(u^2 - \frac{1}{4} \right) \sim u \ln \left(1 + \frac{1}{u} \right) + \ln(u) \sim 1 + \ln(u) \,.$$

Eine Skizze der Funktion $s(u)$ findet sich in Abbildung 8.11.

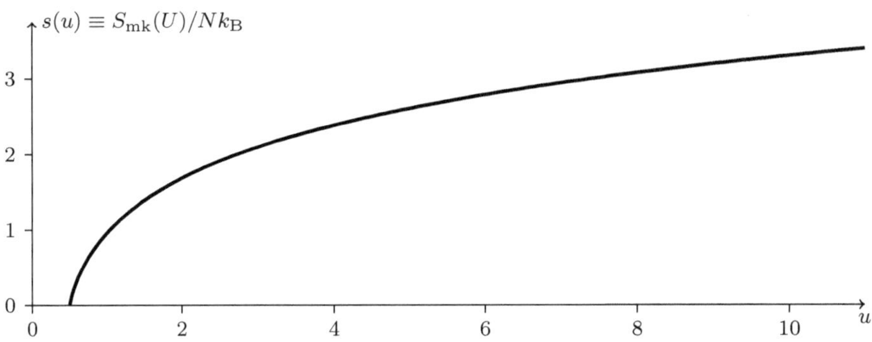

Abb. 8.11 Entropie pro Teilchen für Einstein-Phononen

(d) Die (dimensionslose) Temperatur $t \equiv k_\mathrm{B} T / \hbar \omega$ folgt aus der Definition der Temperatur $T = \left(\frac{\partial S}{\partial U} \right)_N^{-1} = \left[\frac{N k_\mathrm{B}}{N \hbar \omega} \frac{ds}{du} \right]^{-1}$ als

$$t = \frac{k_\mathrm{B} T}{\hbar \omega} = \frac{1}{s'(u)} = \left[\ln \left(u + \frac{1}{2} \right) - \ln \left(u - \frac{1}{2} \right) \right]^{-1} = \left[\ln \left(\frac{u + \frac{1}{2}}{u - \frac{1}{2}} \right) \right]^{-1} \,.$$

Umkehrung dieser Beziehung $t(u)$ ergibt die Funktion $u(t)$:

$$\frac{u + \frac{1}{2}}{u - \frac{1}{2}} = e^{1/t} \qquad \text{bzw.} \qquad \frac{1}{2} \left(e^{1/t} + 1 \right) = u \left(e^{1/t} - 1 \right) \,.$$

Die Energie als Funktion der Temperatur ist also durch

$$u = \frac{e^{1/2t} + e^{-1/2t}}{2 \left(e^{1/2t} - e^{-1/2t} \right)} = \frac{1}{2} \coth \left(\frac{1}{2t} \right)$$

gegeben, und daher gilt für die spezifische Wärme:

$$c(t) \equiv \frac{C_N(T)}{N k_\mathrm{B}} = \frac{1}{N k_\mathrm{B}} \left(\frac{\partial U}{\partial T} \right)_N = \frac{du}{dt} = \frac{1}{\left[2t \sinh \left(\frac{1}{2t} \right) \right]^2} \,.$$

Eine Skizze von $C_N(T)/N k_\mathrm{B}$ findet sich in Abbildung 8.12. Für $T \to \infty$ erhält man $c(t) \to 1$ bzw. $C_N(T) \to N k_\mathrm{B}$. Dies entspricht dem „Gleichverteilungssatz" der klassischen Statistischen Mechanik, der besagt, dass ein System im Gleichgewicht eine Energie $\frac{1}{2} k_\mathrm{B} T$ pro Freiheitsgrad enthält, der *quadratisch* in die Hamilton-Funktion eingeht. Für die Einstein-Phononen gilt bei hohen

Temperaturen $U \to N k_\mathrm{B} T$, und daher ist die Energie pro Oszillator (mit jeweils zwei „quadratischen" Freiheitsgraden) in der Tat durch $k_\mathrm{B} T = 2 \cdot \frac{1}{2} k_\mathrm{B} T$ gegeben. Im Limes $T \to 0$ erhält man $c(t) \sim t^{-2} e^{-1/t}$, d. h.

$$C_N(T) \sim N k_\mathrm{B} \left(\frac{\hbar \omega}{k_\mathrm{B} T} \right)^2 e^{-\beta \hbar \omega} \to 0 \qquad (T \to 0) \,.$$

Das exponentielle Verhalten für $T \to 0$ rührt von der Anwesenheit einer Lücke zwischen dem Grundzustand und dem ersten angeregten Zustand her.

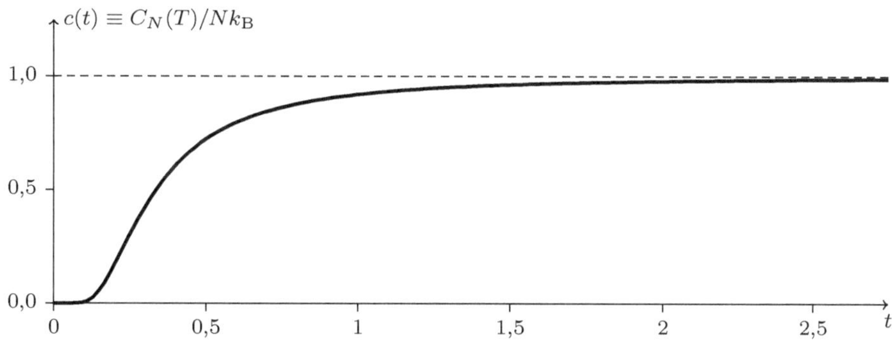

Abb. 8.12 Spezifische Wärme für Einstein-Phononen

Lösung 4.2 Hochtemperaturlimes eines Quantengases

(a) Jeder Zustand $|\mathbf{k}_1, \mathbf{k}_2, \cdots, \mathbf{k}_N\rangle$ mit

$$E_\mathbf{p} \equiv \sum_{i=1}^{N} \frac{\mathbf{p}_i^2}{2m} \in [U - \tfrac{1}{2}\Delta U, U + \tfrac{1}{2}\Delta U] \quad , \quad \mathbf{p} = (\mathbf{p}_1, \cdots, \mathbf{p}_N) \quad , \quad \mathbf{p}_i \equiv \hbar \mathbf{k}_i$$

und höchstens Einzelbesetzungen der Einteilchenquantenniveaus $\mathbf{k}_i$ trägt zur Zustandssumme $\omega(U)$ bei, darf jedoch wegen der Ununterscheidbarkeit der Bosonen nur einmal gezählt werden – dies erklärt den Vorfaktor $1/N!$:

$$\omega(U) = \frac{1}{\Delta U} \frac{1}{N!} \sum_{\mathbf{k}_1, \cdots, \mathbf{k}_N} \Theta(U + \tfrac{1}{2}\Delta U - E_\mathbf{p}) \Theta(E_\mathbf{p} - U + \tfrac{1}{2}\Delta U)$$

$$= \frac{1}{N!} \left(\frac{L}{2\pi} \right)^{Nd} \int d^d k_1 \cdots \int d^d k_N \; \Theta(U + \tfrac{1}{2}\Delta U - E_\mathbf{p}) \Theta(E_\mathbf{p} - U + \tfrac{1}{2}\Delta U) \frac{1}{\Delta U}$$

$$= \frac{1}{N!} \frac{V^N}{(2\pi\hbar)^{Nd}} \int d^d p_1 \cdots \int d^d p_N \; \Theta(U + \tfrac{1}{2}\Delta U - E_\mathbf{p}) \Theta(E_\mathbf{p} - U + \tfrac{1}{2}\Delta U) \frac{1}{\Delta U}$$

$$= \frac{1}{N!} \frac{V^N}{h^{Nd}} \int d^d p_1 \cdots \int d^d p_N \; \delta(U - E_\mathbf{p}) \,.$$

Der Integrand kann im letzten Schritt durch eine Deltafunktion ersetzt werden, da er nur im Intervall $|U - E_\mathbf{p}| \le \tfrac{1}{2}\Delta U$ ungleich null ist und dort den Wert $1/\Delta U$ hat. Der Integrand definiert also eine Funktionenfolge, die im Limes $\Delta U \to 0$ gegen eine Deltafunktion konvergiert.

(b) Mit den Notationen $\mathbf{p}^2 = \sum_{i=1}^{N} \mathbf{p}_i^2$ und $d^{Nd}p = d^d p_1 \cdots d^d p_N$ folgt aus **(a)**:

$$\omega(U) = \frac{V^N}{N! h^{Nd}} \int d^{Nd}p \; \delta\left(\frac{2mU - \mathbf{p}^2}{2m}\right) = \frac{2m \, V^N}{N! h^{Nd}} \int d^{Nd}p \; \delta\left(\mathbf{p}^2 - \left(\sqrt{2mU}\right)^2\right)$$

$$= \frac{2m \, V^N}{N! h^{Nd}} \int d^{Nd}p \; \frac{\delta\left(|\mathbf{p}| - \sqrt{2mU}\right)}{2|\mathbf{p}|} = \frac{V^N}{N! h^{Nd}} \sqrt{\frac{m}{2U}} \int d^{Nd}p \; \delta\left(|\mathbf{p}| - \sqrt{2mU}\right)$$

$$= \frac{V^N}{N! h^{Nd}} \sqrt{\frac{m}{2U}} \, S_{Nd}\left(\sqrt{2mU}\right) \quad , \quad S_{Nd}(R) = \int d^{Nd}p \; \delta\left(|\mathbf{p}| - R\right) \, ,$$

wobei $S_D(R)$ den Flächeninhalt einer Kugelschale mit Radius R im D-dimensionalen Raum darstellt.

(c) Dieser Flächeninhalt kann wie folgt mit Hilfe D-dimensionaler Gauß-Integrationen bestimmt werden:

$$\left(\sqrt{\pi}\right)^D = \int d^D x \; e^{-\mathbf{x}^2} = \int_0^\infty dR \; e^{-R^2} \int d^D x \; \delta\left(|\mathbf{x}| - R\right)$$

$$= \int_0^\infty dR \; e^{-R^2} R^{D-1} \int d^D x \; \delta\left(|\mathbf{x}| - 1\right)$$

$$= \tfrac{1}{2} S_D(1) \int_0^\infty d(R^2) \; e^{-R^2} \left(R^2\right)^{\frac{1}{2}D - 1} = \tfrac{1}{2} S_D(1) \Gamma\left(\tfrac{D}{2}\right) \, ,$$

sodass $S_D(1) = 2\pi^{D/2}/\Gamma\left(\frac{D}{2}\right)$ und daher $S_D(R) = 2\pi^{D/2} R^{D-1}/\Gamma\left(\frac{D}{2}\right)$ gilt. Flächen und Volumina höherdimensionaler Kugeln werden ausführlicher in Abschnitt 6.4.4 von Ref. [12] behandelt. Im thermodynamischen Limes, in dem $N, V, U \to \infty$ streben und $\frac{V}{N}$ sowie $\frac{U}{N}$ festgehalten werden, folgt hieraus für die Entropie mit Hilfe der Stirling-Formel:

$$S = k_{\mathrm{B}} \ln\left[\omega(U) \Delta U\right] \sim N k_{\mathrm{B}} \ln\left[\frac{Ve}{Nh^d} \left(2mU\right)^{d/2} \frac{\pi^{d/2} e^{d/2}}{(Nd/2)^{d/2}}\right]$$

$$= \tfrac{d}{2} N k_{\mathrm{B}} \ln\left[\left(\frac{V}{N}\right)^{2/d} \frac{e^{1+2/d} 4\pi m}{h^2 d} \frac{U}{N}\right] .$$

(d) Durch Ableiten der Entropie nach dem Volumen bzw. der inneren Energie erhält man:

$$\frac{P}{T} = \left(\frac{\partial S}{\partial V}\right)_{U,N} = \frac{N k_{\mathrm{B}}}{V} \quad , \quad \frac{1}{T} = \left(\frac{\partial S}{\partial U}\right)_{V,N} = \frac{d N k_{\mathrm{B}}}{2U} \, ,$$

woraus für dieses Gas im Hochtemperaturlimes $PV = N k_{\mathrm{B}} T$ und $U = \frac{d}{2} N k_{\mathrm{B}} T$ und somit $PV = \frac{2}{d} U$ folgt. Für das chemische Potential $\mu(T, V, N)$ der Bose-Teilchen erhält man mit $N/V \equiv \rho$:

$$\mu = -T \left(\frac{\partial S}{\partial N}\right)_{U,V} = k_{\mathrm{B}} T \ln\left(\rho \lambda_T^d\right) \quad , \quad \lambda_T = \frac{h}{\sqrt{2\pi m k_{\mathrm{B}} T}} \, ,$$

sodass $\beta\mu$ vollständig durch das Verhältnis der thermischen Wellenlänge und des mittleren Teilchenabstands festgelegt wird.

(e) Im Fall eines Fermi-Gases bei höheren Temperaturen sind die Besetzungen der Einteilchenquantenniveaus $\mathbf{k}_i$ ebenfalls effektiv statistisch unabhängig, sodass die Berechnungen und die Ergebnisse im Prinzip völlig analog sind. Allerdings führt der halbzahlige Spin S zu einem zusätzlichen Faktor $(2S+1)^N$ in der Zustandssumme $\omega(U)$ und daher zu einem zusätzlichen Term $Nk_B \ln(2S+1)$ in der Entropie, die wir hier – zur Unterscheidung vom Spin – als S_{mk} bezeichnen. Die Formeln $PV = Nk_B T$ und $U = \frac{d}{2}Nk_B T$ gelten nach wie vor, und für das chemische Potential erhält man nun:

$$\mu = -T\left(\frac{\partial S_{\mathrm{mk}}}{\partial N}\right)_{U,V} = k_B T \ln\left(\frac{\rho \lambda_T^d}{2S+1}\right).$$

Die Ergebnisse für ein Gas von Bose-Teilchen mit ganzzahligem Spin $S > 0$ sind analog.

Lösung 4.3 Variation eines Funktionals des Dichteoperators

Wir betrachten ein Funktional $A[\hat{\rho}] = \mathrm{Sp}[f(\hat{\rho})]$ des Dichteoperators $\hat{\rho}$, eine analytische Funktion $f(x) = \sum_{n=0}^{\infty} f_n x^n$ und eine kleine Variation $\delta\hat{\rho}$ des Dichteoperators.

(a) Damit auch $\hat{\rho} + \delta\hat{\rho}$ ein Dichteoperator ist, muss gelten,

1. dass $\delta\hat{\rho}$ hermitesch ist: Aus $\hat{\rho} + \delta\hat{\rho} = \left(\hat{\rho} + \delta\hat{\rho}\right)^\dagger$ folgt wegen der Hermitizität von $\hat{\rho}$, dass auch $\delta\hat{\rho}$ hermitesch sein muss: $\delta\hat{\rho} = \left(\delta\hat{\rho}\right)^\dagger$.

2. dass $\delta\hat{\rho}$ spurlos ist: $0 = \mathrm{Sp}\left[\hat{\rho} + \delta\hat{\rho}\right] - 1 = \mathrm{Sp}\left[\hat{\rho}\right] + \mathrm{Sp}\left[\delta\hat{\rho}\right] - 1 = \mathrm{Sp}\left[\delta\hat{\rho}\right]$.

3. dass alle Eigenwerte von $\hat{\rho} + \delta\hat{\rho}$ nicht-negativ sind.

Wir nehmen im Folgenden an, dass der Dichteoperator $\hat{\rho}$ und die Variation $\delta\hat{\rho}$ derart sind, dass diese Bedingungen erfüllt sind.

(b) Für die Variation $(\delta A)[\hat{\rho}] \equiv A[\hat{\rho} + \delta\hat{\rho}] - A[\hat{\rho}]$ gilt:

$$(\delta A)[\hat{\rho}] = A[\hat{\rho} + \delta\hat{\rho}] - A[\hat{\rho}] = \mathrm{Sp}[f(\hat{\rho} + \delta\hat{\rho})] - \mathrm{Sp}[f(\hat{\rho})]$$

$$= \sum_{n=0}^{\infty} f_n \mathrm{Sp}[(\hat{\rho} + \delta\hat{\rho})^n - (\hat{\rho})^n]$$

$$= \sum_{n=0}^{\infty} f_n \mathrm{Sp}\left\{\sum_{i=0}^{n-1}(\hat{\rho})^i \delta\hat{\rho}(\hat{\rho})^{n-1-i} + \mathcal{O}\left[(\delta\hat{\rho})^2\right]\right\}$$

$$= \sum_{n=0}^{\infty} f_n \mathrm{Sp}\left[n(\hat{\rho})^{n-1}\delta\hat{\rho} + \cdots\right] = \mathrm{Sp}\left\{f'(\hat{\rho})\delta\hat{\rho} + \mathcal{O}\left[(\delta\hat{\rho})^2\right]\right\}. \qquad (8.10)$$

Im vorletzten Schritt wurde die Zyklizität der Spur verwendet: $\mathrm{Sp}(A_1 A_2 A_3) = \mathrm{Sp}(A_3 A_1 A_2)$ und im letzten Schritt die Reihenentwicklung der Ableitung: $f'(x) = \sum_{n=0}^{\infty} n f_n x^{n-1}$. Für eine normale Funktion $A(\rho)$ mit dem Argument $\boldsymbol{\rho} = (\rho_1, \rho_2, \cdots, \rho_m) \in \mathbb{R}^m$ gilt:

$$(\delta A)(\boldsymbol{\rho}) = A(\boldsymbol{\rho} + \delta\boldsymbol{\rho}) - A(\boldsymbol{\rho}) = \sum_{i=1}^{m} \frac{\partial A}{\partial \rho_i}\delta\rho_i + \mathcal{O}\left[(\delta\boldsymbol{\rho})^2\right] = \frac{\partial A}{\partial \boldsymbol{\rho}} \cdot \delta\boldsymbol{\rho} + \mathcal{O}\left[(\delta\boldsymbol{\rho})^2\right].$$

Analog kann man Gleichung (8.10) als

$$(\delta A)[\hat{\rho}] = \mathrm{Sp}\left[\frac{\delta A}{\delta \hat{\rho}}(\hat{\rho})\delta\hat{\rho}\right]$$

schreiben, wobei $\frac{\delta A}{\delta \hat{\rho}}(\hat{\rho}) = f'(\hat{\rho})$ in (8.10) dann als *Funktionalableitung* interpretiert werden kann.

(c) Für das Funktional $A[\hat{\rho}] = \mathrm{Sp}[f(\hat{\rho})]$ mit $f(x) = x\ln(x)$ kann man – unter Vernachlässigung von höheren Ordnungen $\mathcal{O}[(\delta\hat{\rho})^2]$ – entwickeln:

$$\begin{aligned}
(\delta A)[\hat{\rho}] &= \mathrm{Sp}[(\hat{\rho}+\delta\hat{\rho})\ln(\hat{\rho}+\delta\hat{\rho})] - \mathrm{Sp}[\hat{\rho}\ln(\hat{\rho})] \\
&= \mathrm{Sp}\big\{\hat{\rho}[\ln(\hat{\rho}+\delta\hat{\rho}) - \ln(\hat{\rho})] + \delta\hat{\rho}\ln(\hat{\rho})\big\} \\
&= \mathrm{Sp}\big\{\hat{\rho}\big(\ln[\mathbb{1} + (\hat{\rho}+\delta\hat{\rho}-\mathbb{1})] - \ln[\mathbb{1} + (\hat{\rho}-\mathbb{1})]\big)\big\} + \mathrm{Sp}[\delta\hat{\rho}\ln(\hat{\rho})] \ .
\end{aligned}$$

Verwendet man nun die Reihenentwicklung $\ln(1+x) = \sum_{n=1}^{\infty}(-x)^{n-1}/n$ des Logarithmus, so folgt:

$$\begin{aligned}
(\delta A)[\hat{\rho}] &= \sum_{n=1}^{\infty}\frac{(-1)^{n-1}}{n}\mathrm{Sp}\big\{\hat{\rho}\big[(\hat{\rho}+\delta\hat{\rho}-\mathbb{1})^n - (\hat{\rho}-\mathbb{1})^n\big]\big\} + \mathrm{Sp}[\delta\hat{\rho}\ln(\hat{\rho})] \\
&= \sum_{n=1}^{\infty}\frac{(-1)^{n-1}}{n}\mathrm{Sp}\big\{\big[(\hat{\rho}-\mathbb{1}) + \mathbb{1}\big]n(\hat{\rho}-\mathbb{1})^{n-1}\delta\hat{\rho}\big\} + \mathrm{Sp}[\delta\hat{\rho}\ln(\hat{\rho})] \\
&= \mathrm{Sp}\big\{\big[\mathbb{1} - g(\hat{\rho}-\mathbb{1}) + g(\hat{\rho}-\mathbb{1}) + \ln(\hat{\rho})\big]\delta\hat{\rho}\big\} \\
&= \mathrm{Sp}\big\{\big[\mathbb{1} + \ln(\hat{\rho})\big]\delta\hat{\rho}\big\} = \mathrm{Sp}\big[f'(\hat{\rho})\delta\hat{\rho}\big] \ ,
\end{aligned}$$

wobei $g(y) \equiv \sum_{n=0}^{\infty}(-1)^n y^n$ definiert wurde. Wir folgern, dass (8.10) gilt, obwohl $f(x)$ in $x = 0$ nicht analytisch ist.

Bei den Berechnungen in **(c)** kann man zunächst annehmen, dass alle Eigenwerte von $\hat{\rho}$ ungleich null und diejenigen von $\hat{\rho} - \mathbb{1}$ somit (betragsmäßig) ungleich dem Konvergenzradius eins sind. Bei Bedarf kann man dann am Ende der Berechnung einige Eigenwerte von $\hat{\rho}$ und $\delta\hat{\rho}$ gegen null streben lassen, falls das physikalische Problem dies verlangt. Das Endergebnis (8.10) ist auch in diesem Fall wohldefiniert.

Lösung 4.4 Der paramagnetische Kristall

(a) Die thermodynamisch relevanten Variablen sind die Temperatur T (bzw. die konjugierte Größe Entropie S) und die Teilchenzahl N (bzw. das chemische Potential μ), nicht aber z.B. der Druck P (bzw. das Volumen V), da das Volumen des Kristalls nicht definiert ist. Man kann dieses System im Rahmen der *kanonischen* Gesamtheit beschreiben, da es an ein Wärmebad gekoppelt ist und der Parameter **B** als unveränderlich angesehen werden kann. Wäre **B** variabel, so müsste man das „Druckensemble" verwenden.

(b) Da das System aus *unabhängigen* Teilchen besteht, ist die Zustandssumme Z_k als Produkt von N (identischen) Einteilchenzustandssummen $Z_{\mathrm{k},i}$ ($i = 1,\cdots,N$) darstellbar:

$$Z_\mathrm{k} = \prod_{i=1}^{N} Z_{\mathrm{k},i} = \left(Z_{\mathrm{k},1}\right)^N \overset{!}{=} \left\{\frac{\sinh[(2J+1)t^{-1}]}{\sinh(t^{-1})}\right\}^N \ ,$$

wobei verwendet wurde:

$$Z_{\mathrm{k},1} = \sum_{m_1=-J}^{J} e^{-2\hbar\omega_{\mathrm{L}} m_1/k_{\mathrm{B}}T} = \sum_{m_1=-J}^{J} e^{-2m_1/t} = e^{2J/t} \sum_{m_1=0}^{2J} \left(e^{-2/t}\right)^{m_1}$$

$$= e^{2J/t}\frac{1 - e^{-(4J+2)/t}}{1 - e^{-2/t}} = \frac{\sinh[(2J+1)t^{-1}]}{\sinh(t^{-1})} \,.$$

(c) Die dimensionslose Größe $u = U/N\hbar\omega_{\mathrm{L}}$ folgt aus:

$$u(t) = -\frac{1}{N\hbar\omega_{\mathrm{L}}}\frac{\partial \ln Z_{\mathrm{k}}}{\partial \beta} = -\frac{1}{N}\frac{\partial \ln Z_{\mathrm{k}}}{\partial(t^{-1})} = -\frac{\partial \ln Z_{\mathrm{k},1}}{\partial(t^{-1})}$$

$$= \frac{\cosh(t^{-1})}{\sinh(t^{-1})} - (2J+1)\frac{\cosh[(2J+1)t^{-1}]}{\sinh[(2J+1)t^{-1}]}$$

$$= \coth(t^{-1}) - (2J+1)\coth[(2J+1)t^{-1}] \,.$$

Die dimensionslose Entropie $s(t)$ folgt nun aus der Zustandssumme und $u(t)$:

$$s(t) = \frac{1}{Nk_{\mathrm{B}}}S = \frac{1}{Nk_{\mathrm{B}}T}(U - F) = \frac{1}{Nk_{\mathrm{B}}T}(U + k_{\mathrm{B}}T\ln Z_{\mathrm{k}})$$

$$= \frac{1}{Nk_{\mathrm{B}}T}(U + Nk_{\mathrm{B}}T\ln Z_{\mathrm{k},1}) = \frac{u}{t} + \ln Z_{\mathrm{k},1}$$

$$= \frac{1}{t}\left\{\coth(t^{-1}) - (2J+1)\coth[(2J+1)t^{-1}]\right\} + \ln\left\{\frac{\sinh[(2J+1)t^{-1}]}{\sinh(t^{-1})}\right\} \,.$$

Die dimensionslose spezifische Wärme ergibt sich aus der Entropie als

$$c(t) = \frac{du}{dt}(t) = -t^{-2}\frac{du}{d(t^{-1})}$$

$$= -t^{-2}\left\{1 - \coth^2(t^{-1}) - (2J+1)^2 + (2J+1)^2\coth^2[(2J+1)t^{-1}]\right\}$$

$$= t^{-2}\left\{4J(J+1) + \coth^2(t^{-1}) - (2J+1)^2\coth^2[(2J+1)t^{-1}]\right\} \,.$$

(d) Das asymptotische Verhalten von $u(t)$, $s(t)$ und $c(t)$ für $T \to 0$ bzw. $t \to 0$ erhält man aus $\coth(x) \sim 1 + 2e^{-2x}$ für $x \to \infty$ als:

$$u(t) = \coth(t^{-1}) - (2J+1)\coth[(2J+1)t^{-1}]$$

$$\sim \left(1 + 2e^{-2t^{-1}}\right) - (2J+1)\left[1 + 2e^{-2(2J+1)t^{-1}}\right] \sim -2J + 2e^{-2t^{-1}}$$

$$s(t) \sim t^{-1}\left(-2J + 2e^{-2t^{-1}}\right) + 2Jt^{-1} + \ln\left\{\frac{1 - \exp[-2(2J+1)t^{-1}]}{1 - \exp(-2t^{-1})}\right\}$$

$$\sim 2t^{-1}e^{-2t^{-1}} + \ln\left[1 + \exp(-2t^{-1})\right] \sim 2t^{-1}e^{-2t^{-1}} + e^{-2t^{-1}} \sim e^{-2t^{-1}}$$

$$c(t) = -t^{-2}\frac{du}{d(t^{-1})} \sim 4t^{-2}e^{-2t^{-1}} \,.$$

Das exponentielle Verhalten von $c(t)$ für $t \to 0$ folgt aus der Existenz einer *Energielücke* zwischen dem Einteilchengrundzustand und dem ersten angeregten Niveau und ist generell ein Merkmal diskreter Energieniveaus. Das Verhalten $c(t) \to 0$ und $s(t) \to 0$ ist im Einklang mit dem dritten Hauptsatz.

Das asymptotische Verhalten von $u(t)$, $s(t)$ und $c(t)$ für $T \to \infty$ bzw. $t \to \infty$ lässt sich aus $\sinh(x) \sim x(1 + \frac{1}{6}x^2)$ für $x \to 0$ mit Hilfe von

$$\ln Z_{\mathrm{k},1} = \ln\left\{\frac{\sinh[(2J+1)t^{-1}]}{\sinh(t^{-1})}\right\} \sim \ln(2J+1) + \ln\left\{\frac{1 + \frac{1}{6}(2J+1)^2 t^{-2}}{1 + \frac{1}{6}t^{-2}}\right\}$$

$$\sim \ln(2J+1) + \ln\left\{1 + \tfrac{1}{6}\left[(2J+1)^2 - 1\right]t^{-2}\right\}$$

$$\sim \ln(2J+1) + \tfrac{1}{6}\left[(2J+1)^2 - 1\right]t^{-2} \sim \ln(2J+1) + \tfrac{2}{3}J(J+1)t^{-2}$$

bestimmen als:

$$u(t) = -\frac{\partial \ln Z_{\mathrm{k},1}}{\partial(t^{-1})} \sim -\tfrac{4}{3}J(J+1)t^{-1}$$

$$s(t) = \frac{u}{t} + \ln Z_{\mathrm{k},1} \sim -\tfrac{4}{3}J(J+1)t^{-2} + \ln(2J+1) + \tfrac{2}{3}J(J+1)t^{-2}$$

$$\sim \ln(2J+1) - \tfrac{2}{3}J(J+1)t^{-2}$$

$$c(t) = -t^{-2}\frac{du}{d(t^{-1})} \sim \tfrac{4}{3}J(J+1)t^{-2} \ .$$

Das asymptotische Verhalten $c(t) \sim \frac{4}{3}J(J+1)t^{-2} \to 0$ folgt nun aus dem Verhalten $u(t) \sim -\frac{4}{3}J(J+1)t^{-1} \to$ Konstante für $t \to \infty$, welches wiederum eine Konsequenz der Beschränktheit des Energiespektrums ist.

Die Funktionen $u(t)$, $s(t)$ und $c(t)$ sind grafisch in Abbildung 8.13 dargestellt. Sie sind nur deshalb in einer einzelnen Abbildung darstellbar, da sie *dimensionslos* formuliert wurden. Der Funktionsverlauf von $u(t)$, $s(t)$ und $c(t)$ zeigt klar die Existenz einer Energielücke (für $t \downarrow 0$) sowie die Beschränktheit des Energiespektrums und ihre Konsequenzen (für $t \to \infty$).

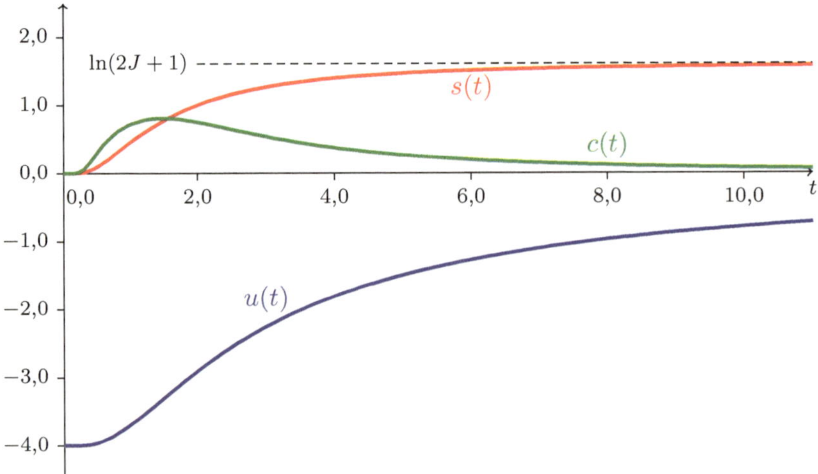

Abb. 8.13 Innere Energie $u(t)$, Entropie $s(t)$ und spezifische Wärme $c(t)$ eines paramagnetischen Kristalls von Spin-J-Teilchen (hier mit $J = 2$)

(e) Wir verwenden Indizes „D" und „k" zur Bezeichnung von Ergebnissen im Druckensemble bzw. in der kanonischen Gesamtheit. Die Zustandssumme im Druckensemble ist für den paramagnetischen Kristall durch

$$Z_{\mathrm{D}}(T,B) = \mathrm{Sp}\big[e^{-\beta(\hat{\mathrm{H}}_{\mathrm{D}} - B\hat{\mathrm{M}}_3)}\big] \equiv e^{-\beta G(T,B)}$$

gegeben. Hierbei ist der Hamilton-Operator *null*: $\hat{\mathrm{H}}_{\mathrm{D}} = 0$, sodass $Z_{\mathrm{D}}(T,B) = \mathrm{Sp}\big[e^{\beta B\hat{\mathrm{M}}_3}\big]$ formal gleich der kanonischen Zustandssumme ist:

$$e^{-\beta G(T,B)} = Z_{\mathrm{D}}(T,B) = Z_{\mathrm{k}}(T) = e^{-\beta F(T)}$$

und folglich also die freie Enthalpie gleich der Helmholtz'schen freien Energie: $G(T,B) = F(T) = -\beta^{-1}\ln(Z_{\mathrm{k}})$. Hieraus folgt, dass die Entropien in beiden Ensembles gleich sind: $S_{\mathrm{D}}(T,B) = -\big(\frac{\partial G}{\partial T}\big)_B(T,B) = -\frac{dF}{dT}(T) = S_{\mathrm{k}}(T)$. Daher sind auch die Wärmekapazitäten gleich: $C_{BD} = -T\big(\frac{\partial S}{\partial T}\big)_{BD} = -T\big(\frac{\partial S}{\partial T}\big)_{B\mathrm{k}} = C_{B\mathrm{k}}$. Die innere Energie im Druckensemble ist null: $U_{\mathrm{D}}(T,B) = \langle\hat{\mathrm{H}}_{\mathrm{D}}\rangle = \big(\frac{\partial \beta G}{\partial \beta}\big)_{\beta B} = 0$. Für die Magnetisierung ergibt sich dann:

$$M(T,B) = -\left(\frac{\partial G}{\partial B}\right)_T(T,B) = -\beta\mu_{\mathrm{B}}\left(\frac{\partial G}{\partial(\beta\mu_{\mathrm{B}}B)}\right)_T = -\beta\mu_{\mathrm{B}}\frac{\partial G}{\partial(t^{-1})}$$

$$= -\beta\mu_{\mathrm{B}}\frac{\partial F}{\partial(t^{-1})} = \mu_{\mathrm{B}}\frac{\partial\ln(Z_{\mathrm{k}})}{\partial(t^{-1})} = -N\mu_{\mathrm{B}}u(t)$$

$$= -N\mu_{\mathrm{B}}\{\coth(t^{-1}) - (2J+1)\coth[(2J+1)t^{-1}]\}\,.$$

Im vorletzten und letzten Schritt verwendeten wir die Ergebnisse von Teil **(c)** für die Funktion $u(t)$. Die isotherme Suszeptibilität folgt analog aus:

$$\chi_T(T,B) = \left(\frac{\partial M}{\partial B}\right)_T(T,B) = \beta\mu_{\mathrm{B}}\frac{\partial M}{\partial(t^{-1})} = -N\beta(\mu_{\mathrm{B}})^2\frac{du}{d(t^{-1})}$$

$$= N\beta(\mu_{\mathrm{B}})^2 t^2 c(t) = N\mu_{\mathrm{B}}tc(t)/B$$

$$= \frac{N\mu_{\mathrm{B}}}{Bt}\{4J(J+1) + \coth^2(t^{-1}) - (2J+1)^2\coth^2[(2J+1)t^{-1}]\}\,.$$

Im vorletzten und letzten Schritt verwendeten wir die Ergebnisse von Teil **(c)** für die Funktion $c(t)$. Aus dem bekannten asymptotischen Verhalten von $c(t)$ für $t \downarrow 0$ folgt, dass χ_T für niedrige Temperaturen angeregtes Verhalten zeigt. Aus dem asymptotischen Verhalten von $c(t)$ für $t \to \infty$ folgt für hohe Temperaturen das Curie-Gesetz: $\chi_T \sim \frac{4}{3}J(J+1)N\beta(\mu_{\mathrm{B}})^2$, welches sich für $J = \frac{1}{2}$ auf die vertraute Form $\chi_T \sim N\beta(\mu_{\mathrm{B}})^2$ vereinfacht.

Lösung 4.5 Fluktuationen im Photonengas

Wir fassen zuerst die wichtigsten Ergebnisse aus Abschnitt [4.2.1] zusammen: Die Zustandssumme $Z_{\mathrm{k}} = \prod_{\mathbf{k}\alpha} Z_{\mathbf{k}\alpha}$ des Photonengases ist als Produkt von Zustandssummen $Z_{\mathbf{k}\alpha} = \big(1 - e^{-\beta\varepsilon_{\mathbf{k}\alpha}}\big)^{-1}$ für die einzelnen Quantenniveaus darstellbar. Die innere Energie folgt aus dem Planck'schen Strahlungsgesetz (4.23) in Kombination mit der Zustandsdichte $\nu(\omega) = V^{-1}\sum_{\mathbf{k}}\delta(\omega - \omega_{\mathbf{k}}) = \omega^2/2\pi^2 c^3$ als:

$$U = \langle E\rangle = V\int_0^\infty d\omega\, u(\omega,T) \quad,\quad u(\omega,T) = 2\nu(\omega)\frac{\hbar\omega}{e^{\beta\hbar\omega} - 1}\,.$$

Die mittlere Besetzungszahl des Zustands $(\mathbf{k}\alpha)$ wurde in (4.24) berechnet:

$$\langle n_{\mathbf{k}\alpha}\rangle = -\frac{d}{d(\beta\varepsilon_{\mathbf{k}\alpha})}\ln Z_{\mathbf{k}\alpha} = \frac{1}{e^{\beta\hbar\omega_{\mathbf{k}}}-1}\,,$$

und es wurde gezeigt, dass die Varianz der Besetzungszahl gemäß

$$(\Delta n_{\mathbf{k}\alpha})^2 \equiv \langle\left(n_{\mathbf{k}\alpha}-\langle n_{\mathbf{k}\alpha}\rangle\right)^2\rangle = \langle n_{\mathbf{k}\alpha}\rangle\left(1+\langle n_{\mathbf{k}\alpha}\rangle\right) = \frac{e^{\beta\hbar\omega_{\mathbf{k}}}}{\left(e^{\beta\hbar\omega_{\mathbf{k}}}-1\right)^2}$$

mit dem Mittelwert verknüpft ist. Wir verwenden diese Ergebnisse im Folgenden.

Der Erwartungswert des *Quadrats* der Gesamtphotonenzahl ist:

$$\langle N^2\rangle = \left\langle\left(\sum_{\mathbf{k}\alpha}n_{\mathbf{k}\alpha}\right)^2\right\rangle = \sum_{\mathbf{k}\alpha\mathbf{k}'\alpha'}\langle n_{\mathbf{k}\alpha}n_{\mathbf{k}'\alpha'}\rangle$$

$$= \sum_{\mathbf{k}\alpha\mathbf{k}'\alpha'}\left\{\langle n_{\mathbf{k}\alpha}\rangle\langle n_{\mathbf{k}'\alpha'}\rangle + \delta_{\mathbf{k}\mathbf{k}'}\delta_{\alpha\alpha'}\left[\langle n_{\mathbf{k}\alpha}^2\rangle - \langle n_{\mathbf{k}\alpha}\rangle^2\right]\right\}$$

$$= \langle N\rangle^2 + \sum_{\mathbf{k}\alpha}(\Delta n_{\mathbf{k}\alpha})^2 = \langle N\rangle^2 + \sum_{\mathbf{k}\alpha}\frac{e^{\beta\hbar\omega_{\mathbf{k}}}}{\left(e^{\beta\hbar\omega_{\mathbf{k}}}-1\right)^2}\,,$$

sodass die *Varianz* der Gesamtphotonenzahl gegeben ist durch

$$(\Delta N)^2 = \langle(N-\langle N\rangle)^2\rangle = 2V\int_0^\infty d\omega\,\nu(\omega)\frac{e^{\beta\hbar\omega}}{\left(e^{\beta\hbar\omega}-1\right)^2}$$

$$= V\int_0^\infty d\omega\,\frac{\omega^2}{\pi^2c^3}\frac{e^{\beta\hbar\omega}}{\left(e^{\beta\hbar\omega}-1\right)^2} = V\frac{(\beta\hbar)^{-3}}{\pi^2c^3}\int_0^\infty dx\,\frac{x^2e^x}{\left(e^x-1\right)^2} \stackrel{!}{=} \tfrac{1}{3}V\left(\frac{k_{\mathrm{B}}T}{\hbar c}\right)^3.$$

Das Integral im vorletzten Glied dieser Gleichungskette lässt sich nämlich mit Hilfe einer partiellen Integration sowie der Identität $\zeta(2)=\frac{\pi^2}{6}$ berechnen:

$$\int_0^\infty dx\,\frac{x^2e^x}{\left(e^x-1\right)^2} = \int_0^\infty dx\,x^2\frac{d}{dx}\frac{-1}{e^x-1} = 2\int_0^\infty dx\,\frac{x}{e^x-1}$$

$$= 2\sum_{n=1}^\infty\int_0^\infty dx\,xe^{-nx} = 2\sum_{n=1}^\infty\frac{1}{n^2}\Gamma(2) = 2\zeta(2) = \frac{\pi^2}{3}\,,$$

wobei allgemein $\zeta(z)=\sum_{n=1}^\infty n^{-z}$ mit $\mathrm{Re}(z)>1$ die Riemann'sche Zetafunktion darstellt. Wichtig ist, dass die *Varianz* $(\Delta N)^2$ der Gesamtphotonenzahl proportional zum Volumen ist, sodass die *Breite* ΔN der Verteilung proportional zur *Wurzel der Systemgröße* ist. Die *relative* Breite $\Delta N/\langle N\rangle \propto V^{-1/2}$ der Verteilung ist sehr klein für Photonengase in makroskopischen Volumina. Die Gesamtphotonenzahl in solchen Gasen kann daher sehr genau vorhergesagt werden.

Analog erhält man für den Erwartungswert des Quadrats der Gesamtenergie:

$$\langle E^2\rangle = \left\langle\left(\sum_{\mathbf{k}\alpha}\hbar\omega_{\mathbf{k}}n_{\mathbf{k}\alpha}\right)^2\right\rangle = \sum_{\mathbf{k}\alpha\mathbf{k}'\alpha'}\langle\hbar\omega_{\mathbf{k}}n_{\mathbf{k}\alpha}\hbar\omega_{\mathbf{k}'}n_{\mathbf{k}'\alpha'}\rangle$$

$$= \langle E\rangle^2 + \sum_{\mathbf{k}\alpha}\frac{(\hbar\omega_{\mathbf{k}})^2e^{\beta\hbar\omega_{\mathbf{k}}}}{\left(e^{\beta\hbar\omega_{\mathbf{k}}}-1\right)^2} = \langle E\rangle^2 + V\int_0^\infty d\omega\,\frac{\omega^2}{\pi^2c^3}\frac{(\hbar\omega)^2e^{\beta\hbar\omega}}{\left(e^{\beta\hbar\omega}-1\right)^2}\,,$$

sodass die *Varianz* der Gesamtenergie gegeben ist durch

$$(\Delta E)^2 = V \frac{\beta^{-5}\hbar^{-3}}{\pi^2 c^3} \int_0^\infty dx \, \frac{x^4 e^x}{(e^x - 1)^2} \overset{!}{=} \frac{4\pi^2}{15} V \frac{(k_{\mathrm{B}}T)^5}{(\hbar c)^3} \,.$$

Das x-Integral im vorletzten Glied folgt nun mit $\zeta(4) = \pi^4/90$ als:

$$\int_0^\infty dx \, x^4 \frac{d}{dx} \frac{-1}{e^x - 1} = 4 \int_0^\infty dx \, \frac{x^3}{e^x - 1} = 4 \sum_{n=1}^\infty \int_0^\infty dx \, x^3 e^{-nx} = 4\zeta(4)\Gamma(4) = \frac{4\pi^4}{15} \,.$$

Wiederum stellen wir fest, dass die Verteilung der Gesamtenergien eine *Breite* ΔE proportional zur *Wurzel der Systemgröße* hat und ihre *relative* Breite $\Delta E/\langle E \rangle \propto V^{-1/2}$ daher für makroskopische Volumina sehr klein ist. Für makroskopische Systeme ist die Energieverteilung also sehr scharf um den Energieerwartungswert lokalisiert.

Lösung 4.6 Hochtemperaturlimes in der kanonischen Gesamtheit

(a) Aufgrund von Abschnitt [4.2.2] hat die Zustandssumme die Form:

$$Z_{\mathrm{k}} = \frac{(2S+1)^N}{N! h^{Nd}} \int d^{Nd}x \int d^{Nd}p \, e^{-\beta H(\mathbf{x},\mathbf{p})} \,.$$

Die Impulsintegrationen können sofort durchgeführt werden:

$$\frac{1}{h^{Nd}} \int d^{Nd}p \, e^{-\beta \mathbf{p}^2/2m} = \left(\frac{\sqrt{2\pi m k_{\mathrm{B}}T}}{h} \right)^{Nd} = \lambda_T^{-Nd}$$

mit dem Ergebnis:

$$Z_{\mathrm{k}} = (2S+1)^N \lambda_T^{-Nd} Q_N(T) \quad, \quad Q_N(T) \equiv \frac{1}{N!} \int d^{Nd}x \, e^{-\beta V(\mathbf{x})} \,,$$

wobei $\lambda_T \equiv h/\sqrt{2\pi m k_{\mathrm{B}}T}$ wie üblich die thermische Wellenlänge darstellt. Hieraus folgt der *Gleichverteilungssatz*:

$$E_{\mathrm{kin}} \equiv \left\langle \frac{\mathbf{p}^2}{2m} \right\rangle = \frac{m}{\beta} \frac{\partial \ln Z_{\mathrm{k}}}{\partial m} = -\frac{Nmd}{\beta} \frac{\partial \ln(\lambda_T)}{\partial m}$$

$$= -\frac{Nmd}{\beta} \left(-\frac{1}{2m} \right) = \tfrac{1}{2} k_{\mathrm{B}} T N d \,.$$

(b) Wir berechnen[3] nun die Größe $\langle \mathbf{x} \cdot \frac{\partial V}{\partial \mathbf{x}} \rangle$ mit Hilfe einer partiellen Integration:

$$\left\langle \mathbf{x} \cdot \frac{\partial V}{\partial \mathbf{x}} \right\rangle = \frac{1}{Z_{\mathrm{k}}} \frac{(2S+1)^N}{N! h^{Nd}} \int d^{Nd}x \int d^{Nd}p \left(\mathbf{x} \cdot \frac{\partial V}{\partial \mathbf{x}} \right) e^{-\beta H(\mathbf{x},\mathbf{p})}$$

$$= -\frac{(2S+1)^N}{\beta Z_{\mathrm{k}} N! h^{Nd}} \int d^{Nd}x \int d^{Nd}p \left(\mathbf{x} \cdot \frac{\partial e^{-\beta H}}{\partial \mathbf{x}} \right) = \frac{Nd}{\beta Z_{\mathrm{k}}} Z_{\mathrm{k}} = \frac{Nd}{\beta} \,.$$

---

[3] Die Größe $\tfrac{1}{2}\mathbf{x} \cdot \frac{\partial V}{\partial \mathbf{x}}$ ist aus der Klassischen Mechanik als das *(Clausius-)Virial* bekannt. In der Mechanik leitet man durch Zeitmittelung das *Virialtheorem* her. In der Statistischen Mechanik wird diese durch eine Ensemblemittelung ersetzt.

Partiell integriert wurde im vorletzten Schritt. Für ein homogenes Potential, $V(\lambda \mathbf{x}) = \lambda^\alpha V(\mathbf{x})$ mit $\alpha > 0$, folgt $\mathbf{x} \cdot \frac{\partial V}{\partial \mathbf{x}}(\lambda \mathbf{x}) = \alpha \lambda^{\alpha-1} V(\mathbf{x})$ durch Ableiten nach λ und daher speziell $\langle V(\mathbf{x}) \rangle = \frac{1}{\alpha} \langle \mathbf{x} \cdot \frac{\partial V}{\partial \mathbf{x}}(\mathbf{x}) \rangle = \frac{1}{\alpha} k_{\mathrm{B}} T N d$ für $\lambda = 1$. Für die mittlere potentielle Energie $\langle V(\mathbf{x}) \rangle$ in einer harmonischen Falle ($\alpha = 2$) folgt hieraus (im Einklang mit dem Gleichverteilungssatz) $\langle V(\mathbf{x}) \rangle = \frac{1}{2} k_{\mathrm{B}} T N d$ und für die innere Energie: $U = \langle H \rangle = \langle \frac{\mathbf{p}^2}{2m} \rangle + \langle V(\mathbf{x}) \rangle = k_{\mathrm{B}} T N d$.

Lösung 4.7 Akustische Phononen

(a) Für jede Polarisationsrichtung α gibt es N Eigenmoden, also gibt es insgesamt $3N$ unabhängige harmonische Oszillatormoden. Die innere Energie kann daher als Summe über die Beiträge der einzelnen Moden geschrieben werden: $U = \sum_{\mathbf{k}\alpha} U_{\mathbf{k}\alpha}$, wobei für hohe Temperaturen ($\beta \hbar \omega_{\mathbf{k}\alpha} \ll 1$) gilt:

$$U_{\mathbf{k}\alpha} = \hbar \omega_{\mathbf{k}\alpha} \left(\langle n_{\mathbf{k}\alpha} \rangle + \tfrac{1}{2} \right) = \hbar \omega_{\mathbf{k}\alpha} \left(\frac{1}{e^{\beta \hbar \omega_{\mathbf{k}\alpha}} - 1} + \frac{1}{2} \right)$$

$$\sim \hbar \omega_{\mathbf{k}\alpha} \left(\frac{1}{\beta \hbar \omega_{\mathbf{k}\alpha} + \frac{1}{2}\left(\beta \hbar \omega_{\mathbf{k}\alpha}\right)^2 + \frac{1}{6}\left(\beta \hbar \omega_{\mathbf{k}\alpha}\right)^3 + \cdots} + \frac{1}{2} \right)$$

$$= \beta^{-1} + \tfrac{1}{12} \beta \left(\hbar \omega_{\mathbf{k}\alpha} \right)^2 + \cdots = k_{\mathrm{B}} T + \mathcal{O}\left(\tfrac{1}{T}\right) \qquad (T \to \infty) \,.$$

Insgesamt ergibt sich also für die innere Energie und die Wärmekapazität:

$$U \sim \sum_{\mathbf{k}\alpha} k_{\mathrm{B}} T \sim 3N k_{\mathrm{B}} T \quad , \quad C_{V,N} = \left(\frac{\partial U}{\partial T} \right)_{V,N} \sim 3N k_{\mathrm{B}} \quad (T \to \infty) \,.$$

(b) Um die Wärmekapazität $C_{V,N}(T)$ für tiefe Temperaturen ($T \downarrow 0$) zu bestimmen, betrachten wir wiederum zuerst die innere Energie. Da für tiefe Temperaturen nur niedrige Energien eine Rolle spielen, kann die linearisierte Form der Dispersionsrelation verwendet werden: $\omega_{\mathbf{k}\alpha} \sim c_\alpha |\mathbf{k}|$ für $|\mathbf{k}| \to 0$. Die innere Energie folgt aus:

$$U - \sum_{\mathbf{k}\alpha} \tfrac{1}{2} \hbar \omega_{\mathbf{k}\alpha} = \sum_{\mathbf{k}\alpha} \frac{\hbar \omega_{\mathbf{k}\alpha}}{e^{\beta \hbar \omega_{\mathbf{k}\alpha}} - 1} \sim \sum_{\mathbf{k}\alpha} \frac{\hbar c_\alpha k}{e^{\beta \hbar c_\alpha k} - 1}$$

$$= \left(\frac{L}{2\pi} \right)^3 \sum_\alpha \int_0^\infty dk \, 4\pi k^2 \frac{\hbar c_\alpha k}{e^{\beta \hbar c_\alpha k} - 1} = \frac{V}{2\pi^2 \beta} \sum_\alpha (\beta \hbar c_\alpha)^{-3} \int_0^\infty dx \, \frac{x^3}{e^x - 1}$$

$$= \frac{\pi^2}{30} V \left(k_{\mathrm{B}} T \right)^4 \hbar^{-3} \sum_\alpha (c_\alpha)^{-3} \,.$$

Das Integral $\int_0^\infty dx \, \frac{x^3}{e^x - 1} = \frac{\pi^4}{15}$ ist bereits aus der Lösung zu Aufgabe 4.5 bekannt. Für die Wärmekapazität erhält man:

$$C_{V,N} = \left(\frac{\partial U}{\partial T} \right)_{V,N} \sim \frac{2\pi^2}{15} V k_{\mathrm{B}}^4 T^3 \hbar^{-3} \sum_\alpha (c_\alpha)^{-3} \,.$$

Im isotropen Fall ($c_\alpha = c$) gilt mit der *Debye-Temperatur* T_{D} und $v \equiv V/N$:

$$C_{V,N} \sim \frac{12\pi^4}{5} N k_{\mathrm{B}} \left(\frac{T}{T_{\mathrm{D}}} \right)^3 \quad , \quad T_{\mathrm{D}} \equiv \frac{\hbar c}{k_{\mathrm{B}}} \sqrt[3]{\frac{6\pi^2}{v}} \,.$$

Lösung 4.8 Eindimensionales Gas harter Kugeln

(a) Da die Teilchen einander nicht passieren können, liegt die Reihenfolge fest. In jedem Sektor $0 < x_{P1} < x_{P2} < \cdots < x_{PN} < V$, wobei P eine Permutation der Zahlen $\{1, 2, \cdots, N\}$ darstellt, erhält man den gleichen Beitrag zum Ortsanteil der Zustandssumme:

$$\int d^N x \, e^{-\beta H(\mathbf{x},\mathbf{p})} = N! \int_0^V dx_1 \int_{x_1}^V dx_2 \int_{x_2}^V dx_3 \cdots \int_{x_{N-1}}^V dx_N \, e^{-\beta H(\mathbf{x},\mathbf{p})} \, .$$

Wenn man berücksichtigt, dass die Teilchen harte Kugeln sind, kann man mit der Definition

$$\int^* d^N x \, e^{-\beta H} \equiv \int_{\frac{1}{2}\sigma}^{V-(N-\frac{1}{2})\sigma} dx_1 \int_{x_1+\sigma}^{V-(N-\frac{3}{2})\sigma} dx_2 \int_{x_2+\sigma}^{V-(N-\frac{3}{2})\sigma} dx_3 \cdots \int_{x_{N-1}+\sigma}^{V-\frac{1}{2}\sigma} dx_N \, e^{-\beta H}$$

auch $\int d^N x \, e^{-\beta H} = N! \, e^{-\beta \mathbf{p}^2/2m} \int^* d^N x$ schreiben. Die Zustandssumme hat dann die Form:

$$Z_{\mathrm{k}} = \frac{1}{N! h^N} \int d^N x \int d^N p \, e^{-\beta H} = h^{-N} \int^* d^N x \int d^N p \, e^{-\beta H}$$

$$= \frac{1}{h^N} \int d^N p \, e^{-\beta \mathbf{p}^2/2m} \int^* d^N x = \left(\lambda_T\right)^{-N} \int^* d^N x \, ,$$

wobei $\lambda_T \equiv h\sqrt{\beta/2\pi m}$ wie üblich die thermische Wellenlänge darstellt. Die Ortsintegration $\int^* d^N x$ kann man noch vereinfachen, indem man neue Koordinaten $y_i = x_i - (i - \frac{1}{2})\sigma$ einführt:

$$\int^* d^N x = \int_0^{V-N\sigma} dy_1 \int_{y_1}^{V-N\sigma} dy_2 \int_{y_2}^{V-N\sigma} dy_3 \cdots \int_{y_{N-1}}^{V-N\sigma} dy_N$$

$$= \frac{1}{N!} \int_0^{V-N\sigma} dy_1 \int_0^{V-N\sigma} dy_2 \int_0^{V-N\sigma} dy_3 \cdots \int_0^{V-N\sigma} dy_N = \frac{(V - N\sigma)^N}{N!} \, .$$

Insgesamt erhält man $Z_{\mathrm{k}} = (V - N\sigma)^N / (\lambda_T)^N N!$ für die Zustandssumme.

(b) Aus $U = \left(\frac{\partial \beta F}{\partial \beta}\right)_{N,V} = -\left(\frac{\partial \ln Z_{\mathrm{k}}}{\partial \beta}\right)_{N,V} = \frac{1}{2} N \frac{\partial \ln \beta}{\partial \beta} = \frac{1}{2} N k_{\mathrm{B}} T$ folgt für die Wärmekapazität $C_{V,N}(T) = \frac{1}{2} N k_{\mathrm{B}}$. Die Zustandsgleichung des Gases ist

$$\beta P = -\left(\frac{\partial \beta F}{\partial V}\right)_{T,N} = \left(\frac{\partial \ln Z_{\mathrm{k}}}{\partial V}\right)_{T,N}$$

$$= N\left(\frac{\partial \ln(V - N\sigma)}{\partial V}\right)_{T,N} = \frac{N}{V - N\sigma} \, ,$$

sodass $P = N k_{\mathrm{B}} T / (V - N\sigma)$ gilt. Diese Zustandsgleichung hat die Form der Van-der-Waals-Gleichung mit $b = \sigma$ und $a = 0$. Der Kugeldurchmesser spielt also die Rolle des ausgeschlossenen Volumens.

Lösung 4.9 Berührungstransformationen

(a) Für eine solche Berührungstransformation gilt $\mathbf{p} = \frac{\partial F_1}{\partial \mathbf{x}}$, $\boldsymbol{\pi} = -\frac{\partial F_1}{\partial \boldsymbol{\xi}}$ und $\bar{H}(\boldsymbol{\xi}, \boldsymbol{\pi}) = H(\mathbf{x}, \mathbf{p})$, sodass auch $e^{-\beta H(\mathbf{x}, \mathbf{p})}$ durch $e^{-\beta \bar{H}(\boldsymbol{\xi}, \boldsymbol{\pi})}$ ersetzt werden kann. Da die Jacobi-Matrix $J = \partial\bar{\boldsymbol{\Gamma}}/\partial\boldsymbol{\Gamma}$ mit $\boldsymbol{\Gamma} \equiv (\mathbf{x}, \mathbf{p})$ und $\bar{\boldsymbol{\Gamma}} \equiv (\boldsymbol{\xi}, \boldsymbol{\pi})$ symplektisch ist und – nach dem Liouville'schen Theorem – die Determinante eins hat: $\det(J) = 1$, gilt auch $d^{Nd}x\,d^{Nd}p = d^{Nd}\xi\,d^{Nd}\pi$. Hiermit folgt insgesamt:

$$Z_N^{(\mathrm{kl})} = \frac{(2S+1)^N}{h^{Nd}N!} \int d^{Nd}\xi \int d^{Nd}\pi \; e^{-\beta\bar{H}(\boldsymbol{\xi}, \boldsymbol{\pi})} \;.$$

(b) Für ein ideales klassisches Gas in einer harmonischen Falle gilt

$$H(\mathbf{x}, \mathbf{p}) = \sum_{i=1}^{N} H_1(\mathbf{x}_i, \mathbf{p}_i) \quad , \quad \bar{H}(\boldsymbol{\xi}, \boldsymbol{\pi}) = \sum_{i=1}^{N} \bar{H}_1(\boldsymbol{\xi}_i, \boldsymbol{\pi}_i) \;,$$

wobei H_1 und $\bar{H}_1$ die Hamilton-Funktionen in den jeweiligen Koordinaten für ein einzelnes Teilchen sind. Folglich gilt

$$Z_N^{(\mathrm{kl})} = \frac{1}{N!}(Z_1)^N \quad , \quad Z_1 = \frac{2S+1}{h^3} \int d^3x_1 \int d^3p_1 \; e^{-\beta H_1(\mathbf{x}_1, \mathbf{p}_1)}$$

bzw.

$$Z_N^{(\mathrm{kl})} = \frac{1}{N!}(\bar{Z}_1)^N \quad , \quad \bar{Z}_1 = \frac{2S+1}{h^3} \int d^3\xi_1 \int d^3\pi_1 \; e^{-\beta\bar{H}_1(\boldsymbol{\xi}_1, \boldsymbol{\pi}_1)} \;.$$

Die Hamilton-Funktionen H_1 und $\bar{H}_1$ sind konkret gegeben durch

$$H_1(\mathbf{x}_1, \mathbf{p}_1) = \frac{\mathbf{p}_1^2}{2m} + \tfrac{1}{2}m\omega_0^2\mathbf{x}_1^2$$

$$\bar{H}_1(\boldsymbol{\xi}_1, \boldsymbol{\pi}_1) = \frac{1}{2m}\left[p_{r1}^2 + \frac{p_{\vartheta 1}^2}{r_1^2} + \frac{p_{\varphi 1}^2}{r_1^2\sin^2(\vartheta_1)}\right] + \tfrac{1}{2}m\omega_0^2 r_1^2 \;.$$

Es folgt zuerst in kartesischen Koordinaten:

$$Z_1/(2S+1) = \lambda_T^{-3} \int d^3x_1 \; e^{-\frac{1}{2}m\omega_0^2\beta\mathbf{x}_1^2} = \frac{1}{\lambda_T^3}\left(\frac{2\pi}{m\omega_0^2\beta}\right)^{\frac{3}{2}}$$

und dann in sphärischen Koordinaten:

$$\bar{Z}_1/(2S+1) = \frac{1}{h^3} \int d^3\xi_1 \int d^3\pi_1 \; e^{-\beta\bar{H}_1(\boldsymbol{\xi}_1, \boldsymbol{\pi}_1)}$$

$$= \frac{1}{h^3} \int d^3\xi_1 \sqrt{\frac{2\pi m}{\beta}} \sqrt{\frac{2\pi m r_1^2}{\beta}} \sqrt{\frac{2\pi m r_1^2 \sin^2(\vartheta_1)}{\beta}} e^{-\frac{1}{2}m\omega_0^2\beta r_1^2}$$

$$= \lambda_T^{-3} \int_0^\infty dr_1 \int_0^\pi d\vartheta_1 \int_0^{2\pi} d\varphi_1 \; r_1^2\sin(\vartheta_1)e^{-\frac{1}{2}m\omega_0^2\beta r_1^2}$$

$$= 4\pi\lambda_T^{-3}\int_0^\infty dr_1 \; r_1^2 e^{-\frac{1}{2}m\omega_0^2\beta r_1^2} = 4\pi\lambda_T^{-3}\left(\frac{2}{m\omega_0^2\beta}\right)^{\frac{3}{2}}\int_0^\infty dx \; x^2 e^{-x^2}$$

$$= 4\pi\lambda_T^{-3}\left(\frac{2}{m\omega_0^2\beta}\right)^{\frac{3}{2}}\frac{1}{2}\int_0^\infty dy \; \sqrt{y}e^{-y} = 2\pi\lambda_T^{-3}\left(\frac{2}{m\omega_0^2\beta}\right)^{\frac{3}{2}}\Gamma\left(\tfrac{3}{2}\right) \;,$$

sodass wir insgesamt das Ergebnis

$$\bar{Z}_1/(2S+1) = \frac{1}{\lambda_T^3}\left(\frac{2\pi}{m\omega_0^2\beta}\right)^{\frac{3}{2}}$$

erhalten, das zeigt, dass Z_1 und $\bar{Z}_1$ in der Tat gleich sind.

Lösung 4.10 Die Zentrifuge

Da die Hamilton-Funktion des Gasgemisches in der Zentrifuge die Struktur

$$H = H^{(1)} + H^{(2)} \quad , \quad H^{(1)} = \sum_{i=1}^{N_1} H_1(\mathbf{p}_i, \mathbf{x}_i) \quad , \quad H^{(2)} = \sum_{i=N_1+1}^{N_1+N_2} H_2(\mathbf{p}_i, \mathbf{x}_i)$$

hat, folgt für die Struktur der kanonischen Zustandssumme: $Z_{\mathrm{k}} = Z_1 Z_2$ mit

$$Z_1 = \frac{(2S_1+1)^{N_1}}{h^{3N_1}N_1!}\int d^{3N_1}P_1 \int d^{3N_1}X_1\, e^{-\beta H^{(1)}}$$

$$Z_2 = \frac{(2S_2+1)^{N_2}}{h^{3N_2}N_2!}\int d^{3N_2}P_2 \int d^{3N_2}X_2\, e^{-\beta H^{(2)}} \, ,$$

wobei folgende Definitionen gelten:

$$\mathbf{P}_1 \equiv (\mathbf{p}_1, \mathbf{p}_2, \cdots, \mathbf{p}_{N_1}) \quad , \quad \mathbf{X}_1 \equiv (\mathbf{x}_1, \mathbf{x}_2, \cdots, \mathbf{x}_{N_1})$$

$$\mathbf{P}_2 \equiv (\mathbf{p}_{N_1+1}, \mathbf{p}_{N_1+2}, \cdots, \mathbf{p}_{N_1+N_2}) \quad , \quad \mathbf{X}_2 \equiv (\mathbf{x}_{N_1+1}, \mathbf{x}_{N_1+2}, \cdots, \mathbf{x}_{N_1+N_2}) \, .$$

Die Teilchendichten sind:

$$\rho_1(\mathbf{x}) = \sum_{i=1}^{N_1} \delta(\mathbf{x} - \mathbf{x}_i) \quad , \quad \rho_2(\mathbf{x}) = \sum_{i=N_1+1}^{N_1+N_2} \delta(\mathbf{x} - \mathbf{x}_i) \, .$$

Die *mittlere* Teilchendichte $\langle \rho_1(\mathbf{x})\rangle$ ist gegeben durch:

$$\langle \rho_1(\mathbf{x})\rangle = \frac{\int d^{3N_1}P_1 \int d^{3N_1}X_1 \int d^{3N_2}P_2 \int d^{3N_2}X_2\, \rho_1(\mathbf{x})\, e^{-\beta[H^{(1)}+H^{(2)}]}}{\int d^{3N_1}P_1 \int d^{3N_1}X_1 \int d^{3N_2}P_2 \int d^{3N_2}X_2\, e^{-\beta[H^{(1)}+H^{(2)}]}}$$

$$= N_1 \frac{\int d^3 x_1\, \delta(\mathbf{x} - \mathbf{x}_1) e^{\frac{1}{2}\beta m_1 |\boldsymbol{\omega}\times\mathbf{x}_1|^2}}{\int d^3 x_1\, e^{\frac{1}{2}\beta m_1 |\boldsymbol{\omega}\times\mathbf{x}_1|^2}} = N_1 \frac{e^{\frac{1}{2}\beta m_1 |\boldsymbol{\omega}\times\mathbf{x}|^2}}{\int d^3 x_1\, e^{\frac{1}{2}\beta m_1 |\boldsymbol{\omega}\times\mathbf{x}_1|^2}}$$

und kann bequem in Zylinderkoordinaten $\mathbf{x} = (r\cos(\varphi), r\sin(\varphi), x_3)$ berechnet werden:

$$\int d^3 x_1\, e^{\frac{1}{2}\beta m_1 |\boldsymbol{\omega}\times\mathbf{x}_1|^2} = 2\pi L \int_0^\ell dr\, r e^{\frac{1}{2}\beta m_1 \omega^2 r^2} = \pi L \int_0^{\ell^2} du\, e^{\frac{1}{2}\beta m_1 \omega^2 u}$$

$$= \frac{2\pi L}{\beta m_1 \omega^2}\int_0^{\frac{1}{2}\beta m_1 \omega^2 \ell^2} dv\, e^v = \frac{2\pi L}{\beta m_1 \omega^2}\left(e^{\frac{1}{2}\beta m_1 \omega^2 \ell^2} - 1\right)$$

mit dem Ergebnis:

$$\langle \rho_1(\mathbf{x})\rangle = \frac{\beta m_1 \omega^2 \ell^2 N_1}{2V} \frac{e^{\frac{1}{2}\beta m_1 \omega^2 r^2}}{e^{\frac{1}{2}\beta m_1 \omega^2 \ell^2} - 1} \equiv \bar{\rho}_1(r) \, .$$

Hierbei wurde $V = \pi\ell^2 L$ verwendet. Analog gilt für die mittlere Dichte $\langle\rho_2(\mathbf{x})\rangle$ der zweiten Komponente:

$$\langle\rho_2(\mathbf{x})\rangle = \frac{\beta m_2\omega^2\ell^2 N_2}{2V}\,\frac{e^{\frac{1}{2}\beta m_2\omega^2 r^2}}{e^{\frac{1}{2}\beta m_2\omega^2\ell^2} - 1} \equiv \bar{\rho}_2(r)$$

und somit:

$$f(r) = \frac{\bar{\rho}_1(r)}{\bar{\rho}_2(r)} = \frac{m_1 N_1}{m_2 N_2}\,\frac{e^{\frac{1}{2}\beta m_2\omega^2\ell^2} - 1}{e^{\frac{1}{2}\beta m_1\omega^2\ell^2} - 1}\,e^{\frac{1}{2}\beta(\Delta m)\omega^2 r^2}\;.$$

Folglich gilt für das Verhältnis der beiden Dichten, normiert auf das Verhältnis entlang der Zentrifugenachse: $f(r)/f(0) = e^{\frac{1}{2}\beta(\Delta m)\omega^2 r^2}$. Umso größer $f(r)/f(0)$ ist, desto besser lassen sich die Konstituenten des Gemisches trennen. Für $^{235}\mathrm{UF}_6$ und $^{238}\mathrm{UF}_6$ ist $\Delta m = 3m_\mathrm{p}$, für H_2 und HD ist $\Delta m = m_\mathrm{p}$, sodass die Trennung mit Hilfe einer Zentrifuge im ersten Fall leichter ist.

Lösung 4.11 Das Einstein-Modell in der kanonischen Gesamtheit

Der Hamilton-Operator des Einstein-Modells für optische Phononen in Aufgabe 4.1 ist $\hat{\mathrm{H}} = \sum_{i=1}^{N}\left(\hat{n}_i + \frac{1}{2}\right)\hbar\omega_0$, und die Energieeigenwerte sind $E_\mathbf{m} = \sum_{i=1}^{N}\left(m_i + \frac{1}{2}\right)\hbar\omega_0$ mit $\mathbf{m} = (m_1, m_2, \cdots, m_N)$ und $m_i \in \mathbb{N}_0$.

(a) Daher ist die kanonische Zustandssumme gegeben durch

$$Z_N = \sum_\mathbf{m} e^{-\beta E_\mathbf{m}} = (Z_1)^N \quad , \quad Z_1 = \sum_{m=0}^{\infty} e^{-\beta\hbar\omega_0(m+\frac{1}{2})} = \frac{e^{-\frac{1}{2}\beta\hbar\omega_0}}{1 - e^{-\beta\hbar\omega_0}}$$

und die freie Energie durch $\beta F = -\ln(Z_N) = -N\ln(Z_1)$.

(b) Für die innere Energie ergibt sich

$$U = \left(\frac{\partial\beta F}{\partial\beta}\right)_N = -N\frac{\partial}{\partial\beta}\left[-\tfrac{1}{2}\beta\hbar\omega_0 - \ln\left(1 - e^{-\beta\hbar\omega_0}\right)\right]$$
$$= N\left[\tfrac{1}{2}\hbar\omega_0 + \frac{\hbar\omega_0 e^{-\beta\hbar\omega_0}}{1 - e^{-\beta\hbar\omega_0}}\right] = N\left[\tfrac{1}{2}\hbar\omega_0 + \frac{\hbar\omega_0}{e^{\beta\hbar\omega_0} - 1}\right],$$

und aus U folgt wiederum die Wärmekapazität C_N der Oszillatoren:

$$C_N = \left(\frac{\partial U}{\partial T}\right)_N = N\hbar\omega_0\frac{e^{\beta\hbar\omega_0}\frac{\hbar\omega_0}{k_\mathrm{B}T^2}}{\left(e^{\beta\hbar\omega_0} - 1\right)^2}$$
$$= Nk_\mathrm{B}\frac{(\beta\hbar\omega_0)^2 e^{\beta\hbar\omega_0}}{\left(e^{\beta\hbar\omega_0} - 1\right)^2} = Nk_\mathrm{B}\left[\frac{\frac{1}{2}\beta\hbar\omega_0}{\sinh\left(\frac{1}{2}\beta\hbar\omega_0\right)}\right]^2.$$

(c) Im Hochtemperaturlimes, d. h. konkret für $\beta\hbar\omega_0 \ll 1$ bzw. $T \gg \hbar\omega_0/k_\mathrm{B}$, kann man Summen durch Integrale ersetzen, sodass die Quantisierung der Energieniveaus unwirksam wird und die „klassische Näherung" gilt:

$$U \sim N\left[\tfrac{1}{2}\hbar\omega_0 + \frac{\hbar\omega_0}{\beta\hbar\omega_0}\right] \sim Nk_\mathrm{B}T \quad , \quad C_N \sim Nk_\mathrm{B}\;.$$

In dieser Aufgabe wurden *ein*dimensionale Oszillatoren betrachtet [mit Eigenwerten $\left(m + \frac{1}{2}\right)\hbar\omega_0$]. Für ein Modell d-dimensionaler Oszillatoren wäre das Ergebnis für die Wärmekapazität $C_N \sim dN k_{\mathrm{B}}$. Die dreidimensionale Variante $C_N \sim 3N k_{\mathrm{B}}$ wird in Festkörpern tatsächlich häufig beobachtet und in diesem Kontext als *Dulong-Petit-Gesetz* bezeichnet.

Lösung 4.12 Die barometrische Höhenformel

(a) Die kanonische Zustandssumme Z_{k} des Gases ist mit den Definitionen $\mathbf{P} \equiv (\mathbf{p}_1, \mathbf{p}_2, \cdots, \mathbf{p}_N)$ und $\mathbf{X} \equiv (\mathbf{x}_1, \mathbf{x}_2, \cdots, \mathbf{x}_N)$ gegeben durch

$$
\begin{aligned}
Z_{\mathrm{k}} &= \frac{(2S+1)^N}{h^{3N} N!} \int d^{3N}P \int d^{3N}X \; e^{-\beta H(\mathbf{X},\mathbf{P})} \\
&= \frac{1}{N!}\left[\frac{(2S+1)}{h^3}\int d^3 p \; e^{-\beta \mathbf{p}^2/2m}\int d^3 x \; e^{-\beta m g x_3}\right]^N \\
&= \frac{1}{N!}\left[\frac{(2S+1)}{h^3}\left(\frac{2m}{\beta}\right)^{3/2}\int d^3\pi \; e^{-\pi^2} A \int_0^\infty dx_3 \; e^{-\beta m g x_3}\right]^N \\
&= \frac{(2S+1)^N}{N!}\left[\left(\frac{\sqrt{2\pi m k_{\mathrm{B}} T}}{h}\right)^3 A \frac{1}{\beta m g}\right]^N = \frac{(2S+1)^N (A/\beta m g)^N}{N!(\lambda_T)^{3N}},
\end{aligned}
$$

wobei $\lambda_T = \frac{h}{\sqrt{2\pi m\, k_{\mathrm{B}} T}}$ die thermische Wellenlänge darstellt. Quanteneffekte sind vernachlässigbar bei hinreichend hohen Temperaturen oder hinreichend geringer Dichte, d. h. konkret, falls $\lambda_T \ll [\rho(x_3)]^{-1/3}$ gilt; hier ist $\rho(x_3)$ die Teilchendichte in Höhe x_3.

(b) Um die Wärmekapazität $C_{A,N}(T)$ bei konstanter Bodenfläche A und konstanter Teilchenzahl berechnen zu können, benötigen wir zuerst die innere Energie U, die wiederum aus der freien Energie folgt:

$$
U = \left(\frac{\partial \beta F}{\partial \beta}\right)_{A,N} = -\left[\frac{\partial(\ln Z_{\mathrm{k}})}{\partial \beta}\right]_{A,N} = \frac{\partial}{\partial \beta} N \ln\left(\beta^{\frac{3}{2}+1}\right) = \frac{5N}{2\beta} = \tfrac{5}{2} N k_{\mathrm{B}} T .
$$

Hieraus folgt: $C_{A,N}(T) = \left(\frac{\partial U}{\partial T}\right)_{A,N} = \frac{5}{2} N k_{\mathrm{B}}$. Außerdem ist die mittlere Höhe $\langle x_3 \rangle$ eines Gasmoleküls gegeben durch

$$
\langle x_3 \rangle = -\frac{1}{N}\left[\frac{\partial(\ln Z_{\mathrm{k}})}{\partial(\beta m g)}\right]_{A,T,N} = \frac{\partial \ln(\beta m g)}{\partial(\beta m g)} = \frac{1}{\beta m g} .
$$

(c) Die Wahrscheinlichkeitsdichte dafür, dass sich ein Gasmolekül in der Höhe x_3 aufhält, ist gleich

$$
\left\langle \frac{1}{N}\sum_i \delta(x_3 - x_{3i})\right\rangle = \langle \delta(x_3 - x_{3,1})\rangle
$$

und somit explizit gegeben durch:

$$
\begin{aligned}
\langle \delta(x_3 - x_{3,1})\rangle &= \frac{(2S+1)^N}{Z_{\mathrm{k}} h^{3N} N!}\int d^{3N}P \int d^{3N}X \; \delta(x_3 - x_{3,1}) e^{-\beta H(\mathbf{X},\mathbf{P})} \\
&= \frac{(2S+1)^N (A/\beta m g)^{N-1} A}{Z_{\mathrm{k}} N!(\lambda_T)^{3N}}\int_0^\infty dx_{3,1}\, \delta(x_3 - x_{3,1}) e^{-\beta m g x_{3,1}} \\
&= \beta m g\, e^{-\beta m g x_3} .
\end{aligned}
$$

Man erhält für die Teilchendichte: $\rho(\mathbf{x}) = \frac{N}{A}\beta m g\, e^{-\beta m g x_3}$. Ihre Normierung wird dadurch festgelegt, dass das Integral über die Teilchendichte die Teilchenzahl ergeben muss: $\int d^3x\; \rho(\mathbf{x}) = N$. Aus dem idealen Gasgesetz folgt schließlich für den Druck als Funktion der Höhe: $P(\mathbf{x}) = \rho(\mathbf{x})k_{\mathrm B}T = \frac{N}{A}mg\, e^{-\beta m g x_3}$. Die letzte Beziehung ist als die „barometrische Höhenformel" bekannt.

(d) Falls das Gemisch N_ν Moleküle der Masse m_ν enthält, gilt $C_{A,N} = \frac{5}{2}Nk_{\mathrm B}T$ mit $N = \sum_\nu N_\nu$ und (für ein Molekül der Sorte ν): $\langle x_3\rangle = (\beta m_\nu g)^{-1}$. Die Wahrscheinlichkeitsdichte (für ein Molekül der Sorte ν) ist $\beta m_\nu g e^{-\beta m_\nu g x_3}$, und der entsprechende Partialdruck ist $P_\nu(\mathbf{x}) = A^{-1}N_\nu m_\nu g e^{-\beta m_\nu g x_3}$. Der Gesamtdruck ist $P(\mathbf{x}) = \sum_\nu P_\nu(\mathbf{x})$. Der Spin ist für dieses Problem irrelevant.

Lösung 4.13 Die Elastizität von Wolle

(a) Die angegebenen Ausdrücke für die Gesamtlänge und die Gesamtenergie einer Konfiguration der Kette folgen direkt aus:

$$E(\{n_{l1}\}) = \sum_{l=1}^{N}\big[E_1 n_{l1} + E_2(1 - n_{l1})\big] = NE_2 + N_1(E_1 - E_2) \equiv NE_2 + N_1\Delta E$$

$$L(\{n_{l1}\}) = \sum_{l=1}^{N}\big[\ell_1 n_{l1} + \ell_2(1 - n_{l1})\big] = N\ell_2 + N_1(\ell_1 - \ell_2) \equiv N\ell_2 + N_1\Delta\ell\,.$$

(b) Man muss die statistischen Eigenschaften der Kette mit Hilfe eines „Druckensembles" beschreiben, da nicht die extensive mechanische Variable L, sondern die konjugierte intensive mechanische Variable Σ vorgegeben ist. Die entsprechende Zustandssumme ist gegeben durch:

$$Z_{\mathrm D} = \sum_m e^{\beta(\mathbf{X}_m\cdot\mathbf{Y} - E_m)} = \sum_{\{n_{l1}\}} e^{\beta[\Sigma L(\{n_{l1}\}) - E(\{n_{l1}\})]}\,.$$

Da die N_1 Plätze der Position 1 auf $\binom{N}{N_1}$ verschiedene Weisen gewählt werden können, folgt:

$$Z_{\mathrm D} = \sum_{N_1=0}^{N}\binom{N}{N_1} e^{\beta[\Sigma(N\ell_2 + N_1\Delta\ell) - (NE_2 + N_1\Delta E)]}$$

$$= e^{N\beta(\Sigma\ell_2 - E_2)} \sum_{N_1=0}^{N}\binom{N}{N_1} e^{\beta(\Sigma\Delta\ell - \Delta E)N_1}\,.$$

Mit Hilfe des Binomialsatzes erhält man:

$$Z_{\mathrm D} = \left\{e^{\beta(\Sigma\ell_2 - E_2)}\big[1 + e^{\beta(\Sigma\Delta\ell - \Delta E)}\big]\right\}^N = \left\{e^{-\beta\eta_2}\big[1 + e^{-\beta(\eta_1 - \eta_2)}\big]\right\}^N$$

$$= (e^{-\beta\eta_1} + e^{-\beta\eta_2})^N\,,\qquad \eta_i \equiv E_i - \Sigma\ell_i\quad(i = 1, 2)\,.$$

Die freie Enthalpie der Kette ist

$$G = -\frac{1}{\beta}\ln(Z_{\mathrm D}) = -Nk_{\mathrm B}T\ln\big(e^{-\beta\eta_1} + e^{-\beta\eta_2}\big)\,,$$

die Entropie ist

$$S = -\left(\frac{\partial G}{\partial T}\right)_{\Sigma,N} = Nk_{\mathrm{B}}\left[\ln\left(e^{-\beta\eta_1} + e^{-\beta\eta_2}\right) + \beta\frac{\eta_1 e^{-\beta\eta_1} + \eta_2 e^{-\beta\eta_2}}{e^{-\beta\eta_1} + e^{-\beta\eta_2}}\right],$$

die innere Energie der Kette ist

$$U = \left(\frac{\partial \beta G}{\partial \beta}\right)_{\beta\Sigma,N} = N\frac{E_1 e^{-\beta\eta_1} + E_2 e^{-\beta\eta_2}}{e^{-\beta\eta_1} + e^{-\beta\eta_2}},$$

und die mittlere Länge eines Moleküls entlang der Kette ist

$$\frac{1}{N}\langle L(\{n_{l1}\})\rangle = -\frac{1}{N}\left(\frac{\partial G}{\partial \Sigma}\right)_{T,N} = \frac{\ell_1 e^{-\beta\eta_1} + \ell_2 e^{-\beta\eta_2}}{e^{-\beta\eta_1} + e^{-\beta\eta_2}}.$$

(c) Die isotherme Suszeptibilität $\chi_{T,N}$ der Kette hat die physikalische Bedeutung der *Dehnbarkeit* der Kette. Hier soll sie im Grenzfall $\Sigma \to 0$ berechnet werden, also für den Fall, dass auf die Kette keine Spannung wirkt:

$$\chi_{T,N} = -\left(\frac{\partial^2 G}{\partial \Sigma^2}\right)_{T,N}\bigg|_{\Sigma=0} = \left(\frac{\partial \langle L(\{n_{l1}\})\rangle}{\partial \Sigma}\right)_{T,N}\bigg|_{\Sigma=0}$$

$$= N\beta\left[\frac{\ell_1^2 e^{-\beta E_1} + \ell_2^2 e^{-\beta E_2}}{e^{-\beta E_1} + e^{-\beta E_2}} - \frac{\left(\ell_1 e^{-\beta E_1} + \ell_2 e^{-\beta E_2}\right)^2}{\left(e^{-\beta E_1} + e^{-\beta E_2}\right)^2}\right]$$

$$= N\beta\left[\frac{\ell_1^2 + \ell_2^2 e^{\beta\Delta E}}{1 + e^{\beta\Delta E}} - \left(\frac{\ell_1 + \ell_2 e^{\beta\Delta E}}{1 + e^{\beta\Delta E}}\right)^2\right] = N\beta\frac{(\ell_1 - \ell_2)^2 e^{\beta\Delta E}}{\left(1 + e^{\beta\Delta E}\right)^2}$$

$$= N\beta\frac{(\ell_1 - \ell_2)^2}{\left(e^{\frac{1}{2}\beta\Delta E} + e^{-\frac{1}{2}\beta\Delta E}\right)^2} = \tfrac{1}{4}N\beta\left[\frac{\Delta\ell}{\cosh\left(\frac{1}{2}\beta\Delta E\right)}\right]^2.$$

Für $T \to 0$ bzw. $\beta \to \infty$ gilt:

$$\chi_{T,N} \sim N\beta(\Delta\ell)^2 e^{-\beta|\Delta E|} \to 0 \qquad (T \to 0).$$

Für $T \to \infty$ bzw. $\beta \to 0$ gilt:

$$\chi_{T,N} \sim \frac{N(\Delta\ell)^2}{4k_{\mathrm{B}}T} \sim \frac{N\left(\frac{1}{2}\Delta\ell\right)^2}{k_{\mathrm{B}}T} \qquad (T \to \infty).$$

Dieses Modell ist mathematisch äquivalent zum paramagnetischen Kristall, sodass das Verhalten von $\chi_{T,N}$ für $T \to \infty$ analog zum Curie-Gesetz ist. Hierbei entspricht die Größe $\frac{1}{2}\Delta\ell$ dem Bohr-Magneton μ_{B}.

Lösung 4.14 Die „vereinfachte Darstellung"

(a) Für alle Mikrozustände $|m\rangle$ mit $(U, \mathbf{X}, \mathbf{N}) \in \mathbf{\Delta}$ mit $\mathbf{\Delta} \equiv \Delta_U \times \{\bar{\mathbf{X}}\} \times \{\bar{\mathbf{N}}\}$ gilt:

$$0 = \delta\left[k_{\mathrm{B}}^{-1}S[\hat{\varrho}] + \alpha(1 - \mathrm{Sp}(\hat{\varrho}))\right] = \mathrm{Sp}\left[(-\ln(\hat{\varrho}) - 1 - \alpha)\delta\hat{\varrho}\right] \qquad (\forall \delta\hat{\varrho}),$$

sodass ϱ_m für $|m\rangle \in \mathcal{H}_\Delta$ konstant und für $|m\rangle \notin \mathcal{H}_\Delta$ gleich null ist:

$$\varrho_m = 0 \quad \left(|m\rangle \notin \mathcal{H}_\Delta\right) \quad , \quad \varrho_m = e^{-1-\alpha} \quad \left(|m\rangle \in \mathcal{H}_\Delta\right) .$$

Zusammenfassend gilt mit $\alpha \equiv \ln(\omega\Delta U) - 1$ für alle $|m\rangle$:

$$\varrho_m = \frac{1}{\omega\,\mathrm{vol}(\Delta_U)} I_{\Delta_U}(m) = \frac{1}{\omega\Delta U} I_{\Delta_U}(m) \quad , \quad \omega = \frac{1}{\Delta U}\sum_m I_{\Delta_U}(m) .$$

Die mikrokanonische Entropie lautet also „vereinfacht":

$$S_{\mathrm{mk}} = -k_{\mathrm{B}}\,\mathrm{Sp}\big[\hat{\varrho}_{\mathrm{mk}}\ln(\hat{\varrho}_{\mathrm{mk}})\big] = -k_{\mathrm{B}}\,\mathrm{Sp}\left[\hat{\varrho}_{\mathrm{mk}}\ln\frac{1}{\omega\Delta U}\right] = k_{\mathrm{B}}\ln\big[\omega(U)\Delta U\big] .$$

Analog zeigt man, dass $S[\hat{\varrho}]$ maximal ist für $\hat{\varrho} = \hat{\varrho}_{\mathrm{mk}}$:

$$S[\hat{\varrho}] \le -k_{\mathrm{B}}\,\mathrm{Sp}\big[\hat{\varrho}\ln(\hat{\varrho}_{\mathrm{mk}})\big] = -k_{\mathrm{B}}\,\mathrm{Sp}\left[\hat{\varrho}\ln\frac{1}{\omega\Delta U}\right] = k_{\mathrm{B}}\ln\big[\omega(U)\Delta U\big] = S_{\mathrm{mk}} .$$

(b) Für alle $|m\rangle$ mit $(U,\mathbf{X},\mathbf{N}) \in \Delta$ mit $\Delta \equiv R_E \times \{\bar{\mathbf{X}}\} \times \{\bar{\mathbf{N}}\}$ gilt:

$$0 = \frac{\delta}{\delta\hat{\varrho}}\left[k_{\mathrm{B}}^{-1}S[\hat{\varrho}] - \beta U[\hat{\varrho}] + \alpha\big(1 - \mathrm{Sp}(\hat{\varrho})\big)\right]$$

und daher $0 = -\ln\hat{\varrho} - 1 - \alpha - \beta\hat{\mathrm{H}}$. Folglich ist mit $\alpha \equiv \ln(Z_{\mathrm{k}}) - 1$ und $\mathrm{Sp}[\hat{\varrho}] = 1$:

$$\hat{\varrho}_{\mathrm{k}} = e^{-1-\alpha-\beta\hat{\mathrm{H}}} = Z_{\mathrm{k}}^{-1}e^{-\beta\hat{\mathrm{H}}} \quad , \quad Z_{\mathrm{k}}(T) = \mathrm{Sp}\big[e^{-\beta\hat{\mathrm{H}}}\big] ,$$

und die kanonische freie Energie ist gegeben durch:

$$F[\hat{\varrho}_{\mathrm{k}}] = U[\hat{\varrho}_{\mathrm{k}}] - TS[\hat{\varrho}_{\mathrm{k}}] = U + \frac{1}{\beta}\mathrm{Sp}\left[\hat{\varrho}_{\mathrm{k}}\ln\frac{e^{-\beta\hat{\mathrm{H}}}}{Z_{\mathrm{k}}}\right]$$

$$= U - \mathrm{Sp}[\hat{\varrho}_{\mathrm{k}}\hat{\mathrm{H}}] - \frac{1}{\beta}\ln\big[Z_{\mathrm{k}}\big] = -\frac{1}{\beta}\ln\big[Z_{\mathrm{k}}\big] \quad , \quad Z_{\mathrm{k}} = e^{-\beta F} .$$

(c) Für alle $|m\rangle$ mit $(U,\mathbf{X},\mathbf{N}) \in \Delta$ mit $\Delta \equiv R_E \times R_{\mathbf{X}} \times \{\bar{\mathbf{N}}\}$ gilt:

$$0 = \frac{\delta}{\delta\hat{\varrho}}\left[k_{\mathrm{B}}^{-1}S[\hat{\varrho}] - \beta U[\hat{\varrho}] + \beta\mathbf{Y}\cdot\mathbf{X}[\hat{\varrho}_{\mathrm{k}}] + \alpha\big(1 - \mathrm{Sp}(\hat{\varrho})\big)\right]$$

und daher $0 = -\ln\hat{\varrho} - 1 - \alpha - \beta\hat{\mathrm{H}} + \beta\mathbf{Y}\cdot\hat{\mathbf{X}}$. Folglich ist mit $\alpha \equiv \ln(Z_{\mathrm{D}}) - 1$ und $\mathrm{Sp}[\hat{\varrho}] = 1$:

$$\hat{\varrho}_{\mathrm{k}} = e^{-1-\alpha-\beta\hat{\mathrm{H}}+\beta\mathbf{Y}\cdot\hat{\mathbf{X}}} = Z_{\mathrm{D}}^{-1}e^{-\beta(\hat{\mathrm{H}}-\mathbf{Y}\cdot\hat{\mathbf{X}})} \quad , \quad Z_{\mathrm{D}}(T) = \mathrm{Sp}\big[e^{-\beta(\hat{\mathrm{H}}-\mathbf{Y}\cdot\hat{\mathbf{X}})}\big] ,$$

und die freie Enthalpie ist gegeben durch:

$$G[\hat{\varrho}_{\mathrm{D}}] = U[\hat{\varrho}_{\mathrm{D}}] - TS[\hat{\varrho}_{\mathrm{D}}] - \mathbf{Y}\cdot\mathbf{X}[\hat{\varrho}_{\mathrm{D}}] = U - \mathbf{Y}\cdot\mathbf{X} + \frac{1}{\beta}\mathrm{Sp}\left[\hat{\varrho}_{\mathrm{D}}\ln\frac{e^{-\beta(\hat{\mathrm{H}}-\mathbf{Y}\cdot\hat{\mathbf{X}})}}{Z_{\mathrm{D}}}\right]$$

$$= U - \mathbf{Y}\cdot\mathbf{X} - \mathrm{Sp}[\hat{\varrho}_{\mathrm{D}}\hat{\mathrm{H}}] + \mathbf{Y}\cdot\mathrm{Sp}(\hat{\varrho}_{\mathrm{D}}\hat{\mathbf{X}}) - \frac{1}{\beta}\ln\big[Z_{\mathrm{D}}\big] = -\frac{1}{\beta}\ln\big[Z_{\mathrm{D}}\big] ,$$

woraus folgt: $Z_{\mathrm{D}} = e^{-\beta G}$.

(d) Für alle $|m\rangle$ mit $(U, \mathbf{X}, \mathbf{N}) \in \boldsymbol{\Delta}$ mit $\boldsymbol{\Delta} \equiv R_E \times \{\bar{\mathbf{X}}\} \times R_{\mathbf{N}}$ gilt:

$$0 = \frac{\delta}{\delta\hat{\varrho}}\left[\frac{1}{k_{\mathrm{B}}}S[\hat{\varrho}] - \beta U[\hat{\varrho}] + \beta\boldsymbol{\mu}\cdot\mathbf{N}[\hat{\varrho}] + \alpha\left(1 - \mathrm{Sp}(\hat{\varrho})\right)\right]$$

$$= -\ln(\hat{\varrho}) - 1 - \alpha - \beta\hat{\mathrm{H}} + \beta\boldsymbol{\mu}\cdot\hat{\mathbf{N}} \quad , \quad \hat{\varrho} = e^{-(1+\alpha)-\beta\hat{\mathrm{H}}+\beta\boldsymbol{\mu}\cdot\hat{\mathbf{N}}} \ .$$

Folglich ist mit $\alpha \equiv \ln(Z_{\mathrm{gk}}) - 1$ und $\mathrm{Sp}[\hat{\varrho}] = 1$:

$$\hat{\varrho}_{\mathrm{gk}} = Z_{\mathrm{gk}}^{-1}e^{-\beta(\hat{\mathrm{H}}-\boldsymbol{\mu}\cdot\hat{\mathbf{N}})} \quad , \quad Z_{\mathrm{gk}}(T) = \mathrm{Sp}\left[e^{-\beta(\hat{\mathrm{H}}-\boldsymbol{\mu}\cdot\hat{\mathbf{N}})}\right] \ ,$$

und das großkanonische Potential ist gegeben durch:

$$\Omega[\hat{\varrho}_{\mathrm{gk}}] = U[\hat{\varrho}_{\mathrm{gk}}] - TS[\hat{\varrho}_{\mathrm{gk}}] - \boldsymbol{\mu}\cdot\mathbf{N}[\hat{\varrho}_{\mathrm{gk}}] = U - \boldsymbol{\mu}\cdot\mathbf{N} + \frac{1}{\beta}\mathrm{Sp}\left[\hat{\varrho}_{\mathrm{gk}}\ln\frac{e^{-\beta(\hat{\mathrm{H}}-\boldsymbol{\mu}\cdot\hat{\mathbf{N}})}}{Z_{\mathrm{gk}}}\right]$$

$$= U - \boldsymbol{\mu}\cdot\mathbf{N} - \mathrm{Sp}[\hat{\varrho}_{\mathrm{gk}}(\hat{\mathrm{H}} - \boldsymbol{\mu}\cdot\hat{\mathbf{N}})] - \frac{1}{\beta}\ln[Z_{\mathrm{gk}}] = -\frac{1}{\beta}\ln[Z_{\mathrm{gk}}] \ ,$$

woraus folgt: $Z_{\mathrm{gk}} = e^{-\beta\Omega}$.

Lösung 4.15 Ein Gas zweiatomiger „Hantelmoleküle"

(a) Das Zustandsintegral $Z_{\mathrm{kD}}(T, V, E, N)$ in der Mischgesamtheit ist mit den Definitionen $\lambda_T \equiv \frac{h}{\sqrt{2\pi M k_{\mathrm{B}}T}}$, $\tilde{\lambda}_T \equiv \frac{h}{\sqrt{2\pi I k_{\mathrm{B}}T}}$ und $\cos(\vartheta) \equiv z$ gegeben durch:

$$Z_{\mathrm{kD}} = \frac{(2\cdot 0 + 1)^N}{h^{5N}N!}\left(\int d^3x\, d\vartheta\, d\varphi\, d^3p\, dp_\vartheta\, dp_\varphi\, e^{-\beta H}\right)^N$$

$$= \frac{V^N(2\pi)^N}{h^{5N}N!}\left(\int d\vartheta\, d^3p\, dp_\vartheta\, dp_\varphi\, e^{-\beta H}\right)^N$$

$$= \frac{V^N(2\pi)^N\lambda_T^{-3N}\tilde{\lambda}_T^{-N}}{N!}\left[\int_0^\pi d\vartheta\,\sqrt{\frac{2\pi I\sin^2(\vartheta)}{h^2\beta}}\,e^{\beta\mu E\cos(\vartheta)}\right]^N$$

$$= \frac{V^N(2\pi)^N\lambda_T^{-3N}\tilde{\lambda}_T^{-2N}}{N!}\left(\int_{-1}^1 dz\, e^{\beta\mu Ez}\right)^N = \frac{V^N(4\pi)^N}{N!\lambda_T^{3N}\tilde{\lambda}_T^{2N}}\left[\frac{\sinh(\beta\mu E)}{\beta\mu E}\right]^N \ .$$

Das Zustandsintegral ist erwartungsgemäß dimensionslos, da die hier definierte thermische „Wellenlänge" $\tilde{\lambda}_T$ dimensionslos ist.

(b) Die freie Energie des Gases in dieser Mischgesamtheit ist $F_{\mathrm{kD}} = -\beta^{-1}\ln(Z_{\mathrm{kD}})$, der Druck auf die Wand ist

$$P = -\left(\frac{\partial F_{\mathrm{kD}}}{\partial V}\right)_{T,E,N} = \frac{1}{\beta}\left(\frac{\partial[N\ln(V)]}{\partial V}\right)_N = \frac{Nk_{\mathrm{B}}T}{V} \ ,$$

und die „Polarisation" $\langle\mu_3\rangle$ folgt mit $\beta\mu E \equiv y$ als

$$\langle\mu_3\rangle = -\frac{1}{N}\left(\frac{\partial F_{\mathrm{kD}}}{\partial E}\right)_{T,V,N} = \frac{1}{\beta N}\left(\frac{\partial\ln(Z_{\mathrm{kD}})}{\partial E}\right)_{T,V,N}$$

$$= \frac{1}{\beta}\frac{\partial}{\partial E}\ln\left[\frac{\sinh(\beta\mu E)}{\beta\mu E}\right]_T = \mu\frac{\partial}{\partial y}\ln\left[\frac{\sinh(y)}{y}\right] = \mu\left[\coth(y) - \tfrac{1}{y}\right] \ .$$

Die Polarisation $\langle\mu_3\rangle$ als Funktion der Temperatur ist in Abbildung 8.14 skizziert. Für tiefe Temperaturen ($T \ll T_{\text{rot}} \equiv \mu E/k_{\text{B}}$) ist die Polarisation voll ausgebildet und entlang des elektrischen Felds ausgerichtet: $\langle\mu_3\rangle/\mu \simeq 1$. Bei $T \simeq T_{\text{rot}}$ findet ein Übergang statt, und für $T \gg T_{\text{rot}}$ sind die Rotationsfreiheitsgrade weitgehend gesättigt, sodass sich die Moleküle nahezu frei im Raum drehen können und $\langle\mu_3\rangle/\mu$ entsprechend gegen null tendiert.

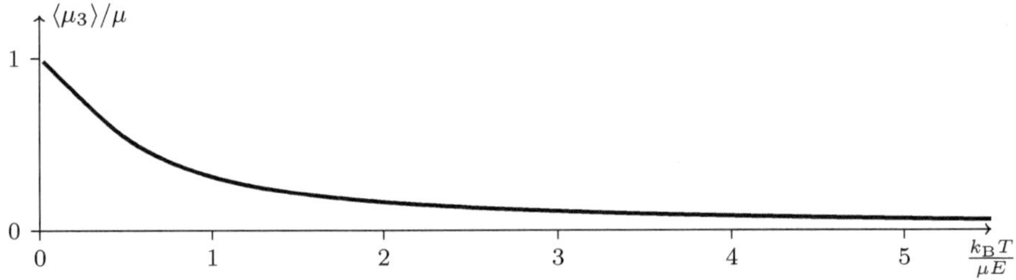

Abb. 8.14 Polarisation als Funktion der Temperatur für Hantelmoleküle

(c) Dass die Polarisation $\langle\mu_3\rangle$ mit ansteigender Temperatur abklingt, ist nicht nur grafisch (siehe Abb. 8.14) und physikalisch klar, sondern folgt mathematisch auch aus der folgenden Berechnung:

$$\left(\frac{\partial\langle\mu_3\rangle}{\partial T}\right)_E = k_{\text{B}}\left(\frac{\partial\langle\mu_3\rangle}{\partial\beta^{-1}}\right)_E = -k_{\text{B}}\beta^2\left(\frac{\partial\langle\mu_3\rangle}{\partial\beta}\right)_E = -k_{\text{B}}\beta^2\mu E\frac{d\langle\mu_3\rangle}{dy}$$

$$= -k_{\text{B}}\beta^2\mu^2 E\frac{d}{dy}\left[\coth(y) - \tfrac{1}{y}\right] = -k_{\text{B}}\beta^2\mu^2 E\left[-\frac{1}{\sinh^2(y)} + \frac{1}{y^2}\right]$$

$$= -\frac{k_{\text{B}}\beta^2\mu^2 E}{y^2}\left[1 - \frac{y^2}{\sinh^2(y)}\right] < 0 \,.$$

Für hohe Temperaturen bzw. schwache elektrische Felder ($y = \beta\mu E \ll 1$) erhält man durch eine Taylor-Entwicklung der coth-Funktion: $\coth(y) - \tfrac{1}{y} \sim \tfrac{1}{3}y$. Aus den Definitionen $\rho \equiv \frac{N}{V}$ und $\langle\mu_3\rangle/E \equiv \frac{\varepsilon-1}{4\pi\rho}$ folgt daher die Formel von Langevin-Debye:

$$\varepsilon = 1 + 4\pi\rho\frac{\langle\mu_3\rangle}{E} = 1 + 4\pi\rho\frac{\mu y}{3E} = 1 + \tfrac{4}{3}\pi\beta\rho\mu^2 \,,$$

die analog zum Curie-Gesetz der Theorie des Magnetismus ist.

(d) Die innere Energie U folgt als

$$U = \left(\frac{\partial\beta F_{\text{kD}}}{\partial\beta}\right)_{V,E,N} = -\left(\frac{\partial\ln(Z_{\text{kD}})}{\partial\beta}\right)_{V,E,N} = -N\left\{\frac{\partial}{\partial\beta}\ln\left[\beta^{-5/2}\frac{\sinh(y)}{y}\right]\right\}_E$$

$$= N\left\{\frac{5}{2\beta} - \mu E\frac{d}{dy}\ln\left[\frac{\sinh(y)}{y}\right]\right\} = N\left\{\frac{5}{2\beta} - \mu E\left[\coth(y) - \frac{1}{y}\right]\right\}$$

$$= N\left[\frac{7}{2\beta} - \mu E\coth(y)\right] = Nk_{\text{B}}T\left[\frac{7}{2} - y\coth(y)\right] \,.$$

Die Wärmekapazität $C_{V,E,N} = \left(\frac{\partial U}{\partial T}\right)_{V,E,N}$ ist daher gegeben durch:

$$C_{V,E,N} = \frac{7}{2}Nk_{\text{B}} - N\mu E\left[\frac{\partial\coth(y)}{\partial T}\right]_E = Nk_{\text{B}}\left[\frac{7}{2} - \frac{y^2}{\sinh^2(y)}\right] > 0 \,.$$

Abbildung 8.15 zeigt die Wärmekapazität $C_{V,E,N}$ als Funktion der Temperatur. Für hohe Temperaturen ($T \gg T_{\text{rot}}$) tragen die fünf Freiheitsgrade $(\mathbf{p}, p_\vartheta, p_\varphi)$, die quadratisch in die Hamilton-Funktion eingehen, jeweils eine Energie $\frac{1}{2}k_{\text{B}}T$ zu U bei und daher $\frac{1}{2}k_{\text{B}}$ zur Wärmekapazität. Bei tieferen Temperaturen ($T \lesssim T_{\text{rot}}$) können auch die Rotationsfreiheitsgrade Energie absorbieren, sodass $C_{V,E,N}$ dort zusätzliche Beiträge erhält. Für $T \gg T_{\text{rot}}$ sind die Rotationsfreiheitsgrade gesättigt. Bei sehr tiefen Temperaturen ($T \ll T_{\text{rot}}$) zeigt der elektrische Term in der Hamilton-Funktion,

$$-\mathbf{E} \cdot \boldsymbol{\mu} = -E\mu_3 = -E\mu\sqrt{1 - \frac{\mu_1^2 + \mu_2^2}{\mu^2}} \sim -E\mu + \frac{E}{2\mu}\left(\mu_1^2 + \mu_2^2\right),$$

dass auch die zwei weiteren „quadratischen" Freiheitsgrade (μ_1, μ_2) bzw. (ϑ, φ) aktiviert sind, was zu zwei weiteren Beiträgen von jeweils $\frac{1}{2}k_{\text{B}}T$ zu U und $\frac{1}{2}k_{\text{B}}$ zu $C_{V,E,N}$ führt.

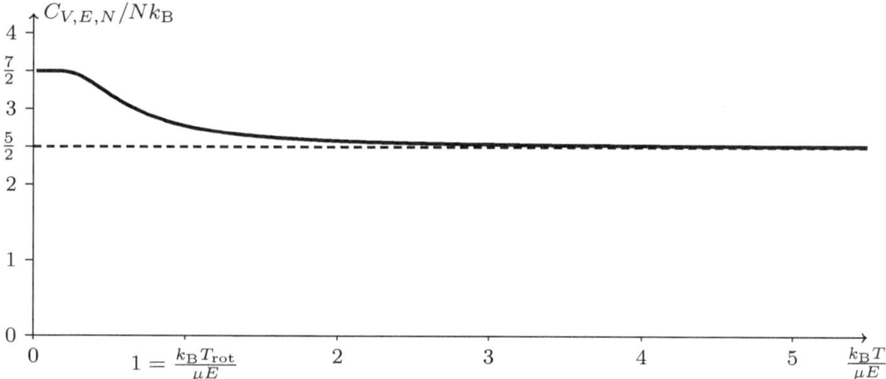

Abb. 8.15 Wärmekapazität als Funktion der Temperatur für Hantelmoleküle

(e) Da der Behälter mit dem Gas nun bei konstantem Volumen ($dV = 0$) und konstanter Teilchenzahl ($dN = 0$) thermisch isoliert wird, gilt für das Differential der Entropie $S(T, V, E, N)$:

$$0 = đQ = TdS = T\left[\left(\frac{\partial S}{\partial T}\right)_{V,E,N} dT + \left(\frac{\partial S}{\partial E}\right)_{T,V,N} dE\right]$$

$$= C_{V,E,N}dT - T\left(\frac{\partial^2 F_{\text{kD}}}{\partial E \partial T}\right)_{V,N} dE = C_{V,E,N}dT - T\left(\frac{\partial^2 F_{\text{kD}}}{\partial T \partial E}\right)_{V,N} dE$$

$$= C_{V,E,N}dT + NT\left(\frac{\partial\langle\mu_3\rangle}{\partial T}\right)_E dE$$

und daher

$$\frac{dT}{dE} = \frac{NT}{C_{V,E,N}}\left(-\frac{\partial\langle\mu_3\rangle}{\partial T}\right)_E > 0\,.$$

Dies ist das elektrische Pendant der adiabatischen Entmagnetisierung.

8.5 Spinsysteme

Lösung 5.1 Die Transfermatrix

(a) Die Transfermatrix P und eine zweidimensionale Rotation $R(\varphi)$ um den Winkel ϕ haben die Form:

$$P = \begin{pmatrix} e^{j+b} & e^{-j} \\ e^{-j} & e^{j-b} \end{pmatrix} \quad , \quad R(\varphi) = \begin{pmatrix} \cos(\varphi) & -\sin(\varphi) \\ \sin(\varphi) & \cos(\varphi) \end{pmatrix}$$

mit $R(\varphi)R(\varphi)^{\dagger} = R(\varphi)^{\dagger}R(\varphi) = \mathbb{1}$ und den Notationen $j = \beta J$ und $b = \beta \mu_{\mathrm{B}} B$. Die um den Winkel ϕ gedrehte Form der Transfermatrix P ist dann

$$R(\varphi)^{-1}PR(\varphi) = \begin{pmatrix} \cos(\varphi) & \sin(\varphi) \\ -\sin(\varphi) & \cos(\varphi) \end{pmatrix} \begin{pmatrix} e^{j+b} & e^{-j} \\ e^{-j} & e^{j-b} \end{pmatrix} \begin{pmatrix} \cos(\varphi) & -\sin(\varphi) \\ \sin(\varphi) & \cos(\varphi) \end{pmatrix}$$

$$= \begin{pmatrix} \cos(\varphi)e^{j+b} + \sin(\varphi)e^{-j} & \cos(\varphi)e^{-j} + \sin(\varphi)e^{j-b} \\ -\sin(\varphi)e^{j+b} + \cos(\varphi)e^{-j} & -\sin(\varphi)e^{-j} + \cos(\varphi)e^{j-b} \end{pmatrix} \begin{pmatrix} \cos(\varphi) & -\sin(\varphi) \\ \sin(\varphi) & \cos(\varphi) \end{pmatrix}$$

$$= \begin{pmatrix} \cos^2(\varphi)e^{j+b} + \sin(2\varphi)e^{-j} + \sin^2(\varphi)e^{j-b} & -\sin(2\varphi)e^{j}\sinh(b) + \cos(2\varphi)e^{-j} \\ -\sin(2\varphi)e^{j}\sinh(b) + \cos(2\varphi)e^{-j} & \sin^2(\varphi)e^{j+b} - \sin(2\varphi)e^{-j} + \cos^2(\varphi)e^{j-b} \end{pmatrix} .$$

Die Produktmatrix $R(\varphi)^{-1}PR(\varphi)$ ist daher *diagonal*, falls φ die Gleichung $\cotan(2\phi) = e^{2j}\sinh(b)$ erfüllt. Hierbei kann $0 < \phi < \frac{\pi}{2}$ gewählt werden, damit φ durch diese Gleichung eindeutig bestimmt ist. Die Diagonalform der Produktmatrix $R^{-1}PR$ ist dann $\begin{pmatrix} \lambda_1 & 0 \\ 0 & \lambda_2 \end{pmatrix}$ mit dem Matrixelement λ_1:

$$\lambda_1 = \cos^2(\varphi)e^{j+b} + \sin(2\varphi)e^{-j} + \sin^2(\varphi)e^{j-b}$$

$$= e^{j}\left[\left(\cos^2\varphi + \sin^2\varphi\right)\cosh(b) + \left(\cos^2\varphi - \sin^2\varphi\right)\sinh(b)\right] + \sin(2\varphi)e^{-j}$$

$$= e^{j}\left[\cosh(b) + \cos(2\varphi)\sinh(b)\right] + \sin(2\varphi)e^{-j}$$

$$= e^{j}\cosh(b) + e^{j}\cos(2\varphi)e^{-2j}\cotan(2\phi) + \sin(2\varphi)e^{-j}$$

$$= e^{j}\cosh(b) + e^{-j}\left[\frac{\cos^2(2\varphi)}{\sin(2\phi)} + \sin(2\varphi)\right] = e^{j}\cosh(b) + e^{-j}\frac{1}{\sin(2\phi)} ,$$

welches noch auf die Form

$$\lambda_1 = e^{j}\cosh(b) + e^{-j}\sqrt{1 + \cotan^2(2\phi)} = e^{j}\cosh(b) + \sqrt{e^{-2j} + e^{2j}\sinh^2(b)}$$

vereinfacht werden kann. Ersetzt man $\varphi \to (\varphi + \frac{\pi}{2})$ in der Berechnung von λ_1, so folgt $\lambda_2 = e^{j}\cosh(b) - e^{-j}/\sin(2\phi)$ und daher für den zweiten Eigenwert: $\lambda_2 = e^{j}\cosh(b) - [e^{-2j} + e^{2j}\sinh^2(b)]^{1/2}$. Diese Eigenwerte sind gleich den in Gleichung (5.9) durch direkte Diagonalisierung der Transfermatrix berechneten. Für $b \to 0$ folgt $\lambda_1 \sim 2\cosh(j)$ bzw. $\lambda_2 \sim 2\sinh(j)$. Für $j \to 0$ erhält man $\lambda_1 \sim 2\cosh(b)$ bzw. $\lambda_2 \to 0$.

(b) Die Zustandssumme ist wegen der periodischen Randbedingung $\sigma_{N+1} = \sigma_1$ gegeben durch

$$Z_{\mathrm{D}} = \sum_{\substack{\{\sigma_i \,|\, 1 \le i \le N\} \\ \sigma_{N+1} = \sigma_1}} P(\sigma_1, \sigma_2)P(\sigma_2, \sigma_3) \cdots P(\sigma_{N-1}, \sigma_N)P(\sigma_N, \sigma_1) = \mathrm{Sp}\big(P^N\big)$$

und hier daher konkret durch

$$Z_{\mathrm{D}} = \mathrm{Sp}(P^N) = \mathrm{Sp}\big[(R^{-1}PR)^N\big] = \mathrm{Sp}\big[\big(\begin{smallmatrix}\lambda_1 & 0\\ 0 & \lambda_2\end{smallmatrix}\big)^N\big] = \lambda_1^N + \lambda_2^N \ .$$

Aufgrund der periodischen Randbedingung ist die Spinkette translationsinvariant, sodass der Erwartungswert $\langle\sigma_k\rangle$ durch

$$\langle\sigma_k\rangle = \langle\sigma_1\rangle = Z_{\mathrm{D}}^{-1} \sum_{\substack{\{\sigma_i \mid 1 \le i \le N\}\\ \sigma_{N+1}=\sigma_1}} \sigma_1 P(\sigma_1,\sigma_2) \cdots P(\sigma_N,\sigma_1) = Z_{\mathrm{D}}^{-1}\mathrm{Sp}(SP^N)$$

gegeben ist. Die Spur auf der rechten Seite dieser Gleichung kann explizit berechnet werden:

$$\begin{aligned}
\mathrm{Sp}(SP^N) &= \mathrm{Sp}\big[(R^{-1}SR)(R^{-1}PR)^N\big]\\
&= \mathrm{Sp}\big[\big(\begin{smallmatrix}\cos(2\varphi) & -\sin(2\varphi)\\ -\sin(2\varphi) & -\cos(2\varphi)\end{smallmatrix}\big)\big(\begin{smallmatrix}\lambda_1 & 0\\ 0 & \lambda_2\end{smallmatrix}\big)^N\big] = \cos(2\varphi)\big(\lambda_1^N - \lambda_2^N\big) \ .
\end{aligned}$$

Der Erwartungswert $\langle\sigma_k\rangle$ erhält damit die Form

$$\langle\sigma_k\rangle = \cos(2\varphi)\frac{\lambda_1^N - \lambda_2^N}{\lambda_1^N + \lambda_2^N} \ .$$

Im thermodynamischen Limes ($N \to \infty$) vereinfacht sich dieses Ergebnis auf

$$\langle\sigma_k\rangle = \cos(2\varphi) = \frac{\cot(2\varphi)}{\sqrt{1 + \cot^2(2\varphi)}} = \frac{e^{2j}\sinh(b)}{\sqrt{1 + e^{4j}\sinh^2(b)}} \ .$$

Die Magnetisierung folgt hieraus direkt als $m = N\mu_{\mathrm{B}}\langle\sigma_k\rangle$, im Einklang mit Gleichung (5.10).

(c) Aufgrund der Translationsinvarianz der Spinkette wird der Erwartungswert $\langle\sigma_k\sigma_\ell\rangle$ mit $\ell \ge k$ lediglich vom Relativabstand $\ell - k$ abhängen. Dieser Erwartungswert ist gegeben durch

$$\begin{aligned}
\langle\sigma_k\sigma_\ell\rangle &= Z_{\mathrm{D}}^{-1} \sum_{\substack{\{\sigma_i \mid 1 \le i \le N\}\\ \sigma_{N+1}=\sigma_1}} \sigma_k\sigma_\ell P(\sigma_1,\sigma_2) \cdots P(\sigma_N,\sigma_1)\\
&= Z_{\mathrm{D}}^{-1}\mathrm{Sp}\big(P^{k-1}SP^{\ell-k}SP^{N-\ell+1}\big) = Z_{\mathrm{D}}^{-1}\mathrm{Sp}\big(SP^{\ell-k}SP^{N-\ell+k}\big) \ .
\end{aligned}$$

Die Spur auf der rechten Seite dieser Gleichung kann wiederum explizit berechnet werden:

$$\begin{aligned}
\mathrm{Sp}(SP^{\ell-k}SP^{N-\ell+k}) &= \mathrm{Sp}\big[(R^{-1}SR)(R^{-1}PR)^{\ell-k}(R^{-1}SR)(R^{-1}PR)^{N-\ell+k}\big]\\
&= \mathrm{Sp}\big[\big(\begin{smallmatrix}\cos(2\varphi) & -\sin(2\varphi)\\ -\sin(2\varphi) & -\cos(2\varphi)\end{smallmatrix}\big)\big(\begin{smallmatrix}\lambda_1 & 0\\ 0 & \lambda_2\end{smallmatrix}\big)^{\ell-k}\big(\begin{smallmatrix}\cos(2\varphi) & -\sin(2\varphi)\\ -\sin(2\varphi) & -\cos(2\varphi)\end{smallmatrix}\big)\big(\begin{smallmatrix}\lambda_1 & 0\\ 0 & \lambda_2\end{smallmatrix}\big)^{N-\ell+k}\big]\\
&= \mathrm{Sp}\Big[\begin{pmatrix}\cos(2\varphi)\lambda_1^{\ell-k} & -\sin(2\varphi)\lambda_2^{\ell-k}\\ -\sin(2\varphi)\lambda_1^{\ell-k} & -\cos(2\varphi)\lambda_2^{\ell-k}\end{pmatrix}\begin{pmatrix}\cos(2\varphi)\lambda_1^{N-\ell+k} & -\sin(2\varphi)\lambda_2^{N-\ell+k}\\ -\sin(2\varphi)\lambda_1^{N-\ell+k} & -\cos(2\varphi)\lambda_2^{N-\ell+k}\end{pmatrix}\Big]\\
&= \cos^2(2\varphi)\lambda_1^N + \sin^2(2\varphi)\big(\lambda_1^{N-\ell+k}\lambda_2^{\ell-k} + \lambda_1^{\ell-k}\lambda_2^{N-\ell+k}\big) + \cos^2(2\varphi)\lambda_2^N \ .
\end{aligned}$$

Die Spin-Spin-Korrelationsfunktion $\langle \sigma_k \sigma_\ell \rangle$ folgt nun, indem man die rechte Seite durch $Z_D = \lambda_1^N + \lambda_2^N$ dividiert. Im thermodynamischen Limes vereinfacht sich das Ergebnis auf

$$\langle \sigma_k \sigma_\ell \rangle = \cos^2(2\varphi) + \sin^2(2\varphi)\left(\frac{\lambda_2}{\lambda_1}\right)^{\ell-k}$$

$$= \frac{\sinh^2(b)}{e^{-4j} + \sinh^2(b)} + \frac{e^{-4j}}{e^{-4j} + \sinh^2(b)}\left(\frac{\lambda_2}{\lambda_1}\right)^{\ell-k} \qquad (\ell \geq k)\,.$$

Wegen $\langle \sigma_k \rangle = \langle \sigma_\ell \rangle = \cos(2\varphi)$ erhält man hieraus noch:

$$\langle (\sigma_k - \langle \sigma_k \rangle)(\sigma_\ell - \langle \sigma_\ell \rangle) \rangle = \frac{e^{-4j}}{e^{-4j} + \sinh^2(b)}\left(\frac{\lambda_2}{\lambda_1}\right)^{|\ell-k|}\,,$$

sodass die Spin-Spin-Korrelationsfunktion im thermodynamischen Limes exponentiell als Funktion des Relativabstands $|\ell - k|$ abklingt.

Lösung 5.2 Skalentransformationen

(a) Summation über alle *geraden* Spins $\{\sigma_{2i} \,|\, 1 \leq i \leq N\}$ ergibt für die Zustandssumme $Z_D(j, b, 2N)$ einer Ising-Spinkette im Magnetfeld mit $2N$ Gitterplätzen:

$$Z_D = \sum_{\substack{\{\sigma_{2i-1} \,|\, 1 \leq i \leq N\} \\ \sigma_{2N+1} = \sigma_1}} \sum_{\sigma_2} P(\sigma_1, \sigma_2)P(\sigma_2, \sigma_3) \cdots \sum_{\sigma_{2N}} P(\sigma_{2N-1}, \sigma_{2N})P(\sigma_{2N}, \sigma_1)$$

$$= \sum_{\substack{\{\sigma_{2i-1} \,|\, 1 \leq i \leq N\} \\ \sigma_{2N+1} = \sigma_1}} P^2(\sigma_1, \sigma_3)P^2(\sigma_3, \sigma_5) \cdots P^2(\sigma_{2N-1}, \sigma_1) = \mathrm{Sp}\left[(P^2)^N\right]\,.$$

Das Ziel ist, zu zeigen, dass das Quadrat der Transfermatrix P die Form

$$B(j, b) \equiv P^2 = \begin{pmatrix} e^{j+b} & e^{-j} \\ e^{-j} & e^{j-b} \end{pmatrix}^2 = \begin{pmatrix} e^{2(j+b)} + e^{-2j} & e^b + e^{-b} \\ e^b + e^{-b} & e^{-2j} + e^{2(j-b)} \end{pmatrix}$$

$$\overset{!}{=} A(j, b)\begin{pmatrix} e^{j'+b'} & e^{-j'} \\ e^{-j'} & e^{j'-b'} \end{pmatrix} \equiv A(j, b)C(j', b')$$

hat, da hieraus folgt:

$$Z_D(j, b, 2N) \overset{!}{=} [A(j, b)]^N \mathrm{Sp}\left[C(j', b')^N\right] = [A(j, b)]^N Z_D(j', b', N)\,.$$

Wir verwenden hierzu die Eigenschaft $P_{11}P_{22}P_{12}P_{21} = 1$. Folglich gilt auch $C_{11}C_{22}C_{12}C_{21} = 1$ und daher

$$A(j, b) = \sqrt[4]{B_{11}B_{22}B_{12}B_{21}} = \sqrt[4]{4\cosh^2(b)\left[4\cosh^2(b) + 4\sinh^2(2j)\right]}$$

$$= 2\cosh(b)\sqrt[4]{1 + \frac{\sinh^2(2j)}{\cosh^2(b)}}\,.$$

Des Weiteren kann der Parameter b' bestimmt werden aus

$$b' = \frac{1}{2}\ln\left(\frac{C_{11}}{C_{22}}\right) = \frac{1}{2}\ln\left(\frac{B_{11}}{B_{22}}\right) = \frac{1}{2}\ln\left(e^{2b}\frac{\cosh(2j+b)}{\cosh(2j-b)}\right)$$
$$= b + \frac{1}{2}\ln\left(\frac{\cosh(2j+b)}{\cosh(2j-b)}\right)$$

und der Parameter j' aus

$$j' = \frac{1}{4}\ln\left[(C_{11}C_{22})^2\right] = \frac{1}{4}\ln\left(\frac{C_{11}C_{22}}{C_{12}C_{21}}\right) = \frac{1}{4}\ln\left(\frac{B_{11}B_{22}}{B_{12}B_{21}}\right)$$
$$= \frac{1}{4}\ln\left(\frac{\cosh(2b)+\cosh(4j)}{2\cosh^2(b)}\right) = \frac{1}{4}\ln\left(1 + \frac{\sinh^2(2j)}{\cosh^2(b)}\right) > 0 \;.$$

Die Ungleichung $j' > 0$ bringt zum Ausdruck, dass zwei übernächste Nachbarn σ_{2i-1} und σ_{2i+1} immer *ferromagnetisch* gekoppelt (im Mittel gleich ausgerichtet) sind, unabhängig davon, ob zwei nächste Nachbarn nun ferro- oder antiferromagnetisch (im Mittel entgegengesetzt ausgerichtet) sind.

(b) Die freie Enthalpie G ist mit der Zustandssumme gemäß $Z_\mathrm{D}(j, b, N) = e^{-\beta G}$ verknüpft und die freie Enthalpie pro Teilchen $g(j,b) \equiv G/N$ daher gemäß $Z_\mathrm{D}(j, b, N) = e^{-\beta N g(j,b)}$ bzw. $g(j,b) = -(\beta N)^{-1}\ln\left[Z_\mathrm{D}(j, b, N)\right]$. Es folgt

$$g(j,b) = -\frac{1}{2\beta N}\ln\left[Z_\mathrm{D}(j, b, 2N)\right] = -\frac{1}{2\beta N}\left\{N\ln[A(j, b)] + \ln\left[Z_\mathrm{D}(j', b', N)\right]\right\}$$
$$= -\frac{1}{2\beta}\ln[A(j, b)] + \frac{1}{2}g(j', b') \;.$$

Man kann diese Gleichung im Prinzip lösen, indem man durch nochmalige Renormierung $g(j', b')$ mit $g(j'', b'')$ verknüpft und dann analog $g(j'', b'')$ mit $g(j''', b''')$ (und so weiter). Es entsteht dann eine unendliche Summe,

$$g(j,b) = -\frac{1}{2\beta}\sum_{n=0}^{\infty} 2^{-n}\ln[A(j^{(n)}, b^{(n)})] \quad , \quad (j^{(0)}, b^{(0)}) \equiv (j,b) \;,$$

die schnell konvergiert. Es ist also illustrativ, den Renormierungsfluss

$$(j,b) = (j^{(0)}, b^{(0)}) \to (j^{(1)}, b^{(1)}) \to (j^{(2)}, b^{(2)}) \to (j^{(3)}, b^{(3)}) \to \cdots$$

bis zum Fixpunkt $(j^{(\infty)}, b^{(\infty)})$ zu verfolgen. Für den Spezialfall $j = j^{(0)} = 0$ (und b beliebig) ist dies einfach, da dann $j^{(1)} = 0$ und $b^{(1)} = b$ und somit auch $j^{(n)} = 0$ und $b^{(n)} = b$ für alle $n \in \mathbb{N}_0$ gilt. Die Gerade $\{(j,b)\,|\,j = 0\,,\, b \in \mathbb{R}\}$ ist daher eine Linie von Fixpunkten. Für den weiteren Spezialfall $b = 0$ und $j = j^{(0)} \neq 0$ erhält man die Rekursionsbeziehung $2j^{(n+1)} = f\big(2j^{(n)}\big)$ mit $f(x) = \ln\big[\cosh(x)\big]$. Da $f(x)$ konvex ist für alle $x \in \mathbb{R}$ mit $f(x) \sim \frac{1}{2}x^2$ für $x \to 0$ und $f(x) \sim |x| - \ln(2) + e^{-2|x|}$ für $|x| \to \infty$, zeigt eine grafische Lösung der Rekursionsbeziehung, dass $j^{(n)}$ sehr schnell gegen $j^{(\infty)} = 0$ konvergiert.

Betrachten wir nun den allgemeinen Fall $j \neq 0$ und $b \neq 0$. Bei der Untersuchung des Renormierungsflusses reicht es aus, positive (ferromagnetische) Kopplungskonstanten zu untersuchen ($j^{(n)} > 0$), da auch für einen Startwert

$j = j^{(0)} < 0$ gilt: $j^{(n)} > 0$ für alle $n \geq 1$. Außerdem ist es ausreichend, sich auf positive Magnetfelder ($b^{(0)} > 0$) mit dem entsprechenden Renormierungsfluss ($j^{(n)}$, $b^{(n)}$) zu beschränken, da der Renormierungsfluss für negative Felder ($b = -b^{(0)} < 0$) dann durch ($j^{(n)}$, $-b^{(n)}$) gegeben ist.

Betrachten wir also $j > 0$ mit $b > 0$. Aus den Rekursionsbeziehungen zwischen (j', b') und (j, b) folgt allgemein $b' > b$ und (durch grafische Lösung) $j' < j$. Speziell für $j \ll 1$ erhält man die Rekursionsbeziehungen:

$$\frac{j'}{\cosh^2(b')} \sim \left[\frac{j}{\cosh^2(b)}\right]^2 \quad , \quad b' \sim b + 2j\tanh(b) \,,$$

die zeigen, dass die Kopplungskonstante $j^{(n)}$ sehr schnell gegen null strebt, während sich das Magnetfeld $b^{(n)}$ dabei nur geringfügig ändert.

Lösung 5.3 Thermodynamik des klassischen Heisenberg-Modells

(a) Da die klassischen Spins durch Vektoren der Länge eins beschrieben werden ($\mathbf{s}_l^2 = 1$), gilt für jedes Paar benachbarter Spins: $\mathbf{s}_i \cdot \mathbf{s}_{i+1} \leq 1$ und daher für alle möglichen Spinkonfigurationen: $H[\{\mathbf{s}_i\}] \geq E_0 = -NJ$. Diese Grundzustandsenergie wird im vollständig polarisierten ferromagnetischen Zustand $\mathbf{s}_1 = \mathbf{s}_2 = \cdots = \mathbf{s}_{N+1}$ realisiert. Dieser Zustand ist entartet, da die gemeinsame Spinausrichtung (also z. B. die $\mathbf{s}_1$-Richtung) beliebig ist.

(b) Aus dem bekannten Ausdruck $Z_\mathrm{k} = \left[\frac{\sinh(j)}{j}\right]^N$ für das Zustandsintegral folgt für die Helmholtz'sche freie Energie:

$$F = -\frac{1}{\beta}\ln(Z_\mathrm{k}) = -\frac{N}{\beta}\ln\left[\frac{\sinh(j)}{j}\right] \,,$$

für die innere Energie:

$$U = \left(\frac{\partial \beta F}{\partial \beta}\right)_N = -N\frac{\partial}{\partial \beta}\ln\left[\frac{\sinh(j)}{j}\right] = -NJ\left[\frac{\cosh(j)}{\sinh(j)} - \frac{1}{j}\right] \,,$$

für die Wärmekapazität $C_N(T)$:

$$C_N(T) = \left(\frac{\partial U}{\partial T}\right)_N = -k_\mathrm{B}\beta^2\left(\frac{\partial U}{\partial \beta}\right)_N = Nk_\mathrm{B}(\beta J)^2\frac{d}{dj}\left[\frac{\cosh(j)}{\sinh(j)} - \frac{1}{j}\right]$$

$$= Nk_\mathrm{B}j^2\left[1 - \frac{\cosh^2(j)}{\sinh^2(j)} + \frac{1}{j^2}\right] = Nk_\mathrm{B}j^2\left[\frac{1}{j^2} - \frac{1}{\sinh^2(j)}\right]$$

$$= Nk_\mathrm{B}\left\{1 - \left[\frac{j}{\sinh(j)}\right]^2\right\}$$

und für die Entropie S:

$$S = \tfrac{1}{T}(U - F) = Nk_\mathrm{B}\left\{\left[\ln\left[\frac{\sinh(j)}{j}\right] - j\left[\frac{\cosh(j)}{\sinh(j)} - \frac{1}{j}\right]\right]\right\} \,.$$

Für $T \to 0$, d.h. $\beta \to \infty$, d.h. $j \to \infty$, gilt $C_N(T) \to Nk_\mathrm{B}(1 - 4j^2e^{-2j})$ und $S \sim -Nk_\mathrm{B}\ln(j) + \mathcal{O}(1) \to -\infty$, sodass diese Tieftemperaturergebnisse den dritten Hauptsatz der Thermodynamik *verletzen*. Dies ist eine typische Pathologie eines klassischen Modells. Für $T \to \infty$, d. h. für $\beta \downarrow 0$ oder $j \downarrow 0$, folgt aus $\sinh(j) \sim j + \frac{1}{3!}j^3 + \cdots \sim j(1 + \frac{1}{6}j^2 + \cdots)$:

$$C_N(T) \sim Nk_{\mathrm{B}}\left[1 - \frac{1}{(1 + \frac{1}{6}j^2)^2}\right] \sim Nk_{\mathrm{B}}\left[1 - \frac{1}{1 + \frac{1}{3}j^2}\right] \sim \tfrac{1}{3}Nk_{\mathrm{B}}j^2 \propto \frac{1}{T^2}\;.$$

Eine grafische Darstellung von $C_N(T)/Nk_{\mathrm{B}}$ als Funktion der Temperatur findet sich in Abbildung 8.16.

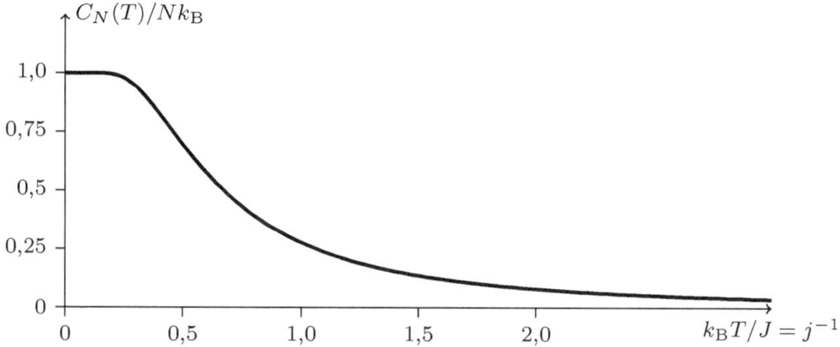

Abb. 8.16 Wärmekapazität $C_N(T)$ des klassischen Heisenberg-Modells

(c) Wenn J negativ ist ($J < 0$), ist die Grundzustandsenergie durch $-N|J|$ gegeben. Der Grundzustand ist dann antiferromagnetisch: $\mathbf{s}_1 = -\mathbf{s}_2 = \mathbf{s}_3 = -\mathbf{s}_4 = \cdots$, und die Thermodynamik ändert sich aufgrund der Invarianz von $F = -\frac{N}{\beta}\ln\left[\frac{\sinh(j)}{j}\right]$ unter einem Vorzeichenwechsel $J \to (-J)$ nicht.

Lösung 5.4 Das Ising-Modell für Legierungen

(a) Der angegebene Hamilton-Operator hat genau dann Energiebeiträge, wenn sich auf einem *Gitterplatz* ein A-Atom (Energie E_{A}) oder ein B-Atom (Energie E_{B}) sowie auf einer *Bindung* ein AA-Paar (Energie E_{AA}), ein AB- oder BA-Paar (Energie E_{AB}) oder ein BB-Paar (Energie E_{BB}) befindet, und beschreibt daher die Legierung exakt.

(b) Aus der Definition $\sigma_{\mathbf{i}} \equiv 2n_{\mathbf{i}}^{\mathrm{A}} - 1$ folgt: $n_{\mathbf{i}}^{\mathrm{A}} = \frac{1}{2}(1 + \sigma_{\mathbf{i}})$ und $n_{\mathbf{i}}^{\mathrm{B}} = 1 - n_{\mathbf{i}}^{\mathrm{A}} = \frac{1}{2}(1 - \sigma_{\mathbf{i}})$. Wir schreiben den Hamilton-Operator als $H = H_1 + H_2$ mit

$$H_1 \equiv \sum_{\mathbf{i}}(E_{\mathrm{A}}n_{\mathbf{i}}^{\mathrm{A}} + E_{\mathrm{B}}n_{\mathbf{i}}^{\mathrm{B}}) = \sum_{\mathbf{i}}\left[E_{\mathrm{A}}\tfrac{1}{2}(1 + \sigma_{\mathbf{i}}) + E_{\mathrm{B}}\tfrac{1}{2}(1 - \sigma_{\mathbf{i}})\right]$$

$$= \tfrac{1}{2}N(E_{\mathrm{A}} + E_{\mathrm{B}}) + \tfrac{1}{2}(E_{\mathrm{A}} - E_{\mathrm{B}})\sum_{\mathbf{i}}\sigma_{\mathbf{i}} \equiv \text{Konst.} - \mu_{\mathrm{B}}B_1\sum_{\mathbf{i}}\sigma_{\mathbf{i}}$$

und

$$H_2 \equiv \sum_{\langle \mathbf{ij}\rangle}\left[E_{\mathrm{AA}}n_{\mathbf{i}}^{\mathrm{A}}n_{\mathbf{j}}^{\mathrm{A}} + E_{\mathrm{AB}}\left(n_{\mathbf{i}}^{\mathrm{A}}n_{\mathbf{j}}^{\mathrm{B}} + n_{\mathbf{i}}^{\mathrm{B}}n_{\mathbf{j}}^{\mathrm{A}}\right) + E_{\mathrm{BB}}n_{\mathbf{i}}^{\mathrm{B}}n_{\mathbf{j}}^{\mathrm{B}}\right]$$

$$= \sum_{\langle \mathbf{ij}\rangle}\left\{\tfrac{1}{4}E_{\mathrm{AA}}(1 + \sigma_{\mathbf{i}})(1 + \sigma_{\mathbf{j}}) + \tfrac{1}{4}E_{\mathrm{AB}}\left[(1 + \sigma_{\mathbf{i}})(1 - \sigma_{\mathbf{j}})\right.\right.$$

$$\left.\left. + (1 - \sigma_{\mathbf{i}})(1 + \sigma_{\mathbf{j}})\right] + \tfrac{1}{4}E_{\mathrm{BB}}(1 - \sigma_{\mathbf{i}})(1 - \sigma_{\mathbf{j}})\right\}$$

bzw. nach elementaren Umformungen:

$$
\begin{aligned}
H_2 &= \sum_{\langle \mathrm{ij} \rangle} \left[\tfrac{1}{4}\left(E_{\mathrm{AA}} + 2E_{\mathrm{AB}} + E_{\mathrm{BB}}\right) + \tfrac{1}{4}\left(E_{\mathrm{AA}} - E_{\mathrm{BB}}\right)\left(\sigma_{\mathrm{i}} + \sigma_{\mathrm{j}}\right) \right. \\
&\qquad\qquad \left. + \tfrac{1}{4}\left(E_{\mathrm{AA}} - 2E_{\mathrm{AB}} + E_{\mathrm{BB}}\right)\sigma_{\mathrm{i}}\sigma_{\mathrm{j}} \right] \\
&= \tfrac{3}{4}N\left(E_{\mathrm{AA}} + 2E_{\mathrm{AB}} + E_{\mathrm{BB}}\right) + \tfrac{3}{2}\left(E_{\mathrm{AA}} - E_{\mathrm{BB}}\right)\sum_{\mathrm{i}} \sigma_{\mathrm{i}} \\
&\qquad\qquad + \tfrac{1}{4}\left(E_{\mathrm{AA}} - 2E_{\mathrm{AB}} + E_{\mathrm{BB}}\right)\sum_{\langle \mathrm{ij} \rangle} \sigma_{\mathrm{i}}\sigma_{\mathrm{j}} \\
&\equiv \mathrm{Konst.} - \mu_{\mathrm{B}}B_2 \sum_{\mathrm{i}} \sigma_{\mathrm{i}} - J \sum_{\langle \mathrm{ij} \rangle} \sigma_{\mathrm{i}}\sigma_{\mathrm{j}} \ .
\end{aligned}
$$

Die verlangte Beziehung zwischen den Parametern $(E_{\mathrm{A}}, E_{\mathrm{B}}, E_{\mathrm{AA}}, E_{\mathrm{AB}}, E_{\mathrm{BB}})$ und $(J, \mu_{\mathrm{B}}B)$ lautet also:

$$
\begin{aligned}
J &= -\tfrac{1}{4}\left(E_{\mathrm{AA}} - 2E_{\mathrm{AB}} + E_{\mathrm{BB}}\right) \\
\mu_{\mathrm{B}}B &= \mu_{\mathrm{B}}\left(B_1 + B_2\right) = -\tfrac{1}{2}\left(E_{\mathrm{A}} - E_{\mathrm{B}}\right) - \tfrac{3}{2}\left(E_{\mathrm{AA}} - E_{\mathrm{BB}}\right) \ .
\end{aligned}
$$

(c) Diese Berechnung findet sich in Abschnitt [5.6], wo ebenfalls angenommen wird, dass das Ising-Modell ferromagnetisch ist $(J > 0)$. Die (hier nicht verlangte) grafische Lösung der Selbstkonsistenzbeziehung wird in Abschnitt [5.6.1] erklärt.

(d) Damit im Ising-Modell aus **(b)** $B = 0$ gilt, müssen die Energieparameter der Legierung die Bedingung $E_{\mathrm{A}} - E_{\mathrm{B}} + 3\left(E_{\mathrm{AA}} - E_{\mathrm{BB}}\right) = 0$ erfüllen. Die Selbstkonsistenzbeziehung für $B = 0$ lautet $\tanh(x) = (\beta Jq)^{-1}x$ mit $x \equiv \beta Jq\bar{\sigma}$, sodass nur eine einzige Lösung $\bar{\sigma} = 0$ bzw. $x = 0$ existiert für $\beta Jq \leq 1$ bzw. $T \geq Jq/k_{\mathrm{B}} \equiv T_{\mathrm{c}}$ und drei Lösungen für $\beta Jq > 1$ bzw. $T < T_{\mathrm{c}}$. Die Temperatur $T_{\mathrm{c}} = Jq/k_{\mathrm{B}}$ kann daher mit der *kritischen* Temperatur identifiziert werden.

Die für $T < T_{\mathrm{c}}$ auftretende Symmetriebrechung bedeutet im Hinblick auf die AB-Legierung in (a), dass diese für $\bar{\sigma} > 0$ einen Überschuss an A-Atomen aufweist und für $\bar{\sigma} < 0$ einen Überschuss an B-Atomen. Das Modell sagt also vorher, dass das Mischungsverhältnis der Legierung davon abhängt, bei welcher Temperatur man sie wachsen lässt. Für Legierungen, die bei Temperaturen $T_+ > T_{\mathrm{c}}$ gewachsen sind und somit $\bar{\sigma}(T_+) = 0$ bzw. $N_{\mathrm{A}}(T_+) = N_{\mathrm{B}}(T_+)$ haben, sagt das Modell vorher, dass bei langsamer Abkühlung bis zu einer Temperatur $T_- < T_{\mathrm{c}}$ Entmischung (Phasenseparation, Domänenbildung) auftreten kann mit einem *lokalen* Überschuss an A- oder B-Atomen $[\bar{\sigma}(T_-) > 0$ oder $\bar{\sigma}(T_-) < 0]$, aber einer *globalen* Balance $[N_{\mathrm{A}}(T_-) = N_{\mathrm{B}}(T_-)]$.

Lösung 5.5 Die Elastizität von Wolle

Die Energie einer Konfiguration $\{n_{l1}\}$ im verfeinerten Modell der Keratinkette:

$$
E(\{n_{l1}\}) = \sum_{l=1}^{N} \left[E_1 n_{l1} + E_2(1 - n_{l1})\right] + \sum_{l=1}^{N-1} E_{12}\left[n_{l1}(1 - n_{l+1,1}) \right.
$$
$$
\left. + n_{l+1,1}(1 - n_{l1})\right]
$$

kann mit Hilfe der Definition $n_{l1} \equiv \frac{1}{2}(1 + \sigma_l)$ und daher $(1 - n_{l1}) = \frac{1}{2}(1 - \sigma_l)$ mit $\sigma_l = 2n_{l1} - 1 = \pm 1$ auf ein Ising-Modell abgebildet werden:

$$E(\{n_{l1}\}) = \sum_{l=1}^{N} \left[\tfrac{1}{2}E_1(1 + \sigma_l) + \tfrac{1}{2}E_2(1 - \sigma_l)\right] + \sum_{l=1}^{N-1} \tfrac{1}{4}E_{12}\big[(1 + \sigma_l)(1 - \sigma_{l+1}) + (1 + \sigma_{l+1})(1 - \sigma_l)\big]$$

$$= \sum_{l=1}^{N} \left[\tfrac{1}{2}(E_1 + E_2) + \tfrac{1}{2}(\Delta E)\sigma_l\right] + \sum_{l=1}^{N-1} \tfrac{1}{2}E_{12}(1 - \sigma_l\sigma_{l+1}) \, .$$

Zieht man nun den (wirkungslosen) konstanten Beitrag von der Energie ab:

$$\bar{E}(\{\sigma_l\}) \equiv E(\{n_{l1}\}) - \tfrac{1}{2}(E_1 + E_2)N - \tfrac{1}{2}E_{12}(N - 1)$$

$$= \tfrac{1}{2}(\Delta E) \sum_{l=1}^{N} \sigma_l - \tfrac{1}{2}E_{12} \sum_{l=1}^{N-1} \sigma_l\sigma_{l+1} \, ,$$

so entsteht ein Modell, das manifest äquivalent zu einem eindimensionalen Ising-Modell ist:

$$E_{\text{Ising}}(\{\sigma_l\}) = -\mu_{\text{B}}B \sum_{l=1}^{N} \sigma_l - J \sum_{l=1}^{N-1} \sigma_l\sigma_{l+1} \, .$$

Die korrespondierenden Größen sind also $\tfrac{1}{2}(\Delta E) \leftrightarrow -\mu_{\text{B}}B$ und $\tfrac{1}{2}E_{12} \leftrightarrow J$.

Lösung 5.6 Das Potts-Modell

(a) Die Zustandssumme des Potts-Modells im „Druck"-Ensemble ist gegeben durch

$$Z_{\text{D}} = \sum_{\{\sigma_i\}} e^{-\beta E(\{\sigma_i\})} = \sum_{\{\sigma_i\}} e^{-\beta E_{\text{B}}(\sigma_1,\sigma_2)} e^{-\beta E_{\text{B}}(\sigma_2,\sigma_3)} \cdots e^{-\beta E_{\text{B}}(\sigma_N,\sigma_1)}$$

$$= \sum_{\{\sigma_i\}} P(\sigma_1,\sigma_2)P(\sigma_2,\sigma_3)\cdots P(\sigma_N,\sigma_1) = \sum_{\sigma_1} P^N(\sigma_1,\sigma_1) = \text{Sp}(P^N) \, .$$

Die Matrix P ist symmetrisch und reell und folglich diagonalisierbar. Wir schreiben die Diagonalform als $P_{\text{diag}} = \text{diag}(\lambda_+, \lambda_2, \lambda_3)$. Wir nehmen nun vorweg – und zeigen dies unten explizit für schwache Magnetfelder –, dass der größte Eigenwert der Matrix P nicht-entartet ist: $\lambda_+ > \max\{\lambda_2, \lambda_3\}$. Wir folgern hieraus im thermodynamischen Limes:

$$e^{-\beta G_{\text{D}}} = Z_{\text{D}} = \lambda_+^N + \lambda_2^N + \lambda_3^N \sim \lambda_+^N \quad , \quad G_{\text{D}} \sim -\frac{N}{\beta}\ln(\lambda_+) \quad (N \to \infty) \, .$$

(b) Wir definieren also $j \equiv \beta J$ und $b \equiv \tfrac{1}{2}\beta\mu_{\text{B}}B$ und nehmen $J > 0$ und $B \geq 0$ an. Allgemein hat die Transfermatrix P die Gestalt:

$$P(j,b) = \begin{pmatrix} e^{j+2b} & e^b & 1 \\ e^b & e^j & e^{-b} \\ 1 & e^{-b} & e^{j-2b} \end{pmatrix} \, .$$

Die charakteristische Gleichung, die die Eigenwerte der Matrix P bestimmt, lautet:

$$
0 = \det \begin{pmatrix} e^{j+2b} - \lambda & e^{b} & 1 \\ e^{b} & e^{j} - \lambda & e^{-b} \\ 1 & e^{-b} & e^{j-2b} - \lambda \end{pmatrix}
$$

$$
= (e^{j+2b} - \lambda)\left[(e^{j} - \lambda)(e^{j-2b} - \lambda) - e^{-2b}\right] - e^{b}\left[e^{b}(e^{j-2b} - \lambda) - e^{-b}\right]
$$

$$
+ \left[1 - (e^{j} - \lambda)\right]
$$

$$
= \cdots = -\lambda^3 + \lambda(\lambda e^{j} + 1 - e^{2j})(e^{2b} + 1 + e^{-2b}) + (e^{j} - 1)^2(e^{j} + 2) .
$$

Speziell für $b = 0$ folgt hieraus:

$$
0 = -\lambda^3 + 3\lambda(\lambda e^{j} + 1 - e^{2j}) + (e^{j} - 1)^2(e^{j} + 2)
$$

$$
= (e^{j} + 2 - \lambda)(e^{j} - 1 - \lambda)^2 ,
$$

sodass es einen nicht-entarteten größten Eigenwert $\lambda_+ = e^{j} + 2$ gibt und zwei weitere (entartete) Eigenwerte $\lambda_2 = \lambda_3 = e^{j} - 1$. Da die Eigenwerte stetig von j und b abhängen, wird λ_+ auch für hinreichend kleine $|b|$-Werte der größte Eigenwert sein: $\lambda_+ > \max\{\lambda_2, \lambda_3\}$.

(c) Da die charakteristische Gleichung sowie das physikalische Problem invariant sind unter einem Vorzeichenwechsel des Magnetfelds $[b \leftrightarrow (-b)]$, machen wir den Ansatz

$$
\lambda_+(j, b) = e^{j} + 2 + \alpha(j)b^2 + \mathcal{O}(b^4) .
$$

Einsetzen dieses Ansatzes in die charakteristische Gleichung für allgemeine b-Werte zeigt unter Verwendung von $e^{2b} + 1 + e^{-2b} = 3 + (2b)^2 + \mathcal{O}(b^4)$:

$$
0 = -\left[e^{j} + 2 + \alpha b^2\right]^3 + \left[e^{j} + 2 + \alpha b^2\right]\left\{\left[e^{j} + 2 + \alpha b^2\right]e^{j} + 1 - e^{2j}\right\} \times
$$

$$
\times \left[3 + (2b)^2\right] + (e^{j} - 1)^2(e^{j} + 2) .
$$

Der $\mathcal{O}(b^0)$-Term auf der rechten Seite ist null, da unser Ansatz für $b = 0$ exakt ist. Wir fordern nun, dass auch der $\mathcal{O}(b^2)$-Term gleich null ist:

$$
0 = -3(e^{j} + 2)^2\alpha + 3\left[2(e^{j} + 2)\alpha e^{j} + \alpha(1 - e^{2j})\right]
$$

$$
+ 4\left[(e^{j} + 2)^2 e^{j} + (e^{j} + 2)(1 - e^{2j})\right]
$$

$$
= \cdots = 8(e^{j} + 2)(e^{j} + \tfrac{1}{2}) - 9\alpha \quad , \quad \alpha(j) = \tfrac{8}{9}(e^{j} + 2)(e^{j} + \tfrac{1}{2}) .
$$

Folglich gilt $\lambda_+ = (e^{j} + 2)\left[1 + \tfrac{8}{9}(e^{j} + \tfrac{1}{2})b^2 + \mathcal{O}(b^4)\right]$ für $b \ll 1$. Aus diesem Ergebnis lässt sich nun leicht die isotherme Suszeptibilität im Limes $B \to 0$ ableiten, die allgemein definiert ist durch

$$
\chi_{T,N} \equiv -\left(\frac{\partial^2 G_\mathrm{D}}{\partial B^2}\right)_{T,N} = -(\tfrac{1}{2}\beta\mu_\mathrm{B})^2\left(\frac{\partial^2 G_\mathrm{D}}{\partial b^2}\right)_{j,N} = \frac{N}{\beta}(\tfrac{1}{2}\beta\mu_\mathrm{B})^2\left[\frac{\partial^2 \ln(\lambda_+)}{\partial b^2}\right]_{j} .
$$

Wir setzen das Ergebnis für $\lambda_+(j,b)$ mit $b \ll 1$ ein und erhalten:

$$\chi_{T,N}(B=0) = \tfrac{1}{4}N\beta\mu_{\mathrm{B}}^2 \frac{\partial^2}{\partial b^2} \ln\left[1 + \tfrac{8}{9}(e^j + \tfrac{1}{2})b^2 + \mathcal{O}(b^4)\right]$$

$$= \tfrac{1}{4}N\beta\mu_{\mathrm{B}}^2\left[\tfrac{16}{9}(e^j + \tfrac{1}{2}) + \mathcal{O}(b^2)\right] = \tfrac{4}{9}\beta\mu_{\mathrm{B}}^2 N(e^j + \tfrac{1}{2})\ .$$

Für $T \to \infty$ oder $\beta \downarrow 0$ gilt $j = \beta J \downarrow 0$ und daher

$$\chi_{T,N} \sim \tfrac{3}{2} \cdot \tfrac{4}{9}\beta\mu_{\mathrm{B}}^2 N \sim \tfrac{2}{3}\beta\mu_{\mathrm{B}}^2 N \qquad (B=0\,,\ T\to\infty)\ .$$

Dies ist nicht genau das Curie-Gesetz $[\chi_{T,N} \sim N\beta\mu_{\mathrm{B}}^2]$, da hier *drei* statt *zwei* Spineinstellungen möglich sind ($\sigma = -1, 0, +1$ statt $\sigma = \pm 1$ im Ising-Modell), aber es ist dessen direkte Verallgemeinerung, und auch die Herleitung des Hochtemperaturverhaltens von $\chi_{T,N}$ (für ein Modell mit $J = 0$ und $B \neq 0$) ist völlig analog.

Lösung 5.7 Das Potts-Modell mit q Zuständen (P)

(a) Für das allgemeine Potts-Modell mit q Zuständen hat die Transfermatrix P die Form einer $q \times q$-Matrix:

$$P(\sigma,\sigma') = e^{-\beta E_{\mathrm{B}}(\sigma,\sigma')} = e^{\beta J\delta_{\sigma,\sigma'} + \frac{1}{2}\beta\mu_{\mathrm{B}}B(\sigma+\sigma')} = e^{j\delta_{\sigma,\sigma'} + b(\sigma+\sigma')}\ .$$

Mit Hilfe von Substitutionen $\sigma \equiv \tfrac{1}{2}(q+1) - m$ bzw. $\sigma' \equiv \tfrac{1}{2}(q+1) - n$ und $m, n = 1, 2, \cdots, q$ kann die Matrix P auch als

$$P_{mn} = e^{j\delta_{mn} + b(q+1-m-n)} = e^{(q+1-m-n)b}\left[e^j\delta_{mn} + (1 - \delta_{mn})\right]$$

geschrieben werden, sodass die Matrixelemente P_{mn} durch

$$P_{mn} = e^{(q+1-m-n)b}P_{mn}^{(0)} \quad \text{mit} \quad P_{mn}^{(0)} = e^j\delta_{mn} + (1-\delta_{mn}) = \left(e^j - 1\right)\delta_{mn} + 1$$

gegeben sind. Folglich kann man die Transfermatrix auch als

$$P = P^{(0)} + P^{(1)} \quad \text{mit} \quad P_{mn}^{(1)} = \left[e^{(q+1-m-n)b} - 1\right]P_{mn}^{(0)}$$

schreiben, wobei $P_{mn}^{(0)}(j)$ also unabhängig vom Parameter b ist und die „Störung" $P_{mn}^{(1)}(j,b)$ gleich null ist für $b = 0$.

Betrachten wir zunächst den Spezialfall $b = 0$, sodass $P = P^{(0)}$ gilt. Die Matrix $P^{(0)}$ hat einen nicht-entarteten größten Eigenwert $\lambda_+^{(0)} = e^j + q - 1$ und $q-1$ weitere (entartete) Eigenwerte $\lambda_i^{(0)} = e^j - 1$ mit $i = 2, 3, \cdots, q$. Der normierte Eigenvektor zu $\lambda_+^{(0)}$ ist der Einheitsvektor $\hat{\mathbf{u}}_1$ mit den Komponenten $u_{1k} = \tfrac{1}{\sqrt{q}}$ $(1 \leq k \leq q)$. Die Eigenvektoren $\hat{\mathbf{u}}_i$ mit $i \geq 2$ können so gewählt werden, dass $\hat{\mathbf{u}}_1^{\mathrm{T}}\hat{\mathbf{u}}_i = 0$ gilt und außerdem $\hat{\mathbf{u}}_i^{\mathrm{T}}\hat{\mathbf{u}}_j = \delta_{ij}$.

(b) Gesucht ist für $|b| \ll 1$ der größte Eigenwert $\lambda_+(j,b)$ von P. Dieser Eigenwert kann daher in Störungstheorie zweiter Ordnung berechnet werden, da wir ein Ergebnis wünschen, das bis $\mathcal{O}(b^2)$ genau ist:

$$\lambda_+(j,b) = \lambda_+^{(0)} + \lambda_+^{(1)} + \lambda_+^{(2)} + \cdots \quad, \quad \lambda_+^{(0)}(j) = e^j + q - 1$$

mit

$$\lambda_+^{(1)}(j,b) = \hat{\mathbf{u}}_1^{\mathrm{T}} P^{(1)} \hat{\mathbf{u}}_1 \quad , \quad \lambda_+^{(2)}(j,b) = \sum_{i=2}^{q} \frac{\left| \hat{\mathbf{u}}_i^{\mathrm{T}} P^{(1)} \hat{\mathbf{u}}_1 \right|^2}{\lambda_+^{(0)} - \lambda_i^{(0)}} \, .$$

Wir berechnen zuerst die Eigenwertkorrektur $\lambda_+^{(1)}$ und dann $\lambda_+^{(2)}$, beide genau bis $\mathcal{O}(b^2)$. Die Eigenwertkorrektur $\lambda_+^{(1)}$ ist gegeben durch:

$$\lambda_+^{(1)} = \hat{\mathbf{u}}_1^{\mathrm{T}} P^{(1)} \hat{\mathbf{u}}_1 = \frac{1}{q} \sum_{m,n=1}^{q} P_{mn}^{(1)} = \frac{1}{q} \sum_{m,n=1}^{q} \left[e^{(q+1-m-n)b} - 1 \right] P_{mn}^{(0)}$$

$$= \frac{1}{q} \sum_{m=1}^{q} \left[e^{(q+1-2m)b} - 1 \right] \left(e^j - 1 \right) + \frac{1}{q} \sum_{m,n=1}^{q} \left[e^{(q+1-m-n)b} - 1 \right]$$

$$= \frac{1}{q} \left(e^j - 1 \right) \sum_{m=1}^{q} \left[(q+1-2m)b + \tfrac{1}{2}(q+1-2m)^2 b^2 \right]$$

$$\qquad + \frac{1}{q} \sum_{m,n=1}^{q} \left[(q+1-m-n)b + \tfrac{1}{2}(q+1-m-n)^2 b^2 \right]$$

$$= \frac{1}{2q} \left(e^j - 1 \right) \sum_{m=1}^{q} \left[(m'-m)b + \tfrac{1}{2}(m'-m)^2 b^2 + (m-m')b + \right.$$

$$\qquad \left. + \tfrac{1}{2}(m-m')^2 b^2 \right] + \frac{1}{q} \sum_{m',n=1}^{q} \left[(m'-n)b + \tfrac{1}{2}(m'-n)^2 b^2 \right] \, ,$$

wobei im letzten Schritt $m' \equiv q+1-m$ definiert und im ersten Term auch eine Vertauschung $m \leftrightarrow m'$ vorgenommen wurde. Es folgt:

$$\lambda_+^{(1)} = \frac{b^2}{2q} \left(e^j - 1 \right) \sum_{m=1}^{q} (2m-q-1)^2 + \frac{b^2}{q} \left[q \left(\sum_{m=1}^{q} m^2 \right) - \left(\sum_{m=1}^{q} m \right)^2 \right] .$$

Unter Verwendung von

$$\sum_{m=1}^{q} m = \tfrac{1}{2} q(q+1) \quad , \quad \sum_{m=1}^{q} m^2 = \tfrac{1}{6} q(q+1)(2q+1)$$

folgt:

$$\lambda_+^{(1)} = \cdots = \frac{b^2}{6} \left(q^2 - 1 \right) \left(e^j + \tfrac{1}{2} q - 1 \right) .$$

Der Beitrag $\lambda_+^{(2)}$ der *zweiten* Ordnung der Störungstheorie zum größten Eigenwert ist mit $\lambda_+^{(0)} - \lambda_i^{(0)} = \left(e^j + q - 1 \right) - \left(e^j - 1 \right) = q$ gegeben durch:

$$\lambda_+^{(2)}(j,b) = \frac{1}{q} \sum_{i=2}^{q} \left| \hat{\mathbf{u}}_i^{\mathrm{T}} P^{(1)} \hat{\mathbf{u}}_1 \right|^2 = \frac{1}{q} \left(\sum_{i=1}^{q} \left| \hat{\mathbf{u}}_i^{\mathrm{T}} P^{(1)} \hat{\mathbf{u}}_1 \right|^2 - \left| \hat{\mathbf{u}}_1^{\mathrm{T}} P^{(1)} \hat{\mathbf{u}}_1 \right|^2 \right)$$

$$= \frac{1}{q} \left(\left| P^{(1)} \hat{\mathbf{u}}_1 \right|^2 - \left| \hat{\mathbf{u}}_1^{\mathrm{T}} P^{(1)} \hat{\mathbf{u}}_1 \right|^2 \right) = \frac{1}{q} \left| P^{(1)} \hat{\mathbf{u}}_1 \right|^2 + \mathcal{O}(b^4)$$

bzw. mit Hilfe der expliziten Form der Matrixelemente von $P^{(1)}$:

$$\lambda_+^{(2)}(j,b) = \frac{1}{q^2}\sum_{m=1}^{q}\left(\sum_{n=1}^{q}P_{mn}^{(1)}\right)^2 + \mathcal{O}(b^4)$$

$$= \frac{b^2}{q^2}\sum_{m=1}^{q}\left[(e^j-1)(q+1-2m) + q(q+1-m) - \tfrac{1}{2}q(q+1)\right]^2$$

$$= \frac{b^2}{q^2}\left(e^j+\tfrac{1}{2}q-1\right)^2\sum_{m=1}^{q}(q+1-2m)^2 = \frac{b^2}{3q}\left(q^2-1\right)\left(e^j+\tfrac{1}{2}q-1\right)^2 .$$

Die Beiträge der nullten, ersten und zweiten Ordnung der Störungstheorie zum größten Eigenwert ergeben nun zusammen:

$$\lambda_+(j,b) = \lambda_+^{(0)} + \lambda_+^{(1)} + \lambda_+^{(2)}$$

$$= e^j + q - 1 + \frac{b^2}{6}\left(q^2-1\right)\left[\left(e^j+\tfrac{1}{2}q-1\right) + \frac{2}{q}\left(e^j+\tfrac{1}{2}q-1\right)^2\right]$$

$$= \cdots = \left(e^j+q-1\right)\left[1 + \frac{b^2}{3q}\left(q^2-1\right)\left(e^j+\tfrac{1}{2}q-1\right)\right] .$$

(c) Für die isotherme Suszeptibilität gilt wiederum allgemein:

$$\chi_{T,N} \equiv -\left(\frac{\partial^2 G_{\mathrm{D}}}{\partial B^2}\right)_{T,N} = -\left(\tfrac{1}{2}\beta\mu_{\mathrm{B}}\right)^2\left(\frac{\partial^2 G_{\mathrm{D}}}{\partial b^2}\right)_{j,N} = \frac{N}{\beta}\left(\tfrac{1}{2}\beta\mu_{\mathrm{B}}\right)^2\left[\frac{\partial^2\ln(\lambda_+)}{\partial b^2}\right]_j .$$

Um Ergebnisse im Limes $B \to 0$ zu erhalten, setzen wir $\lambda_+(j,b)$ mit $b \ll 1$ ein und erhalten nun:

$$\chi_{T,N}(B=0) = \tfrac{1}{4}N\beta\mu_{\mathrm{B}}^2\frac{\partial^2}{\partial b^2}\ln\left[1 + \frac{b^2}{3q}\left(q^2-1\right)\left(e^j+\tfrac{1}{2}q-1\right)\right]$$

$$= \tfrac{1}{4}N\beta\mu_{\mathrm{B}}^2\frac{2(q^2-1)}{3q}\left(e^j+\tfrac{1}{2}q-1\right) = \frac{q^2-1}{6q}\beta\mu_{\mathrm{B}}^2 N\left(e^j+\tfrac{1}{2}q-1\right) .$$

Für $T \to \infty$ oder $\beta \downarrow 0$ gilt $j = \beta J \downarrow 0$ und daher

$$\chi_{T,N} \sim \frac{q^2-1}{12}\beta\mu_{\mathrm{B}}^2 N \qquad (B=0\,,\ T\to\infty) .$$

Dies ist die Verallgemeinerung des Curie-Gesetzes für ein Potts-Modell mit q möglichen Spineinstellungen entlang der Quantisierungsachse (statt nur zwei wie beim Ising- oder Heisenberg-Modell). Die Ergebnisse stimmen mit den für $q = 3$ in Aufgabe 5.6 hergeleiteten überein. Man beachte jedoch, dass das Potts-Modell mit zwei möglichen Spineinstellungen zwar einem Ising-Modell entspricht, allerdings mit den Spinwerten $\sigma = \pm\tfrac{1}{2}$ statt der im Ising-Modell üblichen Konvention $\sigma = \pm 1$. Aus diesem Grund hat das Curie-Gesetz für ein Potts-Modell mit zwei Zuständen die Form $\chi_{T,N} \sim \tfrac{1}{4}N\beta\mu_{\mathrm{B}}^2$ und nicht – wie üblich im Ising-Modell mit $\sigma = \pm 1$ – die Form $\chi_{T,N} \sim N\beta\mu_{\mathrm{B}}^2$. Dies ist also nur eine Frage der Konvention und nichts Fundamentales.

8.6 Quantengase

Lösung 6.1 Druck und innere Energie für ideale Quantengase

(a) Die kanonische Zustandssumme ist gegeben durch:

$$Z_{\mathrm{k}} = \mathrm{Sp}\big(e^{-\beta\hat{H}}\big) = \sum_{\{\mathbf{n}\,|\,S_{\mathbf{n}}=N\}} \langle\mathbf{n}|e^{-\beta\hat{H}}|\mathbf{n}\rangle = \sum_{\{\mathbf{n}\,|\,S_{\mathbf{n}}=N\}} e^{-\beta E(\mathbf{n})} \,,$$

wobei $|\mathbf{n}\rangle$ den Vielteilchenzustand mit den Besetzungszahlen $\mathbf{n}$ bezeichnet und die Energie $E(\mathbf{n})$ dieses N-Teilchenzustands gegeben ist durch:

$$E(\mathbf{n}) = \sum_{\mathbf{m}\lambda} \frac{\hbar^2 \mathbf{k}_{\mathbf{m}}^2}{2m} n_{\mathbf{m}\lambda} = \frac{\hbar^2}{2m}\frac{(2\pi)^2}{L^2} \sum_{\mathbf{m}\lambda} \mathbf{m}^2 n_{\mathbf{m}\lambda} = \frac{2\pi^2\hbar^2}{mL^2} \sum_{\mathbf{m}\lambda} \mathbf{m}^2 n_{\mathbf{m}\lambda} \,.$$

(b) Der Druck des Quantengases folgt nun allgemein als:

$$P = -\left(\frac{\partial F}{\partial V}\right)_{T,N} = \frac{1}{\beta}\left(\frac{\partial\big(\ln Z_{\mathrm{k}}\big)}{\partial V}\right)_{T,N}$$

$$= -\frac{1}{Z_{\mathrm{k}}} \sum_{\{\mathbf{n}\,|\,S_{\mathbf{n}}=N\}} \frac{\partial E(\mathbf{n})}{\partial V} e^{-\beta E(\mathbf{n})} = -\left\langle \frac{\partial E(\mathbf{n})}{\partial V}\right\rangle \,.$$

Da $E(\mathbf{n}) \propto L^{-2} = V^{-2/d}$ gilt, folgt:

$$\frac{\partial E(\mathbf{n})}{\partial V} = -\frac{2}{dV} E(\mathbf{n}) \,,$$

sodass insgesamt $P = \frac{2}{d}V^{-1}\langle E(\mathbf{n})\rangle = \frac{2}{d}V^{-1}U$ bzw. $PV = \frac{2}{d}U$ gilt.

Lösung 6.2 Die Wärmekapazität

Da in dieser Aufgabe lediglich die Temperatur und das chemische Potential variiert werden, nicht aber das Volumen $\mathbf{X}$, ist es am bequemsten, den großkanonischen Dichteoperator bzw. die großkanonische Zustandssumme im *reduzierten* Hilbert-Raum (mit festem $\mathbf{X}$) zu verwenden [siehe Gleichung 4.58]:

$$\hat{\varrho}_{\mathrm{gk}} = \frac{1}{Z_{\mathrm{gk}}} e^{\beta(\boldsymbol{\mu}\cdot\hat{\mathbf{N}}-\hat{H})} \quad , \quad Z_{\mathrm{gk}} = \mathrm{Sp}\left[e^{\beta(\boldsymbol{\mu}\cdot\hat{\mathbf{N}}-\hat{H})}\right] \equiv e^{-\beta\Omega} \,.$$

(a) Die allgemeine Beziehung $U = \left(\frac{\partial\beta\Omega}{\partial\beta}\right)_{\mathbf{X},\alpha}$ folgt aus

$$\left(\frac{\partial\beta\Omega}{\partial\beta}\right)_{\mathbf{X},\alpha} = -\left(\frac{\partial\ln Z_{\mathrm{gk}}}{\partial\beta}\right)_{\mathbf{X},\alpha} = \langle\hat{H}\rangle = U \,.$$

Analog leitet man die Beziehung $-\left(\frac{\partial^2\beta\Omega}{\partial\beta^2}\right)_{\mathbf{X},\alpha} = \langle(\Delta\hat{H})^2\rangle$ her:

$$-\left(\frac{\partial^2\beta\Omega}{\partial\beta^2}\right)_{\mathbf{X},\alpha} = \left(\frac{\partial^2\ln Z_{\mathrm{gk}}}{\partial\beta^2}\right)_{\mathbf{X},\alpha} = \frac{1}{Z_{\mathrm{gk}}}\left(\frac{\partial^2 Z_{\mathrm{gk}}}{\partial\beta^2}\right)_{\mathbf{X},\alpha} - \frac{1}{Z_{\mathrm{gk}}^2}\left(\frac{\partial Z_{\mathrm{gk}}}{\partial\beta}\right)_{\mathbf{X},\alpha}^2$$

$$= \langle\hat{H}^2\rangle - \langle\hat{H}\rangle^2 = \langle(\hat{H}-\langle\hat{H}\rangle)^2\rangle = \langle(\Delta\hat{H})^2\rangle \,.$$

(b) Allgemein gilt für die Wärmekapazität $C_{\mathbf{X},N}$:

$$C_{\mathbf{X},N} = \left(\frac{\partial U}{\partial T}\right)_{\mathbf{X},N} = -k_{\mathrm{B}}\beta^2 \left(\frac{\partial U}{\partial \beta}\right)_{\mathbf{X},N}$$

$$= -k_{\mathrm{B}}\beta^2 \left[\left(\frac{\partial U}{\partial \beta}\right)_{\mathbf{X},\alpha} + \left(\frac{\partial U}{\partial \alpha}\right)_{\beta,\mathbf{X}}\left(\frac{\partial \alpha}{\partial \beta}\right)_{\mathbf{X},N}\right]$$

$$= -k_{\mathrm{B}}\beta^2 \left[\left(\frac{\partial U}{\partial \beta}\right)_{\mathbf{X},\alpha}\left(\frac{\partial N}{\partial \alpha}\right)_{\beta,\mathbf{X}} - \left(\frac{\partial U}{\partial \alpha}\right)_{\beta,\mathbf{X}}\left(\frac{\partial N}{\partial \beta}\right)_{\mathbf{X},\alpha}\right] \Big/ \left(\frac{\partial N}{\partial \alpha}\right)_{\beta,\mathbf{X}},$$

wobei die beiden Rechenregeln $\left(\frac{\partial \alpha}{\partial \beta}\right)_{\mathbf{X},N} = -\left(\frac{\partial \alpha}{\partial N}\right)_{\beta,\mathbf{X}}\left(\frac{\partial N}{\partial \beta}\right)_{\mathbf{X},\alpha}$ und $\left(\frac{\partial \alpha}{\partial N}\right)_{\beta,\mathbf{X}} = \left(\frac{\partial N}{\partial \alpha}\right)_{\beta,\mathbf{X}}^{-1}$ verwendet wurden, die durch Anwendung von Gleichung 2.46 auf das Funktionenpaar $N(\beta,\alpha)$ und $\alpha(\beta,N)$ folgen. Nun gelten die Beziehungen:

$$\left(\frac{\partial U}{\partial \beta}\right)_{\mathbf{X},\alpha} = \left(\frac{\partial^2 \beta\Omega}{\partial \beta^2}\right)_{\mathbf{X},\alpha} = -\langle(\Delta\hat{\mathrm{H}})^2\rangle$$

$$\left(\frac{\partial N}{\partial \alpha}\right)_{\beta,\mathbf{X}} = -\left(\frac{\partial^2 \beta\Omega}{\partial \alpha^2}\right)_{\beta,\mathbf{X}} = \langle(\Delta\hat{\mathrm{N}})^2\rangle$$

und

$$-\left(\frac{\partial U}{\partial \alpha}\right)_{\beta,\mathbf{X}} = \left(\frac{\partial N}{\partial \beta}\right)_{\mathbf{X},\alpha} = -\left(\frac{\partial^2 \beta\Omega}{\partial \alpha\partial \beta}\right)_{\mathbf{X}} = \left(\frac{\partial^2 \ln Z_{\mathrm{gk}}}{\partial \alpha\partial \beta}\right)_{\mathbf{X}}$$

$$= \frac{1}{Z_{\mathrm{gk}}}\left(\frac{\partial^2 Z_{\mathrm{gk}}}{\partial \alpha\partial \beta}\right)_{\mathbf{X}} - \left[\frac{1}{Z_{\mathrm{gk}}}\left(\frac{\partial Z_{\mathrm{gk}}}{\partial \alpha}\right)_{\beta,\mathbf{X}}\right]\left[\frac{1}{Z_{\mathrm{gk}}}\left(\frac{\partial Z_{\mathrm{gk}}}{\partial \beta}\right)_{\mathbf{X},\alpha}\right]$$

$$= -\langle\hat{\mathrm{N}}\hat{\mathrm{H}}\rangle + \langle\hat{\mathrm{N}}\rangle\langle\hat{\mathrm{H}}\rangle = -\langle(\Delta\hat{\mathrm{N}})(\Delta\hat{\mathrm{H}})\rangle \, .$$

Aus diesen Beziehungen folgt nun sofort

$$C_{\mathbf{X},N} = k_B\beta^2 \frac{\langle(\Delta\hat{\mathrm{N}})^2\rangle\langle(\Delta\hat{\mathrm{H}})^2\rangle - \langle(\Delta\hat{\mathrm{H}})(\Delta\hat{\mathrm{N}})\rangle^2}{\langle(\Delta\hat{\mathrm{N}})^2\rangle} \, .$$

(c) Allgemein gilt nach Schwarz (hier mit Operatoren $x = \Delta\hat{\mathrm{H}}$ und $y = \Delta\hat{\mathrm{N}}$):

$$0 \leq \left\langle\left(x - \frac{\langle xy\rangle}{\langle y^2\rangle}y\right)^2\right\rangle = \langle x^2\rangle - \frac{\langle xy\rangle^2}{\langle y^2\rangle} = \frac{\langle x^2\rangle\langle y^2\rangle - \langle xy\rangle^2}{\langle y^2\rangle} \, ,$$

was – angewandt auf **(b)** – zeigt, dass $C_{\mathbf{X},N}$ positiv ist.

(d) Aus der Beziehung $\Omega = \mathbf{X}\cdot\mathbf{Y} = -PV = -\frac{2}{d}U$ für ein ideales Quantengas (siehe Aufgabe 6.1) folgt:

$$\langle(\Delta\hat{\mathrm{N}})(\Delta\hat{\mathrm{H}})\rangle = \left(\frac{\partial^2 \beta\Omega}{\partial \alpha\partial \beta}\right)_V = \left(\frac{\partial U}{\partial \alpha}\right)_{\beta,V} = -\frac{d}{2}\left(\frac{\partial \Omega}{\partial \alpha}\right)_{\beta,V}$$

$$= \frac{d}{2\beta}\langle\hat{\mathrm{N}}\rangle = \frac{d}{2}Nk_{\mathrm{B}}T \, .$$

Lösung 6.3 Zweidimensionales Bose-Gas

(a) Das großkanonische Potential folgt aus:

$$\Omega = -\frac{1}{\beta}\ln Z_{\mathrm{gk}} = -\frac{1}{\beta}\ln\left[\sum_{\{n_{\mathbf{k}}\}} e^{-\beta\sum_{\mathbf{k}}(\varepsilon_{\mathbf{k}}-\mu)n_{\mathbf{k}}}\right] = -\frac{1}{\beta}\ln\left[\prod_{\mathbf{k}}\left(\sum_{n=0}^{\infty} e^{-\beta(\varepsilon_{\mathbf{k}}-\mu)n}\right)\right]$$

$$= -\frac{1}{\beta}\sum_{\mathbf{k}}\ln\left[1 - e^{\beta(\mu-\varepsilon_{\mathbf{k}})}\right]^{-1} = \frac{V}{(2\pi)^2\beta}\int d^2k\,\ln\left(1 - ze^{-\beta\varepsilon_{\mathbf{k}}}\right)$$

$$= \frac{V}{2\pi\beta}\int_0^\infty dk\,k\,\ln\left(1 - ze^{-\beta\varepsilon_{\mathbf{k}}}\right) = \frac{V}{4\pi\beta}\int_0^\infty d(k^2)\,\ln\left(1 - ze^{-\beta\varepsilon_{\mathbf{k}}}\right)$$

$$= \frac{mV}{2\pi\beta\hbar^2}\int_0^\infty d\varepsilon\,\ln\left(1 - ze^{-\beta\varepsilon}\right) = \frac{V}{\lambda_T^2}\int_0^\infty d\varepsilon\,\ln\left(1 - ze^{-\beta\varepsilon}\right).$$

(b) Die mittlere Teilchenzahl $\langle N \rangle$ ist gegeben durch:

$$\langle N \rangle = -\left(\frac{\partial\Omega}{\partial\mu}\right)_{T,V} = -\frac{V}{\lambda_T^2}\int_0^\infty d\varepsilon\,\frac{-\beta ze^{-\beta\varepsilon}}{1 - ze^{-\beta\varepsilon}} = \frac{V}{\lambda_T^2}\int_0^\infty d\varepsilon\,\frac{\partial}{\partial\varepsilon}\ln\left(1 - ze^{-\beta\varepsilon}\right)$$

$$= \frac{V}{\lambda_T^2}\ln\left(1 - ze^{-\beta\varepsilon}\right)\Big|_0^\infty = -\frac{V}{\lambda_T^2}\ln\left(1 - z\right).$$

Hieraus folgt aber direkt: $\bar\rho = \rho\lambda_T^2 = -\ln(1 - z)$ bzw. $e^{-\bar\rho} = 1 - z$ bzw. $z(\bar\rho) = 1 - e^{-\bar\rho}$.

(c) Allgemein gilt $\Omega = -PV$, sodass $P(\bar\rho)$ gegeben ist durch:

$$P(\bar\rho) = -\frac{\Omega}{V} = -\frac{1}{\lambda_T^2}\int_0^\infty d\varepsilon\,\ln\left(1 - ze^{-\beta\varepsilon}\right).$$

Für den dimensionslosen Druck $\bar P \equiv \beta P\lambda_T^2$ gilt daher mit $u \equiv \beta\varepsilon$ allgemein:

$$\bar P(\bar\rho) = \beta P\lambda_T^2 = -\beta\int_0^\infty d\varepsilon\,\ln\left(1 - ze^{-\beta\varepsilon}\right) = -\int_0^\infty du\,\ln\left(1 - z(\bar\rho)e^{-u}\right).$$

Für $\bar\rho \to 0$ ist $z(\bar\rho) = 1 - e^{-\bar\rho} \sim \bar\rho \to 0$ und daher:

$$\bar P(\bar\rho) \sim z(\bar\rho)\int_0^\infty du\,e^{-u} \sim \bar\rho\,\Gamma(1) = \bar\rho\,,$$

d. h., es gilt das ideale Gasgesetz $P = \rho/\beta = \langle N \rangle k_{\mathrm{B}}T/V$ (klassischer Limes). Im entgegengesetzten Limes $\bar\rho \to \infty$ gilt $z(\bar\rho) \to 1$, sodass $\bar P(\bar\rho)$ gegeben ist durch

$$\bar P(\bar\rho) = -\int_0^\infty du\,\ln\left(1 - e^{-u}\right) = -\sum_{n=1}^\infty \frac{(-1)^{n-1}}{n}\int_0^\infty du\,\left(-e^{-u}\right)^n$$

$$= \sum_{n=1}^\infty \frac{1}{n}\int_0^\infty du\,e^{-nu} = \Gamma(1)\sum_{n=1}^\infty \frac{1}{n^2} = \zeta(2) = \frac{\pi^2}{6}\,.$$

Der Druck als Funktion der Dichte im zweidimensionalen Bose-Gas ist in Abbildung 8.17 grafisch dargestellt.

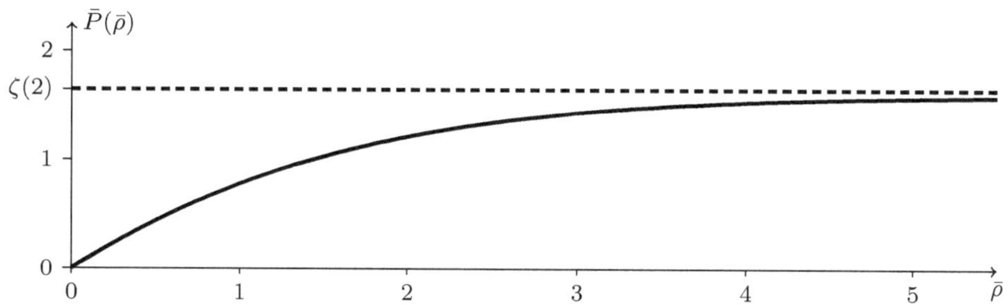

Abb. 8.17 Der Druck als Funktion der Dichte im zweidimensionalen Bose-Gas

Lösung 6.4 Bose-Einstein-Kondensation im „Kasten"

(a) Da für $\mathbf{k} = \mathbf{k}_1 \equiv \frac{2\pi}{L}\hat{\mathbf{e}}_1$ die Einteilchenenergie $\varepsilon_{\mathbf{k}_1} = \frac{h^2}{2mL^2}(\hat{\mathbf{e}}_1)^2 = \frac{h^2}{2mL^2} \propto V^{-2/d}$ im thermodynamischen Limes $(L \to \infty)$ gegen null strebt, kann man in der Tieftemperaturphase $[1 - z = \mathcal{O}(\langle N\rangle^{-1})]$ wegen $d > 2$ schreiben:

$$\frac{\langle n_{\mathbf{k}_1}\rangle}{2S+1} = \frac{z}{e^{\beta\varepsilon_{\mathbf{k}_1}} - z} \sim \frac{1}{(1-z) + \beta\varepsilon_{\mathbf{k}_1}} \sim \frac{1}{\beta\varepsilon_{\mathbf{k}_1}} \propto V^{2/d} \propto \langle N\rangle^{2/d} \ll \langle N\rangle\,.$$

Folglich gilt im thermodynamischen Limes $\langle n_{\mathbf{k}_1}\rangle/\langle N\rangle \to 0$, und der angeregte Zustand $\mathbf{k} = \mathbf{k}_1$ ist nicht makroskopisch besetzt. In der Herleitung verwendeten wir $\beta\varepsilon_{\mathbf{k}_1} \propto \langle N\rangle^{-2/d} \gg (1 - z) \propto \langle N\rangle^{-1}$. Hieraus folgt außerdem, dass sämtliche anderen angeregten Zustände auch nicht makroskopisch besetzt sind, da sie mindestens die gleiche Einteilchenenergie und daher höchstens die gleiche Besetzungzahl haben.

(b) Um zu zeigen, dass

$$F_0 = \frac{z}{1 - z} - \int_K d^dx\, \frac{1}{\frac{1}{z}e^{\beta\varepsilon(\mathbf{x})} - 1}$$

in der Tieftemperaturphase $[1 - z = \mathcal{O}(\langle N\rangle^{-1})]$ *extensiv* ist mit $F_0 \sim \frac{z}{1-z}$, muss man lediglich zeigen, dass das Integral auf der rechten Seite im thermodynamischen Limes *nicht-extensiv* und daher vernachlässigbar ist:

$$\int_K d^dx\, \frac{1}{\frac{1}{z}e^{\beta\varepsilon(\mathbf{x})} - 1} = \int_K d^dx\, \frac{z}{e^{\beta\varepsilon(\mathbf{x})} - z} \sim \int_K d^dx\, \frac{1}{(1-z) + \beta\varepsilon(\mathbf{x})}$$

$$\sim \frac{1}{1-z} \int_K d^dx\, \frac{1}{1 + bx^2} \quad,\quad b \equiv \frac{\beta h^2}{2m(1-z)L^2} \propto L^{d-2}$$

$$\leq \frac{1}{(1-z)b} \int_K d^dx\, \frac{1}{x^2} \propto \langle N\rangle^{1-(d-2)/d} = \langle N\rangle^{2/d} \ll \langle N\rangle\,.$$

In der letzten Zeile verwendeten wir lediglich $(1+bx^2)^{-1} \leq (bx^2)^{-1}$, die Konvergenz des Integrals über x^{-2} für $d > 2$ und die bekannte $\langle N\rangle$-Abhängigkeit von $1 - z$ und b im thermodynamischen Limes. Wir stellen fest, dass der Integralbeitrag zu F_0 in der Tat nicht-extensiv und somit sehr viel kleiner als der Beitrag $\frac{\langle n_0\rangle}{(2S+1)} = \frac{z}{1-z}$ aus der $\mathbf{k}$-*Summe* ist.

(c) Wir betrachten nun speziell ein *drei*dimensionales Bose-Gas ($d = 3$) und berechnen $F_{\mathbf{n}}$ für $\mathbf{n} \neq \mathbf{0}$. Hierbei sind insbesondere Energien in der Nähe des Grundzustands ($0 < \beta\varepsilon_{\mathbf{k}} \leq \delta \ll 1$) interessant, da die bosonische Besetzungszahl $[\frac{1}{z}e^{\beta\varepsilon_{\mathbf{k}}} - 1]^{-1}$ für $\beta\varepsilon_{\mathbf{k}} > \delta > 0$ eine glatte Funktion von $\beta\varepsilon_{\mathbf{k}}$ und die Umwandlung von Riemann-Summen in Riemann-Integrale daher unproblematisch ist:

$$F_{\mathbf{n}} = \frac{1}{\frac{1}{z}e^{\beta\varepsilon_{\mathbf{k}}} - 1} - \int_K d^3x \, \frac{1}{\frac{1}{z}e^{\beta\varepsilon(\mathbf{n}+\mathbf{x})} - 1} = \int_K d^3x \left[\frac{z}{e^{\beta\varepsilon_{\mathbf{k}}} - z} - \frac{z}{e^{\beta\varepsilon(\mathbf{n}+\mathbf{x})} - z} \right]$$

$$= \int_K d^3x \, \frac{ze^{\beta\varepsilon_{\mathbf{k}}}\{e^{\beta[\varepsilon(\mathbf{n}+\mathbf{x})-\varepsilon_{\mathbf{k}}]} - 1\}}{(e^{\beta\varepsilon_{\mathbf{k}}} - z)[e^{\beta\varepsilon(\mathbf{n}+\mathbf{x})} - z]} \quad , \quad \mathbf{k} = \frac{2\pi}{L}\mathbf{n} \quad , \quad \mathbf{n} \in \mathbb{Z}^3 \, .$$

Ähnlich wie in Teil **(a)** gilt für alle $\mathbf{n} \neq \mathbf{0}$ (und $d = 3$) in der Tieftemperaturphase $\beta\varepsilon_{\mathbf{k}} \propto \langle N \rangle^{-2/3} \gg (1 - z) \propto \langle N \rangle^{-1}$, sodass wir bei der Berechnung von $F_{\mathbf{n}}$ sofort $z \to 1$ ersetzen können:

$$F_{\mathbf{n}} = \int_K d^3x \, \frac{e^{\beta\varepsilon_{\mathbf{k}}}\{e^{\beta[\varepsilon(\mathbf{n}+\mathbf{x})-\varepsilon_{\mathbf{k}}]} - 1\}}{(e^{\beta\varepsilon_{\mathbf{k}}} - 1)[e^{\beta\varepsilon(\mathbf{n}+\mathbf{x})} - 1]} \sim \frac{1}{\beta\varepsilon_{\mathbf{k}}} \int_K d^3x \, \frac{\varepsilon(\mathbf{n} + \mathbf{x}) - \varepsilon_{\mathbf{k}}}{\varepsilon(\mathbf{n} + \mathbf{x})} \, .$$

Wegen $\beta\varepsilon_{\mathbf{k}} \leq \delta \ll 1$ konnten wir Funktionen der Form $e^y - 1$ linear nähern und durch y ersetzen sowie im Zähler auch $e^{\beta\varepsilon_{\mathbf{k}}} \to 1$ ersetzen. Einsetzen der Einteilchenenergien $\varepsilon(\mathbf{n} + \mathbf{x})$ und $\varepsilon_{\mathbf{k}} = \varepsilon(\mathbf{n})$ ergibt:

$$F_{\mathbf{n}} \sim \frac{1}{\beta\varepsilon_{\mathbf{k}}} \int_K d^3x \, \frac{(\mathbf{n}+\mathbf{x})^2 - \mathbf{n}^2}{(\mathbf{n}+\mathbf{x})^2} = \frac{I_{\mathbf{n}}}{\beta\varepsilon_{\mathbf{k}}n^2} \quad , \quad I_{\mathbf{n}} \equiv \int_K d^3x \, \frac{2\mathbf{n}\cdot\mathbf{x} + \mathbf{x}^2}{1 + \frac{2\mathbf{n}\cdot\mathbf{x}+\mathbf{x}^2}{n^2}} \, .$$

Das Integral $I_{\mathbf{n}}$ ist für alle $\mathbf{n} \in \mathbb{Z}^3 \backslash \{\mathbf{0}\}$ endlich und strebt für $n = |\mathbf{n}| \to \infty$ gegen eine Konstante. Um dies zu zeigen, schreiben wir $I_{\mathbf{n}}$ wie folgt um:

$$I_{\mathbf{n}} \equiv \int_K d^3x \, \frac{2\mathbf{n}\cdot\mathbf{x} + \mathbf{x}^2}{1 + \frac{2\mathbf{n}\cdot\mathbf{x}+\mathbf{x}^2}{n^2}} \sim \int_K d^3x \, (2\mathbf{n}\cdot\mathbf{x} + \mathbf{x}^2) \left[1 - \frac{2\mathbf{n}\cdot\mathbf{x} + \mathbf{x}^2}{n^2} + \mathcal{O}\left(\frac{1}{n^2}\right) \right]$$

$$\sim \int_K d^3x \left[2\mathbf{n}\cdot\mathbf{x} + \mathbf{x}^2 - \frac{4(\mathbf{n}\cdot\mathbf{x})^2}{n^2} \right] = \int_K d^3x \left(\mathbf{x}^2 - \frac{4n_i x_i n_j x_j}{n^2} \right) \, .$$

Wir verwendeten, dass der Term $2\mathbf{n}\cdot\mathbf{x}$ im Integranden aufgrund seiner Antisymmetrie keinen Beitrag zum Integral liefert. Im letzten Schritt wurde im zweiten Term in $(\cdots)$ die Summationskonvention eingeführt. Aufgrund der Identität $\int_K d^3x \, x_i x_j = \delta_{ij} \int_K d^3x \, (x_i)^2 = \frac{1}{3}\delta_{ij} \int_K d^3x \, \mathbf{x}^2$ folgt schließlich

$$I_{\mathbf{n}} \sim -\frac{1}{3} \int_K d^3x \, \mathbf{x}^2 = -\int_{-\frac{1}{2}}^{\frac{1}{2}} dx_1 \, (x_1)^2 = -\frac{2}{3}(x_1)^3 \Big|_0^{\frac{1}{2}} = -\frac{1}{12} \qquad (n \to \infty) \, ,$$

sodass $\sum_{\mathbf{n}\neq\mathbf{0}} F_{\mathbf{n}}$ nicht-extensiv ist:

$$\sum_{\mathbf{n}\neq\mathbf{0}} F_{\mathbf{n}} \sim \sum_{\mathbf{n}\neq\mathbf{0}} \frac{I_{\mathbf{n}}}{\beta\varepsilon_{\mathbf{k}}n^2} = \sum_{\mathbf{n}\neq\mathbf{0}} \frac{I_{\mathbf{n}}}{\beta\varepsilon_{\mathbf{k}}n^2} = \frac{2mL^2}{\beta h^2} \sum_{\mathbf{n}\neq\mathbf{0}} \frac{I_{\mathbf{n}}}{n^4} \propto L^2 \propto \langle N \rangle^{2/3}$$

und $\langle N \rangle^{-1} \sum_{\mathbf{n}\neq\mathbf{0}} F_{\mathbf{n}}$ im thermodynamischen Limes in der Tieftemperaturphase gegen null strebt. Wir verwendeten, dass $\sum_{\mathbf{n}\neq\mathbf{0}} n^{-4}$ für $d = 3$ konvergiert. Folglich ist der bei der Umwandlung der $\mathbf{k}$-Summe für $\langle N \rangle$ in ein k-Integral gemachte Fehler für $\mathbf{n} \neq \mathbf{0}$ im thermodynamischen Limes vernachlässigbar klein, sodass diese Umwandlung erlaubt ist.

Lösung 6.5 Grundzustand des Elektronengases im Magnetfeld

(a) Das großkanonische Potential ist mit der Definition $z \equiv e^{\beta\mu}$ gegeben durch:

$$\Omega = -\frac{1}{\beta} \ln Z_{\mathrm{gk}} = -\frac{1}{\beta} \ln\left[\sum_{\{n_{\mathbf{k}\lambda}\}} e^{-\beta \sum_{\mathbf{k}\lambda}(\varepsilon_{\mathbf{k}\lambda}-\mu)n_{\mathbf{k}\lambda}} \right]$$

$$= -\frac{1}{\beta} \ln\left\{ \prod_{\mathbf{k}\lambda}\left[1 + e^{\beta(\mu-\varepsilon_{\mathbf{k}\lambda})}\right] \right\} = -\frac{1}{\beta} \sum_{\mathbf{k}\lambda} \ln\left(1 + z e^{-\beta\varepsilon_{\mathbf{k}\lambda}}\right) \quad \left(\beta = \tfrac{1}{k_B T}\right).$$

Für $T = 0$ und $B = 0$ gilt:

$$\Omega = -\frac{2}{\beta} \sum_{\mathbf{k}} \ln\left[1 + e^{\beta(\mu-\varepsilon_{\mathbf{k}})}\right] \sim -\frac{2}{\beta} \sum_{\mathbf{k}} \ln\left[e^{\beta(\mu-\varepsilon_{\mathbf{k}})}\right]\Theta(\mu - \varepsilon_{\mathbf{k}})$$

$$= 2\Omega_0(V,\mu) \quad \text{mit} \quad \Omega_0 \equiv \sum_{\mathbf{k}}(\varepsilon_k - \mu)\Theta(\mu - \varepsilon_k) .$$

(b) Die Zustandsdichte folgt wie üblich aus:

$$\nu(\varepsilon) = V^{-1} \sum_{\mathbf{k}} \delta(\varepsilon - \varepsilon_{\mathbf{k}}) = \frac{1}{(2\pi)^3} \int d^3k\, \delta\left(\varepsilon - \frac{\hbar^2 \mathbf{k}^2}{2m}\right)$$

$$= \frac{4\pi}{(2\pi)^3} \int_0^\infty dk\, k^2 \delta\left(\varepsilon - \frac{\hbar^2 k^2}{2m}\right) = \frac{1}{4\pi^2}\left(\frac{2m}{\hbar^2}\right)^{3/2} \int_0^\infty dx\, \sqrt{x}\, \delta(\varepsilon - x)$$

$$= \frac{2}{\sqrt{\pi}}\left(\frac{m}{2\pi\hbar^2}\right)^{3/2} \varepsilon^{1/2} .$$

Das großkanonische Potential pro Spinrichtung ergibt sich daraus als:

$$\Omega_0(V,\mu) = \sum_{\mathbf{k}}(\varepsilon_k - \mu)\Theta(\mu - \varepsilon_k) = V \int_0^\infty d\varepsilon\, (\varepsilon - \mu)\Theta(\mu - \varepsilon)\nu(\varepsilon)$$

$$= V \int_0^\mu d\varepsilon\, \nu(\varepsilon)(\varepsilon - \mu) .$$

(c) Im Magnetfeld folgt für das großkanonische Potential im Grundzustand:

$$\Omega = -\frac{1}{\beta}\left\{ \sum_{\mathbf{k}} \ln\left[1 + e^{\beta(\mu-\varepsilon_{\mathbf{k}}+\mu_{\mathrm{B}}B)}\right] + \sum_{\mathbf{k}} \ln\left[1 + e^{\beta(\mu-\varepsilon_{\mathbf{k}}-\mu_{\mathrm{B}}B)}\right] \right\}$$

$$\sim \Omega_0(V,\, \varepsilon_{\mathrm{F}} + \mu_{\mathrm{B}}B) + \Omega_0(V,\, \varepsilon_{\mathrm{F}} - \mu_{\mathrm{B}}B) \qquad \left[T \to 0,\, \mu(T = 0) \equiv \varepsilon_{\mathrm{F}}\right] .$$

(d) Daraus erhält man die Magnetisierung für schwache, aber endliche Magnetfelder:

$$M = -\left(\frac{\partial\Omega}{\partial B}\right)_{T,V,\mu} = -V\left[-\int_0^{\varepsilon_{\mathrm{F}}+\mu_{\mathrm{B}}B} d\varepsilon\, \nu(\varepsilon) + \int_0^{\varepsilon_{\mathrm{F}}-\mu_{\mathrm{B}}B} d\varepsilon\, \nu(\varepsilon)\right]\mu_{\mathrm{B}}$$

$$= \mu_{\mathrm{B}}V \int_{\varepsilon_{\mathrm{F}}-\mu_{\mathrm{B}}B}^{\varepsilon_{\mathrm{F}}+\mu_{\mathrm{B}}B} d\varepsilon\, \nu(\varepsilon) \sim 2\mu_{\mathrm{B}}^2 V\nu(\varepsilon_{\mathrm{F}})B \qquad (B \to 0,\, T = 0),$$

sodass die magnetische Suszeptibilität im Limes $B \to 0$ gegeben ist durch

$$\chi_{T,V,\mu}\big|_{B=0} = \left(\frac{\partial M}{\partial B}\right)_{T,V,\mu}\bigg|_{B=0} = 2\mu_B^2 V \nu(\varepsilon_F) \, .$$

Lösung 6.6 Das „ultrarelativistische" Bose-Gas (P)

(a) Aus der Volumenabhängigkeit der Einteilchenenergien:

$$\varepsilon_{\mathbf{k}\lambda} = c\hbar|\mathbf{k}| = \frac{\pi c\hbar}{L}|\mathbf{n}| = \pi c\hbar|\mathbf{n}|V^{-1/d} \quad , \quad \frac{\partial \varepsilon_{\mathbf{k}\lambda}}{\partial V} = -\frac{\varepsilon_{\mathbf{k}\lambda}}{Vd} \, ,$$

ergibt sich die folgende Beziehung zwischen Druck und innerer Energie:

$$P = -\left(\frac{\partial \Omega}{\partial V}\right)_{T,\mu} = -\sum_{\mathbf{k}\lambda}\left(\frac{\partial \Omega_{\mathbf{k}\lambda}}{\partial V}\right)_{T,\mu} = -\sum_{\mathbf{k}\lambda}\frac{\partial \varepsilon_{\mathbf{k}\lambda}}{\partial V}\frac{\partial \Omega_{\mathbf{k}\lambda}}{\partial \varepsilon_{\mathbf{k}\lambda}} = \sum_{\mathbf{k}\lambda}\frac{\varepsilon_{\mathbf{k}\lambda}}{Vd}\langle n_{\mathbf{k}\lambda}\rangle = \frac{U}{Vd} \, .$$

(b) Falls der bosonische Einteilchengrundzustand, der hier dem $\mathbf{k}$-Vektor $\mathbf{k}_0 = \frac{\pi}{L}(1,1,\cdots,1)$ entspricht, *nicht* makroskopisch besetzt ist, kann die $\mathbf{k}$-Summe in (6.1)–(6.5) wegen der Rotationssymmetrie des Integranden im $\mathbf{k}$-Raum ersetzt werden durch eindimensionale Riemann-Integrale:

$$\sum_{\mathbf{k}} \to \frac{L^d}{\pi^d}\int_{\mathbf{k}\in(\mathbb{R}^+)^d} d^d k = \frac{L^d}{(2\pi)^d}\int_{\mathbf{k}\in\mathbb{R}^d} d^d k = \frac{S_d(1)V}{(2\pi)^d}\int_0^\infty dk \, k^{d-1} \, ,$$

wobei $S_d(1) = 2\pi^{d/2}/\Gamma(\frac{d}{2})$ die Fläche einer Einheitskugel in d Dimensionen ist [s. Gleichung (4.43)]. Es folgt mit der üblichen Definition $z \equiv e^{\beta\mu}$ der Fugazität für die mittlere Teilchenzahl $\langle N\rangle$:

$$\frac{\langle N\rangle}{2S+1} = \frac{1}{2S+1}\sum_{\mathbf{k}\lambda}\frac{1}{\frac{1}{z}e^{\beta\varepsilon_{\mathbf{k}\lambda}}-1} = \frac{S_d(1)V}{(2\pi)^d}\int_0^\infty dk \, \frac{k^{d-1}}{\frac{1}{z}e^{\beta\varepsilon_{\mathbf{k}}}-1}$$

$$= \frac{S_d(1)V}{(\beta hc)^d}\int_0^\infty dx \, \frac{x^{d-1}}{\frac{1}{z}e^x-1} = \frac{S_d(1)V}{(\beta hc)^d}\Gamma(d)g_d(z,+1)$$

und analog für die innere Energie U:

$$\frac{U}{2S+1} = \frac{1}{2S+1}\sum_{\mathbf{k}\lambda}\frac{\varepsilon_{\mathbf{k}\lambda}}{\frac{1}{z}e^{\beta\varepsilon_{\mathbf{k}\lambda}}-1} = \frac{S_d(1)V}{(2\pi)^d}\int_0^\infty dk \, \frac{k^{d-1}\varepsilon_{\mathbf{k}}}{\frac{1}{z}e^{\beta\varepsilon_{\mathbf{k}\lambda}}-1}$$

$$= \frac{S_d(1)V}{\beta(\beta hc)^d}\int_0^\infty dx \, \frac{x^d}{\frac{1}{z}e^x-1} = \frac{S_d(1)V}{\beta(\beta hc)^d}\Gamma(d+1)g_{d+1}(z,+1) \, .$$

Der Druck ergibt sich aus der Beziehung $P = \frac{U}{Vd}$ in Teil **(a)** und das großkanonische Potential aus $\Omega = -PV = -\frac{U}{d}$:

$$\frac{P}{2S+1} = \frac{S_d(1)\Gamma(d)}{\beta(\beta hc)^d}g_{d+1}(z,+1) \quad , \quad \frac{\Omega}{2S+1} = -\frac{S_d(1)\Gamma(d)V}{\beta(\beta hc)^d}g_{d+1}(z,+1) \, .$$

Da für alle $d > 1$ im Ausdruck für die mittlere Teilchenzahl der Faktor $g_d(z,+1)$ im Limes $z \uparrow 1$ endlich ist: $g_d(1,+1) = \zeta(d) < \infty$, folgern wir, dass im Gas der „ultrarelativistischen" Bosonen für alle $d > 1$ bei einer *endlichen* kritischen Temperatur $T_{\mathrm{c}}(\rho)$ bzw. bei einer *endlichen* kritischen Dichte $\rho_{\mathrm{c}}(T)$ Bose-Einstein-Kondensation auftritt:

$$\frac{\rho}{2S+1} \equiv \frac{S_d(1)\Gamma(d)}{[\beta_{\mathrm{c}}(\rho)hc]^d}\,\zeta(d) \quad \text{bzw.} \quad \frac{\rho_{\mathrm{c}}(T)}{2S+1} \equiv \frac{S_d(1)\Gamma(d)}{(\beta hc)^d}\,\zeta(d)\ .$$

Für $\rho > \rho_{\mathrm{c}}(T)$ bzw. $T < T_{\mathrm{c}}(\rho)$ wird im Gas auch ein Kondensat auftreten.

(c) Für $\rho > \rho_{\mathrm{c}}(T)$ bzw. $T < T_{\mathrm{c}}(\rho)$ erhält man analog zu Gleichung (6.17) für $\langle N \rangle$:

$$\frac{\langle N \rangle}{2S+1} = \frac{1}{2S+1}\sum_{\mathbf{k}\lambda}\frac{1}{\frac{1}{z}e^{\beta\varepsilon_{\mathbf{k}\lambda}}-1} = \frac{1}{\frac{1}{z}e^{\beta\varepsilon_{\mathbf{k}_0}}-1} + \frac{S_d(1)V}{(\beta hc)^d}\,\Gamma(d)\zeta(d)\ .$$

Mit der Definition $\bar{z} \equiv ze^{-\beta\varepsilon_{\mathbf{k}_0}} = e^{\beta(\mu-\varepsilon_{\mathbf{k}_0})}$ ergibt sich:

$$\frac{\bar{z}}{1-\bar{z}} = \frac{\langle N \rangle}{2S+1}\left[1 - \frac{(2S+1)S_d(1)}{\rho(\beta hc)^d}\,\Gamma(d)\zeta(d)\right] = \frac{\langle N \rangle}{2S+1}\left[1 - \frac{\rho_{\mathrm{c}}(T)}{\rho}\right]$$

und daher wegen $\bar{z} \simeq 1$:

$$1-\bar{z} = \frac{2S+1}{\langle N \rangle}\left[1 - \frac{\rho_{\mathrm{c}}(T)}{\rho}\right]^{-1} \quad , \quad \langle n_0 \rangle = \frac{2S+1}{1-\bar{z}} = \langle N \rangle\left[1 - \frac{\rho_{\mathrm{c}}(T)}{\rho}\right]\ .$$

Wegen $\rho_{\mathrm{c}}(T)/\rho = [\beta_{\mathrm{c}}(\rho)/\beta]^d$ kann die Temperaturabhängigkeit des Kondensatanteils $\langle n_0 \rangle/\langle N \rangle$ daher auch geschrieben werden als:

$$\frac{\langle n_0 \rangle}{\langle N \rangle} = 1 - \left[\frac{\beta_{\mathrm{c}}(\rho)}{\beta}\right]^d = 1 - \left[\frac{T}{T_{\mathrm{c}}(\rho)}\right]^d\ .$$

Auch der Exponent dieser Temperaturabhängigkeit weicht also qualitativ ab vom nicht-relativistischen Pendant (6.19). Das Ergebnis für den Kondensatanteil bedeutet, dass sich das ultrarelativistische Bose-Gas für $T \downarrow 0$ in allen Dimensionen $d > 1$ vollständig in der kondensierten Phase befindet.

(d) Die Gesamtentropie Σ des ultrarelativistischen Bose-Gases erhalten wir aus der Ableitung von Ω nach der Temperatur:

$$\Sigma = -\left(\frac{\partial\Omega}{\partial T}\right)_{V,\mu} = k_{\mathrm{B}}\beta^2\left(\frac{\partial\Omega}{\partial\beta}\right)_{V,\mu} = k_{\mathrm{B}}\beta\left[\left(\frac{\partial(\beta\Omega)}{\partial\beta}\right)_{V,\mu} - \Omega\right]\ ,$$

wobei wir nun nicht die Extensivität des großkanonischen Potentials (und somit $\Omega = -PV$) voraussetzen, sondern vom allgemein gültigen Ausdruck (6.1) ausgehen. Das Ergebnis lautet:

$$\frac{\Sigma}{2S+1} = k_{\mathrm{B}}\beta\sum_{\mathbf{k}}\left[\frac{-(\mu-\varepsilon_{\mathbf{k}})ze^{-\beta\varepsilon_{\mathbf{k}}}}{1-ze^{-\beta\varepsilon_{\mathbf{k}}}} - \frac{1}{\beta}\ln\!\left(1-ze^{-\beta\varepsilon_{\mathbf{k}}}\right)\right]$$

$$= k_{\mathrm{B}}\sum_{\mathbf{k}}\left[\frac{-\ln\!\left(ze^{-\beta\varepsilon_{\mathbf{k}}}\right)ze^{-\beta\varepsilon_{\mathbf{k}}}}{1-ze^{-\beta\varepsilon_{\mathbf{k}}}} - \ln\!\left(1-ze^{-\beta\varepsilon_{\mathbf{k}}}\right)\right]\ .$$

Der Entropiebeitrag des Grundzustands ist daher:

$$\frac{\Sigma_{\mathbf{k}=\mathbf{k}_0}}{2S+1} = k_\mathrm{B}\left[\frac{-\ln(\bar{z})\bar{z}}{1-\bar{z}} - \ln(1-\bar{z})\right] .$$

Für $T \leq T_\mathrm{c}$ folgt hieraus mit $\ln(\bar{z}) \sim -(1-\bar{z})$:

$$\frac{\Sigma_{\mathbf{k}=\mathbf{k}_0}}{2S+1} = k_\mathrm{B}\left[\bar{z} - \ln(1-\bar{z})\right] = \mathcal{O}\big(k_\mathrm{B}\ln\langle N\rangle\big) ,$$

sodass der Beitrag des Kondensats zur Entropie pro Teilchen im thermodynamischen Limes null ist. Folglich kann man sich für $T \leq T_\mathrm{c}$ bei der Berechnung der Gesamtentropie auf Beiträge $\Sigma_{\mathbf{k}\neq\mathbf{k}_0}$ von den Wellenvektoren der angeregten Zustände beschränken:

$$\Sigma = k_\mathrm{B}\beta\left[(2S+1)\sum_{\mathbf{k}\neq\mathbf{k}_0}\frac{\varepsilon_\mathbf{k}}{e^{\beta\varepsilon_\mathbf{k}}-1} - \Omega\right] = \frac{1}{T}\left[U - \left(-\frac{U}{d}\right)\right] = \frac{(d+1)U}{Td} .$$

Da der Grundzustand keine extensiven Beiträge zu U liefert, können wir bei der Berechnung von $U/\langle N - n_0\rangle$ die Ergebnisse aus Teil **(b)** mit $z = 1$ verwenden:

$$\frac{U}{\langle N - n_0\rangle} = \frac{\Gamma(d+1)g_{d+1}(1,+1)}{\beta\,\Gamma(d)g_d(1,+1)} = \frac{d\,\zeta(d+1)}{\zeta(d)}k_\mathrm{B}T .$$

Wegen $\Sigma = (d+1)U/Td$ folgt hieraus noch:

$$\frac{\Sigma}{\langle N - n_0\rangle} = (d+1)\frac{\zeta(d+1)}{\zeta(d)}k_\mathrm{B} .$$

Wir stellen also fest, dass dieses letzte Verhältnis interessanterweise *konstant* ist (d. h. unabhängig von T und V), sodass die physikalischen Größen Σ und $\langle N - n_0\rangle$ für $T \leq T_\mathrm{c}$ nicht unabhängig voneinander sind, sondern vielmehr (bis auf einen konstanten Faktor) dieselbe physikalische Information enthalten. Für $T > T_\mathrm{c}$ sind Σ und $\langle N\rangle$ jedoch unabhängig voneinander.

(e) Photonen sind masselose ($S = 1$)-Bosonen, die allerdings nur zwei (statt drei) Polarisationsrichtungen aufweisen. Effektiv gilt daher $2S+1 = 2$, sodass man im allgemeinen Formalismus $S = \frac{1}{2}$ wählen müsste, um die richtige Photonenzahl und innere Energie zu reproduzieren. Die festen Randbedingungen sind für Photonen angemessen. Ein Photonenkondensat liegt in der Natur nicht vor, sodass $\langle n_0\rangle = 0$ und daher $\rho \leq \rho_\mathrm{c}(T)$ gilt. Andererseits ist das Verhältnis der physikalischen Größen Σ und $\langle N\rangle$ für Photonen unabhängig von T und V, woraus man $\rho \geq \rho_\mathrm{c}(T)$ schließen kann. Die Kombination dieser Ergebnisse zeigt, dass ein Photonengas formal identisch ist mit einem ultrarelativistischen Bose-Gas exakt am Bose-Einstein-Übergang: $\rho = \rho_\mathrm{c}(T)$. In diesem Fall erhält man in der Tat die für ein dreidimensionales Photonengas charakteristischen Ergebnisse:

$$\frac{\langle N\rangle}{V} = \rho_\mathrm{c}(T) = \frac{16\pi}{(\beta hc)^3}\zeta(3) \quad , \quad \frac{U}{\langle N\rangle} = \frac{3\zeta(4)}{\zeta(3)}k_\mathrm{B}T \quad , \quad \frac{\Sigma}{\langle N\rangle} = \frac{4\zeta(4)}{\zeta(3)}k_\mathrm{B} .$$

Es ist diese formale Übereinstimmung, die dazu führt, dass dem Photonengas gelegentlich ein chemisches Potential $\mu = 0$ angedichtet wird. Aus den Abschnitten [2.10] und [4.2.1] wissen wir aber, dass diese Aussage an sich logisch inkorrekt ist, da Σ und $\langle N \rangle$ für Photonen – anders als im ultrarelativistischen Bose-Gas – grundsätzlich nicht unabhängig variiert werden können.

8.7 Kinetische Theorie

Lösung 7.1 Die Irrfahrt

(a) Die Mastergleichung für die eindimensionale Irrfahrt entlang der Kette lautet $\frac{dp_n}{dt} = \lambda(p_{n+1} + p_{n-1} - 2p_n)$, und die Anfangsbedingung ist $p_n(0) = \delta_{n0}$. Das Erhaltungsgesetz $\sum_{n=-\infty}^{\infty} p_n(t) = 1$ der Gesamtwahrscheinlichkeit dafür, dass sich das diffundierende Teilchen *irgendwo* im System befindet, folgt durch Summation der Mastergleichung über alle $n \in \mathbb{Z}$:

$$\frac{d}{dt}\left(\sum_n p_n\right) = \lambda\left(\sum_n p_{n+1} + \sum_n p_{n-1} - 2\sum_n p_n\right) = \lambda(1+1-2)\sum_n p_n = 0 \ .$$

Daher gilt $\sum_n p_n(t) = \sum_n p_n(0) = \sum_n \delta_{n0} = 1$. Da man den Parameter λ effektiv in die Zeitvariable t absorbieren kann, indem man eine neue Zeitvariable $\tau \equiv \lambda t$ einführt, kann man o. B. d. A. $\lambda = 1$ setzen.

(b) Die mittlere Position $\langle n \rangle$ folgt durch Multiplikation der Mastergleichung mit n und Summation über alle $n \in \mathbb{Z}$, wobei ab jetzt also $\lambda = 1$ gesetzt wird:

$$\frac{d\langle n \rangle}{dt} = \frac{d}{dt}\left(\sum_n np_n\right) = \sum_n np_{n+1} + \sum_n np_{n-1} - 2\sum_n np_n$$
$$= \sum_n [(n-1) + (n+1) - 2n]p_n = 0 \ .$$

In der zweiten Zeile im ersten Schritt haben wir in den ersten beiden Termen lediglich den Summationsindex um ∓ 1 verschoben. Es folgt $\langle n \rangle(t) = \langle n \rangle(0) = \sum_n n\delta_{n0} = 0$. Analog berechnet man das zweite Moment $\langle n^2 \rangle$ der Wahrscheinlichkeitsverteilung:

$$\frac{d\langle n^2 \rangle}{dt} = \frac{d}{dt}\left(\sum_n n^2 p_n\right) = \sum_n n^2 p_{n+1} + \sum_n n^2 p_{n-1} - 2\sum_n n^2 p_n$$
$$= \sum_n [(n-1)^2 + (n+1)^2 - 2n^2]p_n = 2\sum_n p_n = 2 \quad , \quad \langle n^2 \rangle(t) = 2t \ .$$

Folglich gilt für die Breite der Verteilung: $\sqrt{\langle n^2 \rangle - \langle n \rangle^2} = \sqrt{2t}$, was physikalisch bedeutet, dass sich ein Schwarm von Teilchen (sprich: ein Tintentropfen) durch Diffusion in einer Flüssigkeit proportional zu $\sqrt{t}$ verbreitert.

(c) Führt man nun die erzeugende Funktion $F(z,t) = \sum_n z^n p_n(t)$ ein, so erhält man für $F(z,t)$ durch Multiplikation der Mastergleichung mit z^n und Summation über alle $n \in \mathbb{Z}$ eine *gewöhnliche* Differentialgleichung bzgl.

der Zeitvariablen, die für jeden festen z-Wert mit der Anfangsbedingung $F(z,0) = \sum_n z^n \delta_{n0} = 1$ gelöst werden kann:

$$\frac{\partial F(z,t)}{\partial t} = \frac{d}{dt}\left(\sum_n z^n p_n\right) = \sum_n z^n p_{n+1} + \sum_n z^n p_{n-1} - 2\sum_n z^n p_n$$

$$= \sum_n \left[z^{n-1} + z^{n+1} - 2z^n\right] p_n = \left(z + z^{-1} - 2\right) F(z,t)\,.$$

Es folgt $\partial_t \ln\left[F(z,t)\right] = \left(z + z^{-1} - 2\right)$. Die Lösung dieser Gleichung zur vorgegebenen Anfangsbedingung ist durch $F(z,t) = \exp\left[t\left(z + z^{-1} - 2\right)\right]$ gegeben. Durch Entwicklung dieser Lösung nach Potenzen von t erhält man:

$$\sum_{k=-\infty}^{\infty} z^k p_k(t) = F(z,t) = e^{-2t} e^{(z+z^{-1})t} = e^{-2t} \sum_{n=0}^{\infty} \frac{t^n}{n!}(z + z^{-1})^n$$

$$= e^{-2t} \sum_{n=0}^{\infty} \sum_{m=0}^{n} \frac{t^n}{n!} \binom{n}{m} z^{n-2m} = e^{-2t} \sum_{m=0}^{\infty} \sum_{n=m}^{\infty} \frac{t^n z^{n-2m}}{(n-m)!\, m!}$$

$$= e^{-2t} \sum_{m,n=0}^{\infty} \frac{t^{n+m} z^{n-m}}{n!\, m!} = \sum_{k=-\infty}^{\infty} z^k \left(e^{-2t} \sum_{m=m_0}^{\infty} \frac{t^{2m+k}}{m!\,(m+k)!}\right)$$

mit $m_0 \equiv \max\{0, -k\}$, da sowohl $m \geq 0$ als auch $n = m + k \geq 0$ gelten muss. Ein Vergleich der linken und rechten Seite der Gleichungskette zeigt, dass der Koeffizient von z^k auf der rechten Seite genau gleich $p_k(t)$ sein muss:

$$p_k(t) = e^{-2t} \sum_{m=m_0}^{\infty} \frac{t^{2m+k}}{m!\,(m+k)!} \overset{!}{=} p_{|k|}(t) = e^{-2t} \sum_{m=0}^{\infty} \frac{t^{2m+|k|}}{m!\,(m+|k|)!}\,,$$

wobei im zweiten Schritt verwendet wurde, dass man den Summationsindex gemäß $m \to m + |k|$ umbenennen kann, falls k negativ ist. Ein Vergleich mit der Bessel-Funktion $I_n(z)$ für $n \in \mathbb{N}_0$ lohnt sich nun: Diese verhält sich asymptotisch wie

$$I_n(z) \sim \frac{z^n}{2^n n!} \quad (z \to 0) \quad , \quad I_n(z) \sim \frac{e^z}{\sqrt{2\pi z}} \quad (z \to \infty)$$

und hat laut Ref. [1], Gleichung (9.6.10), die Reihenentwicklung

$$I_n(z) = \sum_{m=0}^{\infty} \frac{\left(\frac{1}{2}z\right)^{2m+n}}{m!\,(m+n)!} \quad (n \geq 0)\,,$$

sodass für alle $k \in \mathbb{Z}$ offenbar gilt:

$$p_k(t) = e^{-2t} I_{|k|}(2t) \quad , \quad p_k(t) \sim \begin{cases} t^{|k|}/|k|! & (t \to 0) \\ \frac{1}{\sqrt{4\pi t}} & (t \to \infty) \end{cases}\,.$$

Auch das Verhalten der Bessel-Funktion für k und t beide groß (mit festgehaltenem Verhältnis $x^2 \equiv k^2/t$) ist bekannt [siehe Ref. [1], Gleichung (9.7.7)]. Es folgt zunächst mit $z \equiv 2t/|k| = 2|k|/x^2 \to \infty$:

$$p_k(t) \sim \frac{1}{\sqrt{4\pi t}} e^{|k|\eta - 2t} \quad \text{mit} \quad \eta \sim z\left(1 - \frac{1}{2z^2} + \cdots\right)$$

und daher

$$p_k(t) \sim \frac{1}{\sqrt{4\pi t}} e^{-|k|/2z} = \frac{1}{\sqrt{4\pi t}} e^{-x^2/4} = \frac{1}{\sqrt{4\pi t}} e^{-k^2/4t} \,.$$

Die physikalische Interpretation ist, dass das Dichteprofil des sich verbreiternden Tintentröpfchens einer Gauß-Kurve mit einer Breite $\propto \sqrt{t}$ entspricht.

(d) Die Mastergleichung für ein Teilchen, das sich auf einem d-dimensionalen hyperkubischen Gitter mit Gitterplätzen $\mathbf{n} \in \mathbb{Z}^d$ bewegt und die Anfangsbedingung $P_{\mathbf{n}}(0) = \delta_{\mathbf{n0}}$ hat, lautet:

$$\frac{dP_{\mathbf{n}}}{dt} = \lambda \sum_{\ell=1}^{d} \left(P_{\mathbf{n}+\hat{\mathbf{e}}_\ell} + P_{\mathbf{n}-\hat{\mathbf{e}}_\ell} - 2P_{\mathbf{n}} \right) \,,$$

wobei $\mathbf{n} \in \mathbb{Z}^d$ ein Gittervektor ist und $\hat{\mathbf{e}}_\ell$ den Einheitsvektor in ℓ-Richtung bezeichnet. Wir können wiederum o. B. d. A. $\lambda = 1$ wählen. Analog zum eindimensionalen Fall gilt $\sum_{\mathbf{n}} P_n(t) = 1$ und $\langle \mathbf{n} \rangle(t) = \mathbf{0}$. Die Breite der Verteilung folgt analog aus $\frac{d}{dt}\langle \mathbf{n}^2 \rangle = \cdots = 2d$ bzw. $\langle \mathbf{n}^2 \rangle(t) = 2dt$ als $\sqrt{2dt}$. Man kann nun eine erzeugende Funktion

$$F_d(\mathbf{z}, t) \equiv \sum_{\mathbf{n} \in \mathbb{Z}^d} z_1^{n_1} z_2^{n_2} \cdots z_d^{n_d} P_{\mathbf{n}}(t) \quad , \quad F_d(\mathbf{z}, 0) = 1$$

mit $\mathbf{z} \equiv (z_1, z_2, \cdots, z_d)$ einführen. Es folgt

$$\frac{\partial F_d}{\partial t}(\mathbf{z}, t) = \left[\sum_{\ell=1}^{d} \left(z_\ell + \frac{1}{z_\ell} - 2 \right) \right] F_d(\mathbf{z}, t) \,, \quad F_d(\mathbf{z}, t) = \exp\left[t \sum_{\ell=1}^{d} \left(z_\ell + \frac{1}{z_\ell} - 2 \right) \right] \,,$$

sodass $F_d(\mathbf{z}, t)$ die Form eines *Produkts* hat: $F_d(\mathbf{z}, t) = \prod_{\ell=1}^{d} F_1(z_\ell, t)$. Dies bedeutet, dass $P_{\mathbf{n}}(t)$ ebenfalls als Produkt von eindimensionalen Lösungen geschrieben werden kann: $P_{\mathbf{n}}(t) = \prod_{\ell=1}^{d} p_{n_\ell}(t)$. Dementsprechend ist das asymptotische Verhalten von $P_{\mathbf{n}}(t)$ für große Abstände und lange Zeiten durch $P_{\mathbf{n}}(t) \sim (4\pi t)^{-d/2} e^{-\mathbf{n}^2/4t}$ gegeben.

Lösung 7.2 Die erzeugende Funktion

In Abschnitt [7.2.1] wurde gezeigt [siehe Gleichung (7.21)], dass die erzeugende Funktion $\bar{G}(z, t) = \sum_n z^n P_n(t)$ des quantenmechanischen harmonischen Oszillators im Strahlungsfeld für eine allgemeine Anfangsbedingung $P_n(0)$ durch

$$\bar{G}(z, t) = \bar{G}(z_0, 0) \frac{1 - \beta z_0/\alpha}{1 - \beta z/\alpha} \quad ; \quad \frac{1 - \beta z_0/\alpha}{1 - z_0} = \frac{1 - \beta z/\alpha}{1 - z} e^{(\alpha-\beta)t} \,. \tag{8.11}$$

gegeben ist. Die zweite Gleichung in (8.11) legt die Hilfsfunktion $z_0(z, t)$ fest.

(a) Aus der zweiten Gleichung in (8.11) folgt durch Auflösen nach z_0 die explizite (z, t)-Abhängigkeit dieser Größe:

$$z_0(z, t) = \frac{(\alpha - \beta z)e^{\gamma t} - \alpha(1 - z)}{(\alpha - \beta z)e^{\gamma t} - \beta(1 - z)} \quad , \quad \gamma \equiv \alpha - \beta \,. \tag{8.12}$$

Beispielsweise gilt $z_0(z,0) = z$. Außerdem folgt $z_0(1,t) = 1$ für alle $t \in \mathbb{R}$, sodass aufgrund der ersten Gleichung in (8.11) die Wahrscheinlichkeit erhalten ist:

$$\sum_n p_n(t) = \bar{G}(1,t) = \bar{G}(1,0) = \sum_n p_n(0) = 1 \ .$$

Will man die Momente der Verteilungsfunktion bestimmen, ist es notwendig, die erzeugende Funktion $\bar{G}(z,t)$ um $z = 1$ zu entwickeln. Dies sieht man mit der Definition $u \equiv 1 - z$ aus

$$\bar{G}(z,t) = \sum_n z^n p_n(t) = \sum_n (1-u)^n p_n(t) = \sum_{m=0}^{\infty} (-u)^m \left[\sum_{n=0}^{\infty} \binom{n}{m} p_n(t) \right]$$

$$= \sum_{m=0}^{\infty} \frac{(-u)^m}{m!} \langle n(n-1) \cdots (n-m+1) \rangle_t$$

$$= 1 - u\langle n \rangle_t + \tfrac{1}{2} u^2 \langle n(n-1) \rangle_t + \cdots \ . \tag{8.13}$$

Man beachte, dass die Terme mit $m > n$ in der Doppelsumme wegen $\binom{n}{m} = 0$ gleich null sind. Insbesondere sieht man aus dieser Entwicklung, dass es für die Bestimmung des mittleren Niveaus $\langle n \rangle$ und der Schwankung um diesen Mittelwert, $\langle n^2 \rangle - \langle n \rangle^2$, notwendig ist, die erzeugende Funktion $\bar{G}(z,t)$ bis $\mathcal{O}(u^2)$ um $z = 1$ zu entwickeln. Eine Entwicklung von $\bar{G}(z,t)$ um $z = 1$ erfordert nach Gleichung (8.11) die Entwicklung der beiden Faktoren $\bar{G}(z_0,0)$ und $\frac{1-\beta z_0/\alpha}{1-\beta z/\alpha}$. Für die Berechnung des Faktors $\bar{G}(z_0,0)$ verwenden wir Gleichung (8.13) und die Definition $u_0 \equiv 1 - z_0$:

$$\bar{G}(z_0,0) = 1 - u_0\langle n \rangle_0 + \tfrac{1}{2} u_0^2 \langle n(n-1) \rangle_0 + \mathcal{O}(u_0^3) \ . \tag{8.14}$$

Hierbei kann $z_0 = z_0(z,t) = z_0(1-u,t)$ für $u \to 0$ und alle $t \in \mathbb{R}$ bequem aus Gleichung (8.12) berechnet werden:

$$u_0 = 1 - z_0(1-u,t) = 1 - \frac{(\gamma + \beta u)e^{\gamma t} - \alpha u}{(\gamma + \beta u)e^{\gamma t} - \beta u}$$

$$= 1 - \left[1 + \frac{\beta - \alpha e^{-\gamma t}}{\gamma} u \right] \sum_{n=0}^{\infty} \left(-\frac{b(t)}{\gamma} u \right)^n = u e^{-\gamma t} \left[1 - \frac{b(t)}{\gamma} u \right] + \mathcal{O}(u^3) \ ,$$

wobei wir definierten: $b(t) \equiv \beta(1 - e^{-\gamma t})$. Durch Einsetzen dieses Ergebnisses in Gleichung (8.14) erhält man:

$$\bar{G}(z_0,0) = 1 - u e^{-\gamma t} \left[1 - \frac{b(t)}{\gamma} u \right] \langle n \rangle_0 + \tfrac{1}{2} u^2 e^{-2\gamma t} \langle n(n-1) \rangle_0 + \mathcal{O}(u^3) \ .$$

Für den Faktor $\frac{1-\beta z_0/\alpha}{1-\beta z/\alpha}$ ergibt sich durch Einsetzen des expliziten Ausdrucks (8.12) für z_0:

$$\frac{1-\beta z_0/\alpha}{1-\beta z/\alpha} = \frac{\alpha - \beta z_0}{\alpha - \beta z} = \cdots = \frac{1}{1 + b(t)u/\gamma} = \sum_{n=0}^{\infty} \left(-\frac{b(t)}{\gamma} u \right)^n \ .$$

Durch Einsetzen dieser Ergebnisse für $\bar{G}(z_0, 0)$ und $\frac{1-\beta z_0/\alpha}{1-\beta z/\alpha}$ erhält man dann für die erzeugende Funktion $\bar{G}(z,t)$ in (8.11):

$$\bar{G}(z,t) = 1 - u\left[e^{-\gamma t}\langle n\rangle_0 + \frac{b(t)}{\gamma}\right]$$
$$+ \tfrac{1}{2}u^2\left[\langle n(n-1)\rangle_0 e^{-2\gamma t} + 4e^{-\gamma t}\frac{b(t)}{\gamma}\langle n\rangle_0 + 2\frac{b(t)^2}{\gamma^2}\right] + \mathcal{O}\left(u^3\right).$$

Ein Vergleich mit (8.13) ergibt nun für $\langle n\rangle_t$ und $\langle n(n-1)\rangle_t$:

$$\langle n\rangle_t = e^{-\gamma t}\langle n\rangle_0 + \frac{b(t)}{\gamma} = \frac{\beta}{\gamma} + \left(\langle n\rangle_0 - \frac{\beta}{\gamma}\right)e^{-\gamma t}$$

$$\langle n(n-1)\rangle_t = \langle n(n-1)\rangle_0 e^{-2\gamma t} + 4e^{-\gamma t}\frac{b(t)}{\gamma}\langle n\rangle_0 + 2\frac{b(t)^2}{\gamma^2}.$$

Durch Kombination dieser Ergebnisse erhält man eine Gleichung für die Varianz $\langle n^2\rangle_t - \langle n\rangle_t^2 = \langle n(n-1)\rangle_t + \langle n\rangle_t - \langle n\rangle_t^2$:

$$\langle n^2\rangle_t - \langle n\rangle_t^2 = \left[\langle n^2\rangle_0 - \langle n\rangle_0^2\right]e^{-2\gamma t} + \langle n\rangle_0 e^{-\gamma t}\frac{b(t)}{\beta} + \left[2e^{-\gamma t}\langle n\rangle_0 + 1\right]\frac{b(t)}{\gamma} + \frac{b(t)^2}{\gamma^2}.$$

Wegen $b(t) \to \beta$ für $t \to \infty$ nähert sich die Varianz im Langzeitlimes dem Grenzwert $\frac{\beta}{\gamma}\left(\frac{\beta}{\gamma} + 1\right) = \frac{\alpha\beta}{\gamma^2}$. Bemerkenswert ist außerdem, dass sich sowohl der Mittelwert $\langle n\rangle_t$ als auch die Varianz $\langle n^2\rangle_t - \langle n\rangle_t^2$ für $t \to \infty$ ihren Gleichgewichtswerten *exponentiell* annähern. Die Information über die Anfangsverteilung im harmonischen Oszillator geht also relativ schnell verloren.

(b) Für den Spezialfall, dass der Oszillator sich zur Zeit $t = 0$ im Grundzustand aufhält: $P_n(0) = \delta_{n0}$, sind die Anfangswerte der mittleren Besetzung und der Varianz durch $\langle n\rangle_0 = 0$ und $\langle n^2\rangle_0 - \langle n\rangle_0^2 = 0$ gegeben. Die zeitabhängigen Mittelwerte folgen daher als:

$$\langle n\rangle_t = \frac{b(t)}{\gamma} = \frac{\beta}{\gamma}\left(1 - e^{-\gamma t}\right)$$

$$\langle n^2\rangle_t - \langle n\rangle_t^2 = \frac{b(t)}{\gamma} + \frac{b(t)^2}{\gamma^2} = \frac{\beta}{\gamma}\left(1 - e^{-\gamma t}\right) + \frac{\beta^2}{\gamma^2}\left(1 - e^{-\gamma t}\right)^2.$$

Bei der Berechnung der Wahrscheinlichkeitsverteilung $p_n(t)$ als Funktion der Zeit kann man verwenden, dass der Faktor $\bar{G}(z_0, 0)$ in (8.11) einfach durch $\bar{G}(z_0, 0) = \sum_n z_0^n p_n(0) = \sum_n z_0^n \delta_{n0} = 1$ gegeben ist. Folglich gilt:

$$\bar{G}(z,t) = \frac{1 - \beta z_0/\alpha}{1 - \beta z/\alpha} = \frac{1}{1 + b(t)u/\gamma} = \frac{1}{1 + b(t)(1-z)/\gamma}$$
$$= \frac{1}{1 + b(t)/\gamma}\sum_{n=0}^{\infty}\left[\frac{b(t)z}{\gamma + b(t)}\right]^n \overset{!}{=} \sum_n z^n p_n(t),$$

sodass die Wahrscheinlichkeitsverteilung $p_n(t)$ explizit gegeben ist durch:

$$p_n(t) = \frac{1}{1 + b(t)/\gamma}\left[\frac{b(t)}{\gamma + b(t)}\right]^n = \frac{\gamma\, b(t)^n}{\left[\gamma + b(t)\right]^{n+1}}.$$

Lösung 7.3 Radioaktiver Zerfall und die Fokker-Planck-Gleichung

Wir wissen bereits aus Abschnitt [7.1.4], dass der radioaktive Zerfall mit Hilfe der Mastergleichung $\frac{dp_n(t)}{dt} = \lambda\left[(n+1)p_{n+1}(t) - np_n(t)\right] = \lambda D(np_n)$ beschrieben werden kann, wobei D die aus Abschnitt [7.1.3] bekannte diskrete Ableitung ist. Die Anfangsbedingung lautet $p_n(0) = \delta_{nN}$. Wir setzen o. B. d. A. $\lambda = 1$. Für $N \to \infty$ ersetzen wir die diskrete stochastische Variable n gemäß $n \equiv N\nu(t) + \sqrt{N}\xi$ durch eine kontinuierliche Variable ξ mit $\nu(t) = e^{-t}$ und $\xi = \mathcal{O}(1)$. Hierbei wird die Wahrscheinlichkeit $p_n(t)$ durch die Wahrscheinlichkeitsdichte $\Pi(\xi, t)$ ersetzt: $p_n(t) \equiv \Pi(\xi, t)/\sqrt{N}$. Diese Wahrscheinlichkeitsdichte $\Pi(\xi, t)$ ist normiert: $1 = \sum_n p_n = \int dn\, p_n = \int d\xi\, \Pi(\xi, t)$. Hierbei wurde im zweiten Schritt verwendet, dass $N \to \infty$ und daher $n \gg 1$ gilt.

(a) Wir entwickeln die Mastergleichung nach Potenzen von N^{-1}:

$$\frac{dp_n(t)}{dt} = \frac{1}{\sqrt{N}}\left(\frac{\partial\Pi}{\partial t}\right)_n = \frac{1}{\sqrt{N}}\left[\left(\frac{\partial\Pi}{\partial t}\right)_\xi + \left(\frac{\partial\Pi}{\partial\xi}\right)_t\left(\frac{d\xi}{dt}\right)_n\right]$$

$$= \frac{1}{\sqrt{N}}\left[\left(\frac{\partial\Pi}{\partial t}\right)_\xi + \left(\frac{\partial\Pi}{\partial\xi}\right)_t(-\sqrt{N}\dot{\nu})\right] = \frac{1}{\sqrt{N}}\frac{\partial\Pi}{\partial t} - \dot{\nu}\frac{\partial\Pi}{\partial\xi} .$$

Für die Entwicklung der rechten Seite $D(np_n)$ der Mastergleichung nach Potenzen von N^{-1} schreiben wir die diskrete Ableitung

$$(Df)(n) = f(n+1) - f(n) = \left[(e^{\partial/\partial n} - 1)f\right](n)$$

wie folgt um:

$$D = e^{\partial/\partial n} - 1 = \sum_{m=1}^{\infty}\frac{1}{m!}\frac{\partial^m}{\partial n^m} = \frac{\partial}{\partial n} + \frac{1}{2}\frac{\partial^2}{\partial n^2} + \cdots = \frac{1}{\sqrt{N}}\frac{\partial}{\partial\xi} + \frac{1}{2N}\frac{\partial^2}{\partial\xi^2} + \cdots .$$

Die diskrete Ableitung D kann also systematisch bis zu einer beliebig hohen Ordnung nach Potenzen von N^{-1} entwickelt werden. Folglich gilt

$$\frac{1}{\sqrt{N}}\frac{\partial\Pi}{\partial t} - \dot{\nu}\frac{\partial\Pi}{\partial\xi} = \left(\frac{1}{\sqrt{N}}\frac{\partial}{\partial\xi} + \frac{1}{2N}\frac{\partial^2}{\partial\xi^2} + \cdots\right)\left[(N\nu(t) + \sqrt{N}\xi)\frac{\Pi}{\sqrt{N}}\right]$$

$$= \nu\frac{\partial\Pi}{\partial\xi} + \frac{1}{\sqrt{N}}\left[\frac{\partial(\xi\Pi)}{\partial\xi} + \tfrac{1}{2}\nu(t)\frac{\partial^2\Pi}{\partial\xi^2}\right] + \cdots .$$

Ein Vergleich der Terme mit gleichen Potenzen von N^α auf beiden Seiten ergibt zuerst für $\alpha = 0$ das bereits bekannte *makroskopische Gesetz* $\dot{\nu} = -\nu$ bzw. $\nu(t) = e^{-t}$ und dann für $\alpha = -\frac{1}{2}$ die folgende *Fokker-Planck-Gleichung* für die Wahrscheinlichkeitsdichte $\Pi(\xi, t)$:

$$\frac{\partial\Pi}{\partial t} = \frac{\partial(\xi\Pi)}{\partial\xi} + \tfrac{1}{2}\nu(t)\frac{\partial^2\Pi}{\partial\xi^2} \quad , \quad \Pi(\xi, 0) = \delta(\xi) ,$$

wobei die Anfangsbedingung direkt aus $p_n(0) = \delta_{nN}$ folgt.

(b) Man löst diese Fokker-Planck-Gleichung mit Hilfe einer Fourier-Transformation und der Methode der charakteristischen Kurven. Die Fourier-Transformation ist definiert durch

$$\hat{\Pi}(k, t) = \frac{1}{\sqrt{2\pi}}\int d\xi\, e^{-ik\xi}\Pi(\xi, t) \quad , \quad \Pi(\xi, t) = \frac{1}{\sqrt{2\pi}}\int dk\, e^{ik\xi}\hat{\Pi}(k, t) ,$$

und die Fourier-Transformierte $\hat{\Pi}(k,t)$ erfüllt die Gleichung:

$$\frac{\partial \hat{\Pi}}{\partial t}(k,t) = \frac{1}{\sqrt{2\pi}} \int d\xi\, e^{-ik\xi} \left[\frac{\partial(\xi\Pi)}{\partial \xi} + \tfrac{1}{2}\nu(t)\frac{\partial^2 \Pi}{\partial \xi^2} \right]$$

$$= \frac{1}{\sqrt{2\pi}} \left[ik \int d\xi\, e^{-ik\xi}(\xi\Pi) + \tfrac{1}{2}\nu(t)ik \int d\xi\, e^{-ik\xi}\frac{\partial \Pi}{\partial \xi} \right]$$

$$= \frac{1}{\sqrt{2\pi}} \left[-k\frac{\partial}{\partial k} \int d\xi\, e^{-ik\xi}\Pi + \tfrac{1}{2}\nu(t)(ik)^2 \int d\xi\, e^{-ik\xi}\Pi \right]$$

$$= -k\frac{\partial \hat{\Pi}}{\partial k}(k,t) - \tfrac{1}{2}\nu(t)k^2 \hat{\Pi}(k,t)\,.$$

Im zweiten und dritten Schritt wurde partiell integriert. Zusammenfassend gilt also:

$$\frac{\partial \hat{\Pi}}{\partial t}(k,t) + k\frac{\partial \hat{\Pi}}{\partial k}(k,t) = -\tfrac{1}{2}\nu(t)k^2 \hat{\Pi}(k,t) \quad , \quad \hat{\Pi}(k,0) = \frac{1}{\sqrt{2\pi}}\,,$$

wobei die Anfangsbedingung direkt aus $\Pi(\xi,0) = \delta(\xi)$ folgt. Wir definieren nach den allgemeinen Regeln von Anhang [C] charakteristische Kurven gemäß

$$\frac{dt}{ds} = 1 \quad , \quad \frac{dk}{ds} = k \quad , \quad \frac{d\ln\hat{\Pi}}{ds} = -\tfrac{1}{2}\nu(t)k^2\,,$$

sodass auf den charakteristischen Kurven $t = s$, $k = k_0 e^s$ und

$$\frac{d\ln\hat{\Pi}}{ds} = -\tfrac{1}{2}\nu(t)k^2 = -\tfrac{1}{2}e^{-s}k_0^2 e^{2s} = -\tfrac{1}{2}k_0^2 e^s$$

gilt. Es folgt $\ln\big[\hat{\Pi}(s)\big] = \ln\big[\hat{\Pi}(0)\big] - \tfrac{1}{2}k_0^2\big(e^s - 1\big)$ und daher

$$\ln\big[\hat{\Pi}(k,t)\big] = \ln\big[\hat{\Pi}(k,0)\big] - \tfrac{1}{2}k^2 e^{-t}\big(1 - e^{-t}\big)\,.$$

Durch Anwenden der Exponentialfunktion auf beiden Seiten erhält man

$$\hat{\Pi}(k,t) = \hat{\Pi}(k,0)\exp\big[-\tfrac{1}{2}k^2\sigma^2(t)\big] = \frac{1}{\sqrt{2\pi}}\exp\big[-\tfrac{1}{2}k^2\sigma^2(t)\big]$$

mit $\sigma^2(t) \equiv e^{-t}\big(1 - e^{-t}\big)$. Die Fourier-Rücktransformation ergibt nun:

$$\Pi(\xi,t) = \frac{1}{\sqrt{2\pi}} \int dk\, e^{ik\xi}\hat{\Pi}(k,t) = \frac{1}{2\pi} \int dk\, e^{ik\xi - \frac{1}{2}k^2\sigma^2}$$

$$= \frac{1}{2\pi} \int dk\, \exp\left[-\frac{1}{2}\sigma^2\left(k - \frac{i\xi}{\sigma^2}\right)^2 - \frac{\xi^2}{2\sigma^2} \right]$$

$$= \frac{1}{2\pi}e^{-\xi^2/2\sigma^2}\sqrt{\frac{2\pi}{\sigma^2}} = \frac{1}{\sqrt{2\pi\sigma^2}}e^{-\xi^2/2\sigma^2} \quad , \quad \sigma^2(t) \equiv e^{-t}\big(1 - e^{-t}\big)\,,$$

sodass die Wahrscheinlichkeitsdichte $\Pi(\xi,t)$ in diesem Fall eine Gauß-Form mit dem Mittelwert $\langle\xi\rangle = 0$ und der Breite $\sigma(t)$ hat.

Lösung 7.4 Die Boltzmann-Gleichung für „sehr harte Teilchen"   (PP)

(a) Für Mittelwerte der Form $\int_0^\infty d\varepsilon\, a(\varepsilon)F(\varepsilon,t)$ folgt allgemein aus der Boltzmann-Gleichung für „sehr harte Teilchen":

$$\frac{d}{dt}\int_0^\infty d\varepsilon\, a(\varepsilon)F(\varepsilon,t) = \int_0^\infty d\varepsilon\, a(\varepsilon)\frac{\partial F}{\partial t}(\varepsilon,t)$$

$$= \int_0^\infty d\varepsilon_1 \cdots \int_0^\infty d\varepsilon_4\, \delta(\varepsilon_1 + \varepsilon_2 - \varepsilon_3 - \varepsilon_4)\left[F(\varepsilon_3,t)F(\varepsilon_4,t) - F(\varepsilon_1,t)F(\varepsilon_2,t)\right]a(\varepsilon_1)$$

$$= \frac{1}{4}\int_0^\infty d\varepsilon_1 \cdots \int_0^\infty d\varepsilon_4\, \delta(\varepsilon_1 + \varepsilon_2 - \varepsilon_3 - \varepsilon_4)\left[F(\varepsilon_3,t)F(\varepsilon_4,t) - F(\varepsilon_1,t)F(\varepsilon_2,t)\right]$$

$$\times \left[a(\varepsilon_1) + a(\varepsilon_2) - a(\varepsilon_3) - a(\varepsilon_4)\right],$$

wobei im letzten Schritt die (Anti-)Symmetrie des Integranden in der zweiten Zeile unter Vertauschung der Indizes $(1,2,3,4)$ ausgenutzt wurde. Insbesondere erhält man mit $a_{\rm N}(\varepsilon) = 1$ und $a_{\rm E}(\varepsilon) = \varepsilon$ die Ergebnisse

$$\frac{dN}{dt} = \frac{d}{dt}\int_0^\infty d\varepsilon\, a_{\rm N}(\varepsilon)F(\varepsilon,t) = 0 \quad , \quad \frac{dE}{dt} = \frac{d}{dt}\int_0^\infty d\varepsilon\, a_{\rm E}(\varepsilon)F(\varepsilon,t) = 0 \,,$$

aus denen man schließen kann, dass die Mittelwerte N und E zeitunabhängig sind. Man kann $N = E = 1$ wählen, indem man die Volumeneinheit und die Energie- bzw. Temperatureinheit geeignet definiert.

(b) Man überprüft leicht, dass die Maxwell'sche Gleichgewichtsverteilung die Form $F_{\rm M}(\varepsilon) = Ae^{-\beta\varepsilon}$ hat. Die Konstanten A und β folgen aus der Normierung:

$$1 = N = A\int_0^\infty d\varepsilon\, e^{-\beta\varepsilon} = \frac{A}{\beta} \quad , \quad 1 = E = A\int_0^\infty d\varepsilon\, \varepsilon e^{-\beta\varepsilon} = \frac{A}{\beta^2}$$

als $A = \beta = 1$, sodass $F_{\rm M}(\varepsilon) = e^{-\varepsilon}$ gilt.

(c) Da $\int_0^\infty d\varepsilon\, F(\varepsilon,t)\ln[F_{\rm M}(\varepsilon)] = -\int_0^\infty d\varepsilon\, \varepsilon F(\varepsilon,t) = -E$ eine Erhaltungsgröße ist, folgt

$$\frac{dH}{dt} = \int_0^\infty d\varepsilon\, \ln[F(\varepsilon,t)]\frac{\partial F}{\partial t}(\varepsilon,t) + \frac{d}{dt}\int_0^\infty d\varepsilon\, F(\varepsilon,t) = \int_0^\infty d\varepsilon\, \ln[F(\varepsilon,t)]\frac{\partial F}{\partial t}(\varepsilon,t)$$

$$= \frac{1}{4}\int_0^\infty d\varepsilon_1 \cdots \int_0^\infty d\varepsilon_4\, \delta(\varepsilon_1 + \varepsilon_2 - \varepsilon_3 - \varepsilon_4)\left[F(\varepsilon_3,t)F(\varepsilon_4,t) - F(\varepsilon_1,t)F(\varepsilon_2,t)\right]$$

$$\times \left\{\ln[F(\varepsilon_1,t)F(\varepsilon_2,t)] - \ln[F(\varepsilon_3,t)F(\varepsilon_4,t)]\right\}.$$

In der ersten Zeile verwendeten wir, dass N eine Erhaltungsgröße ist. Die zweite Zeile folgt aus Symmetrieüberlegungen analog zu **(a)**. Da die letzten beiden Faktoren die Form der *nicht-positiven* Größe $-(x-y)\left[\ln(x) - \ln(y)\right]$

mit $x = F(\varepsilon_1, t)F(\varepsilon_2, t)$ und $y = F(\varepsilon_3, t)F(\varepsilon_4, t)$ haben, folgt $\frac{dH}{dt} \leq 0$. Außerdem gilt nur dann $\frac{dH}{dt} = 0$, falls $x = y$ ist, d. h., falls

$$\ln[F(\varepsilon_1, t)] + \ln[F(\varepsilon_2, t)] = \ln[F(\varepsilon_3, t)] + \ln[F(\varepsilon_4, t)]$$

für alle $(\varepsilon_1, \varepsilon_2, \varepsilon_3, \varepsilon_4)$ mit $\varepsilon_1 + \varepsilon_2 = \varepsilon_3 + \varepsilon_4$ gilt. Es folgt $\ln[F(\varepsilon, t)] = \ln(A) - \beta\varepsilon$, da es keine anderen Erhaltungsgesetze als die Teilchenzahlerhaltung und die Energieerhaltung gibt. Die Normierung $N = E = 1$ führt dann schließlich auf die Maxwell-Verteilung in der Form $F_{\mathrm{M}}(\varepsilon) = e^{-\varepsilon}$.

(d) Aus der Boltzmann-Gleichung folgt direkt eine Gleichung für die erzeugende Funktion $G(z, t) \equiv \int_0^\infty d\varepsilon \, e^{-z\varepsilon} F(\varepsilon, t)$:

$$\frac{\partial G}{\partial t}(z, t) = \frac{\partial}{\partial t} \int_0^\infty d\varepsilon \, e^{-z\varepsilon} F(\varepsilon, t) = \int_0^\infty d\varepsilon \, e^{-z\varepsilon} \frac{\partial F}{\partial t}(\varepsilon, t)$$

$$= \int_0^\infty d\varepsilon_1 \cdots \int_0^\infty d\varepsilon_4 \, e^{-z\varepsilon_1} \delta(\varepsilon_1 + \varepsilon_2 - \varepsilon_3 - \varepsilon_4) \left[F(\varepsilon_3, t)F(\varepsilon_4, t) - F(\varepsilon_1, t)F(\varepsilon_2, t) \right] .$$

Wir betrachten zuerst den Beitrag von $F(\varepsilon_3)F(\varepsilon_4)$ zum Integral und dann denjenigen von $F(\varepsilon_1)F(\varepsilon_2)$:

$$\mathcal{I}_{34} \equiv \int_0^\infty d\varepsilon_1 \cdots \int_0^\infty d\varepsilon_4 \, e^{-z\varepsilon_1} \delta(\varepsilon_1 + \varepsilon_2 - \varepsilon_3 - \varepsilon_4) F(\varepsilon_3, t)F(\varepsilon_4, t)$$

$$= \int_0^\infty d\varepsilon_1 \int_0^\infty d\varepsilon_3 \int_0^\infty d\varepsilon_4 \, e^{-z\varepsilon_1} \Theta(\varepsilon_3 + \varepsilon_4 - \varepsilon_1) F(\varepsilon_3, t)F(\varepsilon_4, t) ,$$

wobei $\Theta(\varepsilon)$ die Stufenfunktion ist. Wir führen nun die ε_1-Integration durch:

$$\int_0^\infty d\varepsilon_1 \, e^{-z\varepsilon_1} \Theta(\varepsilon_3 + \varepsilon_4 - \varepsilon_1) = \int_0^{\varepsilon_3 + \varepsilon_4} d\varepsilon_1 \, e^{-z\varepsilon_1} = \frac{1}{z}\left[1 - e^{-z(\varepsilon_3 + \varepsilon_4)} \right] .$$

Einsetzen dieses Ergebnisses in $\mathcal{I}_{34}$ ergibt:

$$\mathcal{I}_{34} = \int_0^\infty d\varepsilon_3 \int_0^\infty d\varepsilon_4 \, F(\varepsilon_3, t)F(\varepsilon_4, t)\frac{1}{z}\left[1 - e^{-z(\varepsilon_3 + \varepsilon_4)} \right] = \frac{1}{z}\left[1 - G^2(z, t) \right] .$$

Der Beitrag von $F(\varepsilon_1)F(\varepsilon_2)$ zum Integral hat nach einer ersten ε_4-Integration die Form:

$$\mathcal{I}_{12} \equiv \int_0^\infty d\varepsilon_1 \int_0^\infty d\varepsilon_2 \int_0^\infty d\varepsilon_3 \, e^{-z\varepsilon_1} \Theta(\varepsilon_1 + \varepsilon_2 - \varepsilon_3) F(\varepsilon_1, t)F(\varepsilon_2, t)$$

$$= \int_0^\infty d\varepsilon_1 \int_0^\infty d\varepsilon_2 \, e^{-z\varepsilon_1}(\varepsilon_1 + \varepsilon_2) F(\varepsilon_1, t)F(\varepsilon_2, t)$$

$$= \int_0^\infty d\varepsilon_1 \, e^{-z\varepsilon_1}(\varepsilon_1 + 1) F(\varepsilon_1, t) = -\frac{\partial G}{\partial z}(z, t) + G(z, t) .$$

In der zweiten Zeile wurde die ε_3-Integration durchgeführt. In der letzten Zeile verwendeten wir die Normierung $N = E = 1$ und die Definition der erzeugenden Funktion. Der Faktor $(\varepsilon_1 + 1)$ im Laplace-transformierten Verlustterm $\mathcal{I}_{12}$ kann als effektiver Wirkungsquerschnitt interpretiert werden und zeigt, dass gerade energiereiche Teilchen sehr intensiv gestreut werden (und in diesem Sinne „sehr hart" sind). Aus $\partial_t G = \mathcal{I}_{34} - \mathcal{I}_{12}$ folgt nun insgesamt die quasilineare partielle Differentialgleichung $(\partial_t - \partial_z + 1)G = (1 - G^2)/z$.

(e) Die Methode der charakteristischen Kurven für quasilineare partielle Differentialgleichungen (siehe Anhang [C]) ergibt:

$$\frac{dt}{ds} = 1 \quad, \quad \frac{dz}{ds} = -1 \quad, \quad \frac{dG}{ds} = (1 - G^2)/z - G \,.$$

Die Lösung der ersten beiden Gleichungen lautet $t = s$ bzw. $z = z_0 - s$, sodass $z_0 = z + s = z + t \equiv z_0(z,t)$ gilt. Außerdem ist:

$$\frac{dG}{dz} = \frac{dG/ds}{dz/ds} = G - (1 - G^2)/z \,.$$

Diese Riccati-Gleichung kann allgemein gelöst werden, sobald man eine spezielle Lösung kennt. Die spezielle Lösung ist in diesem Fall jedoch offensichtlich, da die Maxwell-Verteilung, oder vielmehr: ihre Laplace-Transformierte $\frac{1}{1+z}$, eine Lösung sein muss. Macht man also den Ansatz

$$G(z) = \frac{1}{1 + z} + \frac{1}{\chi(z)} \,,$$

so erhält man die folgende *lineare* gewöhnliche Differentialgleichung für $\chi(z)$:

$$\chi'(z) = -\chi(z)\left[1 + \tfrac{2}{z} - \tfrac{2}{1+z}\right] - \tfrac{1}{z} \,,$$

die bekanntermaßen mit Standardverfahren gelöst werden kann (siehe z. B. Ref. [12], Kapitel 7) und die Lösung

$$\chi(z) = \frac{1 + z}{z^2}\left\{(1 + z)e^{-z}\left[1 + \Phi(z_0)\right] - 1\right\}$$

hat. Hierbei ist $\Phi(z_0)$ eine (zunächst beliebige) Integrationskonstante, die von der „charakteristischen Kurve" abhängt. Wenn wir noch definieren: $\Phi(z_0) \equiv e^{z_0}\phi(z_0) - 1$, folgt:

$$\chi(z) = \frac{1 + z}{z^2}\left[(1 + z)e^{z_0 - z}\phi(z_0) - 1\right] \,.$$

Mit $z_0(z,t) = z + t$ bedeutet dies, dass die erzeugende Funktion die Form

$$G(z,t) = \frac{1}{1 + z}\left[1 + \frac{z^2}{(1 + z)e^t\phi(z + t) - 1}\right] = \frac{\phi(z + t) + (z - 1)e^{-t}}{(z + 1)\phi(z + t) - e^{-t}}$$

hat, wobei $\phi(z)$ vollständig durch die Anfangsbedingung $G(z,0)$ der erzeugenden Funktion [und daher durch die Anfangsverteilung $F(\varepsilon,0)$] festgelegt ist:

$$\phi(z) = \frac{G(z,0) + z - 1}{(z + 1)G(z,0) - 1} \,. \tag{8.15}$$

Hiermit ist die Lösung der Boltzmann-Gleichung für eine beliebige Anfangsbedingung $G(z,0)$ bzw. $F(\varepsilon,0)$ vollständig bekannt.

(f) Um Mittelwerte zu berechnen, kann man die erzeugende Funktion wie folgt nach Potenzen von z entwickeln:

$$G(z,t) = \int_0^\infty d\varepsilon\, F(\varepsilon,t) - z \int_0^\infty d\varepsilon\, \varepsilon F(\varepsilon,t) + \tfrac{1}{2}z^2 \int_0^\infty d\varepsilon\, \varepsilon^2 F(\varepsilon,t) + \cdots . \quad (8.16)$$

Folglich ist für die Berechnung der mittleren Energie $\langle \varepsilon \rangle$ und der Varianz $\langle \varepsilon^2 \rangle - \langle \varepsilon \rangle^2$ eine Entwicklung von $G(z,t)$ um $z = 0$ bis $\mathcal{O}(z^2)$ erforderlich. Nun gilt aber:

$$G(z,t) - 1 + z = \frac{\phi(z+t) + (z-1)e^{-t}}{(z+1)\phi(z+t) - e^{-t}} + (z-1) = \frac{z^2 \phi(z+t)}{(z+1)\phi(z+t) - e^{-t}} ,$$

sodass $G(z,t)$ für kleine z wie folgt geschrieben werden kann:

$$G(z,t) = 1 - z + \frac{z^2 \phi(t)}{\phi(t) - e^{-t}} + \mathcal{O}(z^3) .$$

Ein Vergleich mit der allgemeinen Form (8.16) der Entwicklung von $G(z,t)$ um $z = 0$ ergibt nun:

$$\int_0^\infty d\varepsilon\, F(\varepsilon,t) = 1 \quad , \quad \int_0^\infty d\varepsilon\, \varepsilon F(\varepsilon,t) = 1 \quad , \quad \int_0^\infty d\varepsilon\, \varepsilon^2 F(\varepsilon,t) = \frac{2\phi(t)}{\phi(t) - e^{-t}} .$$

Durch Kombination der ersten beiden Gleichungen erhält man die mittlere Energie als Funktion der Zeit: $\langle \varepsilon \rangle_t = \int_0^\infty d\varepsilon\, \varepsilon F(\varepsilon,t) / \int_0^\infty d\varepsilon\, F(\varepsilon,t) = 1$, durch Kombination der ersten und dritten Gleichung analog die Varianz:

$$\langle \varepsilon^2 \rangle_t = \frac{2\phi(t)}{\phi(t) - e^{-t}} \quad , \quad \langle \varepsilon^2 \rangle_t - \langle \varepsilon \rangle_t^2 = \langle \varepsilon^2 \rangle_t - 1 = \frac{\phi(t) + e^{-t}}{\phi(t) - e^{-t}} . \quad (8.17)$$

Hierbei ist $\phi(t)$ also gemäß (8.15) vollständig durch die Anfangsverteilung $G(z,0)$ bzw. $F(\varepsilon,0)$ bestimmt.

Man kann sich noch fragen, wie sich die Funktion $\phi(t)$ qualitativ verhält. Für kurze Zeiten ($t \downarrow 0$) folgt aus (8.17): $\phi(t) = \langle \varepsilon^2 \rangle_0 / (\langle \varepsilon^2 \rangle_0 - 2) + \mathcal{O}(t)$, sodass $\phi(t)$ anfangs positiv oder negativ sein kann. Zur Bestimmung des Langzeitverhaltens von $\phi(t)$ verwenden wir $G(t,0) = \int_0^\infty d\varepsilon\, e^{-t\varepsilon} F(\varepsilon,0) \sim t^{-1} F(0,0)$ für $t \to \infty$. Dies bedeutet, dass $\phi(t)$ im Langzeitlimes gemäß (8.15) linear in der Zeit anwächst und sich die Varianz in (8.17) ihrem Grenzwert eins exponentiell schnell annähert:

$$\phi(t) \sim \frac{t}{F(0,0) - 1} \quad , \quad \langle \varepsilon^2 \rangle_t - \langle \varepsilon \rangle_t^2 \sim 1 + \frac{2e^{-t}}{t}\big[F(0,0) - 1\big] \qquad (t \to \infty) .$$

Es ist nicht erstaunlich, dass das Langzeitverhalten durch $F(0,0)$, d. h. durch die energiearmen Teilchen in der Anfangsverteilung bestimmt wird, da diese am wenigsten intensiv gestreut werden. Da das Langzeitverhalten der Varianz lediglich durch $F(0,0)$ und also *nicht* z. B. durch ihren eigenen Anfangswert $\langle \varepsilon^2 \rangle_0 - \langle \varepsilon \rangle_0^2$ bestimmt wird, sind auch „Überschwinger" möglich, wobei die Varianz anfangs kleiner und danach größer als ihr Grenzwert 1 ist.

(g) Da $\phi(t) \sim t/[F(0,0) - 1] \to \pm\infty$ für $t \to \infty$ gilt, folgt für die erzeugende Funktion:

$$G(z,t) = \frac{1 + (z-1)e^{-t}/\phi(z+t)}{z + 1 - e^{-t}/\phi(z+t)} \to \frac{1}{1+z} \qquad (t \to \infty)\,.$$

Dies ist – wie wir oben bereits feststellen konnten – genau die Laplace-Transformierte der Maxwell-Verteilung: $F(\varepsilon, t) \to e^{-\varepsilon} = F_{\mathrm{M}}(\varepsilon)$ für $t \to \infty$.

(h) Die Normierung $N = E = 1$ bedeutet für die Anfangsbedingung $F_0(\varepsilon) = (A_0 + B_0\varepsilon)e^{-\alpha\varepsilon}$ mit $1 < \alpha < 2$, dass

$$1 = N = \int_0^\infty d\varepsilon\, F_0(\varepsilon) = \frac{A_0}{\alpha} + \frac{B_0}{\alpha^2} \quad , \quad 1 = E = \int_0^\infty d\varepsilon\, \varepsilon F_0(\varepsilon) = \frac{A_0}{\alpha^2} + \frac{2B_0}{\alpha^3}$$

gelten soll. Hieraus folgt für die beiden Konstanten: $A_0 = \alpha(2 - \alpha)$ bzw. $B_0 = \alpha^2(\alpha - 1)$. *Falls* nun das vorgegebene Ergebnis $F(\varepsilon, t) = A(t)e^{-\varepsilon z_1(t)} + B(t)e^{-\varepsilon z_2(t)}$ in (7.107) korrekt ist, erfüllen A und B analog die Gleichungen:

$$1 = N = \int_0^\infty d\varepsilon\, F(\varepsilon, t) = \frac{A}{z_1} + \frac{B}{z_2} \quad , \quad 1 = E = \int_0^\infty d\varepsilon\, \varepsilon F(\varepsilon, t) = \frac{A}{z_1^2} + \frac{B}{z_2^2}$$

mit der Lösung: $A = z_1^2(z_2 - 1)/(z_2 - z_1)$ bzw. $B = z_2^2(1 - z_1)/(z_2 - z_1)$. Durch Laplace-Transformation der vorgegebenen Verteilung $F(\varepsilon, t)$ und anschließendes Einsetzen der Ergebnisse für A und B ergibt sich dann:

$$G(z,t) = \frac{A}{z + z_1} + \frac{B}{z + z_2} = \frac{z(z_1 + z_2 - z_1 z_2) + z_1 z_2}{z^2 + z(z_1 + z_2) + z_1 z_2}\,.$$

Hierbei soll die Zeitabhängigkeit von $z_{1,2}(t)$ durch die beiden Gleichungen $z_1 + z_2 = 2\alpha + t$ und $z_1 z_2 = (\alpha - 1)^2 e^{-t} + (2\alpha + t - 1)$ festgelegt sein. Um dieses vorgegebene Ergebnis zu überprüfen, betrachten wir die aus Teil **(e)** bekannte exakte Lösung der Boltzmann-Gleichung. Aus $F_0(\varepsilon)$ folgt $G(z,0) = A_0/(z + \alpha) + B_0/(z + \alpha)^2$, sodass $\phi(z)$ durch

$$\phi(z) = \frac{G(z,0) + z - 1}{(z+1)G(z,0) - 1} \overset{!}{=} -\frac{z + 2\alpha - 1}{(\alpha - 1)^2}$$

gegeben ist. Im zweiten Schritt haben wir die bekannten Ergebnisse für A_0 und B_0 eingesetzt. Das Ergebnis für $\phi(z)$ ist deshalb so einfach, weil sich bei der Berechnung ein gemeinsamer Faktor z^2 im Zähler und Nenner herauskürzt. Einsetzen von $\phi(z)$ in den Ausdruck für die erzeugende Funktion ergibt dann in der Tat:

$$G(z,t) = \frac{\phi(z+t) + (z-1)e^{-t}}{(z+1)\phi(z+t) - e^{-t}} = \frac{z(z_1 + z_2 - z_1 z_2) + z_1 z_2}{z^2 + z(z_1 + z_2) + z_1 z_2}\,,$$

vorausgesetzt, $z_{1,2}(t)$ hat die in der Aufgabe genannte Zeitabhängigkeit.

(i) Wir definieren die relative Abweichung $D(\varepsilon, t) \equiv F(\varepsilon, t)/F_{\mathrm{M}}(\varepsilon) - 1$ von der Gleichgewichtsverteilung. Die explizite Zeitabhängigkeit von $z_{1,2}(t)$ folgt aus den Gleichungen $z_1 + z_2 = 2\alpha + t$ und $z_1 z_2 = (\alpha - 1)^2 e^{-t} + (2\alpha + t - 1)$ als

$$z_{1,2}(t) = \tfrac{1}{2}\left[2\alpha + t \pm \sqrt{(2\alpha + t - 2)^2 - 4(\alpha - 1)^2 e^{-t}}\,\right]\,.$$

Wir wählen für $z_1(t)$ das $(-)$-Zeichen und für $z_2(t)$ das $(+)$-Zeichen vor der Wurzel. Das Langzeitverhalten dieser beiden Funktionen folgt dann als:

$$z_1(t) \sim 1 + (\alpha - 1)^2 \frac{e^{-t}}{t} \downarrow 1 \quad , \quad z_2(t) \sim 2\alpha + t - 1 \to \infty \qquad (t \to \infty) \,.$$

Hierbei wird $z_1(t)$ gelegentlich als „Maxwell-Pol" bezeichnet, da der entsprechende Beitrag zur Verteilungsfunktion für $t \to \infty$ die Maxwell-Verteilung ergibt. Aus $z_{1,2}(t)$ kann man die Funktionen $A(t)$ und $B(t)$ berechnen:

$$A = \frac{z_1^2(z_2 - 1)}{(z_2 - z_1)} \sim 1 + 2(\alpha - 1)^2 \frac{e^{-t}}{t} \downarrow 1 \qquad (t \to \infty)$$

$$B = \frac{z_2^2(1 - z_1)}{(z_2 - z_1)} \sim -(\alpha - 1)^2 e^{-t} \qquad (t \to \infty) \,,$$

und hieraus folgt das Langzeitverhalten der relativen Abweichung $D(\varepsilon, t)$:

$$D(\varepsilon, t) = \frac{F(\varepsilon, t)}{F_{\mathrm{M}}(\varepsilon)} - 1 \sim (2 - \varepsilon)(\alpha - 1)^2 \frac{e^{-t}}{t} \qquad (t \to \infty) \,.$$

Man lernt also erstens, dass im Langzeitlimes bei festem ε erwartungsgemäß $D(\varepsilon, t) \to 0$ gilt. Zweitens lernt man, dass diese Annäherung an die Maxwell-Verteilung *nicht uniform* in der Energie ε erfolgt: Bei festgehaltener Zeit t wird $0 < F(\varepsilon, t) \ll F_{\mathrm{M}}(\varepsilon)$ gelten für alle Energien $\varepsilon \gtrsim \varepsilon_t \equiv e^t t/(\alpha - 1)^2$, sodass $F(\varepsilon, t)$ im Vergleich zur Gleichgewichtsverteilung eine deutliche Unterbesetzung aufweist. Und drittens stellt man fest, dass die Annäherung an die Maxwell-Verteilung zeitlich *nicht* immer *monoton* erfolgt: $D(\varepsilon, t)$ wechselt für manche Energien als Funktion der Zeit das Vorzeichen und weist in diesem Sinne Überschwinger auf. Beispielsweise gilt im Langzeitlimes $D(\varepsilon, t) > 0$ für alle Energien $\varepsilon < 2$, obwohl in der Anfangsverteilung für hinreichend kleine Energien $D(\varepsilon, 0) < 0$ gilt. Dies folgt aus $D(\varepsilon, 0) = (A_0 + B_0\varepsilon)e^{(1-\alpha)\varepsilon} - 1$ und daher $D(0, 0) = A_0 - 1 = -(1 - \alpha)^2 < 0$. Folglich wird aufgrund von Kontinuität auch $D(\varepsilon, 0) < 0$ gelten für hinreichend kleine Energien $\varepsilon > 0$. Im Langzeitlimes besteht also eine Überpopulation für solche Energien ε, obwohl diese Energieniveaus für kurze Zeiten gerade unterbesetzt sind.

Lösung 7.5 Die linearisierten Euler- und Navier-Stokes-Gleichungen

(a) Die angegebenen Gleichungen folgen sofort, wenn man die linken und rechten Seiten der im Ortsraum formulierten Gleichungen Fourier-transformiert. Man muss lediglich verwenden, dass allgemein gilt:

$$\frac{1}{(2\pi)^{3/2}} \int d^3x \, e^{-i\mathbf{k}\cdot\mathbf{x}} (\Delta a)(\mathbf{x}, t) = -\frac{k^2}{(2\pi)^{3/2}} \int d^3x \, e^{-i\mathbf{k}\cdot\mathbf{x}} a(\mathbf{x}, t) = -k^2 \hat{a}(\mathbf{k}, t) \,.$$

Im ersten Schritt wurde zweimal partiell integriert, im zweiten die Definition der Fourier-Transformation verwendet. Die Lösung der Gleichung für $\hat{\zeta}_1$ lautet $\hat{\zeta}_1(\mathbf{k}, t) = e^{-D_{\mathrm{u}0}k^2 t}\hat{\zeta}_1(\mathbf{k}, 0)$. Eine inverse Fourier-Transformation ergibt dann eine Lösung mit typisch diffusivem Verhalten:

$$\zeta_1(\mathbf{x}, t) = \frac{1}{(2\pi)^{3/2}} \int d^3k \, e^{i\mathbf{k}\cdot\mathbf{x} - D_{\mathrm{u}0}k^2 t}\hat{\zeta}_1(\mathbf{k}, 0) \,.$$

(b) Die angegebene Gleichung für den Vektor $\hat{\boldsymbol{\pi}}(\mathbf{k}, t)$ folgt durch Kombination der Gleichungen für die drei Größen $\hat{\rho}_1$, $\hat{\theta}_1$ und $\hat{v}_1$. Da die (3×3)-Matrix $\Omega(k)$ zeitunabhängig ist, folgt die Lösung der Gleichung (analog zum Zeitentwicklungsoperator in der Quantenmechanik) als $\hat{\boldsymbol{\pi}}(\mathbf{k}, t) = e^{\Omega(k)t}\hat{\boldsymbol{\pi}}(\mathbf{k}, 0)$. Man überprüft bei Bedarf leicht, dass diese Funktion $\hat{\boldsymbol{\pi}}(\mathbf{k}, t)$ die korrekte Anfangsbedingung und die Differentialgleichung erfüllt. Hieraus folgt direkt auch $\boldsymbol{\pi}(\mathbf{x}, t)$ in Integralform durch eine inverse Fourier-Transformation:

$$\boldsymbol{\pi}(\mathbf{x}, t) = \frac{1}{(2\pi)^{3/2}} \int d^3k \; e^{i\mathbf{k}\cdot\mathbf{x}} e^{\Omega(k)t} \hat{\boldsymbol{\pi}}(\mathbf{k}, 0)$$

$$= \frac{1}{(2\pi)^{3/2}} \int d^3k \; \tfrac{1}{2}\left\{ e^{i\mathbf{k}\cdot\mathbf{x}} e^{\Omega(k)t} \hat{\boldsymbol{\pi}}(\mathbf{k}, 0) + e^{-i\mathbf{k}\cdot\mathbf{x}} e^{\Omega(k)t} [\hat{\boldsymbol{\pi}}(\mathbf{k}, 0)]^* \right\} .$$

Im zweiten Schritt wurde im zweiten Term $\mathbf{k} \to (-\mathbf{k})$ substituiert und die Eigenschaft $\hat{\boldsymbol{\pi}}(-\mathbf{k}) = [\hat{\boldsymbol{\pi}}(\mathbf{k})]^*$ für reellwertige Funktionen $\boldsymbol{\pi}(\mathbf{x})$ verwendet. Da der Integrand nun manifest reell ist, kann man auch kompakt schreiben:

$$\boldsymbol{\pi}(\mathbf{x}, t) = \mathrm{Re}\left[\frac{1}{(2\pi)^{3/2}} \int d^3k \; e^{i\mathbf{k}\cdot\mathbf{x}} e^{\Omega(k)t} \hat{\boldsymbol{\pi}}(\mathbf{k}, 0) \right] .$$

(c) Falls $\Omega(k)$ mit Hilfe einer nicht-singulären Matrix $S(k)$ diagonalisiert werden kann, $\Omega(k) = S(k)\Omega_{\mathrm{D}}(k)S(k)^{-1}$, folgt hieraus für $e^{\Omega(k)t}$:

$$e^{\Omega(k)t} = \sum_{n=0}^{\infty} \frac{[\Omega(k)t]^n}{n!} = \sum_{n=0}^{\infty} \frac{\left[S(k)\Omega_{\mathrm{D}}(k)S(k)^{-1}t\right]^n}{n!}$$

$$= S(k) \sum_{n=0}^{\infty} \frac{[\Omega_{\mathrm{D}}(k)t]^n}{n!} S(k)^{-1} = S(k)e^{\Omega_{\mathrm{D}}(k)t} S(k)^{-1} .$$

Im dritten Schritt wurde $(n-1)$-mal die Identität $S(k)^{-1}S(k) = \mathbb{1}_3$ verwendet. Es folgt:

$$\boldsymbol{\pi}(\mathbf{x}, t) = \mathrm{Re}\left[\frac{1}{(2\pi)^{3/2}} \int d^3k \; e^{i\mathbf{k}\cdot\mathbf{x}} S(k) \begin{pmatrix} e^{\omega_1 t} & 0 & 0 \\ 0 & e^{\omega_2 t} & 0 \\ 0 & 0 & e^{\omega_3 t} \end{pmatrix} S(k)^{-1} \hat{\boldsymbol{\pi}}(\mathbf{k}, 0) \right] .$$

Die charakteristische Gleichung lautet allgemein:

$$0 = -\det\big(\Omega(k) - \omega\mathbb{1}_3\big) = -\det \begin{pmatrix} -\omega & 0 & -1 \\ 0 & -D_{\theta 0}k^2 - \omega & -\tfrac{2}{3} \\ \frac{k^2}{m\beta} & \frac{k^2}{m\beta} & -\tfrac{4}{3}D_{\mathrm{u}0}k^2 - \omega \end{pmatrix}$$

$$= \frac{k^2}{m\beta}(D_{\theta 0}k^2 + \omega) + \omega\left[(D_{\theta 0}k^2 + \omega)(\tfrac{4}{3}D_{\mathrm{u}0}k^2 + \omega) + \frac{2k^2}{3m\beta} \right] .$$

Definiert man dimensionslose Parameter $\bar{\omega} \equiv \omega/ck$, $x_\theta \equiv D_{\theta 0}k/c$ und $x_u \equiv \tfrac{4}{3}D_{\mathrm{u}0}k/c$ mit $c^2 = \frac{5}{3m\beta}$, so folgt eine kubische Gleichung für $\bar{\omega}$, die im Prinzip exakt lösbar ist und drei Eigenfrequenzen $\omega_j(k) = \bar{\omega}_j(x_\theta, x_u)ck$ ergibt:

$$0 = (\tfrac{3}{5}x_\theta + \bar{\omega}) + \bar{\omega}(x_\theta + \bar{\omega})(x_u + \bar{\omega}) .$$

(d) Die Eigenmode $\boldsymbol{\pi}_j(\mathbf{x}, t)$ zur Eigenfrequenz $\omega_j(k)$ entspricht einer Anfangsbedingung der Form $S(k)^{-1}\hat{\boldsymbol{\pi}}_j(\mathbf{k}, 0) = \hat{\pi}_j(\mathbf{k})\hat{\mathbf{e}}_j$ bzw. $\hat{\boldsymbol{\pi}}_j(\mathbf{k}, 0) = \hat{\pi}_j(\mathbf{k})S(k)\hat{\mathbf{e}}_j$ mit irgendeiner (zunächst beliebigen) Amplitude $\hat{\pi}_j(\mathbf{k})$. Einsetzen dieser Anfangsbedingung $\hat{\boldsymbol{\pi}}_j(\mathbf{k}, 0)$ ergibt eine explizite Form der Eigenmode $\boldsymbol{\pi}_j(\mathbf{x}, t)$:

$$\boldsymbol{\pi}_j(\mathbf{x}, t) = \mathrm{Re}\left[\frac{1}{(2\pi)^{3/2}} \int d^3k\, \hat{\pi}_j(\mathbf{k}) e^{i\mathbf{k}\cdot\mathbf{x} + \omega_j(k)t} S(k)\hat{\mathbf{e}}_j\right] \qquad (j = 1, 2, 3)\;.$$

(e) Für die Euler-Gleichungen ($D_{\theta 0} = D_{\mathbf{u}0} = 0$ bzw. $x_\theta = x_u = 0$) lautet die charakteristische Gleichung: $0 = \bar{\omega}(1 + \bar{\omega}^2)$. Die Eigenfrequenzen sind daher $\bar{\omega}_1 = 0$, $\bar{\omega}_2 = i$ und $\bar{\omega}_3 = -i$ bzw. $\omega_1 = 0$, $\omega_2 = ick$ und $\omega_3 = -ick$. Die entsprechenden Eigenvektoren der Matrix $\Omega(k)$ sind

$$\mathbf{a}_1(k) = \begin{pmatrix} 1 \\ -1 \\ 0 \end{pmatrix} \;,\quad \mathbf{a}_2(k) = \begin{pmatrix} 1 \\ \frac{2}{3} \\ -ick \end{pmatrix} \;,\quad \mathbf{a}_3(k) = \begin{pmatrix} 1 \\ \frac{2}{3} \\ ick \end{pmatrix},$$

sodass die Matrizen $S(k)$ und $S(k)^{-1}$ gegeben sind durch

$$S(k) = \begin{pmatrix} 1 & 1 & 1 \\ -1 & \frac{2}{3} & \frac{2}{3} \\ 0 & -ick & ick \end{pmatrix} \;,\quad S(k)^{-1} = \frac{3}{10}\begin{pmatrix} \frac{4}{3} & -2 & 0 \\ 1 & 1 & -\frac{5}{3ick} \\ 1 & 1 & \frac{5}{3ick} \end{pmatrix}\;.$$

Die Eigenmode $\boldsymbol{\pi}_1(\mathbf{x}, t)$ mit der Eigenfrequenz $\omega_1 = 0$ ist streng zeit*un*abhängig:

$$\boldsymbol{\pi}_1(\mathbf{x}, t) = \mathrm{Re}\left[\frac{1}{(2\pi)^{3/2}} \int d^3k\, \hat{\pi}_1(\mathbf{k}) e^{i\mathbf{k}\cdot\mathbf{x}}\mathbf{a}_1(k)\right] = \boldsymbol{\pi}_1(\mathbf{x}, 0)$$

und entspricht der lokalen Erhaltungsgröße *Entropiedichte* der Euler-Gleichung. Die Eigenmoden $\boldsymbol{\pi}_{2,3}(\mathbf{x}, t)$ mit den Eigenfrequenzen $\omega_{2,3} = \pm ick$ sind im Gegensatz dazu *wellenartig* und breiten sich ungedämpft mit der Geschwindigkeit $c = \sqrt{5/3m\beta} = \sqrt{5\theta_0/3m}$ aus:

$$\boldsymbol{\pi}_{2,3}(\mathbf{x}, t) = \mathrm{Re}\left[\frac{1}{(2\pi)^{3/2}} \int d^3k\, \hat{\pi}_{2,3}(\mathbf{k}) e^{i(\mathbf{k}\cdot\mathbf{x} \pm ickt)}\mathbf{a}_{2,3}(k)\right]\;.$$

(f) Für die Navier-Stokes-Gleichungen kann man $D_{\theta 0}k/c \ll 1$ und $D_{\mathbf{u}0}k/c \ll 1$ bzw. $x_\theta \ll 1$ und $x_u \ll 1$ voraussetzen, da die Diffusionskoeffizienten im Rahmen der Chapman-Enskog-Entwicklung proportional zum Parameter ε sind und dieser Parameter per definitionem *klein* ist. Für jedes fest gewählte $k \neq 0$ gilt daher $x_{\theta,u} \ll 1$ für hinreichend kleines $\varepsilon > 0$. Bis zur *linearen* Ordnung in den Diffusionskonstanten $D_{\theta 0}$ und $D_{\mathbf{u}0}$ (d. h. in x_θ und x_u) lautet die Lösung der charakteristischen Gleichung:

$$\bar{\omega}_1 = -\tfrac{3}{5}x_\theta \;,\quad \bar{\omega}_2 = i - (\tfrac{1}{5}x_\theta + \tfrac{1}{2}x_u) \;,\quad \bar{\omega}_3 = -i - (\tfrac{1}{5}x_\theta + \tfrac{1}{2}x_u)$$

bzw.

$$\omega_1 = -\tfrac{3}{5}D_{\theta 0}k^2 \;,\quad \omega_{2,3} = \pm ick - D_{\theta u}k^2 \;,\quad D_{\theta u} \equiv \tfrac{1}{5}D_{\theta 0} + \tfrac{2}{3}D_{\mathbf{u}0}\;.$$

Die drei Eigenmoden $\boldsymbol{\pi}_j(\mathbf{x}, t)$ der linearisierten Navier-Stokes-Gleichungen sind:

$$\boldsymbol{\pi}_1(\mathbf{x}, t) = \mathrm{Re}\left[\frac{1}{(2\pi)^{3/2}} \int d^3k\, \hat{\pi}_1(\mathbf{k})e^{i\mathbf{k}\cdot\mathbf{x}}S(k)\hat{\mathbf{e}}_1 e^{-\frac{3}{5}D_{\theta 0}k^2 t}\right]$$

$$\boldsymbol{\pi}_2(\mathbf{x}, t) = \mathrm{Re}\left[\frac{1}{(2\pi)^{3/2}} \int d^3k\, \hat{\pi}_2(\mathbf{k})e^{i(\mathbf{k}\cdot\mathbf{x}+ckt)}S(k)\hat{\mathbf{e}}_2 e^{-D_{\theta u}k^2 t}\right]$$

$$\boldsymbol{\pi}_3(\mathbf{x}, t) = \mathrm{Re}\left[\frac{1}{(2\pi)^{3/2}} \int d^3k\, \hat{\pi}_3(\mathbf{k})e^{i(\mathbf{k}\cdot\mathbf{x}-ckt)}S(k)\hat{\mathbf{e}}_3 e^{-D_{\theta u}k^2 t}\right] .$$

Die Mode $\boldsymbol{\pi}_1$ ist rein *diffusiv* und entspricht der (im Fall der Euler-Gleichungen *erhaltenen*) Entropiedichte. Die Moden $\boldsymbol{\pi}_2$ und $\boldsymbol{\pi}_3$ entsprechen den *wellenartigen* Lösungen der Euler-Gleichungen. Allerdings sind diese Moden im Fall der Navier-Stokes-Gleichungen nicht streng wellenartig, sondern *gedämpft* mit der charakteristischen Zerfallszeit $(D_{\theta u}k^2)^{-1}$. Die Form der Zerfallszeit zeigt, dass die Auslöschung der Wellen durch *Diffusion* erfolgt und sich umso stärker auswirkt, je *größer* die typische Wellenzahl k ist, d. h. je *kleiner* die typische Längenskala der Anfangsmodulation $\boldsymbol{\pi}_{2,3}(\mathbf{x}, 0)$ ist.

(g) Für Anfangsbedingungen der Form $\hat{\pi}_j(\mathbf{k}) = \frac{1}{2}\hat{\pi}_{j0}(2\pi)^{3/2}[\delta(\mathbf{k}-\mathbf{k}_0)+\delta(\mathbf{k}+\mathbf{k}_0)]$ mit $\mathbf{k}_0 \neq \mathbf{0}$ und $\hat{\pi}_{j0} \in \mathbb{R}$ erhält man:

$$\boldsymbol{\pi}_1(\mathbf{x}, t) = \hat{\pi}_{10}\cos(\mathbf{k}_0 \cdot \mathbf{x})\mathrm{Re}\left[S(k_0)\hat{\mathbf{e}}_1\right]e^{-\frac{3}{5}D_{\theta 0}k_0^2 t}$$

$$\boldsymbol{\pi}_2(\mathbf{x}, t) = \hat{\pi}_{20}\cos(\mathbf{k}_0 \cdot \mathbf{x}+ck_0 t)\mathrm{Re}\left[S(k_0)\hat{\mathbf{e}}_2\right]e^{-D_{\theta u}k_0^2 t}$$

$$\boldsymbol{\pi}_3(\mathbf{x}, t) = \hat{\pi}_{30}\cos(\mathbf{k}_0 \cdot \mathbf{x}-ck_0 t)\mathrm{Re}\left[S(k_0)\hat{\mathbf{e}}_3\right]e^{-D_{\theta u}k_0^2 t} .$$

Die Mode $\boldsymbol{\pi}_1$ zeigt die exponentielle Dämpfung der statischen Modulation $\cos(\mathbf{k}_0 \cdot \mathbf{x})$ durch thermische Diffusion und die Moden $\boldsymbol{\pi}_2$ und $\boldsymbol{\pi}_3$ die exponentielle Dämpfung einer wellenartigen Modulation durch sowohl thermische $(D_{\theta 0})$ als auch kinetische $(D_{\mathbf{u}0})$ Diffusion.

Anhang A

Die Arbeit im ersten Hauptsatz

Der erste Hauptsatz der Thermodynamik besagt (s. Abschnitt [2.4]), dass innere Energie, Wärme, Arbeit und chemische Energie ineinander umgewandelt werden können:

$$dU = \dbar Q - \dbar W + \boldsymbol{\mu} \cdot d\mathbf{N} \, ,$$

wobei der Arbeitsterm konkret durch

$$\dbar W = PdV - \Sigma dL - \mathbf{E} \cdot d\mathbf{p} - \mu_0 \mathbf{H} \cdot d\mathbf{m} - \boldsymbol{\omega} \cdot d\mathbf{L} + \cdots$$

gegeben ist. Die ersten beiden Beiträge, die durch den Druck in einem Gasbehälter bzw. die Spannung in einem Draht hervorgerufen werden, erfordern keine weitere Erklärung, da sie sofort aus dem Prinzip Arbeit = Kraft × Weg folgen. Die anderen Terme sind weniger trivial und teilweise auch interpretationsbedürftig. Ihre Herleitung soll im Folgenden kurz besprochen werden.

A.1 Rotierende Systeme

Wir betrachten einen starren Körper, dessen Massenschwerpunkt in einem Inertialsystem ruht und der in diesem Inertialsystem mit konstanter Winkelgeschwindigkeit $\boldsymbol{\omega}$ rotiert. Außerdem betrachten wir ein wechselwirkendes N-Teilchensystem, das mit dem starren Körper mitrotiert und im Inertialsystem das Potential

$$\mathcal{V}(\Xi) = \sum_{i<j} \mathcal{V}_{ji}\left(|\boldsymbol{\xi}_{ji}|\right) + \mathcal{V}_{\mathrm{ex}}(\Xi) \quad , \quad \Xi \equiv (\boldsymbol{\xi}_1, \cdots, \boldsymbol{\xi}_N)$$

spürt, wobei $\boldsymbol{\xi}_i$ die Koordinaten des i-ten Teilchens im Inertialsystem darstellt. Wir definieren $\boldsymbol{\xi}_i \equiv R(\boldsymbol{\omega}t)\bar{\boldsymbol{\xi}}_i$ und $\bar{\Xi} \equiv (\bar{\boldsymbol{\xi}}_1, \cdots, \bar{\boldsymbol{\xi}}_N)$. Außerdem definieren wir $\bar{\mathcal{V}}(\bar{\Xi}, t) \equiv \mathcal{V}(\Xi)$ und fordern, dass auch $\bar{\mathcal{V}}$ zeitunabhängig ist: $\partial_t \bar{\mathcal{V}} = 0$ bzw. $\bar{\mathcal{V}}(\bar{\Xi}, t) = \bar{\mathcal{V}}(\bar{\Xi})$; diese Bedingung ist z. B. erfüllt, falls $\mathcal{V}_{\mathrm{ex}}$ ein Zentralpotential darstellt.

Aus der Mechanik ist bekannt, dass die Hamilton-Funktion im Inertialsystem mit $\Pi \equiv (\mathbf{p}_1, \cdots, \mathbf{p}_N)$ gegeben ist durch

$$H(\Xi, \Pi) = \sum_{i=1}^{N} \frac{1}{2m_i}\mathbf{p}_i^2 + \mathcal{V}(\Xi)$$

und diejenige im rotierenden System mit $\bar{\boldsymbol{\Pi}} \equiv (\bar{\mathbf{p}}_1, \cdots, \bar{\mathbf{p}}_N)$ durch

$$\bar{H}(\bar{\boldsymbol{\Xi}}, \bar{\boldsymbol{\Pi}}) = \sum_{i=1}^{N} \frac{1}{2m_i} \bar{\mathbf{p}}_i^2 + \bar{\mathcal{V}}(\bar{\boldsymbol{\Xi}}) - \boldsymbol{\omega} \cdot \bar{\mathbf{L}}(\bar{\boldsymbol{\Xi}}, \bar{\boldsymbol{\Pi}})$$

mit

$$\bar{\mathbf{L}}(\bar{\boldsymbol{\Xi}}, \bar{\boldsymbol{\Pi}}) \equiv \sum_{i=1}^{N} \bar{\boldsymbol{\xi}}_i \times \bar{\mathbf{p}}_i \ .$$

Hierbei gilt für die Impulse: $\mathbf{p}_i = R(\omega t)\bar{\mathbf{p}}_i$ und daher auch für den Gesamtdrehimpuls $\mathbf{L} = R(\omega t)\bar{\mathbf{L}}$.

Die innere Energie $\bar{U}$ des rotierenden Systems ist durch den Ensemblemittelwert der Hamilton-Funktion gegeben, $\bar{U} = \langle \bar{H}(\bar{\boldsymbol{\Xi}}, \bar{\boldsymbol{\Pi}}) \rangle$, und hängt somit linear vom Parameter $\boldsymbol{\omega} = \omega \hat{\boldsymbol{\omega}}$ ab. Erhöht man nun den Betrag ω der Winkelgeschwindigkeit *adiabatisch* (d. h. quasi-statisch in einem isolierten System) von $\omega = 0$ auf einen endlichen Wert, so wird die Entropie S des Systems konstant bleiben. Dies bedeutet:

$$\left(\frac{\partial \bar{U}}{\partial \boldsymbol{\omega}} \right)_S = \left\langle \frac{\partial \bar{H}}{\partial \boldsymbol{\omega}} \right\rangle = - \langle \bar{\mathbf{L}}(\bar{\boldsymbol{\Xi}}, \bar{\boldsymbol{\Pi}}) \rangle \equiv -\bar{\mathbf{L}} \ ,$$

sodass adiabatisch $(d\bar{U})_S = -\bar{\mathbf{L}} \cdot d\boldsymbol{\omega}$ und einschließlich Entropieänderungen gilt:

$$d\bar{U} = TdS - \bar{\mathbf{L}} \cdot d\boldsymbol{\omega} = TdS - \mathbf{L} \cdot d\boldsymbol{\omega} \ .$$

Aus der Identität $\bar{H} = H - \boldsymbol{\omega} \cdot \mathbf{L}$ folgt durch statistische Mittelung: $\bar{U} = U - \boldsymbol{\omega} \cdot \mathbf{L}$ und daher:

$$dU = d\bar{U} + \boldsymbol{\omega} \cdot d\mathbf{L} + \mathbf{L} \cdot d\boldsymbol{\omega} = TdS + \boldsymbol{\omega} \cdot d\mathbf{L} \ ,$$

sodass für rotierende Systeme in der Tat $dW = -\boldsymbol{\omega} \cdot d\mathbf{L}$ gilt.

A.2   Elektro- bzw. magnetostatische Systeme

Die Arbeit im ersten Hauptsatz der Thermodynamik für elektrostatische und magnetostatische Systeme wurde ausführlich und sorgfältig in der Literatur untersucht, zuerst in zwei Arbeiten von E. A. Guggenheim, s. Refn. [20, 21], und dann – darauf aufbauend – in einer Arbeit von V. Heine, s. Ref. [22]. Obwohl diese Forschungsergebnisse durchaus ihren Weg in die älteren [33] und moderneren [27, 39, 57] Lehrbücher und in Forschungsartikel [5] gefunden haben, herrscht zu diesem Thema noch immer Verwirrung in der Literatur. Nicht immer wird offenbar beachtet, dass eindeutige Ergebnisse klare Definitionen und eine saubere Trennung der Energien der Materie und des elektromagnetischen Feldes erfordern.

Die Berechnung der Arbeit im ersten Hauptsatz für elektro- und magnetostatische Systeme erfordert einige elementare Begriffe aus der Maxwell-Theorie „im Medium", die bekanntlich durch eine räumliche Mittelung aus der Theorie „im Vakuum" hergeleitet werden kann, s. Ref. [26]. Wir fassen die relevanten Begriffe kurz zusammen. Die Maxwell-Gleichungen „im Vakuum" lauten:

$$\text{I. } \boldsymbol{\nabla} \cdot \mathbf{E} = \frac{1}{\varepsilon_0} \rho \qquad\qquad \text{III. } \boldsymbol{\nabla} \times \mathbf{E} + \frac{\partial \mathbf{B}}{\partial t} = \mathbf{0}$$

$$\text{II. } \boldsymbol{\nabla} \cdot \mathbf{B} = 0 \qquad\qquad \text{IV. } \boldsymbol{\nabla} \times \mathbf{B} - \varepsilon_0 \mu_0 \frac{\partial \mathbf{E}}{\partial t} = \mu_0 \mathbf{j} \ , \qquad \text{(A.1)}$$

wobei μ_0 und ε_0 die Permeabilität bzw. Permittivität des Vakuums darstellen. Die Maxwell-Gleichungen „im Vakuum" bestimmen somit die Zeitentwicklung der elektrischen bzw. magnetischen Felder $\mathbf{E}(\mathbf{x},t)$ und $\mathbf{B}(\mathbf{x},t)$ für vorgegebene Ladungs- bzw. Stromdichten $\rho(\mathbf{x},t)$ und $\mathbf{j}(\mathbf{x},t)$. In der mikroskopischen Theorie „im Vakuum" wird die geladene Materie, die die Ladungsdichte $\rho(\mathbf{x},t)$ und die Stromdichte $\mathbf{j}(\mathbf{x},t)$ definiert, als aus klassischen *Punktteilchen* aufgebaut gedacht. Die Maxwell-Gleichungen „im Medium" können (s. Ref. [26]) durch eine *räumliche Mittelung* [typischerweise über Bereiche der Größenordnung $(10^2\ \text{Å})^3$] aus denjenigen „im Vakuum" hergeleitet werden und sind daher weniger fundamental als die Gleichungen (A.1). Im Medium sind bei der Formulierung der Maxwell-Gleichungen auch die Effekte der Magnetisierung $\mathbf{M}$ und der Polarisation $\mathbf{P}$ der Materie zu berücksichtigen. Führt man nun Hilfsfelder $\mathbf{D} \equiv \varepsilon_0\mathbf{E} + \mathbf{P}$ und $\mathbf{H} \equiv \frac{1}{\mu_0}\mathbf{B} - \mathbf{M}$ ein, so erhalten die inhomogenen Maxwell-Gleichungen I und IV die Form:

$$\text{I. } \boldsymbol{\nabla} \cdot \mathbf{D} = \rho \qquad\qquad \text{IV. } \boldsymbol{\nabla} \times \mathbf{H} - \frac{\partial \mathbf{D}}{\partial t} = \mathbf{j}\,, \qquad (\text{A.2})$$

während die homogenen Gleichungen II und III ihre Form überhaupt nicht ändern. Allerdings ist zu bedenken, dass auch die Symbole $\mathbf{E}$ und $\mathbf{B}$ in der Theorie „im Medium" die Bedeutung von *räumlich gemittelten* Feldern haben, und analog stellen $\rho(\mathbf{x},t)$ und $\mathbf{j}(\mathbf{x},t)$ in den Gleichungen II und III im „Medium" die *räumlich gemittelten* Ladungs- und Stromdichten dar.

Betrachten wir nun geladene Materie in Wechselwirkung mit einem elektromagnetischen Feld. Wenn Ladungen ihre Position ändern und somit Ströme fließen,[1] ist die elektromagnetische Arbeit, die vom Gesamtsystem der Materie und des Feldes in einem infinitesimalen Zeitintervall dt geleistet wird, nach dem Prinzip „Arbeit = Kraft × Weg" durch $\int d^3x\ \mathbf{E}\cdot\mathbf{j}\,dt$ gegeben. Wir schreiben die Größe $\mathbf{E}\cdot\mathbf{j}$ nun um mit Hilfe der Maxwell-Gleichungen II und III in (A.1) und I und IV in (A.2) sowie der Identität $\boldsymbol{\nabla}\cdot(\mathbf{a}\times\mathbf{b}) = \mathbf{b}\cdot(\boldsymbol{\nabla}\times\mathbf{a}) - \mathbf{a}\cdot(\boldsymbol{\nabla}\times\mathbf{b})$, die für beliebige Vektorfelder $\mathbf{a}$ und $\mathbf{b}$ gilt:[2]

$$\mathbf{E}\cdot\mathbf{j} = \mathbf{E}\cdot\left(\boldsymbol{\nabla}\times\mathbf{H} - \frac{\partial\mathbf{D}}{\partial t}\right) = -\boldsymbol{\nabla}\cdot(\mathbf{E}\times\mathbf{H}) + \mathbf{H}\cdot(\boldsymbol{\nabla}\times\mathbf{E}) - \mathbf{E}\cdot\frac{\partial\mathbf{D}}{\partial t}$$

$$= -\boldsymbol{\nabla}\cdot\mathbf{S} - \mathbf{H}\cdot\frac{\partial\mathbf{B}}{\partial t} - \mathbf{E}\cdot\frac{\partial\mathbf{D}}{\partial t}\,.$$

Hierbei führten wir den sogenannten *Poynting-Vektor* $\mathbf{S} \equiv \mathbf{E}\times\mathbf{H}$ ein. Die von der Materie im Zeitintervall dt geleistete elektromagnetische Arbeit dW_{em} folgt nun (wegen der Ausgedehntheit der elektromagnetischen Felder) durch eine Integration über den kompletten dreidimensionalen Raum:

$$dW_{\text{em}} = \int d^3x\ \mathbf{E}\cdot\mathbf{j}\,dt = \int d^3x\left(-\boldsymbol{\nabla}\cdot\mathbf{S} - \mathbf{H}\cdot\frac{\partial\mathbf{B}}{\partial t} - \mathbf{E}\cdot\frac{\partial\mathbf{D}}{\partial t}\right)dt$$

$$= -\int d^3x\left(\mathbf{H}\cdot\delta\mathbf{B} + \mathbf{E}\cdot\delta\mathbf{D}\right)\,. \qquad (\text{A.3})$$

---

[1] Man muss hierbei fordern, dass diese Positionsänderungen *quasi-statisch* und *reversibel* erfolgen sollen, sodass insbesondere auch keine Hysterese auftreten darf.

[2] Diese Identität kann mit Hilfe des Levi-Civita-Tensors ε_{ijk} wie folgt bewiesen werden:

$$\boldsymbol{\nabla}\cdot(\mathbf{a}\times\mathbf{b}) = \varepsilon_{ijk}\partial_i(a_jb_k) = \varepsilon_{ijk}(a_j\partial_ib_k + b_k\partial_ia_j)$$

$$= -\varepsilon_{jik}a_j\partial_ib_k + \varepsilon_{kij}b_k\partial_ia_j = \mathbf{b}\cdot(\boldsymbol{\nabla}\times\mathbf{a}) - \mathbf{a}\cdot(\boldsymbol{\nabla}\times\mathbf{b})\,.$$

Wir verwendeten die Eigenschaft $\int d^3x\, \boldsymbol{\nabla} \cdot \mathbf{S} = 0$, die darauf beruht, dass die elektromagnetischen Felder im Unendlichen null sind, und wir definierten die Funktionsänderungen $\delta\mathbf{B} \equiv \frac{\partial \mathbf{B}}{\partial t}dt$ und $\delta\mathbf{D} \equiv \frac{\partial \mathbf{D}}{\partial t}dt$ während des Zeitintervalls dt.

Betrachten wir nun den ersten Hauptsatz der Thermodynamik mit der allgemeinen Form $dU = dQ - dW + \boldsymbol{\mu}\cdot\mathbf{N}$. Wir trennen die Arbeit dW in elektromagnetische und nicht-elektromagnetische Beiträge: $dW = dW_{\mathrm{em}} + dW_{\mathrm{nem}}$. Aus Gleichung (A.3) folgt dann $dU = dU_{\mathrm{em}} + dU_{\mathrm{nem}}$ mit $dU_{\mathrm{nem}} \equiv dQ - dW_{\mathrm{nem}} + \boldsymbol{\mu}\cdot\mathbf{N}$ und

$$dU_{\mathrm{em}} = -dW_{\mathrm{em}} = \int d^3x\,\left(\mathbf{H}\cdot\delta\mathbf{B} + \mathbf{E}\cdot\delta\mathbf{D}\right)\,. \tag{A.4}$$

Hiermit haben wir einen exakten Ausdruck für die elektromagnetische Arbeit erhalten, die vom Gesamtsystem der Materie und des Feldes in einem Zeitintervall dt geleistet wird. Da man in der Thermodynamik insbesondere an der Arbeit interessiert ist, die von der *Materie* (also nicht vom *Feld*) geleistet wird, möchte man versuchen, die Materiebeiträge für elektro- oder magnetostatische Prozesse aus (A.4) zu extrahieren. Wir zeigen in den Abschnitten [A.2.1] und [A.2.2], wie man hierbei vorgeht.

A.2.1   Elektrostatische Systeme

Wir betrachten ein elektrostatisches System (mit $\mathbf{H} = \mathbf{0}$ und $\mathbf{B} = \mathbf{0}$) und nehmen an, dass sich die Materie – in diesem Fall also ein Dielektrikum – in einem Raumbereich $\mathcal{D}$ befindet. Einsetzen des Hilfsfeldes $\mathbf{D} \equiv \varepsilon_0\mathbf{E} + \mathbf{P}$ in (A.4) ergibt für den elektrostatischen Fall (Index „e"):

$$dU_{\mathrm{e}} = \int_{\mathbb{R}^3} d^3x\, \mathbf{E}\cdot\delta\mathbf{D} = \int_{\mathbb{R}^3} d^3x\, \mathbf{E}\cdot\delta\big(\varepsilon_0\mathbf{E} + \mathbf{P}\big) = \varepsilon_0 \int_{\mathbb{R}^3} d^3x\, \mathbf{E}\cdot\delta\mathbf{E} + \int_{\mathcal{D}} d^3x\, \mathbf{E}\cdot\delta\mathbf{P}\,.$$

Im zweiten Integral auf der rechten Seite konnte der Integrationsbereich auf $\mathcal{D}$ beschränkt werden, da außerhalb dieses Raumbereichs $\delta\mathbf{P}(\mathbf{x}) = \mathbf{0}$ gilt. Es ist nun in der Literatur üblich, den $\mathbf{E}\cdot\delta\mathbf{E}$-Term als Änderung der *Feldenergie* und den $\mathbf{E}\cdot\delta\mathbf{P}$-Term als Änderung der *Energie der Materie* zu identifizieren. Die Änderung der inneren Energie der Materie infolge einer Polarisationsänderung $\delta\mathbf{P}$ ist somit:

$$dU_{\mathrm{e}}^* = \int_{\mathcal{D}} d^3x\, \mathbf{E}\cdot\delta\mathbf{P} = -dW_{\mathrm{e}}^* \quad , \quad U_{\mathrm{e}}^* = U_{\mathrm{e}} - \int_{\mathbb{R}^3} d^3x\, \tfrac{1}{2}\varepsilon_0\mathbf{E}^2\,,$$

und $dW_{\mathrm{e}}^* = -\int_{\mathcal{D}} d^3x\, \mathbf{E}\cdot\delta\mathbf{P}$ ist die mit dieser Polarisationsänderung einhergehende Arbeit. In einem homogenen System (mit räumlich konstantem $\mathbf{E}$) gilt also $dW_{\mathrm{e}}^* = -\mathbf{E}\cdot d\mathbf{p}$, wobei $\mathbf{p} = \int_{\mathcal{D}} d^3x\, \mathbf{P}$ das elektrische Dipolmoment der Materie bezeichnet. Dieses Argument zeigt also, wie die Energieform $dW = -\mathbf{E}\cdot d\mathbf{p}$ im ersten Hauptsatz für polarisierte Materie zu interpretieren ist.

A.2.2   Magnetostatische Systeme

Die Behandlung von magnetostatischen Systemen (mit $\mathbf{E} = \mathbf{0}$ und $\mathbf{D} = \mathbf{0}$) erfolgt vollkommen analog. Wir nehmen wieder an, dass sich die (nun *magnetisierbare*)

Materie im Raumbereich $\mathcal{D}$ befindet. Elimination der magnetischen Induktion $\mathbf{B} = \mu_0(\mathbf{H} + \mathbf{M})$ aus (A.4) ergibt für den magnetostatischen Fall (Index „m"):

$$dU_{\mathrm{m}} = \int_{\mathbb{R}^3} d^3x\ \mathbf{H}\cdot\delta\mathbf{B} = \mu_0 \int_{\mathbb{R}^3} d^3x\ \mathbf{H}\cdot\delta(\mathbf{H}+\mathbf{M}) = \mu_0 \int_{\mathbb{R}^3} d^3x\ \mathbf{H}\cdot\delta\mathbf{H} + \mu_0 \int_{\mathcal{D}} d^3x\ \mathbf{H}\cdot\delta\mathbf{M}\ .$$

Im $\mathbf{H}\cdot\delta\mathbf{M}$-Integral kann der Integrationsbereich auf $\mathcal{D}$ beschränkt werden wegen $\delta\mathbf{M}(\mathbf{x}) = \mathbf{0}$ außerhalb dieses Raumbereichs. Der erste Term auf der rechten Seite wird üblicherweise als Änderung der *Feldenergie*, der zweite als Änderung der *Energie der Materie* identifiziert. Die Änderung der inneren Energie der Materie infolge einer Magnetisierungsänderung $\delta\mathbf{M}$ ist somit:

$$dU_{\mathrm{m}}^* = \mu_0 \int_{\mathcal{D}} d^3x\ \mathbf{H} \cdot \delta\mathbf{M} = -dW_{\mathrm{m}}^*\quad,\quad U_{\mathrm{m}}^* = U_{\mathrm{m}} - \int_{\mathbb{R}^3} d^3x\ \tfrac{1}{2}\mu_0\mathbf{H}^2\ ,$$

und $dW_{\mathrm{m}}^* = -\mu_0 \int_{\mathcal{D}} d^3x\ \mathbf{H} \cdot \delta\mathbf{M}$ ist die mit dieser Magnetisierungsänderung einhergehende Arbeit. In einem homogenen System (mit konstantem $\mathbf{H}$ und $\mathbf{M}$ im Raumbereich $\mathcal{D}$) gilt $dW_{\mathrm{m}}^* = -\mu_0\mathbf{H} \cdot d\mathbf{m}$ mit $\mathbf{m} = \int_{\mathcal{D}} d^3x\ \mathbf{M}$ als magnetisches Dipolmoment. Dieses Argument zeigt also, wie die Energieform $dW = -\mu_0\mathbf{H} \cdot d\mathbf{m}$ im ersten Hauptsatz für magnetisierbare Materie zu interpretieren ist.

A.2.3 Caveat lector

Wir möchten die Diskussion der Arbeit im ersten Hauptsatz für elektro- oder magnetostatische Systeme mit einigen Kommentaren abschließen.

Während der Ausdruck (A.4) für die elektromagnetische Arbeit dW_{em} im *Gesamtsystem* exakt und eindeutig ist, weisen die verschiedenen Autoren in den Refn. [21, 22, 57] darauf hin, dass die *Trennung* der Materie- und Feldfreiheitsgrade in den Abschnitten [A.2.1] und [A.2.2] eine gewisse Beliebigkeit aufweist. Beispielsweise könnte man den magnetischen Beitrag $\mathbf{H}\cdot\delta\mathbf{B}$ in Gleichung (A.4) mit $\mathbf{H} = \frac{1}{\mu_0}\mathbf{B}-\mathbf{M}$ alternativ auch als $\frac{1}{\mu_0}\mathbf{B} \cdot \delta\mathbf{B} - \mathbf{M} \cdot \delta\mathbf{B}$ schreiben und den ersten bzw. zweiten Term als Feld- und Materiebeitrag identifizieren. Dies würde zu einer Energieform $dW = \mathbf{m} \cdot d\mathbf{B}$ im ersten Hauptsatz für magnetisierbare Materie führen. Da $\mathbf{H}\cdot\delta\mathbf{B}$ auch als konvexe Kombination von $\mu_0\mathbf{H}\cdot\delta(\mathbf{H}+\mathbf{M})$ und $\left(\frac{1}{\mu_0}\mathbf{B}-\mathbf{M}\right)\cdot\delta\mathbf{B}$ darstellbar ist, sind für dW – abhängig von der Definition der Feldenergie – also auch beliebige konvexe Kombinationen von $-\mu_0\mathbf{H} \cdot d\mathbf{m}$ und $\mathbf{m} \cdot d\mathbf{B}$ denkbar.

Statt der *Trennung* der Materie- und Feldfreiheitsgrade, wie in [A.2.1] und [A.2.2], befürworten die Refn. [21, 22] die Verwendung des wohldefinierten, exakten Ausdrucks (A.4) für das Gesamtsystem. In Ref. [22] wird gezeigt, dass zumindest die *Entropie* der Materie dann vernünftig definiert werden kann.

Des Weiteren weisen die Autoren der Refn. [22, 57] darauf hin, dass die Maxwell-Theorie „im Medium" (mit ihrer räumlichen Mittelung) für Anwendungen auf der atomaren Skala in der *Statistischen Physik* offensichtlich ungeeignet ist. Auf dieser Skala ist nur der mikroskopische Hamilton-Operator und somit nur die Maxwell-Theorie „im Vakuum" relevant. Dies führt dazu, dass das Differential der inneren Energie im Rahmen der *Statistischen Physik* – anders als in der Thermodynamik – einen Materiebeitrag $dW = -\mathbf{B} \cdot d\mathbf{m}$ erhält.

Anhang B

Das isolierte „Druck"-Ensemble

Es ist durchaus auch möglich, eine statistische Gesamtheit für ein System zu formulieren, das thermisch und chemisch isoliert ist ($dS = 0$, $d\mathbf{N} = \mathbf{0}$) und dessen *intensive* mechanische Variable konstant sind ($d\mathbf{Y} = \mathbf{0}$). Das relevante thermodynamische Potential für solche Systeme ist die Enthalpie $H(S, \mathbf{Y}, \mathbf{N})$.

Aus Abschnitt [4.3] ist bekannt, dass man statt einer *kanonischen* Gesamtheit ein *Druck*ensemble erhält, indem man den Hamilton-Operator $\hat{\mathsf{H}}$ in Abwesenheit äußerer Felder durch den effektiven Hamilton-Operator $\hat{\mathsf{H}}_\mathrm{D} \equiv \hat{\mathsf{H}} - \mathbf{Y} \cdot \hat{\mathbf{X}}$ ersetzt und die Zwangsbedingung für die erlaubten $\mathbf{X}$-Werte fallen lässt. Analog erhält man ein *isoliertes Druckensemble*, indem man von einer *mikrokanonischen* Gesamtheit ausgeht, damit das Ensemble von der Entropie S statt der Temperatur T abhängt, $\hat{\mathsf{H}}$ durch $\hat{\mathsf{H}}_\mathrm{ID} \equiv \hat{\mathsf{H}} - \mathbf{Y} \cdot \hat{\mathbf{X}}$ ersetzt und die Zwangsbedingung für die erlaubten $\mathbf{X}$-Werte fallen lässt. Die relevante Schar von Mikrozuständen ist im *isolierten Druckensemble* also durch $\mathbf{X}_m \in \mathcal{R}_\mathbf{X}$, $\mathbf{N}_m \in \boldsymbol{\Delta}_\mathbf{N}$ und

$$H_{\mathrm{ID},m} = (E_m - \mathbf{Y} \cdot \mathbf{X}_m) \in [H - \tfrac{1}{2}\Delta H, H + \tfrac{1}{2}\Delta H] \equiv \Delta_H$$

gegeben, d.h., die Werte der makroskopischen Variablen $(H, \mathbf{X}, \mathbf{N})$ dieser Mikrozustände müssen in $\boldsymbol{\Delta}_\mathrm{ID} \equiv \Delta_H \otimes \mathcal{R}_\mathbf{X} \otimes \boldsymbol{\Delta}_\mathbf{N}$ liegen. Analog zur Herleitung der mikrokanonischen Gesamtheit folgt nun:

$$\varrho_m = \frac{1}{\omega_\mathrm{ID}} \frac{1}{\mathrm{vol}(\boldsymbol{\Delta}_\mathrm{ID})} I_{\boldsymbol{\Delta}_\mathrm{ID}}(m) \quad , \quad \omega_\mathrm{ID}(H, \mathbf{Y}, \mathbf{N}) = \frac{1}{\mathrm{vol}(\boldsymbol{\Delta}_\mathrm{ID})} \sum_m I_{\boldsymbol{\Delta}_\mathrm{ID}}(m) \, ,$$

d. h. im Limes $\boldsymbol{\Delta}_\mathrm{ID} \to \mathbf{0}$:

$$\hat{\varrho} = \frac{1}{\omega_\mathrm{ID}} \delta(\hat{\mathsf{H}} - \mathbf{Y} \cdot \hat{\mathbf{X}} - H)\, \delta(\hat{\mathbf{N}} - \mathbf{N}) \quad , \quad \omega_\mathrm{ID} = \mathrm{Sp}\big[\delta(\hat{\mathsf{H}} - \mathbf{Y} \cdot \hat{\mathbf{X}} - H)\, \delta(\hat{\mathbf{N}} - \mathbf{N})\big] \, .$$

Durch Einsetzen des Dichteoperators in die Definition $S[\hat{\varrho}] = -k_\mathrm{B}\, \mathrm{Sp}[\hat{\varrho} \ln \hat{\varrho}]$ der Entropie folgt:

$$S_\mathrm{ID}(H, \mathbf{Y}, \mathbf{N}) = k_\mathrm{B} \ln\big[\omega_\mathrm{ID}(H, \mathbf{Y}, \mathbf{N})\, \mathrm{vol}(\boldsymbol{\Delta}_\mathrm{ID})\big] \, .$$

Man stellt auch leicht einen Zusammenhang zwischen der Zustandssumme ω_{ID} und der mikrokanonischen Entropie her:

$$
\begin{aligned}
\omega_{\mathrm{ID}}(H,\mathbf{Y},\mathbf{N}) &= \mathrm{Sp}\big[\delta(\hat{\mathrm{H}}-\mathbf{Y}\cdot\hat{\mathbf{X}}-H)\,\delta(\hat{\mathbf{N}}-\mathbf{N})\big] \\
&= \int d\boldsymbol{\xi}\,\mathrm{Sp}\big[\delta(\hat{\mathrm{H}}-\mathbf{Y}\cdot\boldsymbol{\xi}-H)\,\delta(\hat{\mathbf{X}}-\boldsymbol{\xi})\,\delta(\hat{\mathbf{N}}-\mathbf{N})\big] \\
&= \int d\boldsymbol{\xi}\,\omega_{\mathrm{mk}}(H+\mathbf{Y}\cdot\boldsymbol{\xi},\boldsymbol{\xi},\mathbf{N}) \qquad\qquad\text{(B.1)} \\
&= \frac{1}{\mathrm{vol}(\boldsymbol{\Delta}_{\mathrm{mk}})}\int d\boldsymbol{\xi}\,e^{\frac{1}{k_{\mathrm{B}}}S_{\mathrm{mk}}(H+\mathbf{Y}\cdot\boldsymbol{\xi},\boldsymbol{\xi},\mathbf{N})}\ .
\end{aligned}
$$

Der Integrand ist maximal für $\boldsymbol{\xi}=\mathbf{X}$, wobei $\mathbf{X}(H,\mathbf{Y},\mathbf{N})$ die Lösung von

$$
\left(\frac{\partial S_{\mathrm{mk}}}{\partial\mathbf{X}}\right)(H+\mathbf{Y}\cdot\boldsymbol{\xi},\boldsymbol{\xi},\mathbf{N}) = -\frac{\mathbf{Y}}{T}
$$

ist. Eine Entwicklung des Exponenten um das Maximum zeigt sofort, dass im thermodynamischen Limes $S_{\mathrm{ID}}(H,\mathbf{Y},\mathbf{N})=S_{\mathrm{mk}}(H+\mathbf{Y}\cdot\mathbf{X},\mathbf{X},\mathbf{N})$ gilt.

Die Zustandssumme ω_{ID} des isolierten Druckensembles ist außerdem durch eine Laplace-Transformation mit der Zustandssumme Z_{D} des Druck-Temperatur-Ensembles (siehe Abschnitt [4.3]) verbunden:

$$
\begin{aligned}
Z_{\mathrm{D}}(T,\mathbf{Y},\mathbf{N}) &= \mathrm{Sp}\Big[\delta(\hat{\mathbf{N}}-\mathbf{N})e^{-\beta(\hat{\mathrm{H}}-\mathbf{Y}\cdot\hat{\mathbf{X}})}\Big] \\
&= \int dh\,\mathrm{Sp}\Big[\delta(\hat{\mathrm{H}}-\mathbf{Y}\cdot\hat{\mathbf{X}}-h)\,\delta(\hat{\mathbf{N}}-\mathbf{N})\Big]e^{-\beta h} \\
&= \int dh\,\omega_{\mathrm{ID}}(h,\mathbf{Y},\mathbf{N})e^{-\beta h}\ .
\end{aligned}
$$

Der Integrand ist maximal für den Gleichgewichtswert $h=H$, und ein Vergleich der Exponenten beider Glieder zeigt:

$$
-\beta G(T,\mathbf{Y},\mathbf{N}) = \frac{1}{k_{\mathrm{B}}}\left[S_{\mathrm{ID}}(H,\mathbf{Y},\mathbf{N})-\frac{1}{T}H\right]\quad,\quad \frac{1}{T}=\left(\frac{\partial S_{\mathrm{ID}}}{\partial H}\right)_{\mathbf{Y},\mathbf{N}}.
$$

Die freie Enthalpie G und die Entropie sind offensichtlich durch eine Legendre-Transformation miteinander verbunden. Alternativ kann man natürlich auch

$$
-\beta G(T,\mathbf{Y},\mathbf{N}) = -\beta\big[H(S,\mathbf{Y},\mathbf{N})-TS\big]\quad,\quad T=\left(\frac{\partial H}{\partial S}\right)_{\mathbf{Y},\mathbf{N}}
$$

schreiben und (im Einklang mit der Thermodynamik) schließen, dass G und H durch eine Legendre-Transformation verbunden sind.

Der klassische Grenzfall des isolierten Druckensembles für ein Gas identischer massiver Spin-S-Teilchen mit den Ortskoordinaten $\mathbf{x}\equiv(\mathbf{x}_1,\cdots,\mathbf{x}_N)$ und den Impulsen $\mathbf{p}=(\mathbf{p}_1,\cdots,\mathbf{p}_N)$ folgt mit $(\mathbf{Y},\boldsymbol{\xi})\to(-P,V)$ übrigens sofort aus (B.1) und dem allgemeinen Resultat

$$
\omega_{\mathrm{mk}}(U,V,N) = \frac{(2S+1)^N}{h^{Nd}N!}\int d\mathbf{x}\int d\mathbf{p}\,\delta(H(\mathbf{x},\mathbf{p})-U)
$$

für die mikrokanonische Zustandssumme im klassischen Limes.

B.1 Beispiel: Das klassische ideale Gas

Als erstes Beispiel für eine Anwendung des isolierten Druckensembles betrachten wir den klassischen Grenzfall eines wechselwirkungsfreien Gases, mit fest vorgegebenem Druck eingesperrt in einem thermisch isolierten Kasten mit variablem Volumen. Aus der Behandlung des klassischen idealen Gases in der mikrokanonischen Gesamtheit wissen wir bereits [siehe Gleichung (4.44)], dass unter Vernachlässigung von Beiträgen von relativer Ordnung $\frac{1}{N}\ln(N)$ zur Entropie gilt:

$$\omega_{\mathrm{mk}}(U,V,N) = e^{k_{\mathrm{B}}^{-1}S_{\mathrm{mk}}(U,V,N)} = \left[\frac{(2S+1)eV}{N}\right]^N \left(\frac{4\pi emU}{h^2 Nd}\right)^{Nd/2}$$

und daher:

$$\omega_{\mathrm{ID}}(H,P,N) = \left[\frac{(2S+1)e}{N}\right]^N \left(\frac{4\pi em}{h^2 Nd}\right)^{Nd/2} \int\limits_0^{H/P} dV\, V^N (H-PV)^{Nd/2} \ .$$

Nun gilt exakt

$$\int\limits_0^{H/P} dV\, V^N (H-PV)^{Nd/2} = H^{Nd/2}\left(\frac{H}{P}\right)^{N+1} B\left(N+1, \tfrac{Nd}{2}+1\right) \ ,$$

wobei $B(z,w) = \Gamma(z)\,\Gamma(w)/\Gamma(z+w)$ die Betafunktion bezeichnet. Für große N-Werte ergibt sich mit Hilfe der Stirling-Formel:

$$\ln\left[B\left(N+1, \tfrac{Nd}{2}+1\right)\right] \sim N\ln(b) \quad , \quad b \equiv \frac{(d/2)^{d/2}}{(1+d/2)^{1+d/2}} \ .$$

Es folgt für die Entropie pro Teilchen:

$$\frac{S_{\mathrm{ID}}}{N} = k_{\mathrm{B}}\left[\frac{d}{2} + 1 + \ln\left[\frac{(2S+1)H}{NP}\right] + \ln(b) + \frac{d}{2}\ln\left(\frac{4\pi mH}{h^2 Nd}\right)\right] \ .$$

Aus dem Differential $dS = \frac{1}{T}dH - \frac{V}{T}dP - \frac{\mu}{T}dN$ schließen wir für die inverse Temperatur des idealen Gases:

$$\frac{1}{T} = \left(\frac{\partial S_{\mathrm{ID}}}{\partial H}\right)_{P,N} = \left(\frac{d}{2}+1\right)\frac{Nk_{\mathrm{B}}}{H} \quad , \quad H = \left(\frac{d}{2}+1\right)Nk_{\mathrm{B}}T \ ,$$

für das mittlere Volumen:

$$V = -T\left(\frac{\partial S_{\mathrm{ID}}}{\partial P}\right)_{H,N} = -T\left(-\frac{Nk_{\mathrm{B}}}{P}\right) = \frac{Nk_{\mathrm{B}}T}{P} \quad , \quad P = \frac{Nk_{\mathrm{B}}T}{V}$$

und für das chemische Potential:

$$\mu = -T\left(\frac{\partial S}{\partial N}\right)_{H,P} = k_{\mathrm{B}}T\ln(n\lambda_T^d) \ .$$

Im letzten Schritt wurde die explizite Form der dimensionsabhängigen Konstanten b verwendet. Diese Ergebnisse im isolierten Druckensemble sind natürlich im Einklang mit denjenigen, die im Rahmen der anderen Ensembles hergeleitet wurden.

B.2 Beispiel: Heisenberg-Modell im paramagnetischen Limes

Als zweites Beispiel für eine Anwendung des isolierten Druckensembles betrachten wir das isotrope Heisenberg-Modell

$$\hat{H} = \hat{H}_{\text{Heis}} = -\tfrac{1}{2} \sum_{ij} J_{ij} \hat{\mathbf{S}}_i \cdot \hat{\mathbf{S}}_j \, ,$$

das in Abschnitt [5.1] eingeführt wurde. Es sollte sofort darauf hingewiesen werden, dass die vom Heisenberg-Modell beschriebene Spin-Spin-Wechselwirkung *nur* zu Illustrationszwecken eingeführt wird: Wir sind hier primär am paramagnetischen Limes interessiert, d.h., wir werden die Heisenberg-Spins an ein Magnetfeld koppeln und dann in konkreten Berechnungen den Limes $J_{ij} \to 0$ durchführen.

Die Kopplung der Heisenberg-Spins an ein Magnetfeld bedeutet konkret, dass die intensiven mechanischen Variablen $\mathbf{Y}$ durch das Magnetfeld $\mathbf{B}$ gegeben sind und die extensiven mechanischen Variablen $\hat{\mathbf{X}}$ durch den Operator $\sum_i \hat{\boldsymbol{\mu}}_i = -\frac{g\mu_B}{\hbar} \sum_i \hat{\mathbf{S}}_i$, der das gesamte magnetische Moment des Systems beschreibt. Wenn wir $\mathbf{B} = B\hat{\mathbf{e}}_3$ annehmen, so sind die mechanischen Variablen lediglich *ein*dimensional:

$$\mathbf{Y} \to Y \equiv B \quad , \quad \hat{\mathbf{X}} \to \hat{X} \equiv \sum_i \hat{\mu}_{i,3} = -\mu_B \sum_i \sigma_{i,3} \, .$$

Wir definieren die Magnetisierung m nun durch den orts*un*abhängigen Mittelwert $\langle \hat{\mu}_{i,3} \rangle_{\text{ID}} \equiv m$ bzw. durch $\langle \hat{X} \rangle_{\text{ID}} = Nm$. Allgemein (d. h. auch für $J_{ij} \neq 0$) gilt, dass die innere Energie U_{ID} durch

$$U_{\text{ID}} = H + XY = H + NmB$$

und die Temperatur, das magnetische Moment und das chemische Potential durch

$$T = \left(\frac{\partial H}{\partial S}\right)_{B,N} \quad , \quad Nm = -\left(\frac{\partial H}{\partial B}\right)_{S,N} \quad , \quad \mu = \left(\frac{\partial H}{\partial N}\right)_{S,B}$$

gegeben sind, wobei $H(S, B, N)$ die im Rahmen des isolierten Druckensembles mikroskopisch berechnete Enthalpie ist.

Als einfachen Spezialfall betrachten wir nun den paramagnetischen Limes, $J_{ij} \to 0$, sodass der Hamilton-Operator $\hat{H}$ in der allgemeinen Formulierung null ist und die Energien $H_{\text{ID},m}$ durch die Eigenwerte des Operators

$$\hat{H}_{\text{ID}} = -Y\hat{X} = -B \sum_i \hat{\mu}_{i,3} = \hbar\omega_{\text{L}} \sum_i \sigma_{i,3}$$

gegeben sind. Ein Vergleich mit Gleichung (4.9) zeigt, dass der Operator $-Y\hat{X}$ genau gleich dem mikrokanonischen Hamilton-Operator $\hat{H}_{\text{mk}}$ aus Abschnitt [4.1.1] ist, sodass die Enthalpie $H(S, B, N)$ im isolierten Druckensemble exakt gleich der im Rahmen der mikrokanonischen Gesamtheit berechneten inneren Energie ist:

$$H(S, B, N) = U_{\text{mk}}(S, N) = -N\mu_B B \tanh(t^{-1}) \quad , \quad t = \frac{k_B T}{\hbar\omega_{\text{L}}} \, .$$

Außerdem ist die Entropie im isolierten Druckensemble genau gleich der mikrokanonischen Entropie:

$$S_{\mathrm{ID}} = k_{\mathrm{B}} \ln\left[\omega_{\mathrm{ID}} \, \mathrm{vol}\left(\boldsymbol{\Delta}_{HN}\right)\right] = k_{\mathrm{B}} \ln\left[\sum_m I_{\boldsymbol{\Delta}_{\mathrm{ID}}}(m)\right] = N k_{\mathrm{B}} s(h) \,,$$

wobei $h \equiv H/N\hbar\omega_{\mathrm{L}}$ und

$$s(h) \equiv -\left[\frac{h+1}{2} \ln\left(\frac{h+1}{2}\right) + \frac{1-h}{2} \ln \frac{1-h}{2}\right]$$

definiert wurde. Aus der Beziehung $T = \left(\frac{\partial H}{\partial S}\right)_{B,N}$ folgt nun $t^{-1} = s'(h)$ und daher $h = -\tanh(t^{-1})$, aus der Beziehung $Nm = -\left(\frac{\partial H}{\partial B}\right)_{S,N}$ folgt sofort $m = \mu_{\mathrm{B}}\tanh(t^{-1}) = -\mu_{\mathrm{B}}h$, und das chemische Potential lässt sich noch am einfachsten aus der Euler-Gleichung als $\mu = \hbar\omega_{\mathrm{L}}[h - ts(h)]$ bestimmen. Da die Enthalpie gleich $H = -NmB$ ist, gilt im isolierten Druckensemble für die innere Energie: $U_{\mathrm{ID}} = H + NmB = 0$. Dies ist eine natürliche Konsequenz davon, dass der Hamilton-Operator $\hat{\mathrm{H}}$ für $J_{ij} \to 0$ gleich null ist. In einem allgemeinen Modell mit $J_{ij} \neq 0$ würde $U_{\mathrm{ID}} \neq 0$ gelten.

Bei der Behandlung der adiabatischen Entmagnetisierung in Abschnitt [4.1.1] wurde implizit angenommen, dass die im Rahmen der mikrokanonischen Gesamtheit berechneten Beziehungen zwischen dem Magnetfeld B und der Magnetisierung m sowie zwischen der Entropie S und der Temperatur T auch *bei Variation* des Magnetfelds gültig sind. Diese physikalisch natürlich sehr plausible Annahme ist logisch nicht einwandfrei, da in der mikrokanonischen Gesamtheit gerade vorausgesetzt wird, dass B ein unveränderlicher Parameter ist; tatsächlich haben wir gerade gelernt, dass das thermodynamische Potential U_{mk} bei Variation des Magnetfelds (also im isolierten Druckensemble) *nicht* die innere Energie, sondern die Enthalpie des idealen Paramagneten darstellt. Die Annahme bezüglich der $B(m)$- und $S(T)$-Beziehungen wird durch die obigen Betrachtungen im isolierten Druckensemble gerechtfertigt, da man dort ebenfalls die in Abschnitt [4.1.1] zitierten Ergebnisse findet.

Anhang C

Die Methode der charakteristischen Kurven

Wir behandeln in diesem Anhang eine allgemeine Lösungsmethode für lineare partielle Differentialgleichungen der ersten Ordnung, die auch für spezielle nicht-lineare partielle Differentialgleichungen sehr hilfreich ist. Diese Methode wird in Kapitel [7] bei der Untersuchung der Mastergleichung und der nicht-linearen Boltzmann-Gleichung, speziell auch in den Übungsaufgaben, benötigt. Wir führen zuerst in Abschnitt [C.1] die allgemeine Form dieser Differentialgleichung ein und zeigen dann in Abschnitt [C.2], wie eine solche Gleichung mit Hilfe der *Methode der charakteristischen Kurven* für den in Kapitel [7] relevanten Spezialfall *einkomponentiger* Funktionen gelöst werden kann.[1]

C.1 Die lineare partielle Differentialgleichung der ersten Ordnung

Die lineare partielle Differentialgleichung erster Ordnung hat die allgemeine Form

$$\sum_{k=1}^{m} a_k(\mathbf{x}) \frac{\partial \mathbf{u}}{\partial x_k} + b(\mathbf{x})\mathbf{u} + \mathbf{c}(\mathbf{x}) = \mathbf{0} \,,$$

wobei $\mathbf{u} = (u_1, \cdots, u_n)$ und $\mathbf{c} = (c_1, \cdots, c_n)$ n-dimensionale Vektoren und a_k und b $(n \times n)$-Matrizen sind. Wenn man nun annimmt, dass die Matrix a_1 nicht-singulär ist, d.h., dass $\det(a_1) \neq 0$ gilt, kann man definieren:

$$A_k \equiv -a_1^{-1} a_k \quad (k = 2, \cdots, m) \quad , \quad B \equiv -a_1^{-1} b \quad , \quad \mathbf{C} \equiv -a_1^{-1}\mathbf{c} \,.$$

Dann erhält man die sogenannte *Normalform* der linearen partiellen Differentialgleichung erster Ordnung:

$$\frac{\partial \mathbf{u}}{\partial x_1} = \sum_{k=2}^{m} A_k(\mathbf{x}) \frac{\partial \mathbf{u}}{\partial x_k} + B(\mathbf{x})\mathbf{u} + \mathbf{C}(\mathbf{x}) \,. \tag{C.1}$$

---

[1] Die „charakteristischen Kurven" werden in der Literatur auch oft als *Cauchy-Charakteristiken* bezeichnet.

In physikalischen Anwendungen hat die Variable x_1, die in (C.1) eine Sonderrolle spielt, häufig die Bedeutung der *Zeitvariablen*. Insbesondere bei den Anwendungen im Rahmen der *kinetischen Theorie* in Kapitel [7] dieses Buches wird dies immer der Fall sein. Das Anfangswertproblem von Gleichung (C.1) ist nun dadurch definiert, dass man diese Gleichung lösen soll unter der zusätzlichen Bedingung:

$$\mathbf{u}(0, x_2, \cdots, x_m) = \mathbf{u}_0(x_2, \cdots, x_m) \,, \tag{C.2}$$

wobei die Funktion $\mathbf{u}_0$ die *Anfangsbedingung* zur „Anfangszeit" $t = 0$ vorgibt.

Bei der Behandlung der Lösung solcher Differentialgleichungen beschränken wir uns im Folgenden auf den Fall einer *ein*komponentigen Funktion $u(\mathbf{x})$, sodass in (C.1) $n = 1$ gilt. Folglich ist auch der Vektor $\mathbf{C}$ *ein*dimensional und sind A_k und B lediglich 1×1-Matrizen (d.h. skalare Funktionen). Diese Einschränkung ist für unsere Zwecke sinnvoll, da wir in Kapitel [7] nur diesen Spezialfall benötigen.

C.2   Der Spezialfall einkomponentiger Funktionen

Für eine *ein*komponentige Funktion $u(\mathbf{x})$ mit $n = 1$ und im Allgemeinen m unabhängigen Variablen, $\mathbf{x} = (x_1, \cdots, x_m)$, erhält die lineare partielle Differentialgleichung (C.1) die folgende Normalform:

$$\frac{\partial u}{\partial x_1} - \sum_{k=2}^{m} A_k(\mathbf{x}) \frac{\partial u}{\partial x_k} = B(\mathbf{x})u + C(\mathbf{x}) \,. \tag{C.3}$$

Hierbei sind $A_k(\mathbf{x})$, $B(\mathbf{x})$ und $C(\mathbf{x})$ nun also reellwertige skalare Funktionen (statt Matrizen bzw. Vektoren). Die Funktion $u(\mathbf{x})$ sei vorgegeben auf einer $(m-1)$-dimensionalen Fläche Q im $\mathbf{x}$-Raum. Bei Anfangswertproblemen ist z.B. $Q = \{\mathbf{x} \,|\, x_1 = 0\}$. Wir zeigen nun, wie man die Lösung $u(\mathbf{x})$ von (C.3) im m-dimensionalen $\mathbf{x}$-Raum mit Hilfe der *Methode der charakteristischen Kurven* berechnen kann.

Man betrachte eine zunächst *beliebige*, jedoch stetig differenzierbare Kurve ℓ, parametrisiert durch die Variable s:

$$\ell = \{\mathbf{x} \,|\, x_i = \xi_i(s) \,, \; i = 1, \cdots, m\} \,.$$

Die Funktionen $\{\xi_i(s)\}$ können für fest vorgegebenes s als die Koordinaten eines Punkts $\boldsymbol{\xi}(s) = (\xi_1(s), \cdots, \xi_m(s))$ im $\mathbf{x}$-Raum aufgefasst werden. Bei Variation des Parameters s beschreibt dieser Punkt $\boldsymbol{\xi}(s)$ eine „Bahn" im $\mathbf{x}$-Raum, die Kurve ℓ, die somit also explizit bekannt ist. Der Wert von u entlang der Kurve ist dann $u(\boldsymbol{\xi}(s)) \equiv u_\ell(s)$, sodass die Ableitung von u nach der Variablen s durch

$$\frac{du_\ell}{ds} = \sum_{k=1}^{m} \frac{dx_k}{ds} \frac{\partial u}{\partial x_k} = \sum_{k=1}^{m} \frac{d\xi_k}{ds} \frac{\partial u}{\partial x_k}$$

gegeben ist. Da dies für *beliebige* Kurven ℓ gilt, ist die Gleichung für $\frac{du_\ell}{ds}$ sicher auch zutreffend für die *spezielle* Kurve ℓ, die durch

$$\frac{d\xi_1}{ds}(s) = 1 \quad, \qquad \frac{d\xi_k}{ds}(s) = -A_k(\boldsymbol{\xi}(s)) \qquad (k \geq 2) \tag{C.4}$$

definiert ist. Für diese spezielle Kurve gilt folglich:

$$\frac{du_\ell(s)}{ds} = \frac{\partial u}{\partial x_1} - \sum_{k=2}^{m} A_k(\boldsymbol{\xi}(s)) \frac{\partial u}{\partial x_k} = B(\boldsymbol{\xi}(s))u_\ell(s) + C(\boldsymbol{\xi}(s))$$

$$\equiv B_\ell(s)u_\ell(s) + C_\ell(s) \ . \tag{C.5}$$

Der Satz von m *gewöhnlichen* Differentialgleichungen erster Ordnung (C.4) für die m zu bestimmenden Funktionen $\xi_k(s)$ $(k = 1, \cdots, m)$ kann (im Prinzip) gelöst werden. Die Lösung definiert die charakteristischen Kurven $\boldsymbol{\xi}(s)$ (s. Abbildung C.1). Wenn (C.4) gelöst ist, kann die Funktion $u_\ell(s)$ mit Standardmethoden (durch Bestimmung eines integrierenden Faktors, s. z.B. Ref. [12], Kapitel 7) aus der linearen, inhomogenen, gewöhnlichen Differentialgleichung (C.5) berechnet werden:

$$u_\ell(s) = \exp\left[\int_0^s ds' \, B_\ell(s')\right] \left\{ u_\ell(0) + \int_0^s ds' \, C_\ell(s') \exp\left[-\int_0^{s'} ds'' \, B_\ell(s'')\right]\right\} \ .$$

Wenn man nun die Integrationskonstanten in (C.4) so wählt, dass $s = 0$ der Fläche Q entspricht [$\boldsymbol{\xi}(0) \in Q$], dann ist $u_\ell(0)$ also vorgegeben. Folglich ist $u_\ell(s)$ auf jeder charakteristischen Kurve ℓ bekannt, und dies bedeutet wiederum, dass $u(\mathbf{x})$ überall im $\mathbf{x}$-Raum bekannt ist. Damit ist das Problem (C.3) mit der vorgegebenen Anfangsbedingung auf der Fläche Q komplett gelöst.

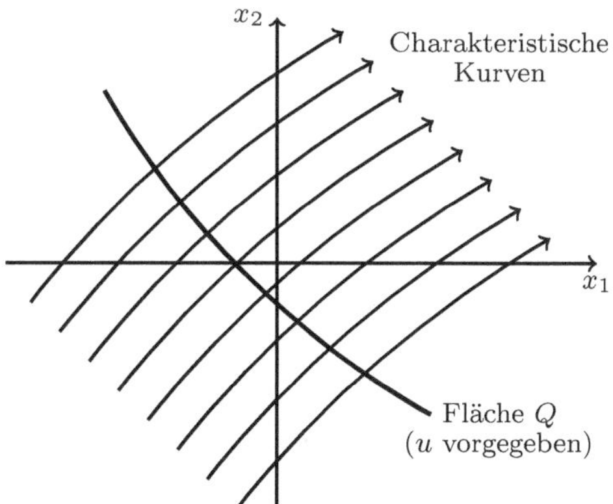

Abb. C.1 Skizze der Fläche Q und möglicher charakteristischer Kurven

Die Methode der charakteristischen Kurven versucht im Wesentlichen, die linke Seite von (C.3) als *totale Zeitableitung* zu interpretieren. Die Variable x_1 (später ξ_1 oder s) wird zu diesem Zweck als neue „Zeit" aufgefasst. Die Größen $\{-A_k(\mathbf{x})\}$ spielen dementsprechend die Rolle der zu $\{x_k\}$ gehörenden „Geschwindigkeiten". Gleichung (C.4) stellt die mathematische Formulierung dieser Interpretation dar. Die charakteristischen Kurven sind also gerade die Bahnen, die man erhält, wenn zur Zeit $s = 0$ an jedem Punkt der Fläche Q ein Schwimmer startet, der sich einfach mit dem vom Geschwindigkeitsfeld $\{-A_k(\mathbf{x})\}$ definierten Fluss mittreiben lässt. Damit die *partielle* Differentialgleichung (C.3) gelöst wird, muss jeder Schwimmer während seiner Reise nur noch die *gewöhnliche* Differentialgleichung (C.5) lösen.

Eine Verallgemeinerung dieser Methode auf quasilineare oder nicht-lineare partielle Differentialgleichungen erster Ordnung ist auch möglich. Man erhält dann für die Funktionen $\{\xi_1(s), \cdots, \xi_m(s), u_\ell(s)\}$ statt der Gleichungen (C.4) und (C.5) einen Satz von $m + 1$ *gekoppelten* nicht-linearen *gewöhnlichen* Differentialgleichungen erster Ordnung, der die charakteristischen Kurven $\boldsymbol{\xi}(s)$ und den Wert von $u(\mathbf{x})$ auf diesen Kurven festlegt. Die in der Übung zu Kapitel [7] diskutierte Boltzmann-Gleichung für „sehr harte Teilchen" stellt z.B. eine Anwendung der verallgemeinerten Methode der charakteristischen Kurven dar.

Liste der Symbole

Griechisches Alphabet

α, A	alpha	η, H	eta	ν, N	ny	τ, T	tau
β, B	beta	θ, ϑ, Θ	theta	ξ, Ξ	xi	υ, Υ	ypsilon
γ, Γ	gamma	ι, I	iota	o, O	omikron	ϕ, φ, Φ	phi
δ, Δ	delta	κ, K	kappa	π, ϖ, Π	pi	χ, X	chi
ϵ, ε, E	epsilon	λ, Λ	lambda	ρ, ϱ, P	rho	ψ, Ψ	psi
ζ, Z	zeta	μ, M	my	σ, ς, Σ	sigma	ω, Ω	omega

Mathematische Notation

$\mathbb{N}$	natürliche Zahlen $\{1, 2, 3, \cdots\}$	$\ll$	ist viel kleiner als
$\mathbb{N}_0$	natürliche Zahlen $\{0, 1, 2, 3, \cdots\}$	$<$	ist kleiner als
$\mathbb{Z}$	ganze Zahlen $\{\cdots, -1, 0, 1, \cdots\}$	$\leq$	ist kleiner als oder gleich
$\mathbb{Z}\backslash\{0\}$	ganze Zahlen $n \neq 0$	$\geq$	ist größer als oder gleich
$\mathbb{Q}$	rationale Zahlen $\frac{m}{n}$	$>$	ist größer als
$\mathbb{R}$	reelle Zahlen	$\gg$	ist viel größer als
$\mathbb{R}\backslash\{0\}$	reelle Zahlen $x \neq 0$	$\neg$	nicht (Verneinung)
$\mathbb{R}^+$	positive reelle Zahlen $x > 0$	$=$	ist gleich
$\mathbb{R}^-$	negative reelle Zahlen $x < 0$	$\simeq$	ist ungefähr gleich
$\mathbb{C}$	komplexe Zahlen $u + iv$	$\neq$	ist ungleich
i	imaginäre Einheit ($i^2 = -1$)	$\equiv$	per definitionem gleich
$\mathcal{O}$	asymptotisch von Ordnung	$\propto$	proportional zu
o	asymptotisch kleiner als	$\in$	ist Element von
$\sim$	(asymptotisch) äquivalent zu	$\notin$	ist kein Element von
$\times$	kartesisches Produkt	$A \Rightarrow B$	falls A, dann B
$\otimes$	direktes Produkt	$A \Leftrightarrow B$	A und B sind äquivalent
$\pm$	plus bzw. minus	$\binom{n}{k}$	Binomialkoeffizient
$\mp$	minus bzw. plus	$n!$	n-Fakultät
$\pm\infty$	plus bzw. minus unendlich	$n!!$	n-Doppelfakultät
$\hat{\mathcal{O}}$	Operator (z.B. $\hat{H}$, $\hat{\mathbf{p}}$, $\hat{\mathbf{x}}$)	$\hat{\mathcal{O}}^\dagger$	hermitesche Konjugation
$\mathrm{Sp}(\hat{\mathcal{O}})$	Spur des Operators $\hat{\mathcal{O}}$	$[\hat{A}, \hat{B}]$	Kommutator von $\hat{A}$ und $\hat{B}$
$\langle\mathbf{k}|$	Bra mit Quantenzahl $\mathbf{k}$	$|\mathbf{k}\rangle$	Ket mit Quantenzahl $\mathbf{k}$
$\langle\mathbf{k}|\mathbf{k}'\rangle$	Skalarprodukt von $\mathbf{k}$, $\mathbf{k}'$	$|\mathbf{k}\rangle\langle\mathbf{k}|$	Projektor auf $|\mathbf{k}\rangle$

Mathematische Notation

$\sum_{k=0}^{n}$	Summe	$\prod_{k=0}^{n}$	Produkt
$\pi = 3{,}1415\cdots$	Kreiszahl	$e = 2{,}71828\cdots$	Euler-Zahl
$\gamma = 0{,}5772\cdots$	Euler-Konstante	$\sqrt[n]{a}$	n-te Wurzel
$\exp(x) = e^x$	Exponentialfunktion	$\ln(x)$	Logarithmus
$f' = \frac{df}{dx}$	1. Ableitung von f	$f^{(n)} = \frac{d^n f}{dx^n}$	n-te Ableitung
$f'' = \frac{d^2 f}{dx^2}$	2. Ableitung von f	$f''',\ f''''$	3., 4. Ableitung
$\lim_{x\to a}$	Limes $x \to a$	$\lim_{x\to\pm\infty}$	Limes $x \to \pm\infty$
$\lim_{x\uparrow a}$	Limes von unten	$\lim_{x\downarrow a}$	Limes von oben
$\mathrm{Re}(z)$	Realteil ($z \in \mathbb{C}$)	$\mathrm{Im}(z)$	Imaginärteil ($z \in \mathbb{C}$)
$|z|$	Betrag ($z \in \mathbb{C}$)	$\arg(z)$	Argument ($z \in \mathbb{C}$)
$\mathrm{sgn}(u)$	Signum ($u \neq 0$)	$\mathrm{mod}\ 2\pi$	modulo (hier 2π)
$\Gamma(x)$	Gammafunktion	z^*	komplexe Konjugation
$\mathbf{x},\mathbf{a},\mathbf{b}$	Vektoren	$|\mathbf{a}|$	Norm/Länge von $\mathbf{a}$
$\hat{\mathbf{x}},\hat{\mathbf{a}}$	Einheitsvektor	$\mathbb{R}^d$	$\mathbb{R} \times \mathbb{R}^{d-1}$
$A\!:\!B$	doppelte Verjüngung	$\boldsymbol{\alpha}^{\mathrm{T}}\boldsymbol{\beta},\ \mathbf{x}\cdot\mathbf{x}'$	Skalarprodukt
$\perp$	senkrecht	$\parallel$	parallel
$\mathbf{a}\times\mathbf{b}$	Vektorprodukt	$(\mathbf{a}\times\mathbf{b})\cdot\mathbf{c}$	Spatprodukt
δ_{ij}	Kronecker-Delta	ε_{ijk}	ε-Tensor
$\det(A)$	Determinante von A	A^{T}	transponierte Matrix
$\mathbb{1}_d$	Einheitsmatrix	$\mathbf{a}^{\mathrm{T}}$	transponierter Vektor
A^{-1}	inverse Matrix	$\mathrm{Sp}(A)$	Spur von A
(ρ,φ)	Polarkoordinaten	(r,ϑ,φ)	Kugelkoordinaten
$\boldsymbol{\alpha}\boldsymbol{\beta}^{\mathrm{T}}$	Dyade	$R(\boldsymbol{\alpha})$	Drehung
P	Permutation	$\mathrm{sgn}(P)$	Signum von P
$\varepsilon_{i_1 i_2 \cdots i_n}$	ε-Tensor	$f(x),\ f(\mathbf{x})$	Funktion f von x, $\mathbf{x}$
$f^{-1}(y)$	Umkehrfunktion	$\Theta(x)$	Stufenfunktion
$\mathcal{I} = (a,b)$	offenes Intervall $\mathcal{I}$	$\mathcal{I} = [a,b]$	$\mathcal{I}$ abgeschlossen
$\mathcal{I} = (a,b]$	$\mathcal{I}$ linksoffen	$\mathcal{I} = [a,b)$	$\mathcal{I}$ rechtsoffen
$\boldsymbol{\nabla}$	Nabla-Operator	$\boldsymbol{\nabla} f$	Gradient von f
$\boldsymbol{\nabla}\cdot\mathbf{f}$	Divergenz von $\mathbf{f}$	$\boldsymbol{\nabla}\times\mathbf{f}$	Rotation von $\mathbf{f}$
$\boldsymbol{\nabla}\times(\boldsymbol{\nabla}\times\mathbf{f})$	doppelte Rotation	$\Delta = \boldsymbol{\nabla}\cdot\boldsymbol{\nabla}$	Laplace-Operator
$\int dx\, f(x)$	Stammfunktion	$\int_a^b dx\, f(x)$	bestimmtes Integral
$\mathrm{P}\!\int dx\, f(x)$	Hauptwertintegral	$\int_G dx_1 dx_2\, f$	Integral ($G \subset \mathbb{R}^2$)
$\int_G d^d x\, f(\mathbf{x})$	Integral ($G \subset \mathbb{R}^d$)	$\frac{\partial f}{\partial x_1}(x_1,\cdots,x_n)$	partielle Ableitung
$\dot{\psi},\ \dot{\mathbf{x}}$	Zeitableitung	$\ddot{\psi},\ \ddot{\mathbf{x}}$	2. Zeitableitung
$\hat{\mathbf{e}}_i$	i-ter Basisvektor	$dy,\ dx$	Differentiale
p_i	Wahrscheinlichkeit	$d\mathbf{x}$	$dx_1 dx_2 \cdots dx_d$
$\langle f(i)\rangle$	Erwartungswert	$\langle i\rangle$	Mittelwert
$\langle i^n\rangle$	n-tes Moment	$\langle (i - \langle i\rangle)^2\rangle$	Varianz
$\delta(x),\ \delta(\mathbf{x})$	Deltafunktion	σ	Standardabweichung
$I_{[a,b]}(x)$	Indikatorfunktion	$I_G(\mathbf{x})$	Indikatorfunktion
$\int_k d\mathbf{x}\cdot\mathbf{F}$	Kurvenintegral	$\int_{\mathcal{F}} dS\, f(\mathbf{x})$	Flächenintegral
$\int_{\mathcal{F}} d\mathbf{S}\cdot\mathbf{f}(\mathbf{x})$	Flächenintegral	$\int_V d^d x\, g(\mathbf{x})$	Volumenintegral

Physikalische Größen

$\mathbf{X}$	verallgemeinertes Volumen		V	Volumen
$\mathbf{Y}$	verallgemeinerter Druck		P	Druck
$\boldsymbol{\mu}, \mu$	chemisches Potential		$\mathbf{N}, N$	Teilchenzahl
θ	empirische Temperatur		T	absolute Temperatur
$S(U, \mathbf{X}, \mathbf{N})$	Entropie		$S[\hat{\varrho}]$	Vielteilchenentropie
$\nu(\omega), \nu(\varepsilon)$	Zustandsdichte		E	Energie (allgemein)
$\boldsymbol{\omega}$	Winkelgeschwindigkeit		$B_l(T)$	Virialkoeffizient
$U(S, \mathbf{X}, \mathbf{N})$	innere Energie		$\boldsymbol{\Sigma}$	Kraft (Fläche)
$\chi_\mathrm{m}(T)$	magnetische Suszeptibilität		$\mathbf{F}$	Kraft (Punktmasse)
$\chi_\mathrm{e}(T)$	elektrische Suszeptibilität		$\rho, \boldsymbol{\rho}$	Teilchendichte(n)
$f_\mathrm{MB}(\mathbf{x}, \mathbf{v})$	Maxwell-Boltzmann-Verteilung		$f_\mathrm{M}(\mathbf{v})$	Maxwell-Verteilung
k_B	Boltzmann-Konstante		W	Wahrscheinlichkeit
β	$(k_\mathrm{B}T)^{-1}$ (in der Regel)		R	Gaskonstante
β	kritischer Exponent (selten)		$\hbar$	Wirkungsquantum
α, γ, δ	kritische Exponenten		T_c	kritische Temperatur
$A_>, A_<$	kritische Amplituden		d	Raumdimension
$\mathrm{d}W, \Delta W$	Arbeit		Σ	Spannung
$\mathrm{d}Q, \Delta Q$	Wärmeänderung		S	Entropie
$u(\omega, T)$	Energiedichte (Planck)		t	Zeitvariable
σ	Stefan-Boltzmann-Konstante		$\rho(\omega, T)$	Photonendichte
$F(T, \mathbf{X}, \mathbf{N})$	Helmholtz'sche freie Energie		ω	Frequenz
$H(S, \mathbf{Y}, \mathbf{N})$	Enthalpie		η	Wirkungsgrad
$G(T, \mathbf{Y}, \mathbf{N})$	Gibbs'sche freie Energie		C	Wärmekapazität
$\Omega(T, \mathbf{X}, \boldsymbol{\mu})$	großkanonisches Potential		χ	Antwortfunktion
$\boldsymbol{\alpha_\mathrm{N}}$	gemischte Antwortfunktion		κ	Kompressibilität
$T^{(\mathrm{Th})}$	Thomson-Temperatur		$\mathbf{x}$	Ortsvektor
c	Lichtgeschwindigkeit		$\mathbf{p}$	Impuls
$\mathcal{V}(\mathbf{x})$	(Vielteilchen-)Potential		p	Impulsbetrag
$\mathbf{p}$	elektrisches Dipolmoment		$\mathbf{N}$	Drehmoment
$\mathbf{v}, v, \dot{\mathbf{x}}$	Geschwindigkeit		$\mathbf{a}, \ddot{\mathbf{x}}$	Beschleunigung
$\mathbf{E}, \mathbf{D}$	elektrisches Feld		$\mathbf{P}$	Polarisation
$\mathbf{B}, \mathbf{H}$	Magnetfeld		$\mathbf{M}$	Magnetisierung
$\mathbf{m}$	magnetisches Dipolmoment		$\mathbf{L}$	Drehimpuls
$\mathbf{g}, g$	Schwerkraftbeschleunigung		m	Punktmasse
$L(\mathbf{x}, \mathbf{v}, t)$	Lagrange-Funktion		L	Länge
$\hat{\mathrm{H}}$	Hamilton-Operator		$H(\mathbf{x}, \mathbf{p})$	Hamilton-Funktion
$\hat{\mathrm{U}}(t\vert t_0)$	Zeitentwicklungsoperator		ψ, Ψ	Wellenfunktion
$\hat{\varrho}, \varrho$	Dichteoperator/-matrix		$\mathbf{k}$	Wellenvektor
Φ	skalares Potential		$\mathbf{A}$	Vektorpotential
I_{ij}	Spinwechselwirkung (Tensor)		$v(\mathbf{x}_{ij})$	Zweiteilchenpotential
J_{ij}	Spinwechselwirkungsamplitude		$\sigma_i = \pm 1$	Spinvariable
$\mathrm{vol}(\boldsymbol{\Delta})$	Volumeninhalt von $\boldsymbol{\Delta}$		$\boldsymbol{\Delta}$	Volumenelement
M_m	mikroskopische Information		$\vert m \rangle$	Mikrozustand
$\hat{\mathbf{S}}_i$	Spinoperator (Teilchen i)		ν	Molzahl

Physikalische Größen

$S_d(r)$, $S_d(1)$	Flächeninhalt einer d-dimensionalen Kugel mit Radius r bzw. 1		f_{F}	Fermi-Funktion
$\omega(U, \mathbf{X}, \mathbf{N})$	mikrokanonische Zustandssumme		T_{F}	Fermi-Temperatur
$\omega(U)$	mk-Zustandssumme (vereinfacht)		S	Spinquantenzahl
$Z_{\mathrm{k}}(T, \mathbf{X}, \mathbf{N})$	kanonische Zustandssumme		h	$2\pi\hbar$
$Z_{\mathrm{k}}(T)$	k-Zustandssumme (vereinfacht)		g_α	Polylogarithmen
$Z_{\mathrm{D}}(T, \mathbf{Y}, \mathbf{N})$	Zustandssumme, Druckensemble		l	$(V/N)^{1/d} = \rho^{-1/d}$
$Z_{\mathrm{D}}(T, \mathbf{Y})$	D-Zustandssumme (vereinfacht)		z	Fugazität ($e^{\beta\mu}$)
$Z_{\mathrm{gk}}(T, \mathbf{X}, \boldsymbol{\mu})$	großkanonische Zustandssumme		M	Gesamtmasse
$Z_{\mathrm{gk}}(T, \boldsymbol{\mu})$	gk-Zustandssumme (vereinfacht)		m_{p}	Protonenmasse
$\omega_{\mathrm{ID}}(H, \mathbf{Y}, \mathbf{N})$	ID-Zustandssumme (Anhang [B])		μ_{B}	Bohr'sches Magneton
$\omega_{\mathrm{ID}}(H, \mathbf{Y})$	ID-Zustandssumme (vereinfacht)		ρ	Ladungsdichte
λ	magnetische Quantenzahl		$\mathbf{j}$	Stromdichte
$\zeta = \pm 1$	Bose-/Fermi-Parameter		m_{e}	Elektronenmasse
l_{WW}	Wechselwirkungslänge		G	Gravitationskonstante
γ	Sommerfeld-Koeffizient		T_l	$\hbar^2/2ml^2 k_{\mathrm{B}}$, $l \equiv \rho^{-1/d}$
$P(\sigma, \sigma')$	Ising-Transfermatrix		ε_{F}	Fermi-Energie
$\varepsilon_{\mathbf{k}\lambda}$, $\varepsilon_{\mathbf{k}}$	Einteilchenenergieeigenwerte		k_{F}	Fermi-Wellenzahl
$n_{\mathbf{k}\lambda}$, $n_{\mathbf{k}}$	Besetzungszahlen		Ry	Rydberg
λ_{C}	$\frac{1}{2\pi} \times$ Compton-Wellenlänge		α	Feinstrukturkonstante
λ_T	thermische Wellenlänge		e	Elektronenladung
$T_{\mathrm{trans,rot,vib}}$	charakteristische Temperaturen		a_{B}	Bohr-Radius
$W_{\alpha\beta}$, W_{nm}	Übergangsrate		g_{K}	Entartungsgrad
A, B, C	Einstein-Koeffizienten		D	diskrete Ableitung
$p_\alpha(t)$, $p_n(t)$	Wahrscheinlichkeit		λ	Hüpfrate
$H(t)$	Ljapunow-Funktion		$\langle n \rangle$	Mittelwert
$W(12|34)$	Streurate		ζ	Wirbelstärke
$H[f](t)$	H-Funktional		$\mathbf{q}$	Wärmefluss
$f(\mathbf{x}, \mathbf{v}, t)$	Verteilungsfunktion		ℓ	freie Weglänge
$\langle f(n) \rangle$	Erwartungswert von $f(n)$		σ	Teilchendurchmesser
$\mathbf{J}_\rho$	Teilchenstromdichte		S	Stoßrate $S[f]$
J_I	Impulsstromdichte		ρ	Teilchendichte
$\mathbf{J}_E$	Energiestromdichte		$\mathbf{I}$	Impulsdichte
$\mathbf{u}$	mittlere Geschwindigkeit		E	Energiedichte
$\sigma^2(t)$	Varianz einer Verteilung		θ	lokale Temperatur
$f(\mathbf{v}, t)$	Verteilungsfunktion		P	Drucktensor
κ	Wärmeleitfähigkeitskoeffizient		P'	$P - \rho\theta\mathbb{1}$
			μ	Viskositätskoeffizient

Literaturverzeichnis

[1] Abramowitz, M., Stegun, I.A.: *Handbook of Mathematical Functions*. Dover Publications, New York (1965)

[2] Abramowitz, M., Stegun, I.A.: *Pocketbook of Mathematical Functions*. Harri Deutsch, Frankfurt/Main (1986)

[3] Ashcroft, N.W., Mermin, N.: *Solid State Physics*. Cengage Learning, Boston (1976)

[4] Auerbach, A.: *Interacting Electrons and Quantum Magnetism*. Springer, New York (1994)

[5] Barrett, M., Macdonald, A.: *The Form of Magnetic Work in a Fundamental Thermodynamic Equation for a Paramagnet*. Am. J. Phys. 67, 613 (1999)

[6] Baxter, R.J.: *Exactly solved models in Statistical Mechanics*. Academic Press, London (1982)

[7] Brush, S.G.: *Statistical Physics and the Atomic Theory of Matter*. Princeton Univ. Press, Princeton (1983)

[8] Cercignani, C.: *Theory and Application of the Boltzmann Equation*. Scottish Academic Press, Edinburgh (1975)

[9] Cohen, I.B., Whitman, A.: *Isaac Newton, the Principia*. Univ. of California Press, Berkeley (1999)

[10] Gradshteyn, I.S., Ryzhik, I.M.: *Table of Integrals, Series and Products*. Academic Press, San Diego (1965)

[11] Diu, B., Guthmann, C., Lederer, D., Roulet, B.: *Grundlagen der Statistischen Physik*. De Gruyter, Berlin (1994)

[12] van Dongen, P.G.J.: *Einführungskurs Mathematik und Rechenmethoden*. Springer Spektrum, Wiesbaden (2015)

[13] Ehrenfest, P., Ehrenfest, T: *Über zwei bekannte Einwände gegen das Boltzmannsche H-Theorem*. Physikalische Zeitschrift, 8, 311–314 (1907)

[14] Ernst, M.H.: *Nonlinear Model-Boltzmann Equations and Exact Solutions*. Physics Reports 78, 1 (1981)

[15] Feller, W.: *An introduction to probability theory and its applications*. Wiley, New York (1968)

[16] Feynman, R.P.: *Statistical Mechanics: A Set of Lectures*. Perseus Books, Cambridge (1998)

[17] Gibbs, J.W.: *Elementary Principles of Statistical Mechanics*. Ox Bow Press, Woodbridge (1981)

[18] Grad, H.: *On the kinetic theory of rarefied gases*. Comm. Pure Appl. Math., 2, 331–407 (1949)

[19] Grad, H., *Principles of the Kinetic Theory of Gases*, im *Handbuch der Physik*, ed. S. Flügge, Vol. XII, Sekt. 26. Springer, Berlin, 205–294 (1958)

[20] Guggenheim, E.A.: *On magnetic and electrostatic energy*. Proc. Roy. Soc. A, 155, 49 (1936)

[21] Guggenheim, E.A.: *The thermodynamics of magnetization*. Proc. Roy. Soc. A, 155, 70 (1936)

[22] Heine, V.: *The thermodynamics of bodies in static electromagnetic fields*. Proc. Cambridge Phil. Soc., 52, 546 (1956)

[23] van Hove, L.: *Master equation and approach to equilibrium for quantum systems*, in *Fundamental problems in statistical mechanics*, ed. E.D.G. Cohen. North-Holland, Amsterdam (1962)

[24] Huang, K.: *Statistical Mechanics*. Wiley, New York (1987)

[25] Illner, R., Pulvirenti, M.: *Global validity of the Boltzmann equation for two- and three-dimensional rare gas in vacuum*. Comm. Math. Phys. 121:143–146 (1989)

[26] Jackson, J.D.: *Klassische Elektrodynamik*. De Gruyter, Berlin (1983)

[27] Jelitto, R.J.: *Theoretische Physik 6: Thermodynamik und Statistik*. Aula-Verlag, Wiesbaden (1989)

[28] Kac, M.: *Random Walk and the theory of Brownian motion*. Amer. Math. Monthly, 54, 369–391 (1947)

[29] van Kampen, N.G.: *Condensation of a Classical Gas with Long-Range Attraction*. Phys. Rev. 135, A362 (1964)

[30] van Kampen, N.G.: *Fluctuations in Boltzmann's Equation*. Phys. Lett. 50A, 4, 237 (1974)

[31] van Kampen, N.G.: *Stochastic Processes in Physics and Chemistry*. North-Holland, Amsterdam (1983)

[32] van Kampen, N.G.: *Chapman-Enskog as an application of the method for eliminating fast variables*. J. Stat. Phys. 46, 709 (1987)

[33] Kittel, C.: *Elementary Statistical Physics*. Wiley, New York (1958)

[34] Kubo, R.: *Statistical Mechanics*. North-Holland, Amsterdam (1988)

[35] Landau, L.D., Lifshitz, E.M.: *Course of Theoretical Physics, Vol. 5, Statistical Physics, Part 1*. Pergamon Press, Oxford (1980)

[36] Landau, L.D., Lifshitz, E.M.: *Lehrbuch der Theoretischen Physik, Band VII, Elastizitätstheorie*. Akademie-Verlag, Berlin (1983)

[37] Lanford, O.E. III: *The evolution of large classical system*, in: *Dynamical Systems, theory and applications*, ed. J. Moser, Lecture Notes in Physics 38:1–111. Springer-Verlag, Heidelberg (1975)

[38] Ma, S.-K.: *Modern Theory of Critical Phenomena*. Benjamin/Cummings, Reading (1976)

[39] Mandl, F.: *Statistical Physics*. Wiley, Chichester (1988)

[40] Masanes, L., Oppenheim, J.: *A general derivation and quantification of the third law of thermodynamics*. Nature Comm. 8, 14538 (2017)

[41] Mayer, J.E., Harrison, S.F.: *Statistical Mechanics of Condensing Systems III*. J. Chem. Phys., 6, 87 (1938)

[42] Mayer, J.E., Montroll, E.: *Molecular Distribution*. J. Chem. Phys., 9, 2 (1941)

[43] Murray, C.: *Solar System Dynamics*. Cambridge Univ. Press, Cambridge (2010)

[44] Negele, J.W., Orland, H.: *Quantum Many-Particle Systems*. Addison-Wesley, Redwood City (1988)

[45] Nordsieck, A., Lamb, W.E., Uhlenbeck, G.E.: *On the theory of cosmic-ray showers I – The Furry model and the fluctuation problem*. Physica 7, 344 (1940)

[46] Pauli, W.: *Über das H-Theorem vom Anwachsen der Entropie vom Standpunkt der neuen Quantenmechanik*, in der *Festschrift zum 60. Geburtstag A. Sommerfelds*. Hirzel, Leipzig, 30–45 (1928)

[47] Prigogine, I.: *Non-equilibrium Statistical Mechanics*. Interscience, New York (1963)

[48] Reichl, L.E.: *A Modern Course in Statistical Physics*. Univ. of Texas Press, Austin (1980)

[49] Rivas, Á., Huelga, S.F.: *Open Quantum Systems*. Springer, Heidelberg (2012)

[50] Sakurai, J.J.: *Advanced Quantum Mechanics*. Addison-Wesley, Redwood City (1973)

[51] Schieve, W.C., Horwitz, L.P.: *Quantum Statistical Mechanics*. Cambridge Univ. Press, Cambridge (2009)

[52] Schwabl, F.: *Quantenmechanik*. Springer, Berlin (1992)

[53] Schwabl, F.: *Statistische Mechanik*. Springer, Berlin (2000)

[54] Segrè, E.: *Die großen Physiker und ihre Entdeckungen*. Piper, München (1997)

[55] Tolman, R.C.: *The Principles of Statistical Mechanics*. Dover Publications, New York (1979)

[56] Wannier, G.H.: *Statistical Physics*. Dover Publications, New York (1987)

[57] Wasserman, A.L.: *Thermal Physics, Concepts and Practice*. Cambridge Univ. Press, Cambridge (2012)

[58] Whittaker, E.T.: *A Treatise on the Analytical Dynamics of Particles and Rigid Bodies*. Cambridge Univ. Press, Cambridge (1988)

Stichwortverzeichnis

Willkommen zu den Springer Alerts

- Unser Neuerscheinungs-Service für Sie:
  aktuell *** kostenlos *** passgenau *** flexibel

Springer veröffentlicht mehr als 5.500 wissenschaftliche Bücher jährlich in gedruckter Form. Mehr als 2.200 englischsprachige Zeitschriften und mehr als 120.000 eBooks und Referenzwerke sind auf unserer Online Plattform SpringerLink verfügbar. Seit seiner Gründung 1842 arbeitet Springer weltweit mit den hervorragendsten und anerkanntesten Wissenschaftlern zusammen, eine Partnerschaft, die auf Offenheit und gegenseitigem Vertrauen beruht.

Die SpringerAlerts sind der beste Weg, um über Neuentwicklungen im eigenen Fachgebiet auf dem Laufenden zu sein. Sie sind der/die Erste, der/die über neu erschienene Bücher informiert ist oder das Inhaltsverzeichnis des neuesten Zeitschriftenheftes erhält. Unser Service ist kostenlos, schnell und vor allem flexibel. Passen Sie die SpringerAlerts genau an Ihre Interessen und Ihren Bedarf an, um nur diejenigen Information zu erhalten, die Sie wirklich benötigen.

Mehr Infos unter: springer.com/alert